Dr. Hermann Ludewig

POLYESTERFASERN

Chemie und Technologie

DR. HERMANN LUDEWIG

POLYESTERFASERN

Chemie und Technologie

Unter Mitarbeit von

Dipl. Ing. Lutz Brenner, Karl-Marx-Stadt
Ing. Raimund Eppendorfer, Bad Blankenburg
Dr. Liselotte Füller, Rudolstadt
Ing. Wolfgang Gerhardt †, Karl-Marx-Stadt
Dr. Ernst Littmann, Wolfenbüttel
Dr. Werner Roth, Ilmenau
Dr. habil. Hans Eberhard Seyfarth, Rudolstadt
Dr. Heinz Zimmermann, Teltow-Seehof

271 Abbildungen und 44 Tabellen

AKADEMIE-VERLAG · BERLIN
1975

2., bearbeitete und erweiterte Auflage
Erschienen im Akademie-Verlag, 108 Berlin, Leipziger Straße 3—4

Lizenznummer: 202 · 100/573/75
Schutzumschlag und Einband: Karl Salzbrunn
Gesamtherstellung: VEB Druckhaus „Maxim Gorki", 74 Altenburg
Bestellnummer: 761 810 7 (5547) · LSV 1275
Printed in GDR
EVP 68,—

Vorwort zur 1. Auflage (auszugsweise)

Bekanntlich wurden die wissenschaftlichen Grundlagen für die Herstellung von Schmelzspinnfasern, wie Polyamid- und Polyesterfasern, von W. H. Carothers in den Jahren 1928 bis 1937 geschaffen. In dieser Zeit wurden auch in Deutschland vom Unterzeichneten die ersten Polyamidfäden aus der aus ω-Aminononansäure hergestellten polymeren Schmelze in Nacharbeitung der Patente von W. H. Carothers ersponnen. Während die Polykondensation von ω-Aminononansäure, ω-Aminoundecansäure usw. selbst für den Anfänger — zumindest im Laboratorium — einfach durchzuführen ist, macht die Polykondensation von linearen Polyestern, die Carothers unter Anwendung der Molekulardestillation ebenfalls intensiv bearbeitet hatte, ganz erhebliche Schwierigkeiten. Aus diesem Grunde wurde von den Faserstoff-Chemikern der 30er Jahre die Polyamiderzeugung gegenüber der Polyestererzeugung bevorzugt, zumal es P. Schlack im Jahre 1938 gelungen war, das ebenfalls diffizile Nylon-66-Verfahren durch das wesentlich einfachere Caprolactam-Verfahren zu ersetzen.

Es ist das Verdienst der englischen Forscher J. R. Winfield und J. T. Dickson einerseits und des Erfinders der Caprolactam-Polyamid-Faser P. Schlack andererseits, auch das Polyester-Verfahren von Carothers dadurch auf eine wirtschaftlich brauchbare Grundlage gebracht zu haben, daß für den Aufbau eines linearen Polyesters die Terephthalsäure als Dicarbonsäure-Komponente eingesetzt wurde. Unterzeichneter hat die stürmische Entwicklung auf dem Polyamid-, Polyurethan- und Polyestergebiet in den letzten 30 Jahren miterlebt und in enger Zusammenarbeit mit P. Schlack, F. Wenger und H. Klare an der Weiterentwicklung dieser Schmelzspinnfasern führend mitgewirkt.

Unterzeichnetem gelang es, als Mitautoren Fachkräfte zu gewinnen, die auf ihrem Spezialgebiet langjährige Erfahrungen und umfassende Kenntnisse besitzen und selbst mitten in der Entwicklung der Polyesterfasern stehen. So wurden die in den Kapiteln 2, 5, 6 und 7 auftauchenden physikalisch-chemischen Probleme und die Fragen der Fixierung und Ausrüstung (Kap. 11) vorzugsweise von Dipl.-Chem. Dr. Werner Roth umfassend behandelt. Die Kapitel über Polyester-Rohstoffe (Kap. 3) und über Rohstoffrückgewinnung aus Polyester-Abfällen (Kap. 10) wurden von Dipl.-Ing. Dr. Ernst Littmann geschrieben, der auch den analytischen Teil von Kapitel 4 bearbeitete. Die Technologie der Polykondensation behandelte im Kapitel 4 in der Hauptsache Dipl.-Chem. Hans Richardt. Die umfangreichen Abschnitte über maschinentechnische Fragen in den Kapiteln 5, 6 und 8 wurden von einem erfahrenen Fachmann für Textilmaschinenbau, Ing. Raimund Eppendorfer, erarbeitet, während die Kapitel über Eigenschaften (Kap. 11) und Einsatzgebiete der Polyesterfasern (Kap. 12) von Dr. Liselotte Füller verfaßt wurden. Daneben bearbeitete Dr. L. Füller zusammen mit dem Unterzeichneten Kapitel 9. Unterzeichneter koordinierte und ergänzte die einzelnen Beiträge und schrieb große Teile der Kapitel 1, 2, 5 und 9.

Gedankt sei auch allen Fachkollegen für kritische Hinweise und wertvolle Vorschläge zur Verbesserung von Texten und Abbildungen, so u. a. dem Forschungsinstitut für Textiltechnologie, Karl-Marx-Stadt, und dem Institut für Textiltechnologie der Chemiefasern, Rudolstadt.

Zu besonderem Dank verpflichtet sind wir Herrn Prof. Dr. H. Klare, Direktor des Instituts für Faserstoff-Forschung der Deutschen Akademie der Wissenschaften zu Berlin, für seine Anregungen und sein tätiges Interesse, das der Herausgabe des Buches in jeder Hinsicht förderlich war.

Rudolstadt, im Frühjahr 1964 *Hermann Ludewig*

Vorwort zur 2. Auflage

Sowohl in deutschsprachigen als auch in fremdsprachigen Gebieten hat die 1. Auflage der Monographie

„POLYESTERFASERN, Chemie und Technologie“

eine gute Aufnahme gefunden, so daß die Auflage bald vergriffen war und auch Übersetzungen ins Englische und Japanische erfolgten. Die Monographie erschien in japanischer Sprache im Verlag Corona Publishing, Tokyo, und in englischer Sprache im Verlag Wiley-Interscience, London/New York/Sidney/Toronto.

Für die vorliegende 2. deutschsprachige Auflage wurden eine Überarbeitung und Ergänzungen vorgenommen. Da es einigen Mitautoren aus zeitlichen Gründen nicht mehr möglich war, die von ihnen geschriebenen Teile der 1. Auflage selbst zu überarbeiten, wurden Kapitel 3 „Rohstoffe“ von Dr. habil. H. E. Seyfarth, Rudolstadt, Kapitel 4 „Chemie und Technologie der Polykondensation“ von Dr. H. Zimmermann, Institut für Polymerenchemie der Akademie der Wissenschaften der DDR, Teltow-Seehof, und der maschinentechnische Teil von Ing. W. Gerhardt und Dipl.-Ing. L. Brenner, Institut für Textilmaschinenbau, Karl-Marx-Stadt, nachbearbeitet und ergänzt bzw. — Kap. 4 — völlig neu geschrieben.

Durch die Mitarbeit dieser Fachleute wurden die genannten Teile auf den neuesten Stand gebracht, während diese Arbeit bei den übrigen Kapiteln durch ihre ursprünglichen Verfasser bzw. Unterzeichneten besorgt wurde.

In der 2. Auflage wurde u. a. ausführlich eingegangen auf neue Polykondensationstechnologien (kontinuierliche Verfahren, TPA-Technologie), auf neue Spinnprozesse (Spinnstreckverfahren, Bikomponenten-Erspinnung) und auf die zahlreichen neuesten Entwicklungen auf dem Gebiet der Textilmaschinen für Polyesterfaserstoffe.

Andere Teile der 1. Auflage, bei denen der Stand von Wissenschaft und Technik im wesentlichen noch dem der 60er Jahre entsprach, wurden nur wenig ergänzt und geringfügig verändert in die vorliegende Ausgabe übernommen.

Wir, meine Mitarbeiter und ich, hoffen, daß auch diese 2. Auflage weltweites Interesse findet, und sind allen Fachkollegen für kritische Hinweise und für Vorschläge zur Verbesserung von Form und Inhalt weiterhin sehr dankbar.

Rudolstadt (Thür.), Frühjahr 1973 *Hermann Ludewig*

Inhalt

Kapitel 1

1. Entwicklungsgeschichte der Polyester-Fasern

Die Grundlage für alle Verfahren zur Herstellung von Fäden aus Polykondensationsprodukten, wie Polyestern und Polyamiden, sind die von W. H. CAROTHERS in den Jahren 1928 bis 1932 [1—5] durchgeführten Arbeiten über die zur Bildung von Ringsystemen und linearen hochmolekularen Stoffen führenden Kondensationsreaktionen. Nachdem C. A. BISCHOFF [6], E. FISCHER [7] und H. STAUDINGER [8] ähnliche Probleme bearbeitet hatten, ohne jedoch einen durchschlagenden ökonomischen Erfolg zu erzielen, konnte W. H. CAROTHERS erstmalig durch Kondensation von α,ω-Diolen mit α,ω-Alkylendicarbonsäuren oder durch Kondensation von ω-Oxyalkylcarbonsäuren verspinnbare hochmolekulare Polyester herstellen. Zusammen mit seinen Mitarbeitern, insbesondere J. W. HILL [2], gelang es W. H. CAROTHERS, die Polykondensation in Verbindung mit einer Molekulardestillation oder einfach mittels eines durch die Kondensationsschmelze geleiteten Stickstoffstromes so weit zu führen, daß ein fadenbildender Polyester entstand. Aus einer durch Polykondensation von Äthylenglykol und Sebacinsäure erhaltenen Schmelze (Fp. 75 °C) konnten durch Berühren mit einem Glasstab Fäden gezogen werden, die sich nach dem Erstarren bis zum 4fachen der Ausgangslänge verstrecken ließen. Dieser von W. H. CAROTHERS als Kaltverstreckung bezeichnete Vorgang machte den Faden reiß- und biegefest. Andere von W. H. CAROTHERS und J. W. HILL hergestellte fadenbildende Polyester waren die Reaktionsprodukte aus Propylenglykol und Hexadecandicarbonsäure (Fp. 75 °C), ω-Oxydecansäure (Fp. 65 °C) und ω-Oxypentadecansäure (Fp. 95 °C). Da die Erweichungs- bzw. Schmelzpunkte der aus aliphatischen Dicarbonsäuren und Glykolen hergestellten Polyester wesentlich niedriger als die der entsprechenden Polyamide waren, wandten sich W. H. CAROTHERS und seine Mitarbeiter hinsichtlich einer wirtschaftlichen Nutzung der Erfindung mehr den Polyamiden zu. Als besonders aussichtsreich für diese Nutzung erwies sich damals das 1931 von W. H. CAROTHERS hergestellte Polyamid „66“ aus Hexamethylendiamin und Adipinsäure, das sogenannte „Nylon“. Die Unterschiede in den Schmelzpunkten und damit in den thermischen Beständigkeiten, z. B. Bügelfestigkeiten, zwischen den Polyestern und entsprechenden Polyamiden sind sehr groß, wie die nachfolgende Zusammenstellung zeigt:

Polyester aus Sebacinsäure + Äthylenglykol:	Fp. 75 °C
Polyamid aus Sebacinsäure + Äthylendiamin:	Fp. 254 °C
Polyester aus Adipinsäure + Äthylenglykol:	Fp. 57 °C
Polyamid aus Adipinsäure + Tetramethylendiamin:	Fp. 278 °C

Die von W. H. CAROTHERS und Mitarbeitern mit so großem Erfolg begonnenen Arbeiten über Fadenbildung aus Polyester- und Polyamidverbindungen wurden auch von anderen Instituten und Forschungsstellen aufgenommen und nach anderen Richtungen hin weitergeführt. Insbesondere wurde versucht, für die von W. H. CAROTHERS eingesetzten Dicarbonsäuren, Diamine, Diole oder Aminocarbonsäuren solche chemischen Produkte einzusetzen, die wirtschaftlich günstig herzustellen sind oder zu polymeren Verbindungen führen, die sich in textil hochwertige Erzeugnisse umwandeln lassen. Im Rahmen dieser Arbeiten gelang es P. SCHLACK [9] im Jahre 1938, ein Verfahren zu entwickeln, das billig herstellbare und einfach zu reinigende Laktam der Aminocapronsäure für die Polyamidherstellung einzusetzen, ein Verfahren, das in allen Erdteilen insbesondere als Kontinueverfahren (VK-Verfahren) [10] in größtem Maßstab Anwendung gefunden hat.

Um Fasern aus Polykondensationsprodukten mit größerer thermischer Stabilität, also auch höheren Schmelzpunkten, zu erhalten, setzten P. SCHLACK in Berlin-Lichtenberg und H. LUDEWIG in Wolfen im Jahre 1939 [11] die Tere-

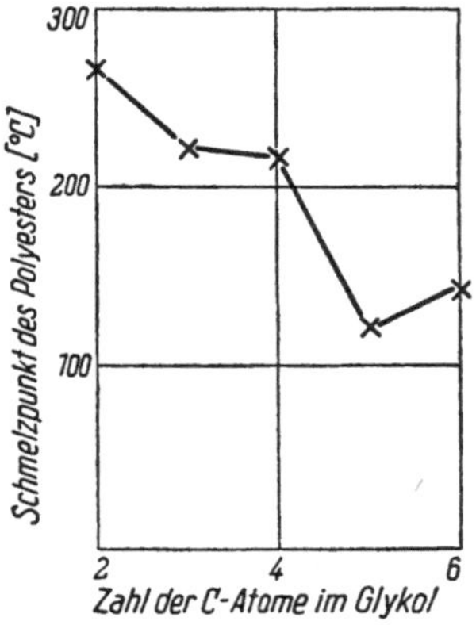

Bild 1.1. Schmelzpunkt der Ester aus Terephthalsäure und α,ω-Glykol

phthalsäure für die Polyamidherstellung ein („Wetrelon"). Zur gleichen Zeit wurden auch andere aromatische Dicarbonsäuren, z. B. von E. HUBERT und H. LUDEWIG [12] die Naphthalindicarbonsäure, anstelle der aliphatischen Dicarbonsäuren für die Kondensation zu Polyamiden verwendet.

Die Entwicklung von Polyesterfasern unter Einsatz von Terephthalsäure wurde in Deutschland in einem Zweigbetrieb der Firma Agfa Wolfen von P. SCHLACK [13, 14] und in Großbritannien von J. R. WHINFIELD und J. T. DICKSON [15, 16] in den Laboratorien der Calico Printers' Association fast zur gleichen Zeit [18], Anfang der 40er Jahre, durchgeführt. Während J. R. WHINFIELD und J. T. DICKSON für die Polyesterherstellung die Kombination von Terephthalsäure mit Äthylenglykol bevorzugten, beschäftigte sich P. SCHLACK vorwiegend mit den Polyestern aus Terephthalsäure und Butylenglykol. Beide Polyester sind kristallin und zur Faserbildung gut geeignet. Die Schmelzpunkte der verschiedenen Polyester hängen von der Anzahl der -CH_2-Gruppen im Diol ab (Bild 1.1.). Für einen textilen Einsatz war in wirtschaftlicher Hinsicht die von J. R. WHINFIELD und J. T. DICKSON gewählte Kombination die günstigste, so daß sich industriell die Polyesterfaser aus Terephthalsäure und Äthylenglykol neben der aus anderen Kombinationen, beispielsweise aus Terephthalsäure und 1.4-Dimethylolcyclohexan, durchgesetzt hat.

Rein schematisch gesehen, bestehen zwischen den Arbeiten von W. H. CAROTHERS, P. SCHLACK und J. R. WHINFIELD und J. T. DICKSON folgende Zusammenhänge:

HOOC—X—COOH + HO—Y—OH
Dicarbonsäure Glykol

HO—[Y—OOC—X—COO]$_n$—Y—OH (n = Anzahl der Grundbausteine)
Polyester

W. H. CAROTHERS: X = —$(CH_2)_8$—(Sebacinsäure) u. a.
Y = —$(CH_2)_2$—(Äthylenglykol) u. a.

P. SCHLACK: X =  (Terephthalsäure)
Y = —$(CH_2)_4$—(Butylenglykol)

J. R. WHINFIELD und J. T. DICKSON: X =  (Terephthalsäure)
Y = —$(CH_2)_2$—(Äthylenglykol)

Durch den zweiten Weltkrieg wurde die Entwicklung sehr verzögert, so daß die Großproduktion von Polyesterfasern erst in den 50er Jahren in den verschiedenen Ländern zum Anlaufen gekommen ist.

Die großtechnische Entwicklung der Polyesterfaser von J. R. WHINFIELD und J. T. DICKSON wurde ab 1947 für Großbritannien von der Imperial Chemical Industries Ltd. (ICI) und in Amerika von der Firma Du Pont de Nemours durchgeführt, nachdem die beiden Firmen von der Calico Printers' Association Ltd. Manchester alle Patentrechte erworben hatten. Die von der ICI herausgebrachte Polyesterfaser wurde als „Terylene" bezeichnet, die von Du Pont entwickelte kam als „Dacron" auf den Markt. Die Entwicklungen der Calico Printers' Association Ltd. und der ICI wurden auf dem Lizenzwege an eine Reihe von Firmen weitergegeben, so z. B. an die Rhodiaceta Frankreich, Montecatini Italien, A. K. U. Niederlande, Teikoku Rayon Japan, Farbwerke Hoechst und Vereinigte Glanzstoff-Fabriken in Westdeutschland.

In den Chemiefaserwerken der Deutschen Demokratischen Republik hat die Entwicklung der Polyesterfaser „Lanon" [17, 18], die später den Namen „Grisuten" erhalten hat, in der zweiten Hälfte der 50er Jahre zu Produktionsanlagen in Schwarza, Premnitz und danach in Wilhelm-Pieck-Stadt Guben geführt. Die folgende Tabelle gibt eine Übersicht der Handelsnamen und Hersteller von Polyester-Faserstoffen:

Handelsnamen	*Hersteller*
Acrocel	Sudamtex, Argentinien
Anavor	Dow Badische Co., USA
Avlin	FMC, American Viscose, USA
Blue "C"	Monsanto Co., USA
Celtrel	Celanese Colombiana, Kolumbien
Celtron	Fibras Quimicas, Venezuela
Corpilon	Toyo Rayon Co. Ltd., Japan
Crolan	Celanese Mexicana, Mexiko

Handelsnamen	*Hersteller*
Dacron	Du Pont, USA
	Du Pont (Deutschland), G.m.b.H.
Delcron	Policron de Mexico S.A.
Dicrolene	Petroquimica Sudamericana, Argentinien
Diolen	Glanzstoff A.G., BRD
	Sumar S.A., Chile
Elana	VR Polen
Encron/Enkalite	American Enka Corp., USA
Enkalene	Enka, Niederlande
Forcel	Rayon y Celanese Peruana, Peru
Fortrel	Celanese Corp., USA
	Fiber Inds. Inc., USA
Grilene	Grilon S.A., Schweiz
Grisuten	VEB Chemiefaserkombinat Schwarza „Wilhelm Pieck", DDR, Rudolstadt/Thüringen
Hualon	Hualon Teijin Corp., Taiwan
Hystron	Hystron Fibers, USA
Jambolene	VR Bulgarien
Kalimer	Comp. Generale Resine Sud S.p.A., Italien
Kodel	Eastman Chemical Prods. Inc., USA (mit Dimethylolcyclohexan)
Krafter	Kurashiki, Japan
Kuo Hwa	Kuo Hwa Chem. Corp., Taiwan
Lalelen	Sancak Tül, Türkei
Lavsan	UdSSR
Leaster	Chatillon S.p.A., Italien
Lirelle	Courtaulds, Nordirland
Luxel	Copet Co., Argentinien
Nerlen	Nylon de Mexico, S.A., Mexiko
Nirester	Nirlon Synthetic Fibres, Indien
Nycron	Cotonificio Gavea S.A., Brasilien
Policron	Sudamtex de Venezuela C.A.
Polycron	Fibras Quimicas Peruanas, Peru
	Quimica Industrial, Chile
Polysma	Textilquimica S.A., Brasilien
Primel	Polimeros Colombiana S.A., Kolumbien
Quintess	Phillips Fibers Corp., USA
Serene	Fiber Industries Inc., USA
Sillook, Silzac	Toyo Rayon Co. Ltd., Japan
Siron	Soc. Italiana Resine, Italien
Slotera	ČSSR
Spacy	Teijin Ltd., Japan
Sudacron	Sudamtex, Argentinien/Venezuela
Talan	ČSSR
Terene	Chemicals & Fibres of India, Indien
Tergal	CTA, Frankreich
	Rhodiaceta S.A., Frankreich
	Rhodia Industrias Quimicas, Brasilien
	Safa, Spanien
	Soc. Ivoirienne, Elfenbeinküste

Handelsnamen	*Hersteller*
Teriber	Safa, Spanien
Teriprat/Terprat	La Seda de Barcelona, Spanien
Terital	Rhodiatoce, Italien
Terlenka	Enka, Niederlande
	Enka de Colombia, Kolumbien
	British Enkalon Ltd., Großbritannien
	Fibras Quimicas S.A., Mexiko
	La Seda de Barcelona, Spanien
Teron	VR Rumänien
Terylene	ICI Fibres Ltd., Großbritannien
	ICI (Europe) Fibres G.m.b.H., BRD
	Chemicals & Fibres of India, Indien
	Fibremakers Ltd., Australien
	South African Nylon Spinners, Südafrika
	Ind. Quimicas Argentinas, Argentinien
	Finicisa, Portugal
Tesil	ČSSR
Tetoron	Teijin Ltd., Japan
Toray Tetoron	Toyo Rayon Co. Ltd., Japan
Torlen	VR Polen
Toyobo	Toyobo Co. Ltd., Japan
Trevira	Farbwerke Hoechst, BRD
	Spinnstoffabrik Berlin-Zehlendorf
	Austria-Faserwerke GmbH., Österreich
	Hoechst Dyes & Chemicals, Indien
	Hoechst Fibres, Südafrikanische Republik
	Hystron Fibres, USA
	Fibro Quimica Chilena, Chile
Venecron	Fibras Sinteticas C.A., Venezuela
Vestan	Faserwerke Hüls G.m.b.H., BRD (DMT mit Glycol oder mit 1,4-Bishydroxy-methylcyclohexan)
Vitel	Goodyear Tire & Rubber Co., USA (mit Isophthalsäure)
Vycron	Beaunit Fibers, USA (mit Isophthalsäure)
	Rogosin Inds. Ltd., Israel
Wellene	Wellman Inc., USA
Wistel	Snia Vicosa, Italien

1.1. Literaturangaben

[1] CAROTHERS, W. H.: J. Amer. Chem. Soc. **51** (1929), 2548; Chem. Rev. **8** (1931) 353; Trans.-Faraday Soc., **32** (1936) 39; siehe auch „High Polymers", Band I (Collected Papers of CAROTHERS, W. H., herausgegeben von MARK, H., und WITHBY, C., Interscience, New York, 1940.
[2] CAROTHERS, W. H. und HILL, J. W.: J. Amer. Chem. Soc. **54** (1932) 1559, 1566, 1579.
[3] CAROTHERS, W. H. und ARVIN, J. A.: J. Amer. Chem. Soc. **51** (1929) 2560.
[4] CAROTHERS, W. H. und BARCHET, G. J.: J. Amer. Chem. Soc. **52** (1930) 5289.
[5] CAROTHERS, W. H. und VAN NATTA, F. J.: J. Amer. Chem. Soc. **52** (1930) 314; **55** (1933) 4714.

[6] BISCHOFF, C. A.: Ber. **35** (1902) 3455, 4076.
[7] FISCHER, E.: Ber. **34** (1901) 2868; **39** (1906) 551; **40** (1907) 1754; **41** (1908) 2875; Ann. **372** (1910) 322.
[8] STAUDINGER, H.: Die hochmolekularen organischen Verbindungen. Springer-Verlag, Berlin, 1932.
[9] SCHLACK, P.: D.R.P. 748253 v. 11. 6. 1938; U.S.P. 2241321; F.P. 868127; It. Pat. 373977.
[10] LUDEWIG, H.: Kontinuierliche Herstellung und Verarbeitung von Perlon nach dem VK-Verfahren. Faserforsch. u. Textiltechn. **2** (1951) 341; Chem. Techn. **4** (1952) 523; siehe auch F.P. 904088 v. 5. 5. 1944 (VK-Verfahren von H. LUDEWIG, dtsch. Priorität 24. 11. 1942).
[11] SCHLACK, P. und LUDEWIG, H.: D.P. (DDR) 3161 v. 30. 8. 1939; D.B.P 929151; F.P. 873983; Holl. P. 53645; siehe auch LUDEWIG, H.: ‚Mischpolyamidfasern der Trelon-Gruppe (Wetrelon)', Faserforsch. u. Textiltechn. **6** (1955) 277.
[12] HUBERT, E. und LUDEWIG, H.: D.P. (DDR) 2322 v. 31. 5. 1939; F.P. 876655; It. Pat. 383573; Holl. P. 53783.
[13] SCHLACK, P.: D.P. (DDR) 5481 v. 2. 7. 1942; D.B.P. 922255; F.P. 895812; Belg. Pat. 541304; Rum. P. 35636.
[14] SCHLACK, P.: Über die Entwicklung, Eigenschaften und den gegenwärtigen Stand der synthetischen Fasern. Textil-Praxis **8** (1953), 1059.
[15] WHINFIELD, J. R. und DICKSON, J. T.: Brit. P. 578079 v. 29. 7. 1941; U.S.P. 2465319.
[16] WHINFIELD, R. J.: Nature **158** (1946) 930; Endeavour **11** (1952) 29; Textile Res. J. **23** (1953) 289.
[17] GRIEHL, W.: Über die neue Faser aus Polyäthylenterephthalat. Textil- und Faserstofftechnik **3** (1953) 349.
[18] LUDEWIG, H.: Lanon, eine Polyesterfaser aus Schwarza. Chem. Techn. **9** (1957) 693.

Kapitel 2

2. Grundlagen und Verfahrensschema für die Herstellung von Polyesterfasern

2.1. Grundlagen der Polyesterbildung

Esterbildung tritt ein durch Umsetzung der OH-Gruppe des Carboxyls mit einer alkoholischen OH-Gruppe. Befinden sich diese Gruppen endständig an bifunktionellen Verbindungen, so können linear gebaute Polyester entstehen. Voraussetzung hierfür jedoch ist, daß — wie bei jeder Veresterung — die sich bildende Verbindung Wasser, Alkohol u. dgl. möglichst schnell aus dem Reaktionsgemisch entfernt und das Gleichgewicht nach der Seite des Polykondensationsproduktes verschoben wird.

$$nHO \cdot R \cdot COOH \rightleftharpoons H[-O \cdot R \cdot CO-]_n OH + (n-1)\,H_2O$$

$$nHO \cdot R \cdot OH + nHOOC \cdot R' \cdot COOH \rightleftharpoons H[-O \cdot R \cdot OOC \cdot R' \cdot CO-]_n OH + (2n-1)\,H_2O$$

Umsetzungen zwischen monofunktionellen Carbonsäuren und Alkoholen oder monofunktionellen und bifunktionellen Verbindungen führen nicht zur Polyesterbildung. Werden für die Reaktion tri- oder polyfunktionelle Verbindungen eingesetzt, so entstehen Polymere, deren Makromolekülketten verzweigt und vernetzt sind. Infolge Fehlens eines linearen Aufbaues sind die Polyester nicht mehr zur Faserbildung geeignet.

Ein Aufbau linearer Ketten wird auch verhindert, wenn die monomeren Dicarbonsäuren, Diole oder Aminole, unter Bildung stabiler Ringe reagieren. Die Möglichkeit, 5er oder 6er-Ringe zu bilden, sollte deshalb durch Wahl geeigneter Substanzen ausgeschlossen werden [1, 2].

Lineare Polyester können aus Dicarbonsäuren und Diolen laboratoriumsmäßig nach folgenden Methoden hergestellt werden:

a) Veresterung von Dicarbonsäure und Diol
b) Umesterung von Dicarbonsäureester mit Diol
c) Umsetzung von Dicarbonsäurechlorid mit Diol
d) Umsetzung von Dicarbonsäure mit Diacetat eines Diols
e) Umsetzung von Dicarbonsäureester mit Diacetat eines Diols.

In der Praxis, besonders für die Produktion des Polyäthylenterephthalats, hat sich die Polyesterbildung durch Umesterung des Dicarbonsäureesters mit überschüssigem Glykol als besonders geeignet erwiesen. Durch das im Überschuß vorhandene Glykol entsteht zunächst ein Dioxyalkylester der betreffenden Säure, der bei weiterer Reaktion durch Abspaltung des überschüssigen Diols in den hochpolymeren Polyester übergeführt wird.

$$HO \cdot CH_2 \cdot CH_2 \cdot OH + HOOC \cdot R \cdot COOH \rightarrow HO \cdot CH_2 \cdot CH_2 \cdot O \cdot OC \cdot R \cdot CO \cdot O \cdot CH_2 \cdot CH_2 \cdot OH \rightarrow [-OC \cdot R \cdot CO \cdot O \cdot CH_2 \cdot CH_2 \cdot O-]_n + HO \cdot CH_2 \cdot CH_2 \cdot OH$$

Neben dem Polyester aus Terephthalsäure und Äthylenglykol bzw. 1,4-Bis-(hydroxymethyl)-cyclohexan [1,4-Cyclohexan-dimethanol] haben für die produktionsmäßige Erzeugung auch Copolyester Interesse erlangt, z. B. der Copolyester aus Terephthalsäure, Isophthalsäure und Äthylenglykol. Ebenso sind Sebacinsäure und Adipinsäure als Komponenten bei Terephthalsäure und Äthylenglykol zusammen für die Polykondensation eingesetzt worden [3]. Um ein für textile Zwecke brauchbares Produkt zu erhalten, kommt die neben der Terephthalsäure verwendete zweite Dicarbonsäure nur in kleinen Mengen zum Einsatz. Das von O. B. Edgar und J. W. Hill [3] aufgestellte Diagramm (Bild 2.1.) zeigt den starken Abfall der Schmelzpunkte der Copolyester aus Äthylenglykol, Terephthalsäure und Adipinsäure.

In der Tabelle 2.1. sind von W. W. Korschak [4] ermittelte Schmelzpunkte für eine Reihe von Copolyestern aus Äthylenglykol—Terephthalsäure einerseits und

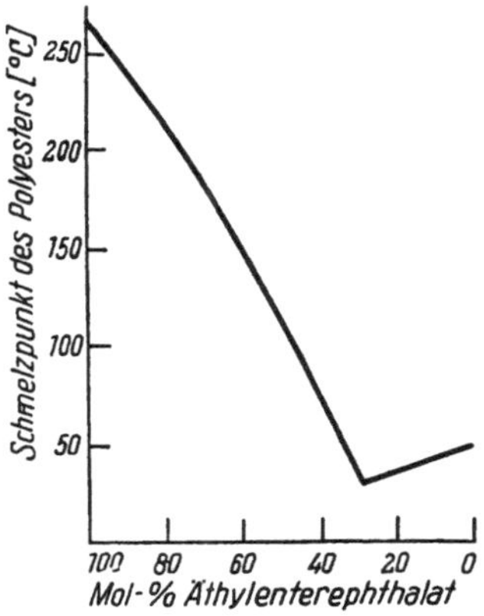

Bild 2.1. Schmelzpunkte der Copolyester aus Äthylenglykol, Terephthal- und Adipinsäure (nach [3])

Tabelle 2.1. Schmelzpunkte von Copolyestern [4]

Zusammensetzung des Copolyesters	Schmelzpunkt in °C									
	Verhältnis der Säuren in Mol-%									
	90:10	80:20	70:30	60:40	50:50	40:60	30:70	20:80	10:90	0:100
Äthylenglykol										
Terephthalsäure Oxalsäure	246	—	238	—	218	—	172	—	87	148
Terephthalsäure Bernsteinsäure	224	202	128	56	38	37	35	26	68	83
Terephthalsäure Glutarsäure	223	—	158	—	109	—	14	—	18	14
Terephthalsäure Adipinsäure	227	212	203	172	127	61	16	8	35	38
Terephthalsäure Acelainsäure	227	198	141	135	110	70	20	30	40	47
Terephthalsäure Sebacinsäure	237	215	173	132	125	75	41	50	64	73

Äthylenglykol-Oxalsäure, -Bernsteinsäure, -Glutarsäure, -Adipinsäure, -Acelainsäure und -Sebacinsäure andererseits in verschiedenen Mol-% zusammengestellt.

Durch Zusatz dieser verschiedenen Komponenten wird nicht nur der Schmelzpunkt verändert, sondern auch die Kristallisationstendenz beeinflußt. Während Polyäthylenterephthalat sehr gut kristallisiert, besteht bei Polyäthylenphthalat und Polyäthylenisophthalat kaum eine Neigung zur Kristallisation. Da aber hochkristalline Polymere für die Erzeugung besonders hochfester Fasern Voraussetzung sind [5], können Polyäthylenphthalat und -isophthalat nicht zur Faserherstellung verwendet werden. Werden Copolyester aus Äthylenglykol, Terephthalsäure und gewissen Mengen anderer Dicarbonsäuren hergestellt, so lassen sich unter bestimmten Umständen daraus brauchbare Fasern gewinnen, die sich tiefer als normale Polyäthylenterephthalatfasern anfärben lassen [6]. Wird die Kombination von verschiedenen Polyestern als Blockkondensation [7] vorgenommen, so kann wie bei unmodifiziertem Polyäthylenterephthalat versponnen und verstreckt werden. Doch ist auch dabei eine bestimmte Auswahl der Polyester notwendig, da sich einige Polyester, besonders Polyäthylensuccinat, in der Schmelze durch Austauschreaktionen sehr schnell zu Mischpolyestern umsetzen. Mit 10% Polyäthylenhexahydroterephthalat modifiziertes Polyäthylenterephthalat ist als Blockkondensat besonders stabil. Die Anfärbbarkeit der daraus hergestellten Fasern ist gegenüber Polyäthylenterephthalatfasern wesentlich verbessert.

2.2. Grundlagen der Polyesterstruktur

Zur Struktur der Polyester sollen hier nur die wesentlichsten Grundlagen erwähnt werden. Bezüglich Struktur und Morphologie der Faserstoffe sowie Einzelheiten der Untersuchungsmethoden muß auf entsprechende Werke verwiesen werden [8, 9, 10, 11]. Die wichtigsten Voraussetzungen zur Bildung gebrauchsfähiger Faserstoffe sind hochmolekulare lineare Struktur und durch Spinn- und Streckprozeß zu erzeugende Kristallinität und Orientierung mit festem Zusammenhalt der Makromoleküle. Im folgenden werden deshalb in Kürze die wesentlichsten Erkenntnisse hinsichtlich Molekulargewicht, Einfriertemperatur, zwischenmolekularer Kräfte, Kristallinität und Orientierung zusammengefaßt.

2.2.1. *Molekulargewicht*

Nach Angaben von W. H. Carothers soll das durchschnittliche Molekulargewicht eines verspinnbaren Polyesters so groß sein, daß die Länge der meisten Makromolekülketten mindestens 1000 Å erreicht. Tabelle 2.2. zeigt die Ergebnisse der Untersuchungen über Polyester aus ω-Oxydekansäure von W. H. Carothers und F. J. van Natta [12].

Diese Befunde lassen sich mit gewissen Einschränkungen auf Polyäthylenterephthalat übertragen. Ab einem Molekulargewicht von etwa 15000 ist auch bei diesem Polyester gute Verspinnbarkeit zu beobachten. Die Grenzen können jedoch nur größenordnungsmäßig angegeben werden, da Verspinn- und Verstreckbarkeit auch noch von anderen Faktoren beeinflußt werden.

Tabelle 2.2. Molekulargewicht und Fadenbildung von Polyestern aus ω-Oxydecansäure [12]

Molekulargewicht (Zahlenmittel)	Berechnete mittlere Kettenlänge in Å	Schmelzpunkt in °C	Spinnbarkeit	Streckbarkeit	Faserfestigkeit in kp/mm²
780	60	66–67	nicht vorh.	—	—
4170	313	74–76	nicht vorh.	—	—
5670	440	73–75	kurze Fasern	nicht vorh.	—
7330	570	74–75	lange Fasern	nicht vorh.	sehr gering
9330	730	75–76	lange Fasern	vorhanden	sehr gering
16900	1320	77–78	gut	gut	13,1
20700	1610	77–78	schwierig	gut	12,3
25200	1970	75–80	spinnbar oberh. 210°C	vorhanden	7,0

2.2.2. *Einfriertemperatur*

Für den technologischen Prozeß der Herstellung von Polyesterfasern hat die Einfriertemperatur, die auch als Glas-, Glasumwandlungs- oder Glasübergangstemperatur sowie als Umwandlungstemperatur 2. Ordnung (second order transition point) bezeichnet wird, besondere Wichtigkeit, da sich mechanische Eigenschaften, wie Verstreckbarkeit, Streckspannung, Young- und Schermodul, bei dieser Temperatur stark ändern und eine Verstreckung möglichst oberhalb dieser vorgenommen werden soll (vergleiche 6.1.1.). Schrumpfungs- und Kristallisationsvorgänge können ebenfalls erst oberhalb dieser Temperatur einsetzen (vergleiche 5.4.2.1. und 5.4.2.3.).

Unterhalb der Einfriertemperatur liegt der polymere Stoff im glasig erstarrten Zustand vor, bei dem auch die Bewegung von Kettensegmenten, die mikro-Brownsche Bewegung, „eingefroren" ist [13]. Äußerlich erscheinen viele Hochpolymere unterhalb der Einfriertemperatur hart und spröde, oberhalb dieser plastisch oder kautschukartig elastisch. Bei teilkristallinen Polymeren erweicht oberhalb der Einfriertemperatur die amorphe Phase [14, 15], so daß die Molekülsegmentbeweglichkeit stark zunimmt. Im Falle des Polyäthylenterephthalates können Kettensegmente um die $-CH_2-CH_2-$-Bindung rotieren. Erst bei noch höheren Temperaturen setzen Rotationen der aromatischen Ringe um die $-C_6H_4-CO-$-Bindungen ein [16, 17].

Zur Bestimmung der Einfriertemperatur kann die Temperaturabhängigkeit der mechanischen Eigenschaften, der Härte bzw. Kompressibilität, des spezifischen Volumens, der dielektrischen Eigenschaften, der spezifischen Wärme, der Wärmeleitfähigkeit, des Brechungsindexes usw. herangezogen werden, da diese Funktionen im allgemeinen im Bereich der Einfriertemperatur eine Unstetigkeit aufweisen. Die verschiedenen Methoden ergeben etwas voneinander abweichende Werte [18]. Für das amorphe Polyäthylenterephthalat wurde von H. J. Kolb und E. F. Izard [19] dilatometrisch eine Einfriertemperatur von 67 °C, von P. W. Jensen [20] durch Längenänderungsmessungen 69 °C ermittelt. Mit Hilfe der Penetrometrie (vgl. 4.4.3.) fanden O. B. Edgar und R. Hill 67–69 °C [3, 18], I. Diacik 69–71 °C [21], F. Rybnikar 67–75 °C [22]. Weitere ähnliche Werte stammen von M. Dole [23], H. G. Kilian, H. Halboth und E. Jenckel [24], W. H. Cobbs und R. L. Burton [25] und von E. Sacher [26]. Das kristalline Polyäthylenterephthalat hat nach dilatometrischen Messungen [19, 20] eine Einfriertemperatur von 79—81 °C, was auch von F. Würstlin [8] und von M. Dole [27] bestätigt wurde. Die penetrometischen Untersuchungen ergaben keine Abhängigkeit der Einfriertemperatur vom Ordnungsgrad [22]. Dagegen konnte von K. H. Illers und H. Breuer [28] durch mechanische Schwingungsversuche und von H. Henkel und E. Wiesener [29] durch dielektrische und thermoanalytische Untersuchungen nachgewiesen werden, daß die Einfriertemperatur mit steigendem Ordnungsgrad ein Maximum durchläuft, das bei einer Dichte von etwa 1,38 g/cm^3 liegt. Die Einfriertemperatur nimmt auch mit dem Molekulargewicht etwas zu [22]. Ebenso wie der Schmelzpunkt fällt auch die Einfriertemperatur durch Copolykondensation. Eine Ausnahme bildet jedoch die Copolykondensation mit p,p'-Diphenylcarbonsäure, da dadurch die makromolekularen Ketten gefestigt werden.

2.2.3. *Zwischenmolekulare Kräfte*

Die guten mechanischen Eigenschaften der Polyesterfasern sind im wesentlichen auf die zwischen den Makromolekülen wirkenden Kräfte zurückzuführen. Von diesen Anziehungskräften ist sowohl das Faserbildungsvermögen als auch die Kristallisationsneigung abhängig. Der Zusammenhalt der Ketten kann auf Van-der-Waals'schen Anziehungskräften, die durch Dipol-, Induktions- und Dispersionseffekte zustande kommen, und auf Wasserstoffbrückenbindungen beruhen [30]. Über den Anteil der einzelnen in Polyestern wirksamen Kräfte gehen die Ansichten auseinander. O. B. Edgar und R. Hill [3] sind der Meinung, daß der p-Phenylen-Bindung eine besondere Bedeutung zukommt. Durch Konjugation mit dem Benzolkern wird die Polarität der Estergruppen gesteigert, so daß sich Wasserstoffbrücken ausbilden können. Nach A. Hunyar [31] induzieren die Estergruppen in den Benzolkernen Dipolmomente, die zur Anziehung führen. H. Mark [32] führt den Zusammenhalt der Ketten auf Wechselwirkungskräfte zwischen Benzolkern und Carbonylgruppen zurück.

2.2.4. *Kristallinität*

Schnelles Abkühlen von Polyäthylenterephthalat aus der Schmelze ergibt den amorphen Zustand, der bei Zimmertemperatur auch längere Zeit beständig ist. Beim Erhitzen bzw. Verstrecken der Fäden kristallisiert das Polyäthylenterephthalat. Wird eine Schmelze langsam abgekühlt, so entsteht ebenfalls kristallines Polyäthylenterephthalat. Auch Einwirkung organischer Flüssigkeiten führt zur Kristallisation, wobei das Quellungsvermögen eine ausschlaggebende Rolle spielt (vergleiche 5.4.2.4.). Es ist ein spezielles Merkmal der Polymeren, daß sie nur teilweise kristallisieren. Vom Kristallisationsgrad und von der Kristallitgröße werden die Eigenschaften der Polyesterfäden stark beeinflußt.

Zur Bestimmung des kristallinen Anteils wird vielfach die Dichte herangezogen. Nach der bekannten Gleichung

$$\alpha = \frac{d_k(d - d_a)}{d(d_k - d_a)}$$

läßt sich der Kristallisationsgrad schnell bestimmen, wenn die Dichte d gemessen wird. d_a ist die Dichte des nichtkristallinen (amorphen) Anteils und beträgt nach W. H. Cobbs, R. L. Burton [25] 1,331 g/cm³. Die Dichte des kristallinen Materials d_k liegt nach W. T. Astbury und C. J. Brown [33] bei 1,47 g/cm³, nach R. de Daubeny, C. W. Bunn und C. J. Brown bei 1,455 g/cm³ [34].

Zur Ermittlung des Kristallisationsgrades nach dieser Methode sind allerdings einige Einschränkungen zu machen. Es existieren nämlich nicht zwei völlig definierte Phasen „amorph" und „kristallin", sondern außerdem verschiedene Übergangszustände. Es wird deshalb auch anstelle der Bezeichnung „Kristallisationsgrad" die Bezeichnung „Ordnungsgrad" verwendet, wobei immer die zur Bestimmung benutzte Methode mit angegeben werden muß. Die Dichtemethode unterscheidet nicht zwischen echtem kristallinen Zustand und Anordnungen ohne Periodizität, die bei Polyäthylenterephthalat vorkommen und ebenfalls eine höhere Dichte besitzen (vergleiche 5.4.2.3.). Von A. B. Thompson und D. W. Woods [35] wurde festgestellt, daß die Dichte des nichtkristallinen Anteils mit steigendem Kristallinitätsgrad abfällt. Selbstverständlich dürfen auch keine Hohlräume in den Proben vorhanden sein (vergleiche 6.1.4.). Die Kristallinität unverstreckter und verstreckter Polyesterfäden nach Temperung ist unterschiedlich. Die nach der Dichtemethode erhaltenen Ergebnisse sind in 5.4.2.3. und 7.4.1. beschrieben.

Tiefere Einblicke in die Struktur von kristallinen Polymeren können mit Hilfe von Röntgenstrahlen gewonnen werden. Die röntgenographischen Methoden gestatten, nicht nur das Mengenverhältnis kristallin/nichtkristallin, sondern auch Kristallitgröße, Form und Abmessungen der Elementarzelle zu ermitteln (Näheres über Methodik siehe bei [8]). Bild 2.2. zeigt die großen Unterschiede in den Röntgeno-

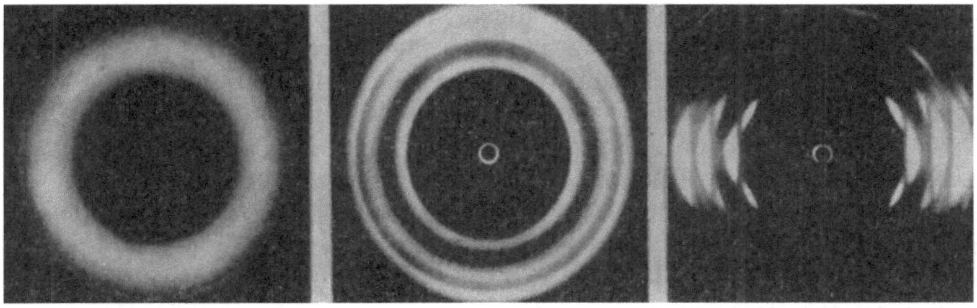

a) *b)* *c)*

Bild 2.2. Röntgendiagramme von Polyestern

a) unverstreckt
b) unverstreckt, getempert
c) verstreckt, getempert

grammen kristalliner und nichtkristalliner Polyesterfäden. Das Intensitätsverhältnis der von den kristallinen und nichtkristallinen Bereichen gestreuten Röntgenstrahlen gibt ein Maß für den Kristallinitätsgrad.

Die Abmessungen der Elementarzelle des Polyäthylenterephthalats sind ebenfalls röntgenographisch ermittelt worden [33, 34]. Nach R. de P. Daubeny,

C. W. Bunn und C. J. Brown [34] hat die Elementarzelle trikline Form und folgende Abmessungen

$$a = 4{,}56\ \text{Å} \qquad b = 5{,}94\ \text{Å} \qquad c = 10{,}75\ \text{Å}$$
$$\alpha = 98{,}5^\circ \qquad \beta = 118^\circ \qquad \gamma = 112^\circ.$$

In Kleinwinkeldiagrammen von Polyestern aus ω-Oxydekan- und ω-Oxyundekansäure wurden von K. Hess und H. Kiessig [36] Perioden gefunden, die den Kristallitlängen entsprechen. E. P. H. Meibohm und A. F. Smith [37] konnten bei verstreckten getemperten Polyäthylenterephthalatfäden Faserperioden von 80—100 Å ermitteln. Es bestätigt sich also auch bei Polyesterfasern die bei anderen hochpolymeren Fasern gefundene Erscheinung, daß die langen Makromoleküle mehreren kristallinen Bereichen angehören. Auf Einzelheiten der zahlreichen Abhandlungen [24, 38—50] kann hier nicht eingegangen werden.

Eine weitere Methode zur Untersuchung der kristallinen Struktur ist die Infrarotabsorption. Die Absorptionsbande bei 972 cm^{-1} wurde bereits von W. H. Cobbs und R. L. Burton [25] zur Messung der Kristallisationsgeschwindigkeit von Polyäthylenterephthalat herangezogen. Es folgten zahlreiche weitere Arbeiten [51—55, 116]. Bei Ermittlung des kristallinen Anteils aus den IR-spektroskopischen Daten ist zu beachten, daß diese Banden nicht direkt den kristallinen Zustand anzeigen, sondern auf Wechselwirkung der Ketten, räumliche Konfiguration usw. ansprechen [53]. Beim Polyäthylenterephthalat kommen zwei Konfigurationen der Äthylendioxy-Gruppe vor (trans- und gauche-Stellung [56—60]). Zu diesen Untersuchungen wurden auch kernmagnetische Resonanzmessungen mit herangezogen [58, 61—63]. Danach besteht der kristalline Anteil aus der trans-Form. Nach P. G. Schmidt und F. P. Gay [60]kommen im nichtkristallinen Anteil beide Formen vor, während nach früheren Untersuchungen [58] nur die gauche-Konfiguration vorkommen sollte. Die aus dem trans-gauche-Gehalt berechneten Kristallinitätswerte stimmen deshalb nicht mit den aus Dichte- und Röntgenuntersuchungen ermittelten überein. Über weitere Zusammenhänge zwischen Konformationszustand und Kristallinität wurde von F. Schönherr berichtet [64].

Wie bereits erwähnt, wurde die Kristallisationsgeschwindigkeit von W. H. Cobbs und R. L. Burton [25] durch Messung der Infrarotabsorption bestimmt. Die Messung erfolgte an dünnen Filmen im Temperaturbereich von 120—240 °C. Zur Auswertung diente besonders die Absorptionsbande bei 972 cm^{-1}. Die Kurve der Kristallisations-Halbwertszeiten τ zeigt ein Minimum bei 190 °C. Bei dieser Temperatur ist also die Kristallisationsgeschwindigkeit am größten. Zu ähnlichen Ergebnissen kommen L. B. Morgan und Mitarbeiter [65] mit Hilfe der Dichtemethode. Darüber hinaus wird von diesen Autoren der Einfluß der Struktur der Polymeren, des Molekulargewichtes und der Schmelzbedingungen auf die Kristallisationsgeschwindigkeit, beschrieben. Mit steigendem Molekulargewicht wird die Kristallisation verzögert, wie aus den in Tabelle 2.3. angeführten Halbwertszeiten der Kristallisation bei 118 °C hervorgeht.

Tabelle 2.3. Kristallisationshalbwertszeiten in Abhängigkeit von Molekulargewicht [65]

Molekulargewicht	11200	13600	14000	15200	15800
Halbwertszeit (min)	3,5	9,0	15,0	17,5	18,5

Starken Einfluß auf die Kristallinität haben die Schmelzbedingungen. Beim Schmelzen verschwindet die Kristallinität. Wird jedoch nur wenig über den Schmelzpunkt erhitzt, so bleiben Kristallisationskeime in der Schmelze, die die Kristallisationsgeschwindigkeit des daraus durch Abschrecken hergestellten festen Polymeren erhöhen. Erst beim Erhitzen der Schmelze über 290 °C werden diese Keime zerstört. Von L. B. Morgan und Mitarbeitern [65] wurden Polyäthylenterephthalatschmelzen auf 268 °C, 275°C und 294 °C, von F. Rybnikar [66] auf 265 und 290 °C erhitzt und schnell abgekühlt. Zur Charakterisierung der Kristallisationsgeschwindigkeit werden die Konstanten k der Avrami-Gleichung [67]

$$a = e^{-k \cdot t^n}$$

angegeben.
a = Anteil der amorphen Phase, t = Kristallisationszeit, n = vom Wachstumsmechanismus beeinflußte ganze Zahlenwerte 1 bis 4.
Die Werte der Tabelle 2.4. zeigen die größere Kristallisationsneigung der Probe, die bei nur 265 °C geschmolzen wurde.

Tabelle 2.4. Konstanten der Kristallisation von Polyäthylenterephthalat [66]
Schmelzzeit 15 min

Kristallisations-	Schmelztemperatur 265 °C			Schmelztemperatur 290 °C		
temp. °C	n	k [min^{-n}]	τ [min]	n	k [min^{-n}]	τ [min]
90	—	—	—	2	$1{,}48 \cdot 10^{-6}$	636
95	2	$5{,}89 \cdot 10^{-6}$	336	—	—	—
100	2	$4{,}35 \cdot 10^{-5}$	135	2	$4{,}79 \cdot 10^{-5}$	120
110	2	$1{,}29 \cdot 10^{-3}$	21	2	$6{,}89 \cdot 10^{-4}$	32
115	2	$4{,}47 \cdot 10^{-3}$	11,5	—	—	—
120	—	—	—	2	$6{,}08 \cdot 10^{-3}$	13
130	2	$1{,}26 \cdot 10^{-2}$	6,8	—	—	—
140	2	$9{,}04 \cdot 10^{-2}$	2,6	2	$6{,}40 \cdot 10^{-2}$	3,2
160	2	$6{,}17 \cdot 10^{-1}$	0,9	3	$1{,}48 \cdot 10^{-1}$	1,7
180	2	1,20	0,9	3	$3{,}09 \cdot 10^{-1}$	1,3
190	3	1,0	0,9	3	$1{,}66 \cdot 10^{-1}$	1,5
200	3	$3{,}67 \cdot 10^{-1}$	1,1	—	—	—
202,5	—	—	—	3	$3{,}58 \cdot 10^{-2}$	2,6
217	4	$2{,}43 \cdot 10^{-2}$	2,9	—	—	—
220	—	—	—	3	$3{,}85 \cdot 10^{-3}$	5,5
224,7	4	$6{,}95 \cdot 10^{-4}$	5,5	3	$8{,}79 \cdot 10^{-5}$	14,5
230	4	$5{,}25 \cdot 10^{-5}$	11	3	$5{,}50 \cdot 10^{-5}$	23
235	4	$3{,}28 \cdot 10^{-6}$	21	3	$9{,}1 \cdot 10^{-6}$	43
240	4	$6{,}61 \cdot 10^{-8}$	53	3	$1{,}00 \cdot 10^{-6}$	90
242	—	—	—	4	$1{,}45 \cdot 10^{-10}$	258
244	4	$1{,}51 \cdot 10^{-9}$	146	—	—	—

Der zeitliche Verlauf der Kristallisation einer amorphen Polyäthylenterephthalatprobe bei 220 °C ist in Bild 2.3a. dargestellt [68]. Charakteristisch ist die S-förmige Gestalt des ersten Teils der Kristallisation, der sogenannten Hauptkristallisation. Nach einer Induktionsperiode, in der sich die Kristallisations-

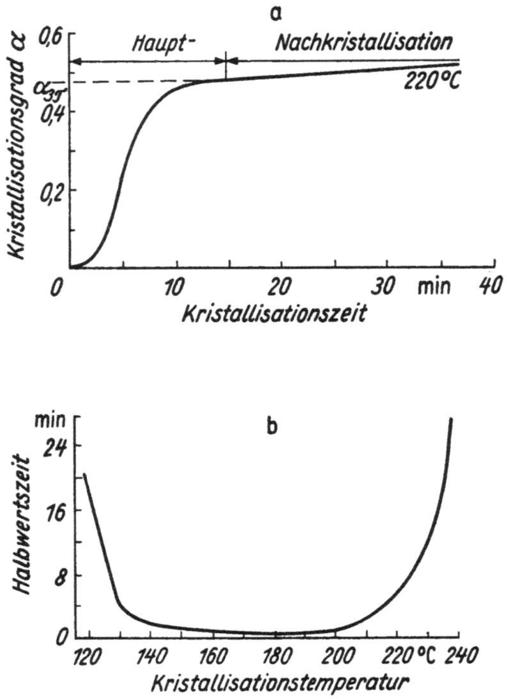

Bild 2.3. Kristallisationsgeschwindigkeit von Polyäthylenterephthalat (nach [68])

kerne bilden, steigt die Kristallinität sehr schnell an. Ein Maß für die Kristallisationsgeschwindigkeit ist die Halbwertszeit τ. Nach dieser Zeit hat der Kristallisationsgrad α den halben Endwert $\alpha_0/2$ erreicht. Die Hauptkristallisation ist nach der Zeit 3τ abgeschlossen. Der erreichte Kristallisationsgrad ist im Bild 2.3a. mit $\alpha_{3\tau}$ bezeichnet. Nach dieser Zeit verläuft die Kurve sehr flach; diese wird als Nachkristallisation [68] bezeichnet (secondary crystallization [65]). Die Nachkristallisation wurde besonders von H. G. Zachmann und H. A. Stuart [68] untersucht. Die in Bild 2.3b. dargestellte Abhängigkeit der Halbwertzeit von der Temperatur bezieht sich auf die Hauptkristallisation und zeigt in Übereinstimmung mit den Ergebnissen von W. H. Cobbs und R. L. Burton [25] ein Halbwertzeitminimum bei 190 °C. Da Polyäthylenterephthalat besonders bei Temperaturen unterhalb 130 °C nur langsam kristallisiert und eine Einfriertemperatur von etwa 70 °C hat, ist es möglich, beim Erhitzen auf höhere Temperaturen entstehende Zwischenzustände durch Abschrecken einzufrieren und bei Zimmertemperatur zu untersuchen. H. G. Zachmann und H. A. Stuart [68] gelang es durch diese Methodik nachzuweisen, daß beim Erhitzen hochkristalliner Proben bereits bei Temperaturen weit unterhalb des Schmelzpunktes eine Verminderung des Kristallisationsgrades eintritt, was auf partielles Schmelzen zurückgeführt wird. Ebenso wurden die Schmelzkurven von verschieden getemperten Proben unter Ausschaltung der Neukristallisation aufgenommen. Es zeigte sich, daß der Schmelzpunkt mit steigender Kristallisationstemperatur ebenfalls steigt.

Weitere Aufschlüsse über das Schmelz- und Kristallisationsverhalten wurden durch Anwendung der Differentialkalorimetrie [49, 69] und der Differentialthermoanalyse (DTA) erhalten [70—75]. Von E. WIESENER konnte unmittelbar bei der vorher angewandten Fixiertemperatur ein endothermer Vorgang nachgewiesen werden [70]. Die DTA ermöglichte ebenfalls die Beobachtung der Verschiebung des Schmelzbeginns nach höheren Temperaturen mit zunehmender Temperungstemperatur, gestattete aber auf Grund von Kristallisationsänderungen während des DTA-Versuches keine genauen Kristallinitätsbestimmungen [71]. Weiterhin konnten mit Hilfe der DTA Untersuchungen über die Abhängigkeit der Einfrier-, Kristallisations- und Schmelztemperatur vom Molekulargewicht durchgeführt werden [72]. Ein exothermer Peak ergibt sich durch die spontane Kristallisation um 130 °C [73], kann aber auch im Schmelzbereich durch Oxydationsvorgänge hervorgerufen werden [74, 75].

Auch Verarbeitungsvorgänge ändern stark die strukturellen Verhältnisse. C. W. SMITH und M. DOLE [76] untersuchten Einfrier- und Rekristallisationsvorgänge von Polyäthylenterephthalat mit Hilfe der spezifischen Wärme und fanden, daß durch Verstrecken die Geschwindigkeit der Rekristallisation gesteigert wird. Die Kristallisation von Polyäthylenterephthalatfolien während der Verarbeitung wurde von E. STEFFENS untersucht [77].

Die Einwirkung von Feuchtigkeit erhöht die Kristallisationsgeschwindigkeit erheblich, da die Beweglichkeit der Kettensegmente in Gegenwart von Wasser verbessert wird. Auch andere niedermolekulare Stoffe haben ähnliche Wirkung. Voraussetzung ist, daß die Quellmittel die amorphen Bereiche molekulardispers durchdringen [78].

2.2.5. *Orientierung*

Für die mechanischen Eigenschaften der Fasern ist die Orientierung der Kristallite bzw. Makromoleküle in Faserlängsrichtung von außerordentlicher Wichtigkeit. Im nichtkristallinen, frischgesponnenen Faden liegt eine gewisse Orientierung der Makromoleküle vor, die von den Spinnbedingungen abhängt (vergleiche 5.4.). Die für gute Gebrauchseigenschaften notwendige hohe Orientierung wird im allgemeinen durch Verstrecken der Fäden erzielt (vergl. Kap. 6). In diesen verstreckten Fäden sind auch die Kristallite mehr oder weniger in Faserlängsachse orientiert. Durch diese weitgehende Parallelisierung können die zwischenmolekularen Kräfte besonders wirksam werden und bedingen die guten mechanischen Eigenschaften.

Zur Bestimmung der Orientierungsverhältnisse in Hochpolymeren eignen sich folgende Methoden [8]:

Röntgenographie
Doppelbrechung
Ultrarot-Dichroismus
Magnetische Anisotropie.

Die Röntgenmethode erlaubt im Gegensatz zu den anderen Methoden, neben der mittleren Orientierung auch die Orientierungsverteilung festzustellen. Doch ist dies im allgemeinen nur bei kristallinen Materialien möglich. Mit Hilfe von Röntgendiagrammen wurde schon frühzeitig an aliphatischen Polyesterfäden erkannt, daß die Kristallite sehr stark in Richtung der Faserachse orientiert sind

[79, 80]. Wie aus Bild 2.2c. zu ersehen ist, weist das Röntgendiagramm von verstreckten, getemperten Polyäthylenterephthalatfäden sehr starke äquatoriale sichelförmige Reflexe auf, die ein Beweis für hohe Orientierung sind.

Eine genaue quantitative Auswertung ist langwierig; es genügt jedoch für praktische Belange, wenn beispielsweise eine Auswertung in der Form erfolgt, daß aus den Photometerkurven der Winkel zwischen Schwärzungsmaximum und dem Punkt bestimmt wird, bei dem die Interferenzintensität auf die Hälfte des maximalen Wertes abgesunken ist. Mit steigendem Verstreckverhältnis wird infolge zunehmender Orientierung diese sogenannte Halbwertsbreite immer kleiner. In Tabelle 2.5. ist der Zusammenhang zwischen Verstreckverhältnis und Halbwertsbreite [81] wiedergegeben. Die Werte können jedoch nur als Beispiel gelten, da die Orientierung nicht nur vom Verstreckverhältnis, sondern auch von der Vororientierung abhängig ist.

Tabelle 2.5. Zusammenhang zwischen Verstreckverhältnis und Halbwertsbreite [81]

Verstreckverhältnis 1:	3,5	4,0	4,3	4,6	4,9
Halbwertsbreite	8° 33′	6° 59′	6° 39′	6° 15′	6° 7′

Die Polyesterfäden sind wie viele andere Fasern optisch anisotrop. Die Differenz der Brechungsindizes in Faserlängs- und -querrichtung wird als Doppelbrechung bezeichnet und kann als Maß für die Orientierung betrachtet werden. Vorteile gegenüber der Röntgenographie sind die größere Empfindlichkeit bei Stoffen mit großer Eigendoppelbrechung und die Erfassung der Orientierung in nichtkristallinen Bereichen. Es kann jedoch nur ein mittlerer Orientierungsgrad bestimmt werden. Tabelle 2.6. zeigt als Beispiel den Zusammenhang zwischen Verstreckungsverhältnis und Doppelbrechung [82—85].

Tabelle 2.6. Zusammenhang zwischen Verstreckverhältnis und Doppelbrechung [82]

Verstreckverhältnis 1:	1	2,02	2,99	3,99	5,02	5,99
Doppelbrechung	0,001	0,042	0,110	0,140	0,167	0,181

Die Doppelbrechung wird auch etwas vom Kristallinitätsgrad beeinflußt. Bei der Untersuchung des Temperatureinflusses auf die Doppelbrechung ist dieser Umstand mit zu berücksichtigen. S. Sakajiri [84] beobachtete an unverstreckten amorphen Polyäthylenterephthalatfäden beim Erhitzen ab 50 °C eine Abnahme der Doppelbrechung, die im Ausgangsprodukt etwa 0,003 bis 0,010 betrug. Bei Temperaturen von 65—85 °C werden die Werte negativ, steigen bei höheren Temperaturen wieder an und werden bei 200—225 °C gleich Null. Untersuchungen über die Temperatureinwirkung an verschieden verstreckten Polyesterfäden sind von G. Duwe [85] durchgeführt worden. Entsprechend der höheren Orientierung weisen die verstreckten Fäden größere Anfangsdoppelbrechung auf und zeigen alle beim Erhitzen bei etwa 80—100 °C ein mehr oder weniger ausgeprägtes

Minimum. Bei höheren Temperaturen bildet sich ein Maximum der Doppelbrechung aus. Darauf fällt die Doppelbrechung ab, um beim Schmelzpunkt gleich Null zu werden.

Eine interessante Abwandlung der Methodik wurde von D. PATTERSON und I. M. WARD [86] vorgenommen, indem sie der Schmelze den dichroitischen Farbstoff Carbolan Green G zusetzten und diese Schmelze-Farbstoff-Mischung zu Fäden verarbeiteten. Da sich die Ebenen des Farbstoffmoleküls parallel zu den Makromolekülen orientieren, gelingt es, mit polarisiertem Licht den Orientierungsfaktor f_1 zu ermitteln. Mit Hilfe der Doppelbrechung wurde der Orientierungsfaktor f_2 bestimmt. Für nichtkristalline orientierte Fäden stimmen f_1 und f_2 überein, für kristalline Fäden nicht. Daraus wird der Schluß gezogen, daß der nach der dichroitischen Methode gewonnene Faktor f_1 ein Maß für die Orientierung im nichtkristallinen, der nach der Doppelbrechungsmethode ermittelte Faktor f_2 ein Maß für die Orientierung im kristallinen und nichtkristallinen Bereich ist.

In ähnlicher Weise wurden von G. E. MC GRAW [87] durch Fluoreszenz-Zusätze und Untersuchungen mit Hilfe der Fluoreszenz-Polarisation die Veränderungen der molekularen Orientierung beim Spinnen, Strecken und Tempern ermittelt. Zur Beurteilung der Orientierungseffekte muß aber die bei der Verstreckung angewandte hohe Temperatur des Wasserdampfes berücksichtigt werden (vergleiche 6.1.1.).

Auch die Untersuchung des Ultrarotdichroismus wurde zur Ermittlung der Orientierung von Polyesterfasern [88] und Polyesterfilmen [89] angewandt.

Außer der Anisotropie in der elektrischen bzw. optischen Polarisierbarkeit besitzen die Moleküle auch eine Anisotropie in der magnetischen Polarisierbarkeit, was durch Messung der Suszeptibilitäten in den verschiedenen Richtungen nachgewiesen werden kann. Von A. SELWOOD und Mitarbeitern [90] ist diese Methode zur Messung der Orientierung in Polyäthylenterephthalatfäden in Abhängigkeit vom Verstreckverhältnis herangezogen worden. Sie beobachteten einen sehr starken Anstieg der magnetischen Anisotropie besonders zwischen den Verstreckverhältnissen 1:4 und 1:5, wobei Angaben über Herstellungsbedingungen, Vororientierung usw. allerdings nicht gemacht wurden. Diese Erscheinung hängt wahrscheinlich mit der Einstellung der Benzolkerne parallel zur Faserachse zusammen. In welchem Maße Kristallinitätsänderungen hierbei eine Rolle spielen, ist noch nicht geklärt.

2.3. Herstellungsverfahren von Polyesterfäden und -fasern in schematischen Darstellungen

Die Erzeuger von Polyesterfasern und -fäden geben in bildlicher Darstellung für die Produktion ihrer Erzeugnisse die in Bild 2.4. [91], Bild 2.5. [92] und Bild 2.6. ersichtlichen Arbeitsweisen an.

Allen diesen Darstellungen ist gemeinsam, daß die Produktion von Polyesterfäden aus Dimethylterephthalat und Äthylenglykol in folgenden Hauptstufen erfolgt:

a) Herstellung der Polymeren,
b) Verspinnung der Polymeren zu Spinnfäden,
c) Aufarbeitung der Spinnfäden zu Seiden, Stapelfasern, Spinnband oder Vliesen.

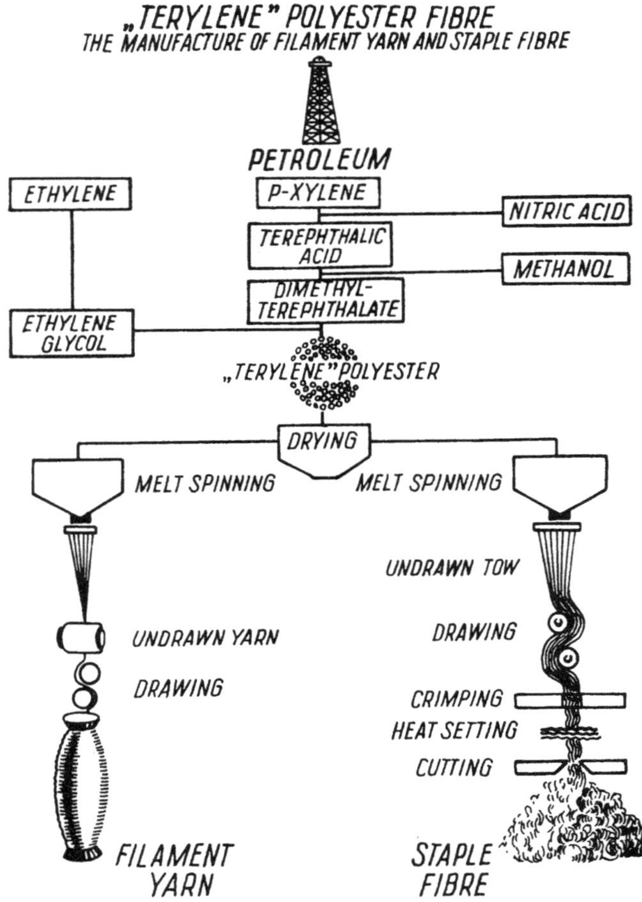

Bild 2.4. Herstellungsschema der Polyester-Seide und -Stapelfaser „Terylene" [91]

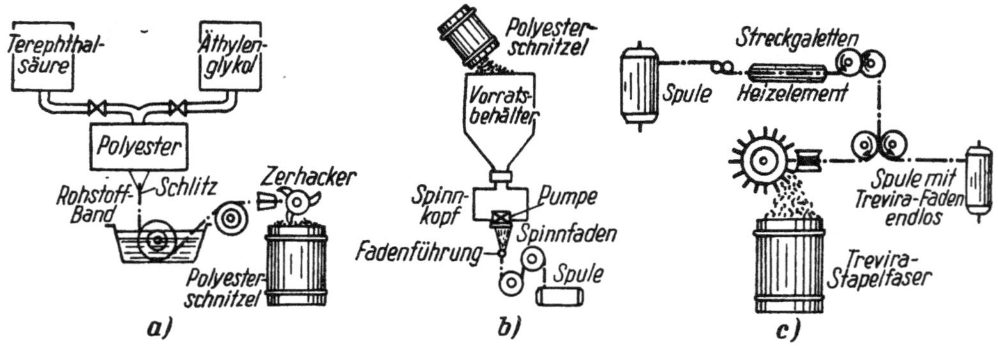

Bild 2.5. Herstellungsschema der Polyester-Seide und -Stapelfaser „Trevira" [92]
a) Rohschnitzelherstellung; *b*) Spinnprozeß; *c*) Streckprozeß

Diese Dreiteilung der Produktion findet sich im allgemeinen bei vielen Produktionsanlagen wieder. Jedoch geht die Tendenz immer mehr dahin, zwei dieser Stufen zu vereinigen, beispielsweise durch kontinuierliche Herstellung der Polymeren und Verspinnung der Kondensationsschmelze in einem Arbeitsgang oder durch Zusammenlegung des Spinnvorganges mit dem Streckprozeß zum so-

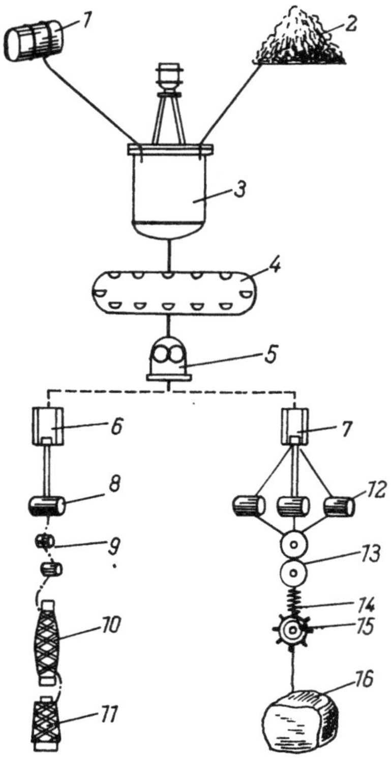

Bild 2.6. Herstellungsschema von Polyester-Seide und- Stapelfaser unter Anwendung des Masselgiebelsverfahrens

1 – Glykol; *2* – DMT; *3* – Schmelzkessel; *4* – Masselgießmaschine; *5* – Brecher; *6* – Spinnkopf/Seide; *7* – Spinnkopf/Stapelfaser; *8* – Spinnspule; *9* – Verstreckung; *10* – Kops; *11* – Kreuzspule; *12* – Spulengatter; *13* – Verstreckung; *14* – Kräuselung; *15* – Schneide; *16* – Ballen

genannten „Spinnstrecken". Möglich wäre auch eine Produktion von Polyesterfäden in einem Einstufenprozeß, der also die Polykondensation, die Verspinnung und die Verstreckung zu hochfesten Fäden in einem einzigen Arbeitsgang vereinigt (s. Kap. 5).

Im Rahmen dieses Kapitels soll in schematischen Darstellungen kurz auf verschiedene aus der Literatur bekannte Polymerisations- und Spinnverfahren und auf einige Aufarbeitungsverfahren der Spinnfäden zu Stapelfasern, Spinnband, Grobseiden, Feinseiden und Drähten eingegangen werden.

2.3.1. *Polykondensation in schematischen Darstellungen*

Der wesentlichste Teil der Polykondensations-Anlage ist das — für die Vakuumkondensation bestimmte — beheizte große Rührgefäß, das sich in allen diskontinuierlichen Anlagen (Bild 2.7., 2.8. und 2.9.) wiederfindet.

Hinsichtlich der Verflüssigung des Dimethylterephthalates, der Umesterung und besonders des Gieß- und Trocken- sowie Zerkleinerungsprozesses existieren verschiedene Varianten. So sieht das Verfahren nach Bild 2.7. [93] das Lösen von

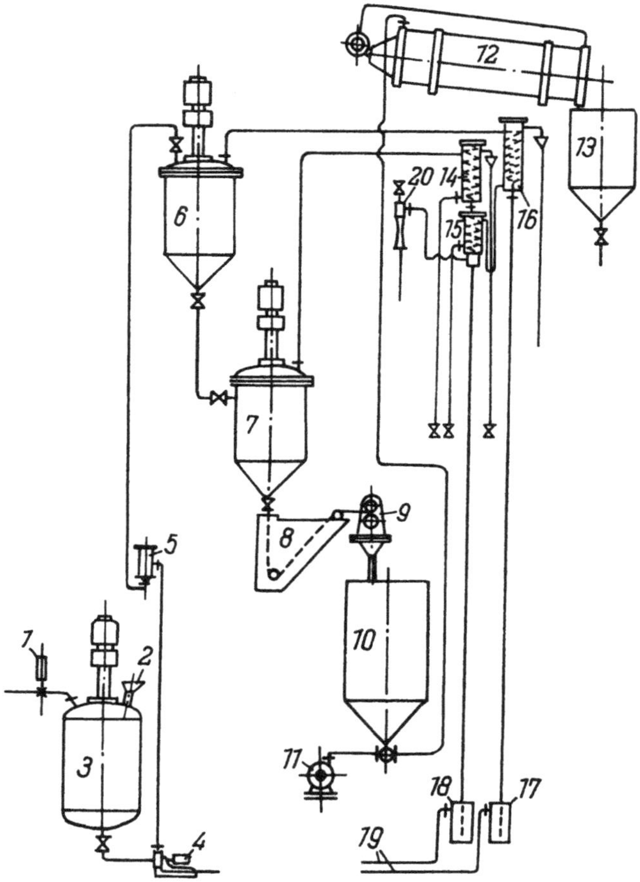

Bild 2.7. Schema einer Anlage zur Herstellung von Polyester-Schnitzeln (Variante I)

1 — Durchflußmesser für Glykol; *2* — DMT-Einfülltrichter; *3* — Löser für DMT in Glykol; *4* — Förderpumpe der Lösung; *5* — Filter; *6* — Umesterungsgefäß; *7* — Kondensationsgefäß; *8* — Kühlwanne; *9* — Bandschneide; *10* — Naßschnitzelbunker; *11* — Ventilator für Schnitzeltransport; *12* — Schnitzelheißlufttrockner; *13* — Trockenschnitzelbunker; *14* — Kondensator für Glykol; *15* — Kühler für Glykol; *16* — Kondensator und Kühler für Methanol; *17* — Vorlage für Methanol; *18* — Vorlage für Methanol; *18* — Vorlage für Glykol; *19* — Ableitung Methanol und Glykol; *20* — Dampfstrahlsauger

Dimethylterephthalat in Glykol vor, während die in den Bildern 2.8. [94] und 2.9. dargestellten Verfahren mit Schmelzkesseln für Dimethylterephthalat arbeiten. Der Umesterungsprozeß kann selbstverständlich entfallen, wenn anstelle des Terephthalsäuredimethylesters der Diglykolester der Säure eingesetzt wird.

Nach beendeter Polykondensation im Autoklaven wird die Schmelze in kürzester Zeit in die feste Form übergeführt. Dies kann nach der für Polyamide üblichen Technologie geschehen, bei der die Polykondensations-Schmelze in Form von dünnen Bändchen oder Drähten aus dem Autoklaven in Wasser gedrückt wird, in dem sie amorph erstarrt.

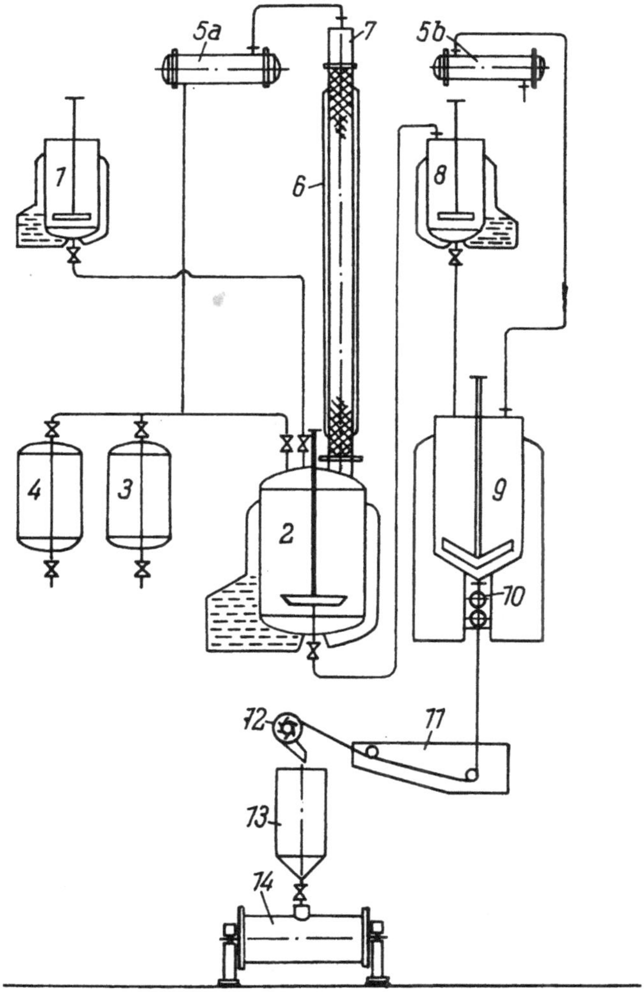

Bild 2.8. Schema einer Polyester-Schnitzel-Anlage (Variante II)

1 — Aufschmelz- bzw. Lösungsgefäß; *2* — Umesterungsgefäß; *3* — Methanolvorlage; *4* — Glykolvorlage; *5a* und *5b* — Kondensatoren; *6* — Füllkörperkolonne; *7* — Dephlegmator; *8* — Vorkondensationsgefäß; *9* — Kondensationsgefäß; *10* — Abzugspumpe; *11* — Kühlwanne; *12* — Bandschneide; *13* — Naßschnitzelbunker; *14* — Drehtrommeltrockner

Bild 2.7. und Bild 2.8. zeigen in der Literatur [93, 94] beschriebene Verfahren dieser Art. Die Bändchen oder Drähte werden dann geschnitzelt und getrocknet.

Das in neuester Zeit entwickelte Unterwassergranulierverfahren (s. Kap. 4, S. 165–166 erfordert zur Granulierung der Polykondensationsschmelze nicht die Herstellung von Bändchen, Drähten oder dergleichen. Der Unterwassergranulator führt die Schmelze in der Weise in Kornform über, daß die unterhalb der Wasseroberfläche aus den Bohrungen der Düsenplatte austretende Schmelze durch rotierende Messer laufend von der Düsenplatte abgeschlagen wird und die abgetrennten Schmelzeteilchen in dem temperierten Wasser in Kugel- oder Ellipsoidform von gleichmäßiger Größe erstarren.

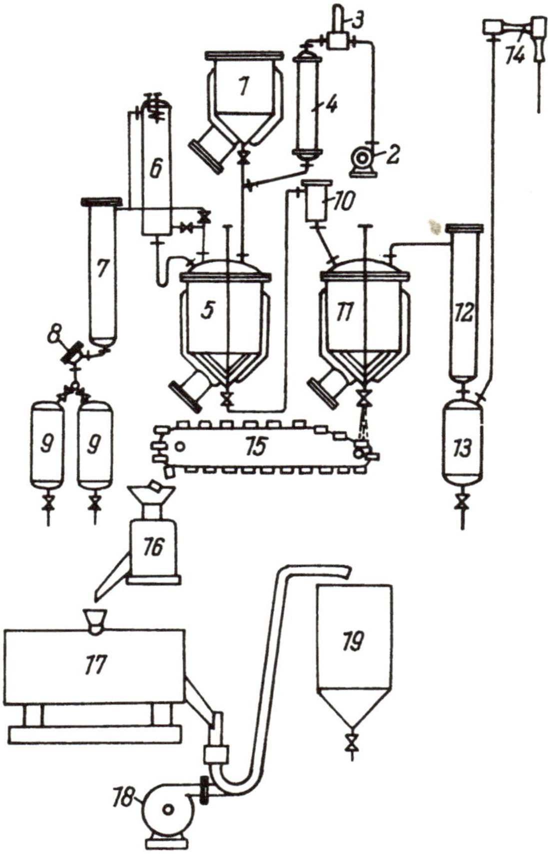

Bild 2.9. Herstellung von Polyester-Granulat nach dem Massel-Trocken-Gieß-Verfahren von Schwarza

1 – Aufschmelzgefäß; *2* – Glykolpumpe; *3* – Glykolmengenmesser; *4* – Glykol-Vorwärmer; *5* – Umesterungsgefäß; *6* – Füllkörperkolonne; *7* – Methanolkühler; *8* – Schauglastopf; *9* – Methanol-Vorlagen; *10* – Filter; *11* – Kondensationsgefäß; *12* – Glykolkühler; *13* – Glykolvorlage; *14* – Vacuum-Dampfstrahlsauger; *15* – Masselgießmaschine; *16* – Granulator; *17* – Mischtrommel; *18* – Ventilator für Granulattransport; *19* – Granulat-Trockenbehälter

Ganz anders gestaltet sich die Erstarrung und Zerkleinerung bei dem in Bild 2.9. skizzierten Verfahren. Die Schmelze wird in kürzester Zeit in Formen gegossen [95], in denen sie langsam kristallin erstarrt. Die kristallinen kompakten Stücke, auch Masseln genannt, werden in geeigneten Brechern in noch heißem Zustand zu Granulat zerschlagen. Gießen und Zerkleinern erfolgen im kontinuierlichen Prozeß. Ein Trocken- und Temperprozeß ist für dieses Granulat nicht erforderlich, da es in völlig trockener und kristalliner Form anfällt. Zahl und Größe der Masseln hängen von der Art der zu wählenden Zerkleinerung ab (Einzelheiten s. Kapitel 4).

Auch hinsichtlich einer kontinuierlichen Umesterung und Polykondensation von Terephthalsäureester und Glykol gibt es verschiedene Varianten der Durchführung. Bild 2.10. zeigt ein Prinzipschema einer solchen Kontinue-Anlage [96].

Die eigentliche Polykondensation findet in der Schnecke statt, von der aus die spinnreife Schmelze den Spinndüsen zugeführt wird.

In anderen Verfahren zur kontinuierlichen Herstellung von Polyesterschmelzen aus Terephthalsäureester oder Terephthalsäure und Äthylenglykol [97—108] vollzieht sich der kontinuierlich verlaufende Reaktionsprozeß in Spezial-Apparaturen, auf die in Kapitel 4 ausführlich eingegangen ist.

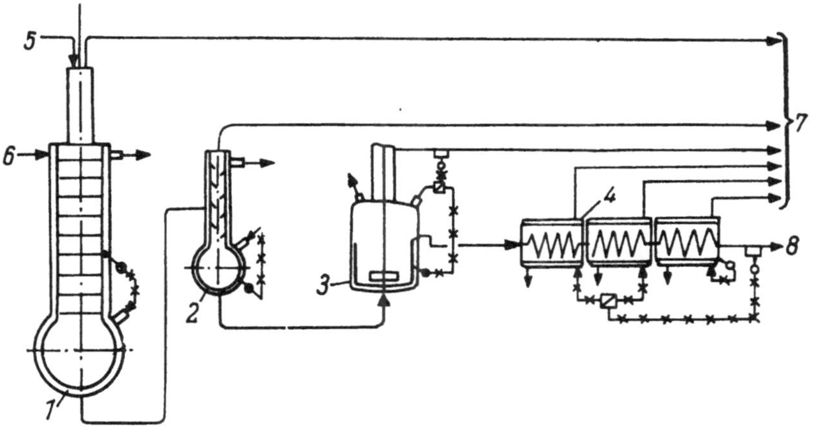

Bild 2.10. Prinzipschema einer kontinuierlichen Anlage zur Herstellung und Verspinnung von Polyesterschmelze [96]

1 — Umesterungsturm; *2* — Dünnschichtverdampfer; *3* — Rührgefäß; *4* — Polykondensationsschnecke; *5* — Eintritt Glykol; *6* — Lösung von DMT und Glykol; *7* — Methanol-Glykol-Gemisch zur Aufbereitung; *8* — PÄT-Schmelze zur Verspinnung

2.3.2. *Spinnprozesse in schematischer Darstellung*

Die Verspinnung der Polyesterschmelzen zu Fäden erfolgt nach verschiedenartigen Verfahren. Alle Verfahren weisen als wesentlichsten Bestandteil die Spinndüse mit ihren runden oder profilierten Spinnöffnungen auf, durch die die Polyesterschmelzen hindurchgedrückt werden. In den meisten Fällen erfolgt das Drücken mittels Förderpumpen. Anstelle der Pumpen werden in steigendem Maße auch Förderschnecken eingesetzt. Bei Anwendung des sog. Band-, Stab- oder Blockspinnens [109—111] wird die Förderung durch das als Stempel wirkende

Band bzw. den Stab oder Block herbeigeführt. Pumpen und Schnecken erübrigen sich bei diesem Verfahren.

Die Aufwicklung der gesponnenen Fäden kann einzeln, wie Bild 2.11. zeigt, oder als Sammelaufwicklung für mehrere Spinnstellen erfolgen.

In Bild 2.12. ist schematisch eine Sammelaufspulung von 4 Spinnstellen vorgesehen.

Selbstverständlich kann die Zahl der aufgespulten Spinnstellen auch kleiner oder größer sein und sogar die Fäden einer ganzen oder mehrerer Spinnmaschinen zusammenfassen. Anstelle dieser Sammelspule, die dann mehrere hundert Kilo-

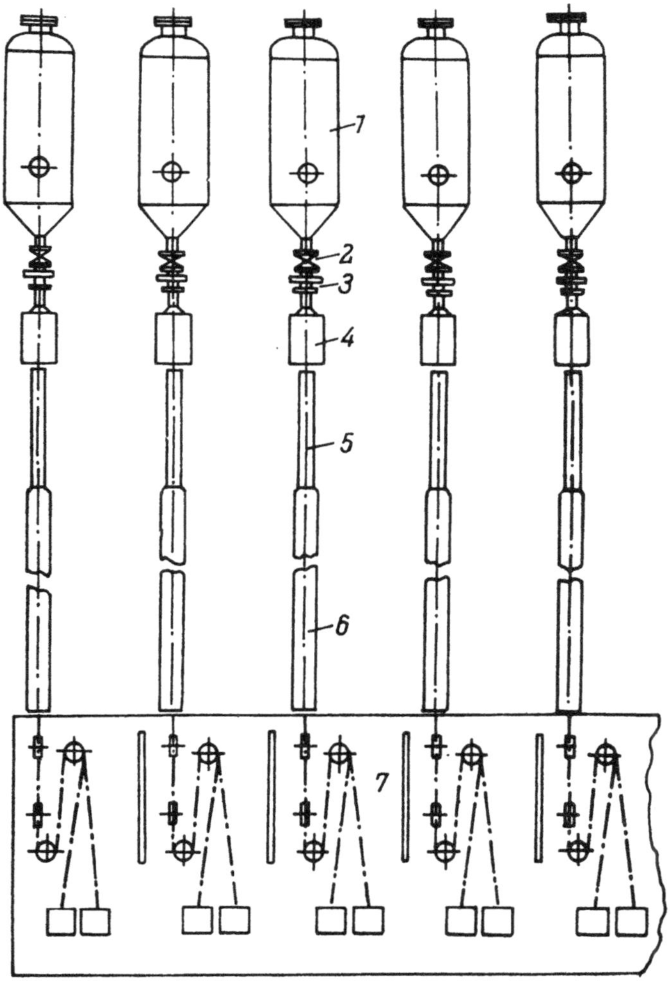

Bild 2.11. Schema einer Spinnmaschine für Polyester-Seiden mit Doppel-Spinnköpfen und Doppel-Aufspulungen

1 – Granulat-Behälter; 2 – Granulat-Absperrhahn; 3 – Kompensator; 4 – Spinnkopf; 5 – Anblasschacht; 6 – Spinnschacht; 7 – Aufspulmaschine

gramm Fäden aufnehmen kann, hat sich jedoch die Kannenablage entsprechend Bild 2.13. als zweckmäßiger erwiesen (s. Kapitel 5.6.).

Die hier behandelten schematischen Darstellungen geben lediglich Beispiele von Kombinationen wieder. Es ist selbstverständlich auch möglich, die im Extruder aufgeschmolzenen Polyesterteilchen auf den in den Bildern 2.11. und 2.12. gezeigten Maschinen aufzuwickeln oder die im Direktverfahren, also ohne Erstarren und Wiederaufschmelzen des Polyesters, erzeugten Fäden in der im Bild 2.11. oder 2.13. dargestellten Weise aufzuspulen oder in Kannen bzw. in Vliesform [112, 113] abzulegen (Einzelheiten s. Kapitel 5).

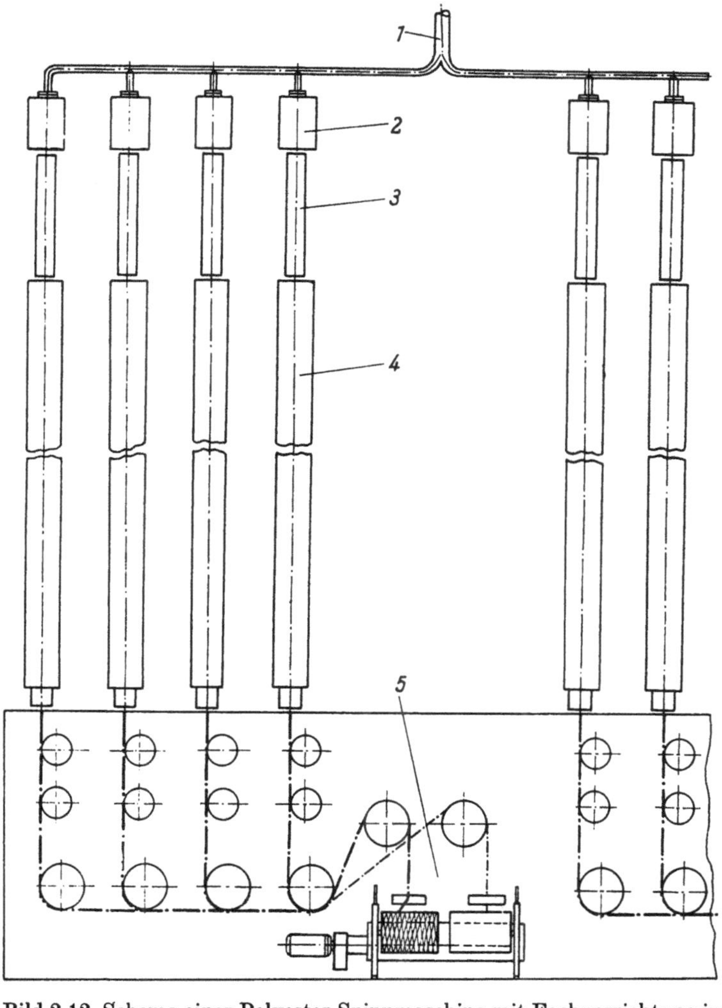

Bild 2.12. Schema einer Polyester-Spinnmaschine mit Fachvorrichtung im Spulteil und Direktverspinnung von Kondensationsschmelze

1 – Schmelzeleitung; *2* – Spinnkopf; *3* – Anblasschacht; *4* – Spinnschacht; *5* – Aufspulmaschine

2.3.3. *Schema des Verarbeitungsverfahrens von Spinnfäden zu Stapelfasern*

Die auf der Spinnmaschine hergestellten endlosen Polyesterfäden müssen verstreckt und — sofern Stapelfasern aus ihnen hergestellt werden sollen — gekräuselt und geschnitten werden. Bild 2.14. zeigt in schematischer Darstellung zwei Möglichkeiten auf, die Spinnfäden zu hochwertigen Stapelfasern zu verarbeiten.

Das Spinngut wird den Spulen bzw. den Kannen entnommen, zu einem Bündel zusammengefaßt und in die Streckaggregate, die mit verschiedenen Geschwindig-

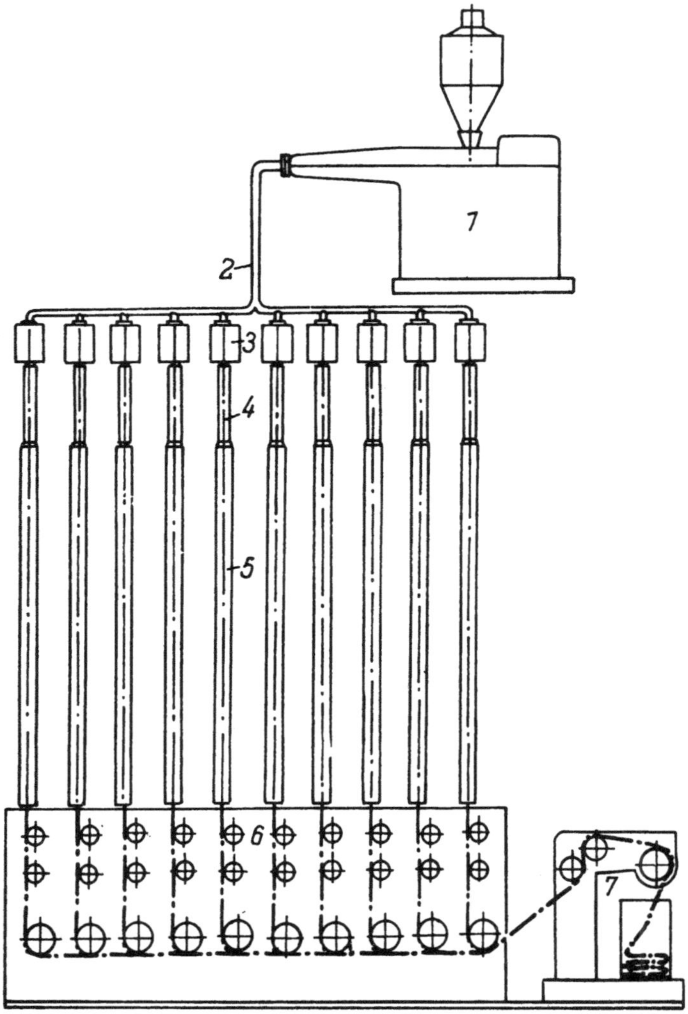

Bild 2.13. Schematische Darstellung einer Polyester-Spinnmaschine mit Extruder und Kannenablage

1 — Extruder; *2* — Schmelze-Rohrleitung; *3* — Spinnpumpenblock; *4* — Anblasschacht; *5* — Spinnschacht; *6* — Spinnmaschine; *7* — Kannenablage keiten laufen, geführt. Das ausgestreckte Polyester-Kabel wird dann durch Stauchen gekräuselt, geschnitten und fixiert. Vor oder nach dem Fixierprozeß, der feucht oder trocken, unter Spannung des Kabels oder spannungslos, durchgeführt wird, kann ein Wasch- oder Präparationsprozeß eingeschaltet werden. Die Abgabe der Stapelfasern erfolgt vorwiegend in Form von Ballen. (Einzelheiten s. Kapitel 6, 7 und 9).

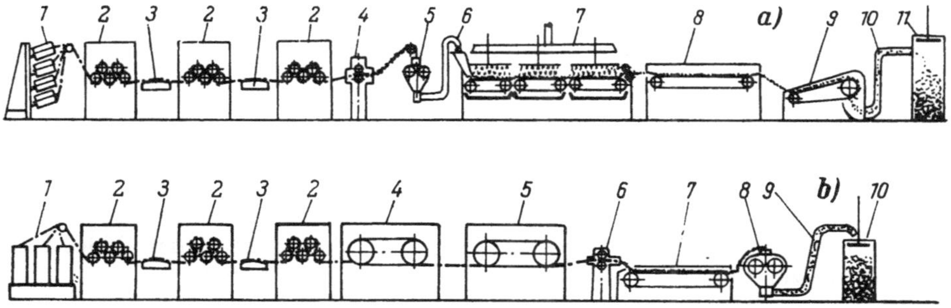

Bild 2.14. Schema einer Polyester-Stapelfaser-Bandstraße

a) *1* — Spulengatter; *2* — Streckböcke; *3* — Heizplatten; *4* — Stauchkräuselmaschine; *5* — Faserschneide; *6* — Pneumatische Förderung; *7* — Traufen-Anlage; *8* — Trockner; *9* — Faseröffner; *10* — Pneumatische Förderung; *11* — Ballenpresse

b) *1* — Spinnband-Kannen; *2* — Streckwerke; *3* — Heizplatten; *4* — Kabelwäsche; *5* — Kabeltrockner; *6* — Stauchkräuselmaschine; *7* — Bandfixierung; *8* — Faserschneide; *9* — Pneumatische Förderung; *10* — Ballenpresse

2.3.4. *Schema des Verarbeitungsverfahrens von Spinnfäden zu Spinnband*

Durch die Verarbeitung des gestreckten und stauchgekräuselten Polyester-Kabels (Bild 2.15.) zu Spinnband wird vermieden, daß die Streckbänder, in denen die Fäden parallel nebeneinander liegen, bei dem Schneid- und Durchmischungs-

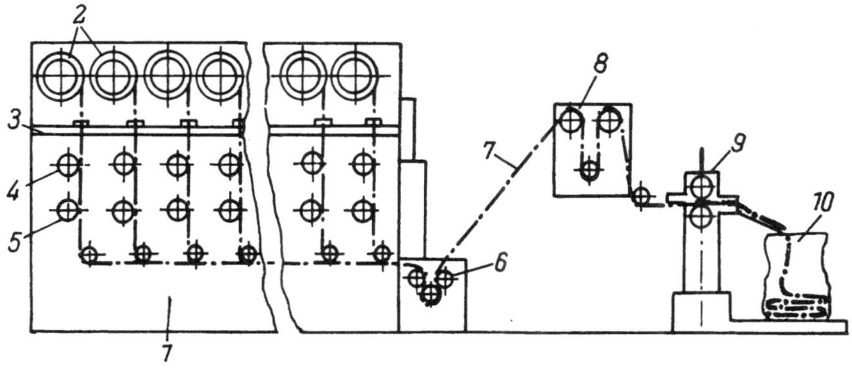

Bild 2.15. Verarbeitungsschema von Polyester-Spinnfasern zu stauchgekräuseltem Faserband

1 — Streckmaschine; Bändchenstreckwerk; *2* — Spinnspulen; *3* — Lieferwalze; *4* — Erste Streckgalette; *5* — Zweite Streckgalette; *6* — Abzugstrio; *7* — Verstrecktes Kabel; *8* — Tänzer-Walze; *9* — Stauchkräuselmaschine; *10* — Bandablage prozeß in eine Wirrlage gebracht werden und dann in der Textilindustrie durch einen nachfolgenden komplizierten Arbeitsgang wieder parallelisiert werden müssen. Ein solches — einem Kammzug entsprechendes — Spinnband wird aus dem Streck-Kabel durch Schneiden oder Reißen erhalten, ohne daß die Parallage der Fäden aufgegeben wird (vergleiche Kapitel 9).

In dem Schema des Bildes 2.15. ist abweichend von Bild 2.14. eine Streckmaschine dargestellt, die die Spinnspulen nach dem Prinzip der Einzelverstreckung verarbeitet. Zur Herstellung der 100000-den Streckbänder kann selbstverständlich auch die in Bild 2.14. gezeigte Streckmaschine dienen (Einzelheiten siehe Kapitel 9).

2.3.5. *Schema des Verarbeitungsverfahrens von Spinnfäden zu Grobseiden*

Während bei dem im Bild 2.15. skizzierten Bändchenstreckwerk die verstreckten Polyester-Bändchen wieder zu einem starken Kabel zusammengeführt werden, das dann gekräuselt und evtl. geschnitten wird, ist im Schema des Bildes 2.16. eine Anlage zur Erzeugung von Polyester-Grobseiden dargestellt.

Unter Polyester-Grobseiden versteht man starke Fäden von hoher Festigkeit, z. B. Nm 0,5 (2000 tex), Nm 1 (1000 tex) oder Nm 2 (500 tex). Das Bild zeigt eine von H. Ludewig, E. Bolle und E. Schwarzkopf [114] entwickelte Maschine, die es gestattet, diese Polyester Grobseiden im Einstufungsprozeß herzustellen (Einzelheiten siehe Kapitel 6).

2.3.6. *Schema des Verarbeitungsverfahrens von Spinnfäden zu Feinseiden*

Die Verarbeitung der Polyester-Spinnfäden zu sog. Feinseiden, also Seidenfäden feiner Nummer und hoher Qualität, z. B. Nm 100 (10 tex), Nm 200 (5 tex), Nm 300 (3,34 tex), erfordert eine komplizierte Technologie, wenn auch, abgesehen vom Verstreckungsvorgang, textile Prozesse wie Zwirnen, Umspulen, Schären usw. angewendet werden, die in der Textilindustrie für Naturfäden seit langem bekannt sind.

Bild 2.17. zeigt ein Produktionsschema für Polyester-Feinseiden.
Das skizzierte Verfahren durchläuft die Produktionsstufen:

Vorzwirnen,
Streckzwirnen,
Nachzwirnen,
Fixieren,
Kreuzspulen oder Schären.

Während der Streckzwirnprozeß für jede Feinseiden-Anlage eine unumgängliche Notwendigkeit darstellt — falls nicht ein Spinnstreckverfahren zur Anwendung kommt — können die anderen Prozesse ausgeschaltet oder in die Textilindustrie verlagert werden (Einzelheiten siehe Kapitel 6, 7 und 8).

2.3.7. *Schema des Herstellungsverfahrens von Polyester-Drähten*

Kapillar-Fäden aus Polyestern, die einen größeren Durchmesser, z. B. 0,1 bis 1,0 mm aufweisen, werden als Polyester-Drähte bezeichnet. Wie aus Polyamid-Schnitzeln können auch aus Polyester-Schnitzeln Drähte nach einem einfachen

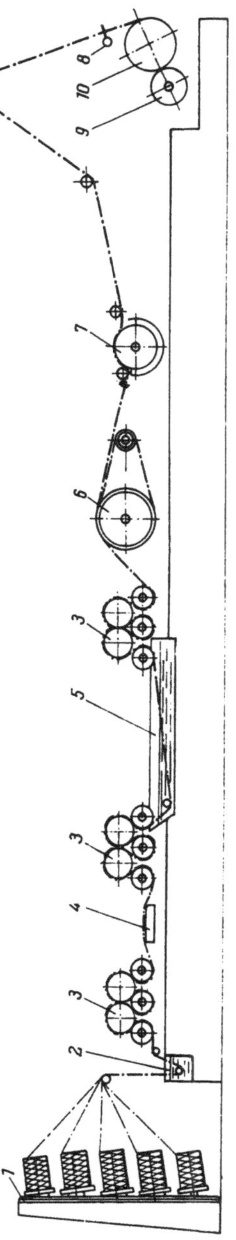

Bild 2.16. Schematische Darstellung einer Anlage zur Verarbeitung von Spinnfäden zu Polyester-Grobseiden

1 – Spulengatter; *2* – Warmwasser-Wanne; *3* – Streckwerk mit Reiterwalzen; *4* – Heizplatte; *5* – Wasserwanne; *6* – Trockenwalze; *7* – Präparationswalze; *8* – Fadenführer; *9* – Reibwalze; *10* – Aufwicklung

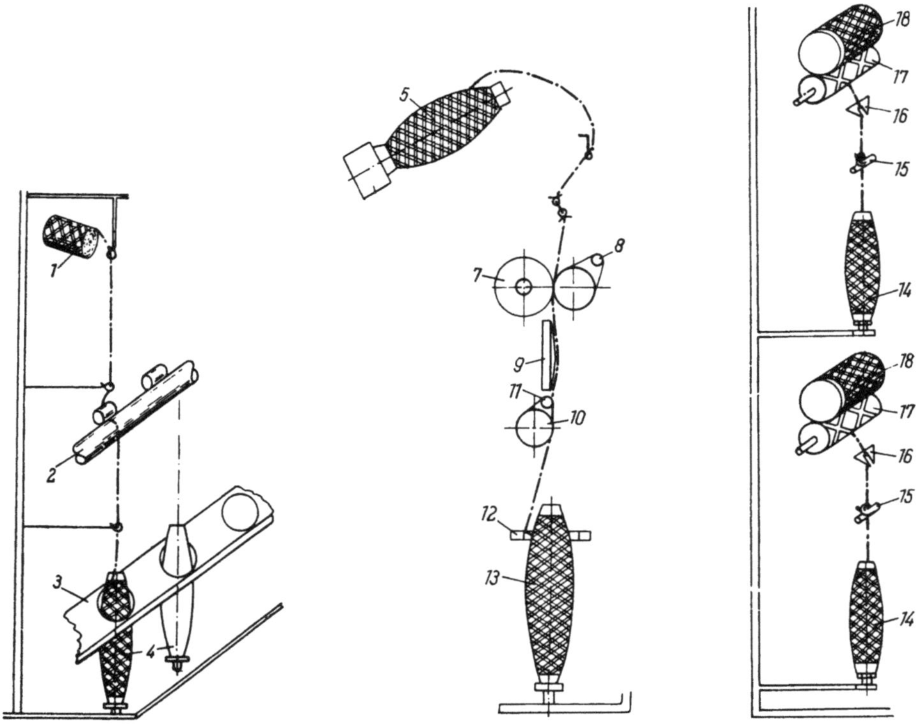

a b c

Bild 2.17. Schema zur Verarbeitung von Spinnfäden zu Polyester-Feinseiden

a) Vorzwirnen

1 – Spinnspule; *2* – Lieferwalze; *3* – Ringbank; *4* – Vorzwirnkops

b) Streckzwirnen

5 – Vorzwirnkops oder Spinnspule; *6* – Heizwalze; *7* – Lieferzylinder; *8* – Fadenführer; *9* – Heizschiene; *10* – Galette; *11* – Überlauf-Röllchen; *12* – Ringbank; *13* – Streckzwirn Kops

c) Nachzwirnen

14 – Streckzwirn-Kops; *15* – Keramik-Fadenführer; *16* – Hilfs-Fadenführer; *17* – Nutentrommel; *18* – Waschhülse

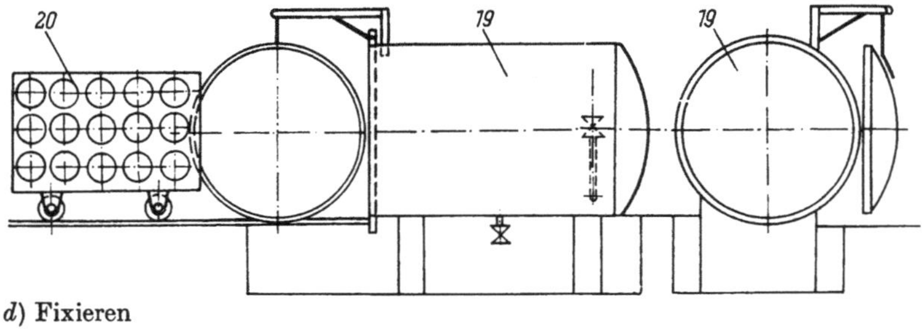

d) Fixieren

19 – Fixierkessel; *20* – Spulenwagen

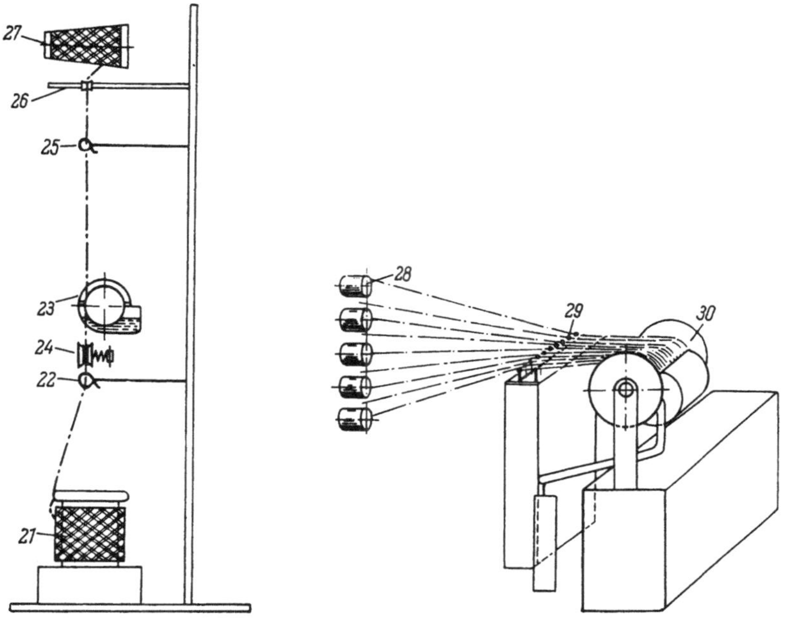

e f

e) Kreuzspulen

21 – Fixierspule; *22* – Fadenführer; *23* – Präparation; *24* – Fadenbremse; *25* – Fadenführer; *26* – Changierung; *27* – Kreuzspule

f) Schären

28 – Schärgatter; *29* – Schärkamm; *30* – Teilkettbaum

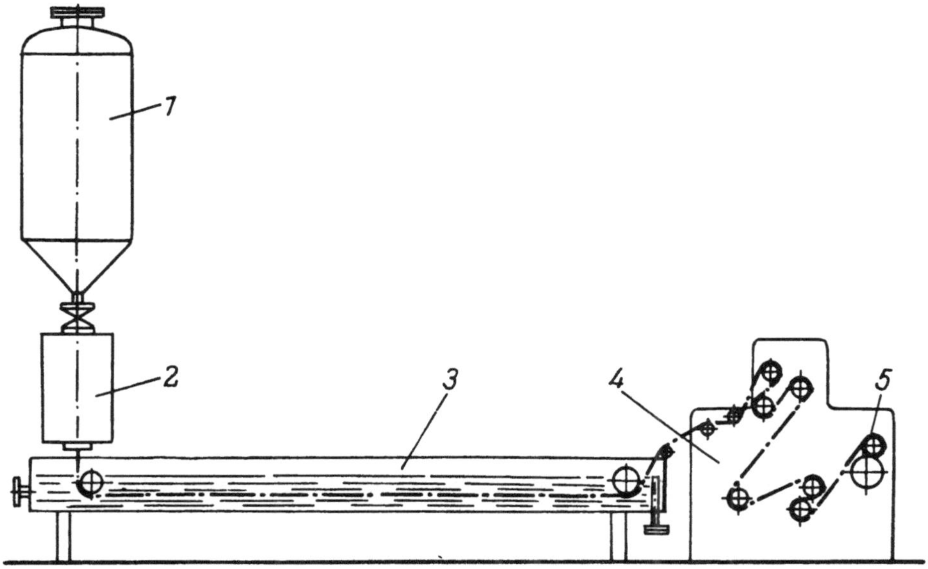

Bild 2.18. Schema einer Anlage zur Herstellung von Polyester-Drähten

1 – Granulat-Behälter; *2* – Spinnkopf; *3* – Kühlwanne; *4* – Streck- und Aufwickelmaschine; *5* – Spule

Spinn-Streckverfahren hergestellt werden. Bild 2.18. zeigt ein solches Verfahren in schematischer Darstellung.

Während Schmelze in Form sehr dünner Fäden in Luft zum Erstarren gebracht werden kann, ist für Polyester-Drähte eine Abkühlung in Wasser erforderlich.

Diese Abkühlung in Wasser bedingt gegenüber der in Luft eine verminderte Spinngeschwindigkeit, die wiederum gerade dazu herausfordert, das Spinnen mit dem Strecken zu kombinieren. Es gibt auch Erwägungen betreffs der Struktur der Polymeren, die eine Lagerung des frischgesponnenen Fadens und damit eine Trennung zwischen Spinnen und Strecken als zweckmäßig erscheinen lassen [115] (siehe Kapitel 5).

2.4. Literaturangaben

[1] Koršak, W. W.: Grundgesetze der Polykondensation. Verlag Technik, Berlin, 1953.

[2] Reinisch, G.: Polykondensationsreaktionen, Chemismus und Kinetik, Berlin, 1965.

[3] Edgar, O. B. und Hill, R.: The p-Phenylene Linkage in Linear High Polymers: Some Structure-Property Relationships. J. Polymer Sci. **8** (1952), S. 1–22.

[4] Koršak, W. W.: cit. in: Fibre sintetice, Editura technica Bucuresti, 1960, 113.

[5] Hill, R. und Walker, R. E.: J. Polymer Sci. **3** (1948) 601.

[6] Griehl, W., Hoffmeister, R.: Über die Fasereigenschaften modifizierter Polyester, Faserforsch. u. Textiltechn. **6** (1955) 504–508, 554–562.

[7] Kresse, P.: Über die Blockkondensation des Polyäthylenterephthalates mit Polyestern. Faserforsch. u. Textiltechn. **11** (1960) 8, 353–359.

[8] Stuart, H. A.: Physik der Hochpolymeren, Bd. III, Springer-Verlag, 1955.

[9] Tobolsky: Properties and Structure of Polymers. New York, 1960.

[10] Holzmüller, W. und Altenburg, K.: Physik der Kunststoffe. Akademie-Verlag, Berlin, 1961.

[11] Houwink, R. und Staverman, A. J.: Chemie und Technologie der Kunststoffe. Bd. I, Chem. und physikal. Grundlagen der Kunststoffe. Akad. Verlagsgesellschaft Geest & Portig K.-G., 4. Auflage, Leipzig, 1962.

[12] Carothers, W. H. und van Natta, F. J.: Studies of Polymerization and Ring-Formation. J. Amer. Chem. Soc. **55** (1933) 4714.

[13] Jenkel, E.: Die glasige Erstarrung der Hochpolymeren. Stuart, H. A.: Physik der Hochpolymeren Bd. III, Springer-Verlag, 1955.

[14] Brown, A.: Übergangstemperatur zweiter Ordnung und Fasereigenschaften. Textile Res. J. **25** (1955) 891–901.

[15] Lacko, V.: Umelé vlakna 6 (1956) 373.

[16] Ward, J. M.: Textile Res. J. **31** (1961) 650.

[17] Goodman, I.: Neue Erkenntnisse in der Chemie der Terylene und verwandter Polyester. Angew. Chem. **74** (1962) 16, 606–612.

[18] Edgar, O. B.: Beziehungen zwischen Struktur und Eigenschaften bei Polyäthylenterephthalat-Copolyestern. J. chem. Soc. (1952) 2638–2643.

[19] Kolb, H. J. und Izard, E. F.: Dilatometric Studies of High Polymers. J. appl. Phys. **20** (1949) 564–571.

[20] Jensen, P. W.: The Determination of Apparent Second-Order Transition Temperatures of Polymers. J. Polymer Sci. **28** (1958) 635.

[21] Diacik, I.: Diplomová práca. Slovenská vysoká škola technická, Bratislava 1956.

[22] Rybnikar, F.: Sympoziu makromol. chem., Praha 1957.

[23] Dole, M.: Kalorimetrische Studien über Zustände und Umwandlungen in festen Hochpolymeren, Fortschr. Hochpolymeren-Forsch. **2** (1960) 2, 221–274.

[24] Kilian, H.-G., Halboth, H. und Jenckel, E.: Röntgenographische Untersuchungen des Schmelz- und Kristallisationsverhaltens von Polyterephthalsäureglykolester. Kolloid-Z. **172** (1960) 2, 166—177.
[25] Cobbs, W. H. und Burton, R. L.: Crystallization of polyethylene terephthalate. J. Polymer Sci. **10** (1953) 3, 275—290.
[26] Sacher, E.: Glass transition of poly(ethylene terephthalate). J. Macromol. Sci. B 4 (1970) 2, 449—452.
[27] Dole, M.: Thermodynamic properties of high polymers as a function of their pretreatment as determined by spezific heat measurements. Kolloid-Z. **165** (1959) 1, 40—51.
[28] Illers, K. H. und Breuer, H.: Molecular motions in polyethylene terephthalate. J. colloid. Sci. **18** (1963) 1—13.
[29] Henkel, H. und Wiesener, E.: Über den Einfluß des Ordnungsgrades auf die Glasumwandlungstemperatur von Polyäthylenterephthalat. Faserforsch. und Textiltechn. **19** (1968) 8, 369—371.
[30] Stuart, H. A.: Physik der Hochpolymeren, Band I, Springer-Verlag 1952.
[31] Hunyar, A.: Wissenschaftl. Ann. d. Akad. d. Wiss. Berlin **2** (1953) 337.
[32] Mark, H.: Einfluß der Molekularstruktur auf Eigenschaften. Ind. Engng. Chem. **44** (1952), 2110, 2124.
[33] Astbury, W. T. und Brown, C. J.: Nature **158** (1946) 871.
[34] Daubeny, R. de P., Bunn, C. W. und Borown, C. J.: The crystall structure of Polyethylene Terephthalate. Proc. Roy. Soc. [A] 226 (1954), 531—543.
[35] Thompson, A. B. und Woods, D. W.: Nature **17** (1955) 78.
[36] Hess, K. und Kiessig, H.: Über Langperiodeninterferenzen und micellaren Faserfeinbau bei vollsynthetischen Fasern (Polyamide und Polyester). Z. phys. Chem. **193** (1944) 196—217.
[37] Meibohm, E. P. H. und Smith, A. F.: Observations on Small-Angle Interference Maxima in Synthetic Organic Polymers. J. Polymer Sci **7** (1951) 449.
[38] Arnold, H.: Die Kristallisation von Terylene im Kleinwinkeldiagramm. Kolloid-Z. **157** (1958) 111.
[39] Arnold, H.: Zur Kristallisation von Terylene. Kolloid-Z. **165** (1959) 35.
[40] Johnson, J. E.: Röntgenbeugungsuntersuchung der Kristallinität von Polyäthylenterephthalat. J. appl. Polymer Sci. **2** (1959) 205.
[41] Schuhmann, H. und Holze, W.: Röntgenographische Kristallinitätsbestimmungen an Polyäthylenterephthalat. Z. phys. Chem. **219** (1962) 159—167.
[42] Schmidt, P. G.: Strukturuntersuchungen an Polyäthylenterephthalat. J. Polymer Sci. A 1, (1963) 4, 1271—1292.
[43] Statton, W. O.: Die Bestimmung des Kristallinitätsindex mit Hilfe von Röntgenstrahlen und Anwendung der Methode auf Polyäthylenterephthalat, J. appl. Polymer Sci. **7** (1963) 3, 803—815.
[44] Bonart, R. und Hosemann, R.: Makromol. Chemie **34** (1960) 105.
[45] Bonart, R.: Zur Deutung der anomalen Kristallitorientierung in linear verstrecktem Polyäthylenterephthalat. Kolloid-Z. **199** (1964) 2, 136—144.
[46] Frank, W. und Stuart, H. A.: Umwandlungserscheinungen in amorphen Hochpolymeren beim Tempern unterhalb der Glastemperatur. Kolloid-Z. **225** (1968) 1—6.
[47] Jackson, J. B. und Longman, G. W.: The crystallization of poly(ethylene terephthalate) und related copolymers. Polymer **10** (1969) 873—884.
[48] Bonart, R.: Kristall- und Kolloidstrukturen beim Dehnen und Verstrecken. Kolloid-Z. **231** (1969) 438—458.
[49] Fielding-Russell, G. S. und Pillai Padmanabha, S.: A study of the crystallization of polyethylene terephthalate using differential scanning calorimetry and X-ray techniques. Makromol. Chemie **135** (1970) 263—274.
[50] Illers, K.-H.: Geordnete Strukturen in „amorphem" Polyäthylenterephthalat. Kolloid-Z. **245** (1971) 393—398.

[51] PATTERSON, D. und WARD, J. M.: Zuordnung der Carboxyl- und Hydroxylabsorptionen im IR-Spektrum von Polyäthylenterephthalat. Trans. Faraday Soc. **53** (1957) 291.

[52] MIYAKE, A.: Das Infrarotspektrum von Polyäthylenterephthalat. J. Polymer Sci. **38** (1959), 479–495, 497–512.

[53] ZACHMANN, H. G. und STUART, H. A.: Über die Intensitätsabhängigkeit der Ultrarotbanden von der Temperatur und vom Kristallisationsgrad. Makromol. Chem. **44–46** (1961) 622–642.

[54] NOVAK, I. I., SUCKOV, V. A. und IVANOVA, E. A.: Bestimmung des Gehaltes an kristallinem Anteil in Polyäthylenterephthalat mittels der Methode der Ultrarot-Spektroskopie. Vysokomol. soed. **9** (1967) 2742–2745.

[55] MANLEY, T. R. und WILLIAMS, D. A.: The infra-red spectrum and molecular structur of poly(cyclohexane-1,4-dimethylene terephthalate). Polymer **12** (1971) 1, 2–26.

[56] WARD, I. M.: Konfigurationsänderungen des Polyäthylenterephthalates. Chem. and Ind. (1957), 1102.

[57] GRIME, D. und WARD, I. M.: Die Zuordnung der Infrarotabsorptionen und die Rotationsisomerie in Polyäthylenterephthalat und verwandten Verbindungen. Trans. Faraday Soc. **54** (1958) 959–971.

[58] FARROW, G., MCINTOSH, J., und WARD, I. M.: The Interpretation of Transition Phenomena in Polymethylene Terephthalate Polymers. Makromol. Chem. **38** (1960) 147.

[59] FARROW, G., WARD, I. M.: Polymer **1** (1960) 330.

[60] SCHMIDT, P. G., und GAY, F. P.: Physikalische Charakterisierung von Poly-(äthylenglykolterephthalat). Angew. Chem. **74** (1962) 16, 638–641.

[61] LAND, R., RICHARDS, R. E. und WARD, I. M.: Untersuchung der magnetischen Kernresonanz von Polyäthylenterephthalat. Trans. Faraday Soc. **55** (1959) 225 bis 231.

[62] BARTEMANN, J., RICHARDS, R. E., FARROW, G. und WARD, I. M.: Molekulare Bewegung in Polyäthylenterephthalat u. a. Glykolterephthalaten. Polymer **1** (1960) 63–71.

[63] EICHHOFF, U. und ZACHMANN, H. G.: Berechnung der Linienform des Kernresonanzsignals von amorphem und partiell kristallinem Polyäthylenterephthalat bei verschiedenen Temperaturen. Kolloid-Z. **241** (1971) 928–936.

[64] SCHÖNHERR, F.: Über Zusammenhänge zwischen Konformationszustand und Kristallinität von Polyäthylenterephthalat. Faserforsch. u. Textiltechn. **21** (1970) 6, 246–250.

[65] MORGAN, L. B., KELLER, A., LESTER, G. R., HARTLEY, F. W. und LORD, F. W.: Crystallization Phenomena in Polymers. Teil I–III. Phil. Trans. Roy. Soc. London [A] **247** (1954) 1–34.

[66] RYBNIKAR, F.: Kristallisation von Polyäthylenterephthalat. Temperaturabhängigkeit der Kristallisationsgeschwindigkeit des Polyäthylenterephthalates. Coll. Czech.-Slov. Chem. Commun. **25** (1960) 1529–1539, 1540–1544.

[67] AVRAMI, M.: Kinetik des Phasenüberganges. J. Chem. Physics **7** (1939) 1103; **8** (1940) 212; **9** (1941) 177.

[68] ZACHMANN, H. G. und STUART, H. A.: Schmelz- und Kristallisationserscheinungen bei makromolekularen Substanzen. Teil IV u. V. Makromol. Chem. **41** (1960) 131–147, 148–173.

[69] NEALY, D. L., DAVIS, T. G. und KIBLER, C. J.: Thermal History and Melting Behavior of Poly(ethylene terephthalate). J. Polymer Sci. A-2, 8 (1970) 12, 2141–2151.

[70] WIESENER, E.: Differential-thermoanalytische Untersuchungen an Polyäthylenterephthalat. II. Ein endothermer Peak an der Fixiertemperatur. Faserforsch. u. Textiltechn. **19** (1968) 7, 301–303.

[71] WIESENER, E. und HOFFRICHTER, S.: Differentialthermoanalytische Untersuchungen an Polyäthylenterephthalat. III. Über den Einfluß der thermischen Vorbehandlung auf das Schmelzverhalten von Polyäthylenterephthalat. Faserforsch. u. Textiltechn. **21** (1970) 5, 189–195.

[72] WIESENER, E.: Differential-thermoanalytische Untersuchungen an Polyäthylenterephthalat. IV. Der Einfluß der relativen Molekülmasse auf das Kristallisations- und Schmelzverhalten. Faserforsch. u. Textiltechn. **21** (1970) 10, 442—443.

[73] MITSUISHI, Y. und IKEDA, M.: Untersuchung der Kristallisation von Polyäthylenterephthalat durch Differentialthermoanalyse. Spezielle Betrachtungen zu den beiden exothermen Peaks im Thermogramm der Kristallisation. J. Polymer Sci. A 2, **4** (1966) 283—288.

[74] WIESENER, E.: Differential-thermoanalytische Untersuchungen an Polyäthylenterephthalat. I. Ein exothermer Peak im Schmelzbereich. Faserforsch. u. Textiltechn. **19** (1968) 5, 235—238.

[75] WIESENER, E.: Differential-thermoanalytische Untersuchungen an Polyäthylenterephthalat. V. Isotherme Messungen im Temperaturbereich von 220—260°C. Faserforsch. u. Textiltechn. **21** (1970) 12, 514—518.

[76] SMITH, C. W. und DOLE, M.: Spezific Heat of Synthetic High Polymers. Polyethylene Terephthalate. J. Polymer Sci. **20** (1956) 37—56.

[77] STEFFENS, E.: Die Kristallisation während der Verarbeitung von Polyäthylenterephthalatfolien. Plaste u. Kautschuk **16** (1969) 3, 171—174.

[78] BAKER, W. O.: Die Natur von Polymeren im festen Zustand. Advancing Fronts in Chemistry **1** (1945) 105.

[79] CAROTHERS, W. H. und HILL, J. W.: Studien über Polymerisation und Ringbildung. XV. Künstliche Fasern aus synthetischen linearen Kondensations-Superpolymeren. J. Amer. Soc. **54** (1932) 1579—1587.

[80] FULLER, C. S. und ERICKSON, C. L.: Röntgenuntersuchung einiger linearer Polyester. J. Amer. Chem. Soc. **59** (1937) 344—351.

[81] LACKO, V.: Polyesterové vlakná, Bratislava, 1959.

[82] QUYNN, R. G. und STEELE, R.: Die Doppelbrechung der Dacron-Polyesterfaser. Textile Res. J. **23** (1953) 258—259.

[83] VRIES, H. DE: The relation between birefringence and draw ratio of man-made fibres. J. Polymer Sci. **34** (1959) 761—778.

[84] SAKAJIRI, S.: The Transition of Polyethylene Terephthalate Fiber Birefringence. J. Polymer Sci. **28** (1958) 452; **35** (1959) 543—549.

[85] DUWE, G.: Vortrag Chemiefaser-Symposium Weimar 1962.

[86] PATTERSON, D. und WARD, I. M.: Eine Methode zur Messung der molekularen Orientierung in Polyäthylenterephthalatfäden unter Verwendung von dichroitischen Farbstoffen. Trans. Faraday Soc. **53** (1957) 1516—1526.

[87] MCGRAW, G. E.: Study of Molekular Orientation in Poly(ethylene terephthalate)Fibers by Fluorescence Polarization. J. Polymer Sci. A-2, 8 (1970) 8, 1323—1336.

[88] QUYNN, R. G. und STEELE, R.: Infrarotdichroismus von Nylon und Polyäthylenterephthalat. Nature **173** (1954) 1240.

[89] DULMAGE, W. J. und GEDDES, A. L.: Structute of Drawn Polyethylene Terephthalate. J. Polymer Sci. **31** (1958) 499—511.

[90] SELWOOD, P. W., PARODI, J. A. und PACE, J.: Magnetische Anisotropie im Dimethylterephthalat und Polyäthylenterephthalat. J. Amer. Chem. Soc. **72** (1950) 1269—1276.

[91] Terylene — The all-british fibre. Fibres (Natural and Synthetic), March, 1955, 85.

[92] Farbwerke Hoechst forcieren Produktion von Trevira. Textil Report, 1956, 615.

[93] FOURNÉ, H. und FOURNÉ, F.: Neue Entwicklungen auf dem Gebiet der synthetischen Fasern. Textil-Praxis (1958), 1208.

[94] Fibre Sintetice, Editura, Tehnica, Bucuresti 1960, 103.

[95] LUDEWIG, H., RAMM, H., MEYER, H. und KEMNITZ, W.: D. P. [DDR] 18514 (1957); D. P. [DDR] 21030 (1958); D. B. P. 112820; D. P. [DDR] 22110 (1958).

[96] PENTHER, E. und VIEHWEG, H.: Verfahrenstechnische Probleme beim Übergang von der diskontinuierlichen zur kontinuierlichen Herstellung von Hochpolymeren, dargestellt am Beispiel der Polyesterfaser. Chem. Techn. **13** (1961) 36.

[97] GRIEHL, W.: D. P. [DDR] 848 (1952).
[98] LUDEWIG, H.: D. P. [DDR] 9346 (1952).
[99] HIPPE, W., WATZL, A. und HAGEN, W. (Glanzstoff): Oestr. Pat. 197084 (1956).
[100] FISHER, W. F. (Du Pont): D. A. S. 1112292 (1956).
[101] TIEMERSMA, H. G. N.: D. A. S. 1118967 (1958).
[102] WATZL, A. und GERLACH, R. (Glanzstoff): D. A. S. 1128657 (1960).
[103] SCHELLER, H.: Betrachtungen zur kontinuierlichen Herstellung von Polyäthylenterephthalat (Polyester). Chemiefasern **15** (1965) 923–928.
[104] Polyester Fiber Processes going continous. C & EN, Dec. 6 (1965), 44–45.
[105] HUMMEL, U. P. and ORLEY, J. H.: Kontinuierliches Herstellen von Polyesterfasern aus Dimethylterephthalat oder reiner Terephthalsäure. Chem. Ind. Düsseldorf **21** (1969) 251–254.
[106] Goodyear develops polyester process using TPA, ECN 16 (1969) Na 401, 56.
[107] ZUER, V. N. u. a.: Wirtschaftlichkeit der kontinuierlichen Herstellung von Polyesterfasern. Sowj. Beiträge, Faserforschg. u. Textiltechnik **6** (1969) 7, 348–350.
[108] RIGGERT, K. (Vickers-Zimmer): Fortschritte in der Herstellung von Polyester-Reifenkordgarn. Chemiefasern **21** (1971) 379–384.
[109] KLARE, H.: Das Verspinnen von Kaprolaktampolymerisaten nach dem Bandspinnverfahren. Faserforsch. u. Textiltechn. **2** (1951) 131.
[110] KLARE, H.: Technologie und Chemie der synthetischen Fasern aus Polyamiden. Verlag Technik, Berlin, 1954, 145. KLARE, H., FRITZSCHE, E. und GRÖBE, V.: Synth. Fasern aus Polyamiden, Akademie-Verlag Berlin 1963.
[111] LUDEWIG, H., KEMNITZ, W. und RICHARDT, H. D.P. [DDR] 23545 (1956).
[112] JÖRDER, H.: Über die Herstellung neuartiger textiler Flächengebilde aus der Schmelze thermoplastischer Kunststoffe. Textilveredlung **2** (1967) 1, 2–8.
[113] Du Pont, Schwz. Pat. 420042 (1960), U. S. P. 3117053 (1959).
[114] LUDEWIG, H., BOLLE, E. und SCHWARZKOPF, E.: DDR-Gebrauchsmuster 4708 (1957).
[115] REICHLE, A. und PRIETZSCHK, A.: Spinnprozeß und Kristallstruktur von Perlon-Fäden. Angew. Chem. **74** (1962) 562.
[116] DANZ, R., du DECHANT, J.: Ultrarotspektroskopische Untersuchungen an Polymeren. Akademie-Verlag, Berlin 1972.

Kapitel 3

3. Rohstoffe

Die Produktion von Polyäthylenterephthalat setzte Großanlagen zur Gewinnung der erforderlichen Rohstoffe Äthylenglykol und Terephthalsäure bzw. Terephthalsäuredimethylester voraus.

Damit war der organisch-chemischen Industrie die Aufgabe gestellt, eine technisch und wirtschaftlich gangbare Synthese zur Erzeugung großer Mengen von Terephthalsäure auf der Grundlage ausreichend vorhandener und möglichst billiger Grundstoffe aufzufinden.

Die Terephthalsäure besaß zur Zeit der Entdeckung der Polyesterfaser lediglich Interesse als Laboratoriumspräparat; für ihre großtechnische Gewinnung waren zunächst umfangreiche Forschungsarbeiten in Angriff zu nehmen.

In den letzten 30 Jahren sind eine ganze Reihe von Synthesen der Terephthalsäure im Laboratorium unter Verwendung preiswerter und zugänglicher Rohstoffe erprobt und im Technikum zur Verfahrensreife entwickelt worden. Aus der Fülle der sich dabei ergebenden Möglichkeiten wird zur Zeit die Oxydation p-substituierter Dialkylbenzole bevorzugt. Bei den technischen Verfahren dieser Art haben sich besonders p-Xylol und auch p-Cymol als geeignete und greifbare Rohstoffe erwiesen.

War bei der Bereitstellung großer Mengen an Terephthalsäure für die Polyesterherstellung mittels wirtschaftlicher Synthesen seitens der Technik in vieler Hinsicht Neuland zu betreten, so gestaltete sich die Beschaffung des anderen Kondensationspartners, des Äthylenglykols, wesentlich einfacher.

Äthylenglykol wird seit Jahrzehnten von der chemischen Industrie in großem Ausmaß hergestellt. Es ist unter dem Namen Glysantin als Gefrierschutzmittel für Kühler von Verbrennungsmotoren bekannt. Glykoldinitrat dient als Sicherheitssprengstoff im Bergwerkswesen. Darüber hinaus ersetzt Glykol an vielen Stellen in der Industrie das knappe Glycerin. Der mit Aufnahme der Polyesterfaserstoffproduktion sprunghaft gestiegene Bedarf an Glykol konnte oftmals durch Erweiterung der vorhandenen Anlagenkapazität befriedigt werden. Eine grundlegende Änderung der bereits technisch erprobten Verfahren war nicht erforderlich.

3.1. Gewinnung von Äthylenglykol

Die von Äthylen ausgehenden Synthesen des Glykols sind in der Literatur eingehend beschrieben [1]. Nach den älteren Verfahren wurde Glykol durch alkalische Verseifung von Äthylenchlorhydrin (aus Äthylen und unterchloriger Säure) mit Natronlauge oder von Äthylenchlorid (aus Äthylen und Chlor) mit Soda unter

Druck bei 160—170 °C im Autoklaven entsprechend folgender Formulierung hergestellt:

$$ClCH_2{-}CH_2OH + H_2O \rightarrow HOCH_2{-}CH_2OH + HCl$$

$$ClCH_2{-}CH_2Cl + 2\,H_2O \rightarrow HOCH_2{-}CH_2OH + 2\,HCl$$

Die bei diesen Reaktionen freiwerdende Salzsäure wird von der Natronlauge bzw. dem Natriumcarbonat neutralisiert. Diese Verfahren waren durch das Arbeiten mit wäßrigen Salzlösungen, die die Apparaturen stark korrodierten, und durch die leichte Wasserlöslichkeit des Glykols, die ein mehrfaches Abschleudern vom Salzrückstand bedingte, mit technischen Schwierigkeiten verbunden und wurden mehr oder weniger aufgegeben, sobald Äthylenoxid als neuer Ausgangsstoff für die Herstellung des Glykols in großen Mengen zur Verfügung stand.

Zur technischen Gewinnung von Äthylenoxid haben sich zwei Verfahren durchgesetzt.

3.1.1. *Chlorverfahren*

Dieses ältere Verfahren geht vom Äthylen aus und verläuft in zwei Stufen nach folgendem Schema:

$$H_2C{=}CH_2 + HOCl \rightarrow HOCH_2{-}CH_2Cl$$

$$2HOH_2C{-}CH_2Cl \xrightarrow{Ca(OH)_2} 2\,H_2C\underset{O}{\diagdown\!\!\diagup}CH_2 + CaCl_2 + 2H_2O$$

Zunächst wird Äthylen nach einem amerikanischen Verfahren [2] mit unterchloriger Säure (aus H_2O und Cl_2) in Äthylenchlorhydrin überführt, das dabei in verdünnter, wäßriger Lösung als geeignetes Zwischenprodukt anfällt.

In der 2. Phase des Prozesses wird aus dem Äthylenchlorhydrin durch Behandeln seiner 5%igen wäßrigen Lösung mit Kalkmilch bei 100 °C ein Mol HCl abgespalten [3]. Das bei der quantitativ verlaufenden HCl-Abspaltung entbundene Äthylenoxid wird im Dephlegmator bei 80 °C vom größten Teil des Wasserdampfes befreit und nach Verflüssigung durch Wasserkühlung in Glockenbodenkolonnen zum Reinprodukt fraktioniert.

3.1.2. *Direktoxydation*

Die nach dem Formelschema

$$H_2C{=}CH_2 + {}^1/_2O_2 \xrightarrow[150-300°]{\text{Metallkontakt}} H_2C\underset{O}{\diagdown\!\!\diagup}CH_2$$

verlaufende Oxydation von Äthylen zu Äthylenoxid wurde erstmalig in Frankreich mit Luft in Gegenwart metallischer Kontakte erprobt [4, 5] und in Deutschland mit aktivierten Silberkatalysatoren zur Betriebsreife weiterentwickelt [6]. Beim technischen Verfahren wird ein Äthylen/Luft-Gemisch mit einem Anteil von 3 Vol.-% reinem Äthylen durch ein Bündel von Kontaktrohren geschickt, die mit einem Silberkatalysator auf indifferenter Grundlage gefüllt sind und mittels eines Umlaufölerhitzers auf einer Reaktionstemperatur von 200—240 °C gehalten werden. Das Reaktionsgas enthält 1—1,2 Vol.-% Äthylenoxid und damit 60% der an diesem Produkt zu erwartenden Ausbeute [7, 8].

Die Direktoxydation ist dem Chlorverfahren insofern überlegen, als kein Chlor benötigt wird und keine lästigen Abwasserfragen auftreten. Nachteilig ist dagegen, daß nur reines Äthylen verarbeitet werden kann, die Ausbeute um 25—30% niedriger liegt und auch die Verfahrenskosten — Apparatur, Kontakt usw. — höher sind als beim Chlorhydrinprozeß.

Die industrielle Verwertung der Direktoxydation hat dort günstige Aussichten, wo reines Äthylen zu angemessenem Preis vorhanden ist. Außer in Deutschland hat sich daher das Verfahren der Direktoxydation besonders in Amerika weitestgehend durchgesetzt [9—12].

3.1.3. *Glykol aus Äthylenoxid*

Äthylenoxid läßt sich in einer Reaktion mit Wasser, die schon von WURTZ aufgefunden und beschrieben wurde [13], zu Äthylenglykol gemäß folgender Formel hydratisieren:

$$H_2C\underset{O}{\diagdown\!\!\!\diagup}CH_2 + H_2O \rightarrow HOCH_2{-}CH_2OH$$

Technisch wird die Hydratisierung in einem sauren Medium ausgeführt, wobei eine Säurekonzentration von 0,1% und eine Temperatur von 60—70 °C bereits eine ausreichende Reaktionsgeschwindigkeit garantieren [14]. Als Säuren setzt man zweckmäßigerweise Schwefelsäure und Oxalsäure ein. Diese können nach der Reaktion in Form ihrer schwerlöslichen Ca-Salze aus dem Reaktionsgemisch eliminiert werden. Die Nachteile dieses Verfahrens, die durch eine säurefeste Apparatur sowie durch eine Filtrationsanlage gegeben sind, werden vermieden, wenn man im neutralen Medium arbeitet. Befriedigende Reaktionsgeschwindigkeiten erzielt man durch erhöhte Reaktionstemperaturen von 160 bis 200 °C und Drucke von 10—20 atü [15].

Durch Nebenreaktionen entstehen Diglykol und Polyglykole

$$HOCH_2{-}CH_2OH + CH_2\underset{O}{\diagdown\!\!\!\diagup}CH_2 \rightarrow HOCH_2{-}CH_2{-}O{-}CH_2{-}CH_2{-}OH$$

Um den Anteil an diesen Nebenprodukten möglichst niedrig zu halten, wird in verdünnter wäßriger Lösung gearbeitet. Dabei soll ein Mischungsverhältnis von einem Teil Äthylenoxid auf fünf Teile Wasser nicht überschritten werden.

Bei diesem Druckverfahren wird das Äthylenoxid-Wasser-Gemisch über Wärmeaustauscher in einen Reaktionsturm gepumpt, in dem das Gemisch zum Glykol ausreagiert und über den Wärmeaustauscher als Rohglykol in einen Vorratsbehälter abläuft. Das wasserhaltige Rohglykol wird in einem Mehrstufenverdampfer vom größten Teil des Verdünnungswassers befreit, was bei der großen Differenz der Dampfdrucke von Wasser und Glykol ohne Rektifikation unter Ausnutzung des „Mehrfacheffektes" geschehen kann. Schließlich wird das Rohkonzentrat in einem Verbundsystem von Glockenbodenkolonnen im Vakuum auf Reinglykol fraktioniert.

Die genannten Verfahren zur Herstellung von Äthylenglykol gehen von Äthylen aus. Äthylen ist als Crackprodukt von Schwerölfraktionen des Erdöls oder seltener als Hydrierungsprodukt des auf Kohlebasis gewonnenen Acetylens in so ausreichendem Maße vorhanden, daß die Weiterentwicklung der Polyesterfaserindustrie durch den damit verbundenen erhöhten Bedarf an Glykol in keiner Weise gehemmt wird.

Einigen Glykolsynthesen liegen auch andere Rohstoffe zugrunde. Diese Synthesen erlangten jedoch keine nennenswerte praktische Bedeutung. So wird z. B. Formaldehyd bei etwa 200 °C und 700 atü mit Kohlenmonoxid und Wasser zu Glykolsäure umgesetzt, die verestert und katalytisch zum Glykol hydriert werden kann [16].

3.1.4. *Reinheitsgrad des Äthylenglykols*

Die Qualität der Polyesterkondensate sowie der aus ihnen gesponnenen Fasern und Seiden hängt in hohem Maße von der einwandfreien Beschaffenheit der eingesetzten Rohstoffe ab.

Das eingehende Äthylenglykol wird daher jeweils im Laboratorium auf seinen Reinheitsgrad untersucht und muß als Rohstoff für die Polyesterproduktion folgende Bedingungen erfüllen.

3.1.4.1. Äußeres Aussehen

Forderung: Wasserhelle, klare Flüssigkeit ohne Fluoreszenzerscheinungen.

Zur Prüfung wird eine Probe Äthylenglykol in der Durchsicht im Reagenzglas von einem Bogen Filtrierpapier visuell mit einer gleichen Menge destillierten Wassers verglichen. Außerdem wird das Äthylenglykol im Reagenzglas mit UV-Licht bestrahlt und darf dabei keine Fluoreszenz zeigen.

3.1.4.2. Siedepunkt

Forderung: 195—198 °C

Die zur Ermittlung der Siedegrenzen in einem Rundkolben von 150 ml Inhalt durchgeführte Destillation von 100 ml Äthylenglykol wird so gelenkt, daß in jeder Sekunde ein Tropfen des Destillates vom Auslauf des Liebigkühlers in einen als Vorlage dienenden Meßzylinder von 100 ml Inhalt fällt. Als Siedebeginn gilt die Temperatur, bei der der dritte Tropfen des übergehenden Glykols beobachtet wird, und als Beendigung der Destillation wird die Temperatur angesehen, bei der 95% der zu prüfenden Flüssigkeit destilliert sind.

3.1.4.3. Dichte d^{20}

Forderung: 1,110—1,112

Die Dichte des Äthylenglykols wird mit einem Pyknometer von 5 ml Inhalt oder mit einer MOHRschen Waage bei einer auf 20 °C konstant gehaltenen Temperatur bestimmt.

3.1.4.4. Brechungsindex n_D^{20}

Forderung: 1,4330—1,4340

Der Brechungsindex von Äthylenglykol wird mit einem Abbeschen Refraktometer bei einer durch Thermostaten konstant gehaltenen Versuchstemperatur von 20 °C ermittelt.

3.1.4.5. OH-Zahl

Forderung: $>$1750

Die Kontrolle der OH-Zahl erfolgt in Doppelbestimmungen nach der Essigsäureanhydridmethode [17].

Das Acetylierungsgemisch wird durch Auffüllen von 25 g Essigsäureanhydrid mit Pyridin in einem 100-ml-Meßkolben unter sorgfältiger Durchmischung hergestellt, vor Feuchtigkeit, Kohlensäure und Säuredämpfen geschützt und zweckmäßig in einer braunen Flasche aufbewahrt, um die Wirkung des Lichtes, die eine leichte Verfärbung hervorruft, auszuschalten.

Ausführung der Bestimmung

Zur Erzielung genauer, reproduzierbarer Resultate sind die Glykoleinwaage und die Menge des Acetylierungsgemisches derart zu wählen, daß auf 1 Mol OH-Gruppe mindestens 4 Mol Essigsäureanhydrid entfallen. In einem Rundkolben von 150 ml Inhalt wird die der angenommenen OH-Zahl entsprechende Substanzmenge von 0,2 g genau eingewogen und das erforderliche Volumen des Acetylierungsgemisches von 15 ml, sorgfältig abgemessen, hinzugefügt. Der Kolben, in dessen Hals ein kleiner, als Rückfluß dienender Trichter eingebaut ist, wird so in ein Wasserbad von 95—100 °C gebracht, daß er 1 cm tief eintaucht. Zum Schutz des Kolbenhalses vor Erwärmung wird dieser mit einer durchbohrten Pappscheibe versehen, die am Halsansatz auf der Rundung des Kolbens liegt. Nach 1 Std. wird der Kolben vom Bad entfernt und nach Abkühlung durch den Trichter mit 1 ml Wasser versetzt. Die dabei gegebenenfalls auftretende Trübung kann durch Zugabe von wenig Pyridin wieder beseitigt werden. Dann wird das Gemisch geschüttelt, wobei es sich durch Hydratisierung des Anhydrides zur Säure erwärmt; zur Vervollständigung der Reaktion und um eventuell gebildete Anhydride zu zerstören, wird es nochmals für 10 Min. im Wasserbad gelassen.

Nach erneuter Abkühlung auf Zimmertemperatur wird die am Trichter und Kolbenhals kondensierte Flüssigkeit mit 5 ml neutralisiertem Äthylalkohol (96%ig) in den Kolben gespült und das Reaktionsgemisch in diesem mit 0,5 n alkoholischer Kalilauge und Phenolphthalein als Indikator titriert. Gleichzeitig wird unter denselben Arbeitsbedingungen ein Blindversuch durchgeführt, während man die Säurezahl der Äthylenglykolprobe gesondert ermittelt.

Berechnung

Die Hydroxylzahl (OHZ) wird auf Grund der im Haupt- und Blindversuch verbrauchten ml an 0,5 n Alkalilauge sowie der Säurezahl (SZ) der Probe und der Einwaage nach folgendem Schema errechnet:

$$\text{OHZ} = \frac{(b - a) \cdot 28{,}055}{E} + \text{SZ}$$

a = verbrauchte ml 0,5 n Alkalilauge im Hauptversuch;
b = verbrauchte ml 0,5 n Alkalilauge im Blindversuch;
E = Einwaage Glykol in g.

Die Säurezahl (SZ) des Äthylenglykols wird folgendermaßen bestimmt:

Durch Titration von 100 ml des als Titrationsmedium dienenden reinen Äthylalkohols mit 0,1 n KOH und 1 ml einer 1%igen Phenolphthaleinlösung wird die Menge an 0,1 n KOH ermittelt, die zur Neutralisation der sauren Bestandteile des Alkohols erforderlich ist.

Dann werden ca. 1 g Äthylenglykol und 100 ml Äthylalkohol vermischt und die vorhandenen sauren Anteile mit 0,1 n KOH unter Zusatz von ebenfalls 1 ml einer 1%igen Phenolphthaleinlösung titriert. Von dem gefundenen Wert wird die zur Neutralisation des verwendeten Alkohols verbrauchte Menge an 0,1 n KOH abgesetzt und die Säurezahl nach folgender Gleichung berechnet:

$$SZ = \frac{ml\ 0{,}1\ n\ KOH \cdot 5{,}6104 \cdot 1000}{mg\ Einwaage}$$

3.1.4.6. Wassergehalt

Forderung: $<0{,}1\%$

Zum qualitativen Nachweis von Wasser im Äthylenglykol eignet sich der Chromatographietest [18].

Zur Ausführung dieses Testes wird ein 0,5 cm breiter und 2 cm langer Streifen von trockenem Filtrierpapier in der unteren Zone mit einer 3%igen Lösung von Eisen(II)-sulfat und im oberen Teil mit einer 1%igen Lösung von Kaliumhexacyanoferrat(III) derart imprägniert, daß beide Zonen durch einen Zwischenraum von ca. 3 mm Länge getrennt sind. Der so präparierte Papierstreifen wird mit dem das Eisen(II)-sulfat enthaltenden Ende in die zu prüfende Glykolprobe getaucht und in ein trockenes Reagenzglas von 6 cm Länge und 1 cm äußeren Durchmesser gegeben.

Enthält das aufsteigende Äthylenglykol Wasser, so bildet sich bei seiner Berührung mit der oberen, Kaliumhexacyanoferrat(III) enthaltenden Zone TURNBULLS Blau, dessen Ausdehnung und Intensität der Färbung dem Grad des Wassergehaltes vom Äthylenglykol entspricht.

Wird nach 10 Min. keine Blaufärbung beobachtet, ist die Äthylenglykolprobe als wasserfrei anzusehen. Anderenfalls wird der Wassergehalt im Äthylenglykol nach erfolgtem qualitativen Hinweis exakt mit Hilfe der KARL-FISCHER-Methode in Doppelbestimmungen wie folgt ermittelt:

10 ml Äthylenglykol werden in ein getrocknetes und zuvor mit einigen Tropfen KARL-FISCHER-Lösung gespültes 100 ml-Enghals-Erlenmeyerkölbchen pipettiert, mit 10 ml entwässertem Methanol verdünnt und sofort bis zum Umschlag von gelbrot nach dunkelrot titriert. In einer zweiten Probe wird in gleicher Weise

der Blindwert für das Lösungsmittel Methanol ermittelt und bei der Berechnung berücksichtigt. Der Faktor der KARL-FISCHER-Lösung wird täglich neu gegen zwei Methanolproben bekannten Wassergehaltes (2—3 g H_2O/l abs. Methanol) überprüft; dabei entspricht 1 ml K-F-Reagens je nach Faktor 2—3 mg H_2O. Die Lösung [19] wird folgendermaßen hergestellt:

In einer Flasche von 9 l Inhalt werden 762 g Jod in 2,4 l Pyridin vollständig gelöst und alsdann mit 6 l Methanol versetzt. Diese Vorratslösung kann beliebig lange aufbewahrt werden. 3 l dieser Lösung werden in einer 4 l fassenden Bürettenflasche mit Eis gekühlt und allmählich 192 g flüssiges, mit Methanol und festem Kohlendioxid gekühltes Schwefeldioxid hinzugegeben. Der danach aufgesetzte Stopfen wird, wenn die Flüssigkeit Raumtemperatur angenommen hat, zum Druckausgleich kurz entfernt und die Lösung vor dem Gebrauch einige Tage abgestellt. Diese Menge entspricht 18 g Wasser, und 1 ml ist rechnerisch 6 mg Wasser äquivalent. Praktisch liegt der Wert bei 3,5 bis maximal 5 mg Wasser.

Die Wasserbestimmung ist zur Beurteilung der ermittelten Werte der Dichte, der OH-Zahl sowie des Brechungsindex erforderlich. Falls das zu prüfende Äthylenglykol wasserfrei ist oder maximal 0,1% Wasser enthält, ist eine beobachtete Abweichung der fraglichen Werte von denen für völlig reines Glykol auf die Anwesenheit von Di- und/oder Triglykol in der untersuchten Probe zurückzuführen.

3.1.4.7. Umesterungswert

Forderung: >90

Zur Ermittlung des Umesterungswertes einer Glykolprobe wird reiner Terephthalsäuredimethylester, dem ein Umesterungswert von 100 zukommt, eingesetzt. Die Bestimmung kann in Doppelversuchen wie folgt durchgeführt werden:

50 g Dimethylterephthalat werden mit 75 g Äthylenglykol, dessen Wassergehalt maximal 0,1% beträgt, unter Zusatz von Bleioxid als Standardkatalysator in einer Menge von 0,05%, bezogen auf eingesetztes Dimethylterephthalat, umgeestert. Die Umesterung wird in der aus Bild 3.1. ersichtlichen Umesterungsapparatur vollzogen, die aus einem 150 ml fassenden Birnenkolben nebst Zubehör besteht.

Die Erwärmung erfolgt mittels eines elektrischen Heizmantels, wobei die Manteltemperatur auf 220 °C eingestellt wird und die Innentemperatur 195 °C beträgt. Gemessen wird die Methanolmenge, die innerhalb von 90 Min. nach dem Übergehen des ersten Tropfens abdestilliert.

Der prozentuale Anteil der gefundenen Methanolmenge im Verhältnis zum theoretischen Wert (32 g = 40,4 ml Methanol) ist der gesuchte Umesterungswert.

3.1.4.8. Halogengehalt

Forderung: höchstens Spuren.

Für den qualitativen Nachweis von Halogenen im Äthylenglykol dient die Flammenfärbung nach BEILSTEIN. Dazu wird ein Kupferdraht in der Bunsenflamme so lange geglüht, bis die Flamme farblos erscheint. Auf die Spitze des erkalteten Kupferdrahtes wird eine Spur Substanz gebracht und im äußeren Teil einer Bunsenflamme erhitzt. Bei Anwesenheit von Halogen färbt sich die anfangs leuchtende Flamme grün bis blaugrün. Aus der Dauer und der Intensität der durch verdampftes Kupferhalogen bewirkten Färbung kann ermessen werden, ob das Glykol nur Spuren oder merkliche Mengen an Halogen enthält.

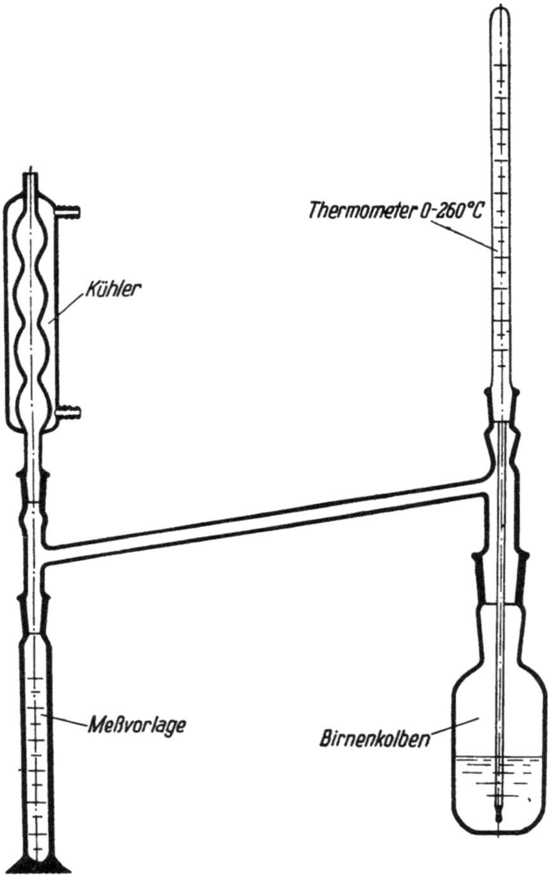

Bild 3.1. Umesterungsapparatur

3.1.4.9. Probekondensation

Forderung: Fp. des Kondensates nicht unter 256 °C.

Für eine Probekondensation in der üblichen Glasapparatur kommen die Reaktionspartner in folgendem Verhältnis zum Einsatz:

Äthylenglykol	50 Teile
Dimethylterephthalat reinst (Umesterungswert 100)	50 Teile
Kobaltacetat H_2O-frei	0,05%

Die Umesterungstemperatur des Versuches liegt bei 190 °C, und die Kondensationstemperatur wird auf 275 °C eingestellt. Das erhaltene Kondensat soll eine in Phenol/Tetrachloräthan (1:1) gemessene relative Viskosität von 1,35—1,40 aufweisen und nicht unter 256 °C schmelzen (siehe Kapitel 4). Liegt der ermittelte Schmelzpunkt unter diesem Wert, so war das im Kondensationsversuch geprüfte Äthylenglykol nicht völlig rein, sondern enthielt als Verunreinigung Anteile von Di- und/oder Triglykol.

3.2. Verfahren zur Synthese von Terephthalsäure bzw. Dimethylterephthalat

3.2.1. *Ausgangsmaterial: Benzol*

p-Dichlorbenzol läßt sich mit Kohlenoxid/Wasser und Nickel als Katalysator bei hohen Temperaturen und Drucken mit Ausbeuten von etwa 30% in Terephthalsäure überführen [20]. Auch die Umwandlung von p-Dichlorbenzol mit Alkalicyaniden [21, 22] oder mit Blausäure und Aluminiumoxid in der Dampfphase bei Temperaturen oberhalb 400 °C in das entsprechende Dinitril und dessen Verseifung zur Terephthalsäure sind bekannt [23]. Beide Methoden haben jedoch, bedingt durch die starke Korrosion der Apparatur bei der Carbonylierung bzw. durch den hohen Verbrauch an Alkalicyaniden in Verbindung mit geringen Ausbeuten an Terephthalsäure, kaum praktische Bedeutung.

Günstiger sind dagegen die über das p-Xylylendichlorid nach folgendem Reaktionsschema verlaufenden Synthesen zu beurteilen.

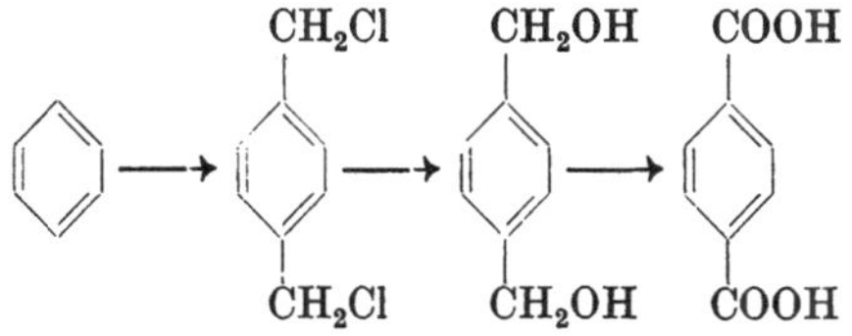

oder

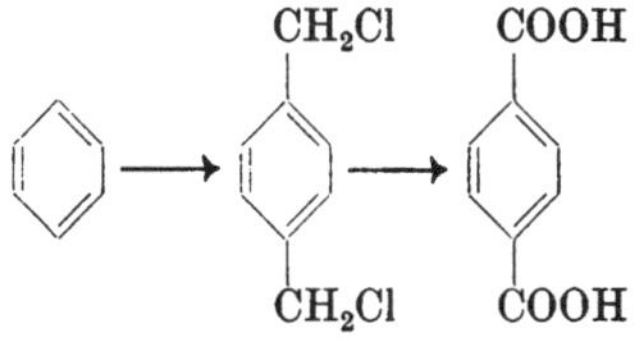

p-Xylylendichlorid läßt sich in bekannter Weise aus Benzol durch die Chlormethylierung mittels Formaldehyd und Salzsäure in Gegenwart von Zinkchlorid gewinnen. Wird die Chlormethylierung mit Dichlormethyläther durchgeführt, so erhält man p-Xylylendichlorid in einer Ausbeute von 80%. Trotz dieser guten Ausbeute hat das modifizierte Verfahren noch kein technisches Interesse gefunden.

p-Xylylendichlorid wird durch 12stündiges Kochen mit 10%iger Natronlauge zu p-Xylylendiol mit 80%iger Ausbeute verseift und dieses der Oxydation mit 60—65%iger Salpetersäure bei 110—125 °C unterworfen. Das Oxydationsprodukt besteht zu 60—65% aus Terephthalsäure und wird mit Natriumhypochlorit nachoxydiert. Die Endausbeute an Terephthalsäure erreicht 50%, bezogen auf die eingesetzte Benzolmenge [24]. Wirtschaftlicher und unter Umgehung der p-Xylylendiol-Zwischenstufe kann p-Xylylendichlorid auch unmittelbar mit 20—65%iger Salpetersäure bei Normaldruck und Temperaturen oberhalb seines Siedepunktes zu Terephthalsäure mit Ausbeuten von 90% der Theorie oxydiert werden [25].

Nach einem anderen Verfahren wird p-Xylylendichlorid ebenfalls drucklos mit 40—60%iger Salpetersäure bei 100 °C zunächst zu p-Chlormethylbenzoesäure und diese bei 110—120 °C unter sonst gleichen Bedingungen weiter oxydiert, wobei gleichfalls Terephthalsäureausbeuten von über 90% erreicht werden [26].

Den günstigen Ausbeuten in den einzelnen Stufen der Terephthalsäuresynthese aus Benzol über p-Xylylendichlorid steht einschränkend der hohe Verbrauch an Formaldehyd und Zinkchlorid für die Chlormethylierung gegenüber. Dieser Mangel ist bezüglich des Zinkchlorids gegebenenfalls mit Hilfe eines Regenerierungsverfahrens, das bereits bei der Herstellung von Chlorbenzol wirksam angewendet wird, zu beheben.

3.2.2. *Ausgangsmaterial: Toluol*

3.2.2.1. Synthese über p-Toluylaldehyd

Diese Synthese führt entweder nach folgendem Reaktionsschema

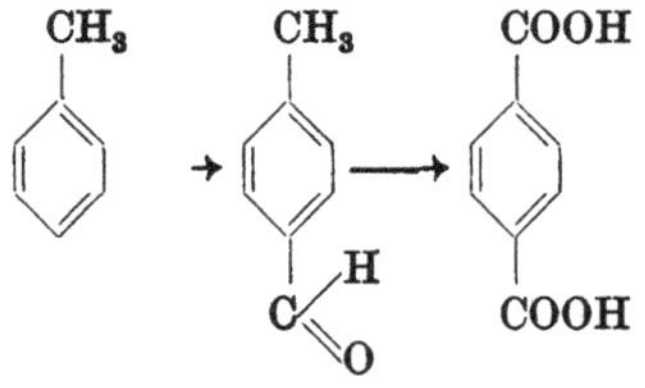

zur Terephthalsäure oder gemäß der Formulierung

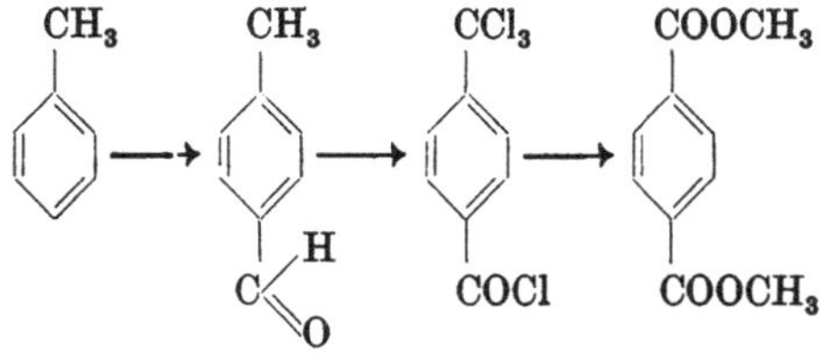

direkt zum Terephthalsäuredimethylester.

p-Toluylaldehyd wird durch Umsetzung von Toluol mit Kohlenoxid und Salzsäure in Anwesenheit äquimolekularer Mengen an Aluminiumchlorid und von Kupfer(I)-chlorid als Katalysator bei 40 °C und 50 atü in Ausbeuten von 75 bis 80% der Theorie erhalten [27]. p-Toluylaldehyd wird mit Luft oder Sauerstoff bei 150 °C und anschließend entweder mit 60%iger Salpetersäure bei 150—185 °C oder mit Luft (Sauerstoff) und Kobaltnaphthenat als Kontaktsubstanz bei 220 bis 240 °C oxydiert [28]. Dieses Zweistufenverfahren liefert als Oxydationsprodukt Terephthalsäure in 86%iger Ausbeute.

Unter Umgehung des Oxydationsprozesses kann p-Toluylaldehyd auch zum p-Trichlormethyl-benzoylchlorid chloriert und letzteres durch Veresterung seines Verseifungsproduktes oder durch direkte Behandlung mit Methanol unmittelbar in den Dimethylester der Terephthalsäure umgewandelt werden.

Die Chlorierung des p-Toluylaldehyds erfolgt bei 240 °C in der Dampfphase unter dem Einfluß ultravioletter Strahlen. Das Chlorierungsprodukt wird entweder innerhalb von 8 Stunden zu Terephthalsäure verseift, die in üblicher Weise mit Methanol verestert wird, oder durch Einwirkung von Methanol in Gegenwart von Schwefelsäure direkt zu Dimethylterephthalat umgesetzt [27].

Beide Verfahrenswege — sowohl die Oxydation als auch die Chlorierung von p-Toluylaldehyd — führen zu wirtschaftlichen Ausbeuten.

3.2.2.2. Synthese über p-Xylylchlorid

Von dem aus Toluol gewonnenen p-Xylylchlorid ausgehend, führen drei erprobte Verfahren auf folgende Weise zur Terephthalsäure oder deren Dimethylester:

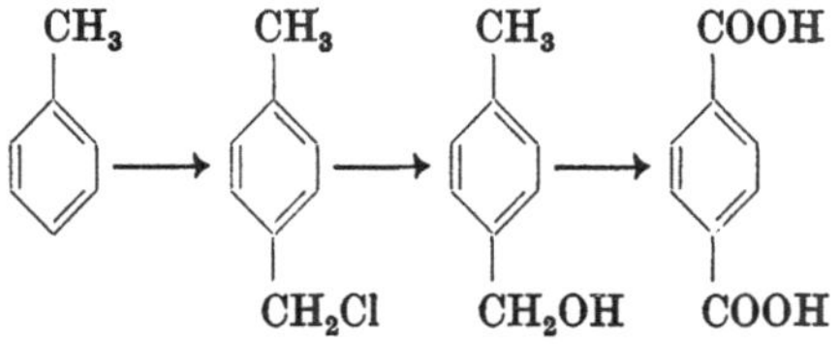

oder

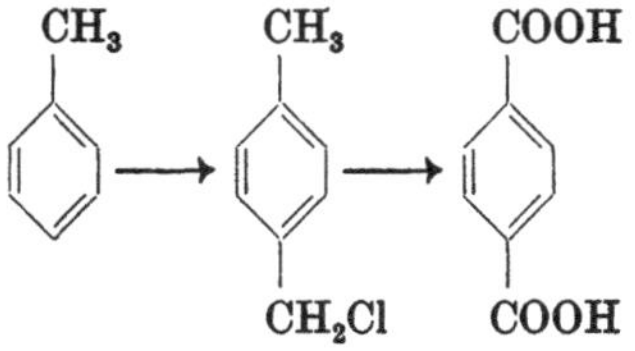

oder

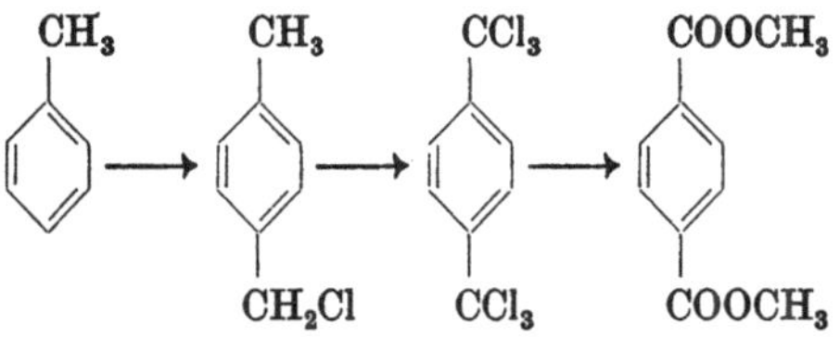

Die Chlormethylierung von Toluol mit Formalin oder Paraformaldehyd/Salzsäure und Zinkchlorid als Katalysator bei 70—75 °C ergibt ein isomeres Gemisch von Xylylchloriden, das zu 57% aus p- und zu 43% aus o-Xylylchlorid besteht. Dabei beträgt die Ausbeute 90% des in Reaktion getretenen und 75% des eingesetzten Toluols [29].

Die Hydrolyse des p-Xylylchlorids zum p-Toluylcarbinol und dessen Oxydation zur Terephthalsäure gelingt unter denselben Bedingungen und mit gleich guten Ausbeuten wie bei den analogen, unter 3.2.1. angeführten Reaktionen des p-Xylylendichlorids. Dasselbe trifft für die direkte Oxydation von p-Xylylchlorid zu.

Nach einem weiteren Zweistufen-Verfahren wird p-Xylylchlorid mit 2 Mol Salpetersäure zu p-Toluylsäure [30, 31] und diese entweder mit Kaliumpermanganat [32] oder auch mit Salpetersäure [33] zur Terephthalsäure oxydiert.

Die bei erhöhter Temperatur und mit einem Überschuß an Chlor durchgeführte fotochemische Chlorierung des isomeren Gemisches von o- und p-Xylylchlorid liefert neben Hexachlor-p-xylol das leicht abtrennbare Pentachlor-o-xylol. Das Hexachlor-p-xylol kann in Gegenwart von Eisen(III)-chlorid bei 120—140 °C zur Terephthalsäure verseift werden, die in einem nachgeschalteten Veresterungsprozeß mit Methanol in ihren Dimethylester überführt wird.

Zweckmäßiger wird Hexachlor-p-xylol direkt mit 80%igem Methylalkohol bei Siedetemperatur unter Einsatz von Salzsäure abspaltenden Katalysatoren wie Phosphorsäure, Eisen(III)-chlorid oder Zinkchlorid behandelt und auf diese Weise der Terephthalsäuredimethylester in einer Operation unmittelbar erhalten. Aus 1 t Toluol liefert dieses erprobte Verfahren 0,4—0,5 t Terephthalsäuredimethylester [29].

3.2.2.3. Synthese über p-Toluylsäureamid

Ein weiteres Verfahren zur Herstellung von Terephthalsäure, das experimentell überprüft und empfohlen wurde, geht gleichfalls vom Toluol aus und führt über p-Toluylsäureamid als Zwischenprodukt auf folgendem Reaktionsweg zum Ziel:

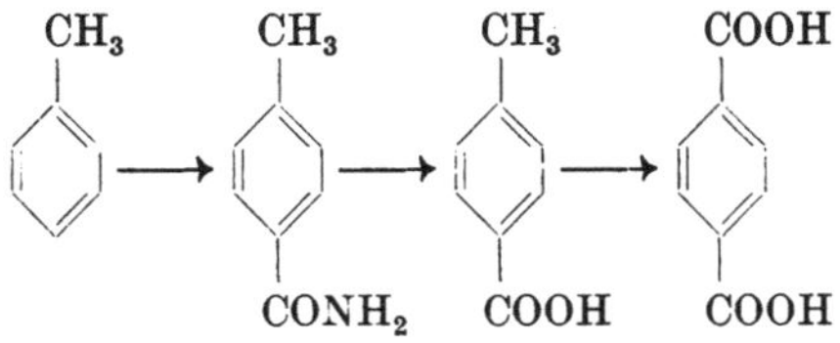

Durch Umsetzung von Toluol mit Harnstoffchlorid, das aus Phosgen und Ammoniak bei 500 °C in einer Nickelapparatur erhalten wird, mittels äquimolarer Mengen Aluminiumchlorid in Äthylenchlorid als Lösungsmittel entsteht in bester Ausbeute p-Toluylsäureamid, das nach der Aufbereitung in feucht-festem Zustand mit 16%iger Natronlauge zum Na-Salz der p-Toluylsäure verseift wird. Die dabei anfallende alkalische Verseifungslösung wird mit Kaliumpermanganat direkt zu Salzen der Terephthalsäure oxydiert, aus denen durch Ansäuern eine Terephthalsäure gewonnen wird, die frei von Isomeren ist und einen Reinheitsgrad von 99,5 bis 99,7% aufweist [34]. Diesem bemerkenswerten Vorteil stehen jedoch verfahrenstechnisch die Vielzahl der Reaktionsstufen und der hohe Verbrauch an Aluminiumchlorid als unwirtschaftliche Nachteile gegenüber.

3.2.2.4. Synthese über Kaliumbenzoat

Bei der Suche nach Terephthalsäuresynthesen auf der Basis von Toluol fand man überraschenderweise, daß diese Säure über einen thermischen Prozeß auch aus dem Kaliumsalz der Benzoesäure gewonnen werden kann. Das Verfahren verläuft nach folgendem Reaktionsschema:

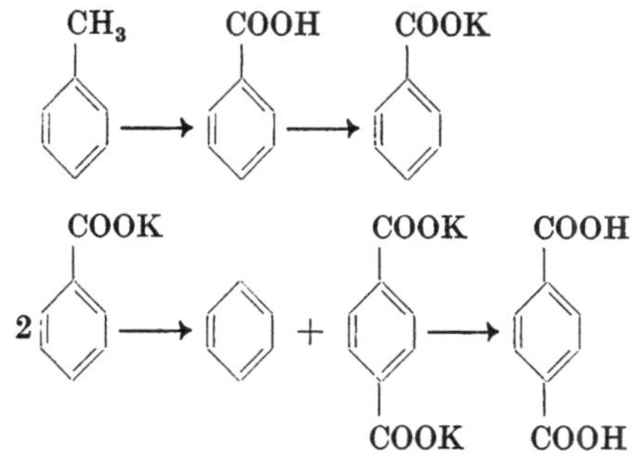

Wird das getrocknete Kaliumsalz der Benzoesäure, des Oxydationsproduktes von Toluol, unter einem Schutzgas (insbesondere Kohlendioxid) mit 3—5% Cadmium oder Zink bzw. deren Oxiden oder Salzen als Katalysator innigst vermischt und auf Temperaturen von 400—450 °C erhitzt, so wird Kaliumterephthalat gebildet. In gleichem Maße, in dem die Bildung von Terephthalsäure vor sich geht, entsteht dabei als weiteres Reaktionsprodukt Benzol [35]. Daher ist diese Reaktion als Disproportionierung des Kaliumbenzoatmoleküls aufzufassen, wobei zwei Moleküle Kaliumbenzoat je ein Molekül Terephthalat und ein Molekül Benzol liefern.

Der Anteil an Benzol kann herabgesetzt werden, wenn man die Umsetzung in Gegenwart von Kaliumcarbonat und Kohlenmonoxid bei einem Druck von 400 atü durchgührt [36—37]. Die Reaktion verläuft dabei im wesentlichen in folgender Weise:

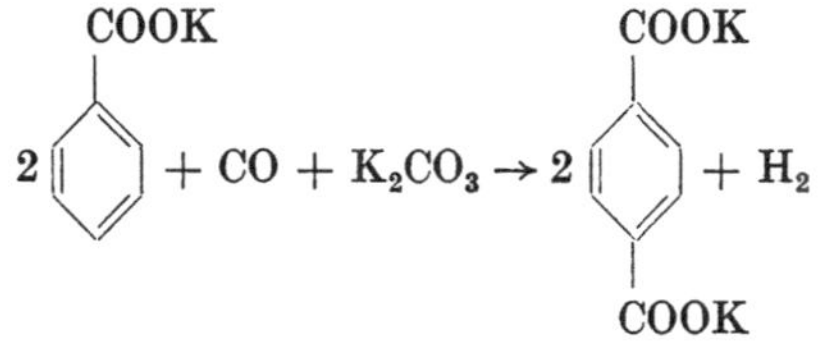

Die Disproportionierung von Kaliumbenzoat spielt bei diesem Verfahren nur eine untergeordnete Rolle. Das Reaktionsgemisch enthält allerdings bis zu 20% Isophthalsäure.

Bei der Aufbereitung der Reaktionsgemische wird die Terephthalsäure nach Abtrennung des Benzols durch Ansäuern abgeschieden [38—43].

Diese Benzoatverfahren sind beachtenswert, da Benzoesäure durch Oxydation von Toluol leicht zugänglich ist und die thermische Umsetzung unter optimalen Reaktionsbedingungen bezüglich Druck, Katalysator und Verweilzeit annähernd quantitativ verläuft.

3.2.2.5. Vergleichende Beurteilung der möglichen Verfahren

Beim Vergleich der vom Toluol ausgehenden Terephthalsäuresynthesen ist dem über p-Toluylaldehyd mit einer Ausbeute von etwa 70% verlaufenden Verfahren der Vorrang einzuräumen, wenngleich dabei ein hoher Verbrauch an Aluminiumchlorid (1,2—1,3 t je 1 t Säure) in Kauf genommen werden muß.

Von den beiden Methoden, die sich der Oxydation des Zwischenproduktes p-Xylylchlorid bedienen, ist diejenige als zweckmäßiger anzusehen, bei der als weiteres Zwischenprodukt das p-Toluylcarbinol entsteht, da dessen Oxydation unter milderen Arbeitsbedingungen möglich ist. Einschränkend muß jedoch hervorgehoben werden, daß sich bei der Chlormethylierung des Toluols neben dem gewünschten p-Xylylchlorid auch immer ein ca. 50%iger Anteil der isomeren o-Verbindung bildet.

Von Interesse ist auch, ungeachtet des hohen Verbrauchs an Aluminiumchlorid, die über das p-Toluylsäureamid verlaufende Synthese, da sie zu Ausbeuten von 80% der Theorie führt und eine Terephthalsäure von bemerkenswertem Reinheitsgrad liefert.

Auch die über das p-Trichlormethylbenzoylchlorid ablaufende Synthese ergibt Ausbeuten von 75%, bezogen auf Toluol, und ist trotz des ebenfalls großen Bedarfs an Aluminiumchlorid und an Chlor beachtenswert, zumal sie ohne intermediäre Bildung der freien Terephthalsäure direkt zu deren Dimethylester führt. Allerdings ist auf die starken Korrosionserscheinungen hinzuweisen, die sich bei der Chlorierung des p-Toluylaldehyds und auch bei der Verseifung des p-Trichlormethylbenzoylchlorids unangenehm bemerkbar machen, ein Nachteil, der in gleicher Weise auch bei der Synthese über Hexachlor-p-xylol zu verzeichnen ist. Können diese Korrosionsgefahren durch Verwendung von Apparaturen aus Glas oder Keramik überwunden werden, so lassen sich mit diesen Chlorierungsverfahren gute Ausbeuten an Dimethylterephthalat erzielen und einige Probleme umgehen, die man bei der Oxydation mit heißer Salpetersäure unter Druck berücksichtigen muß. Diese Schwierigkeiten und der Aufwand bei der Gewinnung von reinem p-Xylol waren gegebenenfalls die Ursache für die Entwicklung von Verfahren zur Herstellung von Terephthalsäure aus Toluol bzw. aus Benzol mit Hilfe der Chlorierung.

3.2.3. *Ausgangsmaterial: p-Xylol*

Von den möglichen Dialkylbenzolen kommen als Rohstoffe für die Oxydation zu Terephthalsäure insbesondere p-Xylol und p-Cymol in Betracht. p-Xylol ist ein integrierender Bestandteil des technischen Xylols, in dem es mit seinen Isomeren, dem o- und m-Xylol, und mit Äthylbenzol vergesellschaftet vorkommt.

3.2.3.1. Gewinnung von p-Xylol

3.2.3.1.1. Erzeugung von technischem Xylol

Nach dem klassischen Verfahren wird technisches Xylol aus dem Steinkohlenteer der Kokereien gewonnen. Die bei der Steinkohlenteer-Destillation in einem Siedebereich um 170 °C anfallende Fraktion des Leichtöles liefert nach einer Redestillation das Rohbenzol, das durch Waschen mit Lauge von sauren, durch Waschen mit Säure von basischen Bestandteilen und durch Behandeln mit konzentrierter Schwefelsäure von olefinischen Kohlenwasserstoffen befreit wird. Bei der weiteren Fraktionierung des so gereinigten Rohbenzols wird die Fraktion des technischen Xylols vom Benzol, dem Toluol und den höher siedenden Bestandteilen — der Solventnaphtha — abgetrennt.

Das aus Steinkohlenteer gewonnene technische Xylol zeigt durchschnittlich folgende prozentuale Zusammensetzung: 20—25% o-Xylol, 50% m-Xylol, 20% p-Xylol und 5—10% Äthylbenzol.

In neuerer Zeit ist es gelungen, technisches Xylol auch aus speziellen Erdölfraktionen zu gewinnen und damit die Rohstoffbasis für das p-Xylol wesentlich auszuweiten.

Das Prinzip der Aromatisierung von Erdölen besteht darin, daß geeignete straight-run-Benzinfraktionen, die reich an Naphthenen sind und bereits einen bestimmten Aromatengehalt aufweisen, der katalytischen Dehydrierung unterworfen werden. Dabei werden Cyclohexane zu Aromaten dehydriert und die Alkylcyclopentane zu Cyclohexanen isomerisiert; diese wiederum werden nach ihrer Bildung gleichfalls und unmittelbar zu Benzolderivaten dehydriert.

Naphthenische Benzine enthalten bis zu 55% an Cycloaliphaten, die bei der Dehydrierung in Aromaten übergehen. Mit steigendem Siedepunkt der Benzinfraktionen nimmt ihr ursprünglicher Aromatengehalt stark zu.

Für die Herstellung von Xylolen nach dem Hydroforming-Verfahren, dem die Aromatisierung des Naphthenanteils im Erdöl an einem Molybdänoxid-Aluminiumoxid-Katalysator bei 480—540 °C unter einem Wasserstoff-Druck von 7—20 Atmosphären zugrunde liegt [44], kommt daher zweckmäßig eine Ausgangsfraktion mit einem höheren Siedebereich von 121—177 °C zum Einsatz [45]. Die Dimethylcyclohexane gehen bei dem katalytischen Dehydrierungsprozeß in ein Gemisch der entsprechenden, isomeren Xylole mit einem Siedebereich von 120 bis 150 °C über. Das anfallende Rohprodukt enthält vornehmlich C_6- und C_8-Aromaten und wird nach einer reinigenden, selektiven Extraktion mit Diäthylenglykol als Konzentrat fraktioniert und dabei von dem Anteil der C_6-Aromaten befreit [46, 47].

Die durch Aromatisierung von Erdöl erhaltene Xylolfraktion besteht im Durchschnitt aus 21% o-Xylol, 46% m-Xylol, 18% p-Xylol und 15% Äthylbenzol und ist damit annähernd wie das aus dem Steinkohlenteer stammende technische Xylol zusammengesetzt.

Die Erzeugung von Steinkohlenteer hängt von dem Ausmaß der Gewinnung von Steinkohlenkoks ab, dessen Menge wiederum ausschließlich auf die Intensität der Stahlerzeugung ausgerichtet ist. Der Koksbedarf aber ist im allgemeinen nicht in dem Maße angestiegen, wie die Verarbeitung von aromatischen Kohlenwasserstoffen in der chemischen Industrie größer wurde. Es ist daher nicht verwunderlich, wenn das klassische Verfahren der Steinkohlenteerdestillation den Bedarf der Industrie an Aromaten und insbesondere an Xylolen nicht mehr abdecken konnte und in zunehmendem Ausmaß von Reforming-Prozessen überflügelt wurde.

Tabelle 3.1. Produktion von Benzol, Toluol und Xylolen in den USA aus Kohle bzw. Erdöl

Jahr	Erzeugung aus Kohle in Mill. m³	Erzeugung aus Erdölfraktionen mittels Reforming-Prozeß in Mill. m³
1955	269	286
1960	281	437
1975	311	1060

Diese Verschiebung in der industriellen Gewinnung von Aromaten wird in Tabelle 3.1. offenbar, in der die Produktionszahlen von Aromaten aus Kohlen und Erdöl des Jahres 1955 in Amerika verzeichnet sind und gleichzeitig entsprechende Schätzungen für die Jahre 1960 und 1975 angegeben werden [48].

3.2.3.1.2. Isolierung von p-Xylol aus technischem Xylol

Die Abtrennung der Terephthalsäure bzw. ihres Dimethylesters aus dem Gemisch der entsprechenden Isomeren stieß auf unüberwindliche Schwierigkeiten. Aus diesem Grunde kam die Oxydation des technischen Xylols nicht in Betracht; für die Synthese der Terephthalsäure war die vorherige Gewinnung von p-Xylol aus dem technischen Xylol in möglichst reiner Form notwendig. Wie die Übersicht der physikalischen Konstanten der Xylolisomere in Tabelle 2 erkennen läßt, war die Isolierung des p-Xylols keine leichte Aufgabe.

Tabelle 3.2. Anteil der C_8-Isomeren und physikalische Konstanten des technischen Xylols

C_8-Isomere	o-Xylol	m-Xylol	p-Xylol	Äthylbenzol
Formel	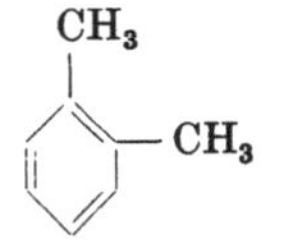	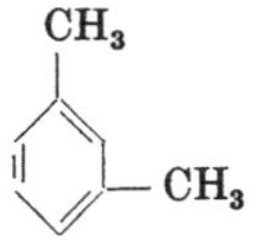	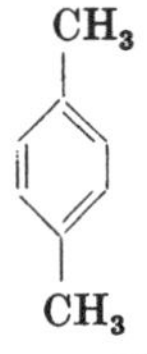	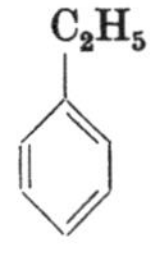
Mischungsanteil	22%	45%	20%	13%
Fp. in °C	−25,18	−47,87	+13,26	−94,97
$Kp._{760}$ in °C	144,41	139,10	138,39	136,19
Dichte bei 20 °C	0,8802	0,8642	0,8610	0,8670
Brech. Ind. n_D^{20}	1,5054	1,4972	1,4958	1,4959

Insbesondere liegen die Siedepunkte der isomeren Xylole in einem so dichten Bereich, daß lediglich o-Xylol durch Destillation aus dem Gemisch entfernt werden kann, eine Abtrennung des p-Xylols auf dem gleichen Wege aber nicht möglich ist. Dagegen führte der von den anderen Isomeren merklich differenzierte Schmelzpunkt des p-Xylols zur Entwicklung des Tieftemperatur-Kristallisationsverfahrens, mit dessen Hilfe heute in den bedeutendsten Industrieländern das p-Xylol mit einem Reinheitsgrad von 95—98% aus technischem Xylol isoliert wird [49—56]. Die Isolierung des p-Xylols durch fraktionierte Kristallisation erfolgt je nach dem geforderten Reinheitsgrad in zwei oder drei Stufen.

Praktisch wird dabei technisches Xylol mit einem Gehalt von 18—21% p-Xylol in einem Wärmeaustauscher zunächst auf —40 °C und anschließend in einem weiteren Kühlaggregat bis auf —70 °C abgekühlt. Während dieses Abkühlprozesses setzt sich das kristallisierende p-Xylol auch auf den Kühlschlangen ab und behindert den Wärmedurchgang. Diese Komplikation kann behoben werden, wenn man die Kühlschlangen mit einem von elektrischem Strom hoher Ampèrezahl durchflossenen Leitsystem ausrüstet. Durch periodisches Einschalten des

Wechselstromes, dessen Wirkung auf die Oberfläche der Kühlschlangen beschränkt bleibt und das Reaktionsgemisch nicht wesentlich erwärmt, wird der kristalline Überzug abgeschmolzen. Das auskristallisierte p-Xylol wird zentrifugiert und in einen Sammelbehälter überführt, während die anfallende Mutterlauge zur Vorkühlung weiterer Chargen von technischem Xylol genutzt wird. Diese erste abgetrennte Mischung enthält ca. 80% p-Xylol und wird durch eine zweite Kristallisation, bei der eine Abkühlung auf −18 °C ausreichend ist, auf 95% angereichert. Die noch 45% p-Xylol enthaltende Mutterlauge wird erneut der ersten Kristallisation zugeführt. Eine nachgeschaltete dritte Kristallisation oder ein Überspülen der p-Xylol-Kristalle mit verdünntem Methanol liefert schließlich ein 98%iges p-Xylol.

Die Abtrennung des p-Xylols aus dem technischen Xylol mit Hilfe der Tieftemperatur-Kristallisation ist durch die Bildung eutektischer binärer und ternärer Gemische nur zu 50% seines ursprünglichen Anteiles möglich. Es ist jedoch gelungen, durch Zusatz von Verdünnungsmitteln, z. B. Pentan, zum Xylolgemisch den eutektischen Bereich zugunsten einer erhöhten p-Xylolmenge zu beeinflussen [57, 58]. Die Bildung eutektischer Mischungen kann durch Zusatz von Stoffen verhindert werden, die mit einem der Xylolisomeren feste Komplexe oder Additionsverbindungen ergeben. Durch Abkühlen von technischem Xylol mit Tetrachlorkohlenstoff oder Tetrabromkohlenstoff entsteht ausschließlich ein festes Addukt des p-Xylols mit dem Tetrahalogenid. Aus dem isolierten Komplex kann das p-Xylol wieder zurückgewonnen werden. Mit diesen modifizierten Verfahren, die einen höheren Kälteverbrauch erfordern, können 80—90% des im technischen Xylol vorhandenen p-Xylols isoliert werden [59].

Außer diesem in der Technik allgemein angewandten Tieftemperatur-Kristallisationsverfahren wurde auch versucht, die Xylolisomere zu sulfurieren und ihre Trennung durch fraktionierte Hydrolyse der entsprechenden Sulfonsäuren zu ermöglichen [60—62].

Diese Methode liefert jedoch keine ausreichend reinen Produkte und hat daher keine industrielle Anwendung gefunden. Auch Versuche, die Xylolisomeren auf physikalischem Wege durch Thermodiffusion oder mittels Adsorptionsverfahren zu isolieren, konnten nicht befriedigen [63]. Schließlich kann man p-Xylol aus technischem Xylol, das nach Abtreibung des o-Xylols aus einem Gemisch von m- und p-Xylol besteht, mit Hilfe von Formaldehyd gewinnen. Bei der Behandlung des Xylolgemisches mit Formaldehyd in saurer Lösung wird nur das m-Xylol in Harzform ausgeschieden. Das p-Xylol trennt man durch anschließende Destillation ab. Dabei wird ein sehr hoher Anreicherungsgrad erzielt. Das Produkt ist für eine Oxydation zu Terephthalsäure besonders gut geeignet [64].

3.2.3.1.3. Isomerisierung von o- und m-Xylol

Eine Erweiterung der p-Xylolbasis ist durch die mögliche Isomerisierung von o- und m-Xylol gegeben. Diese erfolgt bei der Pyrolyse von Xylolgemischen bei 700—770 °C oder in Gegenwart der Sulfide oder Oxide von Al, B, Si, Mo, W, Zn und Mg oder ihren Kombinationen als Katalysatoren bei 500 °C [66—72]. Auch Manganoxid im Gemisch mit mindestens einer weiteren Komponente, wie Kieselsäure, Tonerde, Zirkonerde, Magnesia oder Bortrioxid wirkt in gleicher Weise [73]. Für dieses Isomerisierungsverfahren kann sowohl technisches Xylol als auch ein

Xylolgemisch in dem die o- und m-Xylolanteile nach Abtrennung des p-Xylols eine Anreicherung erfahren haben, eingesetzt werden. Die Zusammensetzung des Reaktionsproduktes, das nach erfolgter Isomerisierung einen wesentlich größeren Anteil an p-Xylol enthält, ist im einzelnen von den Reaktionsbedingungen und insbesondere von der Art des Katalysators abhängig. Damit können auch o- und m-Xylol, die bisher nur als Lösungsmittel Verwendung fanden, in p-Xylol umgewandelt und technisch als zusätzliche Rohstoffe für die Terephthalsäuresynthese genutzt werden.

In jüngerer Zeit ist es gelungen, die Isomerisierung von o- und m-Xylol mit der Aromatisierung von Erdölfraktionen zu koppeln. Für diesen Zweck ist mit auf Silicium-Aluminium-Trägern fein verteiltem Platin ein Katalysator entwickelt worden, der gleichzeitig zwei Funktionen erfüllt. Während primär die Aromatisierung bewirkt wird, erfolgt im zweiten Reaktionsstadium die katalytische Isomerisierung der gebildeten Alkylaromaten bei erhöhter Temperatur oder bei vermindertem Druck. Die beiden Reaktionsstufen können entweder in zwei Schritten oder auch in einem Reaktor mit zwei Temperaturzonen in einem Verfahrensgang durchgeführt werden [74].

3.2.3.2. Oxydation von p-Xylol zu Terephthalsäure

Die Umwandlung von p-Xylol sowie auch anderer p-alkylsubstituierter Benzole in die Terephthalsäure erfolgt vorwiegend durch Oxydation, wenn man von der Verseifung des durch Perchlorierung von p-Xylol gewonnenen Hexachlor-p-xylols absieht.

Bekannte ältere Methoden der Oxydation von p-Xylol mit kostspieligen Oxydationsmitteln, wie Kaliumpermanganat [75] oder Chromsäure [76], scheiden für die Technik aus, die aus wirtschaftlichen Gründen auf die Anwendung von Sauerstoff, Luft oder Salpetersäure als Oxydationsmittel angewiesen ist.

Mit Luft gelingt die Oxydation von p-Xylol in der Gasphase bei 300—400 °C an Oxiden des Vanadins, Molybdäns oder Wolframs als Katalysatoren und liefert ein Gemisch von p-Toluylsäure und Terephthalsäure in einer Ausbeute von 80% [67, 77]. Als zweckmäßiger hat sich die technische Gewinnung von Terephthalsäure durch Oxydation von p-Xylol mit Salpetersäure unter Druck oder mit Sauerstoff (Luft) in flüssiger Phase unter der katalytischen Wirkung von Salzen der Schwermetalle Mangan, Kobalt und Chrom erwiesen. Dabei werden vorteilhaft die öllöslichen Salze von Naphthensäuren oder von Vorlauffettsäuren eingesetzt. Es hat sich gezeigt, daß die Oxydation der ersten Methylgruppe leichter erfolgt als die des zweiten Alkylrestes. Als Ursache für diesen Befund erkannte man die Bildung von primären Oxydationsprodukten im Reaktionsgemisch.

In dem Maße, wie bei der katalytischen Oxydation von p-Xylol mit Luft die Zwischenprodukte p-Hydroxymethyl-toluol und insbesondere p-Toluylsäure entstehen und ihre Menge im Reaktionsgut anwächst, geht die Intensität der Oxydation zurück. Die Oxydation selbst kommt irreversibel zum Stillstand und kann unter den herrschenden Reaktionsbedingungen nicht zu Ende geführt werden [78]. In einer Phase gelingt die Oxydation von p-Xylol nur unter besonderen Reaktionsbedingungen, so daß vorrangig die über zwei Stufen mit unterschiedlichen Arbeitsbedingungen verlaufende Oxydation Eingang in die Technik fand.

3.2.3.2.1. Einstufige Oxydation von p-Xylol

p-Xylol kann katalytisch mit Co-Naphthenat und Luft bei 150—180 °C und einem Druck von 4—10 atü in 92%iger Ausbeute zu Terephthalsäure oxydiert werden, wenn dem Reaktionsgemisch 25—40 Masse-% an anderen Dialkylbenzolen wie p-Diäthyl-, p-Diisopropyl- oder p-Methyl-isopropyl-benzol zugesetzt werden [79].

Darüber hinaus wurden ähnliche Verfahren zur Oxydation von reinem p-Xylol mit sauerstoffhaltigen Gasen bei Temperaturen um 150 °C und in Gegenwart von Schwermetallkatalysatoren der VIII. Nebengruppe beschrieben [80—90].

Unter speziellen Bedingungen kann Terephthalsäure auch durch Oxydation eines Gemisches aus p-Xylol und p-Toluylsäure in flüssiger Phase hergestellt werden [91].

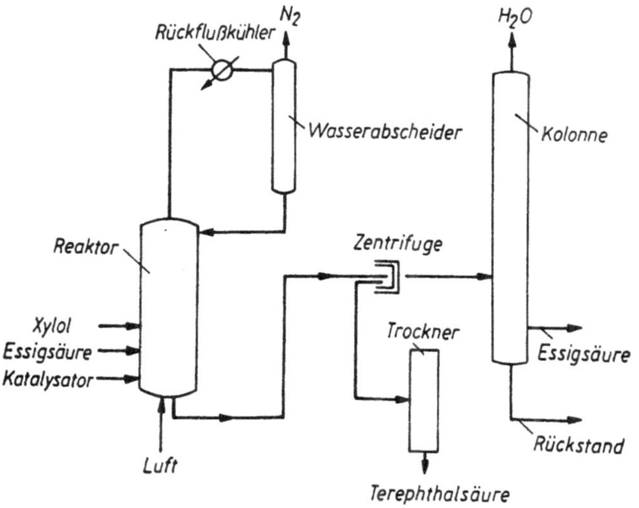

Bild 3.2. Amoco-Verfahren zur Herstellung von Terephthalsäure (aus D. E. Burney, G. H. Weisemann, N. Fragen, A new process for oxydation of aromatics, 5. Welterdölkongreß 1959, New York, Section IV, Paper 17)

Für die Flüssigphaseoxydation mit Luft wird ferner das „Amoco-Verfahren" empfohlen, dessen Eigenart darin besteht, daß man Essigsäure als Lösungsmittel und einen durch Brom aktivierten Katalysator anwendet. Als Katalysator dient z. B. Manganacetat, dessen Aktivierung durch Ammoniumbromid erfolgt. Die Oxydation findet diskontinuierlich in einem Autoklaven bei 120 bis 275 °C und unter einem Druck von 1 bis 120 atü statt (Bild 3.2.). Die Reaktionswärme wird durch einen Rückflußkühler und über Kühlschlangen im Reaktor abgeführt. Die den Reaktor verlassenden Dämpfe werden kondensiert. Das vor allem aus Wasser und p-Xylol bestehende Kondensat wird im Wasserabscheider getrennt und das p-Xylol in den Reaktor zurückgeführt. Nach einer Reaktionszeit von 1 bis 4 Stunden wird das Reaktionsgemisch gekühlt, die kristalline Terephthalsäure von der flüssigen Phase getrennt und das Filtrat zur Wiedergewinnung der Essigsäure destilliert [92—94].

Werden z. B. 48,8 Teile p-Xylol mit einem Reinheitsgrad von 95% und 100 Teile reine Essigsäure mit 0,6 Teilen Manganacetat und 0,5 Teilen Ammoniumbromid im Autoklaven auf 195 °C erhitzt und stündlich 400 l Luft unter einem Druck von 30 atü durch die gerührte Lösung geschickt, so werden nach 4stündiger Oxydation bei der Aufbereitung 75% der Theorie an Terephthalsäure erhalten [95]. Die Vorteile dieses in der Industrie eingeführten Verfahrens werden jedoch durch die erforderliche Wiedergewinnung der Essigsäure mit ihrer erneuten Konzentrierung und durch den Einsatz komprimierter Luft beeinträchtigt.

Eine Verbesserung des Verfahrens, die eine weitere Steigerung der Ausbeute an Terephthalsäure zur Folge hat, ist durch die Anwesenheit von Chloridionen im Oxydationsgemisch gegeben [96]. Neben Manganacetat wird vielfach Kobaltacetat als Katalysator für die Luftoxydation von p-Xylol in Essigsäure vorgeschlagen [97—106]. Eine Erhöhung der Ausbeute gelingt durch Zusatz von Acetaldehyd [107—114]. Dieser wird autoxydativ in Essigsäure überführt. Dabei intermediär auftretende Radikale und peroxidische Zwischenstufen fördern den Oxydationsprozeß. Die Umsetzung kann auch zweistufig verlaufen [115, 116].

Bei der Oxydation von p-Xylol mit Salpetersäure entsteht zunächst p-Toluylsäure. Zur Gewinnung von bemerkenswerten Mengen an Terephthalsäure ist es notwendig, die p-Toluylsäure nach anderen Methoden weiter zu oxydieren. p-Xylol kann aber unter energischen Bedingungen auch direkt in einer Stufe zur Terephthalsäure oxydiert werden [117—120].

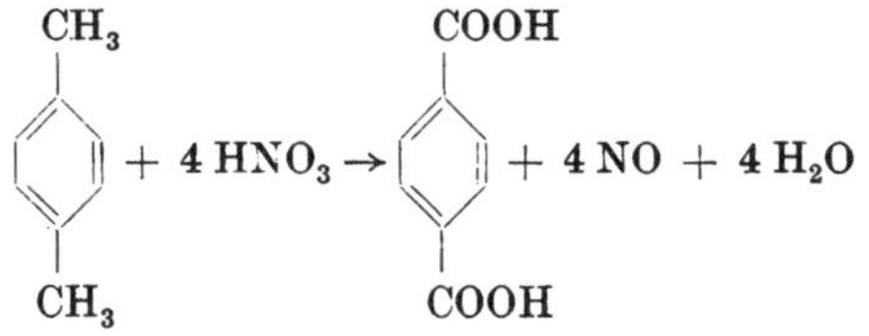

Das gelingt z. B., wenn die Oxydation mit Salpetersäure von einer ursprünglichen Konzentration von 5—60% und einem Verhältnis an 100%iger Salpetersäure von 3,5 Gewichtsteilen auf 1 Gewichtsteil p-Xylol bei Temperaturen zwischen 150 und 210 °C und erhöhtem Druck durchgeführt wird [121]. Als Oxydationsapparatur dient ein Autoklav, der mit einem Rührer, einem Druckrückflußkühler, zwei Einlaßstutzen und einem Bodenventil ausgerüstet ist. Er besitzt weiter einen Hohlmantel, der zur Aufrechterhaltung der Reaktionstemperatur nach Bedarf mit Dampf oder Kühlwasser beschickt werden kann. In den Autoklaven werden beispielsweise 1190 g p-Xylol eingebracht und auf 150—165 °C erwärmt. Dann werden innerhalb 22 Min. 13,6 kg einer 30%igen Salpetersäure zugepumpt und unter Rühren die Temperatur auf 180 °C und der Druck auf 14 atü konstant gehalten. Bei sich einstellendem höheren Druck werden die gebildeten Stickoxide über den Rückflußkühler, aus dem die kondensierbaren Anteile flüssig in den Autoklaven zurücklaufen, ins Freie abgeblasen. Nach Zugabe der gesamten Salpetersäuremenge wird das Reaktionsgemisch noch 15 Min. bei 180 °C gerührt und dann auf Zimmertemperatur abgekühlt. Das Oxydationsgemisch, in dem die Oxydationsprodukte auskristallisiert sind, wird über das Bodenventil abgezogen und filtriert. Das gewaschene und getrocknete Kristallgut entspricht 93% an Oxydationsprodukt, bezogen auf das eingesetzte p-Xylol, und besteht aus 90% Terephthalsäure und 10% p-Toluylsäure, die durch Auskochen des Gemisches mit Wasser, Aceton oder Xylol leicht abgetrennt und mit frischem p-Xylol im Kreislauf der erneuten Oxydation mit Salpetersäure unterworfen werden kann.

Auf diese Weise gelingt es, die gesamte p-Xylolmenge zu Terephthalsäure zu oxydieren. Die erhaltene Terephthalsäure ist durch einen hohen Reinheitsgrad ausgezeichnet und läßt sich in üblicher Weise in ihren Dimethylester überführen. Nach dem beschriebenen Verfahren lassen sich mit demselben Erfolg alle p-dialkylsubstituierten Benzole, wie z. B. p-Cymol, p-Diisopropylbenzol, p-Divinylbenzol und auch p-Toluylaldehyd, in der gleich kurzen Reaktionszeit zu Terephthalsäure oxydieren.

Ebenfalls in einer Stufe läßt sich p-Xylol mit Schwefel und Ammoniakwasser nach dem Prinzip der WILGERODTschen Reaktion zu Terephthalsäure oxydieren.

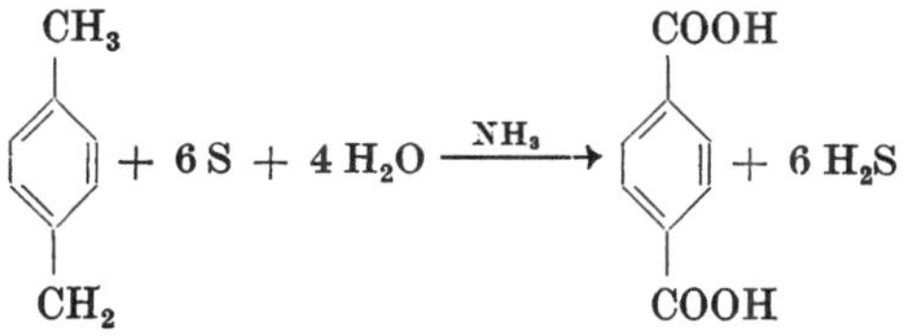

In gleicher Weise wie elementarer Schwefel können auch zahlreiche Verbindungen des vier- und sechswertigen Schwefels wie Schwefeldioxyd, Sulfite und Sulfate als Oxydationsmittel dienen. Das Verfahren zeichnet sich durch hohe Ausbeuten und kurze Reaktionszeiten aus [122]. Primäre Reaktionsprodukte sind ein Gemisch von Amiden und Ammoniumsalzen der Terephthalsäure, die durch saure oder alkalische Behandlung zur freien Säure umgesetzt werden. Entscheidend für einen günstigen Reaktionsverlauf ist ein großer Überschuß an Wasser. Das Molverhältnis Wasser zu p-Xylol bewegt sich im Bereich von 25 : 1 bis 100 : 1. Die Reaktionstemperatur liegt zwischen 315 °C und 360 °C. In Abhängigkeit von der Temperatur werden Drucke von 175 bis 420 atü angewandt.

Zur kontinuierlichen Umsetzung nach dem Oronite-Verfahren (Bild 3.3.) [123, 124] wird p-Xylol zusammen mit der Oxydationslösung, die aus Ammoniumpolysulfid, Ammoniumsulfat und Wasser besteht, durch einen vertikalen Rohrreaktor geschickt. Unter den oben genannten Bedingungen beträgt die Verweilzeit 45 bis 60 Minuten. Dabei tritt nahezu vollständige Umsetzung ein. Nachfolgend werden die flüchtigen Reaktionsprodukte Schwefelwasserstoff, Ammoniak und Kohlendioxid mit Dampf abgetrieben. Elementarer Schwefel wird gegebenenfalls durch Filtration abgetrennt. Färbende Verunreinigungen entfernt man mit Aktivkohle. Durch Hydrolyse mit Schwefelsäure oder Salzsäure entsteht freie Terephthalsäure [125] in einer Reinheit von 99,3 bis 99,5%. Sie enthält noch geringe Mengen Schwefelverbindungen. Bei einem Umsetzungsgrad von 95 bis 98% beträgt die Ausbeute bezogen auf p-Xylol etwa 93%. Der bei der Umsetzung entstehende Schwefelwasserstoff wird mit Luft zu Schwefelsäure oxydiert und Ammoniak in Ammoniumsulfat überführt, das erneut zur Xyloloxydation eingesetzt wird. Auf diese Weise werden Schwefel und Ammoniak im Kreisprozeß gefahren.

3.2.3.2.2. Zweistufige Oxydation von p-Xylol

Die Verfahren zur Oxydation von p-Xylol in zwei Stufen wurden entwickelt, um Schwierigkeiten zu überwinden, die im Einstufenprozeß bei der Oxydation der zweiten Methylgruppe auftraten.

Die erste Stufe der Oxydation liefert als Hauptprodukt Toluylsäure, die in den meisten Fällen nicht isoliert wird, sondern im Gemisch mit anderen Oxydationsprodukten in einer zweiten Stufe unter wirksameren Reaktionsbedingungen zur Terephthalsäure weiter oxydiert wird. Die einzelnen Oxydationsstufen werden katalytisch mit Luft-Sauerstoff oder Salpetersäure als Oxydationsmittel bei erhöhter Temperatur und gegebenenfalls unter Überdruck durchgeführt [126, 127]. In der Patentliteratur sind viele Methoden und Verfahren verzeichnet, die sich im einzelnen nur durch die Wahl der Reaktionsbedingungen und der Katalysatoren sowie der Konzentration der Salpetersäure unterscheiden [128].

So läßt sich p-Xylol mit Luft und Co-, Cr- oder Ni-naphthenat-Katalysatoren bei 125—140 °C in flüssiger Phase zu 80% Toluylsäure und 5% Terephthalsäure oxydieren. Das Gemisch wird nach Abtrennung von nicht verbrauchtem p-Xylol bei 195 °C mit 60%iger Salpetersäure zu Terephthalsäure weiter oxydiert, die man in Ausbeuten von über 90% erhält [129].

Durch eine Oxydation des p-Xylols in zwei Stufen ist auch das sogenannte Vierstufenverfahren charakterisiert, das nach folgendem Formelschema über die Zwischenstufen p-Toluylsäure, p-Toluylsäuremethylester und Terephthalsäuremonomethylester unmittelbar zum Terephthalsäuredimethylester führt.

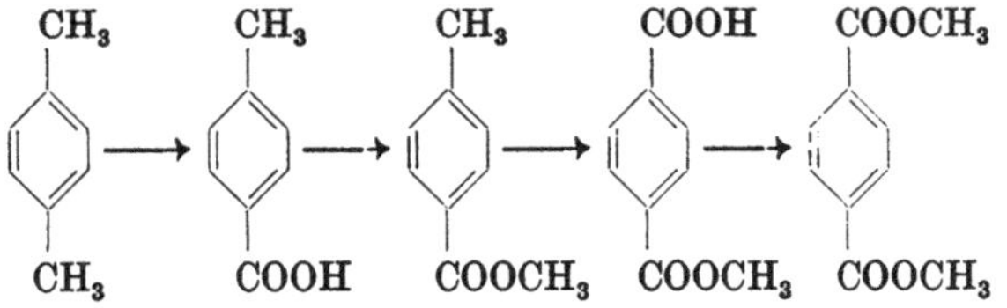

In der ersten Stufe der Reaktionsfolge wird p-Xylol zur p-Toluylsäure oxydiert, die isoliert und zum p-Toluylsäuremethylester verestert wird. Dieser wird in einer weiteren Oxydationsstufe in den Monomethylester der Terephthalsäure umgewandelt, der nach erneuter Veresterung als Endprodukt des Verfahrens Dimethylterephthalat liefert [130—135].

Diesem Verfahrensprinzip liegt die Erkenntnis zugrunde, daß die katalytische Oxydation des p-Xylols mittels Luft mit zunehmender Bildung von p-Toluylsäure als Zwischenprodukt negativ beeinflußt wird, während Ester der p-Toluylsäure diese oxydationshemmende Wirkung nicht zeigen. Im gleichen Maße wirkt auch Terephthalsäuremonomethylester verzögernd auf die Oxydation. Diese beiden sauren Bestandteile werden daher, wenn ihre Konzentration im jeweiligen Oxydationsgemisch einen bestimmten Grad erreicht hat, von diesem abgetrennt und in entsprechender Weise durch Frischxylol bzw. durch p-Toluylsäuremethylester ergänzt.

Der kontinuierliche Ablauf des Verfahrens gestaltet sich folgendermaßen [130]:

In einem 100-*l*-Oxydationskessel, der mit einem Luftverteiler, Rückflußkühler, Wasserabscheider und Temperaturmesser ausgerüstet ist, werden 60 kg p-Xylol in Gegenwart von 120 g eines Kobaltsalzes von Vorlauffettsäuren mit 6—10 C-Atomen bei 130—140 °C stündlich von 1,5—2 m³ Luft durchperlt. Hat die Säurezahl des Reaktionsproduktes einen Wert von ca. 250 erreicht, werden dem Oxydationsgemisch stündlich 60 kg entnommen und auf 20 °C abgekühlt. Die ausgeschiedenen Kristalle werden durch Zentrifugieren von der Mutterlauge getrennt und ergeben 8 kg Säuregemisch, das mit 8 kg Frischxylol gewaschen wird. Das

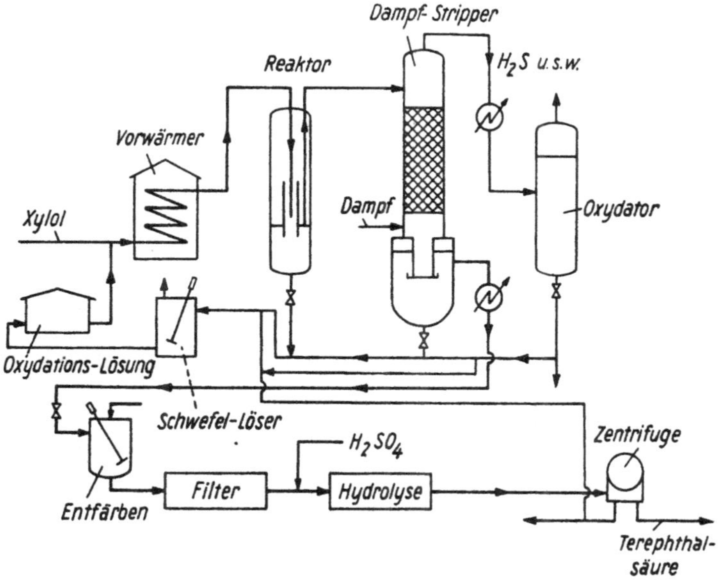

Bild 3.3. Oronite-Verfahren zur Herstellung von Terephthalsäure (aus Petroleum Refiner 37, Nr. 2, 161 (1958))

dabei je Stunde anfallende Filtrat von 52 kg wird mit dem Waschxylol dem Oxydationskessel wieder zugeführt, so daß darin ständig eine Säurezahl von 200 bis 280 aufrechterhalten wird. Damit ist ein einheitlicher Verlauf der Oxydation unter annähernd gleichen Reaktionsbedingungen garantiert; Schwierigkeiten, die durch den Wechsel der Oxydationsgeschwindigkeit infolge der stetigen Änderung des der Oxydation unterworfenen Gemisches bedingt sind, werden durch diese Verfahrenstechnik vermieden.

Das erhaltene Säuregemisch von 8 kg besteht größtenteils aus p-Toluylsäure, die mit Methanol verestert wird. Der anfallende p-Toluylsäuremethylester gelangt laufend in einen zweiten Oxydationskessel von 100 *l* Inhalt, in dem ständig 60 kg des Esters vorhanden sind. In dieser zweiten Oxydationsstufe erfolgt die Oxydation des p-Toluylsäuremethylesters mit 2 g Kobaltsalz und 1,5 l Luft/Minute je kg Ausgangsprodukt bei 140 °C zum Monomethylester der Terephthalsäure. Bei einer Säurezahl von 100 bis 150 werden dem Reaktionsgemisch kontinuierlich 6 kg Terephthalsäuremonomethylester pro Stunde entnommen. Das bei der Isolierung des kristallinen Halbesters anfallende Filtrat wird im gleichen Zeitraum zusammen mit 6 kg frischem p-Toluylsäuremethylester wieder in den Reaktionskessel eingebracht.

Der Terephthalsäuremonomethylester wird in der vierten und letzten Verfahrensstufe mit Methanol zum Terephthalsäuredimethylester umgesetzt.

Technisch werden die beiden Oxydations- und die beiden Veresterungsstufen zusammengefaßt (Imhausen-Verfahren). p-Xylol und p-Toluylsäuremethylester werden gemeinsam oxydiert. Das Mischungsverhältnis der beiden Ausgangskomponenten und die Reaktionsbedingungen sind so gewählt, daß das Reaktionsgemisch neben nur wenig unumgesetzten Ausgangsprodukten p-Toluylsäure, Terephthalsäuremonomethylester und freie Terephthalsäure enthält. Bei der nachfolgenden Veresterung entsteht ein Gemisch von p-Toluylsäuremethylester und Terephthalsäuredimethylester, das durch Destillation getrennt wird. p-Toluylsäuremethylester und geringe Anteile p-Xylol werden in den Oxydationsprozeß zurückgeführt. Der isolierte Terephthalsäuredimethylester zeichnet sich durch hohe Reinheit aus [136—144]. Bild 3.4. dient zur Erläuterung des Verfahrens: p-Xylol und p-Toluylsäuremethylester werden oben in einen Vertikalreaktor eingebracht, die Luftzuführung erfolgt unten seitlich. Aus dem Abgasstrom werden mitgerissene p-Xyloldämpfe in einem Brüdenkondensator und einer Aktivkohleanlage abgetrennt und in den Prozeß zurückgeführt. Das am Boden des Reaktors entnommene Oxydat wird in den Kopf der Veresterungskolonne eingespeist und im Gegenstrom mit Methanol umgesetzt. In zwei weiteren Kolonnen findet die Trennung des Veresterungsgemisches unter Vakuum statt. Über Kopf der ersten Destillationskolonne wird p-Toluylsäuremethylester abgenommen und in den Reaktor zurückgeführt. Als Destillat der zweiten Kolonne erhält man Terephthalsäuredimethylester, der zweimal aus Methanol umkristallisiert wird. Schließlich wird der Ester in einem Aufschmelzgefäß von anhaftendem Methanol befreit und auf einer Kühlwalze abgeschuppt.

Eine weitere Vereinfachung des Verfahrens gelang durch Oxydation des p-Xylols bei gleichzeitiger Veresterung der Oxydationsprodukte in einer Stufe. Die Luftoxydation des Xylols erfolgt in flüssiger Phase in Gegenwart von Methanol.

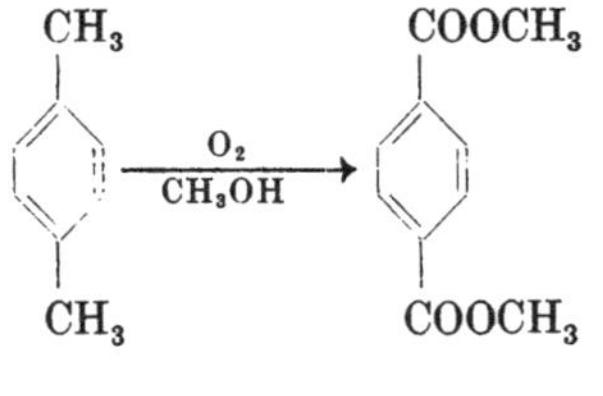

Reaktionstemperatur, Druck, Verweilzeit und die Menge an im Überschuß eingesetzten Methanol schwanken bei den bekanntgewordenen Verfahrensvarianten in weiten Grenzen [145—150].

Die Verfahren der Vierstufensynthese von Terephthalsäuredimethylester haben in der Industrie allgemein Eingang gefunden.

3.2.3.3. Dimethylterephthalat über Hexachlor-p-xylol

Nach dem Schema

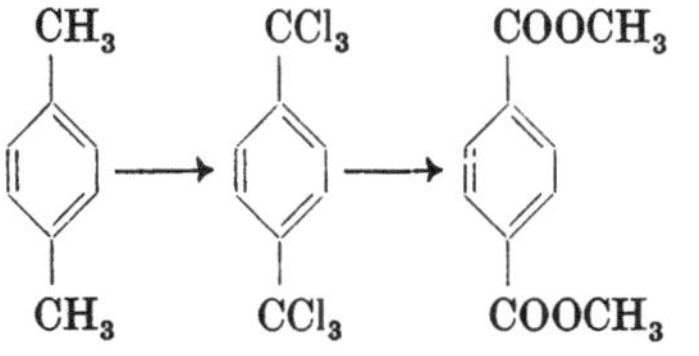

kann p-Xylol bei den gleichen, schon unter 3.2.2.2. für p-Xylylchlorid beschriebenen Bedingungen bei erhöhter Temperatur fotochemisch zum Hexachlor-p-xylol chloriert und dieses — wie ebenfalls unter [29] berichtet — unmittelbar mit

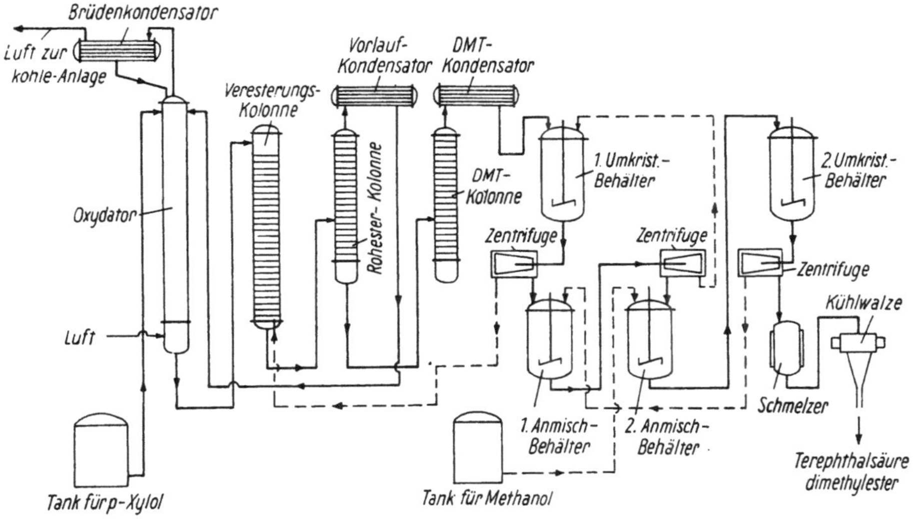

Bild 3.4. Imhausen-Verfahren zur Herstellung von Dimethylterephthalat (aus ULLMANNS Encyklopädie der technischen Chemie, Urban & Schwarzenberg, München—Berlin 1965 III. Aufl., Bd. 16, S. 752)

80%igem Methanol in Gegenwart von Zinkchlorid oder Phosphorsäure in Dimethylterephthalat überführt werden. Beide Reaktionsstufen ergeben hohe Ausbeuten.

3.2.3.4. Terephthalsäure über Terephthalsäuredinitril

Beim Überleiten von p-Xyloldämpfen im Gemisch mit Luft und Ammoniak über Kontakte wie Vanadin- oder Nickeloxid/Aluminiumoxid bei 350 bis 450 °C entsteht Terephthalsäuredinitril in einer Ausbeute von 70 bis 85%. Nebenprodukte sind Blausäure und das Nitril der p-Toluylsäure. Die stark exotherme Umsetzung verläuft am festen Kontakt, in Fließbett oder im Wirbelschichtreaktor bei einer Verweilzeit von 0,5 bis 5 Sekunden [151 bis 168]. Das eingesetzte Synthesegasgemisch enthält bis zu 2 Vol.-% Kohlenwasserstoff, die 1,5- bis 2fache stöchiometrische Menge Ammoniak und 4 bis 10 Vol.-% Sauerstoff. Das Dinitril der Terephthalsäure kann mit Mineralsäuren wie auch mit 100%iger Phosphorsäure zu Terephthalsäure verseift werden [169]. Ferner gelingt die Hydrolyse in wäßriger Lösung bei Temperaturen zwischen 150 und 300 °C, wenn katalytische Mengen verschiedener Alkali- bzw. Ammoniumsalze zugegen sind [170].

3.2.3.5. Vergleichende Beurteilung der einzelnen Verfahren

Bei der Beurteilung der Wirtschaftlichkeit der Synthesen von Terephthalsäure auf der Basis von p-Xylol ist das 4-Stufen-Verfahren, das im kontinuierlichen Prozeß p-Xylol im Kreislauf bei besten Ausbeuten in jeder Synthesestufe vollständig in Dimethylterephthalat umwandelt, an erster Stelle zu nennen und hat dementsprechend breiteste Verwendung in der Industrie gefunden. Als konkurrenzfähig muß die einstufige Oxydation von p-Xylol zu Terephthalsäure mittels bromierter Kontakte bewertet werden, während die mit Salpetersäure gleichfalls in einstufiger Oxydation verlaufende Synthese zwar in guter Ausbeute Terephthalsäure liefert, aber dadurch benachteiligt ist, daß gleichzeitig 3—5% an Nitroverbindungen der Terephthalsäure gebildet werden, die als Verunreinigung in einem nachgeschalteten Verfahren entfernt werden müssen.

Die Gewinnung von Terephthalsäure über Hexachlor-p-xylol bzw. über ihr Dinitril besitzt gegenüber den vorstehend genannten Verfahren zur Zeit kein technisches Interesse.

3.2.4. *Ausgangsmaterial: p-Di-isopropylbenzol*

Benzol läßt sich mit Propylen unter der katalytischen Wirkung von $AlCl_3$, HF oder BF_3 zu einem Gemisch, bestehend aus Mono-isopropylbenzol, Di-isopropylbenzol und Poly-isopropylbenzol alkylieren, aus dem man durch fraktionierte Destillation reines p-Di-isopropylbenzol erhält. Die Oxydation dieses Dialkylbenzols erfolgt nach dem gleichen Prinzip wie die des p-Xylols.

Die einstufige Oxydation gelingt mit Salpetersäure bei 70 bis 120 °C [171] oder mit Sauerstoff in Essigsäure an Mangan- oder Kobaltkatalysatoren bei 120 bis 250 °C unter Druck [172 bis 173] und führt zu guten Terephthalsäureausbeuten. Der Umsetzung liegt folgendes Reaktionsschema zugrunde:

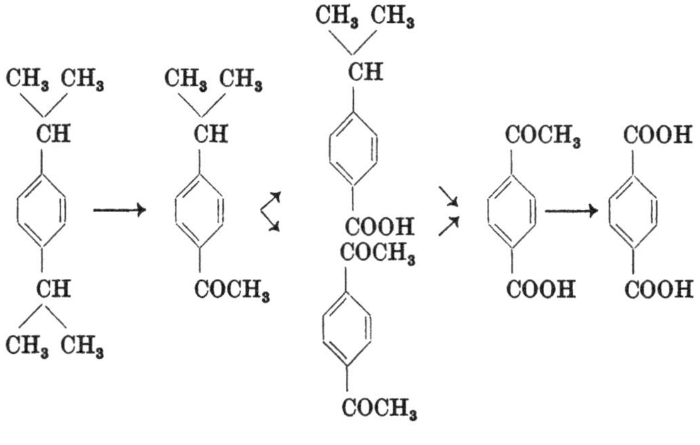

Die kontinuierliche Oxydation mit Luftsauerstoff erfolgt z. B. nach dem Schell-Verfahren in einem vertikalen Druckreaktor (Bild 3.5.) [174]. Das Ausgangsgemisch aus p-Di-isopropylbenzol, Essigsäure und Katalysator wird seitlich in den Reaktionsraum eingespeist. Die Druckluftzuführung befindet sich am unteren Teil des Reaktors. Die Reaktionswärme wird durch Verdampfen von Essigsäure abgeführt. In einem System von mehreren Kolonnen wird die verdampfte Essigsäure von Wasser und Ameisensäure getrennt und erneut eingesetzt. Ein Teil des wäßrigen Ameisensäure-Essigsäuregemisches wird ohne vorherige Trennung in den Reaktor zurückgeführt. Das flüssige Reaktionsgemisch verläßt den Reaktor nach 6 bis 7 Stunden. Nach Kühlung wird die kristalline Terephthalsäure abgetrennt. Die Ausbeute beträgt ca 80%.

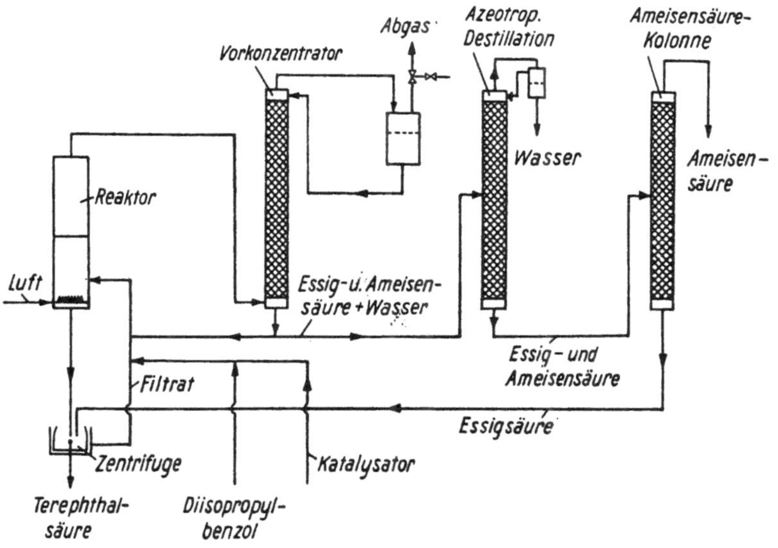

Bild 3.5. Schell-Verfahren zur Herstellung von Terephthalsäure (aus J. P. Fortuin, M. J. Waale, R. P. van Oosten, Production of aromatic dicarboxylic acids, 5. Welterdölkongreß 1959, New York, Section IV, Paper 18)

Auch die zweistufige Oxydation ist bekannt. Dabei wird p-Di-isopropylbenzol zunächst ohne Katalysator bei 180 °C und einem Druck bis zu 7 atü während 4 Stunden mit reinem Sauerstoff (100 *l* O_2/100 g p-Di-isopropylbenzol) behandelt. Die fest-flüssigen Oxydationsprodukte der ersten Stufe werden anschließend in Essigsäure als Lösungsmittel mit 0,1—5% Manganacetat, bezogen auf die Menge des eingesetzten Oxydationsproduktes, bei 220 °C und 27 atü und einer Luftzufuhr von 400 l/Std. während 4,5 Stunden weiteroxydiert. Mit diesem 2-Stufen-Verfahren werden 80% der theoretischen Ausbeute an Terephthalsäure gewonnen [175]. Da das Ausgangsmaterial Benzol bereits seinen festen Markt hat und diesen schon teilweise nicht mehr befriedigen kann, dürfte dieses an sich aussichtsreiche Verfahren für eine technische Großproduktion kaum in Frage kommen.

3.2.5. *Ausgangsmaterial: o- bzw. m-Phthalsäure*

In den fünfziger Jahren wurde die thermische Isomerisierung der o-Phthalsäure zur Terephthalsäure durch Erhitzen ihres neutralen Kaliumsalzes auf Temperaturen von 400 bis 450 °C mit Erfolg bearbeitet und zur technischen Reife entwickelt [176 bis 178].

Das einfache Reaktionsschema der thermischen Umlagerung entspricht folgender Formulierung:

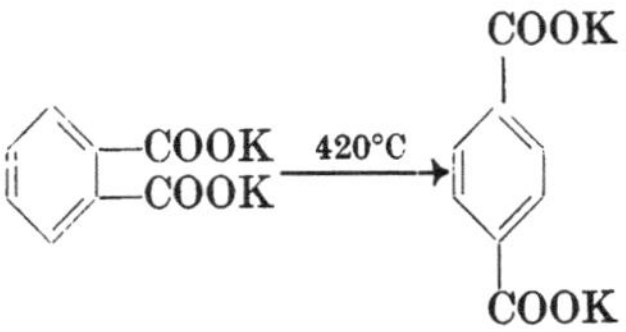

Die Messung der Verbrennungswärmen der drei isomeren Phthalsäuren ergab im einzelnen folgende Werte in kcal/Mol: für Phthalsäure 770,44, Isophthalsäure 765,44 und Terephthalsäure 762,30. Die Terephthalsäure ist also die energieärmste der drei Isomeren [179]. Dieses Energiegefälle in der vorstehenden Reihenfolge der Phthalsäureisomeren war die Voraussetzung der thermischen Umlagerung von Phthalsäure und Isophthalsäure in Terephthalsäure, die über die betreffenden Kaliumsalze bei schwach exothermer Reaktion glatt verläuft.

Bei der praktischen Durchführung der Isomerisierung sind folgende Bedingungen zu beachten: Die optimale Umlagerungstemperatur liegt bei 420 °C. Dabei beträgt die Reaktionszeit 4 bis 5 Stunden. Um bei der hohen Reaktionstemperatur Oxydationen durch Sauerstoff zu vermeiden, wird die Luft in der Anlage durch ein Schutzgas verdrängt und die Reaktion unter einem CO_2-Druck von mindestens 10—20 atü durchgeführt. Die Anwesenheit von Wasser und insbesondere von Säuren, Alkalien und Alkoholen, die die Abspaltung von Carboxylgruppen begünstigen, muß vermieden werden. Daher kommt nur genau neutralisiertes und peinlich getrocknetes Dikaliumphthalat zum Einsatz, das im technischen Maßstab zweckmäßig durch Zerstäubungstrocknung hergestellt wird. Als reaktionsfördernde Katalysatoren kommen Cadmium und Zink oder ihre Oxide und Salze in 3—5%iger inniger Mischung mit dem Ausgangsmaterial zur Anwendung.

Durch die beschleunigende Wirkung des Katalysators werden Nebenreaktionen wie Decarboxylierungen zurückgedrängt, was eine deutliche Steigerung der Ausbeute zur Folge hat [180].

Während Kalium-o-phthalat bei etwa 380 °C schmilzt, ist Kaliumterephthalat bei diesen Temperaturen noch fest, so daß das Reaktionsgut leicht zusammenbackt und an den Apparateteilen klebt. Es ist daher zweckmäßig, das Reaktionsgut in der Apparatur z. B. durch Benutzung eines Rollautoklaven mit Stahl- oder Porzellankugeln ständig zu vermahlen, so daß zusammengebackene Teile wieder zerkleinert werden und das Endprodukt pulverförmig anfällt [181].

Um ein Zusammenbacken des Reaktionsgemisches während der Isomerisierung zu verhindern, werden auch mit Spezialrührern versehene Autoklaven [182 bis 184], kontinuierlich arbeitende Stahlbandöfen [185], Wirbelschichtreaktoren [186] und Schneckenapparate mit zwei oder mehr Schnecken, die gleichsinnig oder gegeneinander laufen [187, 188], als Reaktionsgefäße vorgeschlagen.

Es wurde weiter beschrieben, das Ausgangsmaterial in dünner Schicht zu erhitzen, um eine exakte Temperaturführung zu erreichen und das Endprodukt bei der Aufbereitung leichter zerkleinern zu können [189]. Auch die Verwendung hochsiedender, organischer Flüssigkeiten, wie z. B. Phenyläther als Verdünnungsmittel, dient dem gleichen Ziel [190].

Zur Aufbereitung wird das Reaktionsprodukt in Wasser gelöst und von verkohlten Verunreinigungen sowie vom Katalysator durch Filtration getrennt. Zur Aufhellung der Lösung kann mit Aktivkohle behandelt werden [191, 192]. Aus dem Filtrat werden die organischen Säuren mit Mineralsäuren ausgefällt [193, 194]. Beim Auskochen des Säuregemisches gehen etwa vorhandene andere Benzolcarbonsäuren, z. B. nicht isomerisierte o-Phthalsäure oder durch Decarboxylierung gebildete Benzoesäure, in Lösung, während man die Terephthalsäure als in Wasser unlöslichen Rückstand gewinnt. Es werden auch Verfahren beschrieben, die eine Wiederverwendung der Kaliumionen gewährleisten [195, 196]. So kann z. B. das durch Isomerisierung entstandene Kaliumterephthalat mit Phthalsäureanhydrid oder Phthalsäure in einem Zweistufenprozeß zur freien Terephthalsäure und einer Kaliumphthalatlösung für die weitere Isomerisierung umgesetzt werden [197—201]:

1. Dikaliumterephthalat + Kaliumhydrogenphthalat → Kaliumhydrogenterephthalat (fällt aus) + Dikaliumphthalat
2. Kaliumhydrogenterephthalat + Phthalsäure → Terephthalsäure (fällt aus) + Kaliumhydrogenphthalat.

Das in der Stufe 2 entstehende Kaliumhydrogenphthalat wird in der ersten Stufe eingesetzt. Auch Lithium- und Magnesiumsalze der Terephthalsäure werden so zerlegt, daß die Kationen im Isomerisierungsprozeß wieder verwendet werden können [202]. Die mit diesem neuen Verfahren erzielten Ausbeuten betragen 90 bis 95% der Theorie an Terephthalsäure mit einem Reinheitsgrad von 98%.

Das Ausgangsmaterial dieses Verfahrens, die o-Phthalsäure oder deren Anhydrid, wird bekanntlich durch katalytische Oxydation von Naphthalin und damit auf der Basis des Steinkohlenteers gewonnen, dessen Menge direkt von der Stahlproduktion abhängt. Der größte Anteil der Phthalsäure wurde auf dem Markt bisher von der Weichmacherindustrie aufgenommen und zu Phthalsäureestern weiterverarbeitet. Neuerdings wird auch o-Xylol für die Gewinnung von Phthalsäure eingesetzt. Die Oxydation des o-Xylols verläuft am Vanadinpentoxid-Kontakt bei 540 °C und ist wegen ihrer geringeren Wärmetönung einfacher zu beherrschen als die des Naphthalins.

Damit ist die Rohstofffrage für die technische Durchführung dieser Phthalsäureumlagerung gelöst, weil in einer Oxydationsanlage je nach den Erfordernissen entweder Naphthalin oder o-Xylol eingesetzt werden können [203].

Da sich unter denselben Reaktionsbedingungen auch Isophthalsäure in gleicher Weise zu Terephthalsäure umwandeln läßt [204], eröffnen sich mit dieser Isomerisierung noch weitere Perspektiven für die Herstellung von Terephthalsäure.

Es ist bekannt, daß man Phthalsäure und Isophthalsäure durch Oxydation von alkylierten Benzolkohlenwasserstoffen erhalten kann. Die isomeren Xylole lassen sich beispielsweise leicht zu den entsprechenden Phthalsäuren oxydieren. Die Trennung der Xylole in die einzelnen reinen Isomeren, die schwierig und umständlich ist, aber zwangsläufig zur Isolierung des p-Xylols für die Terephthalsäuresynthese vorgenommen werden muß, würde nach diesen neueren Ergebnissen überflüssig. Man könnte technisches Xylol zu den Gemischen von Phthalsäure, Isophthalsäure und Terephthalsäure oxydieren und die neutralen Kaliumsalze dieser Gemische der thermischen Umlagerungsreaktion unterwerfen. Auf diese Weise könnte technisches Xylol direkt und ohne Isomerentrennung praktisch ausschließlich in Terephthalsäure umgewandelt werden [205]. Mit diesem Verfahren ist der unter 3.2.3.1.3. beschriebenen Isomerisierung von o- und m-Xylol zu p-Xylol eine Konkurrenzreaktion erwachsen.

3.2.6. *Reinigung von Terephthalsäure*

Terephthalsäure besitzt keinen ausgeprägten Schmelzpunkt und sublimiert oberhalb 300 °C. Sie ist darüber hinaus wenig reaktionsfreudig und unter den üblichen Bedingungen in den meisten Lösungsmitteln unlöslich. Die Möglichkeiten zur Reinigung sind aus diesen Gründen begrenzt. Eine Abtrennung von Verunreinigungen und Nebenprodukten gelingt nur unter Anwendung spezieller Methoden, so daß der Reindarstellung ihres Folgeproduktes, des Dimethylterephthalates, nach wie vor große Bedeutung zukommt. Aus dem gereinigten Dimethylester kann zwar hochreine Terephthalsäure durch Hydrolyse gewonnen werden [206 bis 209], praktische Bedeutung hatten diese Verfahren zur Rückspaltung bisher allerdings kaum erlangt. Das Dimethylterephthalat wird vielmehr unmittelbar mit Äthylenglykol umgesetzt.

In den letzten Jahren sind nun verstärkt Anstrengungen unternommen worden, die bei den technischen Herstellungsprozessen anfallende rohe Terephthalsäure direkt zu reinigen und ohne vorherige Herstellung von Dimethylterephthalat zu polykondensieren. In den USA wurden z. B. 1969 bereits 25% der Polyester auf der Basis von Terephthalsäure (hohe Reinheit) gewonnen. Bis 1975 soll ihr Anteil am Gesamtverbrauch von Terephthalsäure und Dimethylterephthalat zur Faserstoffproduktion auf 60% anwachsen.

Verunreinigungen, die vor allem der durch Oxydation von p-Xylol hergestellten Terephthalsäure anhaften und vor der Umsetzung zum Polyester entfernt werden müssen, sind insbesondere p-Toluylsäure, Isophthalsäure und Formylbenzoesäure, daneben sind nicht näher definierte Beimengungen enthalten, die zur Verfärbung der Polyester führen. Bei Oxydation mit Salpetersäure kommen ferner Nitroderivate in Betracht.

Die Eliminierung von p-Toluylsäure und Formylbenzoesäure ist durch eine Druckbehandlung mit Wasser möglich [210—212]. Wird ein Teil Terephthalsäure, die 7% an p-Toluylsäure enthält, mit 7,5 Teilen Wasser während 1 Std. auf 260 °C bei einem Druck von 49 atü erhitzt, die entstandene Lösung unter einem Druckrückgang bis zu 10,2 atü auf 180 °C abgekühlt und die auskristallisierte Terephthalsäure unter diesen Bedingungen filtriert, so fällt diese mit einem Reinheitsgrad von 99—100% an [213]. Die Wirksamkeit des Verfahrens wird durch Anwendung von Katalysatoren wesentlich erhöht. Geeignet sind u. a. Metalle oder deren Salze aus der I., II. und VIII. Nebengruppe sowie organische oder anorganische Brom- und Jodverbindungen. Diese fördern die Zersetzung der Verunreinigungen während der thermischen Behandlung [214, 215]. Neben Wasser können auch organische Lösungsmittel oder deren Gemische mit Wasser zur Reinigung der rohen Terephthalsäure unter den genannten Bedingungen verwendet werden [216 bis 227]. Wird z. B. Terephthalsäure durch Oxydation von p-Xylol mit

Sauerstoff in Essigsäure unter Zusatz von Kobaltacetat als Katalysator hergestellt, so fällt eine Aufschlämmung von roher Terephthalsäure in wasserhaltiger Essigsäure an. Nach Erhöhung der Wasseranteile auf 10 bis 30% kann das Gemisch unmittelbar der thermischen Druckbehandlung unterworfen werden. Der Oxydationskatalysator beschleunigt zugleich die Zersetzung der Nebenprodukte während des Reinigungsprozesses.

Besteht die Verunreinigung der Terephthalsäure im wesentlichen aus p-Toluylsäure, so genügt einfaches Auskochen mit Xylol oder Aceton zur Abtrennung [228]. Andere Beimengungen werden aber unter diesen Bedingungen nur unvollständig entfernt.

Isophthalsäure läßt sich von Terephthalsäure trennen, indem das Gemisch mit der 10fachen Menge an Dioxan, Cyclohexanon oder Diäthylenglykoldiäthyläther, bezogen auf den Anteil an Terephthalsäure, 20—30 Min. zum Sieden erhitzt und danach die ungelöste Terephthalsäure heiß abfiltriert wird. Aus dem abgekühlten Filtrat kristallisiert Isophthalsäure aus [229].

Auch mit Methanol kann die Isophthalsäure abgetrennt werden. Nach Behandeln des Isomerengemisches mit der 17- bis 18fachen Menge Methanol während 1 Std. unter Sieden am Rückfluß wird reine Terephthalsäure bei 40 °C durch Filtration erhalten, während aus dem auf —10 °C abgekühlten Filtrat die extrahierte Isophthalsäure auskristallisiert [230].

Formylbenzoesäure und verschiedene reduzierbare gefärbte Verbindungen können auch durch katalytische Hydrierung einer wäßrigen Lösung der verunreinigten Terephthalsäure unter Druck und bei Temperaturen über 200 °C entfernt werden [231 bis 237]. Als Katalysator wird Palladium auf Kohle vorgeschlagen. Die Reaktionsbedingungen sind so gewählt, daß keine Hydrierung der Benzolringe stattfindet.

Eine weitere Möglichkeit, Terephthalsäure zu reinigen, ist das Umkristallisieren aus Benzoesäure. Durch Einbringen von roher Terephthalsäure, deren Reinheitsgrad z. B. mit 88,3% ermittelt wurde, in geschmolzene Benzoesäure wird bei 250 °C eine klare Lösung erhalten. Nach Abkühlung der Lösung auf 150 °C wird die auskristallisierte Terephthalsäure bei dieser Temperatur auf einem Filter gesammelt und mit Wasser benzoesäurefrei gewaschen. Die so gereinigte Terephthalsäure weist einen Reinheitsgrad von 98% auf [238].

Auch durch Umkristallisieren aus konzentrierter Schwefelsäure [239], Carbonsäureanhydriden [240, 241] oder substituierten cyclischen Ketonen [242, 243] kann rohe Terephthalsäure gereinigt werden. Hoher apparativer Aufwand und teure Lösungsmittel stehen jedoch einer praktischen Nutzung entgegen.

Desgleichen ist eine reinigende Umkristallisation von Terephthalsäure aus Gemischen von cyclischen Äthern mit Wasser im Verhältnis von 1 : 0,3 bis 1 : 10 möglich. Als cyclische Äther haben sich Tetrahydrofuran, Tetrahydropyran und 1.4-Dioxan bewährt [244].

Einem neueren Verfahren zur Reinigung von Terephthalsäure liegt die Erkenntnis zugrunde, daß Ammoniumterephthalat durch Erhitzen auf über 260 °C dissoziiert und freie Terephthalsäure durch Kühlung des entstandenen Gases auf Temperaturen um 200 °C isoliert werden kann [245, 246]. Vorteilhaft wird der Prozeß in Gegenwart eines Trägergases wie Kohlendioxid und unter vermindertem Druck (30 bis 760 Torr) durchgeführt. Auch durch Sublimation der freien Terephthalsäure wird ein Reinigungseffekt erzielt [247].

Wäßrige Lösungen von Alkalimetall- oder Ammoniumterephthalaten können auch mit n-Butanol oder Benzylalkohol extraktiv gereinigt werden. Danach wird reine Terephthalsäure durch Ansäuern abgeschieden [248].

Von Verunreinigungen durch Nitroverbindungen wird Terephthalsäure in wäßriger Ammoniumhydroxid-Lösung durch eine kombinierte Behandlung mit Aktivkohle bei 70—75 °C und mit Natriumbisulfit bei 65 °C weitestgehend befreit. Die nach diesem Verfahren gereinigte Terephthalsäure weist nur noch einen Gehalt an Nitroverbindungen von maximal 0,05% auf [249].

Die Reinheit von Terephthalsäure kann empirisch durch Lösen in konzentrierter Schwefelsäure bestimmt werden. Während durch den Abbau von Verunreinigungen Verfärbungen eintreten, bleiben die Lösungen reiner Terephthalsäure praktisch farblos, auch wenn sie mehrere Stunden auf 230 °C erhitzt werden. Es hat sich gezeigt, daß mit einer Terephthalsäure, deren Lösung in heißer konzentrierter Schwefelsäure wenig oder gar nicht dunkel wird, durch Umsetzen mit Äthylenglykol ein Polykondensat mit ausgezeichneter Qualität erhalten werden kann.

3.2.7. *Gewinnung von Dimethylterephthalat*

Mit Ausnahme des Vier-Stufen-Verfahrens, das ausgehend vom p-Xylol in der beschriebenen Weise Dimethylterephthalat als Endprodukt liefert, und der Möglichkeit, Dimethylterephthalat unmittelbar aus Hexachlor-p-xylol durch Behandeln mit Methanol zu gewinnen, wird bei allen anderen Terephthalsäuresynthesen — gleichgültig ob auf der Basis von Benzol, Toluol, Xylol oder anderen Dialkylbenzolen — zunächst die freie Säure erhalten, die in einem nachgeschalteten Veresterungsprozeß mit Methanol in den Dimethylester umzuwandeln ist.

Die Veresterung von Terephthalsäure mit Methanol nach der klassischen Methode in Gegenwart von trockenem Chlorwasserstoff oder konzentrierter Schwefelsäure als Katalysator ist grundsätzlich möglich, doch erfordert sie wegen der sehr geringen Löslichkeit der Terephthalsäure in Methanol lange Reaktionszeiten. Diese werden wesentlich herabgesetzt, wenn man anstelle von Schwefelsäure Methylschwefelsäure als Veresterungsmittel einsetzt [250].

Allgemein hat sich aber das moderne Verfahren der Druckveresterung durchgesetzt und wird in der Technik vorherrschend angewandt. Bei Temperaturen von 200—300 °C und den diesen Temperaturen in einer Druckapparatur entsprechenden Methanoldrücken läßt sich Terephthalsäure mit überschüssigem Methanol ohne Katalysatoren zu Dimethylterephthalat verestern [251]. Geeignete Veresterungskatalysatoren verkürzen jedoch die Reaktionszeit.

Zweckmäßig werden bei der industriellen Veresterung von Terephthalsäure kontinuierlich arbeitende Verfahren angewandt.

Werden durch einen Röhrenreaktor von 50 m Länge und 30 mm Durchmesser, dessen zwei Heizzonen auf 190 bzw. auf 280 °C gehalten werden, stündlich 200 l eines Gemisches von 100 kg Terephthalsäure mit 0,2% Bleiacetat als Katalysator und 400 kg Methanol bei einem Reaktionsdruck von 170 atü mittels einer Pumpe durchgesetzt und wird das Reaktionsgemisch nach einer Verweilzeit von 15 Min. in eine Vorlage entspannt, so fallen nach dem Abkühlen als Schleudergut pro 100 kg eingesetzter Terephthalsäure 130 kg ihres Dimethylesters mit der geringen Säurezahl von 1,4 an. Die erhaltene Ausbeute entspricht 88% der Theorie.

Ohne Zusatz eines Katalysators werden unter den gleichen Versuchsbedingungen, aber bei einer auf 30 Min. erhöhten Verweilzeit des Reaktionsgemisches im Reaktor unveränderte Ausbeuten an Dimethylterephthalat erhalten, wenn man je Stunde 100 l eines Gemisches aus 100 kg Terephthalsäure und 400 kg Methanol einsetzt [252].

In ähnlicher Weise erreichen andere Autoren das gleiche Ziel, wenn sie Terephthalsäure mit Stickstoff in ein 3 m langes Rohr von 40 cm Durchmesser eindüsen und gleichzeitig Methanol zuführen. Es kann auch das Gemisch von Terephthalsäure und Methanol verdüst werden. Die Reaktionstemperatur beträgt 280 °C, die Verweilzeit im Reaktor 3—8 Min.; als Katalysatoren werden Borphosphat, Phosphorsäure oder Chlorwasserstoffgas genannt.

Werden z. B. 1000 Gew.-Teile Terephthalsäure unter diesen Bedingungen in 3—8 Min. derart in den Reaktor eingedüst, daß sich die Terephthalsäure schraubenförmig entlang der Innenwand des Rohres bewegt, und gleichzeitig 1000 Vol.-Teile Methanol mit 1 l HCl/1 l Methanol eingeführt, so werden nach der Kondensation und Aufbereitung des Reaktionsproduktes 98% der Theorie an Dimethylterephthalat gewonnen. Inertgas und überschüssiges Methanol werden im Kreislauf aufs neue dem Reaktionsprozeß zugeführt [253].

In jüngerer Zeit wurde die kontinuierliche Veresterung von Terephthalsäure mit Methanol bei hohen Temperaturen auch bei Atmosphärendruck am Festbettkatalysator oder im Wirbelschichtverfahren entwickelt [255].

Als Katalysator mit optimalen Eigenschaften dient oberflächenaktives Kieselgel, das im Gemisch mit Terephthalsäure bei 280—290 °C und Atmosphärendruck durch überhitztes Methanol als Wirbel- und Reaktionsgas im Reaktor aufgewirbelt. Bei der in zwei Stufen ablaufenden, katalytischen Reaktion wird primär Terephthalsäuremonomethylester gebildet, der anschließend in der Gasphase am Kontakt zum Diester der Terephthalsäure ausreagiert. Das aus dem Wirbelschichtreaktor austretende Gasgemisch von Dimethylterephthalat, Methanol und Wasser wird durch fraktionierte Kondensation in seine Bestandteile getrennt.

Der Vorteil dieser Verfahrensweise liegt in der Möglichkeit einer kontinuierlich betriebenen Veresterung bei Atmosphärendruck, dem hohen Umsatz an Terephthalsäure, der 1,5 kg je Liter Kontakt und Stunde ausmacht, der annähernd quantitativen Ausbeute an Dimethylterephthalat und dessen sehr geringem Gehalt an Monomethylester der Terephthalsäure.

Die aus der Fülle der Patentliteratur vorstehend ausgewählten und charakteristischen Verfahrensmöglichkeiten erweisen eindeutig, daß die Veresterung der Terephthalsäure zum Dimethylterephthalat auch technisch gelöst ist und keine größeren Probleme mehr aufwirft.

3.2.7.1. Reinigung von Dimethylterephthalat

An den Reinheitsgrad des für die Kondensation mit Glykol bestimmten Dimethylterephthalats werden höchste Ansprüche gestellt, da nur einwandfreie Rohstoffe die Herstellung eines für die Faser- und Seideerzeugung geeigneten Polyäthylenterephthalats garantieren. Das rohe Dimethylterephthalat kann durch Umkristallisieren aus heißen aliphatischen, aromatischen bzw. hydroaromatischen Kohlenwasserstoffen oder aus niederen Alkoholen gereinigt werden [256]. Kristallisiert man z. B. aus der 15fachen Menge Methanol um, so entsteht zwar ein reines Produkt, das jedoch sehr voluminös ist und den Anforderungen an das Schüttgewicht nicht gerecht wird. Ein weiterer Nachteil dieses Verfahrens liegt darin, daß übermäßige Mengen an Lösungsmittel erforderlich sind und große Mengen Mutterlauge anfallen, deren Aufbereitung umständlich und nicht ohne Verluste ist.

Vorteilhafter wird daher auch seitens der Technik die Möglichkeit genutzt, den auf dem Wege der Synthese gewonnenen rohen Terephthalsäuredimethylester über die fraktionierte Vakuumdestillation zu reinigen. Bei der Destillation unter Atmosphärendruck läßt sich eine extreme Reinigung des Dimethylterephthalates nicht erreichen, weil die hohe Destillationstemperatur von 280 °C teilweise Zersetzung und damit neue Verunreinigungen bedingt.

Die Vakuumdestillation von Dimethylterephthalat wird praktisch im Druckbereich von 30—80 Torr ausgeführt, wobei folgende Siedepunkte des Esters zu verzeichnen sind:

Torr:	30,	40,	50,	60,	70,	80,
Kp. des Esters:	175,	182,	187,	194,	197,	202 °C.

Da technische Apparaturen mit Flanschdichtungen nicht absolut dicht sind, ist die Destillation bei höherem Vakuum nicht zu empfehlen, weil damit die Gefahr größer wird, daß Dämpfe von Dimethylterephthalat durch eingesaugte Luft in die Vakuumleitung mitgerissen werden und diese durch Sublimation schnell verstopfen. Der dadurch bedingte Abfall des Vakuums führt unweigerlich zu einer Unterbrechung der kontinuierlich betriebenen Vakuumdestillation.

Zur Abhilfe dieses Übels kann man die den Kondensator mit einer Temperatur von ca. 150 °C verlassenden Abgase, bevor sie über das Vakuumaggregat entweichen, einen mit Wasser von Raumtemperatur besprühten zweiten Kondensator passieren lassen. Durch die Wasserberieselung der Abgase wird das von ihnen mitgeführte Dimethylterephthalat in fester Form niedergeschlagen, fließt als wäßrige Suspension in einen Sammelbehälter und wird nach Isolierung durch Filtration als Reinstprodukt dem Destillationsgut zugefügt [257]. Mit dieser Maßnahme werden die erwähnten Nachteile nicht nur vermieden, sondern das entsprechend seinem Partialdruck bei der Vakuumdestillation von den Abgasen mitgeführte Dimethylterephthalat noch zusätzlich gewonnen.

Die Vakuumdestillation des Dimethylterephthalats wird über beheizte Bodenkolonnen oder Füllkörpersäulen betrieben. Im nachgeschalteten Kondensator werden die Esterdämpfe kondensiert und auf eine Temperatur oberhalb des Schmelzpunktes des Esters von ca. 145—155 °C abgekühlt. Der flüssige Ester gelangt durch ein beheiztes Fallrohr auf eine rotierende Kühlwalze, auf der er erstarrt und durch einen Abstreifer in Schuppenform als Reinprodukt erhalten wird (siehe auch 10.4.).

Dieses in der Technik vorherrschend angewandte Reinigungsverfahren kann noch wirksamer gestaltet werden, wenn die Vakuumdestillation des Rohesters in Gegenwart von 0,5—5% reduzierender Metalle, besonders von Eisen, Zink oder Aluminium, durchgeführt wird [258]. Wenn die Vakuumdestillation des Rohesters unter Zusatz geringer Mengen voluminösen Magnesiumoxids verläuft, gewinnt man ein Dimethylterephthalat mit einer optimalen Säurezahl von 0,05 [259].

Unter Umgehung der üblichen Vakuumdestillation ist es auch möglich, Dimethylterephthalat in einem Arbeitsgang einer extremen Reinigung zu unterwerfen, wenn der Ester in Gegenwart von Äthylenglykol im Vakuum destilliert wird. Dabei geht bei 44 Torr und 120 °C ein azeotropes Gemisch über, das zu 97% aus Dimethylterephthalat besteht und in einer gekühlten Vorlage aufgefangen wird. Der geringe Glykolgehalt des durch Abschleudern erhaltenen reinen Dimethylterephthalats macht eine Zwischentrocknung überflüssig, und das erhaltene Produkt eignet sich unmittelbar für die Umesterung bzw. für die nachfolgende Kondensation zu Polyäthylenterephthalat. Das bei der Destillation angefallene Glykol kann ohne Redestillation erneut zur Reinigung weiterer Mengen Rohester eingesetzt werden [260].

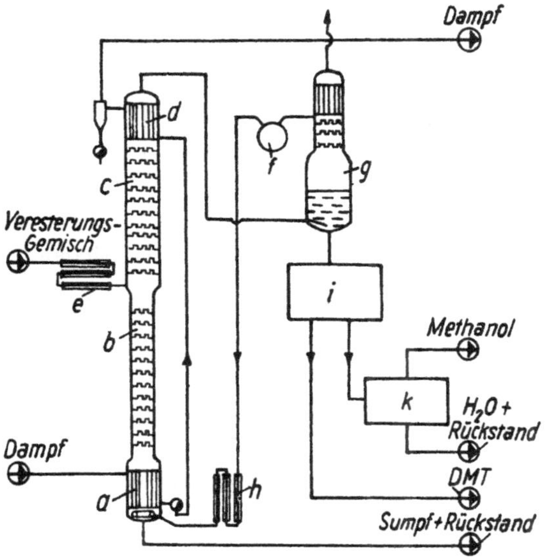

Bild 3.6. Trägerdampf-Rektifikation zur Reinigung von Dimethylterephthalat (aus R. SINN, L. VOGEL, Chemie-Ing.-Techn. **36** (1964), S. 203)

a – Sumpfverdampfer; *b* – Abtriebssäule; *c* – Verstärkungssäule; *d* – Dephlegmator; *e* – Gemisch-Überhitzer; *f* – Gebläse; *g* – Schlußkondensation; *h* – Methanoldampf-Überhitzer; *i* – Kristallisation und Trennung; *k* – Methanol-Aufarbeitung

Verschiedentlich wird die Reinigung von Dimethylterephthalat durch Rektifikation unter Atmosphärendruck mit Methanol als Trägerdampf beschrieben [261]. Dieses Verfahren bietet dann besondere Vorteile, wenn Dimethylterephthalat durch Veresterung von Terephthalsäure mit Methanol unter hohem Druck und bei hoher Temperatur gewonnen wird. Dabei fällt ein Dampf-Flüssigkeits-Gemisch an, das in der Hauptsache aus Dimethylterephthalat und Methanoldampf besteht. Dieser Dampf dient unmittelbar als Trägersubstanz. Bild 3.6. zeigt schematisch eine solche Trägerdampf-Rektifikation. Das überhitzte Veresterungsgemisch tritt in eine Kolonne ein. Über Kopf gehen Dimethylterephthalat und alle leichter siedenden Anteile ab. Im Sumpf reichern sich die schwerer siedenden und nicht flüchtigen Komponenten an, bei denen es sich vor allem um Monomethylterephthalat handelt. Der Rücklauf in der Kolonne wird durch einen Dephlegmator am Kolonnenkopf reguliert. Zur Wiederverdampfung des Rücklaufs dient Methanoldampf aus der Kondensationseinrichtung, der vor Eintritt in den Sumpf einen Überhitzer durchströmt. Den Dephlegmator verläßt ein bis zu 180 °C heißes Dampfgemisch, das in flüssiges Methanol eingeleitet wird. Dabei fällt Dimethylterephthalat kristallin aus und geht zum Teil wieder in Lösung. Mitgeführte niedrigsiedende Verunreinigungen werden vollständig in Methanol gelöst. Der Methanol-Trägerdampf kann dabei noch nicht kondensieren. Er durchströmt anschließend eine Reihe von Glockenböden. Dabei wird mitgeschlepptes Restdimethylterephthalat abgetrennt. Ein Teil des Trägerdampfes wird in den Sumpf zurückgeführt, der Rest wird kondensiert und gelangt über die Glockenböden in den Dimethylterephthalat-Abscheider. Nach Abkühlung des aus Methanol, Dimethylterephthalat und Verunreinigungen bestehenden Gemisches wird das reine kristalline Dimethylterephthalat durch Filtrieren oder Zentrifugieren abgetrennt und die Mutterlauge durch Destillation aufgearbeitet.

Das durch Vakuumdestillation bzw. Trägerdampf-Rektifikation gereinigte Dimethylterephthalat wird als Rohstoff für die Polyesterherstellung allen Anforderungen gerecht.

3.2.7.2. Reinheitsgradbestimmung von Dimethylterephthalat

Reines Dimethylterephthalat soll folgenden, erfahrungsgemäß festgelegten Anforderungen entsprechen:

Eigenschaften	*Anforderung*
Aussehen	rein weiß
Aussehen der Schmelze	farblos und frei von suspendierten Stoffen
Schmelzpunkt	141 °C
Siedepunkt	280 °C/760 Torr
Säurezahl	0,2
Verseifungszahl	578
Glührückstand	0,08%
Umesterungswert	96% in 2 Std.
Flüchtige Fremdbestandteile	<0,05%
Halogengehalt	Spuren
Eisengehalt	<0,0005%
Stickstoffgehalt	<0,00005%

Im Betrieb wird Dimethylterephthalat vor seinem Einsatz unter anderem folgenden Reinheitsprüfungen unterworfen. Ein Dimethylterephthalat, das diese Anforderungen in jedem Fall erfüllt, wird als einwandfreier Rohstoff zur Verarbeitung auf Polyäthylenterephthalat freigegeben.

3.2.7.2.1. Farbe

Die Beurteilung des Farbtons des kristallisierten Produktes erfolgt visuell. Anforderung: farblos, rein weiß.

3.2.7.2.2. Schmelze

Die Prüfung der Schmelze erfolgt im Reagenzglas und in der Durchsicht vor einem Bogen Filtrierpapier. Das Aussehen der Schmelze wird ebenfalls visuell mit der gleichen Menge destillierten Wassers verglichen.
Anforderung: wasserklar und frei von suspendierten Teilchen.

3.2.7.2.3. Farbzahl

Die Farbzahl wird durch Vergleich der bei 150 und 280 °C erhaltenen Schmelzen des Dimethylterephthalats mit einer Standardfarblösung bestimmt. Zu diesem Zweck wird eine kolorimetrische Farbskala wie folgt bereitet:

Zur Herstellung einer Stammlösung von 100 ml werden 0,025 g „Neolanbraun 2 G" der Fa. Ciba/Schweiz in einen 100-ml-Meßkolben gespült, in wenig destilliertem Wasser gelöst und bis zur Marke aufgefüllt. Die eigentliche Farbskala ergibt sich durch Zufügen von Stammlösung mit einer Mikrobürette zu mit je 5 ml Wasser beschickten Reagenzgläsern gleicher Sorte nach folgendem Schema:

Vorlage je 5 ml H_2O	ohne	Farblösung	= 0
	0,1 ml	„	= 1
	0,225 ml	„	= 2
	0,4 ml	„	= 3
	0,625 ml	„	= 4
	0,9 ml	„	= 5
	1,225 ml	„	= 6
	1,6 ml	„	= 7
	2,025 ml	„	= 8

Die einzelnen durchmischten Farblösungen werden auf ein einheitliches Volumen von 5 ml begrenzt; die letzte Zahlenreihe von 0—8 gilt als Bewertungsziffer für die zu prüfende Probe.

Zur Ausführung des Farbvergleiches wird ein Reagenzglas gleicher Art mit so viel Dimethylterephthalat gefüllt und in der Flamme erwärmt, daß die Schmelze bei ca. 150 °C etwa 5 ml beträgt. Der Farbvergleich mit der Farbskala findet visuell gegen einen weißen Hintergrund statt.

Eine andere, gleich große Probe wird unter Stickstoffatmosphäre in ein Bombenrohr eingeschmolzen und 3 Std. auf 280 °C erhitzt. Mit der nach dem Abkühlen des Bombenrohres erstarrten und isolierten Probe wird der Farbvergleich wie oben angestellt.

Anforderung: bei 150 °C Farbzahl 0—1,
bei 280 °C Farbzahl 5.

3.2.7.2.4. Geruch

Die zu untersuchende feste Probe wird auf den Geruch geprüft.
Anforderung: völlig geruchlos.

3.2.7.2.5. Säurezahl (SZ)

Durch Titration von 100 ml des als Lösungsmittel dienenden Äthylalkohols mit 0,1 n KOH und Phenolphthalein wird zunächst der Blindwert des Alkohols ermittelt. Zur Bestimmung der SZ wird 1 g Dimethylterephthalat unter Erwärmen in 100 ml Äthylalkohol gelöst und der in der erhaltenen Lösung vorhandene Säureanteil mit 0,1 n KOH und Phenolphthalein titriert. Nach Abzug der zur Neutralisation des Lösungsmittels erforderlichen Menge an 0,1 n KOH vom gefundenen Wert wird die Säurezahl nach folgender Gleichung berechnet:

$$SZ = \frac{\text{ml } 0{,}1 \text{ n KOH} \cdot 5{,}6104 \cdot 1000}{\text{mg Einwaage}}.$$

Anforderung: max. 0,9.

3.2.7.2.6. Verseifungszahl (VZ)

1,5 g der Probe werden mit 50 ml äthylalkoholischer 0,5 n KOH 2 Std. unter Rückfluß zum Sieden erhitzt; nach dem Abkühlen wird das überschüssige Alkali durch Titration mit 0,5 n HCl und Phenolphthalein ermittelt. Die Verseifungszahl des Dimethylterephthalats ergibt sich aus der Gleichung

$$VZ = \frac{\text{ml } 0{,}5 \text{ n KOH} \cdot 28{,}0519 \cdot 1000}{\text{mg Einwaage}}.$$

Anforderung: 573—583.

3.2.7.2.7. Glührückstand

In einem Quarztiegel von 50 mm ⌀ werden ca. 1,5 g Dimethylterephthalat über einer Gasflamme weitestgehend verbrannt und anschließend 1 Std. im Muffelofen bei 800 °C verascht.

Anforderung: max. 0,08% Asche.

3.2.7.2.8. Schmelzpunkt

Der Schmelzpunkt wird auf dem Mikroheiztisch nach Boetius unter dem Mikroskop bestimmt.

Anforderung: nicht unter 141 °C.

3.2.7.2.9. Erstarrungspunkt

Die Apparatur besteht aus einem 35 mm weiten und 160 mm langen Reagenzglas, in das ein Reagenzglas von 18 mm ⌀ und 145 mm Länge mit flachem Boden mittels eines Stopfens eingesetzt wird. Im inneren Reagenzglas ist ein in Zehntelgrad eingeteiltes Thermometer mit großem Quecksilbergefäß montiert. Eine ca. 5 g-Probe wird im inneren Reagenzglas zunächst in einem mit Trikresylphosphat, Schwefelsäure oder Paraffinöl gefüllten Heizbad aufgeschmolzen, wobei die Temperatur der Schmelze auf maximal 160 °C begrenzt wird. Nach Einsetzen des die

Schmelze enthaltenden Reagenzglases in das zweite wird unter leichtem Rühren mit einem BECKMANN-Rührer die Temperatur der sich abkühlenden Schmelze beobachtet. Bei Beginn der Kristallisation steigt die Temperatur wieder an, und der dabei erreichte höchste Punkt gilt als Erstarrungspunkt.

Anforderung: nicht unter 139 °C.

3.2.7.2.10. Umesterungswert

Die Methode ist bereits unter 3.1.4.7. genauestens beschrieben und wird unverändert unter denselben Bedingungen angewandt.

Anforderung: nicht unter 90%.

3.2.7.2.11. Schüttgewicht

Zur Feststellung des Schüttgewichtes wird ein 100 ml fassender Meßzylinder, ohne zu rütteln, bis zur Marke mit Dimethylterephthalat gefüllt. Aus dem Volumen und dem ermittelten Gewicht der eingefüllten Menge wird das Schüttgewicht berechnet.

Anforderung: nicht unter 400 g/l.

3.3. Rohstoffe für modifizierte Polyesterfaserstoffe

Vielfältige Versuche wurden unternommen, um die Eigenschaften von Polyesterfaserstoffen durch eine Modifizierung der Zusammensetzung zu verändern. So wurden Polyester bzw. Copolyester aus unterschiedlichsten Säure- und Alkoholkomponenten hergestellt und deren Mischungsverhältnisse in weiten Grenzen variiert. Ein Hauptziel solcher Untersuchungen war es, die Struktur des Polyäthylenterephthalats aufzulockern, um z. B. die Anfärbbarkeit zu verbessern oder das Schrumpfverhalten zu verändern.

Einige praktische Bedeutung haben Copolyesterfaserstoffe erlangt, in denen ca. 10 Mol.-% der Terephthalsäure durch Isophthalsäure ersetzt sind (USA: Vitel, Vycron; Japan: Toyobo-Polyester; CSSR: Velana). Copolyätherester werden durch Umsetzung von 90 Mol.-% Dimethylterephthalat und 10 Mol.-% p-Hydroxybenzoesäure mit Glykol erhalten (Schweiz: Grilen; Japan: NRC-Polyester). Ein Polyester mit guten faserbildenden Eigenschaften entsteht durch Polykondensation von 1,4-Dihydroxymethylcyclohexan mit Terephthalsäure (USA: Kodel; BRD: Vestan). Ende 1968 wurde ein Faserstoff aus dem Polymeren der p-(β-Hydroxyäthoxy)-benzoesäure auf den Markt gebracht, der sich durch seidenähnliche Eigenschaften auszeichnen soll (Japan: A-Tell).

Isophthalsäure wird technisch nach gleichen oder ähnlichen Verfahren wie Terephthalsäure hergestellt. Man geht von m-Dialkylbenzolen, bevorzugt aber von m-Xylol aus und oxydiert mit Salpetersäure, Luftsauerstoff oder Ammoniumsulfat.

p-Hydroxybenzoesäure wird nach KOLBE-SCHMITT durch Umsetzen von Kaliumphenolat mit Kohlendioxid bei Temperaturen oberhalb 220 °C gewonnen. Nach der Reaktion wird freies Phenol unter Vakuum abgezogen und die zum Teil als Dikaliumsalz vorliegende p-Hydroxybenzoesäure durch Umfällen aus Wasser und durch Behandeln mit Aktivkohle gereinigt. Die Ausbeute beträgt 80% der Theorie. p-Hydroxybenzoesäure entsteht ferner bei der thermischen Umlagerung von Kaliumsalicylat, der Oxydation von p-Kresol und durch Umsetzung von Phenol mit Tetrachlorkohlenstoff und Alkali nach REIMER-TIEMANN [262].

Eingehende Untersuchungen wurden zur Herstellung eines Homopolyesters aus p-Hydroxymethylbenzoesäure durchgeführt [263]. Analog den beiden möglichen Wegen zur Gewinnung von Polyamiden aus Dicarbonsäuren und Diaminen oder aus ω-Aminocarbonsäuren, lassen sich auch Polyester entweder aus Dicarbonsäuren und Diolen oder aus ω-Hydroxycarbonsäuren synthetisieren. p-Hydroxymethylbenzoesäure ist eine solche ω-Hydroxycarbonsäure.

Bei den Versuchen zur Herstellung eines Homopolyesters aus p-Hydroxymethylbenzoesäure kam es zunächst darauf an, eine günstige Synthese des Ausgangsproduktes auf der Basis von Toluol oder Benzol aufzufinden, mit deren Hilfe die erforderlichen größeren Mengen dieser Hydroxycarbonsäure beschafft werden konnten. Bis zum Beginn der oben genannten Untersuchungen [263] waren folgende Methoden zur Herstellung von p-Hydroxymethylbenzoesäure aus der Literatur bekannt, ohne wirtschaftliche Bedeutung erlangt zu haben:

1. Durch Oxydation von p-Cymol mit verdünnter Salpetersäure erhaltene p-Toluylsäure wird zu p-Brommethylbenzoesäure bromiert, die durch Verseifen mit Barytwasser in p-Hydroxymethylbenzoesäure überfürt wird [264].

2. Aus p-Xylol über p-Xylylenbromid gewonnener Terephthalaldehyd geht beim Behandeln mit Natronlauge in ein Gemisch aus Terephthalsäure, p-Xylylenglykol und p-Hydroxymethylbenzoesäure über [265].

3. p-Hydroxymethylbenzonitril, das durch partielle Verseifung des durch Chlorieren von p-Tolunitril erhaltenen p-Chlormethylbenzonitrils mit wäßriger Kaliumcarbonatlösung gewonnen wird, läßt sich mit verdünnter Schwefelsäure zu p-Hydroxymethylbenzoesäure hydrolysieren [266].

4. Anstelle von p-Brommethylbenzoesäure kann man auch p-Chlormethylbenzoesäure für die Darstellung von p-Hydroxymethylbenzoesäure einsetzen [267]. p-Chlormethylbenzoesäure läßt sich aus p-Tolunitril über p-Chlormethylbenzonitril und das entsprechende Säureamid synthetisieren [268].

5. p-Tolunitril wird in p-Chlormethyl- oder p-Brommethylbenzonitril überführt. Diese Nitrile werden mittels konzentrierter Salzsäure zu p-Chlormethyl- bzw. p-Brommethylbenzoesäure verseift, die durch Kochen mit Wasser in p-Hydroxymethylbenzoesäure umgewandelt werden [269].

6. Durch katalytische Reduktion von Terephthalylchlorid soll ebenfalls p-Hydroxymethylbenzoesäure entstehen [270].

7. Durch Umsetzung von p-Brombenzylalkohol mit n-Butyl-Lithium entsteht p-Lithium-benzylalkohol, der durch Karbonisieren in p-Hydroxymethylbenzoesäure übergeht. p-Brombenzylalkohol selbst läßt sich entweder aus p-Bromphenylmagnesiumbromid und Formaldehyd oder aus p-Brombenzylbromid und Eisessig in Gegenwart von Bleioxid über p-Brombenzylacetat gewinnen [271].

8. Schließlich kann auch p-Tolubenzylacetat zu p-Hydroxymethylbenzoesäure oxydiert werden [272].

In der zitierten Veröffentlichung [263] ist eine Vielzahl möglicher und experimentell überprüfter Synthesen von p-Hydroxymethylbenzoesäure beschrieben, von denen sich das von Toluol ausgehende und gemäß folgender Formulierung über sechs Stufen verlaufende Verfahren als am geeignetsten erwies (siehe Formelschema).

p-Toluylaldehyd wird aus Toluol in bekannter Weise nach der Methode von GATTERMANN/KOCH hergestellt. Die Überführung des aus p-Toluylaldehyd und Hydroxylaminchlorhydrat erhaltenen Aldoxims in p-Tolunitril wird durch Essigsäureanhydrid bewirkt. Die nachfolgenden Reaktionsstufen verlaufen unter den Bedingungen des unter 5. beschriebenen Verfahrens.

Bis auf p-Toluylaldehyd und p-Chlormethylbenzonitril, deren Ausbeuten nur 50—60% der Theorie erreichen, liegen die Ausbeuten der einzelnen Reaktionsstufen dieses Verfahrens im Durchschnitt bei 90%.

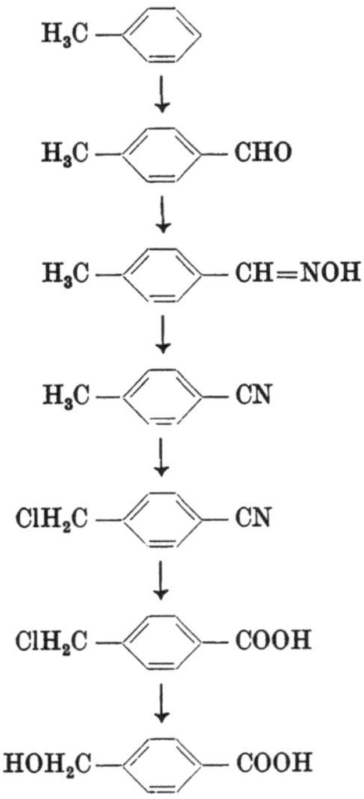

Kritisch sei festgestellt, daß auch diese Synthese, die insgesamt sechs Reaktionsstufen umfaßt, noch keine wirtschaftliche Produktion von p-Hydroxymethylbenzoesäure erlaubt. Ferner bringt die Polykondensation von p-Hydroxymethylbenzoesäure oder ihres Äthylesters keine Vorteile gegenüber der Herstellung von Polyäthylenterephthalat aus Dimethylterephthalat und Äthylenglykol, so daß die industrielle Gewinnung eines Homopolyesters aus p-Hydroxymethylbenzoesäure für textile Zwecke noch keine praktische Bedeutung besitzt.

1.4-Dihydroxymethyl-cyclohexan ist der Rohstoff für einen speziellen Polyester und entsteht durch Hydrierung von Dimethylterephthalat. Die Umsetzung mit

Wasserstoff erfolgt in zwei aufeinander folgenden Verfahrensschritten und führt in erster Stufe zum Cyclohexandicarbonsäure-dimethylester [273].

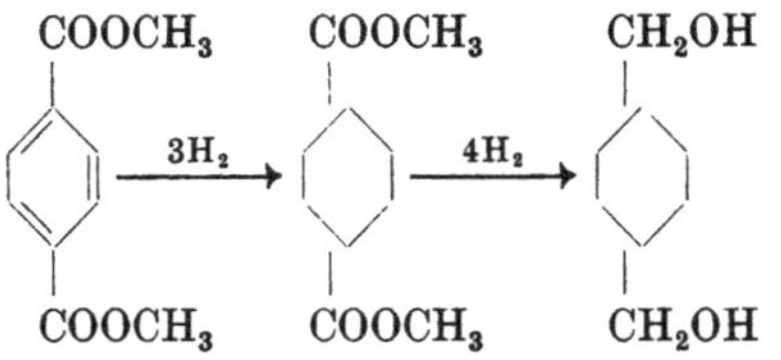

Seit langem bekannt ist die Hydrierung von Dimethylterephthalat in Lösungsmitteln wie Eisessig an Edelmetallkatalysatoren, dabei bildet sich ein Gemisch aus cis- und trans-Cyclohexandicarbonsäure-dimethylester; der trans-Gehalt überwiegt im allgemeinen mit 51 bis 54%. Die Isomeren unterscheiden sich im Schmelzpunkt und lassen sich durch Umkristallisieren trennen.

Bei der Entwicklung eines wirtschaftlich arbeitenden technischen Verfahrens waren folgende Schwierigkeiten und Besonderheiten zu berücksichtigen: Dimethylterephthalat ist in den üblichen Lösungsmitteln nur wenig löslich und schmilzt erst bei 140 °C. Bei einer kontinuierlichen Hydrierung müßte man daher große Lösungsmittelmengen einsetzen, in Suspension hydrieren oder in einer Schmelze von über 140 °C arbeiten. Die Hydrierung der Schmelze wurde zur technischen Reife entwickelt [274—276]. Besondere Maßnahmen waren zur Abführung der hohen Reaktionswärme von 47,2 kcal/Mol erforderlich, denn sowohl an Nickel — wie auch an Edelmetallkatalysatoren wurden bei höheren Temperaturen verstärkt Nebenreaktionen beobachtet, die zu Methyl-cyclohexancarbonsäuremethylester, Methyl-hydroxymethylcyclohexan und Dimethylcyclohexan führten.

Großtechnische Anlagen zur Hydrierung von Dimethylterephthalat wurden in den USA und in der Bundesrepublik Deutschland errichtet. Sie bestehen im wesentlichen aus zwei Hydrierreaktoren (Vergleiche Bild 3.7.). Im Vorreaktor, der bei 300 bis 480 atü und 160 bis 180 °C arbeitet, wird ein Flüssigkeitsumlauf er-

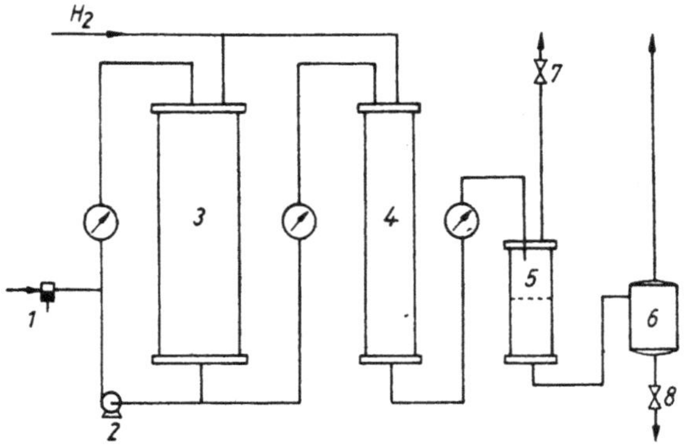

Bild 3.7. Anlage zur Hydrierung von Dimethylterephthalat (aus N. WILKE, Chemiker-Ztg. **95** (1971), S. 16)

1 – Produkteinspritzung
2 – Umwälzpumpe
3 – HD-Reaktor
4 – HD-Nachreaktor
5 – HD-Abscheider
6 – Entspannungsbehälter
7 – Entspannungsventil
8 – Produktabgang

zeugt, in welchem Cyclohexandicarbonsäure-dimethylester über einen Kühler und einen Vorheizer im Kreis geführt wird. Vor Eintritt des Flüssigkeitsstromes in den Hydrierraum werden ständig etwa 10% Dimethylterephthalat eingespritzt. Die Hydrierung erfolgt an einem Palladiumkontakt. In der vorliegenden Verdünnung kann das Dimethylterephthalat ohne wesentliche Überhitzung hydriert werden. Der Ofenaustrag wird geteilt, ca. 90% gehen über eine Umlaufpumpe auf den Kopf des Reaktors zurück. Nur etwa 10% des Cyclohexandicarbonsäure-dimethylesters werden im Nachreaktor an einem Kupferchromitkatalysator zum Dihydroxymethylcyclohexan zu Ende hydriert. Da die Hydrierwärme in der zweiten Stufe nur 10 kcal/Mol beträgt, sind konventionelle Hydrieranlagen für diesen Verfahrensschritt geeignet. Es kommt lediglich darauf an, Verweilzeit und Temperatur so einzustellen, daß das Hydrierungsprodukt im für die Weiterverarbeitung gewünschten cis-trans-Verhältnis entsteht. Der Gehalt an cis-Isomeren soll 25 bis 35% betragen. Der Schmelzpunkt dieser Mischung liegt bei 25 bis 30 °C und der Siedepunkt unter Normaldruck bei 277 °C.

Zur Herstellung von p-(β-Hydroxyäthoxy)-benzoesäure als Ausgangsprodukt für den Polyester „A-Tell" kann man p-Hydroxybenzoesäuremethylester in alkalischer Lösung mit Äthylenchlorhydrin umsetzen. Der entstehende Ester wird anschließend zur freien Säure verseift. [277]

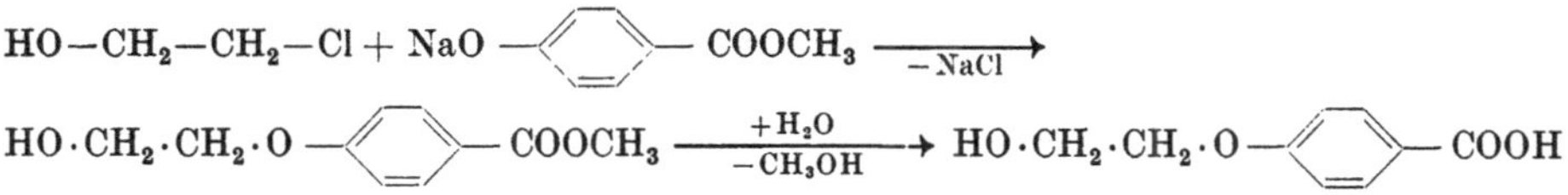

3.4. Literaturangaben

[1] Carm, G. O. und Johnston, F.: Glicols. Reinold Publishing Corporation, New York 1953.
[2] Gomberg, M.: J. Amer. chem. Soc. **41** (1919) 1414.
[3] D. R. P. 299682 (1915).
[4] F. P. 729952 (1931).
[5] D. R. P. 679256 (1932).
[6] FIAT Final Rep. Nr. 875.
[7] D. R. P. 855703 (1943).
[8] Mistrik, E. J., Kostal, J. und Gregor, F.: Tschech. P. 134173 (1969).
[9] U. S. P. 2238474 (1938).
[10] Lefort, T. E.: U. S. P. Res. 22241 (1942).
[11] E. P. 558618 (1942).
[12] U. S. P. 2458266 (1945).
[13] Wurtz, A.: Liebigs Ann. Chem. **69**, 3 (1863) 329.
[14] Chem. Fabr. Kalk.: D. R. P. 416604.
[15] F. P. 697786 (1930).
[16] D. R. P. 709983 (1937).
[17] Baltes, J.: Kennzahlen von Fetten. Fette, Seifen, Anstrichmittel **55** (1953), 527—528.
[18] Stringer, J. F. C.: Nature [London] **167** (1951) 1071.
[19] Michell und Smith: Aquametry. Interscience Publish, Inc.,New York—London 1948, 65.
[20] Jamato, K. und Soto, K.: Bull. chem. Soc. Japan **27** (1954) 389.
[21] Rosenmund, K. und Struck, E.: D. R. P. 327049 (1914).
[22] Slobodzinskaja, T.: J. prakt. Chem. **143** (1935) 115.
[23] Brit. P. 720513.

[24] C. C. C. P. 1, 49 (1931).
[25] Brit. P. 724921.
[26] Brit. P. 739822.
[27] LUDEWIG, H.: D. P. [DDR] 13969.
[28] Brit. P. 722114.
[29] GRIEHL, W.: Über ein neues Verfahren zur Herstellung von Terephthalsäuredimethylester aus Toluol. Faserforsch. u. Textiltechn. **4** (1953) 465.
[30] BENNING, A., DÖLLING, U. und GROSSKINSKY, O.; Bergwerksverband GmbH: D. B. P. 1102128 (1961).
[31] BENNING, A., GROSSKINSKY, O. und FRÜHBUSS, H.; Bergwerksverband GmbH: D. O. S. 1418053 (1958).
[32] PROFFT, E. und KRÜGER, W.: D. P. [DDR] 10664.
[33] BENNING, A., GROSSKINSKY, O. und FRÜHBUSS, H.; Bergwerksverband GmbH: D. B. P. 1258859 (1957).
Petroleum Refiner **40** (1961) 296.
[34] RUNGE, F., REINHARDT, H. und KÜHNHANNS, G.: Über ein Verfahren zur Herstellung von Terephthalsäure aus Toluol und Harnstoffchlorid. Chem. Techn. **8** (1956) 644.
[35] KUPER, D.; Phillips Petroleum Comp.: D. O. S. 2010277 (1970).
[36] MURASE, T., MIKAMI, J. und TAMURA, M.; Ube Industries Ltd.: D. O. S. 1493358 (1965). D. O. S. 1247290 (1964).
[37] YAMADA, K., MURASE, T., OKAZAKI, T., MIKAMI, I. und TAMEUCHI, Y.; Ube Industries Ltd.: Jap. P. 7031654 (1970).
[38] RAECKE, B.: Synthese von Di- und Tricarbonsäuren aromatischer Ringsysteme durch Verschiebung von Carboxylgruppen. Angew. Chem. **70** (1958) 1.
[39] RAECKE, B.: D. B. P. 958920.
[40] RAECKE, B., STEIN, W. und SCHIRP, H.: D. B. P. 965399.
[41] RAECKE, B., STEIN, W. und SCHIRP, H.: D. B. P. 966335.
[42] U. S. P. 3243457.
[43] U. S. P. 3096366.
[44] Chem. Engng. News **29** (1951) 3015.
[45] ASINGER, F.: Einführung in die Petrolchemie. Akademie-Verlag, Berlin, 1959, 132.
[46] HEIMES, H. W.: Ind. Engng. Chem. **47** (1959) 6, 1096.
[47] BRIEN, E. B.: Petroleum Engr. **26** (1954) 5, 33.
[48] SITTIG, M.: Petroleum Processing **11** (1956) 68.
[49] SHERWOOD, P. W.: Petroleum Refiner **32** (1953) 155.
[50] POWERS, J. M.: U. S. P. 2614134.
[51] TEGGE, B. R.: U. S. P. 2672487 (1949).
[52] HUMPHREYS, R. L.: U. S. P. 2659763 (1950).
[53] ARMIZOLD, J. H.: U. S. P. 2695323 (1951).
[54] COATS, R. R.: U. S. P. 2701266 (1950).
[55] TEGGE, B. R.: U. S. P. 2724007 (1952).
[56] SCHLACK, P.: Brit. P. 690301 (1953).
[57] GREENBURG, E. B.: U. S. P. 2398526 (1943).
[58] MASON, D. M.: U. S. P. 2530978 (1946).
[59] EGAN, C. J. und LUTHY, R. V.: Ind. Engng. Chem. **47** (1955) 2, 250.
[60] HETZNER, H. P. und MILLER, R. J.: U. S. P. 2511711 (1946).
[61] BEACH, L. K. und MORREL, Ch. E.: U. S. P. 2519336 (1946).
[62] YATES, W. F.: U. S. P. 2585525 (1950).
[63] Esso Research and Engng. Co.: Brit. P. 228777 (1958).
[64] IMHAUSEN & Co.: Brit. P. 727889 (1951).
[65] OKANO, K., YOKOTA, Y. und NAKANISHI, H.: Jap. P. 7030812 (1970).
[66] BENNET, C. S. und BAYLEY, A.: D. A. S. 1035583 (1951).
[67] BIRSCH, S. V. und FIDLER, F. A.: D. B. P. 854343 (1952).

[68] Johnson, L. V. und Reynolds, P. W.: Brit. P. 669160 (1952).
[69] Coats, R. R. und Ingram, D. W.: Brit. P. 695947 (1953).
[70] Mattox, W. J.: U. S. P. 2386969 (1943).
[71] Holzmann, G. und Good, G. M.: U. S. P. 2656397 (1952).
[72] Pfennig, R. F.: U. S. P. 2632779 (1950).
[73] Phillips Petroleum Co.: U. S. P. 2818451 (1957).
[74] Pitto, P. J.: Ind. Engng. Chem. **47** (1955) 4, 770.
[75] Noelting. E.: Zur Konstitution der Phthalsäure. Ber. dtsch. chem. Ges. **18** (1885) 2687.
[76] Beilstein, F.: Über das Xylol. Liebigs Ann. Chem. **133** (1865) 41.
[77] Charlot, C.: Ann. Chimica **2** (1911) 415–490.
[78] Katschmann, E.: D. A. S. 1041945.
[79] Chem. Werke Imhausen: Brit. P. 787054.
[80] U. S. P. 3240803.
[81] U. S. P. 3171856.
[82] U. S. P. 3139452.
[83] U. S. P. 3119860.
[84] U. S. P. 3064044.
[85] U. S. P. 3004066.
[86] Brit. P. 1004895.
[87] U. S. P. 3036112.
[88] U. S. P. 2853514.
[89] U. S. P. 2833816.
[90] J. org. Chem. **25** (1960), 616.
[91] Oda, K. Okuda, Y. und Yamaguchi, T.: D. B. P. 1262259 (1962).
[92] Barker, R. S. und Saffer, A.; Mid Century Corp.: D. A. S. 1081445 (1955).
D. A. S. 1125904 (1955).
Burney, D. E., Weisemann, G. H. und Fragen, N.: A new Process for Oxidation of Aromatics, 5. Welterdölkongreß 1959 New York, Section IV, Paper 17;
Sinclair Refining Co.: F. P. 1203436 (1958).
[93] Zimmerschied, W. J. und Hannemann, D. E.: Standard Oil Comp.: D. O. S. 1493191 (1964).
[94] Zimmerschied, W. J. und Hannemann, D. E.: Standard Oil Comp.; D. O. S. 1493192 (1964).
[95] Landau, R.: Ind. Chemist **33** (1957) 615–617.
[96] O'Neill, W. A. und Whitfield, H. G.: D. A. S. 1082900.
[97] Yataro, I.; Teijin Limited: D. A. S. 1242589 (1964).
[98] U. S. P. 3334145.
[99] Ferlazzo, N., Faletti, F. und Cevidalli, G.; Societa Edison, Mailand: D. A. P. 1278425 (1964).
[100] Oi, K. und Tochigi, K.: Jap. P. 7029653 (1970).
[101] Croce, L. J. und Barone, B. J.; Petro-Tex Chemical Corp.: D. O. S. 1943585 (1969).
[102] Dämbgen, G., Nienburg, H. J., Palm, C. und Platz, R.; BASF: D. O. S. 1802433 (1968).
[103] Fujita, Y., Nanbu, H. und Mori, T.: Jap. P. 7023928 (1970).
[104] Yokota, Y., Mato, M. O. und Sakurada, A. I.; Mitsui Petrochemical Ind.: D. O. S. 1618653 (1967).
[105] Kirby, F. B.; Du Pont: D. O. S. 1908787 (1969).
[106] Chem. News Eng. **49** (1971) 31.
[107] Rudzki, H. S. und Augustynowicz, Z. J.: D. A. S. 1276628 (1964).
[108] Eastman Kodak: Belg. P. 621323 (1962).
[109] Trebellas, C., Hubert, H. und Wallace, M.; Celanese Corp.: D. O. S. 1919335 (1969).
[110] Matsuhisa, S., Nakaoka, K. und Kato, T.; Toyo Rayon Kabushiki Kaisha: D. O. S. 1468744 (1963).

[111] U. S. P. 3240803.
[112] U. S. P. 2673217.
[113] U. S. P. 2245528.
[114] Brit. P. 1043426.
[115] KEITH, W. C. und EMMELT, H.; Atlantic Richfield Comp.: D. O. S. 1922775 (1969).
[116] GUALDI, G. V., LUGO, L. und RENI, C.; Societa Italiana Resine S. p. A., Mailand: D. O. S. 2036865 (1970).
[117] Farbwerke Hoechst: D. A. S. 1051840 (1956).
[118] BASF: D. A. S. 1119842 (1960).
[119] BASF: D. A. S. 1133714 (1961).
[120] BENGTSSON, E. B.: Acta chem. scand. **7** (1953) 774; **8** (1954) 842; **9** (1955) 177, 832.
[121] Schwed. P. 277296.
[122] D. A. S. 1028983 (1953).
[123] Petroleum Refiner **37** (1958) 161.
[124] TOLAND, W. G.: J. Amer. chem. Soc. **82** (1960) 1911.
[125] RINGWALD, E. L.; Monsanto Comp.: D. A. S. 1242211 (1962).
[126] SEBELIST, F. J.; Du Pont: D. O. S. 1810054 (1968).
[127] Richfield Oil Comp.: U. S. P. 2848488 (1954).
[128] YASUHIRO, F.; Mitsui Petrochemical Industries Ltd.: D. A. S. 1275047 (1969).
[129] BARRET, K. E. und MARKS, A.: Brit. P. 735074.
[130] Imhausen & Co., G. m. b. H.: Brit. P. 727989 (1951).
[131] Umschau aus Schrifttum und Technik: Dimethylterephthalat aus Xylol. Kunststoffe **45** (1955), 23. Referat aus Chem. Trade. J. chem. Engr. **134** (1954) 596.
[132] Du Pont: U. S. P. 2636899 (1951).
[133] ICI: Brit. P. 735074 (1953).
[134] ICI: Brit. P. 782816/17 (1954).
[135] D. B. P. 949564.
[136] KATZSCHMANN, E.; Imhausenwerke: D. A. S. 1041945 (1956).
[137] KATZSCHMANN, E.; Imhausenwerke: D. P. [DDR] 44742.
[138] KATZSCHMANN, E.; Imhausenwerke: D. P. [DDR] 48391 (1960).
[139] BRENMAN, A., HERSCOVICI, J., MICHAIL, R. und STOICA, R.: D. P. [DDR] 32959 (1962).
[140] SMEYKAL, K., PRITZKOW, W. und KÖTHING, M.; VEB Leunawerke: D. B. P. 1213394 (1957).
[141] LEUCK, H. und THEWALT, K.; Dynamit Nobel AG: D. O. S. 1927937 (1969).
[142] LEUCK, H. und KRATZ, E.; Dynamit Nobel AG: D. P. [DDR] 77703 (1969).
[143] D. A. S. 1091556 (1959).
[144] D. A. S. 1114472 (1959).
[145] MAFFEZZONI, U. und ALNERI, E.: Chim. Ind. **44** (1962) 631.
[146] D. A. S. 1048571 (1957).
[147] A. P. 2879289 (1956).
[148] D. A. S. 1104939 (1959).
[149] D. A. S. 1085146 (1958).
[150] Belg. P. 601908 (1961).
[151] Distillers Comp.: D. B. P. 1054448.
[152] Distillers Comp.: D. B. P. 1063144.
[153] Distillers Comp.: D. B. P. 1101392.
[154] Distillers Comp.: D. B. P. 1108201 (1967).
[155] Showa Denko, Tokio: D. B. P. 1236494 (1964).
[156] OGA, T., ICHINOKAWA, H. und ITO, M.; Showa Denko, Tokio: D. A. S. 1290125 (1964).
[157] WINNICK, C. N. und NAGLIERI, A. N.; Halcon International Inc., New York: D. A. S. 1286002 (1965).
[158] IBING, G. und NEUBOLD, K.; Veba-Chemie AG: D. O. S. 1930880 (1969).

[159] Yoo, H. D. und Golden, R. L.; Halcon International Inc., New York: D. O. S. 1810847 (1968).
[160] U. S. P. 2499055.
[161] U. S. P. 2838558.
[162] U. S. P. 2846462.
[163] U. S. P. 2987538.
[164] Brit. P. 803901.
[165] Ueda, Y., Saito, M., Fujita, N. und Mori, O.; Japan Gas-Chemical Comp.: D. O. S. 1809795 (1968).
[166] Ikeda, O., Ayaki, K. und Ohya, H.; Showa Denko, Tokio: D. O. S. 1807946 (1968).
[167] Oga, T., Ichinokawa, H. und Ito, M.; Showa Denko, Tokio: D. O. S. 1803184 (1969).
[168] Golden, R. L. und Oradell, H. D.; Halcon International Inc.: D. O. S. 1618497 (1967).
[169] Chem. Industrie 6 (1958) 803.
[170] Sze, M. C., Upper, M., Whitehead, R. T. und Gold, D. H.; The Lmus Comp. Ltd.: D. O. S. 1909440 (1969).
[171] F. P. 1106130.
[172] Saffer, A., Egbert, R. B. und Brown, D.; Mid Century Corp.: D. A. S. 1266296 (1954).
[173] BATAAFSE: D. B. P. 1079046 (1958).
BATAAFSE: D. A. S. 1117558 (1959).
[174] Fortuin, J. P., Waale, M. J. und van Oosten, R. P.: Produktion of aromatic dicarboxylic acids, 5. Welterdölkongreß 1959, New York, Section IV, Paper 18.
[175] Egbert, R. B., Landau, R. und Satter, A.: D. A. S. 1112972.
[176] Raecke, B.: Synthese von Di- und Tricarbonsäuren aromatischer Ringsysteme durch Verschiebung von Carboxylgruppen. Angew. Chem. 70 (1958) 1.
[177] Iwasaki, I.; Mitsubishi Kasai Kogyo Kabushiki Kaisha: D. O. S. 1593107 (1966).
[178] Kataoka, I. T. und Sakai, K.; Nippon Soda KK: D. O. S. 1593138 (1966).
[179] Schwabe, K. und Wagner, W.: Verbrennungs- und Bildungswärmen der drei isomeren Phthalsäuren. Z. Elektrochem., Ber. Bunsenges. physik. Chem. 65 (1961) 812.
[180] Raecke, B., Blaser, B., Stein, W. und Schirp, H.: D. B. P. 945627 (1954) und D. B. P. 958196 (1954).
[181] Blaser, B. und Schirp, H.: D. B. P. 954058 (1953).
[182] Murase, T., Mikami, I., Oizumi, K. und Tamura, M.: Ube Industries Ltd.: D. A. S. 1290126 (1966).
[183] Herbert, W., Dorschner, O., Gross, H. N., Franke, W., Markwart, H. und Plenz, J.; Metallgesellschaft AG, Frankfurt: D. P. [DDR] 44507 (1961).
[184] D. P. [DDR] 32075.
[185] D. A. S. 1062701.
[186] D. A. S. 1155770.
[187] Nelles, J., Schumacher, C. A., Streicher, R., Drescher, P. und Herrmann, H.: D. P. [DDR] 52361 (1965).
[188] Tschech. P. 89919.
[189] Baecke, B.: D. B. P. 954057 (1953).
[190] Soriabine, J. und Collet, P. R.: D. P. [DDR] 13299 (1955).
[191] Walz, H., Wallis, A., Sinn, R. und Nienburg, H.; BASF: D. A. S. 1238002 (1964).
[192] U. S. P. 2927130.
[193] Yokouchi, R., Ichikawa, Y., Tamai, I. und Ebata, Y.; Toyo Rayon Kabushiki Kaisha: D. A. S. 1299626 (1963).
[194] F. P. 1120544.
[195] Kraus, M., Schneider, P., Setinek, K., Pinkava, J. und Bazant, V. B.: D. P. [DDR] 48597 (1965).
[196] Kraus, M.; Akad. d. ČSSR: D. O. S. 1518656 (1965).
[197] Kuo, S. und Shimizu, T.: D. B. P. 1251303 (1964).

[198] D. B. P. 1081877 (1955).
[199] D. B. P. 1063593 (1956).
[200] U. S. P. 2841615.
[201] F. P. 1167087.
[202] Amedjian, G., Fenoglio, M. und Oberdorf, M.; Rhône-Poulenz: D. P. [DDR] 67703 (1968).
[203] Kunststoffe **51** (1961), 742.
[204] Raecke, B.: D. B. P. 951566 (1953).
[205] Soriabine, J. und Collet, P. K.: D. A. S. 1006413 (1954).
[206] Katzschmann, E.; Dynamit Nobel AG: D. P. [DDR] 64447 (1967).
[207] Katzschmann, E.; Dynamit Nobel AG: D. B. P. 1299627 (1966).
[208] Miun, J.; Hercules Inc.: D. O. S. 1618503 (1967).
[209] U. S. P. 3120561.
[210] Olsen, G. P., Towle, B. H. und Baldwin, R. H.: D. P. [DDR] 80205 (1969).
[211] Kurtz, K. K.; USA: D. B. P. 1256209 (1963).
[212] U. S. P. 2838565.
[213] Heath, R. L. und Owen, E. C.: D. A. S. 1015422.
[214] Stautzenberger, A. L., Blay, J. A. und Witt, E. R.; Celanese Corp., USA: D. P. [DDR] 75072 (1969).
[215] Grunfeld, M. und Bodin, J. M.; Rhône-Poulenz: D. P. [DDR] 70869 (1968).
[216] Katzschmann, E.; Dynamit Nobel AG: D. P. [DDR] 54353 (1966).
[217] Katzschmann, E.; Dynamit Nobel AG: D. A. S. 1259326 (1965).
[218] Meyer, D. H.; Standard Oil Comp.: D. A. S. 1297092 (1964).
[219] Stewart, G. und Winstrom, L. O.; Allied Chemical Corp.: D. A. S. 1292139 (1965).
[220] D. A. S. 1092899.
[221] D. A. S. 1135885.
[222] Shigeyasu, M.: Jap. P. 7034571 (1970).
[223] Garritsen, J. W. und Gregoire, J. H.; Stamicarbon N. V.: D. O. S. 2000870 (1970).
[224] Eleuterio, H. S. und Carroroft, C., Koch, T. A. und Holly, O.; Du Pont: D. O. S. 1944540 (1969);
Koch, T. A.; Du Pont: D. O. S. 1950080 (1969).
[225] Ichikawa, Y., Tokashiki, M. und Iwakuni, Y.; Teijin Ltd.: D. O. S. 1810201 (1968).
[226] Berthoux, J. M. und Ginet, B. M.; Progil Paris: D. O. S. 1909691 (1969).
[227] Stautzenberger, A. L., Blay, J. A. und Witt, E. R.; Celanese Corp.: D. O. S. 1907534 (1969).
[228] Schwed. P. 277296.
[229] Ardis, E. A. und Bruson, H. A.: D. A. S. 1099521 (1957).
[230] D. A. S. 1095266 (1955).
[231] Meyer, D. H., Meyers, B. L. und Pohlmann, H. P.; Standard Oil Comp.: D. P. [DDR] 81101 (1969).
[232] Meyer, D. H.; Standard Oil Comp.: D. B. P. 1299628 (1964).
[233] Witt, E. R.: U. S. P. 3546285 (1970).
[234] Olsen, G. P., Towle, P. H. und Baldwin, R. H.; Standard Oil Comp.: D. O. S. 1925038 (1969).
[235] Olsen, G. P. und Zimmerschied, W. J.; Standard Oil Comp.: D. O. S. 1593539 (1966).
[236] Olsen, G. P., Towle, P. H. und Baldwin, R. H.; Standard Oil Comp.: D. O. S. 1593540 (1966).
[237] Olsen, G. P., Towle, P. H. und Oak, L.; Standard Oil Comp.: D. O. S. 1593541 (1966).
[238] D. A. S. 1089746 (1958).
[239] U. S. P. 3080421.
[240] Taylors, W. E., Witt, E. R., Corpus, C. T. und Zee-Cheng, K. Y.; Celanese Corp.: D. O. S. 1803056 (1969).
[241] D. A. S. 1136999.

[242] D. A. S. 1126855.
[243] Brit. P. 1069856.
[244] Moell, H., Kreyer, A. und Sönksen, H.: D. A. S. 1112059.
[245] Rod, V., Pinkova, J. und Vitovec, J.; ČSSR: D. P. [DDR] 72519 (1969).
[246] Vitovec, J., Sir, Z., Hancil, V. und Vladislav, J.; ČSSR-Akad.: D. O. S. 1931843 (1969).
[247] Sewall, B. H.; Mobil Oil Corp.: D. O. S. 1493132 (1965).
[248] Keith, C. und Johnson, C. E.; Atlantic Richfield Comp.: D. O. S. 2002649 (1970).
[249] Alexander, W., Owen, F. C. und Todd, S. M.: E. P. 786897 (1955).
[250] Bille, H., Trieschmann, H. G. und Wenner, G.: D. A. S. 1035125 (1956).
[251] Duroux, J. M.; Rhône-Poulenc: D. A. S. 1618799 (1967).
Lind, C. J.: U. S. P. 3541136 (1970).
Nakaoka, K., Eguchi, H. und Mishima, S.; Japan: D. O. S. 1493259 (1965).
[252] Luther, M., Schwarte, G., Scheerf, K. und Beckmann, W.: D. A. S. 1034614 (1956).
[253] Gerlach, R. und Lotz, R.: D. B. P. 986603 (1955).
[254] Novotny, R.: Neues Veresterungsverfahren für Terephthalsäure in der Wirbelschicht. Angew. Chem. **74** (1962) 89.
[255] List, F.: D. O. S. 1933946 (1969).
Gainer, A. B. und Liu, D. H.-F.; Mobil Oil Corp.: D. O. S. 1543454 (1966).
[256] Hoffmann, G., Nordiek, H. und Pöhlmann, N.; Chem. Werke Witten: D. P. [DDR] 33641 (1961).
[257] Bille, H., Spohn, H. und Trieschmann, H. G.: D. A. S. 1048018 (1956).
[258] Scholl, R., Bille, H., Schneider, J. und Trieschmann, H. G.: D. A. S. 1040018 (1956).
[259] Imhausen Werke G. m. b. H.: D. B. P. 945985.
[260] Watzel, A. und Siggel, E.: D. A. S. 1004162 (1955).
[261] Sinn, R. und Vogel, L.: Chemie-Ing.-Techn. **36** (1964) 203.
[262] Ullmanns Encyklopädie der technischen Chemie, Urban & Schwarzenberg, München—Berlin 1962, III. Aufl., Bd. 13, S. 92.
[263] Ludewig, H., Ramm, H. und Wiegand, K.: Herstellung und Polykondensation der p-Oxymethylbenzoesäure. J. prakt. Chem. 4. Reihe **6** (1958) 103.
[264] Dittmar, W. und Kekuli, A.: Über eine aromatische Glykolsäure. Liebigs Ann. Chem. **162** (1872) 341.
[265] Löw, W.: Über Terephthalaldehyd. Liebigs Ann. Chem. **231** (1885) 373.
[266] Banse, G.: Über einige Abkömmlinge des p-Cyantoluols. Ber. dtsch. chem. Ges. **27** (1894) 2171.
[267] Einhorn, A. und Ladisch, C.: Reduktion der p-Benzylamincarbonsäure. Liebigs Ann. Chem. **310** (1900) 203.
[268] Mellinghoff, W.: Über p-Cyanbenzylchlorid und einige seiner Abkömmlinge. Ber. dtsch. chem. Ges. **22** (1889) 3207.
[269] Case, F. H.: Derivatives of p-Hydroxymethylbenzoic acid. J. Am. chem. Soc. **47** (1925) 1143—47, 30003—05.
[270] Fröschl, N. und Maier, A.: Zur katalytischen Reduktion von Chloriden zweibasischer Säuren. Mg. Chem. **59** (1932) 256—274.
[271] Gilman, H. und Melstroom, D. S.: Organolithiumverbindungen mit Oxy-, Nitril- und Sulfonamidgruppen. J. Am. chem. Soc. **70** (1948) 4177.
[272] Imhausen & Co.: Brit. P. 730474.
[273] Wilke, N.: Hochdruckreaktionen in der Großchemie. Chemiker-Ztg. **95** (1971) 16.
[274] Du Pont: U. S. P. 3027398 (1960).
[275] Eastman Kodak Corp.: D. B. P. 1202269 (1961).
[276] Eastman Kodak Corp.: U. S. P. 3334149 (1964).
[277] D. B. P. 412699.

Kapitel 4

4. Chemie und Technologie der Polyesterherstellung

4.1. Allgemeines und ökonomische Betrachtungen

Unter den als Faserrohstoff großtechnisch erzeugten Polyestern nimmt auch heute noch das Polyäthylenterephthalat den weitaus dominierenden Platz ein, obwohl zahlreiche andere Polyester und Copolyester untersucht und teilweise auch zur Produktionsreife gebracht wurden. Die nachfolgenden Ausführungen werden sich mit Polyäthylenterephthalat befassen, auf andere Polyestertypen wird unter 4.5. gesondert eingegangen.

Bis vor wenigen Jahren gingen alle Herstellungsverfahren für Polyäthylenterephthalat von dem leichter als Terephthalsäure zu reinigenden Dimethylterephthalat (DMT) aus, das in Gegenwart von Umesterungskatalysatoren mit Äthylenglykol zu Bis-(2-hydroxyäthyl)-terephthalat (BHT) umgeestert wird.

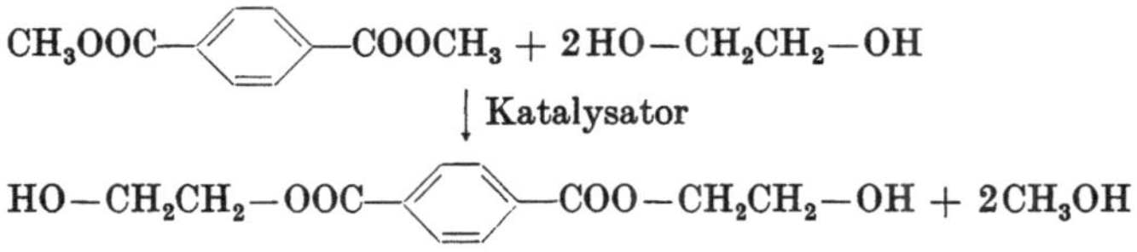

Durch Oligokondensationsreaktionen, die unter den Umesterungsbedingungen bereits erfolgen, werden daneben auch in mehr oder weniger großer Menge lineare Oligomere des Bis-(2-hydroxyäthyl)-terephthalates gebildet. Dieses Gemisch wird in einem zweiten Reaktionsschritt im Vakuum zum Polyäthylenterephthalat polykondensiert.

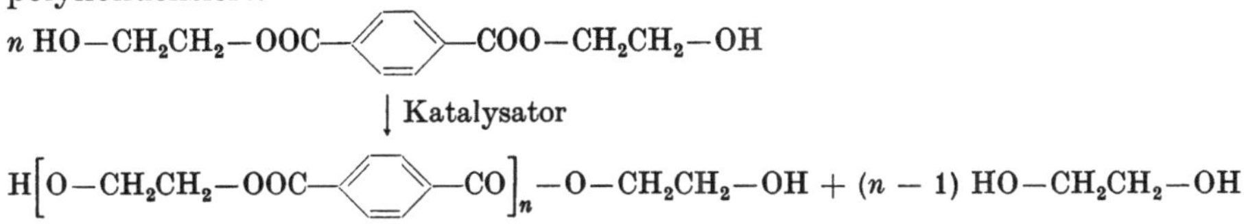

Seit es gelungen ist, Terephthalsäure im technischen Maßstab in der erforderlichen Reinheit herzustellen und die mit der Unlöslichkeit der Terephthalsäure in Äthylenglykol zusammenhängenden Schwierigkeiten zu überwinden, gewinnen Verfahren, die von Terephthalsäure ausgehen, zunehmend an Bedeutung. Die Verarbeitung der Terephthalsäure ist auf zwei Wegen möglich.

Bei dem Direktveresterungsverfahren wird die Terephthalsäure mit Äthylenglykol zu Bis-(2-hydroxyäthyl)-terephthalat verestert.

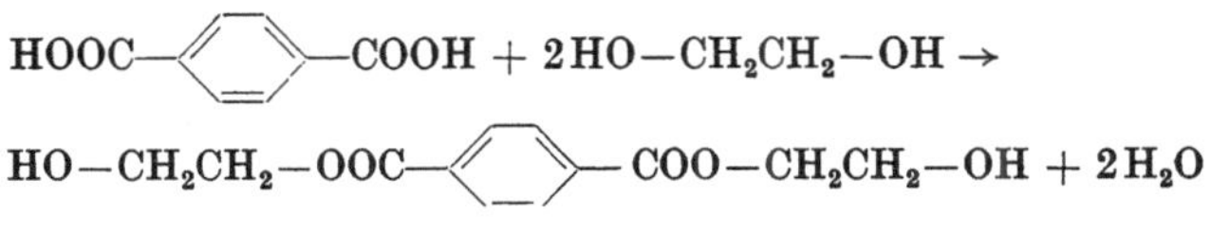

Das Bis-(2-hydroxyäthyl)-terephthalat wird dann wie das nach dem Umesterungsverfahren gewonnene Produkt zum Polyäthylenterephthalat polykondensiert.

Ein zweites technisch nutzbares Verfahren, Terephthalsäure direkt in Bis-(2-hydroxyäthyl)-terephthalat zu überführen, besteht in der Anlagerung von Äthylenoxid an Terephthalsäure

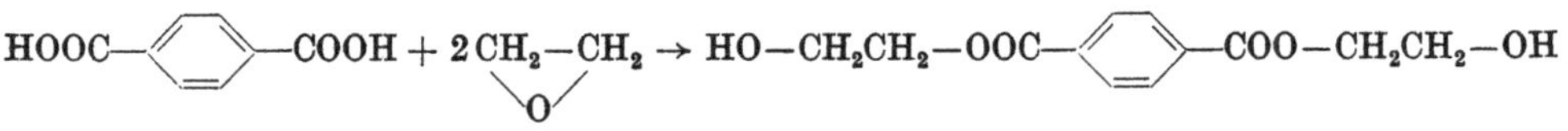

Bis Anfang der 60er Jahre erfolgte die großtechnische Herstellung des Polyäthylenterephthalates nur nach diskontinuierlichen Verfahren. Das zu dieser Zeit nahezu ausschließlich angewandte Umesterungsverfahren umfaßt folgende Teilstufen: Lösen bzw. Schmelzen einer DMT-Charge, Umesterung, Abdestillieren des Glykolüberschusses, Polykondensation unter Vakuum, Gießen der Schmelze, Zerkleinerung der erstarrten Polyesterschmelze zu Schnitzeln oder Granulat, Mischen und Trocknen des zerkleinerten Materials.

In neuerer Zeit ist jedoch im Weltmaßstab die Tendenz eines Übergangs zur kontinuierlichen Technologie zu verzeichnen [1]. In vielen Ländern sind Methoden für eine kontinuierliche Umesterung bzw. Veresterung und Polykondensation sowie für die Direktverspinnung des Polyäthylenterephthalates ohne Granulatzwischenstufe entwickelt worden.

Kontinuierliche Verfahren weisen gegenüber diskontinuierlichen „batch"-Verfahren verschiedene Vorteile hinsichtlich der erzielbaren Produktqualität und der Wirtschaftlichkeit auf. Polyäthylenterephthalat erleidet bei längerem Aufbewahren bei der Herstellungs- und Spinntemperatur von etwa 280 °C thermisch bedingte Abbaureaktionen. Die bei der diskontinuierlichen Verfahrensweise anfallende große Charge kann daher nicht direkt versponnen werden, sondern muß erst in Granulat überführt werden, das anschließend wieder nach und nach aufgeschmolzen und versponnen wird. Bei kontinuierlichen Herstellungsverfahren ist dagegen ein Direktverspinnen sofort im Anschluß an die Polykondensation möglich, ohne die Polyesterschmelze einer zu langdauernden thermischen Belastung auszusetzen. Der kontinuierliche Herstellungsprozeß liefert außerdem ein gleichmäßigeres Produkt, da bei diskontinuierlicher Arbeitsweise auftretende Verweilzeitunterschiede der Polyesterschmelze zwischen Beginn und Ende der Autoklavenentleerung wegfallen und damit Veränderungen des Polymerisationsgrades vermieden werden. Mit kontinuierlichen Verfahren können zudem leichter Polyester mit besonders hohen Polymerisationsgraden hergestellt werden [2], wie sie z. B. für Reifencord erforderlich sind.

Von Zuev u. a. [3] wurde eine vergleichende technologisch-ökonomische Analyse durchgeführt, die zeigt, daß die Produktion des Polyesters nach dem kontinuierlichen Verfahren wirtschaftlicher ist als nach dem diskontinuierlichen. Das gilt allerdings erst von einer bestimmten Mindestgröße des Produktionsumfanges an, die auf etwa 14 kt/*a* [4], nach anderen Angaben auf etwa 30 kt/*a* [5], geschätzt wird. Für die vergleichenden Berechnungen wurde eine angenommene Produktionskapazität von 23 kt/*a* zugrunde gelegt. In der Tabelle 4.1. sind die Kosten des kontinuierlichen denen des diskontinuierlichen Verfahrens auf Basis DMT gegenübergestellt.

Bei allen Vorzügen der kontinuierlichen Produktionsverfahren, die hier aufgeführt sind, darf nicht übersehen werden, daß auch Nachteile damit verbunden sind [6]. So kann mit den kontinuierlichen Verfahren nicht die breite Palette verschiedenartiger Polyester hergestellt werden, wie nach dem „batch“-System. Um ernste Produktionsstörungen zu vermeiden, muß eine hohe Betriebssicherheit der technischen Apparate gewährleistet sein, da der Ausfall einer einzigen der hintereinander geschalteten Verfahrensstufen den gesamten Produktionsprozeß zum Erliegen bringen kann [7].

Tabelle 4.1. Kosten bei der Produktion von LAVSAN-Polyesterfaser nach dem kontinuierlichen Verfahren (in % der Kosten beim diskontinuierlichen Verfahren) [3]

Kosten	Gesamtproduktion	Chemischer Teil
Investitionen	93,0	71,0
Betriebsselbstkosten	94,0	nicht bestimmt
davon für Verarbeitung	91,6	64,0
Arbeitsaufwand	92,0	55,0

Die ökonomischen Betrachtungen gestalten sich noch günstiger, wenn an Stelle von DMT von Terephthalsäure als Rohstoff für die Polyesterproduktion ausgegangen wird [3]. Auf gleiches Gewicht bezogen, wird mit Terephthalsäure eine um etwa 15% größere Ausbeute erzielt als mit DMT. Theoretisch sind für eine Tonne Polyester 1.01 t DMT erforderlich, dagegen nur 0,87 t Terephthalsäure. Der Preis der beiden möglichen Ausgangsprodukte pro Mengeneinheit ist gegenwärtig jedoch nahezu gleich [8,9]. Da die Methanol-Rückgewinnung bei dem Terephthalsäureverfahren wegfällt, verringern sich zum anderen auch die Anlagenkosten. Der Fortfall des Arbeitens mit Methanol hat auch den Vorteil, daß Gefahrenzonen vermieden werden und explosionsgeschützte Anlagen und Aggregate überflüssig sind.

Als erste nahm die japanische Firma Toyo Rayon Co. bereits 1963 eine nach einem diskontinuierlichen Veresterungsverfahren arbeitende Anlage mit einer Tagesproduktion von 20 t in Betrieb, 1967 betrug der Terephthalsäureverbrauch etwa 10 kt/*a* [10, 11]. Weitere Firmen in Japan und in den USA nahmen die Polyesterproduktion auf Terephthalsäurebasis in den folgenden Jahren in Anlagen gleicher Größenordnung auf. Gegenwärtig erfolgen aber immer noch ca. 80% der Polyesterproduktion nach dem Umesterungsverfahren, ausgehend von DMT [9]. Es wird geschätzt, daß der Anteil der Terephthalsäureverfahren 1975 etwa 50% betragen wird. DMT bleibt damit zunächst auch weiterhin im Weltmaßstab der wichtigste Polyesterrohstoff. In den letzten Jahren sind zahlreiche neue Produktionsstätten für DMT in Betrieb genommen worden oder befinden sich noch im Bau, um dem laufend gestiegenen Bedarf gerecht zu werden [12, 13, 14, 15, 16]. Die größte Einzelanlage mit einer Kapazität von 100 kt/*a* DMT wurde von Teijin Ltd. in Japan aufgebaut [17]. Die Fertigstellung war für 1970 vorgesehen, später soll die Anlage noch verdoppelt werden.

4.2. Chemische Grundlagen der Herstellungsverfahren für Polyäthylenterephthalat

4.2.1. *Herstellung von Bis-(2-hydroxyäthyl)-terephthalat*

Bis-(2-hydroxyäthyl)-terephthalat(BHT) ist das Monomere des Polyäthylenterephthalates. Bei der Polyesterherstellung wird es jedoch normalerweise nicht in isolierter, reiner Form zur Polykondensation eingesetzt, sondern in dem Gemisch mit linearen Oligomeren (im wesentlichen Dimere, Trimere und Tetramere), in dem es nach der vorangegangenen Umesterungs- oder Veresterungsreaktion vorliegt.

Die Herstellung des BHT ist zumeist mit der Weiterverarbeitung direkt gekoppelt. Das BHT ist daher auch kein allgemein auf dem Weltmarkt erhältliches Handelsprodukt. Die Handhabung von reinem BHT bzw. die Reinigung des Produktes ist im großtechnischen Maßstab außerdem mit verschiedenen Schwierigkeiten verbunden. Es wirkt korrosiv und beginnt bereits während der Destillation zu polykondensieren [18]. Reines Bis-(2-hydroxyäthyl)-terephtalat bildet farblose Kristalle mit einem Schmelzpunkt von 110,5 °C—111 °C [19, 20]. Es kann am einfachsten durch Umesterung von DMT hergestellt und durch anschließende Umkristallisation aus Aceton und Wasser gereinigt werden [19, 20, 21]. Der Ester ist in Alkoholen, Aceton und Chloroform in der Kälte und in Wasser in der Hitze löslich.

4.2.1.1. Umesterung von Dimethylterephthalat

Die Umesterungsreaktion zwischen Dimethylterephthalat und Äthylenglykol erfolgt bei Temperaturen oberhalb 150 °C. Bei betrieblicher Arbeitsweise bewegt sich die Reaktionstemperatur im Bereich von 150 °C—220 °C, also bei Temperaturen kurz oberhalb des Schmelzpunktes von DMT (140,8 °C) bis zum Siedepunkt des Äthylenglykols (197 °C). Während der Reaktion wird die Temperatur kontinuierlich erhöht. Dabei ist darauf zu achten, daß die Temperatursteigerung nicht zu rasch vorgenommen wird, da sonst eine starke Sublimation des DMT eintritt. Das bei der Umesterung freigesetzte Methanol wird über eine Kolonne abdestilliert.

Bild 4.1. zeigt den Verlauf der Umesterung bei verschiedenen Temperaturen [22]. Um technologisch vertretbare Reaktionszeiten einzuhalten, ist jedoch nicht nur eine ausreichend hohe Reaktionstemperatur erforderlich, die Umesterungsreaktion muß außerdem katalytisch beschleunigt werden. Als Umesterungskatalysatoren sind zahlreiche Metallderivate sowie Amine und andere organische Verbindungen untersucht und in Patenten beschrieben worden [22, 23, 24]. Die Katalysatoren werden üblicherweise in Mengen von 0,005 bis 0,05 Gewichtsprozent bezogen auf DMT eingesetzt. Die Umesterungsgeschwindigkeit wird wesentlich von der Art und Menge der verwendeten Katalysatoren bestimmt [22, 23, 25, 26]. Beispiele dafür zeigen die Bilder 4.2 und 4.3.

Die Katalysatoren nehmen eine zentrale Stellung im chemischen Teil der Polyesterherstellung ein, da sie nicht nur die Reaktionsgeschwindigkeit der Umesterungsreaktionen, sondern auch Nebenreaktionen, die thermische Stabilität und die Farbe des Polyesters in starkem Maße beeinflussen [23]. Auf die Katalysatorproblematik soll daher im Abschnitt 4.2.3.1. gesondert eingegangen werden.

Bei der Umesterungsreaktion ist ein Glykolüberschuß von Vorteil und wird auch allgemein angewandt. Die Verschiebung des Reaktionsgleichgewichtes in Richtung auf Bildung des Glykolesters wird dadurch positiv beeinflußt. Die

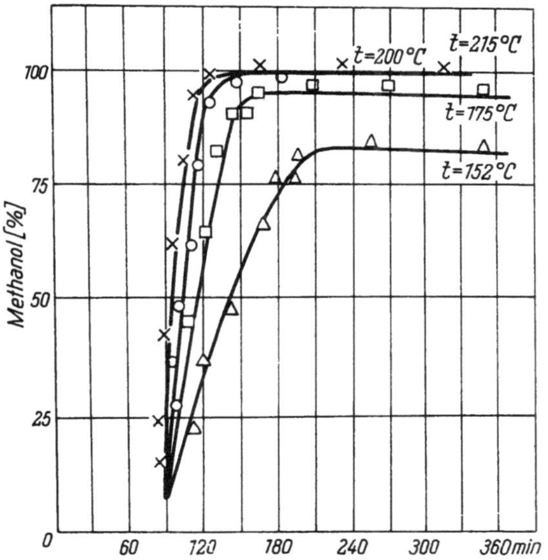

Bild 4.1. Verlauf der Methanolabspaltung bei der Umesterung von DMT unter Zusatz von 0,2% $Zn(CH_3COO)_2 + PbO$ in Abhängigkeit von der Reaktionstemperatur [22]

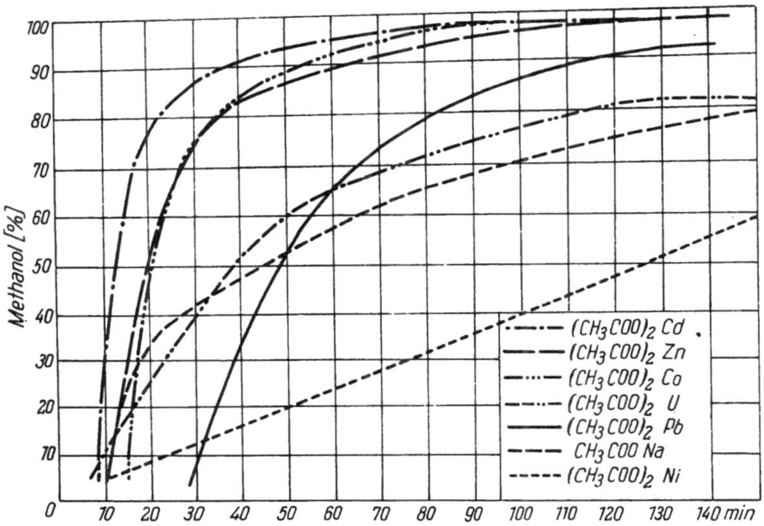

Bild 4.2. Verlauf der Methanolabspaltung bei der Umesterung von DMT bei 200° in Abhängigkeit von verschiedenen Katalysatoren (0,14% Metallacetat) [22]

Anwendung eines zu großen Überschusses bringt Nachteile mit sich, so z. B. eine Verlängerung der Gesamtreaktionszeit durch das Abdestillieren des überschüssigen Glykols. In der Praxis hat sich die Anwendung eines geringen Überschusses von etwa 0,5 Mol Glykol allgemein bewährt.

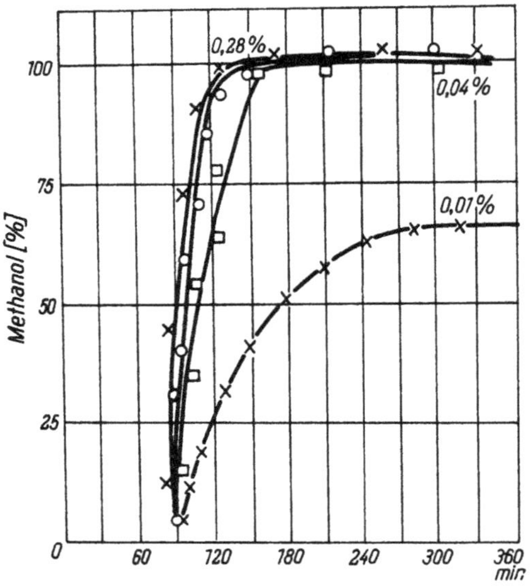

Bild 4.3. Verlauf der Methanolabspaltung bei der Umesterung von DMT bei 200° in Abhängigkeit von der Katalysator-Konzentration ($Zn(CH_3COO)_2$ + PbO im Verhältnis 2:1) [22]

Der Ablauf der Umesterung wird anhand der Menge des abdestillierenden Methanols verfolgt. Da im Verlauf des Umesterungsprozesses in zunehmendem Maße Äthylenglykol mit abdestilliert, ist eine Dichtemessung des Destillates zur genauen Methanolbestimmung erforderlich. Ein elegantes Verfahren, das insbesondere zur kontinuierlichen automatischen Kontrolle des Umesterungsprozesses eingesetzt werden kann, wird von Machlina u. a. beschrieben [27]. Bei diesem Verfahren wird die Ausbreitungsgeschwindigkeit von Ultraschallwellen gemessen, die von der Methanolkonzentration im Destillat abhängt. Es soll wesentlich genauer sein als das Verfahren der Dichtemessung.

Die Umesterungsgeschwindigkeit hängt außer vom Katalysator und der Reaktionstemperatur auch vom Reinheitsgrad der verwendeten Ausgangsstoffe ab. Ein Carboxylgruppengehalt des DMT in Form von Terephthalsäure oder Terephthalsäuremonomethylester, der durch unvollständige Veresterung oder durch hydrolytische oder thermische Schädigung des DMT bei Herstellung, Lagerung oder Transport verursacht sein kann, setzt die Umesterungsgeschwindigkeit erheblich herab [28]. Die Ursache ist wahrscheinlich in der Bildung von katalytisch weniger aktiven Reaktionsprodukten des Umesterungskatalysators mit den Carboxylgruppen, d. h. Metallterephthalaten, zu sehen. Bild 4.4. zeigt den nach 1 h Umesterungszeit erreichten Umsatz in Abhängigkeit von der Carboxylgruppenzahl des jeweilig zur Umesterung eingesetzten DMT. Es handelt sich dabei um ein durch Lagerung im geschmolzenen Zustand unterschiedlich stark thermisch geschädigtes DMT und um reines DMT, dem zur Modellierung einer Schädigung verschiedene Mengen Terephthalsäure bzw. Terephthalsäuremonomethylester zugesetzt waren. In gleicher Weise hemmend auf den Umesterungsverlauf wirkt sich ein Wassergehalt des Äthylenglykols aus [28, 29]. Im Bild 4.5. ist ebenfalls der Umsatz nach 1 h Umesterungszeit aufgetragen, dabei wurde zusätzlich zu einem unterschiedlichen Carboxylgruppengehalt des DMT der Wassergehalt des Glykols variiert.

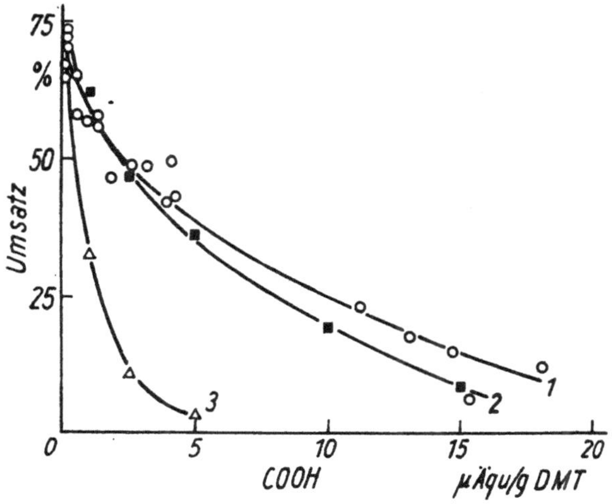

Bild 4.4. Umsatz nach 1 h bei der Umesterung von DMT mit Äthylenglykol in Abhängigkeit vom Carboxylgruppengehalt des Esters ($T = 160\,°C$) [28]

o thermisch geschädigtes DMT
■ DMT mit Zusatz von Terephthalsäuremonomethylester
△ DMT mit Zusatz von Terephthalsäure
Katalysator: $5 \cdot 10^{-4}$ Mol $Mn(CH_3COO)_2$/Mol DMT

Unter technischen Bedingungen wird die Umesterung des DMT in der ersten Verfahrensstufe zumeist nicht bis zu einem hundertprozentigen Umsatz geführt. Ein restlicher Teil von Methylestergruppen wird erst während der Destillation des überschüssigen Glykols parallel zu der beginnenden Oligokondensation der Glykolester umgeestert. In der Literatur wird verschiedentlich die Meinung vertreten, daß nichtumgeesterte Methylestergruppen das Wachsen der Makromoleküle blockieren und damit kettenabbrechend wirken, andere Autoren sind der Ansicht, daß erst ein Anteil von 10—25% Methylester das Erreichen hoher Molmassen verhindert [30]. Es ist nun ganz sicher nicht richtig, die Methylestergruppen als unreaktive Kettenabbrecher zu bezeichnen. Sie können natürlich in der als Polyumesterung der Glykolester verlaufenden Vorkondensations- und Polykondensationsphase ebenso umgeestert werden wie die Glykolester, die ihrerseits ja erst durch Umesterung aus dem Methylester entstanden sind. Polykondensationsversuche, bei denen Bis-(2-hydroxyäthyl)-terephthalat 5 bzw. 10 Molprozent 2-Hydroxyäthyl-methyl-terephthalat zur Modellierung der Verhältnisse bei unvollständiger Umesterung zugesetzt wurden, zeigten jedoch, daß unter diesen Bedingungen tatsächlich eine deutliche Verlangsamung der Polykondensationsgeschwindigkeit eintritt, und die Polykondensation schon bei relativ niedrigen Polymerisationsgraden praktisch zum Stillstand kommt (Bild

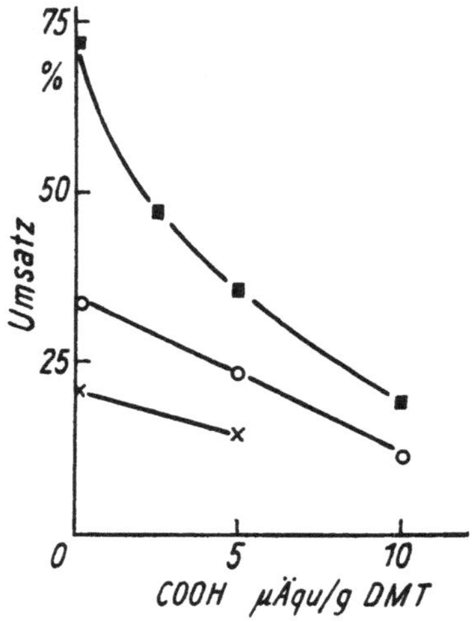

Bild 4.5. Umsatz nach 1 h bei der Umesterung von DMT mit Äthylenglykol unterschiedlichen Wassergehaltes in Abhängigkeit vom Carboxylgruppengehalt des Esters ($T = 160\,°C$) [28]

■ 0,02% H_2O im Äthylenglykol
○ 0,18% H_2O im Äthylenglykol
× 0,40% H_2O im Äthylenglykol
Katalysator: $5 \cdot 10^{-4}$ Mol $Mn(CH_3COO)_2$/Mol DMT

4.6.) [31]. In den Polyestern konnten in diesen Fällen noch größere Mengen Methylestergruppen nachgewiesen werden. Eine Erklärung für die polykondensationshemmende Wirkung von Methylestergruppen kann im Zusammenhang mit der Diskussion des Chemismus der Umesterungsreaktionen im Abschnitt 4.2.4. gegeben werden.

Man muß auf Grund dieser Untersuchungen durchaus in Betracht ziehen, daß auch kleinere Mengen methylesterhaltiger Umesterungsprodukte, die in das polykondensierende System gelangt sind, für Störungen im Betriebsablauf verantwortlich sein können.

Es war bereits darauf hingewiesen worden, daß reines Bis-(2-hydroxyäthyl)-terephthalat, wie es z. B. für wissenschaftliche Untersuchungen der Polykondensation benötigt wird, am einfachsten durch Umesterung von DMT hergestellt werden kann. Zum Abschluß dieser Betrachtungen über die Umesterungsreaktion sei daher noch eine Arbeitsvorschrift für die Darstellung von oligomeren- und katalysatorfreiem Bis-(2-hydroxyäthyl)-terephthalat gegeben [19, 20]:

400 g Terephthalsäuredimethylester werden in einem mit Stickstoffeinleitung, Rührer und Destillationsbrücke versehenen Dreihalskolben mit 400 ml absolutem Äthylenglykol vermischt und nach Zusatz von 6 g Tri-n-butylamin oder 40 mg Manganacetat als Katalysator in einem Ölbad erhitzt. Die Reaktionstemperatur wird $^1/_2$ h auf 160 °C und anschließend auf

190 °C gehalten. Dabei wird ein schwacher Stickstoffstrom durch die Reaktionsmischung geleitet. Nach etwa 2—3 Stunden ist die theoretische Methanolmenge von 167 ml abgespalten. Danach wird die Reaktionsmischung in 2 l destilliertes Äthylenglykol gegossen und 8 h auf 195 °C erhitzt. Beim Abkühlen kristallisiert der Bisglykolester aus. Die Mischung wird mit 4 l destilliertem Wasser aufgeschlemmt und der Ester über eine Nutsche abgesaugt. Je 100 g Rohprodukt werden mit 2 l destilliertem Wasser zum Sieden erhitzt, die trübe Lösung dann langsam auf 50 °C abgekühlt, wobei die Oligomeren und ein Teil des Bis-(2-hydroxyäthyl)-terephthalats ausfallen. Nach dem Absaugen der ausgefallenen Produkte wird das Filtrat wieder bis zur klaren Lösung erhitzt und dann langsam abgekühlt. Dabei kristallisiert das Bis-(2-hydroxyäthyl)-terephthalat in langen Nadeln aus. Je 100 g dieser Kristalle werden aus 400 ml Aceton umkristallisiert. Der erhaltene Ester wird danach im Vakuumtrockenschrank über Phosphorpentoxyd bei 60—70 °C getrocknet. Ausbeute: ca. 300 g, Schmp.: 110,5—111 °C.

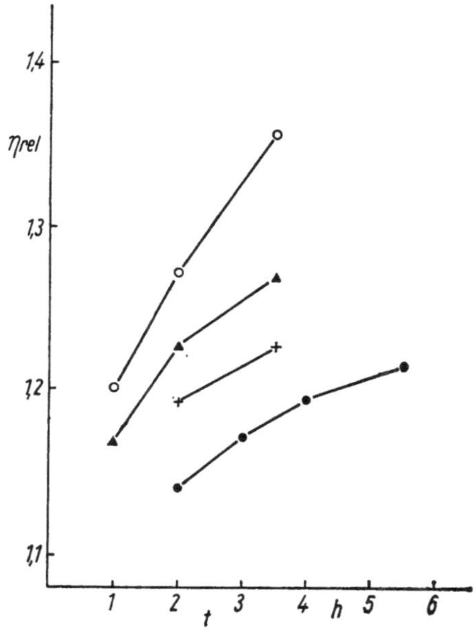

Bild 4.6. Viskositätsverlauf bei Polykondensationsversuchen von Bis-(2-hydroxyäthyl)-terephthalat in Gegenwart von Methylestergruppen [31]

- o K 42 Bis-(2-hydroxyäthyl)-terephthalat (BHT)
- ▲ K 41 95 Moläquivalente BHT + 5 Moläquivalente 2-Hydroxyäthyl-methyl-terephthalat
- \+ K 237 90 Moläquivalente BHT + 10 Moläquivalente 2-Hydroxyäthyl-methyl-terephthalat
- • K 167 90 Moläquivalente BHT + 10 Moläquivalente 2-Hydroxyäthyl-methyl-terephthalat

Katalysator: $3 \cdot 10^{-4}$ Mol $Mn(CH_3COO)_2$/Mol Terephthalsäureester

Die Verwendung von Tri-n-butylamin oder eines anderen tertiären Amins [32] als Umesterungskatalysator an Stelle eines Metallsalzes hat den Vorteil, daß bei der Umesterung weniger Oligomere entstehen und damit die Ausbeute an Bis-(2-hydroxyäthyl)-terephthalat höher ist.

4.2.1.2. Direktveresterung von Terephthalsäure

Die Bildung von Bis-(2-hydroxyäthyl)-terephthalat durch Veresterung der Terephthalsäure mit Äthylenglykol wurde bereits von Whinfield untersucht [33] und in seinem ersten Patent [34] erwähnt. Er erkannte aber auch schon, daß der einfachere Weg über den leichter zu reinigenden Dimethylester führt. Erst seit es gelungen ist, im großtechnischen Maßstab reine, „fibergrade“ Terephthalsäure mit vertretbarem Kostenaufwand herzustellen [9, 11, 35, 36], findet die Direktveresterung mit Glykol zunehmendes Interesse.

Man sah sich aber nicht nur bei der Reinigung der Terephthalsäure sondern auch von der chemischen und verfahrenstechnischen Seite der Veresterung her verschiedenen nicht leicht zu lösenden Problemen gegenübergestellt. Die geringe Löslichkeit der Terephthalsäure bewirkt auch eine langsame Reaktion selbst mit siedendem Äthylenglykol, wobei zudem erhebliche Mengen Polyäther durch Nebenreaktionen gebildet werden und später die Eigenschaften des Polyester beeinträchtigen. Inzwischen sind zahlreiche Patente und in kleinerer Zahl auch wissenschaftliche Publikationen erschienen, die Wege beschreiben, um diese Schwierigkeiten zu überwinden.

Eine bessere Löslichkeit der Terephthalsäure und einen schnelleren Reaktionsverlauf kann man durch Anwendung von höheren Temperaturen und Druck erreichen [37, 38]. Aber auch unter diesen Bedingungen bilden sich noch leicht Polyäther. Durch Zusatz von Wasser kann die Ätherbildung vermindert werden [39].

Ein Patent der Mobil Oil Corp. [40] beschreibt ein Verfahren, nach dem bei einer Reaktionstemperatur von 240—320 °C der Druck in der ersten Phase der Veresterung über dem Dampfdruck des Glykols gehalten, und nachdem ein Umsatz von 75—85% erreicht ist, langsam reduziert wird. Zur Unterdrückung der Ätherbildung wird ein Amin (z. B. n-Butylamin, Diisopropylamin, Triäthylamin) zugesetzt. Für einen optimalen Veresterungsverlauf muß ein bestimmtes Molverhältnis von Glykol zu Terephthalsäure eingehalten werden. Wenn weniger als 1,2 Mol Glykol pro Mol Säure eingesetzt werden, bleiben unveresterte Carboxylgruppen zurück. Ein Überschuß an Glykol ist andererseits unökonomisch und führt außerdem zur Bildung von Äthergruppen. Als günstigstes Verhältnis wurden 1,3—1,7 Mol Glykol pro Mol Terephthalsäure gefunden.

Nach einem Verfahren, das dem vorstehend beschriebenen sehr ähnlich ist [41], wird 1 Mol Terephthalsäure unter Stickstoff bei 260 °C und einem Druck von 5,2 atm mit 1,2—1,7 Mol Glykol in Gegenwart von 0,01—0,04 Mol eines tertiären Amins verestert. Durch die Anwesenheit des Amins wird sowohl ein niedriger Carboxylgruppengehalt und Diäthylenglykolgehalt (0,96%) des aus dem Veresterungsprodukt hergestellten Polyesters erzielt, als auch die Veresterungsgeschwindigkeit erhöht. Die Angaben dieses Patentes schreiben dem Amin also auch einen reaktionsbeschleunigenden katalytischen Effekt zu. Unter den gleichen Reaktionsbedingungen wurden als Veresterungskatalysatoren auch Alkali- oder Erdalkaliphenolate [42], Ammonium-, Cer- oder Nickelhexafluorophosphate [43], Alkali-, Erdalkali-, Mangan-, Kobalt- oder Kadmiumsilikate [44] und Alkali-, Erdalkali-, Blei- oder Manganhexafluorosilikate [45] eingesetzt. Wenn auch bisher in der Patentliteratur noch nicht die Vielzahl von Metallverbindungen als Veresterungskatalysatoren beschrieben worden sind, wie es für Umesterungskatalysatoren der Fall ist, so ist doch mit den soeben genannten Metallsalzen die Zahl der als brauchbar angesehenen Verbindungen bei weitem noch nicht erschöpft. Erwähnt seien hier noch Alkalihydride [46], Ammonium- oder Metallsalze der Äthylendiamintetraessigsäure [47], Ammonium-, Erdalkali-, Zink-, Blei- oder Kobalttitanyloxalat [48] und das bereits seit langem als Umesterungskatalysator bekannte und bewährte Mangan- bzw. Kobaltacetat [49].

Zusätzlich zur Verwendung von Kobaltsalzen als Veresterungskatalysatoren wird in einem Patent die Zugabe von 0,001—1 Masseprozent Triäthanolamin beschrieben, das die Bildung von Ätherbindungen vermindern soll [50].

Als Ziel des Zusatzes von Calciumacetat oder Triäthylamin wird in einem anderen Patent [51] eine Pufferwirkung in der Veresterungsstufe genannt, die sich in niedrigen Carboxylgruppengehalten sowie hohen Schmelzpunkten und Molmassen des Polyesters auswirken soll.

In einer Arbeit von L. Alexandru u. a. [52] wird außer dem Einfluß der Reaktionsparameter Temperatur, Druck und Zeit auch der Einfluß verschiedener Katalysatoren auf die Veresterungs- und Polykondensationsreaktion sowie auf die Eigenschaften des Bis-(2-hydroxyäthyl)-terephthalats (Carboxylgruppengehalt, Farbe) und des Polymeren (Diglykolgehalt, Farbe) untersucht.

In den letzten Jahren sind verschiedene, offensichtlich auch technisch bedeutsame Verfahren zur drucklosen Veresterung von Terephthalsäure mit Äthylenglykol bekannt geworden, die als wesentliches Merkmal gemeinsam haben, daß als Reaktionsmedium ein aus oligomeren Glykolterephthalaten bestehendes Vorkondensat verwandt wird. Die Veresterungsgeschwindigkeit ist unter diesen Bedingungen erheblich höher als mit Äthylenglykol allein [53]. Die Veresterung wird beim Siedepunkt des Gemisches durchgeführt. Im Gemisch muß ein molares Verhältnis von veresterter Terephthalsäure zu freiem und verestertem Äthylenglykol von $>0{,}55$ vorliegen. Dadurch wird die Bildung unerwünschter Nebenprodukte, wieÄtherester, vermieden und kein Katalysator benötigt [54].

Ein anderes Verfahren [55] ist durch einen zweistufigen Kreisprozeß gekennzeichnet, in dem zunächst Terephthalsäure mit einem hydroxylgruppenhaltigen Vorkondensat, das praktisch frei von nichtgebundenem Glykol ist, zu einem „neutralen" Vorkondensat verestert und in einer zweiten Stufe das für die erste Stufe erforderliche Vorkondensat durch Glykolyse aus einem Teil des Reaktionsproduktes der ersten Stufe hergestellt wird. Der nicht der Glykolyse unterworfene Teil des Reaktionsproduktes der ersten Stufe wird polykondensiert.

Mitarbeiter der Fa. Goodyear Tire & Rubber Co. haben ebenfalls ein Verfahren ausgearbeitet und produktionsreif gemacht, bei dem ein Polyester mit niedriger Molmasse als gutes Lösungsmittel für Terephthalsäure und Reaktionsmedium für die Veresterungsstufe dient, wobei aber unter erhöhtem Druck gearbeitet wird und geringe Katalysatormengen zugesetzt werden [56]. In dem patentierten Verfahren wird eine Aufschlemmung von Terephthalsäure und Glykol kontinuierlich in ein Reaktionsgefäß gepumpt, das einen Polyester mit niedriger Molmasse unter einem Stickstoffdruck von 3,5—7 kg/cm² enthält. Das Reaktionsgemisch wird bewegt und auf einer Temperatur von 240—260 °C gehalten. Bei dieser Temperatur verdampfen das Wasser aus der Veresterungsreaktion und das Glykol und treten in eine Rektifizierkolonne ein, wo das Glykol von Wasser getrennt und zum Reaktionsgefäß zurückgeführt wird. Das Reaktionsgemisch wird in ein zweites Reaktionsgefäß geleitet, wo die Veresterung im wesentlichen bei Normaldruck abgeschlossen wird.

In einem Patent wird auch die Veresterung von Terephthalsäure mit Bis-(2-hydroxyäthyl)-terephthalat, gegebenenfalls im Gemisch mit geringen Mengen Glykol, beschrieben [57]. Dabei wird ein Überschuß an Bis-(2-hydroxyäthyl)-terephthalat von bis zu 10 Molprozent bezogen auf Terephthalsäure verwendet. Die Mischung wird in einer Stickstoffatmosphäre unter Rückfluß in Gegenwart von katalytischen Mengen Zinkacetat auf 275 °C erhitzt, bis sich eine klare, homogene Schmelze gebildet hat, die dann unter vermindertem Druck weiter polykondensiert wird. Diese Verfahrensvariante weicht von den zuvor beschriebenen ab, da hier von Anfang an Polyveresterungsreaktionen im Vordergrund stehen werden. Die gute Löslichkeit der Terephthalsäure in einem Vorkondensat wird sich aber auch bei dieser Methode als reaktionsfördernder Faktor auswirken.

4.2.1.3. Anlagerung von Äthylenoxid an Terephthalsäure

Verfahren zur Herstellung von Bis-(2-hydroxyäthyl)-terephthalat durch Reaktion von Äthylenoxid mit Terephthalsäure sind in den letzten Jahren vor allem in Japan ausgearbeitet und produktionswirksam gemacht worden [18, 58]. Dabei spielt sicher der Umstand eine Rolle, daß in Japan Äthylenoxid ein billigerer Ausgangsstoff als Äthylenglykol ist.

Im Prinzip wird die Anlagerungsreaktion durchgeführt, indem Äthylenoxid in eine Suspension von Terephthalsäure in Wasser oder einem bei dieser Reaktion chemisch inaktiven Lösungsmittel in Gegenwart eines Katalysators (Alkalimetallhydroxid oder Amin) eingeleitet wird. Nach einer Laborvorschrift [59] wird z. B. Äthylenoxid in eine Mischung von 40 g Terephthalsäure, 3 g Pyridin und 200 ml Butanol eingeleitet und die Reaktionsmischung 10 Stunden zum Sieden erhitzt. Das Reaktionsprodukt Bis-(2-hydroxyäthyl)-terephthalat wird durch Umkristallisation gereinigt.

Rein formelmäßig ist die Anlagerung von Äthylenoxid an Terephthalsäure eine einfache Reaktion, in der Praxis und vor allem unter technischen Bedingungen bringt sie jedoch viele Probleme mit sich. Es ist schwierig, den Reaktionsverlauf unter Kontrolle zu halten, zum anderen entstehen leicht viele Nebenprodukte durch Polymerisation des Äthylenoxids zu Polyäthern und Reaktion dieser Produkte mit der Terephthalsäure.

Um die Ätherbildung niedrig zu halten, soll bei der Reaktion ein Druck von 0,2—1,7 atm eingehalten werden. Bei geringerem Druck ist die Reaktionsgeschwindigkeit zu niedrig, bei höherem Druck werden große Mengen Glykoläther gebildet [60]. Bevorzugte Katalysatoren für die Äthylenoxidanlagerung sind nach diesem Patent aliphatische Amine mit 1—4 C-Atomen im aliphatischen Teil. Die Katalysatormenge variiert zwischen 5 und 40 Molprozent bezogen auf Terephthalsäure. Bei geringeren Mengen verläuft die Reaktion zu langsam, bei größeren Mengen ist die Entfernung des Amins aus der Reaktionsmischung während der anschließenden Polykondensation schwierig.

In einem anderen Patent wird darauf hingewiesen, daß es von großer Bedeutung ist, während der gesamten Reaktion einen Überschuß an Terephthalsäure einzuhalten. Die Äthylenoxidzugabe muß dementsprechend einreguliert werden, und die Gesamtmenge soll weniger als die theoretischen 2 Mol Äthylenoxid pro Mol Terephthalsäure betragen [61].

Bei einem Verfahren der Nippon Soda Co. Ltd. [58, 62] wird sowohl mit einem Unterschuß als auch einem Überschuß Äthylenoxid gearbeitet. Als günstiges Verhältnis wird 1,3 Mol Äthylenoxid pro Mol Säure angegeben, obwohl in den Versuchsbeschreibungen des Patentes auch mehrere Beispiele mit Verhältnissen bis 4,5:1 enthalten sind. Die Anlagerungsreaktion wird bei Temperaturen von 100 bis 130 °C und einen auf 5—15 kg/cm² einregulierten Reaktionsdruck durchgeführt.

Als Katalysatoren werden zahlreiche Amine, Amin- und Ammoniumsalze sowie Phosphine aufgeführt, am besten geeignet sind sekundäre und tertiäre Amine, alizyklische Stickstoffverbindungen und deren Terephthalate. Die Reaktion kann auch in Gegenwart einer der Säurekomponente gleichen Menge eines chemisch inaktiven Lösungsmittels wie Aceton, Cyclohexanon, Benzol u. ä. durchgeführt werden. Nach der Additionsreaktion werden nicht umgesetztes Äthylenoxid und flüchtiges Lösungsmittel, falls ein solches verwendet wurde, zurückgewonnen. Das bei der Reaktion neben Wasser mit entstandene Äthylenglykol soll abgetrennt und in möglichst großer Menge in die Reaktionsmischung zurückgegeben werden. Das Reaktionsprodukt wird ohne weitere Zwischenbehandlung direkt polykondensiert.

Der Einsatz eines Überschusses an Äthylenoxid wird in von der Celanese Corp. patentierten Verfahren beschrieben. Danach läßt man eine Suspension von 1 Mol Terephthalsäure in Nitrobenzol oder Nitrotoluol in Gegenwart von Triäthylamin als Katalysator 90 Minuten bei 110 °C mit 2—4 Mol Äthylenoxid reagieren. Die Ausbeute beträgt 94% Bis-(2-hydroxyäthyl)-terephthalat [63]. Nach einer anderen Verfahrensvariante werden 1 Mol Terephthalsäure in einer Mischung von 28% p-Xylol, 46% m-Xylol, 9% o-Xylol, 16% Äthylbenzol und 1% Toluol mit 2,5 Mol Äthylenoxid und Triäthylamin in einem Reaktor 70 Minuten bei einem Druck von 17,6 kg/cm² auf 140 °C erhitzt. Danach werden die noch ungelöste Terephthalsäure und 25% des Reaktionsproduktes mit mehr Lösungsmittel vermischt und in den Reaktor zurückgeführt. Das Bis-(2-hydroxyäthyl)-terephthalat wird durch Zentrifugieren und Eindampfen abgetrennt [64].

Es kann nicht beurteilt werden, in welchem Umfang nach den bisher beschriebenen Verfahren im großtechnischen Maßstab bereits Polyäthylenterephthalat produziert wird. Bekannt ist jedoch, daß die japanischen Firmen Teijin Ltd. und Toyobo Co. die von ihnen entwickelten Verfahren seit 1968 in Pilotanlagen erprobt haben und nun die Produktion aufnehmen wollen [18].

Im Unterschied zu allen anderen Verfahren geht das der Teijin Ltd. von Roh-Terephthalsäure aus, die durch Oxydation von p-Xylol hergestellt und ohne weitere Reinigung mit Äthylenoxid in einem aromatischen oder halogenierten Lösungsmittel (z. B. Toluol) bei 145—190 °C und einem Druck von 30 kg/cm² in einem kontinuierlich arbeitenden Reaktor umgesetzt wird [65]. Als Katalysator wird Triäthylamin, ein anderes tertiäres Amin oder ein quartäres Ammoniumsalz verwendet. Die Reinigungsoperation wird erst mit dem Reaktionsprodukt durchgeführt. Der Diäthylenglykolgehalt des auf diese Weise hergestellten Bis-(2-hydroxyäthyl)-terephthalates wird mit 2,8 Molprozent angegeben. Als ein wichtiger Faktor für den kontrollierten Prozeßablauf und die Reduzierung von Nebenreaktionen wird die rasche Abführung der Reaktionswärme bezeichnet.

4.2.1.4. Spezielle Verfahren

Die Synthese von Bis-(2-hydroxyäthyl)-terephthalat ist natürlich außer nach den bisher beschriebenen Methoden auch auf anderen Wegen möglich. Nachfolgend sind noch einige Beispiele ausgewählt, in denen die Herstellung des Bis-(2-hydroxyäthyl)-terephthalates in Verbindung mit der Polykondensation zu Polyäthylenterephthalat beschrieben wird. Technische Bedeutung haben diese Verfahren bisher aber nicht erlangt.

Terephthalsäuredinitril kann in basischem wäßrigem Medium mit Äthylenglykol [66, 67] oder mit Äthylenoxid [68] umgesetzt werden. Reines Bis-(2-hydroxyäthyl)-terephthalat wird aus dem Dinitril und Äthylenglykol durch Reaktion im wäßrigen Medium in Gegenwart von PbO und anschließende Behandlung des Reaktionsproduktes mit einer verdünnten Mineral- oder Carbonsäure bei 60—100°C erhalten [69]. Ein anders geeignetes Ausgangsmaterial ist Diammoniumterephthalat, das in Gegenwart von katalytischen Mengen einer Ti-, Ge-, Sn- oder Sb-Verbindung mit Äthylenglykol verestert wurde [70].

4.2.2. *Polykondensation von Bis-(2-hydroxyäthyl)-terephthalat*

4.2.2.1. Schmelzepolykondensation

Das nach einem der in den voranstehenden Abschnitten beschriebenen Verfahren hergestellte, und in reiner, isolierter Form oder im Gemisch mit restlichem Äthylenglykol und bereits gebildeten linearen Oligomeren vorliegende Bis-(2-hydroxyäthyl)-terephthalat wird im Vakuum durch eine Polyumesterungsreaktion unter Glykolabspaltung in Polyäthylenterephthalat überführt. Dabei fungiert jeweils eine 2-Hydroxyäthylestergruppe des Bis-(2-hydroxyäthyl)-terephthalates bzw. der wachsenden Polyesterketten als Alkohol und eine zweite als Ester.

Für die Gewinnung eines qualitativ hochwertigen Polyäthylenterephthalates mit hoher Molmasse bei möglichst kurzer Polykondensationszeit sind verschiedene Faktoren maßgebend. Dazu gehören in erster Linie die Reaktionstemperatur, das rasche Entfernen des Reaktionsglykols sowie Art und Menge des Katalysators.

Mit steigender Temperatur erhöht sich auch die Polykondensationsgeschwindigkeit. So wird nach Angaben von T. Skwarski [71] die Reaktionsgeschwindigkeit bei einer Erhöhung der Temperatur von 240°C auf 280°C verzehnfacht. Der für die Polykondensation anwendbare Temperaturbereich wird jedoch einerseits durch die hohe Schmelztemperatur des Polyesters, die unter technischen Bedingungen zumeist zwischen 255°C und 265°C liegt, andererseits durch den bei Temperaturen über 290°C stark zunehmenden thermischen Abbau begrenzt. Im großtechnischen Betrieb haben sich Arbeitstemperaturen zwischen 270°C und 280°C bewährt. Es werden allerdings auch Verfahren beschrieben, bei denen die Reaktionsschmelze kurzzeitig auf über 300°C erhitzt wird.

Fisjuk und Grajzel [72] berichten über ein Verfahren zur Intensivierung der Polykondensation durch Anwendung eines variablen Temperaturregimes mit einer Maximaltemperatur von 290°C, die im Reaktor nach 3 h erreicht wird, 30—40 min bis zur Erreichung des Hochvakuums und anschließend weitere 15—20 min beibehalten und dann wieder auf 280°C gesenkt wird. Damit soll eine thermische Schädigung des Polyesters verhindert und eine Verkürzung der sonst notwendigen Polykondensationszeit um 1,5 h erzielt werden.

Zu Beginn der Polykondensation müssen die Geschwindigkeit der Temperaturerhöhung und der Druckverminderung sorgfältig aufeinander abgestimmt werden, da sonst gemeinsam mit dem Glykol beträchtliche Mengen von Bis-(2-hydroxyäthyl)-terephthalat und eventuell auch dessen Dimeren abdestillieren können [73]. Nach Angaben von Challa [74], die im Zusammenhang mit kinetischen Untersuchungen gemacht werden, kann Bis-(2-hydroxyäthyl)-terephthalat bei 1 Torr und 156°C, nach anderen Angaben bei 127°C [75], destilliert werden.

Da es sich bei der Polykondensation um eine Gleichgewichtsreaktion handelt, muß für eine rasche und vollständige Entfernung des abgespaltenen Äthylenglykols gesorgt werden. Dazu ist einerseits ein hohes Vakuum von < 1 Torr und andererseits eine gute Durchmischung und möglichst große Oberfläche der Schmelze erforderlich. Anderenfalls werden nur Polykondensate mit niedrigem Polykondensationsgrad erhalten. Neben einer intensiven Rührtätigkeit ist dabei auch die Form des Kondensationsgefäßes von großer Bedeutung.

Noch stärker als es durch Rühren im Autoklaven möglich ist, kann die Glykolentfernung gefördert werden, wenn die Schmelze während der Polykondensation zu einem dünnen Film verteilt wird.

Der Einfluß der Schichtdicke bei solchen Dünnschichtpolykondensationen wurde von mehreren Autoren untersucht [76, 77, 78] und auch bei der Reaktorgestaltung großtechnischer Anlagen berücksichtigt (s. 4.3.2.). Morozow u. a. [76] fanden, daß die Polykondensationsgeschwindigkeit bei Schichtdicken $\leqq 0{,}5$ mm konstant war, bei dickeren Schichten aber abnahm, da die Reaktion hier diffusionskontrolliert verläuft.

Zu speziellen technischen Ausführungen der Polykondensation mit großer Oberfläche gehören ein kontinuierliches Verfahren, bei dem ein Polyesterfilm auf einem Metallband [79], und ein Verfahren, bei dem der Polyester in Form fallender Tropfen [80] erhitzt wird.

Das bei der Polykondensation entstehende Glykol kann auch unter Normaldruck mit Hilfe eines durch die Schmelze geleiteten Stickstoff- oder gasförmigen Kohlenwasserstoffstromes entfernt werden. Nach dieser Methode können ebenfalls hohe Polykondensationsgrade erzielt werden [81]. Unter technischen Bedingungen ist die Vakuummethode jedoch unkomplizierter. So ist z. B. die Entgasung der Polyesterschmelze, die vor der Verspinnung durchgeführt werden müßte, nur schwer zu realisieren.

Wie die Umesterung des Dimethylterephthalates mit Äthylenglykol muß auch die Polyumesterungsreaktion der Terephthalsäureglykolester katalytisch beschleunigt werden. Ohne Zusatz von Katalysatoren werden sehr lange Reaktionszeiten benötigt, und es werden nur relativ niedermolekulare Produkte gebildet.

Da es sich bei der Polykondensation um den gleichen Reaktionstyp wie bei der Umesterung handelt, können bei der Polyumesterungsreaktion im Prinzip auch die gleichen Metallderivate als Katalysatoren Anwendung finden, wie bei der sogenannten primären Umesterung. In der ersten Zeit der industriellen Polyesterherstellung führte man die Polykondensation daher auch mit den von der Umesterung des DMT in der Reaktionsschmelze noch vorhandenen Katalysatoren durch. So galten Zink- oder Bleiverbindungen als geeignete Umesterungs- und Polykondensationskatalysatoren [82, 83]. Bald erkannte man jedoch, daß Antimon- und Titanverbindungen besonders wirksame Katalysatoren für die Polykondensationsstufe sind und verwendete Katalysatorkombinationen, z. B. bestehend aus einem Blei-, Zink-, Mangan- oder Kobaltsalz und Sb_2O_3, um die spezifischen Katalysatoraktivitäten in den beiden Stufen der Polyäthylenterephthalatbildung auszunutzen [21, 22].

Im Abschnitt 4.2.1.1. ist bereits darauf hingewiesen worden, daß die Katalysatoren nicht nur die Umesterungsreaktionen beschleunigen, sondern auch Nebenreaktionen fördern, die zu einer Minderung der Gebrauchseigenschaften des

Polyesters führen. Es bedeutete daher einen weiteren Schritt zur Verbesserung des Herstellungsprozesses und der Qualität des PÄT, als es gelang, Katalysator-Stabilisator-Kombinationen zu entwickeln, durch die unerwünschte Katalysatorwirksamkeiten ausgeschaltet oder zumindest reduziert werden können [23]. Eine bewährte Kombination, mit der es gelingt, farbloses PÄT mit hoher Thermostabilität herzustellen, ist z. B. $3 \cdot 10^{-4}$ Mol $Mn(CH_3COO)_2$ + $1{,}5 \cdot 10^{-4}$ Mol Sb_2O_3 + $6 \cdot 10^{-4}$ Mol Triphenylphosphat pro Mol DMT [84].

Die mit den gewünschten und den unerwünschten Katalysatoraktivitäten zusammenhängenden Probleme sollen an dieser Stelle nicht tiefgehender verfolgt werden. Wegen ihrer Bedeutung für den gesamten Herstellungsprozeß des PÄT werden sie im Abschnitt 4.2.3.1. zusammengefaßt behandelt und auch in den Abschnitten über den Chemismus der Polyäthylenterephthalatbildung und die Nebenreaktionen weiter diskutiert.

Der Polykondensationsverlauf wird unter technischen Bedingungen durch Messung der Schmelzviskosität des polykondensierenden Systems, häufig aber auch durch Messung der Leistungsaufnahme des sich in der ständig viskoser werdenden Schmelze bewegenden Rührers verfolgt. Unter Laborbedingungen geht man zumeist so vor, daß das Vakuum in bestimmten Zeitabständen aufgehoben und eine Probe aus der Schmelze entnommen wird, von der anschließend die relative Lösungsviskosität (s. 4.4.1.) bestimmt wird. Der Reaktionsverlauf kann auch durch Messung des abgespaltenen Glykols verfolgt werden. Diese experimentell aufwendigere Methode wurde vor allem für kinetische Untersuchungen angewandt.

Aus den nach diesen Methoden erhaltenen Meßwerten kann mit Hilfe mathematischer Beziehungen oder auf empirischem Wege der Durchschnittspolykondensationsgrad bzw. die Molmasse berechnet werden. In diesem Zusammenhang verdient eine von M. Dietze [85] vorgeschlagene Bestimmungsmethode für kleine Polykondensationsgrade erwähnt zu werden, da die bekannten Viskositäts-Molmassen-Beziehungen (s. 4.4.1.) in diesem Bereich wegen meßtechnischer und analytischer Schwierigkeiten nicht angewandt werden können. Die Methode wurde speziell für ein kontinuierliches Umesterungs- und Polykondensationsverfahren entwickelt. Es gestattet den mittleren Polykondensationsgrad des die Umesterungsstufe verlassenden Reaktionsgemisches, das bereits teilweise polykondensiert ist, als Funktion des eingespeisten Glykol/DMT-Molverhältnisses, des Umesterungsgrades und des experimentell bestimmbaren chemisch nicht gebundenen Glykolanteils zu berechnen.

Bei der großtechnischen PÄT-Herstellung wird die Polykondensation normalerweise bis zu einem Durchschnittspolykondensationsgrad $\overline{P}_n$ von etwa 100, entsprechend einer Molmasse von ca. 20000 geführt, dann wird das Vakuum aufgehoben und die Schmelze entweder direkt versponnen bzw. zu Filmen verarbeitet oder sie wird — wie es bisher zumeist üblich war — aus dem Reaktor gegossen und nach dem Erstarren granuliert. In früheren Jahren wurde oft darauf hingewiesen, daß das Gießen der Schmelze wegen der geringen thermischen Stabilität des PÄT sehr rasch erfolgen müsse, da sonst zwischen Beginn und Ende des Gießvorganges ein starker Viskositätsabfall durch thermischen Abbau eintritt. Bei Verwendung geeigneter Katalysator- bzw. Katalysator/Stabilisator-Systeme besteht diese Gefahr kaum noch, die PÄT-Schmelze zeigt dann unter Stickstoff über längere Zeit keinen Viskositätsabbau [23]. Um die thermische Belastung so gering wie möglich zu halten, wird man sich aber auch weiterhin bemühen, die Weiterverarbeitung bzw. das Gießen rasch vorzunehmen.

Die Polykondensation muß normalerweise bis in den Bereich der zuvor genannten Polykondensationsgrade geführt und das Wiederabsinken der Viskosität verhindert werden, um eine gute verspinnbare PÄT-Schmelze zu erhalten. Für die Herstellung von Fasern mit geringer Pill-Neigung ist allerdings auch die Herstellung und Verspinnung von niedermolekularem PÄT von Interesse. Die Verspinnbarkeit und Verstreckbarkeit eines Polyäthylenterephthalates ist bereits von Polykondensationsgraden zwischen 20 und 30 angegeben [86], unter Produktionsbedingungen müssen jedoch spezielle Verfahren angewandt werden, um niedermolekulare PÄT-Schmelzen störungsfrei verarbeiten zu können. Nach Patentangaben ist das z. B. möglich, indem ein hochmolekulares PÄT-Granulat vor dem Aufschmelzen zum Verspinnen mit einer abbauenden Substanz (DMT, Terephthalsäure, Vorkondensat) vermischt wird [87], oder indem einem PÄT mit niedriger Molmasse zur Erhöhung der Schmelzviskosität ein Polymerisationsprodukt aus B_2O_3 und $(C_6H_5)_2Si(OH)_2$ zugesetzt wird [88].

4.2.2.2. Polykondensation in fester Phase

Unter normalen Bedingungen ist es kaum möglich, qualitativ hochwertiges Polyäthylenterephthalat mit Durchschnittsmolmassen herzustellen, die 30000 wesentlich überschreiten. Die thermische Belastung bei 280 °C ist angesichts der langen Reaktionszeiten, die erforderlich wären, um höhere Molmassen zu erreichen, so groß, daß Abbaureaktion das Übergewicht gegenüber den Kettenaufbaureaktionen bekommen.

Da verschiedene mechanische Eigenschaften von Polymeren von der Molmasse abhängig sind, hat es nicht an Versuchen gefehlt, auch Polyäthylenterephthalat mit extrem hoher Molmasse herzustellen. Solche Polyester sind von Interesse für den Einsatz als Reifencord sowie in der Luft- und Raumfahrtindustrie. Ein relativ einfacher Weg dazu wurde in der Polykondensation in fester Phase gefunden. Dabei wird gekörntes PÄT oder ein Vorkondensat im Vakuum oder in einem Inertgasstrom auf Temperaturen unterhalb 250 °C erhitzt. Da bei diesen Temperaturen thermische Abbaureaktionen praktisch noch nicht in Erscheinung treten, sind lange Reaktionszeiten ohne weiteres möglich.

Bereits 1962 wurde von Mifune eine Arbeit publiziert, die sich mit der PÄT-Bildung in fester Phase befaßt [89]. Er berichtete, daß die Reaktion oberhalb 160—180 °C einsetzt und bei 200—220 °C zu Polymeren mit sehr hohen Molmassen führt. Die Glykoldiffusion ist der geschwindigkeitsbestimmende Schritt der Reaktion.

In den letzten Jahren wurden die Reaktionsbedingungen der Festphasenpolykondensation von weiteren Autoren eingehend untersucht [90, 91, 92, 93, 94].

Li-Chen Hsu [90] benutzte als Reaktor einen Gaschromatographen, in dessen Säule an Stelle des Trennmediums kommerzielles PÄT eingefüllt wurde. Zu den Parametern, die von ihm untersucht wurden, gehören die Katalysatoren, die Korngröße des PÄT, die Molmasse des Ausgangsproduktes, Reaktionstemperatur und -zeit sowie Art und Strömungsgeschwindigkeit des Trägergases. Wie zu erwarten, war die Reaktionsgeschwindigkeit und der Polykondensationsgrad von der Korngröße abhängig, da eine abnehmende Korngröße die Glykolentfernung begünstigt. Als optimaler Korndurchmesser wurden 0,18—0,25 mm gefunden. Die günstigste Reaktionstemperatur lag zwischen 200 °C und 250 °C. Die Zunahme der Molmasse wurde auch von der Art des Trägergases beeinflußt, ihre Effektivität nahm in der Reihenfolge $N_2 < CO_2 <$ He zu. Unter optimalen Bedingungen wurden nach 40 h Molmassen bis 120000 erreicht. Bild 4.7. zeigt den Einfluß der Reaktionstemperatur, Bild 4.8. den Einfluß der Reaktionszeit auf die Zunahme der Molmasse des PÄT bei der Festphasenpolykondensation.

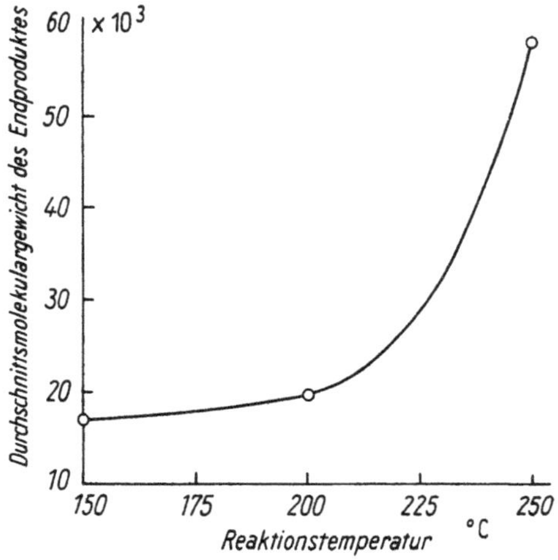

Bild 4.7. Einfluß der Reaktionstemperatur auf die Festphasenpolykondensation von PÄT [90]

Reaktionszeit 7 h; Molmasse des Ausgangsproduktes 16500; Partikeldurchmesser 0,18 – 0,25 mm; Stickstoffstrom 350 ml/min

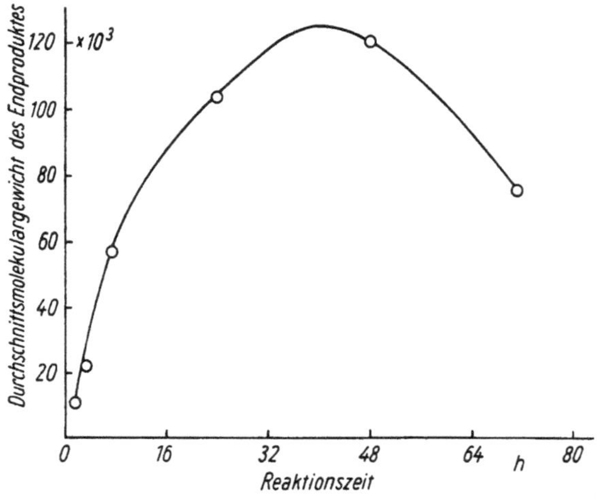

Bild 4.8. Einfluß der Reaktionszeit auf die Festphasenpolykondensation von PÄT [90]

Reaktionstemperatur 250 °C; Molmasse des Ausgangsproduktes 16500; Partikeldurchmesser 0,18 – 0,25 mm; Stickstoffstrom 350 ml/min

Zupiev [92] führte seine Versuche im Vakuum mit PÄT einer Kornfraktion von 2×3 mm durch. Nach 4stündigem Erhitzen auf 255 °C hatten die Proben eine sehr hohe, nicht mehr bestimmbare Molmasse.

Untersuchungen von Bamford und Wayne [93] ergaben, daß das durch Festphasenpolykondensation gewonnene PÄT eine von der normalen abweichende Molmassenverteilung aufweist. Aus kinetischen Daten schlossen sie, daß die Polykondensation nur in einem begrenzten Oberflächenbereich der Polyesterpartikel abläuft. Sie fanden die Geschwindigkeitskonstanten der Festphasenpolykondensation wesentlich höher, als die auf diesen Temperaturbereich extrapolierten Werte für die Schmelzepolykondensation.

Zu ähnlichen Ergebnissen kam auch Chul-Yung Cha [91]. Kinetische Untersuchungen von Chang [94] zeigten, daß bei Temperaturen > 210 °C und einer Korngröße > 100 mesh (ca. 0,15 mm) die Diffusion des Glykols durch das feste Polymere der geschwindigkeitsbestimmende Schritt der Reaktion ist, wie bereits Mifune [89] erkannt hatte.

Die Polykondensation in fester Phase hat nicht nur in wissenschaftlichen Abhandlungen, sondern auch in der Patentliteratur ihren Niederschlag gefunden. Des öfteren werden Wirbelschichtverfahren beschrieben [95, 96, 97]. Nach einem Patent der ICI [97] wird ein durch Schmelzepolykondensation hergestelltes PÄT auf eine Korngröße < 0,8 mm zerkleinert und 335 h bei < 1 Torr auf 235 °C erhitzt. Danach wird der hochmolekulare Polyester zu Monofilamenten mit einem Durchmesser von 1 mm versponnen, die unter den gleichen Polykondensationsbedingungen weitere 66 h erhitzt werden.

Nach einem anderen Verfahren [98] passiert das PÄT-Granulat, dem ein Inertgasstrom entgegengeführt wird, bei 230 °C im Verlauf von 8 h eine Serie von Sieben.

Als weitere Variante wird ein Verfahren beschrieben, nach dem ein niedermolekulares PÄT wenige Minuten unter Stickstoff in einem Hochfrequenzfeld auf 125 °C und anschließend 12 h auf 240 °C erhitzt wird [99].

4.2.3. *Zusätze bei der Herstellung und Polykondensation von Bis-(2-hydroxyäthyl)-terephthalat*

4.2.3.1. Katalysatoren und Stabilisatoren

Die zur Beschleunigung der Umesterungs- und Polykondensationsreaktion als Katalysatoren verwendeten Verbindungen, zumeist Metallderivate, bestimmen in entscheidendem Maße den Reaktionsablauf sowie die Qualität des Polykondensationsproduktes und seine Verarbeitbarkeit. Sie beschleunigen nicht nur in unterschiedlich starkem Maße die Aufbaureaktionen [23, 25, 26], sondern auch den thermischen und thermooxydativen Abbau.

In den Bildern 4.9a. und 4.9b. ist die Geschwindigkeit der Anfangsphase der Polykondensation von Bis-(2-hydroxyäthyl)-terephthalat in Abhängigkeit von verschiedenen Katalysatoren dargestellt. Aufgetragen ist der Reaktionsfortschrittsgrad p, der aus der abgespaltenen Glykolmenge berechnet wurde, gegen die Zeit [19, 198]. Die Abstufung der katalytischen Wirksamkeit der verschiedenen Metallacetate kommt deutlich zum Ausdruck. Bemerkenswert ist die relativ geringe Aktivität des Antimonkatalysators in dieser Anfangsphase. Bild 4.10.

zeigt den Katalysatoreinfluß auf die Aufbau- und Abbaureaktionen am Beispiel des Polykondensationsverlaufs in Gegenwart von vier, für eine unterschiedliche katalytische Wirksamkeit typischen Metallverbindungen. Viskositätsabfall, bedingt durch die Verringerung der Molmasse, Zunahme der Carboxylendgruppen, Verfärbung des Polyesters und letztlich Verschlechterung der Gebrauchseigenschaften sind Auswirkungen der Abbaureaktion. Farbeffekte können außerdem auch durch die Eigenfarbe der als Katalysator eingesetzten Verbindung oder ihrer Folgeprodukte hervorgerufen werden. Der richtigen Auswahl der Katalysatoren kommt daher für die Herstellung eines hochwertigen Polyäthylenterephthalates eine große Bedeutung zu. Es ist deshalb nicht verwunderlich, daß es mehrere Hundert Patente gibt, die sich auf derartige Katalysatoren beziehen.

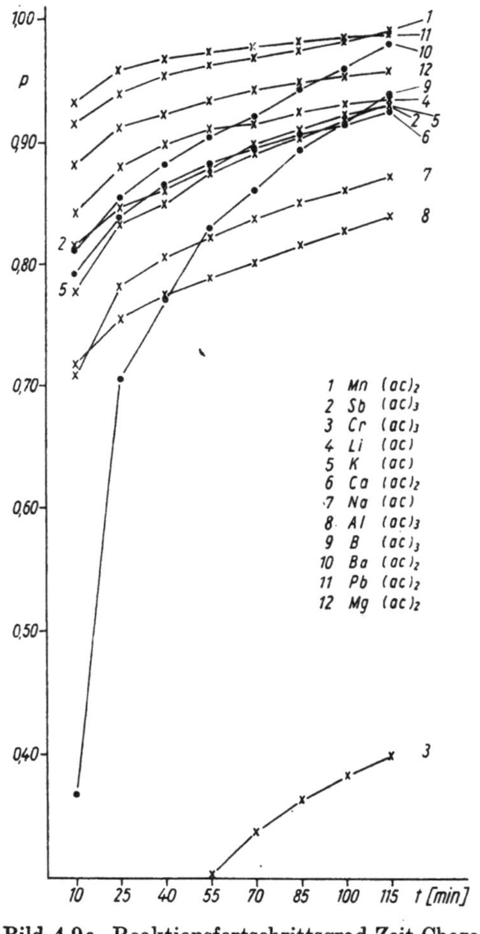

Bild 4.9a. Reaktionsfortschrittsgrad-Zeit-Charakteristik der Polykondensation von Bis-(2-hydroxyäthyl)-terephthalat in Abhängigkeit von den verwendeten Katalysatoren [198]

(Katalysatorkonzentration: 1,2 · 10^{-3} Mol/Mol Ester)

Dabei muß jedoch bedacht werden, daß in vielen Fällen ganz sicher patentrechtliche Gesichtspunkte im Vordergrund stehen. Es läßt sich leicht nachweisen, daß viele der in Patenten genannten Verbindungen nur eine unzureichende katalytische Wirksamkeit besitzen, oder daß kompliziert zusammengesetzte Ver-

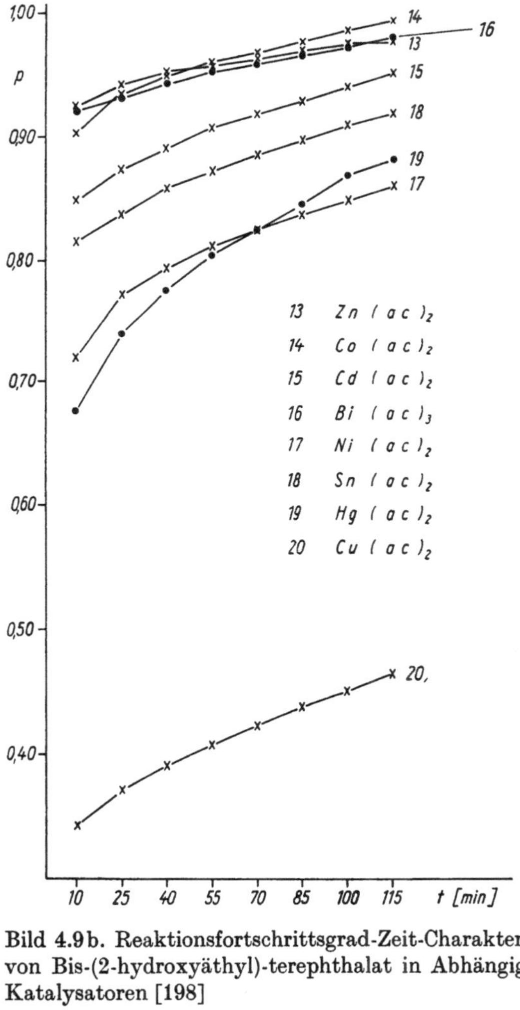

Bild 4.9b. Reaktionsfortschrittsgrad-Zeit-Charakteristik der Polykondensation von Bis-(2-hydroxyäthyl)-terephthalat in Abhängigkeit von den verwendeten Katalysatoren [198]

(Katalysatorkonzentration: $1{,}2 \cdot 10^{-3}$ Mol/Mol Ester)

bindungen eines gegebenen Metalles nicht eine soviel größere Wirksamkeit als einfache Salze aufweisen, daß der mit ihrer Verwendung verbundene größere ökonomische Aufwand gerechtfertigt wäre.

Die Tabelle 4.2., entnommen aus einer Arbeit von R. E. Wilfong [24], gibt einen Überblick über bis 1961 patentierte Katalysatoren bzw. Katalysatorsysteme.

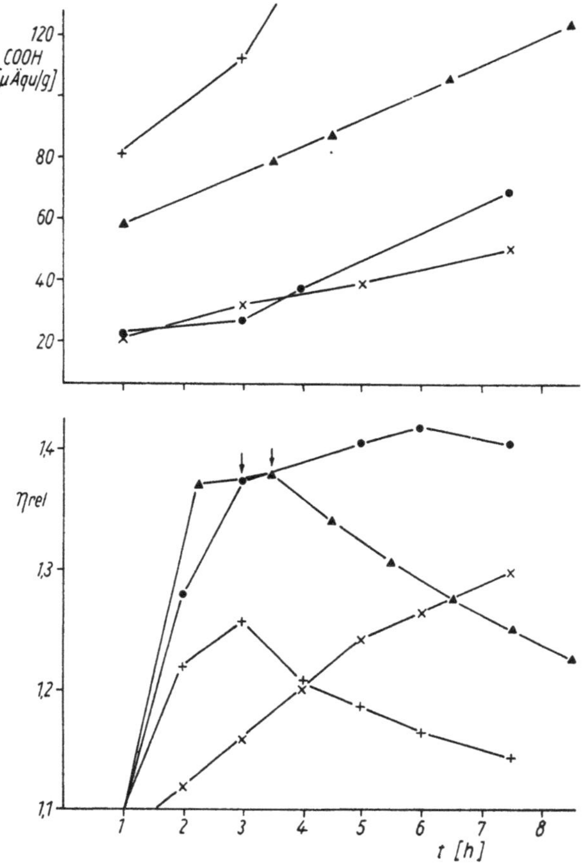

Bild 4.10. Einfluß der Katalysatoren auf den Viskositätsverlauf und den Carboxylgruppengehalt bei der Polykondensation von Bis-(2-hydroxyäthyl)-terephthalat. ↓ Polykondensation abgebrochen, Schmelze bei 280°C unter N_2 aufbewahrt [23]

Katalysator: ● $Sb(OCH_3)_3$
▲ $Zn(CH_3COO)_2$
× $Cu(CH_3COO)_2$
+ $Ni(CH_3COO)_2$

In den darauf folgenden Jahren ist noch eine Vielzahl von Verbindungen als Katalysatoren beschrieben worden, und bis in die neueste Zeit hinein erscheinen laufend Katalysatorpatente. Es würde den Rahmen dieser Darstellung sprengen, wenn man versuchen wollte, eine auch nur annähernd vollständige Übersicht zu geben. Aus diesem Grunde soll lediglich an Hand einiger weiterer Beispiele gezeigt werden, wie weit der Rahmen der nach der Patentliteratur als geeignet anzusehenden Katalysatoren gespannt ist. Vorgeschlagen werden Galliumacetat [135] und andere Galliumverbindungen [136], Thorium- [137], Praseodym- [138, 139] und Samariumverbindungen [140], Indiumsalze [141], Tantalpentahalogenid [142], Wismutaminoäthanolat [143], Trialkylvanadate [144], Wolframsalze [145] und

Tabelle 4.2. Umesterungs- und Polykondensationskatalysatoren

	Literatur
1. Lithium-, Natrium-, Kalium-, Calcium-, Beryllium-, Magnesium-, Zink-, Cadmium-, Strontium-, Aluminium-, Blei-, Chrom-, Molybdän-, Mangan-, Eisen-, Kobalt-, Germanium-, Nickel-, Kupfer-, Silber-, Quecksilber-, Zinn-, Platin-, Bor-, Antimon-, Wismut-, Palladium- und Cer- als Metall-oxid, -hydrid, -formiat, -acetat, -alkoholat oder -glykolat	[34, 83, 100, 101, 102, 103, 104, 105, 106, 107, 108, 109, 110]
2. Zink- und Bleiperborate und -borate	[111, 112]
3. Zink-, Mangan-, Kobalt-, Magnesium- und Calciumsuccinat, -adipat usw. oder das Enolat eines Diketons	[113, 114, 115]
4. Calcium-, Zink-, Aluminium- und Strontiumchlorid und -bromid	[116]
5. Lanthandioxid und -titanat	[117]
6. Neodymchlorid	[118]
7. Doppelsalze von Antimon, wie Kaliumantimonyltartrat und Salze der Antimonsäure, wie Kaliumpyroantimonat	[119]
8. Diäthylsulfat	[116]
9. Lithium-, Zink- oder Mangansalze von Dithiocarbaminsäure	[120]
10. Kobaltnaphthenat	[121]
11. Titantetrafluorid- oder tetrachlorid	[122, 123]
12. Alkylorthotitanate	[124]
13. Titantetrachlorid-Ätherkomplexe	[123]
14. Quartäre Ammoniumsalze von Titan-hexaalkoxy-Verbindungen, Tetra-alkoxytitanate, Alkali- oder Erdalkalimetallverbindungen von Aluminium-, Zirkon- oder Titanalkoxiden	[125, 126]
15. Tertiäre Amine	[127]
16. Organische Silicate	[128]
17. Magnesium plus freies Jod	[124]
18. Organische quartäre Ammonium-, Sulfonium-, Phosphonium- und Oxonium-hydroxide und -salze	[130]
19. Calcium-, Strontium- oder Barium-malonat, -adipat oder -benzoat	[131]
20. Blei-, Zink-, Cadmium- oder Mangansalze von Monoalkylestern einer Phenylendicarbonsäure	[132]
21. Antimonyl-Brenzkatechinkomplexe mit einem Aminoalkohol oder einem Amin und einem Alkohol	[133]
22. Uran-trioxid, -tetrahalogenid, -nitrat, -sulfat, -acetat usw.	[134]

Phosphorwolframsäure [146], Tellurverbindungen [147] sowie Kobalttrifluorid [148]. Auch weitere Derivate des Antimons, z. B. das Acetylacetonat [149], des Titans, z. B. Titanorganoverbindungen, Titan-tetra(monoäthyladipat) u. a. [150] und Zinnorganoverbindungen [151] werden beschrieben.

In einer Gruppe von Patenten wird die Verwendung von metallischen, fein gepulvertem Titan [152], Antimon (Partikelgröße 3—100 μ) [153, 154] oder Mischungen beider Metalle (Partikelgröße 1—2 μ) [155] vorgeschlagen.

Dieser Überblick zeigt, daß heute praktisch alle Metalle in Form ihrer verschiedenartigsten Verbindungen allein oder in Mischungen als Umesterungs- und Polykondensationskatalysatoren beschrieben worden sind. Es läßt sich natürlich nur schwer beurteilen, welche dieser Verbindungen tatsächlich in größerem Umfange benutzt werden.

Die in der Literatur und in Patentschriften immer wiederkehrenden Hinweise auf Mangan-, Kobalt- und Zinksalze als Katalysatoren für die Umesterungsstufe und auf Antimon-, Titan- und Germaniumverbindungen als Polykondensationskatalysatoren lassen deutlich werden, daß diese Verbindungen zu den brauchbarsten gehören und auch heute noch breite Anwendung finden. Zumeist werden Mangan, Kobalt oder Zink in Form ihrer Acetate, die im Reaktionsgemisch gut löslich sind, eingesetzt. Die in den Patentschriften häufig zu findende Variation des Anions hat neben den bereits erwähnten patentrechtlichen Gründen wohl vor allem zum Ziel, leicht lösliche Metallderivate zu erhalten. Antimon wird z. B. sehr oft als Sb_2O_3 eingesetzt. Wenn bei einer bestimmten verfahrenstechnischen Auslegung der Polykondensationsanlage ein sehr schnelles Wirksamwerden des Katalysators erforderlich ist, kann es aber zweckmäßig sein, das schneller in Lösung gehende Antimonglykolat oder Antimontriacetat zu verwenden. In der eigentlichen katalytischen Wirksamkeit dieser drei Verbindungen besteht jedoch praktisch kein Unterschied.

Welche Rolle die Löslichkeit des Katalysators für die Polykondensationsgeschwindigkeit spielt, kann am Beispiel der Germaniumverbindungen verdeutlicht werden, die wie Antimon- und Titanderivate zu den wirksamsten Polykondensationskatalysatoren gehören. Germaniumdioxid [156, 157] besitzt nur eine relativ geringe katalytische Aktivität, da es nur langsam in Lösung geht. In der Reaktionsschmelze gut lösliche Verbindungen, wie Germaniumglykoloxid [158, 159] und Alkaligermanate [160, 161] sind dagegen ausgezeichnete Katalysatoren, die es ermöglichen, einen farblosen Polyester mit hoher Thermostabilität herzustellen. Andere germaniumhaltige Katalysatoren, die in Patentschriften genannt werden, sind Trialkylammoniumgermanate [162], amorphes GeO_2 [163] und amorphes Germaniumphosphit [164].

Antimon-, Titan- und Germaniumverbindungen sind nicht nur hochwirksam bei der Katalyse der Polyumesterungsreaktionen, sie weisen außerdem den Vorteil auf, daß sie den thermischen Abbau viel weniger fördern als z. B. Zink- oder Kobaltverbindungen und zum anderen praktisch keine Verfärbung des Polyesters verursachen, wie z. B. Mangan- oder Bleiverbindungen, die zu einer Braun- bzw. Gelbfärbung des Polyesters führen. In Gegenwart mancher Titanverbindungen kann es lediglich bei längeren Reaktionszeiten zu einer leichten Gelbfärbung des PÄT kommen. Bei Verwendung von Antimonderivaten tritt zuweilen eine Graufärbung des PÄT auf, die durch Reduktion des Katalysators zu metallischem Antimon hervorgerufen wird. Diese, wenn auch nur geringen Begleiterscheinungen, die bei Einsatz von Antimon- oder Titankatalysatoren auftreten können, waren sicher mit ein Grund dafür, daß gerade in den letzten Jahren germaniumhaltige Katalysatoren stärker in den Vordergrund traten.

Ein Nachteil der Antimon-, Titan- und Germaniumderivate besteht jedoch darin, daß sie nur die Polykondensation der 2-Hydroxyäthylterephthalat-Gruppen katalysieren und nicht oder zumindest nur sehr unzureichend die Umesterung des Dimethylterephthalates mit Äthylenglykol. Man ist gezwungen, für diese erste Umesterungsstufe der Polyäthylenterephthalatbildung einen anderen Katalysator, z. B. eine Mangan-, Kobalt- oder Zinkverbindung zusätzlich zu verwenden.

Es gibt allerdings auch Angaben, daß unter besonderen Reaktionsbedingungen die Umesterung des DMT durch Antimon- und Germaniumderivate katalysiert werden soll. Die Umesterung wird danach entweder im Autoklaven unter erhöhtem Druck bei 250 °C durchgeführt [156], oder das Äthylenglykol wird der auf 250 °C erhitzten Reaktionsmischung kontinuierlich zugegeben [157].

Ein anderer Weg, die mit der Verwendung zusätzlicher metallhaltiger Umesterungskatalysatoren verbundenen Nachteile zu vermeiden, besteht darin, die Umesterung des DMT mit tertiären Aminen zu katalysieren [32], wie es bereits unter 4.2.1.1. erläutert worden ist. Diese Amine müssen vor der Polykondensation durch Destillation entfernt werden, um ein ungefärbtes Polymeres zu erhalten. Es werden jedoch auch organische Verbindungen als Katalysatoren für die Polykondensationsstufe beschrieben, mit denen eine Herstellung von PÄT völlig ohne metallhaltige Katalysatoren möglich sein soll. Triäthanolamin [165] wird als Katalysator für die Polykondensation von Bis-(2-hydroxyäthyl)-terephthalat genannt. Organische Sulfonium-, Phosphonium-, Oxonium- und quartäre Ammoniumbasen sowie ihre metallfreien Salze sollen als Katalysatoren sowohl für die Umesterung des DMT als auch für die Polykondensation eingesetzt werden können [130].

Die Löslichkeit der Metallverbindungen in dem Reaktionsgemisch ist die Voraussetzung für ihre katalytische Wirksamkeit, sowohl für die erwünschte positive bei den Umesterungsreaktionen, aber auch für die Katalyse der Abbaureaktionen. Davon ausgehend wurde ein Verfahren entwickelt, die katalytische Wirksamkeit der als Umesterungskatalysatoren eingesetzten Metallderivate nach der Umesterung des DMT vor der in Gegenwart von Antimon-, Titan- oder Germaniumverbindungen durchgeführten Polykondensation durch Überführung in unlösliche, katalytisch nicht mehr wirksame Metallphosphate bzw. -phosphite zu blockieren [23]. Zu diesem Zweck wird dem Umesterungsprodukt eine dem Metallsalz äquivalente bis doppelt äquivalente Menge eines Phosphor- oder Phosphorigsäureesters zugesetzt. Damit kann sowohl die abbaufördernde Wirkung von Zink- oder Kobaltsalzen als auch die durch Manganverbindungen verursachte Braunfärbung des PÄT vollständig unterdrückt werden. Bewährte Katalysator-Inhibitor-Kombinationen sind z. B. $3 \cdot 10^{-4}$ Mol $Mn(CH_3COO)_2 + 1{,}5 \cdot 10^{-4}$ Mol $Sb_2O_3 + 6 \cdot 10^{-4}$ Mol Triphenylphosphat bzw. -phosphit pro Mol DMT [23, 84] oder $Mn(CH_3COO)_2 + Sb_2O_3 +$ polymeres Glykolphosphat [166]. Phosphorsäure ist für die Blockierung des Katalysators weniger gut geeignet, da durch die Säure die Glykolätherbildung begünstigt wird.

Eine wesentliche Voraussetzung für dieses Verfahren, das letztlich zu einer Verbesserung der thermischen Stabilität des PÄT führt, war die Tatsache, daß Antimonverbindungen, aber auch Titan- und Germaniumverbindungen, von den Phosphor- oder Phosphorigsäurederivaten in ihrer katalytischen Effektivität nicht beeinträchtigt werden [23, 167]. Bild 4.11. zeigt die inhibierende Wirkung des Triphenylphosphates gegenüber Kobalt- und Manganacetat, ebenso deutlich ist zu sehen, daß der Polykondensationsverlauf in Gegenwart von Antimonacetat nicht beeinflußt wird.

Die thermostabilisierende Wirkung von Phosphorsäure und Phosphorsäurederivaten wurde auch von anderen Autoren untersucht. Verschiedentlich wurde dabei die Ansicht vertreten, daß die Phosphorsäurederivate nicht durch Reaktion mit den Metallsalzkatalysatoren wirksam werden, sondern durch Reaktion mit den Hydroxylendgruppen des Polyesters, die als Ausgangspunkt des thermischen Abbaus angesehen werden [168, 169], oder durch Blockierung von Carboxylendgruppen [170].

Die in Bild 4.11. dargestellten Versuchsergebnisse lassen das bereits als unwahrscheinlich erscheinen, da kein Unterschied zwischen Antimonverbindungen und den anderen Metallsalzen auftreten dürfte. Die im Abschnitt 4.2.7.2. folgenden Darlegungen über den Verlauf des thermischen Abbaus beweisen darüber hinaus, daß es nicht nur unmöglich ist, durch Blockierung von Hydroxylendgruppen die thermische Stabilität des PÄT zu erhöhen, sondern daß eine Blockierung geradezu verfehlt wäre.

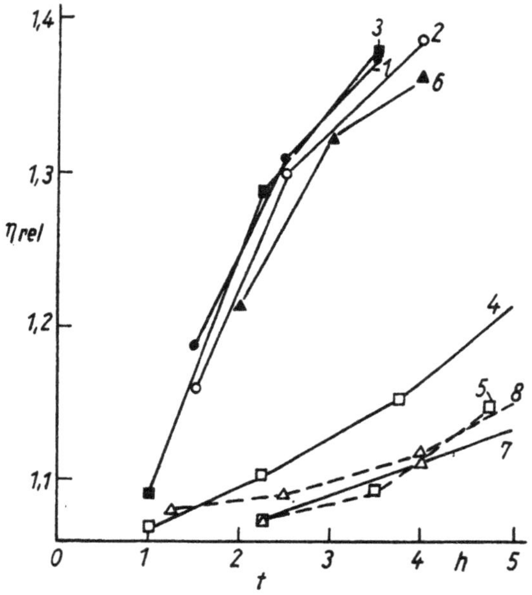

Bild 4.11. Geschwindigkeit der Viskositätszunahme von PÄT bei Verwendung verschiedener Polykondensationskatalysatoren und Zusatz von Triphenylphosphat [167]

1 ●—● $Sb(CH_3COO)_3$
2 ○—○ $Sb(CH_3COO)_3$ + Triphenylphosphat
3 ■—■ $Co(CH_3COO)_2$
4 □—□ $Co(CH_3COO)_2$ + Triphenylphosphat
5 □---□ $Co_3(PO_4)_2 \cdot 8\,H_2O$
6 ▲--▲ $Mn(CH_3COO)_2$
7 △—△ $Mn(CH_3COO)_2$ + Triphenylphosphat
8 △---△ $MnNH_4PO_4 \cdot H_2O$

Außer in den bereits genannten ist der Zusatz von Phosphorverbindungen auch in zahlreichen anderen Patentschriften beschrieben worden, zumeist im Hinblick auf eine Verbesserung der Farbe des Polyesters, aber auch zum Zwecke der Beeinflussung des Katalysators [171]. In neuerer Zeit wird in den meisten Verfahrenspatenten der Zusatz von Phosphorsäurederivaten erwähnt, wenn mit Antimonverbindungen als Polykondensationskatalysator gearbeitet wird.

Bei den Phosphorsäurederivaten kann man streng genommen eigentlich nicht von Stabilisatoren des PÄT sprechen, da sie nicht den Polyester selbst, sondern den Katalysator beeinflussen. Es sind jedoch auch zahlreiche Verbindungen beschrieben worden, die als Stabilisatoren direkt in den thermischen, thermooxidativen oder photochemischen Abbau des Polyesters eingreifen sollen. Eine Hitzestabilisierung soll erreicht werden durch Zusatz von $Si(NCO)_4$, $P(NCO)_3$ oder $OP(NCO)_3$ [172]. Als Stabilisatoren gegen thermooxidativen Abbau werden Alkylgallate [173], thermisch vorbehandeltes Anthracen [174, 175], 2.4.6.-Tricumylphenol [176] sowie Phenyl-β-naphthylamin und 2.2'-Methylen-bis-4-methyl-6-tert.-butylphenol [177] empfohlen. Da diese organischen Verbindungen wegen der großen thermischen Belastung, der sie während des Herstellungsprozesses des PÄT ausgesetzt wären, unwirksam werden würden, werden sie zumeist erst nach der Polykondensation vor dem Ausgießen oder Extrudieren der Polyesterschmelze zugesetzt oder auf das Granulat vor dem Verspinnen aufgebracht.

Die voranstehenden Ausführungen über die Katalysatorproblematik beziehen sich alle auf die Polyäthylenterephthalatherstellung nach dem Umesterungsverfahren. Sie gelten aber in gleicher Weise für die Herstellungsprozesse, die von Terephthalsäure ausgehen, wenn Metallverbindungen als Katalysatoren verwendet werden, d. h. zumindest für die Polykondensation des Bis-(2-hydroxyäthyl)-terephthalates. Auf spezielle Katalysatoren für die Veresterung von Terephthalsäure mit Äthylenglykol ist im Abschnitt 4.2.1.2. bereits eingegangen worden, so daß sich eine Wiederholung erübrigt. Verwiesen sei noch auf eine Arbeit von Repina u. a. [178], die sich mit dem Einfluß von Katalysatoren auf die Geschwindigkeit der Veresterungsreaktion befaßt. Dabei wurde gefunden, daß Polykondensationskatalysatoren für Bis-(2-hydroxyäthyl)-terephthalat wie Antimonsäure, Tetrabutoxytitan und Zinndibutylat auch die Veresterung von Terephthalsäure mit Äthylenglykol beschleunigen. Die Autoren untersuchten auch die Wirksamkeit von Schwefelsäure, Sulfophthalsäuren und Sulfosalizylsäure. Die katalytische Effektivität dieser Säuren nimmt in der genannten Reihenfolge ab. Starke Säuren wie Schwefelsäure und Antimonsäure sind als die wirksamsten Katalysatoren anzusehen, für die Praxis sind jedoch metallorganische Verbindungen angebracht, da starke Säuren auch die als Nebenreaktion verlaufende Dehydration des Äthylenglykols erheblich katalysieren.

4.2.3.2. Pigmente

Die Pigmentzusätze sollen die Polyester äußerlich, z. B. hinsichtlich ihrer Farbe oder ihres Glanzes, beeinflussen.

Der hohe Glanz des Polyesterfadens wird durch Zusatz von TiO_2 abgeschwächt. Bei Zugabe von 0,3—0,6% TiO_2 (bezogen auf die DMT-Menge) wird im allgemeinen ein ausreichender Matteffekt erzielt.

Zur Herstellung farbiger Polyestererzeugnisse können Farbstoffpigmente, Ruß oder dgl. einkondensiert werden. Die Farbstoffe müssen dazu genügend thermostabil sein und dürfen ihrerseits nicht eine Schädigung des Polyesters verursachen. Majboroda u. a. [179] fanden, daß die handelsübliche Form der Küpenfarbstoffe ungeeignet ist, weil die vorhandenen Füllstoffe zu Düsenverschmutzungen und zu einem erheblichen Abbau des Polyesters führen.

4.2.4. *Chemismus der Polyäthylenterephthalatbildung*

Über den Chemismus der metallionenkatalysierten Umesterungsreaktionen bei der Polyäthylenterephthalatbildung bestehen unterschiedliche, allerdings nur zum Teil experimentell fundierte Auffassungen.

Es ist seit langem bekannt, daß Umesterungsreaktionen durch Säuren und Basen katalysiert werden, wobei sich Alkali- und Erdalkalialkoholate als besonders gute Katalysatoren erwiesen.

Von den Vorstellungen über den Chemismus alkalikatalysierter Umesterungsreaktionen ausgehend, postulierten TORRACA und TURRIZIANI [180] für die Umesterung des DMT mit Äthylenglykol einen ionischen Mechanismus, bei dem zunächst durch Einwirkung des Katalysators ein Glykolatanion gebildet wird, das den Ester im Sinne einer Basenkatalyse angreift. Dem ist aber entgegenzuhalten, daß in Gegenwart der vergleichsweise wenig basischen Mangan-, Zink-, Kobalt- oder Bleisalze unter den bei der Umesterung angewandten Bedingungen (160—200 °C) wesentlich höhere Reaktionsgeschwindigkeiten beobachtet werden als bei Verwendung von Alkali- oder Erdalkaliverbindungen, die besonders zur Bildung von Glykolationen befähigt sein sollten.

YODA u. a. [26] fanden einen Zusammenhang zwischen der katalytischen Aktivität der Katalysatoren und ihrer Elektronegativität (Bild 4.12.). Die Metalle

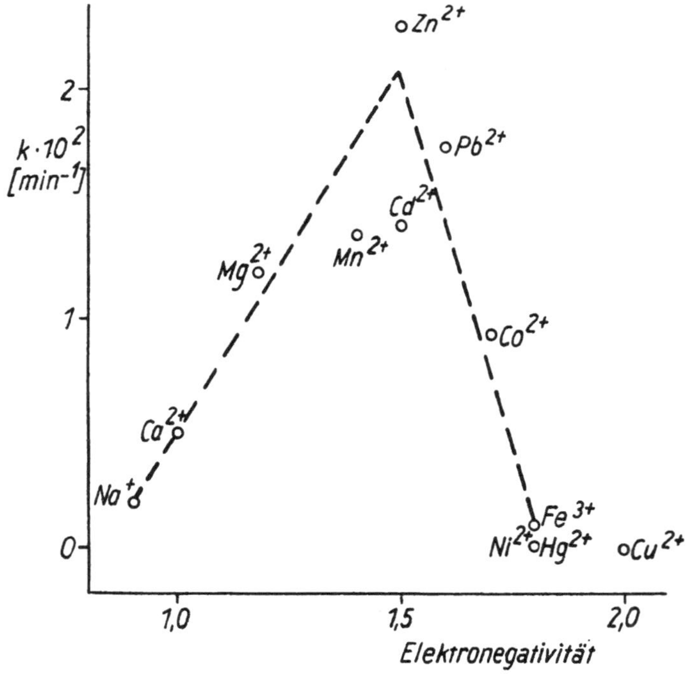

Bild 4.12. Geschwindigkeitskonstanten der Umesterung von DMT mit Äthylenglykol in Abhängigkeit von der Elektronegativität der Katalysator-Metallionen [26]

mit einer Elektronegativität um 1,5 weisen die größte katalytische Aktivität auf. Die Autoren diskutieren einen nichtionischen push-and-pull-Mechanismus für die Umesterung, nach dem das dem Reaktionsmedium entsprechend partiell oder vollständig als Glykolat gebundene Metall durch intermediäre Koordination mit dem Carbonylsauerstoff des Esters eine Carbeniumstruktur induziert, an die sich ein Glykolmolekül anlagert: (M = 2-wertiges Metall, X = Anion, z. B. CH_3COO^-).

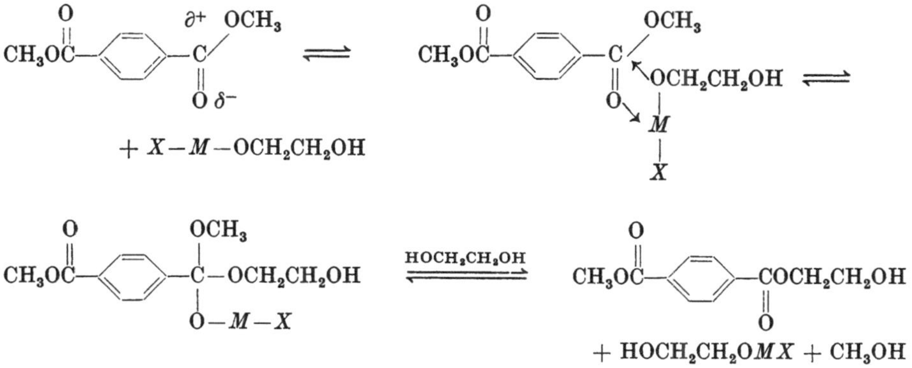

Ein ähnlicher Mechanismus war bereits für die durch Kadmiumacetat katalysierte Methanolyse von Bornylacetat vorgeschlagen worden [181]. Die metallionenkatalysierte Umesterung wäre demnach als Spezialfall einer sog. „Supersäurewirkung“ [182, 183] aufzufassen.

Fontana [184] nimmt ebenfalls einen nichtionischen Reaktionsmechanismus an, jedoch ohne Wechselwirkung zwischen Metall und Estercarbonylgruppe. Der als Metallglykolat vorliegende Katalysator soll mit der Estergruppe und dem Alkohol einen quasiaromatischen Übergangszustand bilden.

Zimmermann und Schaaf [185] kamen auf Grund von Modelluntersuchungen zu der gleichen Schlußfolgerung wie Yoda, daß es sich bei der Umesterung um den Typ einer Säurekatalyse handelt, bei der die Metallionen als „Superprotonen“ fungieren, und erweiterten sie auf die Polyumesterungsreaktion des Bis-(2-hydroxyäthyl)-terephthalates. Vergleichende Modellversuche ergaben, daß 2-Hydroxyäthylester schneller umgeestert werden als unsubstituierte Alkylester. Die größere Reaktionsgeschwindigkeit von 2-Hydroxyäthylestern wurde sowohl in Gegenwart von Metallionen bei den bei hohen Temperaturen durchgeführten Umesterungsreaktionen als auch bei den ohne Zusatz von Schwermetallsalzen bei Raumtemperatur ausgeführten Methanolyse- und Hydrolyseversuchen beobachtet. So erfolgt z. B. die — für die Aufarbeitung von Abfallprodukten auch technisch interessante [186] — alkalikatalysierte Methanolyse von Bis-(2-hydroxyäthyl)-terephthalat bei 20 °C innerhalb 3 h nahezu quantitativ, während Diäthylterephthalat nach 20 h erst zu 50% umgesetzt ist.

Die reaktionsbeschleunigende Wirkung der Hydroxylgruppe des 2-Hydroxyäthylesters wird bei dieser Umesterungsreaktion mit der intermediären Bildung eines Wasserstoffchelates mit der Estercarbonylgruppe erklärt, die den Angriff des umesternden Alkohols erleichtert. Unter den Reaktionsbedingungen der Polykondensation des Bis-(2-hydroxyäthyl)-terephthalates tritt das Katalysatormetall an die Stelle des Wasserstoffatoms. Für die metallionenkatalysierte Polyumesterungsreaktionen des Bis-(2-hydroxyäthyl)-terephthalates und der wachsenden Polyesterketten wird daher folgender Chemismus diskutiert:

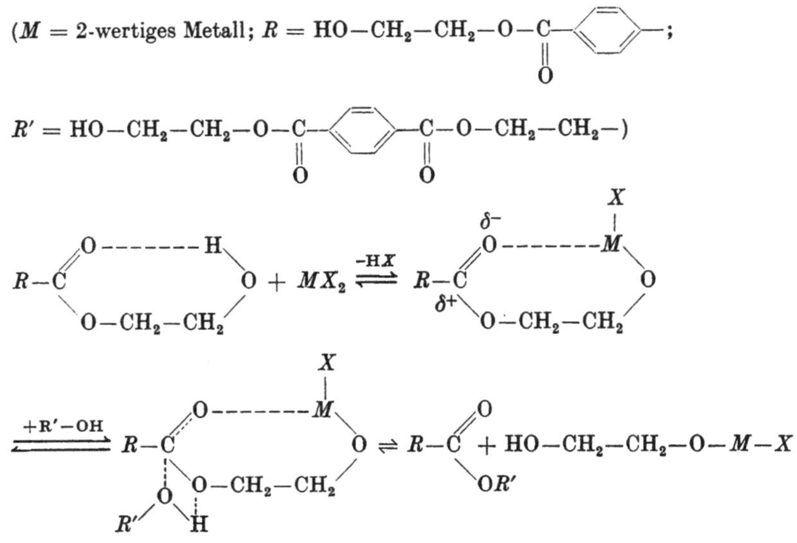

Die 2-Hydroxyäthylestergruppe reagiert mit dem Katalysator unter Bildung eines Alkoholates. Das Metall ist außerdem noch koordinativ an das Carbonylsauerstoffatom des Esters gebunden. Diese aktivierte Chelatstruktur erleichtert die Anlagerung der alkoholischen OH-Gruppe eines zweiten 2-Hydroxyäthylestermoleküls an die polarisierte CO-Doppelbindung in noch stärkerem Maße, als es bei der Katalyse durch Koordination des Metallions an den Carbonylsauerstoff allein der Fall ist.

In der unterschiedlichen Umesterungsgeschwindigkeit kann auch die Ursache für die reaktionshemmende Wirkung gesehen werden, den Methylterephthalatgruppen auf den Polykondensationsverlauf ausüben können (s. 4.2.1.1.). Durch die im Verlauf der Polykondensation schneller erfolgende Abnahme der 2-Hydroxyäthylestergruppen, die eine Doppelfunktion als Alkohol- und als Esterkomponente ausüben, kommt es zu einer relativen Anreicherung der nur als Ester reagierenden Methylesterendgruppen. Das ist aber zwangsläufig mit einer zunehmenden Verlangsamung der Polykondensationsgeschwindigkeit verbunden [31].

Auf der Basis der hier dargelegten Vorstellungen über den Chemismus der Katalysatorwirkung von Metallionen bei den Umesterungsreaktionen kann auch eine Erklärung für die weitgehende Unwirksamkeit von Antimonverbindungen — in ähnlicher Weise gilt das auch für Germanium- und Titanverbindungen — bei der Umesterung von DMT mit Äthylenglykol und die zu Beginn der Polykondensation noch relativ geringe Aktivität des Antimons gegeben werden [20].

Antimonverbindungen bilden bekanntlich leicht stabile Komplexverbindungen mit hydroxylgruppenhaltigen Liganden. Man kann daher mit großer Wahrscheinlichkeit annehmen, daß das Antimon durch Hydroxylgruppen koordinativ abgesättigt wird und nicht zu der für den katalytischen Effekt erforderlichen Wechselwirkung mit Estercarbonylgruppen in der Lage ist, solange hohe Hydroxylgruppenkonzentrationen vorliegen, wie es während der Umesterung des DMT und zu Beginn der Polykondensation des Umesterungsgemisches der Fall ist. Eine praktische Schlußfolgerung, die daraus zu ziehen ist, besteht darin, daß die Blockierung des Umesterungskatalysators (s. 4.2.3.1.) nicht zu früh erfolgen darf, damit er in dem Anfangsbereich der Polykondensation noch wirksam ist, solange der Antimonkatalysator seine volle Wirksamkeit noch nicht entfalten kann.

Auf Grund der Ergebnisse kinetischer Untersuchungen mit Modellsystemen kommt HOVENKAMP [187] ebenfalls zu dem Schluß, daß die katalytische Aktivität des Antimons mit sinkender Hydroxylgruppenkonzentration zunimmt.

4.2.5. *Zur Kinetik der Polyäthylenterephthalatbildung*

Das Polykondensationsgleichgewicht und die Kinetik der Umesterungsreaktionen bei der Polyäthylenterephthalatbildung ist von einer Reihe von Autoren untersucht worden, die z. T. zu nicht unerheblich voneinander abweichenden Ergebnissen kamen. Das beruht einmal auf der unterschiedlichen Versuchsmethodik, zum anderen aber auch darauf, daß verschiedentlich bei der Verfolgung der Umesterungsreaktion nicht ausreichend berücksichtigt wurde, daß mehrere Reaktionen nebeneinander ablaufen, die Hin- und die Rückreaktion, die als Redistributionsreaktion [188] bezeichnete Reaktion von Hydroxyl-endgruppen mit binnenständigen Estergruppen, daneben aber auch schon Abbaureaktionen.

Von GRIEHL und FÖRSTER [189] wurde für die Massenwirkungskonstante der Polyäthylenterephthalatbildung ein Wert von 4,90 angegeben. DIETZE [190] wies jedoch nach, daß den genannten Autoren beim Ansatz ihrer Berechnungen ein Irrtum unterlaufen ist, da das von ihnen verwendete Glykolmolverhältnis nicht identisch ist mit dem Glykolmolenbruch. Er errechnet aus den Meßwerten eine Massenwirkungskonstante von 0,093. Mit dem gleichen Irrtum setzt sich auch HOVENKAMP [191] in einer Stellungnahme zu der Arbeit von FONTANA [184] auseinander, der die Meßwerte von GRIEHL und FÖRSTER übernommen hatte.

Im Ergebnis der reaktionskinetischen Messungen wird für die Umesterung des DMT mit Äthylenglykol allgemein ein Geschwindigkeitsgesetz I. Ordnung angenommen [25, 26, 192, 193, 194]. In Abhängigkeit vom Umesterungskatalysator werden von YODA u. a. [26] folgende Geschwindigkeitskonstanten für die Umesterung bei 185 °C angegeben: ($2{,}5 \cdot 10^{-4}$ Mol Metallacetat/Mol DMT, k [min^{-1}]) Ca: $0{,}50 \cdot 10^{-2}$; Mn: $1{,}35 \cdot 10^{-2}$; Zn: $2{,}30 \cdot 10^{-2}$.

Die Aktivierungsenergie der Umesterung wurde in Gegenwart von Zinkacetylacetonat zu 13,7 kcal/Mol [193], mit Zinkstearat zu 17,8 kcal/Mol [194] berechnet.

Zur Kinetik der Polykondensation des Bis-(2-hydroxyäthyl)-terephthalates sind in der Literatur keine einheitlichen Angaben über die Reaktionsordnung zu finden. Für die kinetischen Untersuchungen wurde der Reaktionsverlauf entweder durch Bestimmung der Menge des abdestillierenden Äthylenglykols oder durch Messung der rel. Lösungsviskosität von der Polyesterschmelze entnommenen Proben verfolgt. In der Tabelle 4.3. [195] sind Literaturangaben über die Reaktionsordnung und die angewandte Versuchsmethodik zusammengestellt.

Die quantitative Bestimmung des Reaktionsglykols wurde auch von REINISCH u. a. [195] für die Untersuchung der Anfangsphase der Polyäthylenterephthalat-Bildung angewandt. Die mangankatalysierte Reaktion ($5 \cdot 10^{-4}$ Mol $Mn(CH_3COO)_2$/

Tabelle 4.3. Literaturangaben zur Reaktionsordnung der Polyäthylenterephthalatbildung in schmelzflüssiger Phase und offenem System [195]

Reaktionsweise	Analysenmethodik	Rk.-ordnung	Literatur
Vakuum (2 Torr)	Viskosimetrie	I	[25]
Schichtdicke nicht angegeben	$[\eta] = 1{,}17 \cdot 10^{-2} \bar{P}_n^{0{,}86}$ [ml · g^{-1}] (Phenol (1)/Tetrachloräthan (1), 20 °C)		
Normaldruck	Endgruppenbestimmung	II	[196]
Schichtdicke nicht angegeben	dest.-volum. Glykolbestimmung		
Normaldruck	Viskosimetrie	II	[197]
Schichtdicke (0,3···1,4 mm)	$[\eta] = 1{,}17 \cdot 10^{-2} \bar{P}_n^{0\,86}$ [ml · g^{-1}] mit Umrechnungsfaktor für Kresol		
Vakuum (1···1,5 Torr)	Viskosimetrie	II	[76]
Schichtdicke (0,5···11,5 mm)	dest.-volum. Glykolbestimmung		
Normaldruck	dest.-grav. Glykolbestimmung	III	[71]
Schichtdicke nicht angegeben			
Vakuum (1 Torr)	dest.-grav. Glykolbestimmung	III	[19, 198]
Schichtdicke ca 3 ... 4 mm			

Mol Bis-(2-hydroxyäthyl)-terephthalat) verläuft nach den Versuchsergebnissen bis $\bar{P}_n \leqq 30$ nach einer zweiten Ordnung. In der Tabelle 4.4. sind für drei Temperaturen die Geschwindigkeitskonstanten sowie ihr aus einer Fehlerbetrachtung resultierender Vertrauensbereich angegeben. Aus diesen Geschwindigkeitskonstanten ergibt sich bei numerischer Auswertung eine Aktivierungsenergie von 9,7 kcal/Mol. Die von den gleichen Autoren durchgeführten Untersuchungen über die Schmelzepolykondensation von Polyäthylensebazat und von Polyäthylenterephthalat-cosebazat [199] ergaben eindeutig, daß auch bei diesen Systemen eine Reaktion zweiter Ordnung vorliegt.

Challa [188] untersuchte die reversible, unkatalysierte Schmelzepolykondensation im geschlossenen System und bestimmte dabei freies Äthylenglykol, Endgruppen und Monomere. Die Rückreaktion, die Glykolyse des Polymeren, wurde mit in Rechnung gestellt. Auf Grund seiner Experimentalergebnisse diskutiert er für die reversible Schmelzekondensation eine Reaktion II. Ordnung. Die Reaktionsgeschwindigkeitskonstante der Polykondensation nimmt mit dem Umsatzgrad zu, während die Glykolyse davon unabhängig ist. Er nimmt daher an, daß nicht alle Endgruppen in der Polykondensation gleich reaktiv sind. Als Aktivierungsenergie für die unkatalysierte Polykondensation errechnet er ca. 23 kcal/Mol.

Tabelle 4.4. Mangankatalysierte Polykondensation von Bis-(β-hydroxyätyhl)-terephthalat. Offenes, mechanisch durchmischtes System, Schichtdicke 3 bis 4 mm, Vakuum 0,2 bis 0,4 Torr. 5 · 10^{-4} mol $Mn(CH_3COO)_2$/mol Monomeres Temperaturabhängigkeit von $\bar{k}_{II}(\tau)$ [195]

t [°C]	$\bar{k}_{II}(\tau)$	q [g · m mol^{-1} · s^{-1}]
	10^{-3} [g · m mol^{-1} · s^{-1}]	10^{-3}
250	1,105	0,06
265	1,413	0,13
280	1,833	0,14

Die gleiche Versuchsmethodik wie Challa wandten Stevenson und Nettleton [75] bei der kinetischen Analyse der mit Sb_2O_3 katalysierten Polykondensationsreaktion an. Die Autoren fanden dabei relativ niedrige Geschwindigkeitskonstanten, im Gegensatz zu der um Größenordnungen höheren Polykondensationsgeschwindigkeit bei der von Stevenson [78] ebenfalls untersuchten antimonkatalysierten Dünnschichtpolykondensation unter Vakuum. Die Ursache für die geringe katalytische Aktivität des Sb_2O_3 im geschlossenen Gleichgewichtssystem sehen sie in der Bildung eines katalytisch nicht wirksamen Reaktionsproduktes mit Bis-(2-hydroxyäthyl)-terephthalat. Diese Erklärung zielte in die gleiche Richtung, wie die im Abschnitt 4.2.4. [20] diskutierten Vorstellungen über die koordinative Maskierung des Antimons durch Hydroxylgruppen, die allerdings nicht spezifisch auf Bis-(2-hydroxyäthyl)-terephthalat bezogen sind.

Die Kinetik der katalysierten und unkatalysierten Veresterung und Polyveresterung aliphatischer oder aromatischer Dicarbonsäuren mit Diolen ist seit den dreißiger Jahren Gegenstand zahlreicher experimenteller und theoretischer Untersuchungen gewesen. Verwiesen sei hier auf Arbeiten von Flory [200], Schulz [201], Koršak u. a. [202, 203], Tang Au chin u. a. [204] sowie Makay-Bödi und Vancsó-Smercsányi [205].

Wie die Synthese einfacher organischer Ester wird die Polyesterbildung durch Säuren katalysiert, daher können auch die im Reaktionsgemisch vorhandenen Carboxylgruppen als Katalysator fungieren. Bei äquivalenten Verhältnissen von Carboxyl- und Hydroxylgruppen gilt dann für die Polyveresterungsreaktion ein Geschwindigkeitsgesetz III. Ordnung. Bei Zusatz eines Katalysators, z. B. p-Toluolsulfonsäure, dessen Konzentration sich während der Reaktion nicht ändert, kann die Katalysatorkonzentration mit in die Konstante einbezogen werden, sodaß dann eine Reaktion zweiter Ordnung vorliegt.

Speziell zur Kinetik der Veresterung von Terephthalsäure sind bisher nur wenige Arbeiten bekannt geworden.

Kemkes [53] untersuchte die Veresterung mit Äthylenglykol unter Normaldruck bei 230—260 °C, wobei oligomere Terephthalsäureglykolester als Reaktionsmedium benutzt wurden. Unter diesen Bedingungen konnte folgende Beziehung für die Geschwindigkeitskonstante der Veresterung abgeleitet werden:

$$k_e = \exp. (16{,}50 - 8\,560/T) \text{ kg Äqu}^{-1}\text{h}^{-1} \quad .$$

Als gegeben wurde dabei unterstellt, daß alle Reaktionsprodukte löslich sind, die Geschwindigkeit des physikalischen Lösungsvorganges der Terephthalsäure hoch ist im Vergleich zur Veresterungsgeschwindigkeit (im Bereich von 20 bis 100 μ hatte die Partikelgröße der Terephthalsäure keinen Einfluß auf die Reaktionsgeschwindigkeit), die Konzentration der Carboxylgruppen in der flüssigen Phase konstant ist, und daß der Einfluß der Rückreaktion vernachlässigt werden kann. Die Aktivierungsenergie der Reaktion im „Estermedium“wurde zu 17,1 kcal/Mol berechnet. Aus den Versuchsergebnissen von Ichikawa u. a. [206], die die Veresterung der Terephthalsäure in einem Glykolüberschuß bei 150—200 °C untersucht hatten, errechnete Kemkes für die Reaktion im „Glykolmedium“ in guter Übereinstimmung mit dem vorgenannten Wert eine Aktivierungsenergie von 17,4 kcal/Mol.

Die Veresterung im geschlossenen System bei verschiedenen molaren Verhältnissen von Hydroxyl- zu Carboxylgruppen wurde von Sumoto und Hasegawa

[207] untersucht und aus der Veränderung der Carboxylgruppenkonzentration die Gleichgewichtskonstante bestimmt.

Zur Kinetik der Reaktion von Terephthalsäure mit Äthylenoxid liegt eine Arbeit von MAREŠ u. a. [59] vor. Die Versuche wurden in n-Butanol mit tertiären Aminen als Katalysator durchgeführt. Die Autoren fanden, daß unter ihren Reaktionsbedingungen, bezogen auf Äthylenoxid und Amin, ein Geschwindigkeitsgesetz erster Ordnung, bezogen auf Terephthalsäure ein Gesetz pseudo-nullter Ordnung gilt.

4.2.6. *Oligomere*

Polyäthylenterephthalat enthält in geringer Menge niedermolekulare lineare und cyclische Verbindungen gleicher chemischer Zusammensetzung der Grundbausteine wie das Polymere

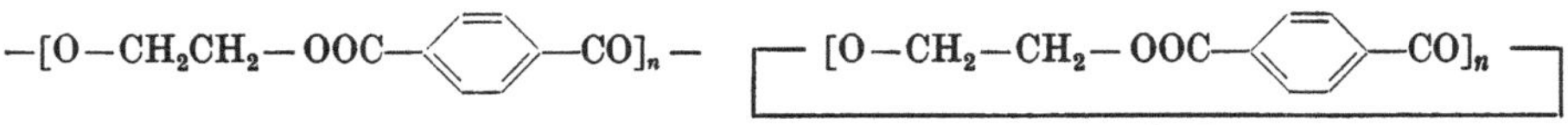

lineare cyclische
Oligomere

Die linearen Oligomeren sind Zwischenprodukte vom Monomeren zum Polymeren. Ihr Gehalt nimmt mit fortschreitender Polykondensation rasch ab. Die ersten linearen Oligomeren werden bereits in der letzten Phase der Umesterung des DMT gebildet. Wie dünnschichtchromatographisch nachgewiesen werden konnte, entstehen dabei auch dimere und trimere Glykolterephthalate, die noch Methylesterendgruppen enthalten. Nach 20 min Polykondensationszeit waren Oligomere mit Kondensationsgraden <5 nicht mehr nachweisbar [208].

Die cyclischen Oligomeren, es handelt sich dabei zum überwiegenden Teil um das Trimere, stehen mit den linearen Polyesterketten in einem temperaturabhängigen Gleichgewicht und sind normalerweise mit einem konstanten Gehalt von etwa 1,7% enthalten. Anders als beim Polycaproamid müssen die Oligomeren des PÄT vor dem Verspinnen nicht entfernt werden, da sie den Spinnprozeß nicht stören, zum anderen können sie aber auch nur mit organischen Lösungsmitteln extrahiert werden.

Die linearen Oligomeren (Esterdiole, Estercarbonsäuren, Hydroxyestercarbonsäuren usw.) haben vor allem Interesse als definierte Modellsubstanzen für die Untersuchung vieler Eigenschaften der Polymeren gefunden. Es ist besonders der Arbeitskreis um H. ZAHN gewesen, der sich mit der Isolierung und Synthese molekulareinheitlicher Oligomerer und dem Studium ihrer von der Kettenlänge abhängigen chemischen und physikalischen Eigenschaften befaßt hat [209]. Eine Literaturübersicht über die bis 1963 auf diesem Gebiet durchgeführten Untersuchungen ist in der unter [209] zitierten Arbeit, weitere Hinweise über lineare Oligomere sind unter [210] zu finden. Die Isolierung und Identifizierung linearer Glykolterephthalatoligomerer wurde in neuerer Zeit auch von PEEBLES u. a. untersucht [211], wobei jedoch in dieser Arbeit die cyclischen Oligomeren im Vordergrund stehen.

Von ZAHN [21] wurde eine vereinfachte Schreibweise für Oligomere und Pleionomere (Oligomere mit Molmassen über 1000) vorgeschlagen, die in der Folge mit angewandt werden soll:

($G = OCH_2CH_2O$)	Diole	$H-[G-T-]_n\,G-H$
(T = OC——CO)	Dicarbonsäuren	$HO-T-[G-T-]_n\,OH$
	Hydroxycarbon-säuren	$H-[G-T-]_n\,OH$

Verbindungen mit $n = 1$ werden als monomer, solche mit $n = 2$ als dimer usw. bezeichnet.

In der Tabelle 4.5. ist eine Reihe der von ZAHN u. a. synthetisierten Oligoester zusammengestellt.

Tabelle 4.5. Lineare Oligomere des Polyäthylenterephthalates

Oligoester	Schmelzpunkte [°C]					
	$n = 1$	$n = 2$	$n = 3$	$n = 4$	$n = 5$	$n = 6$
$H-[G-T-]_n\,G-H$	109—110	169—170	200—202	216—220		
$HO-T-[G-T-]_n\,OH$	>360	281	270			
$H-[G-T-]_n\,OH$	175	230	254			
		200—210	219—223			
$CH_3O-T[G-T-]_n \cdot OCH_3$	168—170	194—198	215—217	231—232	242—243	248—249

Als ausgezeichnete Hilfsmittel zur Trennung, Isolierung und Identifizierung der Oligomeren bewährten sich die Dünnschicht- und Säulenchromatographie [208, 211, 212, 213]. HEIDEMANN gelang mit 1,1,2,2-Tetrachloräthan: Dioxan = 10 : 1 als Laufmittelgemisch auf Kieselgel G sowohl die Trennung linearer als auch cyclischer Glykolterephthalate [212]. DORMAN-SMITH [213] entwickelte ein Trennverfahren insbesondere unter dem Gesichtspunkt der Prüfung eines Umesterungsproduktes auf den Gehalt an Oligomeren, die noch nicht umgesetzte Methylestergruppen enthalten.

Anders als die linearen Oligomeren des Polyäthylenterephthalates, die durch Oligokondensation der Monomeren oder im Prinzip nach einer der üblichen chemischen Synthesemethoden zum Aufbau einer Esterbindung hergestellt werden, konnten die cyclischen Oligomeren bis vor wenigen Jahren nur durch Extraktion aus den Polymeren gewonnen werden.

1954 berichteten ROSS u. a. [214] zum ersten Mal über die Isolierung einer bei 325—327 °C schmelzenden kristallinen Substanz aus dem Trichloräthylenextrakt eines PÄT-Films. Der in einer Menge von etwa 1% erhaltenen Verbindung schrieben sie auf Grund ihrer analytischen Untersuchungen die Struktur eines cyclischen Trimeren ($n = 3$) zu. GOODMANN und NESBITT [215] stellten später fest, daß in der Schmelze erzeugtes PÄT etwa 1,7% extrahierbare cyclische Oligomere enthält. Nach Auftrennung des Extraktes erhielten sie (bezogen auf Polymergewicht) 1,40% Trimeres, 0,11% Tetrameres, 0,03% Pentameres und 0,07% eines Dimeren mit einer Diglykoleinheit im Ring. Dieses Oligomerengemisch steht bei hohen Temperaturen im Gleichgewicht mit dem geschmolzenen Polymeren. Beim Schmelzen von vollständig extrahiertem PÄT wurde im Verlauf von etwa 1 h bei 285 °C die dem Gleichgewicht entsprechende Menge an cyclischen Oligomeren wieder zurückgebildet, andererseits konnten die isolierten Oligomeren unter den üblichen Kondensationsbedingungen zu Polyäthylenterephthalat polykondensiert werden. Bei Temperaturen unter 250 °C wurde auch nach 160 h keine Oligomerenrückbildung beobachtet. Als Hauptbildungswege der cyclischen Oligomeren wird eine inter- oder intramolekulare Umesterungs-Eliminierungsreaktion angenommen.

Mit der Isolierung, Identifizierung und Bildungsweise der cyclischen Oligomeren befaßten sich auch PEEBLES u. a. sehr intensiv, die in einigen Punkten zu anderen Versuchsergebnissen und Schlußfolgerungen kamen [211]. Da sie die Geschwindigkeit der Oligomerenbildung von der Hydroxylendgruppenkonzentration des PÄT abhängig fanden, sehen sie den Bildungsmechanismus vor allem in einer Cyclodepolymerisation vom Kettenende her, eine Reaktion, die von GOODMAN und NESBITT auch mit diskutiert wurde, der sie aber nur untergeordnete Bedeutung beimaßen.

Durch Extraktion mit Xylol oder Dioxan gelang es PEEBLES u. a. 2,0—3,8% Oligomere aus Polyesterfäden zu isolieren. Dünnschichtchromatographisch konnten in dem Extrakt acht verschiedene Verbindungen nachgewiesen werden, die zum Teil isoliert und durch Vergleich mit synthetisch hergestellten cyclischen Dimeren, Trimeren und Tetrameren identifiziert wurden. Die cyclischen Ester vom Trimeren bis zum Hexameren waren vorher bereits von ZAHN und KUSCH [216] in kristalliner Form aus dem extrahierbaren Material isoliert worden. Mit besonderem Erfolg wandten dabei diese Autoren die Gelfiltration über Sephadex LH 20 und Polystyrol-Divinylbenzol zur Trennung und Reinigung der Oligomeren an.

Die Synthese von cyclischen Oligomeren bereitete lange Zeit erhebliche experimentelle Schwierigkeiten. Erst 1966 gelang MERASKENTIS und ZAHN [217] die Herstellung des cyclischen Trimeren, indem sie unter Verdünnungsbedingungen Bis-(2-hydroxyäthyl)-terephthalat mit dem als zweiten Baustein erforderlichen Dicarbonsäuredichlorid umsetzten. Kurze Zeit später berichteten HAMB und TRENT [218] ebenfalls über eine Synthesemethode.

Die Synthesebedingungen sind von dem Arbeitskreis um ZAHN inzwischen weiter optimiert und zur Herstellung einer homologen Reihe cyclischer Äthylenterephthalate bis zum Heptameren [219] sowie anderer cyclischer Alkylenterephthalate [220] angewandt worden.

Eine Übersicht über isolierte und synthetisierte cyclische Oligomere des Polyäthylenterephthalates gibt die Tabelle 4.6. (vgl. [219]).

Tabelle 4.6. Cyclische Oligomere des Polyäthylenterephthalates

n	Schmelzpunkte [°C] nach Literaturangaben	
	synthetisierte Oligomere	isolierte Oligomere
2	228—229 [219]; 224 [211]	
3	314—315 [219]; 315—316 [217]; 319 [211]	325—327 [214]; 314—316 [215]; 318 [216]; 319 [211]
4	324—325 [219]; 328—331 [217]; 326 [211]	225—229 [215]; 327—329 [216]; 326 [211]
5	264 [219]	247—250 [215]; 262 [216]; 262 [211]
6	304—305 [219]	306 [216]; 306 [211]
7	238—240 [219]	

Einleitend zu diesem Abschnitt war gesagt worden, daß die Oligomeren den Spinnprozeß nicht stören. Es gibt jedoch Hinweise, daß cyclische Oligomere bei verschiedenen textilen Verarbeitungsprozessen des Polyesters störend in Erscheinung treten können [221]. Es handelt sich dabei vor allem um im wesentlichen aus dem Trimeren bestehende Ablagerungen im Färbeapparat bei HT-Färbungen [209] und um den Abrieb an Fadenleitorganen [222]. Man nimmt an, daß die Oligomeren unter den Färbebedingungen aus dem Polyesterfaden herauswandern und sich dann bei Änderung der Färbebadverhältnisse auf der Faseroberfläche und an Geräteteilen wieder ablagern.

Im Unterschied zu diesen Ablagerungen, die fast ausschließlich aus cyclischen Oligomeren bestehen, fanden Mifune u. a. [223] in dem sog. Spinnrauch, der aus dem geschmolzenen Polyester sublimiert und sich an den Spinnapparaturen niederschlägt, neben 30% Terephthalsäure und 20% Terephthalsäuremonoglykolester nur lineare Dimere und Trimere, jedoch kein cyclisches Trimeres. Man kann annehmen, daß die in Spinnrauch enthaltenen Produkte zum großen Teil durch thermische Abbaureaktionen des PÄT gebildet worden sind.

4.2.7. *Nebenreaktionen*

Bei der Herstellung, Verarbeitung und Anwendung von Polyäthylenterephthalat können sich verschiedene Abbauerscheinungen störend bemerkbar machen, die durch Hitze, Sauerstoff, Chemikalien oder Strahlung hervorgerufen werden. Eine Übersicht über derartige Abbaureaktionen gibt Buxbaum [224]. An dieser Stelle sollen vor allem die Abbauvorgänge behandelt werden, die als Nebenreaktionen bei der Herstellung und Verarbeitung des Polyesters in Erscheinung treten.

4.2.7.1. Ätherbildung

Kommerzielles PÄT enthält gewöhnlich etwa 2,5 Molprozent Diäthylenglykolbausteine [225, 226]. Die Anwesenheit solcher Ätherbindungen beeinflußt die Eigenschaften des Polyesters in negativer Weise. Das Absinken des Polymerschmelzpunktes und eine verringerte thermooxidative und Licht-Beständigkeit sind experimentell bewiesen, auf die verschlechterten wash-and-wear-Eigenschaften, sowie das schlechtere Färbeverhalten wird vor allem in Patentschriften hingewiesen [225, 226, 227, 38].

Bild 4.13. zeigt die Abhängigkeit des Polyäthylenterephthalat-Schmelzpunktes vom in die Polyesterkette eingebauten Diäthylenglykol. Danach sinkt der Schmelzpunkt pro Molprozent Diäthylenglykol um 2,2 grd [225], bzw. um etwa 5 grd pro Gewichtsprozent Diäthylenglykol [228] (vgl. dazu 4.4.3.).

Für die Bildung von Diäthylenglykolterephthalatsegmenten in der Polyesterkette werden verschiedene Ursachen diskutiert. Kirby [225] und Mifune [227] nehmen an, daß unter den Bedingungen der Umesterung des DMT oder Veresterung der Terephthalsäure Äthylenglykol zu Diäthylenglykol dehydratisiert wird, das dann in die Reaktion mit eintritt und in den Polyester einkondensiert wird.

Auch Hovenkamp u. a. [228] sehen die Hauptbildung des Diäthylenglykols während der Umesterung oder Veresterung und nur zu einem geringeren Teil während der Polykondensation, allerdings nicht durch eine Reaktion zwischen

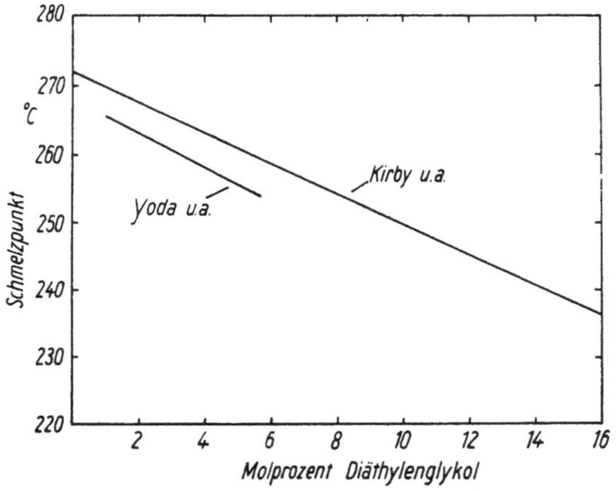

Bild 4.13. Schmelzpunkterniedrigung von PÄT in Abhängigkeit vom Diäthylenglykolgehalt [225, 229]

den Hydroxylgruppen des Äthylenglykols, sondern durch eine Reaktion zwischen Ester und Alkohol, die zu Säure und Äther führt.

$$R{-}\overset{\overset{\displaystyle O}{\|}}{C}{-}OR' + H{-}O{-}R'' \rightarrow R{-}\overset{\overset{\displaystyle O}{\|}}{C}{-}OH + R''{-}O{-}R'$$

Es ist dies der gleiche Reaktionstyp, der der Ätherbildung beim Erhitzen von Alkoholen mit konz. Schwefelsäure zu Grunde liegt. Bei den hohen Temperaturen, die bei der Polyesterherstellung angewandt werden, sollen auch Carbonsäureester diese Reaktion eingehen.

Aus den Publikationen über die Umsetzung von Terephthalsäure mit Äthylenglykol oder Äthylenoxid geht hervor, welche große Beachtung man bei der Ausarbeitung der Verfahren und der Auswahl der Katalysatoren dem Problem der Ätherbildung geschenkt hat (s. 4.2.1.2. und 4.2.1.3.). Nach Untersuchungen von Yoda [229] beeinflussen aber auch die bei dem Umesterungsverfahren angewandten Katalysatoren die Ätherbildung. Als Polykondensationskatalysatoren eingesetzte Verbindungen des Ti(IV), Co(II), Zn(II) und Sb(V) ergaben Polyester mit einem tieferen Schmelzpunkt als Verbindungen des Ca(II), Mn(II), Fe(II), Sb(III) und Pb(II). Katalysatoren, die zu einer starken Carboxylgruppenbildung führten, ergaben auch einen hohen Diäthylenglykolgehalt.

Aus Versuchen mit Modellverbindungen schließt Yoda, daß zwei Reaktionen zur Bildung von Ätherbindungen führen: 1. Dehydration der Alkoholgruppen, katalysiert durch die Brönsted-Säure, welche durch den Katalysator entstanden ist. 2. Additionsreaktion der Hydroxylgruppe mit dem aktiven Fragment CH_2-CH_2-O, welches durch Abbau von Hydroxylendgruppen des Polyäthylenterephthalates neben Carboxylgruppen gebildet wird.

4.2.7.2. Thermischer Abbau

Wie jede andere organische Verbindung erleidet Polyäthylenterephthalat bei Einwirkung hoher Temperaturen Abbaureaktion. An sich ist die thermische

Stabilität des Polyesters recht hoch, wie ja schon die Tatsache beweist, daß er bei Temperaturen um 280 °C in einem mehrstündigen Prozeß hergestellt und verarbeitet werden kann. Obgleich unter normalen Herstellungsbedingungen das Ausmaß der thermischen Abbaureaktionen nur gering ist, können sie doch zu einer merklichen Verschlechterung der Polymereigenschaften führen. Auswirkungen des thermischen Abbaus sind in erster Linie ein durch Kettenspaltungen verursachtes Absinken der Molmasse und damit auch der Schmelz- bzw. Lösungsviskosität, die Zunahme von Carboxylendgruppen sowie die Verfärbung des Polyesters.

Das PÄT kann während des Herstellungsprozesses auch durch oxydative oder hydrolytische Einflüsse geschädigt werden. Diese Einwirkungen können jedoch durch eine sorgfältige Prozeßführung und -überwachung weitgehend ausgeschlossen werden, die thermische Belastung hingegen ist untrennbar mit der hohen Polykondensations- und Verarbeitungstemperatur verbunden. Es ist daher nicht verwunderlich, daß der thermische Abbau des PÄT, sein Verlauf, der Chemismus und die Möglichkeiten der Beeinflussung eingehend untersucht worden sind.

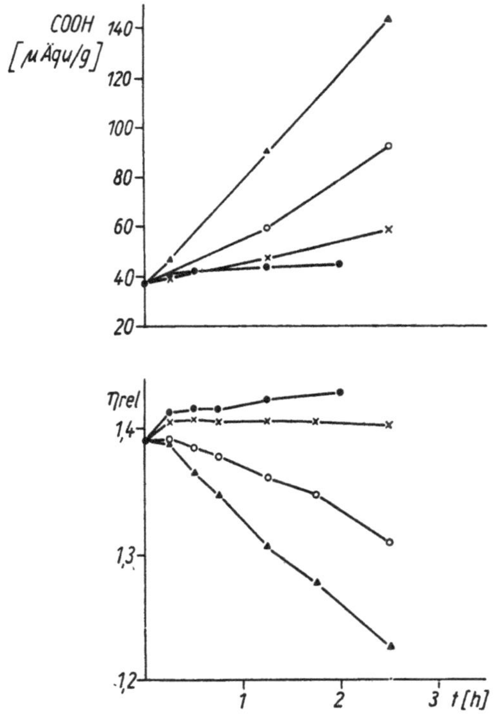

Bild 4.14. Viskositätsverlauf und Änderung des Carboxylgruppengehaltes von PÄT beim Erhitzen auf ● 270°C, × 280°C, ○ 290°C und ▲ 300°C unter Stickstoff

Wie bereits bei der Diskussion der Katalysatorwirksamkeit vermerkt wurde, übt die Reaktionstemperatur den Haupteinfluß auf die Abbaugeschwindigkeit aus (Bild 4.14.), in zweiter Linie jedoch Art und Menge des Umesterungs- und

Polykondensationskatalysators. Ein Beispiel für das Zusammenwirken von Temperatur und Katalysator auf das thermische Verhalten von PÄT zeigt das Bild 4.15. an einem Vergleich von zwei mit verschiedenen Katalysatoren hergestellten Polyestern.

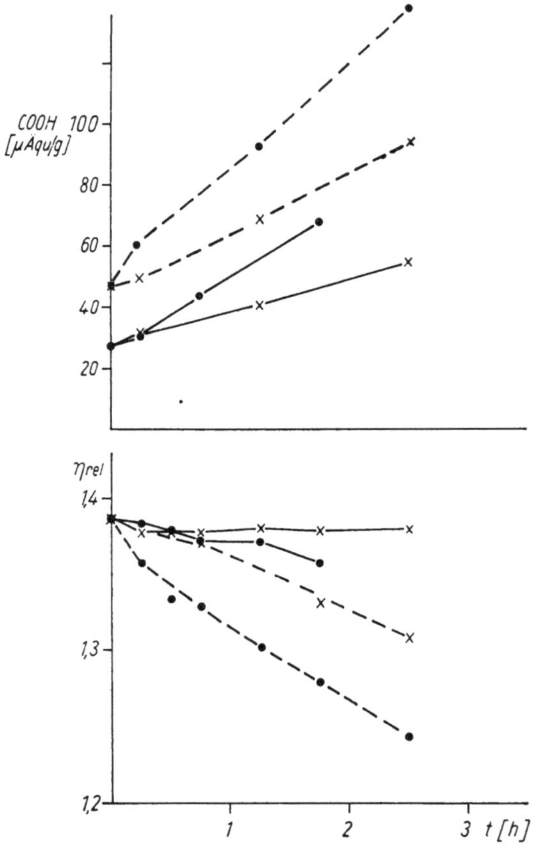

Bild 4.15. Viskositätsverlauf und Carboxylgruppengehalt von PÄT beim Erhitzen auf × 280°C und • 290°C unter Stickstoff in Abhängigkeit vom Katalysator [230]

Katalysator:	PÄT 1 (——)	$Mn(CH_3COO)_2$	PÄT 2 (-----)	$Zn(CH_3COO)_2$
		Sb_2O_3		$Co(CH_3COO)_2$
		Triphenyl-phosphat		$Mn(CH_3COO)_2$
				Sb_2O_3

Auf Grund zahlreicher Untersuchungen am PÄT und an Modellverbindungen [231, 232, 233, 234, 235, 23, 236] kann es als gesichert angesehen werden, daß der thermische Abbau des PÄT durch eine statistisch erfolgende Spaltung der Polyesterkette eingeleitet wird. Dabei werden Vinylester- und Carboxylendgruppen gebildet, die verschiedene Folgereaktionen eingehen können. Das bedeutet, daß die Polyesterspaltung der Pyrolyse einfacher organischer Ester gleicht, die zu Olefin und Säure zerlegt werden. Es wird allgemein angenommen, daß diese Reaktion über einen cyclischen Übergangszustand verläuft, wobei die C—O-Bindung heterolytisch gespalten wird [237].

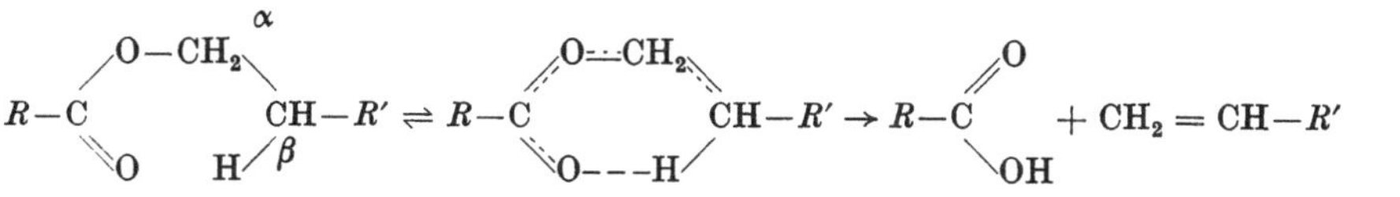

In Übereinstimmung mit diesem allgemeinen Chemismus der Esterpyrolyse war bereits Pohl [231] auf Grund vergleichender Versuche mit verschiedenen Polyalkylenterephthalaten zu dem Schluß gekommen, daß vor allem die H-Atome der zum Estersauerstoff β-ständigen CH_2-Gruppe einen schwachen Punkt der Polyesterkette darstellen.

Auch bei PÄT verläuft die Spaltung der Esterbindung wahrscheinlich nicht homolytisch über freie Radikale, wie von Marshall und Todd [232] diskutiert wurde, sondern heterolytisch, da der thermische Abbau durch Zusatz von Radikalfängern nicht beeinflußt wird [234].

Die verschiedenen möglichen Folgereaktionen der Spaltprodukte der Polyesterkette sind von Ritchie u. a. [233], Goodings [234] und Kardash u. a. [234] außer direkt am PÄT vor allem mit Hilfe von Modellverbindungen untersucht worden, die charakteristische Segmente der Polyesterkette oder von Folgeprodukten des thermischen Abbaus darstellen. Solche Modellverbindungen sind z. B. Äthylenglykoldibenzoat, 2-Hydroxyäthylbenzoat, Benzoesäure, Benzoesäureanhydrid, Vinylbenzoat und Äthylidendibenzoat. Die Versuchsergebnisse der genannten Autoren und die daraus gezogenen Schlußfolgerungen über den Chemismus des thermischen Abbaus von PÄT stimmen weitgehend überein.

Zimmermann und Leibnitz [236] untersuchten zusätzlich, ebenfalls in Modellreaktionen, den Einfluß von als Umesterungs- und Polykondensationskatalysatoren verwendeten Metallverbindungen auf die Abbau- und Folgereaktionen.

Die Versuchsergebnisse der verschiedenen Arbeitsgruppen zusammenfassend, kann für die Hauptschritte des komplexen Abbaugeschehens folgendes Reaktionsschema diskutiert werden [236].

Der Initialschritt besteht in einer statistisch erfolgenden heterolytischen Kettenspaltung unter Bildung einer Vinylester- und einer Carboxylendgruppe (1). Diese Reaktion wird von den verschiedenen Umesterungs- und Polykondensationskatalysatoren unterschiedlich stark beschleunigt. Solange die Endgruppen des Polyesters noch in überwiegender Zahl aus Hydroxylgruppen bestehen, werden die Vinylesterendgruppen durch diese umgeestert, der Vinylalkohol lagert sich sofort in Acetaldehyd um, der entweicht (2). Dabei wird wieder eine Polyesterbindung gebildet, so daß summarisch gesehen, statt einer Hydroxyl- nun eine Carboxylendgruppe vorhanden ist, die Zahl der Polyesterketten und der Durchschnittspolymerisationsgrad jedoch gleich geblieben sind. Da die Kettenspaltung und diese Wiederaufbaureaktion die Polykondensation von Anfang an begleiten, ist es verständlich, daß der Carboxylgruppengehalt der polykondensierenden Schmelze stetig zunimmt, ohne daß der Kondensationsverlauf zunächst merklich davon beeinträchtigt wird. Die Umesterungsreaktion der Vinylestergruppen wird im Gegensatz zu den anderen möglichen Folgereaktionen ebenfalls von den Kata-

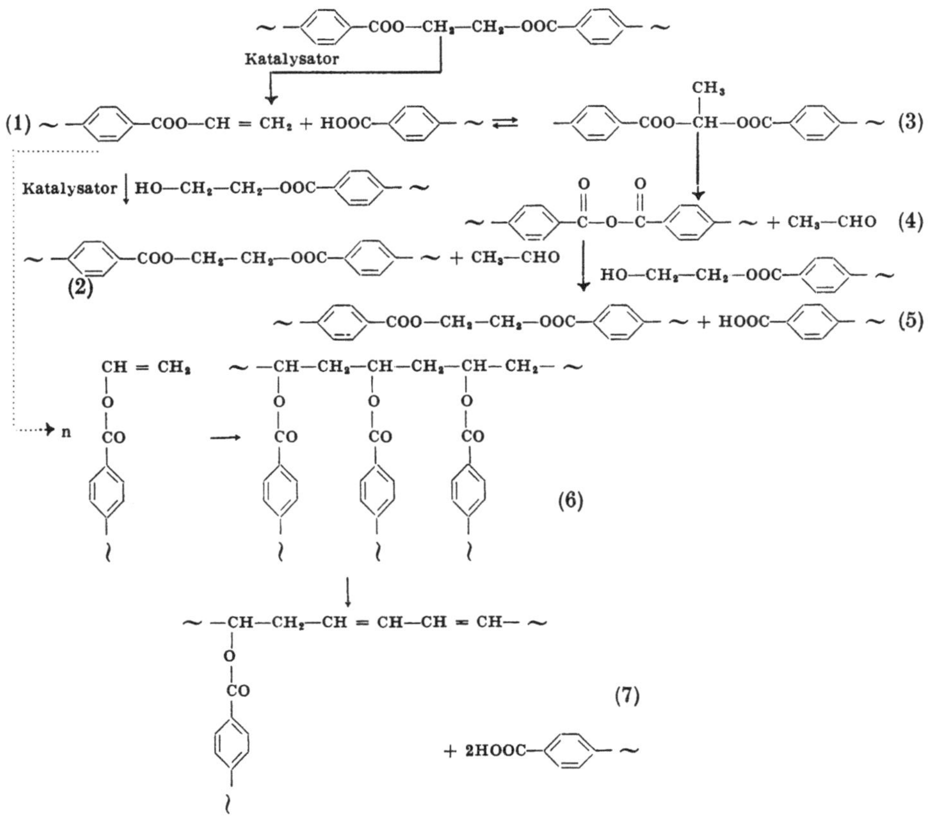

lysatoren beschleunigt, so daß sie auch aus diesem Grund den Reaktionsablauf bevorzugt bestimmen wird. Erst wenn die Zahl der Hydroxylgruppen sehr weit abgesunken ist, wobei in gleichem Maße die Zahl der Carboxylgruppen angestiegen ist, wird auch in größerem Umfang eine Readdition der Vinylestergruppen an Carboxylgruppen zu einem Äthylidendiester stattfinden (3), durch dessen Zerfall wiederum Acetaldehyd gebildet wird (4). Wenn die dabei entstehenden Säureanhydridgruppen nicht mit noch vorhandenen Hydroxylgruppen zum Glykolester reagieren (5), sind sie ein Instabilitätsfaktor in der Polyesterkette.

Die Bildung des Äthylidendiesters verläuft relativ langsam. In diesem Stadium des thermischen Abbaus ist daher eine Anhäufung von Vinylesterendgruppen im Polyester möglich, die polymerisieren können (6). Dabei bilden sich verzweigte Polyesterketten, die Segmente von Polyvinylbenzoat-Typ enthalten. Diese Polyvinylcarboxylateinheiten unterliegen wieder der Esterspaltung, die in diesem Teil der Polymerenmoleküle besonders rasch verläuft, da die in der Kette entstehende Doppelbindung, in dem Bestreben ein konjugiertes System auszubilden, die weitere Abspaltung von Polyesterketten mit Carboxylendgruppen begünstigt (7). Damit entstehen in der Polyesterkette konjugierte Polyensequenzen, die die farbgebende Kompoenente in thermisch geschädigtem PÄT sein können [238]. Yoda u. a. [239] konnten aus thermooxidativ abgebautem PÄT ein braunes gelartiges Produkt isolieren, das wahrscheinlich eine solche im Polyester fixierte Polyenstruktur besitzt. Eine andere Ursache der Verfärbung wird von GOODINGS [234] diskutiert. Er nimmt die Bildung von Polyenaldehyden aus dem abgespaltenen Acetaldehyd an. Wahrscheinlich werden beide Reaktionen in Abhängigkeit von den Prozeßbedingungen, unter denen der Acetaldehyd gebildet und entfernt wird, an der Farbbildung beteiligt sein.

Außer den hier genannten, das Gesamtgeschehen bestimmenden Abbaureaktionen, verlaufen ganz sicher noch eine Vielzahl anderer Reaktionen in einer thermisch belasteten Polyesterschmelze. In kleineren Mengen konnten zahlreiche weitere Spaltprodukte nachgewiesen werden [234]. Unter den gasförmigen Abbauprodukten nimmt Acetaldehyd mit 80% den Hauptanteil ein. Daneben wurden 8,0% CO, 8,5% CO_2; 0,8% H_2O, 2,0% C_2H_4, 0,4 % Methyldioxolan, 0,4% CH_4 und 0,4% Benzol nachgewiesen. Als flüchtige, nichtgasförmige Abbauprodukte treten Terephthalsäure, Terephthalsäuremonoglykolester und Oligomere auf.

Die Versuchsergebnisse lassen es als unwahrscheinlich erscheinen, daß der von einigen Autoren [168, 169] diskutierte Abbau vom Kettenende her eine wesentliche Rolle in dem thermischen Abbau von PÄT-Schmelzen spielt. Es ist demzufolge auch nicht möglich, die thermische Stabilität durch Blockierung der Hydroxylendgruppen zu erhöhen, wie es von diesen Autoren versucht worden ist. Im Gegenteil, wie zuvor dargelegt, wird gerade durch das Vorhandensein freier Hydroxylendgruppen die Polyesterkette nach einer Spaltung wieder regeneriert, so daß die Polyesterschmelze auch längere Verweilzeiten unter thermischer Belastung ohne Viskositätsabfall übersteht. Erst wenn die Hydroxylgruppen als Folge der laufend eintretenden Kettenspaltungen verbraucht sind, gewinnen die destruktiven Reaktionen das Übergewicht und Molekulargewicht und Viskosität sinken ab. Wenn bei der Herstellung des Polyester ein Katalysator verwendet wird, der die Kettenspaltungen besonders fördert, wie etwa Zinkverbindungen, so werden diese destruktiven Reaktionen schon sehr bald in den Vordergrund treten.

In Abhängigkeit von den angewandten Herstellungsbedingungen kann der Hydroxylgruppengehalt in zwei PÄT-Schmelzen völlig verschieden sein. Die relative Viskosität 1,388 entspricht der Endgruppenzahl 95 μÄqu./g PÄT. Sie kann sich z. B. bei einem Polyäthylenterephthalat zusammensetzen aus 70 μÄqu./g OH- und 25 μÄqu./g COOH-Gruppen, bei einem anderen aus 35 μÄqu./g OH- und 60 μÄqu./g COOH-Gruppen. Trotz gleicher Viskosität kann bei dem zweiten Polyester nach Abbruch der Polykondensation beim Aufbewahren unter Stickstoff keine Viskositätskonstanz erwartet werden, bzw. auch bei Weiterführung der Polykondensation tritt bald ein Wiederabsinken der Viskosität ein. Um eine thermisch stabile Polyesterschmelze zu erhalten, muß daher die Carboxylgruppenbildung schon während der Polykondensation möglichst weitgehend unterdrückt werden. Das kann erreicht werden, indem man zu hohe Reaktionstemperaturen vermeidet — über 280—290 °C nimmt der Abbau besonders stark zu — und zum anderen Katalysatoren oder Katalysator-Inhibitor-Kombinationen verwendet, die die Kettenspaltung nur wenig fördern.

Zu den besonders abbauaktiven Katalysatoren gehören Zink- und in etwas geringerem Maße Kobaltverbindungen. Eine abbaubeschleunigende Wirkung kann aber auch von Metallspuren, z. B. Nickel, ausgehen, die aus dem Apparatematerial herausgelöst werden.

Die bisher zur Kinetik des thermischen Abbaus durchgeführten Untersuchungen geben kein einheitliches Bild. Das liegt einmal daran, daß der unterschiedliche Einfluß der Katalysatoren nicht genügend berücksichtigt wurde, und zum anderen daran, daß die verschiedenen zur Verfolgung des Reaktionsverlaufs angewandten Methoden z. T. zu unterschiedlichen Ergebnissen führen müssen. Die Abbaugeschwindigkeit wurde bestimmt aus der Menge der flüchtigen Abbauprodukte, der Änderung der Lösungs- bzw. Schmelzviskosität und aus der Konzentrationsänderung der Endgruppen. Aus den voranstehenden Ausführungen geht aber klar hervor, daß z. B. die Zunahme der Carboxylendgruppen, die tatsächlich ein Maß für die Zahl der in der Zeiteinheit eingetretenen Kettenspaltung ist, absolut nicht von einer parallelgehenden Viskositätserniedrigung begleitet sein muß. Die Viskosität bestimmende Aufbau- und Abbaureaktion verlaufen nebeneinander. Das gilt auf jeden Fall für den praktisch interessierenden Bereich, in dem das PÄT noch Hydroxyl- neben Carboxylendgruppen besitzt. Erst bei einem „auskondensierten" oder einem sehr stark thermisch geschädigten PÄT, das nur noch Carboxylendgruppen und andere aus Folgereaktionen resultierende, für Aufbaureaktionen inerte Endgruppen besitzt, kann erwartet werden, daß man zu vergleichbaren kinetischen Ergebnissen kommt.

In der Tabelle 4.7. sind eine Reihe von Werten für die Reaktionsgeschwindigkeitskonstante und die Aktivierungsenergie des thermischen Abbaus zusammengestellt, die mit verschiedenen Methoden gewonnen wurden. Übereinstimmend wird angenommen, daß der Abbau nach einem Geschwindigkeitsgesetz I. Ordnung verläuft. In den unterschiedlichen Zahlenwerten, die auch bei gleicher Untersuchungsmethode auftreten, kann die Substanzspezifität in der Anfälligkeit der jeweiligen Polyesterprobe gegenüber thermischen Abbaureaktionen zum Ausdruck kommen, andererseits werden sie aber auch von den unterschiedlichen Versuchs-

Tabelle 4.7. Literaturangaben zur Reaktionsgeschwindigkeitskonstante k und Aktivierungsenergie E_A des thermischen Abbaus von PÄT

Geschwindigkeit des Abbaus bestimmt aus Veränderung der:	k $[h^{-1}] \cdot 10^3$	T [°C]	E_A [kcal/Mol]	Lit.
Lösungsviskosität	2,2	283	32	[232]
	5,4	301		[232]
	1,3	282	62,3	[234]
	4,8	306		[234]
	1,4	282		[224]
			47	[235]
			31,3	[240]
Schmelzviskosität	1,7	282		[234]
			32	[232]
[Σ Endgruppen]	1,2	282	58,7	[234]
[—COOH]	3,5	282	41,7	[234]
	4,9	306		[234]
[—OH]	2,4	282		[234]

bedingungen geprägt sein. Ein Teil der Versuche wurde in geschlossenen Ampullen durchgeführt, andere im offenen System, mit und ohne Rührung. Die Ampullenversuche sind sicher nicht unbedingt repräsentativ für den tatsächlichen PÄT-Abbau, da die Polyesterherstellung ja nicht in einem geschlossenen System erfolgt. Goodings [234] konnte außerdem nachweisen, daß die Rührung der Polyesterschmelze einen starken Einfluß auf die meßbaren Auswirkungen des thermischen Abbaus hat. So fand er die Geschwindigkeitskonstante der Acetaldehydentwicklung in der nicht gerührten PÄT-Schmelze bei 282 °C zu $0{,}2 \cdot 10^{-3}\ h^{-1}$, bei Rührung demgegenüber zu $1{,}7 \cdot 10^{-3}\ h^{-1}$.

4.2.7.3. Thermooxydativer Abbau

Die Kenntnisse über den Chemismus, die Kinetik und die Auswirkungen des thermooxidativen Abbaus von PÄT sowie seine Abhängigkeit vom Sauerstoffpartialdruck und der Temperatur sind im Vergleich zu den Kenntnissen über den thermischen Abbau noch relativ gering. Erst in den letzten Jahren ist ein zunehmendes Interesse an dieser Problematik festzustellen. Zwar wurde bereits von Marshall und Todd [232] die beschleunigende Wirkung des Sauerstoffs auf den thermischen Abbau von PÄT nachgewiesen, systematische Untersuchungen wurden jedoch erst von Michajlov u. a. [241, 242], Levantovskaja, Kovarskaja u. a. [243, 244, 175] sowie von Buxbaum [224, 245] durchgeführt.

Buxbaum wandte für seine speziell dem Chemismus des thermooxidativen Abbaus gewidmeten Untersuchungen die für die Aufklärung solch komplexer

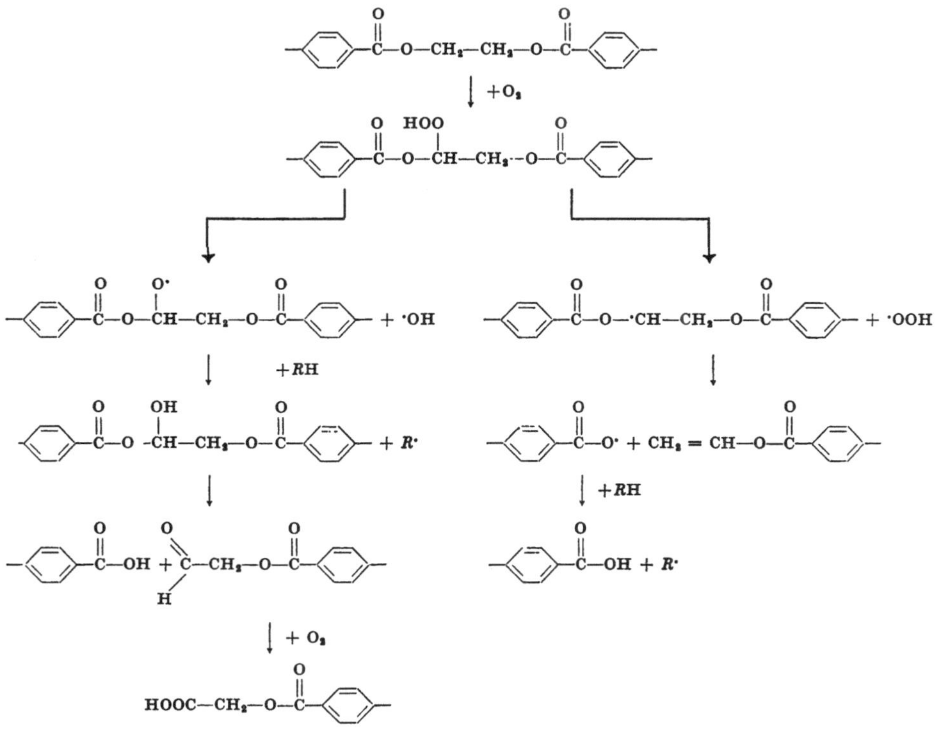

Reaktionsabläufe bewährte Methode der Versuche mit Modellverbindungen an. Die Resultate der Modellversuche sollen gut mit denen an Polyäthylenterephthalat übereinstimmen. Bis zu einer Temperatur von 150 °C wurde keine Oxydation beobachtet. Polyester mit einem hohen Gehalt an Diäthylenglykol (über 4 Molprozent) wurden jedoch bereits bei dieser Temperatur angegriffen. BUXBAUM schlägt für den Chemismus der Oxydation folgende Reaktionsfolge vor: (RH = Polyäthylenterephthalat) (s. Formelschema S. 139).

KOVARSKAJA u. a. [244] befaßten sich ebenfalls mit dem Chemismus des thermooxydativen Abbaus. Zur Aufklärung des Bildungsweges von flüchtigen Abbauprodukten wurde die Oxydation des PÄT in einer Zirkulationsapparatur mit ^{18}O bei 280 °C durchgeführt. Dabei wurden wie bei dem rein thermischen Abbau CO_2, CO, H_2O und Aldehyde gefunden. Die Anfangsbildungsgeschwindigkeit dieser Produkte war beim Erhitzen in Sauerstoff um den Faktor 7, die der Aldehyde etwa um den Faktor 3 größer als beim thermischen Abbau unter Helium. Die Oxydation verlief erst bei Temperaturen oberhalb 250 °C mit merklicher Geschwindigkeit. Ausgehend von den Versuchsergebnissen wurde von den Autoren ein Reaktionsschema aufgestellt, daß in seiner Anfangsphase dem von BUXBAUM gleicht. Als erster Schritt wird ebenfalls die Bildung eines Hydroperoxides an einer Methylengruppe angenommen, das auf verschiedenen Wegen weiterreagieren kann: (RH = Polyester)

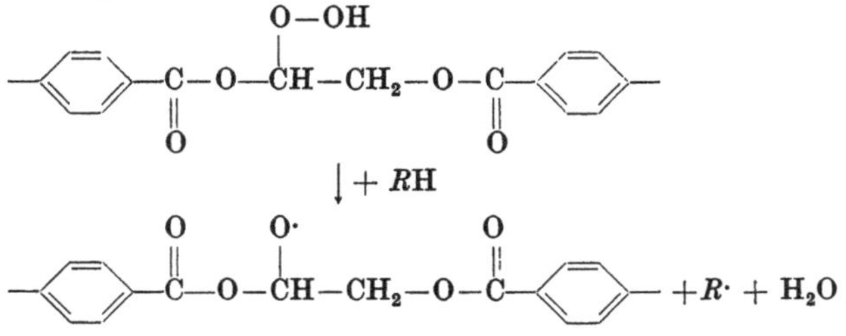

Der Zerfall des Radikals unter Aufsprengung der C—O-Bindung führt zur Bildung von Acetaldehyd, Abspaltung von CO_2 und Bildung von Phenylradikalen:

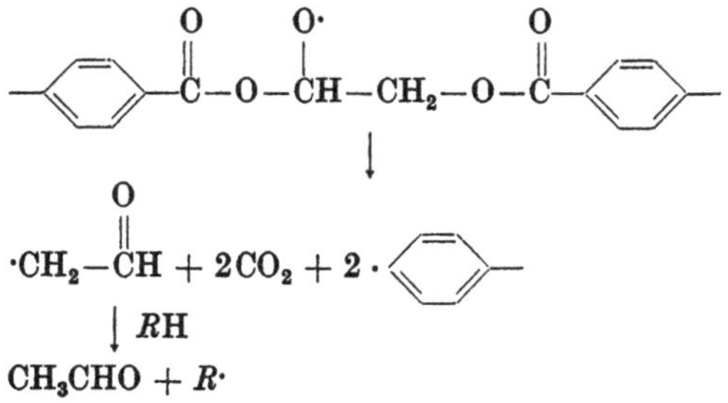

Neben der Bildung von Hydroperoxiden kann es auch zu einer Isomerisierung des Peroxidradikals

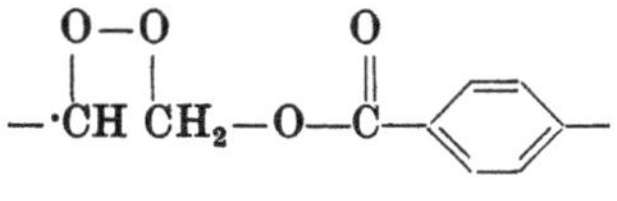

mit anschließendem Zerfall über die O—O-Bindung kommen, was zur Abspaltung eines Formaldehydmoleküls führt.

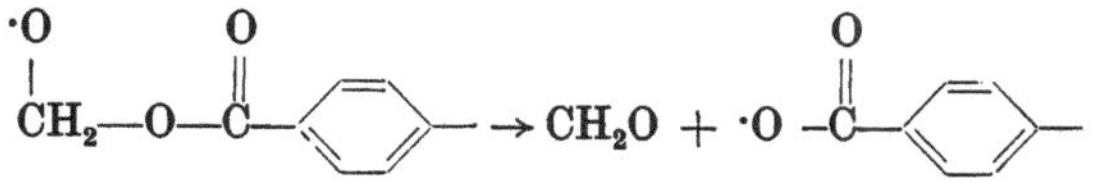

Sowohl als Folge des thermischen wie des thermooxydativen Abbaus bilden sich Vinylestergruppen. Nach Untersuchungen von Yoda u. a. [239] sind sie der Ausgangspunkt für Vernetzungsreaktionen, die neben den Kettenspaltungen verlaufen und zu einer Gelbildung in thermooxydativ geschädigtem PÄT führen. Yoda u. a. erhitzten zu einer dünnen Schicht ausgebreitetes PÄT unter einem Luftstrom auf 300°C. Als Abbauprodukte isolierten sie neben cyclischen und linearen Oligomeren Terephthalsäure als Hauptbestandteil eines Sublimates sowie aus dem abgebauten, stark verfärbten PÄT ein unlösliches und unschmelzbares Produkt, das eine Polyenstruktur mit Estergruppen aufwies.

Die zur Herstellung des PÄT verwendeten Katalysatoren hatten unter den Versuchsbedingungen nur einen geringen Einfluß auf den Abbau. Eine Tendenz zur verstärkten Gelbildung deutete sich bei den Umesterungskatalysatoren in der Reihenfolge Mn, Ca $<$ Zn und bei den Polykondensationskatalysatoren in der Reihenfolge Ge $<$ Sb an. Die Autoren nehmen an, daß zunächst Kettenspaltungen eintreten, die zur Bildung von Carbonsäuren, Vinylestern, Aldehyden, CO_2 usw. führen. Nachdem sich Vinylester akkumuliert haben, reagieren diese mit Polymerketten unter Ausbildung von vernetzten Strukturen, die auch Polyensegmente enthalten:

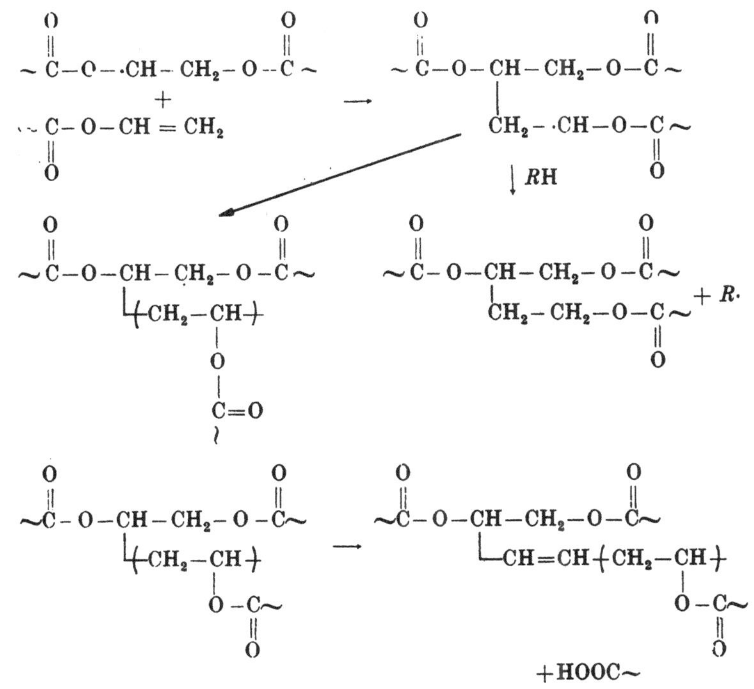

Die voranstehend erläuterten Untersuchungen über den thermooxydativen Abbau wurden alle an Polyesterschmelzen durchgeführt. Eine thermooxydative Schädigung des PÄT wird aber bereits bei Temperaturen unterhalb des Polyesterschmelzpunktes beobachtet. Im Gegensatz zu den Abbauerscheinungen von Schmelzen, die aus einer Überlagerung und wechselseitigen Beeinflussung von thermisch und thermooxydativ bedingten Abbaureaktionen resultieren, kann man annehmen, daß bei der Oxydation in fester Phase ein nahezu rein thermooxydativer Abbau verläuft, da in diesem Temperaturbereich ein thermischer Abbau praktisch nicht eintritt.

Bei der Untersuchung dieser Abbauvorgänge konnte mit besonderem Erfolg die Differentialthermoanalyse (DTA) eingesetzt werden, die auf relativ einfache aber recht eindrucksvolle Weise eine Charakterisierung des thermooxydativen Verhaltens von PÄT ermöglicht. NAIKI und KATO [246] und wenig später WIESENER [247] erkannten, daß ein exothermer Peak der DTA-Kurve, der im Schmelzbereich oder unmittelbar vorher auftrat, Ausdruck thermooxydativer Abbaureaktionen sein muß, da er nur beim Erhitzen fein zerkleinerter PÄT-Proben in Gegenwart von Sauerstoff gefunden wurde. ZIMMERMANN und SCHAAF [248, 249] konnten nachweisen, daß die Größe und Lage dieses Peaks und damit die Oxydationsanfälligkeit des PÄT in ähnlich starker Weise von den Umesterungs- und Polykondensationskatalysatoren bestimmt werden wie der thermische Abbau.

Bild 4.16. zeigt die differentialthermoanalytischen und die thermogravimetrischen Kurven, die mit zwei verschiedenen PÄT-Proben erhalten wurden. Die Probe I wurde mit Mangan- und Antimonverbindungen, die Probe II nur mit einer Antimonverbindung als Katalysator hergestellt. Bei der Probe I beginnt die Oxydation bereits bei 200 °C, bei der Probe II erst unmittelbar vor dem Schmelzen. Der Gewichtsverlust ist bei der Probe I ebenfalls größer als bei der Probe II.

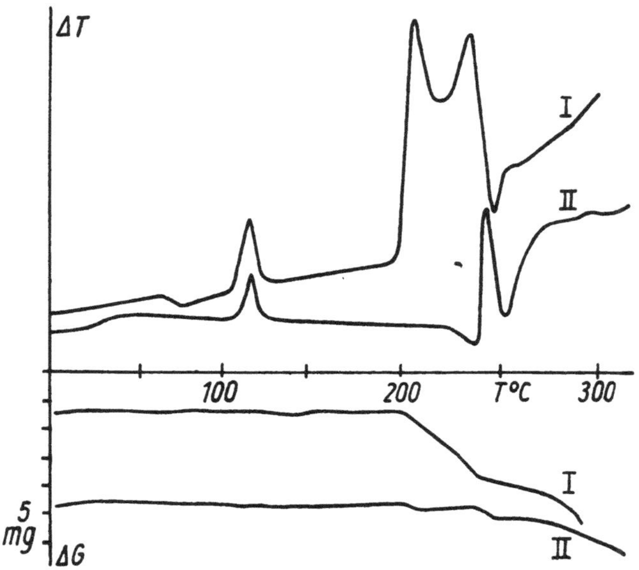

Bild 4.16. DTA- und TG-Kurven von zwei mit verschiedenen Katalysatoren hergestellten PÄT-Proben beim Erhitzen unter Luft [248]

Die Beeinflussung der thermooxydativen Stabilität des PÄT durch die verschiedenen Katalysatoren geht durchaus nicht immer konform mit dem Einfluß auf die thermische Beständigkeit. Mit Mangan-, Antimon- oder Germaniumverbindungen können Polyester mit etwa gleich guter thermischer Stabilität hergestellt werden, das thermooxydative Verhalten der mangan- oder germaniumkatalysierten Polyester ist aber wesentlich ungünstiger.

Der unterschiedliche Katalysatoreinfluß wurde auch bei isothermen Abbauversuchen in einem luftdurchströmten Rohr im Temperaturbereich von 180 bis 240 °C an Hand der Carboxylgruppenzunahme und der Abnahme der relativen Lösungsviskosität des PÄT nachgewiesen [249]. In Bild 4.17. sind thermoanaly-

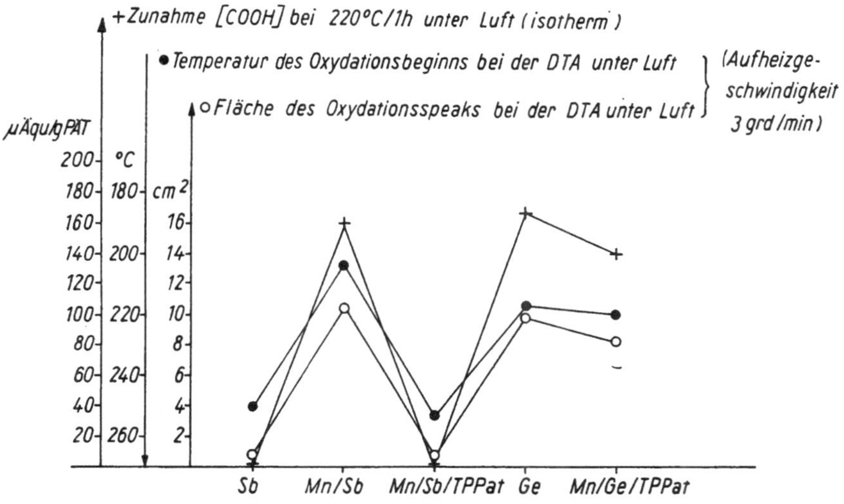

Bild 4.17. Thermooxydativer Abbau von PÄT in Abhängigkeit von den bei der Herstellung verwendeten Katalysatoren [249]

tisch und makromolekularanalytisch bestimmte Auswirkungen des thermooxydativen Abbaus verschiedener PÄT-Proben in Abhängigkeit von den Katalysatoren zusammengestellt. Nach beiden Untersuchungsmethoden wurden gleichsinnige Ergebnisse erzielt. Bemerkenswert ist der Effekt des Triphenylphosphates. Bei Verwendung der bereits beschriebenen Katalysator-Inhibitor-Kombinationen, durch die das Mangan in ein katalytisch inaktives Phosphat überführt wird (s. 4.2.3.1.) — weniger um den thermischen Abbau zu beeinflussen, sondern mehr um eine Gelbfärbung des Polyesters zu verhindern — wird gleichzeitig die spezifische beschleunigende Wirkung des Mangans auf den thermooxydativen Abbau unterbunden. Triphenylphosphat oder analoge Verbindungen wirken in diesem Falle damit indirekt als Stabilisatoren gegen den katalytisch verstärkten thermooxydativen Abbau. Da Phosphorsäurederivate gegenüber Germaniumverbindungen keine allgemein inaktivierende Wirkung besitzen, was ja die Grundlage für die Verwendung von Germanium in Katalysator-Inhibitor-Kombinationen ist, kann in diesem Fall in Gegenwart von Triphenylphosphat auch keine Verbesse-

rung der thermooxydativen Beständigkeit erreicht werden, wie Bild 4.17. deutlich zeigt.
Polyäthylenterephthalat sollte während des Herstellungs- und Verarbeitungsprozesses durch eine sorgfältige Prozeßführung eigentlich keinem thermooxydativen Angriff ausgesetzt sein. Auch ein Erhitzen unter Luft auf Temperaturen um 200 °C ist eine Belastung, der der Polyester gewiß nur selten und kurzfristig ausgesetzt sein wird. Die Stärke der Effekte läßt jedoch erwarten, daß auch oxydative Einwirkungen bei tieferen Temperaturen zu merklichen Schädigungen führen können. Das gilt besonders für PÄT-Produkte mit großer Oberfläche, z. B. Staubanteile im Granulat, bei denen der thermooxydative Angriff auf Grund der großen Oberfläche besonders stark ist. Eine derartige Schädigung eines kleinen Granulatanteils wird kaum an einer Veränderung des Carboxylgruppengehaltes oder der Viskosität der Gesamtgranulatmasse nachzuweisen sein. Es ist aber durchaus denkbar, daß sie eine der Ursachen für hohe Fadenbruchzahlen bei der Herstellung von Polyesterfäden ist, da sich hierbei die absolute, wenn auch kleine Masse an thermooxydativ geschädigtem Material auswirken kann.

Hoffrichter [250] fand z. B. Masern in Polyesterseide, die aus einem gelartigen Abbauprodukt des PÄT bestanden.

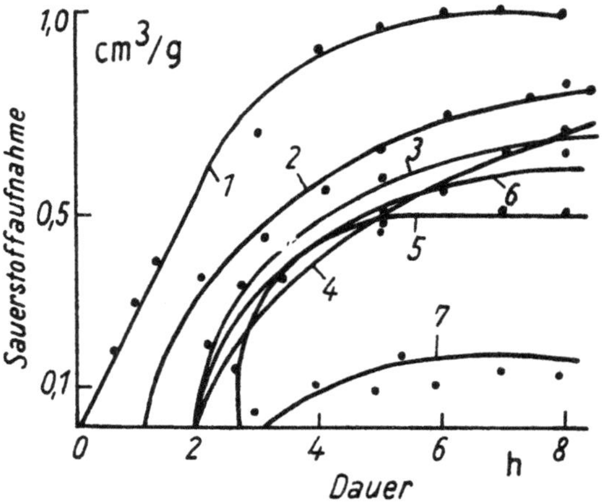

Bild 4.18. Kinetische Kurven für die Oxydation von Polyesterfäden mit verschiedenen Stabilisatoren [242]

1 – ohne Stabilisator; *2* – 4.4.-Thio-bis(6-tert.butyl-m-kresol) (CAO-6) + Brenzcatechinphosphorigsäure-2.4.6-tert.butylphenylester (BPSPE) + H_3PO_4; *3* – 2.6-Diisobornylmethylphenol (DIBMP) + BPSPE; *4* – DIBMP; *5* – DIBMP + Tri-p-tert.butylphenylphosphit (TBPP) + H_3PO_4; *6* – TBPP; *7* – CAO-6 + BPSPE

Um die Gefahr einer thermooxydativen Schädigung des PÄT zu vermindern, sind zahlreiche Verbindungen untersucht worden, die in den nach einem Radikalmechanismus verlaufenden Prozeß eingreifen können. Eine Reihe derartiger Stabilisatoren ist im Abschnitt 4.2.3.1. bereits genannt worden. Der Untersuchung des thermooxydativen Abbaus in Gegenwart von Stabilisatoren haben vor allem sowjetische Autoren große Aufmerksamkeit gewidmet. Wie Michajlov u. a. [242] feststellten, führt der Zusatz eines Gemisches aus Phosphorig- und Brenzcatechinphosphorigsäureestern mit Terpenophenolen zu einer Erhöhung der Beständigkeit des PÄT gegenüber thermooxydativen Belastungen, zu einer Verlängerung der Induktionsperiode und zu einer Verminderung der absorbierten Sauerstoffmenge der Polyesterfäden. In Bild 4.18. ist die Geschwindigkeit der Sauerstoffaufnahme von Polyesterfäden bei 200 °C in Gegenwart verschiedener Stabilisatoren dargestellt.

Als wirksame Stabilisatoren für verschiedene Polymere haben sich Verbindungen mit konjugierten Doppelbindungen erwiesen [251]. Es besteht dabei ein Zusammenhang zwischen der Inhibierungsaktivität der polykonjugierten Systeme und ihrem Gehalt an paramagnetischen Teilchen, die sich bei einer thermischen Aktivierung dieser Verbindungen bilden. Zur Inhibierung des thermooxydativen Abbaus von PÄT hat sich aktiviertes Anthracen besonders bewährt [175, 243, 252].

4.2.7.4. Hydrolytischer Abbau

Die Trocknung bzw. Trockenhaltung des PÄT-Granulates ist eine wichtige Verfahrensstufe im Herstellungsprozeß von Polyesterfasern. Da PÄT an der Luft sehr rasch Feuchtigkeit aufnimmt, besteht beim Aufschmelzen des Granulates in dem Schmelzspinnaggregat die Gefahr eines hydrolytischen Abbaus, der die Spinnsicherheit im laufenden Betrieb und die Eigenschaften der ersponnenen Fäden beeinträchtigt. Die Wassersorption ist von der Lagerungsdauer, der Luftfeuchtigkeit und der Korngröße des Granulates abhängig [253]. Sie erreicht normalerweise unter den Bedingungen, die im Produktionsprozeß zu einer Feuchtigkeitsaufnahme führen können, nicht den Gleichgewichtswassergehalt von 0,4—0,5%, der für PÄT bei 65% rel. Luftfeuchte bekannt ist. Bei Würfeln mit $^3/_{16}$ Zoll (0,47 cm) Kantenlänge beträgt die Wasseraufnahme nach 0,5 h etwa 0,025%, bei Pulver (40 mesh) etwa 0,125% [224].

Eine theoretische Betrachtung zeigt jedoch, daß sich bereits der durch sehr kleine Wassermengen verursachte hydrolytische Abbau stark auf den Durchschnittspolymerisationsgrad auswirkt.

In der Tabelle 4.8. sind die Auswirkungen eines berechneten hydrolytischen Abbaus in Abhängigkeit vom jeweiligen Wassergehalt des PÄT dargestellt [254].

Tabelle 4.8. Berechneter hydrolytischer Abbau in Abhängigkeit vom Wassergehalt des Polyäthylenterephthalats

Wassergehalt des PÄT [%]	[Mol H_2O]	$\bar{P}_{na}$	$\bar{M}_n$	[η]	η_{rel}	Abbau [%] [η]	$\bar{P}_n$
		110	21182	0,692	1,388		
0,01	0,118	98	18974	0,64	1,356	7,5	10,5
0,02	0,236	89	17152	0,60	1,331	13,3	19
0,05	0,589	69	13366	0,50	1,273	27,7	37
0,1	1,176	46	8894	0,38	1,207	45	58,2

Man kann sicher annehmen, daß ein Teil des gegebenenfalls in einem PÄT-Granulat enthaltenen Wassers beim Aufschmelzen zum Verspinnen durch die Stickstoffspülung aus dem Spinnaggregat entfernt wird, bevor es hydrolytisch wirksam werden kann. Die berechneten Werte lassen jedoch erkennen, daß selbst ein effektiv wirksam werdender Wassergehalt von 0,01% noch einen merklichen Viskositätsabfall durch hydrolytische Spaltungen der Polyesterketten bewirkt.

4.3. Verfahrenstechnik der Herstellung von Polyäthylenterephthalat

Im folgenden soll auf die Verfahrensstufen zur Herstellung von Polyäthylenterephthalat ausführlich eingegangen werden.

Wie bereits aus den bisherigen Darlegungen hervorgeht, kann man Polyäthylenterephthalat nach verschiedenen technologischen Methoden, sowohl aus Dimethylterephthalat als auch aus Terephthalsäure, diskontinuierlich oder auch kontinuierlich herstellen. Im Vordergrund der folgenden Ausführungen wird das bisher und wohl auch noch gegenwärtig am häufigsten angewandte Verfahren der diskontinuierlichen Umesterung und Polykondensation stehen.

4.3.1. *Diskontinuierliche Umesterungsverfahren*

Für das Umesterungsverfahren sind mehrere technologische Varianten bekannt. So läßt sich z. B. der gesamte Prozeß vom Lösen bis zum Gießen in einer einzigen Apparatur durchführen, in der das Dimethylterephthalat in Glykol gelöst, umgeestert und polykondensiert wird. Der Vorgang kann aber auch unterteilt werden, indem man Lösen und Umesterung einerseits und Kondensation andererseits in je einem Gefäß durchführt oder drei gesonderte Gefäße verwendet.

Unterschiede der einzelnen Verfahren sind auch hinsichtlich der Art der Durchführung des Gießprozesses nach der Polykondensation festzustellen. Es gibt Gießverfahren, bei denen die Schmelze in Wasser, und solche, bei denen sie an der Luft zum Erstarren gebracht wird. Auch in bezug auf den Zeitpunkt des Zusatzes von Katalysatoren, Mattierungsmitteln, Farbstoffen und sonstigen Pigmenten kommen verschiedenartige Verfahren zur Anwendung.

4.3.1.1. Transport und Lagerung der Rohstoffe

4.3.1.1.1. Transport und Lagerung von Dimethylterephthalat

Das DMT wird in geeigneten Behältern (Säcke, Fässer, Silowagen) auf dem Schienen- oder Straßenweg angeliefert.

Normalerweise enthalten die Säcke 25—40 kg DMT. Zum Schutze gegen Feuchtigkeit sind die Säcke z. B. innen mit einer Polyäthylenfolie ausgestattet.

Die Lagerung der Säcke soll in eigens dafür vorgesehenen Räumen erfolgen, die trocken, sauber und staubfrei sein müssen. Zum Transport werden Hubstapler oder andere mechanische Transport- und Stapelgeräte verwendet. Bei Anlieferung des DMT in Silowagen erfolgt pneumatische Entleerung in entsprechende Lagerbehälter. Das Schüttgewicht des DMT kann mit 450—550 kg pro m^3 angenommen werden.

Die Lagerbehälter müssen mit einer Vorrichtung zum Auflockern des DMT (Rüttler, Rührer, Blaseinrichtung oder dgl.) versehen sein, um Brückenbildung zu vermeiden. Der Transport aus dem Lager in die Meßbehälter, Schmelzgefäße oder Löser des Produktionsbetriebes erfolgt mittels pneumatischer Förderanlagen, Vibrationsrohre oder Schüttelrinnen. Als Transportmedien kommen gereinigter Stickstoff oder Luft in Frage, die trocken und frei von Staub sein müssen. Die Leistung einer solchen Förderanlage soll mindestens 1500—2000 kg pro Stunde betragen.

Bei Anwendung eines Aufschmelzgefäßes empfiehlt es sich, einen Zwischenbehälter für DMT aufzustellen, von dem aus das DMT mit einer Förderschnecke in das Aufschmelzgefäß transportiert werden kann. Bild 4.19. zeigt den DMT-Transport mit einem Silo-Wagen.

Bild 4.19. Transport von Dimethylterephthalat (DMT)

Der Arbeitsaufwand und die Kosten für die Kristallisation, die Verpackung und das Wiederaufschmelzen des DMT können eingespart werden, wenn es gleich in geschmolzener Form, wie es bei der Herstellung anfällt, transportiert wird. Mit Caprolactam für die Polyamidproduktion wird schon seit langem so verfahren. Bedingt durch den Schmelzpunkt des DMT muß der Schmelzetransport jedoch bei um nahezu 100 grd höheren Temperaturen als für Caprolactam erforderlich, durchgeführt werden. Dadurch ist die thermische Belastung des DMT wesentlich höher und es besteht die Gefahr von Abbaureaktionen, deren Folgeprodukte sich nachteilig auf die Umesterungsreaktion auswirken können [28] (vgl. 4.2.1.1.). In verschiedenen Patentschriften werden daher Verfahren zur Verbesserung der thermischen Stabilität von DMT beschrieben, die eine längere Lagerung und den Transport bei 160—180 °C ermöglichen sollen. Zur Stabilisierung der Säurezahl beim Aufbewahren von DMT-Schmelzen bei 175 °C wird von der Standard Oil Co. der Zusatz von 0,01—0,5% Äthylenglykol empfohlen [255]. In einem anderen Patent der gleichen Firma werden als Stabilisatoren sterisch gehinderte Phenole und Dialkylphosphite genannt [256]. Von der Chemische Werke Witten GmbH wird der Zusatz von 0,01—3% einwertiger niederer Alkohole, insbesondere Methanol vorgeschlagen [257]. Der Schmelzetransport erfolgt unter trockenem Stickstoff in speziellen isolierten Tankwagen aus nichtrostendem Stahl in einem Fassungsvermögen von z. B. 26000 l [258].

4.3.1.1.2. Transport und Lagerung von Äthylenglykol

Glykol wird in stehenden oder liegenden Aluminium-Behältern gelagert, die räumlich so bemessen sind, daß eine oder mehrere Kesselwagenfüllungen aufgenommen werden können. Im Freien befindliche Behälter müssen beheizt werden, da für Glykol bei −11 °C Einfriergefahr besteht. Die Beheizung der Behälter erfolgt mit Dampf, der durch eine Heizschlange — entweder im Innern der Behälter oder außen herum — geleitet wird. Das Glykol soll sich hierbei nur so weit erwärmen, daß lediglich das Einfrieren verhindert wird.

Bisweilen erweist es sich als zweckmäßig, das Glykol für den Polykondensationsprozeß über Meßbehälter den Lagerkesseln zu entnehmen. Am einfachsten findet jedoch die Entnahme aus den Vorratsbehältern über Meßuhren (Ovalradzähler) statt. Der Transport des Glykols wird mit Förderpumpen durchgeführt, sofern nicht das vorhandene Gefälle höher stehender Vorrats- oder Meßbehälter die Pumpen erübrigt. Da Äthylenglykol sehr hygroskopisch ist, müssen die Lagerbehälter vor Luftfeuchtigkeit geschützt werden.

4.3.1.2. Lösen bzw. Schmelzen von Dimethylterephthalat

Die Umesterungsreaktion wird in flüssiger Phase durchgeführt. Hierzu ist es notwendig, das DMT entweder in fester Form in Glykol zu lösen oder in geschmolzenem Zustand mit heißem Glykol zu vermischen. Für das Lösen in Glykol werden Lösekessel verwendet, während für das Aufschmelzen von DMT geeignete Schmelzgefäße eingesetzt werden. Nach beiden Methoden liegt am Ende des Vorganges eine gleichartige Lösung von DMT in Glykol mit der für die Umesterung erforderlichen Temperatur vor.

4.3.1.2.1. Löseverfahren

Für eine im laufenden Arbeitsgang durchgeführte Produktion empfiehlt es sich, Lösen und Umesterung des DMT nicht in demselben Gefäß nacheinander, sondern in zwei Apparaten getrennt vorzunehmen. Der Vorteil der Verwendung eines gesonderten Lösekessels liegt darin, daß das Umesterungsgefäß nach beendeter Umesterung einer Charge sofort wieder mit der nächsten, bereits gelösten DMT-Charge beschickt werden kann.

Die gleichzeitige Auslastung aller drei Gefäße — Löser, Umesterungsgefäß, Kondensationsgefäß — garantiert bei eingespieltem Arbeitsrhythmus eine hohe Arbeitsproduktivität.

Wird für Lösen und Umesterung nur ein Gefäß verwendet, so gehen oftmals beide Prozesse ineinander über, d. h., die Umesterung beginnt bereits, wenn das DMT noch nicht restlos gelöst ist.

Der Lösekessel zum Lösen von festem DMT in Glykol (siehe Bild 4.20.) besteht aus nichtrostendem Material und hat einen eisernen Doppelmantel für die Diphenylheizung, sofern nicht eine andere Beheizungsart gewählt wird. Der Gesamtinhalt soll ausreichend bemessen sein, um DMT und Glykol für mindestens eine Charge aufnehmen zu können. Am unteren Teil des Lösekessels sind Heizstutzen für die Heizrohre angeschweißt, oder es sind Heizbänder, Induktionsheizung oder dgl. vorgesehen. Die Beheizung des Lösekessels kann auch mit hochgespanntem Dampf erfolgen. Der untere Teil des Kessels ist konisch oder gewölbt.

Auf dem Deckel des Lösekessels sind üblicherweise Filterstutzen, Stickstoffanschluß, Entlüftungsstutzen, Stutzen mit Rückflußkühler und Schaugläser angebracht. Der Ablaßstutzen sitzt an der tiefsten Stelle des Lösekessels.

Im Innern des Lösekessels ist ein langsam rotierendes Rührwerk eingebaut.

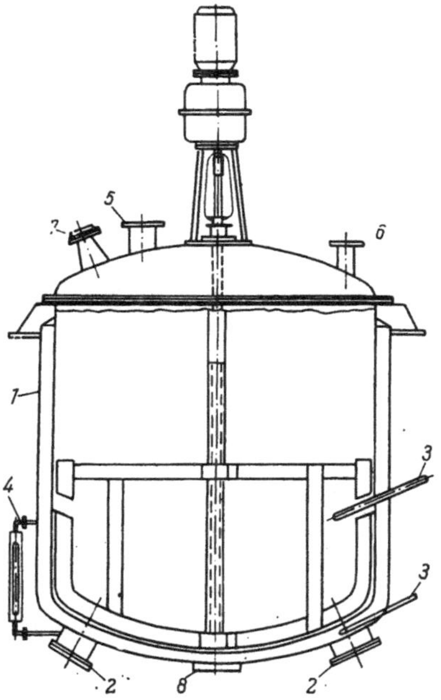

Bild 4.20. Kessel zum Lösen von Dimethylterephthalat in Glykol

1 – Dinyl-Heizmantel; *2* – Elektrische Dinyl-Heizstutzen; *3* – Thermometer; *4* – Dinylflüssigkeitsstand; *5* – DMT-Eintritt; *6* – Glykol-Eintritt; *7* – Schauglas; *8* – Ablaß der Lösung

Das Lösen einer Dimethylterephthalat-Glykol-Charge, die in der Menge im allgemeinen dem Einfachen oder Vielfachen der Menge der Umesterungscharge entspricht, geht in folgender Weise vor sich:

Nach Beschicken des Lösekessels mit Glykol werden unter Rühren die TiO_2-Suspension und anschließend das Dimethylterephthalat eingefüllt. Wird der Löser gleichzeitig als Umesterungsgefäß verwendet, so fügt man beim Einfüllen des Dimethylterephthalates auch den Katalysator hinzu.

Es ist vorteilhaft, die TiO_2-Suspension dem noch kalten Äthylenglykol zuzusetzen, da Temperaturunterschiede zu Zusammenballungen der TiO_2-Partikel führen können.

Bei Beginn des Füllens mit Dimethylterephthalat wird die Heizung eingeschaltet. Zur Verhinderung einer oxydativen Schädigung während des Lösevorganges leitet man einen leichten Stickstoffstrom über die Oberfläche der Dimethylterephthalat/Glykolmischung. Oberhalb 130 °C beginnt ein intensives Lösen des Dimethylterephthalates im Äthylenglykol. Temperaturen von 150—160 °C sind für den Lösevorgang am günstigsten. In diesem Temperaturbereich erfolgt neben dem Löseprozeß gleichzeitig ein Schmelzprozeß (Dimethylterephthalat: Smp. 141 °C).

Sublimierendes Dimethylterephthalat kann in einer Kolonne zurückgehalten werden.

Die Dauer des Lösevorganges richtet sich nach der Chargengröße und der zur Verfügung stehenden Heizenergie. Die Lösezeit liegt bei Chargen von ca. 1000 kg zwischen 3 und 6 Stunden.

4.3.1.2.2. Schmelzverfahren

Gegenüber der Lösemethode hat das Verfahren des Aufschmelzens von DMT und Vereinigens des so verflüssigten bzw. des in geschmolzener Form vom Herstellerwerk antransportierten Dimethylterephthalats mit heißem Glykol verschiedene Vorteile. Die Herstellung der Lösung geht schneller vor sich. Durch die kürzeren Verweilzeiten der beiden Komponenten im heißen Zustand werden Nebenreaktionen vermindert, was sich positiv auf die Qualität des Endproduktes auswirkt.

Der mit Doppelmantel versehene Dimethylterephthalat-Schmelzkessel kann in runder, quadratischer oder in einer anderen Form ausgeführt sein. Zur Erreichung hoher Aufschmelztemperaturen wird er entweder mit Diphenyl, hochgespanntem Dampf oder dgl. betrieben oder auch direkt beheizt.

Das Gefäß ist mit einem Deckel verschlossen, der neben Licht- und Schauglasstutzen entweder einen großen Füllstutzen oder einen Anschluß für die pneumatische Förderanlage enthält. Alle Innenteile, wie Innenmantel, Unterseite des Deckels, Heizrost, Thermometerstutzen bestehen aus nichtrostendem Stahl.

Die Abschmelzleistung hängt hauptsächlich von der Größe der Heizflächen ab. Es können auch parallel-laufende Lamellen eingebaut sein, die zur Vergrößerung der Heizfläche dachförmig ausgebildet sind. Wie aus Bild 4.21, das einen dampfbeheizten Schmelzkessel darstellt, hervorgeht, kann auch die Abschmelzfläche aus mehreren senkrechten nach oben verlaufenden Heizkörpern bestehen.

Die Leistung des Dimethylterephthalat-Schmelzkessels ist nicht nur von der Temperatur, der zugeführten Heizenergie und der Oberfläche des Rostes sondern auch von der Form des aufzuschmelzenden Dimethylterephthalats abhängig.

Diese verschiedenartigen Formen beeinflussen auch das Verhalten des Dimethylterephthalat-Materials beim Einfüllen. Beispielsweise kann es bei schuppenförmigem DMT-Material durch gegenseitige Abstützung zur Brückenbildung kommen, wodurch die Abschmelzleistung verringert wird. Pulverisiertes Dimethylterephthalat, das außerdem den Nachteil eines geringeren Schüttgewichtes besitzt, bildet durch Zusammenbacken ebenfalls Brücken. Bei waagerecht liegendem Heizrost kann die Brückenbildung durch eine langsam rotierende Rührvorrichtung verhindert und dadurch ein stetiger Abschmelzvorgang herbeigeführt werden.

Der Abschmelzvorgang läßt sich durch Anwendung von Druck beschleunigen, wobei beispielsweise ein Stempel das aufzuschmelzende Dimethylterephthalat gegen den Heizrost drückt.

Die Leistung eines gut durchkonstruierten Dimethylterephthalt-Schmelzkessels liegt über 1 t/h.

Vor Beginn des Füllens bzw. des Aufschmelzens wird zweckmäßigerweise der leere Schmelzkessel auf die erforderliche Temperatur gebracht. Die Zuführung

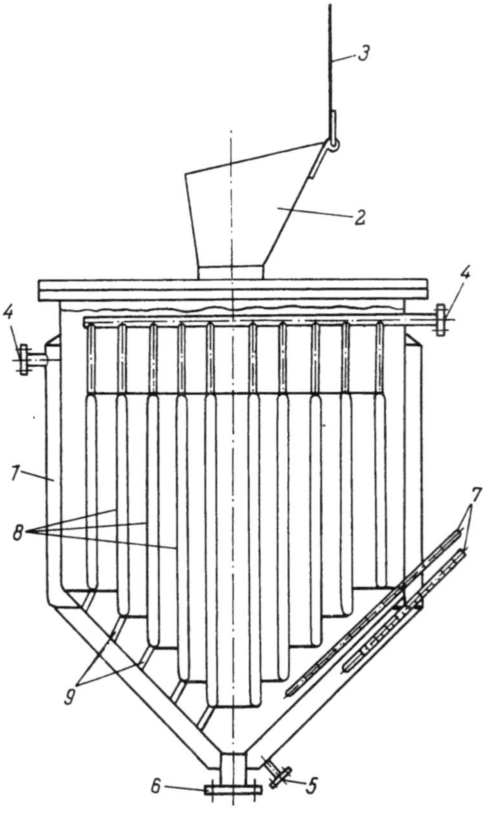

Bild 4.21. Schmelzkessel für Dimethylterephthalat

1 – Dampfheizmantel; *2* – DMT-Fülltrichter; *3* – Deckel für Fülltrichter; *4* – Dampfeintritts-Ventile; *5* – Kondenswasser-Austritt aus dem Heizmantel; *6* – DMT-Schmelze-Austritt; *7* – Thermometer; *8* – Heizkörper; *9* – Kondenswasser-Austritt aus den Heizkörpern

von Dimethylterephthalat erfolgt mittels pneumatischer Förderanlage aus dem Dimethylterephthalat-Lager oder durch Entleeren der Dimethylterephthalat-Säcke in den Schmelzkessel. Das auf dem Heizkörper abgeschmolzene Dimethylterephthalat fließt in das Umesterungsgefäß, in dem sich das auf mindestens 150 °C erhitzte Äthylenglykol befindet. Nach Füllen des Umesterungsgefäßes bzw. nach Beendigung des Schmelzvorganges wird ein zwischen dem Aufschmelz- und dem Umesterungsgefäß befindliches Absperrventil geschlossen und die Leitung auf ein zweites Umesterungsgefäß umgeschaltet.

Während der Dauer des Schmelzens wird die Innentemperatur des Umesterungsgefäßes auf 170—180 °C erhöht.

Der Zusatz des Katalysators zu der Lösung erfolgt zweckmäßigerweise in glykolischer Lösung oder Suspension. Für die Zugabe eignet sich beispielsweise ein auf dem Deckel des Umesterungsgefäßes befindliches Aufnahmegefäß mit Katalysator-Glykolgemisch, das in die Dimethylterephthalat-Glykol-Lösung abgelassen wird. Nach der Zugabe setzt sofort der Umesterungsprozeß lebhaft ein.

4.3.1.3. Umesterung

Bei kleineren Ansätzen wird die Umesterung bei Temperaturen unterhalb des Siedepunktes von Glykol und ohne Rückflußkolonne durchgeführt. Nachteilig wirkt sich jedoch — besonders bei großen Oberflächen — die Sublimation des Dimethylterephthalates aus, wenn ohne Rückflußkolonne gearbeitet wird. Das sublimierende Dimethylterephthalat verstopft Kühler und Ableitungsrohre.

Aus den tieferen Reaktionstemperaturen resultieren außerdem längere Reaktionszeiten (siehe 4.2.1.1.).

Bei einer anderen Methode wird die Umesterung bei der Temperatur des siedenden Glykols durchgeführt. Diese Methode bedarf, um das Glykol wieder in das Reaktionsgemisch zurückzuführen, einer Rückflußkolonne. Wegen einiger Vorteile wird dieser Methode speziell in großtechnischen Anlagen der Vorzug gegeben. Die Sublimation von Dimethylterephthalat tritt zwar ebenso auf wie bei der erstgenannten Arbeitsweise, jedoch wird das Sublimat, das sich im unteren Teil der Kolonne niederschlägt, zunächst vom Methanol- und dann vom Glykolrücklauf in das Reaktionsgemisch zurückgespült.

Der Dimethylterephthalat-Anteil des Rücklaufes beträgt zu Beginn etwa 10 bis 15%. Bei zunehmender Bildung von Bis-(2-hydroxyäthyl)-terephthalat nimmt dieser Wert ständig ab.

Das Arbeiten mit einer Rücklaufkolonne erlaubt die Durchführung der Reaktion bei höheren Temperaturen. Die dadurch verringerte Reaktionszeit ist, besonders in großtechnischer Hinsicht, ein bestimmender Faktor für die Anwendung dieser Methode.

4.3.1.3.1. Umesterungsgefäß

Das Umesterungsgefäß besteht aus nichtrostendem Stahl. Der Nutzinhalt soll etwa die Hälfte des Gesamtinhalts des Behälters betragen. Der Boden des Umesterungsgefäßes kann tiefgewölbt oder konisch ausgeführt sein. Der Durchmesser des Gefäßes soll reichlich bemessen sein, damit das Methanol rasch abdestillieren kann. Zylindrischer Teil und Boden sind bei Anwendung der Diphenylheizung von einem Heizmantel aus Flußstahl umgeben. In dem Heizmantel sind — wie Bild 4.22a. zeigt — schräg von unten Heizstutzen für die Heizrohre eingeschweißt. Die elektrische Heizvorrichtung muß explosionsgeschützt sein. Um kurze Anheiz- und Reaktionszeit zu erreichen, ist die Heizleistung entsprechend auszulegen. Im Deckel des Gefäßes (Bild 4.22b.) befinden sich Stutzen für die Zugabe von aufgeschmolzenem Dimethylterephthalat, für den Dampfaustritt und einem Anschluß der Kolonne, für die Mattierungsmittel- und Katalysatorzugabe, für den Stickstoff- und Glykolteintritt sowie ein Stutzen für die Sicherheitseinrichtung. Weiterhin ist ein Licht- und Schauglasstutzen, evtl. mit Wasserkühlung, vorgesehen. Im Innenmantel ist ein Thermometerrohr so eingeschweißt, daß es in die Schmelze voll eintaucht. Der Ablaßstutzen sitzt an der tiefsten Stelle des Bodens.

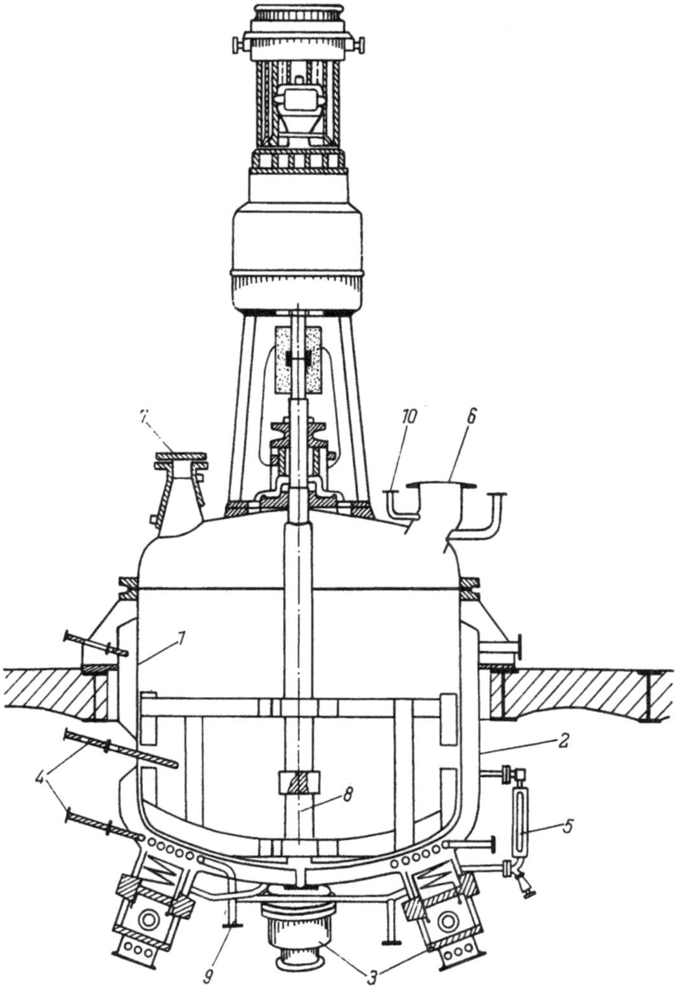

Bild 4.22 a. Umesterungsgefäß (VEB Mafa Halle)

1 — Gefäß; *2* — Dinylheizmantel; *3* — Elektrische Heizung; *4* — Thermometer; *5* — Dinylstandanzeiger; *6* — Stutzen zum Kühler; *7* — Schauglas; *8* — Rührwerk; *9* — Kühlschlange; *10* — Vakuumstutzen

Das Gefäß muß für einen bestimmten Betriebsdruck geeignet sein. Im Innern des Gefäßes ist ein Rührwerk eingebaut; es besteht ebenfalls aus Edelstahl. Der Antrieb des Rührwerkes erfolgt von einem Drehstrommotor über ein Untersetzungsgetriebe, das die Drehzahl des Motors auf 40—60 U/min reduziert. Der Motor und alle übrigen elektrischen Installationen sollen explosionsgeschützt sein.

Die zum Umesterungsgefäß gehörende Kolonne dient zur Trennung des Methanol-Glykolgemisches. Sie ist aus nichtrostendem Stahl oder Aluminium gefertigt. Am Kopf der Kolonne sitzt ein Dephlegmator. Andere Ausführungen sehen eine nachgeschaltete Kühlung mit Einstellung des Rücklaufes vor.

Bild 4.22 b. Oberteil des Umesterungsgefäßes

Als Füllkörper dienen Raschig-Ringe oder Sattelkörper. Die Kolonne hat obere und untere Temperaturmeßstellen, deren angezeigte Werte zur Führung, Regelung und Steuerung des Prozesses von Wichtigkeit sind.

4.3.1.3.2. Zubereitung des Mattierungsmittels

Als Mattierungsmittel kommt vorzugsweise Titandioxid in Frage. Ausgangsbasis zur Herstellung eines als Mattierungsmittel brauchbaren TiO_2 können die Minerale Rutil und Anastas sein. Die Anforderungen, die an die Qualität des für die Mattierung von Polyäthylenterephthalat verwendeten TiO_2 gestellt werden, sind sehr hoch. Die Korngröße des TiO_2 soll zwischen 0,5 und 1,5 µm liegen. Da das handelsübliche Produkt diesen Anforderungen oftmals nicht entspricht, wird es vor dem Einsatz sedimentiert oder gemahlen. Das geschieht z. B. in folgender Weise:

Eine ca. 30%ige Aufschlämmung von TiO_2 in Glykol wird in einer Korundstein-Mühle mechanisch zerkleinert. Das Mahlwerk besteht aus zwei Korundstein-Scheiben unterschiedlicher Körnung. Auftretende Reibungswärme wird durch eine Kühlung abgeführt. Der Abstand der beiden Korundstein-Scheiben läßt sich durch eine Feineinstellung variieren, so daß das zu mahlende Produkt auf die gewünschte Korngröße gebracht werden kann. Eine Umpumpeinrichtung gestattet das mehrmalige Passieren des Mahlwerkes. Zusätzlich kann die Suspension noch unter Druck durch die Scheiben geführt werden, wobei eine Feinst-Einstellung dieser Scheiben möglich ist, oder sie kann einer Sedimentation in Glykol unterworfen werden.

Die auf diese Art zubereitete Mattierung erfüllt die Ansprüche in bezug auf Feinkörnigkeit und Verteilungsgrad.

Selbstverständlich kann auch eine TiO_2-Paste wie sie von der einschlägigen Industrie geliefert wird, zur Mattierung von Polyestern eingesetzt werden.

Die Menge des zugesetzten TiO_2 richtet sich nach dem beabsichtigten Matteffekt. Im allgemeinen liegen die Zusätze, bezogen auf Dimethylterephthalat, zwischen 0,3% und 0,6%.

4.3.1.3.3. Umesterungsvorgang

Das nach 4.3.1.2.1 oder 4.3.1.2.2 hergestellte Dimethylterephthalat-Glykol-Lösungsgemisch wird zur Erreichung einer höheren Reaktionsgeschwindigkeit weiter aufgeheizt. Das bei der Umesterung entstehende Methanol wird zunächst den Gefäßoberteil und, wenn mit Rückflußkolonne gearbeitet wird, die Kolonne durchwärmen, wobei das Methanol vorerst noch kondensiert und zurückläuft. Dieser anfängliche Methanolrücklauf ist jedoch nur von kurzer Dauer, da sich die Kolonne schnell durchwärmt, bei weiterer Temperaturerhöhung reichlich Methanol gebildet wird und der Partialdampfdruck des Glykols bei diesen Temperaturen ausreichend hoch wird, so daß auch unterhalb des Siedepunktes des reinen Glykols (197 °C) ein Methanol-Glykol-Gemisch zum Sieden kommt. Mit zunehmendem Fortschreiten der Reaktion wird entsprechend der sich verändernden Zusammensetzung des Methanol-Glykoldampfes die Reaktionstemperatur gesteigert.

Die Steuerung des Umesterungsvorganges kann von der Temperatur des Reaktionsgemisches oder von der Methanolabgangstemperatur aus erfolgen.

Das Ziel der Umesterung muß sein, die Reaktion in kürzester Zeit durchzuführen, gleichgültig, ob man reines Methanol abdestilliert oder einen geringen Prozentsatz an Glykol mit abtreibt.

Das Ende der Umesterungsreaktion zeigt sich durch den ständig abnehmenden Methanolfluß an. Jedoch ist es nicht erforderlich, in dieser Phase das Ende der Reaktion abzuwarten. Die Erfahrung hat gezeigt, daß bei einem ausreichend hohen Umsetzungsgrad die Umesterung abgebrochen werden kann und der Rest des vorhandenen und sich evtl. noch bildenden Methanols mit dem überschüssigen Glykol abgetrieben wird.

Zur Betriebskontrolle ist es zweckmäßig, die abgespaltene Methanolmenge in einer Meßvorlage aufzufangen oder die Menge von einer Meßuhr, einem sogenannten Ovalradzähler, registrieren zu lassen.

Die Umesterungsreaktion dauert im allgemeinen 3—6 Stunden und ist nicht nur von dem eingesetzten Katalysator und der Reaktionstemperatur, sondern auch von der Chargengröße und der Gefäßform abhängig.

Am Ende der Umesterung hat die Schmelze eine Temperatur von 200—205 °C.

4.3.1.4. Polykondensation

4.3.1.4.1. Polykondensationsgefäß

Das Kondensationsgefäß (Bild 4.23.) kann in seinem konstruktiven Aufbau dem Umesterungsgefäß ähnlich sein (siehe 4.3.1.3.1). Die Ausmaße des Innendurchmessers und der zylindrischen Höhe und der Nutzinhalt beispielsweise können in gleicher Größe gewählt werden.

Der Boden kann tiefgewölbt oder auch konisch ausgeführt sein. Ein tief-

Bild 4.23. Polykondensationsgefäß (VEB Maschinenfabrik Halle/S.)

gewölbter Boden verringert die so wichtige Schichthöhe der Schmelze, während ein konischer Boden bei der Entleerung des Gefäßes von hochviskoser Schmelze Vorteile hat. Die Heizung soll ausreichend stark ausgelegt sein, so daß das Hochheizen auf die Reaktionstemperatur schnell durchgeführt werden kann.

Das Gefäß hat im Deckel Stutzen für die Füllung, für Schau- und Lichtglas, für den Stickstoffeintritt, für den Dampfaustritt und für den Anschluß des Kühlers und der Dampfstrahlsaugapparatur.

Im Innenmantel ist ein Thermometerrohr so eingeschweißt, daß es voll in die Schmelze eintaucht.

Der Ablaßstutzen sitzt im Boden an der tiefsten Stelle; seine Öffnung darf zur Erreichung kurzer Gießzeiten nicht zu klein bemessen sein. Das Kondensationsgefäß ist für einen bestimmten Betriebsdruck geeignet und muß so gebaut sein, daß ein Vakuum von 1 Torr oder weniger gewährleistet ist. Im Gefäß befindet sich ein Rührwerk aus rostfreiem Stahl. Die Stopfbuchse soll vakuumdicht und wassergekühlt, die Kupplung zwischen Rührwelle und Getriebe elastisch sein. Der Antrieb erfolgt von einem Drehstrommotor, der in Anbetracht der hohen Viskosität der Schmelze stärker als der Motor des Umesterungsgefäßes ist, über ein Untersetzungsgetriebe, das die Drehzahl auf 40—60 U/min reduziert. Wenn das lichte Maß zwischen Innenmantelfläche und Außenkante des Rührwerkes zu gering ist, treten hohe Reibungskräfte auf, die sich in Wärme umsetzen und die Temperatur der Schmelze ansteigen lassen.

4.3.1.4.2. Filtrieren der Schmelze

Das im Umesterungsgefäß hergestellte Vorkondensationsprodukt wird mit Stickstoffdruck oder Pumpen in das Kondensationsgefäß gefördert. Hierbei ist es von Vorteil, wenn sich das Kondensationsgefäß unterhalb des Umesterungsgefäßes befindet. Selbstverständlich läßt sich der Vorgang auch durchführen, wenn die Gefäße auf gleicher Höhe stehen. Das bei unterschiedlicher Anordnung vorhandene Gefälle gibt jedoch die Gewähr für ein restloses Entleeren der Überdruckleitungen.

Zwischen den beiden Gefäßen sitzt in der Überdruckleitung eine Filtriereinrichtung, in der die Schmelze filtriert wird. Das Filter selbst besteht aus einem zylindrischen Keramik- oder Edelstahl-Gaze-Körper, der in einem beheizten Gefäß untergebracht und leicht auswechselbar ist. Die Maschendichte soll möglichst hoch gewählt werden, um eventuell vorhandene TiO_2-Zusammenballungen zurückzuhalten. Nach längerem Gebrauch wird das Filter ausgewechselt und abgebrannt. Es ist nach sorgfältigem Abbürsten wieder einsatzbereit. Ein zweites, parallelgeschaltetes gleiches Filter verhindert bei Ausfall des einen Filters Zeitverluste im technologischen Ablauf. Für das Überdrücken reicht bei Wahl der geeigneten Filtriereinrichtung ein Stickstoffdruck von 1—2 kp/cm^2 aus. Die Schmelze gelangt nach dem Passieren des Filters durch ein Ventil in das noch heiße oder vorgeheizte Kondensationsgefäß.

4.3.1.4.3. Vakuumpolykondensation

Nach dem Beschicken des Kondensationsgefäßes mit dem Umesterungsprodukt, bestehend aus Bis-(2-hydroxyäthyl)-terephthalat, dessen Oligomeren und Glykol, wird die dünnflüssige Schmelze 2—6 Stunden unter Vakuum kondensiert. Der

Beginn der Evakuierung hängt von der Temperatur der Schmelze ab. Beim Evakuieren des Kondensationsgefäßes muß eine Temperatur erreicht sein, die ein Erstarren der Schmelze infolge des bei der Kondensation erreichten hohen Schmelzpunktes des Polyesters verhindert. Deshalb ist auch das Aufheizen des Kondensationsgefäßes mit großer Heizleistung erforderlich. Das Rührwerk wird sofort nach dem Beschicken des Kondensationsgefäßes in Betrieb genommen. Der Vorgang des Evakuierens selbst wird in der Weise durchgeführt, daß man den Druck im Kondensationsgefäß über einen bestimmten Zeitraum hinweg ständig verringert. Der Vorgang kann von Hand oder durch eine Programmsteuerung durchgeführt werden, wobei sich der zeitliche Ablauf der Evakuierung nach dem Verhalten der Schmelze unter vermindertem Druck richtet. Mit dem Senken des Druckes fällt der Siedepunkt des vorhandenen bzw. freiwerdenden Glykols, wodurch die Schmelze unter Volumenvergrößerung stark zum Schäumen neigt.

Erfahrungsgemäß wird das Endvakuum erhalten, bevor die Schmelze die erforderliche Reaktionstemperatur erreicht hat. Die anschließende Polykondensation wird bei einer Reaktionstemperatur von ca. 280 °C, einem hohen Vakuum (möglichst <1 Torr) und unter Rühren durchgeführt.

Bei der Durchführung der Vakuumkondensation ist es erforderlich, den Kondensationsverlauf zu kontrollieren. Da die Polykondensationsreaktion eine Zeitreaktion ist, läßt sich in gewissen Grenzen ein bestimmter Polykondensationsgrad empirisch ermitteln. Diese Methode ist jedoch unsicher und verlangt eine große Gleichmäßigkeit des gesamten Herstellungsprozesses. Weit zuverlässiger arbeitet eine indirekte Meßmethode, der die sich verändernden Werte des Rührmotors (Leistungsaufnahme — Leistungsabgabe) zugrunde liegen. Um die immer viskoser werdende Schmelze mit gleicher Geschwindigkeit durchzurühren, ist ein zunehmender Kraftbedarf des Rührmotors notwendig, dessen Werte aufgezeigt und registriert werden können. Auf diese Weise erhält man ein anschauliches Bild von den Änderungen der Viskosität während des Kondensationsverlaufes. Die angezeigten Werte beziehen sich auf das Verhalten der Schmelzviskosität.

Es ist auch eine direkte Messung der Schmelzviskosität möglich, wenn an das Kondensationsgefäß ein Schmelzviskosimeter angebaut ist. Mittels einer Umpumpeinrichtung wird laufend ein Teil der Schmelze in das Viskosimeter gefördert und dort gemessen.

4.3.1.5. Gießverfahren für Polyesterschmelzen

Um die thermische Belastung der PÄT-Schmelze möglichst gering zu halten und eine Inhomogenität der Charge durch eine zu unterschiedlich lange Verweilzeit im geschmolzenen Zustand zu vermeiden, ist eine rasche Überführung der Schmelze in den festen Zustand erforderlich. Dies geschieht durch ein schnelles Heraustransportieren der Schmelze aus dem Autoklaven mittels einer unterhalb dieses Autoklaven befindlichen beheizten Förderpumpe von hoher Leistungsfähigkeit oder durch einfaches Herausdrücken der Schmelze mittels Stickstoff, der im Anschluß an den Vakuum-Polykondensationsprozeß auf den Autoklaven gegeben wird.

Die Überführung der Schmelze in den festen Zustand erfolgt nach verschiedenartigen Methoden.

4.3.1.5.1. Gießen von Bändchen und Drähten

Das Gießen von Polyester-Bändchen und -Drähten erfolgt in gleicher Weise wie bei der Polyamidschnitzelherstellung. Die mittels Stickstoffdruckes oder Förderpumpe durch Düsenöffnungen geförderte Polyester-Schmelze spritzt in Faden- oder Bandform in eine kurz unterhalb der Düse befindliche, mit Wasser gefüllte Gießwanne, in der die Schmelze erstarrt. Die Fäden bzw. Bänder werden mit Hilfe von Führungswalzen und einer Abzugsvorrichtung durch die Wanne gezogen und einer Schneide zugeführt (siehe 4.3.1.6.1.). Zur Erzielung von sauberen Schnitzeln und Vermeidung von Splitteranteilen wird die Durchlaufzeit der Bänder durch das Wasser so eingestellt, daß die Bänder schon festgeworden, aber noch etwas plastisch sind. Die nach dem Schneiden erhaltenen Schnitzel sind feucht und müssen getrocknet werden. Das Verformen der Schmelze zu Bändchen und das Schnitzeln erfordern, wenn nicht eine sehr große Zahl von Bändchen gleichzeitig hergestellt wird, eine lange Zeit, so daß die Verarbeitung zu Drähten hauptsächlich nur bei kleineren Chargen oder bei kontinuierlicher Verfahrenstechnik angewendet wird.

4.3.1.5.2. Gießen von Breitbändern

Zum Gießen der Polyester-Schmelzen in Form von Breitbändern kommen verschiedene Methoden zur Anwendung. Die Gießverfahren unterscheiden sich in den angewandten Abkühlungsmethoden der breit ausgegossenen Schmelzen.

Nach Art der unter 4.3.1.5.1. geschilderten Technik gelangt die aus einem beheizten Gießkopf mit breiter Schlitzdüse heraustretende Schmelze in eine darunter stehende Gießwanne, in der die Schmelze sofort fest wird. Das Band wird mit Hilfe von Führungswalzen und einer Abzugsvorrichtung abgezogen und in noch plastischem Zustand von einer Schneidevorrichtung zerkleinert (siehe 4.3.1.6.2.). Gießgeschwindigkeit, Abzugsvorrichtung und Zerkleinerungsaggregat müssen aufeinander abgestimmt sein, um einen einwandfreien Gieß- und Zerkleinerungsvorgang zu ermöglichen. Durch die laufende Zufuhr von Kühlwasser in der Gießwanne wird für gleichbleibende Wassertemperatur während des Gießens gesorgt. Die Dicke des Bandes soll 3 mm nicht überschreiten.

Eine andere Methode stellt das Gießen eines Breitbandes auf ein fortlaufendes Stahlband dar. Hierbei wird in der Weise gearbeitet, daß die durch den beheizten Gießkopf mit breiter Schlitzdüse austretende Schmelze auf den horizontalen oberen Teil eines umlaufenden endlosen Stahlbandes trifft, welches die langsam erstarrende Schmelze in Richtung Schneidvorrichtung befördert. Das Stahlband selbst wird beim reinen Trockengießverfahren [259] nur von unten mit fließendem Wasser gekühlt und führt somit laufend die von der Schmelze aufgenommene Wärme ab. Die Geschwindigkeit der Bandvorrichtung und die Dicke des gegossenen Bandes bestimmen die notwendige Länge der gesamten Abkühleinrichtung. Die Länge des Stahlbandes beträgt, wenn auf ein Ansprühen der auf dem Bande befindlichen Schmelze mit Wasser, Dampf oder dgl. verzichtet wird, das Vielfache einer Einrichtung mit Gießwanne.

Eine dritte Möglichkeit der Abkühlung des Polyesterbreitbandes besteht darin, die durch die Schlitzdüse austretende Schmelze auf eine große rotierende Kühltrommel, ein sogenanntes Gießrad, auflaufen zu lassen. Das Band wird zunächst

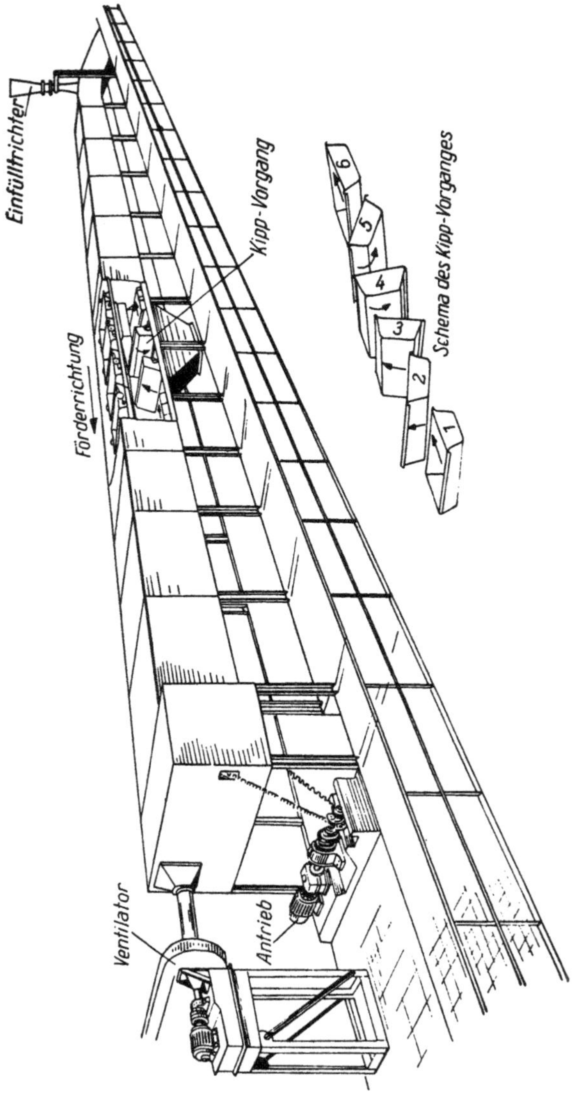

Bild 4.24a. Masselgießmaschine (MIAG GmbH Braunschweig) [261]

beim Umlaufen der Kühltrommel oberflächlich abgekühlt, von einer Abzugvorrichtung von der Kühltrommel abgezogen und über Walzen der Schneidvorrichtung zugeführt.

Die Verfahren des Breitbandgießens stellen erhebliche Anforderungen an die apparative Ausrüstung und an die thermische Stabilität des Polyäthylenterephthalates. Die Thermostabilität des Polyäthylenterephthalates muß ausreichend hoch sein, um diesen Gießprozeß ohne nennenswerte Qualitätsminderung zu überstehen. Auftretende Störungen beim Gießprozeß führen oftmals auch zu Störungen beim Schmelzprozeß. Zur Erreichung eines gleichmäßigen Breitbandes sind gleichmäßige Fördermengen beim Ausgießen erforderlich, die am besten durch Einschaltung von Dosiervorrichtungen, wie Förderschnecken, Zahnradpumpen usw. erhalten werden.

4.3.1.5.3. Gießen von Masseln

Das Masselgießverfahren [259—261] stellt ein ausgesprochenes Trockengießverfahren zur Herstellung von Polyestergranulat dar. Es gestattet im Gegensatz zu dem Bandgießverfahren, die Schmelze ohne anzufeuchten in sehr kurzer Zeit in den festen Zustand überzuführen, wodurch ein thermischer Abbau weitestgehend vermieden wird.

Bild 4.24b. Gießvorgang in der Masselgießmaschine

Man bedient sich beim Masselgießverfahren einer Masselgießmaschine, wie sie im Bild 4.24a. ersichtlich ist. Die Gießformen sind auf einer sich langsam bewegenden endlosen Vorrichtung aufgehängt und sind in ihrer Anzahl und Größe so dimensioniert, daß sie die Schmelze einer gesamten Charge aufnehmen können. Die Geschwindigkeit der Vorrichtung ist darauf abgestimmt, daß eine festgelegte Schichtdicke der Schmelze beim Gießen nicht überschritten wird. Der Gießvorgang (Bild 4.24b.) verläuft in der Weise, daß die von unten nach oben kommende Gießform mit Schmelze beschickt wird, wobei ein Schwenkrüssel eine gleichmäßige Verteilung der Schmelze bewirkt. Die Verkleidung der Masselgießmaschine

Bild 4.25. Polyestermasseln, im Modellversuch gegossen

schützt die Polyestermasseln vor Verunreinigungen. Die von den Polyestermasseln abgegebene Wärme wird von einem Ventilator abgezogen. Die Polyestermasseln werden in noch heißem Zustand zerkleinert, so daß während des Brechvorganges keine Aufnahme von Luftfeuchtigkeit erfolgen kann.

Für den Brechvorgang wird die Masselgießmaschine auf eine Geschwindigkeit gebracht, die dem Rhythmus des Brechvorganges entspricht, d. h. eine Massel gelangt erst dann in die Brechvorrichtung, wenn die vorhergehende Massel im Brecher zerkleinert ist.

Das Schema des Kippvorganges ist aus dem Bild 4.24a. ersichtlich. Die Kippvorrichtung kann an jeder geeigneten Stelle des unteren horizontalen Teiles der Fördereinrichtung angebracht sein. Die Masseln fallen beim Umkippen der Formen in einen unterhalb der Gießmaschine befindlichen Granulator (siehe 4.3.1.6.3.)

Bild 4.25. zeigt Polyestermasseln, die im Modell-Versuch gegossen sind.

4.3.1.6. Zerkleinerung der erstarrten Polyäthylenterephthalat-Schmelzen

Die Methoden der Zerkleinerung des erstarrten Polyesterproduktes werden bestimmt durch die Methoden der angewandten Gießtechnik und die gewünschte Form der Teilchen. Nach dem Masselgießverfahren wird grundsätzlich ungleichförmiges Granulat erzeugt, während die verschiedenen Bandgießverfahren bei der Zerkleinerung mehr oder weniger gleichmäßig geformte würfel-, quader- oder zylinderförmige Schnitzel liefern. Alle für die Zerkleinerung verwendeten Aggregate sollen aus nicht rostendem Material gefertigt sein. Bild 4.26. zeigt mattiertes Granulat und Glanz-Schnitzel aus Polyester.

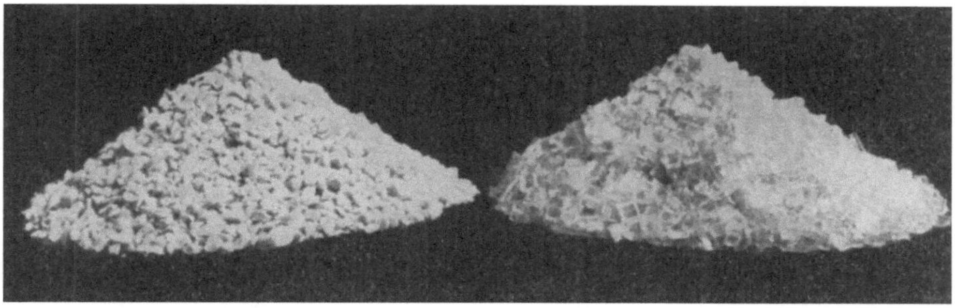

Bild 4.26. Mattiertes Granulat (links) und Glanz-Schnitzel (rechts) aus Polyester

4.3.1.6.1. Schnitzeln von Bändchen und Drähten

Werden mehrere profilierte schmale Einzelbänder oder Drähte ausgegossen, so kommt für die Zerkleinerung zu Schnitzeln eine Mehrfach-Band-Schneide in Frage.

Transportwalzen ziehen die Bänder aus der Gießwanne und leiten sie über einen Tisch, der zweckmäßigerweise zur getrennten Führung der Bänder mit Einschnitten versehen ist, der Schneide zu. Hinter den Transportwalzen sitzt der Messerkopf, der die ankommenden Bänder zu gleich großen Schnitzeln zerschneidet. Spezialschneiden schnitzeln gleichzeitig 60 Drähte und mehr.

4.3.1.6.2. Schnitzeln bzw. Granulieren von Breitband

Zum Schneiden eines Breitbandes werden vorzugsweise Schneidemaschinen benutzt, die das Band in Längs- und Querrichtung zerteilen. Diese Maschinen sind für Breitbänder geeignet, die sowohl nach dem Naßgieß-Verfahren als auch nach dem Trockengieß-Verfahren [259] hergestellt wurden.

Bild 4.27. stellt das Prinzip des Schneidvorganges von Polyester-Breitband dar. Das erstarrte, aber noch plastische Breitband wird von zwei ineinandergreifenden Schneidwalzen, deren Eingreifhöhe auf das Band einstellbar ist, in Streifen getrennt. Nachfolgend werden die Streifen zwischen einem feststehenden Messer und einer rotierenden Messerwelle zu Schnitzeln zerteilt. Diese zweidimensionale Schneidvorrichtung verlangt, um Störungen zu vermeiden, ein gleichmäßig profiliertes Breitband. Andere Breitbandschneiden führen die Zerkleinerung mittels Stanzen oder mittels auf Wellen aufgesetzter Nocken, die kleine Teile von dem Band abschlagen, herbei.

Bild 4.27. Schnitzelschneide für Polyester-Breitband (Condux-Werk, Hanau)

4.3.1.6.3. Granulieren der Masseln

Für die Herstellung von Granulat aus Masseln kommen leistungsstarke Brecher (Bild 4.28.) in Frage. Der Brecher trägt in einem kräftigen Gestell eine rotierende Messerwelle mit ein- oder zweifach versetzt angeordneten Messern. Zwischen der Messerwelle und mehreren feststehenden Messern werden die Masseln aus Poly-

Bild 4.28. Brecher für Polyester-Masseln (E. Günzel KG, Radebeul)

äthylenterephthalat zerkleinert. Die im unteren Teil des Brechers vorhandene gewölbte Siebplatte bestimmt die maximale Korngröße des Granulats.

Das Brechen von über 100 °C heißen Masseln erfordert eine intensive Kühlung des Brechers, die durch Abkühlung der Lager und des Außenmantels erreicht wird.

Bisweilen wird auch ein Vorbrecher eingeschaltet. Dieser Vorbrecher besteht aus einer robusten Nockenwelle, die die Masseln vorerst in grobe Stücke zerschlägt, die anschließend in einem darunter montierten Fein-Brecher fallen. Werden die Masseln mit Hilfe einer Walzeneinrichtung kontinuierlich einem als Schneide wirkenden Brecher zugeführt, so erhält man durch die Schneide- oder Schabewirkung der Messer ein Granulat, das schuppenförmig gestaltet ist. Diese Methode setzt Masseln von gleicher Dicke voraus.

4.3.1.7. Unterwassergranulieren

In den letzten Jahren hat ein neues Verfahren, das Unterwassergranulieren, zunehmend an Bedeutung gewonnen [262]. Beim Unterwassergranulieren wird die Schmelze unmittelbar nach Austritt aus Düsen in einer Wasserkammer von

Bild 4.29 a. Unterwassergranulator (Barmag, Barmer Maschinenfabrik AG) [262]

einem Schneidmesser abgetrennt (Bild 4.29b.). Die abgetrennten Körner sind noch plastisch und verformen sich durch die Oberflächenspannung beim Abschrecken im Wasser und nehmen eine angenäherte Kugel- oder Nierenform an. Mit dem Wasserstrom werden sie aus der Wasserkammer in einen Vorabscheider

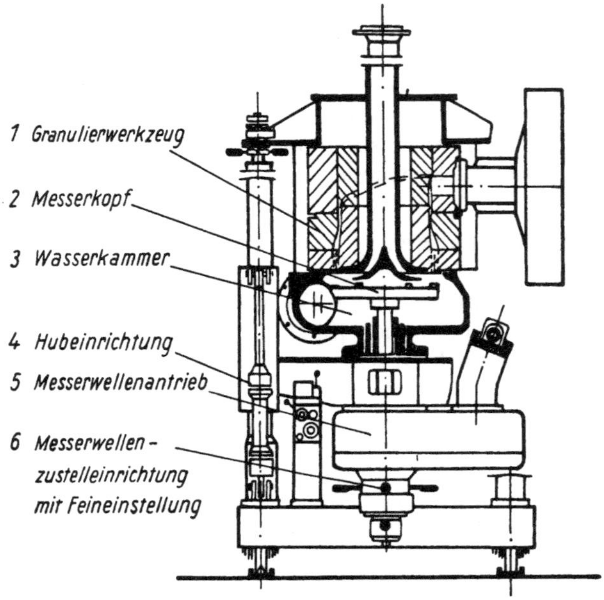

Bild 4.29b. Schema des Unterwassergranulators [262]

gepumpt. Das Granulat wird auf einem Schwingsieb von eventuell vorhandenen Grob- und Feinanteilen getrennt und vorgetrocknet und anschließend in einen Trockner überführt.

Dieses Verfahren besitzt gegenüber den anderen Granulierverfahren verschiedene Vorteile. Pro Granulatoreinheit kann eine hohe Mengenleistung erzielt werden. Das ermöglicht insbesondere bei diskontinuierlichem Austragen von Reaktionskesseln kurze Austragzeiten und damit eine geringere thermische Belastung der Polyesterschmelze. Durch den Ausschluß von Luft und durch die Kornform wird die Gefahr von oxydativen Oberflächenschädigungen vermindert. Vorteile der Kornform zeigen sich auch bei Transport und Verarbeitung des Granulates, das eine hohe Gleichmäßigkeit sowie ein wesentlich höheres Schüttgewicht und eine bessere Rieselfähigkeit als Würfel- oder Zylindergranulat aufweist.

Unterwassergranulatoren, die für Polymere mit hohen Schmelztemperaturen und engem Schmelzbereich wie Polyamide und Polyester geeignet sind, werden seit einigen Jahren von der Firma Barmag, Barmer Maschinenfabrik AG, [262] und anderen Firmen [263] hergestellt. Die Anlagen besitzen Kapazitäten von etwa 6000 kg/h.

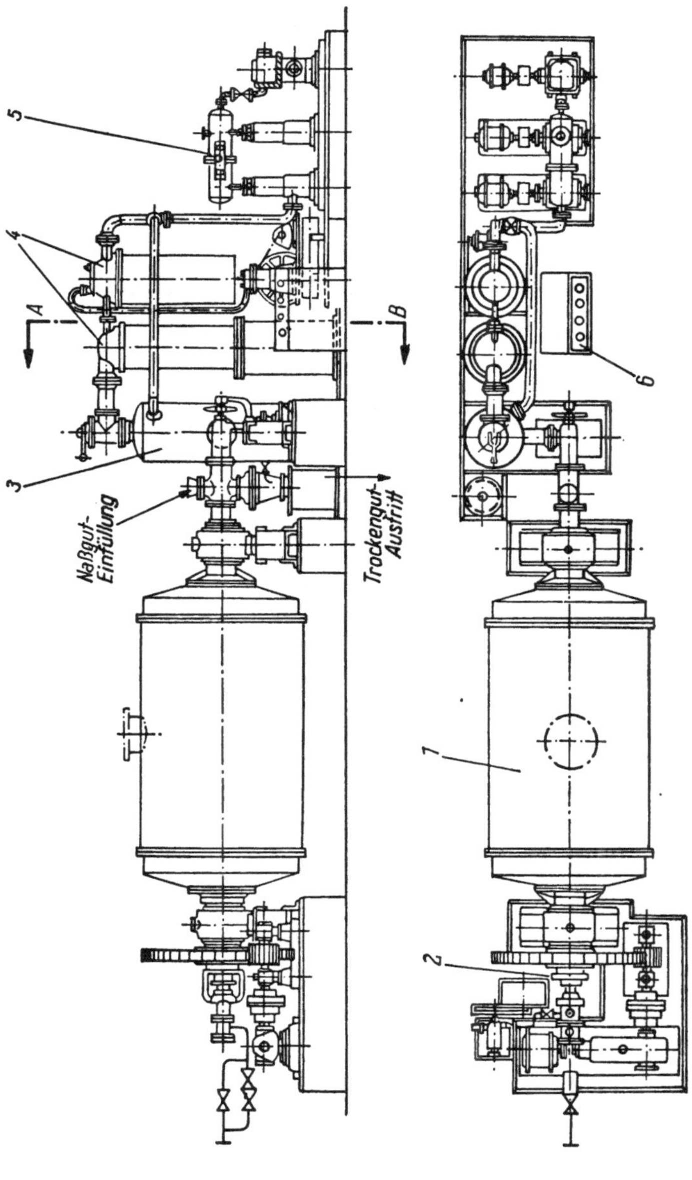

Bild 4.30 a. Vakuum-Drehtrommel-Anlage (VEB Maschinenfabrik Sangerhausen)

1 – Drehtrommeltrockner; *2* – Antrieb; *3* – Kondensator; *4* – Naßstaubfänger; *5* – Vakuumpumpenaggregat; *6* – Schalt- und Instrumentenpult

4.3.1.8. Mischen und Trocknen von Schnitzeln bzw. Granulat

Zur Erzielung einer größeren Menge an einheitlicher Schnitzel- oder Granulat-Charge für den Spinnprozeß ist es notwendig, mehrere Kondensationsansätze zu mischen oder zu trocknen. Für das Mischen werden großvolumige Mischtrommeln eingesetzt, während für das Trocknen vorzugsweise Vakuumdrehtrommeltrockner Verwendung finden.

Bild 4.30b. Vakuum-Drehtrommeltrockner

Die Anwendung einer Mischtrommel ohne Trockenvorrichtung ist nur dann gegeben, wenn dem Brech- oder Schneidevorgang ein Gießprozeß ohne Abkühlung in Wasser vorangegangen ist. Sofern die Abkühlung in Wasser erfolgte, ist selbstverständlich eine Trocknung in geeigneten Drehtrommeltrocknern (Bild 4.30.), die gleichzeitig das Mischen herbeiführen, erforderlich.

4.3.1.8.1. Mischen von Schnitzeln bzw. Granulat

Die zum Durchmischen des zerkleinerten Polyestermaterials verwendeten Trommeln bestehen meistens aus großen zylindrischen Behältern, die liegend und drehbar angeordnet und innen mit Leitblechen versehen sind. Der Antrieb erfolgt über sich drehende Rollen, auf denen die Trommel gelagert ist, oder über Zahnkränze, die eine günstige Übertragung des Drehvorganges herbeiführen. Das Fassungsvermögen solcher Mischtrommeln kann mehrere Tonnen betragen. Die Zahl der Umdrehungen ist auf 2—6 U/min einstellbar. Die Mischtrommel, die zweckmäßigerweise unterhalb des Zerkleinerungsaggregates aufgestellt ist, muß während des Füll- und Entleerungsprozesses mit gut getrockneter Luft oder besser mit trockenem Stickstoff gespült werden, damit die trockenen Polyesterteile keine Feuchtigkeit aufnehmen können.

4.3.1.8.2. Trocknen von Schnitzeln bzw. Granulat

Der Vakuumdrehtrommeltrockner ist ebenfalls ein liegender Zylinder aus nichtrostendem Stahl mit beiderseits angeschraubten tiefgewölbten Böden. Er besitzt einen eisernen Doppelmantel für die Dampfbeheizung und im Innern ein Heizschlangensystem aus nichtrostendem Stahl (Bild 4.30a. und b.).

Der Innenraum des Trockners ist für Hochvakuum ausgebildet. Der Antrieb erfolgt über Zahnräder, die direkt mit dem Motor gekuppelt sind. Der Vakuumdrehtrommeltrockner läuft mit 3—5 U/min. Die Zuführung der Heizdämpfe, die Abkühlung des Kondensats und die Evakuierung erfolgen durch Hohlwellen und hohlgebohrte Stutzen. Das Vakuum wird durch eine Dampfstrahlsaugapparatur oder Vakuumpumpe erzeugt [264, 264a].

Die zu trocknenden Schnitzel können direkt von der Schneide, von einem Sammelbehälter oder aus Fässern in den Drehtrommeltrockner gefüllt werden. Bei sehr nassen Schnitzeln ist es zweckmäßig, das Schnitzelgut vorher auszuschleudern. Nachdem der Trockner vakuumdicht verschlossen ist, wird er in Bewegung gesetzt, evakuiert und auf die Trockentemperatur aufgeheizt, die zwischen 120 °C und 180 °C liegt. Die Trocknungszeit ist außer von der Temperatur auch vom erreichten Unterdruck abhängig und muß empirisch ermittelt werden. Um schnell einen ausreichenden Trocknungsgrad zu erzielen, soll das Vakuum möglichst hoch sein. Die große Empfindlichkeit des Polyäthylenterephthalates gegen Feuchtigkeit beim Wiederaufschmelzen der Schnitzel auf dem Schmelzrost erfordert einen Feuchtigkeitsgehalt von $<0{,}005\%$.

Schwierigkeiten können bei der Trocknung von amorphen Schnitzeln auftreten, da solche Polyesterpartikel die Eigenschaft haben, bei Temperaturen von 110—150 °C zu verkleben und Agglomerate zu bilden [265]. Die Firma Lurgi hat ein Wirbelbettverfahren entwickelt, mit dem nicht nur kristallines sondern auch amorphes Polyestergranulat auf eine Restfeuchte von weniger als 0,01% getrocknet werden kann [266]. Das Verfahrensprinzip der Kristallisation und Trocknung beruht darauf, daß amorphe Schnitzel in eine wirbelnde Schicht von bereits kristallisiertem Granulat eingestreut werden. Der Trockner kann unmittelbar auf einen Extruder aufgesetzt werden. Die Leistung derartiger Anlagen liegt zwischen 50 und 1000 kg Granulat/h.

Mit der Trocknung von Polyestergranulat in der Wirbelschicht haben sich auch Gelperin und Mitarb. [267] befaßt. Sie entwickelten ein Zweistufengerät mit rotierenden Verteilungs- und Umverteilungsrosten, in dem das Granulat bei 190—195 °C getrocknet werden kann. Die Produktivität dieses Gerätes ist um ein mehrfaches höher als die der üblichen Trommeltrockner.

4.3.1.8.3. Schnitzel-(Granulat)-Transport zur Spinnerei

Die aus dem Trockner kommenden Schnitzel oder das der Mischtrommel entnommene Granulat gelangen mit Hilfe einer pneumatischen Förderanlage in die Vorratsbehälter der Spinnerei. Als Vorratsbehälter dienen großdimensionierte

Bunker. Von hier aus fallen die Schnitzel in die über den einzelnen Spinnstellen befindlichen Behälter. An Stelle dieser Behälter können auch weite Rohre Verwendung finden, die durch eine automatisch gesteuerte Förderanlage gespeist werden. Der Transport der Schnitzel zu den Spinnstellen erfolgt über Rohrleitungen mit gesteuerten Weichen. Alle Förderleitungen werden mit getrocknetem Stickstoff oder getrockneter Luft gespült.

4.3.2. *Kontinuierliche Umesterungsverfahren*

Beschreibungen kontinuierlicher Verfahren zur Herstellung von Polyäthylenterephthalat, nach denen die Umesterung und Polyumesterung kontinuierlich durchgeführt werden können oder nach denen ein diskontinuierlich hergestelltes Umesterungsprodukt kontinuierlich polykondensiert wird, sind bereits seit langem in der Patentliteratur zu finden [268—273].

Seit etwa Mitte der 60iger Jahre wird die kontinuierliche Arbeitsweise von verschiedenen Firmen in größerem Umfange angewandt [1]. Verfahrenstechnische Probleme, die bei der Entwicklung kontinuierlicher Herstellungsverfahren und der dazu benötigten Reaktoren zu lösen waren, wurden von Penther und Viehweg [274], Fourney u. a. [275], Scheller [276], Riggert [7], Laub [277], Ellwood [278], Dietze und Kühne [279] sowie Stoll [6] diskutiert.

Eine der wichtigsten Prozeßvariablen ist die Verweilzeit der Reaktionsmischung in den einzelnen Reaktoren. Um ein möglichst enges Verweilzeitspektrum zu erreichen, muß die polykondensierende Schmelze mit einer konstanten Geschwindigkeit ohne Rückvermischung durch die Reaktoren geführt werden. Für kontinuierlich verlaufende Prozesse ist ebenfalls von entscheidender Bedeutung, wie schnell sich die fortlaufend zugeführten Reaktanden mit der jeweils im Reaktor vorhandenen Reaktionsmasse vermischen.

Der ideale Rührkessel und das ideale Strömungsrohr sind die Extremfälle der in Frage kommenden Reaktoren. Da beim idealen Rührkessel eine vollständige Rückvermischung mit den jeweils eindosierten Komponenten stattfindet, tritt hier ein breites Verweilzeitspektrum auf, effektive und mittlere Verweilzeit eines Volumenelementes variieren also stark. Durch Unterteilung eines Einzelkessels in mehrere einzelne Elemente, z. B. eine mehrstufige Kaskade, kann das Verweilzeitspektrum entsprechend eingeengt werden. Mit steigender Anzahl dieser Elemente nähern sich mittlere und effektive Verweilzeit einander. Das ideale Strömungsrohr bildet den Grenzwert der Unterteilung in unendlich viele Elemente. Das Strömungsrohr besitzt wegen des Fehlens der Rückvermischung ein sehr enges Verweilzeitspektrum, mittlere und effektive Verweilzeit eines Volumenelementes sind fast gleich.

Bei der Umesterung und Polykondensation läßt sich das Strömungsrohr jedoch praktisch nicht verwenden, da bei der Reaktion dampfförmige Reaktionsprodukte abgespalten werden, die zu einer starken Durchmischung führen.

Wie die Verweilzeitspektren sind auch die Konzentrationsverhältnisse der Reaktionskomponenten vom Reaktortyp abhängig. Im idealen Rührkessel eines kontinuierlichen Prozesses ist örtlich und zeitlich eine gleiche Konzentration der Reaktanden vorhanden. Im idealen Strömungsrohr ist demgegenüber wegen der fehlenden Rückvermischung die Konzentration der Reaktionskomponenten zwar zeitlich, jedoch nicht örtlich konstant. Die Anfangskonzentration ist groß und nimmt während der Reaktion ständig ab. Die Konzentrationsbedingungen in einer Kaskade nehmen eine Mittelstellung zwischen denen in Rührkessel und Strömungsrohr ein, da sich die Konzentration der Reaktanden von Stufe zu Stufe verändert. Der Umsatz in der Kaskade erfolgt einheitlicher als im Strömungsrohr. Die Umsatzgeschwindigkeit ändert sich von Stufe zu Stufe um einen bestimmten Betrag und die Raum-Zeit-Ausbeute ist günstiger als im Rührkessel [276].

Den Anforderungen an die Reaktor- und Prozeßgestaltung, die aus diesen allgemeinen theoretischen Betrachtungen abzuleiten sind, können verschiedene technologische Auslegungen der kontinuierlichen Umesterungs- und Polykondensationsverfahren gerecht werden.

Penther und Viehweg [274] geben ein Prinzipschema einer kontinuierlichen PÄT-Anlage an (vgl. 2.3.). Danach wird DMT bei 150 °C in überschüssigem Glykol gelöst und in einem Umesterungsturm bei 190—195 °C umgeestert. Als Kopfprodukt entweicht glykolhaltiges Methanol. Das Sumpfprodukt, Bis-(2-hydroxyäthyl)-terephthalat in Glykol, wird zur Austreibung des überschüssigen Glykols in einen Dünnschichtverdampfer überführt, wo das Glykol bei 230—240 °C abgetrieben wird. In einem folgenden Rührkessel wird weiteres Glykol abdestilliert und die Polykondensation bei 250 °C eingeleitet. Das Reaktionsprodukt gelangt dann in eine in mehrere Temperaturfelder unterteilte Polykondensationsschnecke, in der die Polykondensation im Vakuum zwischen 255 °C und 280 °C erfolgt.

Ein ähnliches Verfahren wird in einem Patent der Monsanto Co. beschrieben [280]. Die Umesterung wird in einer Umesterungskolonne vorgenommen, als Finisher dient eine Polykondensationsschnecke.

Für ein anderes kontinuierliches Umesterungsverfahren wird ein U-förmiger Reaktor verwendet [281]. In dem ersten Schenkel erfolgt die Umesterung der DMT-Glykol-Mischung bei einer Temperatur bis 197 °C, im zweiten Schenkel die Vorkondensation im Temperaturbereich von 197—230 °C. Die Reaktionsmischung gelangt dann in einen vertikalen Dünnschichtverdampfer, in dem bei Temperaturen bis 270 °C die Polykondensation durchgeführt wird. Das dabei abgespaltene Glykol wird in das Umesterungsrohr zurückgeleitet.

Die Umesterung nach einem vierstufigen Kaskadenverfahren beschreibt ein Patent der Rhodiaceta Soc. [282].

Von der Farbwerke Hoechst AG wurde ein Reaktor entwickelt, der aus einer Reihe nebeneinander liegender, getrennt beheizbarer Kammern besteht, in denen ein unterschiedlicher, von der ersten zur letzten Kammer abnehmender Druck eingestellt werden kann [283]. Die Reaktionskammern sind durch regelbare Öffnungen gasdicht voneinander getrennt. Durch Wehre wird ein geregelter Fluß der Reaktionsmischung bewirkt. Die Methanol- bzw. Glykoldämpfe werden aus jeder Kammer getrennt abgesaugt und Destillationskolonnen zugeführt. In den ersten beiden Kammern wird das DMT umgeestert, in den folgenden das überschüssige Glykol abdestilliert und die Polykondensation durchgeführt. Aus der letzten Reaktorkammer, die mit einer horizontalen Rühreinrichtung zum Umwälzen der Schmelze versehen ist, wird der Polyester mittels einer Förderschnecke heraustransportiert. Der Reaktor kann auch so gestaltet sein, daß aus den letzten beiden Polykondensationskammern Schmelze entnommen und in einem Mischkessel zu einem PÄT mit gewünschter Viskosität vermischt wird.

Bild 4.31. zeigt den schematischen Ablauf eines kontinuierlichen Verfahrens der H. J. Zimmer AG [7, 276, 277, 278, 284]. DMT wird kontinuierlich vom Silo (1) zu einem Heißdampf-Schmelzer (2) gefördert und aufgeschmolzen. Gleichzeitig wird Äthylenglykol vom Lagertank in einen Mischer (3) gepumpt, wo der Katalysator zugesetzt wird. Bei größeren Anlagen erfolgt die Zumischung des Katalysators stetig. Anschließend werden DMT und Glykol im Molverhältnis 1:1,7 in den Umesterungsreaktor (4) geleitet. Der Reaktor besteht aus einer siebenstufigen horizontalen Kaskade. Das Heizsystem ist so ausgelegt, daß von der Kammer 1—7 eine Temperatur von 160—240 °C einstellbar ist. Das bei der Umesterung entweichende Dampfgemisch aus Methanol, etwas DMT und Glykol wird in einer Kolonne fraktioniert. Glykol und DMT werden dem Umesterungsreaktor wieder zugeführt. Im nächsten Reaktor (5), einem Rührkessel, findet bei erhöhter Temperatur und reduziertem Druck die Vorkondensation statt. Die abgesaugten Dämpfe bestehen zum größten Teil aus Glykol, welches nach der Kondensation und destillativen Reinigung wieder zur Umesterung eingesetzt wird. Das Vorkondensat wird anschließend in zwei horizontalen Reaktoren (6, 7) unter einem Vakuum von 2—5 Torr bzw. 0,5 Torr und Temperaturen von 275 bis 278 °C polykondensiert. Die Polyesterschmelze wird kontinuierlich zum Direktspinnsystem (8) oder zur Granulatherstellung weitergeleitet. Die Zugabe des Mattierungsmittels oder von Farbpigmentpasten erfolgt zweckmäßigerweise erst nach Abschluß der Polykondensation. Der Zusatz zu Anfang oder während der Polykondensation hat den Nachteil, daß es zu starken Ablagerungen der Mattierungskomponente in den Reaktoren kommt, die zu Verstopfungen an Pumpen, Filtern und Zufuhrleitungen und damit zu Unterbrechungen des Produktionsprozesses führen können. Um eine möglichst rasche und gleichmäßige Verteilung in der Polyesterschmelze zu erreichen, wird das Pigment in einer oberhalb der Spinntemperatur des Polyesters siedenden, thermisch stabilen flüssigen Trägersubstanz dispergiert und unmittelbar vor dem Verspinnen mit der Polyesterschmelze in einem Mischer vermischt.

Der Zusatz von Pigmenten kann bei kontinuierlichen Verfahren auch in der Weise erfolgen, daß ein Teil des fertigen Polykondensates vom Gesamtstrom ab-

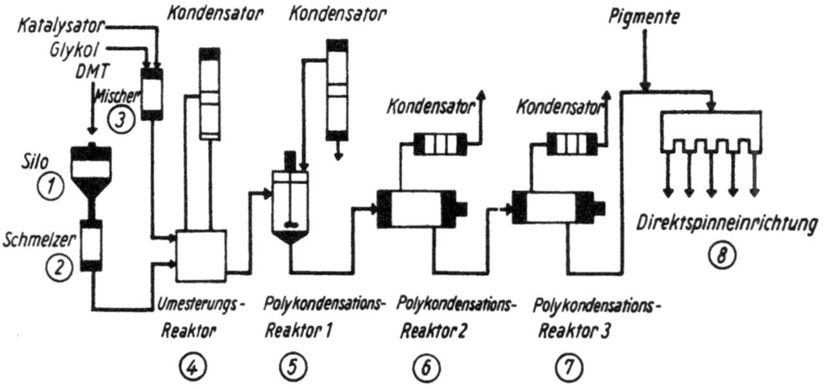

Bild 4.31. Verfahrensschema einer Anlage zur kontinuierlichen Herstellung und Verspinnung von Polyäthylenterephthalat [7]

gezweigt, pigmentiert und dann wieder mit dem Reststrom vereinigt wird [285], oder daß ein abgezweigter Teil granuliert, mit Pigmenten vermischt und nach dem Aufschmelzen wieder dem Hauptstrom zugeführt wird.

Der Polykondensationsteil des Verfahrens der Fa. Zimmer war zunächst als mit einem Spezialrührer versehene Kaskade und als Apparat mit zwei nebeneinander liegenden, sich selbstreinigenden und gleichsinnig drehenden Schnecken, einem sogenannten Doppelschneckenreaktor ausgebildet. Mit einer solchen Anlage können Polyester mit einer Intrinsic-Viskosität von 0,55—0,65 (gemessen in Phenol-Tetrachloräthan 60:40 bei 20 °C), die zur Herstellung von Stapelfasern und textiler Seide geeignet sind, hergestellt werden, es können jedoch keine Viskositäten (Intrinsic-Viskosität >1,0) erreicht werden, wie sie für hochfeste Fäden, z. B. Kord, erforderlich sind.

In den letzten Jahren wurde an Stelle des Doppelschneckenreaktors eine neue verfahrenstechnische Lösung angewandt, mit der die Reaktionsgeschwindigkeit erhöht wird und es gelingt, die mit der im Verlauf der Polykondensation stark zunehmenden dynamischen Zähigkeit der Polyesterschmelze auftretenden Probleme zu beherrschen und Polyester mit Intrinsic-Viskositäten über 1,0 herzustellen.

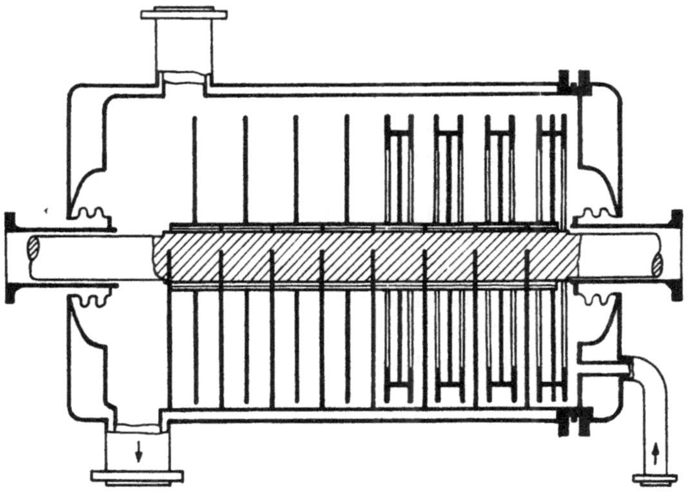

Bild 4.32. Schematische Darstellung eines Ringscheibenreaktors [279]

Um eine starke Rührleistung im Produkt und damit einen guten Mischeffekt mit ständiger Erneuerung der Oberfläche zu erzielen und zweitens eine sich ebenfalls ständig erneuernde dünne Schicht mit großer Oberfläche und kleinen Diffusionswegen des Glykols in der Reaktionsmasse zu schaffen, wird die Polyesterschmelze mehrfach in freifallenden Schleiern durch den Reaktionsraum geführt [279, 286]. Bild 4.32. zeigt das Schema des zu diesem Zweck entwickelten Ringscheibenreaktors. Der Ringscheibenreaktor besteht im wesentlichen aus einem liegenden beheizten zylindrischen Behälter, der in mehrere Kammern unterteilt ist. Die in den Kammern angeordneten Rührelemente zur Erzeugung der Flüssigkeitsschleier, die Ringscheiben, sind senkrecht zur Rührerwelle mittels Speichen an derselben befestigt (Bild 4.33.). Durch die exzentrische Lage der Rührerwelle zur Behälterachse ergibt sich ein ausreichend großer Dampfraum. Während des Betriebes ist die Rührerdrehzahl so eingestellt, daß die mit den Ringscheiben ständig aus den einzelnen Sümpfen der Kammern herausgezogene und an ihnen haftende Polyesterschmelze als frei fallende dünne Schleier in die Sümpfe zurückläuft. Die Ringscheiben bewirken eine intensive Mischung der Schmelze, bei

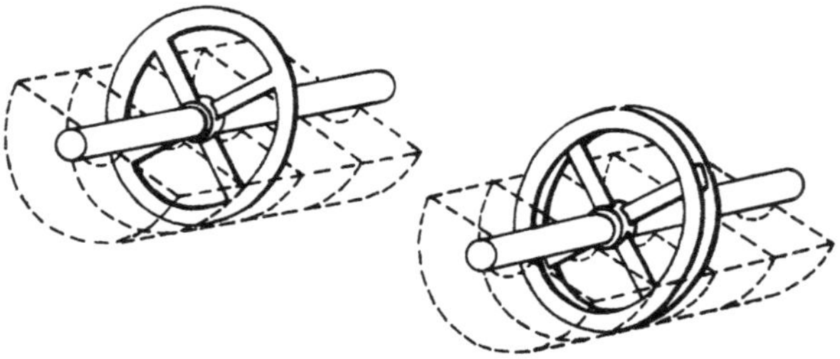

Bild 4.33. Anordnung der Ringscheiben innerhalb einer Kammer des Reaktors [279]

geringer dynamischer Zähigkeit hauptsächlich in den Sümpfen, bei zunehmender dynamischer Zähigkeit überwiegend durch die Schleier selbst. Der Fluß der Reaktionsmasse innerhalb des Reaktors bevorzugt je nach Gestaltung der Trennwände sowie der Größe der Trennwanddurchbrüche vorwiegend drei Wege: entlang der Rührerwelle, über die Trennwände an der Seite, wo die Schmelze mit den Ringscheiben hochgezogen wird, und durch die in den Trennwänden angebrachten Öffnungen.

Für die Herstellung von PÄT für Stapelfaser und Seiden ist ein Ringscheibenreaktor ausreichend, für die Erzeugung von Kord wird die Verwendung eines zweiten Reaktors mit entsprechend geänderten Betriebsbedingungen empfohlen.

Die Kapazität des Reaktors wird mit 16 t/d angegeben [287].

4.3.3. *Direktveresterungsverfahren*

Bei einem kontinuierlichen Verfahren der Fa. Vickers-Zimmer wird ein weiterentwickeltes kontinuierliches Direktveresterungsverfahren der Mobil Oil Corp. [288] (vgl. [40]) mit der vorstehend unter 4.3.2. beschriebenen Polykondensation in Ringscheibenreaktoren und anschließender Direktverspinnung der Polyesterschmelze kombiniert [289]. Terephthalsäure und das in einem Mischer mit dem Katalysator versetzte Äthylenglykol werden im Molverhältnis 1:1,5 in einem Kneter zu einer homogenen Paste vermischt. Diese thixotrope Paste wird durch einen vertikalen Wärmeaustauscher in mehrere hintereinandergeschaltete Veresterungsreaktoren geleitet. Um eine Entmischung der Reaktionskomponenten und ein zu frühes Entweichen des Glykols zu verhindern, wird die Reaktionsmasse durch spezielle Rührelemente ständig auf der beheizten Wand des Reaktors verteilt. Die Veresterung wird zunächst unter erhöhtem Druck durchgeführt, der im

Verlauf der Reaktion stufenweise reduziert wird (z. B. 24 min 7 atm und 15 min 1,4 atm bei 265 °C, 15 min 100 Torr bei 280 °C). Das Reaktionsprodukt wird dann in den Ringscheibenreaktor überführt und polykondensiert.

Weitere kontinuierliche und diskontinuierliche Verfahren der Direktveresterung von Terephthalsäure mit Äthylenglykol werden unter 4.2.1.2. beschrieben [41, 55, 56, 57], allerdings ohne nähere Angaben über die apparative Ausgestaltung.

4.3.4. *Verfahren zur Anlagerung von Äthylenoxid an Terephthalsäure*

Zur Ergänzung der unter 4.2.1.3. gegebenen Beschreibung verschiedener Verfahren der Herstellung von Bis-(2-hydroxyäthyl)-terephthalat durch Anlagerung von Äthylenoxid an Terephthalsäure [60, 61, 62, 63, 64, 65], soll an dieser Stelle als Beispiel für eine der technologischen Varianten ein Verfahren erläutert werden, bei dem das Äthylenoxid gleichzeitig als Reaktand und Reaktionsmedium dient [58].

Äthylenoxid und Terephthalsäure werden in einem mit einem Rührer versehenen Behälter vermischt und über einen Vorerhitzer in den Reaktor gepumpt. Der Reaktor besteht aus einem zylindrischen liegenden Gefäß, in dem sich als Rührer eine horizontale Walze befindet, die mehrere an der Reaktorwand entlangstreifende Blätter trägt [290]. Dieser Rotor dreht sich mit mehreren hundert Umdrehungen pro Minute und erzeugt eine starke Turbulenz im Reaktor. Gleichzeitig wird dadurch ein sich ständig erneuernder dünner Film der aus einer Suspension bestehenden viskosen Reaktionsmasse auf der Reaktorwand erzeugt, der die für den kontrollierten Prozeßablauf erforderliche rasche Abführung der Reaktionswärme (24 kcal/Mol) gewährleistet. Die Anlagerungsreaktion wird in Gegenwart von Katalysatoren bei einer Temperatur zwischen 90 °C und 130 °C und einem Druck, der 20—30 atm. höher als der Dampfdruck des reagierenden Systems ist, durchgeführt. Für die Überführung des Reaktionsproduktes aus dem Reaktor und den damit verbundenen Druckausgleich können zwei Methoden zur Anwendung kommen. Nach einem Mehrschrittverfahren [291] wird der Druck in mehreren Stufen durch Evakuierung erniedrigt und dabei die bei der adiabatischen Verdampfung des überschüssigen Äthylenoxids verbrauchte Wärme zugeführt, um das Reaktionsprodukt geschmolzen zu halten. Dieses Verfahren erfordert jedoch eine komplizierte apparative Ausrüstung. Einfacher ist eine zweite Methode [292], bei der der Druckausgleich in einem Schritt erfolgt, wobei das Äthylenoxid als Gas entweicht, während das Bis-(2-hydroxyäthyl)-terephthalat im Gemisch mit restlicher Terephthalsäure in pulvriger Form erstarrt.

Zur Isolierung des Bis-(2-hydroxyäthyl)-terephthalates wird dieses als Schmelze oder Pulver vorliegende Gemisch bei 80—90 °C mit Wasser behandelt und die Terephthalsäure abfiltriert. Aus dem abgekühlten Filtrat kristallisiert reines Bis-(2-hydroxyäthyl)-terephthalat aus.

Da dieses Verfahren eine Isolierung und Reinigung des Terephthalsäureglykolesters vor der Polykondensation einschließt, kann auch von Terephthalsäure mit einem geringeren Reinheitsgrad ausgehend, reines Bis-(2-hydroxyäthyl)-terephthalat und damit ein hochwertiger Polyester hergestellt werden. Bei Gehalten bis zu 1000 ppm 4-Carboxybenzaldehyd in der als Ausgangsprodukt eingesetzten Terephthalsäure kann z. B. eine einfache Reinigung der wäßrigen Lösung des Terephthalsäureglykolesters durch Behandlung mit einem reduzierenden Metall (Zn, Sn, Mg) erreicht werden [293].

4.4. Analysen- und Prüfmethoden für Polyäthylenterephthalat

Analytische Untersuchungen zur Charakterisierung der Eigenschaften des Polyäthylenterephthalates sind nicht nur für Forschungszwecke notwendig, sie sind auch ein wichtiger Bestandteil der Betriebskontrolle zur Sicherung einer hohen und gleichmäßigen Qualität des Polyesters und damit der daraus ersponnenen Fasern.

Zu den in diesem Sinne wesentlichen Kenngrößen des Polyesters während der Herstellung und Verarbeitung gehören z. B. die Viskosität, der Schmelzpunkt, der Feuchtigkeitsgehalt sowie der Gehalt an Carboxyl- bzw. Hydroxylendgruppen, die ständig geprüft werden. Andere Analysenmethoden sind insbesondere bei gegebenem Anlaß für die umfassende Charakterisierung eines Polyesters oder zur Aufklärung der Ursache von Störungen im Prozeßablauf oder von Qualitätsmängeln des Polyesters von Bedeutung. So wird man beispielsweise die Bestimmung der Molmassenverteilung — schon wegen des großen Zeitaufwandes — nicht laufend durchführen. Bei Einführung eines neuen Verfahrens oder bei Veränderungen im technologischen Ablauf der Polyesterherstellung ist es jedoch ratsam zu untersuchen, ob unter diesen Bedingungen Abweichungen von der normalerweise gefundenen SCHULZ-FLORY-Verteilung auftreten (vgl. z. B. 4.2.2.2.).

4.4.1. *Bestimmung der Lösungsviskosität*

Für die Herstellung eines gleichmäßigen Polyäthylenterephthalates in der laufenden Produktion ist die Einhaltung eines möglichst gleichbleibenden Durchschnittspolymerisationsgrades der einzelnen Polyesterchargen oder des im kontinuierlichen Verfahren hergestellten Produktes von großer Wichtigkeit. Die Kontrolle dieser für die Polykondensationstechnik im Betrieb wesentlichen Forderung wird in der Praxis mit der Bestimmung der relativen Lösungsviskosität η_{rel} der Polykondensationsprodukte durchgeführt, da die relative Lösungsviskosität in direkter Beziehung zur Molmasse steht.

Der gesetzmäßige Zusammenhang zwischen der Viskosität und der Molmasse bei Lösungen makromolekularer Verbindungen wurde zuerst von H. STAUDINGER erkannt [294]. Mit dieser wissenschaftlichen Erkenntnis wurde eine der Voraussetzungen für die stürmische Entwicklung der Technologie der makromolekularen Stoffe und damit auch der synthetischen Fasern geschaffen.

Auf die theoretische Problematik der Viskosität und der viskosimetrischen Molmassenbestimmung kann an dieser Stelle nicht ausführlich eingegangen werden. Hierzu sei auf die entsprechende Fachliteratur und Lehrbücher, z. B. [295, 296], verwiesen. Die vorliegende Darstellung soll sich auf die für das Verständnis der Viskositätsmethode notwendigen Grundlagen beschränken.

Die relative Lösungsviskosität gibt an, um wieviel die Viskosität η der Lösung größer ist als die Viskosität η_0 des Lösungsmittels, in dem die makromolekulare Substanz gelöst ist.

$$\eta_{rel} = \frac{\eta}{\eta_0}. \qquad (1)$$

In der Praxis wird η_{rel} aus dem Verhältnis der Durchlaufzeiten von Lösung und Lösungsmittel errechnet.

Die relative Viskositätserhöhung wird als spezifische Viskosität η_{sp} bezeichnet

$$\eta_{sp} = \frac{\eta - \eta_0}{\eta_0} = \eta_{rel} - 1. \tag{2}$$

Aus der spezifischen Viskosität erhält man die Grenzviskosität $[\eta]$ (auch als Viskositätszahl oder Intrinsic Viskosität bezeichnet) nach folgender Beziehung

$$[\eta] = \lim_{c \to 0} \frac{\eta_{sp}}{c}. \tag{3}$$

Die Konzentration c wird in der älteren Literatur meist in g/l, in der neueren besonders der angelsächsischen Literatur in g/100 ml (g/dl) angegeben.

Die Extrapolation von η_{sp}/c auf die Konzentration $c = 0$ ist notwendig, da die Viskosität konzentrationsabhängig ist. Dazu werden die experimentell bestimmten Werte von η_{sp}/c für mehrere Konzentrationen über c aufgetragen. Aus dem Ordinatenabschnitt bei $c = 0$ erhält man den Wert für $[\eta]$.

Nach einer von HUGGINS [297] aufgestellten empirischen Gleichung kann $[\eta]$ auch aus η_{sp}/c errechnet werden

$$\frac{\eta_{sp}}{c} = [\eta] + k \cdot [\eta]^2 \cdot c. \tag{4}$$

Von FRIND [298] wurde die Konstante k für Polyäthylenterephthalat zu 0,35 bestimmt.

Nach Umformung der HUGGINS'schen Gleichung (4) zu

$$[\eta] = \frac{\sqrt{1 + 4k \cdot \eta_{sp}} - 1}{2k \cdot c} \tag{5}$$

ergibt sich mit diesem Zahlenwert die Beziehung

$$[\eta] = \frac{\sqrt{1 + 1{,}4 \cdot \eta_{sp}} - 1}{0{,}7 \cdot c}, \tag{6}$$

die die Berechnung der Grenzviskosität durch Messung der spezifischen Viskosität bei einer Konzentration c gestattet.

Der von STAUDINGER erkannten Proportionalität von Viskosität und Molmasse entspricht die Formulierung

$$[\eta] = K \cdot M, \tag{7}$$

in der K eine für ein bestimmtes Polymer-Lösungsmittel-System gültige Konstante und M die Molmasse sind.

Spätere theoretische und experimentelle Untersuchungen von W. KUHN, H. MARK und R. HOUWINK (vgl. [296]) führten in Erweiterung der von STAUDINGER aufgestellten Beziehung zu der allgemeinen Viskositätsgleichung

$$[\eta] = K \cdot M^{\alpha} \tag{8}$$

die die Verhältnisse besser wiedergibt.

Der Exponent α ist abhängig von der Knäuldichte der Polymermoleküle in der Lösung, d. h. von der Art des Lösungsmittels und der Struktur des Polymeren.

Weder die Zahlenwerte der Konstanten K noch die des Exponenten α ($\alpha \leqq 1$) lassen sich theoretisch ableiten, sie müssen für jedes Polymere und jedes Lösungsmittel experimentell bestimmt werden. Man geht dabei so vor, daß man ein Polymeres in möglichst viele einheitliche Fraktionen zerlegt und von jeder Fraktion die Grenzviskosität und mit einer Absolutmethode die Molmasse bestimmt. Für viele Zwecke ist aber auch ausreichend, den Vergleich der Resultate von Viskositätsmessungen mit den Ergebnissen der absoluten Molmassenbestimmung an unfraktionierten Polymeren vorzunehmen. Man muß sich dabei aber bewußt sein, daß die makromolekularen Produkte zwar in den meisten Fällen aus Molekülen gleicher Art und gleicher Bruttozusammensetzung bestehen, die aber verschieden viele, das Molekül aufbauende Grundeinheiten aufweisen. Die einzelnen Makromoleküle besitzen einen unterschiedlichen Polymerisationsgrad. Molmassenbestimmungen an nicht fraktionierten Polymeren ergeben daher immer nur eine Durchschnittsmolmasse und die ermittelte Viskositäts-Molmassen-Beziehung gilt nur für die Molmassenverteilung, die bei der Vergleichsmessung vorgelegen hat.

Bei der Bestimmung der Molmasse wird aber nicht nur ein Durchschnittswert gemessen, es gibt zudem noch verschiedene Mittelwerte, die erheblich voneinander abweichen können. In Abhängigkeit von den angewandten Bestimmungsmethoden erhält man folgende Mittelwerte:

Endgruppenbestimmung	$\overline{M}_n$
Osmotischer Druck	$\overline{M}_n$
Lichtstreuung	$\overline{M}_w$ (angenähert)
Sedimentation (Ultrazentrifuge)	$\overline{M}_w$ (angenähert)
Sedimentationsgleichgewicht (Ultrazentrifuge)	$\overline{M}_Z$
Viskositätserhöhung	$\overline{M}_w$ (angenähert)

Das Zahlenmittel $\overline{M}_n$ errechnet sich aus den Molzahlen n_i der Einzelmolmassen nach der Formel

$$\overline{M}_n = \frac{\sum n_i M_i}{\sum n_i}.$$

Das Gewichtsmittel der Molmasse $\overline{M}_w$ ist definiert durch die Gleichung

$$\overline{M}_w = \frac{\sum n_i M_i^2}{\sum n_i M_i}.$$

Der Anteil jeder Molmasse wird also gegenüber dem Zahlenmittelwert noch mit der jeweiligen Molmasse multipliziert. Jedes Molekül wird entsprechend seiner Masse gewertet, so daß große Moleküle stärker als kleinere zu $\overline{M}_w$ beitragen.

Der Z-Mittelwert spielt in der Praxis nur eine untergeordnete Rolle. Für chemische Umsetzungen ist der $\overline{M}_n$-Mittelwert, der es gestattet, die Anzahl reaktionsfähiger Endgruppen zu berechnen, der wichtigste, da alle kinetischen Betrachtungen darauf basieren.

Unter Berücksichtigung dieser Gesetzmäßigkeiten ist es also möglich, durch Viskositätsmessungen nach Eichung der Viskositätsmethode nicht nur Änderungen der Molmasse zu verfolgen, sondern auch Bestimmungen der absoluten Molmasse vorzunehmen.

Für Polyäthylenterephthalat sind eine ganze Reihe von Viskositäts-Molmassen-Beziehungen für verschiedene Lösungsmittel aufgestellt worden. Tabelle 4.9. gibt an Hand der Werte für K und α eine Übersicht über diese Viskositätsgleichungen.

Tabelle 4.9. Werte der Konstanten K und α der Viskositätsgleichung $[\eta] = K \cdot M^{\alpha}$ für Polyäthylenterephthalat

Lösungsmittel	T [°C]	$K \cdot 10^4$	α	Meßmethode zur Eichung	untersuchter Bereich $M \cdot 10^{-3}$	Literatur
Phenol/Tetrachloräthan (1:1)	20	1,27 0,90[a]	0,86 0,87[a]	Endgruppen	$5{,}5 < M_n < 25$ $5{,}5 < M_w < 25$	[299]
dgl.	20	7,55	0,685	Endgruppen	$3{,}0 < M_n < 30$	[300]
dgl.	25	2,1	0,82	Endgruppen	$5{,}0 < M_n < 25$	[301]
Phenol/Tetrachloräthan (3:5)	30	2,29	0,73	Lichtstreuung	$26{,}2 < M_w < 118$	[302]
Phenol/Tetrachloräthan (2:3)	25	14[a]	0,64[a]	Endgruppen	$10 < M_n < 40$	[303]
Phenol/Dichloräthan (2:3)	20	0,92[a]	0,85[a]	Endgruppen	$8{,}0 < M_n < 30$	[304]
Phenol/2.4.6-Trichlorphenol (10:7)	29,8	2,1	0,80	Endgruppen	$1 < M_n < 8$	[305]
Phenol	50	5,52	0,71	Kryoskopie	$M_n < 3{,}5$	[306]
o-Chlorphenol	25	6,56	0,73	Osmometrie	$12{,}5 < M_n < 25$	[232]
dgl.	25	3,0	0,77	Endgruppen	$13 < M_n < 28$	[307]
dgl.	25	1,9[a]	0,81[a]	Endgruppen	$10 < M_n < 40$	[303]
dgl.	25	4,25[a]	0,69[a]	Sedimentation Diffusion	$20 < M_{S,D} < 110$	[308]
Trifluoressigsäure	30	4,33	0,68	Lichtstreuung	$26{,}2 < M_w < 118$	[302]
dgl.	25	14[a]	0,64[a]	Endgruppen	$10 < M_n < 40$	[303]

[a] für fraktioniertes PÄT

Als ein weiteres, in der Tabelle 4.9. nicht genanntes Lösungsmittel, wird auch Trikresol für Viskositätsmessungen benutzt. AJZENŠTEJN und ZIVINA [309] beschreiben auf der Basis ihrer vergleichenden Experimentaluntersuchungen die gegenseitige Umrechnung der in Trikresol und in Phenol/Tetrachloräthan (1:1) bei 20 °C und 25 °C gemessenen Viskositäten. Zur praktischen näherungsweisen Abschätzung der Molmasse schlagen sie die empirische Gleichung

$$M \cong (\eta_{sp} - 0{,}05) \cdot 10^5$$

vor, wobei η_{sp} in Trikresol bei 20 °C und einer Konzentration von 0,5 g PÄT/100 ml Lösungsmittel gemessen, oder nach den Umrechnungsbeziehungen errechnet wird.

Die mit den verschiedenen Viskositätsgleichungen berechneten Molmassen stimmen nicht vollkommen überein. Das hängt u. a. mit der Zuverlässigkeit und Exaktheit der angewandten Methode der absoluten Molmassenbestimmung zusammen. Bei der Viskositätsmessung in Phenol/Tetrachloräthan (1:1) ($c = 0{,}5$ g/100 ml) werden die zutreffendsten Werte wohl nach der von KOEPP und WERNER [300] aufgestellten Beziehung errechnet.

Nicht fraktioniertes Polyäthylenterephthalat, wie es üblicherweise zur Erspinnung von Fasern und Textilseiden hergestellt wird, hat zumeist eine relative Lösungsviskosität — gemessen in diesem Lösungsmittelgemisch — zwischen 1,3 und 1,4. Nach Gleichung (6), die bei Verwendung einer 0,5% PÄT-Lösung in

$$[\eta] = \frac{\sqrt{1 + 1{,}4 \cdot \eta_{sp}} - 1}{0{,}35}$$

übergeht, entspricht das einer Grenzviskosität $[\eta]$ von 0,55—0,71. Daraus ergibt sich nach der Viskositätsgleichung von KOEPP und WERNER eine Molmasse $\overline{M}_n$ von 15000—22000.

Wie eingangs betont, wird mit einer einfach und schnell durchführbaren Viskositätsmessung die betriebliche Kontrolle des Polymerisationsgrades der technischen Polykondensationsprodukte als wesentliches Qualitätsmerkmal gewährleistet. Dabei ist es in der Praxis oftmals nicht üblich, aus dem Ergebnis der Viskositätsmessung die Molmasse bzw. den Polymerisationsgrad zu errechnen. Für die technischen Belange ist schon die Ermittlung der relativen Viskosität ausreichend, um auf Grund von eingespielten Erfahrungswerten ein Urteil über die Eignung und Beschaffenheit der einzelnen Polyesterchargen abgeben zu können.

Die relative Lösungsviskosität kann folgendermaßen bestimmt werden: 100 mg zerkleinertes und getrocknetes PÄT (Laborproben, Granulat, von der Präparation befreite Faser) werden in einem verschlossenen 50 ml-Erlenmeyerkölbchen in 20 ml Phenol/Tetrachloräthan (1:1) bis zur vollständigen Lösung auf 120 °C erhitzt. Die Lösedauer ist vom Zerkleinerungsgrad und der Kristallinität der Proben abhängig. Während des Lösens ist sorgfältig darauf zu achten, das die Kölbchen fest verschlossen sind, so daß kein Lösungsmittel entweichen kann. Nach dem Abkühlen wird die Lösung über eine Fritte 3G1 in ein UBBELOHDE-Viskosimeter mit hängendem Kugelniveau (Kapillare Nr. II) eingefüllt. Das gefüllte Viskosimeter wird in einem Thermostaten 15 min auf 20 °C temperiert. Die Meßtemperatur soll mindestens auf $\pm 0{,}02$ grd konstant gehalten werden. Dann werden die Durchlaufzeiten des Lösungsmittels und der Lösung zwischen den Marken des Viskosimeters gemessen. Die Messung wird so oft wiederholt, bis eine Konstanz der Werte eingetreten ist. Die Durchlaufzeiten des Lösungsmittels liegen bei Verwendung der Kapillare Nr. II bei etwa 40 sec, die der Lösung zumeist bei 40—60 sec.

Die relative Lösungsviskosität wird als der Quotient aus der Durchlaufzeit der Lösung und der des Lösungsmittels angegeben.

4.4.2. *Bestimmung der Schmelzviskosität*

Die Viskosität der Polyesterschmelze ist ein wesentlicher Parameter für die Transportprozesse bei kontinuierlichen Herstellungsverfahren und für den Spinnprozeß. Sie ist daher, wie die Lösungsviskosität, ein wichtiger Faktor für die Betriebskontrolle. Ebenso wichtig ist die Kenntnis der Fließeigenschaften der

Schmelze auch für die Projektierung und apparative Ausgestaltung der Produktionsanlagen.

Die Abhängigkeit der Schmelzviskosität von der Molmasse des Polymeren und der Temperatur wird durch die empirische Gleichung [310]

$$\log \eta_m = A + B \cdot \overline{M}_w^{0,5} + \frac{C}{T} \tag{1}$$

in allgemeiner Form wiedergegeben. Dabei bedeuten η_m die bei der absoluten Temperatur T gemessene Schmelzviskosität, $\overline{M}_w$ das Gewichtsmittel der Molmasse und A, B und C Konstanten für ein bestimmtes Polymeres.

Weitere empirische Beziehungen wurden von Eyring [311] und von Dunstan aufgestellt (vgl. [313]). Bueche [312] entwickelte eine allgemeine Theorie der Schmelzviskosität. Nach seinen Untersuchungen kann die Viskositäts-Molmassen-Beziehung durch die einfache Gleichung

$$\eta_m = K \cdot M^{3,5} \tag{2}$$

ausgedrückt werden.

Die Temperaturabhängigkeit der Schmelzviskosität von Polyäthylenterephthalat unterschiedlicher Molmassen ($\overline{M}_n = 11500-31000$, berechnet nach der Viskositätsgleichung von Conix [301], wurde von Ajzenštejn und Petuchov [313] im Temperaturbereich von 270—300 °C untersucht. Aus Bild 4.34., das die Meßergebnisse dieser Autoren wiedergibt, ist ersichtlich, daß der Temperatureinfluß auf die Schmelzviskosität wesentlich von der Molmasse des PÄT abhängt. Bei Molmassen zwischen 20000 und 31000 konnten die Viskositätsgleichungen von Flory [310] (3), Eyring (4) und Dunstan (5) angewandt werden, für die die entsprechenden Konstanten bestimmt wurden

$$\log \eta_m = -12,10 + 0,017 \cdot M^{0,5} + \frac{7000}{T} \tag{3},$$

$$\log \eta_m = -20,20 + 2,47 \cdot \log M + \frac{7000}{T} \tag{4},$$

$$\log \eta_m = -10,55 + 4,7 \cdot 10^{-5} M + \frac{7000}{T} \tag{5}.$$

Die Temperaturabhängigkeit der Schmelzviskosität wird durch die an verschiedenen Polymeren überprüfte [310, 314, 315] exponentielle Beziehung

$$\eta_m = A \cdot e^{E_A/RT} \tag{6}$$

beschrieben, wobei A eine Konstante, E_A die scheinbare Aktivierungsenergie des viskosen Fließens, R die Gaskonstante und T die absolute Temperatur sind.

Nach den Ergebnissen von Ajzenšteijn und Petuchov ist diese Beziehung bei PÄT nur im Molmassenbereich oberhalb 25000 streng gültig, für PÄT mit geringerer Molmasse tritt eine Abweichung von der Linearität ein. Für den Bereich hoher Molmassen wurden als Aktivierungsenergie $E_A = 34$ kcal/Mol berechnet.

Die Aktivierungsenergie wird sowohl von der Molmasse, d. h. der Länge der Polymerkette, als auch der Struktur des Polymeren im geschmolzenen Zustand

(Starrheit der Ketten, Stärke der zwischenmolekularen Wechselwirkung, Bildung von Assoziaten usw.) beeinflußt. Die Zunahme der Molmasse, aber andererseits auch die Zunahme der Starrheit der Kette, die in der Regel mit der Abnahme der Molmasse verbunden ist, führen zu einer Erhöhung von E_A. In Abhängigkeit von

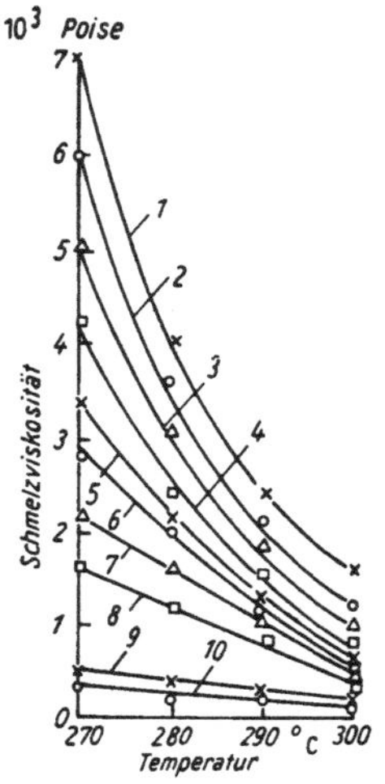

Bild 4.34. Abhängigkeit der Schmelzviskosität von PÄT von der Temperatur und der Molmasse (Kurven 1—10) [313]

1: 32000; *2:* 29000; *3:* 28000; *4:* 26000; *5:* 25000; *6:* 24000; *7:* 23000; *8:* 16500; *9:* 13500; *10:* 11500

dem relativen Einfluß jedes dieser Faktoren kann sich der Wert von E_A für PÄT unterschiedlicher Molmasse innerhalb weiter Grenzen ändern. Die Mittelwerte von E_A für den gesamten von den genannten Autoren untersuchten Bereich liegen daher auch zwischen 25 und 35 kcal/Mol.

Die Ergebnisse von Untersuchungen über die Beziehungen zwischen Schmelzindex, Schmelzviskosität, Grenzviskosität und Temperatur für PÄT und mit 10 Molprozent Adipinsäure modifiziertes PÄT, die von MANARESI u. a. [316] berichtet wurden, stimmen im Prinzip mit den Beobachtungen von AJZENŠTEJN und PETUCHOV überein, die Werte von E_A liegen jedoch mit E_A = 15,8—20,6 kcal/Mol für Molmassen zwischen 14300 und 22100 merklich niedriger.

Der Einfluß, den die Einführung von Adipinsäureeinheiten auf die Flexibilität der Polyesterkette hat, macht sich deutlich bemerkbar. Bei annähernd gleicher Molmasse findet man im Falle des modifizierten PÄT eine niedrigere Schmelzviskosität und einen Schmelzindex, der merklich über dem von PÄT liegt.

Der Zusammenhang von Schmelzindex, Schmelzviskosität und Grenzviskosität wurde auch von ZVONIČEK und VALAŠEK [317] untersucht. Zwischen der in Phenol/Tetrachloräthan (1:1) und (1:3) bestimmten Grenzviskosität $[\eta]$ und dem Schmelzindex TI bzw. der Schmelzviskosität bei 280 °C fanden sie folgende Beziehungen:

$$\log [\eta]_{(1:1)} = -0{,}2475 \cdot \log TI - 0{,}5768 \quad (7),$$

$$\log [\eta]_{(1:3)} = -0{,}2019 \cdot \log TI - 0{,}4811 \quad (8)$$

und

$$\log [\eta]_{(1:1)} = 0{,}2319 \cdot \log \eta_m - 1 \quad (9),$$

$$\log [\eta]_{(1:3)} = 0{,}1955 \cdot \log \eta_m - 0{,}824. \quad (10)$$

Die Schmelzviskosität kann mit Kapillarviskosimetern, mit Rotationsviskometern (COUETTE-Prinzip) oder mit auf der Kugelfallmethode basierenden Viskosimetern gemessen werden.

Bei Verwendung von Kapillarviskosimetern wird die Aufsteiggeschwindigkeit des geschmolzenen Polymeren in einem geeichten senkrechten Kapillarrohr unter einem bekannten gleichbleibenden Druck gemessen. Diese Methode wurde z. B. in den unter [316, 317] zitierten Arbeiten angewandt.

Nach dem COUETTE-Prinzip wird die Strömung zwischen rotierenden konzentrischen Zylindern gemessen. KÄMPF und SCHRENK [318] entwickelten speziell für die Kunstseidenindustrie ein Viskosimeter, bei dem ein Rotationskörper, der sich in der zu untersuchenden Flüssigkeit bzw. Schmelze befindet, durch fallende Gewichte in Bewegung gesetzt wird. Weitere Schmelzviskosimeter, die nach dem Prinzip der koaxialen Zylinder arbeiten, wurden von FLORY [314] und KORECKAJA u. a. [319] beschrieben. Brauchbare Viskosimeter sind inzwischen auch kommerziell erhältlich.

Für die Schmelzviskositätsbestimmung nach der Methode der Strömungsmessung um fallende Körper (Kugelfallmethode), die in der Arbeit [313] angewandt wurden, können abgewandelte HÖPPLER-Viskosimeter [320] benutzt werden. Das Schema eines nach diesem Prinzip arbeitenden Viskosimeters, das speziell für die Messung der Schmelzviskosität von Polyamiden entwickelt wurde, in der Praxis aber auch für Polyester anwendbar ist, zeigt Bild 4.35. (siehe auch [321]).

Der Unterschied in der Arbeitsweise gegenüber dem HÖPPLER-Viskosimeter besteht darin, daß die an einem Metallstab fixierte Kugel feststeht und der die Polyesterschmelze enthaltende Becher herabgleitet. Aus der gemessenen Fallzeit des Bechers ergibt sich in Verbindung mit einer Eichkurve die in Poise ausgedrückte Schmelzviskosität des Testmaterials.

Das gleichzeitig als Aufschmelzapparatur dienende Viskosimeter besteht aus einem von einem Heizmantel umgebenen Zylinder, in dem der Becher mit einem bestimmten Innendurchmesser und die fixierte Kugel mit einem ebenfalls festgelegten Durchmesser entsprechend angeordnet sind. Die Apparatur besteht aus korrosionsfestem Stahl. Als Heizbadflüssigkeit bewährt sich Diphenyl. Die Fallhöhe des die Schmelze enthaltenden Bechers, der vom Stempel der Meßeinrichtung getragen wird, kann mit Hilfe zweier Stellringe außerhalb des Viskosimeters genau festgelegt werden. Beim Lösen des Tragstempels vom Becher wird automatisch durch in Funktion tretende elektrische Kontakte eine Stoppuhr ausgelöst, die in dem Augenblick wieder zum Stillstand kommt, in dem der gleitende Becher wieder auf dem Stempel aufsitzt. Die Eichung von Becher und Kugel erfolgt mit einem Öl bekannter Viskosität bei 20 °C und wird zweckmäßig von Zeit zu Zeit kontrolliert.

Praktisch vollzieht sich die Messung der Schmelzviskosität von Polyäthylenterephthalat mit diesem Viskosimeter folgendermaßen:

20 g Probematerial werden im Becher in die Apparatur eingebracht. Nach Verdrängung der Luft aus der Apparatur durch Stickstoff wird diese mit dem Kugelaggregat verschlossen und mit zwei atü Stickstoff beschickt. Nach dem Aufschmelzen wird der Stickstoffdruck zur Entfernung gebildeter Bläschen auf 3—5 atü erhöht. Mit Hilfe eines Hebels wird jetzt der Becher mit der Schmelze so weit über die Kugel gedrückt, daß diese 2—3 mm über der Bodenfläche des

Bechers verbleibt. Die eigentliche Messung erfolgt bei einer konstant eingestellten und kontrollierten Temperatur von beispielsweise 270 °C. Dabei wird die Becherhalterung mechanisch gelöst, um z. B. 25 mm gesenkt und die Fallzeit des Bechers mit der Schmelze auf dieses Niveau in der oben beschriebenen Weise mittels der automatisch geschalteten Stoppuhr in Sekunden ermittelt.

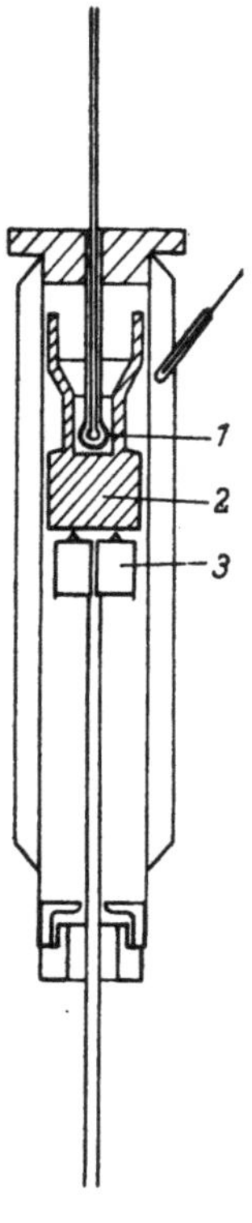

Bild 4.35. Schmelze-Viskosimeter für Polyester nach Du Pont

1 — Kugel; *2* — Becher; *3* — Stempel

Einwandfreie, d. h. vergleichbare und reproduzierbare Werte der Schmelzviskosität von Polyestern, die der Beurteilung über ihre Weiterverarbeitung dienen können, sind nur zu erwarten, wenn die zur Messung eingesetzten Polyesterproben kein Wasser enthalten und Gasbläschen restlos aus der Schmelze entfernt sind. Unter Produktionsbedingungen genügt für die Beurteilung der untersuchten Chargenproben die Angabe der Schmelzviskosität η_m in Poise, aus deren Zahlenwerten erfahrungsgemäß und in Verbindung mit der gleichfalls bestimmten Lösungsviskosität wichtige Anhaltspunkte für die Verarbeitbarkeit einer Polyesterschmelze besonders im Spinnprozeß erhalten werden.

Die bei 270 °C gemessenen Spinnviskositäten von Polyesterschmelzen liegen zumeist bei etwa 2000—3500 Poise.

Vielfach wird in der Praxis nicht die Schmelzviskosität, sondern nach einer genormten Vorschrift ein Schmelzindex bestimmt. Eine allgemeingültige Beziehung zwischen Schmelzviskosität und Schmelzindex, die es ermöglicht, als Viskosität oder Index vorliegende Angaben durch Umrechnung miteinander zu vergleichen, wurde von Edelmann [322] aufgestellt.

4.4.3. *Bestimmung des Schmelzpunktes*

In der Literatur werden recht unterschiedliche Schmelzpunkte bzw. Schmelzbereiche für Polyäthylenterephthalat angegeben. Die Werte liegen zumeist zwischen 255 °C und 265 °C. Das hängt einmal mit der jeweils angewandten Bestimmungsmethode zusammen, zum anderen können PÄT-Proben unterschiedlicher Provenienz in Abhängigkeit von verschiedenen physikalischen und chemischen Faktoren tatsächlich merklich voneinander abweichende Schmelzpunkte besitzen.

Rybnikař [323] wies nach, daß die Schmelztemperatur von PÄT durch Rekristallisation oder Überhitzung beim Aufheizen je nach der Art und dem kristallinen Zustand der Probe erheblich beeinflußt werden kann. Die polarisationsoptisch auf einem Heiztisch gemessenen Schmelztemperaturen differierten bei den einzelnen PÄT-Proben in Abhängigkeit von der thermischen Vorbehandlung und der Aufheizgeschwindigkeit bis zu 10 grd.

Auf Grund thermodynamischer Berechnungen, ausgehend von der Schmelztemperatur von Oligomeren, kommt Taylor [324] zu einem Schmelzpunkt des PÄT von 284 °C. Dieser errechnete Wert ist nicht abwegig, denn es gelang, die Schmelztemperatur einer PÄT-Probe durch mehrmaliges Tempern von 264 °C auf 278 °C zu erhöhen.

Auf den Einfluß, den die bei der Polyesterherstellung in Nebenreaktionen gebildeten Diäthylenglykoleinheiten in der Polyesterkette auf den Schmelzpunkt ausüben, ist bereits hingewiesen worden (siehe 4.2.7.1.). In gleicher Weise können sich auch andere als Cokomponente wirkende Verunreinigungen oder Abbauprodukte bemerkbar machen. Durch Extrapolation der Kurve, die den Zusammenhang zwischen dem Schmelzpunkt des PÄT und dem Gehalt an Diäthylenglykol wiedergibt, resultiert ein Schmelzpunkt des reinen Polyesters von ca. 272 °C. Wenn man das Zusammenwirken der Depression durch Kristallisationsphänomene und Ätherbindungen bedenkt, so erscheint der thermodynamisch berechnete Schmelzpunkt für reines „perfekt" kristallisiertes PÄT durchaus real.

Die experimentelle Bestimmung der Schmelztemperatur kann nach konventionellen Methoden erfolgen, z. B. mittels Schmelzpunktröhrchen im Schmelzpunktapparat nach Thiele oder durch Penetrometrie [325].

Häufig wird die polarisationsoptische Methode angewandt [229, 323]. Beobachtet man die Probe eines kristallinen Polymeren auf dem Mikroheiztisch durch ein Polarisationsmikroskop, so zeigt sich entweder eine Aufhellung oder auch eine ausgeprägte Sphärolithstruktur. Als Schmelzpunkt wird die Temperatur bestimmt, bei der die Sphärolithdoppelbrechung vollständig verschwindet. Die Aufheizgeschwindigkeit sollte 2—4 grd/min betragen.

Ein umfassenderes Bild vom Schmelzverhalten des Polyesters, insbesondere im Zusammenhang mit der thermischen Vorgeschichte und der Kristallinität der Proben, kann man durch differentialthermoanalytische (DTA) und differentialkalorimetrische (DSC) Untersuchungen gewinnen. Seit etwa 1960 sind zahlreiche Arbeiten auf diesem Gebiet bekannt geworden, z. B. [247, 326—334].

Über die Anwendung dieser thermoanalytischen Methoden zur Charakterisierung des thermooxydativen Verhaltens von PÄT wurde bereits im Abschnitt 4.2.7.3. berichtet.

4.4.4. *Bestimmung des Wassergehaltes*

Wie die Ausführungen über den hydrolytischen Abbau (4.2.7.4.) gezeigt haben, ist die Einhaltung bestimmter Grenzen eines Wassergehaltes von entscheidender Bedeutung für die Weiterverarbeitung des Polyestergranulates. Die Wasserbestimmung nach einer möglichst genauen, wenig zeitaufwendigen Methode, die es gestattet, Wassergehalte von 0,01% und weniger zu erfassen, gehört daher zu den wesentlichen Punkten der Betriebskontrolle.

Die einfachste Methode zur Ermittlung des Granulat-Wassergehaltes ist die Bestimmung des Gewichtsverlustes beim Trocknen [253]. Dazu wird die Probbis zur Gewichtskonstanz (etwa 2—4 h) im Trockenschrank oder der Trockene pistole auf 110°—130°C erhitzt. Die Methode ist wenig arbeitsaufwendig, hat aber den Nachteil, daß neben Wasser auch andere unter den Trocknungsbedingungen flüchtige Stoffe miterfaßt werden, z. B. im Granulat eingeschlossenes Glykol oder Abbauprodukte.

Die Wasserbestimmung durch Karl-Fischer-Titration nach Extraktion des Wassers mit Methanol oder einem anderen Lösungsmittel aus dem Granulat bringt bei PÄT oft zu niedrige Werte [253, 254]. Zuverlässigere Ergebnisse werden nach einer Methode erhalten, bei der die PÄT-Probe in Phenol/Tetrachloräthan gelöst und das Wasser im Stickstoffstrom in eine Methanol-Vorlage übergetrieben und anschließend nach der Karl-Fischer-Methode titriert wird [254]. Dieser Methode ähnlich ist ein weiteres Verfahren, bei dem das Wasser bei höherer Temperatur mit einem trockenen Stickstoffstrom aus dem Granulat ausgetrieben und ebenfalls in Methanol aufgefangen und durch Karl-Fischer-Titration bestimmt wird [335]. Dabei werden ca. 10 g PÄT-Granulat 30 min in einem konstanten Stickstoffstrom auf 170°C erhitzt.

Eine von Illing und Hobe [336] ausgearbeitete Methode zur Bestimmung kleiner Wassergehalte in Polymeren, bei der die Probe im Vakuum erhitzt und die durch das verdampfende Wasser eintretende Druckerhöhung manometrisch gemessen wird, läßt sich mit Erfolg auch bei Polyäthylenterephthalat anwenden. Die manometrische Methode wurde von Schmalz [337] einer eingehenden theoretischen und experimentellen Prüfung unterzogen. Um Störreaktionen zu vermeiden, sollten bei der Wasserbestimmung in PÄT 140°C als maximale Arbeitstemperatur nicht überschritten werden.

4.4.5. *Bestimmung der Endgruppen*

Das Verhältnis von Hydroxyl- zu Carboxylendgruppen in PÄT ist ein wesentlicher Parameter für die thermische Beständigkeit des Polyesters. Es ist in starkem Maße von den bei der Herstellung des PÄT angewandten Reaktionsbedingungen abhängig, d. h. von den Reaktionstemperaturen, den Umesterungs- und Polykondensationskatalysatoren, Stabilisatoren usw. (siehe 4.2.3.1., 4.2.7.2., 4.2.7.3.).

Die Endgruppenbestimmung gibt daher wichtige Anhaltspunkte für die chemische Qualität des Polyesters und den Verlauf der Herstellungsoperationen.

Bevor auf die für die Betriebskontrolle wohl allein in Frage kommenden chemischen Methoden eingegangen wird, sollen einige physikalische Methoden der Endgruppenbestimmung erwähnt werden, die z. T. bei der Ausarbeitung von Viskositäts-Molmassen-Beziehungen angewandt wurden.

Ward [307], Daniels und Kitson [338] und Langbein [339] beschreiben die ultrarotspektroskopische Bestimmung von Carboxyl- und Hydroxylendgruppen in PÄT-Folien. Zur Auswertung wurde jeweils die relative Intensität der Hydroxylbanden im Bereich von 3200—3700 cm^{-1} bestimmt. Überlagerungen dieser Banden durch die Absorptionsmaxima der OH-Valenzschwingungen von im PÄT enthaltenen Wasser, Probleme der Probenvorbereitung und Kristallinitätseinflüsse auf die Bandenintensität schränken die universelle Anwendbarkeit und die Aussagesicherheit dieser Methode allerdings ein.

Eine Reihe weiterer physikalischer Methoden basiert auf der Deuterierung bzw. dem Tritiumaustausch der Wasserstoffatome der Hydroxyl- und Carboxylgruppen. Bei diesen Bestimmungsmethoden erhält man stets die Summe der beiden Endgruppentypen.

Nach einem Verfahren von Ward [307] wurde die Probe durch mehrtägiges Eintauchen in schweres Wasser vollständig deuteriert und nach dem Trocknen verbrannt. In dem dabei gebildeten Wasser wurde der Deuteriumgehalt ultrarotspektroskopisch bestimmt.

Koepp und Werner [300] führten die Deuterierung nur bis zur Einstellung eines Austauschgleichgewichtes. Das danach H_2O-haltige schwere Wasser wurde durch Destillation vom PÄT abgetrennt und der H_2O-Gehalt durch Dichtemessung in einem Dichtegradientenrohr bestimmt.

Den Tritiumaustausch wandten Chul-Yung Cha [340] sowie Možišek und Klimánek [341] an. Aus den getrockneten Proben wurden die Tritiumatome mit Wasser durch Rücktausch wieder extrahiert und die Aktivität des Wassers nach Zusatz eines Szintillators spektroskopisch gemessen.

Hydroxylendgruppen von in o-Chlorphenol [212] bzw. Nitrobenzol [228] gelösten Oligoestern und niedermolekularen Polyestern wurden mit Hilfe der hochauflösenden magnetischen Kernresonanz bestimmt.

4.4.5.1. Carboxylendgruppen

In der Literatur sind zahlreiche titrimetrische Methoden der Bestimmung von Carboxylgruppen in PÄT beschrieben worden. Die relativ große Zahl ist sicher ein Ausdruck dafür, daß allen Methoden gewisse Mängel anhaften. Hauptursache für die Schwierigkeiten bei der titrimetrischen Carboxylgruppenbestimmung — in gleicher Weise natürlich auch bei der Hydroxylgruppenbestimmung — ist die geringe Löslichkeit des Polyesters, die die Auswahl geeigneter Lösungsmittel begrenzt und zum anderen hohe Lösetemperaturen erfordert, Temperaturen, die eine Veränderung des Blindwertes des Lösungsmittels und vor allem der ursprünglichen Carboxylgruppenzahl des PÄT durch thermische Schädigung verursachen können.

Als generelle Vorbemerkung für alle Bestimmungsmethoden gilt, daß das Lösen und die Titration unter Stickstoffatmosphäre erfolgen sollte, um eine zusätzliche thermooxydative Schädigung zu vermeiden bzw. Verfälschungen der Ergebnisse der Mikrotitrationen, um die es sich bei der Endgruppenbestimmung handelt, auszuschließen.

Nach der von POHL [342] vorgeschlagenen Methode wird das PÄT bei 215 °C in Benzylalkohol gelöst, die Polyesterlösung mit Chloroform vermischt und mit benzylalkoholischer NaOH gegen Phenolrot als Indikator titriert. Obwohl die Oxydationsneigung des Benzylalkohols eine große Sorgfalt bei der Reinigung des Lösungsmittels und bei der Titration erfordert, ist dieses Verfahren, vor allem in einer etwas modifizierten Form, als Routinemethode gut geeignet. Die Titration kann nach folgender Vorschrift erfolgen:

0,1 g fein zerkleinertes PÄT werden in einen 50 ml Erlenmeyerkolben eingewogen und mit 10 ml gereinigtem Benzylalkohol (mit Na_2CO_3 geschüttelt, im Vakuum unter Stickstoff destilliert) versetzt. Dann wird ein Luftkühler mit einem Gaseinleitungsaufsatz aufgesetzt, kurze Zeit mit Stickstoff gespült und der Erlenmeyerkolben 2 cm tief in ein 200 °C heißes Metallbad gesenkt. Der Kolben verbleibt unter mehrfachen Umschwenken und Hindurchleiten eines schwachen Stickstoffstroms bis zum vollständigen Auflösen der Probe (3—5 min) in dem Heizbad. Nach dem Lösen wird der Kolben aus dem Bad genommen und zur Abkühlung der Lösung mehrere Sekunden umgeschwenkt und der Aufsatz entfernt. Anschließend werden vorsichtig 10 ml gereinigtes Chloroform (mehrmals mit $NaHCO_3$-Lösung und Wasser ausgeschüttelt, getrocknet und destilliert; als Stabilisator 0,5% Äthanol zugesetzt) zugegeben, um eine bei der Titriertemperatur metastabile PÄT-Lösung zu erhalten. Die Lösung hat danach noch eine Temperatur von etwa 60 °C. Nach Zugabe von 5 Tropfen 0,1-proz. alkoholischer Phenolrotlösung wird die Lösung sofort mit 0,02 n glykolischer NaOH titriert. Die Spitze der Mikrobürette soll dabei in die Lösung eintauchen. Die Lösung färbt sich zunächst gelb, dann braunrot. Der erste Tropfen, bei dem die Rotfärbung 10 sec bestehen bleibt, gilt als Umschlagpunkt. Das der Lösung zugesetzte Chloroform bildet eine Schutzgasatmosphäre gegen den Zutritt von CO_2 aus der Luft, so daß sich ein Überleiten von Stickstoff während der Titration erübrigt.

Zur Bestimmung des Blindwertes werden die Lösungsmittel wie bei der Durchführung der Messung behandelt und die Mischung bei 60 °C titriert. Der Blindwert soll unter 0,1 ml 0,02 n NaOH liegen.

Der Faktor der glykolischen NaOH wird gegen p-Nitrobenzoesäure eingestellt.

Berechnung der Carboxylendgruppen:

$$\frac{(\text{Verbrauch} - \text{Blindwert})\ [\text{ml}] \cdot \text{Faktor} \cdot 20}{\text{PÄT-Einwaage}\ [\text{g}]} = \mu\text{Äqu. COOH/g PÄT.}$$

Die hohe Lösetemperatur führt während des Lösens zu einem weiteren Ansteigen des Carboxylgruppengehaltes in der PÄT-Probe, POHL gibt aus diesem Grunde einen Korrekturfaktor von 0,88 μÄqu. COOH/g PÄT pro Minute Erhitzungszeit an, andere Autoren finden bei der Anwendung dieser Titrationsmethode auch höhere Korrekturfaktoren. Recht zuverlässige Carboxylgruppenwerte erhält man unter den in der Arbeitsvorschrift angegebenen Bedingungen mit Hilfe eines empirisch ermittelten Korrekturwertes $k_{200\,°C}$ = (Lösezeit — 1 min) · 2,2 μÄqu.COOH, der von dem bei der Titration gefundenen Wert abzuziehen ist.

Bei Veränderung der Arbeitsbedingungen muß der Korrekturfaktor neu bestimmt werden.

Mehrfach wird die Verwendung von Anilin als Lösungsmittel bei der visuellen [343, 344, 345] bzw. konduktometrischen [346] Titration der Carboxylendgruppen beschrieben. Ein nicht zu übersehender Nachteil dieser Methoden ist zweifellos die hohe Toxizität des Anilins, die den Einsatz für laufende Serienbestimmungen nicht unbedenklich erscheinen läßt, zumal verschiedentlich eine Titration bei erhöhter Temperatur vorgesehen ist. Die gleichen Bedenken gelten auch für die visuellen und potentiometrischen Titrationsmethoden, bei denen Nitrobenzol als Lösungsmittel eingesetzt wird [347].

Von Maurice und Huizinga [348] wurde ein Verfahren beschrieben, bei dem für die potentiometrische Titration ein Gemisch o-Kresol/ Chloroform als Lösungsmittel verwendet wird. Der Polyester (je nach Carboxylgruppengehalt 0,5—1 g) kann bei Temperaturen von 90—110 °C gelöst werden (15—30 ml Lösungsmittelgemisch), so daß keine Gefahr einer thermischen Schädigung besteht. Mit einem automatischen Titriergerät kann die Titration mit 0,1 n alkoholischer KOH bei Raumtemperatur ohne größere Schwierigkeiten durchgeführt werden. Wie bei der visuellen Titration in Benzylalkohol/Chloroform hat man auch hier den Vorteil, daß durch die Anwesenheit des Chloroforms eine schützende Gasatmosphäre gebildet wird, so daß die Titration an der Luft vorgenommen werden kann, ohne daß Störungen durch CO_2 auftreten.

Eine photometrische Titrationsmethode für Carboxylendgruppen wurde von van Lingen [349] ausgearbeitet, wobei ebenfalls o-Kresol/Chloroform als Lösungsmittel dient. Etwa 0,7 g PÄT werden durch Erwärmen in 25 ml o-Kresol in der Titrationsküvette gelöst. Nach dem Abkühlen auf 50 °C werden 10 ml Chloroform und 0,4 ml $1 \cdot 10^{-4}$ molare Bromphenolblaulösung zugegeben. Die Lösung wird in einem mit Schreiber ausgestatteten Spektralphotometer, das auf 602 nm eingestellt ist, mit 0,03 n alkolischer Lauge titriert, bis eine maximale Farbänderung vom Schreiber angezeigt wird. Man erhält einen den potentiometrischen Titrationskurven ähnlichen Kurvenverlauf. Als Endpunkt wird der Schnittpunkt der Berührungslinien der ansteigenden und der maximalen Extinktion ausgewertet. Als Standardabweichung der photometrischen Bestimmung werden 0,36 µÄqu. COOH/g PÄT angegeben. Im Vergleich dazu ermittelte van Lingen nach der potentiometrischen Methode [347] 1,1 µÄqu./g und nach der visuellen Methode [342] 1,5 µÄqu./g als Standardabweichung.

4.4.5.2. Hydroxylendgruppen

Eine direkte Erfassung der Hydroxylendgruppen in PÄT ist nur auf physikalischem Wege möglich. Die chemischen Analysenmethoden bedingen alle primär die Umsetzung der Hydroxylendgruppen mit einer reaktionsfähigen Verbindung, die eindeutig zu charakterisierende Elemente oder funktionelle Gruppen enthält, sowie die anschließende Isolierung und sorgfältige Reinigung des Polyesterderivates, bevor die Endbestimmung nach einem volumetrischen oder kolorimetrischen Verfahren erfolgen kann.

Griehl und Neue [299] setzen die Hydroxylgruppen mit Bromacetylbromid um und bestimmten den Bromgehalt des bromacetylierten PÄT nach dem Verseifen argentometrisch.

Nach der Methode von Conix [301]werden die Hydroxylendgruppen des bei 240 °C in α-Methylnaphthalin gelösten PÄT durch Reaktion mit Bernsteinsäureanhydrid in Carboxylgruppen überführt. Der Hydroxylgruppengehalt wird dann aus der acidimetrisch ermittelten Differenz der Gesamtzahl der Carboxylendgruppen und der ursprünglich vorhandenen Carboxylendgruppen errechnet. Abweichend von der Originalvorschrift von Conix hat es sich als notwendig erwiesen, die während des Auflösens und der Umsetzung des Polyesters durch thermische Schädigung verursachte Carboxylgruppenzunahme zu berücksichtigen [29]. Dazu muß ein Teil des mit Bernsteinsäureanhydrid umgesetzten Polyesters unter den gleichen Bedingungen noch einmal mit Bernsteinsäureanhydrid behandelt werden. Da vorausgesetzt wird, daß bei der ersten Behandlung alle Hydroxylgruppen reagiert haben, gibt die Differenz im Gesamtcarboxylgruppengehalt die Zahl der durch zusätzlichen Abbau entstandenen Carboxylgruppen an, die abgezogen werden müssen.

Mehrere Autoren [299, 347, 350] beschreiben die Umwandlung der Hydroxylgruppen in Urethangruppen mit Phenylisocyanat. Der Stickstoffgehalt des Polyesterurethans wird dann nach der Halbmikro-Kjeldahl-Methode bestimmt [299], oder nach Verseifen des Polyesterurethans wird das der Hydroxylzahl äquivalente Anilin nach Diazotierung und der Kupplung mit 2-Naphtol oder ähnlichen Verbindungen kolorimetrisch bestimmt [299, 347, 350].

Ein Nachteil dieser Methoden ist, daß der im Überschuß eingesetzte Reaktionspartner der Hydroxylgruppen und das Lösungsmittel durch mehrstündiges Extrahieren und Trocknen quantitativ aus dem Polyester entfernt werden müssen. Das bedingt nicht nur einen großen Zeitaufwand — man benötigt für die gesamte Bestimmung etwa 2 Tage — sondern birgt auch die Gefahr in sich, daß niedermolekulare Anteile des Polyesters mit herausgelöst werden und dadurch der gemessene Endgruppengehalt verfälscht wird.

Bei all diesen Methoden besteht noch ein weiteres, prinzipielles Problem. An die der eigentlichen Bestimmung vorgelagerte präparative Reaktion muß die Forderung auf praktisch hundertprozentigen Umsatz gestellt werden, eine Forderung, die sich in der organischen Chemie nur schwer erfüllen läßt. Dieser Nachteil der chemischen Methoden muß in Kauf genommen werden; die Genauigkeit der Hydroxylgruppenbestimmung wird dadurch notwendigerweise geringer als die der Carboxylgruppen. Wenn jedoch die präparative Umsetzung des Polyesters aus mehreren getrennten Teilreaktionen besteht, vervielfachen sich die Fehlermöglichkeiten noch.

Bei der relativ einfachen Methode von Conix [301] kommt als zusätzlicher Unsicherheitsfaktor die Summierung der Fehlergrenzen der mehrfach erforderlichen Carboxylgruppentitrationen hinzu.

Genauer und wesentlich weniger zeitaufwendig als die vorstehend beschriebenen Bestimmungsmethoden ist ein Verfahren, bei dem die intermediäre Isolierung, Reinigung und Trocknung des Polyesterderivates vermieden wird. Nach der Reaktion der Hydroxylgruppen des in Nitrobenzol gelösten PÄT mit einer abgemessenen Menge 3.5-Dinitrobenzoylchlorid [351] oder o-Sulfobenzoesäureanhydrid [352] wird das Polyesterderivat ausgefällt und abfiltriert. In dem Filtrat wird nach dem Verseifen die überschüssige 3.5-Dinitrobenzoesäure bzw. o-Sulfobenzoesäure titrimetrisch bestimmt. Aus der Differenz zu einer in gleicher Weise behandelten Blindprobe kann dann der Verbrauch an Säurechlorid bzw. Anhydrid und damit der Hydroxylgruppengehalt berechnet werden.

Für die Bestimmung der Hydroxylendgruppen mit o-Sulfobenzoesäureanhydrid wird folgende Arbeitsvorschrift angegeben [352]:

Es werden jeweils 2 Proben und 1 Blindwert angesetzt. Etwa 0,6 g zerkleinertes PÄT (Wassergehalt $< 0,2\%$) werden in einen 100 ml-Erlenmeyerkolben eingewogen und mit 5 ml getrocknetem Nitrobenzol (Wassergehalt <10 mg H_2O/100 ml) versetzt. Zu der Suspension werden dann aus einer Mikrobürette genau 5 ml einer etwa 0,1 m o-Sulfobenzoesäureanhydrid-Lösung (1,8 g o-Sulfobenzoesäureanhydrid gelöst in 100 ml getrocknetem Nitrobenzol) zugegeben. Nachdem jeder Erlenmeyerkolben mit Rückflußkühler und Gaseinleitungsaufsatz versehen ist, werden die 2 Proben und der Blindwert (5 ml Nitrobenzol + 5 ml Reagenz) in ein Heizbad von 170 °C gebracht. Unter Überleiten eines schwachen Stickstoff-Stromes wird das PÄT im Verlauf von 10 min gelöst. Zur Vervollständigung der Reaktion werden die 3 Proben dann noch 1 h in einem Heizbad auf 130 °C erhitzt. Danach werden zur Verseifung des überschüssigen Anhydrids zu den noch heißen Lösungen je 20 Tropfen eines Gemisches Pyridin/Wasser (1 : 1) zugesetzt und kräftig umgeschüttelt.

Nach 5 min werden durch den Rückflußkühler 25 ml Aceton/Wasser (9 : 1) zugegeben, wobei gleichzeitig das darin haftende Lösungsmittel abgespült wird. Der ausfallende Polyester wird durch Schütteln fein verteilt. Nachdem nochmals 25 ml Aceton/Wasser-Gemisch zugefügt sind, wird der verschlossene Kolben 15 min in einem Eisbad abgekühlt. Der Polyester wird dann über eine G4-Fritte scharf abgesaugt und mit 50 ml Aceton gut ausgewaschen.

In den Filtraten bzw. in der ebenfalls mit Aceton/Wasser versetzten Blindprobe wird dann die restliche o-Sulfobenzoesäure mit 0,1 n NaOH mit einer Mikrobürette gegen Bromthymolblau als Indikator oder potentiometrisch titriert. Bei der potentiometrischen Titration wird die Differenz zwischen den zweiten Potentialsprüngen ausgewertet (1. Sprung: $-SO_3H$; 2. Sprung: $-COOH$).

Berechnung

B = Verbrauch für Blindprobe [ml 0,1 n NaOH],
P = Verbrauch für Probe [ml 0,1 n NaOH],
F = Faktor der 0,1 n NaOH,
E = PÄT-Einwaage [g].

$$\frac{\frac{(B-P)}{2} \cdot F \cdot 10^2}{E} = \mu\text{Äqu.OH/g PÄT}.$$

Als Standardabweichung der Bestimmungsmethode wurden 0,86 μÄqu./g berechnet.

4.4.5.3. Methylesterendgruppen

Neben Hydroxyl- und Carboxylendgruppen können in PÄT auch Methylesterendgruppen vorhanden sein. Ursachen und Auswirkungen eines Methylestergehaltes im Polykondensationsprodukt sind unter 4.2.1.1. und 4.2.4. diskutiert worden.

Die quantitative Bestimmung von Methylesterendgruppen kann nach einem Verfahren [31] erfolgen, nach dem das PÄT durch Hydrazinolyse abgebaut und das dabei freigesetzte Methanol kontinuierlich abdestilliert, in Wasser absorbiert und anschließend gaschromatographisch bestimmt wird.

Zum Aufschluß des Polyesters werden 2—4 g fein zerkleinertes PÄT mit 5 ml 95-proz. wäßriger Hydrazinhydratlösung 1 h auf 120 °C erhitzt, gleichzeitig wird ein Stickstoffstrom durch die Apparatur geleitet. Die für die Hydrazinolyse und die Destillation verwendete Spezialapparatur besteht im wesentlichen aus dem mit Gaseinleitungsaufsatz versehenen Reaktionskolben, einer auf 90 °C beheizten waagerechten Destillationsbrücke und einem eisgekühlten U-förmigen Absorptionsgefäß als Vorlage, das 0,2—0,5 ml Wasser enthält. Bei der gaschromatographischen Bestimmung des absorbierten Methanols wird als Trennphase Porapak Q 50—80 mesh verwendet. (Wärmeleitfähigkeitsdetektor; Trägergas: Wasserstoff; Säulentemperatur: 50 °C, mit Beginn des Wasserpeaks auf 100 °C erhöht; Eingangsheizung: 150 °C; Detektorraum-Temperatur: 250 °C). Die quantitative Auswertung erfolgt durch Planimetrieren der Peakflächen und Vergleich mit einer Eichkurve. Als Standardabweichung der Methode wurden 0,98 µÄqu. OCH_3/g PÄT gefunden.

4.4.6. *Bestimmung des Diäthylenglykolgehaltes*

Für die quantitative Bestimmung des durch Nebenreaktionen während des Herstellungsprozesses in die Polyesterkette eingebauten Diäthylenglykols (vgl. 4.2.7.1.) sind verschiedene Methoden vorgeschlagen worden, die sich sowohl in der Art des PÄT-Aufschlusses als auch der Bestimmung des freigesetzten Diäthylenglykols unterscheiden.

Nach einem von Mifune und Ishida [227] beschriebenen Verfahren wird das PÄT mit wäßriger $Ba(OH)_2$-Lösung verseift, das Bariumterephthalat abfiltriert und das Äthylenglykol mit Perjodsäure zu Formaldehyd oxydiert. Nach dem Abdestillieren des Formaldehyds und der Reduktion der Perjodsäure wird das Diäthylenglykol mit Bichromat oxydiert. Das dabei verbrauchte Bichromat wird kolorimetrisch bestimmt.

Kirby u. a. [225] verbesserten dieses Verfahren, indem sie die Verseifung mit alkoholischer KOH-Lösung durchführten und nach der Oxydation des Diäthylenglykols mit einer definierten Menge Bichromat das überschüssige Oxydationsmittel durch Redoxtitration mit Eisenammonsulfat bestimmten.

Janssen u. a. [353] verseiften das PÄT bei 150 °C mit wäßriger KOH-Lösung und bestimmten das Diäthylenglykol dünnschichtchromatographisch.

In einer Reihe neuerer Publikationen wird die Bestimmung des Diäthylenglykols durch Gaschromatographie beschrieben. Zum Aufschluß des PÄT wandte Yoda [229] die Druckmethanolyse bei 200 °C an. Ein ähnliches Verfahren, bei dem die Umesterung unter Druck bei 250 °C mit Äthanol durchgeführt wird, wurde bereits vorher von Janssen u. a. [354] vorgeschlagen. Ponder [355] baute das PÄT vor der gaschromatographischen Bestimmung durch Druckhydrolyse bei 230 °C ab.

Alle diese Aufschlußmethoden der Verseifung, Alkoholyse oder Hydrolyse des PÄT sind mit einem erheblichen Zeitaufwand verbunden, der auch bei Anwendung von Druck noch in der Größenordnung von einigen Stunden liegt. Diese Zeit für die Probenvorbereitung läßt sich verkürzen, wenn nur ein partieller Abbau des PÄT durchgeführt wird und das Molverhältnis Diäthylenglykol : Äthylenglykol bestimmt wird. Dieses Verfahren wurde von GASKILL u. a. [226] angewandt, die den Polyester lediglich 0,5 h mit alkalischer NaOH-Lösung unter Rückflußtemperatur behandelten. Da in der Probelösung dann jedoch nur ein Teil des in der Gesamtprobe vorhandenen Diäthylenglykols vorliegt, muß ein Gaschromatograph mit hoher Nachweisempfindlichkeit eingesetzt werden. Problematisch wird für die routinemäßige Gaschromatographie in vielen Fällen auch die in der Publikation geforderte Verwendung von Glassäulen sein.

PÄT ist sehr empfindlich gegen die Einwirkung von Hydrazin [356]. Davon ausgehend konnten einfachere und schnellere Aufschlußmethoden für PÄT als die vorgenannten ausgearbeitet werden. Die Anwendung der Hydrazinolyse bei der Bestimmung von Methylesterendgruppen wurde bereits erwähnt (siehe 4.4.5.3.). Als Aufschlußverfahren für die Diäthylenglykolbestimmung wird sie von HOVENKAMP und MUNTING [228] sowie von DINSE und TUČEK [357] beschrieben.

DINSE und TUČEK schlagen zwei Varianten der Bestimmung vor. Nach dem ersten Verfahren werden 5 g zerkleinertes PÄT mit 10 ml 85proz. Hydrazinhydrat 2 h auf 110—120 °C erhitzt. Danach wird über eine Fritte von dem ausgefallenen Terephthalsäuredihydrazid in einen 25 ml Meßkolben abfiltriert und aufgefüllt. 1 g dieser Lösung wird mit ca. 5 mg Tetraäthylenglykoldimethyläther oder Benzylalkohol als innerer Standard versetzt. Mit 30 µl dieser Lösung wird die gaschromatographische Analyse durchgeführt. Nach der 2. Variante werden 0,5 g PÄT mit 1 ml 85proz. Hydrazinhydrat aufgeschlossen. Nach der Filtration wird die mit der Standardsubstanz versetzte Probelösung direkt zur Gaschromatographie eingesetzt. Die gaschromatographische Bestimmung wurde mit einem mit Wärmeleitfähigkeitsdetektor ausgerüsteten Gerät vorgenommen (Trägergas: H_2, 7,2 l/h; Säulentemp.: 170 °C; Trennsäule: 1 m Stahlsäule, 6 mm ⌀; Trennsäulenfüllung: 10% Carbowax 20 M auf Chromosorb W oder 5% Emulphor O auf Heydeflon).

Carbowax 20 M wurde auch bei den zuvor erwähnten gaschromatographischen Bestimmungsmethoden [226, 355] als Trennsäulenfüllung eingesetzt. Eine weitere geeignete Trennphase ist Porapak Q [228].

Eine gaschromatographische Methode, die nicht nur auf Diäthylenglykol ausgerichtet ist, sondern die quantitative Bestimmung von Äthylenglykol, Diäthylenglykol, Terephthalsäure sowie Mono- und Bis-(2-hydroxyäthyl)-terephthalat in Vorkondensaten (Veresterungsprodukten) nebeneinander ermöglicht, wurde von ATKINSON und CALOUCHE [358] entwickelt. Zur Vorbereitung für die gaschromatographische Analyse wird die Probensubstanz in Pyridin gelöst und mit Bis-(trimethylsilyl)-fluoracetamid umgesetzt.

4.4.7. *Bestimmung der Molmassenverteilung*

Wie bekannt, bestehen die meisten makromolekularen Stoffe, und damit auch Polyäthylenterephthalat, aus polymerhomologen Gemischen. Da der Beitrag der längeren und kürzeren Makromoleküle zu den Eigenschaften der Polymeren nicht gleichwertig ist, hängen die Gebrauchseigenschaften von der Polydispersität des Polymermaterials ab. Die Kenntnis der Molmassenverteilung ist daher ebenso wichtig wie die Kenntnis der $\overline{M}_n$- oder $\overline{M}_w$-Mittelwerte selbst.

Wenn man den Mechanismus einer Polymersynthesereaktion kennt, kann man prinzipiell die Größenverteilung der entstehenden Makromoleküle berechnen. Die Verteilungsfunktion für Polykondensate, bei denen für jede knüpfbare und spaltbare Bindung die gleiche statistische und kinetische Wahrscheinlichkeit der Reaktion gilt, wurde auf verschiedenen Wegen von P. FLORY [359] und G. V. SCHULZ [360] abgeleitet. Man bezeichnet diese theoretisch abgeleitete Verteilungsfunktion als Normalverteilung, wahrscheinlichste Verteilung oder SCHULZ—FLORY-Verteilung:

$$m_P = P \cdot p^{P-1}(1 - p)^2. \tag{1}$$

m_P ist der Anteil der Makromoleküle mit dem Polymerisationsgrad P an der Gesamtmasse eines Polykondensationsproduktes. Wenn man die Beziehung

$$\overline{P}_n = \frac{1}{1 - p} \tag{2}$$

berücksichtigt, die den Durchschnittspolymerisationsgrad $\overline{P}_n$ mit dem Umsatz- oder Vollendungsgrad p verbindet, erhält man die SCHULZ—FLORY-Funktion in folgender Form:

$$m_P = \frac{P}{\overline{P}_n^{\,2}} \cdot \left(1 - \frac{1}{\overline{P}_n}\right)^{P-1}. \tag{3}$$

Zahlreiche Untersuchungen haben gezeigt, daß in der Schmelze hergestelltes Polyäthylenterephthalat eine SCHULZ—FLORY-Verteilung aufweist. Abweichungen davon können z. B. durch reaktorbedingte Fließ- und Durchmischungsverhältnisse der polykondensierenden Schmelze hervorgerufen werden, durch die die statistische Wahrscheinlichkeit der Reaktion nicht mehr für alle reaktionsfähigen Gruppen gleich ist. Auch bei Polykondensationsreaktionen in fester Phase wurde infolge der ungleichmäßigen Reaktion über den Querschnitt der Polyesterpartikel und fehlender Makrobrownscher Bewegung eine von der normalen abweichende Polymerisationsgradverteilung gefunden [91, 93].

Die Untersuchung der Molmassenverteilung erlaubt somit Rückschlüsse auf den Einfluß verfahrens- und reaktortechnischer Faktoren auf die Eigenschaften des Polyesters. Sie ist deshalb nicht nur für den Theoretiker von Interesse, sondern besitzt auch direkte praktische Bedeutung.

Ein gewisses Maß für die Molmassenverteilung stellt bereits die sogenannte Uneinheitlichkeit [360] dar

$$U = \frac{\overline{M}_w}{\overline{M}_n} - 1 \left(\text{zuweilen auch definiert als } U = \frac{\overline{M}_w}{\overline{M}_n}\right), \tag{4}$$

die mit Hilfe von zwei Molmassenbestimmungen, die einen $\overline{M}_w$- und einen $\overline{M}_n$-Wert ergeben, berechnet werden kann.

Nach der Theorie von FLORY, die durch zahlreiche Untersuchungen bestätigt wird, nimmt U mit steigendem Umsatzgrad laufend zu und nähert sich dem Wert 1, während KORŠAK und Mitarbeiter (siehe z. B. [361]) auf Grund theoretischer Betrachtungen und ihrer Versuchsergebnisse eine Annäherung an den Wert 0 diskutierten.

Der Zahlenwert von U gibt an, ob eine enge oder eine breite Verteilung vorliegt, er sagt aber noch nichts darüber aus, in welchem Maße die Anteile mit den verschiedenen Molmassen bzw. Polymerisationsgraden in der polydispersen Mischung vorhanden sind. Zur experimentellen Ermittlung der Verteilungskurve muß das Gemisch in Fraktionen zerlegt und deren Menge und Molmasse bestimmt werden. Je größer die Zahl der Fraktionen ist, desto genauer ist die Bestimmung der Molmassenverteilung.

Zur Konstruktion der Verteilungskurve rechnet man die Massen der einzelnen Fraktionen in Prozent der Gesamtmasse um und trägt jeweils die Summen dieser Werte $\sum m_P$ über dem dazugehörigen Polymerisationsgrad auf. Aus dieser integralen Verteilungskurve erhält man durch graphische oder numerische [374] Differentiation die Differentialverteilungskurve, der man entnehmen kann, wie groß der Anteil der Makromoleküle mit einem bestimmten Polymerisationsgrad P am Gesamtprodukt ist.

Von den bekannten Methoden der Polymerfraktionierung[1]) wurde für die Untersuchung von PÄT vor allem die fraktionierte Fällung angewandt. Eine Übersicht über Lösungsmittel/Fällungsmittel-Systeme dieser Methode sowie über andere Methoden und Bedingungen der PÄT-Fraktionierung gibt die Tabelle 4.10.

Ein weiteres, kontinuierliches Verfahren der Fraktionierung wurde von PAILHES u. a. [375] vorgeschlagen. Für das auf einer Flüssig-Flüssig-Extraktion beruhende Verfahren wird das System Phenol/n-Heptan verwendet.

Die Verteilung des Polymeren auf zwei flüssige Phasen, die Solphase und die Gelphase, erreicht man bei der fraktionierten Fällung entweder unter isothermen Bedingungen durch stufenweisen Zusatz des Fällungsmittels oder nach einem Verfahren, das von VILIM u. a. [365] beschrieben wurde, durch schrittweise Erniedrigung der Temperatur einer Lösung des PÄT im System Phenol/Tetrachloräthan/Heptan.

Ein Beispiel für einen Fraktionierprozeß unter isothermen Bedingungen gibt folgende Versuchsbeschreibung [364]: Zu einer 1%ig. Lösung des PÄT in Phenol/Tetrachloräthan (1 : 1) bei 25 °C wurde bis zur Trübung n-Heptan zugegeben, dann die Temperatur kurzzeitig auf maximal 60 °C erhöht und wieder auf 25 °C thermostatiert. Nach beendeter Fällungsmittelzugabe wurde 7 h gerührt, die Absetzzeit betrug 10 h. Durch Abtrennen der unteren Phase wurden 7—8 Originalfraktionen erhalten, die auf die gleiche Weise in je 3—4 Unterfraktionen aufgeteilt wurden. Die Lösungen der unteren Fraktionen wurden mit Lösungsmittel auf 1% verdünnt und durch Eintropfen in Aceton gefällt, abgesaugt, mit Aceton gewaschen und bei 100 °C und 0,1 Torr 2 Tage konstant getrocknet. Die Polymerisationsgrade der Fraktionen wurden aus der rel. Lösungsviskosität über die Viskositätsgleichung von KOEPP und WERNER [300] berechnet.

Als Ergebnis von nach diesem Verfahren durchgeführten Fraktionierungen konnten GEHRKE und REINISCH [198, 364, 376] nachweisen, daß durch Schmelzepolykondensation nach dem diskontinuierlichen Autoklavenverfahren hergestelltes PÄT während des Kettenwachstumprozesses und auch nach einem thermischen

[1]) Näheres darüber sowie über die theoretische Behandlung und praktische Ermittlung der Verteilungsfunktionen, die hier nur kurz gestreift werden können, findet sich in zusammenfassender Darstellung z. B. unter [296].

Tabelle 4.10. Fraktioniermethoden und -bedingungen für Polyäthylenterephthalat

Fraktioniermethode	Lösungsmittel	Fällungsmittel	Temp. [°C]	Literatur
Fraktionierte Fällung	Phenol/Tetrachloräthan (1:1)	Benzin		[362]
	„	n-Heptan	50	[363]
	„	n-Heptan	25	[364]
	„	n-Heptan	60	[365]
	Phenol/Tetrachloräthan (1:3)	Benzin		[366]
	Phenol/Tetrachloräthan (3:2)	n-Heptan		[367]
	Phenol/Dichloräthan (2:3)	Benzol		[304]
	Phenol/Chlorbenzol (1:1)	Benzin		[368]
	Phenol	Äthanol	50	[306]
	Phenol	Cyclohexan	70	[300]
	m-Kresol	n-Heptan	60	[369]
	o-Chlorphenol	n-Hexan		[370]
Trübungstitration	Phenol/Tetrachloräthan/Benzin (1:3:4)	Benzin	25	[371]
	Phenol/Tetrachloräthan	n-Heptan		[372]
Chromatograph. Fraktionierung (Aktivkohle als Adsorbens)	Trifluoressigsäure/ Chloroform (1:4 und (1:9)	—		[373]

Abbau unter Stickstoff eine Polymerhomologenverteilung nach SCHULZ—FLORY aufweist.

Die Bilder 4.36a. und b. zeigen die Integralverteilungskurven eines Polyäthylenterephthalates bei Abbruch der Polykondensation ($\overline{P}_n = 136$) und nach thermischer Belastung bei 280 °C, durch die der Polymerisationsgrad nach 15 h auf $\overline{P}_n = 39{,}9$ abgesunken war. In beiden Fällen stimmen die Experimentalkurven weitgehend mit den theoretischen Kurven nach FLORY überein.

Die Experimentalbeschreibungen lassen erkennen, welchen großen Zeit- und Arbeitsaufwand die fraktionierte Fällung erfordert. Es hat daher nicht an Versuchen gefehlt, rationellere Verfahren zur Bestimmung der Molmassenverteilung zu entwickeln.

REINISCH u. a. [376, 377] konnten das vorstehend beschriebene Fraktionierverfahren [364] durch Konzentrationserniedrigung der Ausgangslösung von 1% auf 0,25% nicht nur noch selektiver gestalten — nach der Theorie von SCHULZ ist eine fraktionierte Fällung um so selektiver, je geringer das Volumen der Gelphase V_G gegenüber dem der Solphase V_S ist — sondern es war auch möglich, die Zahl der Fraktionen auf 10 zu reduzieren und die Rührzeit zur Gleichgewichtseinstellung zwischen Sol- und Gelphase von 8 auf 4 h herabzusetzen und damit eine wesentliche Zeiteinsparung zu erzielen. Das Verfahren liefert innerhalb einer Woche eine Verteilungskurve und ist damit genauso leistungsfähig wie das von PAILHES u. a. [375] beschriebene kontinuierliche Verfahren. Die hohe Selektivität der

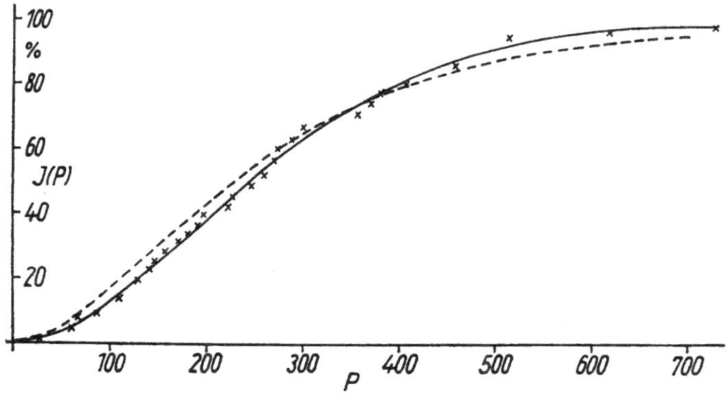

Bild 4.36a. Integralverteilungskurve von Polyäthylenterephthalat $\overline{P}_n = 136$ im Vergleich zur theoretischen Kurve (gestrichelt) nach FLORY [364]

Methode geht aus Bild 4.37. hervor, das die Verteilungskurven einer Modellmischung von zwei Polyäthylenterephthalaten mit unterschiedlichem Polymerisationsgrad zeigt. Die experimentelle Differentialkurve stimmt nahezu vollständig mit der durch Kurvenaddition aus den Experimentalkurven der beiden Mischungspartner berechneten Differentialkurve (gestrichelt) überein. Eine Fehler-

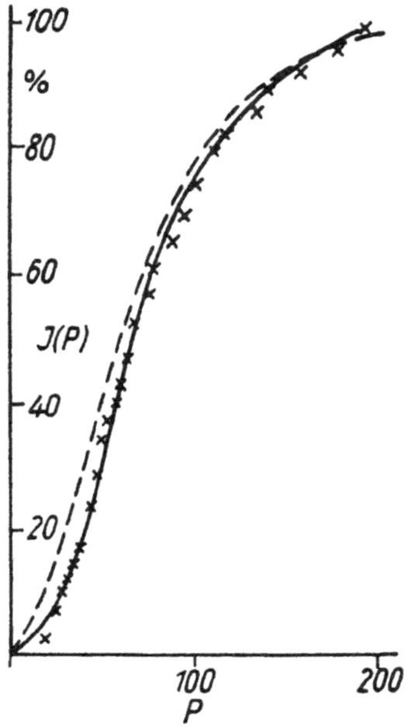

Bild 4.36b. Integralverteilungskurve von Polyäthylenterephthalat $\overline{P}_n = 39{,}9$ im Vergleich zur theoretischen Kurve (gestrichelt) nach FLORY [364]

betrachtung der Methode ergab, daß es möglich ist, Abweichungen von >8% (in P) von der theoretischen Verteilung zu erkennen.

Eine analytische Methode zur Charakterisierung der Molmassenverteilung, die relativ wenig Zeit beansprucht, ist die Trübungstitration, die auch für PÄT beschrieben wird [371, 372]. Wenn man zu einer sehr verdünnten Lösung eines Polymeren langsam unter Rühren ein Fällungsmittel zutropft, so fällt das Polymere in Form feinster Geltröpfchen aus, die zu einer photoelektrisch meßbaren Trübung der Lösung führen. Nach den Angaben von Vyrskij u. a. [371] wurde

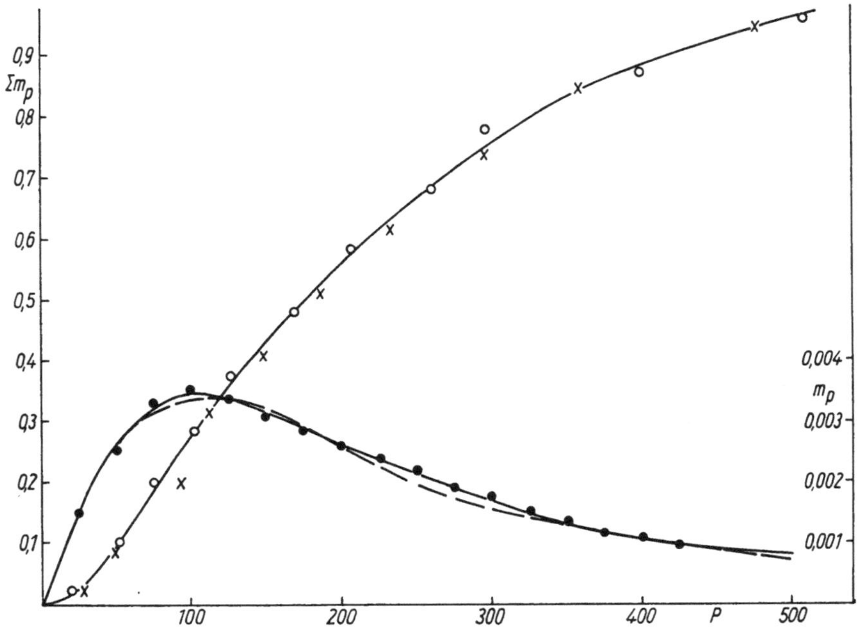

Bild 4.37. Verteilungskurve einer Polyäthylenterephthalatmischung [$\overline{P}_n$ 74 (20 Masse-%) $\overline{P}_n$ 118 (80 Masse-%)] Ausgangslösung = 0,25-%; 10 Fraktionen [377]

die Trübungstitration z. B. unter folgenden Bedingungen durchgeführt: Konzentration der zu titrierenden Lösung 0,002 g PÄT in 100 ml Phenol/Tetrachloräthan/Benzin (1 : 3 : 4), Temperatur 25 °C ± 1 grd, Rührgeschwindigkeit 60 U/min, Geschwindigkeit der Zugabe des Fällungsmittels Benzin 0,44 ml/min.

Die Titrationskurve muß mit Hilfe einer Eichkurve, die mit engen Fraktionen bekannter Molmasse aufgestellt wird, in die eigentliche Integralverteilungskurve umgeformt werden. Diese Eichung der Titrationsergebnisse ist arbeitsaufwendig und kompliziert. Vyrskij u. a. schlagen daher eine einfache, empirische Methode zur Umwandlung der Titrationskurve in die Verteilungskurve vor. Insgesamt gesehen ist die Aussagekraft der Trübungstitration dennoch geringer als die der zuvor beschriebenen fraktionierten Fällung und kann diese kaum ersetzen. Sie dürfte mehr für Vergleichszwecke geeignet sein.

4.4.8. *Bestimmung des Katalysatorgehaltes*

Es ist ausführlich dargelegt worden, in welch starkem Maße Art und Menge der als Umesterungs- und Polykondensationskatalysatoren verwendeten Metallderivate die Geschwindigkeit der Aufbau- und Abbaureaktionen und die Qualität des Polyesters beeinflussen. Aus diesem Grunde ist es wichtig, unabhängig von der eingesetzten Menge die im Endprodukt vorhandene Konzentration der Katalysatoren zu kennen, um auf diese Art Verluste chemischer Art, z. B. durch Reduktion, oder mechanischer Art, z. B. als Folge der Filtration oder durch Abscheidung an den Reaktorwandungen, feststellen zu können. In gleicher Weise ist die Bestimmung des Phosphorgehaltes von Interesse, da bei den häufig als Stabilisatoren eingesetzten Phosphor- bzw. Phosphorigsäureestern Verluste durch Abdestillieren auftreten, die zu einem unzureichenden Stabilisierungseffekt führen.

Die quantitative Bestimmung der Katalysatormetalle und des Phosphors bedingt Analysenmethoden, die es gestatten, noch etwa $10^{-4}\%$ des jeweiligen Elementes zu erfassen. Mehrfach wurden in der Literatur spektralphotometrische Bestimmungsmethoden beschrieben, die diesen Anforderungen genügen. Von ZIMMERMANN u. a. wurden derartige Methoden zur quantitativen Bestimmung von Antimon, Kobalt, Mangan, Magnesium, Zink und Phosphor [378] sowie von Germanium, Titan und Calcium [379] ausgearbeitet. Die spektralphotometrische Bestimmung von Phosphor in PÄT ist auch von MICHAJLOV u. a. [380] sowie von TELEP und EHRLICH [381] beschrieben worden. YANAGISAWA u. a. [382] wandten für die Germaniumbestimmung in synthetischen Fasern, darunter auch PÄT, die Atomabsorptions-Spektrophotometrie an.

Um den im Polyester vorhandenen Katalysator in einen der spektralphotometrischen Bestimmung zugänglichen Zustand zu überführen, wird die organische Substanz durch Veraschen oder durch nassen Aufschluß mit Schwefelsäure, Salpetersäure und Wasserstoffperoxid entfernt.

EDELMANN und WYDEN [383] entwickelten ein Verfahren zur polarographischen Bestimmung von Antimon, Blei, Zink, Kobalt, Mangan und Germanium. Der Polyester wird dazu in Kresol gelöst und der Katalysator mit einer sauren wäßrigen Lösung extrahiert, die dann zur Polarographie eingesetzt wird.

4.5. Copolyester und andere als Faserrohstoff genutzte Polyester mit einer vom Polyäthylenterephthalat abweichenden chemischen Struktur

Neben Polyäthylenterephthalat sind noch eine Reihe anderer als Faserrohstoff geeignete Polyester entwickelt worden, ihr Produktionsumfang ist jedoch wesentlich geringer. Die erste großtechnisch hergestellte Polyesterfaser, die nicht auf Polyäthylenterephthalat basiert, war das Polykondensationsprodukt von Dimethylterephthalat und 1.4-Bis-(hydroxymethyl)-cyclohexan [384]. Diese Polyesterfaser wurde 1958 von der Tennessee Eastman Co. unter dem Namen „Kodel“ auf den Markt gebracht (Faserwerke Hüls GmbH: „Vestan“).

Die wiederkehrende Grundeinheit des Poly-(1.4-cyclohexylendimethylen)-

terephthalates hat die Formel

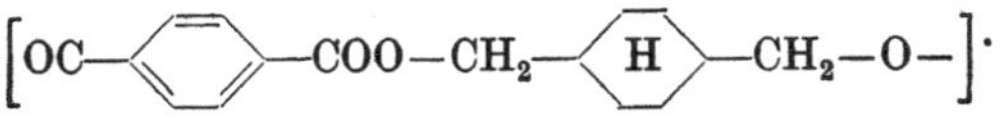

(1)

Der Alkohol wird durch Hydrierung von Dimethylterephthalat hergestellt. Dabei entsteht ein Gemisch der cis- und trans-Isomeren des 1.4-Bis-(hydroxymethyl)-cyclohexans. Verschiedene physikalische Eigenschaften des Polyesters, z. B. die Einfriertemperatur, Kristallisationstemperaturen, Schmelzpunkt, Löslichkeit und Dichte, hängen von dem Isomerenverhältnis der Alkoholkomponente ab [385]. Der Schmelzpunkt des Polymeren mit reinem cis-1.4-Bis-(hydroxymethyl)-cyclohexan liegt bei 251—256 °C, er steigt mit Erhöhung des trans-Anteils kontinuierlich ohne Eutektikum auf 312—316 °C, den Schmelzpunkt des Polyesters mit reinem trans-Alkohol, an [386].

Die Dichte nimmt mit zunehmendem trans-Anteil im amorphen und kristallinen Bereich ab. Mit steigender Dichte sinkt das Farbstoffaufnahmevermögen von Fasern, während die Widerstandsfähigkeit gegen organische Lösungsmittel und gegen hydrolytischen Abbau ansteigt. Die thermischen und chemischen Eigenschaften hängen vom Kristallinitätsgrad ab [385].

Auf Grund dieser verschiedenen Einflußgrößen und mehrerer mit der technischen Herstellung des Polymeren verbundenen Gründe wird die „Kodel“-Faser mit einem cis/trans-Verhältnis von etwa 1 : 2 hergestellt. Der Schmelzpunkt des Polyesters liegt in dem Fall bei ca. 290 °C.

Die Umesterung und Polykondensation wird im Prinzip in der gleichen Weise durchgeführt wie bei der Herstellung von Polyäthylenterephthalat. Die höhere Schmelztemperatur erfordert jedoch Polykondensations- und Spinntemperaturen von 300—310 °C. Wesentlich für die Herstellung eines gleichmäßigen Produktes ist die Konstanz des cis/trans-Verhältnisses. Über die Verarbeitung und Ausrüstung der „Kodel“-Faser berichteten Martin [387], Forrester [388] und Ivey [389]. Die Anfärbbarkeit ist besser als bei Polyäthylenterephthalat, die Pillingbildung ist gering.

In Japan wurde in den 60iger Jahren von der Polyesterether Development Co. eine Polyesterätherfaser auf Basis von Poly(p-äthylenoxy)-benzoat entwickelt [390, 391], das die wiederkehrende Einheit

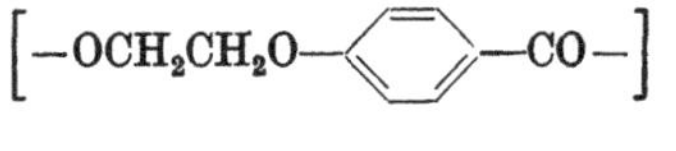

(2)

enthält. Ausgangsprodukt für das Polymere ist p-Hydroxybenzoesäure, die aus Phenol und CO_2 hergestellt wird. Die p-Hydroxybenzoesäure wird mit Äthylenoxid in p-(2-Hydroxyäthoxy)-benzoesäure überführt. Diese Säure wird anschließend mit Methanol verestert und der Methylester in Gegenwart eines Katalysators bei hoher Temperatur und vermindertem Druck polykondensiert. Die Fäden werden aus der Schmelze ersponnen.

Die Faser, die unter der Bezeichnung „A-Tell“ von der Fa. Nippon Rayon produziert wird, hat der Naturseide ähnliche Eigenschaften [392, 393]. Die Temperaturbeständigkeit ist geringer als die der üblichen Polyesterfaserstoffe, die Beständigkeit gegen Sonnenlicht, Säuren und Alkalien ist jedoch gut. Die Faser ist leicht mit Dispersionsfarbstoffen anfärbbar. Die Feuchtigkeitsaufnahme entspricht der von PÄT.

Mit dem Ziel, eine besser anfärbbare Faser herzustellen, die in ihren sonstigen guten Eigenschaften den bekannten Polyesterfasern möglichst ähnlich sein soll, wurde von der Emser Werke AG die Copolyätheresterfaser „Grilene“[1]) entwickelt, die als Säurekomponenten 90 Molprozent Terephthalsäure und 10 Molprozent p-Hydroxybenzoesäure enthält [394, 395]. Die Methylester der beiden Säuren werden als Gemisch in Gegenwart von Umesterungskatalysatoren mit Äthylenglykol umgeestert und die Glykolester polykondensiert. Dabei werden gleichzeitig die phenolischen Hydroxylgruppen der p-Hydroxybenzoesäure mit Glykol veräthert, so daß ein Copolyätherester entsteht, der neben den Polyäthylenterephthalateinheiten statistisch verteilte Einheiten der Formel (2) enthält. Der Schmelzpunkt dieses Polymeren liegt bei 240 °C, die Glasumwandlungstemperatur bei etwa 57 °C. Die Faser besitzt eine sehr gute Chemikalienbeständigkeit. Eine Besonderheit ist das in weiten Grenzen variierbare Schrumpfvermögen, das beispielsweise in heißem Wasser 0—100% betragen kann. Das Farbstoffaufnahmevermögen ist etwa doppelt so groß wie das von PÄT.

Eine ähnliche Copolyätheresterfaser mit 5—10% p-Hydroxyäthoxybenzoesäure als Modifizierungskomponente des Polyäthylenterephthalates war bereits früher in der Sowjetunion unter dem Namen „Okson“ produziert worden [396].

Zu der Produktionspalette großer Chemiefaserwerke gehören eine ganze Reihe weiterer Copolyesterfasern, die sich durch gute Anfärbbarkeit, hohes Schrumpfvermögen oder eine gute Pillingresistenz auszeichnen. Beispiele dafür sind Polyäthylenterephthalate, die mit 10—15% Isophthalsäure modifiziert sind: „Vycron“ (Beaunit Fibers), „Vitel“ (Goodyear Chem. Div.), „Velana“ (Silon n. p., CSSR). Pillarme, mit basischen Farbstoffen anfärbbare Fasern werden aus Polyäthylenterephthalaten hergestellt, die 2—5% Na-5-sulfoisophthalsäure („Dacron 64“, Du Pont), („Tesil 31“, Silon n. p.) als Modifizierungskomponente enthalten (vgl. dazu auch [401]).

Der Modifizierungseffekt besteht bei den Copolyestern in einer Auflockerung der regelmäßigen Struktur des Polyäthylenterephthalates, wodurch u. a. die Anfärbbarkeit mit Dispersionsfarbstoffen erhöht wird. Bei den Sulfogruppen enthaltenden Copolyestern kommt als zusätzlicher Effekt die Reaktivität gegenüber basischen Farbstoffen hinzu. Vorteilhaft im Hinblick auf die erforderliche Spinntemperatur der Polyester wirkt sich auch die mit der Modifizierung des PÄT zumeist verbundene Erniedrigung des Schmelzpunktes um etwa 10—20 grd aus. Auf der anderen Seite bringt die Auflockerung der physikalischen Struktur des Polyesters auch gewisse Nachteile mit sich, so wird z. B. oft eine geringere Hydrolysebeständigkeit beobachtet. Schwierigkeiten traten während der Polykondensation des sulfonsäuremodifizierten PÄT auf, da die Modifizierungskomponente Nebenreaktionen begünstigt [397].

In der Literatur ist verschiedentlich die Problematik der Modifizierung in zusammenfassender Darstellung [397—400] oder der Einfluß bestimmter Modifizierungskomponenten (K-Sulfoterephthalsäure [401], Adipinsäure [402, 403], Hexahydroterephthalsäure [404], 5-Hydroxyisophthalsäure [405, 406], 2,6-Naphthalindicarbonsäure [407]) behandelt worden.

[1]) Der gleiche Markenname wird jetzt auch für die Polyäthylenterephthalat-Faser verwendet.

Poly-(äthylen-2.6-naphthalindicarboxylat) ist auch als Homopolymeres hergestellt worden. Es fand vor allem Interesse in der Raumfahrttechnik, da es eine um ein mehrfaches höhere Strahlungsbeständigkeit als PÄT aufweist [408].

Eine Verbesserung der Anfärbbarkeit des PÄT kann auch durch Einbau von 30 Masseprozent Polyäthylenoxidsegmenten mit einer rel. Molmasse von 4000 in die Polyäthylenterephthalatketten erreicht werden [409], allerdings wird dadurch die hydrolytische und thermische Beständigkeit stark herabgesetzt [398]. Der Schmelzpunkt des PÄT wird durch das Polyäthylenglykol wesentlich weniger erniedrigt als durch einen gleichen Masseanteil statistisch verteiltes Diäthylenglykol, da der Schmelzpunkt vom Molenbruch der Komponenten abhängig ist [410]. Die Schmelzpunkterniedrigung beträgt z. B. für das vorstehend genannte Beispiel von Masseprozent und Molmasse Polyäthylenoxid etwa 10 grd.

Co-(polyäther)-polyester aus Polyalkylenoxiden der Molmasse 1000 bis 6000, Äthylenglykol und Terephthalsäure zeigen eine hohe Entropieelastizität [411], die durchaus mit der Elastizität von Urethanelastomerfäden vergleichbar ist. Elastische Copolyätheresterfäden mit 75—95 Masseprozent Ätheresterein-heiten und 5—25 Masseprozent Estereinheiten wurden auch aus dem Polykondensationsprodukt von Polytetramethylenätherglykol der Molmasse 2000, Diäthyl-p,p'-bi-benzoat und 1,4-Bis-(hydroxymethyl)-cyclohexan (cis: trans = 30 : 70) hergestellt [412].

Systematische Untersuchungen über die Herstellung und analytische Charakterisierung von Copolyätherestern aus Polyäthylenterephthalat und α,ω-Dihydroxy-polyalkylenoxiden wurden von Leibnitz und Reinisch [413] durchgeführt.

Abschließend sei noch kurz auf die Entwicklung neuer Polyesterfasern eingegangen, die zuweilen in der Literatur diskutiert wird. Man nimmt an, daß weiterhin überwiegend Dimethylterephthalat und Terephthalsäure verwendet werden, daß aber Äthylenglykol durch höhere und vielleicht teilweise substituierte Glykole ersetzt wird [414]. Die höheren aliphatischen Glykole, wie 1.4-Butandiol bis 1.10-Decandiol würden der Polymerkette größere Biegsamkeit verleihen. Dadurch würde nicht nur der Griff der Polyesterfaser verbessert, sondern auch das Pill-Problem vermindert. Die höheren Glykole bieten außerdem zahlreiche Substitutionsmöglichkeiten längs ihrer Kette.

Smith, Kibler und Sublett [415] kommen allerdings auf Grund systematischer Untersuchungen der homologen Reihe von Terephthalatpolyestern von Äthylenglykol bis zum 1.10-Decandiol und Copolyestern mit Äthylenglykol/1.3-Propandiol und Äthylenglykol/1.4-Butandiol zu der Schlußfolgerung, daß nur die ersten drei Glieder der Poly-(methylenterephthalat)-Reihe für die Verwendung als Textilfasern geeignet zu sein scheinen.

4.6. Literaturangaben

[1] Polyester fiber processes going continuous. Chem. Engg. News **43** (1965) 49, 44—45.

[2] U. S. P. 2933476 (1960), Fischer, W. F. (Du Pont).

[3] Zuev, V. N., Evsjukov, V. S., Ajzenštejn, E. M. und Spirin, V. A.: Ökonomische Wirksamkeit der kontinuierlichen Herstellung von Polyesterfaserstoff. Chim. Volokna (Chem. Fasern) (1969) 2, 59—60; dt. in Sowj. Beitr. Faserforsch. Textiltechnik **6** (1969) 7, 348—350.

[4] Korenkov, G. L., u. a.: Chim. Prom. za Rubezom (Chem. Ind. des Auslandes) (1970) 1, 45—67.
[5] Polyester fibers outlook.: Chem. Engg. News **47** (1969) 37, 18—19.
[6] Stoll, B.: Einige Probleme der kontinuierlichen Polyesterherstellung: Preprints der IX. Chemiefasertagung Tabor 1969, 1—15.
[7] Riggert, K.: Neue Wege bei der Herstellung von Polyester- und Polyamidfaserstoffen. Chemiefasern **17** (1967), 428—436.
[8] Mersova, N. A., Tichonova, R. A.: Industrielle Methoden der Herstellung von Terephthalsäure. Chim. Prom. za Rubezom (Chem. Ind. des Auslandes) (1965) **9**, 18.
[9] Process reduces terephthalic acid costs. Chem. Engg. News **49** (1971) 1, 31.
[10] Kremer, E. B., Ajzenštejn, E. M. und Petuchov, B. V.: Chim. Volokna (Chem. Fasern) (1967) 4, 50.
[11] Fraczek, K. und Polaczek, J.: Perspektiven der Entwicklung der Terephthalsäureproduktion. Przemysł chemiczny, Warszawa, **46** (1967) 2, 56—61, 124—130.
[12] Chemiefasern **18** (1968) 4, 255.
[13] Chemiefasern **19** (1969) 4, 242.
[14] Chem. Engg. News **46** (1968) 12, 25.
[15] Chem. Engg. News **47** (1969) 38, 24—25.
[16] Chemiefasern **20** (1970) 8, 626.
[17] Text. Month (1969) 10, 51; Chemiefasern **19** (1969) 10, 791.
[18] Japanese take new routes to polyester. Chem. Engg. News **48** (1970) 49, 42—43.
[19] Lohmann, P.: Dissertation Karl-Marx-Universität Leipzig 1965, 82—83.
[20] Zimmermann, H. und Schaaf, E.: Modelluntersuchungen über die katalytische Wirksamkeit von Antimonverbindungen bei der Polyäthylenterephthalatbildung. Faserforsch. u. Textiltechn. **21** (1970) 6, 242—246.
[21] Zahn, H. und Krzikalla, R.: Synthese von einheitlichen, linearen Oligoestern vom Poly-glykol-terephthalat-typ. Makromol. Chemie **23** (1957) 31—53.
[22] Mihail, R., Istratoiu, R. und Alexandru, L.: Studii si Cerc. in Chimie **1** (1958) 161; Fibre Sintetice, Bukarest (1960).
[23] Zimmermann, H.: Chemische Untersuchungen über faserbildende Polyester I. Über die thermische Stabilisierung von Polyäthylenterephthalat. Faserforsch. u. Textiltechn. **15** (1962) 11, 481—490.
[24] Wilfong, R. E.: Linear Polyesters. J. Polymer Sci. **54** (1961) 385—410.
[25] Griehl, W. und Schnock, G.: Zur Katalyse der Polyesterbildung durch Esteraustausch. Faserforsch. u. Textiltechn. **8** (1957) 10, 408—416.
[26] Yoda, K., Kimoto, K. und Toda, T.: Katalytische Wirkung von Metallverbindungen bei der Umesterungsreaktion von Dimethylterephthalat mit Äthylenglykol. Kogyo Kagaku Zasshi (J. chem. Soc. Japan, ind. Chem. Sect.) **67** (1964) 909—914.
[27] Machlina, L. S., Čemodanova, T. P., Kostrjukova, V. A. und Levčenko, V. F.: Ultraschallverfahren zur Kontrolle der Herstellung von Diäthylolterephthalat. Chim. Volokna (Chem. Fasern) (1970) 1, 74; dt. in Sowj. Beitr. Faserforsch. Textiltechnik **7** (1970) 5, 225—226.
[28] Zimmermann, H. und Schaaf, E.: Zur thermischen Stabilität von Terephthalsäuredimethylester. Faserforsch. u. Textiltechn. **20** (1969) 4, 185—190.
[29] Schnock, G.: Dissertation Humboldt-Universität Berlin, 1960.
[30] Petuchov, B. V.: The technology of polyester fibres. Oxford, London, New York, Paris. Pergamon Press 1963, 16.
[31] Zimmermann, H. und Becker, E.: Zur Bestimmung von Methylestergruppen in Polyäthylenterephthalat. Faserforsch. u. Textiltechn. **22** (1971) 9, 458—462.
[32] U. S. P. 2970986 (1961), Du Pont.
[33] Whinfield, J. R.: Aromatische Polyester, Endeavour **11** (1951) 29—32.
[34] Brit. P. 578079 (1941), Whinfield, J. R., und Dickson, I. T.

[35] Teijin process gives higher yield of terephthalic acid. Chem. Engg. News **46** (1968) **44**, 23–24.
[36] Chem. Engng. **76** (1969) 10, 78–80.
[37] D. B. P. 956040 (1955), Rottweiler Kunstseidefabrik A. G.
[38] U. S. P. 3024220 (1962), CRAMER, F. B., Du Pont.
[39] U. S. P. 3057909 (1962), Du Pont.
[40] Brit. P. 1104198 (1968), Mobile Oil Corp.
[41] U. S. P. 3444140 (1969), STEWART, M. J. und CARLSON, O. K. (FMC Corp.).
[42] U. S. P. 3425995 (1969), CARTER, M. E. und PRICE, J. A. (FMC Corp.).
[43] U. S. P. 3425996 (1969), CARTER, M. E. und PRICE, J. A. (FMC Corp.).
[44] U. S. P. 3451970 (1969), CARTER, M. E. und PRICE, J. A. (FMC Corp.).
[45] U. S. P. 3506618 (1970), CARTER, M. E. PRICE, J. A., und MERVINE, R. P. (FMC Corp.)
[46] It. P. 750990 (1967), MARCONI, W., HELLA FORTUNA, G. und CROSTA, R. (SNAM S. p. A.).
[47] U. S. P. 3479324 (1969), CARTER, M. E. und PRICE, J. A. (FMC Corp.).
[48] Jap. A. S. 6914949 (1969), Toyobo Co. Ltd.
[49] Brit. P. 1135233 (1968), BAILLIE, J. (Courtaulds Ltd.).
[50] Brit. P. 1181024 (1970), Rhone-Poulenc S. A. A.
[51] U. S. P. 3528945 (1970), STEWART, M. J., und PRICE, J. A. (FMC Corp.).
[52] ALEXANDRU, L., DASCALU, L. und CRISTESCU, I.: Synthese des Polyäthylenterephthalats unmittelbar aus Terephthalsäure und Äthylenglykol. Mat. plastice **8** (1971), 252 bis 255.
[53] KEMKES, J. F.: Direct Esterification of Terephthalic Acid with Ethylene Glycol under Atmospheric Pressure, J. Polymer Sci. Part C **22** (1969) 713–720.
[54] U. S. P. 3497473 (1970), KEMKES, J. F. (American Enka Corp.).
[55] D. A. S. 1570981 (1969), HAHN, W. D. und PLENZ, J. (Inventa A. G.).
[56] Goodyear develops polyester process using TPA. Europ. Chem. News **16** (1969) 10, 791.
[57] D. A. S. 1167530 (1964), MUNRO, N. (I. C. I. Ltd.).
[58] TANI, T. und ENOKI, K.: Make BHET without solvents. Hydrocarbon Process. **49** (1970) 11, 146–150.
[59] MAREŠ, F., HETFLEJŠ, J. und BAŽANT, V.: Reactions of carboxylic acids with ethylene oxide. I. Kinetics of the reaction of terephthalic acid with ethylene oxide. Coll. Czech. Chem. Commun. **34** (1969), 3086–3097.
II. Concerning the mechanism of reaction. Ebenda, 3098–3109.
[60] U. S. P. 2932662 (1960), RINGWALD, E. L. (Chemstrand Corp.).
[61] U. S. P. 3101366 (1963), VAITEKUNAS, A. A. (Socony Mobil Oil Co.).
[62] D. P. (DDR) 49055 (1966), Nippon Soda Kabushiki Kaisha.
[63] D. A. S. 1909169 (1970), LARKIN, D. R. (Celanese Corp.).
[64] D. A. S. 1928098 (1969), KUHN, M. P. und MIREUR, J. P. (Celanese Corp.).
[65] Jap. A. S. 7023539 (1970), ICHIKAWA, Y., YAMASHITA, G. und KOBAYASHI, O. (Teijin Ltd.).
[66] Brit. P. 981703, Toyo Rayon Co. Ltd.
[67] F. P. 1365841 (1964), Toyo Rayon Co Ltd.
[68] Brit. P. 1030958, Toyo Rayon Co. Ltd.
[69] D. B. P. 1274111 (1968), AOZUKA, N., IKEDA, T., NOGUCHI, Y. und ITO, M. (Showa Denko, K. K.).
[70] TSCHECH. P. 132348 (1969), MALEK, J., CEFELIN, P., NAHLOVSKY, B. und BAZANT, V.
[71] SKWARSKI, T.: Untersuchungen über die Kinetik der Polykondensation von Terephthalsäure-dimethylester mit Äthylenglykol. Zeszyty nauk. Polytechn. Łódzkiej (Wiss. H. Polytechn. Łódź) Chemia (Chemie) **4** (1956), 41–61.
[72] FISJUK, L. T. und GRAJZEL', L. A.: Intensivierung der Polykondensationsstufe bei der

Herstellung von Polyäthylenterephthalat. Chim. Volokna (Chem. Fasern) (1970) 3, 70—71; dt. in Sowj. Beitr. Faserforsch. Textiltechnik 7 (1970) 10, 505—506.
[73] Pochetti, F. und Schippa, G.: Verhalten des Bis-(2-hydroxyäthyl)-terephthalates bei Temperaturen und Drucken der Polykondensation. Ann. Chimica **54** (1964) 66—72.
[74] Challa, G.: Ester interchange equilibria from dimethyl terephthalate and ethylene glycol. Recueil des Travaux Chimiques des Pays-Bas **79** (1960) 90—100.
[75] Stevenson, R. W. und Nettleton, H. R.: Polycondensation Rate of Poly(ethylene Terephthalate). I. Polycondensation Catalyzed by Antimony Trioxide in Presence of Reverse Reaction. J. Polymer Sci. Part A-1, **6** (1968) 889—900.
[76] Morozov, N. A., Radčenko, N. G. und Kolčin, A. A.: Polykondensation von Diäthylolterephthalat in dünner Schicht. Plast. Massy (1967) 4, 18—20.
[77] Schumann, H. D.: Zur Polykondensation von PÄT. Industrie-Forschungszentrum, Chemieanl. Mitt. (Dresden) **9** (1969) 4, 108—112.
[78] Stevenson, R. W.: Polycondensation Rate of Poly(ethylene Terephthalate). II. Antimony Trioxide-Catalyzed Polycondensation in Static Thin Films on Metal Surfaces. J. Polymer Sci. Part A-1, **7** (1969) 395—407.
[79] U. S. P. 3161710 (1964), Turner, G. M. (Du Pont).
[80] Brit. P. 1085147 (1967), Imperial Chemical Industries Ltd.
[81] Župiev, L. I. und Suchovaja, E. Ju.: Herstellung von Polyäthylenterephthalat. Chim. Technol. Respub. Meževedom. Nauč.-Tech. Sb., **6** (1966), 142—147.
[82] U. S. P. 2534028 (1950), Izard, E. F. (Du Pont).
[83] U. S. P. 2641592 (1953), Hofrichter, H. Ch. und Madison, J. (Du Pont).
[84] D. P. (DDR) 30903 (1964), Zimmermann, H., Versäumer, H.
[85] Dietze, M.: Bestimmungsmethode für kleine Polykondensationsgrade im Verfahren zur kontinuierlichen Herstellung von Polyesterschmelze. Chemiefasern **17** (1967) 3, 205 bis 210.
[86] Nakamura, I. und Hayashi, E.: Low molecular weight polyethylene terephthalate and fiber forming property. J. Polymer Sci., B: Polymer Letters **2** (1964) 851—854.
[87] Brit. P. 986619 (1965), Farbwerke Hoechst AG.
[88] Jap. A. S. 7021597 (1970), Teijin Ltd.
[89] Mifune, A.: Studies on Polyethylene Terephthalate. IV. The Formation of PET in Solid Phase. Kogyo Kagaku Zasshi (J. chem. Soc. Japan, ind. Chem. Sect.) **65** (1962) 996—998.
[90] Li-Chen Hsu: Synthesis of Ultrahigh Molecular Weight Poly(ethylene terephthalate). J. Macromol. Sci.-Phys. B 1 (4) (1967), 801—813.
[91] Chul-Yung Cha: The molecular-weight distribution of poly(ethylene terephthalate) from solid-phase polycondensation. Am. Chem. Soc. Div. Polymer Chem., Reprints **6** (1) (1965) 84—89.
[92] Župiev, L. I. und Lyžnik, Z. F.: Polykondensation von Polyäthylenterephthalat-Oligomeren in fester Phase. Plast. Massy (1970) 3, 14—15.
[93] Bamford, C. H. und Wayne, R. P.: Polymerization in the solid phase: a polycondensation reaction. Polymer, London **10** (1969) 661—681.
[94] Chang, T. M.: Kinetics of thermally induced solid-state polycondensation of poly(ethylene terephthalate). Polym. Eng. Sci. 1970, 10 (6), 364—368.
[95] Niederl. P. 6610798 (1967), Du Pont.
[96] D. A. S. 1243389 (1967), Perlowski, J. S., Coffee, R. D. und Edwards, R. B. (Eastman Kodak Co.).
[97] Brit. P. 1066162 (1967), Davies, T., Head, G. E. und Porter, K. (Imperial Chemical Industries Ltd.).
[98] F. P. 2008523 (1970), Glanzstoff AG.
[99] D. A. S. 1804119 (1970), Breitschaft, S., und Hoeltermann, R. (Farbwerke Hoechst AG.)
[100] U. S. P. 2578660 (1951).

[101] Brit. P. 768967 (1957).
[102] U. S. P. 2650213 (1953).
[103] U. S. P. 2662093 (1953).
[104] U. S. P. 2647885 (1953).
[105] U. S. P. 2740768 (1956).
[106] U. S. P. 2643983 (1953).
[107] U. S. P. 2892815 (1959).
[108] Jap. P. 10350 (1957).
[109] Brit. P. 805534 (1958).
[110] F. P. 1169659 (1959).
[111] U. S. P. 2518283 (1950).
[112] U. S. P. 2491660 (1949).
[113] Brit. P. 753880 (1956).
[114] Jap. A.S. 4844 (1959).
[115] Can. P. 573301 (1959).
[116] U. S. P. 2249950 (1941).
[117] Belg. P. 536161.
[118] U. S. P. 2729620 (1956).
[119] Norw. P. 86379 (1955).
[120] Belg. P. 573077.
[121] Brit. P. 623836 (1949).
[122] U. S. P. 2729619 (1956).
[123] U. S. P. 2789972 (1957).
[124] U. S. P. 2822348 (1958).
[125] U. S. P. 2727881 (1955).
[126] U. S. P. 2744097 (1956).
[127] Brit. P. 775495 (1957).
[128] F. P. 1160533 (1958).
[129] U. S. P. 2891928 (1959).
[130] F. P. 1164874 (1958), Brit. P. 816801 (1959), N. V. Onderzoekingsinstituut Research.
[131] Can. P. 567106 (1958).
[132] Brit. P. 816215 (1959).
[133] Jap. A. S. 9897 (1959).
[134] Belg. P. 581170 (1959).
[135] U. S. P. 3450729 (1969), LARKINS, TH. H. und MALCOLM, M. O. (Eastman Kodak Co.).
[136] Brit. P. 1146849 (1969), Monsanto Co.
[137] Brit. P. 1132749 (1968), Monsanto Co.
[138] U. S. P. 3386960 (1968), WIENER, M. V. (Goodyear Tire a. Rubber Co.).
[139] Brit. P. 1113156 (1968), Gevaert-Agfa N. V.
[140] Belg. P. 714579 (1968), CONIX, A. J. und JEURISSEN, L. G. (Gevaert-Agfa N. V.).
[141] Brit. P. 1034678 (1966), Farbwerke Hoechst AG.
[142] Jap. A. S. 19552/69 (1969), Nippon Soda Co. Ltd.
[143] Brit. P. 1051120 (1966), Rhodiaceta Soc.
[144] Jap. A. S. 7001469 (1970), Toyo Rayon Co. Ltd.
[145] Jap. A. S. 19554/69 (1969) Nippon Soda Co. Ltd.
[146] D. A. S. 1264780 (1968), WELFERS, E. (Farbwerke Hoechst AG).
[147] D. A. S. 1645492 (1970), DODA, T., YODA, K. und KIMOTO, K.
[148] Jap. A. S. 7019515 (1970), HIROI, J. (Toyo Rayon Co. Ltd.).
[149] Brit. P. 960786 (1964), Du Pont.
[150] Niederl. P. 6603202, 6603203, 6603204, 6603205 (1956, 1966) Gevaert-Agfa N. V.
[151] Brit. P. 999805 (1965), ZIMMER, Verfahrenstechnik.
[152] F. P. 2001249 (1969), ITABASHI, Y. und NAKAYAMA, K.
[153] Niederl. P. 6509208 (1965), Allgemene Kunstzijde Unie N. V.

[154] D. A. S. 1495742 (1969), Welfers, E., Fischer, A. und Hoyer, H. (Farbwerke Hoechst AG.).
[155] D. A. S. 1959189 (1970), Itabashi, Y., Saito, S. und Seki, M. (SNIA VISCOSA).
[156] Brit. P. 795968 (1958), I. C. I. Ltd.
[157] Brit. P. 802700 (1958), I. C. I. Ltd.
[158] D. A. S. 2004832 (1970), Jones, K. M. (I. C. I. Ltd.).
[159] D. A. S. 1808951 (1969), Segawa, H., Itoi, K. und Tanabe, K. (Kurashiki Rayon Co. Ltd.).
[160] D. P. (DDR) 78660 (1970), Zimmermann, H., Becker, D., Ramm, H., Schrot, R. und Griessbach, W.
[161] D. A. S. 1948236 (1970), Jeurissen, L. G. (Agfa-Gevaert A. G.).
[162] D. A. S. 1811446 (1970), Schade, G. und Blaschke, F. (Dynamit Nobel A.-G.).
[163] U. S. P. 3377320 (1968), Zoetbrood, G. J. (American Enka Corp.).
[164] F. P. 2029486 (1970), Asahi Kasei Kogyo Kabushiki Kaisha.
[165] D. P. (DDR) 58597 (1967), Hilaire, P. (Societe Rhodiaceta).
[166] D. P. (DDR) 45278 (1966), Müller, K., Sych, G. und Zimmermann, H.
[167] Zimmermann, H.: Modellversuche zum Chemismus der thermischen Stabilisierung von Polyäthylenterephthalat mit Phosphorsäureestern. Faserforsch. u. Textiltechn. **19** (1968) 8, 372—377.
[168] Terechova, G. M. und Petuchov, B. V.: Die Blockierung der Endgruppen des Polyäthylenterephthalates durch Orthophosphorsäure. Chim. Volokna (Chem. Fasern) **2** (1960) 8—10.
[169] Terechova, G. M., Michajlov, N. V. und Tokareva, L. G.: Einfluß von Thermostabilisatoren auf die Synthese von Polyäthylenterephthalat. Chim. Volokna (Chem. Fasern) **6** (1964) 28—32; dt. in: Sowj. Beitr. Faserforsch. Textiltechnik **1** (1964) 5, 230—236.
[170] Alexandru, L. und Petroianu, S.: Die Untersuchung einiger Aspekte der Trocknung von Polyäthylenterephthalatgranulat. Rev. Chimie, Bucuresti **13** (1962) 11, 675 bis 678.
[171] Brit. P. 770531 (1954), I. C. I. Ltd.
Brit. P. 769220 (1957), Du Pont.
Brit. P. 802921 (1958), I. C. I. Ltd.
UdSSR. P. 128141 (1960).
U. S. P. 2650213 (1953), Du Pont.
U. S. P. 2938015 (1960), Du Pont.
D. A. S. 1917124 (1969), Goodyear Tire a. Rubber Co.
[172] F. P. 1578658 (1969), Steward, M. J., Price, J. A. (FMC Corp.).
[173] U. S. P. 2945000 (1960), Long, S. H., Tamblyn, J. W. und Moore, L. D. (Eastman Kodak Co.).
[174] UdSSR. P. 166136 (1964), Bass, S. I., Berlin, A. A., Levantovskaja, I. I., Kovarskaja, B. M., und Novoselova, J. A.
[175] Bass, S. I., Levantovskaja, I. I., Draljuk, G. V., Kovarskaja, B. M. und Berlin, A. A.: Über die Inhibierung des thermooxidativen Abbaus von Polyestern mit den bei der Umsetzung von Anthracen und Schwefel entstehenden paramagnetischen Substanzen. Vysokomol. Soed. (Hochmol. Verbind.) **9** (1967) 3, 556—561.
[176] UdSSR. P. 260167 (1969), Suchov, V. V., Fedorova, E. S., Kuzina, Z. M., Kovarskaja, B. M., Levantovskaja, I. I. und Draljuk, G. V.
[177] Klapovskaja, D. A., Kovarskaja, B. M., Andrianova, N. V. und Levantovskaja, I. I.: Einfluß von Stabilisatoren auf die relative Molekülmasse und die Verteilung der relativen Molekülmassen von Polyäthylenterephthalat. Plast. Massy (1968) 7, 41—43; dt. in: Sowj. Beitr. Faserforsch. Textiltechn. **6** (1969) 2, 60—63.
[178] Repina, L. P., Kremer, E. B. und Ajzenštejn, E. M.: Einfluß der Katalysatoren auf die Geschwindigkeit der Veresterung von Terephthalsäure mit Äthylenglykol. Chim.

Volokna (Chem. Fasern) (1969) 6, 9—11; dt. in: Sowj. Beitr. Faserforsch. Textiltechnik 7 (1970) 3, 113—115.
[179] Majboroda, V. J. und Strašnova, T. T.: Das Spinnfärben von Lavsan. Chim. Volokna (Chem. Fasern) 3 (1961) 4, 22—26.
[180] Torraca, G. und Turriziani, R.: Transesterification reaction of dimethylterephthalate with glycol. Chim. e Ind. (Milano) 44 (1962) 483—488.
[181] Berner, E. und Aaberg, E.: The catalytic effect of certain metal salts on transesterifications. Suomen Kemistilehti 31 (1958) 53—55.
[182] Westheimer, F. H.: Trans. New York Acad. Sci. 18 (1955) 15.
[183] Bender, M. L.: Metalion catalysis of nucleophilic organic reactions in solution. Advances Chem. Ser. 37 (1963) 19—36.
[184] Fontana, C. M.: Polycondensation equilibrium and the kinetics of the catalyzed transesterification in the formation of polyethylene terephthalate. J. Polymer Sci. Part. A-1, 6 (1968) 2343—2358.
[185] Zimmermann, H. und Schaaf, E.: Zum Chemismus metallionenkatalysierter Umesterungsreaktionen. J. prakt. Chemie 312 (1970) 660—668.
[186] Kudrna, M. und Pavelcová, V.: Herstellung von Dimethylterephthalat durch Rückesterung des β,β'-bis-Hydroxyäthylterephthalates. Chem. průmysl (Chem. Ind.) (1964) 1, 12—16.
[187] Hovenkamp, S. G.: Kinetic aspects of the catalyzed transesterification and polycondensation in the formation of polyethylene terephthalate. IUPAC-Symp. Macromol. Chemie Budapest 1969; Reprints Vol. I, 113—117.
[188] Challa, G.: The Formation of Polyethylene Terephthalate by Ester Interchange. I. The Polycondensation Equilibrium. Makromol. Chemie 38 (1960) 105—122. II. The Kinetics of Reversible Melt-Polycondensation. Ebenda, 123—137. III. The Kinetics of the Redistribution Reaction, Ebenda, 138—146.
[189] Griehl, W. und Förster, P.-F.0: Die Bestimmung der Massenwirkungskonstante bei der Polyäthylenterephthalat-Bildung. Faserforsch. u. Textiltechn. 7 (1956) 10, 463—468.
[190] Dietze, M.: Die Massenwirkungskonstante von Polyäthylenterephthalat. Chemiefasern 16 (1966) 9, 709.
[191] Hovenkamp, S. G.: Comment on "Polycondensation Equilibrium and the Kinetics of the Catalyzed Transesterification in the Formation of Polyethylene Terephthalate". J. Polymer Sci. Part A-1, 7 (1969) 3428—3429.
[192] Ullrich, H. und Dietze, M.: Zur Kinetik homogener chemischer Reaktionen. Chemie-Ing.-Techn. 36 (1964) 717—729.
[193] Jampolskaja, M. A., Ablov, A. V., Davydova, S. L. und Plate, N. A.: Katalytische Eigenschaften von Metallacetylacetonaten bei Umesterungsreaktionen. Kinet. Katal. (1969) 10 (6), 1382—1385.
[194] Sorokin, M. F. und Chebotareva, N. A.: Umesterung von Dimethylterephthalat mit Äthylenglykol. Tr. Mosk. Chim. Technol. Inst. (1969) 61, 103—106.
[195] Reinisch, G., Zimmermann, H. und Rafler, G.: Zur gravimetrisch-kinetischen Analyse der Polyäthylenterephthalatbildung im offenen System. Faserforsch. u. Textiltechn. 20 (1969) 5, 225—230.
[196] Koršak, V. V., Bekasova, N. I. und Zamjatina, V. A.: Über Polyester mit Heteroketten. X. Die Kinetik der Polykondensation von Diäthylolterephthalat. Izv. Akad. Nauk SSSR, Otd. chim. (Nachr. Akad. Wiss. UdSSR, Abt. chem. Wiss.) 4 (1958) 486 bis 491.
[197] Koršak, V. V., Zamjatina, V. A., und Bekasova, N. I.: Über Polyester mit Heteroketten. XV. Untersuchung der Polykondensation in dünner Schicht. Vysokomol. Soed. (Hochmol. Verbind.) 1 (1959) 1586—1592.
[198] Zimmermann, H., Reinisch, G., Gehrke, K., Leibnitz, E. und Lohmann, P.: Reaktionsmechanismen in Polyäthylenterephthalatschmelzen. Abh. Dt. Akad. Wiss., Kl. Chemie, Geol. Biol. (1965), 19—27.

[199] REINISCH, G., ZIMMERMANN, H. und RAFLER, G.: Vergleichende kinetische Untersuchungen zur Schmelzepolykondensation von Polyaethylensebazat und von Polyaethylen-co-sebazat. European Polymer J. **6** (1970) 205—208.

[200] FLORY, P. J.: Fundamental principles of condensation polymerization. Chem. Reviews **39** (1946) 154—161.

[201] SCHULZ, G. V.: Die Bildung polymerer Stoffe durch Kondensationsgleichgewichte. Z. phys. Chem. A **182** (1938) 127—144.

[202] RAFIKOV, S. R. und KORŠAK, V. V.: Über Fragen der Kinetik der Polyveresterung. Dokl. Akad. Nauk SSSR (Ber. Akad. Wiss. UdSSR) **64** (1949) 211—214.

[203] KORŠAK, V. V. und VINOGRADOVA, S. V.: Dokl. Akad. Nauk SSSR (Ber. Akad. Wiss. UdSSR) **77** (1951) 277.

[204] TANG AU-CHIN, YUO KUO-SUI, SU CHU-PI, und LIU CHIN-PO: Studies on the polyesterification of dibasic acis and glycols. Science Record **3** (1959) 16—26.

[205] VANSCÓ-SZMERCSÁNYI, J. und MAKAY-BÖDI, E.: Untersuchung der Reaktionskinetik bei der Polyesterbildung. J. Polymer Sci., C: Polymer Symposia **16** (1968) 3709—3717.

[206] ICHIKAWA, Y., OSAKADA, A. und NUKUSHINA, K.: Kogyo Kagaku Zasshi (J. chem. Soc. Japan, ind. Chem. Sect.) **62** (1959) 1911.

[207] SUMOTO, M. und HASEGAWA, Y.: Kondensationsgleichgewicht bei der Reaktion von Terephthalsäure mit Äthylenglykol. Kogyo Kagaku Zasshi (J. chem. Soc. Japan, ind. Chem. Sect.) **68** (1965) 1693—1697.

[208] PYL, TH. und WUNTKE, K.: Die Dünnschichtchromatographie zur analytischen Erfassung des Reaktionsverlaufs bei der Herstellung von Polyäthylenterephthalat. Plaste und Kautschuk **16** (1969) 4, 257—258.

[209] ZAHN, H.: Oligomere vom Polyamid- und Polyestertyp in der Textilindustrie und Forschung. Z. ges. Textilind. **66** (1964) 928—937.

[210] PÉNISSON, R. und ZAHN, H.: Synthese und Eigenschaften von Äthylenterephthalat-Pleionomeren. Makromol. Chem. **133** (1970) 25—39.

[211] PEEBLES, jr., L. H., HUFFMANN, M. W. und ABLETT, C. T.: Isolation and Identification ot the Linear and Cyclic Oligomers of Poly(ethylene Terephthalate) and the Mechanism of Cyclic Oligomer Formation. J. Polymer Sci. Part A-1, **7** (1969) 479—496.

[212] HEIDEMANN, G., KUSCH, P. und NETTELBECK, H.-J.: Zur Analyse polymerhomologer Reihen des Nylon 6, 6.6 und Poly-äthylenterephthalats. Fresenius Z. f. Analyt. Chemie **212** (1965) 401—409.

[213] DORMAN- SMITH, V. A.: The separation of some poly(ethylene terephthalate) oligomers. J. Chromatog. **29** (1967) 265—266.

[214] ROSS, S. D., COBURN, E. R., LEACH, W. A. und ROBINSON, W. B.: Isolation of a Cycle Trimer from Polyethylene Terephthalate Film. J. polymer Sci. **13** (1954) 406—407.

[215] GOODMAN, I. und NESBITT, B. F.: The Structures and Reversible Polymerization of Cyclic Oligomers from Poly(ethylene terephthalate). Polymer **1** (1960) 3, 384—396.

[216] ZAHN, H. und KUSCH, P.: Neues über Nylon- und Polyglykolterephthalat-Oligomere. Z. ges. Textilind. **69** (1967) 880—884.

[217] MERASKENTIS, E. und ZAHN, H.: Synthesis of Cyclic Tris(ethylene Terephthalate). J. Polymer Sci. Part A-1, **4** (1966) 1890—1891.

[218] HAMB, F. L. und TRENT, L. C.: Synthesis of Cyclic Tris(ethylene Terephthalate). J. Polymer Sci. Part B **12** (1967) 1057.

[219] ZAHN, H. und REPIN, J. F.: Synthese einer homologen Reihe von cyclischen Äthylenterephthalaten. Chem. Ber. **103** (1970) 3041—3049.

[220] MERASKENTIS, E. und ZAHN, H.: Darstellung cyclischer Ester aus Terephthalsäure und Diolen. Chem. Ber. **103** (1970) 3034—3040.

[221] VALK, G., LOERS, E. und KÜPPERS, P.: Die Rolle von Oligomeren bei textilen Verarbeitungsprozessen von Polyesterfasern. Melliand Textilber. **51** (1970) 5, 504—508.

[222] RIEBER, M.: Das Stauben von Fäden bei textilen Verarbeitungsprozessen. Z. ges. Textilind. **69** (1967) 847—852.

[223] Mifune, A., Ishida, S., Kobayashi, A. und Sakajiri, S.: Studies on Polyethylene Terephthalate. Part 3. Studies on Sublimates from Molten Polyethylene Terephthalate. Kogyo Kagaku Zasshi. (J. chem. Soc. Japan, ind. Chem. Sect.) **65** (1962) 992—995.

[224] Buxbaum, L. H.: Der Abbau von Polyäthylenterephthalat. Angew. Chem. **80** (1968) 225—234.

[225] Kirby, J. R., Baldwin, A. J. und Heidner, R. H.: Determination of Diethylene Glycol in Polyethylene Terephthalate. Analytic. Chem. **37** (1965) 1306—1309.

[226] Gaskill, D. R., Chasar, A. G. und Lucchesi, C. A.: Determination of Glycolic Ether Linkages in Poly(Ethylene Terephthalate). Analytic. Chem. **39** (1967) 106—108.

[227] Mifune, A., Ishida, S.: Studies on Polyethylene Terephthalate. Part 2. Analysis of Ethylene glycol and Diethylene glycol in Polyethylene Terephthalate. Kogyo Kagaku Zasshi. (J. chem. Soc. Japan, ind. Chem. Sect.) **65** (1962) 824—826.

[228] Hovenkamp, S. G. und Munting, J. P.: Formation of Diethylene Glycol as a Side Reaction during Production of Polyethylene Terephthalate. J. Polymer Sci. Part A-1, 8 (1970) 679—682.

[229] Yoda, K.: Der Einfluß von Katalysatoren auf die Bildung von Ätherbindungen in Polyäthylenterephthalat. Kobunshi Kagaku, Tokyo (Chem. High Polymers) **24** (1967) 472—478.

[230] Zimmermann, H.: Abbau und Stabilisierung von Polyäthylenterephthalat. Preprints der VII. Chemiefasertagung, Tabor 1966, 1—11.

[231] Pohl, H. A.: The Thermal Degradation of Polyesters. J. amer. Chem. Soc. **73** (1951) 5660—5661.

[232] Marshall, J. und Todd, A.: The Thermal Degradation of Polyethylene Terephthalate. Trans. Faraday Soc. **49** (1953) 67—78.

[233] Allan, R. J. P., Forman, R. L. und Ritchie, P. D.: Studies in Pyrolysis. Part IV. J. chem. Soc. London (1955) 2717—2725. Lengar, H. V. R., und Ritchie, P. D.: Studies in Pyrolysis. Part VII. Ebenda (1956) 3563—3570.
Allan, R. J. P., Jones, E. und Ritchie, P. D.: Studies in Pyrolysis. Part VIII. Ebenda (1957), 524—531.
Allan, R. J. P., Lengar, H. V. R. und Ritchie, P. D.: Studies in Pyrolysis. Part IX. Ebenda (1957), 2107—2113.
Iengar, H. V. R. und Ritchie, P. D.: Studies in Pyrolysis. Part X. Ebenda (1957), 2556—2563.
Ritchie, P. D.: Thermal Degradation of Polymers. Soc. chem. Ind., London, Monograph, No. 13 (1961) 107.

[234] Goodings, E. P.: Thermal Degradation of Polyethylene Terephthalate. Soc. chem. Ind., London, Monograph No. 13 (1961) 211—228.

[235] Kardash, I. E., Pravednikov, A. N., und Medvedev, S. S.: Thermischer Abbau von Polyäthylenterephthalat. Dokl. Akad. Nauk SSSR (Ber. Akad. Wiss. UdSSR) **156** (1964) 658—661.

[236] Zimmermann, H. und Leibnitz, E.: Chemische Untersuchungen über faserbildend. Polyester. II. Modellversuche zum thermischen Abbau von Polyäthylenterephthalat Faserforsch. u. Textiltechn. **16** (1965) 282—290.

[237] De Puy, C. H. und King, R. W.: Chem. Reviews **60** (1960) 431—457.

[238] Zimmermann, H.: Der thermische Abbau von Polyvinylacetat als Modellreaktion für die Verfärbung von Polyäthylenterephthalat-Schmelzen. Faserforsch. u. Textiltechn. **17** (1966) 228—234.

[239] Yoda, K., Tsuboi, A., Wada, M. und Yamadera, R.: Network Formation in Poly-(ethylene Terephthalate) by Thermooxidative Degradation. J. applied Polymer Sci. **14** (1970) 2357—2376.

[240) Zámorský, Z.: Kinetik des Wärmeabbaues von Polyäthylenterephthalat und von seinen Mischpolykondensaten mit Äthylenisophthalat. Faserforsch. u. Textiltechnik **14** (1963) 271—274.

[241] Michajlov, N. V., Tokareva, L. G., Buravčenko, K. K., Terechova, G. M. und Kirpičnikov, P. A.: Zur Frage der Stabilisierung von PÄT-Schmelzen. Vysokomol. Soed. (Hochmol. Verbind.) 4 (1962) 1186–1192.

[242] Michajlov, N. V., Terechova, G. M., Tokareva, L. G., und Karkova, N. G.: Untersuchung des Thermooxidativen Abbaus von Polyäthylenterephthalat in Gegenwart von Stabilisatoren. Chim. Volokna (Chem. Fasern) (1970) 4, 15–17, dt. in Sowjet. Beitr. Faserforsch. Textiltechnik 7 (1970) 11, 572–574.

[243] Levantovskaja, I. I., Kovarskaja, B. M., Novoselova, I. A., Berlin, A. A., Bass, S. I., Klapovskaja, O. A., Gračeva, B. S. und Andrianova, N. V.: Über die Stabilisierung von Polyäthylenterephthalat. Plast. Massy, Moskva (Plast. Massen) (1965) 2, 15–17.

[244] Kovarskaja, B. M., Levantovskaja, I. I., Bljumenfeld, A. B. und Draljuk, G. V.: Thermooxidativer Abbau von Polyäthylenterephthalat. Plast. Massy, Moskva (Plast. Massen (1968) 42–46.

[245] Buxbaum, L. H.: ACS Polymer Preprints 8 (1967) 552.

[246] Naiki, H. und Kato, T.: Oxidative degradation studies of poly(ethylene terephthalate) by differential thermal analysis. Kogyo Kagaku Zasshi (J. chem. Soc. Japan, Ind. chem. Sect.) **69** (1966) 1816–1820.

[247] Wiesener, E.: Differential-thermoanalytische Untersuchungen an Polyäthylenterephthalat. I. Ein exothermer Peak im Schmelzbereich. Faserforsch. u. Textiltechn. **19** (1968) 235–238; V. Ebenda, **21** (1970) 514–518.

[248] Zimmermann, H. und Schaaf, E.: Derivatographic investigation of the oxidative thermal decomposition of polyethylene terephthalate. Proceedings of the III. Analytical Chemical Conference. Budapest: Akadémiai Kiadó 1970, 329–334.

[249] Zimmermann, H., Schaaf, E., und Seganowa, A.: Untersuchungen zum thermooxidativen Abbau von Polyäthylenterephthalat. Faserforsch. u. Textiltechn. **22** (1971) 5, 255–259.

[250] Hoffrichter, S.: Untersuchungen an Masern aus Polyester-Seide. Faserforsch. u. Textiltechn. **19** (1968) 304–312.

[251] Berlin, A. A.: Die Eigenschaften von polykonjugierten Systemen und ihre Anwendung zur Stabilisierung und Modifizierung von Hochmolekularen Verbindungen. Vysokomol. Soed. (Hochmol. Verbind.) Ser. A **13** (1971) 2, 276–293.

[252] Aleksandrjskij, S. S., Petuchov, B. V. und Ajzenštejn, E. M.: Stabilisierung von Polyäthylenterephthalat. Geterocepnye Volokna (Fasern mit Heteroketten) Izv. „Chimija" Moskva (1967) 76–79.

[253] Sych, G. und Reichel, Ch.: Über die Wassersorption an granuliertem Polyäthylenglykolterephthalat und ihren Einfluß auf die Schmelzstabilität. Faserforsch. u. Textiltechn. **13** (1962) 256–261.

[254] Zimmermann, H. und Hoyme, H.: Zur Bestimmung des Wassergehaltes in Polyäthylenterephthalat durch Karl-Fischer-Titration. Faserforsch. u. Textiltechn. **18** (1967) 393–396.

[255] U. S. P. 3485867 (1969), Jackson, J. A., (Standard Oil Co.).

[256] F. P. 1306356 (1962), Standard Oil Co.

[257] D. P. (DDR) 50821 (1966), Hoffmann, G. (Chemische Werke Witten GmbH).

[258] DMT jetzt auch flüssig transportabel. Chemiefasern **18** (1968) 8, 559.

[259] D. P. (DDR) 22110 (1958), Ludewig, H., Ramm, H., Meyer, H. und Kemnitz, W.

[260] D. P. (DDR) 18514 (1957), Ludewig, H., Ramm, H., Meyer, H. und Kemnitz, W.

[261] D. P. (DDR) 21030 (1958), Ludewig, H., Ramm, H., Meyer, H. und Kemnitz, W.

[262] Hensen, F.: Neues Verfahren zur Granulierung von Polyamiden und Polyestern. Preprints der VIII. Chemiefasertagung Tabor 1967, S. 189–207.

[263] Unterwasser-Granulieranlage: Kunststoffe **61** (1971) 8, 556–557.

[264] Holland-Merten, E. L.: Chem. Techn. **15** (1963) 15–24, 72–82.

[264a]. Rüb, F.: Vacuum-Trocknungsanlagen. Chemiker-Zeitung **95** (1971) T 147–T 150.

[265] WICHERT, H.: Chem. Ind. **16** (1964) 9, 581.
[266] Neues Verfahren zur Kristallisation und Trocknung von Polyester-Granulat. Chemiefasern **16** (1966) 13.
[267] GELPERIN, N. I., KVAŠA, V. B., SEREGIN, JU. M., AJZENŠTEJN, E. M. und SIMONOVA, M. I.: Trocknung von granuliertem Polyäthylenterephthalat in Wirbelschicht. Chim. Volokna (Chem. Fasern) (1967) 2, 27–29.
[268] D. P. (DDR) 9346 (1952), LUDEWIG, H.
[269] Oe. P. 197084 (1956), HIPPE, W., WATZL, A., und HAGEN, W. (Vereinigte Glanzstoff-Fabriken).
[270] D. A. S. 1112292 (1956), FISHER, W. F. (Du Pont).
[271] Brit. P. 801813 (1956), Du Pont.
[272] D. A. S. 1118967 (1958), TIEMERSMA, H. G. N.
[273] D. A. S. 1128657 (1960), WATZL, A. und GERLACH, R. (Vereinigte Glanzstoff-Fabriken).
[274] PENTHER, E. und VIEHWEG, H.: Verfahrenstechnische Probleme beim Übergang von der diskontinuierlichen zur kontinuierlichen Herstellung von Hochpolymeren, dargestellt am Beispiel der Polyesterfaser. Chem. Techn. **13** (1961) 36–42.
[275] FOURNEY, R. C., MCCUNE, L. K., PIERCE, N. C. und TOMPSON, R. Y.: Chem. Eng. Prog. **62** (1966) 3, 88–97.
[276] SCHELLER, H.: Betrachtungen zur kontinuierlichen Herstellung von Polyäthylenterephthalat. Chemiefasern **12** (1965) 923–928.
[277] LAUB, J.: Die maschinellen Einrichtungen bei der Herstellung von Polyester und anderen synthetischen Fasern. Preprints der VIII. Chemiefasertagung, Tabor 1967, 318–348.
[278] ELLWOOD, P.: Continuous polyester condensation is obtained with two reactors. Chem. Engng. **74** (1967) 24, 98–100.
[279] DIETZE, M. und KÜHNE, H.: Entwicklung und Gestaltung technischer Reaktoren zur kontinuierlichen Herstellung von Polyesterschmelzen. Chemiefasern **19** (1969) 3, 194 bis 202.
[280] U. S. P. 3167531 (1965), PARKER, W. A. (Monsanto Co.).
[281] U. S. P. 2973341 (1961), HIPPE, W., WATZL, A., HAGEN, U. (Vereinigte Glanzstoff-Fabriken).
[282] F. P. 1423984 (1964), Rhodiaceta Soc.
[283] D. A. S. 1189271 (1965), BACHMANN, D., GERSTENBERG, H., GRAFEN, K. H., PÁSZTHORY, E. und SCHROTT, E. (Farbwerke Hoechst AG).
F. P. 1357905 (1964),
F. P. 1358041 (1964).
[284] F. P. 1481536 (1967), SCHELLER, H. (H. J. Zimmer AG).
[285] F. P. 2009911 (1970), Iventa AG.
[286] D. A. S. 1745541 (1970), KÜHNE, H., und DIETZE, M. (Vickers-Zimmer AG); U. S. P. 3499873 (1970).
[287] Chemiefasern **20** (1970) 6, 470.
[288] Brit. P. 1154538 (1969) Mobil Oil Corp.
[289] HARDUNG-HARDUNG, H.: Continuous process for manufacture of polyester tire yarn. Ind. Eng. Chem. **62** (1970) 3, 13–15.
[290] Brit. P. 1159481 (1969), Nippon Soda Co., Ltd.
[291] Jap. A. S. 28768 (1970), Nippon Soda Co., Ltd.
[292] Jap. A. S. 19692 (1970), Nippon Soda Co., Ltd.
[293] F. P. 1579487 (1969), Nippon Soda Co., Ltd.
[294] STAUDINGER, H.: Die Hochmolekularen organischen Verbindungen, Kautschuk und Cellulose, Springer-Verlag, Berlin 1932.
[295] HOLZMÜLLER, W. und ALTENBURG, K.: Physik der Kunststoffe. Akademie-Verlag Berlin 1961.
[296] VOLLMERT, B.: Grundriß der Makromolekularen Chemie. Springer Verlag Berlin, Göttingen, Heidelberg 1962.

[297] Huggins, M. L.: Ind. Engng. Chem. **35** (1943) 980.
[298] Frind, H.: Die Bestimmung der Grundviskosität von Polyäthylenterephthalat-Lösungen. Faserforsch. u. Textiltechn. **5** (1954) 290—296.
[299] Griehl, W. und Neue, S.: Die Ermittlung des Molekulargewichts von Polyäthylenterephthalat durch Endgruppenbestimmung. Faserforsch. u. Textiltechn. **5** (1954) 423 bis 429.
[300] Koepp, H.-M. und Werner, H.: Endgruppenbestimmung und molekulare Verteilung bei Polyäthylenterephthalat. Makromol. Chemie **32** (1959) 79—89.
[301] Conix, A.: On the Molecular Weight Determination of Poly(ethylene terephthalate). Makromol. Chemie **26** (1958) 226—235.
[302] Wallach, M. L.: Viscosity-Molecular Weight Relation and Unperturbed Dimensions of Polyethylene Terephthalate. Makromol. Chemie **103** (1967) 19—26.
[303] Moore, W. R. und Sanderson, D.: Viscosities of Dilute Solutions of Polyethylene Terephthalate. Polymer [London] **9** (1968) 153—158.
[304] Kuznecov, E. V., Vizel', A. O., Sermergorn, I. M. und Tjulenev, S. S.: Vysokomol. Soed. (Hochmol. Verbind.) **2** (1960) 2, 205—209.
[305] Gaylord, N. G. und Rosenbaum, S.: Intrinsic Viscosity and Molecular Weight of Polyethylene Terephthalate. J. Polymer Sci. **39** (1959) 545—547.
[306] Turska-Kusmierz, E. und Skwarski, T.: Prace Inst. Włókiennictwa **2** (1953) 49—62.
[307] Ward, I. M.: The Measurement of Hydroxyl and Carboxyl End Groups in Polyethylene Terephthalate. Trans. Faraday Soc. **53** (1957) 1406—1412.
[308] Meyerhoff, G. und Shimotsuma, S.: Das Lösungsverhalten von Polyäthylenterephthalat. Makromol. Chem. **135** (1970) 195—217.
[309] Ajzenštejn, E. M. und Zvina, M. I.: Zur Bestimmung des Molekulargewichtes von Polyäthylenterephthalat und der Faser (LAWSAN) auf dessen Basis. Chim. Volokna (Chem. Fasern) (1964) 2, 74—75; dt. in: Sowj. Beitr. Faserforsch. Textiltechnik **1** (1964) 2, 60—62.
[310] Flory, P. J.: Viscosities of linear Polyesters-exact relationship between viscosity and chain length. J. Amer. chem. Soc. **62** (1940) 1057—1070.
[311] Glasstone, S., Laidler, K. J. und Eyring, H.: The Theory of Rate Processes. Mc-Graw-Hill Book Co., New York 1941, 477.
[312] Bueche, F.: Viscosity of polymers in concentrated solution. J. Chem. Phys. **25** (1956) 599—600; J. Polymer Sci. **41** (1959) 551—552.
[313] Ajzenštejn, E. M. und Petuchov, B. V.: Über die Schmelzviskosität von Polyäthylenterephthalat. Chim. Volokna (Chem. Fasern) (1964) **4**, 20—24; dt. in: Sowj. Beitr. Faserforsch. Textiltechnik **1** (1964) 6, 287—291.
[314] Fox, T. G. und Flory, P. J.: Viscosity-Molecular Weight and Viscosity-Temperature Relationships for Polystyrene and Polyisobutylene. J. Amer. chem. Soc. **70** (1948) 2384.
[315] Kochomskaja, T. N. und Pakšver, A. B.: Kolloid. Z. (russ.) **18** (1956) 2, 188—192.
[316] Manaresi, P., Giachetti, E., de Fornasari, E.: Relations entre Indice de Fluidité à Chaud, Viscosité à l'Etat Fondu, Viscosité Intrinséque et Température pour le Poly(ethylene Terephthalate) et pour un Poly(ethylene Terephthalate) Partiellement Modifié. J. Polym. Sci., Part. C **16** (1968) 3133—3144.
[317] Zvonišek, J. und Valašek, J.: Fließeigenschaften von Polyäthylenterephthalat. Preprints der IX. Chemiefasertagung Tabor 1969, 236—249.
[318] Kämpf, A. und Schrenk, O.: Beschreibung eines neuen Viskosimeters, Kunstseide **11** (1929) 376.
[319] Koreckája, A. I., Konstantinov, A. A., und Vinogradov, G. V.: Chim. Volokna (Chem. Fasern) (1960) 2, 36—39.
[320] Höppler, F.: Beschreibung eines neuen Viskosimeters. Chem. Ztg. **57** (1933) 62.
[321] Pakšver, A. B., Konkin, A. A. und Kukin, G. N.: Handbuch der analytischen Kontrolle der Herstellung von künstlichen und vollsynthetischen Faserstoffen. Moskau 1957, 300.

[322] Edelmann, K.: Eine allgemein gültige Beziehung zwischen Schmelzviscosität und Schmelzindex von Polymeren. Kautschuk u. Gummi, Kunstst. **21** (1968) 8, 429—431.
[323] Rybnikař, F.: Messung der Schmelztemperatur von Polymeren. Makromol. Chem. **110** (1967), 268—277.
[324] Taylor, G. W.: The melting point of polyethylene terephthalate. Polymer **3** (1962) 543—547.
[325] Rybnikař, F.: Chem. Listy **50** (1956), 145.
[326] Simo, R.: Die Differentialthermoanalyse und ihre Anwendung beim Studium von Polymeren. Chem. Vlàkna, Svit (Chem. Fasern) **12** (1962) 101—111.
[327] Ke, B.: Differential thermal analysis of high polymers. IV. Saturated linear polyester. J. appl. Polymer Sci. **6** (1962) 624—628.
[328] Schulken, R. M., jr., Boy, R. E., jr. und Cox, R. H.: Differential thermal analysis of linear polyesters. J. Polymer Sci., C: Polymer Symposia (1964) 6, 17—25.
[329] Hughes, M. A. und Sheldon, R. P.: Some thermal studies on poly(ethylene terephthalate). J. appl. Polymer Sci. **8** (1964) 1541—1548.
[330] v. Hornuff, G. und Jacobasch, H.-J.: Zur Anwendung der Differential-Thermoanalyse in der Textilchemie. I. Faserforsch. u. Textiltechn. **18** (1967) 5, 227—236.
[331] Ikeda, M.: Studies on Thermal Behaviour and Fine Structure of Polyethyleneterephthalate II. Crystallization Temperature and Melting Temperature. Kobunshi Kagaku (Chem. High Polymers) **25** (1968) 87—96.
[332] Lawton, E. L. and Cates, D. M.: Crystallization of Poly(ethylene Terephthalate). J. Appl. Polym. Sci. **13** (1969) 851—859.
[333] Wiesener, E. und Hoffrichter, S.: Differential-Thermoanalytische Untersuchungen an Polyäthylenterephthalat. III. Über den Einfluß der thermischen Vorbehandlung auf das Schmelzverhalten von Polyäthylenterephthalat; Wiesener, E.: IV. Der Einfluß der relativen Molekülmasse auf das Kristallisations- und Schmelzverhalten. Faserforsch. u. Textiltechn. **21** (1970) 189—195, 442—443.
[334] Nealy, D. L., Davis, T. G. and Kibler, C. J.: Thermal History and Melting Behavior of Poly(ethylene Terephthalate). J. Polymer Sci. Part A-2, 8 (1970) 2141—2151.
[335] Dinse, D. und Praeger, K.: Eine neue Betriebskontrollmethode zur Wasserbestimmung in Polyäthylenterephthalat. Faserforsch. u. Textiltechn. **20** (1969) 9, 449—450.
[336] Illing, G., und v. Hobe, D.: Manometrische Bestimmung sehr kleiner Wassergehalte in hochpolymeren Stoffen. Fresenius' Z. analyt. Chemie **230** (1967) 6, 418—421.
[337] Schmalz, E. -O., Manometrische Bestimmung von Wasser in Hochpolymeren. Faserforsch. u. Textiltechn. **21** (1970) 5, 209—215.
[338] Daniels, W. W. und Kitson, R. E.: Infrared Spectroscopy of PET, J. Polymer Sci. **33** (1958) 161—170.
[339] Langbein, G.: Das Molekulargewicht von Polymeren aus ihrem Ultrarotspektrum. Kolloid-Z./Z. Polymere **200** (1964) 10—24.
[340] Chul-Yung Cha: Tritium exchange studies on poly(ethylene terephthalate). J. Polymer Sci. Part B 2 (1964) 1069—1073.
[341] Možišek, M. und L. Klimánek, L.: Radioindikatormethode zur Bestimmung der funktionellen Endgruppen an Polyäthylenterephthalat. Plaste u. Kautsch. **15** (1968) 2, 99—103.
[342] Pohl, H. A.: Determination of Carboxyl End Groups in a Polyester Polyethylene Terephthalate. Analytic. Chem. **26** (1954) 1614—1616.
[343] Matveeva, S. P. u. Mjagkov, V. A.: Bestimmung des Molekulargewichts von Polyäthylenterephthalat nach den Endgruppen. Chim. Volokna (Chem. Fasern) 1 (1959) 5, 18—21.
[344] Skwarski, T.: Über Carboxylgruppen in Polyäthylenterephthalat. Polimery Warszawa **9** (1964) 103—107.
[345] Esnerova, J.: Bestimmung von Carboxylgruppen in Polyäthylenterephthalat, Plasticke Hmoty Kautcuk **2** (1965) 237—240.

[346] FURRER, E.: Über den Einfluß von Säuren auf „Terylene“-Polyesterfasern. Textil-Rdsch. **13** (1958) 129—153.

[347] HENDRIX, H.: Analytische Untersuchungen an Polyesterfasern. Z. ges. Textilind. **66** (1964) 937—943.

[348] MAURICE, M. J. und HUIZINGA, F.: The determination of carboxyl groups in PET. Anal. chim. Acta **22** (1960) 363—368.

[349] VAN LINGEN, R. L. M.: Photometrische Titration der Carboxylendgruppen in Polyäthylenterephthalat. Fresenius' Z. Anal. Chem. **247** (1969) 232—235.

[350] KERN, W., MUNK, R., SABEL, A. und SCHMIDT, K. H.: Lineare Polyester mit alkoholischen Endgruppen und deren Bestimmung. Makromol. Chemie **17** (1956) 201—218.

[351] ZIMMERMANN, H. und TRYONADT, A.: Die Bestimmung der Hydroxylendgruppen in Polyäthylenterephthalat mit 3,5-Dinitrobenzoylchlorid. Faserforsch. u. Textiltechn. **18** (1966) 10, 487—490.

[352] ZIMMERMANN, H. und KOLBIG, CHR.: Die Ermittlung des Hydroxylgruppengehaltes in Polyäthylenterephthalat durch Umsetzung mit o-Sulfobenzoesäureanhydrid. Faserforsch. u. Textiltechn. **18** (1966) 11, 536—537.

[353] JANSSEN, R. DE DEYNE, V., und VETTERS, A.: The Determination of the Diethylene Glycol Incorporated in Poly(ethylene terephthalate) by Thin Layer Chromatography. III. Makromol. Chem. **123** (1969) 119—122.

[354] JANSSEN, R., RUYSSCHAERT, H. und VROOM, R.: The Determination of the Diethylene Glycol incorporated in Poly(Ethylene Terephthalate). Makromol. Chem. **77** (1964) 153—158.

[355] PONDER, L. H.: Gas Chromatographic Determination of Diethylene Glycol in Poly-(Ethylene Terephthalate). Analytic. Chem. **40** (1968) 229—231.

[356] ATKINSON, J. G. und SPEAKMAN, J. B.: Action of hydrazine on Terylene. Chem. and Ind. **74** (1957) 74;
FILSON, A. und SPEAKMAN, J. B.: Reclamation of fibres from rags. III. Action of hydrazine on Terylene. J. Soc. Dyers Colourists **74** (1958) 762—765;
ZAHN, H. und PFEIFER, H.: Aminolysis of polyethyleneterephthalate. Polymer, London **4** (1963) 429—432.

[357] DINSE, H.-D. und TUČEK, E.: Gaschromatographische Bestimmung des Diäthylenglykolgehaltes in Polyäthylenterephthalat. Faserforsch. u. Textiltechn. **21** (1970) 5, 205—208.

[358] ATKINSON, E. R. und CALOUCHE, S. I.: Analysis of Polyethylene Terephthalate Prepolymer by Trimethylsilylation and Gas Chromatography. Analytic. Chem. **43** (1971) 3, 460—462.

[359] FLORY, P.: Molekulargewichtsverteilung in linearen Polykondensaten. J. Amer. chem. Soc. **58** (1936) 1877—1885.

[360] SCHULZ, G. V.: Über die Beziehung zwischen Reaktionsgeschwindigkeit und Zusammensetzung des Reaktionsprodukts bei Makropolymerisationsvorgängen. Z. physik. Chem. (B) **30** (1935) 379—398; Über die Kinetik der Kettenpolymerisationen. Ebenda, (B) **43** (1939) 25—34.

[361] KORŠAK, V. V.: Über den Reaktionsmechanismus der Polykondensation. Faserforsch. u. Textiltechn. **6** (1955) 241—251.

[362] GORDIJENKO, A.: Fraktionierung der synthetischen Spinnstoffe. Faserforsch. u. Textiltechn. **4** (1953) 499—507.

[363] TURSKA, E. und SKWARSKI, T.: Eine neue Fraktionierungsmethode für Polyäthylenglykolterephthalat. Zeszyty nauk. Politechn. Lodzk. (1957) 5, 21—28.

[364] GEHRKE, K. und REINISCH, G.: Untersuchung der Molekulargewichtsverteilung von Polyäthylenterephthalat während der Polykondensation und bei thermischem Abbau. Faserforsch. u. Textiltechn. **17** (1966) 5, 201—207.

[365] VILIM, O., NOVÁK, J. und ESNEROVÁ, J.: Präparative Fraktionierung und Bestimmung

der Molekulargewichtsverteilung von Polyäthylenterephthalat. Chem. Listy **61** (1967) 4, 513–518.

[366] Rynbikař, F.: Die Fraktionierung des Polyäthylenterephthalates. Chem. Listy **50** (1956) 1190–1192.

[367] Haseley, E. A.: A Correction Technique for Fractionation Data and Its Application to the Fractionation of Polyethylene Terephthalate. J. Polymer Sci. **35** (1959) 309–313.

[368] Geller, A. A., Konkin, A. A. und Mjakov, V. A.: Fraktionsmäßige Zusammensetzung von Polyäthylenterephthalat. Chim. Volokna (Chem. Fasern) (1960) 3, 10–12.

[369] Ciampa, G. und Paolillo, R.: Molekulare Verteilung von einigen Polyäthylenterephthalatproben. Rend. Acad. Sci. Fis. Nat. **26** (1959) 459–470.

[370] Moore, W. R. und Sheldon, R. P.: Fractionation of Polyethylene Glycol Terephthalate. J. Textile Inst. **50** (1959) T 294–T 296.

[371] Vyrskij, Ju, P., Klapovskaja, O. A., Andrianova, N. V. und Alkaeva, O. F.: Schnellmethode zur Bestimmung der Verteilung der relativen Molekülmassen von Polyäthylenterephthalat. Vysokomol. Soed. (Hochmol. Verbind.) **A 10** (1968) 7, 1688–1693; dt. in: Sowj. Beitr. Faserforsch. Textiltechnik **5** (1968) 11, 561–564.

[372] Mal'ceva, N. G., Tibanov, I. F. und Ajzenštejn, E. M.: Bestimmung der Verteilung der relativen Molekülmassen von Polyäthylenterephthalat auf turbidimetrischem Wege. Chim. Volokna (Chem. Fasern) (1971) 1, 26–28.

[373] Bruck, S. D.: Chromatographic Fractionation of Polyethylene Terephthalate. J. Polymer Sci. **32** (1958) 519–521.

[374] Teichgräber, M.: Numerische Differentiation von Molekulargewichtsverteilungskurven. Faserforsch. u. Textiltechn. **19** (1968) 249–252.

[375] Pailhes, F., Alliot-Lugaz, M., Duveau, N. und Kyritsos, J.: Fractionnement en continu du Polyterephthalate de glycol. J. Polymer Sci. Part. C **16** (1967) 1177–1190.

[376] Reinisch, G., Rafler, G. und Gehrke, K.: Über die Polymerisationsgradverteilung von Polyäthylenterephthalaten. Preprints der IX. Chemiefasertagung Tabor 1969, 36–49.

[377] Reinisch, G., Rafler, G. und Timofejewa, G. I.: Selektivitätsuntersuchungen an einer Zweischichtenfraktionierung von Polyäthylenterephthalat. Angew. Makromol. Chem. **7** (1969) 110–120.

[378] Zimmermann, H., Hoyme, H. und Tryonadt, A.: Methoden zur quantitativen Bestimmung von Metallen und von Phosphor in Polyäthylenterephthalat. Faserforsch. u. Textiltechn. **21** (1970) 1, 33–36.

[379] Hoyme, H., Seganowa, A. und Zimmermann, H.: Beitrag zur photometrischen Bestimmung von Germanium, Titan oder Calcium in Polyäthylenterephthalat. Faserforsch. u. Textiltechn. **22** (1971) 8, 419–421.

[380] Michajlov, N. V., Strasnova, T. T. und Terechova, G. M.: Bestimmungsmethode von Phosphor in Polymeren und in Fasern auf der Basis dieser Polymeren. Chim. Volokna (Chem. Fasern) **5** (1963) 66–67.

[381] Telep, G. und Ehrlich, R.: Spectrophotometric determination of phosphorus in polyethylene terephthalate. Analytic. Chem. **30** (1958) 6, 1146–1148.

[382] Yanagisawa, M., Suzuki, M. und Takeuchi, T.: Determination of germanium in synthetic fibers by solvent extraction and atomic absorption spectrophotometry. Anal. chim. Acta **46** (1969) 152–154.

[383] Edelmann, K. und Wyden, H.: Quantitative polarographische Bestimmung des Katalysator-Gehaltes in Polyestern. Kautschuk u. Gummi, Kunststoffe **23** (1970) 3, 96–99.

[384] U. S. P. 2901466 (1959), Kibler, C. J., Bell, A. und Smith, J. G. (Eastman Kodak Co.)

[385] Martin, E. V., und Busch, H.: Struktur und Eigenschaften einer neuen Polyesterfaser. Angew. Chemie **74** (1962) 624.

[386] Kibler, Ch. J., Bell, A. und Smith, J. G.: Polyesters of 1.4-Cyclohexanedimethanol. J. Polymer Sci. Part A **2** (1964) 2115–2125.

[387] MARTIN, E. V.: Properties of Eastman's Kodel polyester fiber. Modern Textiles Magazine **40** (1959) 2, 43—45.

[388] FORRESTER, R. C. jr.: How to process Kodel. Modern Textiles Magazine **40** (1959) 2, 45—52.

[389] IVEY, W. R. jr.: How to dye and finish Kodel fibers and fabrics. Modern Textiles Magazine **40** (1959) 2, 48—51.

[390] NAGASAWA, F. und NUIGA, M.: Polyesterätherfaser, neue synthetische Faser. Jap. Chem. Quart. **3** (1967) 2, 46—49.

[391] TVERSKAJA, L. S.: Eine neue Art von Polyesterfasern. Chim. Prom. za Rubezom (Chem. Ind. des Auslands) (1968) 3, 65—66.

[392] Text. Month. (1968) 9, 109.

[393] MELON, J.: A-Tell — eine neue japanische Polyesterfaser. Kunstfaser-Inf.-Bull **18** (1969) 1, 15—18 (poln.).

[394] GRIEHL, W.: Chemie und Eigenschaften der Copolyätheresterfaser. Chemiefasern **16** (1966) 775—781.

[395] U. S. P. 3288755 (1966), GRIEHL, W., und LÜCKERT, H. (Emser Werke AG).

[396] BOGDANOV, M. N., PETUCHOV, B. V. und KONDRAŠOVA, S. M.: Neue Fasern auf Grundlage von Copolyestern. Chim. Volokna (Chem. Fasern) **1** (1959) 6, 21—24.

[397] LACKO, V.: Neue Erkenntnisse auf dem Gebiet der Modifizierung von Polyesterfaserstoffen. Chem. Vlákna, Svit (Chem. Fasern) **18** (1968) 3/5, 93—97.

[398] ATLAS, S. M. und MARK, H.: Faktoren, die wesentliche Fasereigenschaften beeinflussen. Chemiefasern **15** (1965) 2, 82—85.

[399] ELIAS, H.-G.: Modifizierte Synthesefasern mit verbesserter Färbbarkeit: Synthese und Struktur. Textilveredlung **4** (1969) 9, 663—670.

[400] LACKO, V.: Theoretische Grundlagen der Herstellung von hochschrumpffähigen Polyesterfasern. Teil IV. Einfluß verschiedener Copolyveresterungskomponenten auf die Schrumpfung. Chem. Vlákna, Svit (Chem. Fasern) **15** (1965) 1, 1—9.

[401] REPINA, L. P. und PAKŠVER, A. B.: Über die Verbesserung des Färbens von Polyesterfäden. Chim. Volokna (Chem. Fasern) **8** (1966) 5, 26—27.

[402] PETUCHOV, B. V. und KONDRAŠOVA, S. M.: Eigenschaften des Copolymeren Poly(äthylenterephthalat-äthylenadipat) und der Fasern aus diesem Copolymeren. Chim. Volokna (Chem. Fasern) (1962) 1, 55—60.

[403] CHARITONOVA, V. P., BYKOV, A. N. und ALEKSANDRIJSKIJ, S. S.: Synthese und Untersuchung einiger spinngefärbter Copolymerer. Izv. vysšich uč. Zav. Chimija chim. Technol. (Hochschulnachr. Chemie chem. Technol.) **8** (1965) 2, 297—300.

[404] PETUCHOV, B. V. und KONDRAŠOVA, S. M.: Eigenschaften von Faserstoff aus dem Copolyester von Terephthal- und Hexahydroterephthalsäure. Chim. Volokna (Chem. Fasern) (1962) 4, 10—13.

[405] GORBAČEVA, V. O., DJURNBAUM, V. S., IEVLEVA, N. K. und CHOCHLOVA, N. S.: Über einige Eigenschaften von Faserstoffen aus Copolykondensaten des Äthylenterephthalats mit Äthylenhydroxyisophthalat. Chim. Volokna (Chem. Fasern) (1970) 1, 9—11; dt. in: Sowj. Beitr. Faserforsch. Textiltechnik **7** (1970) 5, 238—240.

[406] DJURNBAUM, V. S. und BOGDANOV, M. N.: Hochschrumpfende Fäden auf der Basis von Copolyestern des Dimethylterephthalats mit Dimethyl-5-hydroxyisophthalat. Chim. Volokna (Chem. Fasern) (1970) 1, 63; dt. in: Sowj. Beitr. Faserforsch. Textiltechnik **7** (1970) 5, 241.

[407] ALEKSANDRIJSKIJ, S. S., AJZENŠTEJN, E. M., TOLSTOV, JU. M. und ACHMETOVA, S. Z.: Faserbildende Eigenschaften von Poly(äthylenterephthalat-äthylen-2.6-naphthalindicarboxylat). Geterocepnye Volokna (Fasern mit Heteroketten) Izv. Moskva (1967), 15—20.

[408] Aromatic Polymers Resist Space Environment. Chem. Engg. News **43** (1965) 20, 38—39.

[409] COLEMAN, D.: Block Copolymers: Copolymerisation of ethylene terephthalate and polyoxyethylene glycols. J. Polymer Sci. **14** (1954) 15—28.

[410] Hill, R.: Fasern aus synthetischen Polymeren. Berliner Union Stuttgart 1956, 327—328.
[411] Charch, W. H. und Shivers, J. C.: Elastomeric condensation block copolymers. Textile Res. J. **29** (1959) 7, 536—540.
[412] D. A. S. 1297277 (1969), Frankenberg, P. E. (Du Pont); Verwendung segmentierter Mischpolyester zur Herstellung von elastischen Fäden. Textil Praxis **25** (1970) 53.
[413] Leibnitz, E. und Reinisch, G.: Über Poly-(äthylen-co-(b)-polyoxaäthylen-terephthalate. I. Synthesen und Polymeranalytik. Faserforsch. u. Textiltechn. **21** (1970) 10, 426—430. II. Ebenda **22** (1971) 11, 541—545.
[414] New polyesters about ready for market. Chem. Engg. News. **46** (1968) 51, 42—43.
[415] Smith, J. G., Kibler, Ch. J. und Sublett, B. J.: Preparation and Properties of Poly(methylene terephthalates). J. Polymer Sci. Part A-1, **4** (1966) 1851—1859.

Kapitel 5

5. Schmelzspinnprozesse bei Polyestern

5.1. Prinzip und Arbeitsweise einer Schmelzspinnanlage

Die Polyester waren die ersten organischen hochpolymeren Produkte, die von W. H. Carothers [1], Graves u. a. [2] aus dem Schmelzefluß zu endlosen Fäden verformt wurden.

Die Verformung des geschmolzenen Polyesters zu Fäden, die als Verspinnung bezeichnet wird, besteht im allgemeinen aus den Arbeitsvorgängen:

Herstellung der Spinnschmelze
Verspinnung der Polyester-Schmelze
Fadenbildung unterhalb der Düse,
Präparierung und Aufspulung der Spinnfäden.

Das Bild 5.1. zeigt das Schema einer Schmelzspinnapparatur, die sich aus folgenden Aggregaten zusammensetzt:

Vorratsbehälter für Granulat oder Schnitzel,
Schmelzvorrichtung,
Block für Pumpen und Düsen,
Anblasschacht, Spinnschacht,
Walzen für Befeuchtung und Präparierung,
Aufspulung bzw. Ablage in Kannen.

Der Aufschmelzprozeß des Polyestergranulates bzw. der Polyesterschnitzel geht bei dieser Apparatur in der Weise vor sich, daß die Teilchen, die aus der Polykondensationsanlage durch pneumatische Förderung in die großen Sammelbunker der Spinnerei gelangen, von diesem Lagerbehälter aus mittels Förderschnecken, Vibrationsrohren, pneumatischer Fördereinrichtungen usw. in die Spinnbunker bzw. Verteilungsbunker, die die einzelnen Spinnstellen mit Granulat versorgen, gebracht werden. Durch Verteilerrohre, Schleusen oder dgl. gelangen die Teilchen auf die beheizten Schmelzvorrichtungen, wo sie verflüssigt werden. Unterhalb der Schmelzvorrichtung befindet sich ein kleiner Vorratsbehälter für Schmelze, der sogenannte Sumpf, an den sich meistens unmittelbar der eigentliche Pumpenblock anschließt. Vom Sumpf aus fließt die Schmelze den Spinnpumpen zu. Die Verweilzeit der Schmelze im Sumpf muß kurz sein, damit keine Zersetzung eintritt, die durch Feuchtigkeit oder zu hohe Temperaturen noch begünstigt wird. Eine Spinnpumpe fördert die Schmelze durch die Sandfilter und die Düsen. Aus dem Düsenloch kommt sie als flüssiger Faden, der kurz nach Austritt im Abkühlschacht erstarrt. Nach Präparierung, d. h. Befeuchtung und Ausrüstung mit Öl, Antistatikum usw., wird der Faden auf Spulen gewickelt oder als Fadenbündel in Behälter, sog. Kannen, abgelegt.

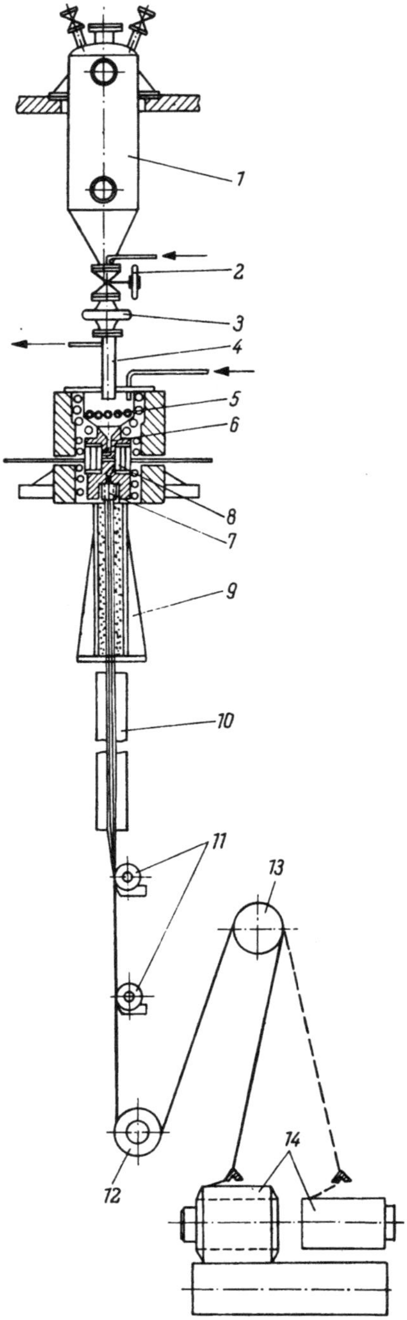

Bild 5.1. Schema einer Rostspinnapparatur

1 – Schnitzelbehälter; *2* – Absperrhahn; *3* – Kompensator; *4* – Schleuse; *5* – Schmelzrost; *6* – Pumpenblock; *7* – Spinndüse; *8* – Spinnpumpen; *9* – Anblasschacht; *10* – Spinnschacht; *11* – Präparationsscheiben; *12* – Erste Galette; *13* – Zweite Galette; *14* – Spinnspule

Als Vorrichtung zum Aufschmelzen des Granulates werden vorzugsweise Schmelzroste, daneben auch Extruder (Strangpressen), verwendet.

Bei der kontinuierlichen Herstellung des Polyesterkondensates erweist es sich bisweilen als zweckmäßig, diese Schmelzen ähnlich der Direktverspinnung der nach dem VK-Verfahren hergestellten Polyamide [3], ohne Einschaltung eines Erstarrungs- und Aufschmelzprozesses, zu verspinnen. Während jedoch die Schmelze aus dem Caprolaktam-Polyamid sehr stabil ist, neigt die Polyesterschmelze zur Zersetzung. Aus diesem Grunde lassen sich hinsichtlich Betriebssicherheit und Rentabilität für das Kontinueverfahren gegenüber der Verspinnung des Granulates weniger Vorteile ausrechnen. Vom Standpunkt der Betriebssicherheit ist daher das diskontinuierliche Granulatverfahren zu bevorzugen, das zur Herstellung von Feinseiden ausschließlich in Frage kommt und anlagemäßig keineswegs ungünstiger als die direkte Verspinnung der durch Polykondensation erhaltenen Schmelze ist.

Einen Vorteil für die Großproduktion von Polyesterfäden hat ferner die Verspinnung der aufgeschmolzenen festen Teilchen auch insofern, als dadurch bei betrieblichen Störungen der Prozeß leicht unterbrochen werden kann, ohne daß die in größeren Mengen vorhandenen und sich schnell zersetzenden Polyesterschmelzen unbrauchbar werden. Der Austausch einer fehlerhaften Spinncharge durch eine einwandfreie macht beim Kontinueverfahren oftmals Schwierigkeiten, während er bei der Verspinnung von Granulat oder Schnitzeln verhältnismäßig einfach durchführbar ist.

5.2. Herstellung der Spinnschmelze

Wie in den vorhergehenden Darlegungen (vergleiche 5.1.) bereits gesagt wurde, kann man Polyesterschmelze, die in dem Kondensationsgefäß oder in der Kontinue-Apparatur erzeugt wurde, direkt für den Spinnprozeß einsetzen oder sie erstarren lassen, zerkleinern und dann als Granulat oder Schnitzel wieder aufschmelzen. Über die Direktverspinnung von Polyesterschmelzen in Verbindung mit einer kontinuierlichen Polykondensation wird von K. Riggert berichtet [5].

Im allgemeinen wird jedoch für den Spinnprozeß eine durch Aufschmelzen von Polyesterschnitzeln bzw. -granulat hergestellte Schmelze verwendet.

5.2.1. *Granulat und Schnitzel für den Schmelzprozeß*

Für einen einwandfreien Spinnprozeß ist es erforderlich, daß Granulatteilchen bzw. Schnitzel aus Polyester gleichbleibende, möglichst optimale Eigenschaften aufweisen. Für das aus Terephthalsäureester und Äthylenglykol hergestellte Polyäthylenterephthalat werden, wie im Kapitel 4 beschrieben, hinsichtlich Schmelzviskosität und Polymerisationsgrad bestimmte Bedingungen gefordert. Charakterisiert durch den Wert der Lösungsviskosität η_{rel}, sollen Polymerisationsgrad und Schmelzviskosität nach dem Aufschmelzen der Teilchen und nach dem Verweilen der Schmelze im Spinnkopf bzw. im Extruder einen bestimmten annähernd konstanten Wert haben. Der durch Wärme und besonders durch Feuchtigkeit bedingte Abbau des Polymerisationsgrades bzw. Durchschnitts-Polymerisationsgrades soll minimal sein. Aus diesem Grunde dürfen die Polyesterteilchen, wie bereits mehrfach erwähnt, keine Feuchtigkeit enthalten. Ein Wassergehalt stört den Spinnprozeß nicht nur durch den chemischen Abbau der Polyestermolekülketten, sondern auch durch Bildung von Wasserdampfbläschen in der Schmelze und in den Fasern, was den Spinnprozeß und vor allem den Streckprozeß außerordentlich erschwert, wenn nicht überhaupt unmöglich macht. Beeinflußt wird die Spinnbarkeit von Polyesterschnitzeln bzw. Granulat auch durch deren Schmelz- und Erweichungspunkt. Durch Bildung von Polyätherbindungen in der

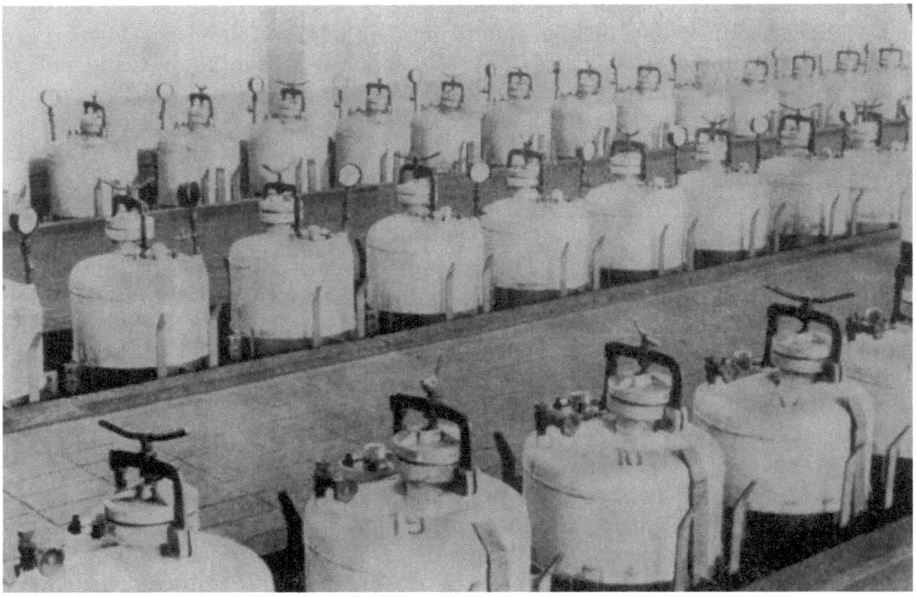

Bild 5.2. Schnitzelbehälter für eine Rostspinnanlage älterer Bauart

Molekülkette des Polyesters tritt eine Schmelzpunkterniedrigung ein, die den Charakter der Schmelze verändert und die Verarbeitung zu Fäden ungünstig beeinflußt.

Von Bedeutung für die Verspinnbarkeit der Polyesterschnitzel sind auch ihre Größe und Farbe. Infolge der geringen Wärmeleitfähigkeit der Polyesterteilchen treten bei Anwendung zu großer Stücke Schwierigkeiten beim Aufschmelzen auf. Große kompakte Blöcke aus Polyesterlassen sich deshalb nur unter Überhitzung zum Schmelzen bringen. Die Teilchen sollen aus diesem Grunde eine bestimmte Größe, die vorzugsweise zwischen 0,02 und 0,06 cm^3 liegt, nicht überschreiten.

Die Farbe der aufzuschmelzenden Stücke soll, wenn nicht mit Farbstoffen versehene Hochpolymere vorliegen, möglichst weiß sein. Ein gelblicher Farbton rührt meist vom Umesterungskatalysator oder vom Sauerstoffeinfluß auf die Schmelze her. Sauerstoff muß deshalb nicht nur beim Kondensations- und Gießprozeß, sondern auch beim Aufschmelzen ferngehalten werden. Der als Schutzgas verwendete Stickstoff muß weitestgehend frei von Sauerstoff sein.

5.2.2. *Aggregate für den Aufschmelzprozeß*

5.2.2.1. Aggregate für Lagerung und Transport der festen Polyester-Teilchen

Von der Mischtrommel bis zur Schmelzvorrichtung können die Polyesterschnitzel bzw. Granulatteilchen die mannigfaltigsten Lager-Aggregate und Transportvorrichtungen durchlaufen.

Bild 5.3. Entleeren des Transportfasses in einen Schnitzelbehälter der Spinnmaschine einer Pilotanlage

Am einfachsten vollzieht sich der Transport in der Weise, daß die Polyesterteilchen in Fässer abgefüllt, auf Wagen oder Förderbändern in den Spinnbetrieb gebracht und dort in die oberhalb der Spinnköpfe befindlichen Schnitzelbehälter (Bild 5.2.) gefüllt werden. Die alten Schmelzspinnanlagen für Polyesterherstellung arbeiten noch mehr oder weniger nach diesem Verfahren, wobei sich auch noch verschiedene Varianten des Einfüllens herausgebildet haben. Bild 5.3. zeigt das Umfüllen der Polyesterschnitzel durch Kippen des Transportfasses und Entleerung in den Spinn-Schnitzelbehälter. In einigen Anlagen ist der verschiebbare Transportbehälter an eine Schiene montiert und von unten entleerbar.

Um zu vermeiden, daß die Polyesterschnitzel während des Umfüllens Feuchtigkeit aufnehmen, muß der Vorgang schnell durchgeführt werden. Das läßt sich beispielsweise dadurch erreichen, daß der Inhalt des Transportfasses, dessen Fassungsvermögen vorzugsweise zwischen 100 kg und 300 kg beträgt, dem Inhalt des aufzunehmenden Spinn-Schnitzel-Behälters entspricht.

In modernen Anlagen erfolgen Transport und Füllen der Polyesterschnitzel vollautomatisch. Die trockenen Schnitzel werden vom Misch- bzw. Lagerbehälter der Polykondensation pneumatisch in den Granulatbunker der Spinnerei transportiert und laufen von hier aus über ein Verteilerrohr oder über Vibrationsrinnen und eine Schleusenvorrichtung in das Aufschmelzaggregat, d. h. in den Schmelzrost oder in den Extruder (siehe Bild 5.26b.).

5.2.2.2. Schmelzvorrichtung

5.2.2.2.1. Schmelzrost

Das von G. De Witt Graves [2] u. a. für die Polyamidverspinnung entwickelte Rostspinnverfahren ist auch für die Verarbeitung des Polyestergranulates zu Fäden geeignet, wobei die verschiedenartigsten Abwandlungen des Verfahrens und die mannigfaltigsten Rosttypen zur Anwendung gelangen. Ursprünglich wurden für die Rostverspinnung spiralförmig gebogene Metallrohre eingesetzt, die mit heißen Flüssigkeiten oder Dampf, hauptsächlich mit Dampf von Diphenyl und Diphenyloxid, beheizt wurden. Die zur Spirale gebogene Rohrschlange (Bild 5.4.), die in einer Ebene liegt oder auch konusförmig durchgebogen sein kann [2], hat zwischen den einzelnen Rohrwindungen einen Abstand von wenigen Millimetern, der durch die Größe und Form der Schnitzel bzw. des Granulates gegeben ist. Auf diesen heißen Rohren schmelzen die Polyesterteilchen, ohne durchzufallen, und tropfen in den sogenannten Sumpf des Spinnkopfes.

Anstelle der mit Diphenyldampf beheizten Rohrschlangen werden — unter Beibehaltung der gleichen oder einer ähnlichen Form — elektrische Heizrohre eingesetzt, deren Temperaturen über Transformatoren oder Regeleinrichtungen gesteuert werden.

Bild 5.5. zeigt einen Schmelzrost [4], der zwischen Schnitzelrohr und Pumpenblock eingesetzt wird. Der Rost ist aus elektrischen Heizrohren von 3—4 m Länge hergestellt.

In den Bildern 5.6. und 5.7. sind Spezialausführungen von Spinnvorrichtungen mit Rippenrost bzw. Stiftrost dargestellt.

Eine Variante der für Polyamidverspinnung vielfach eingesetzten Schmelzvorrichtung wird in Bild 5.8. gezeigt. Es handelt sich hier nicht mehr um die ursprüngliche Form des von Dampf bzw. Flüssigkeit durchströmten Rohrrostes, sondern um eine Vorrichtung aus kompakten Metallteilen (Blockrost), die von außen beheizt werden. In dieser Schmelzvorrichtung durchlaufen die Granulatteilchen bzw. Schnitzel das Rohr 1 in Richtung des Pfeiles a, fallen über die

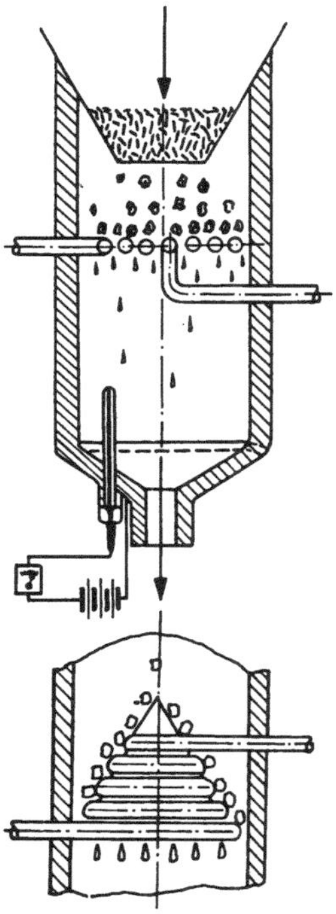

Bild 5.4. Diphenyl-Rost zum Aufschmelzen von Polyester-Granulat bzw. -Schnitzeln [2]

Bild 5.5. Schmelzrost mit elektrischer Widerstandsheizung [4]

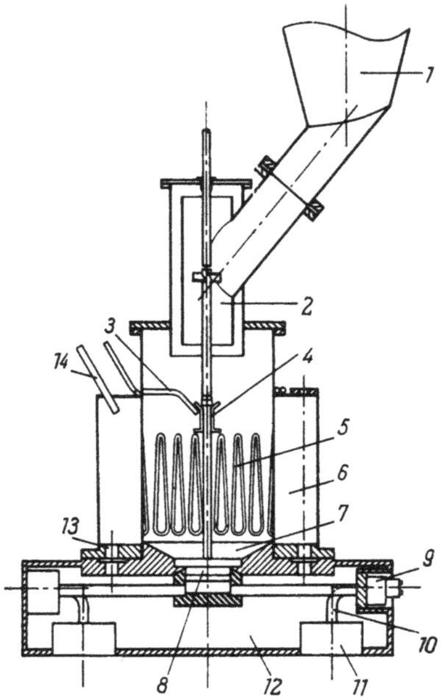

Bild 5.6. Rostspinnkopf mit 4 Düsen für 400 mm Längsteilung und 500 mm Querteilung. Der Kopf wird elektro-diphyl-beheizt

1 – Schnitzelvorratsbehälter; *2* – Schnitzelzulauf; *3* – Zuführleitung für N_2; *4* – Antriebswelle der Sumpfpumpe; *5* – Diphylbeheizter Schmelzrost; *6* – Heizmantel; *7* – Sumpf; *8* – Sumpfpumpe, Fabr. Barmag oder Zenith; *9* – Spinnpumpen, vier Stück je Kopf; *10* – Polymerisat-Druckleitung; *11* – Düsenblöcke, vier Stück je Kopf; *12* – Diphylheizraum; *13* – Durchtrittsöffnungen für Diphyldampf; *14* – Leitung zum Diphyl-Verlustkondensator [6]

Glocke 3 in den Schmelzraum 2 auf die sternförmig angeordneten und mit Heizbändern beheizten Schmelzrippen 4, wo das Aufschmelzen stattfindet. Die Schmelze fließt von dem unteren Ende der heißen Schmelzrippen in den durch den Kontaktstift 6 gesteuerten Sumpf 5, von dem sie durch die Zahnradpumpe 7 den Spinndüsen zugeführt wird. Das Schutzgas gelangt durch das Schnitzelrohr und das Röhrchen 9 in den Schmelzraum und verläßt diesen zusammen mit evtl. vorhandenen Spuren von Wasserdampf oder Zersetzungsprodukten durch die Austrittsöffnungen 8. Bei dieser Schmelzvorrichtung werden die Rippen von außen mit Heizbändern, Platten oder dgl. beheizt. Selbstverständlich ist es auch möglich, den inneren zur Aufschmelzung der Schnitzel dienenden Metallkörper, der die Gestalt eines Blockes oder einer Scheibe haben kann, mittels Induktions- bzw. Dampfheizung auf die notwendigen Temperaturen, die zwischen 260 und 290 °C liegen, zu bringen (siehe auch: Klare, Fritzsche, Gröbe [8] „Zimmerspinnkopf").

5.2.2.2.2. Extruder

In den letzten Jahren sind neben dem beschriebenen, zum Aufschmelzen verwendeten Schmelzrost, der in mehr oder weniger enger Verbindung mit dem Pumpenblock steht, auch Schnecken- oder Strangpressen, sogenannte Extruder,

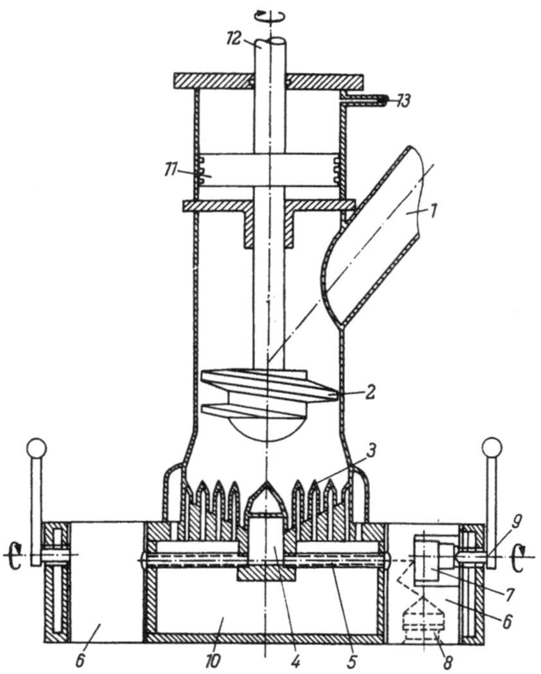

Bild 5.7. Vier-Düsen-Rostspinnkopf zum Verspinnen von Polyester

1 – Zuführleitung für Polyesterschnitzel vom Schnitzelvorratsbehälter; *2* – Förder- und Druckschnecke; *3* – Stiftrost; *4* – Sumpf; *5* – Leitungen vom Sumpf zu den Pumpenblöcken; *6* – Pumpen- und Düsenblöcke, vier Stück je Kopf; *7* – Spinnpumpen; *8* – Düseneinsatz; *9* – Spannvorrichtung für die Pumpen- und Düsenblöcke mit Durchtritt für die Spinnpumpen-Wellen; *10* – Diphyl-Heizraum; *11* – Preßluft-Kolben; *12* – Antriebswelle für die Förder- und Druckschnecke; *13* – Preßluft-Anschluß [6]

für die Verarbeitung der Polyesterschmelze zu Fäden, Fasern, Folien usw. mit Erfolg eingesetzt worden.

Der Extruder arbeitet wie die Spinnpumpe kontinuierlich, unterscheidet sich jedoch von dieser dadurch, daß er keinen Rost oder dergleichen zum Aufschmelzen des Polyester-Granulates benötigt. Fördern und Aufschmelzen erfolgen in einem Arbeitsgang. Ein weiterer Vorteil des Extruders gegenüber dem Schmelz-Spinnkopf mit Heizrost besteht darin, daß das aufzuschmelzende Polyester-Granulat zwangsläufig und in relativ kurzer Zeit durch die heiße Zone transportiert wird.

Nachfolgend wird eine von G. Schenkel [9] skizzierte Gegenüberstellung der drei Haupttypen von Einschneckenpressen mit folgenden Unterscheidungsmerkmalen hinsichtlich der Baulängen (L/D), Umfangsgeschwindigkeiten und Schnecken wiedergegeben (Bild 5.9.).

a) Adiabatisch bzw. autogen arbeitende Schneckenpressen, insbesondere die Maschinen nach E. Beck [10] und anderen. Diese nur mit autogener Erwärmung arbeitenden schnellaufenden Extruder besitzen keine Heiz- und Kühleinrichtungen.

$D = 9\text{—}65$ mm; $\quad L = 14\,D$;

Umfangsgeschwindigkeit $= 0{,}5\text{—}7{,}0$ m/s

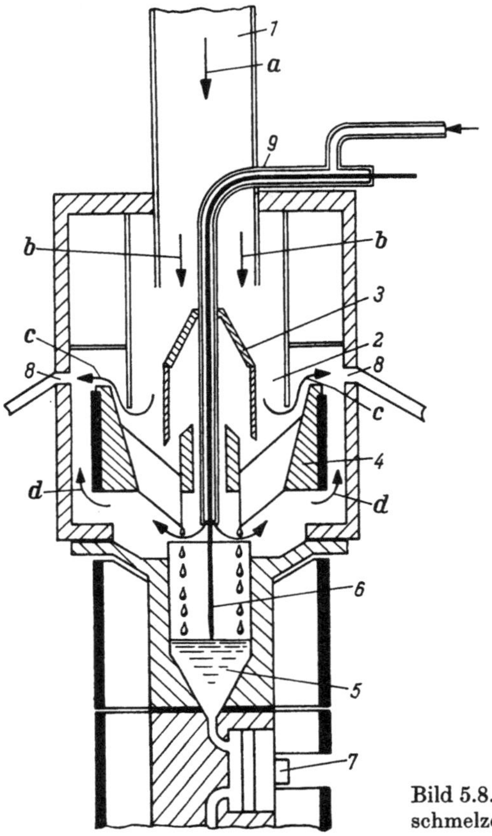

Bild 5.8. Rippenrost zum Aufschmelzen von Schnitzeln [7]

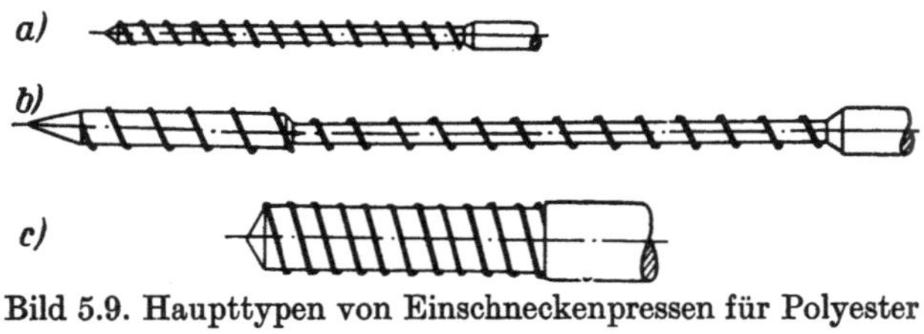

Bild 5.9. Haupttypen von Einschneckenpressen für Polyester

b) Polytrop arbeitende Schneckenpressen. Diese konventionellen Maschinen mit Heiz- und Kühleinrichtungen können universell eingesetzt werden und stellen die wichtigste Grundform der Extruder dar.

Vorwiegend $D = 30-200$ mm; $L = 15-25\,D$;

Umfangsgeschwindigkeit = 0,6 m/s max.

c) Konduktiv-konvektiv beheizte, mit niedrigem mechanisch-thermischen Energieumsatz arbeitende Schneckenpressen nach P. SEEBER [10].

$D = 150$ mm; $L = 3{,}5\,D$; Umfangsgeschwindigkeit = max. 0,3 m/s

Sonstige Merkmale: Kleine Gangsteigung ($< 15°$) und kleine Gangtiefe ($\leqq 5$ mm).

Neben den Einschneckenpressen finden Mehrschneckenpressen und viele Sonderbauarten, wie Kombinationen von Ein- und Doppelschnecken, Kombinationen von Walzenpaar mit Mehrschneckensystem usw., Anwendung.

Bild 5.10. zeigt einen Extruder mit Einfüll-Trichter, Schneckenpresse und Spritzkopf. Das Polyestergranulat wird in den Trichter gefüllt und gelangt von hier aus in einen horizontal oder auch vertikal angeordneten Zylinder, wo es von einer rotierenden Schnecke erfaßt und in den Raum vor der Schneckenspitze transportiert wird. Für den Aufschmelz- und Extrusionsprozeß sind Schneckendrehzahl, Temperaturführung und Druckverhältnis zu beachten. Die Beheizung des

Bild 5.10. Schneckenpresse zur Verarbeitung von Polyester

Zylinders der Schnecke erfolgt meistens mittels elektrischer Heizelemente. Es existieren jedoch auch Extruder, die die zum Aufschmelzen des Granulates erforderliche Energie vom Antriebsmotor erhalten, also die beim Fördern entstehende Reibungswärme für den Schmelzvorgang ausnutzen. Strangpressen, die nach diesem Prinzip arbeiten, sind mit extrem schnellaufenden Schnecken ausgerüstet [10]. Das getrocknete bzw. trockene Polyestergranulat für den Extruder darf nicht mit Feuchtigkeit enthaltender freier Atmosphäre in Berührung kommen.

Aus diesem Grunde wird das trockene Granulat im Einfüllbehälter des Extruders unter Stickstoff oder unter Vakuum gehalten.

Ihre eigentliche Bedeutung erlangen die Extruder, wenn sie als Spinnextruder in Kombination mit mehreren Spinnpumpen, die zu einem Spinnbalken zusammengefaßt sind, angewendet werden. Die Kombination von Extruder und Spinnpumpen bietet große Vorteile hinsichtlich hoher Schmelzleistung, kurzer Verweilzeit und Homogenisierung der Polyesterschmelzen, genauer Temperaturführung und einer kontinuierlichen Fahrweise [11—18]. Es besteht kein Zweifel, daß die Spinnextruder im Laufe der Zeit die Schmelzroste, Schmelzspinnköpfe usw. verdrängen werden.

5.2.2.3. Schmelzesumpf

Wie die Bilder 5.4., 5.6. und 5.8. zeigen, fließt die Schmelze von den unteren Enden der beheizten Rippen oder Rohre in den Sumpf. Der Sumpf stellt das kegelförmig ausgebildete Reservoir der Schmelze dar, aus dem die Spinnpumpe laufend mit der notwendigen Schmelzemenge versorgt wird. Beim Spiral- bzw. Gitterrost füllt sich der Sumpf allmählich bis knapp über die Oberfläche des Rostes und wird bei richtiger Temperatur von Rost- und Mantelheizung und einwandfreier Einstellung des Verhältnisses zwischen Pumpenförderung und Abschmelzleistung des Rostes in der Weise automatisch geregelt, daß der Abschmelzprozeß bei fehlendem Kontakt der Schnitzel bzw. des Granulates mit dem Rost ganz oder zum Teil abgestoppt wird. Sinkt das Niveau der Schmelze durch das laufende Abspinnen des Sumpfes wieder bis unterhalb des Rostes, so können die Schnitzel auf dem Rost wiederum direkt mit den Heizrohren in Berührung kommen und weiter abschmelzen. Diese automatische Einstellung des Niveaus der Schmelze setzt jedoch voraus, daß Heizleistung, Temperaturhöhe, Verweilzeit im Sumpf und Pumpenförderung genau aufeinander abgestimmt sind. Zu hohe Förderleistungen der Spinnpumpen führen zu einem Leerspinnen des Sumpfes; zu hohe Heizleistungen lassen die Schmelze über den Rost ansteigen und verursachen ein Erstarren der Schmelze in den Schnitzeln und eine Schädigung der Polyesterschmelze infolge zu langen Verweilens im Schmelzezustand.

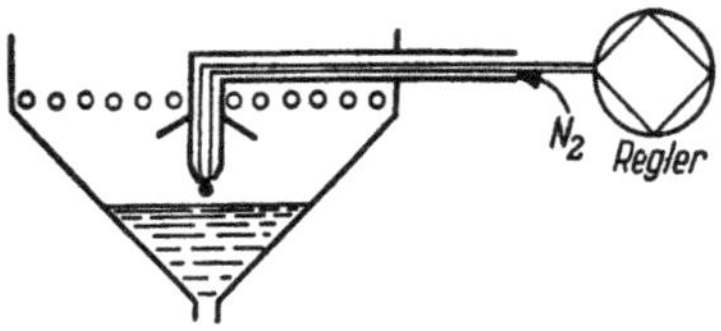

Bild 5.11. Thermische Schmelzniveauregelung im Rostspinnkopf

Für einen einwandfreien Spinnprozeß muß der Sumpf die richtige Form und Größe haben, um unnötiges Verweilen und Überhitzung der Schmelze zu vermeiden. Der Sumpf soll so klein wie möglich sein, die Verweilzeit der Schmelze im Sumpf darf jedoch nicht so kurz sein, daß die beim Aufschmelzen der Schitzel sich bildenden bzw. eingeschlossenen Gasblasen keine Möglichkeit mehr haben, aus der Schmelze zu entweichen, und die Blasen somit in die Spinnpumpe und sogar in die Kapillarfäden gelangen. In einem größeren Sumpfraum kann die Sumpfhöhe durch eine Niveau-Regelung ziemlich genau eingestellt werden. Hierfür sind die verschiedensten Verfahren [19] eingesetzt worden, die jedoch alle die Verwendung eines elektrisch beheizten Rostes bedingen. In Bild 5.11. ist ein Verfahren dargestellt, das auf einer thermischen Regelung des Sumpfniveaus beruht. Eine punktförmige Temperaturmeßstelle eines Thermoelementes wird durch einen Stickstoffstrom gekühlt, solange die Meßstelle nicht von Schmelze umgeben ist. Bei Steigen des Niveaus und Eintauchen der Meßstelle in heiße Schmelze wird eine erhöhte Temperatur gemessen. Die Temperaturdifferenz dient insofern zum Regeln der Niveauhöhe, als bei hohem Schmelzestand die Heizleistung des Rostes vermindert und bei Freiliegen und damit Kühlen der Meßstelle der Rost wieder auf normale Heizleistung gebracht wird.

Auch durch Kapazitätsmessung kann das Sumpfniveau der Polyesterschmelze gesteuert werden [19].

Bild 5.12. zeigt das Schema einer kapazitiven Sumpfniveauregelung und eine bewährte Meßschaltung dafür. Ein Plattenkondensator taucht in die Schmelze des Sumpfes ein. Die Kapazität des Kondensators hängt von dem Stand der Schmelze ab.

Auf pneumatischem Wege kann eine Niveaumessung des Sumpfes der Polyesterschmelze ebenfalls erfolgen. Das Verfahren beruht darauf, daß der Widerstand eines Stickstoffstromes, der durch ein Rohr in den Sumpf geleitet wird, davon abhängt, ob die Niveauhöhe der Schmelze dieses Rohr offen läßt oder verschließt. Bei größerem Strömungswiderstand findet ein Druckanstieg statt, der nach verschiedenen Meßverfahren zur Steuerung der Niveauhöhe im Sumpf benutzt werden kann. Bild 5.13. [11] zeigt drei Varianten für die pneumatische Regelung.

Anordnung a) setzt einen konstanten Druck des Stickstoffdurchflusses voraus, da der Stickstoff bei Verschluß des Niveaurohres nur durch die feinen unterhalb des Abschirmdaches liegenden Düsen fließen kann und der Druckanstieg, der mit einem empfindlichen Manometer gemessen wird, das die Regelkontakte einschließt, nur gering ist.

Bei Anordnung b) gelangt der Stickstoff bei Verschluß des Niveaurohres durch eine Wasserflasche und ein zweites Rohr in den Sumpfraum, der nicht unter konstantem Druck zu stehen braucht. Der beim Durchfließen der Wasserflasche entstehende Druckabfall von 5—10 mm WS kann durch ein Schrägrohrmanometer erfaßt und zum Schließen eines Kontaktes ausgenutzt werden.

Anordnung c) unterscheidet sich von der Anordnung b) im wesentlichen dadurch, daß anstelle der Wasserflasche ein Schwebedurchflußmesser eingesetzt wird.

Die Verwendung von Sumpfsteueranlagen in den Spinnköpfen ist noch umstritten, da die Regelanlagen Kosten und Wartung verlangen und auch sonst Nachteile aufweisen, die bei den Rosten mit Diphenylheizung ohne gesteuerte Sumpfeinrichtung nicht auftreten.

5.2.3. *Durchführung des Schmelzprozesses*

Zum Aufschmelzen des Granulates aus Polyäthylenterephthalat werden Rostspinnkopf und Spinnkopfmantel auf ca. 280°C beheizt. Die Technik des Beheizens dieser Aggregate ist einfach, wenn direkte Widerstands- oder Induktionsbeheizung zur Anwendung kommen. Schwieriger gestaltet sich dieser Vorgang bei Einschaltung von Wärmeüberträgern, z. B. Diphenyl oder Diphenyloxid. Der

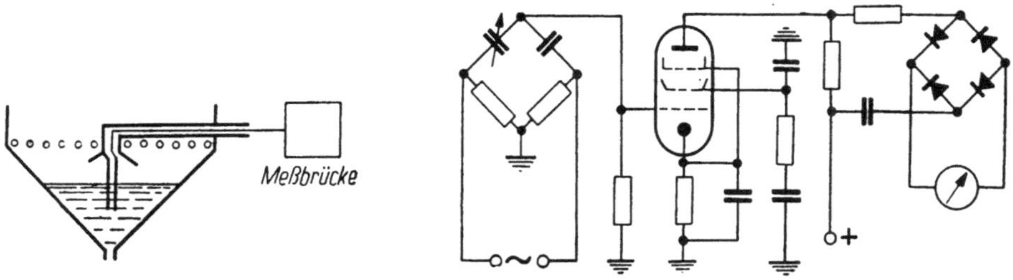

Bild 5.12. Kapazitive Sumpfniveaureglung für Polyester-Schmelzen

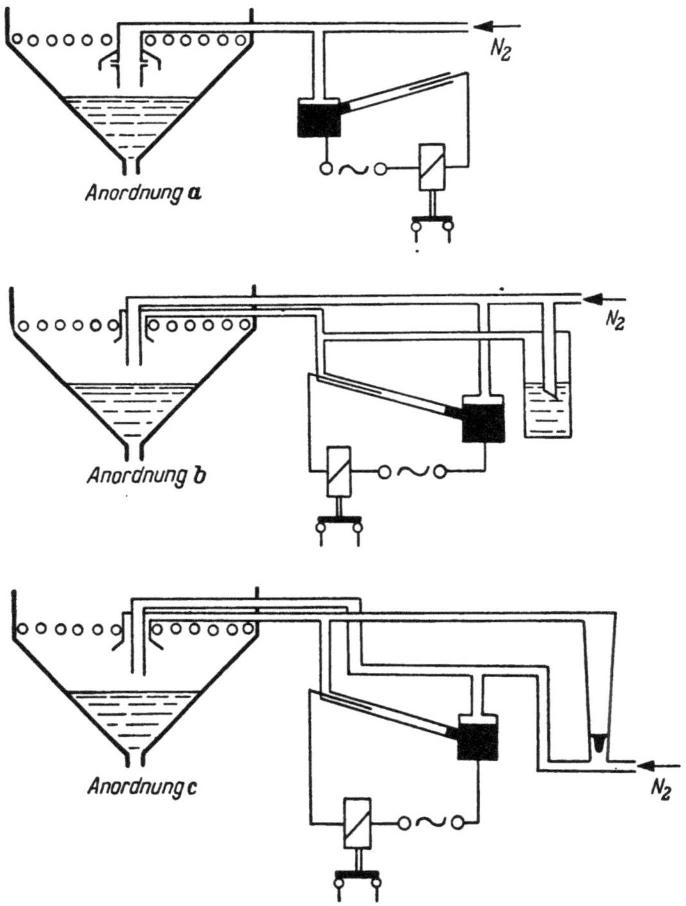

Bild 5.13. a—c. Pneumatische Sumpfniveau-Reglungen für Rostspinnköpfe

Vorteil der Beheizung mit Wärmeüberträgern besteht jedoch darin, daß Überhitzungen an keiner Stelle des Systems eintreten und die Regelung der Temperatur einfach ist, da eine große Zahl von Spinnköpfen, Rosten usw. von einer Stelle aus gesteuert werden kann.

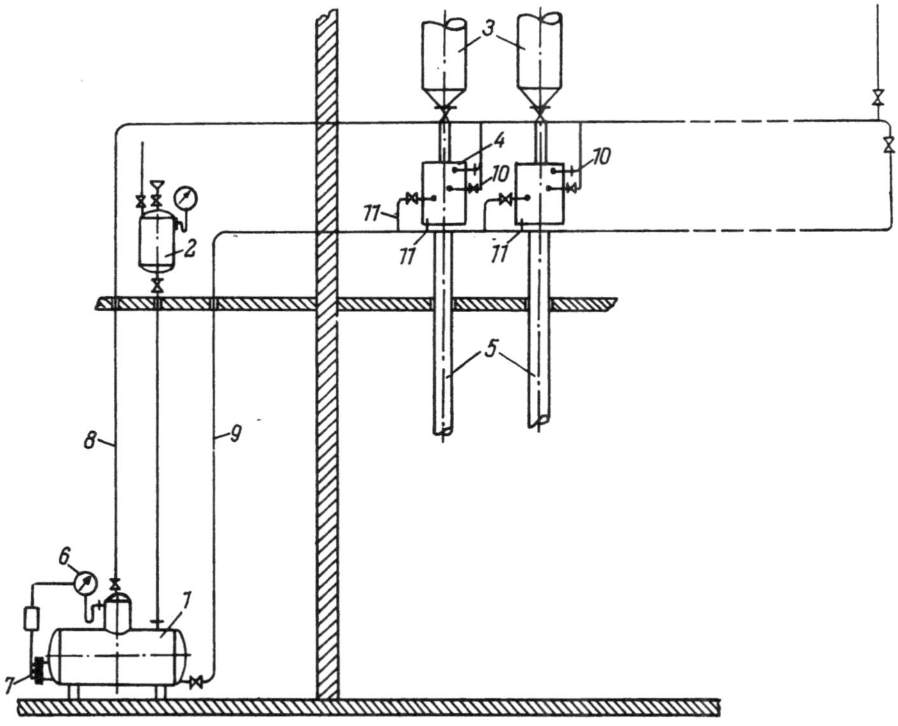

Bild 5.14. Schematische Darstellung des Prinzips der Beheizung einer Rostspinnmaschine mit Dinyl-Gemisch (Diphenyl + Diphenyloxid)

1 – Dinyl-Dampfkessel; *2* – Füllgefäß für Dinylkessel unter Druck; *3* – Schnitzel-Behälter; *4* – Spinnköpfe; *5* – Spinnschächte; *6* – Regel- und Meßvorrichtung; *7* – Elektrische Heizung; *8* – Dinyl-Zuleitung; *9* – Dinyl-Rückleitung; *10* – Dinyl-Eintritt-Spinnköpfe; *11* – Dinyl-Austritt-Spinnköpfe (für 10 und 11 je einmal für Rost und Mantel)

Bild 5.14. zeigt das Schema für eine übliche Beheizung einer Rostspinnmaschine mit dem azeotropischen Gemisch von Diphenyl und Diphenyloxid, das unter Atmosphärendruck bei ca. 256 °C siedet und dessen Dampf sich durch große Beständigkeit auch bei diesen hohen Temperaturen von 260—300 °C auszeichnet. Das Schema zeigt die Anwendung des Thermosyphon-Prinzips für die gemeinsame Beheizung der Roste und Spinnkopf-Mäntel. Es ist jedoch zweckmäßig, Mantel und Spinnroste durch zwei unabhängig voneinander einstellbare Systeme zu beheizen. Für jedes System sind bei getrennter Beheizung gesonderte Leitungen, Regelanlagen und Dampfkessel angeordnet. Bei der Rostheizung liegt folgender Ringlauf für den Heizdampf vor: Diphenylkessel I, Vorlaufleitung mit Abzweigung zu den einzelnen Rostanschlußstellen, Spinnroste, Rücklaufsammelleitung, Entlüftungsventil, Kessel I. Entsprechend ist die Anordnung für die Beheizung der Spinnkopfmäntel durch Kessel II.

Schnitzel oder Granulat werden erst dann durch Öffnen eines Schiebers auf den Rost gegeben, wenn einerseits die Luft in der Spinnstelle durch gereinigten Stickstoff verdrängt und der Stickstoffzulauf über einen Blasenzähler eingestellt ist und andererseits die erforderlichen Temperaturen an allen Stellen der Schmelzeinrichtung erreicht sind. Der Abschmelzprozeß beginnt sofort. Die Schmelze füllt langsam den unterhalb des Rostes liegenden Raum.

Die Schmelze ist hell und klar, wenn das Polyäthylenterephthalat keine Zusätze enthält. Im allgemeinen wird die Mattierung mit TiO_2 oder die Färbung mit Ruß oder Pigment-Farbstoffen bereits bei der Herstellung des Granulates, also beim Polykondensationsprozeß, erfolgen. Der Zusatz kann jedoch auch nachträglich zu dem zerkleinerten Polyestermaterial gegeben werden. Um hier eine gute Durchmischung zu erreichen, werden die feinen Pulver in der Weise auf die Oberfläche der Schnitzel gestäubt, daß Schnitzel und Zusätze in einem zylindrischen Behälter längere Zeit zusammengerollt werden.

5.3. Verspinnung der Polyesterschmelzen

Für eine einwandfreie Verspinnung der aufgeschmolzenen Polyesterteilchen sind die Reinheit und Einheitlichkeit der Spinnschmelze, die Spinntemperatur und die einwandfreie Beschaffenheit der Dosier- und Filtriervorrichtung der Spinndüsen entscheidend. Selbst kleine Mängel und Fehler erschweren den Spinnprozeß und können sich bei der textilen Aufbereitung der Spinnfäden, insbesondere bei der Verstreckung, recht ungünstig auswirken.

5.3.1. *Eigenschaften der zu verspinnenden Schmelzen*

Unter Abschnitt 5.2.1. ist bereits darauf hingewiesen worden, daß Polyestergranulat oder Schnitzel den erforderlichen Polymerisationsgrad und völlige Wasserfreiheit aufweisen müssen. Aber auch eine gute Qualität des festen Polyestermaterials kann durch unsachgemäßes Aufschmelzen derartig verschlechtert werden, daß kein einwandfreier Spinnprozeß mehr möglich ist. Eine gute Spinnschmelze darf nicht überhitzt und nicht durch Zersetzung blasig sein. Sie muß hell und frei von organischen verkrackten Substanzen sein. Bereits geringe Mengen von Sauerstoff wirken sich durch Verfärbung und Vernetzung der Schmelze ungünstig auf die Spinnbarkeit aus. Als ungünstig für die Fadenbildung erweisen sich auch Inhomogenitäten in der Schmelze oder Zusammenballungen von TiO_2 oder Farbpigmenten. Wegen der schlechten Wärmeleitfähigkeit der Polyester sind zum Schmelzen der Schnitzel Temperaturen erforderlich, die weit über dem Schmelzpunkt liegen. Dadurch besteht die Gefahr, daß die an den Wandungen der Apparate liegenden Polyesterteilchen überhitzt werden. Nur bei gut durchkonstruierten Schmelz-Spinn-Vorrichtungen lassen sich diese Qualitätsminderungen vermeiden und einwandfreie Spinnschmelzen herstellen.

5.3.2. *Aggregate für den Spinnprozeß*

Die wichtigsten Vorrichtungen zur Erspinnung von Polyesterfäden sind die Förderorgane für die Schmelze, vorzugsweise Zahnradpumpen oder Spinn-Extruder, und die Spinndüsen. Pumpen und Düsen sind befestigt am beheizten Spinnkopf, auch Pumpenblock genannt. Die Polyesterschmelzen werden bei einer Direktverspinnung dem Kondensationsgefäß oder der Kontinue-Anlage und beim Rostspinn-Verfahren dem Sumpf durch die Förderpumpen bzw. Förderschnecken entnommen.

5.3.2.1. Spinnkopf einschließlich Beheizung

Der Spinnkopf besteht in seiner einfachsten Form aus einem beheizten Metallblock, an dem die Spinnpumpen und die Düsen angebracht sind.

Die Polyesterschmelze wird dem Spinnkopf seitlich oder von oben zugeführt. Die Formen der Spinnköpfe sind sehr unterschiedlich. Beim Band- oder Stab-Spinn-Verfahren [20] erübrigen sich Förderpumpen bzw. -schnecken, da die von Riffelwalzen vorwärts getriebenen Polyesterbänder oder -stäbe den für das Hindurchpressen der Schmelze durch die Düsenöffnungen erforderlichen Spinndruck erzeugen.

Vielfach stellt der Pumpenblock einen zylindrischen Körper aus Eisen oder warmfestem Stahl dar, der oben mit dem Schmelztopf lösbar verbunden ist und in den Heizmantel eingesetzt werden kann. Seitlich hat der Pumpenblock mehrere plangeschliffene Flächen zum Befestigen der Spinnpumpen und unten ein Innengewinde zum Einschrauben der Düsenhalterung. Auch für diese Düsenhalterung oder Düsenverschraubung haben sich die mannigfaltigsten Formen und Kombinationen von Einzelteilen herausgebildet. Bild 5.15. zeigt eine der vielen möglichen Formen eines Pumpenblockes, die sich in der Praxis bewährt haben.

Werden zur Erzielung eines Vordruckes für die Dosierpumpe sogenannte Druckpumpen in den Spinnkopf eingebaut, so machen sich gegenüber Bild 5.15. andere Anordnungen des Spinnpumpenblockes erforderlich.

Die Schmelze fließt bei der auf Bild 5.16. gezeigten Anordnung vom Sumpf zunächst in die Druck- und dann in die Dosierpumpe. Der Vordruck für einen einwandfreien Dosiervorgang kann auch durch eine sogenannte Doppel-Stufen-Pumpe, die gleichzeitig Vordruck und Dosierung bewirkt [21], erreicht werden. Die Spinnköpfe sind beheizt. Über die Beheizung des Schmelzrostes ist bereits gesprochen worden (siehe 5.2.2.2.1.). Oftmals wird diese Beheizung gleichzeitig auch für den Spinnkopf verwendet. Der Heizmantel umkleidet dann den Spinnrost und den damit verbundenen Pumpenblock. Sollen für Rost und Pumpenblock verschiedene Temperaturen zur Anwendung kommen, so sind getrennte Heizungen erforderlich (siehe 5.2.3.). Die Heizmäntel haben den Zweck, alle Teile des Spinnkopfes auf die notwendigen Temperaturen zu bringen, sie vor Abkühlung zu schützen und damit ein Erstarren der Schmelze zu verhindern. Dampfbeheizte Heizmäntel bestehen aus doppelwandigen Hohlzylindern, die dicht verschweißt sind und Diphenyldampf, Hochdruckdampf oder dergleichen enthalten. Die Erwärmung der Spinnvorrichtung kann auch ohne Wärmeüberträger durch direkte Beheizung mittels Widerstands- oder Induktionsheizungs-Aggregate erfolgen.

5.3.2.2. Spinnpumpen

Als Förderpumpe [22] für die aufgeschmolzenen Polyesterteilchen werden Zahnradpumpen von hoher Präzision verwendet. Die Förderpumpe besteht aus drei plangeschliffenen Stahlplatten, einer Grund-, Mittel- und Deckplatte, die dicht miteinander verschraubt sind (Bild 5.17.). In der Mittelplatte laufen zwei Zahnräder, deren Wellen in der Grund- und Deckplatte gelagert sind. Eine der beiden Wellen ragt mit einem Kupplungseinsatz heraus und wird von dem Kupplungsteil, in den die Pumpenwelle eingreift, angetrieben. Der Antrieb der Förderpumpen erfolgt also von außen her durch die Pumpenwelle, die in die Pumpennuß der Pumpe eingesetzt wird.

Bild 5.15 Pumpenblock für 4 Pumpen und Spinndüsen [24]

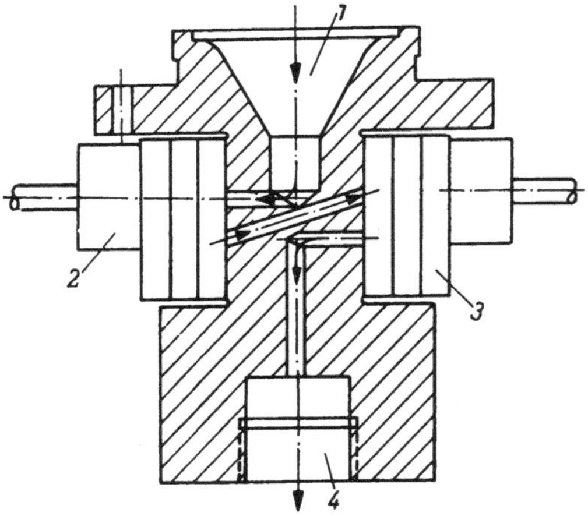

Bild 5.16. Schematische Darstellung vom Pumpenblock mit
1 — Schmelzesumpf; *2* — Druckpumpe; *3* — Meßpumpe; *4* — Düsenverschraubung

Die Pumpen sind aus hochwertigen Stählen gefertigt, die Zusätze von Molybdän und Vanadium enthalten. Nach dem AP 2281767 soll ein Pumpenstahl beispielsweise folgende Zusammensetzung haben: Eisen 83,85%, Chrom 12,00%, Cobalt 0,40%, Mangan 0,20%, Silicium 0,35%, Vanadium 0,85%, Molybdän 0,80% und Kohlenstoff 1,55%.

Die Förderung der Schmelze geht auf folgende Weise vor sich: Die Zähne der beiden Zahnräder, die im Eingriff sind, geben beim Weiterdrehen jeweils die gegenüberliegenden Zahnlücken frei. Diese füllen sich mit Schmelze, die aus dem Zuflußkanal kommt und von beiden Zahnrädern mitgenommen wird. Beim Kämmen der Räder auf der gegenüberliegenden Seite wird die Schmelze aus den Zahnlücken jeweils durch den gegenüberliegenden Zahn wieder herausgedrückt und gelangt über die eingebaute Filtervorrichtung in die Düse.

Bild 5.17. Spinnpumpe für Polyesterschmelzen

Oftmals werden statt der Dosierpumpe eine Druckpumpe und eine Meßpumpe verwendet. Die Druckpumpe hat die Aufgabe, der Meßpumpe die Schmelze in der erforderlichen Menge und Blasenfreiheit zuzufördern. Die Drehzahl der Druckpumpe, die unmittelbar mit dem Sumpf in Verbindung steht, ist um 10—50% höher als die der Meßpumpe. Hierbei auftretende unzulässig hohe Drücke werden dadurch vermieden, daß die Druckpumpenräder so ausgeführt werden, daß eine gewisse Lässigkeit entsteht und die zuviel geförderte Menge durch die Zwischenräume zurückfließen kann. Trotzdem ist bei Inbetriebnahme und beim Abstellen der beiden Pumpen darauf zu achten, daß beim Ingangsetzen erst die Meßpumpe und beim Ausrücken zuerst die Druckpumpe bestätigt wird, da anderenfalls ein unzulässiger Druckanstieg zwischen Druck- und Meßpumpe entsteht, der einen Pumpenwellenbruch zur Folge haben kann.

Die Anforderungen an Material und Präzision der Meß- oder Dosierpumpe, die bei Temperaturen von 250—300 °C gegen einen Druck von 20—100 atü arbeiten, sind außerordentlich hoch. Von ihnen hängt die Gleichmäßigkeit der zu erspinnenden Fäden ab. Die Schwankungsbreite der Fördermengen dieser Präzisions-Zahnradpumpe soll $\pm$ 3% nicht überschreiten. Die Förderleistung der Zahnradspinnpumpen hängt ab von der Größe der Zahnräder, insbesondere der Zahnradlücken, und von der Umdrehungszahl der Zahnradpaare, die über eine Welle von außen her angetrieben werden. Zur Erspinnung von Feinseiden werden normalerweise Spinnpumpen mit einer Leistung von 1—4 cm^3 je Umdrehung und einer Drehungszahl von 10—35 U/min verwendet. Für Grobseiden- und Stapelfaser-Erspinnung werden Pumpen mit wesentlich höherer Leistung, 20 cm^3 je Umdrehung und mehr, verwendet.

5.3.2.3. Filter für die Schmelzen

Die Spinnpumpen fördern die hochviskosen Polyesterschmelzen den Filtern und den Spinndüsen zu. Für die Filtration werden die verschiedenartigsten Formen von Filtern [23] verwendet. Bevorzugt werden Gewebe aus Feinmetalldrähten und reinster Sand. Die feinen Siebe aus Bronze oder Edelstahldrähten von etwa 2000—16000 Maschen pro cm^2 haben als Unterlagen grobe Stützsiebe von ca. 200—500 Maschen pro cm^2. Der Filtersand ist sorgfältig gereinigt, mit Säuren ausgekocht und ausgesiebt, um eine Verunreinigung der Siebe und ein Verstopfen der Düsenlöcher zu vermeiden. In der Filtrationsträgervorrichtung, die auch die Düsenplatte und die Stützplatte aufnimmt, befinden sich Siebe und Filtersand. Der obere Anpreßzylinder wird fest in die Filtervorrichtung eingeschraubt und die darin befindlichen Platten und Siebe, zwischen denen sich Aluminium-Dichtungsringe befinden, werden dadurch gegeneinander abgedichtet. Die beiden so verbundenen Teile werden in den Halterungsring gesetzt und nach losem Einschrauben in den Pumpenblock mittels der im Halterungsring angebrachten Schrauben nach oben gehoben und fest gegen den Pumpenblock gepreßt. Die Düsenverschraubung mit Filtersieben und Sand ist hierdurch auch bei hohem Spinndruck fest mit dem Pumpenblock verbunden. Bild 5.18. zeigt eine Halterung, die direkt in den Pumpenblock eingeschraubt wird.

5.3.2.4. Spinndüsen

Die Spinndüsen für die Schmelzspinnerei weisen die mannigfaltigsten Formen auf. Sie bestehen aus Metallplatten bzw. Blechen mit kleinen Löchern, den sogenannten Düsenöffnungen. Bild 5.19. zeigt zwei Düsen während des Spinnprozesses. Größe und Form der Spinndüsen sind bedingt durch die Zahl und Gestalt der in einer Düsenplatte, die auch die Form eines Hütchens aufweisen kann, unterzubringenden Löcher.

Im allgemeinen sind die Düsenplatten rund. Ihre Durchmesser liegen zwischen 30 mm und 200 mm. Es werden aber auch lange rechteckige oder nierenförmige Düsenplatten verwendet. Da die Düsenplatten oftmals Drücke von 50 atü und mehr aushalten müssen, werden als Spinndüsen für die Polyesterfasern vielfach Edelstahlplatten von mehreren Millimetern Dicke verwendet. Es können aber auch dünne Düsenplatten [25] Verwendung finden, wenn durch Einbau geeigneter Stützplatten der hohe Druck der Schmelze vorher abgefangen wird (Bild 5.20.). Die Düsenöffnungen, im allgemeinen als runde Löcher ausgebildet, be-

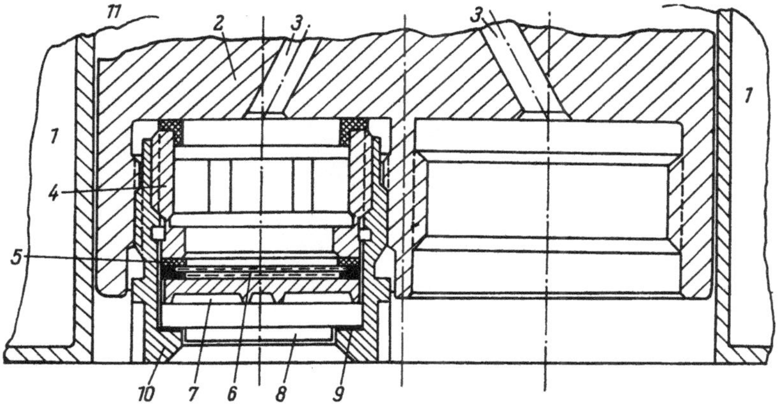

Bild 5.18. Düsenverschraubung

1 – Heizmantel; *2* – Pumpenblock; *3* – Schmelzkanäle von der Pumpe; *4* – innere Verschraubung mit Innensechskant; *5* – Al-Dichtung; *6* – zwei Maschendrahtfiltersiebe; *7* – Stützplatte; *8* – Düsenplatte; *9* – Al-Dichtung; *10* – Düsenhalter; *11* – Al-Borddichtung

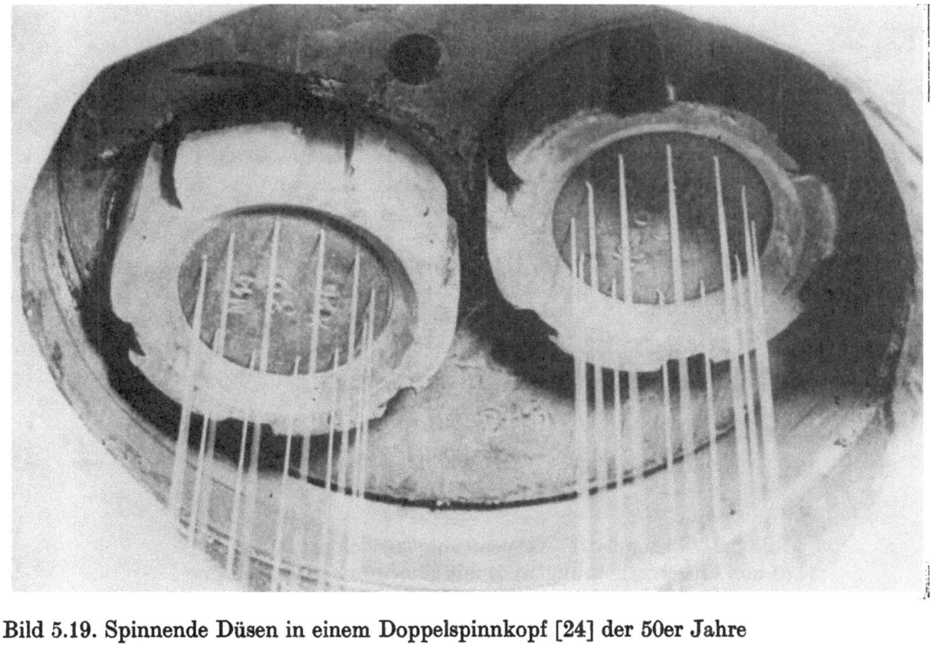

Bild 5.19. Spinnende Düsen in einem Doppelspinnkopf [24] der 50er Jahre

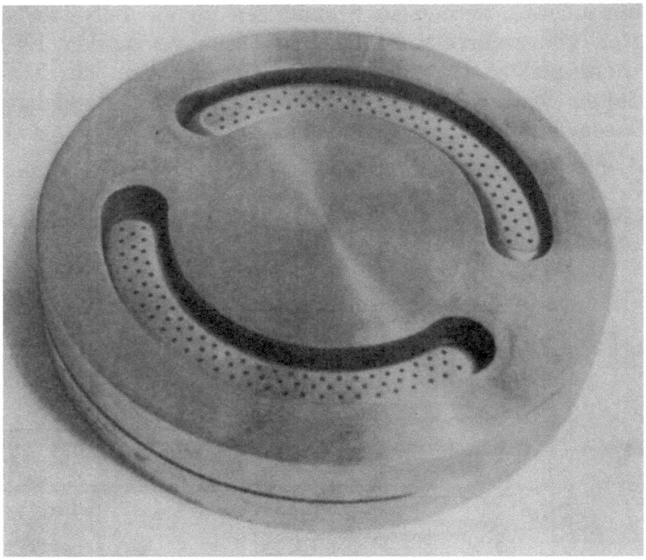

Bild 5.20. Spezialdüse mit Stützplatten (Hersteller: VEB Spinndüsenfabrik Gröbzig, DDR)

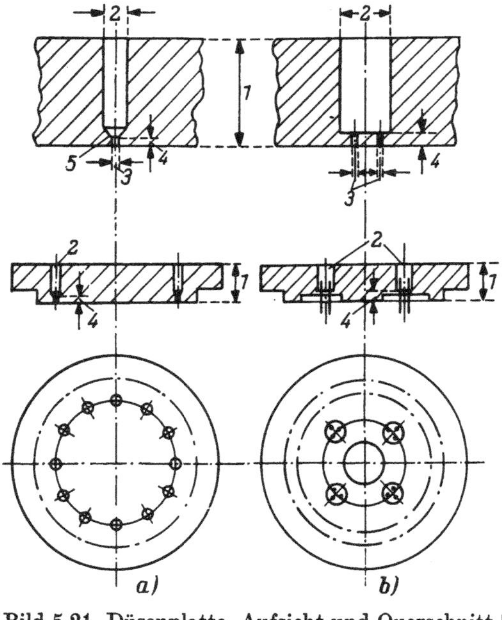

Bild 5.21. Düsenplatte, Aufsicht und Querschnitt [18]
a) mit Einzelvorbohrungen; *b*) mit gemeinsamer Vorbohrung

1 – Dicke der Düsenplatte; *2* – Durchmesser der Vorbohrung; *3* – Durchmesser der Feinbohrung; *4* – Kanallänge der Feinbohrung; *5* – Konus zwischen Vor- und Feinbohrung stehen meistens aus einem weiten Vorkanal und einem engen Düsenkanal (Bild 5.21a.). Der Vorkanal läuft konisch in den feinen, wenige Millimeter langen Düsenkanal von 0,1—0,8 mm Durchmesser aus, der die eigentliche Düsenöffnung bildet. Da die zylindrische Länge des feinen Düsenkanals schwanken kann, werden auch Formen verwendet, bei denen die Vorbohrung breit und zylindrisch ausgebildet und Ausgangspunkt für mehrere Feinbohrungen ist [26]. Hierdurch werden Düsenöffnungen erhalten, die nicht nur hinsichtlich des Durchmessers, sondern auch hinsichtlich der Kanallänge völlig gleichmäßig sind (Bild 5.21b.).

Bild 5.22a. Schematische Darstellung von profilierten Düsenöffnungen und Fadenquerschnitten [28, 29, 31]

Die Polyesterschmelzen sind im Gegensatz zu den Spinnlösungen, z. B. der Lösung von Acetylzellulose in Aceton, nicht verdünnt. Deshalb wirken sich Ungleichmäßigkeiten der Formen der Düsenlöcher zu 100% als Fehler aus. Die Anforderungen an die Präzision der Düsenöffnungen sind aus diesem Grunde sehr hoch. Bei Düsenöffnungen, die nicht rund sind, sondern eine mehr oder weniger komplizierte Gestalt aufweisen, ist es besonders schwierig, diesen Anforderungen an Präzision nachzukommen. Diese sogenannten Profildüsen, die die Herstellung der verschiedensten Fadenquerschnitte mit und ohne Hohlraum gestatten, bereiten fertigungstechnisch oftmals große Schwierigkeiten. Für die Fertigung der

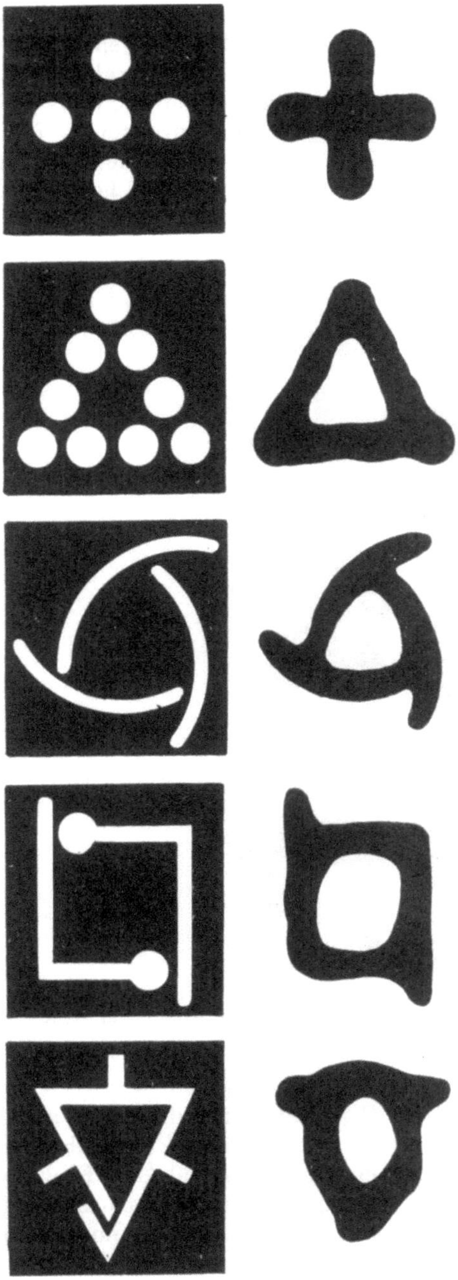

Bild 5.22b. Schema von Klebeprofildüsen und Querschnitten der Fäden [31—35]

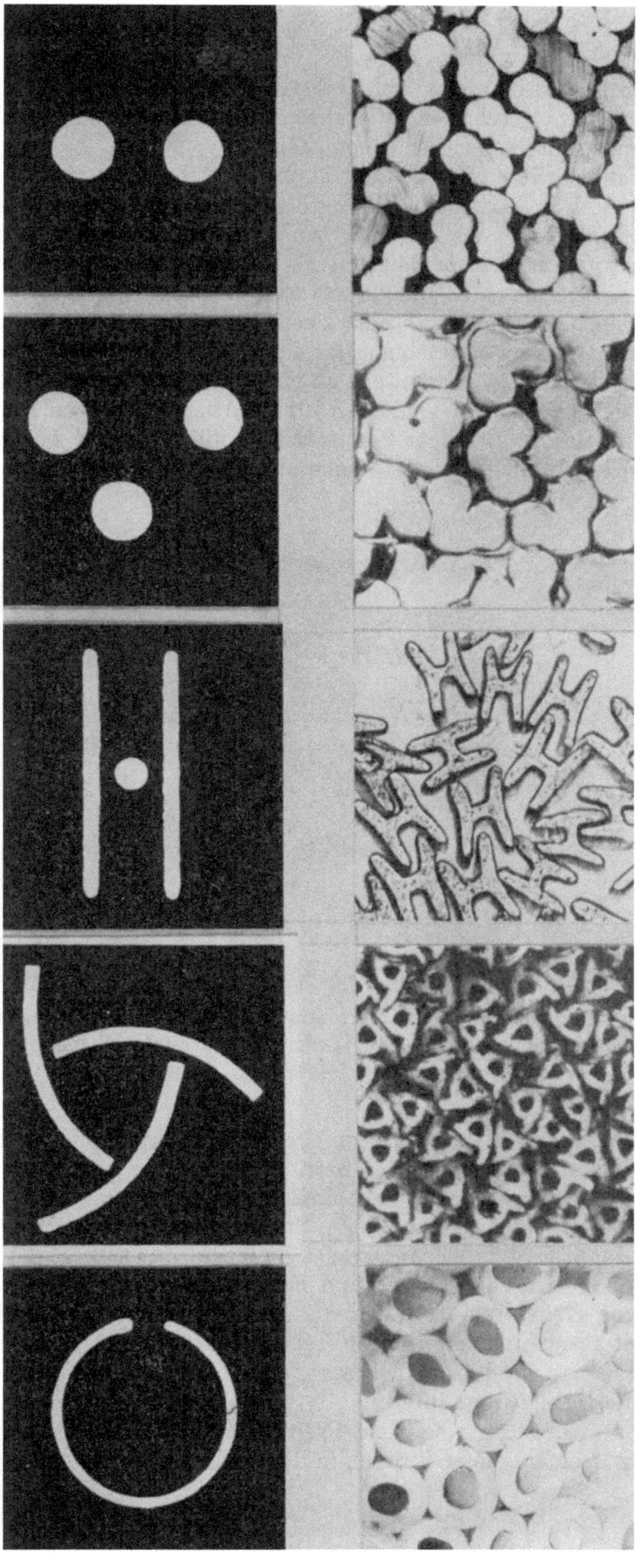

Bild 5.22 c. Düsenöffnungen und Fadenquerschnitte von Polyesterfäden (Klebeprofilverfahren [32, 33, 35])

komplizierten Profilformen hat sich das von K. Scherbaum, W. Lochelfeld und H. Kellermann geschaffene Verfahren zur mikroerosiven Bearbeitung von Düsenblechen als sehr geeignet erwiesen [27].

In den Patentschriften von P. Chevalier [28], L. Wood und A. Hill [29], G. Shaw [30] und F. Bolland [31] werden schlitz-, kreuz- und sternförmige Düsenöffnungen für die Verspinnung von Polyesterschmelzen vorgeschlagen. Neben der Erspinnung von profilierten Fäden aus profilierten Düsenöffnungen hat sich nach Arbeiten von R. B. Hayden [34] und von H. Ludewig [32, 33] das sogenannte Klebeprofil-Verfahren entwickelt, bei dem sich der profilierte Querschnitt des Fadens durch Verklebung der aus den Düsenöffnungen getrennt austretenden Einzelfäden bzw. Fadenteile zu einem Gesamtfaden bildet. Besonderes Interesse hat das Klebeprofil-Verfahren für die Herstellung von Polyesterfasern mit Hohlprofil erlangt. Bei dem Schlitzklebeprofil-Verfahren werden die polymeren Schmelzen durch dicht nebeneinander angeordnete Schlitze gesponnen

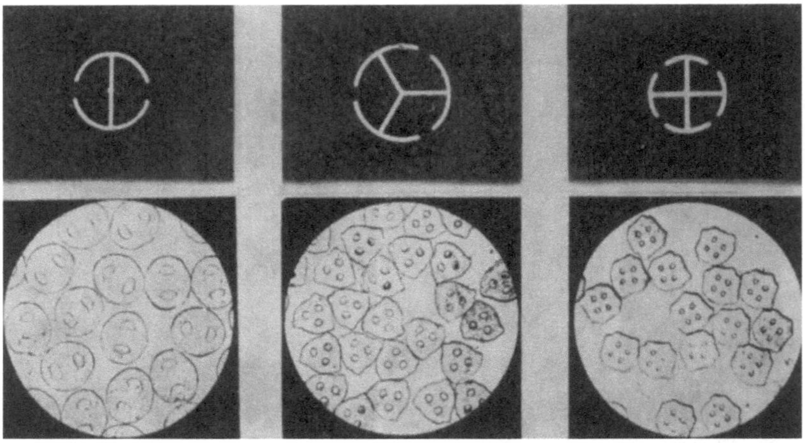

Bild 5.22d. Düsenöffnungen und Querschnitte von Polyesterfäden mit 2, 3 und 4 Hohlräumen nach D. P. [DDR] 18163 (Düsen gefertigt vom VEB Düsenfabrik Gröbzig, Bez. Halle), DDR

Während die Schmelzen in den Schlitzen noch getrennt vorliegen, tritt kurz unterhalb der Düsen ein Zusammenfließen bzw. Verkleben der gebildeten Fäden oder Fadenenden auf. Wie aus den Bildern 5.22b. und 5.22c. ersichtlich, können die Hohlprofil-Düsen an einer oder mehreren Stellen eine Halterung bzw. einen Steg aufweisen, wodurch Luft in das Innere des Fadens dringt.

Bild 5.22d. zeigt Düsenöffnungen und Faserquerschnitte mit mehreren Hohlräumen, die von G. Siemer, H. Laurisch und W. Stöckigt entwickelt worden sind [35]. Weitere Möglichkeiten, Hohlfasern herzustellen, beschreiben die Verfahren von H. Holzmann [36], W. Behm [37] und anderen, die durch Dorne Luft oder Gase in die Hohlräume führen.

Die Zahl der theoretisch möglichen Profildüsenformen ist sehr groß [38—42], jedoch haben nur einige dieser Formen in den Großbetrieb Eingang gefunden.

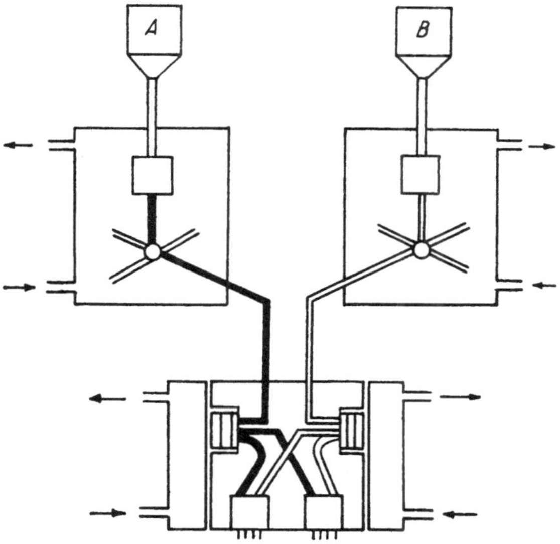

Bild 5.23a. Bikomponenten-Spinnvorrichtung nach Brit. P. 994336 [45]

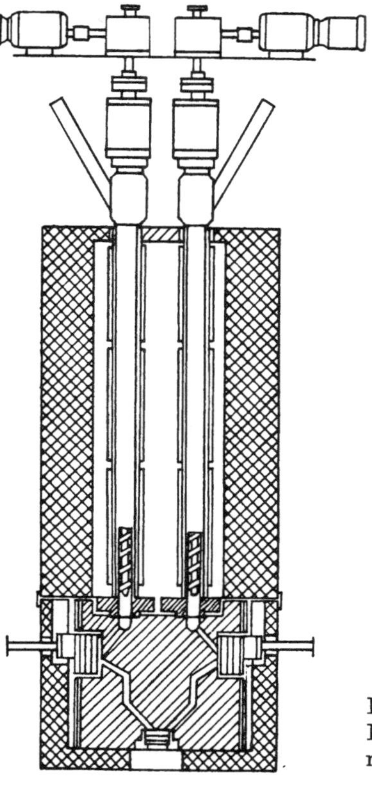

Bild 5.23b.
Bikomponenten-Spinnvorrichtung
nach D. P. [DDR] 62892

Auch die Spinndüsen, die zur Erspinnung von Bikomponenten-Fäden mit runden oder profilierten Querschnitten dienen [43—48], erfordern in der Herstellung große Fertigkeiten. Das Prinzip der Erspinnung von Bikomponenten-Fäden ist aus Bild 5.23a. (Brit. Pat. 994336) und aus Bild 5.23b. [D. P. [DDR] 62892) ersichtlich [45, 48]. Zwei verschiedene verspinnbare Polymere, beispielsweise Polyäthylenglykolterephthalat einerseits und ein Copolyester aus Glykol und Terephthalsäure mit geringem Zusatz von Isophthalsäure andererseits, werden aufgeschmolzen bzw. durch Polykondensation erzeugt und ohne Vermischung durch Spinnpumpen den Bikomponentendüsen zugeführt. Die beiden Schmelzen

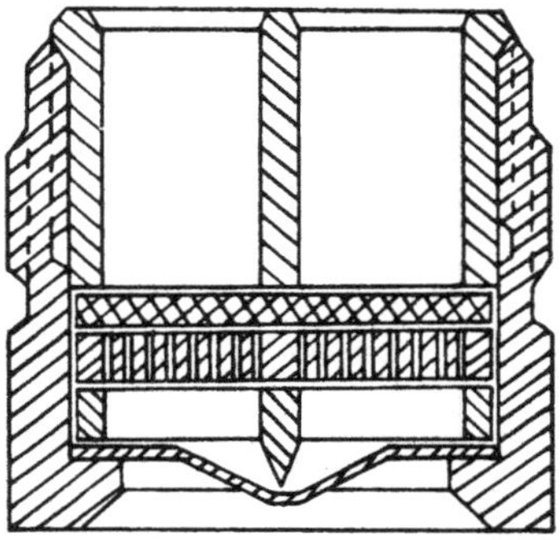

Bild 5.24a.
Bikomponenten-Erspinnung: Spinndüse für Segment-Strukturen

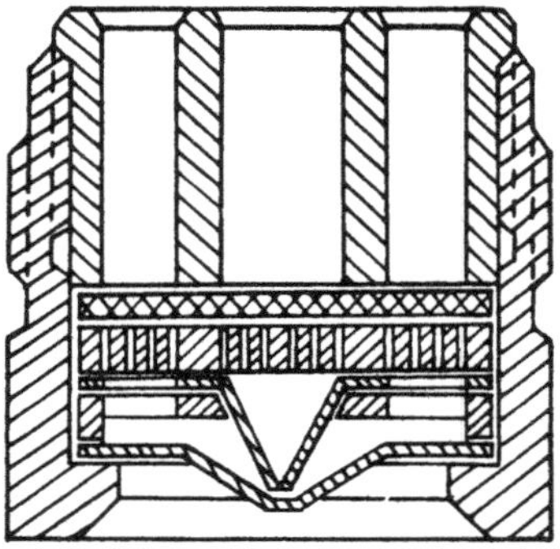

Bild 5.24b. Bikomponenten-Erspinnung: Spinndüse für Kern/Mantel-Strukturen

werden unmittelbar vor oder in der Düsenplatte so vereinigt, daß auch hier keine Vermischung eintritt. Im Gegensatz zu dem Klebeprofil-Verfahren, bei dem die Schmelze-Fäden erst unterhalb der Düsenöffnungen, also außerhalb des Spinnkopfes zusammenlaufen, und verkleben, findet bei den Bikomponenten-Fäden die Vereinigung der beiden Schmelzeströme vorzugsweise innerhalb der Spinnvorrichtung statt.

Bild 5.24a. und Bild 5.24b. zeigen Bikomponenten-Spinndüsen für Fäden mit Segment-Strukturen und mit Kern-Mantel-Strukturen. In den Bildern 5.25a. und 5.25b. sind die Querschnitte der aus diesen Düsen gesponnenen Bikomponenten-Fäden abgebildet.

Bild 5.25a. Bikomponenten-Fäden mit Segment-Struktur

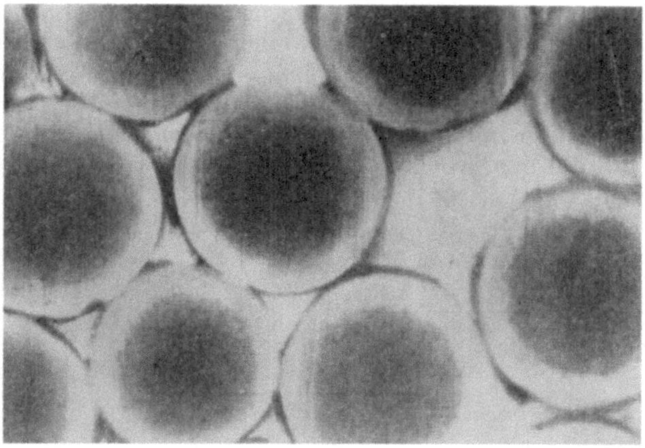

Bild 5.25b. Bikomponenten-Fäden mit konzentrischer Kern/Mantel-Struktur

Die aus Bikomponenten-Düsen gesponnenen Fäden weisen nach dem in üblicher Weise durchgeführten Reckprozeß auf Grund der bei den Komponenten voneinander abweichenden chemisch-physikalischen Eigenschaften, wie Schrumpf-, Quellungs- und Kristallisationsverhalten, latente Spannungen auf, die bei einer thermischen oder hydrothermischen Behandlung der Fäden zu einer äußerst beständigen dreidimensionalen Kräuselung dieser Fäden führen (s. Kap. 9.1.1.8.) [44—58].

5.3.2.5. Spinnpumpenantrieb

5.3.2.5.1. Wirkungsweise und Aufgabenstellung

Die im Spinnkopf befindlichen Pumpen, die die Aufgabe haben, die Schmelze durch die Spinndüsen zu fördern, müssen einen entsprechenden Antrieb haben. Die wichtigste Forderung an diesen Antrieb ist, daß er mit absolut gleichbleibender

Winkelgeschwindigkeit arbeitet, auch bei erheblichen Schwankungen des verhältnismäßig hohen Drehmomentes. Schwankungen können durch das Zu- und Abschalten einzelner Spinnköpfe bzw. durch Verstopfungen der Schmelzefilter oder Düsenlöcher eintreten.

Das Zu- und Abschalten einzelner Pumpen muß während des Laufes möglich sein und darf nicht den vorübergehenden Stillstand der übrigen Spinnköpfe der Maschine erfordern. Es muß weiterhin die Möglichkeit vorhanden sein, unabhängig vom Gesamtantrieb die Drehzahl der einzelnen Spinnpumpen stufenlos oder in mehreren feinen Stufen zu regeln, um Ungleichmäßigkeiten in der Förderleistung der Pumpen auszugleichen.

Ferner soll der gesamte Antrieb in einem großen Drehzahlbereich (ca. 1:6) möglichst stufenlos verstellbar sein, um die für die verschiedenen zu spinnenden Fadentiter erforderlichen Pumpendrehzahlen einzustellen.

5.3.2.5.2. Mechanische Antriebe

Beim mechanischen Antrieb wird eine größere Anzahl Spinnpumpen von einem gemeinsamen Antriebsmotor aus über entsprechende Antriebsorgane angetrieben.

Die erste Art dieser Antriebe arbeitete mit einer stehenden Welle (Königswelle), die vom Hauptantrieb der Aufwickelmaschine angetrieben wird und bis in das Stockwerk, in dem sich die Spinnköpfe befinden, reicht. Hier treibt sie über Zwischengetriebe, die einen Drehzahlwechsel zulassen, die Pumpen an. Die Gewähr für den absolut synchronen Lauf der Aufwickelmaschine mit den Spinnpumpen ist gegeben.

Bild 5.26a. Pumpenstraße mit Antrieb einer Polyesterfaser-Spinnmaschine älterer Bauart

Bei Zulassung entsprechender Titer-Toleranzen des gesponnenen Fadens kann auf die aufwendige senkrechte Welle verzichtet werden. Die Pumpen erhalten dann ihren Antrieb von einem speziellen Asynchronmotor, der aus dem gleichen Netz wie der Hauptmotor gespeist wird und daher bei Spannungs- oder Frequenzschwankungen annähernd proportionale Drehzahlschwankungen aufweist.

Zum Spinnen von Fäden, die hohe Gleichmäßigkeit aufweisen sollen, werden pro Spinnkopf zwei Pumpen (Druck- und Meßpumpe) verwendet. Es sind somit auch zwei voneinander unabhängige Antriebe, die längs der Maschine verlaufen

Bild 5.26b. Polyesterfaser-Spinnmaschine: Spinnteil mit Antrieb und Schnitzel-Zuführungsrohren

und als Pumpenstraßen (Bild 5.26.) bezeichnet werden, erforderlich. Für die Erspinnung von Stapelfaser ist im allgemeinen eine Pumpe pro Spinndüse, also nur eine Pumpenstraße, ausreichend.

Als günstigste Bauform des mechanischen Pumpenantriebes hat sich eine Ausführung bewährt, bei der an jedem Spinnkopf pro Spinnpumpe ein geschlossener Getriebekasten verwendet wird. Er ist unabhängig vom Spinnkopf aufgestellt. In ihm sind alle erforderlichen Antriebsorgane, also Kupplung zum Ein- und Auskuppeln während des Betriebes, Winkelgetriebe, feinstufiges Verstellgetriebe usw., untergebracht. Das feinstufige Verstellgetriebe ist als Nortongetriebe ausgeführt und hat dabei 2×7 oder auch nur 2×5 Stufen, die eine Drehzahlabstufung von 1,2—1,5% zulassen. Die Kästen sind geschlossen. Alle Teile laufen im Ölbad.

Die Antriebswellen haben beiderseits Zapfen, so daß ein Getriebe an das andere gekuppelt werden kann und praktisch eine durchgehende Welle entsteht, durch die die eingangs erwähnten Forderungen erfüllt sind. Bis zu max. 12 Getriebekästen und damit 12 Spinnstellen werden üblicherweise unter Zwischenschaltung eines stufenlos regelbaren Kettengetriebes mit eingebautem Reduziergetriebe von einem Asynchronmotor mit ca. 2,5 KW Leistung aus angetrieben. Beim Spinnen mehrerer Fäden aus einem Spinnkopf mit einer entsprechenden Anzahl Pumpen werden in einem Getriebekasten die Feinstufenverstellung und die Kupplungen zum Ein- und Auskuppeln, getrennt voneinander wirkend, zusammen untergebracht.

Die Pumpen selbst werden von den Getrieben aus mittels von außen einsteckbarer Wellen unter Zwischenschaltung von Scherstiften als Bruchsicherung angetrieben. Um Montageungenauigkeiten auszugleichen, kommen teilweise als Zwischenglieder noch biegsame Wellen oder Kreuzgelenke zur Anwendung. Der mechanische Pumpenantrieb ist robust und wenig störanfällig, erfordert jedoch ein genaues Ausrichten und eine gute Befestigung der die Pumpenstraße bildenden Getriebe.

5.3.2.5.3. Elektrische Antriebe

Um den noch verhältnismäßig hohen mechanischen Aufwand zu verringern und das kostspielige Ausrichten der Pumpenstraße zu vermeiden, kommen in letzter Zeit elektrische Pumpenantriebe zur Anwendung. Sie bestehen im Prinzip aus einem Getriebekasten je Spinnpumpe, der ebenfalls unabhängig vom Spinnkopf aufgestellt ist und in dem sich ein feinstufiges Getriebe zum Ausgleich der Pumpenlässigkeit befindet. Teilweise wird auch ein stufenlos regelbares Kettengetriebe pro Spinnkopf verwendet. Der Antriebsmotor ist an dieses Getriebe angeflanscht und treibt über ein Reduziergetriebe (meist Schneckengetriebe) die Spinnpumpen an. Auch hier muß die Antriebswelle für die Spinnpumpe von außen ohne Öffnung des Getriebekastens auswechselbar sein. Die beim mechanischen Antrieb erforderliche Kupplung mitsamt Gestänge fällt somit weg und wird durch das wesentlich einfachere Ein- und Ausschalten des Antriebsmotors mit einem Schalter an Ort und Stelle ersetzt.

Um bei Überbelastung oder bei einem möglichen Blockieren einer Spinnpumpe Beschädigungen zu vermeiden, ist auch hier in jedem Getriebe eine Bruchsicherung in Form eines Scherstiftes vorhanden. Die verwendeten Antriebsmotoren, die für die Fördermengen der Pumpe bis zu 150 g Schmelze pro Minute eine Leistung von 200 Watt haben sollen, sind meist als Reluktanzmotoren ausgebildet. Sie erhalten ihre Spannung von einem separaten Drehstrom-Frequenzgenerator und können somit über die Frequenz in der Drehzahl verstellt werden. Um guten Gleichlauf mit der Aufwickelmaschine zu erzielen, ist auch ein Antrieb vom Frequenzgenerator der Galetten der Aufwickelmaschine aus möglich; eine Drehzahlverstellung kann dann aber nur proportional mit der Drehzahl der Galetten erfolgen. Vereinzelt wird auch als Antriebsmotor ein Gleichstrommotor verwendet, der zwar einen sehr großen Drehzahlregelbereich hat, aber zur Konstanthaltung der Drehzahl bei Lastschwankungen und dgl. eine für jeden Motor gesonderte Regeleinrichtung erfordert.

5.3.3. *Durchführung des Spinnprozesses*

Die Verspinnung der im Sumpf des Rostspinnkopfes befindlichen Schmelze wird, soweit nicht andere Verfahren, wie z. B. die Extruderverspinnung in Frage kommen, in der Weise durchgeführt, daß die Pumpengetriebe in Bewegung gesetzt und die Wellen mit den Zahnradpumpen gekoppelt werden. Nach einigen Umdrehungen der Pumpe tropft die Schmelze unten aus dem Spinnkopf heraus. Sobald ein gleichmäßiges und blasenfreies Fließen erreicht ist, wird unter Berücksichtigung des Abzuges und der gewünschten Fadenstärke die genaue Fördermenge eingestellt. Danach wird die angewärmte Düsenfassung, die Siebfilter, Filtersand, Dichtungsringe, Stütz- und Düsenplatten enthält, eingesetzt. Zur gleichmäßigen Förderung der Schmelze sind einwandfreie Pumpen und Pumpenantriebe unbedingt erforderlich. Beschädigte Pumpenzähne oder Pumpenwellen führen zu periodischen Titerschwankungen des Fadens. Unperiodische Titerschwankungen entstehen, wenn in der Erstarrungszone des Fadens unterhalb der Spinndüse ungleichmäßige Luftströmungen herrschen. Bei schwankenden Abkühlverhältnissen wird mehr oder weniger Schmelzmasse aus einem tropfenähnlichen, am Ausgang des Düsenloches befindlichen Fadenstück herausgezogen und kein gleichmäßiger Faden erhalten. Eine gleichmäßige Abkühlung des Fadens unterhalb der Düse ist also unumgänglich. Die Temperatur des Heizmantels bestimmt die Temperatur des von ihm umgebenen Pumpenblockes und damit auch die der Spinndüse und der am Düsenloch austretenden Schmelze. Eine zu hohe Temperatur begünstigt den Viskositätsabbau und führt zu Störungen an der Düse. Zur Vermeidung dünner, ungleicher Einzelkapillaren ist beim Spinnprozeß auf die einwandfreie Anordnung und Beschaffenheit der Düsensiebe und der Düsenöffnungen zu achten. Aus der Siebfassung abgesplitterte Aluminiumteilchen und vom Sieb abgelöster Zunder führen zu Verstopfungen einzelner Düsenlöcher. Gute Filtration in der Düse hemmt das Auftreten von Kapillarverdickungen im Faden und wirkt verteilend und vergleichmäßigend auf eventuelle Pigmentzusätze. Bei einwandfreiem Spinnverlauf braucht die im Betrieb befindliche Düse oftmals tagelang nicht ausgewechselt zu werden. Treten Verengungen oder Verstopfungen der Düsenlöcher, Auslaufen der Schmelze durch Undichtigkeiten der Packung, Kräuselung des Fadens am Düsenloch, Verschmutzungen der Düsenplatte durch verkrackte Schmelzreste oder ähnliche Spinnstörungen auf, so muß sofort ein Düsenwechsel vorgenommen werden. Dies kann z. B. in der Weise geschehen, daß die im Pumpenblock befindliche Düsenhalterung durch Aufdrehen der Düsenringschrauben gelockert und mit Hilfe einer einfachen Vorrichtung aus dem Block genommen wird. In noch heißem Zustand werden die einzelnen Teile von Halterung und Einsatz zerlegt und in die Reinigung gegeben.

5.3.4. *Reinigung der Spinnaggregate*

Für die Reinigung der verunreinigten Düsenplatten, Filter, Siebe, Spinnpumpen, Verschraubungen, Pumpenblöcke und dgl. sind Verfahren ausgearbeitet worden, die — obwohl grundsätzlich verschieden — alle brauchbar sind, sofern nicht das

Metall, aus dem diese Teile gefertigt sind, korrodiert. Zum Reinigen der Apparateteile von anhaftenden Polyestermassen finden u. a. folgende Methoden Anwendung:

Abbrennen durch Erhitzen der Apparateteile im elektrischen Ausbrennofen in Gegenwart von Luft,

Auskochen mit konzentrierter Salpetersäure.

Behandlung bei 400—450 °C im Na-nitratsalzbad als dem wirksamen oxydierenden Bestandteil,

Auskochen mit Natronlauge, Sodalösung oder Wasser im Druckgefäß bei Temperaturen von 100—230 °C,

Erhitzen mit Äthylenglykol im Druckgefäß möglichst bei Temperaturen über 250 °C [60],

Erhitzen mit Di-, Triäthylenglykol oder anderen OH-gruppenhaltigen, hochsiedenden organischen Lösungsmitteln durch Kochen unter Atmosphärendruck.

Das Reinigen der verschmutzten Teile der Spinnapparatur von anhaftender erstarrter Polyesterschmelze durch Abbrennen bei 400—450 °C ist die einfachste und älteste Methode, wird aber bei den empfindlichen Düsen- und Spinnplatten kaum noch angewendet. Auch für die groben Apparateteile, wie Düsenfassungen oder Spinnblöcke, setzen sich die Reinigungsverfahren mit chemischen Mitteln, z. B. Nitratschmelze oder Glykol, immer mehr durch.

Die Reinigungsmethode durch Auskochen der Düsen und Spinnpumpen mit konzentrierter Salpetersäure wird ebenfalls immer mehr aufgegeben. Voraussetzung für die Anwendung dieser Methode ist, daß die zu reinigenden Teile aus säurefesten Spezialstählen bestehen. Jedoch tritt auch hierbei mit der Zeit eine Oberflächenkorrosion des Materials auf.

Die Reinigung der Spinnkopfteile in der heißen Nitratsalz-Schmelze beruht wie die mit Salpetersäure auf einer oxydativen Zerstörung der an den Düsen, Pumpen usw. haftenden organischen Substanzen. Die hierfür verwendeten Salzbäder enthalten neben dem wirksamen Kalium- oder Natriumnitrat meistens noch Natriumkarbonat, Natriumhydroxid oder Natriumnitrit.

Nach dem Kolene-Verfahren [59] werden die Spinndüsen in kleinen Drahtkörben 3—5 min lang in ein heißes Salzbad von 400—500 °C getaucht, zur Beseitigung des anhaftenden Salzes mit heißem und kaltem Wasser behandelt und danach kurz mit verdünnter Essigsäure und destilliertem Wasser abgespült. Düsen Pumpen usw. aus nicht voll ausgehärteten Warmarbeitsstählen können im Salzbad oder Ausbrennofen nicht gereinigt werden, da diese Stähle bei der Behandlungstemperatur von 400—450 °C an Härte verlieren. Bei Anwendung von Salzschmelze oder konzentrierter Salpetersäure sind wegen der Unfallgefahr große Vorsichtsmaßnahmen erforderlich.

Als wesentlich weniger gefährlich und aggressiv hat sich die Reinigung der mit Polyestermassen verschmutzten Spinnaggregate mit Glykol [60] erwiesen. Bereits durch Kochen der Polyesterverunreinigungen in Äthylenglykol unter Atmosphärendruck findet Glykolyse und Reinigung statt. Schneller und vollständiger erfolgt jedoch die Reinigung beim Behandeln der verschmutzten Teile mit Glykol bei Temperaturen von 250—270 °C. Bei Anwendung dieser Methode muß jedoch in einem Druckgefäß bei 6—7 atü gearbeitet werden. Der Arbeitsvorgang selbst ist einfach und kann in der Weise durchgeführt werden, daß die zu reinigenden Teile in einem Siebkorb mit Hilfe einer Hubvorrichtung in ein mit Glykol gefülltes Auskochgefäß eingesetzt und nach Verschließen des Deckels 2—3 Stunden lang auf ca. 260 °C erhitzt werden. Danach wird mittels einer eingebauten Wasserkühlung die Gefäßtemperatur schnell auf 50°C heruntergenommen, das Auskochgefäß geöffnet und der Korb mit den gereinigten Teilen mit warmem Wasser abgespült. Die Reinigung ist einwandfrei und erfordert in einigen Fällen nicht einmal das völlige Auseinandernehmen der Einzelteile, beispielsweise der Pumpen.

Bei Alkoholyse der anhaftenden Polyestermassen mit Alkoholen, die zwischen 250 °C und 300 °C sieden, z. B. Triäthylenglykol, kann das Auskochen und Reinigen bereits unter Atmosphärendruck erfolgen.

Das Reinigungsverfahren mit Glykolen ist als das günstigste aller genannten Verfahren anzusehen.

5.4. Fadenbildung unterhalb der Düse

Die Fadenbildung unterhalb der Düse ist ein komplizierter Vorgang, der sich im wesentlichen aus Verformung und Abkühlung zusammensetzt und von vielen komplex wirkenden Faktoren beeinflußt wird. Eine große Rolle spielen dabei die Eigenschaften des Polymeren, wie Schmelzpunkt, Molekulargewicht, Spinntemperatur und Viskosität. Ebenso wirken sich die technologischen Parameter des Spinnverfahrens, wie Zahl, Form, Dimension und Anordnung der Düsenlöcher, Fördermenge, Abzugsgeschwindigkeit sowie die durch Schachtkonstruktion, Abkühlungsmedium und dessen Temperatur bedingten Abkühlungsverhältnisse stark aus. Von der richtigen Wahl und Abstimmung dieser Größen hängt im wesentlichen die Sicherheit des Spinnprozesses ab, werden aber auch Gleichmäßigkeit und Spinnorientierung und damit Streckprozeß und Qualität der entstehenden Fäden wesentlich beeinflußt.

Die Vorgänge der Fadenbildung aus polymeren Schmelzen sind für verschiedene Polymere ähnlich. Beim Spinnen von Polyesterfäden konnte deshalb auf vorhandene Erfahrungen beim Spinnen von Polyamidfäden zurückgegriffen werden; auf unterschiedliches Verhalten wird später eingegangen. Grundlegende Untersuchungen über die Verformungsvorgänge unterhalb der Düse führte A. Ziabicki aus [61, 62, 63, 64]. Die Wärmeaustauschvorgänge beim Spinnprozeß und die Abkühlung der Fäden unterhalb der Düse wurden von verschiedenen Autoren theoretisch und experimentell untersucht [65—70]. Da bereits in zusammenfassenden Arbeiten über die bisherigen Erkenntnisse beim Fadenbildungsprozeß berichtet wurde [64, 71], soll an dieser Stelle nur eine kurze Darstellung erfolgen.

Es ist bekannt, daß die Makromoleküle eine bestimmte Mindestkettenlänge aufweisen müssen, um eine zur Fadenbildung geeignete Schmelze zu ergeben. Auch bei Polyäthylenterephthalat sollen Kettenlängen von etwa 1000 Å vorliegen [72]. Systematische Untersuchungen über den Einfluß der Kettenlänge bzw. des Molekulargewichtes auf die Fadenbildung von Polyestern aus ω-Oxydecansäure wurden von W. H. Carothers und F. J. van Natta veröffentlicht [73].

Beim Durchtritt der polymeren Schmelze durch die Düsenkanäle werden Abweichungen vom Poiseuillschen Gesetz beobachtet, insbesondere besteht kein linearer Zusammenhang zwischen Durchsatzmenge und Druck. Ursache dafür ist neben dem nicht-Newtonschen Verhalten besonders das viskoelastische Fließen der Schmelzen [71]. Eine beim Fließen durch die Düsenkanäle infolge Orientierung der Makromoleküle entstehende Strömungsdoppelbrechung ist meistens nur vorübergehender Natur. Unmittelbar unter der Düse findet durch die Druckentlastung und die elastische Relaxation eine Verbreiterung des Schmelzstromes (Zwiebelbildung) statt. Diese nimmt mit der mittleren Geschwindigkeit im Düsenkanal und mit dem mittleren Geschwindigkeitsgradienten zu und mit der Schmelzetemperatur und Düsenkanallänge ab [61, 62, 74]. Danach erfolgt nunmehr die Fadenbildung, indem der Durchmesser entsprechend der eingestellten Abzugsgeschwindigkeit verringert und die Viskosität des Flüssigkeitsstromes längs des Spinnweges erhöht wird bis schließlich die Erstarrung eintritt. In diesem Bereich entsteht die später noch näher erläuterte Spinn- oder Vororientierung. Die Beziehungen zwischen Geschwindigkeit sowie Geschwindigkeitsgradient und Spinnweg wurden ermittelt [61], die mechanischen Effekte analysiert und die Zusammenhänge zwischen Zugspannung und Spinnbedingungen untersucht [63]. Die Spannung der Spinnfäden steigt mit dem Abstand von der Düse an, wofür hauptsächlich der Luftwiderstand verantwortlich ist [71].

Wie beim Spinnen von Polyamidfäden können auch beim Spinnprozeß von Polyesterfäden Fehler in der Fadenbildung schon in und unmittelbar unter der Düse auftreten. Ist die Temperatur der Schmelze zu niedrig, so können infolge zu hoher Viskosität am Eingang des Düsenkanals hohe Scherspannungen zu Instabilitäten und Unterbrechungen des Schmelzflusses führen („Schmelzebruch oder Kaltextrusion“). Die Form des Eingangs zum Düsenkanal hat dabei Einfluß auf das Eintreten der Instabilität [71, 75, 76]. Eine Erhöhung der Spinntemperatur hat bei sonst gleichen Bedingungen eine Verminderung der Orientierung der gesponnenen Fäden zur Folge [77]. Zu hohe Temperaturen führen infolge zu niedriger Schmelzviskositäten zu Störungen, indem der austretende Schmelzestrahl zum Abknicken und zur Tropfenbildung neigt [71]. Auch die Aufschmelzverhältnisse im Spinnkopf beeinflussen die Fadenbildung und Orientierung, doch ist eine systematische Untersuchung dieser Zusammenhänge schwierig, weshalb in den meisten Fällen die optimale Spinnkopfkonstruktion und -beheizung empirisch ermittelt wurden.

Beim Spinnen von Polyamidfäden wurde beobachtet, daß unkontrollierte Luftbewegungen unterhalb der Düse zu ungleichmäßiger Abkühlung und Erstarrung der Fäden führen. Daraus resultiert eine unterschiedliche Fadenfeinheit. Diese bei der Verarbeitung und Verwendung unerwünschten Titerschwankungen werden durch Anbringen von besonderen Schächten direkt unterhalb der Düse vermieden. Auch beim Spinnen von Polyesterfäden führen beispielsweise Anblasschächte zum Erfolg und gestatten die Herstellung titerkonstanter Fäden (s. 5.4.3.). Über das Entstehen von Titerschwankungen durch Anwendung eines zu hohen Spinndruckes bzw. eines langen Düsenkanals wurde von V. Gröbe und H. Versäumer berichtet [78].

Im übrigen zeigt Polyäthylenterephthalat gegenüber Polyamid infolge anderer Konstitution und thermischer Eigenschaften beim Verspinnen der Schmelze zu Fäden ein etwas abweichendes Verhalten. Polyesterfäden sind unmittelbar nach dem Spinnen nicht kristallin [79], im Gegensatz zu Polyamidfäden, die bereits beim Spinnen partiell kristallisieren. Die röntgenographische Untersuchung der Struktur in Abhängigkeit von verschiedenen Spinnbedingungen ist dadurch erschwert; so zeigt beispielsweise die Veränderung der Abzugsgeschwindigkeit im

Bereich von 500—1000 m/min keine starke Beeinflussung der Röntgendiagramme. Erst bei 1000—4000 m/min ergeben sich deutliche, auf die Orientierung hinweisende Diagramme, während bei Polyamidfäden auch unterhalb 1000 m/min die Orientierungsunterschiede einwandfrei ermittelt werden konnten.

Im folgenden wird über den Einfluß der Spinnbedingungen, wie Abzugsgeschwindigkeit, Verzug, Kapillartiter und der Abkühlungsbedingungen auf die Streckbarkeit sowie über das Verhalten unverstreckter Polyesterfäden bei Einwirkung von Wärme und organischen Lösungsmitteln berichtet.

5.4.1. *Einfluß der Spinnbedingungen auf den Streckvorgang*

Bei Polyesterfäden wird ähnlich wie bei Polyamidfäden die beim Spinnen entstehende Orientierung, im folgenden als Vororientierung bezeichnet, mit steigender Abzugsgeschwindigkeit erhöht, so daß schließlich nach Angaben der Patentliteratur bei einer Abzugsgeschwindigkeit von 4750 m/min völlig orientierte Fäden resultieren [80]. Von W. Roth und R. Schroth [81] wurde der Einfluß der Abzugsgeschwindigkeit, des Verzuges und des Kapillartiters auf die Streckbarkeit von Polyesterfäden untersucht, wobei andere Faktoren, wie Polymerisationsgrad, Spinntemperatur, Luftverhältnisse unter der Düse, Befeuchtung und Präparation, nicht verändert wurden.

Die Spannungs-Dehnungs-Diagramme wurden nach der unter 6.1.1. beschriebenen Methode [82] bei 20 °C und 70 °C aufgenommen und die sich daraus ergebenden natürlichen und maximalen Verstreckverhältnisse zur Charakterisierung der Streckbarkeit verwendet.

Es werden folgende Begriffe verwendet:

FM = Fördermenge in [g/min]
N = Düsenlochzahl
d = Düsenlochdurchmesser in [mm]
f = Einzellochquerschnitt in [mm²]
F = Gesamtaustrittsquerschnitt in [mm²] $= N \cdot f$
SG = Spritzgeschwindigkeit in [m/min]
A = Abzugsgeschwindigkeit in [m/min]
V = Verzug = Quotient aus Abzugs- und Spritzgeschwindigkeit
Nm_{sp} = metrische Nummer der unverstreckten Fäden in [m/g]
VV_{max} = maximales Verstreckverhältnis = Verstreckverhältnis beim Fadenbruch
VV_{nat} = natürliches Verstreckverhältnis = beim Verschwinden der Fließzone vorhandenes Verstreckverhältnis
ϱ = Dichte in [g/cm³]

Daraus ergeben sich folgende Zusammenhänge:

$$Nm_{sp} = \frac{A}{FM}$$

$$SG = \frac{FM}{\varrho \cdot F} = \frac{FM}{\varrho \cdot N \cdot f} = \frac{4 \cdot FM}{\varrho \cdot N \cdot d^2 \cdot \pi}$$

$$V = \frac{A}{SG}$$

5.4.1.1. Einfluß der Abzugsgeschwindigkeit

Um den Einfluß der Abzugsgeschwindigkeit untersuchen zu können, wurden beim Spinnen der Seiden die Fördermengen im gleichen Maße wie die Abzugsgeschwindigkeit gesteigert, so daß sich innerhalb einer Versuchsreihe die gleiche Spinn-Nummer und der gleiche Verzug ergaben. Die Tabellen 5.1. und 5.2. zeigen die einzelnen Werte. Zur Berechnung des Verzuges wurde die Dichte bei 270 °C mit ca. 1,2 g/cm³ engesetzt.

Um in normalen Spinnschächten bei den höheren Abzugsgeschwindigkeiten von 1500—4000 m/min einwandfrei erstarrte Fäden zu erhalten, wurde bei diesen Versuchen der Titer feiner gewählt. Die beiden Versuchsreihen können deshalb nicht unmittelbar miteinander verglichen werden. Die bei 70 °C aufgenommenen Spannungs-Dehnungs-Kurven sind in den Bildern 5.27. und 5.28. dargestellt. Es ist daraus ersichtlich, daß sowohl das maximale als auch das natürliche Verstreckverhältnis mit steigender Abzugsgeschwindigkeit abnehmen. In Bild 5.29. sind die ermittelten Werte des natürlichen und maximalen Verstreckverhältnisses als Funktion der Abzugsgeschwindigkeit eingetragen.

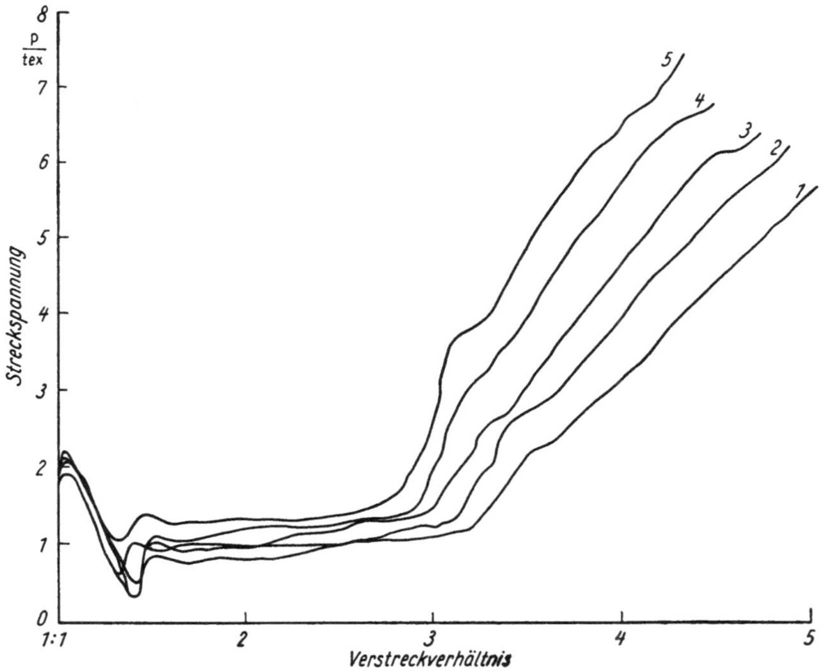

Bild 5.27. Spannungs-Dehnungs-Verlauf von Polyesterfäden, mit verschiedener Abzugsgeschwindigkeit gesponnen

Vers. 1: Abzug = 460 m/min		Kapillartiter 1,85 tex
Vers. 2: ,, = 700 m/min		Streckgeschw. = 500 mm/min
Vers. 3: ,, = 850 m/min		Strecktemp. = 70 °C
Vers. 4: ,, = 1000 m/min		
Vers. 5: ,, = 1150 m/min		

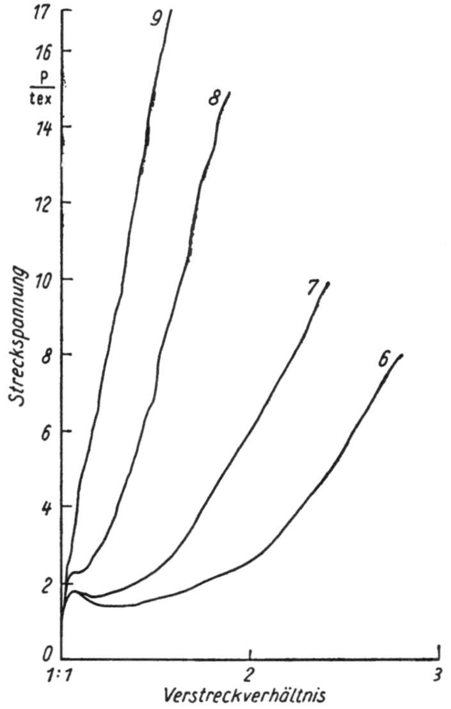

Bild 5.28. Spannungs-Dehnungs-Verlauf von Polyesterfäden mit verschiedenen Abzugsgeschwindigkeiten gesponnen

Vers. 6: Abzug = 1 500 m/min
Vers. 7: ,, = 2 000 m/min
Vers. 8: ,, = 3 000 m/min
Vers. 9: ,, = 4 000 m/min
Kapillartiter 0,25 tex
Streckgeschw. = 500 mm/min
Strecktemp. = 70 °C

Tabelle 5.1. Spinnen von Polyesterseiden der Spinn-Nr. $Nm_{sp} = 45$ m/g bei verschiedenen Abzugsgeschwindigkeiten (Düsenlochzahl $N = 12$, Düsenlochdurchmesser $d = 0{,}5$ mm, Gesamtaustrittsquerschnitt $F = 2{,}35$ mm², Verzug $V = 127$, Feinheit der Einzelkapillare Nm 540 (= 1,85 tex))

Versuchs-Nr.	1	2	3	4	5
Fördermenge FM [g/min]	10,2	15,6	18,5	22,3	25,6
Spritzgeschwindigkeit SG [m/min]	3,62	5,54	6,56	7,90	9,08
Abzugsgeschwindigkeit A [m/mm]	460	700	850	1 000	1 150

Tabelle 5.2. Spinnen von Polyesterseiden der Spinn-Nr. $Nm_{sp} = 500$ m/g bei verschiedenen Abzugsgeschwindigkeiten (Düsenlochzahl $N = 8$, Düsenlochdurchmesser $d = 0{,}4$ mm, Gesamtaustrittsquerschnitt $F = 1{,}00$ mm², Verzug $V = 600$, Feinheit der Einzelkapillare Nm 4000 (= 0,25 tex))

Versuchs-Nr.	6	7	8	9
Fördermenge FM [g/min]	3	4	6	8
Spritzgeschwindigkeit SG [m/min]	2,50	3,33	5,00	6,67
Abzugsgeschwindigkeit A [m/min]	1500	2000	3000	4000

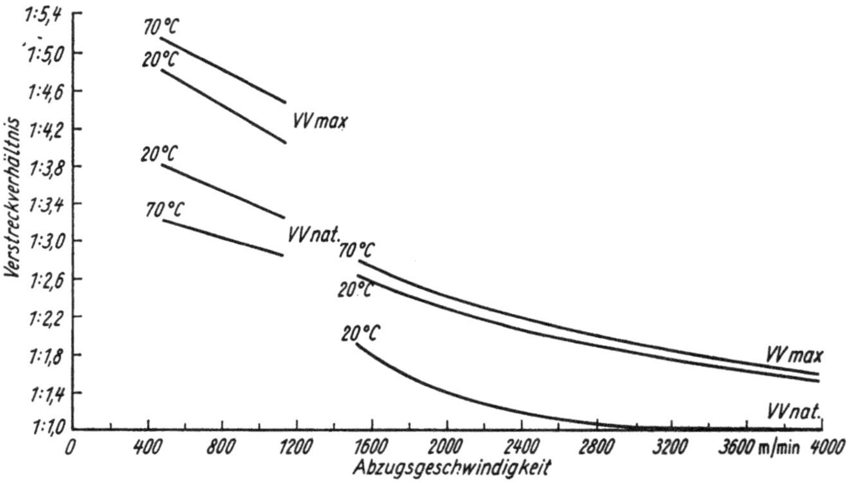

Bild 5.29. Maximales und natürliches Verstreckverhältnis von Polyesterfäden bei verschiedenen Strecktemperaturen in Abhängigkeit von der Abzugsgeschwindigkeit (Kapillartiter Nm_{sp} 540 bzw. 4000)

Wird z. B. bei einer Temperatur von 70 °C verstreckt, so nimmt in dem Bereich von 460—1150 m/min (Kapillartiter $Nm_{sp} \sim 540$, Verzug ~ 127) bei einer Erhöhung der Abzugsgeschwindigkeit um 100 m/min das maximale Verstreckverhältnis um etwa 0,1, das natürliche Verstreckverhältnis um etwa 0,06 ab.

Bei höheren Abzugsgeschwindigkeiten wird der Einfluß geringer. Aus Bild 5.28. ist deutlich zu ersehen, daß der feinere Kapillartiter der zweiten Versuchsreihe ($Nm_{sp} \sim 4000$) eine wesentlich höhere Vororientierung besitzt. Deshalb liegen maximales und natürliches Verstreckverhältnis entsprechend niedriger. Die bei Abzugsgeschwindigkeiten von 3000 und 4000 m/min gesponnenen Seiden lassen sich nur noch wenig nachverstrecken und zeigen keine ausgeprägten Fließzonen mehr.

5.4.1.2. Einfluß des Verzuges

Der Einfluß des Verzuges auf die Vororientierung ist gering; deshalb müssen in dieser Versuchsreihe andere, die Vororientierung beeinflussende Faktoren möglichst konstant gehalten werden. Das wird erreicht, wenn mit gleicher Abzugsgeschwindigkeit der gleiche Titer gesponnen und nur der Düsenlochdurchmesser verändert wird (Tabelle 5.3.). Die sich aus den bei 20 °C und 70 °C aufgenommenen Spannungs-Dehnungs-Diagramme ergebenden Werte für das maximale und natürliche Verstreckverhältnis sind in Bild 5.30. als Funktion des Verzuges dargestellt.

Tabelle 5.3. Spinnen von Polyesterseiden Spinn-Nr. $Nm_{sp} = 47$ m/g bei verschiedenen Düsenlochdurchmessern (Düsenlochzahl $N = 12$, Abzugsgeschwindigkeit 620 m/min, Fördermenge $FM = 13$ g/min, Feinheit der Einzelkapillare *Nm* 570 (= 1,75 tex))

Versuchs-Nr.	10	11	12	13	14	15	16
Düsenlochdurchmesser *d* [mm]	0,4	0,5	0,6	0,7	0,8	0,9	1,0
Gesamtaustrittsquerschnitt *F* [mm²]	1,51	2,35	3,40	4,62	6,01	7,62	9,40
Spritzgeschwindigkeit *SG* [m/min]	7,45	4,86	3,24	2,38	1,38	1,41	1,12
Verzug *V*	83	128	191	260	339	440	555

Wird bei einer Abzugsgeschwindigkeit von 620 m/min ein Kapillartiter von *Nm* 570 gesponnen, so nimmt bei einer Erhöhung des Verzuges um 100, also bei Vergrößerung der Düsenöffnung, sowohl das maximale als auch das natürliche Verstreckverhältnis um etwa 0,05 ab. Die Wirkung der Verstreckung steht also zum Spinnverzug im Verhältnis 1:2000.

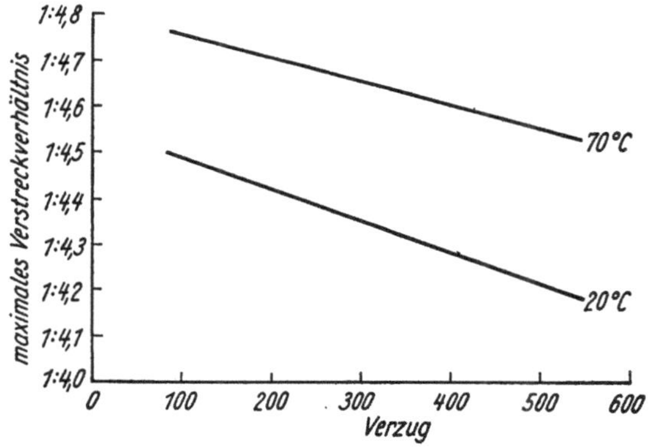

Bild 5.30a. Maximales Verstreckverhältnis von Polyesterfäden bei verschiedenen Strecktemperaturen in Abhängigkeit vom Spinnverzug
Abzug = 620 m/min; Kapillartiter Nm_{sp} 570

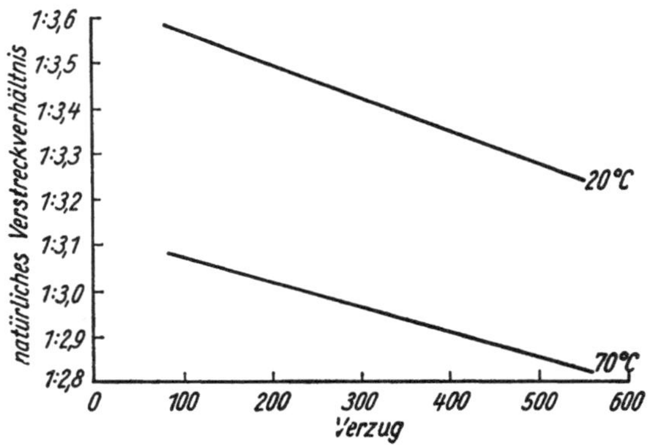

Bild 5.30b. Natürliches Verstreckverhältnis von Polyesterfäden bei verschiedenen Strecktemperaturen in Abhängigkeit vom Spinnverzug
Abzug = 620 m/min; Kapillartiter Nm_{sp} 570

5.4.1.3. Einfluß des Kapillartiters

Bei gleicher Abzugsgeschwindigkeit und gleichem Gesamtaustrittsquerschnitt wurde durch Steigerung der Fördermenge eine Reihe von Seiden mit steigendem Titer gesponnen, wobei naturgemäß der Verzug in dieser Reihe etwas abnehmen muß. Die Einzelheiten sind aus Tabelle 5.4. ersichtlich.

Tabelle 5.4. Spinnen von Polyesterseiden verschiedenen Titers (Abzugsgeschwindigkeit $A = 620$ m/min, Düsenlochzahl $N = 12$, Düsenlochdurchmesser $d = 0{,}5$ mm, Gesamtaustrittsquerschnitt $F = 2{,}35$ mm²)

Versuchs-Nr.	17	18	19	20
Fördermenge FM [g/min]	7,85	11,5	21,0	41,4
Spritzgeschwindigkeit SG [m/min]	2,78	4,07	7,45	14,7
Verzug V	223	152	83	42
Spinn-Nr. Nm_{sp} [m/g]	79	54	29,5	15
Spinn-Nr. Nm_{sp} der Einzelkapillare	950	648	334	180
Feinheit der Einzelkapillare [tex]	1,05	1,55	2,72	5,56

Der Kapillartiter wirkt sich sehr stark auf das maximale und auf das natürliche Verstreckverhältnis aus; mit Verfeinerung des Titers steigt die Vororientierung und bewirkt eine geringere Verstreckbarkeit. Es besteht dabei kein linearer Zusammenhang; der Einfluß des Titers wird bei feinen Fäden immer geringer, da auch die spezifische Oberfläche, die für die Abkühlung der Fäden von großer Bedeutung ist, nicht linear mit dem Titer zunimmt:

$$O_{sp} = 20 \cdot \sqrt{\frac{Nm_{sp} \cdot N \cdot \pi}{\varrho}} \left[\frac{\text{cm}^2}{\text{g}}\right].$$

So beträgt beispielsweise die spezifische Oberfläche der unverstreckten Seide des Versuches 17930 cm^2/g, des Versuches 20 dagegen nur 410 cm^2/g.

Da bei der durchgeführten Versuchsreihe mit Verfeinerung des Titers auch der Verzug etwas zunimmt, wird die Vororientierung auch durch den Verzug etwas erhöht. Der Einfluß des Verzuges ist deshalb unter der Voraussetzung, daß 100-V-Einheiten 0,05 Streckgraden äquivalent sind, rechnerisch ermittelt und eliminiert worden (Bild 5.31., punktierte Kurve).

5.4.1.4. Einfluß der Abkühlungsbedingungen

Wie aus dem Einfluß der Abzugsgeschwindigkeit und der Fadenfeinheit auf die Vororientierung zu schließen ist, erhöht schnellere Abkühlung die Vororientierung; denn mit großer Abzugsgeschwindigkeit gesponnene Fäden werden schneller (bezogen auf die Zeit) als mit niedriger Geschwindigkeit gesponnene und feinere Fäden schneller als dickere abkühlen [81]. Weiterhin ergibt sich durch die infolge vergrößerter spezifischer Oberfläche bedingte schnellere Abkühlung von profilierten Seiden eine etwas erhöhte Vororientierung als bei den entsprechenden Fäden mit rundem Querschnitt. Daraus erklärt sich die zur Erreichung optimaler Eigenschaften notwendige geringere Verstreckung profilierter Seiden. Auch der bereits erwähnte Umstand, daß niedrigere Spinntemperatur höhere Vororientierung ergibt, ist darauf zurückzuführen, daß der Faden schneller eine bestimmte Temperatur unterschritten hat, obwohl in diesem Fall auf Grund höherer Viskosität auch andere Fließ- und Verzugsverhältnisse vorliegen.

Die Richtigkeit des beschriebenen Zusammenhanges zwischen Vororientierung und Abkühlung wurde durch unmittelbare Versuche zur beschleunigten bzw. verzögerten Abkühlung bestätigt [81]. Beim Anblasen der Fäden direkt unterhalb der Düse mit Kohlendioxid aus einer Druckflasche wurde, wie der in Bild 5.32. wiedergegebene Spannungs-Dehnungs-Verlauf zeigt, die Vororientierung erhöht.

Eine verzögerte Abkühlung wurde durch einen direkt unterhalb der Düse angebrachten Heizschacht erreicht. In Bild 5.33. wird der Spannungs-Dehnungs-Verlauf der Polyesterfäden gezeigt. Aus der mit steigender Schachttemperatur eintretenden Rechtsverschiebung wird die Verringerung der Vororientierung ersichtlich.

Die durch unterschiedliche Spinnbedingungen erhaltenen Polyesterfäden verschiedener Vororientierung lassen sich durch entsprechende Wahl der Streckbedingungen an der Streckzwirnmaschine zu verstreckten Fäden mit nahezu gleichen Eigenschaften verarbeiten. So konnte von R. Schroth [83] nachgewiesen werden, daß mit Abzugsgeschwindigkeiten von 400—1450 m/min gesponnene Polyesterfäden mit einer Feinheit von 70—19,8 tex nach dem Verstrecken an einer üblichen Streckzwirnmaschine bei höheren Streckverhältnissen nahezu gleiche Dehnungs- und Reißfestigkeitswerte, aber auch etwa gleiche Werte der Dichte, Doppelbrechung und des Schrumpfes ergeben.

Die bisherigen Betrachtungen bezogen sich auf jeweils gleiches Polymermaterial mit gleichem Durchschnittsmolekulargewicht. Wird z. B. zur Herstellung von Polyesterkord Polyäthylenterephthalat mit höherem Molekulargewicht eingesetzt, so ergibt sich auf Grund der anderen Verformungsbedingungen eine höhere Vororientierung. Nach K. Riggert [84] hat sich gezeigt, daß solche Fäden nach dem Verstrecken z. T. niedrigere Reißfestigkeiten als solche aus Poly-

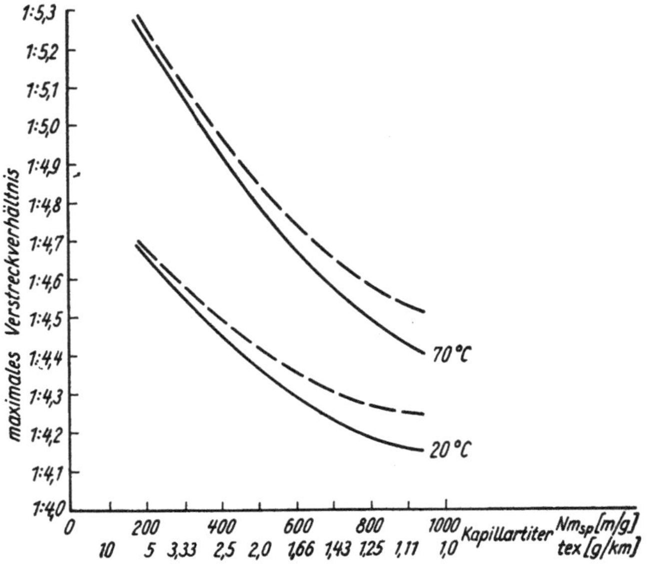

Bild 5.31 a. Maximales Verstreckverhältnis von Polyesterfäden bei verschiedenen Strecktemperaturen in Abhängigkeit vom Kapillartiter (Abzug = 620 m/min)

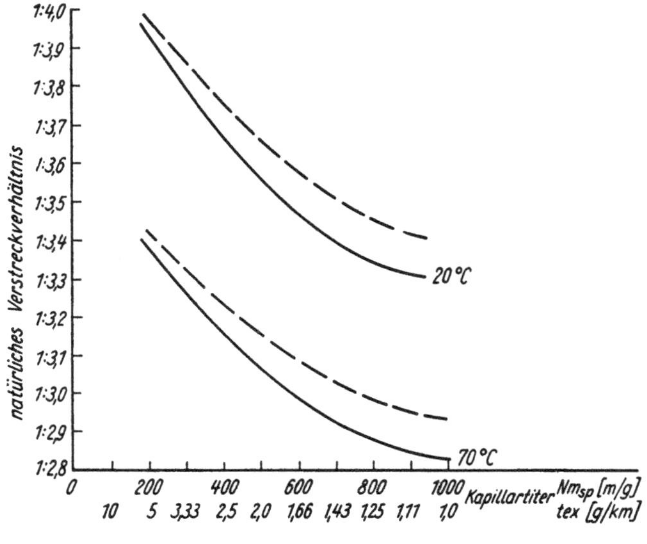

Bild 5.31 b. Natürliches Verstreckverhältnis von Polyesterfäden bei verschiedenen Strecktemperaturen in Abhängigkeit vom Kapillartiter (Abzug = 620 m/min)

estermaterial mittleren Molekulargewichtes besitzen. Zur Beseitigung des Mangels mußte eine Änderung im Spinnprozeß vorgenommen werden, indem die Vororientierung durch verzögerte Abkühlung herabgesetzt wurde. Dies erfolgte durch ein unter der Spinndüse angebrachtes beheiztes Rohr oder durch Anblasen mit erhitzter Luft bzw. Inertgas (siehe Abschnitt 5.4.3.).

Werden die experimentellen Befunde zusammenfassend betrachtet, so ergibt sich folgende vereinfachte, anschauliche Erklärung: Erstarrt der Faden schnell, so wird die durch den Orientierungsvorgang entstandene, gewisse „innere Spannungen“ enthaltende Struktur eingefroren. Kühlen sich die Fäden beim Spinnvorgang

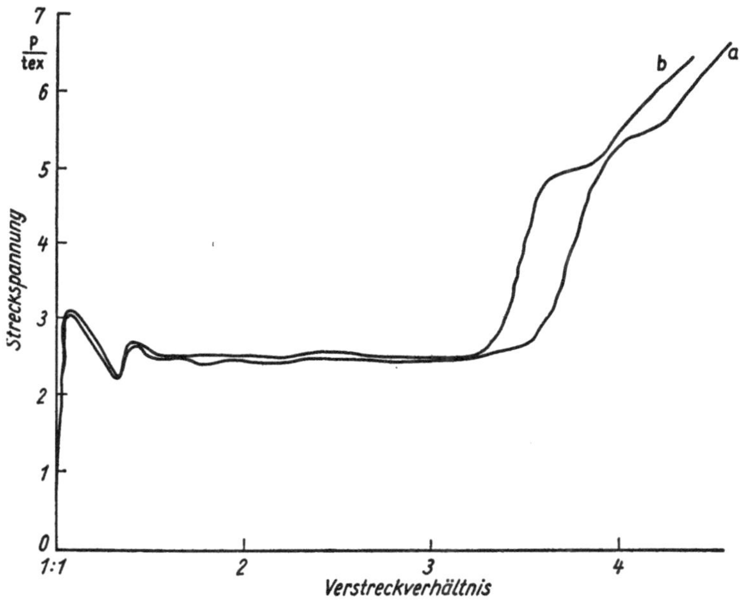

Bild 5.32. Spannungs-Dehnungs-Verlauf von Polyesterfäden unter verschiedenen Abkühlungsbedingungen gesponnen

Kapillartiter Nm 680 (1,47 tex)
Streckgeschw. = 500 mm/min
Strecktemp. = 20 °C
a) normal gesponnen; *b*) mit CO_2 abgekühlt

langsamer ab, so können sich die „inneren Spannungen“ durch einen Tempervorgang unter Spannung z. T. ausgleichen; es resultieren höhere maximale Verstreckverhältnisse. Diese Anschauungen werden von Experimenten über den Einfluß von Wärme auf das Spannungs-Dehnungs-Verhalten unverstreckter Polyesterfäden gestützt [85, 86] (vgl. Kapitel 6). Werden die gesponnenen Polyesterfäden unter Spannung Wärmebehandlungen unterworfen, so steigt tatsächlich mit der Vorbehandlungstemperatur das maximale Verstreckverhältnis. Oberhalb der Kristallisationstemperatur nimmt das Verstreckverhältnis dann stark ab. Beim Spinnen werden die Temperaturen oberhalb der Kristallisationstemperatur (ca. 95°C) schnell durchlaufen, so daß praktisch nichtkristalline Fäden entstehen. Während dieser kurzen Zeiten können jedoch Strukturänderungen vor sich gehen, die sich bereits in der Streckbarkeit, noch nicht aber im Röntgendiagramm bemerkbar machen. Nach oben Gesagtem scheinen auch die Temperaturen unterhalb der Kristallisationstemperatur noch wirksam zu sein, weshalb die Verweilzeit in dem Bereich zwischen Glastemperatur und Kristallisationstemperatur eine Rolle spielt. Über die Entstehung „geordneter Strukturen in amorphem Polyäthylenterephthalat" in diesem Temperaturbereich berichtet K. H. Illers [87].

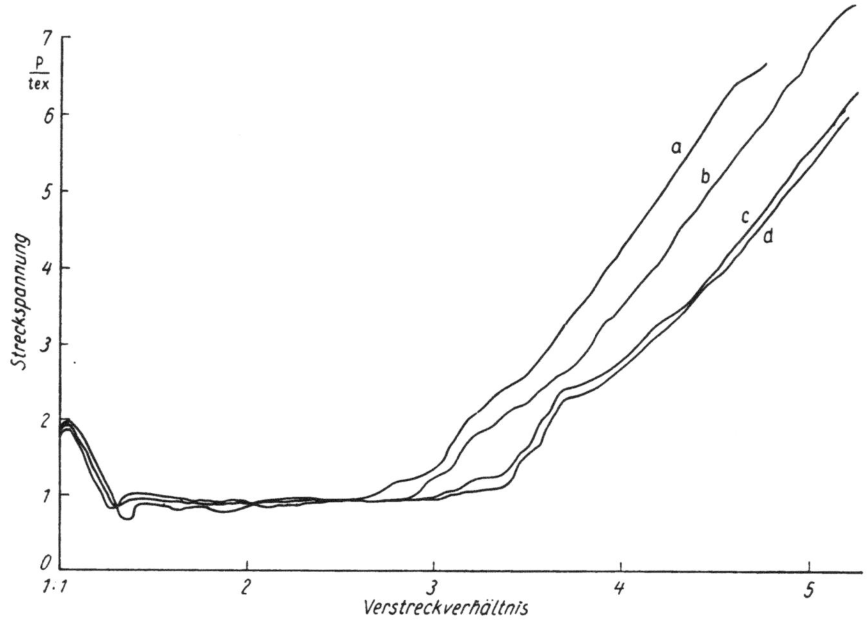

Bild 5.33. Spannungs-Dehnungs-Verlauf von Polyesterfäden unter verschiedenen Abkühlungsbedingungen gesponnen

Streckgeschw. = 500 mm/min
a = ohne Schacht; *b* = Schachttemp. 70 °C; *c* = Schachttemp. 190 °C; d = Schachttemp. 240 °C

5.4.2. *Verhalten unverstreckter Polyesterfäden bei Wärme- und Quellmitteleinfluß*

Die Struktur der unverstreckten Polyesterfäden wird durch Wärme oder Einwirkung verschiedener Stoffe sehr leicht verändert.

5.4.2.1. Abhängigkeit der bei Wärmebehandlung auftretenden Längenänderungen von der Vororientierung

Bei Polyesterfäden nimmt mit steigendem Verstreckverhältnis der bei thermischen Behandlungen eintretende Schrumpf ab [88, 89]. Nach Untersuchungen von W. Roth und R. Schroth [81] zeigen unverstreckte Polyesterfäden einen sehr hohen Schrumpf, der von der Vororientierung abhängig ist. In Bild 5.34.

sind die durch Kochen in Wasser ermittelten Schrumpfwerte von Polyesterfäden in Abhängigkeit von den Spinnbedingungen (Tabelle 5.1., 5.3. und 5.4.) aufgetragen; der Schrumpf nimmt mit steigender Vororientierung zu.

Lediglich bei den mit sehr hohen Abzugsgeschwindigkeiten gesponnenen Polyesterfäden feinen Titers (Tabelle 5.2.) ist eine Abnahme des Kochschrumpfes mit steigender Orientierung festzustellen. Neben dem maximal möglichen Verstreckverhältnis ist also auch der Schrumpf von der beim Schmelzspinnen entstehenden Orientierung abhängig. Der Zusammenhang zwischen Kochschrumpf und dem maximal möglichen Verstreckverhältnis ist in Bild 5.35. dargestellt. Da das maximale Verstreckverhältnis von der Temperatur abhängig ist, sind die Kurven für die beiden Temperaturen 20 °C und 70 °C eingezeichnet.

Während also bei niedrigen Vororientierungen das maximale Verstreckverhältnis stark temperaturabhängig ist, wird bei hohen Vororientierungen eine nur sehr

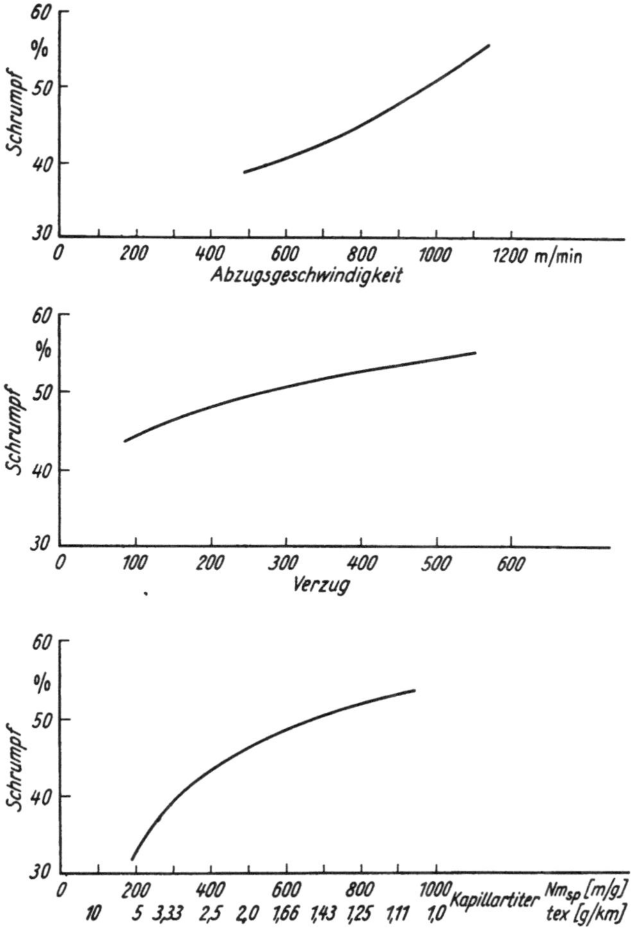

Bild 5.34. Kochschrumpf unverstreckter Polyesterfäden in Abhängigkeit von den Spinnbedingungen

geringe Temperaturabhängigkeit beobachtet. In dem üblichen Abzugs- und Titerbereich wird durch eine Erhöhung der Vororientierung — gleichgültig, ob durch Veränderung der Abzugsgeschwindigkeit, des Verzuges oder des Titers hervorgerufen — eine Zunahme des Schrumpfes der unverstreckten Fäden bewirkt. Damit ist die Möglichkeit gegeben, durch eine einfache Bestimmung des Kochschrumpfes die Vororientierung zu ermitteln und dadurch das maximal mögliche Verstreckverhältnis vorauszusagen. Dabei muß der Schrumpfvorgang

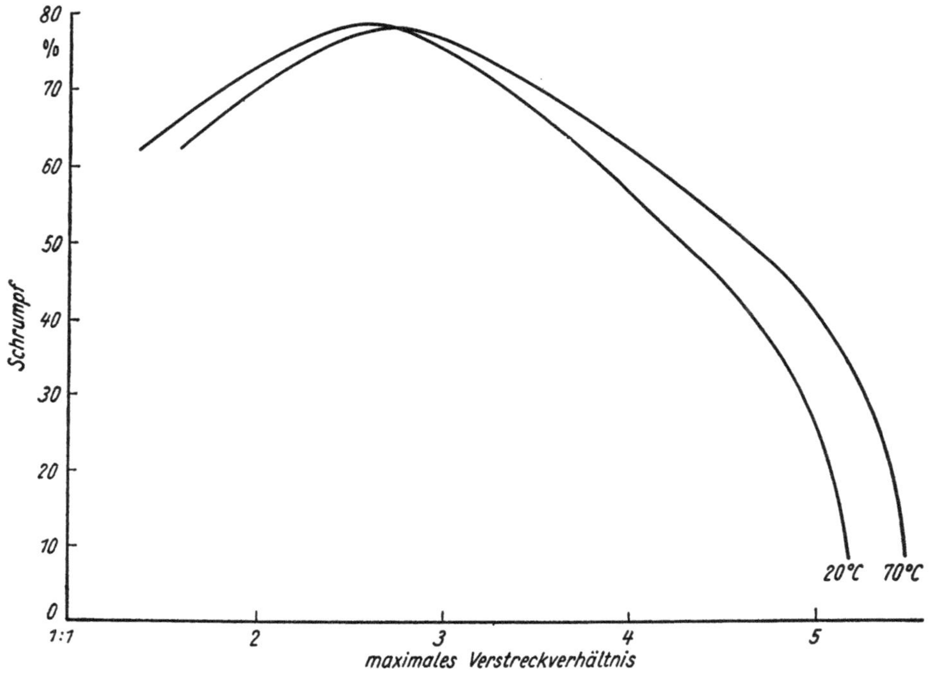

Bild 5.35. Kochschrumpf unverstreckter Polyesterfäden in Abhängigkeit vom maximalen Verstreckverhältnis (Strecktemp. 20° und 70°)

nicht in kochendem Wasser durchgeführt werden, sondern kann auch in Luft oder anderen Medien erfolgen. Die Behandlungstemperaturen können zwischen Einfrier- und Schmelztemperatur variiert werden. Auch von H. Kurzke und H. Sattler [77, 90] wird die Schrumpfbestimmung als Kontrollmethode für gleichmäßige Spinnbedingungen vorgeschlagen.

Bei sehr hohen Vororientierungen nimmt merkwürdigerweise der Schrumpf wieder etwas ab; die bei einer Abzugsgeschwindigkeit von 4000 m/min gesponnenen, praktisch nicht mehr nachverstreckbaren Polyesterfäden besitzen aber immerhin noch einen Kochschrumpf von über 60% und können als Hochschrumpffasern verwendet werden. Bei hohen Geschwindigkeiten gesponnene Fäden (2700 bis 4680 m/min) kräuseln sich beim Erhitzen in Wasser [91].

Es wurde weiterhin festgestellt [85], daß die Schrumpfung hauptsächlich im Temperaturbereich zwischen Einfrier- und Kristallisationstemperatur erfolgt und bei höheren Temperaturen nur ein geringer Schrumpfanstieg zu verzeichnen ist. Proben unterschiedlich vororientierter Polyesterfäden wurden in Luft bzw. Wasser bei der jeweiligen Temperatur 30 min behandelt. Die Ergebnisse sind in Bild 5.36. dargestellt. Bei der Behandlung in Wasser werden die Kurven nach niedrigen Temperaturen verschoben, was darauf zurückzuführen ist, daß auf Grund des erhöhten Feuchtigkeitsgehaltes der Polyesterfäden die Einfriertemperatur auf etwa 50 °C, die Kristallisationstemperatur auf etwa 75 °C gesenkt wird.

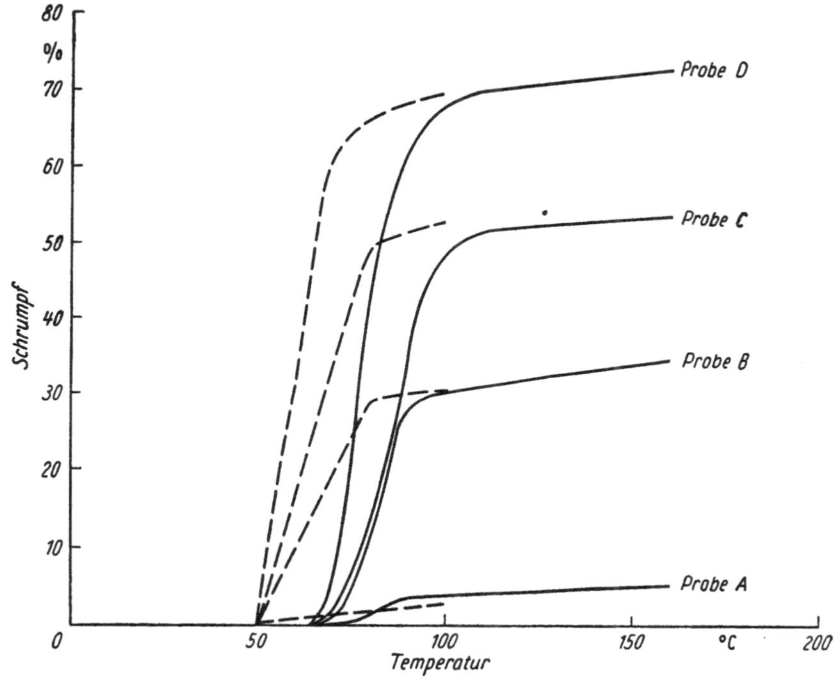

Bild 5.36. Schrumpf unverstreckter Polyesterfäden verschiedener Vororientierung in Wasser und in Luft in Abhängigkeit von der Temperatur (Vororientierung steigt von Probe A bis Probe D)

– – – – – Schrumpf in Wasser ———— Schrumpf in Luft

Von S. Sakajiri [92] wurden Doppelbrechungsuntersuchungen an getemperten, unverstreckten Polyäthylenterephthalatfasern durchgeführt. Unterhalb der Kristallisationstemperatur zeigt die angegebene Kurve ein umgekehrtes Verhalten zur Schrumpfkurve (Bild 5.34.), so daß es wahrscheinlich ist, daß die gefundene Abnahme der Doppelbrechung auf die beim Schrumpfvorgang entstandene Desorientierung zurückzuführen ist.

Doppelbrechungsmessungen wurden auch von R. Schroth [86] zum Nachweis der Desorientierung beim Tempern unverstreckter Polyesterfäden in Luft bei 90 °C durchgeführt. Beim Tempern unter Spannung fand die Abnahme der Doppelbrechung wesentlich langsamer als beim spannungslosen Tempern statt. In beiden Fällen wird aber schließlich im Endzustand die Doppelbrechung Null erreicht. In dieser Arbeit wurde weiterhin festgestellt, daß die Schrumpfwerte beim Tempern in Luft bei Temperaturen von 80–105 °C gleich werden, wenn genügend lange Zeit getempert wird. Ein beispielsweise bei 105 °C nach wenigen Minuten erhaltener Schrumpfwert von 43% stellte sich beim Tempern auf 80 °C nach etwa 100 Stunden ein.

Die Schrumpfeigenschaften von Polyesterfäden werden außer von der Vororientierung auch von den Kristallisationsverhältnissen bestimmt. Wird z. B. ein unverstreckter, also nichtkristalliner, Faden oberhalb der Kristallisationstemperatur unter Spannung behandelt, so wird bei nachfolgender spannungsloser Temperung keine wesentliche Schrumpfung mehr beobachtet. Bekanntlich erfolgt beim Schrumpfen ein Spannungsausgleich in den nichtkristallinen Bereichen, und es ist deshalb verständlich, daß durch vorangehende Kristallisation der Schrumpf gesenkt oder sogar verhindert werden kann. Wird die Wärmebehandlung oberhalb der Kristallisationstemperatur nur spannungslos vorgenommen, so werden hohe Schrumpfwerte erhalten. Dies ist darauf zurückzuführen, daß der Kristallisationsvorgang im Verhältnis zur Schrumpfung relativ langsam verläuft. Durch Quellung von unverstreckten Polyesterfäden ist auf Grund erhöhter Molekülbeweglichkeit die Kristallisationsgeschwindigkeit so groß, daß Schrumpfverminderungen auftreten.

Schrumpferniedrigungen treten also immer dann auf, wenn die Kristallinitätszunahme bzw. die Verminderung der nichtkristallinen Bereiche vor oder während des Schrumpfvorganges in größerem Maße erfolgt.

5.4.2.2. Einfluß organischer Flüssigkeiten auf das Schrumpfverhalten [85]

Bei Einwirkung von organischen Flüssigkeiten, die Polyesterfäden zu quellen vermögen, findet neben einer Dichtezunahme eine Veränderung des Schrumpfverhaltens statt. Bereits nach kurzzeitiger Quellung werden die hohen Schrumpfwerte unverstreckter Fäden z. T. erheblich vermindert. In Tabelle 5.5. sind die nach 30 min Behandlungszeit erhaltenen Werte und die durch darauffolgendes Kochen in Wasser erhaltenen Schrumpfwerte eingetragen. Liegt die Quellung des

Tabelle 5.5. Schrumpfwerte nach kurzzeitiger Quellung und anschließendem Kochen in Wasser nach W. Roth und R. Schroth [85]

Quellmittel	Unverstreckte Polyesterfäden			
	Temp. [°C]	Schrumpf [%]	Restschrumpf 100° W. [%]	Gesamtschrumpf [%]
Glykol	20	0,6	52,4	53,0
Methanol	20	0,5	51,0	51,5
Wasser	20	0,3	50,3	50,6
Tetrachlorkohlenstoff	20	0,5	8,5	9,0
Aceton	20	5,5	8,8	14,3
Essigester	20	6,0	7,8	13,8
Ameisensäure	20	5,2	4,8	10,0
Chloroform	20	4,8	5,3	10,1
Tetrachloräthan	20	7,6	5,6	13,2

unverstreckten Materials über ca. 1,5%, so werden allgemein Gesamtschrumpfwerte (Summe aus Schrumpf bei der Behandlung und Kochschrumpf in Wasser) von etwa 9—15% erhalten.

5.4.2.3. Veränderung der Faserdichte durch Wärmeeinwirkung [85]

Die Strukturveränderungen, besonders Kristallinitätsänderungen, können sehr gut durch Dichtebestimmungen ermittelt werden. Für die Untersuchungen wurden Proben verschiedener Vororientierung verwendet.

Die Dichtebestimmungen wurden nach der Schwebemethode vorgenommen (siehe auch J. Juilfs [93]). Als Tauchflüssigkeit wurde ein entsprechendes Gemisch von Tetrachlorkohlenstoff-Heptan verwendet. Die ermittelten Dichtewerte wurden durch einen Korrekturfaktor (0,00026/°C) auf die Dichte bei 20°C umgerechnet.

Die Wärmebehandlung erfolgte in der Weise, daß die Proben schnell auf die gewünschte Temperatur gebracht, 30 min bei dieser getempert und anschließend bei Zimmertemperatur abgekühlt wurden. Bei höheren Temperaturen wurde die Behandlung unter Stickstoff vorgenommen.

Bild 5.37 zeigt die Veränderung der Dichte von unverstreckten Polyesterfäden verschiedener Vororientierung mit steigender Behandlungstemperatur. Wie zu erkennen ist, nimmt die Dichte der Probe A mit steigender Behandlungstemperatur zunächst geringfügig ab. Bei Fäden mit höherer Vororientierung, die im Aus-

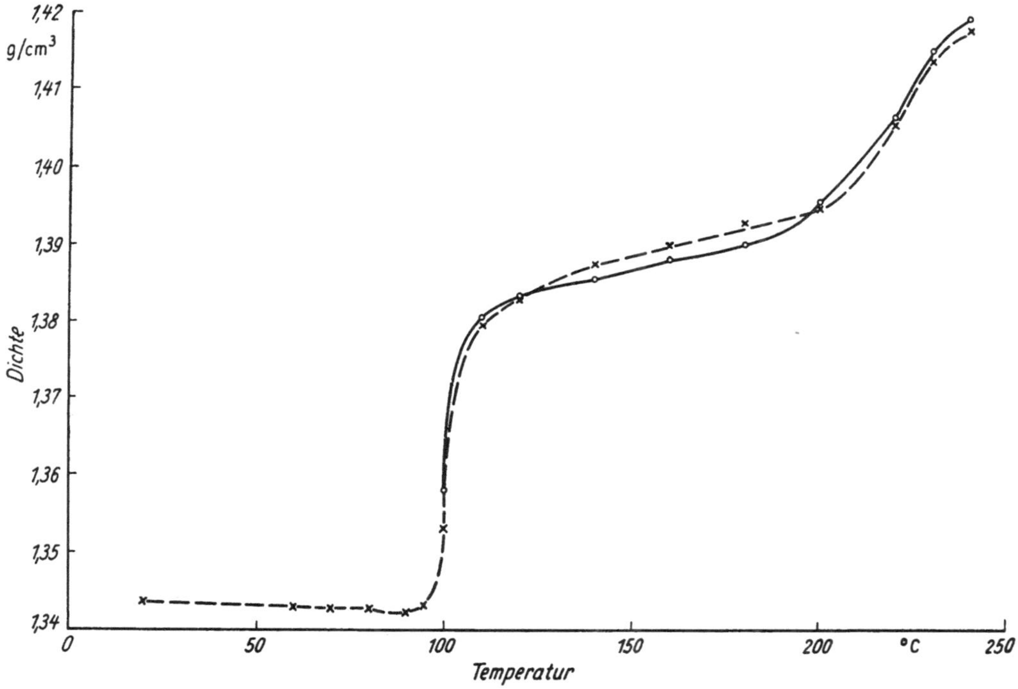

Bild 5.37. Dichte unverstreckter Polyesterfäden als Funktion der Fixiertemperatur bei einer Fixierzeit von 30 min

× – – × – – Probe *A* (Polyester-Draht) ○ ——— ○ ——— Probe *C* (Fäden höherer Vororientierung)

gangszustand bereits eine relativ hohe Dichte besitzen, ist dieser Dichteabfall stärker ausgeprägt. So konnte bereits W. GRIEHL [94] beim Tempern von unverstreckten Polyesterfäden eine Dichteerniedrigung von 1,36 auf 1,34 g/cm³ nachweisen. Dichteuntersuchungen an unverstrecktem Material mit höherer Vororientierung nach der Schwebemethode ergaben keine zuverlässigen Werte, da durch die Tauchflüssigkeit bereits eine Quellung bzw. Strukturveränderung hervorgerufen wird.

Nach dem Überschreiten einer Temperatur von etwa 95 °C steigen die Dichtewerte stark an, was mit der Angabe einer minimalen Kristallisationstemperatur von 95,4 °C von H. J. KOLB und E. F. IZARD [95] übereinstimmt. Die oben erwähnte Dichteerniedrigung kann deshalb nicht auf Kristallinitätsveränderungen beruhen, sondern muß auf eine Strukturumlagerung (z. B. Ausgleich innerer Spannungen) im nichtkristallinen Material zurückzuführen sein. Im Temperaturbereich von 110—200 °C erfolgt ein Dichteanstieg von nur 0,00015 g/cm³ · °C; bei höheren Temperaturen steigt die Dichte wieder stärker an.

Es ist auffallend, daß keine bemerkenswerte Abhängigkeit von der Vororientierung festzustellen ist, obwohl die Schrumpfeigenschaften der Fäden (69 bzw. 3,2% in Wasser bei 100 °C) sehr unterschiedlich sind. Bei Wärmebehandlungen der unverstreckten Fäden unter Spannung werden deshalb etwa gleiche Dichtewerte wie bei spannungsloser Behandlung ermittelt.

Auch durch Schnellspinnen (3000—4000 m/min) hergestellte, fast völlig orientierte Polyesterfäden zeigen diesen charakteristischen Dichteverlauf bei Temperaturen oberhalb von 100 °C. Dies ist erklärlich, da die Fäden zwar hochorientiert, aber nicht kristallin sind.

5.4.2.4. Veränderung der Faserdichte durch Einwirkung organischer Flüssigkeiten

Es ist bekannt, daß durch Einwirkung von organischen Flüssigkeiten die Einfriertemperatur von Polyäthylenterephthalat erheblich gesenkt werden kann. Etwa im gleichen Verhältnis nimmt damit auch die Kristallisationstemperatur ab. So erhöht sich die Dichte von nichtkristallinem Polyäthylenterephthalat nach ca. zwanzigstündiger Einwirkung von Nitromethan bei 29 °C auf 1,37 g/cm³, bei Einwirkung von Aceton bei 26°C auf 1,345 g/cm³ [95]. Diese Untersuchungen wurden ohne Berücksichtigung von Quellungserscheinungen durchgeführt. Die gefundenen Dichtewerte weichen deshalb je nach dem Quellungsgrad und der Dichte des Quellmittels von der tatsächlichen Faserdichte ab. Die hierbei auftretenden Differenzen sind z. T. beträchtlich.

Zur Ermittlung von Faserdichten nach Quellbehandlungen [85] muß deshalb das Quellmittel entweder vor der Bestimmung entfernt oder rechnerisch in Abzug gebracht werden. Die Austreibung des Quellmittels aus der Faser erfolgt bei niedrigen Temperaturen nur sehr langsam; andererseits dürfen höhere Temperaturen wegen Kristallinitätsveränderungen nicht angewandt werden. Die rechnerische Ermittlung kann unter der Vorausssetzung erfolgen, daß während der Dichtebestimmung keine Veränderung des Quellmittelgehaltes erfolgt. Es erwies sich als vorteilhaft, den größten Teil des Quellmittels vor der Dichtebestimmung durch längere Temperaturbehandlung bei 60°C zu entfernen und nur die Restmenge des Quellmittels in der Faser zur Korrektur der gefundenen Dichtewerte heranzuziehen. Die Korrektur wurde wie folgt vorgenommen:

Die nach der Schwebemethode gefundene Dichte ist

$$\varrho = \frac{M_p + M_{Q^2}}{V_p + V_{Q^2}},$$

wobei M_p die Masse des Polyesters,
V_p das Volumen des Polyesters,
M_{Q^2} die Masse des Quellmittels nach der Trocknung,
V_{Q^2} das Volumen des Quellmittels nach der Trocknung ist.

Die gesuchte Dichte des Polyesters ist dann

$$\varrho_p = \frac{M_p \cdot \varrho \cdot \varrho_Q}{\varrho_Q(M_p + M_{Q^2}) - \varrho M_{Q^2}};$$

dabei ist ϱ_Q = Dichte des Quellmittels.

Zur Untersuchung des Verhaltens von Polyester gegenüber organischen Flüssigkeiten aus verschiedenen Stoffgruppen wurde Polyesterdraht verwendet. Die nach der Beziehung

$$\frac{V_{Q^1}}{V_p} \cdot 100 = \frac{M_{Q^1} \cdot \varrho}{\varrho_Q(M_p + M_{Q^1}) - \varrho \cdot M_{Q^1}} \cdot 100$$

(V_{Q^1} = Volumen des Quellmittels vor der Trocknung,
M_{Q^1} = Masse des Quellmittels vor der Trocknung)

errechneten Quellungswerte und die korrigierten Dichtewerte sind in Tabelle 5.6. zusammengefaßt.

Tabelle 5.6. Quellungs- und Dichtewerte von Polyesterdrähten in verschiedenen Quellmitteln (Temp.: 20°C und 100°C bzw. < 100°C)

Quellmittel	Unverstreckter Polyesterdraht					
	Temp. [°C]	Quellung [Vol.-%]	Dichte (g/cm³)	Temp. [°C]	Quellung [Vol.-%]	Dichte [g/cm³]
Glykol	20	0	1,342	100	0,16	1,365
Heptan	20	0	1,342	98,4	0,3	1,367
Äther	20	0,8	1,342	34,6	1,2	1,344
Wasser	20	0,8	1,343	100	0,9	1,380
Methanol	20	1,4	1,342	64,7	2,9	1,360
Tetrachlorkohlenstoff	20	1,9	1,345	76,6	1,65	1,351
Acetaldehyd	20	4,7	1,357	20,2	4,7	1,357
Benzylalkohol	20	5,8	1,358	100	20,4	1,398
Essigester	20		1,369	77,1	8,9	1,380
o-Dichlorbenzol	20	12,1	1,373	100	12,8	1,391
Aceton	20	12,2	1,376	56,3	10,5	1,393
Benzylacetat	20	13,0	1,374	100	15,2	1,391
Chlorbenzol	20	13,8	1,377	100	17,0	1,403
Ameisensäure	20	16,3	1,385	100	11,7	1,392
Äthylenchlorid	20	21,7	1,392	83,7	23,8	1,404
Dimethylformamid	20	22,0	1,395	100	9,6	1,395
Nitrobenzol	20	25,4	1,397	100	14,5	1,394
Chloroform	20	32,0	1,405	61,2	26,6	1,403
Tetrachloräthan	20	49,9	1,419	100	18,5	1,405

Die Quellbehandlungen erfolgten 24 h bei Zimmertemperatur sowie 1 h bei 100°C bzw. bei niedriger siedenden Flüssigkeiten beim Siedepunkt. Aus den Ergebnissen ist ersichtlich, daß unabhängig von der chemischen Konstitution der Quellmittel ein Zusammenhang zwischen Quellung und Dichte der Polyesterborsten besteht. Die bei Zimmertemperatur erhaltenen Werte sind in Bild 5.38. graphisch dargestellt.

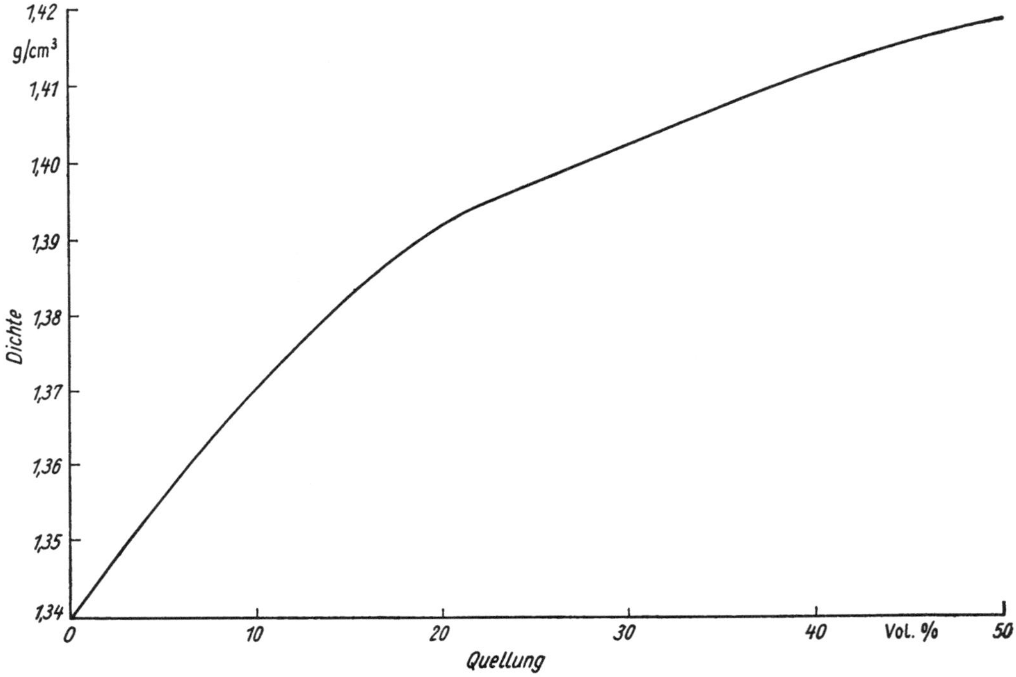

Bild 5.38. Dichte unverstreckter Polyesterborsten nach Behandlung in verschiedenen organischen Flüssigkeiten in Abhängigkeit von der Volumenquellung

Bemerkenswert ist, daß bei hoher Quellung Dichtewerte erhalten werden, wie sie bei Wärmebehandlung in Luft nur bei sehr hohen Temperaturen auftreten [85, 96]. Einige organische Flüssigkeiten rufen bei Zimmertemperatur eine stärkere Quellung hervor als eine gleiche Behandlung bei höherer Temperatur. Dies ist darauf zurückzuführen, daß bereits vor sowie während der Quellung ein größerer Kristallinitätsanstieg erfolgen kann, wobei mit steigender Kristallinität das Quellvermögen herabgesetzt wird. Organische Flüssigkeiten, die eine Volumenquellung von über ca. 10% hervorrufen, bewirken gleichzeitig einen merklichen Substanzverlust. Bei mikroskopischer Betrachtung des Quellvorganges fällt auf, daß nur zu Beginn der Einwirkung eine Lösung des Polyäthylenterephthalats stattfindet, die rasch unterbrochen wird. Kristalline Polyesterfäden werden dagegen nicht gelöst. Es ist deshalb anzunehmen, daß diese Quellungsmittel bereits bei Zimmertemperatur nichtkristallines Polyäthylenterephthalat zu lösen vermögen. Eine weitgehende Lösung wird nur durch einsetzende Kristallisation verhindert. Auf dieser Erscheinung beruht auch ein Verfahren zur Herstellung von Polyäthylenterephthalatpulver durch Lösen in chlorierten Kohlenwasserstoffen bei tiefen Temperaturen und anschließendes Erwärmen der Lösung, wobei durch einsetzende Kristallisation das schwerlösliche Polyäthylenterephthalatpulver ausfällt [97]. Weitere Arbeiten zur Kristallisation von Polyäthylenterephthalat durch organische Lösungsmittel sind in der Folgezeit von R. P. Sheldon [98] und von H. G. Zachmann [99—103] veröffentlicht worden.

5.4.3. *Aggregate für die Fadenabkühlung*

Die gleichmäßige Abkühlung des frisch gesponnenen Fadens unterhalb der Düse wird durch das Führen des Fadens durch einen Spinnschacht erreicht, der ihn weitestgehend von Störungen der Außenluft abschirmt und Verhältnisse einer flutenden oder gleichmäßig bewegten Luft schafft. Anstelle von Luft können auch strömende Gase, wie Stickstoff und Kohlendioxid, oder Wasserdampf eingesetzt werden. Um beim Spinnen hochmolekularer Polyester durch langsame Abkühlung eine geringere Vororientierung und bessere Eigenschaften der Seide zu erzielen (siehe Abschnitt 5.4.1.4.), kann das Anblasen mit erhitzten Gasen erfolgen bzw. ein als Nacherhitzer bezeichnetes Rohr unterhalb der Düse angebracht werden. Nach K. Riggert [84] zeigen die mit Nacherhitzer gesponnenen Fäden eine Doppelbrechung von $1{,}1 \cdot 10^{-3}$ gegenüber $5{,}2 \cdot 10^{-3}$ ohne Nacherhitzer und die bis zur Bruchgrenze verstreckten Polyesterkordseiden Reißfestigkeiten von 10,5 p/den gegenüber ca. 7 p/den.

Der Spinnschacht kann aus zwei Teilen bestehen, dem oberen Abkühlschacht, z. B. einem Anblasschacht (Bild 5.39.), und dem eigentlichen Spinnschacht, der meistens als einfaches unten z. T. verschließbares Rohr ausgebildet ist. Bewährt für die Abkühlung des frisch gesponnenen Fadens hat sich auch ein Schacht [104], der z. T. mit Gaze versehen ist, durch die eine gleichmäßige Abkühlung herbeigeführt wird, ohne daß ein Anblasen der Fäden erforderlich ist.

5.5. Präparierung der Spinnfäden

Zur einwandfreien Aufwicklung und Verarbeitung (Abziehen, Verzwirnen, Verstrecken der Spinnfäden) ist es notwendig, geeignete Präparationsmittel auf den Faden zu bringen. Die Zusammensetzung der Präparationsmittel hat verschiedenen Umständen Rechnung zu tragen. So ist zunächst dem völlig trockenen Faden etwas Feuchtigkeit zuzuführen. Obwohl der Feuchtigkeitsgehalt der Polyesterfäden bei 20°C und einer relativen Luftfeuchte von 65% nur bei etwa 0,5% liegt, ist es ratsam, bereits vor dem Aufwickeln der Fäden die benötigte Wassermenge zuzuführen. Die Befeuchtung der Fäden kann getrennt von der Präparierung an einer Scheibe stattfinden, die in einer mit Netzmittellösung gefüllten Wanne rotiert und die vom Faden tangential berührt wird. In den meisten Fällen wird jedoch das Wasser gemeinsam mit dem Präparationsmittel aufgetragen, daß in wäßriger Emulsion vorliegt und mit Hilfe einer rotierenden Scheibe auf den Faden gebracht wird. Das Präparationsmittel hat dem multifilen Faden einen gewissen Fadenschluß zu geben, den Faden gleitfähig zu machen und die Neigung zu elektrostatischen Aufladungen zu beseitigen. Diese Forderungen müssen gestellt

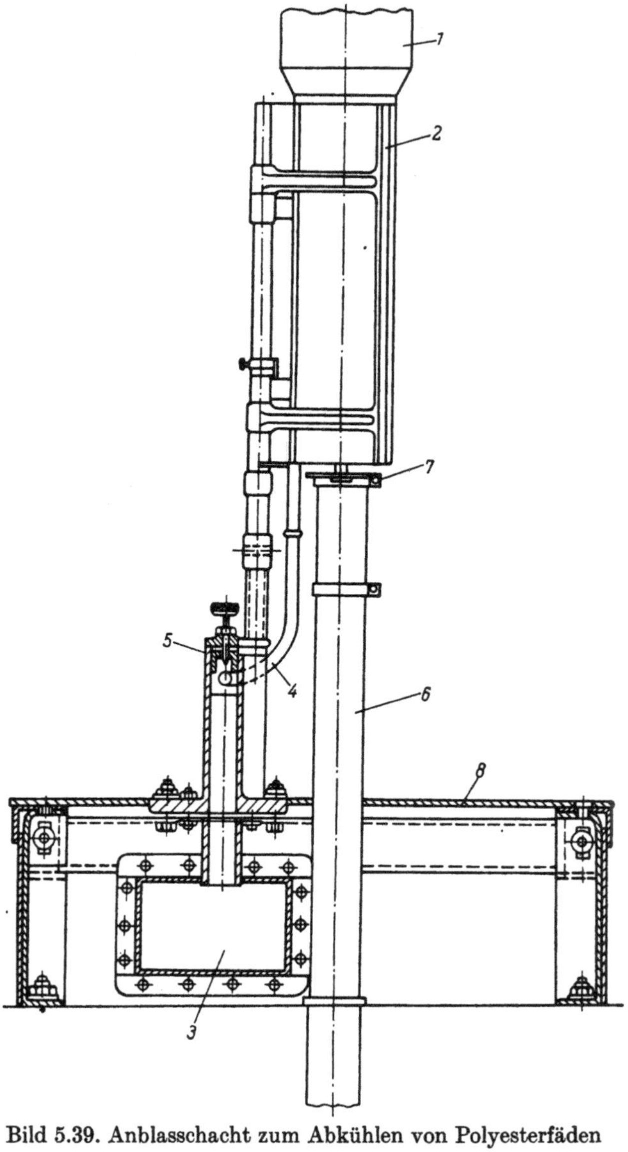

Bild 5.39. Anblasschacht zum Abkühlen von Polyesterfäden

1 – Spinnkopf; *2* – Anblasschacht; *3* – Luftkanal; *4* – Zuleitungsrohr für Luft; *5* – Ventil; *6* – Spinnschacht; *7* – Spinnschachtdeckel; *8* – Podest

werden, um eine einwandfreie Verstreckung durchführen zu können. Darüber hinaus dürfen die Präparationsmittel auch bei der Hitzeeinwirkung während des Streck- und Fixierprozesses nicht vergilben, müssen physiologisch einwandfrei und gut auswaschbar sein.

Über die Zusammensetzung und Wirkungsweise von Präparationsmitteln für Polyesterfäden ist in der Literatur wenig zu finden. Von P. Kümmel [105],

H. Weigand [106], R. Büttner und A. Jung [107] sind einige Angaben über die Präparierung von Perlon-, Nylon-, Rhovyl- und Acetatfäden gemacht worden, die z. T. auch auf Polyesterfäden zutreffen.

Sämtliche Forderungen, die an ein Präparationsmittel gestellt werden, sind kaum von einer chemisch einheitlichen Substanz zu erfüllen. In der Praxis handelt es sich deshalb meistens um Kombinationen von Gleitmitteln, Emulgatoren und Netzmitteln, Antistatica und Hygroskopica, Fadenschlußmitteln usw.

Zur günstigen Beeinflussung der Reibungsverhältnisse werden den Präparationsmitteln Öle zugesetzt, die für den Faden gute Schmierwirkung besitzen. Es kommen pflanzliche Öle, wie Erdnuß- und Olivenöl, oder gut gereinigte, möglichst helle und einheitliche Mineralöle, wie Paraffinöle, Vaselinöle, Weißöle oder Spindelölraffinat, in Betracht. Den hitzebeständigen Mineralölen ist dabei der Vorzug zu geben.

Um die Öle fein zu emulgieren und damit beständige Emulsionen zu erhalten, die sowohl die Präparationsscheiben als auch die vorübergleitenden Fäden schnell und gleichmäßig benetzen, werden Emulgatoren und Netzmittel aus den Gruppen der anionaktiven Stoffe, wie Seifen und sulfonierte Produkte, und nichtionogene Produkte, besonders Äthylenoxidkondensationsprodukte, verwendet.

Als Antistatica können ebenfalls Äthylenoxidkondensationsprodukte oder Phosphorsäureabkömmlinge in die Präparationsmittel eingebaut werden. Bei Anwendung der antistatisch gut wirksamen kationaktiven Produkte dürfen keine anionaktiven zugegen sein, da sonst schwerlösliche neutrale Verbindungen entstehen. Zur Unterstützung der antistatischen Wirkung können hygroskopische Stoffe, wie Polyalkohole, zugesetzt werden.

Als Fadenschlußmittel finden Produkte mit Klebewirkung Anwendung, so beispielsweise verschiedene Vinylpolymere.

Um für die einzelnen Titer optimal wirkende Präparationsmittel einzusetzen, ist man weitgehend auf Versuche angewiesen, da es nicht möglich ist, die Wirkung dieser komplexen Stoffgemische auf die Streck- und Zwirnprozesse genau vorauszusagen. Man ist bestrebt, die Zahl der Komponenten so gering wie möglich zu wählen; so kann man in vielen Fällen auf das Fadenschlußmittel verzichten.

Die verschiedensten Kombinationen sind anwendbar; aus der Patentliteratur sei nur ein Beispiel angeführt [108]. Ein niedrig viskoses Schmieröl wird mit Fettalkohol-Äthylenoxid-Kondensationsprodukten (1,5—5 und 15—30 Mol Äthylenoxid) in Emulsion gebracht und Fettsäureester, wie Äthylstearat bzw. -palmitat, zugesetzt. Weitere bewährte Präparationsmittel bestehen aus Mineralöl, Alkylphenylpolyglykoläther, sulfoniertem Rizinolsäurebutylester und Seife bzw. Alkylarylsulfonat.

Auch auf den Weißgehalt der Polyesterfäden kann durch Wahl der entsprechenden Präparationszusammensetzung eine günstige Wirkung ausgeübt werden. Um eine schwach elfenbeinfarbene Tönung des Polyäthylenterephthalates zu beseitigen, können nach Arbeiten von W. Roth und Mitarbeitern in die Präparationen wasserunlösliche optische Aufheller eingearbeitet werden. Nach dem Spinnen ist zunächst noch keine wesentliche Aufhellung der Fäden zu erkennen, da die Aufhellerteilchen in noch relativ grober Verteilung an der Oberfläche der Fäden vorhanden sind. Beim anschließenden Heißverstrecken und besonders beim Fixieren wandern die optischen Aufheller in das Innere des Fadens und bewirken in dieser feinsten Verteilung eine erhebliche Erhöhung des Weißgehaltes. Da es sich um wasserunlösliche optische Aufheller handelt, die sich nach der Wärmeeinwirkung im Innern der Faser befinden, ist eine sehr gute Waschechtheit gewährleistet. Durch Behandlung mit organischen Lösungsmitteln lassen sich die mit der Präparation aufgebrachten Fettstoffe extrahieren, der optische Aufheller verbleibt in der Faser. Anschließend werden noch zwei Präparationszusammensetzungen genannt, die sich als günstig sowohl hinsichtlich der Weißgehaltserhöhung als auch des Streckverlaufes erwiesen haben. Eine Menge von 2—3% eines geeigneten Aufhellers wird in wäßrige Emulsionen eingearbeitet, die 3% Mineralöl, 2% eines Emulgators auf Alkylsulfosäurebasis und 0,1% Alkylarylsulfonat oder 2% Mineralöl, 1% Olein, 0,5% Triäthanolamin und 3% sulfoniertes Pflanzenöl enthalten. Wird die Seide beim Spinnen mit einer dieser Emulsionen gleichmäßig präpariert, entsteht nach Durchführung des normalen Herstellungsprozesses eine reinweiße Seide.

5.6. Aufspulung oder Ablage der gesponnenen Polyesterfäden

5.6.1. *Allgemeine Wirkungsweise von Aufwickelmaschinen*

Der aus dem Spinnschacht austretende Faden wird in geeigneter Weise aufgewickelt. Die Aufwickelvorrichtung muß folgende Voraussetzungen erfüllen, um einen einwandfreien Faden zu erhalten:

a) Die Abzugs- bzw. Aufwickelgeschwindigkeit des unterhalb der Düse noch plastischen Fadens muß, um die Titerkonstanz zu gewährleisten, gleichmäßig sein und darf außerdem nicht von den Abmessungen des Wickelkörpers abhängen.

b) Es muß die Möglichkeit vorhanden sein, den laufenden Faden mit Wasser und Präparation zu benetzen.

c) Der Faden muß auf einen Wickelkörper gebracht werden, der für den Transport und die Weiterverarbeitung geeignet ist.

Die oben genannten Bedingungen müssen von den entsprechenden Vorrichtungen so erfüllt werden, daß die gesamte Maschine mit einer für synthetische Fäden typischen hohen Abzugsgeschwindigkeit im Dauerbetrieb arbeitet. Dabei soll jedoch die Maschine leicht zu bedienen sein, einen geringen Raumbedarf haben und möglichst niedrige Anschaffungs-, Betriebs- und Wartungskosten verursachen (Bild 5.40. und folgende).

5.6.1.1. Aufwickelmaschinen für Polyesterseiden [109, 110, 111]

Zum Aufwickeln von Polyesterseiden verwendet man im allgemeinen die gleichen Maschinen wie für Polyamidseiden.

5.6.1.1.1. Prinzip der Aufwickelmaschine

Bei älteren Maschinen bildeten jeweils ein Spinnkopf und die dazugehörige Aufwickelvorrichtung eine Arbeitseinheit. Bis zu 24 solcher Einheiten wurden in einer Maschine zusammengesetzt und gemeinsam angetrieben.

Heute werden in der Regel sogenannte Mehrfach-Aufwickelmaschinen eingesetzt, die in jedem Spinnkopf mehrere Spinndüsen enthalten und entsprechend viele Aufwickeleinrichtungen haben. Neben dieser Anordnung kommen auch

Spinnköpfe mit speziellen Düsen zur Anwendung, durch die gleichzeitig mehrere Fäden ausgepreßt werden (s. 5.3.2.4.). Die Aufwickeleinrichtungen liegen in Verlängerung des Spinnschachtes senkrecht unter dem dazugehörigen Spinnkopf.

Nachdem die Fäden nach Verlassen des Spinnschachtes über je eine Befeuchtungs- und Präparationsscheibe gelaufen sind, werden sie von der ersten unteren Galette übernommen, um 180° umgelenkt und an die zweite bzw. dritte obere Galette weitergeleitet. Nach einer abermaligen Umlenkung um 180° laufen die Fäden zum jeweiligen Aufwickelkörper. Die Galetten werden also derart angeordnet, daß die Fäden nach Passieren der Befeuchtungs- und Präparationsscheibe um die untere Galette noch gemeinsam umgelenkt werden, dann jedoch allein oder zu zweit die gesondert zugeordnete Galette umlaufen. Für jeden Faden erfolgt die Aufwicklung auf eine gesonderte Hülse. Wegen Platzersparnis werden oft auch mehrere schmale Seidenwickel nebeneinander auf eine Hülse gebracht, ein Verfahren, das aber bedienungstechnisch hohe Anforderungen an das Bedienungspersonal stellt und auch einen höheren Abfall zur Folge hat.

Bild 5,40. Ansicht einer Aufwickelmaschine für Polyesterseiden, älteres Modell

Zur Erzielung eine gleichbleibenden Fadengeschwindigkeit werden die Hülsen in der Regel über Friktion von einer Walze aus angetrieben. Damit wird die Forderung nach konstanter Abzugsgeschwindigkeit auch erfüllt, wenn der Durchmesser des Seidenwickels zunimmt.

Neben dieser Art des Hülsenantriebes, der den Faden in einer wilden Wicklung verlegt, werden von verschiedenen Herstellerfirmen Präzisionsaufwickeleinrichtungen angeboten, bei denen die Hülse direkt angetrieben und ein vorher eingestelltes Übersetzungsverhältnis zur Changiereinrichtung über die Dauer der gesamten Aufspulung konstant bleibt. Im Gegensatz dazu, bleibt bei der wilden

Wicklung nicht das Übersetzungsverhältnis sondern der Kreuzungswinkel konstant.

Hinsichtlich der Führung des beim Mehrfachspinnen aus dem Spinnkopf austretenden Fadenbündels unterscheiden sich die einzelnen Maschinentypen wesentlich. Das Fadenbündel wird entweder im Spinnschacht, auf der Aufwickelmaschine oder z. B. durch die spezielle Anordnung der Befeuchtungs- und Präparationsscheiben um 90° in seiner Laufrichtung gedreht und auf die entsprechend angeordneten Hülsen aufgewickelt. Bei parallel zur Maschinenlängsachse stehenden Treibwalzen und Galetten (Bild 5.42a und Bild 5.42b.) ist keine Drehung des Fadenbündels erforderlich.

Bild 5.41. Aufwickelteil einer Spinnmaschine für Schmelzspinnfäden vom VEB Spinn- und Zwirnmaschinenbau Karl-Marx-Stadt, DDR

Es sind jedoch auch Aufwickelmaschinen bekannt, bei denen der Faden nach dem Passieren des Spinnschachtes oder einer anderen Abkühlungsvorrichtung unmittelbar oder nur durch Zwischenschaltung einer Galette von der durch Friktion angetriebenen Hülse aufgewickelt wird. Bei unrunder Hülse und bei Ungleichmäßigkeiten in der Wickelbildung ergeben sich Schwankungen in der Abzugsgeschwindigkeit, die Ungleichmäßigkeiten des Fadens zur Folge haben.

Als gemeinsames Merkmal haben alle Aufwickelmaschinen für Polyesterfäden die Eigenschaft, den Faden aus der Spinndüse gewissermaßen herauszuziehen, wodurch eine Vororientierung der Kettenmoleküle in Achsrichtung des Fadens erfolgt.

Nach dem gegenwärtigen Stand der Entwicklung werden die Aufwickelmaschinen pro Spinnstelle in der Regel mit vier Halterungen für die Hülsen versehen. Werden nur zwei Fäden gesponnen, so können die benachbarten Hülsenhalter zur verlustlosen Fadenumlegung benutzt werden, das heißt, daß bei voller Spule der laufende Faden auf die zweite, leere Hülse, nachdem diese auf die nötige Abzugsgeschwindigkeit gebracht wurde, umgelegt werden kann, ohne daß der Fadenlauf unterbrochen wird.

Bei dieser Technologie entsteht sehr wenig Abfall, was sich besonders bei Erspinnung stärkerer Fäden günstig auswirkt.

Der Abstand zwischen zwei Spinnschächten wird als Teilung der Maschine bezeichnet. Sie beträgt im allgemeinen 600—700 mm. Die Vorderseite dieser Maschinen ist die Bedienungsseite, während die erforderlichen Wartungs- und Reparaturarbeiten von der Rückseite aus durchgeführt werden können.

Für das Spinnen mehrerer Fäden aus einem Spinnkopf werden in zunehmendem Maße doppelseitige Maschinen verwendet, d. h. solche mit beiderseits der Längsachse liegenden Arbeitsstellen. Diese Maschinen haben niedrigere Anschaffungskosten als einseitige Maschinen und brauchen weniger Platz. Bei geeigneter Konstruktion sind sie für Wartung und Reparatur fast ebenso leicht zugänglich wie Maschinen mit nur einseitiger Aufspulung.

Bild 5.42. a. Aufwickelmaschine für Schmelzspinnfäden (IWKA. Karlsruhe, BRD)

5.6.1.1.2. Aufbau und Antrieb der Aufwickelmaschinen für Seiden

Die Form der Aufwicklung ergibt für den Aufbau der Aufwickelmaschinen eine schrankartige Anordnung mit aneinandergereihten Arbeitsstellen, wie unter 5.6.1.1.1. bereits beschrieben.

Die neueren Maschinen haben vorwiegend ein Gestell aus zusammengeschraubten oder geschweißten Stahlprofilen. Sie sind wesentlich leichter als die älteren Modelle, deren Gestell aus gußeisernen Ständern und Verbindungstraversen besteht. Die modernen Maschinen können im Herstellerbetrieb teil- oder fertigmontiert und im Ganzen oder in einzelnen Sektionen an den endgültigen Aufstellungsort transportiert werden. Außerdem lassen sie die Anwendung des

Bild 5.42b. Teil der Aufwickelmaschine von Bild 5.42. a.

sogenannten Baukasten-Systems zu, d. h., die Teile der Maschine können zu verschiedenartigen Maschinenausführungen zusammengebaut werden.

Eine hohe Stabilität erzielt man bei diesen Maschinengestellen dadurch, daß man die gesamte Vorderfront aus einer 5—8 mm dicken Blechplatte ausführt, die einen Teil der einzelnen Aggregate trägt, sich leicht säubern läßt und der Maschine ein gefälliges Aussehen gibt. Bei dieser Maschinen-Bauart, die meist mit dem unter 5.6.1.1.2.2. beschriebenen Einzelantrieb der Aufwickelorgane versehen ist, genügt als Fundament ein Rahmen aus Profilstahl, der nach dem Ausrichten der Maschine mit Zement ausgegossen wird. Im Gegensatz dazu sind bei Maschinen mit Gußgestell und vollmechanischem Antrieb, also durchlaufenden Wellen, schwere Betonfundamente erforderlich, die ein Absenken der Maschine vermeiden und Erschütterungen und Schwingungen abfangen sollen.

Bild 5.43. Anordnung der Galetten der Aufwickelmaschine von Bild 5.41.

Die Abmessungen der Gestelle werden von der Größe der Aufwinde-, Changier- und Befeuchtungs-Aggregate sowie von der Forderung nach guter Bedienbarkeit der Maschine bestimmt.

5.6.1.1.2.1. Mechanischer Gruppenantrieb

Maschinen mit mechanischem Gruppenantrieb (Bild 5.44.) sind ganz von denen mit elektrischem Einzelantrieb verdrängt worden.

Der mechanische Gruppenantrieb fordert ein massives und schweres Gestell, behindert die Baukastenbauweise und erschwert die Teil- oder Fertigmontage und bedingt damit hohe Montagezeiten beim Anwender. Bei den veralteten mechanischen Gruppenantrieben werden die einzelnen Organe, die synchron laufen müssen, von einem einzigen Antriebsmotor über formschlüssige Zwischengetriebe angetrieben.

Die Galettenwellen sind in einzelnen oder auch in für je zwei benachbarte Spinnstellen ausgeführten Getriebekästen gelagert und werden über Kegel- oder Schraubenräder von der Längswelle aus angetrieben. Die Längswellen der einzelnen Getriebekästen sind meist durch biegeelastische Kupplungen miteinander verbunden und werden am Maschinenanfang von einem geschlossenen Hauptantrieb angetrieben.

Bild 5.44. Aufwickelmaschine älterer Bauart, antriebsseitig

Die Treibwalzen sind ebenfalls paarweise ausgeführt, gelagert und zusammengekuppelt und an den Hauptantrieb angeschlossen.

Der Antrieb der Changierung erfolgt bei Ausführung als Gruppenchangierung über mehrere Spinnstellen (5.6.1.1.3.2.) durch einen speziellen Motor über ein stufenloses Regelgetriebe (mit Störgetriebe). Bei Ausführungen als Einzel- oder paarweise Changierung läuft durch die ganze Maschine eine von einem speziellen Asynchronmotor über Regel- und Störgetriebe angetriebene Welle, die mit Keil- oder Flachriemen die einzelnen Changierungen treibt.

Sind die Befeuchtungs- und Präparationswalzen parallel zur Maschinenlängsachse angeordnet (5.6.1.1.3.3.), so wird die gemeinsame Welle der jeweiligen Scheibenart von einem speziellen Asynchronmotor über Zwischenschaltung von stufenlosen Regelgetrieben angetrieben. Bei Queranordnung der Scheiben erfolgt der gleiche Antrieb, wobei die einzelnen für jede Scheibe erforderlichen Winkelgetriebe durch Wellen mit beweglichen Kupplungen (Kardangelenken) verbunden sind.

Im bereits erwähnten Hauptantrieb, einem öldichten, großen Getriebegehäuse, münden sie Antriebswellen der beiden Galettenreihen und der Treibwalzen. Hier werden sie von einer Antriebswelle, die ihre Drehzahl vom Hauptantriebsmotor unter Zwischenschaltung eines Regelgetriebes erhält, starr, also nicht untereinander regelbar, angetrieben. Die erforderliche Fadenspannung wird durch eine Durchmesservergrößerung der Galetten und der Treibwalze von der ersten zur zweiten Galette und von der zweiten Galette zur Treibwalze erreicht. Sie beträgt 0,25—0,30% des Durchmessers.

Der mechanische Gruppenantrieb ist hinsichtlich der Laufgenauigkeit, also des synchronen Laufes von Spinnstelle zu Spinnstelle und zwischen den einzelnen Aufwindeorganen, absolut sicher und weist theoretisch und praktisch keine Differenzen auf. Er erfordert jedoch sehr hohen mechanischen Aufwand und entsprechend hohe Betriebs- und Wartungskosten, da bei den erforderlichen hohen Drehzahlen bzw. Geschwindigkeiten alle Teile präzise gefertigt sein, die Getriebe in Öl laufen und alle übrigen in großer Zahl vorhandenen Schmierstellen überwacht und geschmiert werden müssen.

Die Abzugsgeschwindigkeit mechanisch getriebener Maschinen liegt optimal bei 900—1200 m/min, sofern die betriebliche Technologie nicht andere Spinngeschwindigkeiten erfordert.

5.6.1.1.2.2. Elektrischer Einzelantrieb [112]

Um die Nachteile des mechanischen Gruppenantriebes zu vermeiden und noch höhere Abzugsgeschwindigkeiten zu erreichen, wurde der elektrische Einzelantrieb entwickelt. Er hat sich in verschiedenen Formen und in Kombination mit mechanischen Ausführungen auch durchgesetzt.

Jede Galette wird durch einen Einzelmotor angetrieben, der zweckmäßigerweise als Flanschmotor ausgebildet und unmittelbar an die Blechvorderwand der Maschine angeschraubt ist. Die Galette sitzt dabei auf dem Motorzapfen. Die Treibwalzen werden sowohl bei Quer- als auch bei Längsanordnung von Einzelmotoren angetrieben. Bei der Queranordnung ist der Motor an den mit der Changierung gemeinsamen Getriebekasten angeflanscht. Bei der Längsanordnung stehen die Motoren hinter den Treibwalzen und wirken über einen Riemenantrieb. Bisweilen sind sie als Außenläufermotoren ausgebildet und in die Treibwalzen eingebaut. Diese Ausführung hat sich jedoch nicht bewährt, da diese einen hohen Fertigungsaufwand erfordern und sich unvermeidlich Erwärmung des Motors einstellt, die über den Außenmantel, also die Treibwalze selbst auf den Wickelkörper übergeht und den Spulenaufbau stört. Zur Erzielung des synchronen Laufes der Galetten und Treibwalzen sind die verwendeten Motoren Drehstrom-Reluktanzmotoren [113], also Kurzschlußläufer mit gepoltem Läufer, die innerhalb bestimmter Belastungsgrenzen synchrones Verhalten aufweisen und dabei aus dem Stillstand ohne besondere Hilfsvorrichtung anlaufen. Diese Motoren haben zwar einen schlechten elektrischen Leistungsfaktor, sind aber relativ billig und sehr betriebssicher.

Als Leistung werden für die Galetten je Motor 125—150 Watt bei einem Galettendurchmesser von 150—200 mm installiert. Für die Treibwalzenmotoren beträgt die Leistung bei 150—250 mm Durchmesser 200—300 Watt.

Als günstigste Antriebsart bei Aufwickelmaschinen für Polyesterseiden hat sich ein kombinierter Antrieb bewährt, bei dem die Galetten durch Einzelmotoren und die Treibwalzen in Gruppen zu je 12 und mehr Walzen von je einem Reluktanz- oder Synchronmotor angetrieben werden. Voraussetzung ist hier natürlich Längsanordnung der Treibwalzen, die dabei genauso wie beim mechanischen Gruppenantrieb ausgeführt und gelagert sind.

Der Hauptantrieb der Maschine mit elektrischem Einzelantrieb erfordert einen oder mehrere gesonderte Stromkreise, durch die die Regelung der Drehzahlen und damit der Abzugsgeschwindigkeit der Galetten und Treibwalzen möglich wird und die außerdem vermeiden, daß die hohen Blindströme, die durch die Reluktanzmotoren entstehen, das Netz belasten. Dabei können Galetten, Treibwalzen und auch die Spinnpumpen mit Einzelmotoren von einem Generator aus angetrieben werden. Der erforderliche Vorlauf zwischen den beiden Galetten und der Treibwalze wird dann mit der Durchmesservergrößerung wie beim mechanischen Gruppenantrieb bewirkt.

Um dieselbe Laufgenauigkeit des mechanischen Antriebes, die aus technologischen Gründen erforderlich ist, zu erreichen, muß das Hauptantriebsaggregat der Maschine ein Synchronmotor sein, der seine Drehzahl unabhängig vom Belastungszustand einhält. Die durch Ab- und Zuschaltungen einzelner Spinnstellen oder andere Vorgänge entstehenden Störgrößen beeinflussen lediglich den Lastwinkel des Motors und haben auf den gesponnenen Faden keinen bleibenden Einfluß, höchstens können sie zu einer einmaligen kleinen, kaum meßbaren Titerschwankung führen. Die auftretenden Störungen sollen nicht größer als 0,1% der Abzugsgeschwindigkeit sein und höchstens 2 Sekunden wirken. Um die dabei entstehenden Spannungsschwankungen in den einzelnen Stromkreisen auszuregeln, sind für die Generatoren noch Spannungsregler, die praktisch trägheitslos arbeiten müssen, erforderlich (Bild 5.46.).

Zwischen Hauptantriebsmotor und Generatoren wird zur Einstellung der gewünschten Drehzahl bzw. Abzugsgeschwindigkeit ein mechanisches Stufengetriebe oder ein stufenloses Getriebe — beide sind formschlüssig — geschaltet. Ausführungen, bei denen anstelle des synchronen Hauptantriebsmotors ein regelbarer Drehstrom-Nebenschlußmotor verwendet oder mit Gleichstrom in Leonard-Schaltung gearbeitet wird, weisen insofern Nachteile auf, als sie nicht drehzahlkonstant genug sind bzw. einen hohen Aufwand für die Regelung benötigen.

Der Antrieb der Changierung wird, sofern es sich um Einzelchangierung für eine Spinnstelle handelt, ebenfalls durch Einzelmotoren bewerkstelligt, die ihrerseits einen gesonderten Stromkreis mit einem Frequenzgenerator bilden, der, da es hier nicht auf synchronen Lauf ankommt, durch einen Drehstrom-Nebenschlußmotor angetrieben wird.

Die Störung der gleichbleibenden Hubzahl läßt sich durch periodisches Verstellen der Kohlenbürsten-Sätze des Motors mit einem entsprechenden einfachen Getriebe erreichen und ist besonders bei Seidenaufwickelmaschinen erforderlich.

Die Befeuchtungs- und Präparationsscheiben der Maschine mit elektrischem Einzelantrieb werden genauso angetrieben wie die Scheiben an Maschinen mit mechanischem Gruppenantrieb.

Zu der gesamten Maschine gehört noch ein Schalt- und Steuerpult, in dem die ganzen Schalt- und Regelgeräte untergebracht und Meß- und Anzeigegeräte übersichtlich angeordnet sind. Von diesem Pult aus kann die Maschine gesteuert und eingestellt werden.

5.6.1.1.3. Organe der Aufwickelmaschine

5.6.1.1.3.1. Galetten, Treibwalzen, Spulenhalter, Hülsen.

Die an den Aufwickelmaschinen verwendeten Galetten sind topfförmige Rotationskörper aus Stahl mit einem am Boden überragenden Rand, der bei Wickelbildung ein Überlaufen des Fadenwickels auf die Welle verhindern soll. Die Anordnung ist in den meisten Fällen quer zur Maschinenlängsachse (Bild 5.43.).

Bei der schon erwähnten Aufwickelmaschine für die Führung der Fadenschar ohne Drehung (Bild 5.42.) stehen auch die Galetten parallel zur Längsrichtung der Maschine.

Die Galetten haben eine Breite von mehr als 100 mm; ca. zwei Drittel des Galettenkörpers sind zylindrisch und das vordere Drittel ist leicht konisch, damit sich ein entstandener Seidenwickel besser entfernen läßt. Die Durchmesser der Galetten liegen bei bewährten Maschinen im Bereich von 150—230 mm. Da die Fliehkraft bei Rotation mit der Drehzahlzunahme quadratisch, mit der Durchmesserzunahme aber nur linear ansteigt, wirkt sich die Fliehkraft des umgelenkten Fadens bei gleicher Abzugsgeschwindigkeit bei Galetten mit großem Durchmesser in geringerem Maße aus als bei Galetten mit kleinerem Durchmesser. Die auf den Faden aufgetragene Feuchtigkeit bzw. Präparation wird demnach nicht so leicht abgeschleudert. Die größeren Galetten besitzen jedoch ein höheres Massenträgheitsmoment als die kleineren, was besonders bei Einzelantrieb durch Reluktanzmotoren von Nachteil ist.

Bild 5.45. zeigt den Querschnitt einer doppelseitigen Aufwickelmaschine mit elektrischem Einzelantrieb, Bild 5.46. das Antriebschema einer einseitigen Aufwickelmaschine.

Die mit dem Faden in Berührung kommende Mantelfläche der Galette wird hartverchromt, hochglanzpoliert oder mit aufgezogenem oder aufgespritztem rostfreien Stahl ausgeführt. Die hartverchromte Oberfläche hat sich gut bewährt, da sie widerstandsfähiger gegen beim Wickelentfernen entstehende Kratzer und Risse ist.

Die Galetten werden mittels einer Sicherheitsverschraubung auf dem konischen Wellenstumpf befestigt.

Die zum Antrieb der Wickelkörper dienenden Friktions- oder Treibwalzen können, wie es in den bereits beschriebenen Maschinen verwirklicht ist, auf zweierlei prinzipiell verschiedene Weise in der Maschine angeordnet sein.

Bei der am weitesten verbreiteten Form liegen die Treibwalzen mit ihrer gemeinsamen Rotationsachse parallel zur Maschinenlängsachse und rechtwinklig zu den Galetten (s. Bilder 5.40., 5.41., 5.42., 5.43.).

Bei der zweiten Form liegen die Treibwalzen mit ihren Rotationsachsen quer zur Maschinenlängsachse und parallel zu den Galetten (Bild 5.47., Bild 5.48.). In der erstgenannten Anordnung sind die Treibwalzen starr unter Formschluß zusammengekuppelt und haben dabei einen gemeinsamen Antrieb oder einen elektrischen Einzelantrieb. In der zweiten, also der Queranordnung, haben die

Treibwalzen keinerlei form- oder kraftschlüssige Verbindung untereinander und werden einzeln angetrieben.

Die Abmessungen der Treibwalzen sind abhängig von der zur Verwendung kommenden Hülsengröße, von der Anzahl der aus einem Spinnschacht austretenden Fäden, weiterhin von der Anordnung der Treibwalzen in der Maschine und nicht zuletzt von der Maschinenteilung, also von der Entfernung der Spinnschächte voneinander.

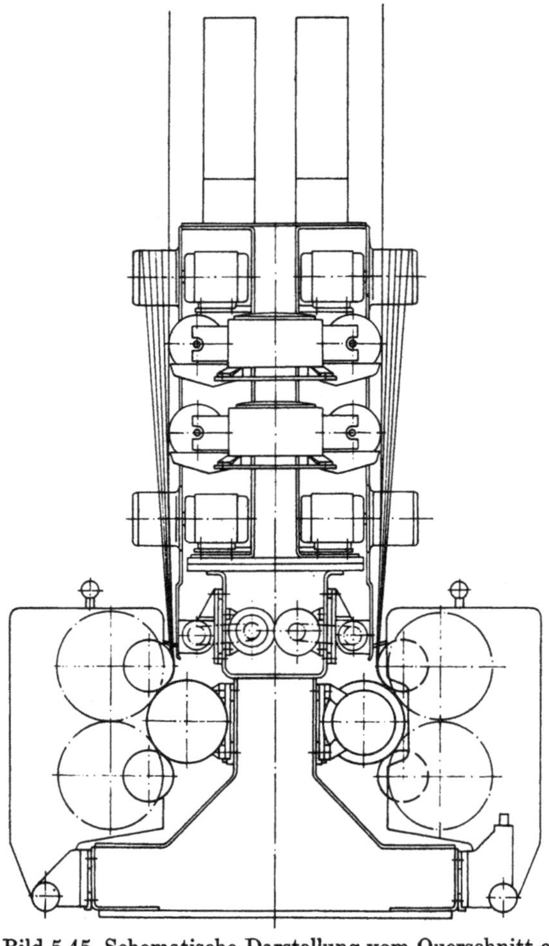

Bild 5.45. Schematische Darstellung vom Querschnitt einer doppelseitigen Aufwickelmaschine

Die Treibwalzen haben im allgemeinen einen Durchmesser von 150—250 mm, während ihre Länge maximal das Dreifache der Hülsenlänge betragen kann.

Auch bei Queranordnung der Treibwalzen wird im allgemeinen die Treibwalze für zwei und mehr Wickelkörper ausgeführt. Um ein Vielfaches an Fäden je Spinnkopf aufwickeln zu können, werden zwei Treibwalzen versetzt übereinander angeordnet und zwei und mehr Seidenwickel auf eine Hülse gebracht. Die Treib-

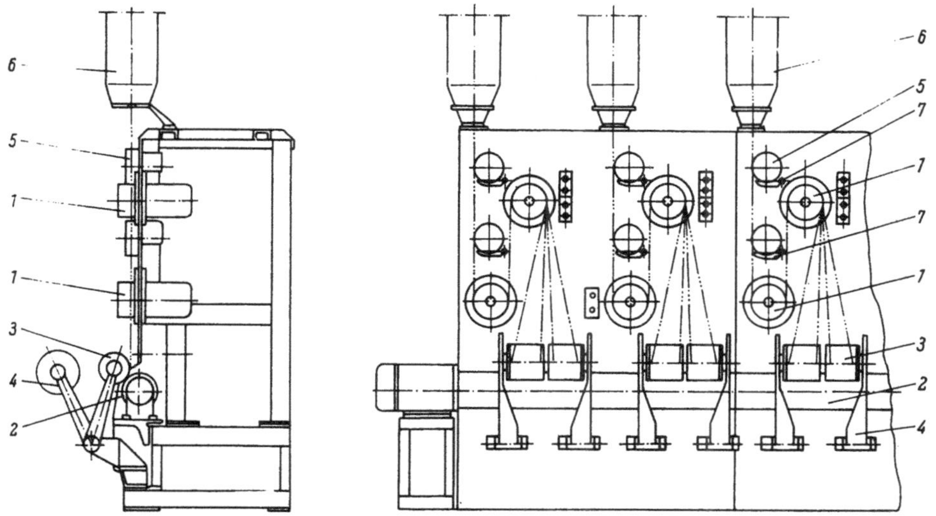

Bild 5.46. Antriebsschema einer einseitigen Aufwickelmaschine mit elektrischem Einzelantrieb

Bild 5.47. Ansicht einer Aufwickelmaschine, Fa. NEUMAG, Neumünster, BRD

walzen bestehen aus einem Grundkörper aus Gußeisen, Stahl oder Aluminium, der mit einer Hartchromschicht oder einem Mantel aus rostfreiem Stahl, hochglanzpoliert, versehen ist. Wie bei den Galetten hat sich auch hier die Hartchromschicht besser bewährt. Die Treibwalzen müssen präzise gefertigt und genau zylindrisch sein. Ein einwandfreier Rundlauf ist erforderlich. Der Rundschlag darf nicht mehr als 0,02 mm betragen. Die Walzen werden zweckmäßigerweise dynamisch ausgewuchtet. Bei der Längsanordnung der Treibwalzen müssen alle übrigen rotierenden Teile, also Wellen, Kupplungen usw., zum Schutz gegen Wickelbildung gut verkleidet sein. Außerdem muß die Möglichkeit bestehen, einen von der Walze seitlich abgeschobenen Fadenwickel während des Betriebes gefahrlos entfernen zu können.

Bild 5.48. Ansicht einer Aufwickelmaschine der Fa. Marzoli, Italien

Die den Fadenwickel aufnehmenden Hülsen sollen ebenfalls gut rundlaufend sein. Der Rundschlag darf bei einer Wanddicke von 3—5 mm nicht mehr als 0,2 mm betragen. Die Oberfläche der Hülsen ist derart ausgeführt, daß der Seidenwickel gut haftet, die Fäden aber beim Abzug möglichst bis zur letzten Lage ablaufen. Im Gegensatz zur Aufwicklung von Polyamidfaser, bei der relativ rauhe Oberflächen erforderlich sind, hat sich für Polyesterfasern eine glatte, lackierte Oberfläche, bei der bereits Adhäsionsreibung auftritt, bewährt. Als günstigste Hülsenmaße haben sich die Abmessungen von 145 mm Durchmesser bei 180 mm

Länge für feine und 185 mm Durchmesser bei 220 mm Länge für starke Spinnfäden erwiesen. Je größer der Treibwalzendurchmesser ausgeführt werden kann, desto günstiger ist die Mitnahme der Wickelkörper, wobei durch die Maschinenabmessungen natürliche Grenzen gezogen sind. Gehalten werden die Hülsen von auf feststehenden Achsen rotierenden Spannvorrichtungen, den sog. Spulenhaltern. Die Spannvorrichtung muß die Hülsen zentrisch zur Rotationsachse festhalten und in der Lage sein, den Druck aufzunehmen, der durch eine Durchbiegung der Hülse bei voller Bewicklung entsteht. Am besten haben sich sogenannte Ringspannelemente bewährt, die die Hülse an zwei Stellen (Kreislinien) von innen halten. Es sind dies keglige Stahlscheiben, die fast über die ganze Breite wechselweise von außen nach innen oder umgekehrt geschlitzt sind und beim Durchdrücken in Achsenrichtung der Kegelform ihren Außendurchmesser vergrößern, somit also die Hülse von innen fassen.

Für das Festhalten der Hülsen werden vielfach auch lange Schraubenfedern von ca. 10 mm Durchmesser verwendet, die in Ringnuten des Grundkörpers des Spulenhalters eingelegt und durch geeignete Verschiebung der einzelnen Teile nach außen aufgezogen werden, so daß sie sich von innen an die Hülsen legen und diese festhalten.

Spulköpfe mit Fliehkraftkupplungen haben sich nicht bewährt, da sie einen großen Aufwand an Funktionsteilen erfordern und damit die Forderung an die Halter, ein möglichst geringes Massenträgheitsmoment zur Rotationsachse zu haben, nicht erfüllen.

Der gesamte Spulenhalter bewegt sich mit zunehmendem Fadenwickel von der Treibwalze weg. Die feststehende Achse des Spulenhalters sitzt dabei in einer Halterung, die, je nach Art der Konstruktion, zwei verschiedene Bewegungsformen ausführen kann. Ist die Halterung als Schwenkarm ausgebildet, so bewegt sich der Spulenhalter auf einem Kreisbogen mit dem Radius der Schwenkarmlänge. Der Schwerpunkt (Drehpunkt) ist dabei so gelagert, daß der Spulenhalter mit Schwenkarm durch sein Eigengewicht an die Treibwalze gedrückt wird. Zur größenmäßigen Einstellung des Anpreßdruckes ist am Schwenkarm ein Ausgleichsgewicht angebracht, das mit seinem Schwerpunkt vor dem Schwenkpunkt liegt und in seiner Lage verstellbar ist. Bei dieser Schwenkanordnung der Spulenhalter verläuft der Anpreßdruck mit zunehmendem Fadenwickel nach einer fallenden Kurve, d. h., je dicker der Wickel, desto kleiner der Anpreßdruck. Dieser Druckverlauf ist für den Wickel erwünscht, da er ein Breitdrücken des relativ weichen Wickels verhindert. Durch entsprechende Anordnung des Ausgleichsgewichtes kann jedoch auch ein steigender Anpreßdruck erzielt werden. Die Anpreßdruckkurve kann mittels des Ausgleichsgewichtes nur in ihrem Anfangspunkt beeinflußt werden, der Kurvenverlauf selbst ist von den festen Größen des Spulenhalters und des Schwenkarmes sowie deren Anordnung an der Maschine abhängig und somit während des Laufes der Maschine nicht mehr zu verändern.

Um beim Anlauf der Spulenhalter eine einwandfreie Mitnahme zu bekommen, wird bei einigen Konstruktionen der Anpreßdruck mittels geeigneter Vorrichtungen erhöht. Verwendet wird hierfür ein Permanent-Magnet, der den Spulenhalter an die Treibwalze zieht und mit zunehmendem Wickeldurchmesser durch den entstehenden Luftspalt wirkungslos wird. Der Schwenkarm soll möglichst lang sein, um eine hohe Eigendämpfung zu besitzen. Er läßt dann auch die Erzielung hoher Fadenwickelgewichte zu, die im allgemeinen für textile Seide zwischen 6 und 10 kg betragen. Ferner ergibt ein langer Schwenkarm einen flachen Verlauf der Anpreßdruckkurve.

Bei Verwendung von 2 oder 4 Spulenhaltern pro Spinnschacht, also beim Mehrfachspinnen, werden die Schwenkarme am zweckmäßigsten so angeordnet, daß der Schwenkarm beim linken Spulenhalter links, beim rechten Spulenhalter rechts vom Spulenhalter liegt. Die vollen Spulen werden dann immer nach innen abgezogen und entsprechend aufgesteckt. Diese Anordnung ist für das Überlegen des Fadens von der vollen zur leeren Spule günstig, wobei die auf dem Umfang mit einigen schrägen Schlitzen versehenen Hülsenränder einen ca. 5—8 mm breiten Zwischenraum haben sollen. Der Schwenkarm selbst soll im Schwenkpunkt stabil und schwingungsfrei gelagert sein. Gut haben sich Arme aus Gußeisen bewährt, wenn sie so genau gefertigt sind, daß sie in jeder Stellung eine exakte Parallelität der Spulenhalterachse mit der Treibwalzenachse sichern (Bild 5.49.).

Bild 5.49. Schwenkarme an der Aufwickelmaschine für Spinnspulen mit Cordseiden (VEB Textima, Karl-Marx-Stadt, DDR)

Die zweite mögliche Bewegungsform des Spulenhalters besteht in einer Führung der Spulenhalterachse auf einer Ebene, die radial zur Treibwalzenachse liegt, also praktisch eine Ausführung mit unendlich langem Schwenkarm darstellt. Diese Anordnung wird angewendet, wenn gleichbleibender Anpreßdruck über die ganze Wickeldicke gewünscht wird (Bild 5.41.). Der Spulenhalter und — bei Maschinen mit quer zur Längsachse liegenden Treibwalzen (Bild 5.47. und Bild 5.48.) — auch die Treibwalzen selbst, werden dann in einem Wagen angeordnet, der sich mittels leichtgehender Rollen auf entsprechenden Geradführungen bewegt. Die Geradführungen werden als schräge Ebene gestaltet, so daß der Spulenhalter oder die Treibwalze aufeinander zurollen können. Die Schräge ist verstellbar und läßt somit eine Einstellung des Anpreßdruckes zu. Es kann auch mit waagerechter Führung und einem Anpreßdruck gearbeitet werden, der mit Gewicht über einen Seilzug und entsprechende Rollen erreicht wird.

Bei verschiedenen Konstruktionen werden zur Ausdämpfung unvermeidlicher Stöße an den Spulenhaltern einseitig wirkende hydraulische Stoßdämpfer angebracht. Die Erfahrungen zeigen jedoch, daß Stoßdämpfer nicht nötig sind, wenn einwandfreie Hülsen mit einem Rundschlag von nicht mehr als 0,2 mm verwendet werden.

Um beim Spulenwechsel kurze Stillstandszeiten zu erzielen, sind die Spulenhalter mit Bremsen ausgerüstet, die ein schnelles Stillsetzen des Halters und damit der voll bewickelten Spule bzw. Hülse gewährleisten. Die Bremsen müssen sanft wirken, da sonst der Fadenwickel bei plötzlicher Bremsung durch sein eigenes Schwungmoment beschädigt werden kann. Einige Vorrichtungen sehen vor, die beiden möglichen Bewegungsrichtungen des Spulenhalters zu kombinieren. Es wird ein Schwenkarm verwendet, in dem die Spulenhalter mit Geradführung gelagert sind. Der Anpreßdruck wird mit Gewicht und Seilzug erreicht. Bei Spulenwechsel wird jedoch der besseren Zugänglichkeit halber der ganze Schwenkarm mit dem Spulenhalter von der Treibwalze abgeschwenkt.

Der hier beschriebene Friktionswalzenantrieb ist einfach, robust und kaum störanfällig. Er wird heute hauptsächlich angewandt und genügt den in der Praxis von Titer und Material abhängigen Aufspulgeschwindigkeiten, die in der Regel bei etwa 1000 m/min liegen. Während heute bereits Friktionsantriebe für Geschwindigkeiten von 2000—3000 m/min angeboten werden, hinderte bisher die Entwicklung der Spinnverfahren ihre großtechnische Anwendung.

Entscheidend für die Realisierung solcher sehr hohen Aufwickelgeschwindigkeiten ist eine präzise, schnellaufende und betriebssichere Vorrichtung zur Verlegung des Fadens auf dem Wickel. Sie schafft die Voraussetzung dafür, daß der Wickel einwandfrei aufgebaut wird und ohne Schwierigkeiten weiterverarbeitet werden kann [111].

Dem zur Vermeidung eines unerwünschten Schlupfes mit der Erhöhung der Aufwickelgeschwindigkeit gesteigerten Anpreßdruck ist im Zusammenhang mit der daraus resultierenden Walkarbeit eine Grenze gesetzt. Höhere Aufwickelgeschwindigkeiten fordern daher ein anderes Aufwickelprinzip. Dafür kommen Aufwickeleinrichtungen mit direktem Spulenantrieb zum Einsatz. Sie verlegen den Faden nach dem Gesetz der Präzisionswicklung, d. h. zwischen Spulen und Fadenführerantrieb besteht ein konstantes vorher eingestelltes Übersetzungsverhältnis.

Als Beispiel wird hier der IWK-Hochgeschwindigkeitswickler ER 400 genannt. Er eignet sich für die Aufwicklung von zwei nach dem Spinn-Reck-Winde-Verfahren hergestellten textilen Fäden auf zwei Hülsen mit ca. 93 mm Innendurchmesser und 207 mm Hülsenlänge. Bei 260 mm Wickeldurchmesser und 170 mm Wickelbreite werden bei einer Wickeldichte von 1 g/cm^3 zwei Wickel mit je 7,5 kg bei 4000 m/min hergestellt.

Während die Konstanthaltung der Aufwickelgeschwindigkeit bei diesem System dem Wickeldurchmesser folgend unabhängig von der Fadenspannung erfolgt, rüsten einige Firmen ihre Aufwickelmaschinen teilweise mit fadenspannungsgesteuerten Präzisionskreuzspulköpfen aus.

Der Präzisionskreuzspulkopf EKS 9 der Fa. Barmag wird durch einen Gleichstrommotor angetrieben. Die Steuerung erfolgt durch einen feinfühligen Tänzerarm unter Zwischenschaltung eines Drehtransformators bei elektronischer Verstärkung der Steuerspannung.

Bei den damit ausgerüsteten Aufwickelmaschinen entfällt die obere Galette. An ihre Stelle tritt der Tänzerarm (Bild 5.50.).

Bild 5.50. Schematische Darstellung der Aufwicklung mit einer Galette und Tänzerarm zwischen Spinnschacht und Spule (Barmag, BRD)

Bemerkenswert an modernen Aufwickelmaschinen ist die Betonung des Vielfachspinnens. In der Regel werden bei Maschinen mit 600—700 mm Teilung gleichzeitig vier Wickel mit etwa 150 mm Hub hergestellt. Bei Verkürzung des Hubes auf etwa 70 mm ist die gleichzeitige Aufwicklung von acht Fäden möglich.

Einzelne Maschinenhersteller gehen von größeren Grundhüben aus und halbieren die Wickel ein weiteres Mal. Bei einem Grundhub von 200 mm gestatten einige Maschinen die Aufwicklung von vier Fäden, bei 90 mm Hub von acht Fäden und bei 40 mm Hub von 16 Fäden. Diese vielfache Aufwicklung bei relativ großen Hüben wird durch die Queranordnung der Treibwalzen möglich. Nach Befeuchtung und Präparation der Fäden werden sie zunächst von einer längs liegenden Galette umgelenkt und geteilt zwei querstehenden Galetten zugeführt. Von diesen Galetten laufen die Fäden auf die Hülsen auf.

Neben dieser Tendenz, mehrere Fäden pro Spinnkopf abzuziehen und aufzuwickeln, nehmen mit Rücksicht auf möglichst lange Laufzeiten gleichzeitig die Wickelmassen zu.

5.6.1.1.3.2. Changierung

Zur Erzielung eines einwandfreien Fadenwickels wird der von der Hülse aufgewickelte Faden changiert, also längs des Mantels der Hülse hin und her geführt. Zu diesem Zweck wird der Faden von einem geeigneten Organ, einem gabelförmigen Fadenführer, erfaßt, in die gewünschte Richtung geleitet und dabei aus der senkrechten Richtung um gleiche Beträge nach links und rechts ausgelenkt. Der Durchlauf des Fadens durch den Fadenführer in seiner Längsrichtung soll ohne jede merkliche Abbremsung erfolgen. Der erzielte Fadenwickel muß zylindrisch sein, d. h., die Geschwindigkeit des Fadenführers und damit auch des Fadens muß über die ganze Hublänge — Weg zwischen den Umkehrpunkten des Fadenführers — gleichbleibend sein. Hierzu ist erforderlich, daß das Zeit-Weg-Diagramm der Fadenführerbewegung ein Dreieck ist.

An den Umkehrpunkten müßte theoretisch der Fadenführer in einer unendlich kleinen Zeit seine Bewegungsrichtung umkehren. Dies ist praktisch nicht möglich. Die Umkehrung kann nur in einer endlichen Zeit erfolgen, die, je kürzer sie ist, um so größere Umkehrbeschleunigungen und mit der Masse der bewegten Teile entsprechend große Kräfte hervorruft. Diese Umkehrbeschleunigungskräfte setzen der Changiergeschwindigkeit eine natürliche Grenze. Man gibt die Changiergeschwindigkeit gewöhnlich in der Anzahl der Doppelhübe pro Minute an. (Ein Doppelhub entspricht dem Weg des Fadenführers von einem Umkehrpunkt über den zweiten Umkehrpunkt zurück zur Ausgangsstellung). Ein guter Aufbau des Fadenwickels kann erreicht werden, wenn der in einer Schraubenlinie auf der Hülse aufgewickelte Faden von Windung zu Windung eine möglichst große Steigung bzw. rechtwinklige Verkreuzung aufweist. Die Verkreuzung ist abhängig von der Doppelhubzahl der Changierung, der Fadengeschwindigkeit und dem Hülsen- bzw. Wickeldurchmesser. Man verwendet im allgemeinen beim Aufspulen des Fadens die sog. wilde Wicklung, wobei die Doppelhubzahl konstant bleibt, während der Durchmesser des Fadenwickels zunimmt. Durch den Antrieb des Wickelkörpers mittels Treibwalze bleiben die Umfangsgeschwindigkeit und damit der Verkreuzungswinkel konstant. Um dabei mögliche Überdeckungen, d. h. Überlagerung der Windungen an derselben Stelle, zu vermeiden, wird die Doppelhubzahl zweckmäßigerweise in engen Grenzen periodisch verändert (gestört). Bei dieser Wickelart kann mit verhältnismäßig geringer Fadenspannung gearbeitet und ein weicher, gut ablaufender Fadenwickel mit ausreichender Festigkeit erzielt werden.

Die durch die endliche Umkehrzeit an den Umkehrpunkten des Fadenführers auftretende Fadenanhäufung (Randbildung) kann durch Hubverkürzung behoben werden, das heißt, durch geeignete Vorrichtungen verringert sich der Fadenführerhub mit zunehmendem Fadenwickel. Die Stirnflächen des Wickels bilden dann mit der Hülse keinen rechten Winkel mehr, sondern einen stumpfen. Die Vorrichtung zur Hubverkürzung bedingt, daß die mit dem Fadenführer hin und her bewegten Massen wesentlich größer sind als bei der Ausführung ohne Hubverkürzung, die Massenkräfte ansteigen und damit die Doppelhubzahl verringert werden muß. Deswegen verzichtet man bei Changierung feiner Fäden auf Hubverkürzung und erzielt mit relativ hoher Doppelhubzahl ebenfalls gute Wickel. Die Länge des Fadenführerhubes und damit der Wickelbreite beträgt im allgemeinen soviel, daß zu beiden Seiten des Wickels die unbewickelte Hülse mindestens 20 mm vorsteht. Der Fadenführer soll so angeordnet werden, daß sein Abstand zum Fadenwickel mit zunehmendem Spulengewicht immer gleichbleibend und möglichst gering ist. Dabei soll der Faden nur um einen ganz kleinen Winkel aus der senkrechten Ebene, im Querschnitt der Maschine gesehen, ausgelenkt werden.

Der den Faden unmittelbar führende Fadenführer besitzt vorzugsweise die Form eines Schmetterlings mit gabelförmigem Schlitz. Ein Selbsteinfädeln des laufenden Fadens wird dadurch ermöglicht, daß er von den schmetterlingsartigen Flügeln nach vorn verschoben wird und dann in die Gabelführung einspringt.

Die Gabelführung selbst besteht in der Regel aus einem Sinterkorundstück, das auf den aus Stahlblech gefertigten Fadenführer aufgekittet, aufgeklebt oder aufgeschraubt ist.

Von einer Gruppenchangierung über mehrere Aufwickelstellen ist man aufgrund der großen Massen, die gleichzeitig von einer Vorrichtung hin- und herbewegt werden müssen, abgekommen. Solche Vorrichtungen, bei denen die Fadenführer auf einer durch die Maschine laufenden Stange befestigt werden, lassen nur kleine Doppelhubzahlen zu. Heute werden deshalb die Fadenführer der Aufwickeleinrichtungen für jede einzelne Spinnstelle getrennt angetrieben. Maschinen mit quer angeordneten Aufwickelstellen lassen ohnehin keine durchgehende Changierstange zu.

Der Antrieb der Fadenführer erfolgte früher mit räumlichen Exzenterkurven. Bei einer Umdrehung des Kurvenkörpers wird ein voller Doppelhub erzeugt. Mit dieser Ausführung wird ein kreuzungsfreier Verlauf der die Kurve bildenden Nut oder Schiene erreicht, wobei ein entsprechend großer Durchmesser des Kurvenkörpers Voraussetzung ist. Diese Hubexzenter sind in der Zwischenzeit fast durchweg durch sogenannte Kehrgewindespindeln abgelöst worden.

Hier durchläuft die Nut bei einer vollen oder ganzzahligen mehrfachen Umdrehung die Hublänge oder Steigung und kreuzt sich beim Rücklauf. Diese Kehrgewindespindeln lassen sehr kleine Durchmesser zu, benötigen also innerhalb der Maschine nur wenig Platz. Sie erfordern jedoch eine sehr präzise Ausführung. Mit Kehrgewinde-Spindeln lassen sich im Dauerbetrieb Doppelhubzahlen bis 600 DH/min bei etwa 150 mm Hub erzielen.

Die naheliegende Ausführung der Treibwalzen als Nuten- oder Schlitztrommeln, die außer dem Antrieb der Wickelkörper auch gleichzeitig die Fadenchangierung übernehmen, hat sich nicht für alle Fadenstärken bewährt. Bei dieser Ausführung ist es erforderlich, den Faden mit einer relativ hohen Spannung aufzuspulen, um ihn exakt in der Nut zu halten; die hohe Spannung kann zu unerwünschten Vorverstreckungen führen. Ferner besteht die Gefahr, daß im Dauerbetrieb der hindurchgleitende Faden Einschnitte in der Nut verursacht, die Fadenschädigungen herbeiführen. Die Herstellung von Nutentrommeln aus hartem, einschnittfesten Material ist noch relativ schwierig und teuer.

Alle Versuche, die Fadenchangierung mit anderen als mechanischen Mitteln, also auf hydraulischem, pneumatischem oder elektromechanischem Wege, zu erreichen, haben bisher wenig brauchbare Resultate ergeben und sind in der Praxis nicht allgemein eingeführt worden.

5.6.1.1.3.3. Befeuchtungs- und Präparationseinrichtung

Um vor der Aufwicklung Wasser und Präparation auf den laufenden Faden aufzutragen, ist die Aufwickelmaschine mit entsprechenden Vorrichtungen versehen.

Der Auftrag erfolgt entweder in einer Stufe als Emulsionspräparation oder in zwei Stufen, und zwar in der ersten der Auftrag des Wassers und in der zweiten der der Präparation. Der Auftrag soll in ganz bestimmten konstanten Mengen erfolgen und je nach den Spinnbedingungen und der Fadenart stufenlos einstellbar sein. Der Faden soll ringsum von der Flüssigkeit benetzt werden. Bei fast allen Maschinenkonstruktionen hat sich in der Praxis das folgende einfache Verfahren bewährt: Man verwendet rotierende zylindrische Scheiben, die 10—15 mm tief in ein Bad der Präparation eintauchen. Dadurch bildet sich auf ihrer Stirnfläche ein Flüssigkeitsfilm, der den tangential bzw. in kleinem Bogen darübergleitenden Faden benetzt. Durch Veränderung der relativen Geschwindigkeit, d. h. durch Variation der Walzenumdrehung und des kleinen Auflagebogens des Fadens auf der Walze, kann der Flüssigkeitsauftrag den Erfordernissen entsprechend eingestellt werden.

Als weitere Vorrichtung zum Befeuchten und Präparieren der gesponnenen Fäden sind ringförmige Sprühdüsen in Anwendung, durch die der Faden zentrisch geleitet wird. Die überschüssige Flüssigkeit wird von einer geeigneten Vorrichtung abgeführt.

Um einwandfreie, homogene Bäder, in die die Scheiben eintauchen, zur Verfügung zu haben, werden die Flüssigkeiten in einem entsprechenden Rohrleitungssystem ständig umgepumpt. Zur Erhöhung der laufenden Durchmischung und Reinigung sind die Vorratsbehälter bisweilen mit Rührwerken und Filtern versehen.

Zur Gewährleistung des ständigen Umlaufes der Flüssigkeiten sind an der Maschine Hochbehälter angebracht, von denen aus durch die ganze Maschine Vorlaufleitungen führen, die über Regulierventile die Flüssigkeit den Schalen zudosieren. Jede Schale besitzt einen Überlauf, durch den die Flüssigkeit in eine gemeinsame Rücklaufleitung und von hier in den am Boden aufgestellten Vorratsbehälter zurückläuft. Eine Pumpe fördert dann die Flüssigkeit über Filter wieder in die Hochbehälter, die ebenfalls mit Überlauf- und Rücklaufleitungen zum Bodenbehälter versehen sind.

Pumpenleistung, Behälter und Überlauf sind so aufeinander abgestimmt, daß mindestens zwei Drittel der ständig hochgepumpten Flüssigkeit zurücklaufen. Alle mit der Flüssigkeit in Berührung kommende Teile, wie Rohrleitungen und Behälter, müssen aus korrosionsbeständigem Material gefertigt sein. Das ganze System muß gut abgedichtet sein und sich leicht reinigen lassen.

Die zum Auftrag der Flüssigkeit auf den gesponnenen Polyesterfaden dienenden Scheiben können wie die Treibwalzen mit ihrer Rotationsachse sowohl parallel als auch rechtwinklig zur Maschinenlängsachse angeordnet sein; in beiden Fällen liegen sie genau unterhalb des Spinnschachtes. Bei Längsanordnung sind die Scheiben auf einer durchgehenden Welle angebracht, bei Queranordnung wird ihre Rotation durch eine gemeinsame Welle über Winkelgetriebe bewirkt. Die letztere Ausführung ist günstiger, da sowohl die Scheiben als auch die zugehörigen Flüssigkeitsschalen vor der Maschinenvorderwand liegen und somit besser beobachtet und gereinigt werden können.

Die Scheiben, die wichtigsten Organe der Befeuchtungs- bzw. Präparationsanlage, müssen eine glattgeschliffene Oberfläche bei sehr großer Härte besitzen, da der laufende Faden infolge der hohen Gleitgeschwindigkeit Einschnitte auf den Scheiben verursacht. Am besten bewährt haben sich Scheiben aus keramischen Werkstoffen, speziell aus Sinterkorund, der nach der MOHRschen Skala eine Härte von 8,5—9 aufweist (Diamant = 10). Diese Scheiben werden auch von mit Titandioxid mattierten Fäden kaum angegriffen und haben eine sehr lange Lebensdauer. Auch die Befestigung der Scheiben auf den Wellen muß mit großer Sorgfalt vorgenommen werden, damit auflaufende Fadenwickel leicht entfernt werden können. In dieser Beziehung hat sich die Queranordnung der Scheibenwellen als besonders günstig erwiesen. Es gibt auch Befeuchtungsscheiben, die nicht zylindrisch sind, sondern eine V-förmig eingekerbte Mantelfläche besitzen. Die dadurch gebildete Rille soll mit dem verstärkten Flüssigkeitsfilm einen erhöhten Flüssigkeitsauftrag bewirken.

5.6.1.1.3.4. Fadenführer

Um den kontinuierlich aus dem Spinnschacht austretenden Faden in Form eines Wickels für die Weiterverarbeitung zu speichern, sind außer den unter 5.6.1.1.3.1.—5.6.1.1.3.3. beschriebenen Organen noch mehrere Fadenleitelemente (Fadenführer) erforderlich.

Die Fadenführer sollen derart konstruiert sein, daß sie ein einfaches Ein- und Auflegen des laufenden Fadens von Hand zulassen. In der Regel sind die Fadenführer dem Fadenlauf nach in der Weise angeordnet, daß je ein Fadenführer an der Befeuchtungs- und Präparationsscheibe die einzelnen Fadenkapillaren zusammenfaßt und den Faden ohne seitliche Ablenkung über die Scheiben leitet. Diese Fadenführer müssen radial zur Scheibe verstellbar sein. Damit kann man den Umschlingungswinkel des Fadens an den Befeuchtungs- und Präparationsscheiben einstellen.

Die unmittelbar mit dem Faden in Berührung kommenden Flächen sollen so gestaltet sein, daß die unvermeidlichen Reib- und Bremskräfte möglichst klein sind. Wie bei den Befeuchtungsscheiben haben sich auch hier feinkeramische Teile, vorzugsweise aus Sinterkorund, bewährt, die auf entsprechende Halterungen aufgeschraubt oder -gekittet werden. Sinterkorundteile weisen eine fein-rauhe Oberfläche mit sehr kleinen Reibwerten auf und besitzen außerdem durch ihre große Härte gute Widerstandsfähigkeit gegen Einschnitte durch den Faden. Sie werden von den einschlägigen Herstellerfirmen in vielerlei Formen angeboten und können somit der jeweiligen Aufspulart entsprechend zur Verwendung kommen. Bei der Ausführung der Halterungen soll man darauf achten, daß die sehr spröden Korundteile möglichst bruchsicher befestigt sind und nicht verspannt werden. Ferner muß leichte Reinigungsmöglichkeit bestehen, d. h. die Halterung soll weitgehend abnehm- und abklappbar sein. Für die bruchsichere Ausführung von Sinterkorundleitstiften hat sich deren Einlagerung in Metallrohre bewährt. Zur guten Beobachtung des laufenden Fadens werden die Korundstücke farbig ausgeführt.

5.6.1.2. Aufwickelmaschinen bzw. Ablageorgane für Polyester-Stapelfaser

Die Herstellung von Polyester-Stapelfasern erfolgt bis einschließlich zur Spinnerei im Prinzip nach der gleichen Technologie wie die Produktion von Seiden. Es wird zunächst ein endloser Faden gesponnen, der nach geeigneter Behandlung durch Zerschneiden und weitere Bearbeitung in die Stapelfaser überführt wird.

Die Aufgabenstellung für die Aufwickel- bzw. Abzugsmaschine ist somit die gleiche wie die für die entsprechenden Seidenmaschinen. Doch weisen die Faseraufwickel- bzw. Faserabzugsmaschinen gegenüber den Seidenaufwickelmaschinen einige wesentliche andere Merkmale auf.

Da an die Gleichmäßigkeit des Einzeltiters (Kapillartiter) der gesponnenen Fäden bei Faser nicht die gleiche hohe Anforderung gestellt wird wie bei Seide, können die Maschinen in einigen Teilen einfacher ausgeführt werden. Andererseits soll die Fasermaschine, da ja Fasern in viel größeren Mengen hergestellt und deshalb auch in stärkeren Fäden mit sehr vielen Einzelkapillaren gesponnen werden, möglichst hohe Wickel- bzw. Ablagegewichte zulassen, um eine entsprechende Wirtschaftlichkeit zu gewährleisten. Auch für die meist im Kabel erfolgende Weiterverarbeitung des gesponnenen Fadens zu Stapelfasern sind große Ablagekörper von Vorteil.

Die Arbeits- oder Abzugsgeschwindigkeit von Fasermaschinen liegt jedoch, bedingt durch die langsamere Abwicklung des stärkeren Fadens, nicht so hoch wie die von Seidenmaschinen.

5.6.1.2.1. Aufwicklung bzw. Kabelablage

Bei Fasermaschinen älteren Typs erfolgt die Aufwicklung genauso wie bei den Seidenaufwickelmaschinen, also je Spinnstelle ein Wickelkörper. Später wurden die Fäden von mehreren Spinnstellen zusammengefaßt (s. Bild 5.51.) und einer Aufwickelvorrichtung zugeführt.

Bild 5.51. Unterer Teil einer Spinnmaschine älterer Bauart mit 4-Stellenaufwicklung

Moderne Faser-Aufwickelmaschinen sind so ausgeführt, daß alle auf den Spinnstellen der Maschine gesponnenen Fäden längs der Maschine entlang geführt, zu einem Kabel zusammengefaßt und mit einem Wickelbock auf große Hülsen zu Wickeln von 50 kg Nettogewicht oder mehr aufgespult werden.

Um noch größere Nettogewichte zu erreichen und Schwierigkeiten im Aufbau der Fadenwickel und beim Transport zu vermeiden, wird das Kabel in Spinnkannen abgelegt (Bild 5.52.). Diese oben offenen Behälter aus Alublech oder aus Kunststoff mit meist quadratischer Grundfläche von 500 × 500 mm und senkrechten Seitenwänden nehmen Spinngut-Mengen von 200 kg und mehr auf. Das Fadenbündel bzw. Kabel wird durch eine mechanische oder pneumatische Ablegevorrichtung, die eine entsprechende Changiervorrichtung hat, so in die Kanne gelegt, daß sich diese gleichmäßig füllt und beim Abzug des Fadens ein guter schlingenfreier Ablauf möglich ist.

Bild 5.52. Kannenablageeinrichtung für Spinnfäden-Bündel (Fa. NEUMAG, Neumünster, BRD)

Sowohl die Kabelwickelböcke als auch die Kannenablage-Vorrichtung sind mit automatischen Spulen bzw. Kannenwechselvorrichtungen versehen, die es gestatten, gleiche Lauflängen zu erzeugen. Voraussetzung für diese Groß-Wickeleinrichtungen sind bei allen Maschinen jedoch einwandfrei funktionierende Spinnköpfe, damit innerhalb der Kabel durch Einzelkapillarbrüche keine Enden entstehen können.

5.6.1.2.1.1. Changierung

Bei der Sammlung der gesponnenen Fäden auf Wickelkörpern gilt für die Fadenchangierung das gleiche wie bei den Seidenmaschinen. Sie ist jedoch für Fasermaschinen wesentlich kräftiger auszuführen. Zur Erzielung einwandfreier Stirnflächen wird häufig mit Hubverkürzung gearbeitet.

Bei der Kannenablage erfolgt die Fadenverlegung in der Regel durch den Kannenträger. Bei Verwendung von viereckigen Kannen erfolgt die Verlegung durch eine Längs- und Querchangierung.

Die optimale Füllung von runden Kannen wird beispielsweise dadurch erreicht, daß ein Paar Ablegewalzen an einem Schwenkarm angeordnet sind. Der Schwenkarm wird über eine Kurvenscheibe mit durch Wechselräder einstellbarer Geschwindigkeit so angetrieben, daß das Band gleichmäßig in die sich drehende Kanne abgelegt wird. Neben der Schwenkarmgeschwindigkeit ist auch die Drehtellergeschwindigkeit abhängig von dem abzulegenden Material einstellbar. Einige Betriebe wählen Durchmesser der Kannen von 1 m mit einem Inhalt von ca. 1 m^3.

5.6.1.2.1.2. Befeuchtungs- und Präparationseinrichtungen

Die Befeuchtungs- und Präparationseinrichtungen der Fasermaschinen sind prinzipiell genauso ausgeführt wie die der Seidenmaschinen, jedoch soll die Breite der Scheiben nicht unter 40 mm liegen, um eine einwandfreie Benetzung des vielkapillarigen Fadens zu erreichen.

Jede Abzugsstelle wird mit einer oder mehreren Präparations- oder Befeuchtungsstellen versehen. Abtropfende Präparationsflüssigkeit wird in einer Tropfrinne gesammelt.

5.6.1.2.1.3. Fadenführung

Die benetzten Fäden werden unterhalb der Benetzungseinrichtung (Scheiben oder Düsen) umgelenkt und zu der am Maschinenende befindlichen Ablage geführt. Für die Umlenkung werden sowohl durch Reluktanzmotoren angetriebene Galetten, kugelgelagerte Umlenkrollen als auch feststehende Fadenführer eingesetzt.

Bei Verwendung von angetriebenen Galetten für die Umlenkung kann die erforderliche Geschwindigkeitsdifferenz zu den Abzugsgaletten an der Ableigeeinrichtung bzw. Aufwickeleinrichtung durch Vergrößerung des Durchmessers erfolgen.

Die Abzugsgaletten können auch durch einen separaten Generator angetrieben und die Geschwindigkeitsdifferenz über ein Feinregelgetriebe erreicht werden. Zur Erleichterung des Anspinnens werden unterhalb der Umlenkeinrichtungen Hilfsgaletten angeordnet.

Die unter 5.6.1.2.2. genannten Ablegewalzen sind zur Verminderung der Gefahr einer Wickelbildung verzahnt. Sie werden ebenfalls durch einen frequenzgesteuerten Motor angetrieben und laufen mit einer einstellbaren Voreilung gegenüber der Grundgeschwindigkeit.

Nach Erreichen der eingestellten Meterzahl werden die Kannen in der Regel automatisch gewechselt. Damit werden gleiche Kannenfüllungen bzw. Wickelmassen erzielt. Signal- und Sicherheitseinrichtungen bei Wickelbildungen an den verzahnten Abzugswalzen in Verbindung mit einer Bandabschneide- und Absaugvorrichtung ergänzen die Anlage.

5.6.2. *Spinnstreckmaschinen*

Spinnstreckverfahren, auch Streckspinnverfahren genannt, kommen seit Jahrzehnten bei der Produktion von künstlichen Fäden, insbesondere bei der Erzeugung von Regeneratfäden zur Anwendung [114, 115, 116].

Auch bei der Verspinnung von Schmelzen hochpolymerer linearer Verbindungen, wie solchen aus Polyamiden oder Polyestern, ging man frühzeitig daran, die Schmelze in einem Arbeitsgang zu verspinnen und zu verstrecken.

Zahlreiche Untersuchungsberichte und durch Patente geschützte Verfahren und Vorrichtungen über das Spinnstrecken und auch über das Schnellspinnen, das ebenfalls gleich zu ausgestreckten Polyamid- oder Polyesterfäden führen kann, liegen vor [117, 126, 149, 150, 151].

Drähte, Borsten und dgl. aus Schmelzen linearer Hochpolymerer werden fast nur noch auf dem Wege der Direktverspinnung hergestellt. Die frischgesponnenen und durch Wasser abgekühlten groben Fäden (Drähte) werden sofort im Anschluß an den Spinnprozeß in die Streckaggregate geleitet und dort zwischen Walzentrios oder durch andere Vorrichtungen ausgestreckt. Die in einigen Ländern angewandten Spinnstreckverfahren für Polyamidseide [127] oder Polyamidfasern [128] (siehe auch Kap. 9.2.2.) haben technologisch einige Vorteile, liefern jedoch Produkte, die in der Qualität mit den auf getrennten Maschinen (siehe Kap. 6.2.) hergestellten Fäden noch nicht konkurrieren können [128, 148].

Bild 5.53. Spinnstreckmaschine für technische Fäden aus Polyestern u. dgl. (Fa. BARMAG, BRD)

Auch auf dem Gebiet des Maschinenbaues hat man sich in den letzten Jahren intensiv mit der Entwicklung von Spinnstreck- und Schnellspinnmaschinen beschäftigt und maschinentechnisch beachtliche Erfolge erzielt.

Spinnstreckmaschinen werden in der Regel einseitig in Baukastenbauweise gefertigt. Sie gestatten damit eine feldweise Verlängerung bis zu einer für den Betreiber optimalen Einheit. Pro Feld werden 2 Spinnstellen angeordnet, pro Spinnstelle bis zu 4 Fäden abgezogen, verstreckt und aufgewickelt [130].

Während für die Aufspulung der grobtitrigen und technischen Seiden im Bereich bis ca. 2500 m/min noch der Treibwalzenantrieb in Verbindung mit einer Fadenverlegung über eine Schlitztrommel (Bild 5.53.) möglich ist, werden die bis ca. 4000 m/min Aufwickelgeschwindigkeit arbeitenden Spinnstreckmaschinen für textile Seiden oft mit Präzisionskreuzspulköpfen ausgerüstet.

Bild 5.54. zeigt den unter 5.6.1.1.3.1. beschriebenen Hochgeschwindigkeitswickler. Er ist als Einschubeinheit konstruiert und gestattet, in 2 Reihen versetzt übereinander angeordnet, das vierfädige Spinnen pro Spinnstelle bei einer Teilung von 600 mm. Beim Einsatz von 207 mm langen Hülsen werden dabei 7,5 kg schwere Einheiten pro Hülse erreicht.

Bild 5.54. Hochgeschwindigkeitswickler der Fa. IWKA, Karlsruhe, BRD

Die Haupteinsatzgebiete der Spinnstreckmaschinen liegen aus ökonomischen Gründen im Bereich der grobtitrigen Fäden bis zu einer Feinheit von etwa 7,6 tex (Nm 130). Da feinere Fäden heute im allgemeinen 8- bis 16fach gesponnen werden, kann die Spinnstreckmaschine in diesem Feinheitsbereich in der heutigen Ausführung noch nicht konkurrieren. Das Auflegen von 8 oder 16 Fäden wird aus Gründen der manuellen Fertigkeit auf den Spinnstreckmaschinen nicht mehr beherrscht.

Stellvertretend für die heute bereits auf dem Markt befindlichen Spinnstreckmaschinen soll hier die in Bild 5.55. gezeigte Maschine beschrieben werden. Die aus dem Spinnschacht austretenden Fäden laufen zunächst über zwei Präparationsgaletten. Sie haben einen Durchmesser von 150 mm, sind 60 mm breit und aus

Sinterkorund gefertigt. Sie stehen mit ihrer Achse quer zur Frontplatte, so daß die Fäden im Spinnschacht und nicht auf der kurzen Strecke zwischen den Präparationsgaletten und den Abzugsgaletten gedreht werden müssen. Jede Galette wird einzeln durch einen Drehstrommotor mit 0,055 kW Leistung angetrieben. Über ein kleines, stufenlos regelbares Getriebe wird die Drehzahl zwischen 3 und 27 U/min eingestellt. Hinter den Präparationsgaletten sind fein einstellbare Fadenbremsen angeordnet, die den Fäden genau die gewünschte Fadenspannung verleihen und sie beruhigen. Von den Fadenbremsen laufen die Fäden auf das erste Galettenpaar und nach 5- bis 10maliger Umschlingung anschließend zum nächsten Galettenpaar (s. Bild 5.55.). Das Anlegen der Fäden geschieht dabei mit Hilfe einer Saugpistole. Durch die Schrägstellung der Galetten stellt sich von selbst der Abstand zwischen den Windungen und durch spezielle

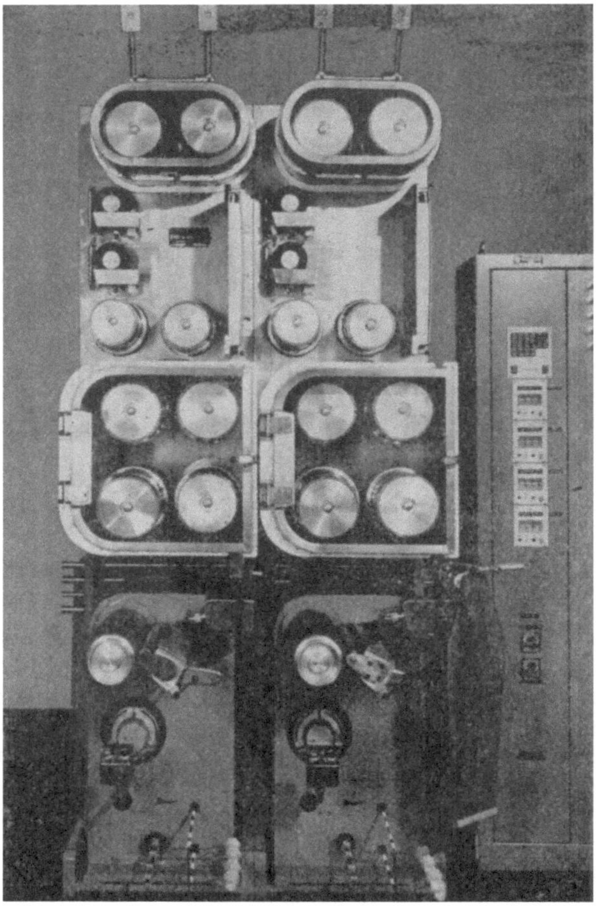

Bild 5.55. Spinnstreckmaschine für Polyesterfäden usw. (Fa. Blaschke, Endersbach)

Fadenführer der zwischen den einzelnen Fäden ein. Die Schrägstellung der Galetten ist feinheitsabhängig und kann bei Umstellung der Maschine verändert werden.

Die Abzugsgaletten haben einen Durchmesser von 160 mm und sind 150 mm breit. Sie besitzen auf $^2/_3$ ihrer Breite eine polierte Oberfläche. Um einen leichten Ablauf des Fadens zu erreichen, ist das vordere Drittel mattverchromt. Die Galetten werden einzeln durch Synchronmotoren angetrieben. Die Motoren haben bei 1000 U/min und 50 Hz eine Leistung von 0,37 kW. Das zweite Galettenpaar bilden die Verstreckgaletten. Die Galetten werden elektrisch beheizt. Bei einer Heiztemperatur bis max. 250 °C wird eine Heizleistung von 2,25 kW installiert. Die Galettenheizung erfolgt durch Infrarot-Heizsysteme. Bei der genannten Heizleistung von 2,25 kW werden 9 Quarzglasheizstäbe im Inneren der Galette stationär angeordnet. Die Temperatur wird über Tyristoren automatisch und stetig dem Sollwert angeglichen. Die Temperaturmessung ist sowohl über stationäre wie über mitrotierende Temperaturfühler möglich.

Die Verstreckgaletten für textile Titer haben einen Durchmesser von etwa 190 mm. 12 Quarzglasheizstäbe bringen eine Heizleistung von 3 kW. Die eingesetzten Synchronmotoren leisten bei 1500 U/min und 50 Hz 0,625 kW.

Der Bereich der Geschwindigkeit der Verstreckgaletten beträgt für textile Seide 600—3600 U/min. Zwischen den Abzugs- und Verstreckgaletten beträgt die Länge der Verstreckzone ca. 300 mm. Um zu verhindern, daß die Fäden in dieser Zone abkühlen. wird eine Heizplatte untergebracht.

Ein weiteres Galettenpaar dient dazu, die Fäden nachzuverstrecken bzw. zu fixieren. Im Aufbau und den Abmessungen entsprechen diese Galetten den oben beschriebenen Verstreckgaletten. Wahlweise kann die Maschine mit einem 4. Galettenpaar ausgerüstet werden. Damit wird insgesamt eine Hauptverstreckung, eine Nachverstreckung und eine Schrumpfung möglich.

Vor der Aufspulung ist eine dritte Präparationseinrichtung angeordnet. Sie korrigiert den Verlust an Präparation, der durch die Heißbehandlung entstanden ist und trägt entscheidend zur Verbesserung der Fadenqualität und des Spulenaufbaus bei.

Für die Aufwicklung werden die Spulköpfe für max. 2200 m/min, in einigen Modellen auch für max 3600 m/min eingesetzt. Über die Fadenspannung wird die Geschwindigkeit durch einen Tänzerarm selbständig geregelt. Zum Antrieb dient ein Drehstrom-Scheibenläufermotor mit 0,55 kW in der ersten und 1,0 kW in der zweiten Type. Es wird eine Präzisionswicklung aufgebaut, wobei der Fadenführer durch eine Kehrgewindespindel angetrieben wird.

Bei der Herstellung von 2 Auflaufkörpern je Spulkopf kommen zwei 190 mm lange Hülsen zum Einsatz. Die erreichbaren Wickelgewichte werden für Polyesterseide mit 8 kg angegeben. Beim Vierfachspinnen werden zwei halbe Wickel je Hülse hergestellt. Der Hub beträgt dabei 73 mm, die erreichbaren Wickelgewichte 3,5 kg.

Für eine verlustlose Fadenumlegung sind Doppelspulköpfe vorgesehen.

Die Galettenpaare der einzelnen Stufen werden von je einem Frequenzumformer gespeist. Eine Maschine mit vier Galettenpaaren wird also mit vier Frequenzumformern ausgerüstet. Bei Maschinen mit 1—8 Spinnstellen wird dem rotierenden Frequenzumformer aus ökonomischen Gründen der Vorzug gegeben. Für größere Einheiten wird ein Einsatz statischer Umformer bevorzugt.

5.6.3. *Polyester-Spinnvliese („Spunbondeds")*

In den letzten Jahren haben sich in der Industrie Verfahren und Anlagen durchgesetzt, die die aus Schmelzen linearer Hochpolymerer gesponnenen Fäden nicht auf Spulen aufwickeln oder zu Bündeln vereinigt in Kannen legen (siehe 5.6.1.2.1.), sondern diese Fäden bzw. Fadenbündel auf ein Transportband, Transportsieb oder eine Siebtrommel zu einem Spinnvlies ablegen, wobei die Fäden vorher durch einen Heißluftstrom, ein Walzensystem oder dgl. mehr oder weniger ausgereckt werden [134, 135, 141].

Nach einem Herstellungsverfahren, beruhend auf Patent FP 1364916 von C. Freudenberg, wird das polymere Granulat in üblicher Weise (siehe Bild 5.56)

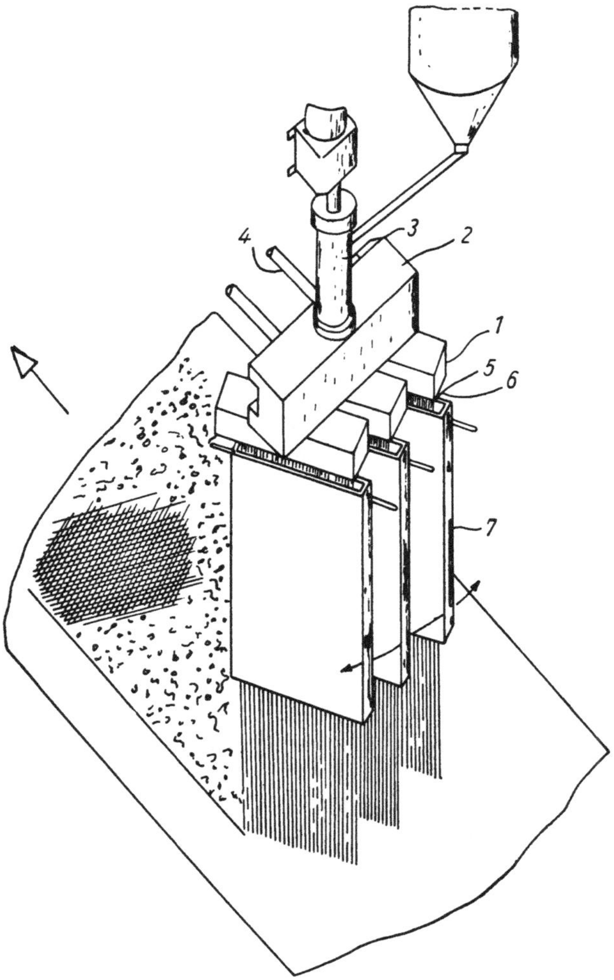

Bild 5.56. Schematische Darstellung der Erzeugung eines Schmelzspinnverbundstoffes (C. Freudenberg, BRD)

aufgeschmolzen (3) und mittels Spinnpumpen (4) über einen Verteilerkopf (2) den Spinndüsen (1) zugeleitet. Die aus einer Vielzahl von Düsenlöchern austretenden Fäden (5) werden von zwei Seiten von heißen Druckluftströmen erfaßt, gereckt und durch die Kanäle (7) auf ein Transportband aus Siebgewebe oder eine perforierte Trommel transportiert. Hier erfolgt die Ablage in Form eines Wirrvlieses. Durch eine unter dem Siebgewebe befindliche Ansaugvorrichtung und durch andere Maßnahmen, wie Imprägnierung, Einwirkung von Hitze oder Anpressen kann das Vlies verfestigt werden.

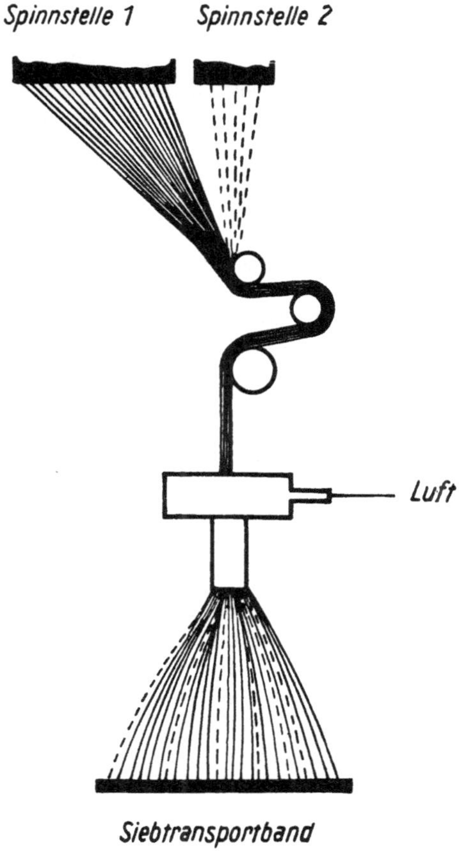

Bild 5.57. Polyester-Schmelzspinnverbundstoff, hergestellt mit Hilfe von Copolyesterfäden als Bindefaser

Nach einem Verfahren von Du Pont [132, 141] können aus gutverklebten Polyesterfäden Vliese hergestellt werden, wenn, wie Bild 5.57. zeigt, die Fäden von zwei verschiedenen Polyesterschmelzen aus getrennten Spinndüsen versponnen und zusammengeführt werden, worauf das Fadenbündel gemeinsam gereckt und als Vlies abgelegt wird.

Aus Spinnstelle 1 (Bild 5.57.) kann beispielsweise eine Schmelze aus Polyäthylenglykolterephthalat und aus Spinnstelle 2 ein Copolyester, hergestellt aus Glykol und einem Gemisch von Terephthalsäure und Isophthalsäure, versponnen werden. Die Fäden aus dem Copolyester erstarren langsamer und schmelzen tiefer als die aus dem Polyäthylenglykolterephthalat und wirken als Bindefaser im Vliesverband. Durch Behandlung der Fäden bzw. des Vlieses mit Heißluft, Dampf oder Heißwasser schrumpfen die Fäden aus dem Copolyester stärker als die anderen und erzielen durch die eintretende starke Kräuselung eine weitere Verfestigung des Vlieses.

Anstelle von zwei Fadenbündeln aus verschiedenartigen Polyesterschmelzen kann auch ein einziges Fadenbündel aus Bikomponenten-Fäden ersponnen und zur Vliesbildung eingesetzt werden. Wie unter 5.3.2.4. bereits ausgeführt, liegen jedoch bei diesen Bikomponenten-Fäden auch zwei verschiedenartige Polyester oder beispielsweise eine Kombination von Polyamid und Polyester vor, wodurch bei Nachbehandlung der Fäden eine starke Schrumpfung bzw. eine Kräuselung hervorgerufen wird. Über Einzelheiten und mannigfaltige Varianten der Spinnvlieserzeugung wurde in zahlreichen Veröffentlichungen berichtet [131—142].

5.7. Flachfäden (Folienbändchen) aus Kunststoff-Folien

Während, wie unter 5.3. beschrieben, die Herstellung von Fäden aus Polyesterschmelzen in der Weise erfolgt, daß die Schmelzen durch Spinnpumpen, Förderschnecken oder dergleichen den Spinndüsen zugeführt und durch die feinen Öffnungen dieser Düsen zu Fäden verformt werden, haben sich in den letzten Jahren Verfahren zur Fädenerzeugung herausgebildet, die sich von den bisherigen Spinnverfahren prinzipiell unterscheiden und für einige Kunststoffäden, z. B. solche aus Polyäthylen und Polypropylen schon heute als umwälzend und industrieverändernd anzusehen sind. Nach Ansicht von Fachleuten [143, 144] lassen sich diese neuen Verfahren auch auf Polyesterschmelzen anwenden, d. h. Vergießen der Schmelzen zu Folien und Aufschneiden der Folien in zahlreiche schmale Bändchen. Das Prinzip des Herstellungsverfahrens dieser Flachfäden ist aus Bild 5.58. und 5.59. ersichtlich. Die Anlage besteht aus einem Extruder, in dem das Granulat aufgeschmolzen und die Schmelze durch die Extruderschnecke einer Breitschlitzdüse (Bild 5.58.) oder eine Ringdüse (Bild 5.59.) zugeführt und zu einer Flachfolie bzw. einer Schlauchfolie verformt wird. Die Folie wird um ein Vielfaches gereckt und durch eine Schneidvorrichtung in schmale Streifen geschnitten. Je nach Foliendicke, Schnittbreite, Verstreckungsgrad usw. werden feine Flachfäden erhalten, die aufgewickelt oder fibrilliert direkt oder über Spulen indirekt den Verarbeitungsmaschinen vorgelegt werden.

Die Einsatzgebiete für diese Folienbänder — wie oben gesagt, hauptsächlich solche aus Polyolefinen — sind noch begrenzt, wenn auch hinsichtlich der Breite, Dicke bzw. des Titers große Variationsmöglichkeiten bestehen [143—146]. Einsatzmöglichkeiten für diese monoaxial gereckten Folienbänder zeigen Bild 5.60. und 5.61. Im Bild 5.62. sind zwei Spulen mit monoaxial gereckten Folienbändchen, in Bild 5.63. [143] Webbändchen beim Ablauf von Teilkettbäumen in den Webstuhl und in Bild 5.64. [147] eine Folienzerteilung direkt vor Einlauf in den Webstuhl abgebildet. Auf dem Markt werden zahlreiche Maschinen und Anlagen für die Flächenfädenproduktion angeboten, worüber von H. Holtappels ausführlich berichtet wird [146].

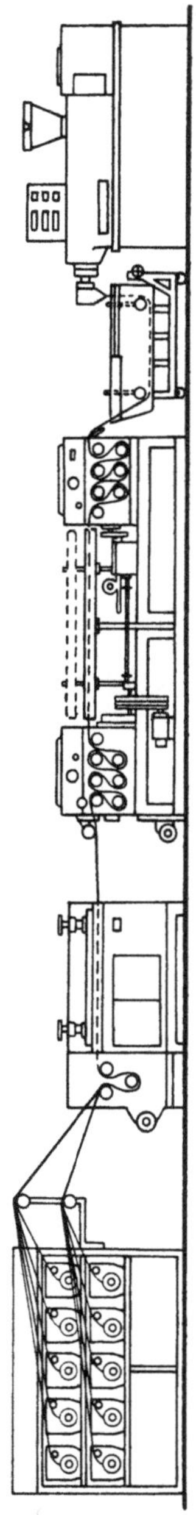

Bild 5.58. Schema einer Anlage zur Herstellung gesplissener Bändchen unter Verwendung einer Breitschlitzdüse [146]

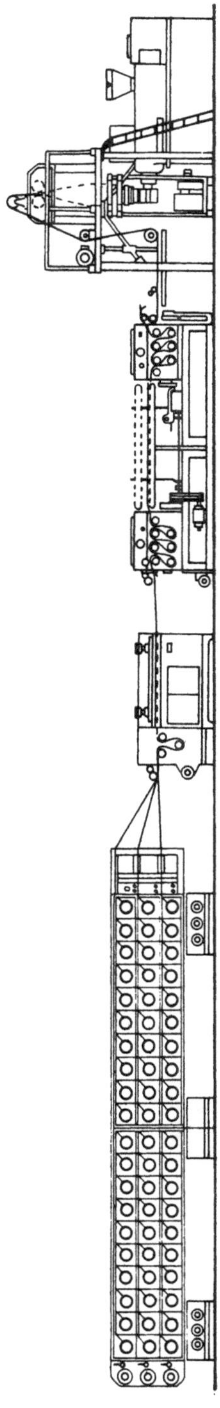

Bild 5.59. Schema einer Anlage für Flachfäden-Herstellung mit senkrechter Schlauchfolienextrusion [146]

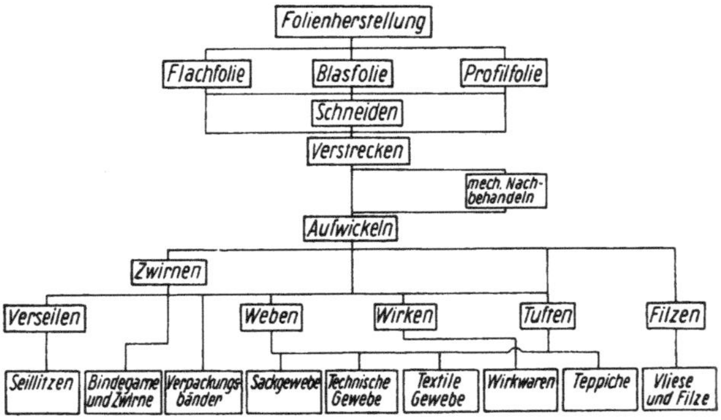

Bild 5.60. Herstellungsgang und Einsatzgebiete monoaxial gereckter Folienbänder [144]

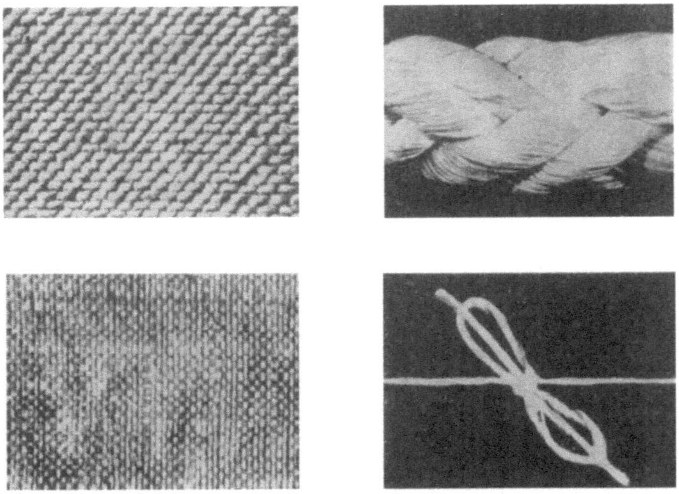

Bild 5.61. Teppich- und Sackgewebe, Tau und Bindegarn aus monoaxial gereckten Folienbändchen [143]

Bild 5.62. Monoaxial gereckte Flachfäden aus Folien auf Kreuzspule und Scheibenspule [143]

Bild 5.63. Ablauf von Folienbändchen von Teilkettbäumen in den Webstuhl [143]

Bild 5.64. Schneiden einer verstreckten Kunststoff-Gießfolie zu Bändchen direkt vor Einlauf dieser Bändchen in den Webstuhl [147]

5.8. Literaturangaben

[1] Carothers, W. H.: J. Amer. Chem. Soc. 51 (1929), 2548. Vol. I „High Polymers", Collected Papers of W. H. Carothers. Interscience Publishers, New York, 1940; U. S. P. 2130948 (1937).

[2] De Witt Graves, G.: U. S. P. 2253176 v. 9. 8. 1938, U. S. P. 2273188 v. 12. 4. 1939; D. B. P. 740273.

[3] Ludewig, H.: Kontinuierliche Herstellung und Verarbeitung von Perlon nach dem VK-Verfahren; Faserforsch. u. Textiltechn. 2 (1951) 341.

[4] Ludewig, H., Griessbach, W., Kemnitz, W. und Weidemann, O.: D. P. [DDR] 14486 (1955).

[5] Riggert, K.: Neue Wege bei der Herstellung von Polyester- und Polyamid-Faserstoffen. Chemiefasern 17 (1967) 428–436.

[6] Fourné, H. und Fourné, F.: Neue Entwicklungen auf dem Gebiet der synthetischen Fasern (I); Textil-Praxis **13** (1958) 11, 1128.
Fourné, H. und Fourné, F.: Neue Entwicklungen auf dem Gebiet der synthetischen Fasern (II); Textil-Praxis **13** (1958) 12, 1209.

[7] Nawrath, G., Schnegg, R. und Haberstroh, O.: D. A. S. 1118394 (1956). Schweiz. P. 358541 (1957).

[8] Klare, H., Fritzsche, E. und Gröbe, V.: Synthetische Fasern aus Polyamiden. Akademie-Verlag, Berlin (1963), Seite 253.

[9] Schenkel, G.: Stand und Entwicklung der Extruderpraxis; Kunststoffe **51** (1961) 11, 717.

[10] Beck, E.: Weitere Erkenntnisse beim Strangpressen mit schnellaufenden Schnecken; Kunststoffe **47** (1957) 5, 250; **49** (1959) 7, 315.

[11] Seeber, P.: Ein neuer Extrudertyp mit kurzer, langsam laufender Schnecke; Kunststoffe **50** (1960) 4, 261.

[12] Rodenacker, W.: Toleranzen von Extrudererzeugnissen und ihr Einfluß auf die Extruderkonstruktion. Werkstatt-Technik **52** (1962) 11, 571–576.
D. B. P. 1153156, Brit. P. 924108.

[13] Jakobi, H. R.: Grundlagen der Extrudertechnik. Carl-Hanser-Verlag, München (1960).

[14] Mink, W.: Grundzüge der Extrudertechnik. Rudolf-Zechner-Verlag, Speyer (1964).

[15] Fisher, E. G.: Extrusion of Plastics. Iliffe & Sons, London.

[16] Griff, A. L.: Plastics Extrusion Technology. Reinhold Publishing Corp., New York.

[17] Westover, R. F.: Melt Extrusion in Encyclopedia of Polymer Science and Technology; Vol. 8, 533–586 (1968), J. Wiley & Sons Inc.

[18] Weisser, W.: Elektrische Ausrüstungen für Spinnextruder. Chemiefasern **21** (1971) 634–636.

[19] Kunzmann, G.: Sumpfniveauregelung in Schmelzspinnköpfen. Z-msr (messen — steuern — regeln) **11** (1960) 491.

[20] Klare, H.: Technologie und Chemie der synthetischen Fasern aus Polyamiden. Verlag Technik, Berlin 1954, S. 145. Akademie-Verlag, Berlin 1963, S. 290–293.
Das Verspinnen von Caprolactam-Polymerisaten nach dem Bandspinnverfahren. Faserforschung und Textiltechnik **2** (1951) 4, 131.

[21] Herold, E.: D. P. [DDR] 4223 (1951).

[22] Graves, G. D.: U. S. P. 2278875 (1938), D. R. P. 742867, Brit. P. 535186.

[23] Graves, G. D. u. a.: U. S. P. 2266363 (1938), U. S. P. 2211946 (1938).

[24] Ludewig, H. und Meyer, H.: D. P. [DDR] 29467 (1955).

[25] Kemnitz, W. und Griessbach, W.: D. P. [DDR] 19045 (1956); D. P. [DDR] 19957 (1957).

[26] Ludewig, H., Meyer, H., Scherbaum, K., Lochelfeld, W.: D. P. [DDR] 13500 (1955).

[27] SCHERBAUM, K., LOCHELFELD, W., KELLERMANN, H.: D. P. [DDR] 10261 (1954).
[28] CHEVALIER, P.: F. P. 955625 (1947).
[29] WOOD, L. und HILL, A. A.: Brit. P. 710087 (1950), F. P. 1043961, Schweiz. P. 299994, Belg. P. 506412.
[30] SHAW, G.: U. S. P. 2637893 (1949).
[31] BOLLAND, F.: D. P. [DDR] 11746 (1954), 19034 (1955), 22720 (1955), 29227 (1961), Brit. P. 853062 (1957).
[32] LUDEWIG, H.: Tschech. P. 87401, Poln. P. 43973, Brit. P. 816877 (1955), It. P. 544427, Schweiz. P. 339693 (Prior. Jan. bzw. Aug. 1955).
[33] LUDEWIG, H.: D. P. [DDR] 22607 (1955), 23616 (1956), 32870 (1961).
[34] HAYDEN, R. B.: (Soc. Rhodiaceta) F. P. 1096943 (1954); Belg. P. 526106 (1854).
[35] SIEMER, G., LAURISCH, H., STÖCKIGT, W.: D. P. [DDR] 18163 (1955), 21917 (1955), 23829 (1955); Brit. P. 843179 (1956).
[36] HOLZMANN, H.: D. B. P. 914304 (1941); D. B. P. 948732 (1952); D. B. P. 1102339 (1953).
[37] BEHM, W.: D. P. [DDR] 14882 (1955), 21966 (1958).
[38] Du Pont de Nemours, USA: Brit. P. 924087 (1959); Brit. P. 924090 (1960); U. S. P. 3109195.
[39] Snia Viscosa, Italien: F. P. 1358093 (1963).
[40] N. V. Onderzoekingsinstituut Research, Niederlande: Brit. P. 986990 (1963).
[41] BIESER, H. und HESSE, R.: Querschnitte von endlosen synthetischen Chemiefasern im Hinblick auf Verarbeitung und Anwendungsgebiete. Chemiefasern **17** (1967) 262—268.
[42] CHANG DAE HAN: Rheologie des Erspinnens von Profilfasern. J. appl. Polymer Sci. **15** (1971) 5, 1091—1097.
[43] KERN, H. und LOCHELFELD, W.: D. P. [DDR] 64540.
[44] British Nylon Spinners: Brit. P. 953399 (1961).
[45] Du Pont de Nemours: U. S. P. 3111805 (1959); U. S. P. 3017686 (1957); Brit. P. 950429 (1962); Brit. P. 994336 (1965); D. O. S. 1494730 (1965).
[46] Soc. de la Viscose Suisse: D. A. S. 1191072 (1965); Brit. P. 965729 (1962).
[47] Inventa A. G. Luzern: Schweiz. P. 454344 (1968).
[48] KERN, H.: D. P. [DDR] 62892 (1967), 63117 (1967), 59365 (1966); Vorrichtungen zum Erspinnen von Verbundfäden.
[49] TIPPETTS, E. A.: Faser-Engineering zum Erreichen bestimmter Endeigenschaften. Zeitschr. f. d. ges. Textilindustrie **68** (1966) 639—647.
[50] KRAPOTKIN, V. P., KREMER, E. B., AJZENSTEJN, E. M.: Über die Herstellung von Bikomponenten-Faserstoffen. Chim. Volokna (1968) 2, 7—9; deutsch in: Sowj. Beiträge Faserforschung und Textiltechnik **5** (1968) 8, 406—409.
[51] Kanegafuchi Boseki Kabushiki Kaisha, Tokio: Brit. P. 1048370 (1966); Komponentenfäden.
[52] KERN, H.: D. P. [DDR] 65631 (1967), 55748 (1965), 60384 (1966).
[53] FOURNÉ, F.: Bikomponentengarn; Chemiefasern **14** (1964) 728—731; Chemiefasern **18** (1968) 353—359.
[54] MARK, H. F., ATLAS, S. M., CERNIA, E.: Man Made Fibers, Science and Technology; Vol. 1, 375—408. Interscience Publishers J. Wiley, New York, London, Sidney (1967).
[55] KERN, H. und KONKIN, A. A.: Herstellung von Bikomponenten-Faserstoffen aus synthetischen Materialien. Chim. Volokna (Chem. Fasern) 1967, 3, 1—7.
[56] Kanegafuchi Spinning Co. Ltd., Tokio: Jap. P. 14188/68 (1968), Konjugierte Polyamidfäden.
[57] BUSKIES, D. und KERN, H.: Herstellung von Bikomponenten-Faserstoffen auf Basis von Polyamiden. Faserforsch. u. Textiltechnik **21** (1970) 435—441.
[58] EL-SHIEKH, A. u. a.: Der Mechanismus der Bikomponenten-Fasern; Teil I, Theoretische Analyse. Textile Res. J. **11** (1971) 4, 281—297.

[59] KUHN, B.: Reinigung von Spinndüsen nach dem Kolene-Verfahren. Kunststoffe **48** (1958) 555; Kunststoffe **52** (1962) 487.

[60] HEATH, R. L. (ICI): Brit. P. 610136 (1946).

[61] ZIABICKI, A. und KEDZIERSKA, K.: Mechanical Aspects of Fibre Spinning Process in Molten Polymers. I. Stream Diameter and Velocity Distribution along the Spinning Way. Kolloid-Z. **171** (1960) 51—61.

[62] ZIABICKI, A. und KEDZIERSKA, K.: Mechanical Aspects of Fibre Spinning Process in Molten Polymers. II. Stream Broadening after the Exit from the Channel of Spinneret. Kolloid-Z. **171** (1960) 111—119.

[63] ZIABICKI, A.: Mechanical Aspects of Fibre Spinning Process in Molten Polymers. III. Tensile Force and Stress. Kolloid-Z. **175** (1961) 14—27.

[64] ZIABICKI, A., IN MARK, H. F., ATLAS, S. M., CERNIA, E.: Man-Made Fibers, Science and Technology, Vol. 1, Interscience Publishers, John Wiley and Sons, Inc., New York 1967.

[65] PECHOČ, V.: Wärmetechnische Berechnungen zum Spinnprozeß synthetischer Fasern. Faserforsch. u. Textiltechn. **10** (1959) 2, 62—67.

[66] ANDREWS, E. H.: Cooling of a spinning thread-line. Brit. J. appl. Physics **10** (1959) 39—43.

[67] KASE, S. und MATSUO, T.: Studies on melt spinning. I. Fundamental equations on the dynamics of melt spinning. J. Polymer Sci. A, General Papers **3** (1965) 2541—2554.

[68] WILHELM, G.: Die Abkühlung eines aus der Schmelze gesponnenen polymeren Fadens im Spinnschacht. Kolloid-Z. **208** (1966) 2, 97—123.

[69] KASE, S. und MATSUO, T.: Studies on melt spinning. II. Steadystate and transient solutions of fundamental equations compared with experimental results. J. Polymer Sci. A, General Papers **11** (1967) 251—276.

[70] CONTI, W. und SORTA, E.: Über die Abkühlung des spinnenden Fadens. Faserforsch. u. Textiltechn. **21** (1970) 12, 509—513.

[71] FARROW, G., HILL, E. S. und Weinle, P. L.: Polyester Fibers, in Encyclopedia of Polymer Science and Technology Vol. 11, S. 7—11, Interscience Publishers, John Wiley and Sons, Inc., 1969.

[72] REYNOLDS, R. J. W., IN HILL, R.: Fasern aus synthetischen Polymeren, Stuttgart, 1956.

[73] CAROTHERS, W. H., VAN NATTA, F. J.: Studies of Polymerization and Ring-Formation. XVIII. Polyesters from ω-Hydroxydecanoic Acid. J. Amer. Chem. Soc. **55** (1933) 4714.

[74] MICHAILOV, N. V., BUKOV, G. A., GORBAČEVA, V. O. und MAKAROVA, T. P.: Untersuchung des Mechanismus der Erspinnung synthetischer Fasern aus der Schmelze. Chim. Volokna **1** (1959) 33 (russ.).

[75] TORDELLA, J. P.: Rheol. Acta **8** (1958), 216.

[76] CLEGG, P. L.: Rheology of Elastomers. Pergamon Press, Inc., New York, 1958.

[77] KURZKE, H. und SATTLER, H.: Farbwerke Hoechst, DAS 108998 v. 21. 1. 1956, ausg. 29. 9. 1960.

[78] GRÖBE, V. und VERSÄUMER, H.: Zum Problem der Titerschwankungen beim Schmelzspinnen von Polyamiden und Polyestern. Faserforsch. u. Textiltechn. **11** (1960) 2, 90.

[79] GORBAČEVA, V. O. und MICHAILOV, N. V.: Über die Struktur und den Phasenzustand von Fasern aus Polyäthylenterephthalat. Koll.-Z. (russ.) 20 (1958), 38.

[80] HEBELER, H. H.: U. S. P. 2604667 v. 29. 7. 1952.

[81] ROTH, W. und SCHROTH, R.: Über das Spinnen und Strecken von Polykondensatfäden. Teil I. Einfluß der Spinnbedingungen auf den Streckvorgang. Faserforsch. u. Textiltechn. **11** (1960) 7, 312—319.

[82] ROTH, W. und SCHROTH, R.: Über das Spinnen und Strecken von Polykondensatfäden. Teil II. Verstreckung unter verschiedenen Bedingungen. Faserforsch. u. Textiltechn. **11** (1960) 8, 365—373.

[83] SCHROTH, R.: Einfluß der Spinnorientierung auf die Struktur und die Eigenschaften gereckter Polyäthylenterephthalatfäden. Faserforsch. u. Textiltechn. **20** (1969) 12, 561—564.

[84] RIGGERT, K.: Fortschritte in der Herstellung von Polyester-Reifenkordgarn. Chemiefasern 21 (1971) Mai, 379—383.
[85] ROTH, W. und SCHROTH, R.: Über das Spinnen und Strecken von Polykondensatfäden. Teil III. Strukturveränderungen von Polyesterfäden durch Wärme- und Quellmitteleinfluß. Faserforsch. u. Textiltechn. 12 (1961) 8, 361—369.
[86] SCHROTH, R.: Orientierungs- und Desorientierungserscheinungen während der Verstreckung und Fixierung amorpher Polyesterfäden. Faserforsch. u. Textiltechn. 19 (1968) 5, 230—235.
[87] ILLERS, K.-H.: Geordnete Strukturen in „amorphem" Polyäthylenterephthalat. Kolloid-Z. 245 (1971) 393—398.
[88] LUDEWIG, H., RAMM, H., ROTH, W. und HANNES, E.: Über die Schrumpfverhältnisse von Polyesterfasern und -seiden. Faserforsch. u. Textiltechn. 11 (1960) 1, 15—21.
[89] LUDEWIG, H. und RICHARDT, H.: D. P. (DDR) 11314 v. 23. 4. 1954.
[90] SATTLER, H.: Untersuchungen an Spinnfäden aus Polyäthylenterephthalat. Kolloid-Z. 187 (1963) 1, 12—18.
[91] Du Pont: It. P. 491633 und 491634 v. 4. 7. 1952.
[92] SAKAJIRI, S.: The Transition of Polyethylene Terephthalate Fiber Birefringence. J. Polymer Sci. 28 (1958) 452—453.
[93] JUILFS, J.: Zur praktischen Prüfung und Bestimmung von Faserdichten. Melliand Textilber. 40 (1959) 963—966, 1136—1139.
[94] GRIEHL, W.: Polyäthylenterephthalat, ein Beispiel für den Bau und das Verhalten linearer Hochpolymerer. Faserforsch. u. Textiltechn. 4 (1953) 9, 380—387.
[95] KOLB, H. J. und IZARD, E. F.: Dilatometric Studies of High Polymers (II). J. appl. Physics 20 (1949) 571—575.
[96] MOORE, W. R. und SHELDON, R. P.: Die Kristallisation von Polyäthylenterephthalat durch organische Flüssigkeiten. Polymer 2 (1961) 315—321.
[97] Holl. P. 92196 v. 2. 5. 1957.
[98] SHELDON, R. P.: Kinetische Untersuchungen der durch Benzol ausgelösten Kristallisation von Polyäthylenterephthalat. Polymer 3 (1962) 27—34.
[99] ZACHMANN, H. G.: Über die Kristallisation von Polyglykolterephthalat bei der Quellung in Aceton. Kolloid-Z. 189 (1963) 67—69.
[100] ZACHMANN, H. G.: Der Einfluß der Kristallinität auf das Quellverhalten von Polyäthylenterephthalat in Aceton. Makromol. Chemie 74 (1964) 29—38.
[101] ZACHMANN, H. G.: Kristallisation von Polyäthylenterephthalat unter dem Einfluß von Quellmitteln. Faserforsch. u. Textiltechn. 18 (1967) 2, 95—102.
[102] ZACHMANN, H. G.: Über die Quellung von kristallinem Polyäthylenterephthalat in organischen Flüssigkeiten. Faserforsch. u. Textiltechn. 18 (1967) 9, 427—432.
[103] ZACHMANN, H. G. und KONRAD, G.: Kinetik der Kristallisation von gequollenem Polyäthylenterephthalat. Makromol. Chemie 118 (1968) 189—210.
[104] BRÜTTING, H. und KRÄNZEL, M.: D. P. (DDR) 9911 ausg. 26. 5. 1955.
[105] KÜMMEL, P.: Spinnpräparationen zum Schmelzflußspinnen von Polyamiden. Melliand-Textilber. 35 (1954) 7, 725.
[106] WEIGAND, H.: Über die Verwendung oberflächenaktiver Substanzen bei der Herstellung und Verarbeitung einiger Chemiefasern. Fette, Seifen, Anstrichmittel 57 (1955) 564—568.
[107] BÜTTNER, R. und JUNG, A.: Untersuchungen verschiedener Tenside und Öle und deren Einfluß auf die Spinnpräparation für Polyamid- und Polyesterfäden. Deutsche Textiltechnik 21 (1971) 493—497.
[108] ICI, D. A. S. 1004768 v. 1. 3. 1955, ausg. 21. 3. 1957.
[109] SWATEK, W.: Aufwickel- und Streckzwirnmaschinen für Synthetics. Chemiefasern 11 (1961) 166—173.
[110] JÄHRIG, G. und KUMM, R.: Entwicklung der Aufspulmaschine für die Chemiefaser-Herstellung. Chemiefasern 12 (1962) 398—401.
[111] BEYER, W.: Das Aufspulen von Synthetic-Filamenten. Chemiefasern 18 (1968) 959—960.

[112] HARPEL, D.: Drehstrom-Mehrmotorenantriebe für Perlonspinnmaschinen, GEIG-Berichte, April—Juni 1958.
[113] SCHMID, M.: Reluktanzmotoren, BBS-Nachrichten, Febr. 1961, 108.
[114] JÄHRLING, R.: Die Herstellung der Zellwolle und Kunstseide. Fachbuchverlag Leipzig, 1957.
[115] ROGOVIN, S. A.: Chemiefasern. Fachbuchverlag Leipzig, 1960.
[116] JÄHRLINQ, R.: Die Welt der Chemiefaserstoffe. Deutscher Verlag für Grundstoffindustrie, 1967.
[117] NATUS, D., SAUER, H.: Einfluß verschiedener Spinnbedingungen auf die Verstreckung. Faserforschung und Textiltechnik **7** (1956) 468—476.
[118] GRIEHL, W., VERSÄUMER, H.: Über das Spinnen von Polykondensatfasern bei hohen Abzugsgeschwindigkeiten (Schnellspinnen). Faserforschung und Textiltechnik **9** (1958) 226.
[119] SAUER, H.: Einfluß der Spinngeschwindigkeit auf die Verstreckung der Perlonseide. Faserforschung und Textiltechnik **7** (1956) 561.
[120] GRIEHL, W.: Schwz. P. 357144 (1958), Spinnstrecken.
[121] GRÖBE, V. und VERSÄUMER, H.: D. P. [DDR] 64773 (1967), Spinnstrecken.
[122] REICHLE, A. und PRIETZSCHK, A. (Bayer Leverkusen): Spinnprozeß und Kristallstrukturen von Perlon-Fäden. Angew. Chemie **74** (1962) 562—569.
[123] BAUER, G., HEINRICH, K., PFANNENSCHMIDT, O. (Farbw. Hoechst): D. P. [DDR] 70339 (1968).
[124] KUBITZEK, H., VON FALKAI, B., REICHLE, A. (Bayer Leverkusen): D. P. [DDR] 77783 (1970), Spinnstrecken von Polyamid-6-Fäden.
[125] HEBELER, H. H. (Du Pont de Nemours): U. S. P. 2604667 (1952).
[126] ROTH, W., SCHROTH, R.: Über das Spinnen und Strecken von Polykondensatfäden. Faserforschung und Textiltechnik **11** (1960) 312—319, 365—373.
[127] STOY, A.: Technologie der synthetischen Seiden. Staatsverlag f. techn. Literatur (SNTL), Prag 1957.
[128] KATORŠNOV, N. D. u. a.: Wege zur Schaffung eines kontinuierlichen Herstellungsverfahrens für Kapron-Fasern. Chim. Volokna (Chem. Fasern), **3** (1959) 11—15.
[129] KLARE, H. u. a.: Synthetische Fasern aus Polyamiden. Akademie-Verlag, Berlin 1963, S. 289—90.
[130] Prospekte über Spinnstreckmaschinen der Firmen IWKK Karlsruhe, Barmag Remscheid-Lennep, Blaschke Endersbach, Fourné Bonn u. a.
[131] Polyester Bonding Fibres. Man Made Textile 411 (1958), 572.
[132] U. S. P. 3117053 (1959), Du Pont de Nemours.
[133] Belg. P. 625229.
[134] JÖRDER, H.: Der Einfluß der Chemiefasern auf die Eigenschaften und Verwendung von Textilverbundstoffen. Chemiefasern **14** (1964) 326—330.
JÖRDER, H.: Neuartige Erzeugnisse auf der Basis nichtgewebter textiler Flächengebilde. Chemiefasern **17** (1967) 730—734.
[135] TICHOMIROV, V. B.: Netkanve Klejenye materialy, Moskva 1966, (Klebvliesstoffe, Moskau 1966).
[136] HUSCHKA, R., KITTELMANN, W., REIF, K. A., BRÄUER, R., WINKLER, W.: Verfahren und Vorrichtungen zur Herstellung eines Schmelzspinnverbundstoffes. D. P. [DDR] 76063 (1968).
[137] SHCALY, O. L.: Spinbonded Textilien — ein neues Konzept der Verwendung faserförmiger Rohstoffe. Oesterr. Chemiker-Zeitung **68** (1967) 5, 147—152.
[138] LACKO, V.: Theoretische Grundlagen der Herstellung von Hochschrumpf-Polyesterfasern. Diss. Liberec/ČSSR (1966).
[139] RUŽEK, V.: Polyester-Schrumpffasern für die Herstellung von Textilverbundstoffen. VII. Int. Kolloq. Brno (1968).

[140] Jörder, H.: Über die Herstellung neuartiger textiler Flächengebilde aus der Schmelze thermoplastischer Kunststoffe. Textilveredlung 2 (1967) 2–8.

[141] Krčma, R.: Handbuch der Textilverbundstoffe. Deutscher Fachverlag, Frankfurt a. Main (1970).

[142] Vliesstoffe – Technischer Entwicklungsstand und Marktaussichten. Herausgeber RKW e. V., Deutscher Fachverlag Frankfurt a. M. (1971).

[143] Hensen, F. und Klawonn, G. W.: Über die Herstellung und Verarbeitung von monoaxial gereckten Folienbändern. Textilpraxis (1967) 329–331, 410–413.

[144] Schrader, Hg.: Monoaxial gereckte Folienbänder – eine bedeutsame Entwicklung auf dem Kunststoffgebiet. Z. ges. Textilind. **70** (1968) 134–136.

[145] Wissensch.-Techn. Zentrum „Techn. Textilien", Dresden. Technische Textilien, Nr. 6/1967.

[146] Holtappels, H.: Verfahren und Anlagen für die Herstellung von Flachfäden (Bändchen) und multifilen Garnen aus Polypropylen und Polyäthylen. Z. ges. Textilind. **70** (1968) 161–166.

[147] Zalewski, E.: Herstellung von Geweben aus Hostalen-strip (Polyolefinbändchen von Farbw. Hoechst). Chemiefasern **19** (1969) 1053–1059.

[148] Riggert, K.: Fortschritte in der Herstellung von Polyester-Reifenkordgarn. Chemiefasern **21** (1971) 384.

[149] Enneking, H.: Neuerungen beim Bau von Aufspulmaschinen und Kannenablagen (Aufnahmemaschinen) für synthetische Fasern. Chemiefasern/Textilindustrie **6** (1974) 470–478.

[150] Schätzle, H.: Spinnstrecken, Schnellspinnen, Strecktexturieren. Internat. Textilbulletin Spinnerei **4** (1973) 373–380.

Schätzle, H.: Neues Spinnverfahren zur Herstellung texturierter Garne aus Polyester. Chemiefasern/Textilindustrie **4** (1973) 295–296.

[151] Riggert, K.: Schnellspinnen von Polyester-Endlosfäden. Chemiefasern/Textilindustrie **6** (1973) 534–537.

Riggert, K.: Neue Einrichtungen zur Schmelzspinntechnik. Chemiefasern/Textilindustrie **12** (1973) 1183–1186.

Kapitel 6

6. Verstreckung von Polyesterspinnfäden und zugehörige Streckmaschinen

Die durch Schmelzspinnen erzeugten Fäden weisen sehr hohe Dehnungswerte und niedrige Festigkeiten auf und sind für textile Zwecke nicht einsetzbar. Durch einen Verstreckungsprozeß werden die bekannten guten Eigenschaften, wie hohe Festigkeiten und normale Dehnungswerte, erreicht. Gleichzeitig werden die Fäden gegenüber physikalischen, chemischen und atmosphärischen Einwirkungen stabilisiert. Der Streckprozeß hat deshalb eine besonders große Bedeutung und ist zur Herstellung von Fäden mit gutem Gebrauchswert unter optimalen Bedingungen durchzuführen.

Die produktionsmäßig gesponnenen Polyesterfäden können auf das Mehrfache ihrer Ausgangslänge verstreckt werden. Dabei findet eine Orientierung der Makromoleküle bzw. der Kristallite in Richtung der Faserachse statt. Es handelt sich hier wie bei Polyamiden um eine sogenannte „Kaltverstreckung"; der Streckprozeß kann jedoch durch Zuführung von Wärme wesentlich erleichtert werden, da die Einfriertemperatur des Polyäthylenterephthalats höher als die der Polyamide liegt.

Die „Kaltverstreckbarkeit" ist eine bei verschiedenen Hochpolymeren zu beobachtende Erscheinung und ist nicht an eine spezielle Konstitution gebunden. Auf die allgemeinen Grundlagen kann an dieser Stelle nicht eingegangen werden; es sei auf einige Veröffentlichungen von F. H. Müller und Mitarbeiter [1—8] hingewiesen.

Im einzelnen wird das Spannungs-Dehnungs-Verhalten durch die mechanischen, thermischen und chemischen Eigenschaften der Substanz und durch die äußeren Bedingungen beeinflußt. So wirken sich z. B. Unterschiede im Elastizitätsmodul, in der Einfriertemperatur, Wärmeleitzahl, spezifischen Wärme, Weichmacherart und -menge, spezifischen Oberfläche, Temperatur im Medium usw. auf den Spannungs-Dehnungs-Verlauf aus. Im folgenden werden einige Einflüsse beim Verstrecken von Polyesterfäden beschrieben.

6.1. Die wichtigsten Einflußfaktoren beim Verstrecken von Polyesterfäden

6.1.1. *Temperaturabhängigkeit des Streckverlaufs von Polyesterfäden*

Die Zusammenhänge zwischen Spannung, Dehnung und Temperatur beim kontinuierlichen Verstrecken von Terylene wurden von J. Marshall und A. B. Thompson untersucht, wobei die Wärmezuführung zwischen Liefer- und Streckwalze mit Hilfe einer flachen Heizvorrichtung vorgenommen wurde [9].

Besonders gut ist der Einfluß der Temperatur auf den Streckverlauf durch Aufnahme der Spannungs-Dehnungs-Diagramme bei verschiedenen Temperaturen zu ermitteln. Dabei muß die Erwärmung der Proben *vor* dem Streckvorgang erfolgen, wie es etwa auch bei dem Verstrecken auf Heizwalzen-Streckmaschinen der Fall ist. Um eine gleichmäßige Erwärmung des zu verstreckenden Fadens zu gewährleisten und außerdem das beim Verstrecken auftretende Herausgleiten und Herausfließen aus den Klemmen, das bei hohen Dehnungen eine sehr große Rolle spielt [10], zu vermeiden, wurde eine besondere Versuchsmethodik [11] angewandt.

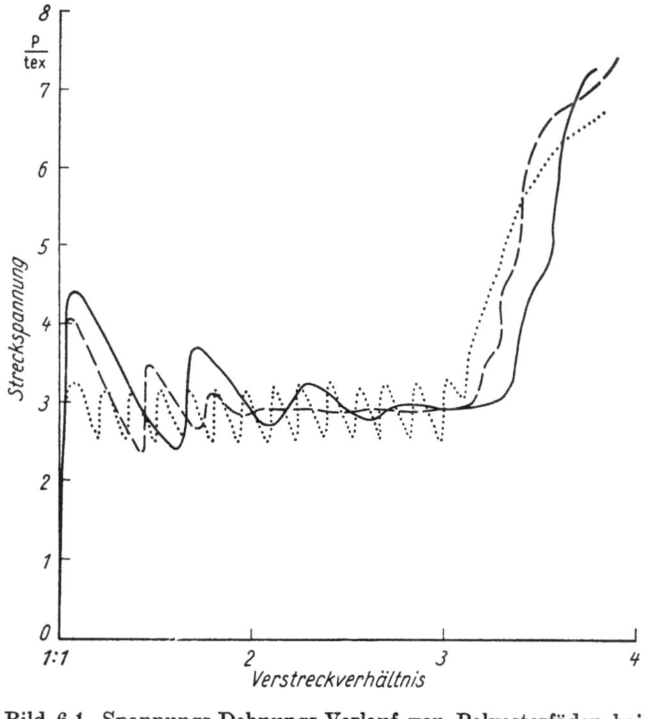

Bild 6.1. Spannungs-Dehnungs-Verlauf von Polyesterfäden bei verschiedenen Streckgeschwindigkeiten
(Kapillartiter *Nm* 385 (2,6 tex); Strecktemp. *ST* = 20°C)
—— Streckgeschw. = 1000 mm/min
---- Streckgeschw. = 500 mm/min
.... Streckgeschw. = 90 mm/min

Die Versuchseinrichtung gestattete eine Einstellung der Streckgeschwindigkeit von 90—1000 mm/min. Die eingestellte Streckgeschwindigkeit ist aber nur im Fließbereich wirksam; in dem Anfangs- und Endanstieg ist die effektive Dehnungsgeschwindigkeit geringer. Um die für die Versuche günstigste Streckgeschwindigkeit zu ermitteln, wurden Spannungs-Dehnungs-Diagramme von Polyesterseide mit verschiedenen Streckgeschwindigkeiten aufgenommen (Bild 6.1.).

Bei Zimmertemperatur und einer Streckgeschwindigkeit von 90 mm/min wird bei Polyesterseide eine periodisch ansteigende und abfallende Zugspannung beobachtet; auf Einzelheiten dieser Erscheinung wird später eingegangen. Bei 500 mm/min und 1000 mm/min ergeben sich charakteristische Spannungs-Dehnungs-Diagramme. Die nach der Spannungsspitze auftretende gedämpfte Schwingung ist apparativ bedingt und tritt nur bei Pendelprüfgeräten in Erscheinung. Mit steigender Streckgeschwindigkeit ist die Kraftspitze etwas stärker ausgeprägt und der Fließbereich etwas länger.

Für die weiteren Untersuchungen wurde eine mittlere Streckgeschwindigkeit von 500 mm/min angewandt.

Mit Strängchen verschiedener Stärke durchgeführte Versuche zeigten nur einen geringen Einfluß des Gesamttiters. Für die folgenden Untersuchungen wurden Proben mit einem Titer von 800 tex verwendet.

Da weiterhin die Lagerzeit einen gewissen Einfluß auf den Spannungs-Dehnungs-Verlauf hat, wurden die Proben 3 Tage bei 20 °C und 65% relativer Luftfeuchtigkeit klimatisiert. Die mit dieser Vorrichtung bei verschiedenen Temperaturen aufgenommenen Spannungs-Dehnungs-Diagramme von Polyesterfäden ($Nm_{sp} = 385$) sind in Bild 6.2. dargestellt [12].

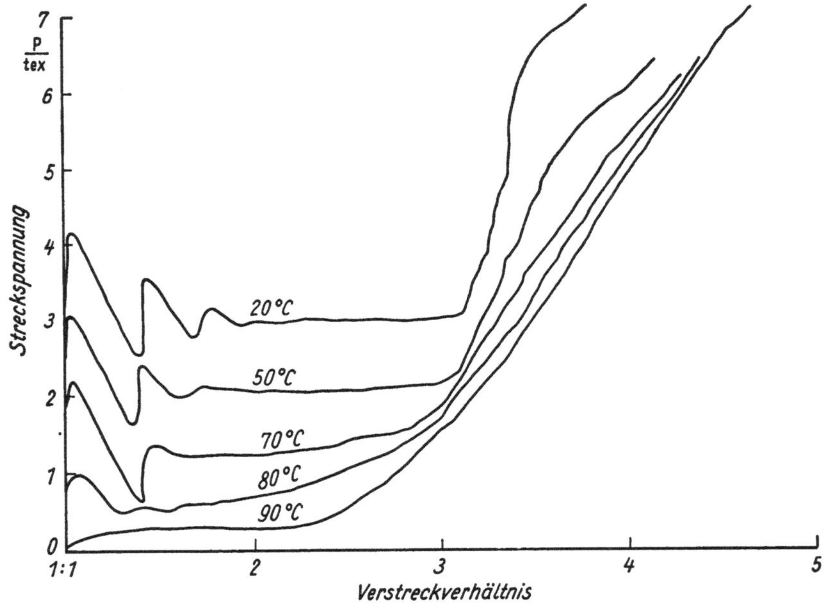

Bild 6.2. Spannungs-Dehnungs-Verlauf von Polyesterfäden bei verschiedenen Temperaturen
(Kapillartiter *Nm* 385 (2,6 tex) Streckgeschw. 500 mm/min)

An Hand der bei 20 °C und bei 90 °C aufgenommenen Diagramme sollen die bekannten Merkmale noch einmal kurz erwähnt werden: Der anfängliche Spannungsanstieg hat infolge des großen Elastizitätsmoduls keine wesentliche Dehnung zur Folge. Hat die Streckspannung einen maximalen Wert erreicht, so bildet sich an der schwächsten Fadenstelle eine Einschnürung. Hiermit verbunden ist eine lokale Erwärmung an der Fließstelle, die zu einer Streckspannungserniedrigung führt. Im Spannungs-Dehnungs-Diagramm ist dieser Einschnürungsvorgang in der Ausbildung einer Spannungsspitze festgehalten. Nach Ausbildung der Fließzone wird unter konstanten Bedingungen der verstreckte Faden aus dem unverstreckten herausgezogen. Die Streckspannung bleibt deshalb so lange konstant, bis der gesamte Faden von der Fließzone überwandert ist.

Der Dehnungswert am Ende des Fließbereichs ist als natürliches Verstreckverhältnis ($V\,V_{nat}$) charakterisiert. Die Spannung steigt anschließend wieder stark an und führt beim maximalen Verstreckverhältnis ($V\,V_{max}$) zum Fadenbruch.

Das Spannungs-Dehnungs-Diagramm eines bei 90 °C verstreckten Fadens hat einen gleichmäßigeren Verlauf, eine Spannungsspitze ist hier nicht vorhanden Eine Einschnürung konnte — obwohl ein Bereich nahezu konstanter Spannung vorhanden ist — nicht beobachtet werden.

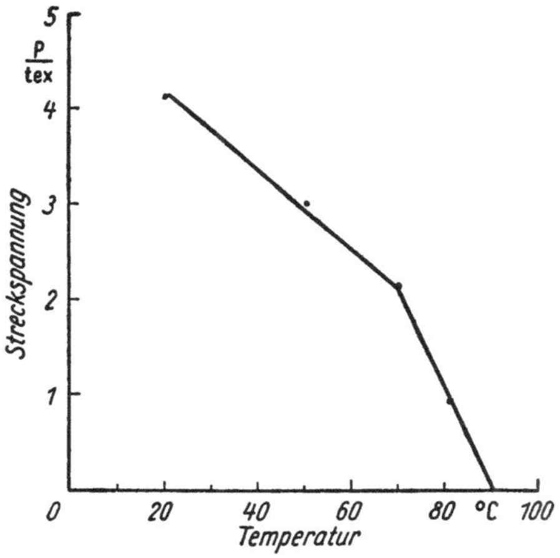

Bild 6.3. Streckspannung (Spannungsspitze) von Polyesterfäden in Abhängigkeit von der Strecktemperatur

Neben der Veränderung der charakteristischen Form der Spannungs-Dehnungs-Kurven bewirkt eine Temperaturerhöhung auch eine Herabsetzung der zur Einleitung des Streckvorganges notwendigen Spannung sowie der Spannung im Fließbereich. Das natürliche Verstreckverhältnis wird mit steigender Temperatur kleiner, das maximale Verstreckverhältnis dagegen größer. Daraus folgt, daß der abschließende Spannungsanstieg mit steigender Temperatur immer flacher wird. Diese Tatsache ist für das kontinuierliche Verstrecken von Bedeutung, da das Maschinenverstreckverhältnis im Spannungsanstieg liegen muß, um gleichmäßig verstreckte Fäden zu erhalten.

Werden die zum Einleiten des Streckvorganges nötigen Spannungen gegen die Temperatur aufgetragen, so zeigt sich, daß diese Spannungen mit steigender Temperatur oberhalb 70 °C viel stärker absinken als unterhalb dieser Temperatur, so daß sich bei Temperaturen über 80 °C kaum noch Spannungsspitzen ausbilden (Bild 6.3.). Es ist anzunehmen, daß diese Unstetigkeit in der Spannungs-Temperatur-Kurve mit der Einfriertemperatur zusammenhängt. Nach H. Kolb und

E. F. Izard [13] und P. W. Jensen [14] liegt die Einfriertemperatur des amorphen Polyäthylenterephthalates bei 68—69 °C, des kristallinen bei 79—81 °C (vgl. 2.2.2.).

In diesem Zusammenhang seien zwei weitere Arbeiten über den Temperatureinfluß auf mechanische Daten von Polyesterfäden erwähnt. F. H. Müller und Ad. Engelter [15] haben die Konstanzkraft bei der Verstreckung von Polyesterfäden gegen die Temperatur aufgetragen und einen Schnittpunkt der Kurven mit der Temperaturachse bei 270—290 °C erhalten, was mit den beim Strecken auftretenden lokalen Temperaturen in Zusammenhang gebracht wird. S. Newmann [16] beschreibt die Abhängigkeit des Young-Moduls und des Schermoduls von der Temperatur und findet oberhalb 60—70 °C einen viel stärkeren Abfall als unterhalb dieser Temperatur, was sehr wahrscheinlich ebenfalls mit der Einfriertemperatur zusammenhängt.

Bei der produktionsmäßigen Verstreckung an Streckmaschinen mit Geschwindigkeiten von 400—800 m/min kann die erforderliche Erwärmung des Fadens durch Heizwalzen vor der Streckzone bzw. durch Heizschienen in der Streckzone erfolgen (vgl. 6.2.1.). Die Verweilzeit auf der Heizwalze hängt vom Walzenumfang, von der Umschlingungszahl, von der Abzugsgeschwindigkeit und in geringem Maße vom Verstreckverhältnis ab. Sie soll möglichst 1—1,5 Sek., mindestens jedoch 0,7 Sek. betragen und kann durch die Zahl der Umschlingungen eingestellt werden. Die Temperatur der Heizwalze muß gemäß obigen Ausführungen über 70 °C liegen; bewährt haben sich Temperaturen von 80—90 °C. Die Heizschienentemperaturen können wesentlich höher liegen (um 180 °C). Auf den Lauf und die Eigenschaften der Polyesterseide hat sich eine Kombination von Heizwalzen mit Heizschienen günstig ausgewirkt, z. B. ergaben sich Festigkeitserhöhungen sowie Dehnungs- und Schrumpferniedrigungen [17]. Für die Herstellung hochfester Polyesterkordseiden ist die Anwendung von nachgeschalteten Heizschienen unbedingt notwendig [18]. Durch Erhöhung der Strecktemperatur wird ebenso wie bei Erniedrigung der Streckgeschwindigkeit die Orientierungszunahme beim Streckvorgang herabgesetzt, was nach R. Schroth auf Desorientierungsvorgänge zurückzuführen ist [19].

6.1.2. *Einfluß von Wasser auf den Streckverlauf von Polyesterfäden* [12]

Die bisher beschriebenen Untersuchungen wurden an klimatisierten Fäden durchgeführt, die etwa 0,5% Wasser enthalten. Es ist allgemein bekannt, daß ein höherer Feuchtigkeitsgehalt die Streckarbeit vermindert und damit den Streckvorgang erleichtert. Im Spannungs-Dehnungs-Diagramm müssen diese Veränderungen in Erscheinung treten.

Ein konstanter höherer Feuchtigkeitsgehalt wird z. B. durch Verstrecken in Wasser erreicht. Bild 6.4. zeigt die in Wasser bei verschiedenen Temperaturen erhaltenen Spannungs-Dehnungs-Diagramme. Um unerwünschte Schrumpfungen zu vermeiden, müssen hierbei die Fäden sofort nach dem Einbringen in das Wasser verstreckt werden. Ein Vergleich mit Bild 6.2. zeigt den durch Anwesenheit von Wasser veränderten Spannungs-Dehnungs-Verlauf. So ist zunächst festzustellen, daß beim Verstrecken in Wasser von 20 °C nach Erreichen der Spannungsspitze kein Abfall auftritt wie in Luft, sondern die Spannung bis zum Ende des Fließbereiches auf dieser Höhe bleibt. Dies ist darauf zurückzuführen, daß bei 20 °C Wasser im wesentlichen wärmeableitend wirkt, wodurch die Fließzonentemperatur gesenkt und die notwendige Streckarbeit erhöht wird. Bei 50 °C und höheren Strecktemperaturen ist die Streckspannung dagegen geringer als beim Verstrecken in Luft, weil die Weichmacherwirkung des Wassers mit steigender Temperatur zunimmt und den Einfluß der Wärmeableitung überdeckt.

Der Einfluß der Streckgeschwindigkeit beim Verstrecken in Wasser ist im untersuchten Geschwindigkeitsbereich geringfügig. So sind z. B. die Diagramme der in Wasser von 20 °C mit 500 und 90 mm/min verstreckten Fäden praktisch identisch. Periodische Schwingungen wie beim Verstrecken in Luft (Bild 6.1.) treten hier also nicht auf.

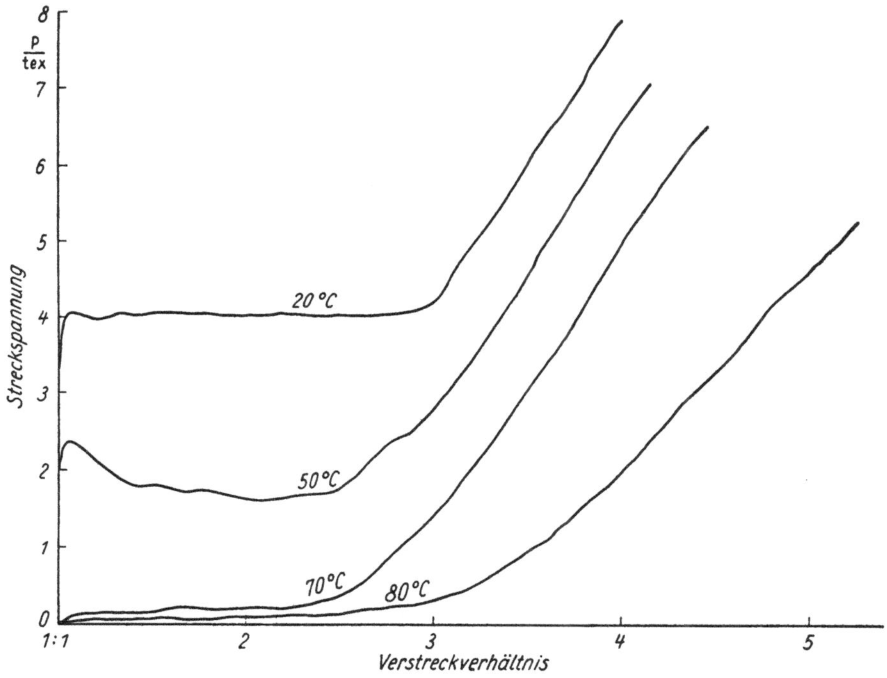

Bild 6.4. Spannungs-Dehnungs-Verlauf von Polyesterfäden bei verschiedenen Strecktemperaturen in Wasser
(Kapillartiter *Nm* 385 (2,6 tex), Streckgeschw. = 500 mm/min)

Werden über P_2O_5 getrocknete Fäden in Luft verstreckt, so treten periodische Schwingungen nicht nur bei einer Streckgeschwindigkeit von 90 mm/min auf, sondern auch bei 500 mm/min. Interessant ist in diesem Zusammenhang, daß beim Verstrecken von klimatisierten Fäden (0,5% Feuchtigkeit) in einer Wasserstoffatmosphäre bei 500 mm/min auch periodische Schwingungen auftreten (Bild 6.5.).

Die periodischen Schwingungen ergeben sich dadurch, daß der Streckvorgang laufend unterbrochen wird und neu anlaufen muß. Die bei einer Streckgeschwindigkeit von 90 mm/min in der Fließzone entwickelte Wärme wird in Gegenwart von Luft oder Wasserstoff so schnell abgeführt, daß der Streckvorgang zum Stillstand kommt und wieder eingeleitet werden muß.

Bei einer höheren Streckgeschwindigkeit (500 mm/min) wandert die Einschnürung mit genügender Geschwindigkeit über den Faden, so daß in Luft kein so großer Wärmeverlust auftreten kann und es nicht mehr zu einer Unterbrechung des Streckvorganges kommt. In Wasserstoff dagegen reicht auch diese Geschwindigkeit noch nicht aus; der Wärmeverlust ist infolge der guten Wärmeleitfähigkeit zu groß, und der Streckvorgang kommt immer wieder zum Stillstand.

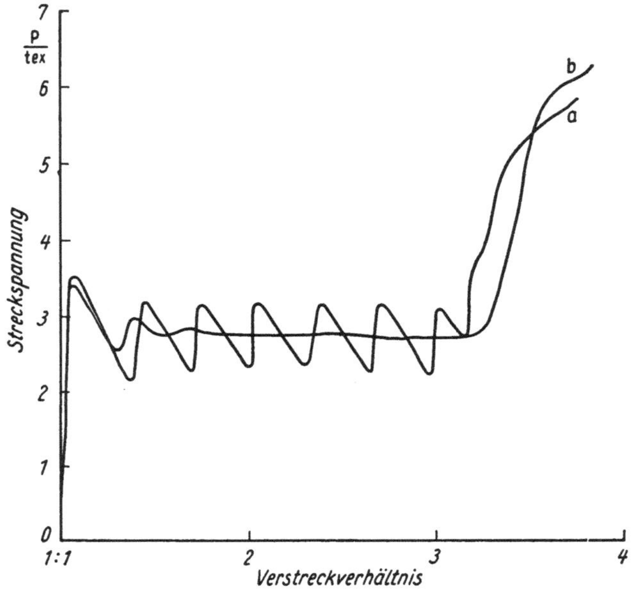

Bild 6.5. Spannungs-Dehnungs-Verlauf von Polyesterfäden in verschiedenen Gasen.

Strecktemp. = 20 °C, Streckgeschw. = 500 mm/min

a) in Wasserstoff, *b*) in Luft

Mit abnehmendem Feuchtigkeitsgehalt vergrößert sich die notwendige Streck arbeit. Als Folgeerscheinung resultieren höhere Fließzonentemperaturen; damit verbunden sind höhere Wärmeverluste. Da bei Fäden mit niedrigem Feuchtigkeitsgehalt infolge Fehlens von Weichmacher („Schmiermittel") die Fließzonentemperatur höher liegen muß, ist eine größere Neigung zu Schwingungserscheinungen vorhanden. Ferner wurde festgestellt, daß mit steigender Vororientierung die Neigung zu periodischen Schwingungen geringer wird.

Periodische Schwingungen in Spannungs-Dehnungs-Diagrammen sind auch von F. H. Müller und Ad. Engelter [20] bei Polyamid- und Polyesterfolien in Verbindung mit periodischen Querstreifungen gefunden worden.

6.1.3. *Verstreckung nach Einwirkung von Wärme und Quellmitteln* [21]

6.1.3.1. Wärmeeinfluß

Die beim Tempern unverstreckter Polyesterfäden auftretenden Strukturänderungen zeigen sich außer in Dichte- und Schrumpfunterschieden (vgl. 5.4.2.) auch im Spannungs-Dehnungs-Diagramm. Die Änderungen in den Spannungs-Dehnungs-Kurven hängen dabei von den Streck- und Vorbehandlungstemperaturen ab. Werden z. B. Polyesterfäden 2 min bei 90 °C mit bzw. ohne Spannung getempert und anschließend bei 20 °C verstreckt, so ergeben sich die in Bild 6.6. gezeigten Spannungs-Dehnungs-Kurven. Ein Vergleich mit der unbehandelten Probe zeigt, daß die Wärmebehandlung unter Spannung die Streckarbeit vermindert und die Festigkeit der Faser herabsetzt.

Bei spannungsloser Behandlung tritt zunächst die bekannte starke Schrumpfung um ca. 34% auf. Bedingt durch die relativ kurze Behandlungszeit läßt sich dieser Schrumpf jedoch durch nachfolgende Verstreckung wieder vollständig ausziehen, und es werden die gleichen maximalen Verstreckverhältnisse erhalten. Wird der Streckgrad nicht auf die Ausgangslänge, sondern auf die Fadenlänge nach der Wärmebehandlung bezogen, so liegen die maximalen Verstreckverhältnisse selbstverständlich im Verhältnis des eingetretenen Schrumpfes höher (1 : 5). Durch den Schrumpfvorgang wird demnach die durch den Spinnprozeß eingetretene Vororientierung erniedrigt bzw. aufgehoben. Die Spannungs-Dehnungs-Kurve mit ihrem ausgeprägt sägezahnartigen Charakter ist deshalb vergleichbar mit der eines niedriger vororientierten Polyesterfadens.

Wird das Material durch Verlängerung der Behandlungszeit oder durch Anwendung höherer Temperaturen intensiver getempert, so läßt es sich nur noch bei höheren Temperaturen verstrecken. Die Bilder 6.7. und 6.8. zeigen den Spannungs-Dehnungs-Verlauf von Polyesterfäden, die in Luft und in Wasser bei verschiedenen Temperaturen 30 Min. unter Spannung behandelt und bei 90 °C in Luft verstreckt wurden.

Bei Temperung unterhalb der Kristallisationstemperatur nehmen mit steigender Temperatur die Dehnungswerte zu und die Festigkeitswerte ab. So liegen die Festigkeiten trotz der höheren Streckverhältnisse wesentlich niedriger als bei unbehandeltem Material. Dabei ist zu berücksichtigen, daß sich die auf der Ordinate aufgetragenen Zugspannungswerte auf den Titer des unverstreckten Materials beziehen. Da bei der Verstreckung eine Titerverfeinerung eintritt, ist zur Berechnung der Festigkeiten der Zugspannungswert beim Fadenbruch mit dem Verstreckverhältnis zu multiplizieren, wobei die Reißtemperatur (= Strecktemperatur) zu beachten ist.

Wird die Wärmebehandlung oberhalb der Kristallisationstemperatur vorgenommen, so nimmt die Streckarbeit wieder beträchtlich zu; auch hierbei besitzt das Material nur geringe Festigkeiten. Bemerkenswert ist, daß kristalline unverstreckte Polyesterfäden bei höheren Temperaturen noch verstreckbar sind. Auch können periodische Schwingungserscheinungen und Fließzonen beim Verstrecken oberhalb der Einfriertemperatur auftreten.

Wird die Wärmebehandlung ohne Spannung vorgenommen, so entstehen die auf Bild 6.9. und 6.10. dargestellten Verhältnisse. Auch hier wurde der bei der Behandlung eingetretene Schrumpf berücksichtigt. Im Gegensatz zur Wärmebehandlung unter Spannung nimmt das maximale Verstreckverhältnis mit steigender Temperatur nicht zu, sondern (auch bei Temperaturen unterhalb der Kristallisationstemperatur) stark ab. Wird die Dehnung auf die Fadenlänge nach der Schrumpfungsbehandlung bezogen, so ergeben sich bei Behandlung unterhalb der Kristallisationstemperatur höhere, oberhalb etwa gleiche maximale Verstreckverhältnisse wie beim Verstrecken ohne thermische Vorbehandlung. Es ist deshalb zu vermuten, daß nach dem Ausgleich der „inneren Spannungen" durch den Schrumpfvorgang eine langsame Stabilisierung der neuen Molekülanordnung eintritt, wobei im Endzustand etwa gleiche Dehnungswerte bei geringer Festigkeit

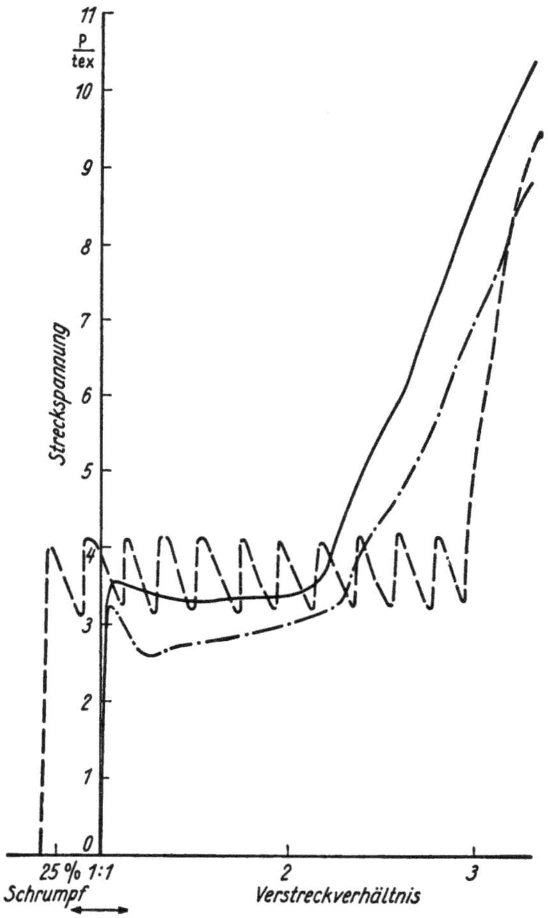

Bild 6.6. Spannungs-Dehnungs-Verlauf von Polyesterfäden nach 2 min Tempern ohne und mit Spannung bei 90 °C

Streckgeschw. = 90 mm/min,
Strecktemp. = 20 °C
——— ungetempert
– – – ohne Spannung getempert
–·–·–· mit Spannung getempert

erhalten werden. Zur Vermeidung von Festigkeitsverlusten dürfen deshalb Polyesterfäden vor dem Streckvorgang nur sehr kurze Zeit Temperaturen oberhalb der Einfriertemperatur ausgesetzt werden, wobei Schrumpfungen zu vermeiden sind. Hieraus ergibt sich auch eine Erklärung für die Tatsache, daß die Festigkeit verstreckter Fäden von ihrer Vororientierung bzw. von den Abkühlungsbedingungen während des Spinnvorganges abhängig ist. So liegen die Festigkeiten

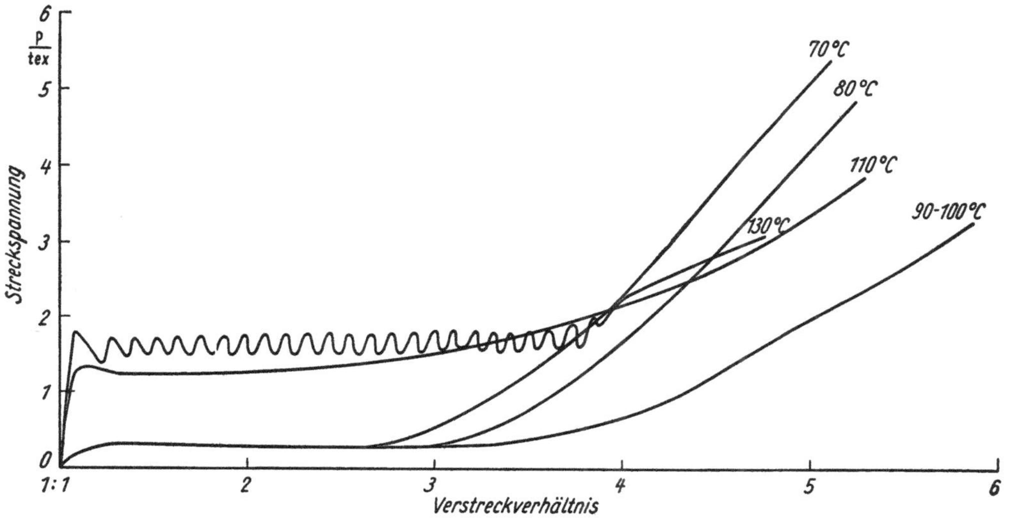

Bild 6.7. Spannungs-Dehnungs-Verlauf von Polyesterfäden nach 30 min Tempern unter Spannung bei verschiedenen Temperaturen in Luft
(Streckgeschw. = 90 mm/min, Strecktemp. = 90 °C)

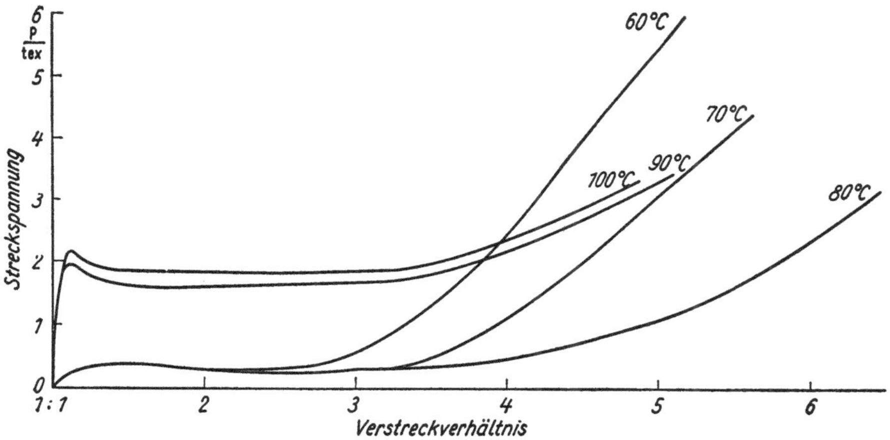

Bild 6.8. Spannungs-Dehnungs-Verlauf von Polyesterfäden nach 30 min Tempern unter Spannung bei verschiedenen Temperaturen in Wasser
(Strecktemp. = 90 °C, Streckgeschw. = 90 mm/min)

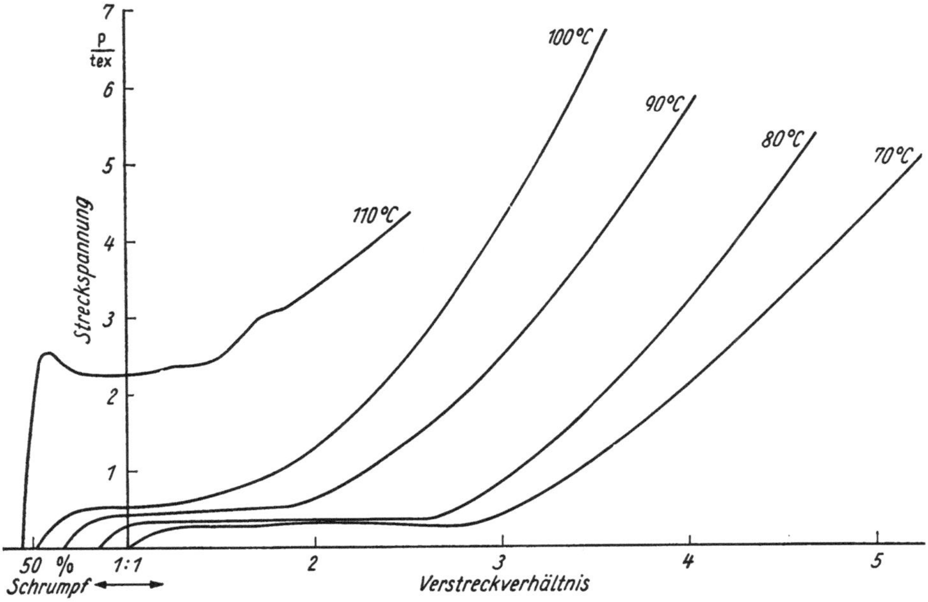

Bild 6.9. Spannungs-Dehnungs-Verlauf von Polyesterfäden nach 30 min spannungslosem Tempern bei verschiedenen Temperaturen in Luft
(Strecktemp. = 90°C, Streckgeschw. = 90 mm/min)

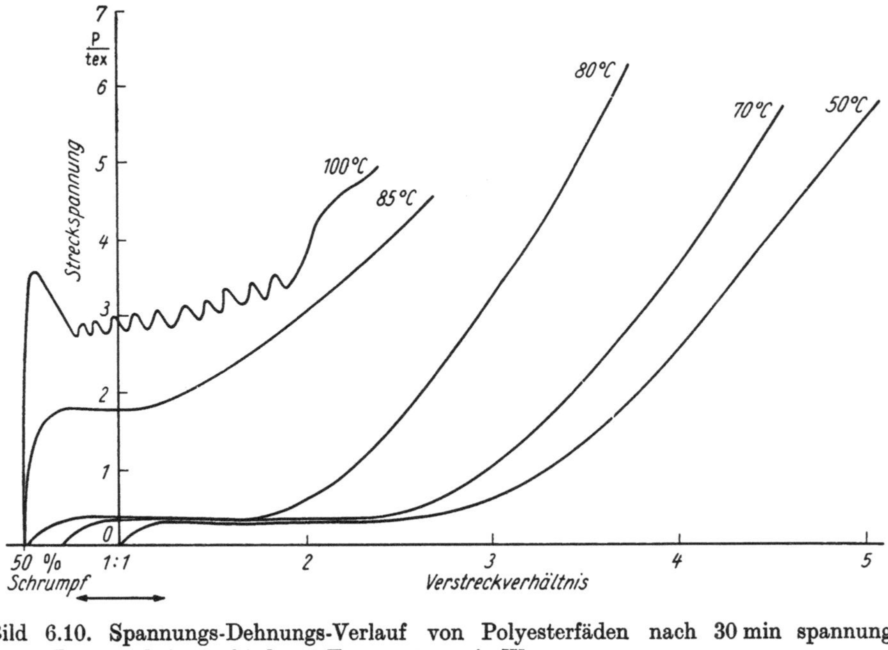

Bild 6.10. Spannungs-Dehnungs-Verlauf von Polyesterfäden nach 30 min spannungslosem Tempern bei verschiedenen Temperaturen in Wasser
(Strecktemp. = 90°C, Streckgeschw. = 90 mm/min)

relativ langsam abgekühlter Polyesterfäden mit stärkerem Kapillartiter z. T. wesentlich unter denen von Fäden mit feinen Titern, auch wenn gleiche Streckbedingungen angewandt werden.

6.1.3.2. Quellmitteleinfluß

Der Spannungs-Dehnungs-Verlauf unverstreckter Polyesterfäden kann auch durch Anwendung von organischen Flüssigkeiten als Streckmedium stark verändert werden. In Bild 6.11. ist der Einfluß einiger Flüssigkeiten auf das Spannungs-Dehnungs-Verhalten dargestellt, wobei nicht sämtliche untersuchten Flüssigkeiten eingetragen wurden. Die Wirkung auf Polyesterfäden anderer Vororientierungen ist ähnlich.

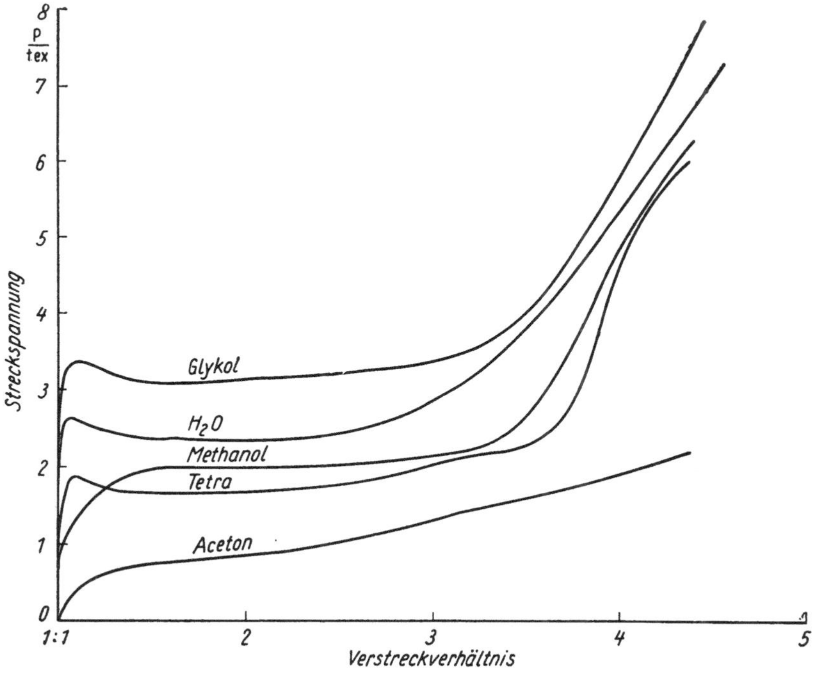

Bild 6.11. Spannungs-Dehnungs-Verlauf von Polyesterfäden in Wasser und verschiedenen organischen Flüssigkeiten
(Strecktemp. = 20°C, Streckgeschw. = 90 mm/min)

Zunächst ist festzustellen, daß mit steigendem Quellungsgrad der Streckvorgang erleichtert bzw. die Streckarbeit verringert wird. Ab einem Quellungsgrad von ca. 4% werden sehr flache Kurven erhalten, die mit den typischen Polyamid-Spannungs-Dehnungs-Diagrammen zu vergleichen sind. Es muß hierbei berücksichtigt werden, daß, bedingt durch den relativ hohen Gehalt an Weichmachern, im unverstreckten Zustand ähnlich wie bei Polyamiden ein kristallines Material mit niedrigen Schrumpfwerten und geringerem Elastizitätsmodul vorliegt.

Wird der Weichmacher aus den Polyesterfäden vor dem Streckvorgang wieder entfernt, so werden Spannungs-Dehnungs-Diagramme erhalten, die für kristallines Material charakteristisch sind. Kurze Behandlung eines Polyesterfadens mit Aceton ergibt nach Entfernung des Quellmittels einen Spannungs-Dehnungs-Verlauf, wie ein unter Spannung bei 100 °C in Wasser behandeltes Material.

6.1.4. *Fließzonenform und Hohlraumbildung beim Verstrecken von Polyesterfäden* [12]

Bei niedrig vororientierten Polyesterfäden ist die Querschnittsveränderung beim Kaltverstrecken am stärksten ausgeprägt. Mit steigender Vororientierung nimmt das natürliche Verstreckverhältnis und damit die Querschnittsverminderung ab. Bei hoch vororientiertem Material verschwindet im Grenzfall der Halseffekt völlig, d. h., das natürliche Verstreckverhältnis wird gleich 1. Die Fließzonenform ist weiterhin stark von der Strecktemperatur abhängig. Der Teleskopeffekt ist bis 70 °C stark ausgebildet. Bild 6.12. zeigt das Verschwinden des Teleskopeffektes oberhalb 70 °C.

a) b) c) d) e) f)

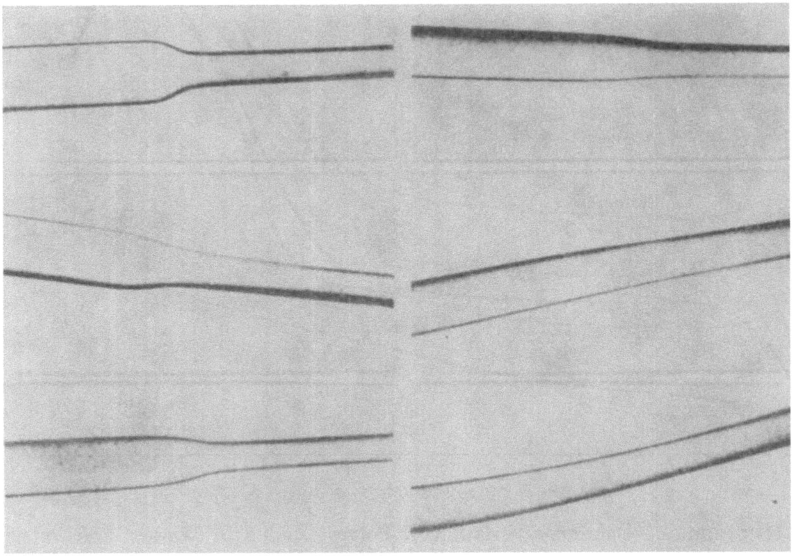

Bild 6.12. Einfluß der Strecktemperatur auf die Fließzonenform
a) 70 °C *b*) 71 °C *c*) 72 °C *d*) 73 °C *e*) 74 °C *f*) 75 °C

Mit steigender Streckgeschwindigkeit wird die Fließzone stärker ausgeprägt, da die Streckwärme nicht schnell genug abfließen kann und eine starke Wärmelokalisierung vorhanden ist. Über die Ableitfähigkeit der Wärme wirkt auch das vorhandene Streckmedium auf die Fließzonenform. Je besser die Wärmeleitfähigkeit des Streckmediums, um so weniger ausgeprägt ist die Fließzone. Dasselbe wird erreicht durch Weichmacher, die die Einfriertemperatur des Polyesters erniedrigen und dadurch die Fließzone bereits unter 70 °C zum Verschwinden bringen.

Unter besonderen Bedingungen können beim Verstrecken mit Fließzone in der Faser kleine Hohlräume entstehen. So beobachteten D. C. Hockway [22], F. Rybnikar [23] und H. Fiedler [24] das Auftreten solcher Hohlräume in Polyamiden. W. Griehl [25] wies darauf hin, daß beim Kaltverstrecken von Polyesterfäden Hohlräume entstehen können, welche die Faserdichte bis auf 1,2 g/cm³ erniedrigen. H. Sommer [26] beobachtete beim Verstrecken von Polyamidfolien das Auftreten periodischer Querstreifen; über ähnliche Erscheinungen an Polyamid- und Polyesterfolien in Verbindung mit sägezahnförmigen Spannungs-Dehnungs-Diagrammen wurde später von F. H. Müller und A. Engelter [20] berichtet. Es ist anzunehmen, daß die silberglänzenden Querstreifen bei Polyesterfolie aus winzig kleinen Hohlräumen zusammengesetzt sind.

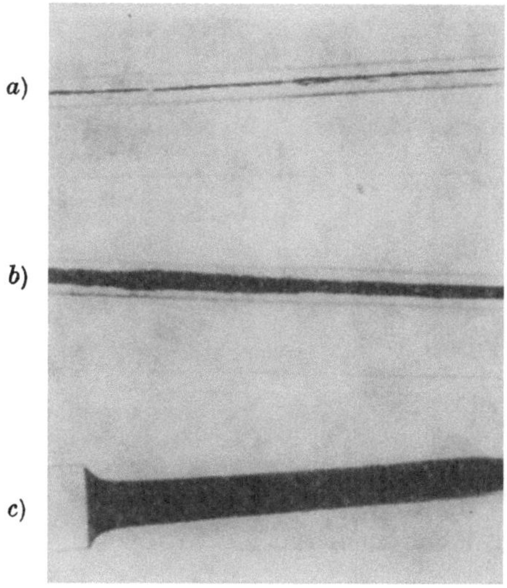

Bild 6.13. Hohlraumbildung in Polyesterfäden

Die periodischen Querstreifen bei Polyamidfolien sind zwar ebenfalls mit sägezahnförmigen Spannungs-Dehnungs-Diagrammen verbunden, zeigen jedoch keine Hohlraumbildung, sondern sind durch Spannungs- und Orientierungsunterschiede zu erklären [27]. Unter bestimmten Versuchsbedingungen wurden Polyesterfäden mit anomal geringer Dichte und einer hohen Opazität erhalten [12]. Bei mikroskopischer Betrachtung solcher Fasern fällt auf, daß die Hohlraumbildung im Mittelpunkt der Faser beginnt und sich bei geeigneten Streckbedingungen über den gesamten Faserquerschnitt ausdehnen kann (Bild 6.13). Bild 6.13c zeigt außerdem eindeutig, daß die Hohlräume direkt an der Einschnürungsstelle entstehen. Es kann deshalb angenommen werden, daß hohe Fließzonentemperaturen im Erweichungs- bzw. Schmelzbereich die Ursache dieser Erscheinung sind, wobei die sich beim Verziehen bildenden Hohlräume unmittelbar hinter der Einschnürungsstelle eingefroren werden.

H. Fiedler [24] ist der Ansicht, daß die Blasenbildung auf Verdampfung von niedermolekularen Anteilen und Wasser im Innern der Faser zurückzuführen ist.

Dies ist zumindest bei Polyesterfäden unwahrscheinlich, weil niedermolekulare Anteile nicht vorhanden sind und die Hohlraumbildung mit sinkendem Feuchtigkeitsgehalt zunimmt.

R. Rybnikar [23] führt die Entstehung von Hohlräumen auf mangelnde Orientierung der Sphärolithe zurück. Die Neigung zur Hohlraumbildung nimmt zwar bei Polyesterfasern mit steigender Kristallinität zu, beim Verstrecken von amorphen Fäden können aber ebenfalls geringe Faserdichten erhalten werden.

Beim Auflösen der Hohlraumfäden in Schwefelsäure wird eine geringe Menge eines Gasgemisches von Stickstoff und Sauerstoff erhalten. Es handelt sich bei dem eingeschlossenen Gas um Luft, die aus der Umgebung in die Faser eingedrungen ist. Wie besonders an Folien (Bild 6.14.) deutlich wird, bestehen die Hohlräume im wesentlichen nicht aus einzelnen voneinander abgeschlossenen Bläschen, sondern aus miteinander in Verbindung stehenden Kapillaren, die unter vermindertem Druck stehen und vom Ende des Fadens Luft einsaugen.

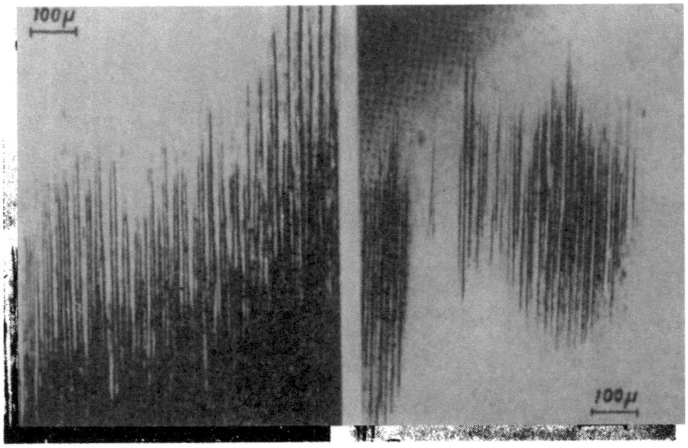

Bild 6.14. Kapillarbildung in Polyesterfolien

Bei einem Hohlraumfaden, der an beiden Enden von unverstreckten Anteilen begrenzt wird, verschwinden deshalb beim Auflösen in Schwefelsäure die Hohlräume, ohne daß Gasblasen zurückbleiben. Werden Fäden mit geringer Dichte z. B. mit einer Nadel gequetscht, so verschwinden die opaken Stellen (Bild 6.15b und c) und die Fäden erhalten wieder ihre normale Dichte.

In den zitierten Arbeiten wird teilweise die Auffassung vertreten, daß die sägezahnförmige Verstreckungskurve ein charakteristisches Merkmal für die Entstehung von Hohlräumen ist, wobei periodisch opake Zonen mit geringer Dichte auftreten. Diese Verstreckungsart zeichnet sich durch eine ruckartig periodische Dehnungszunahme aus, wobei im Spannungs-Dehnungs-Verlauf Schwingungen mit gleichmäßiger oder ungleichmäßiger Amplitude (Bild 6.16.) entstehen. Überschreitet bei dieser ungleichmäßigen Dehnungszunahme die Streckgeschwindigkeit einen bestimmten Wert, so entstehen an der betreffenden Faserstelle opake Zonen mit geringer Dichte. Diese opaken Zonen treten auf Grund der besonderen Verstreckungsart periodisch auf (Bild 6.15a.).

Bei geeigneten Strecktemperaturen und Streckgeschwindigkeiten können jedoch Hohlraumfäden mit gleichmäßig geringer Dichte hergestellt werden. Im Spannungs-Dehnungs-Verlauf zeigen diese Fäden keine „Sägezähne".

Bild 6.17. zeigt den Streckverlauf von Polyester-Borsten (*Nm* 2,5) in Abhängigkeit von der Strecktemperatur. Von den verstreckten Borsten wurde die Dichte nach der Schwebemethode in einem Gemisch von Heptan und Tetrachlorkohlenstoff ermittelt und in Bild 6.18a und b in Abhängigkeit von der Strecktemperatur aufgetragen. Bei einer Streckgeschwindigkeit von 500 mm/min und einer Streck-

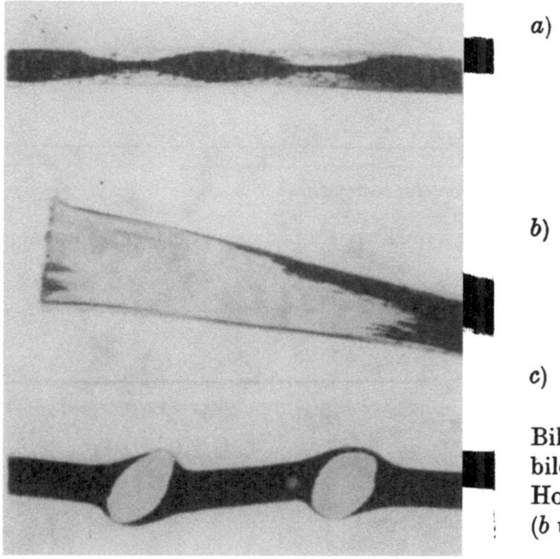

Bild 6.15. Periodische Hohlraumbildung (*a*) und Quetschstellen an Hohlraum-Polyester-Fäden (*b* und *c*)

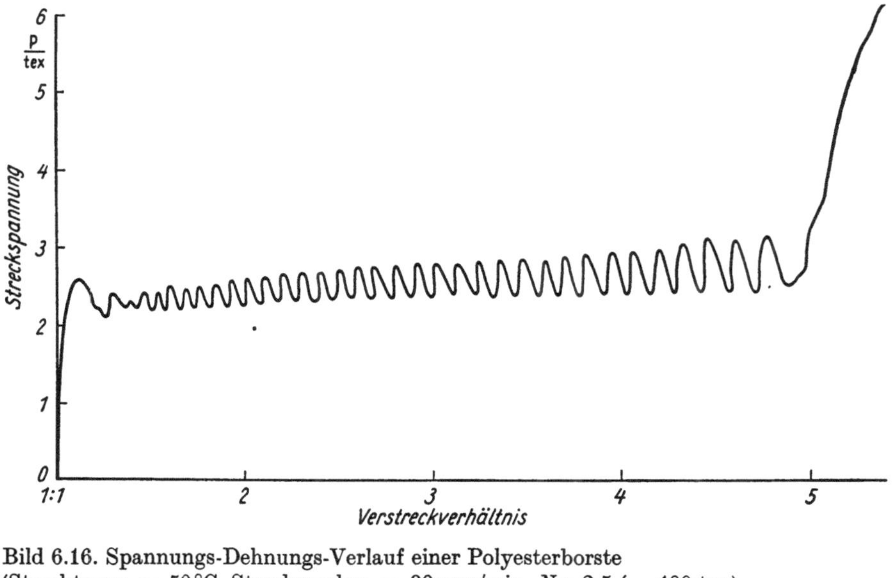

Bild 6.16. Spannungs-Dehnungs-Verlauf einer Polyesterborste (Strecktemp. = 50 °C, Streckgeschw. = 90 mm/min, *Nm* 2,5 (= 400 tex)

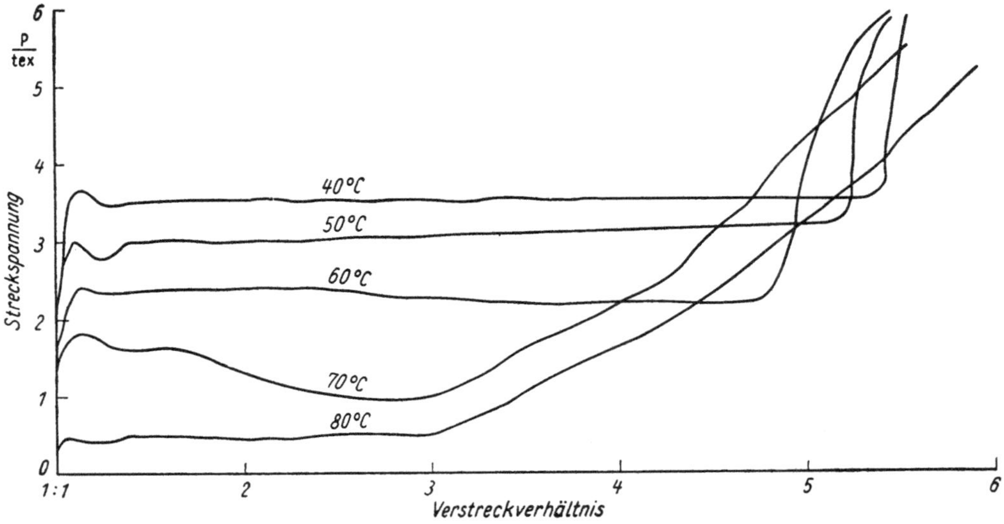

Bild 6.17. Spannungs-Dehnungs-Verlauf von Polyesterborsten bei verschiedenen Strecktemperaturen
Streckgeschw. = 500 mm/min, *Nm* 2,5 (= 400 tex)

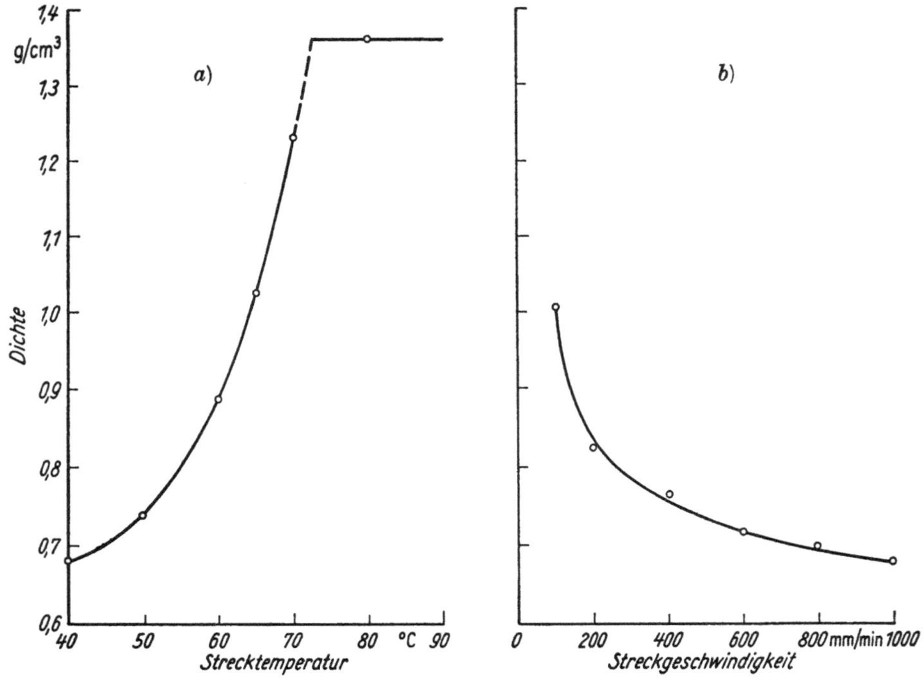

Bild 6.18. Abhängigkeit der Dichte verstreckter Polyesterborsten von der Strecktemperatur (*a*) und von der Streckgeschwindigkeit (*b*)
a) Streckgeschw. = 500 mm/min, *b*) Strecktemp. = 50 °C

temperatur von 40 °C beträgt die Dichte nur noch 0,68, also 50% der ursprünglichen Dichte. Das Material wird hierbei im Fließbereich bereits voll ausgestreckt, so daß anschließend nur noch eine geringe elastische Dehnung möglich ist. Unterhalb von 40 °C konnte die verwendete Borste nicht mehr verstreckt werden. Oberhalb der Einfriertemperatur verschwindet der Hohlraumeffekt. Hohlraumbildung findet also nur beim Verstrecken mit Fließzone statt.

Ein Vergleich mit Bild 6.17. zeigt, daß der Fließbereich etwa in dem Maße zunimmt, wie die Faserdichte abnimmt, d. h., je geringer die Dichte ist, desto mehr nähert sich das natürliche dem maximalen Verstreckverhältnis. Das maximale Verstreckverhältnis verändert sich dabei kaum, so daß infolge der Dichteabnahme nur der Querschnitt verändert wird. Hohlraumfäden besitzen deshalb denselben Titer wie normale Fäden.

Im Bild 6.18b ist die Abhängigkeit der Dichte von der Streckgeschwindigkeit dargestellt. Wie zu erkennen ist, nimmt mit steigender Streckgeschwindigkeit die Dichte ab.

Beim Verstrecken in Wasser ist die Neigung zur Hohlraumbildung etwas geringer. Ebenso können höher vororientierte Fäden nicht mit so extrem niedrigen Dichten hergestellt werden.

Alle Versuchsergebnisse deuten darauf hin, daß die sägezahnartige Verstreckungskurve kein charakteristisches Merkmal für die Hohlraumbildung, sondern nur für eine besondere Verstreckungsart ist, bei der Hohlraumbildung stattfinden kann. Kriterien für die Hohlraumbildung sind dagegen alle Spinn- und Streckbedingungen, die zu einer stark ausgeprägten heißen Fließzone führen. Im Spannungs-Dehnungs-Verlauf sind deshalb Hohlraumfäden besonders an dem extrem langen Fließbereich zu erkennen. Einzelne Parameter dafür sind: niedrige Vororientierung, niedrige Strecktemperatur, hohe Streckgeschwindigkeit, hohe Kristallinität und niedriger Gehalt an Weichmachern.

6.1.5. *Schrumpfverhältnisse beim Verstrecken von Polyesterfäden* [12]

Wie unter 5.4.2. mitgeteilt wurde, ist der Schrumpf unverstreckter Polyesterfäden bei den üblichen Spinnbedingungen ein Maß für die Vororientierung. Beim Verstrecken verringert sich die Schrumpftendenz der Polyesterfäden.

Die in folgenden genannten Schrumpfwerte sind durch Kochen in Wasser ermittelt worden. Beispielweise nimmt der Schrumpf von Polyesterfäden durch Verstrecken von ca. 50% auf 12% ab, während bekanntlich bei Polyamidfäden eine Schrumpfzunahme von ca. 4% auf 12% erfolgt. Die Zunahme des Schrumpfes bei Polyamidfäden läßt sich anschaulich durch Erhöhung der „inneren Spannungen“ erklären. Das gegenteilige Verhalten der Polyesterfäden ist deshalb sehr merkwürdig und bedarf einer Klärung. Zunächst geben die relativ hohen Schrumpfwerte der unverstreckten Polyesterfäden den Hinweis, daß im unverstreckten Material große „innere Spannungen“ vorhanden sind, die zum Ausgleich drängen. Beim Überwandern der „heißen Fließzone“ während des Verstreckens bietet sich dazu eine Gelegenheit. Um einen besseren Einblick in den Streckmechanismus zu erhalten, wurden Polyesterfäden verschiedener Vororientierung unter verschiedenen Bedingungen verstreckt, wobei der Dehnungsvorgang an den einzelnen Proben bei verschiedenen Verstreckverhältnissen unterbrochen und der beim Kochen in Wasser eintretende Schrumpf bestimmt wurde.

6.1.5.1. Einfluß der Vororientierung

Da die Schrumpfwerte der verstreckten Polyesterfäden kaum von der Vororientierung abhängen, muß also bei der Verstreckung hoch vororientierter Fäden (mit hohen Schrumpfwerten) ein schnellerer Ausgleich der „inneren Spannungen" erfolgen als bei niedrig vororientierten Fäden (mit niedrigeren Schrumpfwerten). Der Ausgleich der „inneren Spannungen" — bedingt durch die Fließzonentemperatur — hängt (bei konstantem Titer) von der Streckgeschwindigkeit, von dem umgebenden Medium und dessen Temperatur ab. Der Einfluß der Streckbedingungen wird im folgenden Kapitel beschrieben, wobei Polyäthylenterephthalat-Fäden verschiedener Vororientierung für die Versuche eingesetzt wurden.

6.1.5.2. Einfluß der Streckgeschwindigkeit

Vier Polyesterproben verschiedener Vororientierung (Kochschrumpf 7,5, 39, 56 und 70%) wurden bei den Streckgeschwindigkeiten 90—1000 mm/min kaltverstreckt (20 °C). Die bei den verschiedenen Verstreckverhältnissen ermittelten Schrumpfwerte sind in Bild 6.19a—d veranschaulicht.

Bild 6.19a zeigt, daß bei niedrig vororientierten Polyester-Fäden der Schrumpf während der Verstreckung (ähnlich wie bei Polyamidfäden) ansteigt. Polyester-

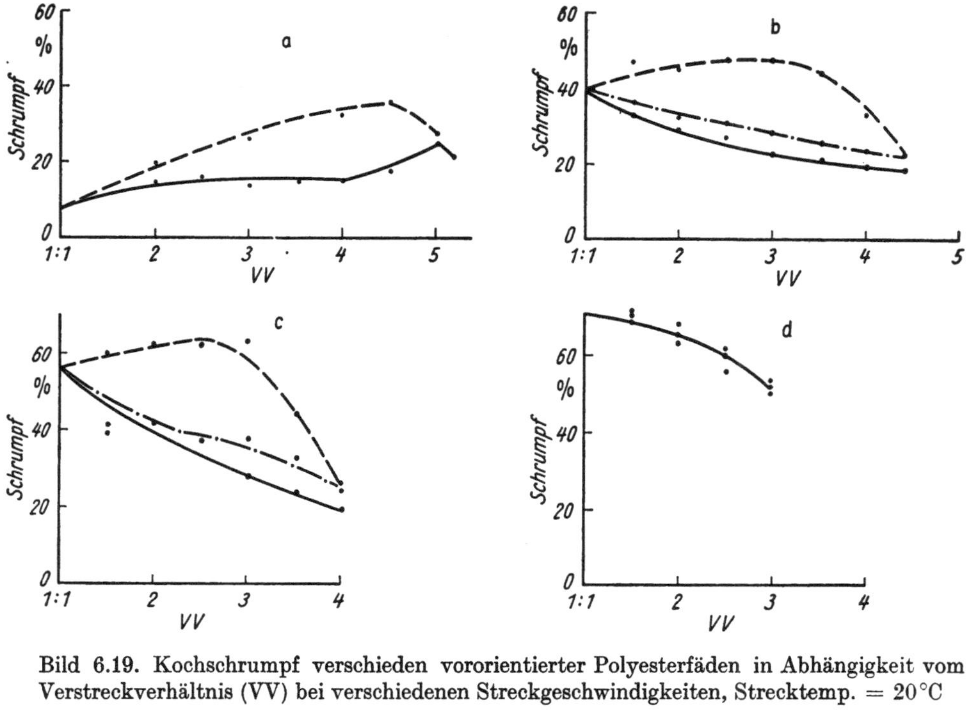

Bild 6.19. Kochschrumpf verschieden vororientierter Polyesterfäden in Abhängigkeit vom Verstreckverhältnis (VV) bei verschiedenen Streckgeschwindigkeiten, Strecktemp. = 20 °C

– – – – Streckgeschw. = 90 mm/min
—·—·—· Streckgeschw. = 500 mm/min
———— Streckgeschw. = 1000 mm/min

fäden mittlerer Vororientierung (Bild 6.19b u. c) zeigen einen deutlichen Einfluß der Streckgeschwindigkeit; bei 500 und 1000 mm/min fällt der Schrumpf mit steigender Verstreckung allmählich ab, bei 90 mm/min erfolgt zunächst eine Zunahme, dann ebenfalls eine Abnahme des Schrumpfes. Bei Polyesterfäden hoher Vororientierung zeigt sich fast kein Einfluß der Streckgeschwindigkeit; die Schrumpfwerte fallen mit steigender Verstreckung ab.

Bis zum natürlichen Verstreckverhältnis geht die Schrumpfveränderung nicht allmählich vor sich, sondern erfolgt sprunghaft an der Einschnürungsstelle. Durch teilweise Verstreckung, Trennung des Unverstreckten vom Verstreckten und Bestimmung des Schrumpfes kann nachgewiesen werden, daß der Schrumpf des Unverstreckten gleich geblieben ist, der Schrumpf des Verstreckten jedoch auf den beim natürlichen Verstreckverhältnis vorhandenen gestiegen bzw. gesunken ist. Die allmähliche Zu- bzw. Abnahme des Schrumpfes in den Bildern 6.19a—d zeigt also das allmähliche Verschwinden der unverstreckten Anteile.

Die Zunahme des Schrumpfes bei niedriger Streckgeschwindigkeit beruht wahrscheinlich darauf, daß wegen der geringen Wanderungsgeschwindigkeit der Einschnürungsstelle die Wärmeableitung groß ist, so daß die Temperung nicht ausreicht, die „inneren Spannungen" zu lösen. Wie beschrieben, kommt bei dieser geringen Streckgeschwindigkeit der Vorgang aus demselben Grund immer wieder zum Stillstand. Bei den höheren Streckgeschwindigkeiten besitzt die Einschnürungsstelle eine höhere Temperatur und bewirkt eine Verminderung der „inneren Spannungen".

6.1.5.3. Einfluß des Streckmediums und der Strecktemperatur

Wird die Verstreckung in Gegenwart von Wasser vorgenommen (Streckgeschwindigkeit 90 mm/min), steigen die Schrumpfwerte bei niedrigen Verstreckverhältnissen noch stärker an als bei der Verstreckung in Luft. Das beruht vermutlich ebenfalls auf der wärmeableitenden Wirkung des Wassers. Bei einer Erhöhung der Wassertemperatur auf 70 °C fallen dagegen die Schrumpfwerte mit steigendem Verstreckverhältnis ab (Bild 6.20.). Beim Verstrecken in heißem Wasser treten bereits Schrumpfungen auf, die eine gewisse Streuung der Meßwerte bedingen.

Auch bei der Verstreckung in Luft wird durch höhere Temperatur ein schnellerer Abfall des Schrumpfes hervorgerufen. In Bild 6.21. sind die bei einer Streckgeschwindigkeit von 1000 mm/min ermittelten Schrumpfwerte in Abhängigkeit vom Verstreckverhältnis veranschaulicht. Sehr merkwürdig erscheint das bei einer Temperatur von 70 °C auftretende Maximum, das aber durch die Beobachtung erklärt werden kann, daß hier mehrere Einschnürungen gebildet werden, die natürlich trotz hoher Streckgeschwindigkeit langsam wandern und dadurch eine Schrumpferhöhung hervorrufen. Bei höheren Verstreckverhältnissen wandert nur *eine* Einschnürung bevorzugt und der Schrumpfverlauf normalisiert sich.

6.1.6. *Einfluß des Verstreckverhältnisses auf die Eigenschaften*

Die Verstreckbarkeit der Polyesterfäden wird von den Spinnbedingungen beeinflußt (vgl. 5.4.1.). Das maximale Verstreckverhältnis, bei dem der Bruch des Fadens erfolgt, ist deshalb für eine unter bestimmten Bedingungen gesponnene

Seide und für ein bestimmtes Streckverfahren festgelegt. In der Praxis wird natürlich nie bis zu diesem maximalen Verstreckverhältnis verstreckt. Zu beachten ist nur, daß mindestens bis zu einem bestimmten minimalen Verstreckverhältnis verstreckt wird, da sonst unverstreckte Stellen im Faden (sogenannte T-Masern)

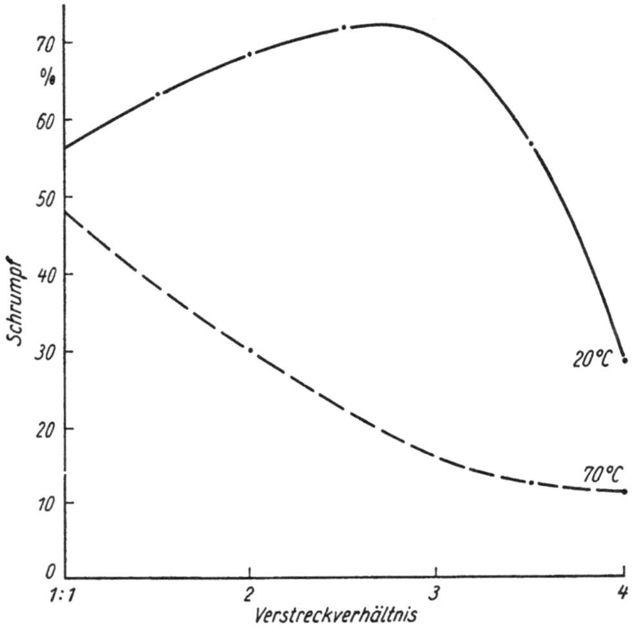

Bild 6.20. Kochschrumpf von Polyesterfäden in Abhängigkeit vom Verstreckverhältnis (in Wasser bei verschiedenen Temperaturen verstreckt)

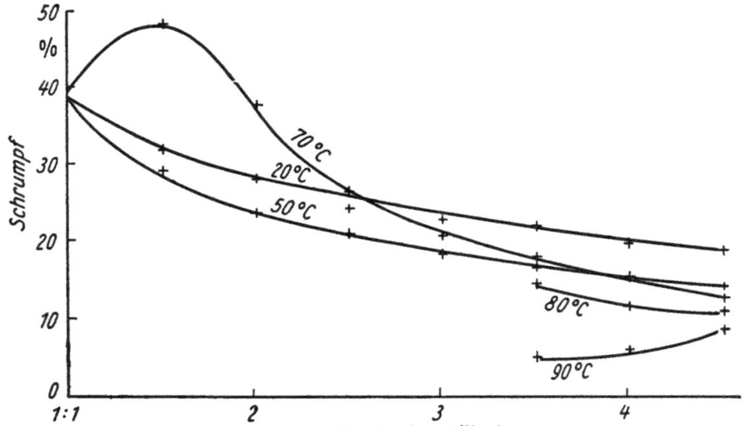

Bild 6.21. Kochschrumpf von Polyesterfäden in Abhängigkeit vom Verstreckverhältnis bei verschiedenen Strecktemperaturen

zurückbleiben. Zwischen diesen beiden Grenzen kann das Verstreckverhältnis beliebig gewählt werden. Je höher das Verstreckverhältnis der Streckmaschine eingestellt wird, um so höher orientierte Fäden werden erhalten. Da viele Eigenschaften von der Orientierung beeinflußt werden, sind diese Eigenschaften auch vom Verstreckverhältnis abhängig. Im folgenden werden einige einer Arbeit von R. Schroth [27] entstammende Diagramme zur Darstellung dieser Zusammenhänge wiedergegeben, wobei außerdem noch einmal in Ergänzung zu Abschnitt 5.4. der Einfluß der Vororientierung sichtbar wird. Die beim Spinnen angewandten Abzugsgeschwindigkeiten sind aus den Bildern zu ersehen. Verstreckt wurde auf einer üblichen Streckzwirnmaschine unter Benutzung der Kombination Heizwalze—Heizschiene.

Die Doppelbrechung ist ein Maß für den Orientierungsgrad und wird in Bild 6.22. in Abhängigkeit vom Verstreckverhältnis dargestellt. Da neben der Orientierung auch die Kristallinität ansteigt, nimmt auch die Dichte beim Verstrecken zu. Bild 6.23. zeigt, daß sämtliche Seiden nach ausreichender Verstreckung schließlich eine Dichte von annähernd 1,38 g/cm³ erreichen. Der Kochschrumpf nimmt beim Verstrecken gemäß Bild 6.24. oberhalb eines bestimmten Verstreckverhältnisses

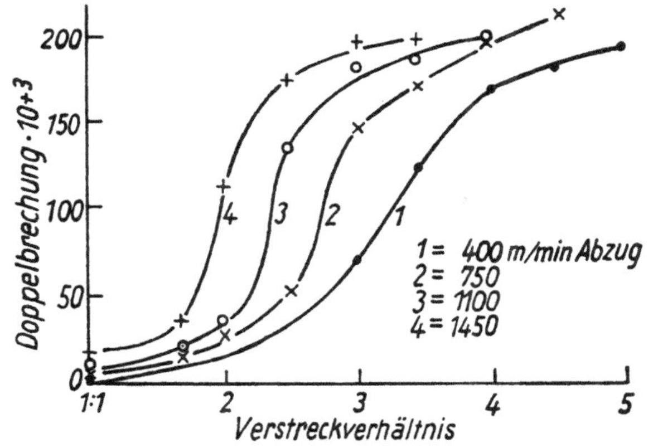

Bild 6.22. Abhängigkeit der Doppelbrechung vom Verstreckverhältnis

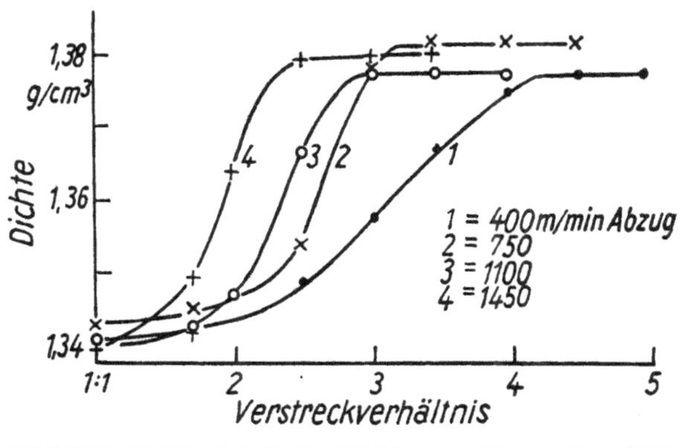

Bild 6.23. Abhängigkeit der Dichte vom Verstreckverhältnis

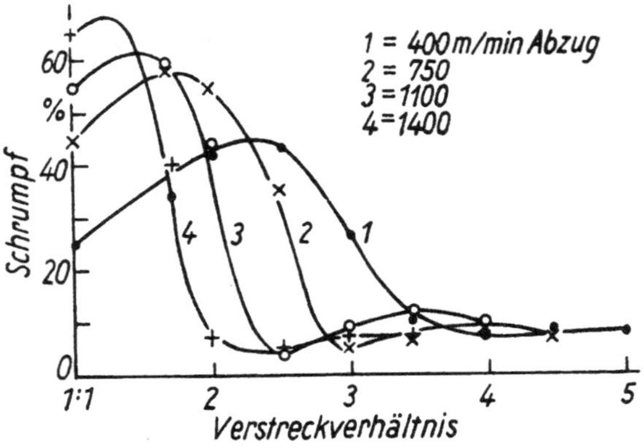

Bild 6.24. Abhängigkeit des Kochschrumpfes vom Verstreckverhältnis

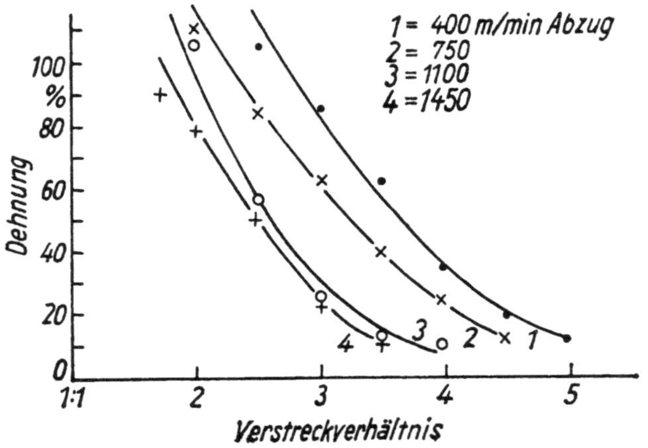

Bild 6.25. Abhängigkeit der Bruchdehnung vom Verstreckverhältnis

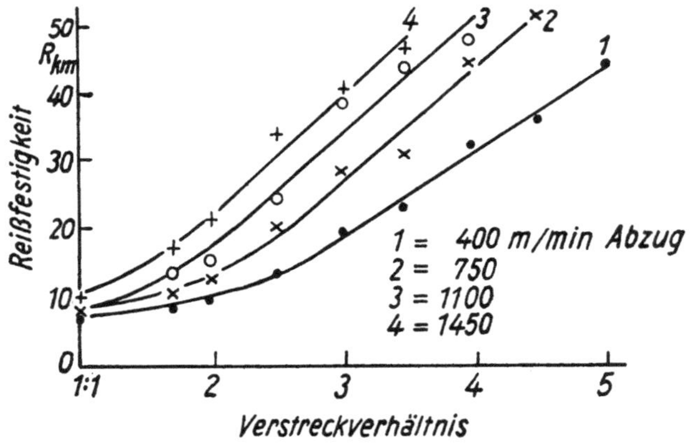

Bild 6.26. Abhängigkeit der Reißfestigkeit vom Verstreckverhältnis

ab und zeigt schließlich Werte von etwa 7—9%. Die Abnahme der Dehnung und die Zunahme der Reißfestigkeit sind in den Bildern 6.25. und 6.26. dargestellt.

Wegen der zahlreichen beim Spinnen und Strecken auftretenden Einflüsse gelten die Diagramme nur für den speziellen Fall und können keine allgemeine Gültigkeit beanspruchen, doch ist die Tendenz bei allen Polyesterfäden gleich. Durch entsprechende Wahl des Verstreckverhältnisses können normalfeste und hochfeste Polyesterseiden hergestellt werden (vgl. 11.1.2).

6.2. Allgemeine Aufgabenstellung und Wirkungsweise der Streckmaschinen

Der durch den Spinnprozeß gewonnene Faden hat — wie am Anfang dieses Kapitels bereits näher erläutert — noch keinerlei textiltechnisch brauchbare Eigenschaften; er stellt vielmehr ein Zwischenprodukt dar, das noch einer wichtigen Bearbeitung, der Verstreckung, unterzogen werden muß.

Diese Verstreckung wird auf mechanischem Wege so durchgeführt, daß der Faden in einen Festpunkt geklemmt und am anderen Ende durch Anbringung einer Zugkraft, der Verstreckkraft, auf das 3—4fache (Streckverhältnis) seiner ursprünglichen Länge ausgezogen wird. Dabei tritt eine entsprechende Querschnittsverminderung ein.

Der Streckvorgang soll, da es sich um einen endlosen Faden handelt, kontinuierlich sein. Diese Möglichkeit ist bei Verwendung von 2 Walzen mit entsprechend dem Streckverhältnis verschiedener Umfangsgeschwindigkeit gegeben. Der Faden wird dabei entweder durch Hilfswalzen auf die Streckwalzen geklemmt oder durch ein- oder mehrfache Umschlingung um die Streckwalzen durch die Umschlingungsreibung festgehalten. Um bestimmte textiltechnische Werte zu erreichen, muß die Möglichkeit vorhanden sein, die Umfangsgeschwindigkeit der Walzen und damit das Streckverhältnis im Bereich von 1 : 3 bis 1 : 5 stufenlos oder in kleinsten Stufen zu verändern. Die Verstreckung erfolgt in einer oder in mehreren Stufen, d. h. in einer oder mehreren Streckzonen. Dabei soll es möglich sein, den Faden vor Einlauf in die Streckzonen, also auf der ersten bzw. ersten und zweiten Walze zu erwärmen und ihm auch in der Streckzone, d. h. zwischen den Walzen noch nach Bedarf Wärme zuzuführen.

Maschinen zum Verstrecken von endlosen Fäden für die Seide-Herstellung sollen außerdem mit einer Vorrichtung zur Drallgebung und zur Aufwindung des Fadens zu einem für die Weiterverarbeitung geeigneten, möglichst großen Wickelkörper versehen sein. Solche Maschinen werden als Streckzwirnmaschinen bezeichnet.

Ferner werden Streckspulmaschinen eingesetzt, bei denen unter Verzicht auf eine Drallgebung der verstreckte Faden wie auf den Aufwickelmaschinen lediglich auf eine Hülse aufgewunden wird.

6.2.1. *Streckmaschinen für Polyesterfäden (Seiden)*

Alle Maschinen für Polyesterseiden arbeiten mit Einzelfadenverstreckung, d. h., auf jeder Arbeitsstelle wird immer nur ein Seidenfaden, bestehend aus einem einzigen oder mehreren Kapillarfäden, verstreckt. Die Maschinen sollen dabei möglichst unkompliziert in der Funktion, im Aufbau und in der Bedienung sein, hohe Arbeitsgeschwindigkeiten im Dauerbetrieb zulassen und geringe Anschaffungs- und Wartungskosten verursachen [28].

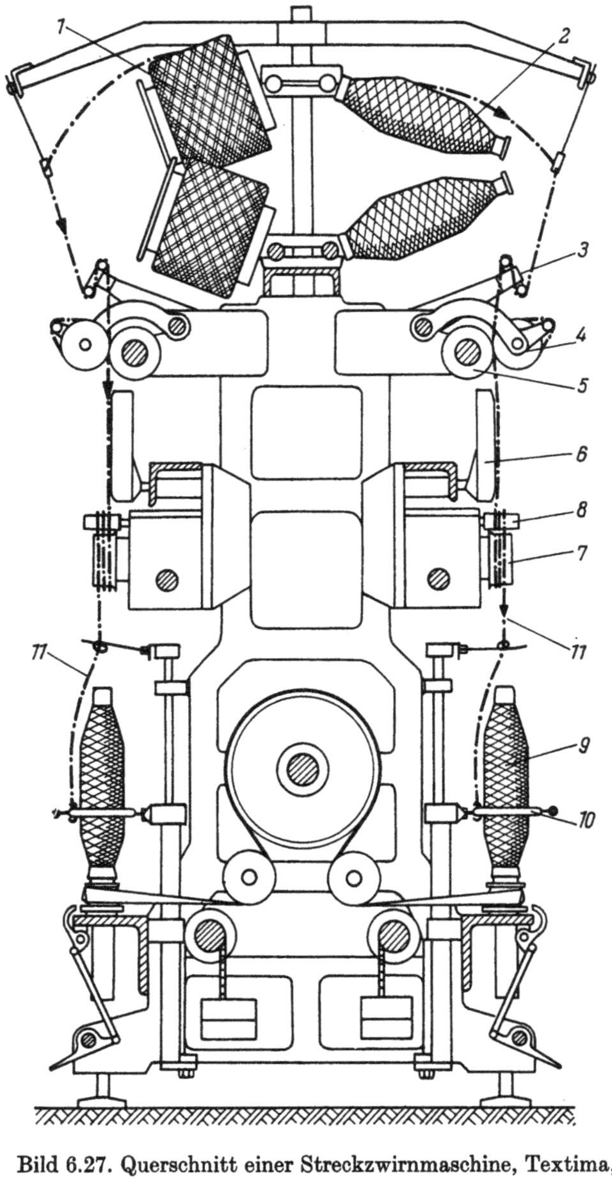

Bild 6.27. Querschnitt einer Streckzwirnmaschine, Textima, älteres Modell

1 – Spinnspule; *2* – Vorzwirnkops; *3* – Einlauffadenbremse; *4* – Heizwalze; *5* – Lieferzylinder; *6* – Heizschiene; *7* – Abzugsgalette; *8* – Trennröllchen; *9* – Spindel mit Streckzwirnkops; *10* – Zwirnring; *11* – —·→·—·— Fadenlauf

Während nach älteren Technologien vor den Streckzwirnprozeß noch ein Vorzwirnprozeß geschaltet wurde, der die Verstreckung erleichtern sollte, gelangen heute die Spinnspulen von der Aufwickelmaschine unmittelbar in die Streckerei.

6.2.1.1. Spulenaufsteckung

Die zu verstreckende Seide wird auf Spinnspulen aus der Spinnerei angeliefert. Die Spulen werden mittels Spezialtransportwagen, auf denen sie waagerecht so aufgehängt sind, daß die Seidenwickel weder die Tragholme noch sich gegenseitig berühren, oder auf Hängebahnen an die Streckmaschinen, fast ausschließlich Streckzwirnmaschinen, befördert. Die Bilder 6.27., 6.28. und 6.29. zeigen Streckzwirnmaschinen im Querschnitt, schematisch und in Gesamtansicht.

Bild 6.28. Streckzwirnmaschine, Modell 3010 des VEB Spinn- und Zwirnmaschinenbau Karl-Marx-Stadt, DDR

Für Feinseiden und mittelschwere technische Seiden werden Streckzwirnmaschinen mit vertikal verlaufendem Arbeitsvorgang verwendet. Diese Maschinen sind durchweg mit langen Streckzonen (ca. 400 mm Abstand zwischen den Klemmstellen, vgl. 6.2.2.) ausgeführt.

Der Abzug des Fadens erfolgt über Kopf, d. h., die Spule steht still, und der Faden wird in Achsenrichtung abgezogen, indem er sich Windung für Windung abwickelt.

Die theoretisch ideale Aufsteckform, bei der die Spulenachsen senkrecht stehen und der Faden einen fast gleichbleibenden Ballon mit gleicher Spannung bildet, benötigt sehr viel Grundfläche und auch Bauhöhe; deshalb werden jetzt vorzugsweise Maschinen verwendet, bei denen die Spinnspulen mit waagerechter oder schräg nach oben oder unten geneigter Achse angeordnet sind. Bild 6.28. zeigt eine günstige Ausführung, die eine Gesamtbauhöhe der Maschine von 2,80 m bei Spinnhülsen von 140 mm Durchmesser, 180 mm Länge und ca. 10 kg Nettogewicht des Seidenwickels zuläßt. Die Maschine ist mit Fußbremsen für die Spindeln versehen.

Bild 6.29. Streckzwirnmaschine der Fa. Dobson & Barlow, Großbritannien

Der Abstand von Spindel zu Spindel beträgt ca. 170 mm. Dadurch ist bei hoher Abzugsgeschwindigkeit eine normale Ballonbildung des ablaufenden Fadens gewährleistet, d. h., die Fäden benachbarter Spulen können sich nicht berühren. Die technologische Forderung einer möglichst gleichbleibenden und niedrigen Ablaufspannung ist damit erfüllt.

Das Aufsteckzeug ist so ausgeführt, daß Spinnspulen mit den genannten Abmessungen aufgesteckt werden können.

Die für den Abzug über Kopf erforderlichen ringförmigen Fadenführer oder Ösen sind für die obere und untere Spinnspulenreihe jeder Maschinenseite in gleicher Höhe angebracht und zwecks besserer Zugänglichkeit der Spinnspulen hochklappbar. Das Aufsteckzeug ist so eingerichtet, daß eine Verstellbarkeit der Spulenhalter nach allen Richtungen vorhanden und dadurch eine etwa erforderliche Anpassung an verschiedene Spulendurchmesser oder Fadenstärken jederzeit möglich ist.

6.2.1.2. Streckwerk und Heißverstreckeinrichtungen

Für Polyesterseiden kommen in der Regel Heißverstreckeinrichtungen in zwei oder drei Stufen zur Anwendung. Bei den meisten Maschinen ist das erste Walzensystem als Walzenpaar mit parallel zur Maschinenlängsachse liegenden Achsen ausgeführt, wobei die untere, mit Antrieb versehene Walze, der sogenannte Lieferzylinder, durch die ganze Maschine läuft.

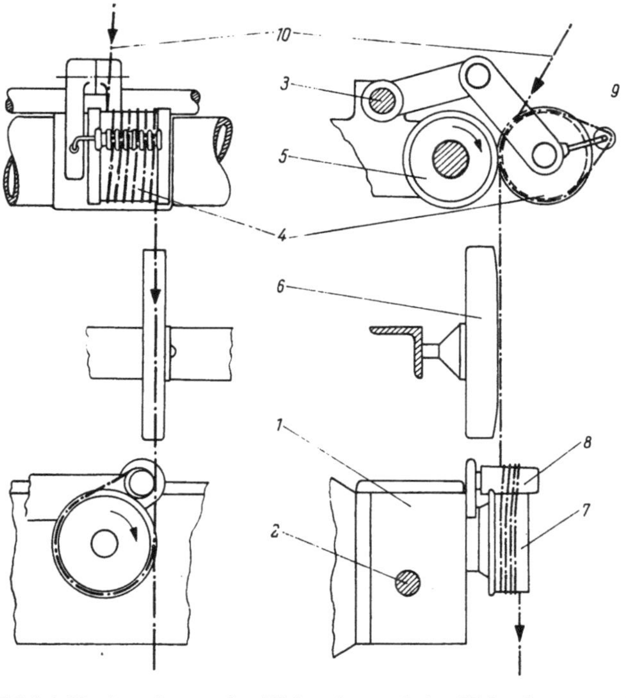

Bild 6.30. Anordnung der Heizwalze und der Heizschiene bei der SZ-Maschine

1 — Galettenkasten; *2* — Galettenantriebswelle; *3* — Heizwalzen-Haltewelle; *4* — Heizwalze mit Reibringen; *5* — Lieferzylinder; *6* — Heizschiene; *7* — Abzugsgalette; *8* — Trennröllchen für Galette; *9* — Trennröllchen für Heizwalze; *10* — —·→·— Fadenlauf

Da aus technologischen Gründen Polyesterfäden zweckmäßigerweise heißverstreckt werden, wird im allgemeinen die zweite Walze des ersten Walzenpaares als Heizwalze ausgeführt.

Bild 6.30. zeigt eine prinzipielle Anordnung. Der von der Spinnspule vertikal nach unten abgezogene Faden wird nach dem Passieren einer verstellbaren Fadenbremse (Knebel) 4—10mal um die Heizwalze geschlungen, damit durch die

Umschlingungsreibung ein Festpunkt erhalten wird, von dem aus der Faden in das Streckfeld einläuft.

Um die unter 6.2. beschriebene Aufgabe des Walzenpaares, nämlich Abzug des Fadens von der Spinnspule und Zulieferung an ein weiteres Walzensystem mit genau definierter Geschwindigkeit zu gewährleisten, darf kein Schlupf des Fadens auf der Heizwalze auftreten. Dies wird mit Sicherheit verhindert, indem der Faden von Umschlingung zu Umschlingung durch das seitliche Verlegungsorgan eine zusätzliche Bremsung erfährt und damit die Fadenreibung weiter wirksam wird.

Das zweite für die kontinuierliche Verstreckung erforderliche Walzensystem wird durch eine Galette, also eine kurze scheibenförmige Walze, gebildet, die mit ihrer Achse rechtwinklig zur Maschinenlängsachse angeordnet ist. Auch hier wird der Faden nicht geklemmt, sondern durch mehrfache Umschlingung mittels Fadenreibung relativ zur Walzenoberfläche festgehalten. Um eine Reibung der einzelnen Windungen aneinander zu vermeiden, muß der Faden von Umschlingung zu Umschlingung verlegt werden; das geschieht dadurch, daß der Faden bei jeder Umschlingung über ein Trennröllchen geleitet wird, dessen Achse sich unter einem kleinen, verstellbaren Winkel (1—3°) mit der Achse der Galette räumlich kreuzt. Dieses Abzugswalzensystem ist bei Maschinen mit zwei Verstreckzonen zweimal vorhanden.

Die zur Wirkung der Umschlingungsreibung erforderliche Kraft oder Fadenspannung wird dem in Richtung Spindel ablaufenden, nunmehr verstreckten Faden durch die nachfolgenden Zwirn- und Aufwickelorgane erteilt und soll ca. 0,1 g/den betragen (vgl. Bild 6.31.).

6.2.1.2.1. Lieferzylinder mit Heizwalze (Lieferwerk)

Der längs der ganzen Maschine verlaufende Lieferzylinder hat einen Durchmesser von 100—120 mm und besitzt eine hartverchromte, polierte Oberfläche. Er besteht aus dickwandigen Stahlrohren, die über 6 Arbeitsstellen reichen und je nach Teilung der Maschine ca. 1 m lang sind. Die einzelnen Rohre sind beiderseits gelagert und, um Ungenauigkeiten auszugleichen, mit biegeelastischen Kupplungen verbunden. Zur Vermeidung von Schwingungen der ganzen Maschine ist ein genaues dynamisches Auswuchten erforderlich. Die zwischen den Laufflächen liegenden Felder sind zur besseren Entfernung entstehender Fadenwickel im Durchmesser ca. 3—5 mm kleiner als die Fadenlaufflächen gehalten.

Die Heizwalze befindet sich, von der Maschinenmitte aus gesehen, vor dem Lieferzylinder und liegt mit ihrem Eigengewicht auf diesem auf. Der Antrieb erfolgt über Reibung durch die beiden seitlich aufgesetzten Reibringe, die im Durchmesser ca. 1 mm größer als die Walze sind. Durch diese Anordnung wird die Berührung der durch die mehrfache Umschlingung erwärmten Fäden mit dem unbeheizten Lieferzylinder ausgeschaltet, so daß kein Wärmeverlust auftritt. Die Haltevorrichtung der Heizwalze ist verstellbar, um eine einwandfreie Auflage der Reibringe auf dem Zylinder zu gewährleisten. Sie läßt sich während des Betriebes der Maschine, vor allem bei Wickelbildung, abheben und dabei arretieren.

Die Erwärmung des Fadens auf der Heizwalze hat den Vorteil, daß der Faden ohne schädliche gleitende Reibung in Kontakt mit der Heizoberfläche kommt. Durch eine große Anzahl Walzenumschlingungen erhält man die erforderliche lange Verweilzeit.

Die Heizleistung kann auf folgende Weise zugeführt werden:

1. Übertragung durch Schleifringe zu einem umlaufenden Widerstandsheizkörper,

2. Übertragung von einem stillstehenden Widerstandsheizkörper über einen engen Luftspalt auf die rotierende Walze,

Bild 6.31. Teilansicht des Streckwerkes der Maschine von Bild 6.28.

3. Übertragung durch einen feststehenden Hochtemperaturheizkörper auf die rotierende Innenwand der Walze durch Temperaturstrahlung,

4. durch Induktion einer stillstehenden Wicklung wird in der rotierenden Walze ein hoher Kurzschlußstrom erzeugt.

Zur Ermittlung der Ist-Temperatur kommen sowohl mitrotierende als auch stationäre Temperaturfühler zum Einsatz.

6.2.1.2.2. Heizeinrichtungen in der Streckzone

Um die technologischen Forderungen hinsichtlich Wärmezuführung im Streckfeld zu erfüllen, kommen verschiedene Heizeinrichtungen zur Anwendung. Von den einfachsten unbeheizten Elementen dieser Art seien der Streckstift aus Achat oder Keramik und die Streckplatte aus Stahl oder Keramik genannt, die vom Faden umschlungen werden und einen Teil der entsetehnden Reibungswärme zur Aufheizung an den Faden abgeben.

Die günstigste und am meisten angewendete Heizeinrichtung ist jedoch die Heizschiene mit elektrischer Heizung, über die der Faden gleitet und dabei Wärme durch Übertragung aufnimmt. Sie soll so dimensioniert sein, daß möglichst die ganze freie Länge des Streckfeldes ausgenutzt wird; bei 400 mm Streckfeldlänge sind das ca. 200 mm. Die Breite ist mit 12—15 mm ausreichend; sie soll klein sein, um die — unerwünschte — Wärmeabstrahlung minimal zu halten. In Längsrichtung wird die Schiene leicht konvex, in Querrichtung jedoch meist geradlinig ausgeführt. Die rillenförmige Ausführung bringt zwar bessere Wärmeübertragung und -ausnutzung, läßt sich aber weniger gut reinigen und verursacht außerdem höhere Herstellungskosten.

Die Schiene selbst besteht aus einer Metallplatte oder einem Metallblock mit hartverchromter und sandgestrahlter Oberfläche; dafür wird vorzugsweise gut wärmeleitendes Material verwendet. Keramikplatten haben sich nicht bewährt, da sie eine zu hohe Heizleistung erfordern. Die Heizung ist als elektrische Widerstandsheizung ausgeführt und in Form von Heizbändern oder Rohren unter Zwischenfügung von Glimmer am Metallblock oder der Schiene angelegt.

Bei einigen Streckmaschinen kommen auch Heizelemente im Streckfeld zur Anwendung, die mittels flüssiger organischer Wärmeträger (Diphyl, Heizöl, Glykol, Wasser usw.) beheizt werden. Auch Heizungen mit Dämpfen dieser Flüssigkeiten wurden hergestellt.

Die zunehmenden Forderungen hinsichtlich Temperaturkonstanz führten zum Einbau von Einzelreglern für jede Heizstelle. Bild 6.32. zeigt schematisch eine heute in der Regel angewendete elektronische Temperaturregelung [29].

In die Platte wird nahe der Fadenlaufbahn ein Temperaturfühler eingebaut. Hierfür kommt ein Thermistor oder ein Platinwiderstand in Frage. Dieser Temperaturfühler gibt den Ist-Wert. Der Regler vergleicht den vorgegebenen Soll-Wert mit dem Ist-Wert, verstärkt die Abweichung und steuert entsprechend das Stellglied an. Die der Heizstelle zugeführte Heizleistung ist proportional der ermittelten Temperaturabweichung.

Neben der Einzelstellenreglung werden alle Heizstellen der Maschine von automatischen „Scannern" überwacht. Sie lösen ein Signal aus, sobald die Temperatur einer Heizstelle außerhalb der eingestellten Toleranzgrenze liegt.

6.2.1.2.3. Galetten

Die topfförmig mit nach außen liegenden Böden ausgeführten Galetten sind aus Stahl gefertigt. Ihre Mantelflächen sind hartverchromt und hochglanzpoliert. Bei einem Durchmesser von 100 mm, wie er bei den meisten Konstruktionen verwendet wird, und einer Abzugsgeschwindigkeit von 1200 m/min erreicht die Galette 3750 U/min und muß daher gut ausgewuchtet sein. Sie soll in der Maschine so angeordnet werden, daß ihre Drehrichtung, von der Bedienung her gesehen, im Uhrzeigersinn verläuft. Dies hat sich beim Auflegen des Fadens als günstig erwiesen.

Der Antrieb erfolgt über palloidverzahnte Kegelräder. Die Palloidverzahnung arbeitet bei verminderter Reibung fast spielfrei und auch bei hohen Galettengeschwindigkeiten geräuscharm.

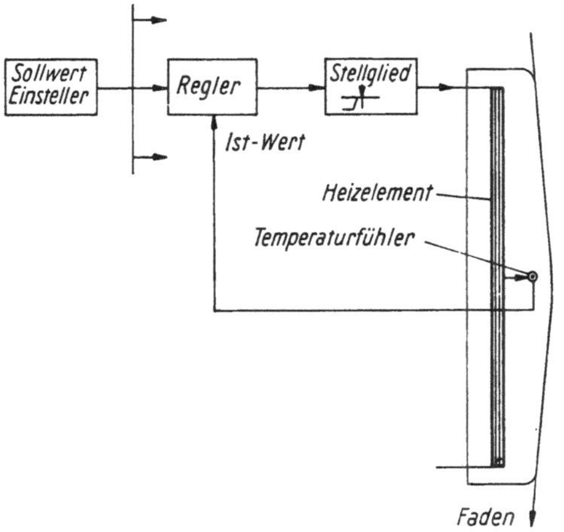

Bild 6.32. Elektronische Temperaturreglung

6.2.1.3. Aufwinde- und Zwirneinrichtungen

Die Aufwindung des von der letzten Umschlingung der Galette nunmehr verstreckt ablaufenden Fadens erfolgt bei fast allen Konstruktionen von Streckmaschinen unter gleichzeitiger Drallgebung mittels einer Ringzwirnspindel, deren prinzipielle Arbeitsweise hier nicht näher beschrieben werden soll. Als Träger für den Seidenwickel kommen Hülsen aus Leichtmetall oder aus Stahl zur Verwendung.

Neben den Streckzwirnmaschinen sind auch Streckspulmaschinen im Einsatz, bei denen der von der Galette ablaufende Faden ohne Drallgebung auf eine Hülse aufgewunden wird.

Die Streckzwirnhülsen sind zylindrisch und haben eine Länge von 400—500 mm. Sie werden durch Formschluß, beispielsweise durch einen Vierkant-Mitnehmer, von der Spindel mitgenommen.

Der Kopsaufbau erfolgte früher ausschließlich in einer Verbund- oder Differentialwindung. Dabei führt der den Faden verlegende Zwirnring einen Grundhub und einen oder zwei überlagerte Zusatzhübe aus. Diese Wicklungsart hat den Vorteil, daß bei Fadenbruch an einer Arbeitsstelle und der dabei weiterlaufenden Maschine keine Störung des Wickelaufbaues entsteht.

Nachteilig bei dieser Wicklungsart sind die hohen Fadenspannungsschwankungen, die zwangsläufig dadurch entstehen, daß der Faden innerhalb eines Hubes einmal auf den kleinen Durchmesser der Hülse und bei voller werdendem Kops auf den großen Kopsaußendurchmesser verlegt wird. Diese großen Fadenspannungsunterschiede führen beim Weiterverarbeiter zu Ablaufschwierigkeiten. Deshalb hat sich in zunehmendem Maße die Parallel- oder Flyerwindung eingeführt. Dabei entstehen die Kopse in der gleichen Form wie bei der Aufwindung der Baumwollgarne auf dem Flyer. Der Hub wird dabei mit zunehmendem Wickeldurchmesser gleichmäßig kleiner (Bild 6.33.). Daneben wird auch die von den Baumwollringspinnmaschinen her bekannte Kopswindung angewendet.

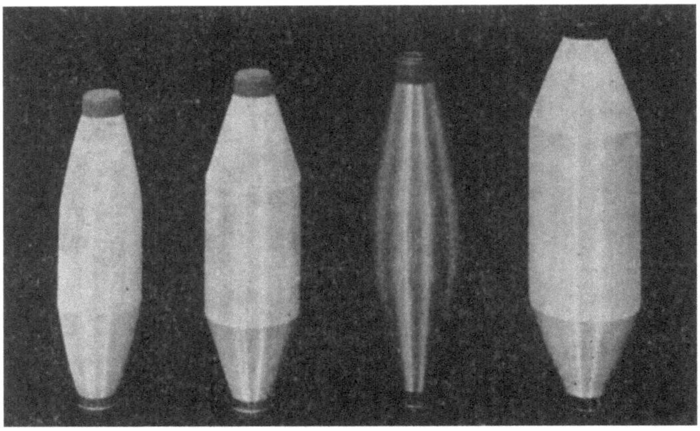

Bild 6.33. SZ-Kopse mit Polyester-Feinseiden

Zur Realisierung dieser genannten Windungsart werden die modernen Streckzwirnmaschinen mit elektronisch-hydraulischen Aufwindeeinrichtungen ausgerüstet (Bild 6.28. und Bild 6.35.). Um bei eventuell auftretenden Fadenbrüchen unverstreckte Stellen auf dem Streckzwirnkops zu vermeiden, ist es vorteilhaft, den Faden mit Hilfe einer Unter- oder Überwindeeinrichtung anzulegen. Bei der erstgenannten wird der Zwirnring während des Laufes der Maschine von der gesamten Hubvorrichtung für alle Zwirnringe getrennt, mittels einer Geradführung nach unten über den Rand der Hülse hinaus abgesenkt und durch einen Anschlag fixiert. Der Faden wird jetzt auf einen in gleicher Höhe auf der Spindel steckenden abnehmbaren Reservefadenring aufgelegt. Nachdem der Verstreckprozeß durch Umschlingen der Heizwalze und der Galette mit dem laufenden Faden eingeleitet ist, wird durch schnelles Anheben und Einrasten des Zwirnringes in die Hubvorrichtung das verstreckte Material wieder auf den laufenden Kops aufgewunden. Das andere Ende des Fadenbruches muß vorher vom Zwirnkops entfernt werden (vgl. Bild 6.34.).

Zur Vermeidung der Aufwindung unverstreckter Fadenenden und zur Bildung einer Fadenreserve wird bei der zentralen Bestückung der Streckzwirnmaschine die gesamte Ringbank abgesenkt. Bei Beginn des Aufwickelvorganges läuft dabei das unverstreckte Fadenende auf den Unterwindering auf. Anschließend wird die gesamte Ringbank durch eine programmierte Steuerung angehoben, bildet die Fadenreserve und geht dann in die reguläre Changierbewegung zum Kopsaufbau über.

6.2.1.3.1. Spindeln für Streckzwirnmaschinen

Für Streckzwirnmaschinen kommen vorwiegend Rollenlagerspindeln mit Bandantrieb zur Anwendung. Die Spindel muß in der Lage sein, bei Verwendung bis zu 500 mm langen Hülsen 2—5 kp Belastung im Dauerbetrieb bei max. 13000 U/min je nach Belastung aufzunehmen. Sie muß dabei ein hohes Dämp-

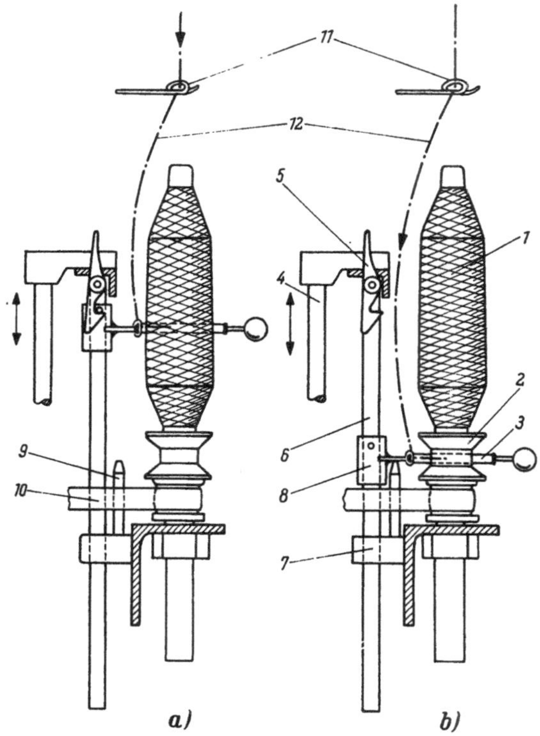

Bild 6.34. Skizze einer Spindel mit Einzelring-Unterwindung
a) im Aufwindezustand b) im Unterwindezustand

1 — Streckzwirnspindel mit Kops; *2* — Reservefadenring; *3* — Zwirnring mit Läufer; *4* — Hubstange mit Hubvorrichtung; *5* — Halteklinke für Geradführung; *6* — Führungsschiene; *7* — Führungslager für die Schiene; *8* — Geradführung zum Absenken des Ringes; *9* — Anschlag; *10* — Spindelantriebsband; *11* — Spindelfadenführer; —·→·— Fadenlauf

fungsvermögen aufweisen, da die Kopshülsen und der aufgespulte Seidenwickel nicht vollkommen wuchtfrei hergestellt werden können. Die maximale Unwucht der Hülsen soll 2 cm/g nicht überschreiten. Die Laufzeit der Spindeln zwischen zwei Reinigungen und Ölwechseln soll mindestens 2000 Betriebsstunden betragen. Dieser Wert hängt stark von der Qualität des verwendeten Spindelöles ab. Außer der Kopshülse, die sich bei einwandfreier Zentrierung leicht aufstecken und abnehmen lassen muß, ist noch eine zusätzliche Aufnahme für den Reservefadenring für die Einzelringabsenkung vorhanden. Die laufenden Spindeln können durch Knie- oder besser Fußbremsen einzeln angehalten werden.

6.2.1.3.2. Hub und Hubeinrichtungen

Die für die Aufwicklung erforderliche Hubbewegung der Zwirnringe erfolgt für alle Arbeitsstellen der Maschine synchron. Die Doppelhubzahlen/min dürfen, um eine minimale Fadenverkreuzung und damit einen guten Kopsaufbau zu erzielen, nicht zu niedrig liegen; sie werden durch die relativ große zu bewegende Masse des gesamten Mechanismus begrenzt.

Eine zusätzliche Verkreuzung des aufgewickelten Fadens, die sich mit der des Hubmechanismus überlagert, wird durch leichte Neigung der Zwirnringe zur Waagerechten erreicht. Mit jeder Ringläuferumdrehung durchläuft der Faden zweimal in senkrechter Richtung die Strecke = *Ringdurchmesser* × *cos des Neigungswinkels*. Die optimalen Werte der Hubbewegung und des Ringneigungswinkels sind vom Seidentiter und von der Abzugsgeschwindigkeit des zu verstreckenden Seidenfadens sowie von der Spindeldrehzahl und dem Ringdurchmesser abhängig. Die früher üblichen Hubeinrichtungen erzeugen den Hub durch ein ebenes Exzentergetriebe mit einem Rollenhebel, der unter Kraftschluß die Bewegung über zweckmäßige Übertragungsorgane an die Hubvorrichtung (den sogenannten Wagen) für die Zwirnringe weiterleitet.

Heute werden zur Huberzeugung hydraulische Aggregate eingesetzt. Zur Erreichung einer schwingungsfreien Bewegung und einer exakten Umkehrung an den Endstellungen werden die Ringbänke durch ein direkt gekuppeltes hydraulisches System ohne Zwischenelemente bewegt. Durch Einstellung der Mengenregler, die in den Kreislauf der Hydraulik eingebaut sind, läßt sich die Geschwindigkeit der Ringbankbewegung beliebig verändern. Durch kurvengesteuerte Mengenregler oder Schlitzkolbenbeschleuniger kann man eine Beschleunigung des Haupthubes der Ringbank erreichen und somit den Kopsaufbau verbessern [28]. Die unter 6.2.1.3. genannten Windungsarten werden dadurch erreicht, daß die Ringbank mit Hilfe einer elektronisch-hydraulischen Steuerung nach Programm auf und ab bewegt wird. Das wird beispielsweise durch den Einsatz von Schablonen möglich, die über Endschalter die Lage der Umkehrpunkte gesetzmäßig steuern.

6.2.1.4. Mechanischer Aufbau und Antrieb der Streckzwirnmaschinen

Durch fortlaufendes Aneinanderreihen der einzelnen gegenüberliegenden Arbeitsstellen ergibt sich für die Streckzwirnmaschinen der prinzipiell gleiche Aufbau wie für Ringzwirnmaschinen. Die Anzahl der Arbeitsstellen (Spindeln) beträgt bis zu 80 je Maschinenseite. Die Teilung (Abstand von Spindel zu Spindel) beträgt 150—170 mm bei einem Durchmesser der Zwirnringe von 130—150 mm.

Maschinen für schwere Seiden haben Teilungen bis ca. 300 mm und entsprechend große Ringe. Die Gesamtmasse der Maschine setzt sich bei einer Breite von 1,0—1,20 m zusammen aus: ca. 2500 kp für den Hauptantrieb einschließlich Antriebsmotor, der Endwand der Maschine und der spez. Masse von ca. 80 kp pro Spindel.

Das Gestell wird durch kräftige gußeiserne Mittelblöcke gebildet, die durch Längsteile, die Spindelbänke, die Galettenkästen und die Traversen für das Aufsteckzeug, verbunden sind. Es muß bei den durch die hohen Arbeitsgeschwindigkeiten bedingten Drehzahlen aller rotierenden Teile sehr massiv und schwingungsfest ausgeführt sein. Als zentrales Antriebsorgan für die Spindeln dient eine längs durch die ganze Maschine führende Bandscheibenwelle.

Die Galetten sind auf kurze quer zur Längsachse der Maschine liegende Wellen aufgesetzt, die jeweils zu 4—8 Stück in einem geschlossenen, öldichten Kasten gelagert sind. Die in Längsrichtung im Galettenkasten liegende Welle treibt die Galetten über Schrauben- oder Kegelräder an.

Bild 6.35. Ansicht der Streckzwirnmaschine, Modell 3008, von VEB Textima, Karl-Marx-Stadt

Alle Galettenkastenwellen einer Maschinenseite sind durch biegeelastische Kupplungen verbunden und münden im Hauptantrieb der Maschine.

Der Hauptantrieb für die Lieferzylinder, die Galetten, die Spindeln und den Hubmechanismus ist an einem Ende der Maschine angebracht. Es muß gewährleistet sein, daß sich das Verhältnis der Umfangsgeschwindigkeiten (Streckverhältnis) zwischen Lieferzylinder und Galetten von 1:3 bis 1:5 möglichst stufenlos oder in sehr kleinen Stufen verändern läßt. Die Anderung muß bei stillstehender Maschine in wenigen Minuten möglich sein, was am billigsten und einfachsten durch Wechselräder erfolgt.

Weiterhin muß der Hauptantrieb eine kurzzeitige Änderung der gesamten Geschwindigkeit (Liefergeschwindigkeit) des Streckwerkes im Verhältnis zur Spindeldrehzahl zulassen, um den Drall der Seide im entsprechenden Maß zu verändern. Dies erfolgt durch Wechselräder, Kettenräder oder Riemenscheiben, je nach Art der Konstruktion der Maschine. Die gleiche Wechselmöglichkeit muß auch für den Antrieb des Hubmechanismus vorhanden sein (siehe Bild 6.35.).

Bei den meisten Maschinenkonstruktionen treibt ein als Drehstromkurzschlußläufer ausgeführter Motor die Bandscheibenwelle über einen Keilriemenantrieb direkt an. Alle anderen Antriebe werden von dieser Welle abgenommen. Um die Spindeldrehzahlen zu verändern und die gesamte Geschwindigkeit der Maschine wechseln zu können, müssen die Keilriemenscheiben austauschbar und der Motor verstellbar sein.

Bei Wechsel der Drallrichtung der Seide (*S*- oder *Z*-Drehung) wird der Motor umgepolt und damit die Drehrichtung desselben und der Spindeln umgekehrt; dabei ist eine entsprechende Vorrichtung (Zwischenwelle) zur Einhaltung der gleichen Drehrichtung des Streckwerkes im Hauptantrieb erforderlich.

Die günstigsten Konstruktionen der Hauptantriebe sind als geschlossene Getriebekästen mit Ölumlaufschmierung ausgeführt. Sie nehmen alle Triebwerksteile wie Zahnräder, Wellen, Lager usw. auf, besitzen jedoch gut abgedichtete, leicht zu lösende Deckel, um die Wechselräder zugänglich zu machen. Gut bewährt haben sich auch kombinierte Konstruktionen aus Zahn- und Kettenrad oder Flachriemenantrieben. Im oder am Hauptantrieb befindet sich außerdem noch die elektrische Schalteinrichtung. Maschinen mit hohen Arbeitsgeschwindigkeiten können nicht durch direktes Einschalten des Antriebsmotors angefahren werden; dazu ist eine entsprechende mechanische oder besser elektrische Sanftanlaufvorrichtung (Stern-Dreiecksschaltung oder Kusa-Schaltung) erforderlich.

Um die Klimaanlage der Streckerei zu entlasten, wird für die Abführung der Verlustwärme der Antriebsmotoren, die bei großen Maschinen bis zu 40 kW Leistung aufweisen, neuerdings vielfach Fremdbelüftung für den Motor oder den ganzen Hauptantrieb angewendet.

Bei modernen Maschinen werden Streckwerk und Spindeln getrennt durch je einen Motor angetrieben. Abgesehen von der dadurch gegebenen Möglichkeit, das Streckwerk mit geringer Verzögerung zur Reduzierung der Anfahrfadenbrüche zu starten, wird durch Steuerung der Drehzahl der Spindeln die Läufergeschwindigkeit konstant gehalten und damit die Fadenspannung günstig beeinflußt. In der Regel kommen dafür Gleichstrommotoren mit Thyristorreglern zum Einsatz.

6.2.1.5. Durchführung des Streckzwirnprozesses

Das Auflegen des Fadens erfolgt bei laufender Maschine. Von der aufgesteckten Spinnspule wird der Faden abgenommen, in den Ablauffadenführer eingelegt und mehrmals um den Unterwindring entgegengesetzt dem Spindeldrehsinn geschlungen, wobei darauf zu achten ist, daß keine fliegenden Enden entstehen. Die Hülse wird auf die mit der Bremse stillgesetzte Spindel gesteckt und der Faden durch den Ringläufer und den Spindelfadenführer gelegt. Dann wird die Spindel durch Lösen der Bremse in Gang gesetzt und der Faden um die Heizwalze und die Galetten geschlungen.

Bei Fadenbruch sind die gleichen Handgriffe erforderlich; entstandene Fadenwickel sind außerdem zu entfernen. Die Ringe müssen täglich mehrmals gereinigt und die Ringläufer rechtzeitig gewechselt werden.

Seide, die flusig läuft bzw. verschmutzt ist, wird in Minderqualität aussortiert. Zur Steuerung des Betriebes wird von jeder Spinnstelle je eine Spinnspule vorab verstreckt und die Seide in der textiltechnologischen Abteilung untersucht. Um schnell einen Überblick über Flusen, Spinn- und Textilmasern zu erhalten, werden außer den an die textiltechnologische Abteilung abgegebenen Prüfkopsen einige Kopsprüfungen auf dem in der Sortierung stehenden Seriplan durchgeführt. Der Seriplan ist eine Haspel mit einem genormten Umfang von 2 m, der für Untersuchungen gleichzeitig 10 Spulen vorgelegt werden können. Zur besseren Erkennung der Fehler ist der Untergrund mattschwarz gehalten.

Bei Störungen des Fadenlaufes von der Spinnspule bis zum Streckzwirnkops (Kapillarbruch, Flusen, Verschmutzungen) ist sofort der gesamte Faden zu trennen und der herbeigeführte Fadenbruch zu registrieren. Es ist soviel Material abzuziehen, bis die fehlerhafte Stelle restlos beseitigt ist. Entsprechend den Güterichtlinien kann die Seide bereits an den Streckzwirnmaschinen zu Partien einer gewissen Güteklasse zusammengestellt werden.

6.2.1.6. Maschinen für schwere technische Fäden

Streckzwirnmaschinen für Feinseiden umfassen im allgemeinen einen Feinheitsbereich von 30 tex (Nm 34) bis etwa 1,66 tex (Nm 600). Die Verstreckung von Polyesterfäden, die schwerer als 30 tex (Nm 34) sind, erfordert besonders kräftig ausgeführte Streckzwirnmaschinen. Im Bereich von 30 tex (Nm 34) bis 500 tex (Nm 2) sind vorwiegend Streckzwirnmaschinen im Einsatz, die sich von den Feinseidenmaschinen — außer durch eine kräftigere Bauart — durch größere Wickelgewichte (bis etwa 5 kg) und die dazu notwendigen Hülsen und Spindeln unterscheiden. Sie sind fast ausschließlich mit Zweizonen-Streckwerken versehen (siehe Bild 6.36. und Bild 6.37.).

6.2.1.7. Streckspulmaschinen

Neben den Streckzwirnmaschinen sind in den letzten Jahren die Streckspulmaschinen zum Einsatz gekommen. Sie unterscheiden sich von den Streckzwirnmaschinen lediglich durch die Art der Sammlung der verstreckten Fäden. Statt der Aufwindung auf Zwirnhülsen unter Drallerteilung erfolgt die Aufwindung auf Spulen.

Für die Aufnahme der Spulhülsen und den Antrieb kommen prinzipiell die gleichen Aggregate, wie sie bei den Aufwickelmaschinen verwendet werden, zum Einsatz. Neben der Fadenverlegung durch Kehrgewindespindeln sind auch Schlitztrommeln im Gebrauch. Zur Vermeidung eines raschen Verschleißes werden an den hochbeanspruchten Fadenumkehrstellen Fadenführungsstifte aus Sinterkorund eingesetzt. Die Fadenlaufflächen werden nach einem Spezialverfahren oberflächenveredelt. Bis ca. 1200 m/min Streckgeschwindigkeit werden die Streckgaletten in der Regel mechanisch angetrieben. Zur Erreichung höherer Geschwindigkeiten werden die Galetten elektrisch einzeln angetrieben. Die Drehzahl der Antriebsmotoren wird dabei wie bei den Aufwickelmaschinen über einen Frequenzumformer gesteuert.

Für die Aufwicklung der stärkeren, technischen Seiden kommen die unter 5.6.1.1.3.1. beschriebenen Einzelspulköpfe zum Einsatz. Die große Ähnlichkeit im Aufbau der Streckzwirn- und Streckspulmaschinen zeigt die stark vereinfachte Darstellung des Querschnittes beider Maschinen im Bild 6.38.

Bild 6.39. zeigt einen Ausschnitt aus der Streckspulmaschine der Fa. Zinser. Für die Fadenverlegung wird ein patentiertes Spulsystem eingesetzt, das aus

Kombination eines traversierenden Fadenführers (Schwingarm) mit einer an den Umkehrstellen genuteten Friktionswalze besteht. Eine spezielle Steuereinrichtung unterdrückt die Spiegelbildung.

Ein älteres Modell einer Streckspulmaschine für schwere technische Fäden aus Polyester zeigen schematisch und als Abbildungen die Bilder 6.40. bis 6.43. Bei dieser Grobseiden-Streckspulmaschine werden acht starke Fadenbündel nebeneinander verstreckt [31].

Während im ersten Streckfeld die Hauptverstreckung erteilt wird, wobei die Fäden über eine Heizplatte gleiten, erfolgt im zweiten Streckfeld nur noch eine

Bild 6.36. Streckwerk einer SZ-Maschine für technische Polyester-Seiden (Fa. Zinser, Ebersbach/Fils, BRD)

Bild 6.37. Streckzwirnmaschine für starke Polyester-Fäden (Heavy draw twister HDT 3, Dobson & Barlow, Großbritannien)

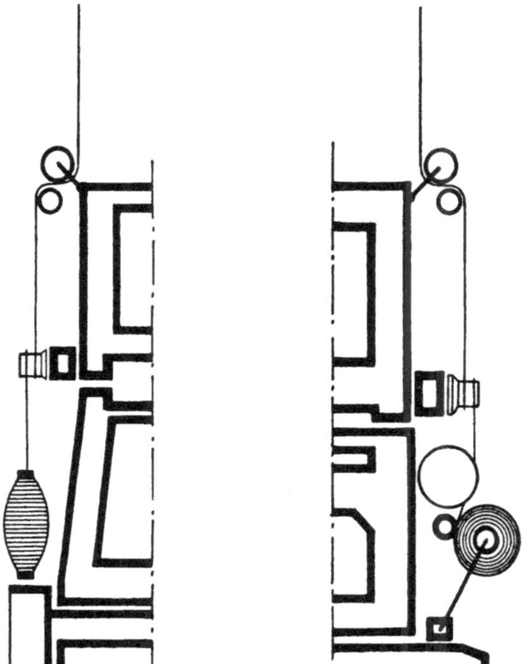

Bild 6.38. Schematische Darstellung der Streckzwirn- und Streckspulmaschine

geringe Nachverstreckung. Der Fadenlauf ist folgender: Die Spinnspulen werden auf gesonderten Fachgestellen in unmittelbarer Nähe der Maschine aufgesteckt. Eine durch die Endnummer bestimmte Anzahl über Kopf abgezogener Fäden wird zusammengefaßt und über Einlauffadenbremsen dem ersten Walzen-Trio zugeleitet. Diese drei Walzen tragen über sich, auf Lücke liegend, zwei aus einem Stahlkern mit aufgezogenem Gummimantel bestehende Druckwalzen, um die der Faden geschlungen wird (siehe Bild 6.41.).

Bild 6.39. Aufspulung von einer Polyester-Cordseide an einer Streckspulmaschine der Fa. Zinser, Ebersbach/Fils, BRD

Im Abstand von ca. 750 mm ist das zweite Walzentrio angeordnet. Es ist genau wie das erste ausgeführt, läuft jedoch mit einer dem Streckverhältnis entsprechenden höheren Geschwindigkeit. Zwischen beiden Trios befindet sich eine über alle 8 Arbeitsstellen reichende Heizplatte, über die die Fäden gleiten. Nach Verlassen des zweiten Walzentrios werden die Fäden in ein heizbares Wasserbad geleitet. Am Ende der Wanne ist das dritte Walzentrio angeordnet, das, dem Nachstreckverhältnis entsprechend, schneller läuft als das zweite (siehe Bild 6.42 u. 6.43.).

Anschließend passieren die Fäden mit mehreren Umschlingungen eine dampfbeheizte Trocken- und Schrumpftrommel, die in ihrer Umfangsgeschwindigkeit in kleinen Stufen einstellbar ist und je nach den gewünschten textilen Werten des Fadens etwas langsamer oder etwas schneller als die Walzen des dritten Trios läuft. Um den unverzwirnten Einzelkapillaren des Fadens einen gewissen Schluß

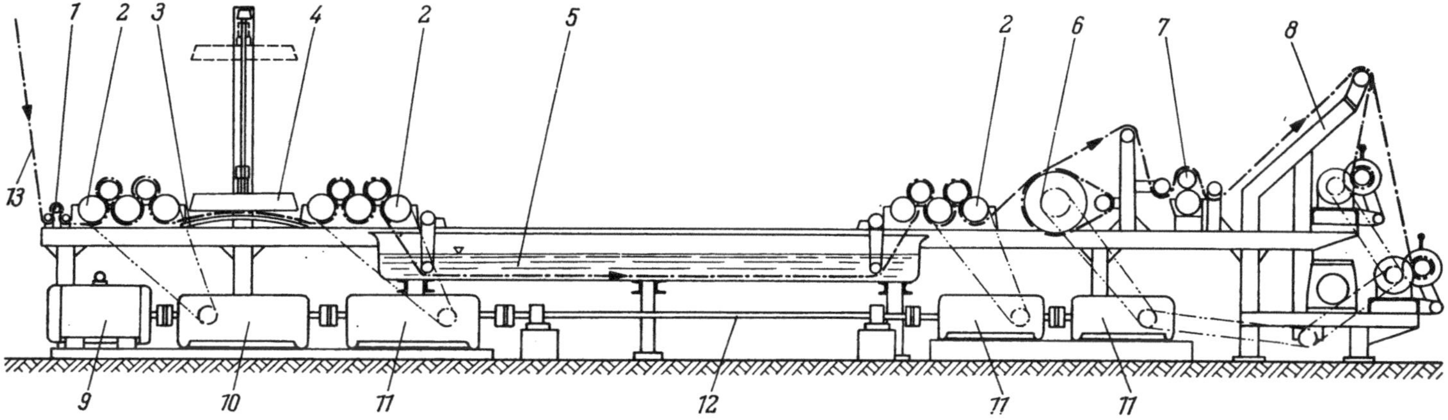

Bild 6.40. Querschnitt einer Grobseidenstreckmaschine [31]

1 – Einlauffadenbremse; *2* – Verstreckwalzen; *3* – Heizplatte; *4* – Wärmestrahler, hochfahrbar; *5* – Wasserwanne; *6* – Trocken- bzw. Schrumpftrommel; *7* – Präparationsvorrichtung; *8* – Aufwickelvorrichtung; *9* – Antriebsmotor; *10* – Getriebe, stufenlos; *11* – Getriebe mit Wechselradabstufungen; *12* – Längswelle; *13* – –·→·– Fadenlauf zu geben, können die Fäden anschließend über eine Präparations- bzw. Schlichtevorrichtung geleitet werden. Die Aufwicklung erfolgt auf mittels Treibwalzen über Umfang angetriebene Scheibenspulen, die zu je vier in zwei Etagen angeordnet sind. Auch hier ist die Umfangsgeschwindigkeit gegenüber der Trockentrommel in engen Grenzen verstellbar.

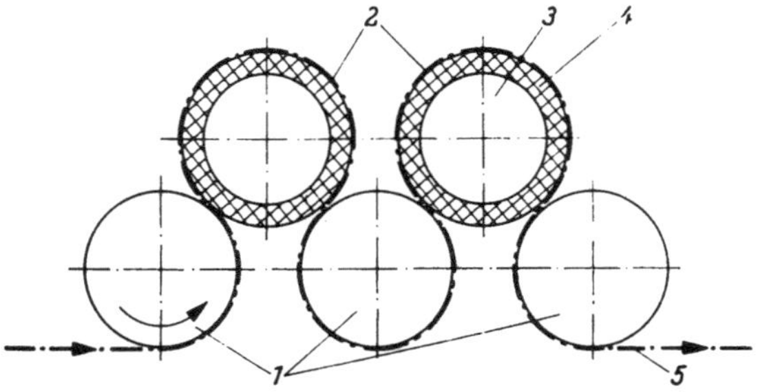

Bild 6.41. Walzenquintett mit Fadenlauf

1 – untere Walzen, angetrieben; *2* – Druckwalzen; Belastung durch Eigengewicht; *3* – Stahlkern; *4* – Gummi- oder Plastbezug; —·→·— Fadenlauf

Bild 6.42. Grobseidenstreckmaschine, Teilansicht

Die Scheibenspulen werden als verkaufsfertige Garnkörper von ca. 5—6 kg Nettogewicht aufgemacht oder als teilbare Spulen ausgeführt, von denen der Faden auf einer Präzisionskreuzspulmaschine zu zylindrischen Spulen auf Papphülsen umgespult wird.

Die Maschine läßt Arbeitsgeschwindigkeiten bis zu 300 m/min zu.

Da alle 8 Spulstellen einen gemeinsamen Antrieb durch einen Kurzschlußläufer über Vierstufen-Schaltgetriebe und eine mechanische Reibungskupplung zum Sanftanlauf oder durch einen über Drehzahl regelbaren Drehstrom-Kommutatormotor haben, muß bei Fadenbruch oder Wickelbildung auf einer Spulstelle die gesamte Maschine stillgelegt werden. Für die einwandfreie Funktion dieser hochproduktiven Maschine sind demnach einwandfreies Vorgabematerial und optimale Einstellung des Streckverhältnisses erforderlich. Um letzteres zu erreichen, kann die Umfangsgeschwindigkeit des ersten Walzentrios im Verhältnis zum zweiten stufenlos durch Ketten-Regelgetriebe eingestellt werden.

Bild 6.43. Grobseidenstreckmaschine, Fadenaufspulung

6.2.2. *Streckmaschinen für Polyesterstapelfasern*

Zur Herstellung von Polyesterstapelfasern werden im allgemeinen die endlos gesponnenen Fäden zu Kabeln zusammengefaßt und verstreckt. Dazu werden Streckmaschinen für Kabelstärken von 300000 den und darüber gebaut, wobei sich Arbeitsgeschwindigkeiten (Geschwindigkeit des verstreckten Kabels) zwischen 80 und 120 m/min als günstig erwiesen haben. Bild 6.44. und Bild 6.45. zeigen im Schema und in Abbildung Faserbandstraßen mit Verstreckwerken zur Herstellung von Polyesterstapelfasern.

Zur Erzeugung von Fasern besonders hoher Qualität werden jedoch auch Maschinen mit Einzelfadenverstreckung für die Faserproduktion eingesetzt. Diese Spezialmaschinen arbeiten prinzipiell wie Maschinen zur Verstreckung von endlosen Fäden (Seide), jedoch erfolgt die Aufwicklung der verstreckten Fäden gemeinsam in Form eines Kabels auf einer Aufwickelvorrichtung, um die Weiterverarbeitung, insbesondere das Schneiden, rationell zu gestalten.

Festigkeit, Dehnung und auch Schrumpf lassen sich mit dieser Technologie besser einstellen als beim Kabelstrecken. Besonders einwandfreie Spinnfäden bzw. Spulen sind Voraussetzung für dieses aufwendigere Verfahren [30].

Prinzipiell gilt für alle Faserstreckmaschinen die gleiche Bedingung wie für Seidenmaschinen, d. h. das Faserkabel wird zwischen zwei oder drei Walzenpaaren oder -kombinationen, die mit verschiedener Umfangsgeschwindigkeit laufen, verstreckt. Das Gesamtverstreckverhältnis der Maschine soll bis 1:5 reichen.

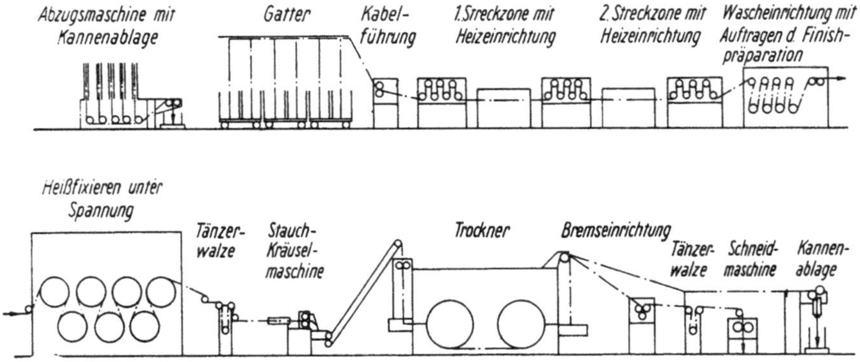

Bild 6.44. Schema einer Faserbandstraße zur Herstellung von Polyester-Stapelfasern

Bild 6.45. Bandstraße einer Polyester-Faseranlage (Fa. Uhde, BRD)

6.2.2.1. Fachgestelle

Die einzeln gesponnenen Polyesterfäden werden der Streckerei als Wickelkörper von mehreren kg Nettogewicht oder als dünne Kabel in Kannen angeliefert. Zur Kabelbildung werden die Spulen auf besondere Fachgestelle waagerecht oder mit leicht geneigter Achse aufgesteckt, die Fäden über Kopf abgezogen und zusammengefaßt. Es ist besonders zu beachten, daß die Fäden mit gleicher Spannung in das Fadenkabel einlaufen. Zu diesem Zweck wird je Spule oder je vertikale oder horizontale Spulenreihe eine Fadenbremse angeordnet.

Die Fachgestelle werden am zweckmäßigsten in Richtung des Streckverlaufes in einem klimatisierten Raum unmittelbar vor dem Streckwerk angeordnet. Sie sollen solche Abmessungen haben, daß die Winkel zwischen Kabelführung und Streckrichtung möglichst klein sind.

Um die Transportbewegungen der Spinnspulen weitestgehend einzuschränken, werden, besonders für Großspulen bis 50 kg Nettogewicht, die Transportwagen als Fachgestell-Sektionen ausgebildet, die dann direkt aus der Spinnerei an den entsprechenden Platz des Fachraumes gefahren werden. Das gleiche Prinzip gilt für die Verwendung von Spinnkannen.

Die günstigste Verstreckung ergibt sich, wenn alle Fasern des Kabels nebeneinander liegen, also ein Band bilden. Um das praktisch maximal zu erreichen, wird das Kabel einem noch im Fachraum angeordneten Abzugsrollenbock (ohne eigenen Antrieb) zugeleitet, dem ein Schärkamm vorgestellt ist. Dieser Abzugsrollenbock besteht im wesentlichen aus zwei waagerechten gummierten oder Kunststoffwalzen, deren obere unter Zwischenklemmung des Kabels auf die untere gedrückt wird. Diese Walzen, die zur Regulierung der Einlaufspannung in das Streckwerk gebremst werden können, werden durch das Kabel angetrieben.

6.2.2.2. Streckböcke und Heizeinrichtungen

Zur Verbesserung der Verstreckung und zur gleichmäßigen Erwärmung wird das Kabel noch vor dem Einlauf in den ersten Streckbock durch ein Wasserbad von ca. 1 m Länge und einer Temperatur von etwa 50 °C geleitet. Ein Quetschwalzenpaar am Auslauf, das nur mitgeschleppt wird, entfernt das überschüssige Wasser. Das im Kabel verbleibende Wasser verdampft auf den geheizten Walzen des ersten Streckbockes so wie in der geheizten ersten Streckzone. Der entstehende Dampf bewirkt eine gleichmäßige Temperaturverteilung im Kabel.

Die Verstreckung erfolgt in zwei Stufen; es sind also drei Walzensysteme erforderlich. In der ersten Stufe erhält das Kabel eine Verstreckung von mindestens 90% der je nach Fasertyp und gewünschten textiltechnischen Werten erforderlichen Gesamtverstreckung. In der zweiten Stufe erfolgt dann die Restverstrekkung.

Die Walzensysteme werden in räumlich voneinander unabhängigen Gestellen bzw. Getriebekästen, den sogenannten Verstreckböcken, gelagert und angetrieben. Wie bei den Streckzwirnmaschinen kann hier das Kabel entweder durch Klemmen zwischen zwei Walzen und Umschlingungsreibung oder allein durch Umschlingungsreibung festgehalten werden. Im ersteren Falle sind die drei Verstreckböcke als Fünfwalzenwerke (Quintetts) ausgebildet. Zwei Walzenpaare mit je einer Gummi- und einer hartverchromten Walze dienen als Klemmwalzen mit regulierbarem Anpreßdruck, während die fünfte Walze (hartverchromt) die Überleitwalze zum nächsten Verstreckbock oder Aggregat darstellt.

Wird nur Umschlingungsreibung verwendet, so kommen mindestens 7 verchromte Walzen je Streckbock zur Anwendung, wobei eine genau definierte Einlaufspannung des Kabels vorhanden sein muß bzw. eine antriebslose, pneumatisch andrückbare, elastisch bezogene Klemmwalze für die erste Walze des Septetts erforderlich ist. Bei diesem Verfahren ist eine bandförmige, breite Ausbildung des Kabels besonders zu empfehlen, um möglichst alle Fasern an der Reibung zu beteiligen. Die Walzenbreite ist entsprechend groß und beträgt ca. 400 mm. Der Durchmesser der Walzen, der aus antriebstechnischen Gründen bei allen gleich groß ist, soll, um bei Kabelklemmung eine gute Anschmiegung der Walzen zu erreichen, nicht zu klein sein; er beträgt im allgemeinen 250—350 mm. Durch große Walzen wird ferner die unerwünschte Wickelbildung erschwert (vgl. Bild 6.45. und 6.46.).

Bild 6.46. Septett-Streckwerk einer Bandstraße zum Verstrecken von Polyester-Kabel (Fa. Neumag, Neumünster, Holst., BRD)

Die technologische Forderung nach Aufheizen des Kabels vor und in den Streckzonen wird durch Warmwasser- oder dampfbeheizte Walzen mit einer Oberflächentemperatur von 60—120 °C, je nach Fasertyp und Geschwindigkeit des Kabels, am ersten und zweiten Streckbock erfüllt.

Die günstigste Ausführung der Streckböcke erfolgt in Form geschlossener, massiver gußeiserner Getriebeblöcke, die mit Ölfüllung und Umlaufpumpen ausgerüstet sind. Alle Maschinenelemente müssen, entsprechend den hohen Verstreckkräften, die bis zu mehreren Tonnen bei großen Kabelstärken und 120 m/min Abzugsgeschwindigkeit betragen können, und den damit auftretenden Drehmomenten, stabil ausgeführt sein.

Um optimale textile Werte der Faser zu erreichen, muß die Umfangsgeschwindigkeit und damit die Drehzahl der Walzen aller drei oder zumindest zweier

Streckböcke stufenlos verstellbar sein. Das Regelverhältnis (niedrigste Drehzahl:höchster Drehzahl bei gleichbleibender Antriebsdrehzahl) soll mindestens 1:3,5 betragen. Die sich ergebenden schwierigen Antriebsprobleme werden entweder vollmechanisch, vollelektrisch oder durch Kombination beider Antriebsarten gelöst.

Beim vollmechanischen Antrieb werden die in einer Längsachse und gleicher Höhe stehenden Streckböcke und evtl. auch die nachfolgenden Aggregate von einem Antriebsmotor aus über eine Längswelle (Königswelle) mit entsprechenden Zwischen- und Winkelgetrieben angetrieben. Die Regelung der Drehzahl der einzelnen Böcke erfolgt über stufenlose Kettengetriebe. Der Hauptantriebsmotor ist ein stufenlos regelbarer Drehstrom-Kommutatormotor, mit dem die Antriebsgeschwindigkeit der gesamten Maschine eingestellt werden kann.

Für den vollelektrischen Antrieb wird vorwiegend Gleichstrom verwendet, wobei jeder Streckbock und auch die Zusatzaggregate je einen Motor haben; diese Motoren arbeiten in Leonard-Schaltung mit einem Umformersatz oder mit Thyristor-Steuerung. Durch Beeinflussung der Feldströme der Motoren ist hier eine Regelung in großen Grenzen möglich.

Der Vorteil des vollmechanischen, formschlüssigen Antriebs ist der unbedingte Gleichlauf aller Aggregate, auch bei stoßweiser Laständerung. Allerdings ist der Platzbedarf größer als beim vollelektrischen Antrieb. Sollen jedoch Kabel von mehr als 300000 den verstreckt werden, ist der vollelektrische Antrieb vorzuziehen. Die Anschaffungs- und Wartungskosten sind für beide Antriebsarten etwa die gleichen.

Im ersten und zweiten Streckfeld sind zur Erreichung der technologisch günstigsten Kabeltemperatur 80—120 °C) Heizeinrichtungen erforderlich. Die Wärme kann dabei durch Bestrahlung oder Berührung übertragen werden. Am besten haben sich elektrisch oder dampfbeheizte, leicht gewölbte Platten aus rostfreiem Stahl bewährt, über die das bandförmige Kabel geleitet wird und dabei die Wärme durch Übertragung aufnimmt. Die Platten müssen genau wie die geheizten Walzen der Streckböcke mit Temperaturregelung ausgerüstet sein. Zum Teil kommen auch Heizeinrichtungen zur Anwendung, die eine zusätzliche Bedampfung des Kabels mit Wasserdampf zulassen.

Die weiteren Verarbeitungsstufen für die verstreckten Polyesterfadenbündel werden in Kap. 9 behandelt. Hierzu sei auch auf die ausführliche Darstellung in „Synthetische Fasern aus Polyamiden“ von H. Klare, E. Fritzsche und V. Gröbe (Akademie-Verlag Berlin, 1963) verwiesen.

6.3. Literaturangaben

[1] Müller, F. H.: Zum Problem der Kaltverstreckung hochpolymerer Substanzen. Kolloid-Z. **114** (1949) 59—61.

[2] Müller, F. H.: Weitere Versuche und Betrachtungen zur Kaltverstreckung. Kolloid-Z. **126** (1952) 65—72.

[3] Müller, F. H. und Jäckel, K.: Energiebilanz bei Kaltverstreckung. Kolloid-Z. **129** (1952), 145—146; Makromolekulare Chem. **9** (1953) 97—108.

[4] Müller, F. H.: Kaltverformung von Kunststoffen. Kunststoffe **44** (1954) 569—576.

[5] Brauer, P. und Müller, F. H.: Über die Temperaturüberhöhung in der Fließzone während der Kaltverstreckung. Kolloid-Z. **135** (1954) 65—67.

[6] Jäckel, K.: Ein Beitrag zur Kaltverstreckung der Hochpolymeren. Kolloid-Z. **137** (1954) 130—162.
[7] Müller, F. H. und Engelter, A.: Thermische Effekte bei mechan. Deformation, insbes. von Hochpolymeren. Kolloid-Z. **157** (1958) 89—111.
[8] Müller, F. H.: Wärmeeffekte beim Verstrecken von Hochpolymeren. Kunststoffe **49** (1959) 67—71.
[9] Marshall, I. und Thompson, A. B.: The Drawing of Terylene. J. appl. Chem. **4** (1954) 145—153; J. appl. Chem. Prepr. Pat. Nr. 313, 1—10.
[10] Geitel, K.: Beitrag zur Dehnungsermittlung bei kleinen Einspannlängen. Faserforsch. u. Textiltechn. **10** (1959) 204—208.
[11] Roth, W. und Schroth, R.: Über das Spinnen und Strecken von Polykondensatfäden, Teil I. Faserforsch. u. Textiltechn. **11** (1960) 312—319.
[12] Roth, W. und Schroth, R.: Über das Spinnen und Strecken von Polykondensatfäden, Teil II. Faserforsch. und Textiltechn. **11** (1960) 365—373.
[13] Kolb, H. I. und Izard, E. F.: Dilatometric Studies of High Polymers. J. appl. Phys. **20** (1949) 564—571.
[14] Jensen, P. W.: The Determination of Apparent Second-Order Transition Temperatures of Polymers. J. Polymer Sci. **28** (1958) 635.
[15] Müller, F. H. und Engelter, A.: Transformationsintervall und Zug-Dehnungsverhalten. Kolloid-Z. **151** (1957) 157—158.
[16] Newmann, S.: J. Polymer Sci. **27** (1958) 563.
[17] Roth, W. und Hannes, E.: Die Beeinflussung einiger Eigenschaften von Polyesterseide durch Herstellungsbedingungen, Faserfeinheit und Fixiertemperatur. Faserforsch. und Textiltechn. **13** (1962) 223—227.
[18] Riggert, K.: Fortschritte in der Herstellung von Polyester-Reifenkordgarn. Chemiefasern **21** (1971) 379—384.
[19] Schroth, R.: Orientierungs- und Desorientierungserscheinungen während der Verstreckung und Fixierung amorpher Polyesterfäden. Faserforsch. u. Textiltechn. **19** (1968) 5, 230—235.
[20] Müller, F. H. und Engelter, A.: Periodische Erscheinungen bei Kaltverstreckung. Kolloid-Z. **150** (1957) 156—157.
[21] Roth, W. und Schroth, R.: Über das Spinnen und Strecken von Polykondensatfäden. Teil III. Faserforsch. u. Textiltechn. **12** (1961) 361—369.
[22] Hockway, D. C.: The Cold-Drawing of Nylon 66. J. Textile Inst. **49** (1958) 292—316.
[23] Rybnikar, F.: Anomalously Low Density of Some Oriented Samples of Poly-6-caproamide. J. Polymer Sci. **26** (1957) 104—106.
[24] Fiedler, H.: Kapillar- und Blasenbildung während der Kaltverstreckung von Polyamiden. Chem. Techn. **10** (1958) 557.
[25] Griehl, W.: Polyäthylenterephthalat, ein Beispiel für den Bau und das Verhalten linearer Hochpolymerer. Faserforsch. u. Textiltechn. **4** (1953) 380—387.
[26] Sommer, H.: Eigenschaftsänderungen der Textilien durch Umwelteinflüsse. Faserforsch. u. Textiltechn. **7** (1956) 1—13.
[27] Schroth, R.: Einfluß der Spinnorientierung auf die Struktur und die Eigenschaften gereckter Polyäthylenterephthalatfäden. Faserforsch. u. Textiltechn. **20** (1969) 12, 561 bis 564.
[28] Swatek, W.: Aufwickel- und Streckmaschinen für Synthetics. Chemiefasern **11** (1961) 166—173.
[29] Graf, F.: Steuerungen und Regelungen an Streckzwirnmaschinen. Mitteilungen über Textilindustrie **9** (1969).
[30] Fourné, H. und Fourné, F.: Neue Entwicklungen auf dem Gebiet der synthetischen Fasern. Textil-Praxis **13** (1958) 1205—1210; Textil-Praxis 14 (1959) 8—14.
[31] Ludewig, H., Bolle, E. und Schwarzkopf, E.: DDR-Gebrauchsmuster 4708 (1957).

Kapitel 7

7. Fixierung von verstreckten Polyesterfäden

Verstreckte, aber noch nicht fixierte Fäden besitzen gute Festigkeits- und Elastizitätseigenschaften, sind aber für die meisten textilen und technischen Zwecke noch nicht einsetzbar, da sie bei Einwirkung von Wärme keine Formbeständigkeit zeigen, sondern je nach Herstellungstechnologie mehr oder weniger stark schrumpfen. Gedrehte oder gezwirnte Fäden besitzen weiterhin eine starke Kringelneigung, die beim Verarbeiten stört. Außerdem zeigen aus diesen unfixierten Seiden oder Fasern hergestellte Flächengebilde beim Gebrauch ein ungünstiges Knitterverhalten. Es ist deshalb notwendig, bereits die verstreckten bzw. gezwirnten Fäden zum Erreichen von Schrumpfechtheit, Form-, Kringel- und Knitterbeständigkeit zu fixieren. Das kann durch Einwirkung von Wärme in Abwesenheit oder Gegenwart von Quellmitteln, mit oder ohne Spannung geschehen. In der Praxis werden Heißwasser-, Sattdampf- oder Trockenhitzebehandlungen angewandt. Endlose Fäden werden im allgemeinen auf starren oder flexiblen Hülsen fixiert. Fasern können entweder vor dem Schneidprozeß im Band oder im geschnittenen Zustand fixiert werden.

Die günstige Wirkung eines Fixierprozesses liegt darin, daß die durch den Herstellungsprozeß (Spinnen, Strecken, Zwirnen) in den Fäden entstandenen Spannungen ausgeglichen werden. In vereinfachter Weise kann dies so dargestellt werden, daß die unter Spannung eingefrorenen Bindungen zwischen den Molekülketten bzw. Kristalliten und mechanische Spannungen durch Wärmezufuhr gelöst werden, indem größere Schwingungsmöglichkeiten bestehen. Die Bindungen haben dabei Gelegenheit, in den energieärmsten Lagen „einzuschnappen". Beim darauffolgenden Abkühlen ergibt sich also ein spannungsärmerer Zustand. Durch die Wärmeeinwirkung finden außerdem Kristallisations- und Orientierungsvorgänge statt, die sich auf die Farbstoffaufnahme auswirken [1, 2]. Die optimalen Fixierbedingungen werden am besten experimentell ermittelt. Im folgenden sind die Ergebnisse einiger Untersuchungen über den Einfluß der Temperatur, der Zeit und des Mediums auf das Schrumpf- und Knitterverhalten und auf verschiedene Strukturmerkmale zusammengestellt.

7.1. Einfluß der Streckbedingungen auf die Schrumpfverhältnisse

Der Einfluß der Strecktemperatur, der Streckgeschwindigkeit, des Streckmediums und des Verstreckverhältnisses auf das Schrumpfverhalten wurde in Modellversuchen ermittelt und bereits geschildert (vergleiche 6.1.5.). An dieser Stelle soll nur noch auf einige Beobachtungen beim kontinuierlichen Verstrecken hingewiesen werden. Der Schrumpf wurde in bekannter Weise bestimmt [3], indem die Fäden der Länge l_0 ohne Spannung in das Schrumpfmedium der entsprechenden Temperatur eingebracht und nach Beendigung des Schrumpfvorganges herausgenommen und an der Luft abgekühlt wurden. Die Länge l wurde festgestellt und der Schrumpf nach

$$S[\%] = \frac{l_0 - l}{l_0} \cdot 100$$

berechnet. Am einfachsten läßt sich der „Kochschrumpf" bestimmen, indem der Faden 15 Min. in Wasser gekocht wird. Werden Polyesterfäden an der Streckzwirnmaschine mit Geschwindigkeiten von 400 oder 500 m/min verstreckt, so nimmt ähnlich wie bei den Modellversuchen der Schrumpf bei einfacher Verstreckung über Heizwalzen mit steigendem Verstreckverhältnis ab.

Wird eine Verstreckung über Heizwalzen und Heizschienen vorgenommen, ist der Schrumpf kaum vom Verstreckverhältnis abhängig. Im Bild 7.1. sind die Kochschrumpfwerte einer Polyesterseide Nm_{sp} 26 mit 24 Filamentfäden in Abhängigkeit vom Verstreckverhältnis dargestellt. Auch in heißer Luft durchgeführte Schrumpfungen zeigen den gleichen Verlauf.

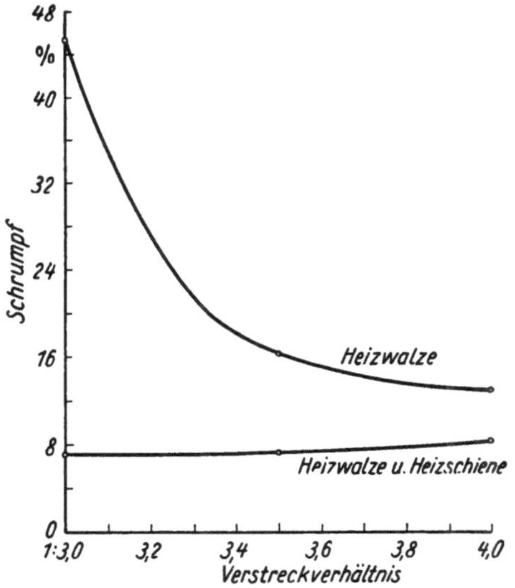

Bild 7.1. Abhängigkeit des Kochschrumpfes von dem Verstreckverhältnis und der Verstreckart

7.2. Einfluß der Fixierbedingungen auf die Schrumpfverhältnisse

Zur Untersuchung des Einflusses von Temperatur, Zeit und Spannungen auf den Schrumpf wurde eine über Heizwalze im Verhältnis 1:3,5 verstreckte Seide Nm 150 (16) = 6,67 tex (Kapillartiter 3,75 den = 417 mtex) verwendet [3].

7.2.1. *Zeit- und Temperaturabhängigkeit des Schrumpfes bei Trocken- und Naßhitzefixierung*

Werden Polyesterfäden Luft von 100°C ausgesetzt (z. B. in einem Trockenschrank), so verkürzt sich ihre Länge zunächst sehr schnell, um nach etwa 30 Min. einen konstanten Wert anzunehmen. Wie aus Bild 7.2. zu ersehen ist, liegt z. B. dieser Schrumpfwert bei 8%.

Wird die Wärmebehandlung in Gegenwart von Wasser vorgenommen, indem die Polyesterfäden in kochendes Wasser eingebracht werden, so stellt sich der Endwert bereits nach etwa 5 Min. ein. Bild 7.2. zeigt den Schrumpfverlauf in Abhängigkeit von der Zeit. Die Gegenwart des als Quellmittel wirkenden Wassers bewirkt also einen wesentlich höheren Schrumpf, etwa 14%.

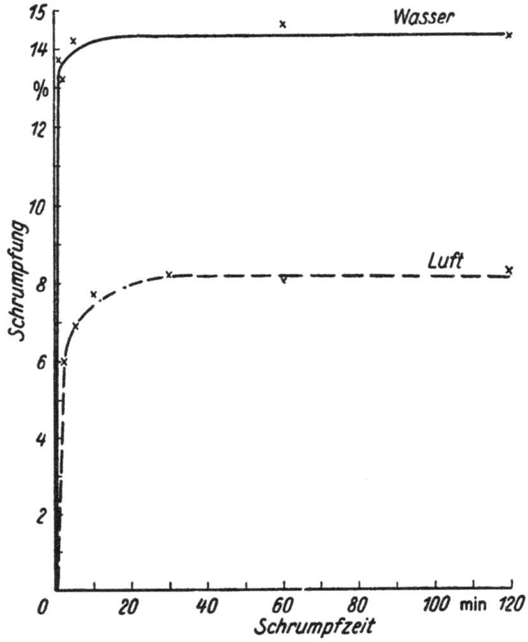

Bild 7.2. Schrumpf von Polyesterseide als Funktion der Zeit bei Fixierung in Luft und in Wasser bei 100 °C

– – – Luft; ——— Wasser

Wird die Fixierung in Luft bei höheren Temperaturen vorgenommen, so wird der entsprechende Schrumpfwert um so schneller erreicht, je höher die Fixiertemperatur liegt, wie auf Bild 7.3. ersichtlich ist.

Die sich nach 30 Min. einstellenden Schrumpfwerte sind in Bild 7.4. in Abhängigkeit von der Temperatur eingezeichnet; es ergibt sich ein fast linearer Verlauf. In diesem Bereich gilt ein Temperaturkoeffizient der Schrumpfung von etwa 0,13%/°C. Werden die Proben nicht in das heiße Schrumpfmedium eingebracht, sondern mit dem Schrumpfmedium langsam auf Fixiertemperatur erwärmt (Temperaturanstieg 2 °C/min), so liegen die Schrumpfwerte niedriger (Bild 7.4.). Das langsame Durchlaufen der niedrigen Temperaturstufen bedingt eine gewisse Temperung, worauf in 7.2.3. noch eingegangen wird.

Die Temperaturabhängigkeit des Schrumpfes in Gegenwart von Wasser ist in Bild 7.5. dargestellt. Da die Fixierungen über 100 °C im Autoklaven durchgeführt werden mußten, konnten die Proben nicht direkt in das heiße Schrumpfmedium eingeführt werden. Es wurde deshalb in der gesamten Reihe eine Temperatursteigerung von 2 °C/min angewandt. Auf Grund der Temperwirkung liegt der bei 100 °C eintretende Schrumpf um etwa 3% niedriger als in Bild 7.2. Bei Temperaturen unter 100 °C wurde die Schrumpf-Zeitabhängigkeit untersucht und gefunden, daß die bei obiger Versuchsreihe angewandte Schrumpfzeit von 30 Min. ausreicht, den Endschrumpf auch bei den Temperaturen 40—80 °C zu erreichen.

Selbstverständlich zeigen diese unter 100 °C behandelten Proben beim nachträglichen Kochen in Wasser noch einen beträchtlichen Schrumpf, der in Bild 7.6. in Abhängigkeit von der Vorbehandlungstemperatur dargestellt ist.

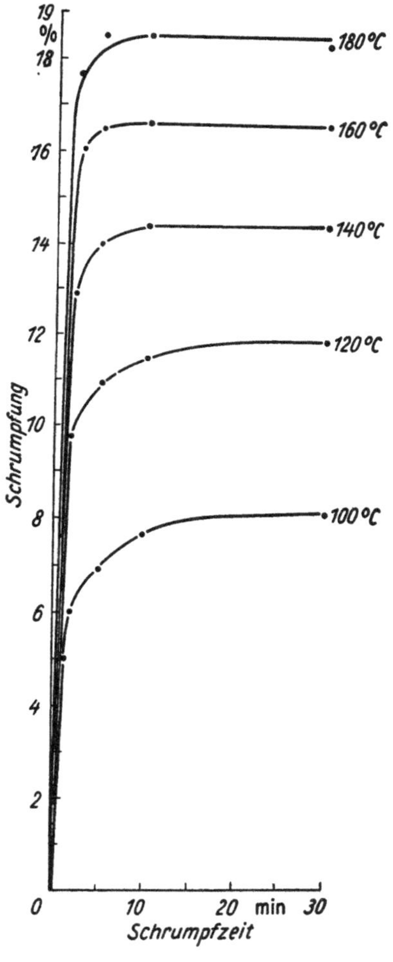

Bild 7.3. Schrumpf von Polyesterseide als Funktion der Zeit bei Fixierung in Luft verschiedener Temperatur

Aus einem Vergleich der Schrumpftemperaturen geht hervor, daß z. B. der in Wasser von 100 °C eintretende Schrumpf von 14% in Luft erst bei etwa 135 °C erreicht wird. Eine bei 130—135 °C in Luft fixierte Probe zeigt keinen Kochschrumpf mehr, während eine bei 125 °C in Luft fixierte Probe beim Kochen in Wasser noch schrumpft. Um dieselbe Schrumpfbeständigkeit zu erreichen, müssen also beim Fixieren in Luft um etwa 30 °C höhere Temperaturen als beim Fixieren in Wasser angewandt werden.

7.2.2. *Einfluß von Spannungen*

Die Fixierung von Faserkabeln bzw. Fasern wird oftmals spannungslos vorgenommen, dagegen erfolgt die Fixierung von Polyesterseide im betrieblichen Maßstab auf Spulen. Die dabei auftretenden Spannungen haben natürlich einen Einfluß auf den Schrumpf. In Modellversuchen wurde die Abhängigkeit des Schrumpfes von der Belastung ermittelt [3]; sie ist in Bild 7.7. dargestellt.

Beim Fixieren in Luft und Wasser nimmt der Schrumpf in der angegebenen Weise mit steigender Belastung ab; bei hoher Spannung (z. B. fest eingespannten Fäden) kann der Faden überhaupt nicht mehr schrumpfen. Von diesen unter bestimmten Spannungen fixierten Fäden wurde durch anschließendes spannungs-

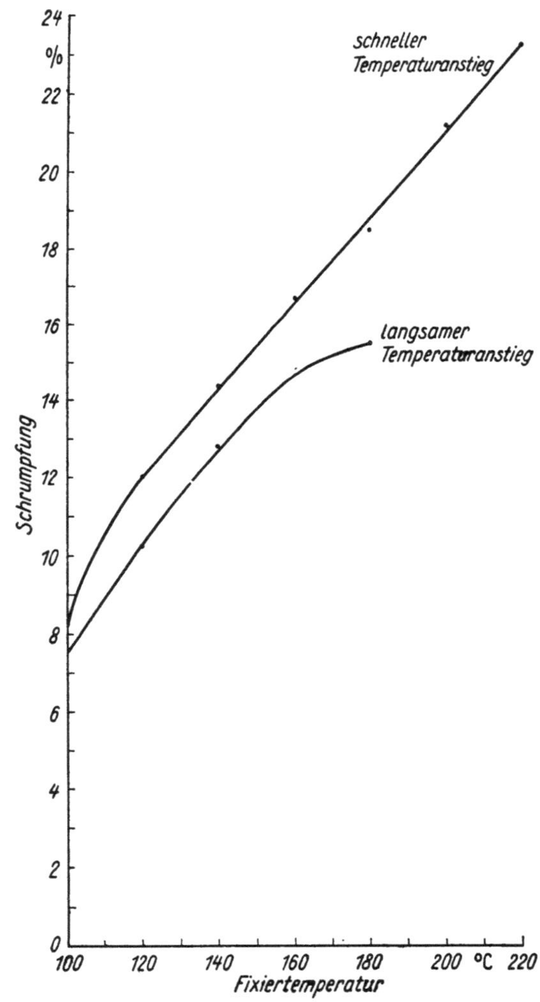

Bild 7.4. Schrumpf von Polyesterseide als Funktion der Temperatur bei $^1/_2$-stündiger Fixierung in Luft

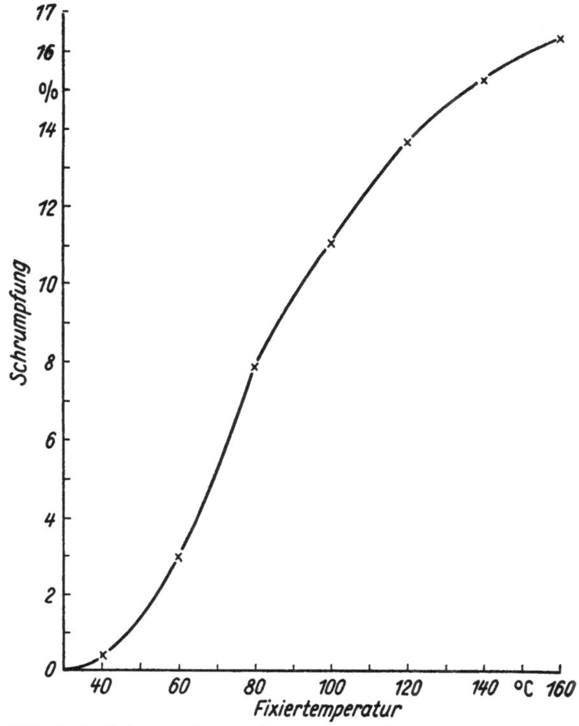

Bild 7.5. Schrumpf von Polyesterseide als Funktion der Temperatur bei $^1/_2$-stündiger Fixierung in Wasser

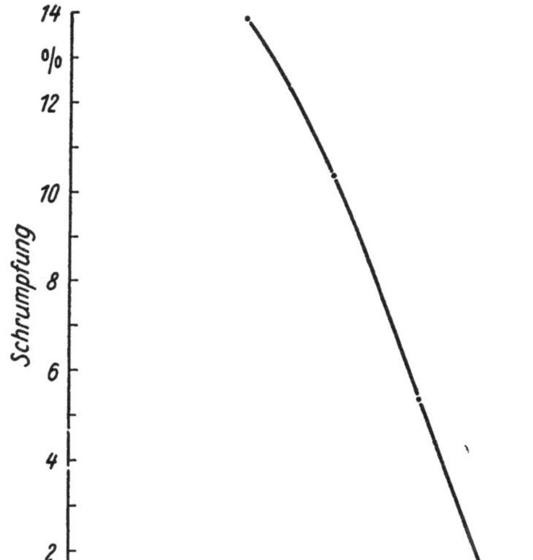

Bild 7.6. Kochschrumpf von Polyesterseide als Funktion der Vorbehandlungstemperatur

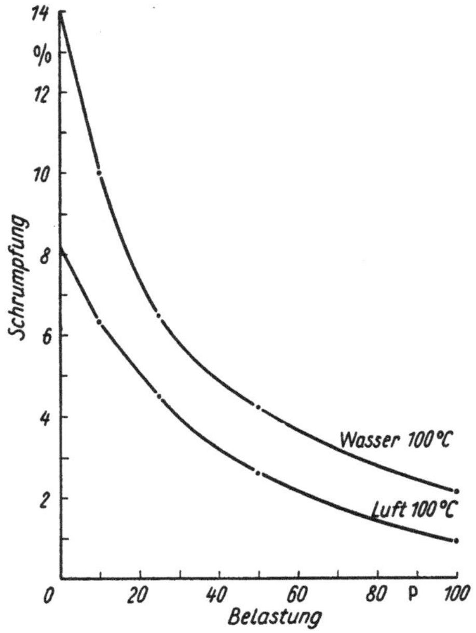

Bild 7.7. Schrumpf von Polyesterseide (*Nm* 150) als Funktion der Belastung bei Fixierung in Wasser und Luft bei 100 °C (30 min)

loses Kochen in Wasser (15 Min.) der Kochschrumpf (bezogen auf Länge nach der Fixierung) und der eingetretene Gesamtschrumpf (bezogen auf Länge vor der Fixierung) ermittelt (Tabelle 7.1.).

Tabelle 7.1. Schrumpfwerte von unter Spannung fixierten Polyesterseiden

	Fixierung in Wasser 100 °C (30 min)			Fixierung in Luft 100 °C (60 (mm)		
Belastung p	Fixier-schrumpf %	Koch-schrumpf %	Gesamt-schrumpf %	Fixier-schrumpf %	Koch-schrumpf %	Gesamt-schrumpf %
0	14,3	0	14,3	8,3	4,0	10,9
10	10,0	0,4	10,3	6,4	3,6	9,8
25	6,5	1,0	7,4	4,5	4,7	9,0
50	4,2	2,1	6,2	2,6	5,9	8,4
100	2,1	2,9	4,9	0,9	7,6	8,4

Wird z. B. eine Polyesterseide direkt in Wasser von 100 °C fixiert, so schrumpft sie um 14,3%. Fixiert man unter einer Belastung von 100 p und führt durch spannungsloses Kochen in Wasser den gleichen Fixiereffekt und die gleiche Schrumpfbeständigkeit wie im vorigen Fall herbei, so erhält man einen Gesamtschrumpf von nur 4,9%. Hat man die Fixierung unter milderen Bedingungen durchgeführt (100 °C in Luft), so erhält man einen etwas höheren Schrumpf (8,4%).

Die niedrigsten Gesamtschrumpfwerte werden also durch energischste Fixierung bei möglichst hoher Spannung erhalten. Dieser niedrige Gesamtschrumpf wirkt sich günstig auf die textilen Eigenschaften aus, indem beim Fixieren keine wesentlichen Titervergröberungen und Dehnungserhöhungen auftreten. Technisch läßt sich jedoch bei Seiden über größere Längen nur schwierig eine gleichmäßige Spannung erzielen. So unterliegen beispielsweise die direkt an einer starren Hülse befindlichen Fäden einer größeren Spannung als die an der Oberfläche des Wickels befindlichen. Dieser Spannungsunterschied bewirkt, daß die inneren Lagen beim Fixieren weniger schrumpfen und bei späterer spannungsloser thermischer Behandlung einen größeren Schrumpf aufweisen als die äußeren Lagen. Die Schrumpf- und damit die textilen Werte können vergleichmäßigt werden, wenn man zum Fixieren flexible Hülsen verwendet. Die beim Fixieren auftretenden Schrumpfkräfte führen zur Verkleinerung des Hülsendurchmessers, so daß der gesamte Wickel unter einer gewissen, gleichmäßigen Spannung steht. Infolgedessen ist der Kochschrumpf auch gleichmäßig niedrig. Dafür liegen aber die Dehnungswerte höher.

Da beispielsweise Seiden für technische Verwendung, z. B. Nähgarne (hochfester Typ), niedrige Dehnungswerte neben geringer Schrumpfneigung aufweisen sollen, ergeben sich Schwierigkeiten beim Fixierprozeß. Die durch hohe Verstreckung erreichten hohen Festigkeiten und niedrigen Dehnungswerte gehen durch Fixieren auf flexiblen Hülsen weitestgehend verloren. Es ist deshalb ratsam, ein Zweistufenfixierverfahren anzuwenden, indem auf Spezialhülsen, die im Durchmesser veränderlich sind, zunächst unter Spannung auf starrer Hülse und danach unter Wegnahme der Spannung durch Verkleinerung des Hülsendurchmessers fixiert wird. Auf diese Weise werden die gewünschten textilen Eigenschaften erreicht.

Im Bild 7.8. sind die Schrumpf-, Dehnungs- und Festigkeitswerte innerhalb des Seidenwickels von innen nach außen dargestellt. Es wurde eine Polyesterseide *Nm* 100 (24) auf starrer (1), flexibler (2) Hülse und zweistufig (3) bei 135 °C fixiert, die vor dem Fixieren folgende textilen Werte zeigte:

Kochschrumpf	8,5%
Bruchdehnung	10,0%
Reißlänge	56,5 Rkm.

Es ist deutlich aus dem Diagramm zu sehen, daß bei Anwendung starrer Hülsen unter Beibehaltung der Dehnungs- und Festigkeitswerte die Schrumpfwerte nach der Innenseite des Wickels zu ansteigen, bei flexiblen Hülsen zwar die Schrumpfwerte gleichmäßig niedrig, jedoch über die gesamte Fadenlänge die Dehnungswerte hoch und die Festigkeitswerte relativ niedrig sind. Bei Anwendung der zweistufigen Fixierung wird ebenfalls die gewünschte Gleichmäßigkeit erzielt; dabei werden jedoch Dehnungs- und Festigkeitswerte nicht sehr beeinflußt.

Die textilen Eigenschaften, insbesondere das Farbstoffaufnahmevermögen, werden auch bei kurzzeitigen Wärmeeinwirkungen von den Fadenspannungen stark beeinflußt, wie in einem weiten Temperaturbereich durchgeführte Untersuchungen zeigten [4, 5].

Auch bei Gewebefixierung läßt sich eine völlig spannungslose Behandlung kaum realisieren [6], so daß die an Fäden erhaltenen Ergebnisse sinngemäß zu übertragen sind.

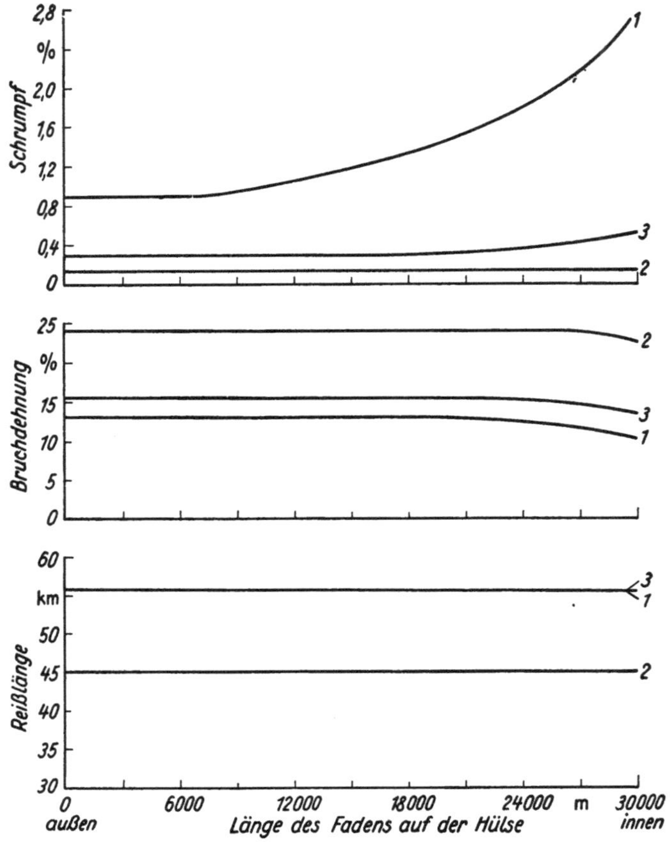

Bild 7.8. Abhängigkeit der Reißlänge, der Bruchdehnung und des Schrumpfes fixierter Polyesterseiden von der Fadenlänge im Seidenwickel

1 — auf starrer Hülse fixiert; *2* — auf flexibler Hülse; *3* — auf starrer, anschl. flexibler Hülse

7.2.3. *Einfluß thermischer Vorbehandlungen*

Wie bereits erwähnt wurde (7.2.1.) ist der Fixierschrumpf beim langsamen Erhitzen geringer als beim plötzlichen, da das Material die niedrigen Temperaturstufen langsam durchläuft und dabei die Struktur des Fadens so verändert wird, daß ein geringerer Gesamtschrumpf entsteht. Wird die Vielheit der dabei auftretenden Fixierzustände auf einen einzigen Zustand reduziert, d. h. wird das zu fixierende Material vor der eigentlichen Fixierung spannungslos einer unterhalb der Fixiertemperatur liegenden Temperatur ausgesetzt — „getempert“ —, so tritt der gleiche Effekt ein.

Um den Einfluß der beim Tempern angewandten Temperatur auf den Gesamtschrumpf festzustellen, wurden Polyesterfäden verschiedenen Verstreckverhältnisses je 30 Min. in Gegenwart von Luft bzw. Wasser spannungslos Temperaturen von 40—100 °C ausgesetzt.

In den Bildern 7.9. und 7.10. ist der dabei auftretende Schrumpf in Abhängigkeit von der Temperatur dargestellt und als Temperschrumpf bezeichnet. Die getemperten Proben wurden danach in Wasser spannungslos gekocht. Der sich hierbei noch ergebende Schrumpf ist als Fixier-(Koch-)schrumpf in Abhängigkeit von der Vorbehandlungstemperatur eingetragen. Es ist selbstverständlich, daß mit steigendem Temperschrumpf der Fixier-(Koch-)schrumpf abfällt. Über-

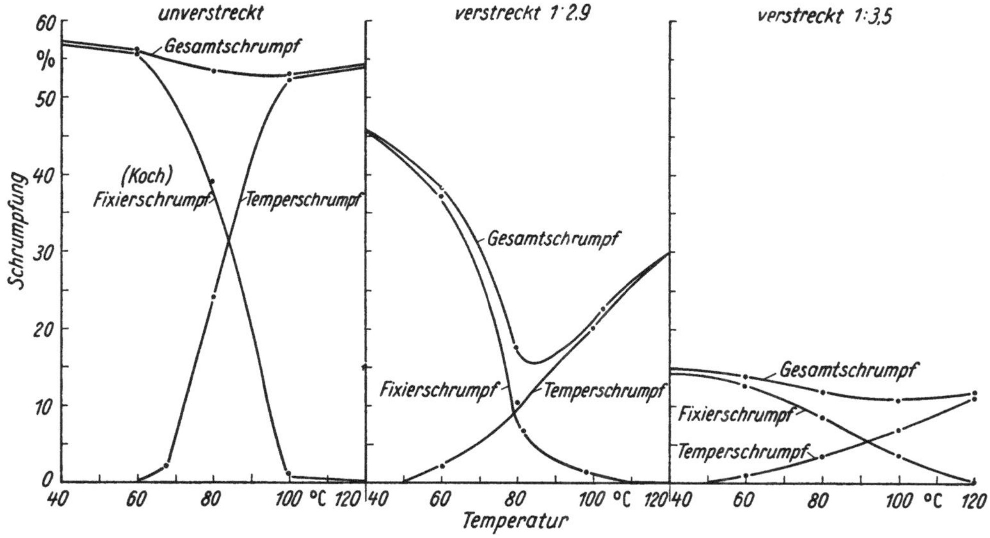

Bild 7.9. Temper-, Fixier- und Gesamtschrumpf verschieden verstreckter Polyesterseiden als Funktion der Temperatur beim Erhitzen in Luft

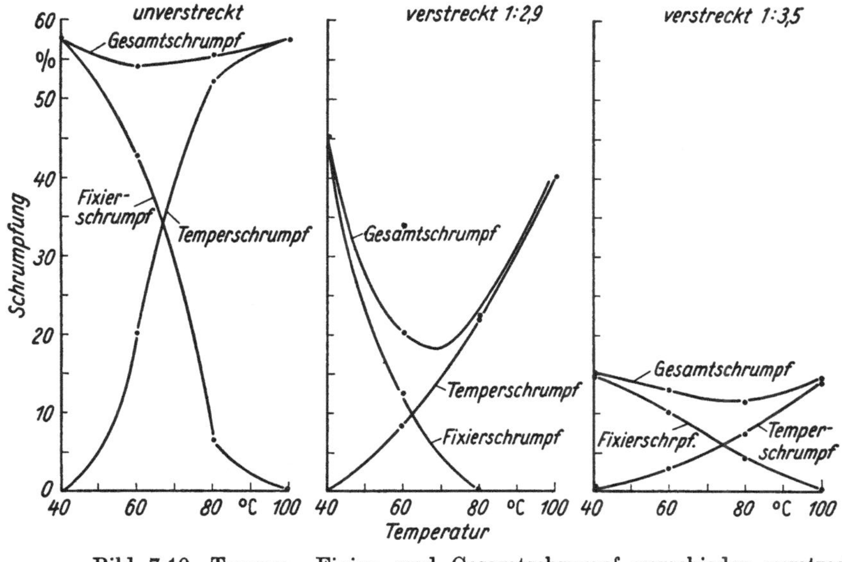

Bild 7.10. Temper-, Fixier- und Gesamtschrumpf verschieden verstreckter Polyesterseiden als Funktion der Temperatur beim Erhitzen in Wasser

raschend aber war, daß der sich aus beiden zusammensetzende (ebenfalls direkt gemessene) Gesamtschrumpf bei Temperaturen von etwa 60—90 °C ein Minimum durchläuft, das bei den teilverstreckten Seiden am stärksten ausgeprägt ist.

7.3. Einfluß der Fixierbedingungen auf den Polymerisationsgrad und auf textile Daten

Unter den Bedingungen von Thermofixierungen ist es möglich, daß Schädigungen des Polyesters eintreten. Je nach Art der Thermofixierung können thermische, oxydative oder hydrolytische, Spaltungen der Makromoleküle hervorgerufen werden. Auch eine Änderung im Kristallinitäts- und Orientierungsgrad kann die textilen Daten beeinflussen. Der Grad der Veränderung hängt im wesentlichen von der Temperatur, von der Zeit und vom Fixiermedium ab.

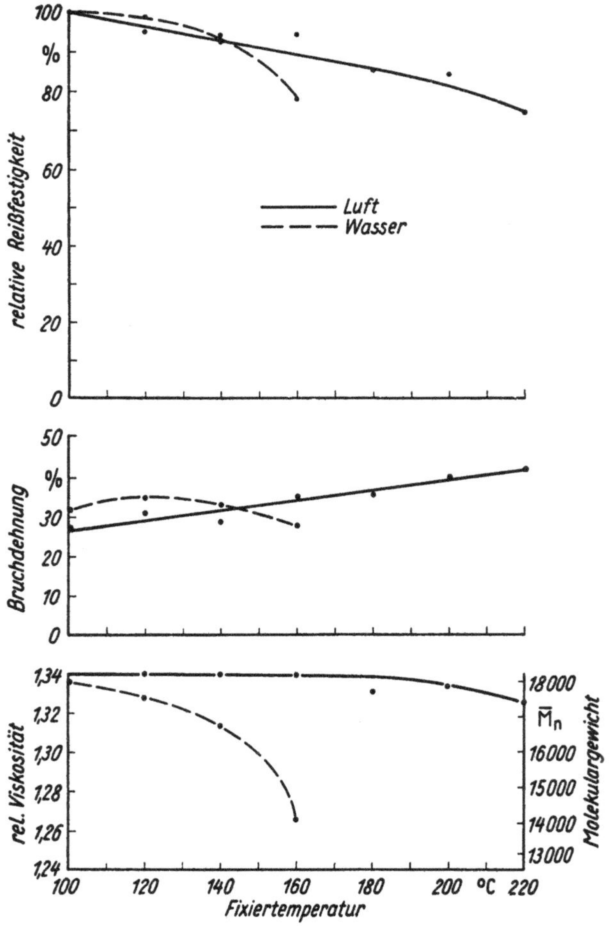

Bild 7.11. Reißfestigkeit, Dehnung und Molekulargewicht von Polyesterseide als Funktion der Temperatur bei Fixierung in Luft und in Wasser (30 min)

Die Fixiereffekte sind in den meisten Fällen nach wenigen Minuten erreicht. Um optimale Effekte zu erhalten, muß mit höher werdender Temperatur die Zeit verringert werden (siehe 7.5.2.). Im Interesse einer möglichst genauen Erfassung der Wirkungen von Temperatur und Medium blieb die Temperatur-Zeit-Relation zunächst unberücksichtigt, und sämtliche Fixierungen wurden 30 min lang durchgeführt. Dadurch ergaben sich also gegenüber den in der Praxis üblichen Fixierungen größere Schädigungen. In Bild 7.11. sind die eingetretenen Änderungen in Abhängigkeit von der Fixiertemperatur graphisch aufgetragen. Die Festigkeiten wurden als Reißkilometer gemessen und auf den Ausgangswert bezogen, um prozentuale Änderungen zu erhalten.

Die Bruchdehnung wurde in üblicher Weise ermittelt. Die relativen Viskositäten wurden in etwa 0,5%iger Phenol-Tetrachloräthan-Lösung gemessen und nach der Beziehung von W. Griehl und S. Neue [7] in Molekulargewichte $\overline{M}_n$ (Zahlenmittel) umgerechnet. Es ist deutlich ersichtlich, daß die Festigkeit bei Behandlung in Wasser oberhalb 140 °C stark absinkt.

Die Bruchdehnung steigt infolge des Schrumpfes zunächst an und sinkt oberhalb 140 °C ebenfalls ab. Aus der Verminderung des Polymerisationsgrades geht hervor, daß dieser Festigkeits- und Dehnungsabfall im wesentlichen auf der Spaltung von Makromolekülen beruht. In Gegenwart von Wasser kann also ohne Bedenken bis 130 oder 135 °C fixiert werden. Beim Behandeln in Luft höherer Temperatur liegen die Schädigungen selbst bis zu Temperaturen von 200 °C in erträglichen Grenzen. Bei Betrachtung dieser Kurven ist zu beachten, daß die durch Schrumpf eintretende Nummernvergröberung in die Festigkeit eingeht und einen Abfall ergibt, der aber nicht auf Verlust an Substanzfestigkeit beruht. Die Dehnung steigt in diesem Bereich laufend an, so daß man das Produkt aus Festigkeit und Dehnung (= Arbeitswert) betrachten muß. Der auf Spaltung von Makromolekülen beruhende Abbau wird, wie auch aus der Viskositäts- bzw. Molekulargewichtskurve hervorgeht, erst oberhalb 200 °C bemerkbar.

Weitere Beiträge zur Aufklärung des thermischen Abbaus von Polyäthylenterephthalat wurden durch differential-thermoanalytische Untersuchungen geliefert [8, 9, 10].

7.4. Einfluß der Fixierbedingungen auf verschiedene Strukturmerkmale

Wie schon erwähnt wurde, wirken sich Erwärmungsprozesse auch auf die Orientierungs- und Kristallinitätsverhältnisse der Polyesterfasern aus. Dadurch ändern sich verschiedene Eigenschaften in charakteristischer Weise und können zum Teil zur Beurteilung der angewandten Fixierverfahren, der Gleichmäßigkeit des Fixiereffektes usw. herangezogen werden.

7.4.1. *Abhängigkeit der Dichte von der Fixiertemperatur*

Da kristallines Material wegen der dichteren Packung der Makromoleküle eine höhere Dichte als amorphes besitzt, kann aus der Dichte von Polyesterfasern auf den ungefähren Kristallisationsgrad geschlossen werden. Die bekannte

Gleichung

$$\text{Kristallisationsgrad}\ \alpha = \frac{d_k(d - d_a)}{d(d_k - d_a)}$$

wobei d = gemessene Dichte
d_k = Dichte des völlig kristallinen Materials
d_a = Dichte des völlig amorphen Materials ist,

vermag aber die Verhältnisse nicht völlig richtig wiederzugeben, da nicht zwei genau definierte Phasen „amorph“ und „kristallin“ vorliegen [11]. In üblicher Weise fixierte Polyesterfasern zeigen eine Dichte von etwa 1,39 g/cm³. Dies entspricht nach der Zweiphasenmodellvorstellung einem Kristallisationsgrad von 50%, wenn in obige Gleichung nach W. H. COBBS und R. L. BURTON [12] und R. DE P. DAUBENY, C. W. BUNN und C. J. BROWN [13] für $d_k = 1{,}455$ g/cm³ und für $d_a = 1{,}331$ g/cm³ eingesetzt wird.

Die Veränderung der Dichte von unorientiertem Polyäthylenterephthalat durch Wärmeeinwirkung ist bereits von mehreren Autoren [12, 14—17] beschrieben worden. So wurde z. B. von W. H. COBBS und R. L. BURTON [12] im Temperaturbereich von 150—220 °C eine Dichtezunahme von 1,368 auf 1,384 g/cm³ ermittelt.

Die Dichteveränderung von verstreckten Polyesterfäden in Abhängigkeit von der Fixiertemperatur wurde von W. ROTH und R. SCHROTH [18] untersucht. Dabei wurden die Dichten nach der Schwebemethode in einem Gemisch von Tetrachlorkohlenstoff-Heptan ermittelt.

Die Dichte nimmt oberhalb einer Temperatur von 100 °C etwa gleichmäßig zu, wobei der Anstieg von den Ausgangsdichten abhängt, die ihrerseits von den Streckbedingungen beeinflußt werden. In Bild 7.12. sind die Dichte-Fixiertemperatur-Kurven von drei verschiedenartig verstreckten Polyesterseiden eingetragen, wobei die Intensität der bei der Verstreckung einwirkenden Wärme in der Reihenfolge 1—3 abnimmt. Eine Veränderung des Verstreckverhältnisses bewirkt nur eine geringe Verschiebung der Dichtewerte. Wie die Kurve 3 zeigt, nimmt die Dichte bei Erhöhung des Verstreckverhältnisses von 1 : 3,7 auf 1 : 4,6 nur wenig zu.

Bei höheren Fixiertemperaturen gleichen sich die Dichtewerte der verschiedenartig verstreckten Seiden immer mehr an und erreichen bei 250 °C einen Wert von etwa 1,42 g/cm³.

Der in verschiedenen Arbeiten [19, 20] etwas von einander abweichende Verlauf der Dichte-Fixiertemperatur-Kurve ist auf unterschiedliche Herstellungs- bzw. Vorbehandlungsverfahren zurückzuführen. Auch die Einflüsse von Vortränk- und Meßflüssigkeiten auf die Dichtewerte sind zu berücksichtigen [21].

7.4.2. *Röntgen-Feinstrukturuntersuchungen an verschieden fixierten Polyesterseiden*

Daß die Kristallinität mit steigender Fixiertemperatur zunimmt, ist auch aus den Röntgendiagrammen zu erkennen. Beim Erhitzen verstreckter Polyesterseide werden die sichelförmigen Reflexe schärfer, bei unverstreckten Fäden bilden sich durch Erhitzen schärfere Ringe aus [12]. Die Elementarzelle des Kristallgitters ist triklin und hat nach R. DE P. DAUBENY, C. W. BUNN und C. J. BROWN [13] folgende Abmessungen:

$a = 4{,}56$ Å $\quad b = 5{,}94$ Å $\quad c = 10{,}75$ Å

$\alpha = 98{,}5°$ $\quad \beta = 118°$ $\quad \gamma = 112°$

Von E. P. H. MEIBOHM und A. F. SMITH [22] an verstreckten, erhitzten Polyesterfäden aufgenommene Kleinwinkeldiagramme zeigten längs einer den Äquator kreuzenden Schichtlinie Maxima, die auf eine Periode von 80—100 Å schließen lassen.

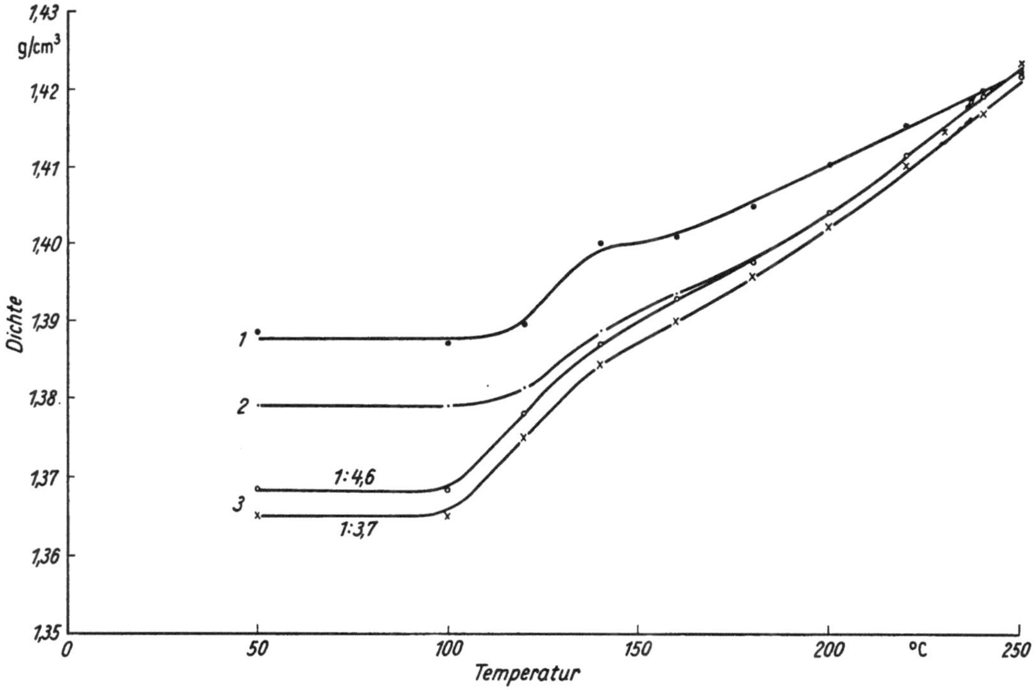

Bild 7.12. Dichte verschieden verstreckter Polyesterseiden als Funktion der Fixiertemperatur bei einer Fixierzeit von 30 min

Röntgenographische Untersuchungen wurden auch zur Aufklärung des Schmelz- und Kristallisationsverhaltens von Polyäthylenterephthalat herangezogen [23]. Bei höheren Temperaturen findet partielles Schmelzen und Neukristallisieren statt [24]. Nach J. MARSHALL und J. R. WHINFIELD [25, 26] nimmt beim spannungslosen Erhitzen die Kristallitorientierung mit steigender Temperatur zunächst gering, ab 200 °C aber stärker ab und verschwindet ganz bei 235 °C. Von H. PETZOLD [27] veröffentlichte Röntgendiagramme zeigen, daß bereits bei 220 °C (30 min) fixierte Polyesterfasern bzw. -seiden eine auf Desorientierung hinweisende Sichelverbreiterung aufweisen. Die bei 240 °C 30 min fixierten Seiden zeigen teilweise völlige Verschmelzung der Sicheln zu Ringen.

Neben der Kristallinitätszunahme findet also beim Erhitzen oberhalb bestimmter Temperaturen auch eine Desorientierung der Kristallite statt. Bei den im folgenden beschriebenen physikalisch-chemischen Eigenschaften wirken sich diese Änderungen der Feinstruktur aus, wobei zunächst die Kristallinitätszunahme den dominierenden Einfluß ausübt, während sich die Desorientierung nur bei einigen Eigenschaften und bei höheren Temperaturen bemerkbar macht.

7.4.3. *Farbstoffaufnahmevermögen verschieden fixierter Polyesterseiden*

Durch Fixieren wird das Farbstoffaufnahmevermögen der Polyester verändert. Beim Färben mit Dispersionsfarbstoffen sinkt zunächst die Farbstoffaufnahme mit steigender Fixiertemperatur ab, erreicht bei 160—180 °C ein Minimum und steigt danach wieder an [2]. Aus der Literatur ergeben sich mancherlei Widersprüche bezüglich der Lage des Farbstoffaufnahmeminimums; in den meisten Fällen ist über die angewandte Fixierzeit nichts berichtet. Von H. Petzold [27] wurde festgestellt, daß beim Färben mit Cibacetblau RF das Minimum der Farbstoffaufnahme bei einer Fixiertemperatur von 160 °C liegt, wenn 30—60 min lang fixiert wurde. Bei kürzeren Fixierzeiten verschiebt sich das Minimum nach höheren Temperaturen, so z. B. bei 1 min Fixierzeit auf 180 °C. Beim Fixieren mit Wasserdampf ist ebenfalls bis 135 °C eine abnehmende Farbstoffaufnahme festzustellen. Höhere Fixiertemperaturen in Gegenwart von Wasser kommen wegen der einsetzenden Faserschädigungen kaum in Frage. Die Farbstoffaufnahme wurde durch Färben mit 4% Cibacetblau RF 1 Std. bei Kochtemperatur und Kolorimetrieren der mit Aceton versetzten Restflotte bzw. des mit Butylacetat abgezogenen Farbstoffes festgestellt. Sehr gute Vergleichsmöglichkeiten bietet die Ermittlung der relativen Farbstoffaufnahme, indem die fixierten Proben entweder einer spannungslosen oder schrumpffreien HT-Färbung unterzogen werden und die nach Abziehen mit Dichlorbenzol photometrisch bestimmte Farbstoffmenge auf die Farbstoffaufnahme einer mitgefärbten Originalprobe bezogen wird [5].

Die durch unterschiedliche Fixierbedingungen hervorgerufenen verschiedenen Farbaffinitäten werden durch Anwendung des Hochtemperatur- oder Carrier-Färbeverfahrens etwas ausgeglichen (siehe Kapitel 11.4.).

7.4.4. *Jodsorption verschieden fixierter Polyesterseiden*

Die Jodsorption nimmt, wie von K. Schwertassek an Zellulose- und Polyamidfasern gezeigt wurde, mit steigendem Kristallinitätsgrad ab. Die Jodsorptionsmethode wurde von H. Petzold [27] auf Polyester übertragen, indem die zu untersuchende Faserprobe 1 Std. mit einer $KJ \cdot J_2$-Lösung ($5\,g\,J_2 + 40\,g$ KJ $+ 50$ ml H_2O) im geschlossenen Gefäß bei 100 °C behandelt und anschließend 1 Std. mit Wasser bei 20 °C desorbiert wurde.

Bei Heißluftfixierung zeigt sich wiederum die Abnahme der Jodsorption mit steigender Temperatur bis zu einem Minimum, um dann stark anzusteigen. Das Minimum liegt bei einer Fixierzeit

von 5—60 min bei etwa 160 °C
30—60 sek bei etwa 180 °C
10 sek bei etwa 200 °C.

Beim Fixieren in Gegenwart von Wasser ergibt sich der im Prinzip gleiche Verlauf, nur liegt das Minimum auf Grund der quellenden Wirkung des Wassers 20—30 °C tiefer. So wurde das Jodsorptionsminimum sattdampffixierter Polyesterfasern bei 135 °C und das wasserfixierter bei 130 °C gefunden [27].

7.4.5. *Partielle Verseifung verschieden fixierter Polyesterseiden*

Während Polyesterseide bei Normaltemperatur gegen Alkalien weitgehend beständig ist, erfolgt bei höherer Temperatur eine oberflächliche Hydrolyse [26, 28, 29]. Es handelt sich dabei um ein schichtweises Abschälen des Fadens, wobei die auf den Querschnitt bezogene Festigkeit des restlichen Fadens nahezu unverändert bleibt [26, 28—31]. Die quantitative Verfolgung der Hydrolyse zeigt, daß die Faserfeinstruktur von starkem Einfluß auf die Hydrolysegeschwindigkeit ist. Nach H. PETZOLD [27] eignet sich zur Feststellung des Verseifungsgrades außer dem eingetretenen Gewichtsverlust auch die Menge des verbrauchten Alkali. Die partielle Verseifung wurde durch einstündiges Behandeln mit $n/10$ methanolischer KOH bei Siedetemperatur vorgenommen. Die durch Rücktitration ermittelte partielle Verseifungszahl gibt an, wieviel mg KOH von 1 g Polyesterfasermaterial bei genannten Bedingungen verbraucht werden. Mit steigender Kristallinität nehmen Gewichtsverlust und partielle Verseifungszahl ab, mit zunehmender Desorientierung zu. Aus den veröffentlichten Kurven [27] ist zu ersehen, daß die Kristallinität keinen sehr starken Einfluß ausübt, während die Orientierung die partielle Verseifung sehr stark beeinflußt. Beim Fixieren in Luft fällt die partielle Verseifungszahl deshalb bis zu 160 °C nur wenig ab, um dann mit steigender Fixiertemperatur sehr stark anzusteigen. Die Lage des Minimums ist nicht sehr von der Zeit abhängig. Die Einwirkung von Sattdampf wurde bis 135 °C, die von Wasser bis 130 °C untersucht und bis zu diesen Temperaturen eine leicht fallende partielle Verseifungszahl festgestellt.

7.4.6. *Löslichkeit bzw. kritische Lösetemperatur verschieden fixierter Polyesterseiden*

Es ist bekannt, daß Fixierzustände bei Polyamidfäden durch das Löseverhalten charakterisiert werden können. H. PETZOLD [27] hat versucht, in Anlehnung an diese Verfahren durch Bestimmung der makroskopischen und mikroskopischen Lösezeit von Polyesterfasern in 86%iger Schwefelsäure bei 20 °C bzw. in Phenol-Tetrachloräthan-Gemisch (1 : 1) bei 58 °C einen Fixiernachweis durchzuführen; dabei ergab sich aber eine relativ große Streuung der Einzelwerte. Bessere Ergebnisse wurden durch Bestimmung der Löslichkeit in ca. 83—85%iger Schwefelsäure bei 20 °C während 8 min erhalten. Die Schwefelsäurekonzentration wurde der jeweiligen Faserprovenienz so angepaßt, daß innerhalb des zu untersuchenden Fixiertemperaturintervalles Löslichkeiten von 0—100% erhalten wurden.

Mit steigender Fixiertemperatur nimmt die Löslichkeit ab. Die Fixierintensität steigt in der Reihenfolge Heißluft — Sattdampf — Wasser an, d. h., beim Fixieren in Gegenwart von Wasser werden bei derselben Fixiertemperatur geringere Löslichkeiten als beim Fixieren in Luft erhalten.

Nach K. SCHWERTASSEK [32] besteht weiterhin die Möglichkeit, an Seiden den Fixiereffekt zu prüfen, indem die Temperatur ermittelt wird, die in einer bestimmten Zeit in einem Lösungsmittel festgelegter Konzentration zum Abreißen des unter bestimmter Belastung stehenden Fadens führt. Diese „kritische Lösetemperatur“ (KLT) wurde von verschieden fixierten Polyesterseiden in 86%iger Schwefelsäure (Zeit 3,5 Sek., Belastung 0,004 g/den) bestimmt. Mit zunehmender Fixiertemperatur wird das Polyestermaterial beständiger gegen Quell- und Lösungsmitteleinflüsse und die kritische Lösetemperatur steigt an. Da die Methode nicht so empfindlich wie die vorhergenannten ist, können mit der gleichen Schwefelsäurekonzentration die verschiedensten Fixiereffekte erfaßt werden. Die bei Heißluftfixierung erhaltenen Ergebnisse werden im nächsten Kapitel mitgeteilt.

7.4.7. *Einfluß der Faserfeinheit auf einige Eigenschaften*

Die unter 7.4.3. bis 7.4.6. genannten Eigenschaften werden oft zur Charakterisierung des Fixierzustandes herangezogen. Dabei ist aber zu beachten, daß die Herstellungsbedingungen (Polykondensations-, Spinn- und Streckbedingungen) einen sehr starken Einfluß auf diese Eigenschaften ausüben. Des weiteren hängen diese Eigenschaften von der Faserfeinheit ab, da die spezifische Oberfläche die Löse- bzw. Sorptionsvorgänge stark beeinflußt.

Die Farbstoffaufnahme, Jodsorption und partielle Verseifungszahl nehmen mit Verfeinerung des Titers bzw. Vergrößerung der spezifischen Oberfläche zu, die

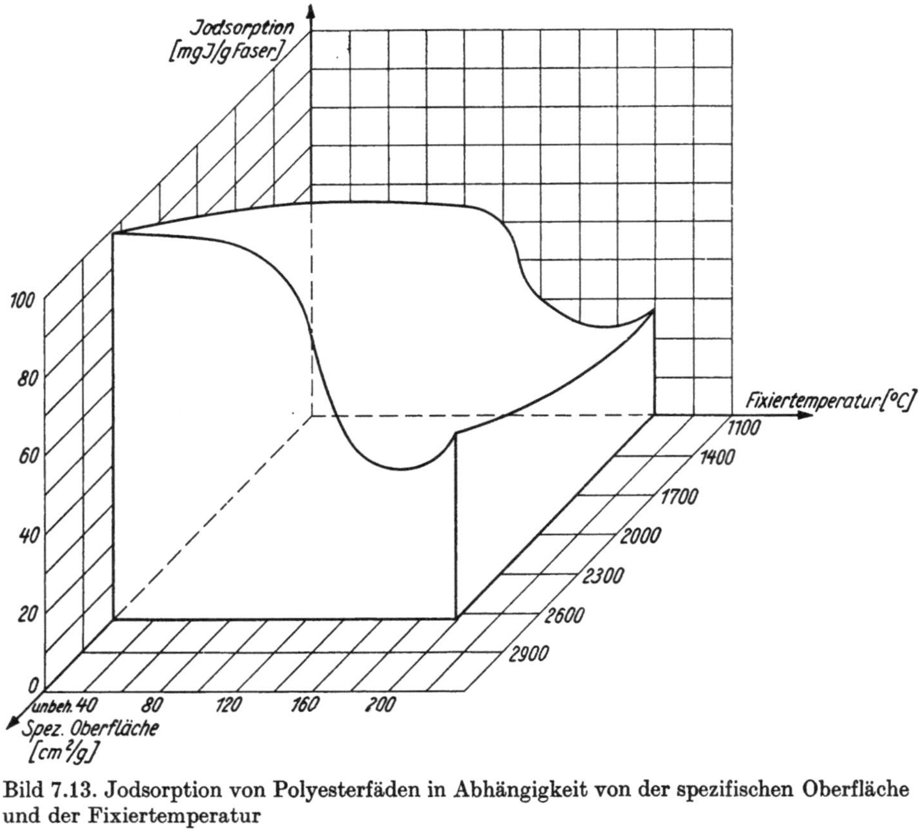

Bild 7.13. Jodsorption von Polyesterfäden in Abhängigkeit von der spezifischen Oberfläche und der Fixiertemperatur

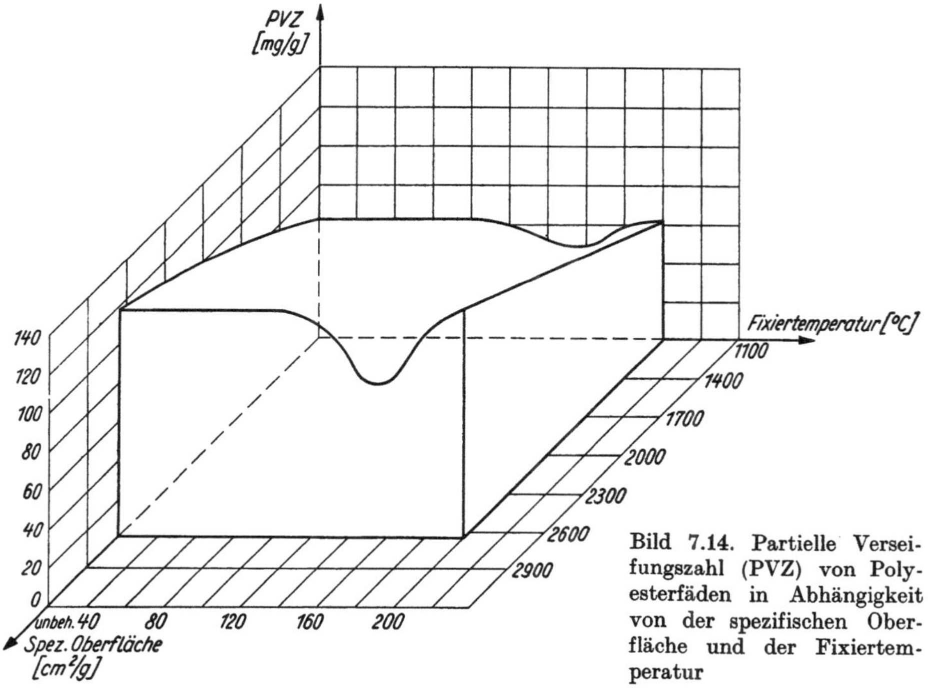

Bild 7.14. Partielle Verseifungszahl (PVZ) von Polyesterfäden in Abhängigkeit von der spezifischen Oberfläche und der Fixiertemperatur

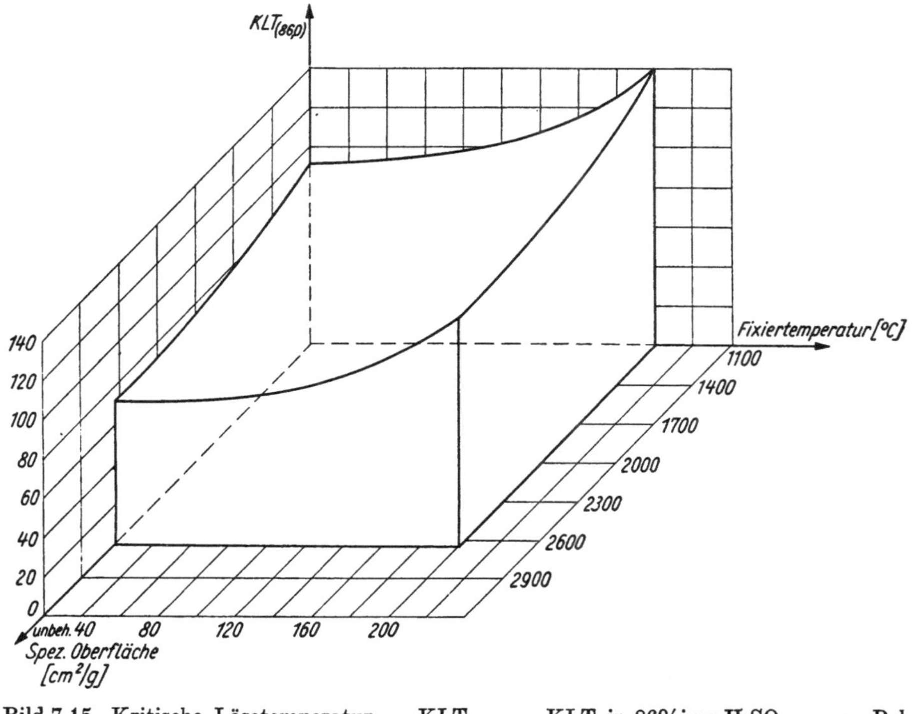

Bild 7.15. Kritische Lösetemperatur — $KLT_{(86,0)}$ = KLT in 86%iger H_2SO_4 — von Polyesterfäden in Abhängigkeit von der spezifischen Oberfläche und der Fixiertemperatur

kritische Lösetemperatur nimmt ab. Zusammenfassend ist der Einfluß der Fixiertemperatur und der Faserfeinheit auf die Jodsorption, partielle Verseifungszahl und kritische Lösetemperatur in den Bildern 7.13.—7.15. dargestellt [33]. Die Fixierung wurde in Luft während 30 min vorgenommen; die Minima der Jodsorption und partiellen Verseifungszahl liegen sowohl bei den groben als auch bei den feinen Fäden um 160 °C.

Eine zusammenfassende Betrachtung über physikalisch-chemische Prüfmethoden von Polyäthylenterephthalatfäden besonders hinsichtlich ihres Fixierzustandes gibt R. Schroth [19].

7.5. Einfluß der Fixierbedingungen auf das Spannungs-, Dehnungs- und Knitterverhalten

Die beim Fixieren auftretenden Strukturänderungen bewirken auch Änderungen des elastischen Verhaltens. Für praktische Belange ist besonders der Einfluß auf das Spannungs-Dehnungs- und auf das Trockenknitter- und Naßknitterverhalten interessant.

7.5.1. *Veränderung des Spannungs-Dehnungs-Verhaltens beim Fixieren*

Beim Fixieren unter Spannung wird das Spannungs-Dehnungs-Verhalten nur wenig verändert [18]. Kann das Material aber bei spannungsloser Fixierung schrumpfen, so steigt die Dehnung entsprechend an und die Spannungs-Dehnungs-Charakteristik wird grundlegend verändert. Während die unfixierte bzw. formfixierte Polyesterseide eine fast linear ansteigende Spannungs-Dehnungs-Kurve ergibt, die erst bei hohen Belastungen einen Bereich starker Dehnungszunahme zeigt, haben die spannungslos fixierten Polyesterseiden einen S-förmigen Spannungs-Dehnungs-Verlauf.

Aus dem Bild 7.16. ist diese Veränderung beim spannungslosen Heißluft- und Dampffixieren zu ersehen [27]. Die spannungslos fixierte Seide zeigt nach einem sehr kurzen Bereich mit steilem, fast linearen Anstieg (Hookescher Bereich) einen Bereich mit stärkerer Dehnungszunahme, indem praktisch die erfolgte Schrumpfung wieder ausgezogen wird. In dem anschließenden steileren Spannungsanstieg treten dann Verzerrungen der Kristallit-Netzstruktur auf und im letzten Bereich findet ein ausgeprägtes Fließen vor dem Zerreißen des Fadens statt. Vergleiche zu anderen Faserstoffen ergeben sich aus [34].

7.5.2. *Einfluß der Fixierbedingungen auf das Knitterverhalten und optimale Fixierbedingungen*

Durch den Fixierprozeß wird neben der Dimensionsstabilität auch die Knitterbeständigkeit verbessert. Von verschiedenen Autoren sind umfangreiche Versuche zur Ermittlung der optimalen Fixierbedingungen durchgeführt worden. Besonders von H. Petzold [27] ist auf den Zusammenhang zwischen Knitterverhalten und Faserfeinstruktur eingegangen worden. Mit steigender Kristallinität nehmen die Knittererholungswinkel α_{60} und die Aufsprungwinkel α_0 bis zu einem Maximum zu, um bei weiterer Steigerung der Fixiertemperatur wieder abzunehmen. Die Fixierzeit wirkt sich ebenfalls auf das Knittererholungsvermögen aus. Das Maximum verschiebt sich bei Verlängerung der Zeit nach niedrigeren Temperaturen. So lag beispielsweise der Knittererholungswinkel α_{60} eines Popelinegewebes vor dem Fixieren unter 100°, nach dem Fixieren in Heißluft bei optimalen Bedingungen (entweder 1 min 180 °C oder 5 min 160 °C) bei 144°. In Gegenwart von Wasser werden diese Knitterwinkel schon bei 100 °C erreicht und steigen dann nur noch leicht an. Interessant ist, daß das Maximum des Knittererholungswinkels mit dem Jodsorptions- und Farbstoffaufnahmeminimum zusammenfällt. Damit ergibt sich eine einfache Methode, durch Jodsorptionsbestimmungen bei verschiedenen Geweben die optimale Fixiertemperatur und -zeit zu ermitteln. Das Fixieroptimum liegt deshalb bei den unter 7.4.4. angegebenen Fixiertemperaturen und -zeiten [27]. Für eine kontinuierlich arbeitende Heißluftfixierung werden von W. D. Köhler

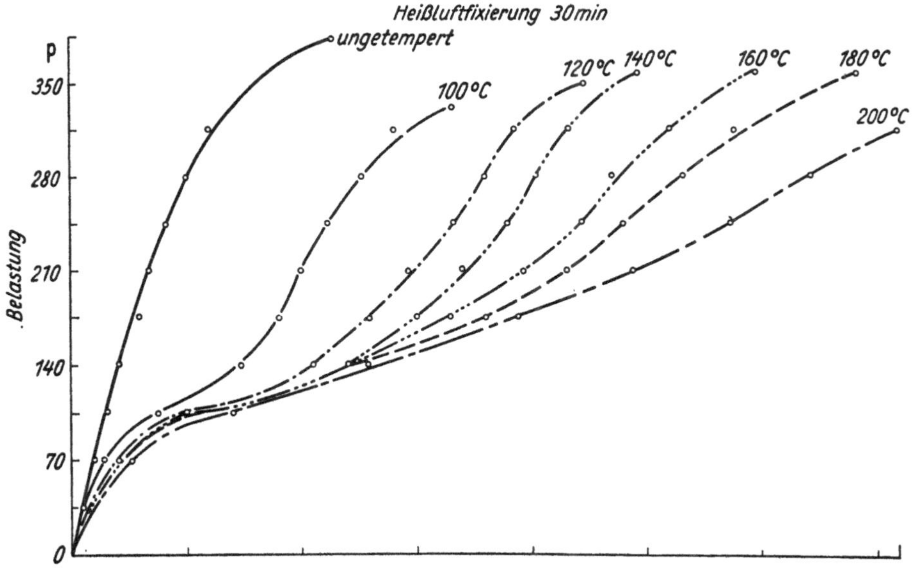

Bild 7.16. Kraft-Dehnungs-Diagramme verschieden fixierter Polyesterfäden (nach H. Petzold). Oberes Diagramm: Heißluftfixierung 30 min (Unteres Diagramm: Sattdampffixierung 30 Min.)

[35] die im Bild 7.17. dargestelten optimalen Fixiertemperaturen und -zeiten angegeben. Aus dem Kurvenverlauf ist besonders gut ersichtlich, daß der Fixiereffekt bei Polyesterfasern nicht nur von der Temperatur, sondern stark von der Einwirkungsdauer abhängt. Die Knittererholung von Geweben wurde auch von N. J. Faasen untersucht [36].

Eine weitere Eigenschaft, die von den Fixierbedingungen beeinflußt wird, ist die Naßknitteranfälligkeit. Die Naßknitteranfälligkeit von Textilien aus Polyestern ist eine unzulängliche Materialeigenschaft, die durch entsprechende Gewebekonstruktion, niedrige Waschtemperatur, langes Waschflottenverhältnis usw. verbessert werden kann. Von H. Petzold [35] wurde zur Prüfung auf Naßknitterbeständigkeit ein sehr energischer Kochtest unter Belastung des regellos zusammengeknüllten Gewebes durchgeführt. Aus den anschließenden visuellen

Beurteilungen ging hervor, daß spannungslose Heißluftfixierung von 1 min bei 200 °C die beste Naßknitterbeständigkeit ergibt. Beim Fixieren mit Wasserdampf wurde die Naßknitteranfälligkeit bis 135 °C ebenfalls immer geringer, obwohl eine völlige Naßknitterbeständigkeit beim Kochtest der geprüften Gewebe nicht erreicht werden konnte.

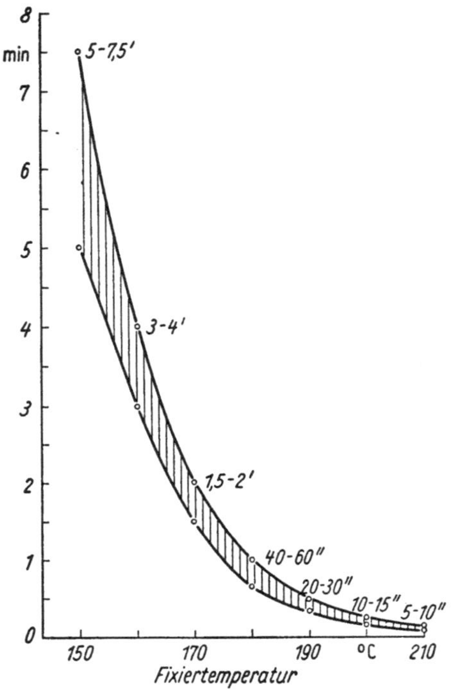

Bild 7.17. Abhängigkeit der optimalen Fixierzeit von der Fixiertemperatur (nach W. D. Köhler) [35]

Auch andere textilmechanische Eigenschaften werden von den Fixierbedingungen beeinflußt; so zeigen beispielsweise Torsionsfestigkeit und Zugsprödigkeitswinkel nach Fixierung unter optimalen Bedingungen ein charakteristisches Verhalten. Die Schlingenfestigkeit ergibt unter diesen Bedingungen ebenfalls optimale Werte.

7.6. Fixierapparate und Fixiertechnologie

Die angewandte Fixierungsart, Heißwasser-, Sattdampf- oder Heißluftfixierung, hängt im wesentlichen vom gewünschten Fixiereffekt und von der Aufmachungsart des zu fixierenden Materials ab.

Beim Faser- bzw. Seidenhersteller hat die Fixierung vor allem die Schrumpfstabilität zu gewährleisten. Darüber hinaus ist es günstig, unter optimalen Bedingungen zu fixieren, um den Fasern bzw. Seiden bereits beste Voraussetzungen für die Herstellung knitterresistenter Gewebe mitzugeben. Selbstverständlich müssen diese Gewebe nach Fertigstellung nochmals fixiert werden, um optimale Ergebnisse zu erhalten. In diesem Zusammenhang ist zu erwähnen, daß sich bei Polyester ohne weiteres ein Fixiereffekt durch gleiche bzw. bei Sattdampffixierung sogar durch niedrigere Temperatur als bei einer Vorfixierung überlagern läßt. Das ist wichtig beispielsweise bei der Erzeugung von Plissee-Effekten bei vorfixierten Geweben bzw. Geweben aus fixierten Fasern bzw. Seiden. Nachteilig wirkt sich diese Erscheinung in der bereits erwähnten Naßknitteranfälligkeit aus.

Die Polyesterseide wird im wesentlichen auf Hülsen, die starr oder flexibel sein können, mit Hilfe von Sattdampf fixiert. Es kommen dazu Fixierapparate etwa in der Art des in Bild 7.18. gezeigten in Frage, in die die zu fixierenden Spulen auf entsprechenden Transportwagen eingefahren werden können. Neben den Zuführungsleitungen für Sattdampf sind Vakuumanschlüsse vorhanden, die eine Evakuierung vor dem Fixieren gestatten. Bewährt hat sich eine Fixiertemperatur von 135 °C während einer Zeit von 30 min.

Bild 7.18. Sattdampffixierapparat mit Spulenträgern

Für die Fixierung von Fasern können verschiedene Verfahren angewandt werden. So kann eine Fixierung des Faserkabels mit Heißluft im Anschluß an die Verstreckung in der auf Bild 7.19. gezeigten Vorrichtung durchgeführt werden. Voraussetzung ist dabei, daß beim Spinnen eine beständige, nicht vergilbende Präparation aufgetragen wurde, die gleichzeitig eine Verarbeitung der Fasern garantiert. Schwierig ist es, bei starken Kabeln und hohen Geschwindigkeiten eine genügend gleichmäßige Durchfixierung zu erhalten.

In ähnlicher Weise wird auch bei Polyester-Reifencord durch eine direkt der Verstreckung nachgeschaltete Fixiergalette ein günstiges Resultat erzielt [37].

Eine nach dem Prinzip des Bildes 7.20. arbeitende Bandwaschanlage gestattet zwar die Entfernung von Präparationen und Auftragung geeigneter Avivagen, läßt eine Fixierung in Wasser allerdings nur bis ca. 95 °C zu. Für die Dehnungsstabilisierung besonders feiner Titer kann jedoch eine Behandlung unter Spannung an dieser Maschine günstig sein.

Bild 7.19. Kabel-Heißluft-Fixieranlage [38] (Fa. NEUMAG, Neumünster/BRD
a) Gesamtansicht,

Eine optimale Fixierung der Fasern bzw. der Kabel kann mit Sattdampf in Druckkammern geschehen, wobei das Kabel beispielsweise in Kannen abgelegt sein kann. Allerdings ist bei dieser Fixierung nur eine diskontinuierliche Fahrweise möglich. Um bei Heißluftfixierung von Fasern optimale Effekte zu erhalten, kann beispielsweise in einem Siebtrommel-Trockner bei 180 °C 2 min gearbeitet werden (siehe 9.3.2.2.).

Die Fixierung der Gewebe ist zur Erzielung der optimalen Gebrauchstüchtigkeit und einer hohen Repräsentationsgüte von großer Wichtigkeit. Je nach gewünschtem Charakter werden verschiedene Fixierverfahren bevorzugt. Dabei ist besonders auch das Verhalten von evtl. zugemischten Fasern zu berücksichtigen [35, 39].

Heißwasserfixierungen in Brennkästen und auf Jiggern und Sattdampffixierungen ohne Überdruck auf der Finishdekatur können nur als Teilfixierungen betrachtet werden und reichen im allgemeinen nicht aus. Günstiger sind Heißluftfixierungen bei den entsprechenden optimalen Bedingungen; die Ware erhält dadurch einen steiferen Griff, der sich aber durch späteres Färben, Avivieren oder Alkalisieren wieder etwas verbessern läßt. Die besten Effekte werden durch Sattdampffixierungen im Autoklaven erreicht. Dabei ergibt sich ein glatter und weicher Warencharakter, wie er in allgemeinen für Polyester- bzw. Polyester-Mischartikel verlangt wird.

Bild 7.19. *b* Austritt des Kabels (s. Seite 392)

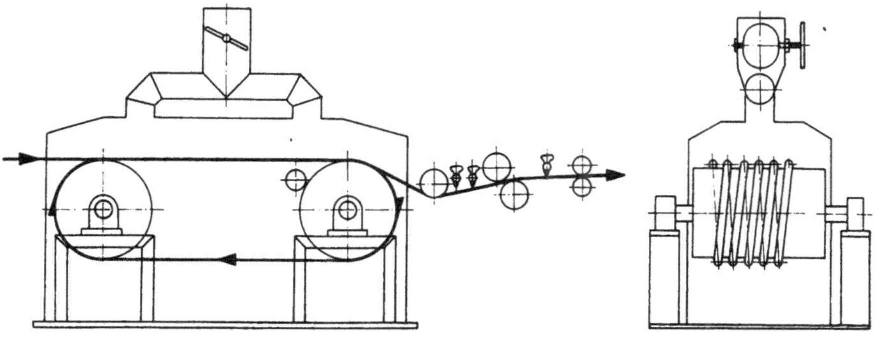

Bild 7.20. Schema einer Bandwaschanlage

7.7. Literaturangaben

[1] FOURNÉ, F.: Heißfixieren vollsynthetischer Fasern. Melliand Textilber. **33** (1952) 639 bis 643 u. 753–757.

[2] MARVIN, D. N.: The Heat Setting of Terylene Polyester Filament Fabrics in Relation to Dyeing and Finishing. J. Soc. Dyers Col. **70** (1954) 16–21.

[3] LUDEWIG, H., RAMM, H., ROTH, W., HANNES, E.: Über die Schrumpfverhältnisse von Polyesterfasern und -seiden. Faserforsch. u. Textiltechn. **11** (1960) 15–21.

[4] JELLINEK, G., RINGENS, W., HEIDEMANN, G.: Strukturveränderungen in getemperten Polyäthylenglykolterephthalatfäden. Ber. Bunsenges. **74** (1970) 924–929.

[5] VALK, G., BERNDT, H.-J., HEIDEMANN, G.: Neue Ergebnisse zur Fixierung von Polyesterfasern. Chemiefasern **21** (1971) 386–398.

[6] KRETSCHMER, A.: Spannungsfreier Warenlauf Utopie oder Realität in der Veredlung. Textilpraxis **25** (1970) 614.

[7] GRIEHL, W. und NEUE, S.: Die Ermittlung des Molekulargewichtes von Polyäthylenterephthalat durch Endgruppenbestimmung. Faserforsch. u. Textiltechn. **5** (1954) 423 bis 429.

[8] WIESENER, E.: Differential-thermoanalytische Untersuchungen an Polyäthylenterephthalat. I. Ein exothermer Peak im Schmelzbereich. Faserforsch. u. Textiltechn. **19** (1968) 5, 235–238.

[9] WIESENER, E.: Thermogravimetrische Untersuchungen zum thermischen Abbau von Polyäthylenterephthalat. Faserforsch. u. Textiltechn. **21** (1970) 2, 61–66.

[10] WIESENER, E.: Differential-thermoanalytische Untersuchungen an Polyäthylenterephthalat. V. Isotherme Messungen im Temperaturbereich von 220 bis 260°C. Faserforsch. u. Textiltechn. **21** (1970) 12, 514–518.

[11] KAST, W. und STUART, H. A.: Physik der Hochpolymeren, Springer Verlag, 1955, Bd. III.

[12] COBBS, W. H. und BURTON, R. L.: Crystallisation of Polyethylene Terephthalate, J. Polymer Sci. **10** (1953) 275–289.

[13] DAUBENY, R. DE P., BUNN, C. W. und BROWN, C. J.: The crystall structure of Polyethylene Terephthalate, Proc. Roy. Soc. (A) 226 (1954) 531–543.

[14] KOLB, H. J., IZARD, E. F.: Dilatometric Studies of High Polymers (II), J. appl. Physics **20** (1949) 571–575.

[15] KELLER, A., LESTER, G. R. und MORGAN, L. B.: Crystallisation Phenomena in Polymers (I), Philos. Trans. Roy. Soc. London (A) 247 (1954) 1–12.

[16] RYBNIKAR, F.: Kristallisation von Polyäthylenterephthalat. Temperaturabhängigkeit des Polyäthylenterephthalats. Collect. czechoslov. chem. Commun. **25** (1960) 1529–1539; **25** (1960) 1540–1544.

[17] ZACHMANN, H. G. und STUART, H. A.: Schmelz- und Kristallisationserscheinungen bei makromolekularen Substanzen. IV. Haupt- und Nachkristallisation von Terylen aus dem Glaszustand. Makromolekulare Chem. **41** (1960) 131–147.

[18] ROTH, W. und SCHROTH, R.: Über das Spinnen und Strecken von Polykondensatfäden, III. Strukturveränderungen von Polyesterfäden durch Wärme- und Quellmitteleinfluß. Faserforsch. u. Textiltechn. **12** (1961) 361–369.

[19] SCHROTH, R.: Physikochemische Prüfmethoden u. ihre Anwendung zur Charakterisierung von Polyäthylenterephthalatfäden. Faserforsch. u. Textiltechn. **19** (1968) 6, 258–264.

[20] SCHROTH, R., HENKEL, H.: Einfluß der Fixierung auf die Faserstruktur u. die koloristischen Eigenschaften von Polyäthylenterephthalatfäden. Faserforsch. u. Textiltechn. **22** (1971) 5, 273–277.

[21] WINKLER, F., GÖTZE, W., HOMANN, G.: Dichtebestimmung an Faserstoffen. V. Eigene Untersuchungen: Polyesterfaserstoffe. Faserforsch. u. Textiltechn. **22** (1971) 5, 266 bis 272.

[22] MEIBOHM, E. P. H. und SMITH, A. F.: Observations on Small-Angle Interference Maxima in Synthetic Organic Polymers. J. Polymer Sci. **7** (1951) 449.

[23] KILIAN, H. G. HALBOTH, H., und JENKEL, E.: Röntgenographische Untersuchungen über das Schmelz- und Kristallisationsverhalten von Polyterephthalsäureglykolester. Kolloid-Z. **172** (1960) 166.
[24] ZACHMANN, H. G. und STUART, H. A.: Schmelz- und Kristallisationserscheinungen bei makromolekularen Substanzen. V. Partielles Schmelzen und Neukristallisieren von Terylene. Makromolekulare Chem. **41** (1960) 148–173.
[25] MARSHALL, I., WHINFIELD, J. R. in R. HILL: „Fasern aus synthetischen Polymeren", dtsche. Übersetzung v. A. SIPPEL. Berliner Union, Stuttgart, 1956.
[26] WHINFIELD, J. R.: Endeavour **11** (1952) 29–32.
[27] PETZOLD, H.: Über das thermische Verhalten von Polyesterfasern und dessen Einflüsse auf die Veredlung. Dissertation, Technische Universität zu Dresden, 1959.
[28] WATERS, E.: J. Soc. Dyers Colourists **66** (1950) 609.
[29] REYNOLDS, R. J. W.: in R. Hill siehe [25].
[30] DYHRENFURTH, E.: Alkali- und Waschbehandlung an synthetischen Fasern. Textil-Rdsch. **11** (1956) 573–587.
[31] BRENNECKE, W. und RICHTER, H.: Die Eigenschaften der Polyesterfaser Diolen bei thermischen und chemischen Einwirkungen. Melliand Textilber. **40** (1959) 531–536.
[32] SCHWERTASSEK, K.: Eine einfaches Verfahren zur Ermittlung des Fixiergrades an Polyamid und Polyester-Faserstoffen. Faserforsch. u. Textiltechn. **10** (1959) 387–392.
[33] ROTH, W. und HANNES, E.: Die Beeinflussung einiger Eigenschaften von Polyesterseide durch Herstellungsbedingungen, Faserfeinheit und Fixiertemperatur. Faserforsch. u. Textiltechn. **13** (1962) 5, 223–227.
[34] WEYDEN, H. v. D., BECKER, O.: Kraft-Dehnungs-Eigenschaften verschiedener Natur- u. Chemiefasern unter Einwirkung von heißer Luft oder heißem Wasser. Textilindustrie **72** (1970) 568–573 u. 613–634.
[35] KÖHLER, W. D.: Thermisches und hydrothermisches Verhalten von Polyesterfaserstoffen und dessen Nutzanwendung für die Veredlung. Dtsch. Textiltechn. **11** (1961) 653–659.
[36] FAASEN, N. J.: Fixierung von Geweben aus Polyesterfasern u. deren Mischgeweben. Chemiefasern **19** (1969) 56–57.
[37] RIGGERT, K.: Fortschritte in der Herstellung von Polyester-Reifenkordgarn. Chemiefasern **21** (1971) 379–384.
[38] LUDEWIG, H., RAMM, H. MEYER, H., und EPPENDORFER, R.: D.D.R.-G.M. 11974; Poln. Pat. 43829; Rum. Pat. 41094.
[39] GRUNEWALD, H.: Über den Einfluß des Thermofixierprozesses auf den Warenausfall bei Trevira-Wolle-Mischgeweben. Z. ges. Textilind. **62** (1960) 765.

Kapitel 8

8. Zwirnen, Spulen und Schären von Polyesterseiden

Nach Abschluß des Reckprozesses durchläuft ein Teil der verstreckten Polyesterseiden im Herstellerbetrieb noch verschiedene Verarbeitungsstufen. Der für die Texturierung bestimmte Anteil der Seiden wird unmittelbar auf Reckwindespulen ausgeliefert. Für viele Weiterverarbeiter glatter Seiden sind Reckwindespulen im allgemeinen nicht unmittelbar einsetzbar. Deshalb werden noch folgende Arbeitsgänge ausgeführt: Umspulen, Zwirnen, Kreuzspulen oder Schären.

Es ist jedoch einzuschätzen, daß der Anteil an hochgedrehten Seiden sich verringern wird und die Chemieseidenhersteller versuchen werden, einen entsprechenden Fadenschluß auf anderem Wege, z. B. durch geeignete Präparierungen, zu erreichen.

8.1. Umspul- und Zwirnmaschinen

Die auf den Reckwindespulen befindliche Polyesterseide weist nur einen geringen Drall (ca. 6—30 T/m) auf. Seide, die im kontinuierlichen Spinn-Reck-Winde-Verfahren (SRW-Verfahren) oder im Reck-Winde-Verfahren ohne Aufwindung mit Ringzwirnspindel (Bild 6.39) hergestellt wird, ist vollständig drehungsfrei. Für einige textile Anwendungsbereiche ist jedoch noch ein gewisser Schutzdrall erwünscht. Dieser wird durch nachträgliches Zwirnen der Seiden auf Etagenzwirn- oder Doppeldrahtzwirnmaschinen erreicht. Hierbei hat es sich aus ökonomischen Gründen als vorteilhaft erwiesen, Spulen mit niedriger Seidenauflage oder mit Fadenbrüchen vor dem Zwirnen zunächst zu fadenbruchfreien Einheiten zusammenzuspulen und diese Einheiten (meist Scheibenspulen) dann der Etagenzwirnmaschine vorzulegen. Gleichzeitig wird durch die umgespulten Einheiten eine bessere Fadenspannungskonstanz beim Zwirnprozeß erreicht.

8.1.1. *Umspulmaschinen*

Bild 8.1. zeigt einige Stellen einer Umspulmaschine vom VEB Spinn- und Zwirnereimaschinenbau Karl-Marx-Stadt. Vorgelegt werden können Reckwindespulen oder auch Kreuzspulen.

Das Fachen zweier Fäden auf der Maschine ist möglich. Hierfür ist an der Maschine eine Abschneidevorrichtung vorgesehen, um bei Bruch eines Fadens den zweiten abzuschneiden und so zu verhindern, daß nur ein Faden allein auf die Spule gelangt. Eine Präparierung des Fadens an der Maschine ist ebenfalls möglich; sie wird jedoch in den meisten Fällen nicht erforderlich sein. Die angebrachte Kompensationsfadenbremse sorgt für eine entsprechend konstante Spulspannung.

Fadenwächter bewirken bei Fadenbruch ein sofortiges Abstellen der Spule. Die Aufwindung erfolgt auf Scheibenhülsen, wobei der Hub ständig leicht verlagert wird, um ein Einklemmen von Fäden an den Scheibenrändern zu vermeiden. Die einzelnen Fadenführer sind zudem noch zur Erreichung einer präzisen Fadenführung separat einstellbar. Spindellose Hülsenträger bewirken auch bei hohen Geschwindigkeiten einen ruhigen Lauf der Scheibenspulen.

Bild 8.1. Teil einer Umspulmaschine; Umspulen von Polyesterseide von Cops auf Scheibenspulen

Man kann bei dieser Umspulmaschine und auch bei vergleichbaren Modellen anderer Hersteller mit konstanter Spulendrehzahl oder auch mit konstanter Fadengeschwindigkeit arbeiten. Bei konstanter Spulendrehzahl steigt die Fadengeschwindigkeit infolge des Wachsens des Spulendurchmessers linear mit der Durchmesservergrößerung an. Es ist nicht immer möglich, die dadurch auch bedingten Fadenspannungsvergrößerungen mit der Kompensationsbremse auszugleichen. Deshalb ist besonders bei empfindlichen Materialien eine konstante

Bild 8.2. Umspulen von Polyesterseide von Cops auf Flaschenspulen

Bild 8.3. Schnellwindemaschine mit senkrechter Spindelanordnung (Fa. Lezzeni) Comol

Fadengeschwindigkeit günstiger. Dies bedingt jedoch ein gleichzeitiges Ansetzen aller Spulen an der Maschine. In diesem Falle sorgt ein Zähler für eine optische Anzeige oder ein Stillsetzen der Maschine bei voller Spule. Spulengeschwindigkeiten um 1000 m/min sind realisierbar. Unter Betriebsbedingungen wird jedoch meist bei 600—800 m/min gearbeitet. Die hergestellten Scheibenspulen besitzen eine Bewicklungsmasse bis zu 2 kg und erzielen damit eine gute Auslastung der nachgeschalteten Zwirnmaschinen.

In speziellen Ausführungsformen von Umwindemaschinen werden sogenannte Flaschenspulen hergestellt. Bild 8.2. zeigt die eine Maschine beim Bewickeln einer derartigen Spule.

Hierbei ist ebenfalls ein gleichzeitiges Ansetzen aller Spulstellen an der gesamten Maschine erforderlich, da die Hubverkürzung zentral gesteuert wird. Bei anderen Ausführungen der Umwindungsmaschinen wird die Scheibenspule auf einer vertikalen Spindel erzeugt. Diese Maschinen sind im Prinzip wie Etagenzwirnmaschinen aufgebaut (Bild 8.3.).

8.1.2. *Etagenzwirnmaschinen*

8.1.2.1. Wirkungsweise

Das Zwirnen auf den Etagenzwirnmaschinen (Bild 8.4. und 8.5.), das travellerlos, d. h. ohne Ring und Läufer, vor sich geht, ist für die Seide sehr schonend, da es mit niedriger Spannung und ohne Berührung des Fadens durch ein besonderes Zwirnorgan, wie Läufer oder Flügel, erfolgt. Aus diesem Grunde werden auch rela-

Bild 8.4. Etagenzwirnmaschine, älteres Modell

tiv hohe Arbeitsgeschwindigkeiten erreicht, die diejenigen der Ringzwirnspindeln erheblich übertreffen können. Abzugsgeschwindigkeiten bis 125 m/min bei niedrigen Drehungen sind möglich. Die Wirkungsweise dieser travellerlosen sogenannten Einfachdrallspindeln ist folgende:

Bild 8.5. Teil einer Etagenzwirnmaschine (VEB Spinn- und Zwirnmaschinenbau Karl-Marx-Stadt, DDR)

Von den auf das Spindeloberteil aufgesteckten und mit diesem zusammen in Rotation versetzten Scheibenspulen oder Reckwindespulen mit verstreckter Polyesterseide wird der Faden mit gleichbleibender Geschwindigkeit senkrecht nach oben abgezogen. Die Drehrichtung der Spindel muß dabei immer der Aufwinderichtung des Fadens entgegengesetzt sein, da sonst die Fadenwindungen abgewickelt werden. Ein Nachteil der Einfachdrallspindel ist das ständige Schwanken der Zwirnspannung bei Verarbeitung von Reckwindespulen. Beim Abzug der Seide von den Windungen am oberen Kopsrand ist der Fadenballon klein und die Fadenspannung gering. Mit wachsender Entfernung der abgezogenen Windungen vom oberen Kopsrand wird der Ballon größer und die Spannung steigt entsprechend an, um bei plötzlicher infolge des Luftwiderstandes auftretender Doppel-Ballon-Bildung wieder abzusinken. Vom Zeitpunkt der Fadenabwicklung von den Windungen am unteren Kopsrand an, verläuft der oben geschilderte Vorgang in umgekehrter Richtung. Die Maximalspannung des Seidenfadens kann je nach Titer des Fadens das 3- bis 4fache der Minimalspannung betragen.

Da die Spannungsschwankungen jedoch kurzperiodisch sind, gleichen sie sich auf den Seidenwickel etwas aus. Diese Nachteile werden beim Zwirnen ab Umwindespule weitestgehend ausgeschaltet. Die Fadenspannungen sinken generell ab und werden vergleichmäßigt. Damit treten auch Qualitätsverbesserungen der Seiden durch Vermeiden von Kapillarfadenbrüchen und Flusen ein.

Ein älteres Modell einer Etagenzwirnmaschine mit aufgesteckten Reckwindespulen (Kopsen) wird in Bild 8.4. gezeigt.

Bild 8.5. zeigt eine Etagenzwirnmaschine neuerer Bauart mit aufgesteckten Scheibenspulen als Ablaufkörper.

8.1.2.2. Antrieb

Jede der beiden Maschinenetagen stellt eigentlich eine gesonderte Maschine mit je einem Antriebsmotor und je einem Getriebekasten für die Fadenchangierung und die Aufwickeleinrichtung dar. Die auf beiden Seiten längs der Maschine angeordneten Spindeln werden von einem endlosen Riemen angetrieben, der seinerseits von einem an einem Maschinenende vertikal angeordneten Motor durch eine unmittelbar auf den Motorzapfen angebrachte Riemenscheibe angetrieben wird. Über eine vertikale Welle am anderen Ende der Maschine treibt der endlose Riemen gleichzeitig den Getriebekasten an. Beim Wechsel der Arbeitsgeschwindigkeit der ganzen Maschine, also auch der Spindeldrehzahl, wird die Riemenscheibe auf den Zapfen des in Maschinenlängsrichtung verstellbaren Antriebsmotors ausgetauscht. Die Änderung der Aufwickelgeschwindigkeit und damit des Dralles der gezwirnten Seide erfolgt mittels Wechselräder außerhalb des Getriebekastens oder durch Schaltung eingebauter Zahnradstufen. Bei den meisten Etagenzwirnmaschinen liegt der einstellbare Bereich der Drallgebung zwischen 40 und 3000 T/m [1—6]. Eine Änderung der Drehungsrichtung von *S* -auf *Z*-Drehung erfolgt meist elektrisch durch Umschaltung der Motordrehrichtung oder am Getriebe. Bei älteren Etagenzwirnmaschinen war oft eine sehr hohe Lärmbelastung der Bedienungskräfte infolge des schnellaufenden Tangentialriemens zu verzeichnen. Neuere Maschinen besitzen eine sehr wirkungsvolle Kapselung des gesamten Riemen- und Spindelantriebes, die besonders die hohen, schädlichen Frequenzen absorbiert und damit für eine erhebliche Verbesserung der Arbeitsbedingungen sorgt (Bild 8.5.).

8.1.2.3. Spindeln

Schwenkbare Rollenlagerspindeln mit Dämpfung und Kopsmassen bis zu 2 kg haben sich generell eingebürgert. Sie werden durch Federdruck an den umlaufenden Tangentialriemen angedrückt und sind mit einer selbsttätigen Bremse zum Stillsetzen beim Abschwenken der Spindel vom Riemen ausgerüstet. Die möglichen Spindeldrehzahlen sind von den Kopsmassen abhängig. Während bei Kopsmassen von ca. 600 g Drehzahlen bis zu 16000 min^{-1} erreicht wurden, sind bei den heute üblichen Kopsmassen von 1000 oder 2000 g die Drehzahlen auf 12000 bzw. 10000 min^{-1} gesunken. Trotzdem läßt der Einsatz von größeren Kopsmassen eine wesentlich rationellere Produktion zu.

Bild 8.5. zeigt den gekapselten Spindelantrieb einer Textima-Zwirnmaschine mit aufgesteckten Scheibenspulen und den Schwenkgriff zum Abschwenken und Abbremsen der Spindeln.

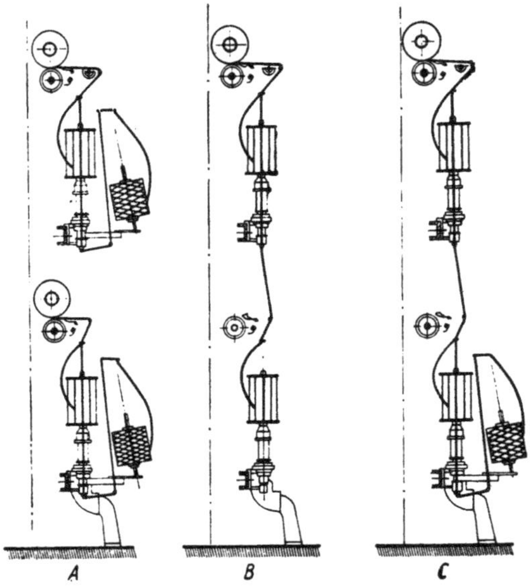

Bild 8.6. Varianten einer Etagenzwirnmaschine unter Einsatz von Hohlspindeln

Zur Erzielung besonderer Zwirnkonstruktionen für Spezialzwecke kommen auch teilweise Hohlspindeln zum Einsatz. Bild 8.6. zeigt mögliche Kombinationen.

A zeigt die Anordnung einer zusätzlichen, stillstehenden Vorlagespule neben der Hohlspindel mit Abzug über Kopf. Unter *B* sind Hohlspindeln nur auf der oberen Etage installiert. Der mit Vorzwirn von der unteren Etage versehene Faden wird nach Passieren der Hohlspindel mit dem Faden der oberen Etage verzwirnt. Bei *C* wird ein dreifacher Zwirn erzeugt mit Hohlspindeln auf beiden Etagen und einer zusätzlichen, stillstehenden Vorlagespule auf der unteren Etage.

8.1.2.4. Aufwickel- und Changiereinrichtung

Allgemein wird auf zylindrische Spulen mit Umfangsantrieb aufgewunden. Die Reibwalzen bestehen meist aus Kunststoff und sind je Etage auf einer durchlaufenden Welle angeordnet. Die Spulen liegen infolge ihres Eigengewichtes auf der Reibwalze auf und werden von ihr angetrieben. Die Fadenführer aus Sinterkorund für jede einzelne Arbeitsstelle sind auf einer durchgehenden Stange befestigt. Sie werden zentral über eine Nutkurve im Antrieb bewegt. Man kann dabei wahlweise mit oder ohne Kantenverlegung sowie mit stufenlos einstellbarer

Hubverkürzung (bikonische Spulen) oder mit konstantem Hub (gerade Stirnseiten der Spulen) arbeiten.

Die Hülsen werden meist von spindellosen Hülsenträgern aufgenommen und mittels Schwenkhebel gespannt. Fadenwächter zur Abstellung und Signalisierung bei Fadenbruch finden sich oft als Zusatzeinrichtung an den Zwirnmaschinen.

8.1.2.5. Hülsen

Für die Aufwindung unausgeschrumpfter Polyester-Seiden werden druckfeste Metallhülsen benötigt.

Um den Seiden eine nachfolgende Schrumpfung zu ermöglichen, werden beim Zwirnen vielfach sogenannte flexible oder Schrumpfhülsen verwendet, auf denen der Faden beim Fixieren wesentlich stärker schrumpfen kann als z. B. bei den sonst üblichen starren Blechhülsen. Die Schrumpfhülsen verfügen über einen veränderlichen Durchmesser bzw. Umfang, der durch die beim Fixieren entstehenden Schrumpfspannungen des Fadenwickels verkleinert wird. Meist werden hierfür sogenannte Drahtfederhülsen mit Spanneinrichtung (Bild 8.7.) oder auch Doppelmantelschrumpfhülsen aus geleimten Papier eingesetzt. Bei der Dämpfbehandlung im Autoklaven löst sich der Leim und ein Zusammendrücken des äußeren Hülsenmantels durch den schrumpfenden Seidenwickel ist möglich.

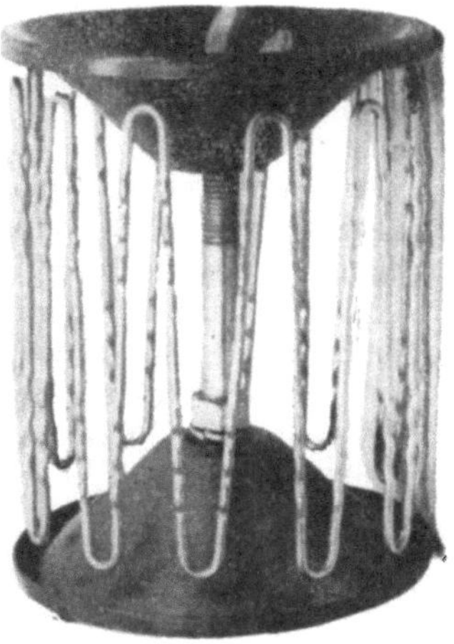

Bild 8.7. Drahtfederhülsen zum Fixieren von Polyesterseiden (Fa. Tigges, BRD)

Es kommen auch Schrumpfhülsen zur Anwendung, bei denen die Durchmesser-Verkleinerung eingestellt werden kann, so daß dadurch ein genau definierter Schrumpf erzielt wird. In der Praxis werden die mannigfaltigsten Typen von Schrumpfhülsen verwendet. Sie reichen von komplizierten Formen mit einzelnen beweglichen Segmenten bis zur einfachen rohrförmigen, längs aufgeschnittenen Hülse mit Überlappung. Die letztgenannte Form kann jedoch nur bei geringen Abzugsgeschwindigkeiten eingesetzt werden, da sie keinen genau kreisförmigen Querschnitt aufweist.

Die in Bild 8.8. gezeigte Schrumpfhülse ist jeweils wechselweise von einer Seite her geschlitzt und wird durch zwei eingedrückte Spannkreuze aus je 4 Segmenten nach außen gespannt. Nach Aufwicklung der Seide werden diese Segmente entfernt. Die Seide kann maximal so weit schrumpfen, bis sich die in der Hülse befindlichen Schlitze zusammengeschoben haben. Die zwischen der Mitte und den Rändern der Schrumpfhülse unterschiedlichen Umfangsverkleinerung wirkt sich kaum nachteilig aus, da die Seide in relativ steilen Windungen aufgewickelt ist, also kurzperiodisch zwischen Rand — Mitte — Rand der Hülse verläuft.

Bild 8.8. Schrumpfhülsen für Polyesterseiden mit Spannkreuzen

Neuerdings ist es auf einigen Maschinen auch möglich, eine Drallberuhigung und Schrumpfung des Fadens in gewissen Grenzen direkt auf der Etagenzwirnmaschine zu erreichen. Dies geschieht dadurch, daß vor dem Aufspulen der Faden über eine kurze, elektrisch beheizte Kontaktheizstrecke geführt wird, deren Temperatur durch spezielle Einrichtungen konstant gehalten wird. Zur Erzielung der dabei erforderlichen niedrigen Fadenspannungen ist vor der Fixierstrecke noch ein sogenanntes Schlupflieferwerk angeordnet, das dafür sorgt, daß der Faden unter weitgehend konstanter, niedriger Spannung schrumpfen kann.

8.1.3. *Doppeldraht-Zwirnmaschinen* (*DD-Maschinen*)

Unter 8.1. wurde bereits darauf hingewiesen, daß Polyesterseide auch auf Maschinen mit Doppeldrahtspindeln gezwirnt werden kann, die dem Faden bei einer Spindelumdrehung zwei Drehungen erteilen [7, 8]. Die Wirkungsweise der Doppeldrahtspindel ist folgende: Der Faden wird vom stillstehenden Wickelkörper (Streckzwirnkops) nach oben angezogen, über den oberen Kopsrand umgelenkt und durch die Kopshülse nach unten in die hohle Spindel geleitet, tritt am unteren Kopsrand seitlich aus und wird dann — wie bei den Maschinen mit Einfachdrallspindeln — durch entsprechende Aufwickelorgane nach oben abgezogen. Während des geschilderten Vorganges erteilt die rotierende Spindel dem Faden sowohl innerhalb als auch außerhalb der Kopshülse je eine Drehung. Dabei wird der stillstehende, auf der rotierenden Spindel gelagerte Kops durch geeignete berührungslose Haltevorrichtungen (Magneten) daran gehindert, selbst zu rotieren.

Die Doppeldrahtspindel arbeitet prinzipbedingt mit einer etwas höheren Zwirnspannung als die Einfachdrallspindel, ist schwieriger zu bedienen und erfordert wegen ihres komplizierten Baues höhere Anschaffungs- und Wartungskosten.

8.2. Spulmaschinen (Kreuzspulmaschinen)

Für gewisse Warensortimente ist noch ein Umspulprozeß zur Herstellung von verkaufsfähigen Einheiten unerläßlich. Dies trifft besonders auf hochgedrehte und ausgeschrumpfte Seide zu. Bei dieser Umspulung kann noch eine dem Verwendungszweck entsprechende Finishpräparation aufgebracht werden. Diese Arbeitsgänge gehen auf Spulmaschinen vor sich, die in verschiedenen Bauarten existieren und im allgemeinen nach der Form der auf ihnen erzeugten Wickelkörper bezeichnet werden als Kreuzspul- oder Konmaschinen.

8.2.1. *Formen der Aufwindung*

Es ist üblich, Polyesterseiden mit feinem Titer in Form von bikonischen Kreuzspulen abzugeben, während für schwere Nummern die zylindrische Spulenform bevorzugt wird [9—12].

Man unterscheidet grundsätzlich zwei Windungsarten: Die Präzisions- und die „wilde" Windung. Die wilde Windung arbeitet mit konstantem Kreuzungswinkel bei den unterschiedlichen Spulendurchmessern. Die Spule wird bei gleichbleibender Changiergeschwindigkeit mit konstanter Geschwindigkeit vorwiegend am Umfang angetrieben. Damit ändert sich das Übersetzungsverhältnis zwischen Spule und Changierung ständig. Beim Durchfahren ganzzahliger Übersetzungsverhältnisse werden sogenannte „Bildwicklungen" erzeugt, die zu schlechten Ablaufeigenschaften der hergestellten Garnkörper führen können.

Die Präzisionswindung ist durch ein konstantes Übersetzungsverhältnis zwischen Spule und Changierung charakterisiert, d. h., daß pro Fadenführer-Hub die Spule stets gleich viele Umdrehungen macht. Das sogenannte Verkreuzungsverhältnis ist bei modernen Maschinen im Bereich von 1 : 3 bis 1 : 12 einstellbar, wobei stets gebrochene Zahlen für das Verkreuzungsverhältnis Anwendung finden, um zu vermeiden, daß der Faden immer wieder auf den vorhergehenden aufgelegt wird. Ein übliches Verkreuzungsverhältnis wäre beispielsweise 1 : 6,385426 17... Zum Spulen synthetischer Seiden hat sich die Präzisionswindung weitestgehend durchgesetzt, da dadurch optimale Weiterverarbeitungseigenschaften der Garnkörper entstehen, ein exakterer Spulenaufbau bei schonender Behandlung des Materials möglich ist und moderne Präzisionskreuzspulmaschinen im wesentlichen gleiche oder sogar höhere Leistungen erreichen als Maschinen mit wilder Windung.

8.2.2. *Kreuzspulen und Kreuzspulmaschinen*

Der Weiterverarbeiter verlangt von den Seidenwickelkörpern, die von den Chemiefaserbetrieben abgegeben werden, optimale Eigenschaften. Die Seide soll sich leicht mit nur geringer Spannung über Kopf abziehen lassen. Zwischen Spulenanfang und -ende dürfen keine Unterschiede in der Ablaufspannung vorhanden sein. Der Spulenaufbau muß stabil sein, so daß die Spulen den Transport sowie eventuell längere Lagerzeiten ohne Deformation überstehen. Weiterhin sollen die Spulen ein möglichst hohes Nettogewicht aufweisen. Als Hülsen wurden standardisierte Formate mit 175, 230 oder 275 mm Hülsenlänge, vorwiegend mit 3°30′ Hülsenwinkel, oder auch zylindrische Hülsen für Grobseiden aus Hartpreßpappe oder Polypropylen eingeführt. Die Bewicklungslängen sind dabei 150, 200 oder 250 mm.

Bild 8.9. Kreuzspulmaschine Conorapid (Fa. Alucolor)

Die Bilder 8.9. und 8.10. zeigen Kreuzspulmaschinen, die im folgenden stellvertretend für viele andere Konstruktionen beschrieben werden sollen.

Der Faden gelangt bei der Maschine von Bild 8.9. von der Vorlage zunächst zu einem sogenannten Schlupflieferwerk, das in verschiedenen Variationen umschlungen werden kann. Es besteht aus zwei schnellaufenden Galetten, die grundsätzlich immer mit schnellerer Umfangsgeschwindigkeit als der zu spulende Faden laufen. Damit wird folgende Wirkung erreicht: Einerseits wird grundsätzlich die

Fadenspannung durch das Schlupflieferwerk erniedrigt, andererseits tritt eine Vergleichmäßigung der Spannungsschwankungen dadurch ein, daß bei hohen Fadenspannungen vor dem Schlupflieferwerk, bedingt durch die Seilreibung, mehr Faden von diesem gefördert wird, als bei niedrigen Spannungen. Eine sogenannte Vorölung, bestehend aus einem mit Präparationsflüssigkeit getränkten

Bild 8.10. Kreuzspulmaschine für Fa. Alucolor

Schmierdocht, verhindert am Schlupflieferwerk und nachfolgenden Fadenleitorganen Abscheidungen von Oligomeren.

Die Fadenbremse ist als Umschlingungsbremse mit Sinterkorundstiften ausgestattet und als ölgedämpfte Kompensationsbremse ausgebildet. Beim Fahren mit steigender Fadengeschwindigkeit wird sie von der Fadenführerklappe gesteuert, um die Fadenspannung möglichst konstant zu halten. Es ist auch möglich, mit fallender Spannung zu arbeiten. Die Präparationseinrichtung ist nach der Bremse unmittelbar vor der Aufspulung des Fadens angeordnet. Sie besteht abweichend von den sonst üblichen Präparationswalzen aus einer Sinterkorundtasche mit einer Austrittsbohrung für die Präparationsflüssigkeit, die beim Passieren des Fadens innerhalb der Tasche aufgetragen wird. Bleche fangen abspritzende Präparationsflüssigkeit auf und leiten sie zur Pumpe zurück.

Die Auftragsmenge kann zentral für 10 Einheiten über ein Nivelliergefäß reguliert werden. Die Spulspindel ist mit einfach austauschbaren Spannvorrichtungen zum Spannen verschiedener Hülsenformate versehen und gestattet Drehzahlen bis 4000 min^{-1}. Der Antrieb des Changierfadenführers erfolgt über Kehrgewindespindel, die Freisteuerung der Fadenführerklappe mittels einer sogenannten Weichspulrolle, die mit einstellbarem Anpreßdruck an der Spule anliegt. Die maximale Changiergeschwindigkeit beträgt bei einem Maximalhub von 160 mm 700 DH/min und bei 210 mm Hub 520 DH/min. Ohne Schmierung laufende Zahnriemen aus Kunststoff stellen eine wartungsfreie exakte Übersetzung zwischen Spulspindel und Kehrgewindewelle her. Die Maschine ist mit einstellbarer Kantenverlegung und in weiten Grenzen variierbarer Stirnflächenneigung mit konkavem Stirnflächenverlauf zur Erreichung einer geraden Stirnfläche bei hohen Spulenmassen ausgerüstet. Jeder Spulkopf wird einzeln von einem Drehstromkurzschlußläufermotor angetrieben. Über eine Thyristorschaltung in Verbindung

Bild 8.11. Spulkopf zum Spulen von Polyesterseiden (Fa. Barmag)

mit einer eingebauten Tachomaschine ist es möglich, die Fadengeschwindigkeit in Abhängigkeit vom Spulendurchmesser nahezu konstant zu halten. Dabei kann durch einfache Druckknopfeinstellungen beeinflußt werden, ob mit steigender, konstanter oder einer Kombination aus steigender und konstanter Fadengeschwindigkeit gefahren werden soll. Durchschnittliche Geschwindigkeiten über 1200 m/min sind realisierbar. Die niedrigste Spulgeschwindigkeit beginnt bei 500 m/min, die maximalen Fadengeschwindigkeiten liegen bei 2200 m/min.

Zum Spulen grober Titer werden Spulmaschinen entsprechend Bild 8.10. und 8.11. eingesetzt. Sie gestatten große Wickelkörper herzustellen mit Spulendurchmessern bis 350 mm und Spulenmassen je nach Wickeldichte bis zu 15 kg.

8.2.3. *Präparieren an der Kreuzspulmaschine*

Die unmittelbar nach dem Erstarren des Fadens an der Aufspulmaschine aufgebrachte Präparation hat vor allem die Aufgabe, die Arbeitsgänge Verstrecken und Zwirnen zu erleichtern. Nach dem Sattdampffixieren befindet sich nur noch etwa die Hälfte der aufgebrachten Präparation auf den Fäden, so daß beim Umspulen an der Kreuzspulmaschine eine neue Präparation aufgebracht werden muß. Diese sogenannte Finishpräparation muß vor allem auf die Belange der weiterverarbeitenden Industrie abgestimmt sein und sehr viele Forderungen erfüllen. Es kommen vor allem Durchspülöle und wäßrige Emulsionen zum Einsatz. Bei einem Präparationsgehalt von ca. 1% soll die Polyesterseide folgende Verarbeitungseigenschaften zeigen:

1. Gleitfähigkeit und Geschmeidigkeit
2. antistatisches Verhalten
3. guten Fadenschluß ohne abschmierende Wirkung
4. keine korrodierende Wirkung
5. keine vergilbende Wirkung
6. Beständigkeit beim Lagern und Fixieren
7. einwandfreie Auswaschbarkeit

Weiterhin muß die Präparation geruchsarm, physiologisch neutral und möglichst niedrigviskos sein.

Eine gute Gleitfähigkeit der Polyesterseide wird durch Anwendung von bestimmten Mineralölen erreicht. Daher werden in die Präparationen Paraffinöle, Spindelölraffinate, Weißöl, Treiböl aus der Erdöldestillation u. a. eingearbeitet. Neben niedriger Viskosität müssen die Öle eine helle Farbe, keinen oder geringen Geruch und möglichst einen Flammenpunkt nach Pensky-Martens über 80 °C aufweisen.

Sehr wichtig ist der Zusatz grenzflächenaktiver Stoffe, um die notwendige Emulgier- und Auswaschbarkeit zu gewährleisten und die Neigung der Polyesterseide zu elektrostatischen Aufladungen zu beseitigen. Reines Polyäthylenterephthalat ist ein guter Isolator und weist einen spezifischen elektrischen Widerstand in der Größenordnung 10^{17} Ohm · cm auf. Durch Anwendung geeigneter Antistatika kann der Widerstand ohne weiteres auf 10^{6}—10^{8} Ohm · cm gesenkt werden. Diese Größenordnungen des spezifischen elektrischen Widerstandes sind nötig, um eine einwandfreie, ungestörte Verarbeitung durchführen zu können. Selbstverständlich liegen die Störgrenzen bei den gebräuchlichen Verarbeitungstechnologien verschieden, da unterschiedliche mechanische Beanspruchungen auftreten. Im allgemeinen reicht aber ein spezifischer elektrischer Widerstand der Polyesterseide von 10^{8} Ohm · cm für eine störfreie Verarbeitung aus.

Das Aufbringen der Präparation auf die Polyesterseide geschieht an der Kreuzspulmaschine. Neben der im Punkt 8.2.2. für die Kreuzspulmaschine beschriebenen Präparationseinrichtung sind noch vielfach andere Einrichtungen üblich. Dabei befindet sich an jeder Spulstelle eine rotierende Walze, die in die Präparation eintaucht und den aufgenommenen Präparationsfilm an eine zweite kleinere Walze abgibt. Der vom Ablaufkörper kommende Faden streicht an dieser Walze vorbei und nimmt die Präparation auf. Der Präparationsgehalt der Seide wird durch die Drehzahl der Walzen reguliert.

8.2.4. *Fadenschlichten an der Kreuzspulmaschine*

In der Bobinetindustrie werden die Maschinen zur Erzeugung von Spitzen und Tüll mit Graphit geschmiert. Es ist unvermeidlich, daß dabei auch das verarbeitete textile Material mit angeschmutzt wird. Während die herkömmlichen Faserstoffe wie Baumwolle usw. durch Waschen wieder gereinigt werden können, haften die feinen Graphitteilchen so fest an synthetischen Seiden, daß selbst spezielle Waschverfahren keine völlig weißen Waren ergeben. Die Ausrüstung mit besonders guten Antistatika führte ebensowenig zum Erfolg. Der z. Z. einzig gangbare Weg ist die Ummantelung des Fadens mit einem elastischen, festhaftenden Film, der nach der Verarbeitung von der Fertigware samt Graphitverschmutzung durch Waschen entfernt wird. Derartige Ausrüstungen sind aus

Bild 8.12. Kreuzspulmaschine mit Schlichteeinrichtung

der Webereiindustrie als Schlichteverfahren bekannt. Als Filmbildner kommen für synthetische Seiden hauptsächlich polymere Verbindungen auf Vinyl- bzw. Acrylbasis in Frage. Die Filme müssen wegen der elastischen Eigenschaften des Fadenmaterials ebenfalls elastisch sein, damit ein Absplittern bei Dehnungsbeanspruchungen vermieden wird. Außerdem ist es erforderlich, daß die verwendeten Produkte wasserlöslich sind, um durch einfache Wäsche ihre restlose

Entfernung von der Seide zu gewährleisten. Als Zusätze kommen Netzmittel, Weichmacher, Antistatika u. dgl. in Betracht.

Da in der Bobinetindustrie vorzugsweise fadengeschlichtetes Material eingesetzt wird, wurden spezielle Einzelfadenschlichtmaschinen entwickelt. Während des Umspulvorganges auf einer solchen Maschine wird die fixierte Seide mit der Schlichte versehen. Die entstehenden Spulkörper werden nach einiger Zeit an der Kreuzspulmaschine nochmals umgespult.

Eine einfache Technologie zum Schlichten an der Kreuzspulmaschine zeigt Bild 8.12. Wie aus dem Bild ersichtlich ist, wurde die Präparationseinrichtung durch eine Schlichteumwälzvorrichtung ersetzt. Die im unteren Behälter befindliche Schlichte wird durch eine Zahnradpumpe in den Hochbehälter gepumpt, fließt von dort durch Rohrleitungen zum äußeren Ende der Präpariervorrichtung und in dieser wieder zurück zum unteren Behälter. Durch einen entsprechend angeordneten Überlauf wird ein bestimmter Flüssigkeitsstand eingehalten, so daß sämtliche Scheiben gleichmäßig in die Schlichte eintauchen. Die fast vollständig geschlossene Einrichtung und der dauernde Kreislauf der Schlichte verhindern eine Haut- und Krustenbildung und gewährleisten gleichmäßige Benetzung der Scheiben und genau dosiertes Aufbringen auf die Polyesterseide.

Bewährt haben sich besipielsweise Schlichtezusammensetzungen folgender Art:

7–8% Polyvinylalkohol niedrigviskos als Filmbildner
1% Alkylphenylglykoläther als Netzmittel
2% Polyglykoläther als Weichmacher
3% Glykol als Hygroskopicum und
3–5% Polyvinylacetat- bzw. Polyacrylsäureester-Dispersion als Klebekomponente.

Die Zusammensetzung kann je nach gewünschtem Effekt geändert werden. Ein zu hoher Zusatz der zuletzt genannten Produkte ist jedoch zu vermeiden, da die Auswaschbarkeit der Schlichte mit steigendem Zusatz dieser Produkte verschlechtert wird. Der antistatische Effekt dieser Schlichten ist sehr gut, da sich die wirksamen Substanzen im Film an der Fadenoberfläche befinden, was bekanntlich von günstigem Einfluß auf das elektrostatische Verhalten ist. Die Menge der aufgetragenen Schlichte soll bei etwa 2% und darüber liegen, um eine vollständige Ummantelung des Fadens zu gewährleisten.

8.3. Schärmaschinen

Ein erheblicher Anteil der Polyesterseidenproduktion wird vom Chemieseidenhersteller auf Teilkettbäumen zur Weiterverarbeitung auf Raschel- oder Kettenwirkmaschinen ausgeliefert.

Teilkettbäume werden direkt vom Schärgatter aus geschärt ohne ein weiteres Umbäumen. Die einzelnen Teilkettbäume sind aus Leichtmetall gefertigt und sind in verschiedenen Breiten im Einsatz. Die gebräuchlichsten Breiten sind heute 710 mm (= 28″ engl.) und 1065 mm (= 42″ engl.). Ein Teilkettbaum von 710 mm Breite kann etwa 780 Fäden nebeneinander ohne Verkreuzung aufnehmen. Die für die herzustellende Wirkwarenbreite erforderliche Anzahl von Fäden wird im Textilbetrieb durch Aneinanderreihen einer entsprechenden Anzahl von Teilkettbäumen auf einer Achse gebildet. Dadurch ist es erforderlich. daß auf allen Bäumen die gleichen Fadenlängen aufgewunden sind.

Für die Maschenbildung beim Wirken ist die Fadenspannung von Bedeutung. Deshalb wird auf gleichbleibende Ablaufspannung zwischen Anfang und Ende des Wickels großer Wert gelegt. Die meisten Schärmaschinen arbeiten mit gleichbleibender Wickelgeschwindigkeit. Die Kette soll aus einwandfreien, fehlerlosen Fäden bestehen. Deshalb müssen beim Schären alle Flusen oder dünne Stellen aus den Fäden entfernt werden. Die modernen Maschinen sind zu diesem Zweck mit Kontrolleinrichtungen — meist optisch-elektronischer Art — ausgerüstet, die ein momentanes Stillsetzen der Maschine beim Auftauchen eines Fehlers oder Fadenbruches bewirken.

Beim Schären synthetischer Seiden besteht die Gefahr hoher elektrostatischer Aufladung des Materials, wodurch der Arbeitsablauf sehr gestört wird. Sofern die elektrostatische Aufladung nicht durch entsprechende Präparationen, die auf den Faden aufgetragen werden, und durch Klimatisierung der Arbeitsräume ausreichend herabgesetzt werden kann, kommen an modernen Schärmaschinen Ionisationsstäbe zur Anwendung. Sie werden in unmittelbarer Nähe der Fäden angeordnet, damit sie die Luft durch Bildung eines starken elektrischen Wechselfeldes ionisieren. Die Wickelgeschwindigkeiten der Teilkettbaum-Schärmaschinen liegen zwischen 100 und 800 m/min. Sie sind in mehreren Stufen oder auch stufenlos, je nach Materialart, einstellbar.

Bild 8.13. Teilbaummaschine (VEB Spul- und Schärmaschinenbau Burgstädt, DDR)

Stellvertretend für viele moderne Konstruktionen sei im folgenden die Teilbäummaschine von Bild 8.13. beschrieben. Diese Maschine ist zur Aufnahme von Teilkettbäumen mit 1065 mm Breite und einem maximalen Scheibendurchmesser von 535 mm ausgelegt. Es können jedoch auch Bäume mit 710 mm Breite aufgenommen werden. Die Bäumgeschwindigkeit ist stufenlos von 150—600 m/min einstellbar und wird über den gesamten Bewicklungsvorgang automatisch konstant gehalten. Über einen Fußtaster wird der Kriechgang vorwärts oder rückwärts betätigt. Ein Speichergerät kann beim Rückwärtslaufen des Baumes bis zu 10 m Kette geordnet aufnehmen.

Bild 8.14. Spulengatter für die Teilbaummaschine von Bild 8.13

Als Fadenleitelement dient ein Bäumkamm in Gelenkausführung in Verbindung mit einer Changiervorrichtung mit einem Hub von 0—15 mm und einer Ableimvorrichtung. Die Abbremsung des Kettbaumes bei erreichter Kettlänge oder Fadenbruch erfolgt durch eine wirksame Innenbackenbremse. Ein voreinstellbarer Umdrehungszähler sorgt für die Einhaltung der effektiven Kettenlänge. Weiterhin ist noch eine Meterzähleinrichtung vorgesehen. Es besteht die Möglichkeit, mit oder ohne Preßwalze zu arbeiten. Beim Arbeiten ohne Preßwalze werden die Kettfäden über ein Walzenaggregat vorgespannt. Am Ein- und Ausgang des

Speichergerätes ist je ein Fadenleitkamm vorgesehen. Ferner ist hier die Ionisationseinrichtung installiert. Eine in Fadenlaufrichtung vorher angeordnete Präparationseinrichtung sorgt für das Benetzen der Fadenschar mit Präparationsflüssigkeit. Der Flüssigkeitsstand wird automatisch konstant gehalten. Die Geschwindigkeit der Präparationswalze ist einstellbar von 0—10 m/min. Bei Stillstand werden die Kettfäden automatisch von der Präparationswalze abgehoben. Ein lichtelektronischer Flusenwächter überwacht die Fadenschar. Die vom Spulengatter kommenden Fäden werden in einem Lochplattengestell aufgenommen und vorsortiert. Das Spulengatter von Bild 8.14. ist speziell für die Teilbäummaschine von Bild 8.13. entwickelt worden. Um ein kontinuierliches Bäumen zu erreichen, wird mit Reservekopsen gearbeitet. Die Überwachung der Fäden erfolgt elektronisch und bewirkt ein schnelles Abschalten der Teilbäummaschine bei Eintreten eines Fadenbruches. Das Gatter besitzt 11 Etagen mit einer Teilung von 160 mm zur Aufnahme von Reckzwirnspulen. Es werden Gatter für 440, 880 und 1320 Fäden verwendet.

8.4. Literaturangaben

[1] Fourné, F.: Etagenzwirnmaschinen. Reyon, Zellwolle und andere Chemiefasern 8 (1958) 288.

[2] Schneider, J.: Vorbereitungsmaschinen für die Chemiefasern verarbeitende Industrie. Reyon, Zellwolle u. andere Chemiefasern 7 (1957) 26, 118, 189, 261, 343, 490, 501, 632, 707.

[3] Klare, H.: Technologie und Chemie der synth. Fasern aus Polyamiden. Verlag Technik, Berlin 1954.
Klare, H., Fritzche, E. und Gröbe, V.: Synthetische Fasern aus Polyamiden. Akademie-Verlag, Berlin 1963

[4] Friedrich, A.: Eine neue Hochleistungs-Zweietagen-Zwirnmaschine. Textil-Praxis 7 (1952) 433.

[5] Welter, H.: Chim. Wolokna (russ.) 2 (1960) 13—17.

[6] Swatek, W.: Aufwickel- und Streckzwirnmaschinen für Synthetics. Chemiefasern 11 (1961) 166.

[7] Gerhardt, W.: Der Einsatz von Doppel- und Einfachdrahtspindeln zum Zwirnen von Hochdraht-Perlonseide mit 1100 Dr/m. Deutsche Textiltechnik (1959) 3, 127.

[8] Knothe, B.: Über das Verzwirnen von synth. Feinseiden. Deutsche Textiltechnik 7 (1957) 389.

[9] Wassmann, R.: Moderne Präzisions-Kreuzspulmaschinen für Chemiefäden feiner Titer. Chemiefasern 11 (1961) 38, 121, 176, 248.

[10] Präzisions-Kreuzspulmaschinen gestern und morgen. Reyon, Zellwolle und andere Chemiefasern 4 (1955) 242.

[11] Wegener, W. und Schubert, G.: Das Kreuzspulen synthetischer Garne mit hohen Garnabzugsgeschwindigkeiten, I. Melliand Textilber. 44 (1963) 8, 798—804.

[12] Wegener, W. und Schubert, G.: Das Kreuzspulen synthetischer Garne mit hohen Garnabzugsgeschwindigkeiten, II. Melliand Textilber. 44 (1963) 9, 926—932.

Kapitel 9

9. Kräuseln, Schneiden, Trocknen, Sortieren und Verpacken von Polyester-Fäden und -Stapelfasern

Die in diesem Kapitel behandelten Methoden zum Kräuseln, Schneiden, Trocknen, Sortieren und Verpacken von Polyester-Fäden und -Fasern sind bis auf Ausnahmen auch Bestandteile der Herstellungsprozesse anderer Synthesefasern, wie der der Polyamidfasern [1—3], Polyacrylnitrilfasern [4] und zum Teil auch der Zellwollen [3—6]. Deshalb werden diese Arbeitsgänge hier verhältnismäßig kurz beschrieben und nur, soweit umfangreichere Literatur hinsichtlich Anwendung der Verfahren auf Polyester-Gebiet vorliegt, ausführlicher behandelt.

9.1. Kräuseln von Polyester-Fäden und -Fasern

Glatte synthetische Fäden und daraus hergestellte Flächengebilde besitzen einen seifigen, lappigen Griff, geringes Deck-, Wärmehaltungs- und Wasseraufnahmevermögen und damit ungünstige bekleidungsphysiologische Eigenschaften. Auch synthetische Stapelfasern ergeben ohne Kräuselung neben schlechten Verspinnungseigenschaften dieselben ungünstigen bekleidungsphysiologischen Eigenschaften des Flächengebildes. Aus diesem Grunde wird heute der überwiegende Anteil synthetischer Faserstoffe gekräuselt. Er erhält damit Fülle und Bauschvolumen. Dabei wird auch bei der Polyester-Stapelfaserherstellung fast ausschließlich im noch ungeschnittenen Kabel gekräuselt. Für die Kräuselung von Grob- und Feinseiden hat sich heute der Ausdruck Texturieren fest eingebürgert. Es gibt verschiedene Definitionsvorschläge, um den Begriff der Texturierung eindeutig abzugrenzen. Ohne in die international noch im Gange befindliche Diskussion eingreifen zu wollen, sei damit ausschließlich die Behandlung von Seiden verstanden mit dem Ziel, das Volumen bzw. die elastische Dehnung zu erhöhen. Die meisten Texturierverfahren sind im Prinzip auch für Spinnkabel anwendbar. Jedoch hat sich in der Praxis dafür fast ausschließlich das Stauchkräuseln durchgesetzt. Für Spinnkabel kommt noch die Riffelwalzen- oder Zahnradkräuselung in Anwendung. Alle anderen Kräuselverfahren, wie Torsions-, Luftstrom-, Crinkle- und Klingenverfahren werden im allgemeinen nur bei der Seidentexturierung angewandt [7—13].

9.1.1. *Kräuseln von endlosen Fäden*

Die für endlose Polyesterfäden angewandten Kräuselverfahren sind fast ausschließlich mechanischer Art. Während zur Herstellung von gekräuselten Streckkabeln, die anschließend zu Stapelfasern zerschnitten werden, das Riffelwalzen- und besonders das Stauchkräuselverfahren Anwendung finden, hat sich für die

Erzeugung der gekräuselten Seidenfäden neben dem Luftstrom-, Klingen-, Stauchkammer- und Crinkle-Kräuselverfahren besonders die Torsions-Kräuselung zur Bauschgarn-Herstellung bewährt.

9.1.1.1. Riffelwalzenkräuselung (Zahnradkräuselung)

Die Kräuselung der endlosen Fäden mittels Riffelwalzen wird dadurch erzielt, daß die Fäden einmal oder mehrmals durch zwei mit dem erforderlichen Spiel ineinandergreifende, beheizte Zahnräder geführt werden. Das Spiel der Zahnräder und die Temperatur müssen so eingestellt werden, daß die Fäden sich wellenförmig verformen, ohne dabei geschädigt zu werden. Durch die Art der Verzahnung der Riffelwalzen und die Fixierung bei oder nach dem Kräuseln können Bogigkeit und Kräuselbeständigkeit und damit der Kräuselungsgrad beeinflußt werden.

9.1.1.2. Stauchkräuselung

9.1.1.2.1. Stauchkräuselung von Kabeln

Wie bereits erwähnt, stellt die Stauchkräuselmethode für die Polyester-Stapelfaserherstellung das wichtigste Kräuselverfahren dar. P. Esselmann, K. Kösslinger und P. Saffert [14] haben zum Kräuseln von Zellwolle ein Stauchverfahren entwickelt, das von H. Ludewig auf Polyamid- und Polyesterfäden übertragen wurde [15]. Es wird in der Weise gearbeitet, daß das endlose Fadenbündel, das Streckkabel, von einem Walzenpaar erfaßt und in die Stauchkammer gedrückt wird (Bild 9.1.). Die Kammer der Kräuselmaschine ist in Achsenrichtung des Kabels mit einer andrückbaren beweglichen Klappe verschlossen. Das laufend durch die Walzen eingedrückte Fasermaterial füllt die Kammer aus, wird infolge des Druckes der belasteten Klappe zusammengeschoben und erhält dadurch seine Kräuselung. Übersteigt der Druck der gekräuselten Faser in der Kammer den Gegendruck der Klappe, so wird diese automatisch geöffnet, läßt das gestauchte

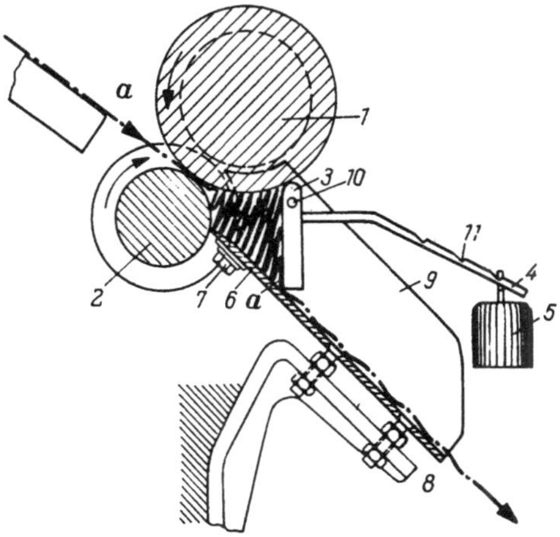

Bild 9.1. Stauchkräuseln von gestreckten Polyesterfäden

a = Polyesterfäden; *1* — obere Lieferwalze; *2* — untere Lieferwalze; *3* — Klappe, schwenkbar; *4* — Hebelarm; *5* — Gewicht, verschiebbar; *6* — Lederzunge; *7* — Schraube; *8* — Boden der Ablaufrinne; *9* — Ablaufrinne; *10* — Drehachse; *11* — Rasten

Band herausfallen und geht in ihre Ausgangsstellung zurück. Kabelstärke, Kabelbreite und Breite der Stauchkammer sowie der Abstand der Stauchwalzen und der Anpreßdruck der Klappe müssen zur Erreichung eines störungsfreien Laufes genau aufeinander abgestimmt sein. Da die Randzonen des Kabels weniger gut gekräuselt werden als die Mitte, soll die Stauchkammer möglichst breit und flach sein.

Bild 9.2. Breitbandstauchkräuselmaschine des VEB Spinn- und Zwirnereimaschinenbau Textima, Karl-Marx-Stadt, in einer Faserbandstraße

Bild 9.2. zeigt eine moderne Breitbandstauchkräuselmaschine der Textima in einer Faserbandstraße mit Dämpfkanal und Tänzerwalzensteuerung (Bandlauf von rechts nach links). Eine dem Stauchkräuseln vorangehende intensive Erwärmung des Kabels mit Dampf sorgt für eine gewisse Plastifizierung der Fasern und macht damit eine intensivere Kräuselung möglich. Die Tänzerwalzensteuerung wirkt auf die Drehzahl des Antriebsmotores der Stauchkräuselmaschine ein und sorgt für eine gleichmäßige Einlaufspannung. Bild 9.3. zeigt die Bandeinlaufzone mit den horizontal angeordneten Stauchwalzen aus korrosionsfestem Werkstoff. Die obere Walze ist fest angeordnet, während die untere in einer Schwinge gelagert ist und pneumatisch angedrückt wird. Die Walzen sind im Inneren mit umlaufenden Kanälen versehen, wodurch die Lauffläche gekühlt werden kann. Im Bild sind die Leitungen für Zu- und Abfluß der Kühlflüssigkeit in der Walzenachse sichtbar. Die von den Stauchwalzen abgequetschte Präparation wird in einer Wanne aufgefangen. Die vollständige Kräuselkammer aus Bronze oder dergl. besteht aus 2 Seitenplatten, der feststehenden Oberplatte sowie der als Klappe ausgebildeten, pneumatisch angepreßten, schwenkbaren Unterplatte. Die gesamte Kammer ist horizontal und vertikal einstellbar. Beheizung oder Kühlung der oft auch doppelwandigen Kammerteile sind ebenfalls üblich.

Bild 9.3. Bandeinlaufzone der Breitbandstauchkräuselmaschine von Bild 9.2.

Die in Bild 9.2. gezeigte Stauchkräuselmaschine gestattet Kabelgeschwindigkeiten bis zu 200 m/min. Die Leistung des regelbaren Antriebmotors liegt bei 7 kW. Die Stauchwalzen können mit maximal 4000 kp, die Klappe mit maximal 500 kp angedrückt werden. Die Anpreßdrücke sind über eine Pneumatik leicht einstellbar. Ebenfalls ist beim Kabelanlegen eine schnelle Ent- und Belastung von Walzen und Klappe möglich.

Bild 9.4a. und Bild 9.4b. zeigen Breitband-Stauchkräuselmaschinen der Firma Neumag, Neumünster/Holst., BRD.

9.1.1.2.2. Stauchtexturierverfahren

Auch für die Herstellung gekräuselter Grobseiden hat sich das Stauchkräuselverfahren überwiegend durchgesetzt. Es sind die verschiedensten Maschinentypen im Einsatz. Man arbeitet überwiegend kontinuierlich, d. h. man verstreckt und texturiert auf einer Maschine.

Bild 9.5. zeigt eine Texturiermaschine für Teppichgarne. Der unverstreckte Faden wird von Spinnspulen abgezogen und dem Streckwerk der Texturiermaschine zugeleitet. Eine lange im Streckfeld angebrachte Heizschiene sorgt für ein einwandfreies Verstrecken und Vorwärmen des Fadens. Es sind Streckverhältnisse von 1:2,5 bis 1:6 einstellbar. Der verstreckte heiße Faden wird mit Geschwindigkeiten bis zu 500 m/min von den Stauchwalzen in die Stauchkammer gedrückt und dort gekräuselt. Die gestauchte Materialsäule wird durch einen sich erweiternden Kanal nach oben geschoben. Viele Maschinen arbeiten mit beheizten Kanälen, um die Kräuselung gleichmäßig zu fixieren. Bei den in Frage kommenden groben Titern von 500—50 tex ist jedoch ausschließlich eine Sattdampffixierung

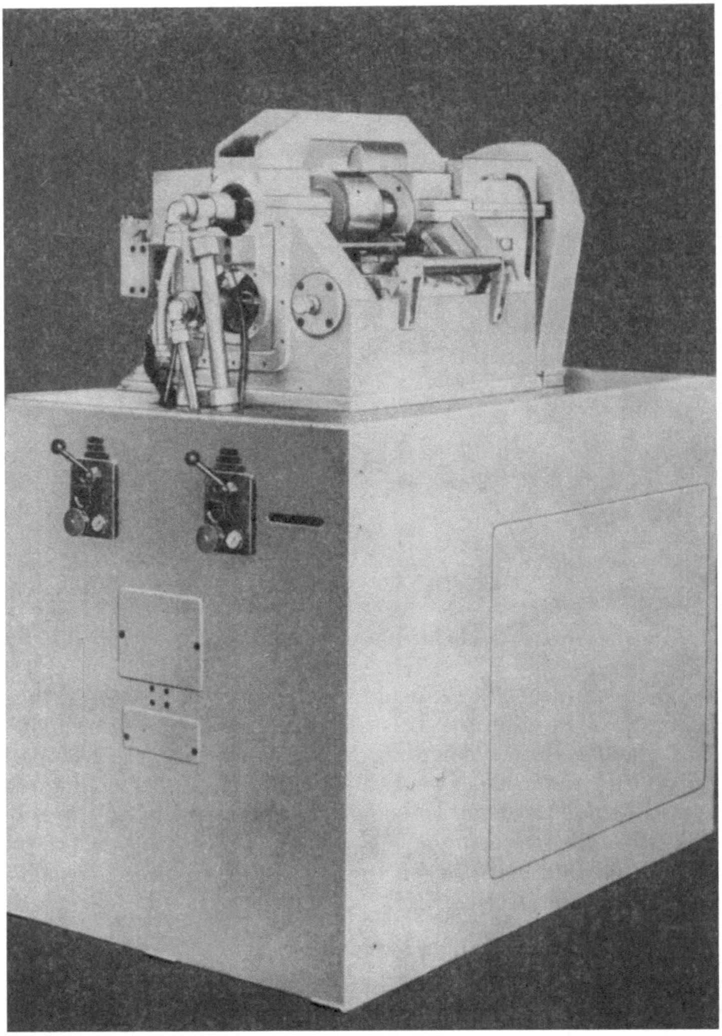

Bild 9.4a. Breitbandstauchkräuselmaschine der Fa. Neumag, BRD

genügend wirkungsvoll. Der Dampf wird dabei durch Bohrungen in den sich an die Stauchwalzen anschließenden Kanal in die gestauchte Fadensäule hineingeblasen, wo er kondensiert. Ein derartiges Verfahren wird beispielsweise auch bei der Texturiermaschine der Textima Karl-Marx-Stadt, Bild 9.6., angewandt.

Bild 9.4b. Breitbandstauchkräuselmaschine der Fa. Neumag, BRD

Die Gleichmäßigkeit der Kräuselung wird von der Konstanz des Gegendruckes an den Stauchwalzen bestimmt. Der Gegendruck kann durch verschiedene Mittel erzeugt werden, beispielsweise durch die schon beschriebenen Klappen, Gewichte und dergl. Er hängt jedoch auch weitgehend von der Reibung der gestauchten

Fadensäule im Kanal ab. Deshalb muß der Füllstand im Kanal über eine Regelung der Abzugsgeschwindigkeit konstant gehalten werden. Zu diesem Zweck wird dieser mechanisch, optisch oder pneumatisch abgetastet und ausgeregelt.

Der aus dem Kanal abgezogene Einzelfaden wird zur Auflösung von Verschlingungen noch über eine sogenannte Auflösestrecke geleitet. Diese kann aus einer Fadenbremse oder aus mehreren Umlenkungen bestehen.

Anschließend kann der nunmehr gekräuselte Faden aufgespult werden. Das Stauchkräuselverfahren liefert jedoch für viele Anwendungszwecke Fäden mit zu hoher Kräuselkontraktion. Der Faden ist zu elastisch, da für die Weiterverarbeitung zwar ein hohes Volumen, jedoch oftmals nur eine geringe Elastizität erwünscht ist.

Bild 9.5. Stauchtexturiermaschine der Fa. Platt

Aus diesem Grunde besitzen einige Maschinen noch eine sogenannte Modifizierstrecke, die die Elastizität des gekräuselten Garnes herabsetzt. Der Faden wird hier nochmals zwischen zwei Lieferwerken mit einstellbarer Spannung über eine Heizstrecke geführt und fixiert. Dadurch wird der gewünschte niederelastische hochvoluminöse Fadencharakter erhalten. Die stauchgekräuselten Fäden werden auf Kreuzspulen bis zu 4,5 kg Nettomasse aufgewunden.

Das Stauchkräuselverfahren hat auch bei der Texturierung von Polyester-Feinseiden Eingang gefunden. Nach Literaturangaben [16] wurden in den USA im Jahre 1968 1800 t Polyester-Feinseide stauchtexturiert (Textralized-Verfahren von Bancroft). Es wird eingeschätzt, daß sich diese Menge innerhalb von 5 Jahren mehr als verdreifacht.

Ursprünglich wurde das Verfahren ausschließlich für Polyamide angewandt. Es scheint sich aber durch angebrachte Verbesserungen auch gut für Polyesterfäden einzuführen.

Bild 9.7. ist einem Schweizer Patent entnommen [17] und zeigt schematisch einen derartigen Stauchkräuseladaptor, wie er in Verbindung mit einem Spezial-

Bild 9.6. Stauchtexturiermaschine des VEB Spinn- und Zwirnereimaschinenbau Textima. Karl-Marx-Stadt, DDR

modell der Kreuzspulmaschinen der Fa. Foster, USA, zum Texturieren von Feinseiden verwendet wird. Der verstreckte Faden 1 wird zwischen die Stauchwalzen 2 und 3 geklemmt und in die Stauchkammer 4 gedrückt. Dabei wird er gegen die schon darin befindliche Fadenmasse gestaucht. Die Stauchkammer ist in der Regel elektrisch beheizt. Infolge des eingespeisten Fadens wird die Fadensäule in der Kammer nach oben geschoben. Dieser Bewegung entgegen wirkt die Reibung der Fadensäule an der Kammerwandung sowie das Gewicht eines auf der Fadensäule ruhenden Kolbens 5. Diese beiden Komponenten — Reibung der Fadensäule an der Kammerwand und Gewicht des Stauchkolbens — bestimmen den Stauchgegendruck und damit die Kräuselbogenlänge. Der Kolben 5 ist zum Auflösen der Fadensäule und Abzug des gekräuselten Fadens aus der Kammer längsdurchbohrt. Die Stellung des Kolbens wird abgetastet und zur Reglung der Zuführ- oder Abführgeschwindigkeit benutzt, um die Kammerfüllung konstant zu halten.

Da die Reibung an der Kammerwand die Länge der Stauchkammer und damit der Fixierstrecke begrenzt, sind so auch der möglichen Arbeitsgeschwindigkeit Grenzen gesetzt. Sie liegen bei den im vorstehend beschriebenen Vorrichtungen

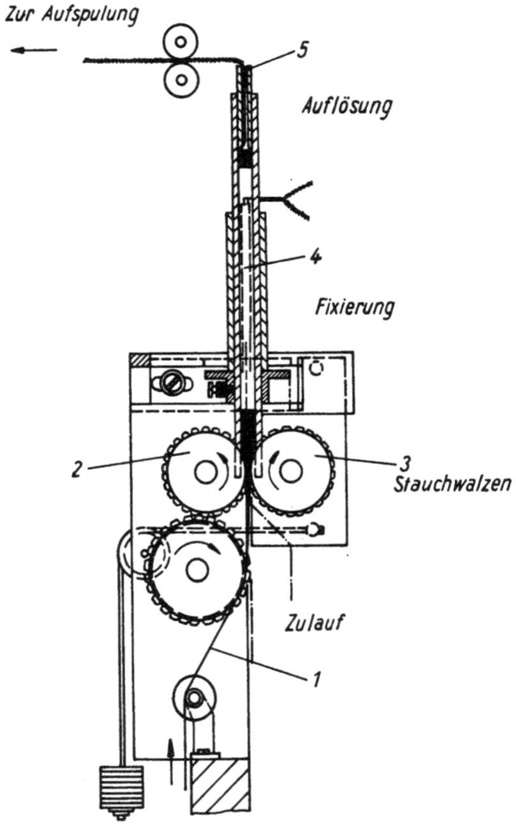

Bild 9.7. Stauchkräuselapparatur der Fa. Bancroft (Textralized)

je nach Titer des verarbeiteten Materials zwischen 250 und 360 m/min. Dabei können feinere Titer mit den höheren Geschwindigkeiten gefahren werden. Um die Nachteile und Geschwindigkeitsbegrenzungen der bekannten Vorrichtungen zu umgehen, ist von L. Brenner und W. Gerhardt [18] eine Maschine zur Stauchtexturierung vorgeschlagen worden, die gegen ein rotierendes Heizrad staucht. Bild 9.8. zeigt das Schema dieser Vorrichtung. Der zulaufende Faden 1 wird ebenfalls zwischen den Stauchwalzen 2 geklemmt und in die Stauchkammer 3 gedrückt, wo er gegen die darin befindliche Fadenmasse gestaucht und damit gekräuselt wird.

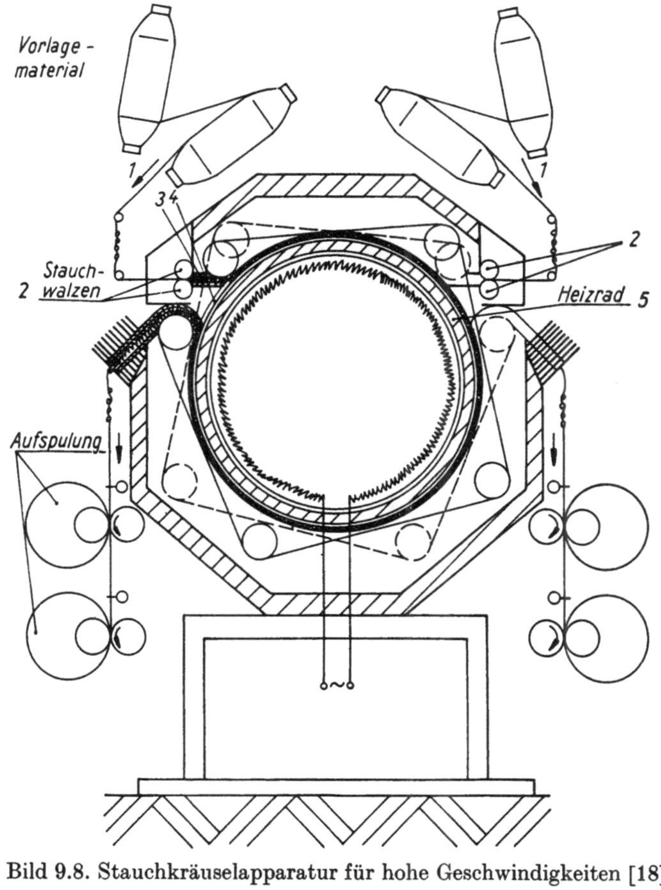

Bild 9.8. Stauchkräuselapparatur für hohe Geschwindigkeiten [18]

Die Stauchkammer 3 ist jedoch sehr kurz gehalten und leitet die Fadensäule in die Nut 4 eines rotierenden Heizrades 5. Das Geschwindigkeitsverhältnis zwischen zulaufenden Faden und Heizradgeschwindigkeit bestimmt den Stauchgegendruck und dadurch die Kräuselbogenlänge. Die Reibung wird weitgehend ausgeschaltet, da im Heizrad keine Relativbewegung zwischen Fadensäule und Heizradnut mehr stattfindet. Das Heizrad wird elektrisch beheizt und gestattet infolge der großen wirksamen Länge sehr hohe Arbeitsgeschwindigkeiten.

Ein ähnliches Prinzip ist auch bei der Stauchtexturiermaschine für grobe Seiden der Fa. Klinger verwirklicht worden. Bild 9.9. zeigt das Prinzip der Vorrichtung an Hand der Patentzeichnung [19]. Es wird ebenfalls kontinuierlich, d. h. mit Verstreckung des vorgelegten Materials gearbeitet.

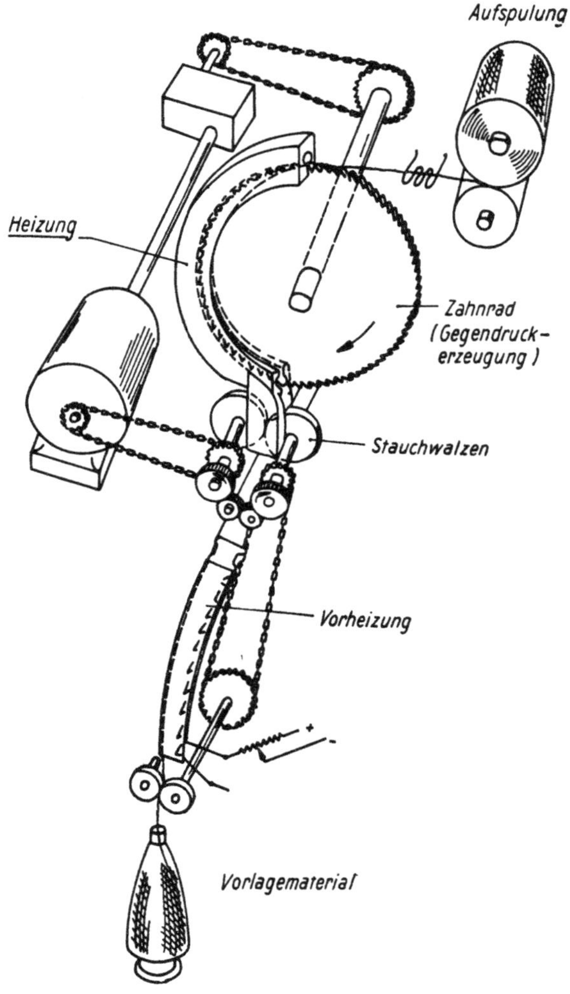

Bild 9.9. Stauchkräuselapparatur der Fa. Klinger (Pinlon) [19]

Ein dem Stauchkräuseln nahekommendes Texturierverfahren ist das von der Fa. Mitsubishi entwickelte AB-Verfahren, das zur Texturierung von Grobseiden dient. Es arbeitet in einem Titerbereich von 55—450 tex mit Geschwindigkeiten von 60—150 m/min. Vorgelegt wird verstreckte Seide, die von Lieferwalzen abgezogen und mittels Dampfstrahldüsen gegen eine mit Spezialkardenband bezogene rotierende Trommel gestaucht wird.

Die Dampfbehandlung führt zur Fixierung des Kräuseleffektes. Das gestauchte Material wandert mit der Trommel herum, wird dabei abgekühlt und anschließend durch konische Walzen abgezogen. Über Fadenleitorgane gelangen die Fäden zu fadenspannungsgesteuerten Aufspulaggregaten, welche zylindrische Präzisionskreuzspulen mit geraden Stirnseiten herstellen. Der zugeführte Fremddampf wird innerhalb der Maschine in einem elektrisch beheizten Dampfdurchlauferhitzer auf genau eingestellte Temperatur- und Druckwerte mittels einer pneumatisch-elektronischen Regeleinrichtung gebracht. Dadurch werden die erforderlichen Gleichmäßigkeiten hinsichtlich Kräuselung und Anfärbbarkeit erreicht. Die Maschine weist neben dem elektrischen und dem Dampfanschluß auch noch einen Druckluftanschluß für die Kühlung, die Saugpistole und die pneumatischen Regelgeräte auf. Der Faden hat einen dreidimensional gekräuselten, runden und fülligen Charakter. Bild 9.10. zeigt ein AB-Garn im Vergleich zu einer stauchtexturierten Grobseide.

Über den Einfluß des Verstreckungsgrades von Polyester-Fäden auf den Ablauf der Stauchkräuselung berichtet J. Lünenschloß [20].

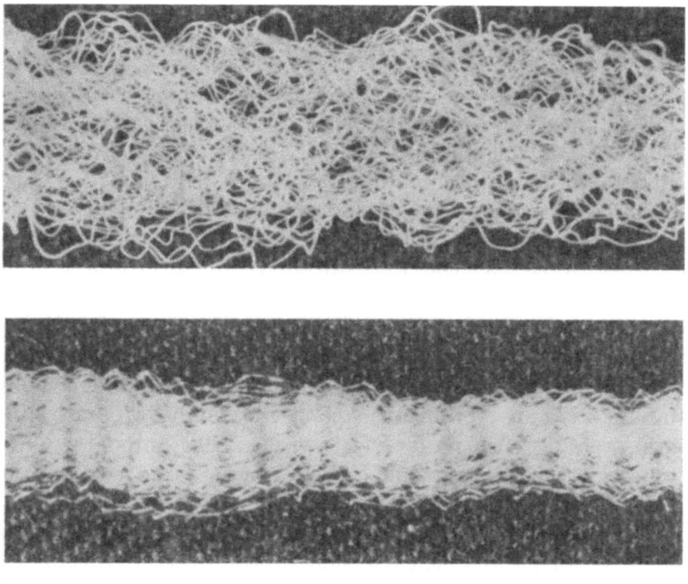

Bild 9.10. Fadencharakter eines AB-Garnes im Vergleich zu einer Stauchtexturseide (Grobtyp)

9.1.1.3. Torsionskräuselverfahren [21—30]

9.1.1.3.1. Echtdrahtverfahren

Das Echtdrahtverfahren ist seit Jahrzehnten bekannt. Bereits 1931 wandte Kägi dieses Verfahren zur Kräuselung von Regeneratseiden an. Jedoch erst mit der Einführung von Fäden aus Polyamid und Polyester konnten die erforderlichen hohen Beständigkeiten der Kräuselung erreicht werden. Ungefähr im Jahre 1950 begann die Produktion von Texturseiden im größeren Umfang nach dem Echtdrahtverfahren. Es umfaßt im wesentlichen folgende Arbeitsgänge:

1. Hochdrehen des Seidenfadens. Die Drehungszahl ist titerabhängig und für gröbere Fäden niedriger als für hohe.
2. Fixieren des Dralls im Autoklaven bei Sattdampftemperaturen von ca. 120—130 °C.
3. Aufdrehen des Seidenfadens in entgegengesetzter Richtung, meist etwas über den Nullpunkt.
4. Fachen und Verzwirnen zweier Fäden mit unterschiedlichem Vordrall (S und Z) zur Unterdrückung der starken Verdrehungstendenzen der Einzelfäden.

Je nach Drallhöhe müssen Vordrall und auch Rückdrall in je zwei Stufen vorgenommen werden. Das Verfahren umfaßt deshalb viele Arbeitsgänge und ist dadurch aufwendig und teuer, zumal die Produktion pro Spindel noch sehr gering ist. Zum gegenwärtigen Zeitpunkt besitzt das Echtdrahtverfahren keine wirtschaftliche Bedeutung mehr. Es ist im wesentlichen von dem Falschdrahtverfahren abgelöst worden.

9.1.1.3.2. Falschdrahtverfahren

Beim Falschdrahtverfahren sind die verschiedenen Arbeitsgänge des Echtdrahtverfahrens zu einem kontinuierlichen Prozeß vereint. Sie werden auf einer einzigen Maschine durchgeführt, was an Hand des im Bild 9.11. skizzierten Schemas näher erläutert werden soll. Der Faden wird von den im Seitengatter aufgesteckten großvolumigen Reckwindespulen 1 abgezogen und gelangt nach Passieren einer Bremse über Leitelemente unter dem Arbeitsplateau 2 hindurch zum ersten Lieferwerk 3a. Die Falschdrahtspindel 6 erteilt dem Faden durch geeignete Mitnehmerelemente in dem Bereich vom ersten Lieferwerk 3a bis zur Spindel 6 Drehung. Der hochgedrehte Faden wird in der ersten Heizstrecke 4 auf Fixiertemperatur erhitzt und in Verbindung mit der nachfolgenden Abkühlung an Luft, nach Verlassen der Heizstrecke 4, fixiert. Oberhalb der Heizstrecke sorgt eine Absaugung 5 für die Abführung von auftretenden Präparationsdämpfen. Die eingebrachte Drehung wird im Bereich zwischen der Spindel 6 und dem Lieferwerk 3b dadurch wieder aufgehoben, daß bei Drehung eines Fadens zwischen zwei Klemmpunkten auf der einen Seite des Drallgebers S- und auf der anderen Seite Z-Drehung entsteht. Da die eingebrachte Drehung jedoch fixiert wurde, liegt nunmehr der typische hochelastische Falschdraht-Texturfaden vor.

Für sehr viele Einsatzzwecke, insbesondere für solche Polyesterfäden, die im Oberbekleidungs- und Obertrikotagensektor eingesetzt werden sollen, ist die hohe Kräuseldehnung nicht erwünscht. Um sie zu reduzieren, wird in vielen Fällen eine zweite Heizstrecke 7 nachgeschaltet, welche in Verbindung mit einem dritten Lieferwerk (3c) den Faden „modifiziert“, d. h. der Faden wird unter vorbestimmter Spannung nochmals fixiert. Er liegt nunmehr als dehnungsarmer Bauschfaden, auch „set“-Faden genannt, vor.

Für bestimmte Zwecke, insbesondere für Wirkereispulen, ist an einer Walze 9 noch ein Präparieren des Fadens möglich. Von größerer Bedeutung als das im vorstehenden beschriebene Tandemverfahren ist zur Zeit zur Herstellung modifizierter Polyesterfäden noch das diskontinuierliche Verfahren.

Die hochelastischen Fäden werden beim diskontinuierlichen Verfahren auf der Falschdrahtmaschine mit Nachlauf zwischen 10—20% aufgewunden und anschließend im Autoklaven gedämpft. In der Regel fallen derartige Garne hier noch gleichmäßiger als nach dem Tandemverfahren aus.

Polyestergarne werden heute üblicherweise mit größeren Geschwindigkeiten texturiert als Polyamidgarne gleicher Feinheit. Dies dürfte unter anderem mit dadurch bedingt sein, daß die erforderliche Mindestverweilzeit im Heizkörper bei Polyesterfäden geringer ist als bei Fäden aus Polyamiden.

W. Morawek [10] begründet dies mit den geringeren zwischenmolekularen Bindungskräften der Polyesterfäden; jedoch könnte auch die niedrige spezifische

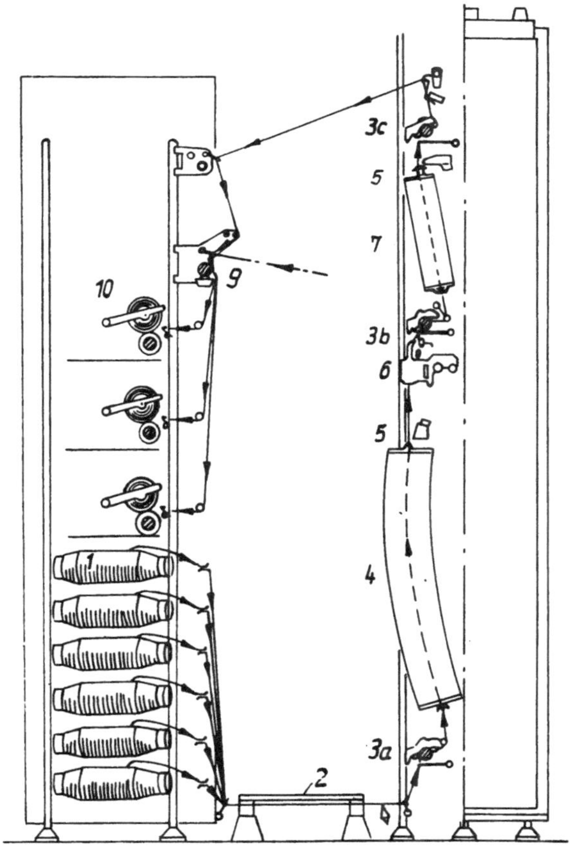

Bild 9.11. Schematischer Querschnitt der Falschdrahtmaschine der Fa. ARCT

Wärme der Polyesterfaserstoffe eine Rolle spielen. Auch die relativ niedrige Kräuselungsbeständigkeit der Polyesterkräuselgarne begründet Morawek mit den geringen zwischenmolekularen Bindungskräften. Die Eigenschaften der Falschdrahtkräuselfäden aus Polyesterseiden hängen von vielen Einflußfaktoren ab. Bereits die Rohgarneigenschaften, wie Verstreckverhältnis, Reibungseigenschaften usw., beeinflussen den Warenausfall beträchtlich. Von entscheidender Bedeutung sind jedoch die Drehungshöhen, Fixiertemperaturen, Abkühlbedingungen und Fadenspannungsverhältnisse im Drallgeberbereich und beim Aufspulen. Die Eigenschaften des Falschdrahtfadens werden im wesentlichen durch Reißkraft, Dehnung und Kräuselkonstruktion, sowie durch die Gleichmäßigkeit dieser Werte charakterisiert. Die gebräuchlichsten Texturtiter von Polyesterseiden liegen im Bereich von 7—15 tex. Die Leistungsdaten moderner Falschdrahtmaschinen liegen z. Z. bei 600000—800000 Spindelumdrehungen pro Minute und ca. 200 m/min Fadengeschwindigkeit. Die tatsächlich erreichbaren Geschwindigkeiten und Drehzahlen hängen jedoch vom Faserstoff und dem zu verarbeitenden Titer ab. In Testläufen außerhalb der Falschdrahtmaschine sind schon Drallgeberdrehzahlen über 1000000 Umdrehungen pro Minute erzielt worden.

Heizkörperlängen um 1000 mm haben sich eingebürgert. Als Primärheizer kommen oftmals Kontaktheizkörper zum Einsatz. In neuerer Zeit setzen sich jedoch Konvektionsheizkörper vorwiegend durch, da dabei keine Fadenspannungsbeeinflussung durch den Heizkörper erfolgt und infolge der Ballonbildung im Heizrohr bessere Wärmeübergänge erreicht werden.

Bild 9.12. FD-Maschine Typ „Superset" der Fa. Scragg

Die modernen Maschinen gestatten die Herstellung von S- u. Z-Draht auf allen Spindeln, sowie von S- und Z-Draht wechselweise. Dabei werden immer zwei Fäden unterschiedlicher Drehungsrichtung, zusammen auf eine Spule gefacht, aufgewunden. Damit werden die den Faden innewohnenden Verdrehungstendenzen weitestgehend aufgehoben. Es sind jedoch hierbei Fadenabschneider erforderlich, die bei Bruch eines Fadens den anderen automatisch abschneiden, um zu vermeiden, daß nur ein Faden auf die gefachte Aufwickelspule gelangt.

Bild 9.12. zeigt eine Falschdrahtmaschine zur Verarbeitung von Polyester- und Polyamidfäden nach den kontinuierlichen Tandemverfahren.

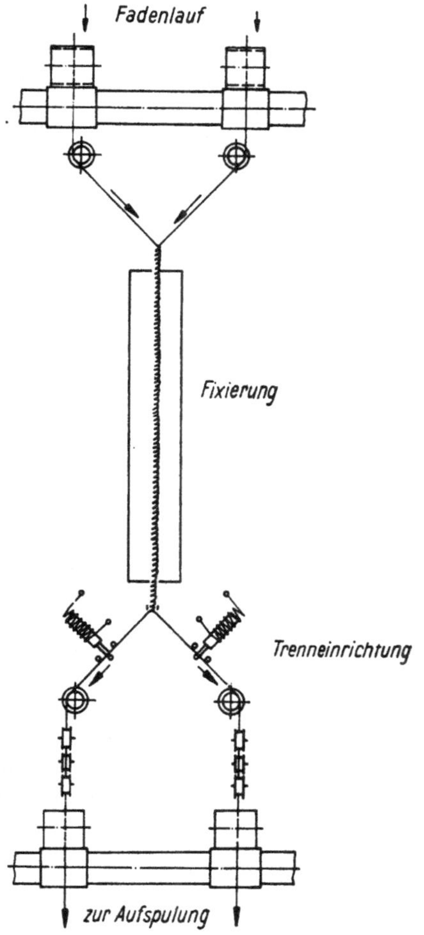

Bild 9.13. Trennzwirnverfahren — Prinzipdarstellung

9.1.1.3.3. Trennzwirnverfahren

Das Trennzwirnverfahren besitzt ein einfaches Grundprinzip, das darin besteht, daß zwei Fäden über eine gewisse Strecke einen Zwirn bilden, innerhalb dieser Zwirnstrecke die Fixierung erfolgt, und anschließend der Zwirn wieder zu den beiden Einzelfäden aufgezogen wird [30]. Das Verfahren hat den Vorteil, daß alle Drehungen zwischen Zulauf- und Trennpunkt fest eingeschlossen sind und die

Drehung damit immer konstant bleiben muß. Ungleichmäßigkeiten des Textureffektes können damit also im allgemeinen nur durch unterschiedliche Rohgarneigenschaften und Schwankungen der Fixiertemperatur hervorgerufen werden.

Bild 9.13. zeigt eine Prinzipdarstellung des Verfahrens an Hand einer Zeichnung der Patentschrift FP 1380165 [31].

Bei feinen Garnen (2,2 tex) sind Fadengeschwindigkeiten bis 500 m/min möglich. Die Geschwindigkeit wird im wesentlichen von der Fixierung bestimmt und geht bei gröberen Fäden von 10—15 tex stark zurück, da es dann nicht mehr möglich ist, den gezwirnten Faden, der ja mindestens die doppelte Stärke als der Einzelfaden hat, bei den noch verwendeten Kontaktheizkörpern entsprechend aufzuheizen und wieder abzukühlen. Das Verfahren dürfte sehr interessant werden, sobald es gelingt, das Aufheiz- und Kühlproblem ohne großen Aufwand auch für den Feinheitsbereich von 10—15 tex zu lösen.

Der Fadencharakter entspricht im wesentlichen einer mittel- bis niederelastischen Texturseide, da der gezwirnte Faden nicht die hohe Anzahl Drehungen wie ein Einzelfaden auf der Falschdrahtmaschine erhalten kann. Er dürfte aber damit für sehr viele Einsatzgebiete zu verwenden sein.

9.1.1.4. Luft-Texturierverfahren

Das Luft-Texturierverfahren erzeugt einen relativ unelastischen gebauschten Faden und wird mit Düsen und Preßluft oder auch Heißdampf durchgeführt. Im Prinzip besteht es darin, daß ein hochgedrehter Faden mit Vorlauf durch eine Wirbeldüse geführt wird, wobei einzelne Fadenschleifen aus dem Fadenverband herausgewirbelt werden, als Schlingen von der Fadenoberfläche abstehen und dem Faden dadurch den fasergarnartigen Charakter geben. Die herausgewirbelten Kapillaren sind für den tragenden Faserverband verlorengegangen, wodurch in der Regel ein hoher Festigkeitsverlust entsteht. Das Verfahren ist, soweit Luft verwendet wird, von einer thermischen Fixierung unabhängig und damit nicht nur ausschließlich für thermoplastische Faserstoffe verwendbar. Es können auch Regeneratseiden und insbesondere auch Glasseiden nach diesem Verfahren texturiert werden. Mirlan-Adaptoren aus der ČSSR, die zum Anbau an Kreuz-

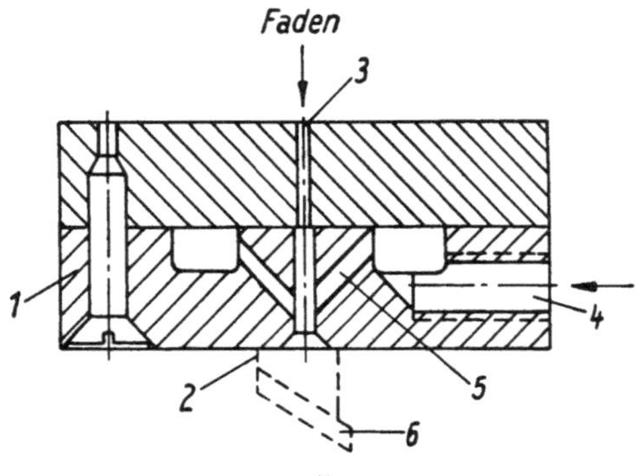

Bild 9.14. Mirlan-Düse, ČSSR [32]

spulmaschinen geeignet sind, haben sich zur Polyesterseiden-Texturierung gut bewährt. Bild 9.14. zeigt eine derartige Düse [37]. Sie gestattet Fadengeschwindigkeiten bis zu 400 m/min. Der hochgedrehte Faden läuft von einem Lieferwerk kommend bei 3 in Pfeilrichtung ein. Der Druckluftanschluß erfolgt bei 4. Über einen Ringkanal und die Bohrungen 5 erfolgt die Verwirbelung des Fadens. Die Verwendung von Druckluft mit 4—9 kp/cm² Druck, sowie das erforderliche Hochdrehen verteuern jedoch das Verfahren.

Bekannt sind auch das Taslan-Verfahren von Du Pont (Bild 9.15.) [33] mit Arbeitsgeschwindigkeiten bis 180 m/min, das ebenfalls mit Druckluft arbeitet, sowie weitere Verfahren zur Grobseidentexturierung mit Hilfe von Heiß- oder Sattdampf anstelle von Luft. Dabei kann auf ein Hochdrehen verzichtet werden, da die mit dem Dampf zugeführte Wärme eine Fixierung bewirkt.

9.1.1.5. Strick-Fixierverfahren („knit-de-knit“)

Das auch als Crinkle-Verfahren bekannt gewordene Prinzip besteht im Verstricken von glatter Seide auf speziellen Kleinrundstrickmaschinen bei Geschwindigkeiten bis zu 800 m/min, dem Fixieren, vorwiegend mit Dampf im Autoklaven, der hergestellten Strickschläuche sowie dem Wiederauftrennen der Schläuche und dem Aufspulen des Einzelfadens. Zur Öffnung des Fadens und zur Erhöhung seiner Bauschigkeit wird er oft vor dem Aufspulen noch über eine Klinge geführt.

Die aus den texturierten Fäden hergestellten Artikel weisen eine bouclè-artige Warenoberfläche auf und sind damit in gewissem Umfang von bestimmten Modetendenzen abhängig.

Der Vorteil des Verfahrens besteht darin, daß in der Regel keine speziellen Maschinen erforderlich sind und herkömmliche Kleinrundstrickmaschinen ohne weiteres eingesetzt werden können. Es sind jedoch auch schon spezielle, kontinuierlich arbeitende Maschinen dafür entwickelt worden. Die Verfahrenskosten liegen in der Regel niedrig.

9.1.1.6. Kanten- oder Klingenverfahren

Das Wesentliche des Kanten-Kräuselverfahrens für Polyester- und auch Polyamid-Fäden besteht darin, daß die erhitzten Fäden über eine scharfe Kante gezogen werden, wobei die Größe des Winkels, unter dem die die Kante bildenden Flächen zusammentreffen, die Intensität der Kräuselung bestimmt. Die Fäden werden an der die Kante berührenden Seite zusammengedrückt und deformiert und auf der gegenüberliegenden Seite ausgedehnt. Die in den Faden gebrachten Spannungen führen besonders bei Nachbehandlung in heißem Wasser zu einer spiralförmigen Verformung des Fadens. Bei Einsatz eines polyfilen Fadens erhält dieser den Charakter eines gewellten voluminösen Kräuselgarnes. Durch geeignete Fixierung ist die Kräuselung im Garn und in Gewirken auch gegenüber den bei der Verarbeitung und beim Tragen auftretenden Verdehnungen sehr resistent.

Bekanntgeworden sind das amerikanische Agilon-Verfahren sowie die Evalon-Entwicklung aus der ČSSR. Beim Agilon-Verfahren wird der vorerwärmte Faden über eine kalte Klinge geführt. Die Arbeitsgeschwindigkeiten liegen bei 40 bis

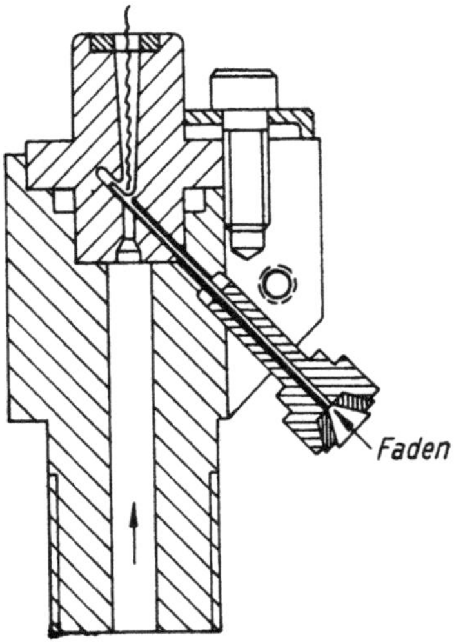

Bild 9.15. Taslan-Düse, Du Pont, USA [33]

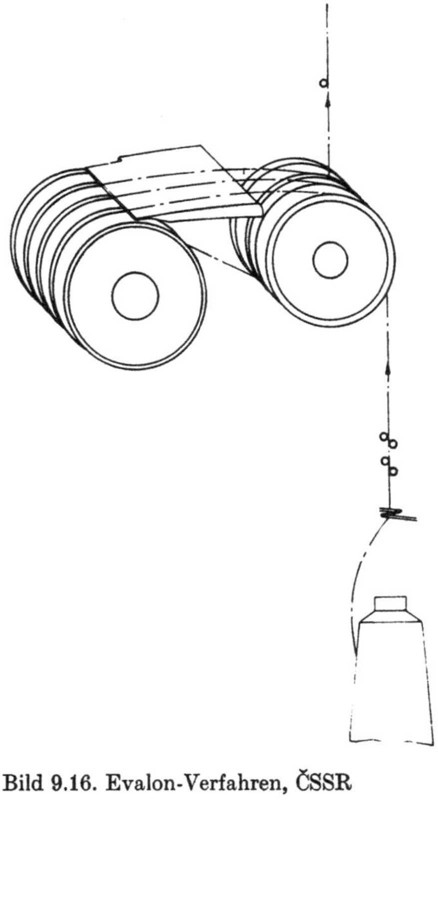

Bild 9.16. Evalon-Verfahren, ČSSR

maximal 100 m/min. Eingesetzt werden vorwiegend mono- oder minifile Seiden. Beim Evalon-Verfahren (Bild 9.16.) wird die Klinge beheizt, während der Faden nicht vorgewärmt wird.

Der Nachteil des Verfahrens besteht in der Veränderung des Textureffektes in Abhängigkeit vom Abnutzungsgrad der Klingen.

9.1.1.7. Schrumpf-Kräuselung

Eine Kräuselung für Polyesterfäden, die nicht auf mechanischem Wege herbeigeführt wird, beruht auf Ausnutzung des unterschiedlichen Schrumpfeffektes verschieden vorfixierter Fäden. So kann nach Angaben von H. Ludewig und W. Stöckigt [34] ein Wellen- oder Kräuselgarn von voluminösem Charakter erhalten werden, wenn mindestens zwei zusammengedrehte Polyesterseiden mit Wasser, Dampf oder anderen Medien, in denen die Fäden voneinander verschiedene Schrumpfeigenschaften aufweisen, behandelt werden. Da der Schrumpf der Polyesterseiden durch die Fixierung (siehe Kapitel 7) beeinflußt werden kann, ist es verhältnismäßig einfach, durch Verzwirnen und anschließendes Schrumpfen einer schrumpffähigen unfixierten Polyesterseide mit einer beispielsweise bei 130 °C mit Dampf fixierten ein Kräuselgarn herzustellen. Um ihm eine gewisse Formfestigkeit zu geben, ist es jedoch erforderlich, dieses Kräuselgarn mit einem weiteren unter Spannung hochfixierten Faden, der auch aus Polyestermaterial bestehen kann, zusammen zu verarbeiten oder zu verzwirnen. Durch Anwendung von Kombinationen natürlicher oder synthetischer Fäden mit Polyesterseiden können Polyester-Mischgarne mit den verschiedenartigsten Effekten hinsichtlich Wellung und Kräuselung erzielt werden.

Ein anderes Verfahren nach dem Prinzip der Schrumpf-Kräuselung ist folgendes: Die aus der Spinndüse austretenden heißen Polyesterfäden werden kurz unterhalb der Düse mit einer Flüssigkeit von wesentlich tieferer Temperatur in Berührung gebracht. Das geschieht in der Weise, daß die Fäden in ebener Fadenschar über poröse, mit einem hydrophilen Überzug versehene Hohl-Walzen geleitet und durch die vom Walzeninnern dringende Feuchtigkeit benetzt werden. Die einseitige kalte Abschreckung bewirkt dann im spannungslosen Zustand nach dem Verstrecken schraubenförmige Kräuselungen im Faden [35].

Weitere Möglichkeiten zur Schrumpfkräuselung von Polyesterfäden, insbesondere von Polyester-Stapelfasern, sind in Kapitel 9.1.2. beschrieben.

9.1.1.8. Bikomponenten-Verfahren (siehe auch Pkt. 5.3.2.4.)

Bikomponentenseiden werden, wie schon der Name sagt, aus mindestens zwei Komponenten ohne Vermischung der einzelnen Komponenten ersponnen. Die beiden Komponenten sind über den Fadenquerschnitt mit einer gleichbleibenden möglichst unsymmetrischen Verteilung angeordnet und an der Phasentrennfläche miteinander verschmolzen. Zur Erzielung eines guten Kräuseleffektes müssen die beiden Komponenten ein unterschiedliches Schrumpfverhalten aufweisen. Nach dem Erspinnen und Recken können dann im Faden mittels einer thermischen oder hydrothermischen Behandlung die unterschiedlichen Schrumpfungen der Komponenten ausgelöst werden. Dadurch entstehen über dem Fadenquerschnitt starke Längsspannungen, die zu Verformungen und zur Auslenkung des Fadens aus seiner Längsachse führen. Damit wird eine sehr beständige, dreidimensionale Kräuselung des Fadens erhalten.

Die erhaltene Kräuselung kann nach Wahl der Komponenten, deren Querschnittsanordnung, der gewählten Spinnbedingungen und der Bedingungen zur Kräuselungsauslösung bei der Fixierung in weiten Grenzen variiert werden. Der gemeinsamen Verspinnung verschiedener Komponenten sind jedoch gewisse Grenzen gesetzt, die beispielsweise in einer noch ausreichenden Haftung der beiden Komponenten an der Phasentrennfläche bestehen.

So ist eine gute Haftung von Polyamiden untereinander, Polyamiden und Copolyamiden, Polyester und Copolyester erreichbar. Bei Polymerkombinationen aus Polyamiden und Polyestern aber liegen nach V. P. Krapotkin [60] die Adhäsionskräfte an der Phasentrennfläche um eine Zehnerpotenz niedriger als die Reckkräfte. Damit ist ein Aufspleißen dieser Fäden beim Recken kaum zu vermeiden. Allerdings zeigt eine derartige Materialkombination nach dem Heißreckprozeß bereits eine spontane Kräuselung, während bei den meisten anderen Kombinationen die Kräuselung erst thermisch ausgelöst werden muß.

Weiterhin ist anzustreben, daß die Schmelzviskositäten der Komponenten an der Düse im wesentlichen gleich sind. Korrekturen sind hier in gewissen Grenzen durch unterschiedliche Spinntemperaturen möglich. Ferner ist, um in der textilen Weiterverarbeitung variabel bleiben zu können, gleiches färberisches Verhalten anzustreben.

Das erste Patent für Regenerat-Bikomponentenfäden stammt aus dem Jahre 1937, während Bikomponentenfäden aus Schmelzspinnmaterialien erstmals im Jahre 1943 ersponnen wurden. In neuerer Zeit ist die Patentliteratur äußerst umfangreich geworden, was auf eine intensive Entwicklungsarbeit schließen läßt (siehe 5.3.2.4.).

Die Kompliziertheit der Spinnorgane, die hohen Anforderungen an die Meß- und Regeleinrichtungen bezüglich der Druck- und Temperaturkonstanz der zu verspinnenden Polymere sowie auch die in fast allen Fällen erforderliche Heißverstreckung der ersponnenen Fäden dürften die breite Einführung des Bikomponenten-Kräuselverfahrens bis auf Ausnahmen noch verhindert haben. Möglicherweise werden sich die Bikomponentenfaserstoffe jedoch für bestimmte Einsatzgebiete einmal einen hohen Marktanteil sichern.

9.1.2. *Kräuseln von Stapelfasern*

In den letzten Jahren ist bei der Herstellung von Stapelfasern die Durchführung des Kräuselprozesses bereits am noch unzerschnittenen Einzelfaden bzw. im endlosen Kabel immer mehr in den Vordergrund getreten. Nur noch in einigen Fällen, bei denen ein Kräuseln des endlosen Fadens nicht möglich ist, wie z. B. bei Einsatz einer Spinnstreckschneide (vergleiche 9.2.2.), wird die Kräuselung an den zu Stapeln geschnittenen Fäden vorgenommen.

Für diese Kräuselung von Polyester-Stapelfasern kommen die gleichen Verfahren wie bei Polyamid-Stapelfasern zur Anwendung, nämlich: Schrumpfkräuselung, mechanische Kräuselung oder eine Kombination dieser beiden Verfahren.

Die Schrumpfkräuselung, die durch Wärme, heißes Wasser bzw. Dampf oder chemische Mittel bewirkt wird, kann sowohl an normal gesponnenen und verstreckten Fasern vorgenommen werden als auch an solchen, in denen durch besondere Spinn-, Abkühl- oder Streckbedingungen gewollte Spannungen und Ungleichmäßigkeiten hervorgerufen wurden.

Bei vorsichtigem Gebrauch von chemischen Verbindungen und Lösungen, z. B. verdünnten Phenollösungen, läßt sich ein guter Kräuseleffekt erzielen [36, 37].

Nach dem Verfahren von H. Ludewig und H. Richardt [38] lassen sich feinbogig gekräuselte Polyesterfasern dadurch herstellen, daß man Fäden, die in feuchtem oder nassem Zustand nicht völlig ausgestreckt wurden, in kochendem Wasser, Dampf oder heißer Luft ausschrumpft.

Nach V. R. Hardy [40], Spencker und Sauer [41] soll eine Kräuselung zustande kommen, wenn die geschnittenen synthetischen Fasern, entweder als Krempelband oder in wirrer loser Form, stark zusammengepreßt und in Gegenwart von Wasser, Alkoholen, Phenolen u. dgl. heiß fixiert werden.

9.2. Schneiden von Polyester-Fäden und -Fadenbündeln

Zur Verarbeitung von Polyesterfasern in der Kammgarn-, Streichgarn- und Baumwollspinnerei müssen die Fasern ganz bestimmte Längen aufweisen, die beispielsweise 90—120 mm (Kammgarn-Typ), 40—60 mm (Streichgarn-Typ) oder 20—30 mm (Baumwoll-Typ) betragen. Zum Zerschneiden der verstreckten endlosen Kabel aus Polyesterfäden werden zum Teil Schneiden eingesetzt, die für die Zellwolle-Industrie entwickelt worden sind. Sehr gut bewährt für die Polyester-Stapelfaserproduktion hat sich die Schlitzrad-Schneide von K. Grunert [42].

9.2.1. *Schneiden der Polyester-Kabel*

Die Schlitzrad-Schneidmaschine [42], deren Hauptbestandteile ein mit senkrechter Achse laufender Messerkopf und zwei gegeneinander laufende geschlitzte Räder sind, arbeitet in der Weise, daß das Faserkabel durch die gummierten Schlitzräder von oben in die Maschine gezogen und nach unten befördert wird. Die Schlitze der beiden Räder sind so eingestellt, daß bei der stirnseitigen Berührung Schlitz auf Schlitz fällt. Durch diese beiden Schlitze laufen die Messer des waagerecht rotierenden Messerkopfes und führen dabei eine Trennung des von den Rädern gehaltenen Faserkabels in einzelne Stücke, sog. Stapel, herbei (Bild 9.17.a und b). Die Stapellänge der Faser ist bei Verwendung dieser Schlitzradschneide nicht stufenlos einstellbar. Jedoch lassen sich durch Einsatz von Rädern mit einer unterschiedlichen Anzahl von Schlitzen und rotierenden Messern (1 bis 6) bestimmte Stapellängen beim Schneiden einstellen. Für die Gleichmäßigkeit der Stapellängen ist der Gesamtzustand der Schneide, insbesondere die einwandfreie Beschaffenheit der Messer, von großer Bedeutung. Nach mehrstündigem Lauf müssen die Messer, vor allem wenn das zu schneidende Faserkabel aus titandioxidmattiertem Polyester besteht, erneuert werden; andernfalls treten in starkem Maße überlange Fasern auf.

Bei einer von J. Esser entwickelten Vorrichtung wird das Faserkabel durch Transportbänder gehalten, auf denen in gleichmäßigen, der Schnittlänge entsprechenden Abständen zahnradartig ineinandergreifende Klötze befestigt sind. Durch eine umlaufende Messerscheibenschneide wird das von den Klötzen festgehaltene Faserkabel in Stapel geschnitten.

Es existieren weitere Typen von Faserschneiden, die sich für das Schneiden von Zellwolle-Kabeln bewährt haben und auch auf dem Polyesterfaser-Gebiet mehr oder weniger gut geeignet sind.

Bild 9.17a. „Gru-Gru“ Schneidmaschine geöffnet

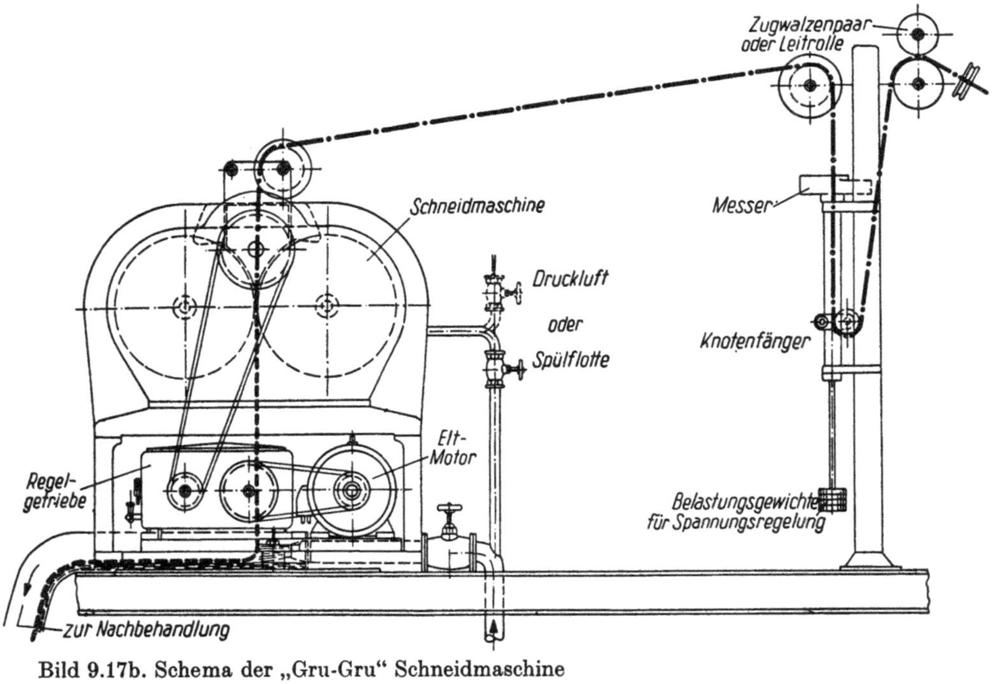

Bild 9.17b. Schema der „Gru-Gru“ Schneidmaschine

9.2.2. *Streck-Schneiden*

Durch Verbindung des Schneidprozesses mit dem Spinn- und Streckvorgang bei der Herstellung der synthetischen Schmelzspinnfasern sind N. D. KATORŠNOV und Mitarbeiter [43] zu einer Streckschneidvorrichtung gelangt, die in den Bildern 9.18a, b, c dargestellt ist. Das Prinzip dieser Streckschneide ist folgendes:

Der aus der Düse kommende Faden wird von Haken, die sich auf zwei schräg zueinander angeordneten rotierenden Scheiben befinden, erfaßt, durch die Mitnahme verstreckt und an der Stelle der maximalen Entfernung der Scheiben zerschnitten.

Aus Bild 9.18. a. b. c. sind die einzelnen Arbeitsstufen der Maschine ersichtlich.

Das aus dem Spinnschacht austretende Fadenbündel wird von dem Injektor (14), der mit Preßluft betrieben wird, erfaßt und zunächst in einen Abfallbehälter

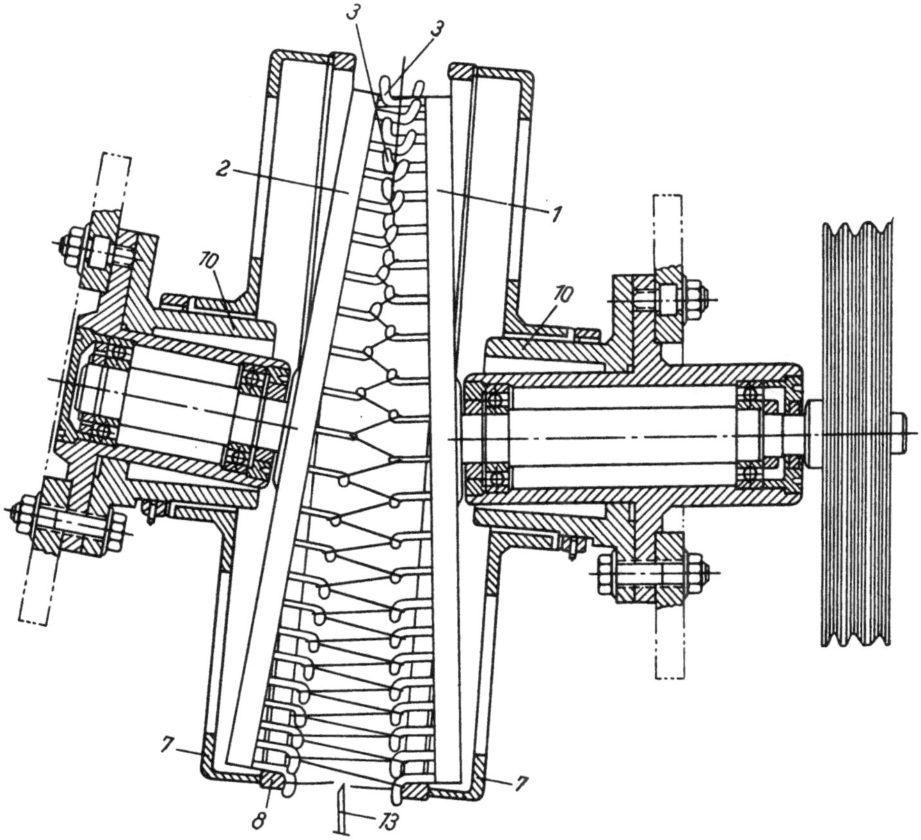

Bild 9.18a. Streckschneide für Schmelzspinnfäden [43]

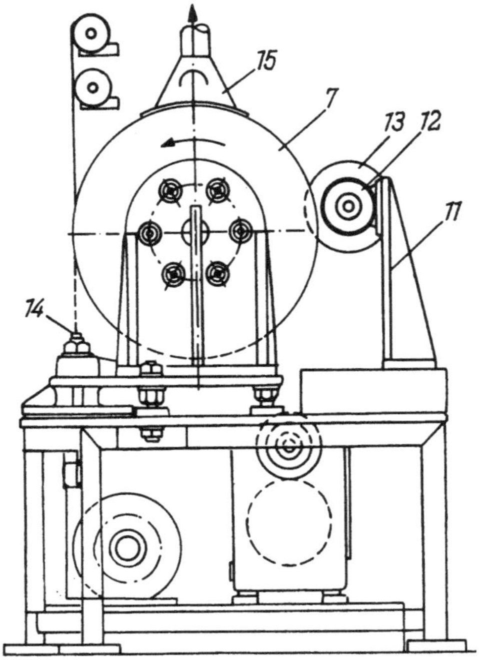

Bild 9.18b.

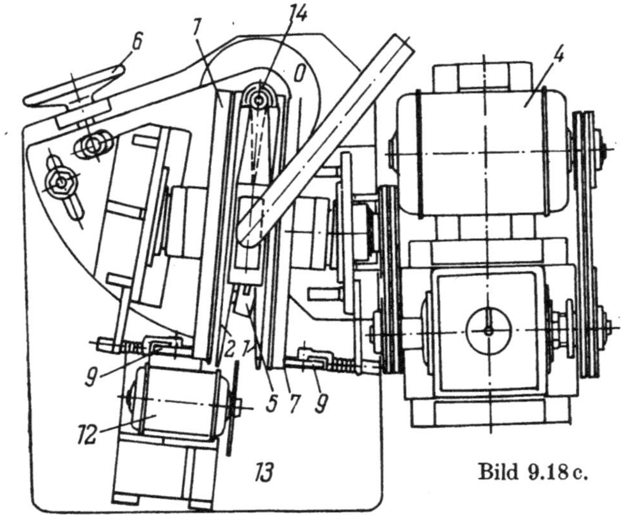

Bild 9.18c.

Bild 9.18a—c. Streckschneide für Schmelzspinnfäden

1 und *2* — Scheiben; *3* — Häkchen; *4* — Elektromotor; *5* — Scharnier; *6* — Vorrichtung zum Verändern der Scheibenstellung; *7* — Teller; *8* — Manschetten; *9* — Rollen; *10* — Drehachsen; *11* — Ständer; *12* — Elektromotor; *13* — Scheibenmesser; *14* — Injektor; *15* — Rohr geleitet. Nach Ingangsetzen der beiden mit Haken (3) versehenen Scheiben (1 und 2), des Scheibenmessers (13) und der Absaugvorrichtung für die geschnittene Faser (15) wird das in den Injektor laufende Fadenbündel durch eine Gabel den Haken zugeführt, die es in Zick-Zack-Form mitnehmen und auseinanderziehen. Die mit Haken versehene Scheibe 1 wird von einem Elektromotor (4) über ein Getriebe in Drehung versetzt. Durch eine Vorrichtung (5) wird synchron die Scheibe 2 bewegt, deren Neigungswinkel zu Scheibe 1, die in bezug auf die Mitte 0 unverändert bleibt, durch eine Spezialvorrichtung entsprechend dem gewünschten Verstreckverhältnis variiert werden kann. An der Stelle, wo die beiden mit Haken versehenen Scheiben am weitesten voneinander entfernt sind, läuft das Scheibenmesser (13), das an der Welle des auf einem Ständer (11) montierten Elektromotors (12) befestigt ist, und zerschneidet das zwischen den Haken gespannte Fadenbündel.

Um beim Schneidprozeß einen Schlupf des Fadens und somit ungleichmäßige Schnittlängen zu vermeiden, ist eine Klemmvorrichtung, bestehend aus einem Teller (7), dessen Rand Manschetten (8) aus Polyvinylchlorid hat, und gefederten Rollen (9) vorgesehen. Die hohlen Drehachsen (10) der Klemmscheiben bilden mit der Drehachse der mit Haken versehenen Scheiben einen kleinen spitzen Winkel, so daß die weichen Ränder der Klemmscheiben gleichzeitig an die Haken gedrückt werden.

Die Streckschneide, die sich für Herstellung von Polyamid-Schmelzspinnfasern sehr bewährt hat, gestattet es, die Prozesse Spinnen, Strecken und Schneiden in einem Arbeitsgang bei Geschwindigkeiten bis zu 3000 m/min durchzuführen. Es ist sehr wahrscheinlich, daß die Streckschneide unter veränderten Bedingungen auch für Herstellung von Schmelzspinnfasern aus Polyestern geeignet ist.

9.2.3. *Stapelbildung durch Reißen der Elementarfäden von Streckkabeln*

Wie unter 2.3.4. bereits ausgeführt wurde, können verstreckte Polyester-Fadenbündel, sogenannte Streck- oder Reißkabel, zwecks Stapelbildung nach dem Direkt- bzw. Konverter-Spinnverfahren geschnitten oder gerissen werden. Hierdurch wird vermieden, daß im Kabel parallel liegende Fäden geschnitten, anschließend in eine Wirrlage gebracht und dann wieder parallelisiert werden müssen [44]. Auf die Herstellung solcher Kabel aus verstreckten endlosen Polyesterfäden ist ebenfalls im Kapitel 2. bereits kurz eingegangen worden. Es existieren verschiedene Typen von Streckmaschinen, die die Herstellung der Polyester-Streckkabel von etwa 100 g/m (900000 den) bis 0,1 g/m (900 den) Gewicht gestatten (vergleiche Kapitel 6.).

Für die Kabelverarbeitung kommen zwei prinzipiell verschiedene Verfahrensarten, die Konverter-Verfahren und die Direkt-Spinnverfahren, zur Anwendung [45—48].

Die Konverter-Verfahren führen das endlose Fadenbündel, also das Streckkabel, das einen Gesamttiter zwischen etwa 500000 und 30000 den besitzen kann, in ein verzugsfähiges Band, das sogenannte Spinnband, über (tow to top = Kabel zu Lunte), das dann nach einem geeigneten Verfahren zu Garn verarbeitet wird. Demgegenüber stellen die Direkt-Spinnverfahren aus Streckkabeln von etwa

0,1 g/m bis 1 g/m Masse pro Längeneinheit fertige Gespinste her (tow to yarn = Kabel zu Garn). Die für das Konverter- und Direkt-Spinnverfahren eingesetzten Polyester-Streckkabel sollen möglichst lang sein, keine Knoten haben und eine gute Parallel-Lage der Elementarfäden, also keine Verdrehungen oder Verkreuzungen, aufweisen. Auf eine gleichmäßige Feuchtigkeit und eine antistatische, gut gleitfähige, die Einzelfäden jedoch nicht verklebende Präparation ist größter Wert zu legen. Das Schneiden oder das Reißen der Streckkabel erfolgt nach den verschiedensten Verfahren. Die verwendeten Schneidmesser bzw. Kerbvorrichtungen aus hochwertigem Werkzeugstahl, die das Reißen unterstützen, arbeiten mit Gegenlage und sind meist spiralförmig auf einem Schneidzylinder angeordnet. Die Faserlänge der Kabel hängt von der Ganghöhe bzw. vom Abstand der einzelnen Spiralen ab. Während sich die Festigkeiten und Dehnungen der Fäden beim Schneiden des Streckkabels wie bei der normalen Polyester-Stapelfaser-Produktion nicht verändern, treten beim Reißen des Streckkabels zwischen zwei mit unterschiedlicher Geschwindigkeit laufenden Walzenpaaren erhebliche Veränderungen der physikalischen Eigenschaften der gerissenen Polyesterfäden ein. Die Faserfeinheiten und Dehnungen werden beim Reißen verringert und die Reißlängen erhöht. Das auf dem Konverter gerissene bzw. geschnittene Streckkabel, das sogenannte Spinnband, kann rein oder zusammen mit anderen Chemie- oder Naturfasern auf Verzugseinrichtungen, die im Prinzip den klassischen Kammgarn-Verzugseinrichtungen gleichen, gemischt, verzogen und anschließend zu Garnen versponnen werden.

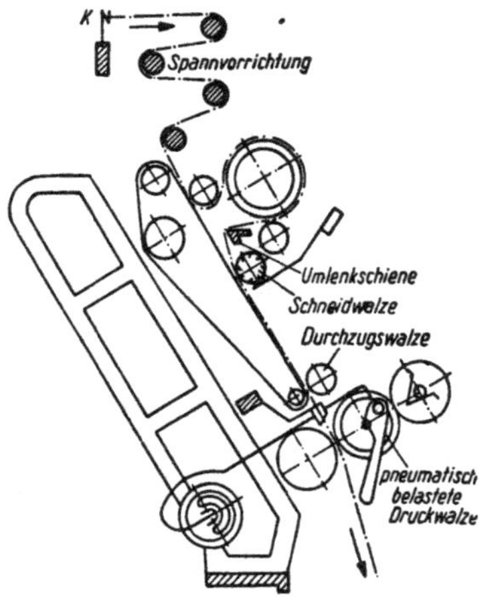

Bild 9.19. Schema des Cutdrafil-Direktspinners (Fa. J. J. Rieter, Winterthur (Schweiz))

Das Konverter-Verfahren spart also den Krempel-, Vorstreck- und Kämmprozeß ein, schaltet aber die nachfolgenden Strecken nicht aus. Die Direktspinn-Verfahren dagegen erübrigen alle Vorbereitungsprozesse und stellen auf der Ringspinnmaschine unter hohem Verzug mit einem Ein- oder Zweizonen-Zerreißstreckwerk das Gespinst in einem Arbeitsgang her.

Eine Mischgarn-Erzeugung ist bei dem Direktspinn-Verfahren im allgemeinen nicht möglich. Das Reißen der beispielsweise auf der Langstreckmaschine [49] hergestellten Polyester-Grobseide wird auf einer Ringspinnmaschine durch Gesamtverzüge Vg 10—25 zwischen hoch belasteten Streckwalzen erreicht. Anstelle der Reißvorrichtung kann wie beim Dipra-Streckwerk (ČSSR) oder beim Cutdrafil-Verfahren der Fa. Rieter ein Schneidwerkzeug bzw. Kerbwirkungsorgan die Stapelherstellung bewirken. Bild 9.19. gibt das Schema einer Cutdrafil-Ringspinnmaschine wieder. In den Bildern 9.20.—9.24. sind in schematischen Darstellungen die Rieter-, Pazific-, Vycesa-Konverter, ferner der Turbo-Stapler und die Halle-Seydel-Maschine, die ebenfalls nach dem Konverter-Prinzip arbeiten, dargestellt.

A. Kindlmann [50] berichtet über die Arbeitsweise der Halle-Seydel-Maschine bei Anwendung von endlosen Polyesterfaser-Reißkabeln einer Stärke von 10 g/m (90000 den) mit Einzelfäden von 1,2—2,5 den. Das durch eine Spezialvorrichtung breit und verdrehungsfrei in einen Karton abgelegte Polyesterkabel wird in gleicher Form aus dem Karton über Rüttelwalze, Spannrolle und Breithalter in die 5 Vorspannzonen (Bild 9.24.) geführt, wo es bis nahe an die Bruchgrenze verstreckt und dann in den anschließenden Reißzonen zwischen dem kleinen und dem großen

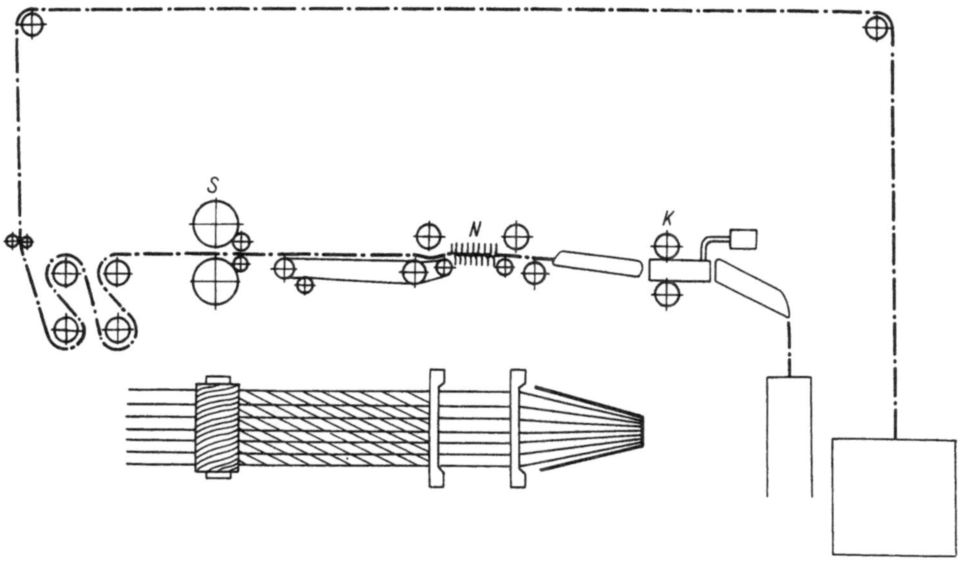

Bild 9.20. Schema des Rieter-Converters (Fa. Rieter)
K — Kräuselvorrichtung; *N* — Nadelstabstrecke; *S* — Spiralschneidwalze

Reißwalzenpaar unter Beibehaltung der Bandform gerissen wird. Die Druckwalze am kleinen Reißwalzenpaar wird durch Tellerfedern oder durch Gewichte, die am großen Reißwalzenpaar durch Tellerfedern belastet. Da die Elementarfäden des Kabels nicht gleichzeitig und auch nicht mit gleicher Stapellänge zerrissen werden, bleibt der Faserverband erhalten. Durch anschließende Stauchkräuselung (vergleiche 9.1.1.2.) kann das Spinnband fest zusammengefaßt und gekräuselt werden.

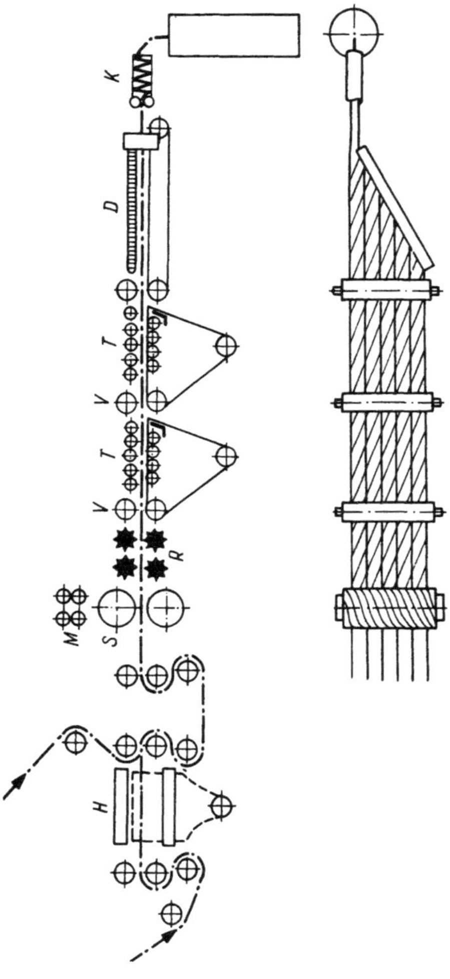

Bild 9.21. Schema des Pacific-Converters Werner u. Swasey, USA

H – Heißverstreckung; *M* – Mischvorrichtung für Faser; *S* – Schneidwalze; *R* – Riffelzylinder; *V* – Verzugszylinder; *T* – Trennzylinder; *D* – Diagonalrolle; *K* – Kräuselvorrichtung

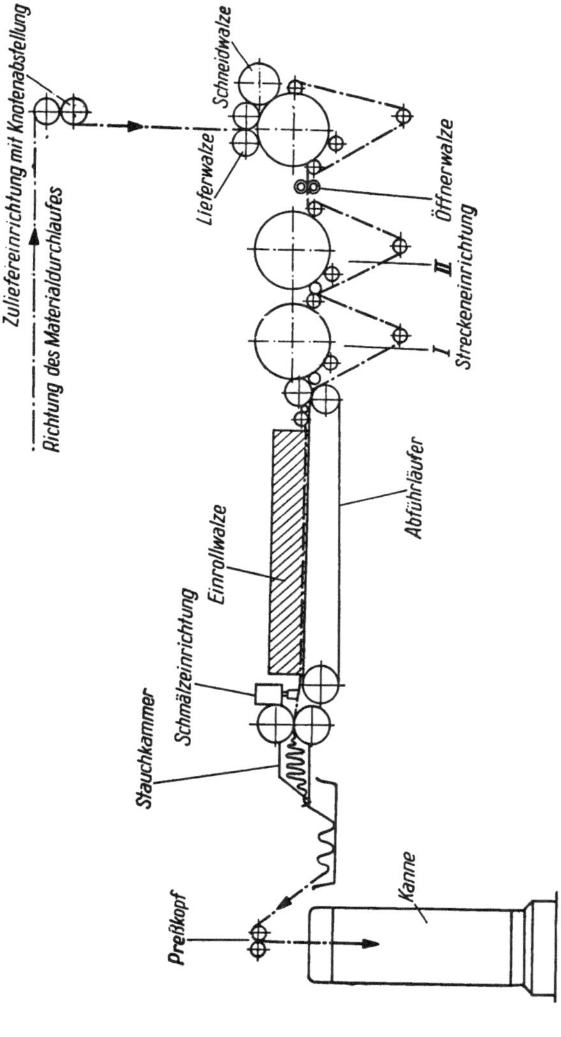

Bild 9.22. Schema des Vycesa-Converters Liberec/ČSSR)

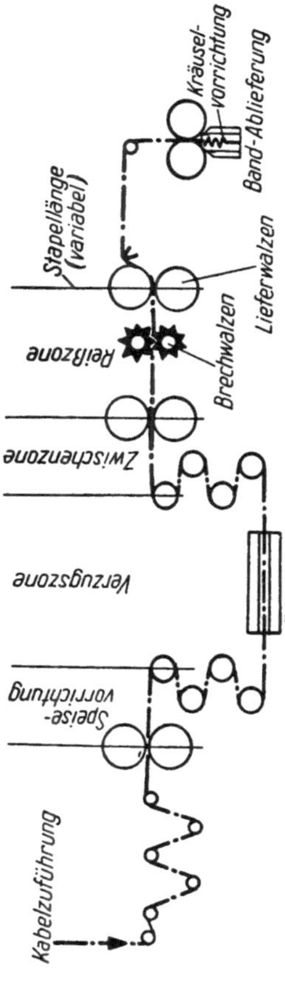

Bild 9.23. Schema des Turbostaplers (Turbo-Company, USA)

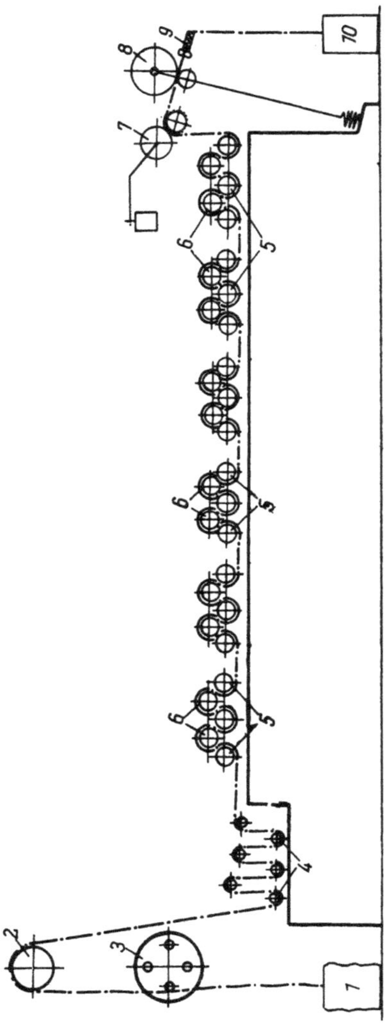

Bild 9.24. Schema des Halle-Seydel-Verfahrens, DRP 704346 (1933)
1 — Kabelsack; *2* — Führungsrolle; *3* — Schüttelwalze; *4* — Breithaltungs-Bremswalzen; *5* — Vorspannwalzen; *6* — Reiterwalzen; *7* — kleiner Reißzylinder; *8* — Großer Reißzylinder; *9* — Kräuselmaschine; *10* — Kannenablage

9.3. Trocknen von Polyester-Fäden und -Fasern [51—57]

Für das Trocknen von feuchten Polyester-Seiden und -Stapelfasern kommen — soweit überhaupt erforderlich — die für das Trocknen von Zellwolle, Kunstseide [4, 5, 6], Polyamidfäden [1, 2, 3] und anderen Fasern entwickelten Trockenaggregate in Anwendung. Allgemein wird beim Trocknen in der Weise gearbeitet, daß das feuchte Fasergut auf eine erhöhte Temperatur gebracht und das verdampfende Wasser an die umgebende Luft abgeleitet wird.

Die Erwärmung der Fasern erfolgt vorzugsweise durch heiße Luft. Daneben werden auch Trockner verwendet, die das Wasser durch Hochfrequenztrocknung oder Infrarotstrahlung aus den Fasern entfernen.

Bei der dielektrischen Hochfrequenztrocknung [51] wird die Wärme in den Fasern selbst, unabhängig von deren Packungsdichte und Leitfähigkeit, durch dielektrische Verluste erzeugt. Die Betriebskosten für Hochfrequenztrocknung sind höhe als die für Heißlufttrocknung.

Die Trocknung durch Infrarotstrahlung ist für dicke Seidenwickel weniger geeignet als die Hochfrequenztrocknung, da die Infrarotstrahlen ebenso wie die Heißluft die Fasern von der Oberfläche aus trocknen.

9.3.1. *Trocknen von Polyesterseiden*

Die zu trocknenden Polyesterseiden liegen im allgemeinen als Hülsen-Spulen, seltener als Stränge vor. Wenn mit dem Trockenprozeß nicht eine Fixierung verbunden werden soll, wird man Trockentemperaturen unter 100°C wählen.

Bild 9.25. Kanal-Trockner für Polyesterseiden

Da Polyesterfasern bekanntlich nur sehr wenig Wasser aufnehmen, genügen zur Trocknung bereits Temperaturen von 40—50 °C. Die Zeit der Trocknung hängt von der Aufmachung der Seide, insbesondere von der Dicke des Seidenwickels, ab. Häufig werden Polyesterseiden einfach in der Weise getrocknet, daß man sie an der Luft stehen läßt oder klimatisierte Luft von Zimmertemperatur durch die Wickel saugt. Die Trockenanlagen für Polyesterseiden, also Trockenkammern, Kanaltrockner (Bild 9.25.) usw., unterscheiden sich nur wenig von den für die Viskose- und Polyamidseide verwendeten. Der Trockenprozeß von Seide in Spulenform kann im diskontinuierlichen oder kontinuierlichen Verfahren erfolgen. Bei der Weiterverarbeitung werden die getrockneten Spulen in einem Feuchtraum bei etwa 20 °C dann wieder auf einen höheren Wassergehalt gebracht.

9.3.2. *Trocknen von Polyesterfäden und -fasern*

Wenn auch Polyester-Stapelfasern infolge ihrer Kräuselung und Bauschigkeit nach dem Befeuchten mehr anhaftendes Wasser binden als die glatten Polyester Seiden, so ist im Vergleich zu Zellwolle oder Naturfasern die von ihnen aufgenommene Wassermenge doch gering und leicht zu entfernen. Durch Zentrifugieren und anschließenden pneumatischen Transport kann die nasse Faser in einfacher Weise in lufttrockenen Zustand versetzt werden. Das Einschalten eines Trockners geschieht deshalb in erster Linie zum Zwecke der Fixierung der gestreckten und gekräuselten Faser und weniger zum Trocknen. Fixierapparate sind im Kapitel 7 erwähnt. In Ergänzung soll im folgenden kurz über Einzelheiten der für diese Zwecke eingesetzten Band- und Siebtrommeltrockner berichtet werden.

9.3.2.1. Band-Trockner

Wie der Name Band-Trockner (Bild 9.26.) besagt, arbeitet dieses Aggregat nach dem Prinzip eines Transportbandes. Da es ein oder mehrere Bänder — letztere in Etagen übereinander angeordnet — enthalten kann, unterscheidet man Ein- und Mehrbandtrockner. Die Mehrbandtrockner haben pro Quadratmeter Grund-

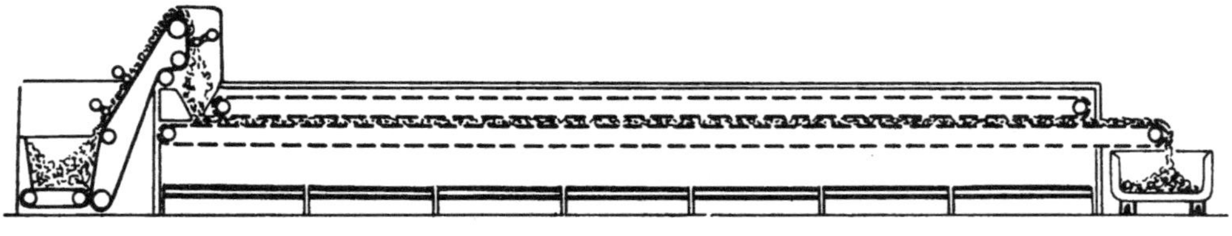

Bild 9.26. Bandtrockner für Stapelfasern

fläche selbstverständlich eine intensivere Trockenwirkung, da das Fasergut infolge des Durchlaufens einer längeren Strecke auch der Trocknungsatmosphäre länger ausgesetzt ist und beim Umlenken auf die folgende Band-Etage gewendet wird.

Das auf angetriebenen Gliederketten befestigte Transportband besteht aus Siebgewebe oder eng aneinandergereihten Stäben aus Chrom- oder V4A-Stahl; es muß so konstruiert sein, daß ein Durchfallen oder Verklemmen des Fasergutes vermieden wird [6]. Die Länge der gesamten Bandstrecke kann z. B. beim 5-Band-Trockner (5 Etagen) bis zu 150 m betragen. Die Fördergeschwindigkeit wird entsprechend dem Feuchtigkeitsgehalt der Faser eingestellt, d. h. je größer der Feuchtigkeitsgehalt, desto geringer die Fördergeschwindigkeit und umgekehrt. Die Steuerung des Bandes erfolgt über ein stufenloses Regelgetriebe mit möglichst weitem Regelbereich, der es gestattet, die Laufzeit und damit die Trocknungsdauer des Faserbandes je nach Bedarf zu regulieren.

Die Trocknung des Fasergutes geschieht durch Heißluft, die durch Erwärmen der am Austrittsende des Bandtrockners eingesaugten Frischluft mittels Heizregister erzeugt und mit Hilfe von Ventilatoren entgegen der Laufrichtung des Fasergutes umgewälzt wird. Dieses Gegenstrom- bzw. Umluftstufenprinzip ermöglicht eine gesonderte Temperaturregelung für jedes Feld des Trockners. Außerdem gewährleistet es eine kontinuierlich zunehmende Trocknung.

Zu jedem Bandtrockner gehören ein Zuführ- und ein Abnahme-Aggregat, der Aufleger und der Öffner. Der Aufleger besteht aus einem mit dem zu trocknenden bzw. zu fixierenden Fasergut gefüllten Kasten und einem auf Gliederketten laufenden endlosen Nadelband, das die Fasern infolge der entgegen seiner Laufrichtung in spitzem Winkel stehenden Nadeln aus dem Füllkasten heraushebt und schräg nach oben auf das Trockenband bzw. bei Mehrbandtrocknern auf deren oberste Etage befördert. Dicht über dem Nadelband angebrachte Abkämmrechen verhindern die Mitführung zu großer Faserklumpen und sorgen für eine gleichmäßige Verteilung der Fasern über die Bandbreite. Von der oberen Umkehrstelle des Nadelbandes gelangt das Fasergut über ein Leitblech auf das Band des Trockners.

Der Öffner hat die Aufgabe, die aus dem Trockner kommenden Fasern, die durch den Druck der Heißluft und die erfolgte Wasserabgabe mehr oder weniger stark zusammengepreßt sind, wieder aufzulockern. Er besteht aus dem Kastenspeiser, in den das getrocknete Fasergut vom Bandtrockner aus gelangt, und — ähnlich wie beim Aufleger — aus einer Art Nadelband, das die Auflockerung, die sogenannte Öffnung, des getrockneten Fasergutes durch Herauszupfen und Mitnehmen einzelner Faser-Strähnchen bewerkstelligt. Die auf diese Weise geöffnete Faser wird in einen Vorratskasten geleitet, von wo aus sie auf pneumatischem Wege zur Ballenpresse befördert wird.

Eine Sonderform des Bandtrockners, mit Vorteilen gegenüber diesem, stellt der sogenannte Sinustrockner dar [52]. Der Sinustrockner arbeitet mit einer verhältnismäßig dünnen Materialschicht, die wechselseitig belüftet wird. Infolge dieser wechselseitigen Belüftung hebt und senkt sich das Material auf dem Siebband in einer wellenförmigen Kurve, woraus auch der Name abgeleitet wurde.

In der Druckzone ist die Strömungsgeschwindigkeit der Luft so eingestellt, daß der Schwebezustand des zu trocknenden Fasergutes erreicht wird. Das Gleichgewicht zwischen Luftpressung und Fasermasse bewirkt einen hohen Auflösungseffekt, jedoch kein Fliegen der Fasern. In der Saugzone wird das Fasergut gegen das Siebband gesaugt, wobei die Heißluft durch das Trockengut hindurchströmt. Begünstigt durch das ständige Lockern und Auflösen des Trockengutes in der Druckzone werden in Verbindung mit der intensiven Belüftung in der Saugzone sehr gleichmäßige Endfeuchten des Trockengutes erreicht. Das Material fällt in sehr voluminöser Form an. Das Tragorgan für das Fasergut ist ein spezialverstärktes Siebbandgeflecht aus verzinktem oder nichtrostendem Stahl.

Eine eingebaute Steuerwalze sorgt dafür, daß das Siebband vollautomatisch immer zur Mittelachse des Trockners geführt wird.

Der Trockner wird in einzelnen, unabhängig von einander steuerbaren Baukastensektionen gefertigt und kann sowohl hintereinander als auch mehretagig aufgestellt werden.

In Bild 9.27. wird eine derartige Anordnung gezeigt, wobei auch die wellenförmige Materialbewegung erkennbar ist.

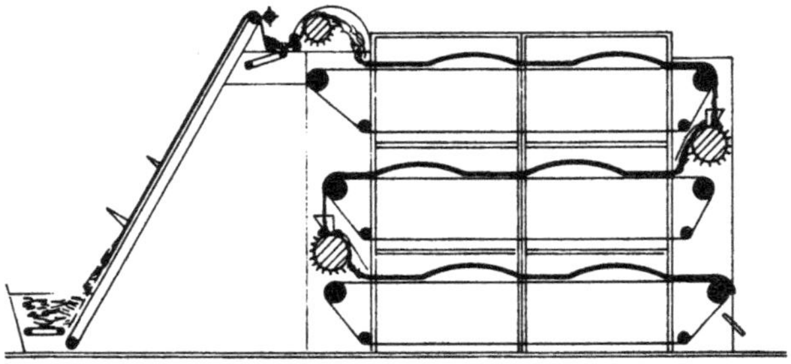

Bild 9.27. Sinus-Trockner in Mehretagen-Anordnung

9.3.2.2. Siebtrommeltrockner

Ein Siebtrommeltrockner (Bild 9.28.) besteht aus feinperforierten, auf starrer Achse gelagerten und stufenlos regelbar getriebenen Drehtrommeln. Er arbeitet nach dem Prinzip des Saugzuges, d. h., die über Heizelementen erhitzte Luft wird durch den Siebmantel in das Innere der Trommel gepreßt und von dort durch Ventilatoren wieder abgesaugt und umgewälzt, um, durch außerhalb der Trommeln angebrachte verstellbare Luftleitbleche gleichmäßig über die ganze Trommelbreite verteilt, wieder durch das Fasergut gesaugt zu werden. Infolge dieses Saugzuges wird das Vlies aus Polyesterfasern auf der Oberfläche der rotierenden Trommeln festgehalten [53—57].

Ein Siebtrommeltrockner besteht mindestens aus zwei, meist jedoch aus einer größeren Anzahl von Trommeln, wobei immer zwei zu einer Arbeitseinheit zusammengefaßt sind [53]. Die Übergabe des Vlieses von einer Trommel zur anderen erfolgt dadurch, daß sich im Innern der Trommeln, jeweils zur Hälfte und gegeneinander versetzt, feststehende Abdeckbleche befinden, die bewirken, daß die Luft bei der einen Trommel nur von oben, bei der folgenden von unten durch das Vlies gesaugt wird und an der Stelle, wo die Abdeckbleche praktisch zusammentreffen, ein Wechsel der Saugrichtung entsteht. Dadurch wird die Polyesterfaser z. B. von der oberen Hälfte der ersten auf die untere Hälfte der folgenden Trommel übernommen; dabei wird das Vlies gleichzeitig umgewendet, was zu einer Beschleunigung der Trocknung wesentlich beiträgt.

Der Siebtrommeltrockner benötigt gegenüber einem Bandtrockner mit gleicher Leistung nur jeweils $^1/_3$ des Trockenraumes. Es lassen sich nach dem Baukastenprinzip beliebig viele Trommeln aneinanderreihen und Regelanlagen für Lufttemperatur, Feuchte und Trommelgeschwindigkeit anbringen.

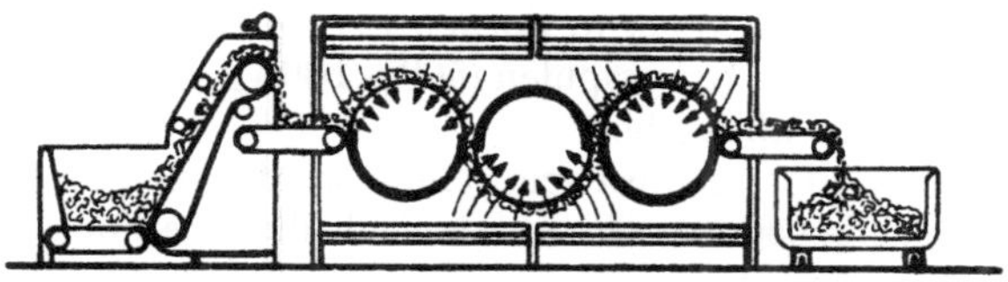

Bild 9.28. Siebtrommeltrockner für Polyesterfasern

Die verwendeten Trocken- bzw. Fixiertemperaturen liegen zwischen 90° und 200 °C.

Wie beim Bandtrockner können auch dem Siebtrommeltrockner die erforderlichen Zuführ- und Abnahme-Aggregate, wie Speiser oder Öffner, vor- bzw. nachgeschaltet werden.

9.4. Sortieren und Verpacken von Polyester-Fäden und -Fasern

Wie bei jedem Industrie-Erzeugnis bilden auch bei der Herstellung von Polyester-Seide und -Stapelfaser das Sortieren und Verpacken die letzten Arbeitsgänge. Die Sortierung bzw. Qualitätseinstufung, die unmittelbar vor dem Verpacken erfolgt, stellt im allgemeinen jedoch nur eine nochmalige Endkontrolle dar, die den Zweck hat, die Qualitätsangaben auf den mit jeder Versandpartie in die Packerei kommenden Zetteln auf ihre Richtigkeit hin zu überprüfen und eventuell unterlaufene Fehleinstufungen zu korrigieren. Die entscheidende Qualitätseinstufung erfolgt in den meisten Betrieben bereits in den einzelnen Fertigungsstufen (Kondensation, Spinnerei, Streckerei, Zwirnerei usw.) nach den gemäß dem jeweiligen Verwendungszweck des Produktes festgelegten Güterichtlinien.

Die Prüfung der Spinnspulen sowohl für Polyesterseide als auch für -faser wird in bezug auf die Spinn-Nummer gewöhnlich in der Spinnerei selbst durchgeführt, indem von jeder Spinnspule ein Strähnchen (meist 50 m) abgeweift und anschließend auf einer Torsionswaage gewogen wird. Auf Grund der festgestellten mehr oder weniger großen Abweichung von der Soll-Nummer erfolgt dann die erste Einstufung in die Güteklassen. Spinngut, das hier bereits in eine niedrige Güteklasse eingestuft wird, kann im weiteren Produktionsgang nicht wieder in eine höhere Klasse kommen, es sei denn, man führt es einem anderen Verwendungszweck zu. So können z. B. Spinnfäden, die nach den Richtlinien für Polyesterfeinseide als mindere Qualität eingestuft werden müssen, durchaus eine hochwertige Faser oder Grobseide ergeben.

9.4.1. *Qualitätseinstufung, Aufmachung und Verpackung von Polyesterseiden*

Polyesterfäden werden als Feinseide (ab Nm 80 = 12,5 tex) oder als grobe technische Seiden (ab Nm 0,5—2000 tex) in den Handel gebracht.

Die Polyesterfeinseide wird entweder in Form von Streckzwirnkopsen (ab 300 g Wickelgewicht) oder bikonischen Kreuzspulen (500—1000 g Wickelgewicht) an die weiterverarbeitende Industrie abgegeben.

Die Polyestergrobseiden oder technischen Seiden werden in Form von Kreuzspulen (ab 1 kg) oder Scheibenspulen (3—5 kg, wie Teilkettbäume gestaltet) ausgeliefert. Bild 9.29. zeigt verschiedene Formen der Aufmachung von Polyesterseiden.

Bild 9.29. Polyesterseiden in verschiedener Aufmachung

Wie bei anderen synthetischen Fäden sind auch für die Güteklassifizierung der Polyesterseide folgende Daten entscheidend: metrische Nummer, Fadenbrüche, Flusen, Reißfestigkeit, Dehnung, Feuchtigkeit; wenn erforderlich, wird mittels Seriplan auch auf Gleichmäßigkeit und Maserngehalt [58] geprüft. Die Feststellung dieser Daten erfolgt durch die Gütekontrolle, wo die an den Prüfspulen der einzelnen Partien ermittelten Werte in die Güte-Atteste eingetragen werden.

Außer den genannten Daten ist selbstverständlich noch die äußere Beschaffenheit der Spulen (Aufbau des Wickels, Querschläger, Aufrauhung, Farbton, Anschmutzung) für die Qualitätseinstufung maßgebend. Die diesbezüglichen Merkmale werden bei der Endkontrolle in der Sortierung visuell festgestellt. Von der

Sortierung gelangen die bereits nach Qualitäten stückmäßig zu Kisten-Inhalten zusammengestellten Spulen in die Packerei, wo sie zunächst gewogen werden.

Nach dem Wiegen wird jede einzelne Spule zur Verhinderung von Anschmutzung und mechanischer Beschädigung in Wachs- oder Seidenpapier gewickelt und in einen Pappkarton gelegt bzw. gestellt. Beim Versand von Polyesterfeinseide in Form von bikonischen Kreuzspulen enthält beispielsweise ein Karton jeweils 10 Spulen, während bei Polyestergrobseide nur 5 Konen in einen Karton kommen. Durch gestanzte Einlagen werden die Spulen im Karton in ihrer Lage gehalten, so daß sie beim Transport nicht durcheinanderfallen können. Die Kartons werden satzweise, z. B. 12, 10 oder 8 Stück, in Kisten gepackt.

Wird die Polyesterfeinseide auf Streckzwirnkopsen abgegeben, so werden beispielsweise 8 Bretter mit je 20 auf Dornen aufgesteckten Kopsen zu 1 Kiste verpackt. Die Zwischen- sowie die Deckbretter sind jeweils auf der Unterseite mit kleinen Halte-Dornen versehen, die genau in die obere Öffnung der darunter befindlichen Kopse eingreifen. Auf diese Weise wird ein Verrutschen oder Verkanten der einzelnen Spulen oder der ganzen Kopsbretter während des Transportes verhindert.

Alle Versandkisten, sowohl die für Kopse als auch die mit Kreuzspulenkartons, werden zum Schutz gegen Witterungseinflüsse (zu hohe Feuchtigkeit oder zu starke Austrocknung) mit Teerpapier oder Kunststoff-Folie ausgeschlagen.

Die Aufmachung in Strangform ist bei glatter Polyesterseide nicht üblich, hat sich jedoch bei gekräuselter Seide (Texturfäden) als notwendig erwiesen [59], da Versuche gezeigt haben, daß das Färben von Kräuselfäden in anderer Aufmachung, z. B. auf Konen, in der Färberei große Schwierigkeiten bereitet. Die Stränge, deren Gewicht durchschnittlich 400—450 g beträgt, werden auf Haspelmaschinen hergestellt, die bis zu 30 Strängen pro Haspel nebeneinander aufnehmen können. Unterschiedliche Stranggewichte bedingen zum Färben auch unterschiedliche Strangbreiten, denn sobald zu viele Fadenlagen übereinander kommen würden, wäre eine gleichmäßige Durchfärbung in Frage gestellt. Wegen besserer Rentabilität bei der Weiterverarbeitung (längere Laufzeiten, weniger Knoten) und besonders wegen des starken Kontraktionsbestrebens der Kräuselfäden — entspannte Stränge schrumpfen sehr schnell zu einem sogenannten „Muff" zusammen — empfiehlt es sich, Stränge mit möglichst großem Umfang herzustellen. In der Sortierung werden die Stränge einer visuellen Endkontrolle unterzogen; dazu werden mehrere Stränge nebeneinander an einen Querbalken, den sog. Schlägelarm gehängt [5], auf sichtbare Fehler hin (z. B. gerissene Fäden, Flusen, Nester, Durchhänger, Farbstreifigkeit oder auch falsche Kennzeichnung der metrischen Nummer) überprüft und danach endgültig qualitätsmäßig eingestuft.

In der Packerei werden die sortierten Stränge zu Docken von einem bestimmten Gewicht zusammengelegt und dann in der üblichen Weise in Kartons und Kisten verpackt.

9.4.2. *Qualitätseinstufung, Aufmachung und Verpackung von Polyester-Stapelfasern*

Wie unter 9.4. schon aufgeführt, beginnt die Qualitätseinstufung der Polyesterfasern — sofern man von der Prüfung des Granulates absieht — bereits bei der Spinnspule bzw. Spinnkanne und läuft durch die folgenden Fertigungsstufen weiter. Im Gegensatz zur Polyesterseide werden die Endprüfungen hinsichtlich metrischer Nummer, Reißfestigkeit und Dehnung bei der Faser selbstverständlich am einzelnen Kapillarfaden durchgeführt.

Die Polyesterfasern werden in verschiedenen Stapel- bzw. Schnittlängen hergestellt: langstapelig (etwa 60 und 100 mm) als Wolltyp (W-Typ) und kurzstapelig (etwa 20—30 mm) als Baumwolltyp (B-Typ). Die Wolltypen werden außerdem fast ausschließlich gekräuselt. Deshalb müssen die Einhaltung der jeweils geforderten Stapellänge und die Beschaffenheit der Kräuselung — diese muß so beständig wie möglich sein — in die Prüfungen zur Qualitätseinstufung einbezogen werden. Stapel-Ungleichmäßigkeiten oder Spinnfehler beeinträchtigen die Weiterverarbeitung der Faser in der Textilindustrie und stellen deshalb qualitätsmindernde Merkmale dar. Infolge der Mechanisierung des Fasertransportes vom Öffner bis zur Ballenpresse wird die Prüfung der letztgenannten Qualitätsmerkmale sowie die des Feuchtigkeitsgehaltes der Fasern an Proben durchgeführt, die den Bandstraßen oder den verschlußfertigen Ballen entnommen werden.

Die Polyesterfaser gelangt im allgemeinen in würfel- oder quaderförmigen Ballen zum Versand, die in der Ballenpresse hergestellt werden.

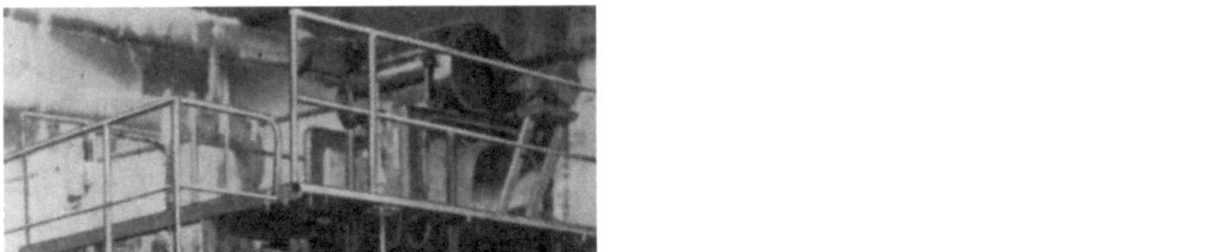

Bild 9.30. Karussellballenpresse zum Verpacken von Stapelfasern

1 — Vorpresse; *2* — Zuteilflügel; *3* — Füllkasten; *4* — Preßkasten; *5* — Verpackungssack; *6* — Einfülltrichter; *7* — Nachpresse

Es existieren von der Hand- bis zur vollautomatischen Presse die verschiedensten Typen von Ballenpressen. Für die laufende Faserproduktion ist die sogenannte Karusselpresse (Bild 9.30.) [1—6], die über Zahnräder durch Elektromotoren angetrieben wird, gut geeignet. Auch hydraulische Ballenpressen haben sich bewährt.

Die Karussel-Ballenpresse besteht aus 2 Füll- und 2 oder 3 Preßkästen, die um eine Mittelachse drehbar und mit Vorpreß- und Hauptstempel versehen sind. Der Preßkasten, an dem der Verpackungssack mittels Klemmleisten befestigt ist, wird unter den Füllkasten und mit diesem zusammen unter den Vorpreßstempel geschwenkt. Dann wird das pneumatisch herangeförderte Polyesterfasergut automatisch in den Füllkasten eingebracht und vom Vorpreßstempel in den im Preßkasten befindlichen Verpackungssack befördert. Dieser Vorgang wiederholt sich so oft, bis der Preßkasten die maximale Menge an Faser enthält. Nachdem nun der Hauptstempel die Faser auf eine bestimmte Ballenhöhe zusammengedrückt hat, wird der Sack zugenäht, aus einer seitlichen Öffnung des Kastens entnommen und zur Ballenwaage transportiert.

Anstatt als Ballen kann Fasser auch als Vlies über Wickelmaschinen geleitet und als Wickel abgegeben werden. Diese Art der Aufmachung ist jedoch bei Polyesterfaser wenig gebräuchlich.

9.5. Literaturangaben

[1] KLARE, H.: Technologie und Chemie der synthetischen Fasern aus Polyamiden. Verlag Technik, Berlin 1954.

[2] KLARE, H., FRITZSCHE, E. und GRÖBE, V.: Synthetische Fasern aus Polyamiden. Akademie-Verlag, Berlin 1963.

[3] HOPFF, H., MÜLLER, A. und WENGER, F.: Die Polyamide. Springer-Verlag 1954.

[4] ROGOWIN, S. A.: Chemiefasern. Fachbuchverlag Leipzig, 1960.

[5] GÖTZE, K.: Chemiefasern nach dem Viskoseverfahren. Springer Verlag, 1951.

[6] JÄHRLING, R.: Die Welt der Chemiefaserstoffe. Deutscher Verlag für Grundstoffindustrie. Leipzig 1967.

[7] EGGLESTON, B. C.: Entwicklungen auf dem Gebiet der Bauschgarne. Chemiefasern **11** (1961) 516.

[8] BRUCE, C. S.: Herstellung und Eigenschaften von Polyester-Bauschgarnen. Chemiefasern **11** (9161) 750—754.

[9] HENSEN, T.: Polyester-Strukturgarne. Melliand Textilber. **43** (1962), 923—927.

[10] MORAWEK, W.: Die Texturierung der Polyestergarne. Textilind., Mönchen-Gladbach, **72** (1970) 81—90.

[11] WILKINSON, G. D. (Monsato Company, USA): Textured Yarn Technology (1967), Vol. I: Produktion, Properties and Processing. Vol. II: Stretch Yarn, Machines.

[12] STUDT, J. H.: Die Herstellung texturierter Garne. Chemiefasern **14** (1964) 464.

[13] SCHÄFERS, G. und MALASOMMA, U.: Texturierte Polyesterfäden und ihre Einsatzgebiete. Chemiefasern **14** (1964) 472.

[14] ESSELMANN, P., KÖSSLINGER, K. und SAFFERT, P: D. R. P. 741106 (1938).

[15] LUDEWIG, H.: Perlon-Fasern (I. Teil), 30. 9. 1941. Aus dem Betriebslaboratorium des Perlon-Betriebes, Aceta Berlin-Lichtenberg, veröffentl. in BIOS-Final-Report.

[16] Textile Industries, Atlanta **133** (1969) 4, 59.

[17] Schweiz, P. 380868, Fa. Bancroft & Sons, USA.

[18] D. P. [DDR] 75537, BRENNER, L. und GERHARDT, W.

[19] B. R. D. -OS 1435516, Fa. Klinger, Großbrit.

[20] LUNENSCHLOSS, J.: Einfluß des Verstreckungsgrades von Polyamid- und Polyester-Fäden auf den Ablauf der Stauchkräuselung und die Eigenschaften der texturierten Fäden. Chemiefasern 21 (1971) 12, 1053–1059.

[21] KLÄY, H.: Eine Hochleistungs-Falschdrahtzwirnmaschine für die Herstellung von Helanca-Garn, Textil-Rundschau **14** (1959) 170.

[22] BURNIP, N. S. und HEABLE, I. W. S.: Producing False-twist Stretch Yarns, Man-Made-Textiles **38** (1961) 440.

[23] WEGENER, W. und SCHUBERT, G.: Der Einfluß verschiedener Einstellungen der Falschdrahtzwirnmaschine auf die Eigenschaften der Kräuselgarne, Chemiefasern **11** (1961) 387, 463, 531, 594, 756.

[24] KOCH, P. A. und MORAVEK, W.: Texturierte Garne: Einteilung, Merkmale, Erkennung, Herstellung, Z. ges. Textind. **61** (1959) 421.

[25] HEBERLEIN u. Co.: Die Helanca-Garntypen und deren Verwendung, SVF-Fachorgan für Textilveredlung **15** (1960) 26.

[26] MICHELITSCH, M.: Moderne Hochleistungs-Falschdrahtzwirnmaschinen zur Herstellung von Kräuselgarn. Melliand-Textilberichte **40** (1959) 487.

[27] DUDZIK, I.: Saaba Textured Yarn. Textile Ind. **124** (1960) 192, 193, 289, 300.

[28] ABBENHEIM, P.: The twist in false-twist. Melliand Textilber **47** (1966) 229–230.

[29] THWAITES, J. J.: The mechanics of friction-twisting. J. Textile Inst. **61** (1970) 116–138.

[30] WEGENER, W. und COLL-TORTOSA, L.: Frictions- und Trennzwirnverfahren — ein Vergleich. Chemiefasern **21** (1971) 774–786.

[31] F. P. 1380165, Fa. Heberlein & Co., Schweiz.

[32] TRAWNICEK, Z.: Das internationale Symposium über Texturgarne. Dtsch. Textiltechnik **11** (1961) 2, 98–105.

[33] U. S. P. 2958112 Du Pont de Nemours, USA.

[34] LUDEWIG, H. und STÖCKIGT, W.: D. P. [DDR] 20686 (1955).

[35] ICI, Brit. P. 809273 (1959).

[36] WENGER, F. und LUDEWIG, H.: D. P. [DDR] 4732 (1940), F. P. 877923, It. P. 405031, Dän. P. 61506.

[37] LUDEWIG, H. und WENGER, F.: D. P. [DDR] 5016 (1940), F. P. 877926.

[38] LUDEWIG, H. und RICHARDT, H.: D. P. [DDR] 11314 (1954).

[39] HOFRICHTER, S. u. a.: Hochschrumpfende Polyesterfasern. Dtsch. Textiltechnik **20** (1970) 8, 515–519.

[40] HARDY, V. R. (Du Pont): U. S. P. 2217113 (1938), D. R. P. 742818 (1939).

[41] SPENKER, K. und SAUER, H.: D. R. P. 868042 (1944), D. P. [DDR] 7191.

[42] GRUNERT, K.: D. R. P. 665939 (1934).

[43] KATORŠNOV, N. D., PROKOFJEVA, A. S., KUPINSKI, R. W., ŠIŠKIN, P. M., DVORNITZKI, G. S. und NOVIKOV, N. A.: Wege zur Schaffung eines kontinuierlichen Herstellungsverfahrens für Kapron-Stapelfasern, Chemische Fasern (russ.) **3** (1959) 11–15.

[44] v. BEEK, H. und CLAPHAM, R.: DRP 704346 v. 25. 2. 1933.

[45] WALZ, F.: Das Bandspinnen. Textil-Praxis **8** (1953) 1025.

[46] FRENZEL, W. und STÖVER, H.: Direktspinnen. Faserforsch. u. Textiltechn. **7** (1956) 241, 297.

[47] LÜNENSCHLOSS, J.: Verarbeitung von Chemiefasern nach dem Kabelspinnverfahren. Überblick über die Direktspinn- und Converterverfahren. Textil-Praxis **13** (1958) 249.

[48] MEY, W.: Verspinnung von Chemiefasern nach dem Direkt- bzw. Converterspinnverfahren. Deutsche Textiltechnik **10** (1960) 53, 128.

[49] LUDEWIG, H., BOLLE, E. und SCHWARZKOPF, E.: Vorrichtung zum kontinuierlichen Verstrecken und Nachbehandeln von mehreren Fäden aus synthetischen linearen Hochpolymeren, DDR-GM 4708 v. 17. 12. 1958/3. 6. 1957.

[50] KINDLMANN, A.: Die Verarbeitung von Trevira als Reißkabel auf der Seydel-Reißmaschine, Textil-Praxis **15** (1960) 790.

[51] BUSATH, H.: Die Hochfrequenzheizung: Kunstseide und Zellwolle **27** (1949) 319.
[52] KLEINER, FR.: Sinus-Trockner, ein neuer Begriff in der Trocknung von Textilfasern. Melliand Textilber. (1963) 4, 404–408.
[53] KOCH, H.: Siebtrommeltrockner für loses Material. Melliand Textilber. **43** (1962) 186.
[54] FLEISSNER und Sohn Maschinenfabrik: D. B. P. 1008694 v. 28. 9. 1955.
[55] KIEFER, E.: Weiterentwicklung im Bau von Trommeltrocknern für Chemiefasern. Chemiefaser **11** (1961) 812.
[56] HAAS, H. sen.: D. B. P. 1046559 v. 15. 12. 1956, s. auch Textil-Praxis **7** (1960) 1085.
[57] KIEFER, E.: Lochtrommeltrockner für Spinnband. Reyon, Zellwolle u. andere Chemiefasern **9** (1959) 226.
[58] NATUS, D., und SAUER, H.: Beschreibung von Prüfverfahren bei der Perlonseidenherstellung. Faserforschung u. Textiltechnik **8** (1957) 150.
[59] SCHMIDLI, W.: Das Haspeln von Kräuselgarnen. Chemiefasern **10** (1960) 325.
[60] KRAPOTKIN, V. und Mitarb.: Über die Herstellung von Bikomponenten-Faserstoffen. Chim. Volokna (Chem. Fasern) (1968) 2, S. 7–8; dt. in: Sowj. Beitr. Faserforsch. Textiltechnik **5** (1968) 8, 406–409.

Kapitel 10

10. Aufbereitung von Polyesterabfällen

Bei der Herstellung von Fasern oder Seide aus Polyäthylenterephthalat entstehen erfahrungsgemäß 5—10% Abfälle in Form von Stücken oder Fasergut, die für die Weiterverarbeitung unbrauchbar sind.

Während solcher Abfall von Polyamiden wieder aufgeschmolzen und zu Fasern für geringere Ansprüche oder zu Kunststoffen verarbeitet werden kann, ist dieses Verfahren beim Polyäthylenterephthalat infolge seiner thermischen Instabilität nicht ohne weiteres anwendbar. Sehr reiner Abfall dieses Polyesters kann gegebenenfalls in überschüssigem siedenden Glykol zu monomerem Terephthalsäurediglykolester gespalten und dieser nach Abtreiben des überschüssigen Glykols aufs neue kondensiert und zu einem Fasergut verarbeitet werden [1]. Auch soll es möglich sein, diese Faserabfälle mit überhitztem Wasserdampf zu schmelzen bzw. zu verspröden und die mehr oder weniger stark abgebauten Polymeren durch Zusatz von aromatischen Ketonen oder dergleichen zu rekondensieren [2, 3].

Im gesamten Polyesterabfall sind beträchtliche Mengen an Terephthalsäure gebunden, die bei ihrer auch heute noch kostspieligen Synthese auf der Basis von p-Xylol, Toluol, o-Phthalsäure oder o-Xylol in Form ihres Dimethylesters das wertvollste Rohprodukt für die Gewinnung von Polyäthylenterephthalat ist. Zweckmäßig werden daher die Polyesterabfälle zu Terephthalsäure regeneriert und diese oder ihr Dimethylester von neuem als Rohstoff für die Polyesterfabrikation genutzt.

Das polymere Polyestermolekül läßt sich durch Aufspaltung der charakteristischen Estergruppen mittels geeigneter Verseifungsreagentien zu seinen monomeren Bestandteilen abbauen. Für die praktische Durchführung dieser Spaltreaktion sind grundsätzlich folgende Möglichkeiten gegeben:

1. die spaltende Hydrolyse mittels Wasser unter Bildung von Terephthalsäure und Glykol,

2. die spaltende Verseifung mit Hilfe anorganischer Säuren oder hochsiedenden Fettsäuren, die gleichfalls zur Terephthalsäure führt,

3. die spaltende Verseifung mit Natronlauge oder Natriumcarbonat und Isolierung der Terephthalsäure durch Ansäuern der primär anfallenden Lösung ihres Dinatriumsalzes,

4. die spaltende Alkoholyse durch Methanol unter unmittelbarer Bildung des Terephthalsäuredimethylesters,

5. die spaltende Alkoholyse mit Äthylenglykol, wobei der monomere Terephthalsäurediglykolester anfällt.

10.1. Regenerierung von Terephthalsäure durch Druckhydrolyse von Polyäthylenterephthalat

Die Depolymerisation von Polyäthylenterephthalat mit Wasser gelingt einwandfrei und quantitativ bei höheren Temperaturen unter Druck, wenn die Polyesterabfälle mit der 5—10fachen Menge an Wasser in einem Druckgefäß 5 Std. auf 180 bis 220°C gehalten werden. Entfernt man dabei Verunreinigungen aus der die gebildete Terephthalsäure enthaltenden heißen Reaktionslösung durch Filtration über ein geeignetes Filter unter Druck, so erhält man beim Abkühlen die Terephthalsäure rein und kristallin in annähernd theoretischer Ausbeute [4].

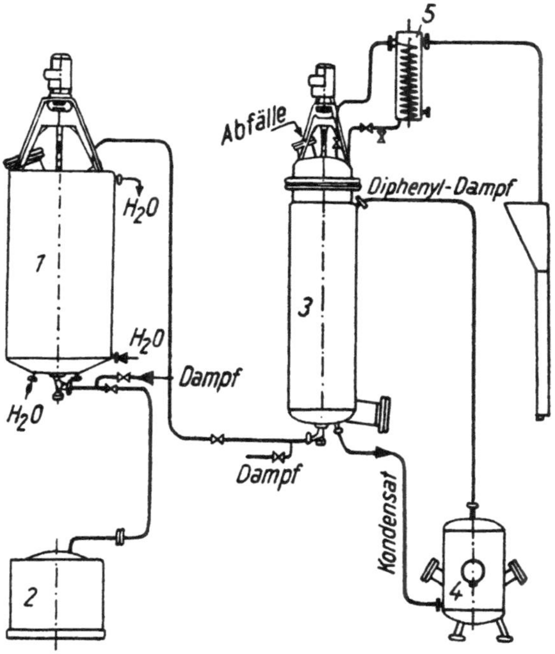

Bild 10.1. Schema der Apparatur zur Regenerierung von Terephthalsäure

1 — Kaltrührgefäß; *2* — Zentrifuge; *3* — Autoklav 35 atü; *4* — Diphenyl-Heizkessel; *5* — Rückflußkühler

Bei der technologischen Entwicklung dieser Druckhydrolyse wurden bereits nach einer Reaktionszeit von 2 Std. bei 230°C und 29 atü Ausbeuten von durchschnittlich 92% an kristalliner Terephthalsäure erhalten. Dabei war das Verhältnis von Polyester/Wasser von 1 : 10 bis herunter zu 1 : 2 ohne Einfluß auf die Ausbeute und garantierte damit eine wirtschaftliche Ausnutzung der Kapazität des Autoklaven [5].

Bild 10.1. zeigt die Skizze einer geeigneten Apparatur zur Regenerierung von Terephthalsäure über die Druckhydrolyse von Polyesterabfällen; die Apparatur besteht aus einem 2000 l-Rührautoklaven für einen Betriebsdruck von 35 atü mit Diphylheizung und Druckrückflußkühler, einem Kaltrührgefäß für das Reaktionsprodukt sowie einer Zentrifuge zum Abschleudern der wäßrigen Mutterlauge.

Bild 10.2. zeigt den oberen Teil der Apparatur mit dem Kopf des Rührautoklaven nebst Rührwerksbock und Rückflußkühler sowie im linken Hintergrund einen Teil des Kaltrührgefäßes mit Rührwerksbock.

Auf Bild 10.3. sind der untere Teil des Rührautoklaven (mit abgeschraubtem Bodenauslaßventil) und des Kaltrührgefäßes sowie die Zentrifuge zu sehen.

Bild 10.2. Rührautoklav, oberer Teil

Die Versuchsführung mit dieser Anlage gestaltet sich folgendermaßen: Der mit 500 kg Polyesterabfall und 1000 kg Wasser beschickte Autoklav wird ohne Rühren auf 230 °C erwärmt, wobei sich ein Druck von 28–29 atü einstellt. Nach einer Reaktionszeit von 2 Std. wird die Diphylheizung abgestellt und nach Einschalten des

Bild 10.3. Rührautoklav, unterer Teil

Rührwerkes, das ein festes Aufwachsen der sich abscheidenden Terephthalsäurekristalle auf der Autoklavwandung verhindert, der Druckrückflußkühler in Betrieb gesetzt. Nach einer Abkühlzeit von mindestens 3 Std. wird das auf ca. 90 °C abgekühlte Reaktionsgemisch mittels Stickstoffdruckes über das geöffnete Bodenventil, das zur Vermeidung von Versetzungen als Kugelstoßventil ausgebildet ist, in das wassergekühlte Kaltrührgefäß überführt, so daß der entleerte Autoklav im Schichtbetrieb ohne Zeitverlust zu erneuter Chargenfahrt bereitsteht. Wird die Abkühlzeit von 3 Std. merklich unterschritten, so scheidet sich ein Teil der Terephthalsäure als amorpher Schleim ab, der das Abschleudern des Reaktionsgutes in der Zentrifuge erschwert und seine Entwässerung stark behindert.

Das im Kaltrührgefäß unter Rühren auf 20—30 °C abgekühlte Reaktionsgemisch wird in einer Zentrifuge abgeschleudert und liefert 430 kg Rohprodukt mit einem Wassergehalt von durchschnittlich 3—6% entsprechend 410 kg trockener Terephthalsäure und 95% der theoretisch zu erwartenden Ausbeute. Die rohe elfenbeinfarbene Terephthalsäure besitzt einen Reinheitsgrad von 98 bis 99% und läßt sich in bekannter Weise über die Druckveresterung mit Methanol und nachfolgende Vakuumdestillation des rohen Dimethylesters mit einer Ausbeute von 95%, d. h. praktisch verlustlos, in reinsten Terephthalsäuredimethylester umwandeln. Bei der Prüfung der Materialfrage des Reaktionsautoklaven zeigten eingehende Korrosionsversuche, daß Eisen unter den obwaltenden Arbeitsbedingungen stark angegriffen wird, während Aluminium auffallenderweise beständiger ist. Für die technisch betriebene Druckhydrolyse von Polyäthylenterephthalat kann daher ein mit Aluminiumblech ausgekleideter Eisenautoklav eingesetzt werden; zweckmäßiger ist ein Autoklav aus Edelstahl.

10.2. Säurehydrolyse von Polyäthylenterephthalat

Die hydrolytische Spaltung des Polyesters kann mit Hilfe starker anorganischer Säuren bewirkt werden, wobei als Endprodukt ebenfalls Terephthalsäure wiedergewonnen wird. Die Hydrolyse des Polyäthylenterephthalates gelingt durch Kochen mit 50%iger Salpetersäure oder mit einem 20fachen Überschuß an Salpetersäure vom spez. Gew. 1,4 wie auch mit verdünnter Schwefelsäure und handelsüblicher, sirupöser Phosphorsäure [6]. Die nach diesem Verfahren gewonnene rohe Terephthalsäure wird über ihr Natriumsalz gereinigt und liefert nach der Veresterung mit Methanol einen normgerechten Dimethylester. Trotz der ausgezeichneten Ausbeute an Terephthalsäure hat diese Säurehydrolyse keinen Eingang in die Technik gefunden, da der große Bedarf an Säuren und die im Hinblick auf die Korrosionsfestigkeit an die Apparatur zu stellenden hohen Ansprüche ihre Wirtschaftlichkeit beeinträchtigen. Durch Behandeln der Polyester-Abfälle bei Temperaturen über 260 °C mit Fettsäuren, beispielsweise Tallöl-, Stearin- oder Vorlauffettsäuren, wird eine Terephthalsäure erhalten, die nach dem Auswaschen mit Benzinkohlenwasserstoffen eine gute Reinheit aufweisen soll [25].

10.3. Spaltende Verseifung von Polyäthylenterephthalat mit Natronlauge

Polyäthylenterephthalat ist als Ester gegenüber verdünnter Natronlauge in der Kälte bemerkenswert beständig. Durch Behandlung mit 4—20%iger Natronlauge in der Wärme wird aber eine Spaltung der Estergruppen bewirkt. Die abbauende Verseifung bedingt, an der Oberfläche beginnend, ein stufenweises Abschälen des Versuchsmaterials — eine Eigenschaft, die methodisch zur Herabsetzung des Titers von Polyesterfasern für spezielle Zwecke ausgenutzt wird [7]. Die Abbaugeschwindigkeit bei diesem Schälprozeß an Polyesterfasern erfährt nach ihrer Verstreckung und unabhängig davon auch nach ihrer Fixierung eine Verzögerung, wie folgendes Diagramm (Bild 10.4.) erkennen läßt [8].

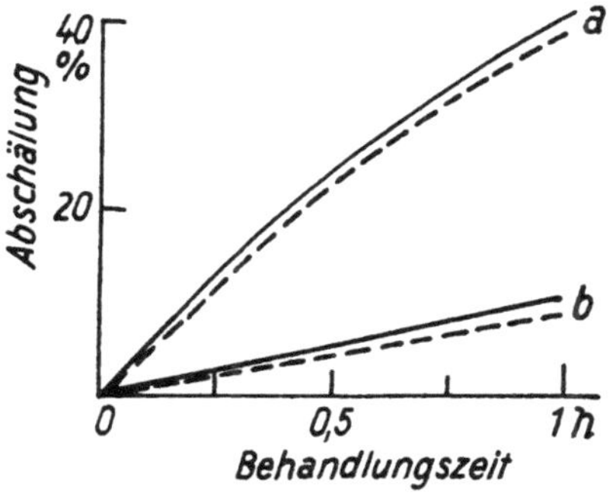

Bild 10.4. Abschälung von Polyesterfäden durch NaOH (30 g/l) bei Siedetemperatur

a) unverstreckt *Nm* 25(24); b) verstreckt *Nm* 85(24), (1:3); ——— unfixiert; – – – fixiert (30'/160°)

Die Regenerierung von Terephthalsäure aus Polyäthylenterephthalat mittels überschüssiger Natronlauge bei Siedetemperatur wird durch die Gegenwart von Aminen, deren Dissoziationskonstante größer als 10^{-5} ist, insbesondere von Cyclohexylamin, Pyrrolidin und Piperidin, begünstigt. Diese Amine dringen offenbar in die Tiefe ein und bewirken, vor allem bei verstrecktem Material durch Lösen der Wasserstoffbindungen ein rasches Fortschreiten der Depolymerisation. Bei Kochtemperatur ist der vollständige Abbau im allgemeinen nach 60—90 min. beendet. Aus der filtrierten Lösung kann die Terephthalsäure in guter Ausbeute und 98—99%iger Reinheit mit Säuren gefällt werden [9].

Die zur Ermittlung der Grundlagen für eine Technologie der Aufbereitung von Polyester mit Alkalien durchgeführten Versuche im Autoklaven zeigten, daß die Druckverseifung ohne jeden Fremdzusatz in wirtschaftlichen Reaktionszeiten zu sehr guten Ausbeuten an Terephthalsäure führt. Als günstige Faktoren erwiesen sich dabei eine Natronlauge-Konzentration von 12—15%, eine Reaktionstemperatur von 180 °C mit dem entsprechenden Druck von 6—8 atü und eine Reaktionszeit von maximal 6 Std.

Bei einem Einsatz von 5 Gewichtsteilen Polyester und 12 Gewichtsteilen 15%iger NaOH wird das Reaktionsgut der einzelnen Chargen aus dem erkalteten Autoklaven in einen Kessel aus Edelstahl überführt und nach Zusatz von 50 Volumenteilen Wasser bis zur völligen Lösung des Na-Salzes aufgekocht. Aus der filtrierten heißen Lösung wird bei 80—90 °C mit 16 Volumenteilen konzentrierter Salzsäure die Terephthalsäure in kristalliner Form gefällt, abfiltriert und im Vakuum-Schrank bei 80 °C getrocknet. Die Ausbeute an Terephthalsäure beträgt durchweg 4,1 Gewichtsteile und entspricht damit 95% der Theorie. Der aus der Terephthalsäure (Reinheitsgrad 98—99%) durch Druckveresterung erhaltene und gereinigte Dimethylester ist als Rohprodukt für die Polyesterproduktion in jeder Beziehung geeignet [5].

10.4. Regenerierung von Terephthalsäuredimethylester durch Druckmethanolyse von Polyäthylenterephthalat

Die Möglichkeit, Abfälle aus Polyäthylenglykolterephthalat mit Hilfe von Methanol zu depolymerisieren, bietet den Vorteil, als Reaktionsprodukt unmittelbar Terephthalsäuredimethylester zu erhalten.

Die Spaltung der Makromoleküle mit überschüssigem Methanol zum Dimethylester verläuft nach folgender Gleichung:

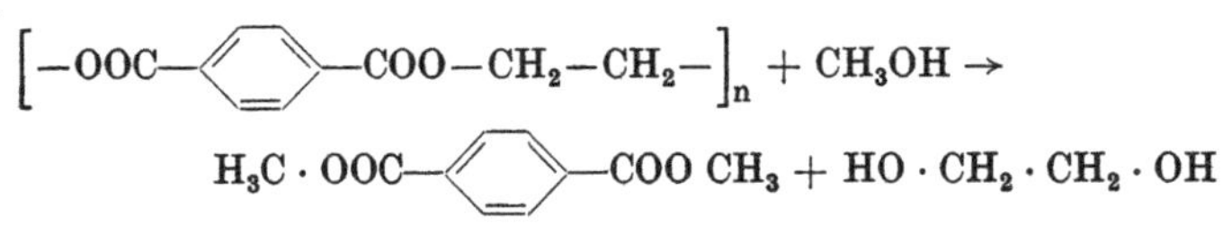

Gegenüber siedendem Methanol ist Polyäthylenterephthalat bei Atmosphärendruck resistent. Wird die Behandlung des Polyesters jedoch mit auf etwa 240 °C überhitztem Methanoldampf in Anwesenheit von Phosphorsäure als Katalysator durchgeführt, so tritt schon bei Atmosphärendruck Spaltung der Makromoleküle zu Dimethylterephthalat und Glykol ein [10]. Der anfallende Dimethylester ist mit 2—7% Monomethylester verunreinigt.

Zweckmäßiger erfolgt die Methanolyse der Polyester-Abfälle unter Druck und Zusatz geeigneter Katalysatoren. Als wirksame Katalysatoren haben sich Arylsulfonsäuren, wie Benzol- oder Naphthalinsulfonsäuren, als geeignet erwiesen [11]. Neben speziellen Umesterungskatalysatoren, wie Zinkchlorid und Bleioxid, beschleunigt ein gleichmäßiger Zusatz von Dimethylterephthalat den Abbau [12]. In Verbindung mit den genannten Umesterungskatalysatoren werden auch Zusätze von höher siedenden Verbindungen, wie Diphenyl, Diphenyloxid oder Diphenylmethan empfohlen, da diese bei Temperaturen von 140—160 °C ein Anquellen und Anlösen des Polyesters bewirken und damit die abbauende Spaltung begünstigen [13].

Bei den genannten Verfahren zur Druckmethanolyse von Polyester-Abfällen wird vorzugsweise bei Drücken von 20—30 atü gearbeitet.

Aus Tabelle 10.1. [14] ist ersichtlich, daß in Gegenwart von Zinkacetat auch bei Drücken unter 20 atü eine Depolymerisation mit guten Ausbeuten erreicht werden kann. Ergänzend zur Tabelle siehe Bilder 10.5. und 10.6.

Bild 10.5. zeigt die Abhängigkeit der Ausbeute an Dimethylterephthalat bei der Methanolyse der Polyesterabfälle von der Menge des zugegebenen Zinkacetat-Katalysators, Bild 10.6. die Abhängigkeit der Ausbeute von der Reaktionsdauer. Neben den Salzen des Zinks sind auch die des Mangans als Katalysatoren bei der Methanolyse der Polyäthylenglykolterephthalat-Abfälle sehr wirksam [14].

Die Druckmethanolyse gelingt auch ohne Zusatz von Katalysatoren oder die Spaltreaktion fördernden Hilfsmittel, wenn z. B. 8 Gewichtsteile Polyesterabfall mit 30 Volumenteilen Methanol im Rührautoklaven 5 Std. auf 180 °C unter dem thermisch bedingten Druck von 28 atü gehalten werden. Bei diesen technologischen

Tabelle 10.1. Einfluß der Reaktionsbedingungen auf die Methanolyse von Polyäthylenglykolterephthalat in Gegenwart von Zinkacetat als Katalysator [14].

Katalysator Mol	Temperatur °C	Druck atü	Dauer h	Ausbeute DMT %
—	180	30	5	88
—	150	15	5	0
0,0005	150	15	5	0
0,0010	150	15	5	60
0,0027	150	15	5	88
0,0027	150	15	4	88
0,0027	150	15	3	85
0,0027	150	15	2	80
0,0027	150	15	1	60
0,0027	150	15	$^1/_2$	0
0,0050	150	15	5	88
0,0050	130	10	5	0

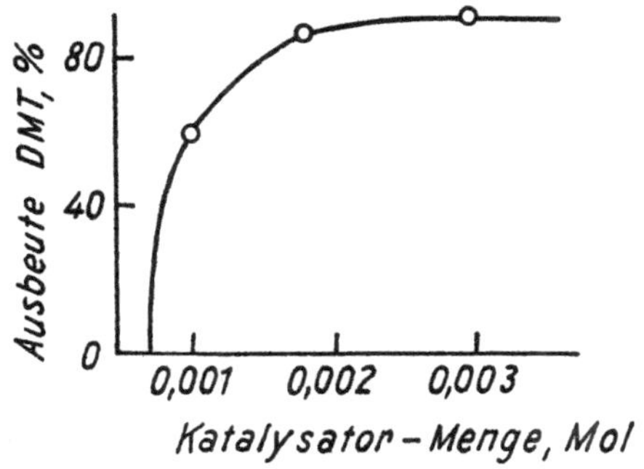

Bild 10.5. Ausbeute an Dimethylterephthalat beim Abbau von Polyester-Abfällen mit Methanol in Abhängigkeit von der zugesetzten Katalysator-Menge [14]

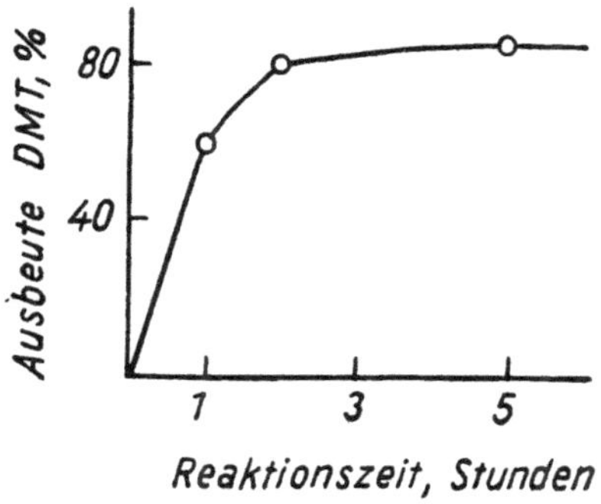

Bild 10.6. Ausbeute an Dimethylterephthalat beim Abbau von Polyester-Abfällen mit Methanol in Abhängigkeit von der Reaktionszeit [14]

Versuchsbedingungen fallen stets 7,9 bis 8 Gewichtsteile Dimethylterephthalat und damit reproduzierbare Ausbeuten von 91—93% der Theorie an. Der isolierte und getrocknete kristallisierte Dimethylester ist fast farblos und schmilzt als Rohprodukt bei 138—140 °C [5, 15].

Eine technische Anlage zur kontinuierlichen Depolymerisation von Polyäthylenglykolterephthalat-Abfällen zu Terephthalsäuredimethylester ist in Bild 10.7. skizziert. Die durch überhitzten Wasserdampf geschmolzenen und versprödeten Abfälle werden staubfein zerkleinert, in überschüssigem Methanol suspendiert und in einem Druckreaktor bei 90 atü und 270 °C zu Dimethylterephthalat und Äthylenglykol abgebaut [16].

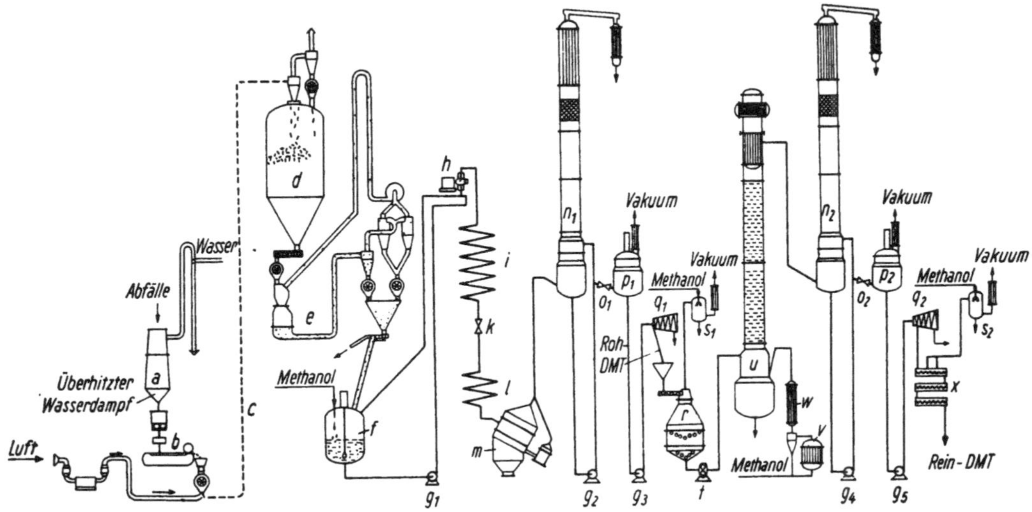

Bild 10.7. Anlage zur kontinuierlichen Depolymerisation von Polyäthylenglykolterephthalat [16]

a — Abschmelzrohr; *b* — Gießband; *c* — pneumatische Förderanlage; *d* — Schnitzelbunker; *e* — Mahlanlage; *f* — Suspensionsbehälter; *g* — Umwälz- bzw. Förderpumpen; *h* — Dosierkolbenpumpe; *i* — Reaktionsrohr; *k* — Druckhalteventil; *l* — Nachverdampfungsrohr; *m* — Abscheideanlage; *n* — Heißdampfverflüssiger; *o* — Dosierventile; *p* — Kristallisatoren; *q* — Dekantierzentrifugen; *r* — Schmelzer; *s* — Einspritzkondensatoren; *t* — Einspeisepumpe; *u* — DMT-Destillationskolonne; *v* — Methanol-Verdampfer; *w* — Methanol-Überhitzer; *x* — Hohlschneckentrockner

Der auf dem Wege der Synthese gewonnene Terephthalsäuredimethylester wird bekanntlich durch Vakuumdestillation über beheizte hohe Bodenkolonnen oder durch Trägerdampfdestillation [17] gereinigt (siehe 3.2.7.1.). Das über die Druckmethanolyse von Polyesterabfällen erhaltene Dimethylterephthalat enthält keine aus der Synthese stammenden Verunreinigungen, wie geringe Mengen an p-Toluylaldehyd, p-Toluylsäure, Isophthalsäure oder Nitroverbindungen usw., so daß seine Reinigung über eine Kurzwegdestillation möglich ist.

Eine zu diesem Zweck geeignete und erprobte Apparatur zeigt Bild 10.8.

Bei Inbetriebnahme wird die gesamte Apparatur mit einer Wasserstrahlpumpe evakuiert und der erwünschte Unterdruck im System eingestellt. Die inzwischen im diphylbeheizten Vorratsgefäß bei 160 °C aufgeschmolzene Charge des Rohesters wird als Schmelze über das beheizte Ablaßventil und ein ebenfalls auf 160 °C gehaltenes Verbindungsrohr in die vorgeheizte Destillierblase überführt und auf die dem Vakuum entsprechende Siedetemperatur gebracht. Wenn diese z. B. bei 40 mm Hg-Säule mit 183 °C erreicht ist, passieren die abziehenden Dimethyl-

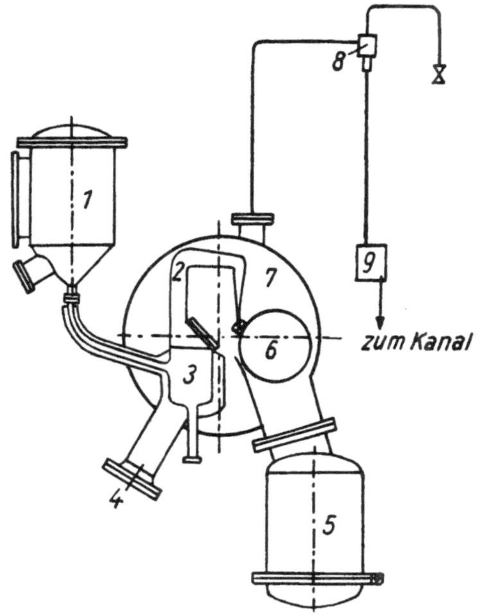

Bild 10.8. Kurzweg-Vakuum-Destillationsapparatur

1 – Vorratsgefäß; *2* – Helmrohr; *3* – Destillierblase; *4* – Diphenyl-Heizstutzen; *5* – Auffanggefäß; *6* – Kühltrommel; *7* – Kurzwegdestillationsapparat; *8* – Wasserstrahlpumpe; *9* – Verschlußgefäße

terephthalat-Dämpfe das Helmrohr und gelangen als Kondensat über einen Schlitzauslauf auf eine mit fließendem Wasser gekühlte rotierende Walze. Das augenblicklich erstarrende Kondensat wird nach einer Walzenumdrehung von einem Messer abgestreift und gelangt durch einen Trichter in Schuppenform in den Auffangbehälter. Die laufende Vakuumdestillation wird von einem Schaltbrett aus, auf dem alle Meßelemente, wie Manometer und Fernthermometer mit Temperaturschreibern, angeordnet sind, gesteuert und insbesondere durch Beobachtung der Temperaturen im Dampfdom des Helmrohres und des Kondensatablaufes überwacht und kontrolliert.

In Bild 10.9. und 10.10. ist die installierte Apparatur zu sehen.

Mit dieser Versuchsapparatur können in 20—30 min. 8 kg rohes Dimethylterephthalat mit einer Ausbeute von 94—98% an Reinstprodukt destilliert werden. Der so gereinigte Dimethylester der Terephthalsäure genügt allen Anforderungen und kann der Polyesterproduktion als Rohstoff dienen. Mit der aufgezeigten Verfahrenstechnik sind die Grundlagen für eine Technologie der Regenerierung von Dimethylterephthalat über die Druckmethanolyse von Polyäthylenterephthalat gegeben.

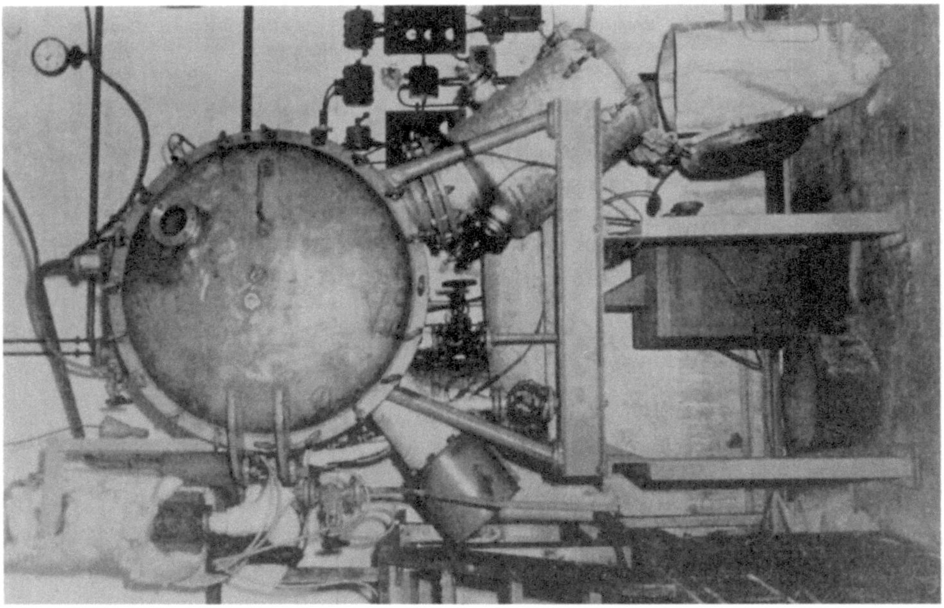

Bild 10.9. Kurzweg-Destillationsapparatur

Bild 10.10. Kurzweg-Destillationsapparatur, geöffnet

10.5. Aufbereitung von Polyäthylenterephthalat zu Terephthalsäurediglykolester durch Behandlung mit Äthylenglykol

Polyäthylenterephthalat geht beim Sieden in Äthylenglykol unter Normaldruck oder schneller beim Erwärmen unter Druck in Lösung [18]. Beim Abkühlen der homogenen Lösung fallen Gemische von monomeren und niedermolekularen Terephthalsäurediglykolestern an, deren Schmelzpunkte noch über 130 °C liegen. Durch Extraktion solcher Depolymerisate mit heißem Wasser läßt sich der monomere Ester nur in geringer Ausbeute erhalten.

Am Ende der Glykolspaltung liegt offenbar ein labiles Gleichgewicht zwischen niedermolekularem Polyester und monomerem Terephthalsäurediglykolester entsprechend nebenstehender Formulierung vor. Dabei bedeutet *x* eine niedrige, ganze Zahl, die größer als 1 ist.

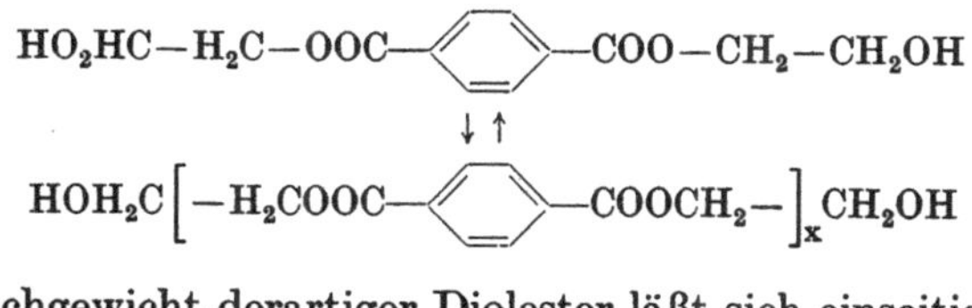

Das Gleichgewicht derartiger Diolester läßt sich einseitig zugunsten des Monomeren verschieben, wenn man der heißen Lösung des mit Äthylenglykol gespaltenen Polyesters Wasser von Raumtemperatur zusetzt, bis die Temperatur etwa auf die Hälfte abgesunken ist. Bei weiterem Erkalten der so behandelten Lösung scheiden sich ausschließlich und annähernd in quantitativer Ausbeute Kristalle des Terephthalsäurediglykolesters vom Schmelzpunkt 111 °C ab [19].

Die Aufbereitung der Polyester-Abfälle zu Terephthalsäureglykolester durch Behandlung mit Äthylenglykol soll durch Zusatz geringer Mengen katalytisch wirkender Metallverbindungen, wie Salze von Zink, Kobalt, Mangan oder Eisen, sehr begünstigt werden [20].

Der Abbau der Abfälle mit Äthylenglykol erscheint sehr vorteilhaft, da bei der Abbaureaktion des Polyesters mit Glykol unmittelbar der polymerisationsfähige monomere Diglykolester der Terephthalsäure wiedergewonnen wird. Doch ist es sehr schwierig, den hohen Ansprüchen an den Reinheitsgrad des Diglykolesters als Rohprodukt für die erneute Polyesterkondensation gerecht zu werden. Häufiges Umkristallisieren des durchweg leicht gelblich gefärbten Rohproduktes aus Wasser, auch unter Zusatz von Adsorptionsmitteln, stellt keine einwandfreie Lösung des Problems dar [5]. Eine Destillation des Diglykolesters scheidet aus, da der Ester bei der Destillationstemperatur zu polymerisieren beginnt.

Es ist weiter vorgeschlagen worden, rohen Terephthalsäurediglykolester so zu reinigen, daß man seine mit $CaCO_3$ auf pH 7 eingestellte Lösung mit Na-Hyposulfit bei 55°C bis zur Entfärbung einer 0,1%igen wäßrigen Methylenblaulösung behandelt und anschließend noch mit Tierkohle kocht [21]. Schließlich kann die lästige Reinigung des fraglichen Esters umgangen werden, indem er mit Methanol und Katalysatoren zum Dimethylester umgewandelt wird [22, 23, 24]. In den deutschen Patenten D.P. [DDR] 41855 und D.P. [DDR] 68500 werden Verfahren beschrieben, Polyesterabfälle in kontinuierlicher Arbeitsweise mit Äthylenglykol bei

200 °C abzubauen (siehe Bild 10.11.) und das erhaltene Produkt mit Methanol zum Dimethylterephthalat umzusetzen.

Praktische Anwendung hat die lösende Wirkung von Äthylenglykol auf Polyäthylenterephthalat bei der Reinigung von Aggregaten der Kondensationsapparatur, wie Zahnradpumpen und Spinndüsen, gefunden, die durch Glykol bei erhöhter Temperatur und erhöhtem Druck von anhaftendem Polyesterharz befreit werden [18]. Siehe auch unter 5.3.4.

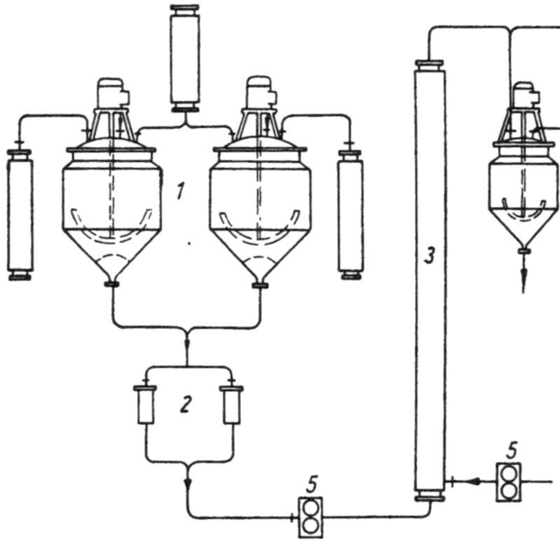

Bild 10.11. Schema einer Vorrichtung zum Abbau von Polyäthylenglykolterephthalat-Abfällen mit Äthylenglykol und zur Umesterung des Abbauproduktes zum Dimethylterephthalat [23]

1 – Abbaugefäße für Polyester-Abfälle; *2* – Filter für die in Glykol gelösten Abbauprodukte; *3* – Druckrohr für Umesterung mit Methanol; *4* – Gefäße zur Entspannung und zum Auskristallisieren desDimethylterephthalates; *5* – Pumpvorrichtungen

10.6. Vergleich der Wirtschaftlichkeit möglicher Verfahrenswege zur Aufbereitung von Polyäthylenterephthalat

Bei einer wirtschaftlichen Einschätzung der einzelnen Verfahren für eine ökonomische Aufbereitung von Polyesterabfall rangiert die Druckmethanolyse zweifellos an erster Stelle. Als Endprodukt der Depolymerisation entsteht unmittelbar Terephthalsäuredimethylester.

Voraussetzung für einen einwandfreien Verlauf der Druckmethanolyse des Polyesters ist aber, daß diesem keine Polyamidabfälle beigemischt sind, da in diesem Falle Schwierigkeiten bei der Filtration des Reaktionsproduktes auftreten und kein reiner Terephthalsäuredimethylester erhalten wird.

Diese Einschränkung gilt nicht für die Druckhydrolyse, bei der beträchtliche Mengen an Methanol eingespart werden und die Wiedergewinnung dieses Lösungsmittels durch Destillation entfällt. Die Druckhydrolyse kann daher mit dem Verfahren der Druckmethanolyse konkurrieren, wenn der Produktionsstätte des Polyesters eine Synthese von Dimethylterephthalat vorgeschaltet oder eine solche bzw. eine Reinigungsanlage für Terephthalsäure in der Nähe vorhanden ist. In diesem Falle kann die aus der Druckhydrolyse stammende Terephthalsäure in dieser Anlage mit verestert und der durch Destillation gereinigte Terephthalsäuredimethylester, dessen spezielle Gewinnung auf diesem Wege keine ursächlichen Kosten bedingt, der Polyesterproduktion aufs neue als Rohstoff zugeführt werden. Unter dieser Voraussetzung ist die Druckhydrolyse der Aufbereitung mit Methanol gegebenenfalls vorzuziehen, da sich die Installation der technischen Anlage wesentlich einfacher und preiswerter gestaltet als eine solche für die Druckmethanolyse und die Spaltreaktion ohne jedes Gefahrenmoment betrieben werden kann.

Auch die Druckhydrolyse des Polyesters mit Natronlauge ist grundsätzlich möglich, doch wird die Wirtschaftlichkeit dieser Methode durch einen größeren Aufwand an Filtrations- und Fällungsaggregaten und die damit verbundenen zusätzlichen Verfahrensgänge stark beeinträchtigt, so daß für die Regenerierung von Terephthalsäure aus Polyesterabfall die einfacher zu handhabende Druckspaltung mit Wasser bevorzugt in Frage kommt.

Die mögliche Spaltung des Polyesters mit Glykol erscheint besonders günstig, da dieses Verfahren nicht auf eine Druckapparatur angewiesen ist und als Regenerationsprodukt der polymerisationsfähige Terephthalsäurediglykolester anfällt. Dieser offenbare Vorteil wird aber durch die erforderliche Reinigung des Rohesters, die sehr umständlich nur durch häufiges Umkristallisieren aus Wasser mit Tierkohle möglich ist, entscheidend in Frage gestellt. Der Vorschlag, die lästige Reinigung des Rohproduktes durch Veresterung des Diglykolesters zum Dimethylester zu umgehen, hebt zwangsläufig den ursprünglichen wirtschaftlichen Vorteil der Verfahrenstechnik weitgehend wieder auf.

Der wirtschaftliche Vergleich der fraglichen Verfahren zeigt, daß Abfälle von Polyäthylenterephthalat zweckmäßig mit Methanol unter Druck zu Dimethylterephthalat regeneriert oder bei Erfüllung der aufgezeigten Vorbedingungen mittels der Druckhydrolyse zu Terephthalsäure aufgearbeitet werden. Bei Einsatz von Terephthalsäure anstelle von Terephthalsäuredimethylester beim Polykondensationsprozeß (siehe 4.2.1.2.) wird eine Spaltung der Abfälle mit Wasser [4] oder mit Fettsäuren [25] ökonomisch am günstigsten sein.

10.7. Literaturangaben

[1] Heinze, J., Lange, W., Ramm, H. und Richardt, H.: D. P. [DDR] 50310 (1963).

[2] Siggel, E. und Riehl, L.: D. B. P. 1155594 (1959).

[3] Siggel, E. und Riehl, L.: Oe. P. 225838 (1960).

[4] Ludewig, H. und Ramm, H.: D. P. [DDR] 14854 (1956).

[5] Littmann, E.: Über die Gewinnung von Terephthalsäure bzw. ihres Dimethyl- oder Diglykolesters aus Polyäthylenterephthalat. Abh. d. Deutsch. Akad. d. Wiss., Kl. f. Chemie, Geologie und Biochemie 1 (1963), 401—411.

[6] Heath, R. L.: Brit. P. 610135 (1948).

[7] Skinners Silk-Rayon Record, 1114 (1951): Brit. P. 652984.

[8] Schuller, E. und Selisko, L.: Zur Einwirkung von Alkalien auf Polyester-Seide. Mitteilungen des Institutes für Textiltechnologie der Chemiefasern, Rudolstadt-Schwarza, 3 (1961) 119—124.

[9] Hartmann, A. und Nüsslein, J.: D. A. S. 1001820 (1955).
[10] Siggel, E.: D. B. P. 934702 (1953).
[11] Lotz, R.: D. B. P. 960008 (1955).
[12] Jurgeleit, W.: D. B. P. 1003714 (1956).
[13] Siggel, E. und Macura, K.: D. B. P. 1003713 (1955).
[14] Alekcandru, L., Daskalu, L. und Kritesku, I. (Bukarest): Die katalytische Depolymerisation von Polyäthylenterephthalat, Chim. Volokno (russ.), Bd. 4, 1962, Heft 3, S. 25–27.
[15] Littmann, E., Langer, W. und Ramm, H.: D. P. [DDR] 16896 (1957).
[16] Gerlalh, R., Neuhaus, Cl. und Wick, G.: Abbau von Polyäthylenglykolterephthalat-Abfällen zu Dimethylterephthalat (Glanzstoff). Chemie-Ing.-Techn. **38** (1966) 234–237.
[17] Sinn, R. und Vogel, L.: Die Trägerdampf-Destillation und ihre Anwendung zur Reinigung von Dimethylterephthalat (BASF). Chemie-Ing.-Techn. **36** (1964) 210–211.
[18] Heath, R. L.: Brit. P. 610136 (1946).
[19] Richardt, H.: D. P. [DDR] 13537 (1955).
[20] Haber, F.: D. A. S. 1052394 (1956).
[21] I. C. I.: Ind. P. 52984.
[22] Münch, W., Notarbartolo, L. und Spano, L.: It. P. 493565 (1954).
[23] Heinze, J., Kühnpast, W., Ramm, H. und Richardt, H.: D. P. [DDR] 41855 (1964), D. P. [DDR] 68500 (1967).
[24] Kudrana, M. und Pavelcova, V.: Chemicky Prumysl 14/39 (1964) 1, 12–16.
[25] Schwenk, E.: D. O. S. 1926034 (1969).

Kapitel 11

11. Eigenschaften von Polyesterfäden

Die genaue Kenntnis der Eigenschaften einer synthetischen Faser ist von entscheidender Bedeutung sowohl für ihre sachgemäße Behandlung bei der Herstellung und Verarbeitung als auch für den richtigen Einsatz der aus ihr gefertigten Fabrikate.

Obwohl in den letzten Jahrzehnten viele neue synthetische Fasern geschaffen wurden, kann man nicht behaupten, daß sie auf dem Textilmarkt einander verdrängen. Das geschieht deshalb nicht, weil jede dieser Fasern auf Grund der ihr spezifischen physikalischen oder chemischen und damit auch textilen Eigenschaften für einen ganz bestimmten Verwendungszweck besonders prädestiniert ist, so daß nur selten ein beliebiger Austausch stattfinden kann. Deshalb hatte auch die Großproduktion der Polyesterfasern keinen Rückgang der Polyamidfaserproduktion zur Folge, sondern gestattete es u. a. auf Grund des wollähnlichen Charakters der Polyesterfasern, den Sektor der aus Schafwolle hergestellten Textilien zu entlasten.

Neben den altbewährten Polyesterfasern wurden in den letzten Jahren viele neue Polyesterfasern mit veränderten Eigenschaften auf dem Markt angeboten. Falls nicht ausdrücklich vermerkt, handelt es sich bei den nachfolgend beschriebenen Eigenschaften um die der nicht modifizierten PÄT-Fasern [1,21].

11.1. Physikalische Eigenschaften

11.1.1. *Aussehen*

Das Aussehen einer Faser wird durch ihre Farbe und ihre Form bestimmt.

11.1.1.1. Farbe

Die Polyesterfasern weisen eine leicht elfenbeinfarbene Tönung auf. Sofern für besondere Verwendungszwecke (Gardinen, Spitzen) ein reinweißer Ton gefordert wird, steht eine Anzahl optischer Aufheller zur Verfügung, von denen sich Uvitex RE, ER bzw. ERN (Ciba) wegen ihrer Waschfestigkeit als besonders geeignet erwiesen haben.

Die Polyesterfaser vom Kodel-Typ bedarf einer solchen Aufhellung kaum, da sie bereits in sehr weißem Zustand erzeugt wird [2].

11.1.1.2. Form

In ihrer *Längsansicht* sind die Polyesterfäden als Filamentgarn glatt; als Stapelfaser werden sie mit einer Kräuselung versehen (mechanisch oder chemisch, vgl. Kapitel 9).

Im *Querschnitt* werden die Polyesterfasern im allgemeinen rund hergestellt. Da jedoch für Polyamidfasern gewisse Vorteile durch die Verarbeitung nichtrunder Fasern nachgewiesen werden konnten, wurden bei Polyesterfasern ebenfalls Profil- bzw. Klebeprofiltypen mit Stern-, H- und Hohlquerschnitten entwickelt [4—7, 112] (vergleiche Bild 11.1a—h).

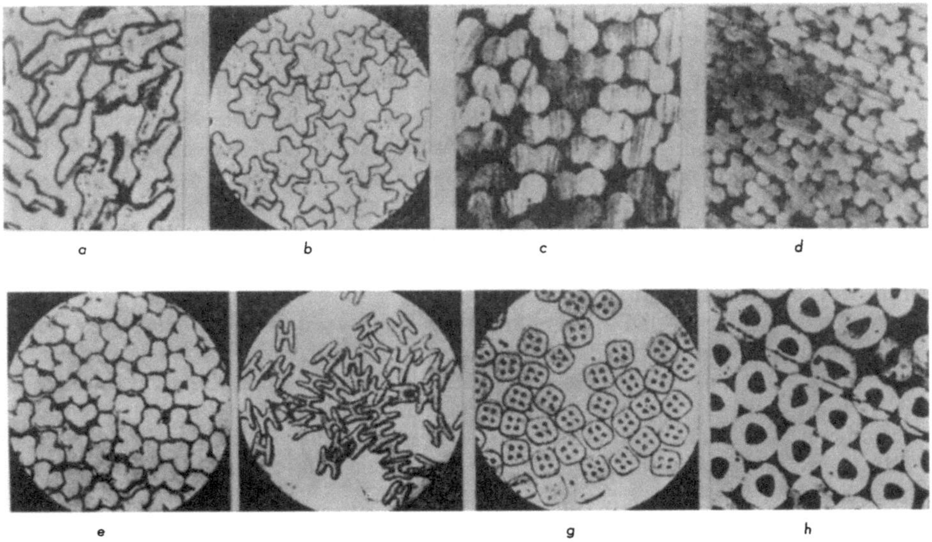

Bild 11.1. Faserquerschnitte [3]
a, b) Profilfaser; *c—e*) Klebeprofilfaser; *f*) H-Profilfaser; *g, h*) Klebeprofil-Hohlfaser

Durch den profilierten Querschnitt erhält die für gewöhnlich glatte zylindrische Fadenoberfläche eine entsprechende Riffelung, die sich günstig auf die Haftung der synthetischen Fasern im Garn und Gewebeverband auswirkt.

Die Luftkanäle der Hohlfasern haben neben einer größeren Wärmehaltung auch eine Senkung des spezifischen Gewichtes zur Folge (vgl. 11.1.2.1. und 12.1.3.1.1.).

11.1.2. *Mechanische Eigenschaften*

Die mechanischen Eigenschaften einer Faser, gleichgültig, ob Natur- oder Synthesefaser, sind in erster Linie bestimmend für die Güte und den Gebrauchswert der aus ihr gefertigten Textilien und können deshalb im weitesten Sinne auch als textile Eigenschaften angesprochen werden.

11.1.2.1. Spezifisches Gewicht [8]

Das spezifische Gewicht der Polyesterfasern auf Polyäthylenterephthalat-Basis beträgt 1,38—1,40 und liegt damit höher als das von Polyamidfasern (1,14) oder von Polyacrylnitrilfasern (1,17).

Durch Fixierung der Polyesterfasern tritt eine Erhöhung des spezifischen Gewichtes ein. Sowohl bei Heißluftfixierung bis 240 °C als auch bei Sattdampffixierung bei 140 °C ist mit steigender Fixiertemperatur eine Dichtesteigerung feststellbar [9].

Durch die Herstellung der Hohlprofiltypen (vgl. Kapitel 11.1.1.2.) ist es jedoch möglich, je nach der eingeschlossenen Luftmenge das spezifische Gewicht auf 1,2—0,6 herabzudrücken. Dadurch können Bekleidungstextilien hergestellt werden, die trotz ihrer hervorragenden Wärmehaltung viel leichter im Gewicht sind als Wolle (spez. Gew. = 1,32).

Polyesterfasern vom Kodel-Typ haben ein spezifisches Gewicht von 1,22 [15—17].

11.1.2.2. Reißfestigkeit und Bruchdehnung

Festigkeit und Bruchdehnung können je nach dem Verstreckungsgrad beträchtlich variiert werden (vgl. Kapitel 6 und 7).

Bei Polyesterseide wird ein hochfester Typ mit niedriger Bruchdehnung neben dem Normaltyp mit mittlerer Festigkeit und Dehnung hergestellt [10, 11].

Die Stapelfaser liegt in der Festigkeit tiefer und in der Dehnung höher als die endlosen Seidenfäden, da dies dem Verarbeitungszweck besser entspricht. Die typischen Festigkeiten und Bruchdehnungen für Polyesterfäden sind aus Tabelle 11.1a. und 11.1b. [12] ersichtlich.

Tabelle 11.1a. Festigkeit und Bruchdehnung von Polyesterfäden

		Polyester-Seide hochfest	normal	Polyester-Stapelfaser
Festigkeit	(g/den)	6—7	4,5—5,5	3,5—4
	(Rkm)	54—63	40—50	32—36
Bruchdehnung	(in %)	12,5—7,5	25—15	40—25

Tabelle 11.1b. Chemische und textilphysikalische Eigenschaften von Polyester-Kordgrundgarn

Titer (den)	1000/192
Reißfestigkeit (g/den)	8,7—9,2
Reißdehnung (%)	11—14
Uster-Ungleichmäßigkeit (%)	< 1,5
Hitzeschrumpfbetrag bei 160 °C in Luft (%)	< 9
Grenzviskositätszahl (Intrinsic-Viskosität)	0,87—0,92
Glykoläthergehalt (Gew.-%)	< 1,5
Kristallitschmelzpunkt (°C) (polarisationsoptisch bestimmt)	258—262
Carboxylendgruppen (10^{-3} mÄq/g)	< 28

In Tabelle 11.1b. sind die wichtigsten chemischen und textilphysikalischen Werte eines nach einem fortschrittlichen Verfahren hergestellten Polyester-Kordgrundgarnes zusammengefaßt.

Gegenüber anderen synthetischen Fäden haben die Polyesterfäden den Vorteil, daß ihre Naßfestigkeit praktisch 100% der Trockenfestigkeit beträgt, was sich besonders für technische Verwendungszwecke günstig auswirkt.

Bei der Polyesterfaser vom Kodel-Typ wurde eine Reißfestigkeit (trocken und naß) von 2,7 g/den = 24 Rkm bei durchschnittlich 27% Bruchdehnung ermittelt [15, 16].

Die physikalisch-mechanischen Eigenschaften der Polyesterfäden werden weitgehend vom Molekulargewicht des Polymeren [13] und vom Verstreckungsgrad [14] beeinflußt.

11.1.2.3. Elastisches Verhalten

Vergleicht man die Spannungs-Dehnungs-Diagramme der Polyesterfasern mit denen anderer synthetischer Fäden (vgl. Bild 11.2.), so ist klar ersichtlich, daß Polyesterfäden einen sehr hohen anfänglichen Elastizitätsmodul aufweisen.

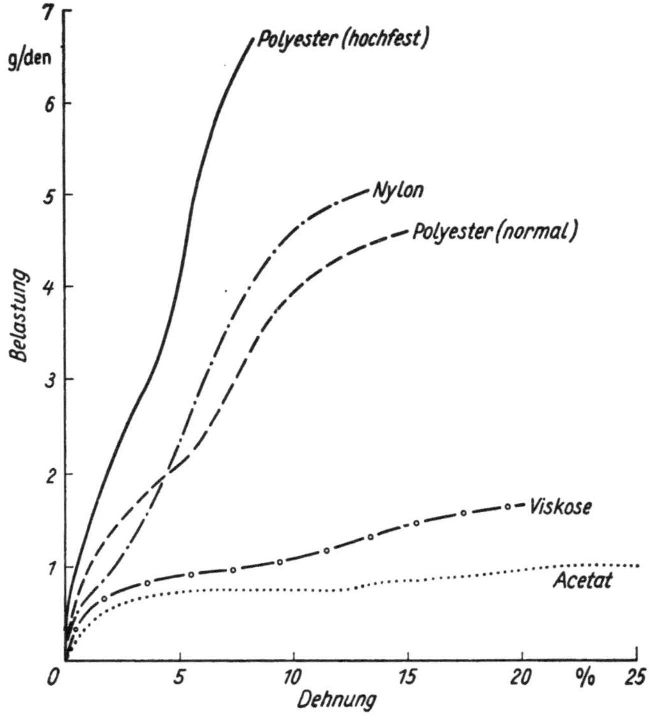

Bild 11.2. Kraft-Dehnungskurven von Polyester im Vergleich zu anderen Kunstfasern

Beispielsweise ist eine Kraft von 1,75 p/den erforderlich, um eine Dehnung der Polyesterfäden des Normaltyps von nur 2% hervorzurufen, während bei Polyesterseide hochfest sogar 2,25 p/den nötig sind. Das sind Kräfte, die z. B. bei einer guten Acetatfaser schon längst zu einem Bruch geführt haben würden.

Der hohe Verstreckungsmodul ist eine für den Herstellungs- bzw. Verarbeitungsprozeß der Polyesterfäden günstige Eigenschaft, weil dadurch praktisch verhindert wird, daß u. a. die bei der Spulenaufwicklung oder ähnlichen Vorgängen auftretenden geringen Spannungen eine zusätzliche Dehnung bzw. Verstreckung bewirken.

Infolge des hohen Elastizitätsmoduls besitzen die feinen Polyesterfäden ein sehr gutes elastisches Erholungsvermögen gegenüber Zug, Druck oder Biegung [17].

Versuche mit Fadenproben, die einer schnellen Belastung und ebenso schnellen Entspannung unterworfen wurden, haben bereits innerhalb der ersten Minute nach Wegnahme der Kraft folgende elastische Erholung der Fäden gezeigt:

bei 2% Dehnung = 97% elastische Erholung
bei 4% Dehnung = 90% ,, ,,
bei 8% Dehnung = 80% ,, ,,

Dieses rasche Erholungsvermögen ist die Ursache für einige sehr geschätzte textile Eigenschaften, durch die sich die Polyesterfäden vor anderen synthetischen Fasern auszeichnen, nämlich: sehr gute Bauschigkeit, weitgehende Knitterarmut, Standfestigkeit und Formbeständigkeit (vgl. Kapitel 12.1.1.).

Dieses ausgezeichnete Erholungsvermögen liegt bei Polyesterborsten jedoch keineswegs vor, denn diese sind in ihrem elastischen Wiederaufrichtungsvermögen, wie Bild 11.3. a_1—b_2 zeigt, den Polyamidborsten sogar weit unterlegen.

a_1 b_1

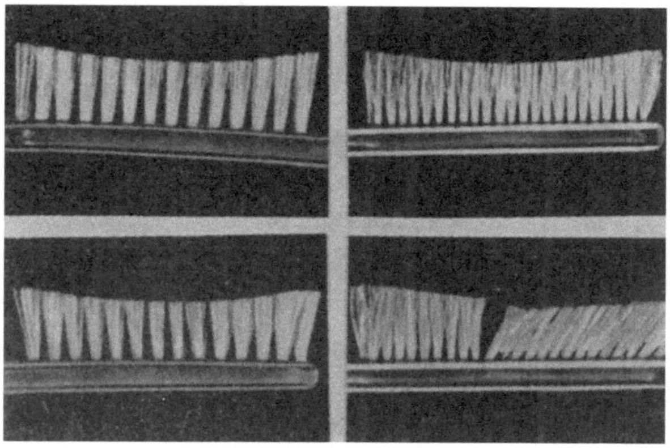

a_2 b_2

Bild 11.3. Erholungsvermögen von Polyesterborsten (b) im Vergleich zu Polyamidborsten (a)

a_1, b_1) vor der Belastung
a_2, b_2) nach der Belastung

Dieses zunächst völlig überraschende Verhalten läßt sich dadurch erklären, daß die Borsten noch weitgehend amorph und somit die gegenseitigen Verankerungen der Kettenmoleküle sehr gering sind, so daß sie bei Beanspruchung leicht gegeneinandergleiten und nicht über ausreichende Rückstellkräfte verfügen.

Die Polyesterfäden weisen jedoch einen hohen Kristallinitätsgrad und damit eine feste Kettenverankerung auf, die die oben beschriebene gute elastische Erholung bedingt [18].

11.1.2.4. Schrumpfung

Die durch Wasser und Hitze bewirkten Schrumpfverhältnisse der Polyesterfäden unterscheiden sich in bemerkenswerter Weise von denen der Polyamidfäden.

Da an anderer Stelle (vgl. Kapitel 7) ausführlich auf dieses Problem eingegangen wird, soll hier nur der Vollständigkeit halber kurz das Wesentliche hervorgehoben werden.

Die Schrumpfeigenschaften der unbehandelten Polyesterfasern sind deutlich abhängig von der Höhe der Verstreckung; so zeigen z. B. nicht voll ausgestreckte Fasern eine starke Schrumpfung, eine Erscheinung, die für die Herstellung von Polyesterfilzen von besonderer Bedeutung ist [18, 19].

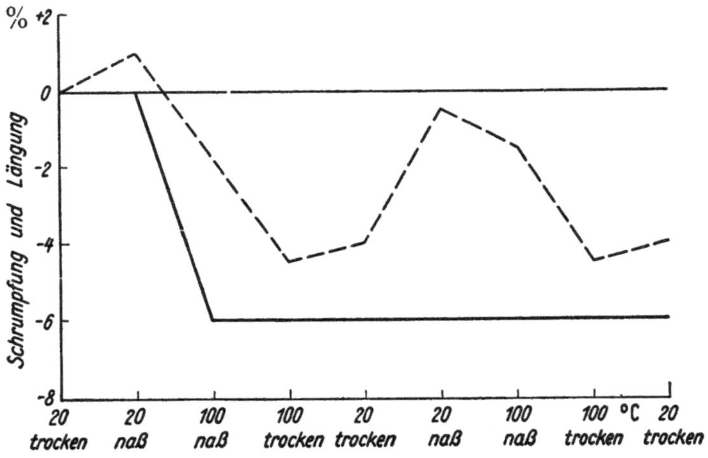

Bild 11.4. Schrumpfung von bei 100°C unter Spannung fixierten Polyester- und Polyamidfäden, *Nm* 200 [12]

——— Polyester; – – – Polyamid

Bestimmend für die Größenordnung des Erstschrumpfens ist außerdem die Fixierung der Polyesterfäden unter Spannung. Während z. B. ein gestreckter, nicht nachbehandelter Polyesterfaden um 10% schrumpft, sinkt dieser Wert nach Vorfixierung durch Kochen in Wasser unter Spannung auf 4% und durch Formfixierung bei 125°C bis auf 1% ab [3].

Bild 11.4. veranschaulicht das unterschiedliche Schrumpfverhalten unter Spannung fixierter Polyester- und Polyamidfäden.

Hochschrumpffasern, hauptsächlich solche aus Copolyestern, spielen für Einsatzgebiete auf dem technischem Sektor z. B. für Filze und Vliese, aber auch für die Weberei und die Strickerei eine große Rolle [19, 20, 21].

11.1.2.5. Scheuer- und Biegefestigkeit

Die Scheuerfestigkeit der Polyesterfäden erreicht zwar nicht die außergewöhnlich hohen Werte wie die der Polyamidfäden, kommt aber gleich nach ihnen und übertrifft die Werte anderer Kunstfasern um ein Vielfaches. Tabelle 11.2. [22] gibt eine anschauliche Vergleichsmöglichkeit:

Tabelle 11.2. Scheuerfestigkeiten von Polyester- und anderen Kunstfasern

Faserart	Titer des Einzelfadens	Zahl der Scheuerungen bis zum Reißen	
	in den	trocken	naß
Polyester	2	1980	1870
Polyamid	3 (2)	8800 (5870)	3890 (2590)
Polyacrylnitril	2,5 (2)	135 (108)	139 (111)
Viskose	2	880	28
Acetat	4 (2)	409 (205)	58 (29)

( ) = auf 2 den umgerechnet

11.1.3. *Thermische Eigenschaften*

Die genaue Kenntnis der thermischen Eigenschaften bzw. des Temperaturverhaltens ist für den richtigen Einsatz einer Textilfaser genauso wichtig wie bei jedem anderen Rohstoff. Je besser die thermischen Eigenschaften einer synthetischen Faser sind, desto vielseitiger kann sie z. B. im technischen Sektor und für bügelfeste Kleidungsstücke Verwendung finden.

Von den auf dem Weltmarkt zur Zeit gehandelten synthetischen Fasern zeigen die Polyesterfäden ein recht günstiges thermisches Verhalten.

11.1.3.1. Schmelzpunkt und Erweichungspunkt

Die Polyesterfasern haben einen Schmelzpunkt von 255—260 °C und einen Erweichungsbereich von 230—240°C. Damit liegen die Polyesterfasern im Schmelzpunkt zum Teil erheblich über dem der Polyamidfäden (Nylon 250 °C, Dederon bzw. Perlon 215°C); auch die Erweichung setzt bei den Polyamiden bei dementsprechend niedrigeren Temperaturen ein (Nylon 185 °C, Dederon bzw. Perlon 170 bis 180°C).

Die Temperaturen des Schmelz- und Erweichungspunktes der synthetischen Textilfasern haben unmittelbaren Einfluß auf die Behandlungsweise der aus ihnen hergestellten Textilien. So vertragen Polyester-Textilien beim Bügeln (empfehlenswerte Temperatur 140—150°C) noch eine kurzfristige Berührung mit einem 170—180 °C heißen Eisen, ohne Schaden zu leiden, da das Gewebe erst bei 205°C am Eisen kleben bleibt [17]; ein Polyamidgewebe (Dederon, Perlon) dagegen würde selbst bei sekundenschneller Berührung mit einem Bügeleisen von über 150 °C sofort zerstört werden.

Trotzdem ist dringend zu raten, Polyestergewebe durch ein feuchtes Tuch zu bügeln, da bei direkter Berührung mit dem heißen Bügeleisen sehr schnell ein Farbumschlag des Stoffes eintreten kann.

Die Polyesterfasern vom „Kodel"-Typ übertreffen in der Höhe ihres Schmelzpunktes die Polyäthylenterephthalat-Fasern: er liegt bei 290—295 °C. Gewebe aus Kodel könnten daher ohne jede Gefahr bei einer Temperatur von 210 °C gebügelt werden [16].

11.1.3.2. Brennproben und Entflammbarkeit

Wird eine Polyesterfaser mit einer Flamme in Berührung gebracht, so zieht sich das Faserende zusammen und schmilzt unter Bildung eines Tröpfchens oder Kügelchens, das sich nur schwer entzündet. Im Falle einer Entzündung brennt das Kügelchen mit rußiger Flamme unter Entwicklung eines aromatischen Geruches. Fast stets löst sich jedoch das — evtl. brennende — Kügelchen vom Gewebe bzw. Garn ab, das somit im allgemeinen nicht weiterbrennt [22].

Befinden sich die Polyesterfasern jedoch in Mischung mit einer leicht entflammbaren Faser, die die Verbrennung fördert, so brennen sie ebenfalls mit der anderen Faser zusammen weiter.

Eigenartig ist die Tatsache, daß ein Gemisch von Polyester- und Glasfasern weiterbrennt, wenn es angezündet wird, während jede dieser Faserarten für sich allein die Verbrennung nicht aufrechterhält [17].

Die Erscheinung läßt sich nur damit erklären, daß die an sich feuerhemmenden Stoffe die Verbrennung dadurch fördern, daß sie vielleicht die Viskosität des schmelzenden bzw. geschmolzenen Materials verändern oder das geschmolzene Polymer daran hindern, von dem übrigen Stoff oder Garn abzutropfen [23].

Hinsichtlich der Brennbarkeit muß auch beachtet werden, daß die meisten Ausrüstungsmittel die Entflammbarkeit und das Verbrennen auch reiner Polyesterfasern unterstützen. Auch die atmosphärischen Bedingungen haben einen nachweisbaren Einfluß auf die Brennbarkeit der Polyesterfasern; so wurde z. B. festgestellt, daß Polyestergewebe bei ruhiger Luft an der Verbrennung teilnehmen, während sie bei bewegter Luft die Verbrennung nicht begünstigen [17].

11.1.3.3. Beständigkeit gegenüber hohen und tiefen Temperaturen

Der relativ hohe Schmelzpunkt (vgl. 11.1.3.1.) der Polyesterfasern läßt bereits auf eine gute thermische Beständigkeit schließen. Tatsächlich beweisen entsprechende Vergleichsversuche, daß die Polyesterfasern unter den handelsüblichen Kunstfasern hinsichtlich ihrer thermischen Beständigkeit besonders hervorragen. Wird die Polyesterfaser eine Woche lang trockener Heißluft von 150 °C ausgesetzt, so verliert das Garn nur 15—30% seiner ursprünglichen Festigkeit; bei einer 6wöchigen Behandlung dieser Art beträgt der Festigkeitsverlust ca 50%.

Bild 11.5. zeigt den Einfluß von Hitze auf Polyester- und andere Textilfasern.

Es wurde festgestellt, daß die Polyesterfaser sogar nach einer 72stündigen Einwirkung von 200 °C noch über $^1/_4$ ihrer ursprünglichen Festigkeit bei 0 °C besitzt (ca. 1,5 g/den) [22].

Wie schon betont, beziehen sich die Angaben auf die Einwirkung trockener Hitze. In Anwesenheit von Wasserdampf ergeben sich je nach dessen Konzentration weniger günstige Festigkeitsverhältnisse, da Wasserdampf oberhalb 100 °C hydrolysierend auf die Polyestersubstanz wirkt [24].

Im Kältebereich zeigt die Polyesterfaser, ähnlich wie die Acrylfaser, oftmals eine Zunahme der Festigkeit. Durch Behandlung bei Temperaturen von —40°C traten Festigkeitszunahmen bis 6% auf, während die Dehnungen um 30% zurückgingen.

Der Elastizitätsmodul steigt im Kältebereich (wie bei Nylon 66) ganz erheblich an [25].

Bild 11.6. zeigt die Temperaturabhängigkeit des Kraft-Dehnungs-Verhaltens von Polyesterfaser (Dacron) im Bereich von —50 °C bis +200 °C.

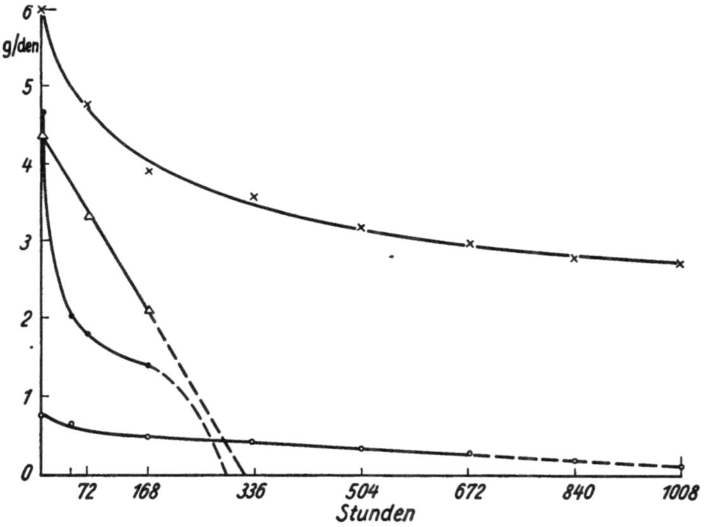

Bild 11.5. Dauereinwirkung trockener Hitze von 150 °C auf die Festigkeit von Polyester- und anderen Textilfasern [22]

× Polyester; · Polyamid (Nylon); △ PAN (Orlon); ○ Wolle

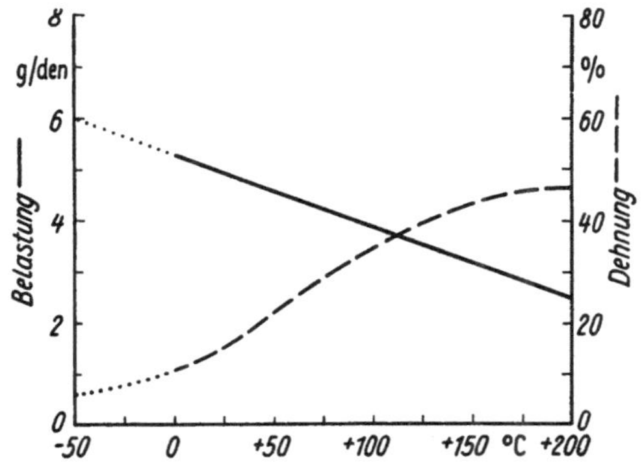

Bild 11.6. Temperaturabhängigkeit des Kraft-Dehnungs-Verhaltens von Polyesterfaser (Dacron) [25] von —50 °C bis +200 °C

11.1.4. *Lichtbeständigkeit*

Die Polyesterfasern sind, gemessen an der prozentualen Erhaltung der Reißfestigkeit und in bezug auf Lichtbeständigkeit den besten der natürlichen Fasern (z. B. Baumwolle) ungefähr ebenbürtig. Da sie jedoch eine wesentlich höhere ursprüngliche Festigkeit pro Gewichtseinheit aufweisen, besitzen sie bei langer Exposition im Sonnenlicht eine viel längere Haltbarkeit als die natürlichen Fasern. Bild 11.7. gibt Aufschluß über den Festigkeitsverlust von Polyesterfasermaterial, das bis zu ca. 3000 Std. der Sonnenbelichtung ausgesetzt wurde.

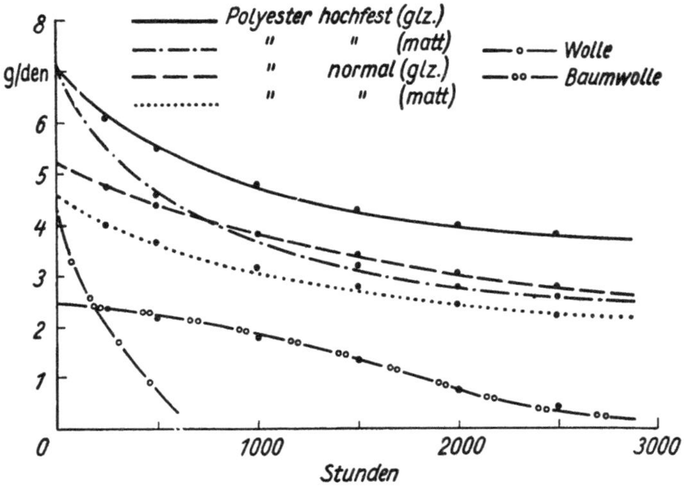

Bild 11.7. Einwirkung von Tageslicht auf Polyester- und andere Fasern [22]

Daraus ist zu entnehmen, daß die Polyesterfaser nach 1000stündiger Belichtung noch ca. 60—70% ihrer Ausgangsfestigkeit besitzt und ihr Festigkeitsabfall etwa parallel dem der Baumwolle verläuft, wobei der absolute Wert in g/den bei Polyesterfasern jedoch mindestens das Doppelte beträgt.

Die Darstellung veranschaulicht gleichzeitig die — auch bei anderen Synthesefasern auftretende — Steigerung der Lichtempfindlichkeit durch Mattierungsmittel.

Polyesterfäden sprechen nur auf den ultravioletten Bereich zwischen ca. 3000 und 3300 Å an. Da diese UV-Strahlung durch Glas jedoch fast restlos absorbiert wird, zeigen Polyestergewebe hinter Glas (Gardinen) eine sehr lange Lebensdauer und Gebrauchstüchtigkeit. Während Polyestergewebe nach etwa 2800stündiger Belichtung noch 30—40% ihrer Ausgangsfestigkeit besitzen, ist die Naturseide bereits nach ca. 600stündiger Belichtung zerfallen [22].

Eingehende Belichtungsversuche, die von A. Sippel durchgeführt wurden, um die Lichtbeständigkeit von Polyamid- und Polyestergeweben zu vergleichen [26, 27], haben ergeben, daß die jahrelang in der Literatur anzutreffende Behauptung, daß Polyestergewebe im Hinblick auf Lichteinwirkung wesentlich resistenter seien als Polyamidgewebe, nur eine bedingte Gültigkeit hat. Außerdem wirken im praktischen Einsatz in der freien Atmosphäre (Planen, Zelte usw.) ja eine Vielzahl klimatischer Faktoren gemeinsam ein (vgl. 11.1.6.), so daß es sehr schwierig ist, hierbei eine ganz exakte Trennung vorzunehmen. Unter anderem wurde noch festgestellt, daß die schädigende Wirkung der Sonnenbestrahlung in ihrer Intensität sowohl vom Breitengrad als auch der Höhenlage des Ortes abhängig ist, an dem das Gewebe zum Einsatz gelangt. So fällt z. B. die Festigkeit von Nylon durch Sonnenbestrahlung im tropischen Klima wesentlich schneller ab als im gemäßigten, während die Schädigungsgeschwindigkeit bei Polyestergeweben in allen Fällen geringer ist. Da jedoch die Ausgangsfestigkeit der Polyamidfasern ca. 20% höher liegt als die der Polyesterfasern, wird nach einer entsprechenden Zeit der Lichteinwirkung ein ungefährer Gleichstand der Festigkeiten beider Gewebearten erreicht.

11.1.5. *Wasseraufnahme*

Die Feuchtigkeitsaufnahme bei Polyesterfasern ist sehr gering; sie beträgt bei Normalatmosphäre 0,4% (Polyacrylnitrilfasern 1—2%, Polyamidfasern 4%) und steigt selbst bei 100% relativer Luftfeuchtigkeit nur auf 0,6 bis maximal 1,0% an.

Die geringe Feuchtigkeitsaufnahme erklärt einerseits, daß Polyestertextilien sehr schnell trocknen und daß andererseits praktisch kein Unterschied zwischen den Festigkeits- und Dehnungswerten der trockenen und nassen Polyesterfasern besteht [17].

Die Kurve der Feuchtigkeitsaufnahme (Bild 11.8.) ist von der Temperatur der Befeuchtungsatmosphäre weitgehend, zumindest im Bereich von 20—90 °C, unabhängig [28] (zur Beständigkeit gegenüber Wasser vgl. 11.2.1.).

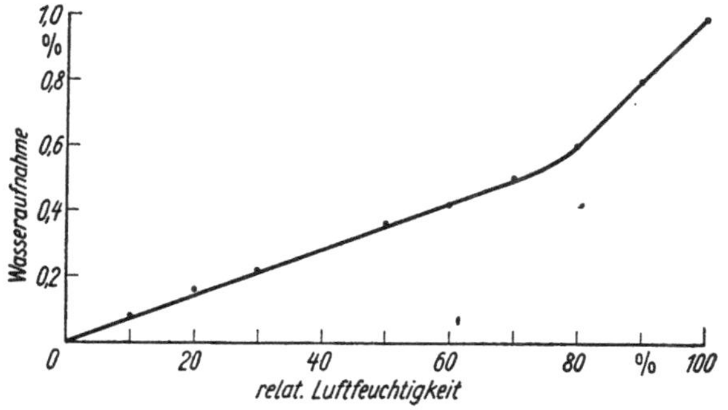

Bild 11.8. Feuchtigkeitsaufnahme der Polyesterfäden [28]

11.1.6. *Wetterbeständigkeit*

Die Wetterbeständigkeit eines Stoffes, d. h. seine Widerstandskraft gegenüber längerer Einwirkung der klimatischen Verhältnisse, wird größtenteils durch die im Abschnitt 11.1.3.—11.1.5. besprochenen Eigenschaften, nämlich Beständigkeit gegenüber hohen und tiefen Temperaturen sowie Licht und Wasser, bestimmt.

Da die Polyesterfasern gegenüber diesen Einflüssen im Vergleich zu den anderen synthetischen und natürlichen Textilfasern eine sehr gute Beständigkeit aufweisen, sind sie auch in ihrer Wetterbeständigkeit sehr gut. Die Polyesterfabrikate vertragen tiefe Temperaturen (bis —40 °C) und lange Sonnenlicht-Einwirkung (bis 1000 Std.) völlig ohne bzw. ohne erheblichen Festigkeitsverlust (vgl. 11.1.3.3. und 11.1.4.) und werden auch durch wochenlanges Eintauchen in kaltes oder warmes Wasser nicht nennenswert in ihrer Gebrauchstüchtigkeit beeinträchtigt (vgl. 11.2.1.) [29].

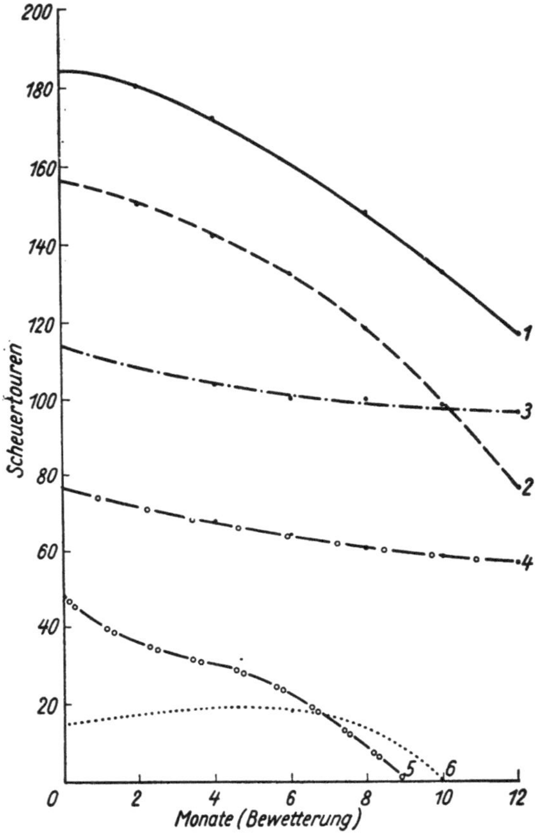

1—Polyester-Reißspinngarn gl.;
2—Polyamid-Reißspinngarn gl.;
3—yolyacrylnitril-Reißspinngarn gl.;
4—Hanfgarn;
5—Jute;
6—Wolle

Bild 11.9. Nachweis der Wetterbeständigkeit von Polyestergarnen an Hand der Scheuertouren

Ein wichtiges Kriterium für die Wetterbeständigkeit von z. B. überwiegend im Freien eingesetzten Textilien (Planen, Segel, Taue) ist deren Scheuerfestigkeitsverhalten. In Bild 11.9. wird als Ergebnis einiger Bewetterungsversuche von einjähriger Dauer die ausgezeichnete Wetterbeständigkeit von Polyestergarnen an Hand der Scheuertouren veranschaulicht [30].

11.1.7. *Elektrische Eigenschaften*

Die Polyesterfasern besitzen auf Grund ihrer geringen Feuchtigkeitsaufnahme elektrische Eigenschaften, die sich günstig oder ungünstig auswirken.

Messungen der dielektrischen Konstante und des Verlustfaktors sowohl im kristallinen als auch im amorphen Zustand über einen weiten Frequenz- und Temperaturbereich (durchgeführt von W. Reddish [30, 31]) hatten folgendes Ergebnis:

Die dielektrische Konstante liegt fast im gesamten Meßbereich zwischen 3,0 und 3,8 und der Verlustfaktor zwischen 0,04 und 0,001. Ein großer Vorteil der Polyesterfäden ist darin zu sehen, daß sie ihre mechanischen und elektrischen Eigenschaften auch bei hohen Temperaturen (bis zu 180°C) beibehalten.

Weitere auf der glatten Oberfläche von Polyestergeweben durchgeführte Versuche haben gezeigt, daß weder beim Überschlagen eines Funkens noch bei längerem Kontakt mit einem Bogen eine Verkohlung und eine damit verbundene leitende Spur entstehen [22]. Bei unmattierter Polyesterfolie wurde ein spezifischer Widerstand von $10^{17}\,\Omega \cdot \mathrm{cm}$ gemessen. Deshalb ist Polyestermaterial als „nicht leitend" zu bezeichnen und somit für elektrotechnische Verwendung hervorragend geeignet (vgl. 12.2.3.4.).

Neben diesen günstigen elektrischen Eigenschaften der Polyesterfasern bewirkt ihre geringe Feuchtigkeitsaufnahme andererseits unerwünschte elektrostatische Aufladungen, die beim Verarbeitungsprozeß stören und beim Fertigfabrikat, vor allem bei Wäsche und Oberbekleidung, die Anziehung der Staub- und Schmutzteilchen aus der Luft begünstigen. Diesen Nachteilen kann jedoch durch Anwendung hydrophiler Ausrüstungsmittel (Schlichten usw.) erfolgreich entgegengewirkt werden (vgl. Kapitel 8. und 12.1.2.1.).

11.2. Chemische Eigenschaften

Was die Polyesterfasern vor anderen synthetischen Fasern auszeichnet, ist ihre besonders hohe Beständigkeit gegenüber einem weiten Bereich von Chemikalien. Entsprechend der chemischen Struktur der Polyesterfasern sind zwar der Benzolkern und die beiden Methylengruppen ausgesprochen reaktionsträge, um so reaktionsfreudiger aber die sie verknüpfenden Estergruppen, die einem hydrolytischen Angriff durch Säuren und Alkalien leicht unterliegen müßten. Wenn jedoch tatsächlich eine relativ große Resistenz vorliegt, so dürfte das unter anderem mit der hohen Kristallinität der Polyesterfasern zusammenhängen [32].

Die bisher vorliegenden, in der Literatur zugänglichen Versuche über die chemische Reaktionsfähigkeit der Polyesterfasern können keinesfalls als erschöpfend betrachtet werden und weisen hier und da noch voneinander abweichende Ergebnisse auf; trotzdem ist die gute chemische Resistenz, besonders gegenüber Säuren, ein Faktum, das die Hauptvoraussetzung für den verbreiteten Einsatz der Polyesterfasern auf technischem Gebiet bildet (vgl. 12.2.1.4. und 12.2.3.).

11.2.1. *Beständigkeit gegenüber Wasser*

Bei der Behandlung der Wetterbeständigkeit von Polyesterfasermaterial (vgl. 11.1.6.) wurde festgestellt, daß längeres Liegen in kaltem oder warmen Wasser praktisch keine Minderung der Gebrauchstüchtigkeit verursacht. Das Verhalten ändert sich jedoch, sobald kochendes Wasser oder Wasserdampf auf das Material einwirken.

Eine längere Kochbehandlung mit Wasser bei normalem Atmosphärendruck ruft nach Arbeiten von H. LUDEWIG und W. UTTING einen stetigen hydrolytischen Abbau der Polyesterfasern hervor.

Dabei geht der Abfall der Werte für Bruchlast, Dehnung und Reißlänge bei Material, das ohne Spannung gekocht wird, schneller vor sich als unter Spannung.

Zu den Versuchen, deren Ergebnisse in Tabelle 11.3. zusammengestellt sind, wurde Polyesterseide *Nm* 100 (24) eingesetzt (vgl. hierzu auch Kapitel 7).

Tabelle 11.3. Verhalten von Polyesterfäden in kochendem Wasser

Kochdauer	ohne Spannung gekocht			unter Spannung gekocht		
	Bruchlast	Dehnung	Reißlänge	Bruchlast	Dehnung	Reißlänge
in Std.	g/den	%	Rkm	g/den	%	Rkm
Ausgangs-material[1])	517	13,0	50,0	525	9,4	52,0
1	509	13,2	48,0	490	9,2	50,0
5	510	14,2	48,0	498	9,0	50,3
80	437	13,9	41,6	430	7,7	44,7
162	309	12,0	31,2	359	5,4	37,3
333	186	7,9	17,5	191	2,4	19,3

[1]) Die Seide ist 1/2 Std. bei 136 °C dampffixiert.

Dieses hier beschriebene Verhalten von Polyesterfasern in kochendem Wasser bildet die Grundlage für das großtechnische Verfahren zur Aufbereitung von Polyesterfaserabfällen zu Terephthalsäure, wobei der hydrolytische Abbau bei Temperaturen von 200 °C eine entsprechende Beschleunigung erfährt (vgl. Kapitel 10).

Auch durch Behandlung mit Wasserdampf, besonders unter Druck, können Festigkeit und Farbe der Polyesterfäden negativ beeinflußt werden. Der Dampf verursacht ebenso wie das kochende Wasser eine Hydrolyse der Estergruppen, wodurch ein Festigkeitsverlust der Fasern hervorgerufen wird. Der Grad des Abbaus ist abhängig vom Dampfdruck und läßt sich, wie die folgende Tabelle 11.4. zeigt, am deutlichsten durch die Viskositätsmessungen (hier: der „inneren Viskosität“ — intrinsic viscosity) nachweisen [22].

Tabelle 11.4. Verhalten von Polyesterfäden bei Bedampfung unter Druck

Bedampfungszeit	Dampfdruck	Abnahme der Festigkeit in %		intrins. Viskosität
in Min.	kg/cm²	Kette	Schuß	
unbehandelt	—	—	—	0,61
20	2,81	0	0	0,57
20	5,27	0	12	0,51
20	7,03	4	18	0,46

Obwohl sich bei einem Dampfdruck von 2,81 kg/cm² nach 20 Min. noch kein Verlust in der Festigkeit des Gewebes bemerkbar macht, ist der beginnende Abbau bereits am Absinken der Viskosität feststellbar.

Auf Grund dieses Verhaltens der Polyesterfaser ist es ratsam, für die Heiß-fixierung die Dampf-Druck-Methode mit größter Vorsicht anzuwenden.

11.2.2. *Beständigkeit gegenüber Säuren*

Die Beständigkeit der Polyesterfäden sowohl gegenüber verdünnten anorganischen als auch gegenüber organischen Säuren kann als hervorragend bezeichnet werden.

In den folgenden Ausführungen wird als Kriterium für die Wirkung der Säuren in erster Linie ihr Einfluß auf die Festigkeits- und Dehnungswerte herangezogen, da diese Daten für die Gebrauchstüchtigkeit eines Textilfabrikats von ausschlaggebender Bedeutung sind.

Tabelle 11.5a. Einfluß von Schwefelsäure (H_2SO_4) nach 72 Stunden

Temperatur °C	Konzentration %	Festigkeitsabfall (ca.) %
40	10	0
	20	0
	30	1
	40	2
	50	5
	60	15
	70	28
70	10	0
	20	1
	30	2
	40	10
	50	24
	60	50
95	10	2
	20	4
	30	10
	40	40

Tabelle 11.5b. Einfluß von Salzsäure (HCl) nach 72 Stunden

Temperatur °C	Konzentration %	Festigkeitsabfall (ca.) %
40	5	0
	10	1,5
	15	2,
	20	2,5
	25	3,0
	30	3,5
	35	4,0
70	5	2,0
	10	6,0
	15	12,0
	20	20,0
	25	30,0
	30	42,0
	35	54,0
95	5	20,0
	10	40,0
	15	54,0
	20	64,0
	25	72,0
	30	zerstört

Tabelle 11.5c. Einfluß von Salpetersäure (HNO_3) nach 72 Stunden

Temperatur °C	Konzentration %	Festigkeitsabfall (ca.) %
40	10	2
	20	4
	30	12
	40	30
	50	50
	60	zerstört
70	10	8
	20	30
	30	60
	40	zerstört
95	10	40
	15	60
	20	zerstört

Tabelle 11.5d. Einfluß von Phosphorsäure (H_3PO_4) nach 72 Stunden

Temperatur °C	Konzentration %	Festigkeitsabfall (ca.) %
40	10	0,5
	20	1,0
	30	1,5
	40	2,0
	50	2,5
	60	3,0
	70	3,5
	80	4,0
95	10	1,0
	20	2,0
	30	2,5
	40	4,0
	50	5,0
	60	7,0
	70	8,5
	80	10,0

11.2.2.1. Anorganische Säuren

Gegenüber den verdünnten aggressiven Mineralsäuren H_2SO_4, HCl, HNO_3 und H_3PO_4 zeigen Polyesterfäden im ganzen eine sehr gute Resistenz, deren Grad allerdings je nach Konzentration, Temperatur und Zeit variiert.

Da die Polyesterfasern eine gute Temperaturbeständigkeit besitzen, ertragen sie die Einwirkung der genannten Säuren auch bei hohen Temperaturen noch relativ gut. So wurde z. B. durch Versuche bewiesen, daß eine 5tägige Behandlung mit 30%iger Schwefelsäure bei 80°C die Festigkeit und die Bruchdehnung des Polyestermaterials noch nicht einmal um 5% herabsetzte [33].

Die vorliegenden Tabellen 11.5.a—d (gefertigt nach den bei [24] veröffentlichten Diagrammen) geben eine klare Übersicht über den Einfluß der vier genannten Säuren nach 72stündiger Einwirkung.

Aus diesen Tabellen ist zu entnehmen, daß die aggressiven Mineralsäuren bei Zimmertemperatur und Konzentrationen bis zu 30% praktisch keinen oder nur einen geringfügigen Festigkeitsabfall der Polyesterfasern hervorrufen, während bei hohen Konzentrationen und vor allem bei Siedetemperatur eine schnelle Zerstörung bzw. Auflösung stattfindet.

Ausschlaggebend für den Schädigungsgrad der Polyesterfasern durch die Säuren ist jedoch nicht allein die Konzentration der Säure. Es bestehen noch andere charakteristische Merkmale: so ist z. B. durch Schwefelsäure stark geschädigtes Gewebe noch sehr geschmeidig, während das durch Salzsäure geschädigte nach dem Trocknen so spröde wird, daß es bei der geringsten Biegung sofort zerbricht. Diese Erscheinung läßt sich mit der unterschiedlichen Diffusionsgeschwindigkeit der beiden Säuren erklären: Durch die größere Ausdehnung des Sulfations kommt zusammen mit der größeren Wasserassoziation eine langsamere Diffusion in die sehr kompakte Polyesterfaser zustande. Dadurch wird die Schwefelsäure an der Faseroberfläche bis zu deren Zerstörung, nämlich bis zum Abbau zur Terephthalsäure, wirksam, bevor sie ganz ins Fadeninnere eingedrungen ist [33, 34].

Neueste mikroskopische Untersuchungen [34] ließen erkennen, daß mit verdünnter Schwefelsäure behandelte Polyesterfasern in einzelne Segmente unterteilt sind. Diese Segmentbildung nimmt mit steigender Säurekonzentration und Behandlungsdauer zu, wobei der Zusammenhalt der Segmente immer loser wird. In 80%iger H_2SO_4 sind die Fasern bereits nach 1 Std. zu einem feinen Pulver zerfallen und nach weiteren 3 Std. läßt sich nur noch die theoretische Menge Terephthalsäure (86,5%) nachweisen. In konzentrierter Schwefelsäure geht die Auflösung der Polyesterfasern bereits bei Zimmertemperatur sehr rasch vor sich, was schon rein visuell an der sofort einsetzenden und sich mit steigender Behandlungszeit immer mehr vertiefenden Braunfärbung der Lösung feststellbar ist.

Da H_2SO_4 also die Polyesterfaser bis zum Ausfällen von Terephthalsäure zerstört, macht sich die Säureschädigung nicht nur in einem Festigkeits- sondern auch in einem Gewichtsverlust, bei Geweben in einem Absinken des Quadratmetergewichtes, bemerkbar (vgl. NaOH, 11.2.3.1.).

Versuche [32] haben gezeigt, daß es nicht ratsam ist, ein Polyester-Wolle-Gemisch unter Verwendung von Schwefelsäure zu karbonisieren. Hierzu sind üblicherweise eine Konzentration von 50 g/l und hohe Temperaturen (ca. 80°C) erforderlich. In Nähe der Siedetemperatur nimmt jedoch, wie oben ausgeführt, die schädigende Wirkung der Säuren sehr schnell zu. Außerdem hat sich herausgestellt, daß mit H_2SO_4 karbonisiertes Polyestermaterial nach längerer Lagerzeit (ca. 2 Monate) einen deutlichen Festigkeitsabfall aufweist; das ist darauf zurückzuführen, daß die in der Faser zurückbleibenden H_2SO_4-Reste einen allmählichen Abbau bewirken. Deshalb sollte polyesterhaltiges Mischgewebe nach der Karbonisation nicht nur gespült, sondern intensiv neutralisiert werden. Um vor derartigen Schädigungen ganz sicher zu sein, ist es daher besser, von vornherein entweder die Karbonisation mit $AlCl_3$ oder die Trockenkarbonisierung mit HCl anzuwenden.

Mit Salzsäure und Salpetersäure behandelte Polyesterfasern weisen keinerlei terephthalsaure Abbauprodukte und somit auch keinen Gewichtsverlust auf.

Die leicht ins Faserinnere diffundierende Salpetersäure ruft einen geringen Anstieg der Plastizität des Polyestermaterials hervor, d. h., bis zu einem Festigkeitsverlust von 50% ist die Bruchdehnung im Vergleich zur Festigkeit stets größer als bei einer entsprechenden Behandlung mit Salzsäure oder Schwefelsäure [33].

Besonders bemerkenswert ist die hohe Widerstandsfähigkeit der Polyesterfäden gegenüber Phosphorsäure, die selbst bei starker Konzentration und hohen Temperaturen (bis ca. 100°C) keine praktisch ins Gewicht fallenden Schädigungen hervorruft.

Noch weniger aggressiv wirkt die Flußsäure, die bei 40%iger Konzentration und 300stündiger Einwirkung bei Zimmertemperatur keinen Festigkeitsverlust am Polyestermaterial wahrnehmen läßt [33].

11.2.2.2. Organische Säuren

Aus dem Verhalten der Polyesterfäden gegenüber den anorganischen Säuren wie z. B. Phosphorsäure und Flußsäure läßt sich bereits schließen, daß sie gegenüber den weitaus schwächeren organischen Säuren noch unempfindlicher sind. Allerdings ist bei hohen Konzentrationen ein Dehnungsanstieg festzustellen, der das Doppelte des Ausgangswertes erreichen kann. Grund hierfür ist die Quellwirkung einiger saurer organischer Verbindungen. Die absolute Festigkeit der Polyesterfäden wird jedoch im allgemeinen durch die organischen Säuren nicht bzw. nur im Rahmen der normalen Abnutzung verändert [24].

Tabelle 11.6. gibt über die Einwirkung der wichtigsten organischen Säuren auf die Polyesterfäden Aufschluß.

Tabelle 11.6. Einfluß organischer Säuren auf Polyesterfasern [17, 24]

Säure	Temperatur °C	Konzentration %	Zeit in Std.	Festigkeitsabfall %
Ameisensäure	95	98	72	max. 10%
Essigsäure	95	98	72	max. 5%
Harnsäure	70	gesätt. Lsg.	2880	0
Oxalsäure	80	gesätt. Lsg.	72	max. 15%
Zitronensäure	95	25	72	0

Bei Ameisen- und Essigsäure beginnt ab 10%iger Säure und 95 °C ein Dehnungsanstieg, der bei hohem Säuregehalt und 95 °C ca. das Doppelte des Ausgangswertes erreicht. Bei Oxalsäure bleibt der ebenfalls ab 10%iger Säure und 95 °C einsetzende Dehnungsanstieg geringer.

11.2.3. *Beständigkeit gegenüber Alkalien und alkalisch wirkenden Stoffen*

Obwohl Esterbindungen bekannterweise sehr leicht einer Hydrolyse unterliegen, zeigen die Polyesterfäden trotzdem noch eine ausreichende Beständigkeit gegenüber Alkalien, besonders solchen, die beim Waschprozeß Verwendung finden. Dieses Verhalten erklärt sich offenbar aus dem hohen Orientierungsgrad und der großen Dichte der Moleküle. Versuche haben nämlich ergeben [24], daß — ähnlich wie bei der Schwefelsäure — der hydrolytische Abbau nur an der Faseroberfläche stattfindet und sich durch einen Verlust des Fasergewichtes bemerkbar macht, der der Dauer der Einwirkung direkt proportional ist, während die relative Festigkeit der der unbehandelten Faser annähernd gleichbleibt.

Neben der Einwirkungsdauer spielen selbstverständlich auch Temperatur und Konzentration der angewandten Alkalien eine entscheidende Rolle. Die bisherigen Erfahrungen bezüglich Alkalieneinwirkung auf Polyesterfasern lassen sich folgendermaßen zusammenfassen: Polyesterfasern können ohne ernsthafte Qualitätsminderung einer kurzfristigen Alkali-Einwirkung, wie sie etwa bei der Mercerisierung oder Küpenfärbung auftritt, ausgesetzt werden; eine Dauerbeanspruchung selbst durch niedrige Konzentrationen wie z. B. bei der Verwendung als Filtertücher, ist jedoch nicht ratsam.

Eingehende Untersuchungen über das Verhalten von Polyesterfasern bei verschiedenen textilen Bearbeitungsverfahren, die von G. v. HORNUFF [32] vorgenommen wurden, führten zu interessanten Ergebnissen, die sowohl vom Weiterverarbeiter als auch vom Endverbraucher zu beachten sind. Es zeigte sich dabei unter anderem, daß verschiedene Polyesterfasern sich gegenüber gleichen Alkali-Einflüssen verschieden verhalten, daß z. B. eine 50malige schwere Wäsche — je nach dem Fasertyp — einen Festigkeitsverlust zwischen 30% und 55% zur Folge haben kann.

11.2.3.1. Natronlauge (NaOH)

Natronlauge in heißen Lösungen bewirkt eine Hydrolyse der Fadenoberfläche und schält diese gleichmäßig ab, wobei sowohl Gewichts- als auch Festigkeitsverluste auftreten. Es ist jedoch möglich, die Faktoren „Temperatur“ und „Konzentration“ so zu wählen, daß die Gewichts- und Festigkeitsverluste auf ein Minimum beschränkt werden. In diesem Falle hat die Alkali-Behandlung eine positive, veredelnde Wirkung, denn durch Ablösen der glatten Oberflächenschicht entsteht eine leicht genarbte bzw. gewellte Fadenoberfläche, die dem Textilmaterial einen weicheren Griff und bessere Knitterfestigkeit verleiht [35, 112].

Aus den Versuchsdiagrammen von BRENNECKE/RICHTER [24] ergibt sich folgende Tabelle 11.7., aus der die Einwirkung von NaOH nach Zeit, Temperatur und Konzentration auf Festigkeit und Gewicht der Polyesterfasern klar hervorgeht.

Tabelle 11.7. Einwirkung von 2,5%iger und 5%iger NaOH (Festigkeits- und Gewichtsverluste der Polyesterfasern)

Temperatur	Std.	2,5%ige NaOH % Gewicht (absolut)	2,5%ige NaOH % Festigkeit (absolut)	5%ige NaOH % Gewicht (absolut)	5%ige NaOH % Festigkeit (absolut)
40 °C	1,5	100		99	98
	6,25	99		98	95
	25	97		95	80
	50	95		90	(60)[1]
	72	92	90	86	—
70 °C	1,5	98		97	93
	6,25	96		87	75
	25	83		(50(	(50)
	50	70	(40)	—	—
	72	(50)	—	—	—
95 °C	1,5	96		84	80
	6,25	88		(55)	(35)
	25	(40)	(35)	—	—
	50	—	—	—	—
	72	—	—	—	—

[1]) Die Zahlen in den Klammern deuten an, daß von diesem Wert an weitere Messungen infolge Zerstörung des Materials nicht mehr möglich waren.

Aus obigen Werten ist einwandfrei zu ersehen, daß eine kurzfristige Behandlung mit Natronlauge schwacher Konzentration bei mittleren Temperaturen keine ernsthaften Qualitätsminderungen bei Polyesterfasern hervorruft.

Auch die umfangreichen Versuchsreihen von E. SCHULLER und L. SELISKO [36] ergaben die gleichen Feststellungen: die gefundenen Werte für die relative Viskosität zeigen an, daß kein merklicher Kettenabbau eintritt, und die Werte der kritischen Quellungszeit deuten auf eine nur oberflächliche, strukturell bedingte Veränderung des Restfadens nach der Alkali-Behandlung.

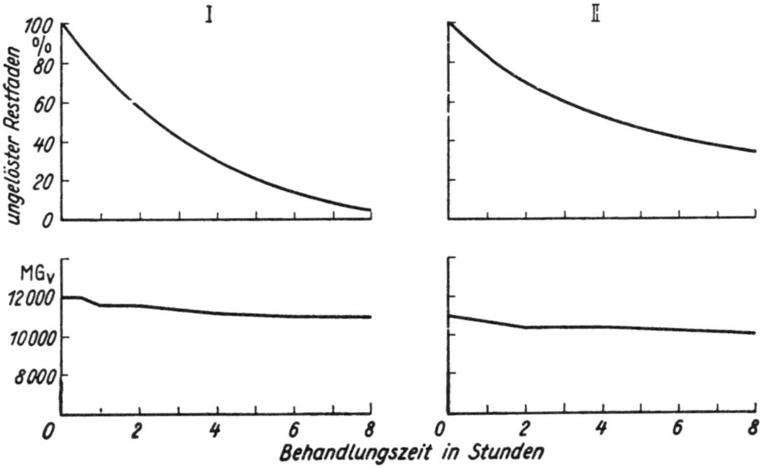

Bild 11.10. Gewichts- und Molekulargewichts-Abnahme von Polyesterfäden durch Einwirkung von Natronlauge bei 100 °C

I-Polyester-Seide in 4%iger NaOH
II-Polyester-Faser in 2%iger NaOH

Daß der Faserkern durch Behandlung mit Natronlauge nur wenig angegriffen wird, geht auch aus dem Molekulargewicht des Restfadens hervor [34]: Nach 8stündiger Einwirkung von 4%iger bzw. 2%iger NaOH bei 100 °C zeigt es nur den geringfügigen Abfall von 12000 auf 11000 bzw. 11000 auf 10000 (vgl. Bild 11.10.).

In der natronalkalischen Lösung des abgeschälten Fadenanteils läßt sich die theoretische Menge Terephthalsäure als Na-Salz nachweisen.

11.2.3.2. Soda (Na_2CO_3)

Natriumcarbonat hat einen relativ geringen schädigenden Einfluß auf Polyesterfäden, sofern keine Dauerbehandlung bei Kochtemperatur stattfindet. So ruft z. B. eine 72stündige Behandlung mit einer 10%igen Sodalösung bei 40 °C weder einen Gewichts- noch einen Festigkeitsverlust hervor, während dieselbe Konzentration in der gleichen Zeit bei Kochtemperatur (95—100°C) einen Gewichtsverlust von 8% und einen Festigkeitsverlust von 16% bewirkt [24]. Aus diesen Werten läßt sich schlußfolgern, daß eine normale Waschbehandlung mit Soda (maximal 1 Std. bei Kochtemperatur) praktisch keinen schädigenden Einfluß auf Polyesterfasern ausübt, daß bei einer Dauerberührung mit Soda bei Kochtemperatur (technische Gewebe) jedoch mit einer relativ raschen Gebrauchsminderung zu rechnen ist.

11.2.3.3. Ammoniak (NH_4OH)

Hinsichtlich der Beeinflussung des Gewichtes der Polyesterfäden unterscheiden sich Ammoniaklösungen insofern von der Wirkung von Natronlauge oder Soda, als keinerlei Gewichtsabnahme feststellbar ist [24], mithin also kein Abbau der Faser stattfindet.

In bezug auf Festigkeit der Polyesterfäden verhält sich die Ammoniaklösung genau wie die anderen Alkalien; der Festigkeitsverlust hängt ab von den Faktoren Zeit, Temperatur und Konzentration. Die Werte der folgenden Tabelle 11.8. (zusammengestellt nach [24]) geben dazu einige Anhaltspunkte.

Tabelle 11.8. Einfluß von Ammoniak auf Polyesterfäden

Konzentration von NH_4OH %	Temperatur °C	Behandlungszeit in Std.	% Festigkeit (absolut)
6,3	50	24	97
10	40	40	96
10	40	60	85
25	40	20	65
25	40	40	40
25	40	60	25
25	40	72	0
50	20	24	94
63	50	24	60

Die Werte lassen wiederum erkennen, daß Zeit und Temperatur entscheidende Einflußfaktoren sind, denn selbst hohe Konzentrationen (50% NH_4OH) führen bei einer 24stündigen Einwirkung bei 20°C nur zu einer 6%igen Festigkeitsminderung, während die halb so starke Lösung in der dreifachen Zeit bei verdoppelter Temperatur einen 10%igen Festigkeitsverlust verursacht bzw. zur völligen Zerstörung der Polyesterfaser führt.

11.2.4. *Beständigkeit gegenüber Oxydationsmitteln*

Die Polyesterfasern zeichnen sich durch eine hervorragende Beständigkeit gegenüber Oxydationsmitteln aus, indem weder starke Konzentrationen, hohe Temperaturen noch lange Einwirkungsdauer fühlbare textile Schädigungen hervorrufen.

11.2.4.1. Natriumhypochlorit (NaClO) und Natriumchlorit ($NaClO_2$)

Die Versuche, deren Ergebnisse in Tabelle 11.9. zusammengestellt sind, wurden teilweise unter so rigorosen Bedingungen durchgeführt, wie sie bei der praktischen Behandlung kaum vorkommen. Um so mehr bezeugen die registrierten Festigkeitsverluste die gute Beständigkeit der Polyesterfasern gegenüber Bleichmitteln.

Tabelle 11.9. Einwirkung von NaClO [24, 29]

pH-Wert	Aktivchlor g/l	Temperatur °C	Einwirkungszeit Std.	Festigkeitsverlust %
10,5–11	25	20	24	0
10,5–11	105	20	24	0
11 –12	150	15	168	0
11	10	50	168	6
7	10	50	168	18
5	10	50	168	16
11	5	50	168	0
7	5	50	168	0
5	5	50	168	10

Gegenüber Natriumchlorit sind Polyesterfasern ebenfalls praktisch unempfindlich (vgl. Tabelle 11.10.).

Tabelle 11.10. Einfluß von $NaClO_2$ [24, 29]

pH-Wert	Konzentration g/l	Temperatur °C	Einwirkungszeit Std.	Festigkeitsverlust %
2–3	2	100	0,5	0
3,5	2,5	95	2	0

11.2.4.2. Wasserstoffsuperoxid (H_2O_2)

Auch Wasserstoffsuperoxid übt keine schädigende Wirkung auf Polyesterfäden aus (vgl. Tabelle 11.11.).

Tabelle 11.11. Einfluß von H_2O_2

Konzentration %	Temperatur °C	Einwirkungszeit Std.	Festigkeitsverlust %
10 (+ 2 g/l Na_2SiO_3)	95	16	bis 4
10	95	6	bis 5
66 (+ 2 g/l Na_2SiO_3)	90	1	bis 5
10	95	2,5	0

11.2.4.3. Kaliumdichromat ($K_2Cr_2O_7$)

Als letztes Beispiel für die hervorragende Beständigkeit der Polyesterfasern bzw. -fäden gegenüber Oxydationsmitteln sei Kaliumdichromat herausgegriffen. Hier ergaben Versuche mit einer gesättigten Lösung unter Zusatz von 10 cm³ H_2SO_4/l, die bei 80°C über einen Zeitraum von 72 Std. einwirkte, ebenfalls nur einen Festigkeitsverlust von weniger als 5%.

11.2.5. *Beständigkeit gegenüber Reduktionsmitteln*

Gegenüber Reduktionsmitteln zeigen Polyesterfäden die gleiche ausgezeichnete Resistenz wie gegenüber Oxydantien.

So ist z. B. bei 72stündiger Einwirkung einer gesättigten Lösung von Natriumhydrogensulfit bei 80 °C keine Festigkeitsabnahme zu verzeichnen [29].

11.2.6. *Beständigkeit gegenüber organischen Lösungs- und Quellmitteln*

Das Verhalten von Polyesterfäden gegenüber Lösungsmitteln wird in erster Linie durch die Temperatur bestimmt, bei der die Einwirkung stattfindet.

So ruft z. B. bei Zimmertemperatur durchgeführtes 24stündiges Eintauchen in Aceton, Benzol, Chloroform, Trichloräthylen oder Tetrachlorkohlenstoff keine Festigkeitsabnahme hervor [29]. Behandlungen mit Methylenchlorid oder Chloroform verursachten dabei jedoch Schrumpf sowie Dehnungsanstieg der Polyesterfäden [24].

Phenol und seine Homologen wirken, je nach Konzentration und Temperatur, als Lösungs- oder Quellmittel für Polyesterfasern. So bietet u. a. die Löslichkeit von Polyesterfäden in heißem o-Chlorphenol eine geeignete Testmethode für die Viskositätsbestimmung [29].

In siedendem Benzylalkohol, Nitrobenzol, m-Kresol oder einem Phenol-Tetrachloräthangemisch (1:1) sind Polyesterfäden sofort vollständig löslich [39], während sie sich bei Zimmertemperatur in diesen Stoffen nicht gleich, sondern erst nach mehrtägiger Einwirkung lösen.

Als bloße Quellmittel, die die Polyesterfäden nicht auflösen, sondern nur ihren Querschnitt vergrößern, können verwendet werden: 2%ige wäßrige Lösungen von Phenolen, m-Kresol, Benzoe- oder Salicylsäure, 0,3%ige wäßrige Lösungen von o- und p-Phenylphenol sowie 0,5%ige wäßrige Dispersionen von m-Chlorbenzol, p-Dichlorbenzol, Tetrahydronaphthalin oder Naphthylsalicylat [17].

Wie die Quellung von Polyesterfäden z. B. in Phenol oder Nitrobenzol vor sich geht, ist in Bild 11.11.a—d mikroskopisch dargestellt [37]. Die Quellung erfolgt vom Fasermantel aus gleichmäßig nach innen; nur an den Schnitt- oder Rißenden verläuft sie infolge der mehr oder weniger starken Zerfaserung schneller, so daß sich die Enden pilz- oder fächerförmig aufwölben, während das ungequollene Faden-Kernstück, dessen Begrenzung sonst geradlinig ist, hier die Gestalt einer Spitze aufweist (Bild 11.11.a). Bei fortschreitender Quellung nimmt die Schrumpfung der gequollenen Außenhülle, die sehr homogen und durchsichtig erscheint, so stark zu, daß das nicht schrumpfende ungequollene, bisher zylindrische Kernstück zusammengeschoben (Bild 11.11.b) und zerknickt wird (Bild 11.11.c), bis es schließlich in kleine Bruchstücke zerfällt (Bild 11.11.d).

Die folgende Tabelle 11.12. [24] veranschaulicht den Einfluß einer größeren Anzahl organischer Lösungsmittel auf Polyesterfäden der *Nm* 100 in bezug auf Festigkeit, Dehnung und Schrumpf, wobei der unterschiedliche Effekt bei Raum- und Siedetemperatur besonders deutlich wird.

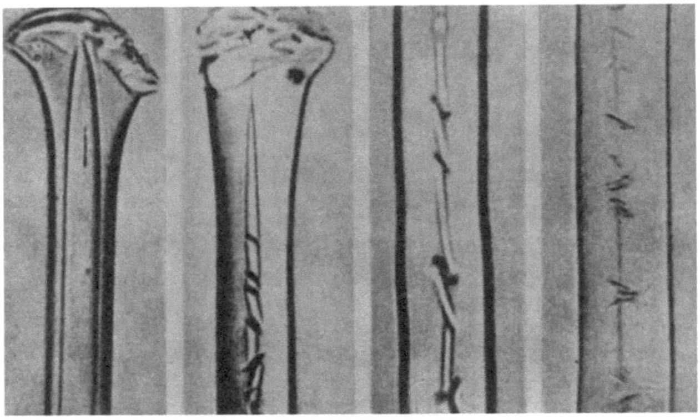

a b c d

Bild 11.11. Quellung von Polyesterfäden in Phenol [37]

a) Quellung am Fadenende
b) Zusammenschiebung des festen Fadenkernes
c) Zerknickung des Fadenkernes
d) Zerfall des Fadenkernes

Tabelle 11.12. Einfluß verschiedener organischer Lösungsmittel

Behandelt:	24 Std. bei Raumtemperatur			6 Std. bei Siedetemperatur		
Lösungsmittel	% Festigk. absolut	Dehnung %	Schrumpf %	% Festigk. absolut	Dehnung %	Schrumpf %
unbehandelt	100	25	0	100	25	0
Aceton	98	26	4	103	35	10
Benzol	105	23	2	102	37	12
Benzin	104	22	1	100	34	10
Toluol	104	24	1	98	40	13
Xylol	105	22	1	103	42	15
Pyridin	103	30	8	76	48	13
Dimethylformamid	103	30	5	aufgelöst	—	—
Schwefelkohlenstoff	100	25	1	99	32	5
Monochlorbenzol	103	24	0	30	18	22
o-Dichlorbenzol	100	25	0	aufgelöst	—	—
Dichlormethan	101	50	20	103	50	20
Chloroform	98	48	16	101	48	22
Trichloräthylen	99	28	3	97	42	14
Tetrachlorkohlenstoff	101	23	0	102	25	2
Perchloräthylen	100	25	0	101	40	0

Tabelle 11.13. Chemische Reaktionen zur Unterscheidung von Polyamid- und Polyesterfasern [38]

Reagens Schmelzpunkt	Dederon Polyamid 6 215°C	Eftrelon Mischpolyamid 237°C	Nylon 66 Polyamid 66 251°C	Wetrelon Mischpolyamid 245°C	Nylon 610 Polyamid 610 209°C	Rilsan Polyamid 11 185°C	Grisuten Polyester 256°C
HCOOH 90%ig, kalt	löslich	löslich	löslich	löslich	unlöslich	unlöslich	unlöslich
heiß (siedend)	löslich	löslich	löslich	löslich	löslich	löslich	unlöslich
8,3 n H_2SO_4, kalt	löslich	löslich	unlöslich	unlöslich	unlöslich	unlöslich	unlöslich
heiß (siedend)	löslich	löslich	löslich	unlöslich	unlöslich	unlöslich	unlöslich
2 Std. gekocht	klar	klar	klar	trübe	fast unlöslich	unlöslich	unlöslich
nach Erkalten und Stehen bei 0°C	klar	trübe (Adipinsäure)	trübe (Adipinsäure)	Abscheidung (Terephthal-säure)	Abscheidung (Sebacin-säure)	unlöslich	unlöslich
16 n H_2SO_4, kochen	löslich	löslich	löslich	löslich	löslich	unlöslich	unlöslich
HCOOH (90%) heiß	+	+	+	+	+	+	–
16 n H_2SO_4 siedend	+	+	+	+	+	–	–
HCOOH (90%) kalt	+	+	+	+	–	–	–
8,3 n H_2SO_4 heiß	+	+	+	–	–	–	–
8,3 n H_2SO_4 kalt	+	+	–	–	–	–	–
8,3 n H_2SO_4 siedend, klare Lösung bei 0°C	+	–	–	–	–	–	–
Aceton, siedend	–	–	–	–	–	–	–

+ löslich bzw. klar; – unlöslich bzw. trübe

11.2.7. *Beständigkeit gegenüber Mineralölen, technischen Fetten und Metallsalzen*

Um das Bild des chemischen Verhaltens von Polyesterfäden abzurunden, sei hier noch auf einige Chemikalien hingewiesen, deren Einfluß vor allem beim Einsatz von Polyestertextilien im technischen Sektor wirksam wird.

Da beim technischen Einsatz von Textilien stets Faktoren zusammenwirken, die typisch für einen ganz speziellen Arbeitsgang sind, dürfen die folgenden Feststellungen [24] nur als Anhaltspunkte gewertet werden.

Bei der Einwirkung von Mineralölen und technischen Fetten auf Polyestertextilien ergaben bisherige Untersuchungen, daß selbst bei höheren Temperaturen, abgesehen von einer gelegentlichen geringen Quellung, keinerlei Schädigungen eintreten.

Metallsalze, die mit Polyestermaterial trocken und ohne Einwirkung von Luftfeuchtigkeit in Berührung kommen, verursachen im allgemeinen keine Gebrauchswertminderung. Sobald jedoch unter Einwirkung von Feuchtigkeit und höheren Temperaturen Säure abgespalten wird, wie etwa bei Antimon-, Zink- oder Zinnchlorid, kann bei über 100°C mit einer verhältnismäßig raschen Totalschädigung gerechnet werden.

Auf alle Fälle ist jedem Verbraucher von Polyestertextilien für Industriezwecke zu raten, vor ihrem Einsatz entsprechende Untersuchungen über die möglichen Einflußmomente durchzuführen, sofern darüber noch keine allgemein gesicherten Unterlagen vorhanden sind.

11.2.8. *Eindeutige Testmöglichkeiten für Polyesterfäden gegenüber Polyamidfäden*

Ein eindeutiges Testmittel für Polyesterfäden gegenüber Polyamidfäden stellt flüssiges o-Dichlorbenzol dar; während es in der Kälte bzw. bei Zimmertemperatur keine Reaktion hervorruft, löst es bei Siedetemperatur die Polyesterfasern auf, wohingegen diese Wirkung bei Polyamidfasern nicht eintritt.

Ebenfalls eindeutig ist der Test mit heißer Ameisensäure, in der sämtliche Polyamidfasern aufgelöst werden, während Polyesterfasern darin unlöslich sind. Tabelle 11.13. [38], in der die Ergebnisse diesbezüglicher Versuche zusammengestellt sind, veranschaulicht dieses Verhalten.

Tabelle 11.14. Löslichkeit von Polyäthylenterephthalat (PÄT) und von Polyester aus Oxymethylbenzoesäure (OMB) [39]

Lösungsmittel	PÄT (Schwarza)		Polyester aus OMB	
	kalt	siedend	kalt	siedend
Methanol	unlöslich	unlöslich	unlöslich	unlöslich
Äthanol	unlöslich	unlöslich	unlöslich	unlöslich
Isopropanol	unlöslich	unlöslich	unlöslich	unlöslich
Glykol	unlöslich	nach längerer Zeit löslich	unlöslich	nach längerer Zeit löslich

Tabelle 11.14. (Fortsetzung)

Lösungsmittel	PÄT (Schwarza) kalt	siedend	Polyester aus OMB kalt	siedend
Benzylalkohol	unlöslich	vollst. löslich, kalt ausflockend	unlöslich	vollst. löslich, kalt ausflockend
Cyclohexanol	unlöslich	unlöslich	unlöslich	nur wenig angegriffen
Dioxan	unlöslich	unlöslich	unlöslich	unlöslich
Essigester	unlöslich	unlöslich	unlöslich	unlöslich
Chloroform	unlöslich	unlöslich	unlöslich	unlöslich
Chloralhydrat (90%)	—	unlöslich	—	unlöslich
methanol. $CaCl_2$-Lsg. (10%)	unlöslich	unlöslich	unlöslich	unlöslich
Benzin	unlöslich	unlöslich	unlöslich	unlöslich
Benzol	unlöslich	unlöslich	unlöslich	unlöslich
Toluol	unlöslich	unlöslich	unlöslich	unlöslich
Xylol	unlöslich	unlöslich	unlöslich	unlöslich
Cyclohexanon	unlöslich	unlöslich	unlöslich	unlöslich
Chlorbenzol	unlöslich	unlöslich	unlöslich	wenig angegriffen
Nitrobenzol	unlöslich	vollst. löslich, kalt ausflockend	unlöslich	vollst. löslich, kalt ausflockend
Kaprolactam	—	vollst. löslich	—	vollst. löslich
Trikresol (Gemisch)	unlöslich	vollst. löslich	wird angegriffen	vollst. löslich
m-Kresol	unlöslich	vollst. löslich	wird angegriffen	vollst. löslich
Phenol-Tetrachloräthan-Gemisch (1:1)	unlöslich	vollst. löslich	wird angegriffen	vollst. löslich
Tetrachlorkohlenstoff	unlöslich	unlöslich	unlöslich	unlöslich
Ameisensäure	unlöslich	unlöslich	unlöslich	unlöslich
Essigsäure	unlöslich	unlöslich	unlöslich	unlöslich
konz. HCl	unlöslich	unlöslich	unlöslich	unlöslich
konz. H_2SO_4	vollst. löslich	vollst. löslich	vollst. löslich	vollst. löslich
methanol. HCl (20%)	unlöslich	unlöslich	unlöslich	unlöslich
NaOH (20%)	unlöslich	nach längerer Zeit löslich	unlöslich	nach längerer Zeit löslich
NaOH (5%)	unlöslich	nach längerer Zeit löslich	unlöslich	nach längerer Zeit wenig löslich

Tabelle 11.14. [39] stellt die chemischen Eigenschaften des Polyäthylenterephthalates und des in kleinen Versuchsmengen hergestellten Polyesters aus p-Oxymethylbenzoesäure gegenüber und ergänzt nochmals die Liste der bisher bezüglich ihres Einflusses auf Polyesterfäden behandelten Chemikalien

11.3. Biologisch-toxikologisches Verhalten

Da allgemein bekannt ist, daß die Chemiefasern gegenüber den Schädlingen, die den Naturfasern gefährlich werden können, grundsätzlich resistent sind, bedarf dieses Kapitel keiner umfassenden Ausführungen, denn auch die Polyesterfäden bilden in dieser Beziehung keine Ausnahme.

Von gleichem Interesse ist für den Verbraucher, sowohl auf textilem als auch auf medizinischem Gebiet, die Frage eventueller schädigender Einflüsse des Polyestermaterials auf den menschlichen Körper (physiologisches Verhalten).

Die einschlägige Literatur bietet in bezug auf die beiden genannten Fragenkomplexe nur sehr spärliche Hinweise, deren Feststellungen in den folgenden Abschnitten zusammengefaßt werden.

11.3.1. *Widerstandsfähigkeit gegenüber Bakterien, Mikroben und Insekten*

Die Widerstandsfähigkeit der Polyesterfasern gegenüber Fäulnisbakterien, Schimmelpilzen, Mehltau und dgl. ist recht gut. Zwar wurde beobachtet, daß sich Schwamm auf Finishpräparaten von Polyesterstoffen ansiedeln und auch darauf weiterwachsen kann, doch wird die Faser selbst dadurch nicht zerstört oder angegriffen [9].

Von faserfressenden Insekten wie Mottenlarven, Silberfischchen, Pelzkäfern u. ä. werden Polyestertextilien nicht befallen, da sie wie alle anderen Synthesefasern unverdaulich sind und deshalb von den genannten Insekten auch nicht als Nahrungsquelle gesucht werden. Allerdings sollen einige dieser Insekten imstande sein, sich durch Polyestergewebe hindurchzubeißen, wenn sie keinen anderen Ausweg haben [9]. Diese Tatsache kann jedoch lediglich als Ausdruck für den Freiheitsdrang dieser Tiere und keinesfalls als Beweis für den Befall von Polyestermaterial durch Insekten angesehen werden.

11.3.2. *Physiologisches Verhalten*

Die Polyesterfaser kann als physiologisch inert angesehen werden [41], denn bisher wurde noch nicht festgestellt, daß Vergiftungen oder andere schädigende Wirkungen auftreten, wenn das Material innerlich angewendet wird (chirurgisches Nahtmaterial, Gefäßersatz usw., vgl. Kapitel 12. Auch bei äußerlicher Anwendung wurden keine Anzeichen von Dermatitis oder anderen Hautschädigungen beobachtet [40, 41]. Selbstverständlich kann das Zusammenbringen der Polyesterfäden sowie aller übrigen Fasern mit anderen Stoffen, z. B. Ausrüstungsmitteln, ein Risiko bedeuten; deshalb müssen solche Präparate vor ihrem medizinischen Einsatz stets in bezug auf ihre dermatologischen und toxikologischen Reaktionen überprüft werden [41].

11.4. Färberische Eigenschaften

11.4.1. *Allgemeines*

Das Färben von Polyesterfasern und -seiden bereitete ursprünglich große Schwierigkeiten, da die Faser keine reaktionsfähigen Gruppen und deshalb zu den meisten Farbstoffen kaum Affinität besitzt. In den Dispersionsfarbstoffen wurde dann eine Gruppe von Farbstoffen gefunden, die Polyester ähnlich wie Acetatseide anfärben, indem sich die Farbstoffe im Fasermaterial lösen. Dabei stellen sich zwischen Faser und Flotte Verteilungsgleichgewichte ein, die dem Henryschen Verteilungssatz bis zur Sättigungskonzentration gehorchen [42, 43].

Wegen des hydrophoben Charakters und der kompakten Struktur lassen sich allerdings nur helle und mittlere Farbtöne erzielen. Um dunklere Farbtöne zu erhalten, mußten spezielle Färbeverfahren entwickelt werden. Es war festgestellt worden, daß Polyesterfasern im Gleichgewichtszustand mindestens ebensoviel Dispersionsfarbstoffe aufzunehmen vermögen wie Polyamidfasern und daß die geringere Anfärbung auf der geringen Diffusionsgeschwindigkeit der Farbstoffe beruht [44]. Zur Erhöhung der Diffusionsgeschwindigkeit eignen sich Zusätze verschiedener aromatischer Substanzen, die als „Carrier" bezeichnet werden. Weiter ist es möglich, durch Erhöhung der Färbetemperatur die Farbstoffdiffusion zu verbessern; dieses Färbeverfahren ist als Hochtemperatur (HT)-Verfahren bekannt. Ein weiteres Verfahren zum Färben von Flächengebilden, das trockenes Erhitzen zur erhöhten Farbstoffdiffusion ausnutzt, liegt im „Thermosolverfahren" vor, wobei die Farbstoffe aufgeklotzt und durch anschließendes kurzes Erhitzen fixiert werden. Diese drei Verfahren haben Eingang in die Praxis erlangt. Unter 11.4.2. bis 11.4.4. wird näher darauf eingegangen.

Große Forderungen werden bezüglich der Echtheit an die Dispersionsfarbstoffe gestellt. Die Licht- und Waschechtheiten auf Polyesterfasern unterscheiden sich oft von den Echtheiten der Acetatseidenfärbungen. Aus diesem Grunde muß eine sorgfältige Auswahl der Sortimente vorgenommen werden. Durch die besondere Verarbeitungstechnologie der Polyesterfaserstoffe werden ebenfalls große Anforderungen an die Sublimier- und Plissierechtheit gestellt. Im folgenden werden einige Dispersionsfarbstoffsortimente mit ihren Handelsnamen (meist geschützte Markennamen) genannt, die sich besonders für Polyesterfaserstoffe eignen. Teilweise sind nur ausgewählte Farbstoffe dieser Sortimente brauchbar. Einzelheiten gehen aus den einschlägigen Musterkarten der Farbstoffhersteller bzw. aus den angegebenen Literaturstellen hervor:

Celliton- und Cellitonechtfarbstoffe	[101]
Palanil-Farbstoffe	[102]
Resolin-Farbstoffe	[103]
Samaron-Farbstoffe	[104 -106]
Cibacet-Farbstoffe	[107, 108]
Artisil-Farbstoffe	
Foron-Farbstoffe	[109]
Setacyl-Farbstoffe	[110]
Latyl-Farbstoffe	[111]
Duranol-Farbstoffe	
Dispersol-Farbstoffe	

Es ist nicht möglich, an dieser Stelle über die umfangreiche Literatur zu berichten; es seien im folgenden nur einige Arbeiten genannt. Äußerst wichtig ist das Egalisierungsvermögen der Dispersionsfarbstoffe auf Polyesterfaserstoffen, das nach U. Lerch [45] in erster Linie nicht von der Aufziehgeschwindigkeit, sondern vom Migriervermögen (Ausgleich durch Farbstoffwanderung) abhängt. Die Polyesteraffinität verschiedener Dispersionsfarbstoffe und die Thermodiffusion durch Folien wurden von H. Hendrix [46] untersucht. Von O. Glenz [47] wurden die Diffusionskoeffizienten verschiedener Farbstoffe auf Dacron ermittelt und Werte zwischen $0{,}2 \cdot 10^{-10}$ bis $3{,}7 \cdot 10^{-10}$ cm^2/min gefunden. Carrier erhöhen diese Werte auf das 10- bis 100fache. Für einen Farbstoff wurde die

Aktivierungsenergie zu 34 kcal/Mol ermittelt. Der Mechanismus und die Kinetik des Färbens mit Dispersionsfarbstoffen wurden auch von D. PATTERSON und R. P. SHELDON untersucht [48].

Es ist allgemein bekannt, daß die Farbstoffaufnahme stark von der Struktur der Polyesterfaserstoffe beeinflußt wird. So können z. B. unterschiedliche Fixierbedingungen (vgl. 7.4.3.) Farbunegalitäten verursachen und auch beim Texturieren auftretende Schwankungen Anlaß zu Farbstreifigkeiten der Fertigware geben [49—52].

Zur Verbesserung der Färbegleichmäßigkeit können dispergierend und egalisierend wirkende Hilfsmittel zugesetzt werden. Bewährt haben sich Äthylenoxidkondensationsprodukte, wie z. B. Alkylphenylglykoläther. Empfohlen wird auch besonders „Uniperol W". Zu hohe Zusätze von Dispergatoren sind zu vermeiden, da nach Untersuchungen von J. CARBONELL [53] der Erschöpfungsgrad der Flotten und die Reibechtheiten der Färbungen verschlechtert werden.

Das Abziehen von Fehlfärbungen bereitet ziemliche Schwierigkeiten. G. DÜRING und H. STERN [54] schlugen hierfür die Verwendung von alkalischen Natriumdithionit-(Natriumhydrosulfit)-lösungen in Gegenwart von nicht salzbildenden Carriern (Diphenyl, Dichlorbenzol usw.) vor.

Außer Dispersionsfarbstoffen wurden auch andere Farbstoffe für die Polyesterfärbung eingesetzt. So kann beispielsweise nach einer modifizierten Azotechnik [55—57] in der Weise gearbeitet werden, daß β-Oxynaphthoesäure bzw. deren Arylide mit ausgewählten Echtbasen im gleichen oder in einem zweiten Bad in wäßriger Dispersion gefärbt werden. Anschließend erfolgt die Entwicklung des Azofarbstoffs durch Behandeln der grundierten Faser mit Natriumnitrit in saurer Lösung. In ähnlicher Weise können Intramin-Farbstoffe verwendet werden, wobei zur Erreichung sehr guter Echtheiten anschließendes Thermosolieren zu empfehlen ist [58].

Eine weitere Möglichkeit des Färbens besteht in der Anwendung von Küpensäuren oder deren Ester (Indanthrenfarbstoffe, Anthrasole und Indigosole) und nachträgliche Reoxydation zu Küpenfarbstoffen [59—61]. Bei mittleren und tiefen Farbtönen wirkt sich Thermosolieren sehr günstig aus (siehe Abschnitt 11.4.4.).

Speziell für Polyestergardinen hat sich das Imperon-MGN-Verfahren [62] bewährt. Dabei werden Pigmentfarbstoffe (Imperon- und Imperon-K-Farbstoffe) mit Binde- und Fixierungsmitteln (Imperon-Binder MGN) unter Verwendung von Weichmachern und Antistatika auf der Faser verankert.

Auch die in letzter Zeit entwickelten Reaktivfarbstoffe können mit Erfolg für synthetische Faserstoffe angewandt werden [63]. So eignet sich beispielsweise aus dem für Polyamide vorgesehenen Sortiment der Procinylfarbstoffe besonders das Procinyl-Yellow GS auch für Polyesterfarbstoffe.

Es ist vorgeschlagen worden, die Anfärbbarkeit von Polyesterfasern durch Behandlung mit Ammoniak, Amino- und quartären Ammoniumverbindungen, Alkali, Schwefeltrioxid, Hydrazin oder dergleichen zu verbessern. Diese Verfahren haben sich jedoch nicht durchsetzen können, da gleichzeitig Festigkeitsverluste auftreten.

Es sind Spezialtypen (z. B. Trevira WA) auf dem Markt erschienen, die durch gelenkten Abbau eine geringere Reiß- und Scheuerfestigkeit und dadurch einen wesentlich geringeren Pillingeffekt (siehe 12.1.2.5.) zeigen. Diese Spezialtypen sind auch entsprechend leichter färbbar. Von Du Pont wird durch Zumischung saurer Komponenten Dacron 64 hergestellt, das mit basischen Farbstoffen gefärbt werden kann.

Die Mischung von Polyesterfasern mit Wolle oder Zellulosefasern bereiten beim Färben besondere Schwierigkeiten, da infolge der unterschiedlichen Farbaffinität Kombinationen der verschiedenen Farbstoffklassen verwendet werden müssen. Wird im Einbadverfahren gearbeitet, so erhält man im allgemeinen nur geringe Echtheiten. Bessere Echtheiten werden im Zweibadverfahren erhalten, wobei außerdem noch nach dem Anfärben des Polyesteranteils mit Dispersionsfarbstoffen eine reduktive Zwischenreinigung der angeschmutzten anderen Faserkomponenten vorgenommen werden kann.

Eine ausführliche Schilderung ist an dieser Stelle nicht möglich. Es muß auf die zahlreichen in der einschlägigen Fachpresse erschienenen Artikel verwiesen werden.

11.4.2. *Carrier-Färbeverfahren*

Viele aromatische Substanzen beschleunigen die Diffusion der Farbstoffe in die Faser; sie bewirken dadurch eine tiefere Anfärbung in wirtschaftlich erträglichen Zeiten und gewährleisten außerdem eine gleichmäßige Durchfärbung der Faser. Es sind zahlreiche Verbindungen auf ihre Carrierwirksamkeit geprüft worden. Viele scheiden jedoch wegen anderer Nachteile für eine praktische Verwendung aus. Über dieses Gebiet sind zahlreiche Veröffentlichungen erschienen, wovon hier nur einige genannt werden können. P. Frieser [64] stellte einige Eigenschaften der wichtigsten Carrier tabellarisch zusammen. Über die Klasseneinteilung, Bezeichnung und Beschreibung einiger Handelsprodukte sowie über Anwendung bei Diolenfaser und ihren Mischungen berichteten W. Brennecke und G. Schlichtmann [65]. Aus dieser zusammenfassenden Arbeit sollen einige wichtige Punkte angeführt werden.

An die Carrier sind verschiedene Forderungen zu stellen; sie sollen

1. nicht toxisch sein,
2. keinen zu hohen Dampfdruck haben (andernfalls Geruchsbelästigungen),
3. nicht wasserdampfflüchtig sein (andernfalls Fleckenbildung),
4. leicht emulgierbar bzw. löslich sein,
5. billig sein,
6. sehr wirksam sein,
7. sich leicht entfernen lassen und die Farbechtheiten nicht negativ beeinflussen.

In der Tabelle 11.15. sind die Carrier nach chemischen Gesichtspunkten in vier Gruppen eingeteilt und Angaben über Wirksamkeit, Einfluß auf Lichtechtheit, Geruch und Entfernbarkeit enthalten. Zu jeder Gruppe sind als Beispiele bekannte Carrier mit Handelsnamen und Hersteller hinzugefügt worden.

Ein idealer Carrier, der alle Forderungen erfüllt, ist noch nicht gefunden worden, weshalb der zu verwendende Carrier jeweils auf das zu färbende Material (Rein-Polyester oder Mischung mit Wolle bzw. Zellulosefaser) und auf das Färbeverfahren (Apparatefärberei für Flocke, Kammzug, Garn oder Jigger-, Haspel- und Sternfärberei für Stückware) abzustimmen ist.

Die handelsüblichen Carrier enthalten meistens gewisse Mengen von Disperga-

Tabelle 11.15. (nach [65])

Gruppe und Produkte	Wirksamkeit	Einfluß auf Lichtechtheit	Geruch	Entfernbarkeit	Handels-produkt
A. Aromat. Kohlenwasserstoffe und Phenole					Levagal ON Remol TRF
Diphenyl	gut		intensiv	mittelmäßig bis schwer (durch Trockenhitze)	
o-Phenylphenol	gut	deutlich	mittelmäßig	schwer } Alkalibehandlung erforderlich	
p-Phenylphenol	mittel	sehr deutlich	leicht	sehr schwer } Alkalibehandlung erforderlich	
B. Aromat. Chlorkohlenwasserstoffe					Dilatin DB Invalon PR
Mono- und Dichlorbenzole	sehr gut		mittelmäßig stark	leicht (durch Trocknen)	
C. Aromat. Carbonsäuren und Ester					Levegal PT
Benzoesäure	gering	sehr gering		mittelmäßig } alkal. Wäsche	
Salicylsäure	gering			leicht } alkal. Wäsche	Seripolan
Methyl- und Äthylsalicylat	sehr gut		intensiv	schwer (durch Trockenhitze)	
D. Aromat. Äther	mittelmäßig			leicht (durch heißes Spülen)	Palatinit TX

toren bzw. Emulgatoren, damit eine einwandfreie Verteilung im Färbebad erfolgt. Beim Vorliegen wasserlöslicher Salze muß durch pH-Wert-Erniedrigung der Carrier in Freiheit gesetzt werden. Dies kann besonders durch sekundäres Ammoniumphosphat geschehen, weil dadurch eine sehr feine Verteilung erreicht wird. Die zuzusetzenden Carriermengen richten sich nach der gewünschten Farbtiefe und bewegen sich zwischen 2 und 15 g/l.

Wasserdampfflüchtige Carrier bilden durch Kondensieren und Zurücktropfen leicht Flecken auf der Ware. Man kann diesem Nachteil begegnen, indem die Abdeckhauben an den Färberei-Maschinen beheizt werden. Auch ein Arbeiten nach der „Acid exhaust hot addition-Methode“ [66], die im wesentlichen darin besteht, daß der Carrier erst nach einiger Zeit dem Färbebad zugesetzt wird, soll Fleckenbildung vermeiden.

Die Theorie der Carrierwirkung ist noch nicht völlig geklärt, da sich beim Färben mit Carriern komplexe Vorgänge abspielen. Während ursprünglich hauptsächlich der Carrier für den beschleunigten Transport des Farbstoffmoleküls in die Faser verantwortlich gemacht wurde [33, 67], zeigten spätere Untersuchungen [68—73], daß vor allem auch durch den Carrier hervorgerufene strukturelle Änderungen der Faser die erhöhte Diffusionsgeschwindigkeit des Farbstoffes bedingen. Von der Piedmont Section [68] durchgeführte Arbeiten ergaben, daß der Carrier in erster Linie die innere Struktur der Faser lockert und dadurch die Farbstoffe schneller eindiffundieren können. Es ist wahrscheinlich, daß der Carrier die Bindungen benachbarter Kettenmoleküle zu lösen vermag und dafür leichter spaltbare Faser-Carrier-Bindungen bildet. P. Rochas und M. Courmont [69—73] führten die Wirksamkeit eines Carriers auf eine ziemlich fest von der Faser gebundene aktive Menge von etwa 50—70 mg/g der entsprechenden Substanz zurück. E. Elöd und Mitarbeiter [74—76] stellten fest, daß sich mit Carrier vorbehandelte Fasern in einem anschließenden carrierfreien Färbebad so tief anfärben lassen wie in Gegenwart des Carriers. Selbst nach der Carrierbehandlung vorgenommene Extraktion mit Lösungsmitteln ergibt Fasern, die eine tiefere Anfärbung als nichtvorbehandelte Fasern zeigen. Auch daraus wird auf eine strukturauflockernde Wirkung der Carrier geschlossen. Zusammenhänge zwischen Konstitution und Wirksamkeit als Carrier wurden von P. Senner [77] untersucht. Eine bessere Färbung soll auch durch Zusatz von organischen Lösungsmitteln, beispielsweise Toluol in emulgierter Form, zum Färbebad erreicht werden [78], doch scheint sich dieses Verfahren nicht in der Praxis eingeführt zu haben.

11.4.3. *Hochtemperatur-Färbeverfahren (HT-Färbung)*

Wie eingangs erwähnt wurde, können tiefere Farbtöne durch Färben bei Temperaturen über 100°C erreicht werden, da die Diffusionsgeschwindigkeit der Farbstoffe mit steigender Temperatur stark zunimmt. Nach Th. Vickerstaff [79] wird die relative Diffusionsgeschwindigkeit bei Annahme einer Aktivierungsenergie von 30 kcal/Mol durch Temperatursteigerung wie folgt erhöht:

60 °C	1
100 °C	126
125 °C	1590
150 °C	14500
200 °C	617000.

Der Grund für diese Steigerung der Diffusionsgeschwindigkeit liegt im wesentlichen in einer Lockerung der für die Farbstoffaufnahme in Frage kommenden nichtkristallinen Bereiche, da sich Schwingungsfrequenz und -amplitude der Kettenmoleküle vergrößern und in der allgemeinen höheren Quellung des Faserkörpers, so daß den Farbstoffmolekülen ein geringerer Diffusionswiderstand entgegengesetzt wird. Darüber hinaus besitzt der Farbstoff bei der höheren Temperatur eine bessere Löslichkeit in der Färbeflotte, und die Farbstoffmoleküle haben eine größere kinetische Energie.

Die bei höheren Temperaturen auf Polyester erzeugten Färbungen weisen infolge besseren Durchfärbens auch wesentlich bessere Echtheiten auf.

Nach A. Würz [80] bestehen die Vorteile der HT-Färbung gegenüber Carrierfärbung besonders in folgenden Punkten:

1. Die Lichtechtheit wird nicht negativ beeinflußt,
2. toxische und dermatitische Schädigung entfällt,
3. es entstehen keine zusätzlichen Abwasserprobleme,
4. die Carrierkosten werden gespart,
5. Unegalitäten und Fleckenbildung werden vermieden.

Diesen Vorteilen stehen die relativ hohen Anschaffungskosten der HT-Apparate entgegen, die sich aber besonders beim Färben von Polyesterfaserflocke, -kammzug und -garn auf jeden Fall lohnen. Zum Färben dieser Materialien und auch zum Färben von Seide auf Kreuzspulen, von Geweben usw. sind im letzten Jahrzehnt zahlreiche Färbeapparate entwickelt worden.

Nachdem um die Jahrhundertwende einige Verfahren zum Färben mit kreisenden, überhitzten Flotten patentiert wurden [81], erschienen über diese Methode erst 1948 wieder amerikanische Veröffentlichungen. Unabhängig von diesen hat sich in Belgien B. Steverlynck [83] um die Überführung des HT-Färbeverfahrens in den industriellen Maßstab bemüht und den Färbeapparat Static Process Steverlynck entwickelt. Besonderen Aufschwung erfuhr die Konstruktion der HT-Färbeapparate durch die Entwicklung der schwer färbbaren Polyesterfarbstoffe.

Im Prinzip besteht eine HT-Färbeapparatur aus einem Druckbehälter, einem Flottenzirkulationssystem mit Pumpe, einer Heizvorrichtung und einer Einrichtung zur Erzeugung eines statischen Druckes. Die von der Praxis gestellten Forderungen sind apparativ verschieden gelöst worden [82—88]. Einzelheiten sind aus den angeführten Veröffentlichungen und aus den Prospekten der Herstellerfirmen ersichtlich.

Als Autoklaven kommen zylindrische Gefäße, die den auftretenden Drücken entsprechend konstruiert sind, in Frage. Die umständlichen Schraubverschlüsse der Deckel sind immer mehr durch Bajonettverschlüsse ersetzt worden. Zum Umwälzen der Färbeflotte dienten zunächst Propellerpumpen, die durch Umschalten der Motordrehrichtung die Flotte in verschiedenen Richtungen durch das Färbegut pumpten. Sie ergaben jedoch zu geringen Druck. Günstiger wirkt eine Zentrifugalpumpe, wobei die Zirkulationsrichtung über ein Umschaltorgan (Vierwegehahn) gewechselt wird. In der weiteren Entwicklung wurden Turbopumpen eingesetzt, die sowohl einen günstigen Druck ergeben als auch einfach umzuschalten sind. Die Fördermengen der Pumpen sind unterschiedlich, beispielsweise werden 15—30 l/min pro kg Färbegut angegeben. Bei den Heizvorrichtungen ging die Entwicklung von der Heizschlange im Autoklaven immer mehr zum Wärmeaustauscher über, der — als Röhrenaustauscher in die Druckleitung eingebaut — ein sehr schnelles Aufheizen ermöglicht. Im Zirkulationssystem können weiterhin parallelgeschaltete Mustergefäße angebracht sein, die eine Entnahme von Färbemustern während des Färbevorganges gestatten. Vorteile bietet aber auch eine entsprechende Schleusenanlage, durch die man im Hauptsystem gefärbte Proben entnehmen kann. Sehr wichtig sind die Einrichtungen zur Erzeugung eines zusätzlichen statischen Druckes in der gesamten Apparatur. Wird nämlich nur bei dem der jeweiligen Temperatur entsprechenden Wasserdampfdruck gearbeitet, treten an der Saugseite Dampfblasen auf, so daß infolge dieser Kavitation die Fördermenge sehr stark zurückgeht und schließlich eine Durchfärbung des Materials unmöglich wird. Bei vielen im Handel befindlichen HT-Färbeapparaten geschieht die Erzeugung des statischen Druckes mit Hilfe eines Expansionsgefäßes, in das sich die Färbeflotte ausdehnen kann und dort ein Luftdruckpolster erzeugt. Außerdem kann noch ein Anschluß für komprimierte Gase am Expansionsgefäß vorhanden sein. Bei einer von W. Roth und Mitarbeitern entwickelten Apparatur ohne Expansionsgefäß hat sich ein Druckluftanschluß zur Erzeugung eines Druckpolsters über der Färbeflotte im Autoklaven bewährt. Weitere Möglichkeiten bestehen darin, den statischen Druck durch kleine Hilfspumpen oder durch Belastung eines Kolbens zu erzeugen. Die modernen Apparate weisen entsprechende Meß- und Regelgeräte auf, die sogar nach vorgegebenem Temperatur- und Zeitprogramm den Zirkulationswechsel automatisch regeln.

Während die vorgenannten HT-Apparate im wesentlichen für loses Material (Stapelfaser-Flocke), Kammzug, Kreuzspulen, Garnstränge, Kett- und Kardenbandbäume verwendbar sind, mußten für Stückwaren andere Apparate konstruiert werden. Zum HT-Färben von Stückware können verwendet werden: Druck-Hängestern, Barotor, Druck-Jigger und Druckbaumfärbeapparate. Die Spannung der Gewebe nimmt in der angegebenen Reihenfolge zu. Der Druck-Hängestern kann wegen des entstehenden kreppartigen Warencharakters nur für Krepp- und Cloqué-Artikel verwendet werden. Der Barotor ist von Du Pont entwickelt worden und wird von verschiedenen Firmen in Lizenz gebaut. Durch sternförmiges Aufwickeln der sechs- bis achtmal gefachten Gewebe können ziemlich große Mengen gefärbt werden. Von den Druckjiggern sind besonders die Farmer-Norton-Druckjugger bekannt geworden, die vollständig in einem Autoklaven untergebracht sind, und die Benninger-Druckjigger, bei denen der Jiggertrog als Druckkessel ausgebildet ist. Als Baumfärbeapparate werden hauptsächlich die Burlington-Maschine, die Universal-HT-Färbemaschine Colorfix und der Clermont-Bonte-HT-Autoklav verwendet.

An die beim HT-Färben verwendeten Farbstoffe sind bezüglich der Temperaturbeständigkeit besondere Anforderungen zu stellen. Untersuchungen über die Stabilität bei 135 °C wurden von A. Würz [34] und A. S. Fern [89] durchgeführt. Auch aus den Musterkarten der Farbenfabriken sind die entsprechenden Hinweise zu entnehmen. Die Färbeweise selbst richtet sich nach Aufmachung des Färbegutes, nach dem gewünschten Farbton usw. A. Würz [34] empfahl beispielsweise, bei 40—80 °C einzugehen, schnell auf 130 °C zu erhitzen, $^1/_2$—1 Std. zu färben, unter 100 °C abzukühlen und mit der Ware auszugehen. 30 Min. Färbezeit reichen zur Erzielung einer guten Farbausbeute aus, bei tiefen Farbtönen wird jedoch zur Verbesserung der Reibechtheit 1 Std. Färbezeit vorgeschlagen. Es ist zu vermeiden, das Färbegut längere Zeit in der erkalteten Flotte zu belassen, da unterhalb 95 °C die Farbstoffe zum Teil auskristallisieren und durch Bildung von Faserauflagerungen die Echtheiten verschlechtern. Der pH-Wert der Flotte soll höchstens gleich 7 sein, da im alkalischen Medium starke Faserschädigungen auftreten. Als Dispergator wird Uniperol W vorgeschlagen. Bei Verwendung von oxäthylierten Produkten ist zu beachten, daß wegen Dehydratisierung bei höheren Temperaturen Trübungen und Ausscheidungen auftreten können.

Die Ausnutzung des Farbstoffs beim HT-Färben ist im allgemeinen sehr gut. Über den Einfluß des Flottenverhältnisses auf den Erschöpfungsgrad berichten E. Merian und Mitarbeiter [90].

11.4.4. *Thermosol-Färbeverfahren*

Beim Thermosol-Prozeß [91—96] wird die Diffusion der auf die Faser gebrachten Farbstoffe in das Faserinnere durch Anwendung trockener Hitze wesentlich beschleunigt. Die entstehenden Färbungen haben im allgemeinen die gleichen Echtheiten wie die aus wäßrigem Bad erzeugten. Die Besonderheiten des Verfahrens bringen es mit sich, daß vorzugsweise Gewebe nach dieser Methode in steigendem Umfang gefärbt werden. Die Farbstoffe werden durch Klotzen auf der Oberfläche gleichmäßig verteilt, was in bequemer Weise durch einen 2- oder 3-Walzenfoulard geschehen kann. Anschließend wird das geklotzte Material einer Trockenhitzebehandlung unterworfen, wobei Temperaturen von etwa 180—210 °C und Zeiten in der Größenordnung von einer Minute in Anwendung kommen. Die Trockenhitzebehandlung (Thermosolierung) erfolgt auf Spannrahmen bzw. auf Walzenfixiermaschinen. Auf der Faseroberfläche evtl. zurückgebliebener Farbstoff wird durch Seifen bzw. reduktive Nachbehandlung entfernt.

Es bestehen gewisse Schwierigkeiten bei der mustergetreuen Färbung; deshalb wirken sich die Vorteile besonders bei großen Metragen voll aus: die Ware wird kontinuierlich geklotzt und erhitzt und damit gleichzeitig fixiert. Die Farbstoffausbeute ist sehr gut, Egalisierungsschwierigkeiten (Kettstreifigkeit usw.) bestehen nicht. Die mit der Anwendung von Carriern verbundenen Nachteile entfallen. Von R. Schroth [97] wurden Untersuchungen über den Einfluß der Thermosolierungstemperatur und -zeit auf die Farbstoffaufnahme unterschiedlich verstreckter Polyesterseiden durchgeführt. Dabei konnten auch charakteristische Strukturveränderungen im Polyester beobachtet werden.

Als Farbstoffe kommen insbesondere Dispersionsfarbstoffe in Betracht. W. Beckmann und W. Wunder [98] haben über das Verhalten der Dispersionsfarbstoffe beim Thermosolprozeß umfangreiche Untersuchungen durchgeführt und über die Wirkung verschiedener Hilfsmittel berichtet. Besonders eigneten sich Äthylenoxidkondensationsprodukte zur Erhöhung der Farbstoffausbeute, während Carrier keine Wirkung zeigten.

Für den Thermosolprozeß eignen sich auch ausgewählte Küpenfarbstoffpigmente („Polyestren"-Sortiment). Über das Färben mit diesen Farbstoffen berichtete J. Müller [99]. Neben wenigen thioindigoiden handelt es sich dabei im wesentlichen um anthrachinoide Küpenfarbstoffe. Als günstigste Bedingungen für die Fixierung wurden 40—50 Sek. bei 210—215 °C angegeben.

Einer etwas abgewandelten Arbeitsweise bedient sich das Vapocol-Verfahren. Die ebenfalls aufgeklotzten Dispersionsfarbstoffe werden durch eine anschließende Behandlung mit Trichloräthylendämpfen auf der Faser fixiert [100].

11.5. Literaturangaben

[1] Fiber Industries Launches Three New Polyesters. Textile Month, August 1969, 83.
[2] Weiterentwicklung der Chemiefasern auf Polyesterbasis. Chemiefasern 11 (1961) 158 bis 160.
[3] Ludewig, H.: Lanon, eine Polyesterfaser aus Schwarza. Chem. Technik 9/12 (1957) 693 bis 696.
[4] Wood, L. und Hill, A. A.: Brit. P. 710087 (1950), F. P. 1043961, Schwz. P. 299994, Belg. P. 506412.
[5] Bolland, F.: D. P. [DDR] 11746 (1954), 19034 (1955), 22720 (1955), 33532 (1956), Brit. P. 853062 (1957) (Spinndüsen zur Erspinnung von profilierten Fäden aus Polyamiden, Polyestern usw.).
[6] Ludewig, H.: D. P. [DDR] 22607 (1955), 23616 (1956), 32870 (1961), Brit. P. 816877 (1956).
(Schlitz-Klebeprofil-Spindüsen für Polyamide, Polyester usw.).
[7] Siemer, G., Laurisch, H. und Stöckigt, W.: D. P. [DDR] 18163 (1955), 21917 (1955), 23829 (1955).
Brit. P. 843179 (Spinndüsen zur Herstellung von Fäden mit Hohlräumen).
[8] Bessonov, M. I. und Smirnova, V. E.: Zur Beziehung zwischen Dichte von Polymeren im amorphen und im kristallinen Zustand. Sowj. Beiträge z. Faserforsch. und Textiltechnik 8 (1971) 433–434.
[9] Winkler, F., Götze, W. und Homann, G.: Dichtebestimmungen an Faserstoffen (Polyesterfasern). Faserf. u. Textilt. 22 (1971) 266–272.
[10] Glen, W.: Requirements of a High-tenacity Polyester-Fibre. Industrial Yarn. Journ. of the Textile Institute, Vol. 62, No. 11. November 1971, 600–614.
[11] Warren, S. F.: High Tenacity Polyester Staple. Modern Textiles, May 1971, 42–47.
[12] Riggert, K.: Fortschritte in der Herstellung von Polyester-Reifenkordgarn. Chemiefasern 21 (1971) 379–383.
[13] Michailov, N. u. a.: Einfluß des Molekulargewichtes auf die Struktur und Eigenschaften der Lavsan-Fasern. Chimičeskie volokna (russ.) 1964, Heft 5; 1965, Heft 1.
[14] Karadatschki, I.: Veränderungen der Knoten- und Maschenfestigkeit der Polyesterfasern Jambolen im Zusammenhang mit dem Verstreckungsgrad. Melliand Textilber. 51 (1970) 414–417.
—: Verstreckung und phys.-mechanische Eigenschaften der Polyesterfasern Jambolen. Tektilna promischlenost, 1969, Heft 1.
[15] Cook, J. und Gordon: Handbook of Textile Fibres. Merrow Publishing Co. Ltd., 1964, 630–633.
[16] The Coming of Kodel. Man-Made Textiles, June 1959, 43–44.
[17] Moncrieff, R. W.: Man-Made Fibres. John Wiley & Sons, Inc., New York (1966).
[18] Ludewig, H. und Glöckner, G.: Über das Wiederaufrichtungsvermögen von Drähten und Fäden aus Polyäthylenterephthalat. Faserforsch. u. Textiltechn. 7 (1959) 222–226.
[19] Ludewig, H. und Richardt, H.: D. P. [DDR] 11314 (1956). Verf. z. Herst. von feinbogig gekräuselten Fäden, Fasern u. dgl. aus Aromaten enthaltenden Hochpolymeren.
[20] Farbwerke Hoechst, Frankfurt: D. A. S. 1435457 (1963), U. S. P. 3400192, Brit. P. 1070203, F. P. 1403459, Schw. P. 428078.
[21] Thimm, J. K.: Modifizierte Polyesterfaser-Typen. Melliand Textilber. 51 (1970) 177–182.
—: Modifizierte Polyesterfaser-Typen von Hoechst. Chemiefasern 19 (1969) 508.
[22] „Terylene"-Polyesterfaser — Die Eigenschaften und die Verarbeitung des endlosen Garnes. ICI 1955, Harrogate S. 15.
[23] Matthew's Textile Fibres, 6th Ed. by Mauersberger, New York, 1954, 1024–1035.
[24] Brennecke, W. und Richter, H.: Die Eigenschaften der Polyesterfaser Diolen bei thermischen und chemischen Einwirkungen. Melliand Textilber. 40 (1959) 531–536.

[25] Sommer, H.: Eigenschaftsänderungen der Textilien durch Umwelteinflüsse. Faserforsch. u. Textiltechn. **7** (1956) 1–13.
[26] Fels, M.: Bewetterung von Textilgarnen. J. Textile Inst. **51** (1960) 648–656.
[27] Sippel, A.: Die Lichtbeständigkeit von fadenförmigem Material aus Nylon 66 einerseits und Polyäthylenterephthalat andererseits. Melliand Textilber. **42** (1961) 1266–1268.
[28] Hill, R.: Fibres from Synthetic Polymers. Elsevier Publishing Company, 1953, 442 bis 443.
[29] „Terylene"-Polyester-Fibre – The Processing of Filament Yarn. ICI 1953, Harrogate, 17.
[30] Lünenschloss, J. und Stegherr, H.: Einfluß der Bewetterung auf die verschiedenen textilen Faserstoffe (II). Textil-Praxis **10** (1960) 1011–1017.
[31] Reddish, W.: Trans. Faraday Soc. **46** (1950) 459.
[32] v. Hornuff, G.: Das Verhalten der Polyesterfasern in sauren und alkalischen Veredlungsprozessen. Faserforsch. u. Textiltechn. **10** (1959) 563–569.
[33] Furner, E.: Über den Einfluß von Säuren auf Terylene-Polyesterfasern. Textil-Rdsch. **3** (1958), 129–152.
[34] Hendrix, H.: Über den chemischen Abbau von Polyesterfasern in Schwefelsäure und Natronlauge. Z. ges. Textilind. **63** (1961) 11, 962–967.
[35] Gutmann, W.: Mechanische, thermische und chemische Maßnahmen als Grundlage für die Ausrüstung von Textilien aus Polyesterfasern. Melliand-Textilber. **37** (1956) 1085 bis 1087.
[36] Schuller, E. und Selisko, L.: Zur Einwirkung von Alkalien auf PE-Seide. Mitt. Inst. Textiltechnol. Chemiefasern Rudolstadt **3** (1961) 119–124.
[37] Bobeth, W.: Mikroskopische Faserreaktionen an Polyesterfaserstoffen (Terylene). Faserforsch. u. Textiltechn. **4** (1953) 45–55.
[38] Ludewig, H.: Mischpolyamidfasern der Trelongruppe im Vergleich zu Polyamid- (Perlon-, Nylon-) und Polyesterfasern. Faserforsch. u. Textiltechn. **6** (1955) 6, 277–286.
[39] Ludewig, H., Ramm, H. und Wiegand, K.: Herstellung und Polykondensation der p-Oxymethylenbenzoesäure. J. prakt. Chem. 4. Reihe, Bd. 6, Heft 2, 1958.
[40] American Handbook of Synthetic Textiles, Textile Book Publishers, Inc. New York, May 1952.
[41] Koch, P. A.: Faserstoff-Tabellen: Polyesterfaserstoffe. Z. f. ges. Textilind. **69** (1967), 375–382; **72** (1970) 21–29.
[42] Remington, W. R.: Grundsätzliches über das Färben von Dacron-Polyesterfasern. Amer. Dyestuff Reporter **41** (1952) 859.
[43] Schuler, M. I. und Remington, W. R.: Mechanismus der Absorption nichtionisierter Farbstoffe durch Polyäthylenterephthalat. Discuss. Faraday Soc. **16** (1954) 201, 246, 249.
[44] Waters, E.: Das Färben von Terylene-Polyesterfaser. J. Soc. Dyers Colourists **66** (1950) 609.
[45] Lerch, U.: Das Egalisieren von Dispersionsfarbstoffen auf Polyesterfasern. Melliand Textilber. **42** (1961) 540–545.
[46] Hendrix, H.: Beurteilung der Polyesteraffinität von Dispersionsfarbstoffen mittels Färben im System Wasser–Alkohol und Thermodiffusion durch Folien. Melliand Textilber. **42** (1961) 432–438.
[47] Glenz, O.: Über das Aufziehen von Dispersionsfarbstoffen auf Polyesterfasern. Melliand Textilber. **40** (1959) 413–417.
[48] Patterson, D. und Sheldon, R. P.: Das Färben der Polyesterfasern mit Dispersionsfarbstoffen. Mechanismus und Kinetik des Prozesses mit gereinigten Farbstoffen. Trans. Faraday Soc. **55** (1959) 1254.
[49] Andriessen, J. und v. Soest, J.: Änderung der Farbstoffaffinität von Polyäthylen-Terephthalat-Fasern durch Thermofixieren, Dämpfen und Texturieren. Textilveredlung **3** (1968) 618–629.

[50] Weigold, S.: Färben von Garnen und Gewirken aus texturierten Polyesterfasern. Chemiefasern **20** (1970) 273—279.

[51] Klein, H.: Das Färben von Materialien aus texturiertem Polyester unter besonderer Berücksichtigung des Barré-Effektes. Chemiefasern **20** (1970) 472—480.

[52] Valk, G., Berndt, H.-J. und Heidemann, G.: Neue Ergebnisse zur Fixierung von Polyesterfasern. Chemiefasern **21** (1971) 386—398.

[53] Carbonell, J.: Betrachtungen über die Sättigungsgrenzen der Dispersionsfarbstoffe auf Polyesterfasern. Textil-Praxis **16** (1961) 501—510.

[54] Dürig, G. und Stern, H.: Ein neuer Weg zum Abziehen von Dispersionsfärbungen auf Polyesterfasern. Melliand Textilber. **38** (1957) 789.

[55] Barlow, A. und Fern, A. S.: Das Färben von Terylene-Polyester-Faser. SVF-Fachorgan Textilveredlg. **9** (1954) 429—447.

[56] Fern, A. S. und Hadfield, H. R.: J. Soc. Dyers Colourists **71** (1955) 840.

[57] Rummler, H.: Das Färben von Polyglykolterephthalatfasern. Textil-Praxis **11** (1956) 692—697.

[58] Dierkes, G. und Foppe, R.: Jiggerfärbungen mit Intramin-Farbstoffen auf Polyesterfasergeweben. Melliand Textilber. **41** (1960) 854.

[59] Lüttringhaus, H.: U. S. P. 2627449 (1951).

[60] Müller, J.: Über das Färben synthetischer Fasern mit Küpenfarbstoffen in unveresterter und veresterter Form. Melliand Textilber. **38** (1957) 1032—1038.

[61] Rummler, H.: Das Färben der Polyglykolterephthalatfasern mit Küpenfarbstoffen in Form der Küpensäuren. Textil-Praxis **13** (1958) 281—286.

[62] Weckler, G. und Müller, S.: Das Imperon-MGN-Verfahren zum Färben und Ausrüsten von Polyester-Gardinen. Melliand Textilber. 42 (1961) 546—548.

[63] Burgmann, R.: Relative Dispersionsfarbstoffe und ihre Applikation auf synthetische Fasern. SVF-Fachorgan Textilveredlg. **51** (1960) 97—110.

[64] Frieser, P.: Übersicht über die beim Färben von Polyesterfasern mit Dispersionsfarbstoffen verwendeten Carrier. Reyon, Zellwolle u. andere Chemiefasern 1959, 378.

[65] Brennecke, W. und Schlichtmann, G.: Carrier beim Färben der Polyesterfaser „Diolen" und ihrer Mischungen. Melliand Textilber. **41** (1960) 855.

[66] Landerl, H. P. und Remington, W. R.: Die Grundlagen über das Färben von Dacron-Polyester-Faser und ihre Anwendungen für den praktischen Färber. Z. ges. Textilind. **57** (1955) 598—614.

[67] Vickerstaff, T.: Untersuchungen über das Färben von hydrophoben Fasern. Melliand Textilber. **35** (1954) 765.

[68] Piedmont Section der AATCC, Grundsätzliches und Mechanismus des Färbens von hydrophoben Fasern mit Carriers. Amer. Dyestuff Reporter **48** (1959) 23, 37.

[69] Rochas, P. und Courmont, M.: Bull. Inst. Textile France Nr. 86 (1959).

[70] Courmont, M.: Dissertation Nr. 105, Lyon 1959.

[71] Rochas, P.: Teintex **24** (1959) 825.

[72] Rochas, P.: Untersuchungen über den Mechanismus der Wirkung von Carrier beim Färben von Polyesterfaser mit Dispersionsfarbstoffen. Z. ges. Textilind. **61** (1959) 756.

[73] Rochas, P.: Neuere Erfahrungen und Theorien im Färben von Polyesterfasern mit Hilfe von Carriern. Chemiefasern, 1960, 666—670.

[74] Elöd, E.: Zur Kenntnis der Carrierwirkung beim Färben von Polyesterfasern. Melliand Textilber. **41** (1960) 195—199; **41** (1960) 1039.

[75] Elöd, E. und Vinh-Am: Betrachtung über Einwirkung von organ. Hilfsstoffen beim Färbevorgang von Polyesterfasern mit Dispersionsfarbstoffen. Textilpraxis **16** (1961) 718, 797.

[76] Hendrix, H.: Zur Wirkungsweise des Carriers beim Färben von Polyesterfasern mit Dispersionsfarbstoffen. Melliand Textilber. **42** (1961) 1275; **43** (1962) 156—164; **43** (1962) 258—265.

[77] SENNER, P.: Über die Konstitution und Wirksamkeit organischer Substanzen als Carrier beim Färben von Polyestern mit Dispersionsfarbstoffen. Textil-Praxis **15** (1960) 940 bis 944; **15** (1960) 1051—1056; **15** (1960) 1168—1171.

[78] PEIRENT, R. L., CASEY, J. und DADOLY, G.: Das Färben von Dacron mit Emulsionen von Farbstoff-Lösungsmittel-Lösungen. Amer. Dyestuff Reporter, 1960, P. 72—75.

[79] VICKERSTAFF, TH. und HILL, R.: Fasern aus synthetischen Polymeren, Stuttgart, 1956.

[80] WÜRZ, A.: Neuere Erkenntnisse und Erfahrungen beim Färben von synthetischen Fasern bei Temperaturen über 100°C. Melliand Textilber. **37** (1956) 566—571.

[81] WEISS, R. und DETRIE (nach [82]).

[82] EBERHARD, H.: Apparative Lösungen für die Hochtemperatur-Färbungen. SVF-Fachorgan Textilveredlg. **12** (1957) 6, 374—383.

[83] STEVERLYNCK, B.: Verfahren zum Färben von Textilien in überhitzter Flotte. Textil-Praxis **8** (1953) 59—62.

[84] THIES, F.: in Jahrb. d. Textilveredlung, Herausgeber G. MEIER, Berlin, 1956, S. 66—76.

[85] SCHMIDLIN, H. U.: Druckfärbeaggregate für Stückwaren. SVF-Fachorgan Textilveredlg. **12** (1957) 6, 384—398.

[86] STERN, H.: Wissenswertes aus dem Gebiet der HT-Färberei von synthetischen Faserstoffen. SVF-Fachorgan Textilveredlg. **14** (1959) 2, 122—129.

[87] FOURNÉ, F.: Hochtemperaturfärben von Stückware. Textil-Praxis **14** (1959) 289—294.

[88] REEKER, J.: Apparate zum Hochtemperaturfärben von Wickelkörpern, Spinnkuchen, losem Material und Stückgut. Melliand Textilber. **40** (1959) 6, 652—654.

[89] FERN, A. S.: Färben von Terylene-Polyester mit dispersen Farbstoffen oberhalb 100°C. J. Soc. Dyers Colourists **71** (1955) 502.

[90] MERIAN, E., CARBONELL, J. und SANAHUJA, V.: Einfluß des Flottenverhältnisses auf den Erschöpfungsgrad von Dispersionsfarbstoffen beim HT-Färben von Polyesterfasern. Textil-Rdsch. **16** (1961) 181.

[91] U. S. P. 2663612, 2663613 (1953).

[92] KUTH, H.: Das Färben von Geweben aus Polyesterfasern und deren Mischgespinsten mit Baumwolle bzw. Wolle nach dem Thermosolverfahren. SVF-Fachorgan, Basel **16** (1961) 562—572.

[93] BECKMANN, W. und KUTH, R.: Das Färben von synthetischen Fasern nach dem Thermosolverfahren. Bayer-Farben-Rev., Leverkusen (1962), 38—44.

[94] HAUSDORF, F.: Vergleichende Versuche über verschiedene Thermosolierungsmöglichkeiten beim Färben von Polyestergeweben. Melliand Textilber. **44** (1963) 67—69.

[95] THURNER, K. und WÜRZ, A.: Untersuchungen über das Thermosolfärben von Polyesterfasern und Polyesterfasermischungen. Melliand Textilber. **47** (1966) 73—81, 182—189, 1299, 414 .

[96] TULLIO, V.: Das Thermosolfärben von Polyester-Baumwollmischungen. Amer. Dyestuff Rep. **55** (1966) 11, 45—52.

[97] SCHROTH, R.: Einfluß der Orientierung von Polyäthylenterephthalatfäden auf die Farbstoffaufnahme und die Strukturveränderungen während der Thermosolierung. Faserforsch. und Textiltechn. **20** (1969) 8, 387—390.

[98] BECKMANN, W. und WUNDER, W.: Zum Verhalten von Dispersionsfarbstoffen beim Thermosolprozeß. Melliand Textilber. **42** (1961) 198—205.

[99] MÜLLER, J.: Über das Färben synthetischer Fasern mit Küpenfarbstoffen. Melliand Textilber. **40** (1959) 773—782; Z. ges. Textilind. **62** (1960) 779—786.

[100] GARETT, D. A.: Das Vapocol-Verfahren, ein kontinuierliches Verfahren zum Färben von Azetat-, Triazetat- und Terylenegeweben. J. Soc. Dyers Colourists **73** (1957) 365 bis 374. Textil-Praxis **13** (1958) 287—288.

[101] WÜRZ, A.: Einige Beiträge zum Färben synthetischer Fasern. Textil-Praxis **10** (1955) 926—931.

[102] WÜRZ, A.: Färben von Polyesterfasern und Polyesterfasermischungen mit „Palanil-farbstoffen". Melliand Textilber. **38** (1957) 1385; **39** (1958) 74; **39** (1958) 530; **39** (1958) 1023.

[103] BLÄTTERMANN, H., KOCH, R. und MEIER, H.: Die Polyesterfaser. Möglichkeiten beim Färben und Ausrüsten. Z. ges. Textilind. **59** (1957) 424–430.

[104] KUNZE, W.: Das Färben von Trevira und deren Mischungen mit Samarsafarbstoffen. Textil-Praxis **12** (1957) 810–813.

[105] RÖHSER, H.: Färben von Geweben aus Polyesterfasern für sich und in Mischung mit Wolle. Melliand Textilber. **39** (1958) 282–285.

[106] GRUNEWALD, H.: Eingriffsmöglichkeiten in die Struktur der Polyesterfaser und ihre Auswirkungen. Melliand Textilber. **43** (1962) 48–53.

[107] STERN, H. und SCHMIDLIN, H. U.: Praktische Probleme bei der Veredlung von Wirk- und Webwaren aus Polyesterfaserstoffen. Textil-Praxis **13** (1958) 617–622.

[108] STERN, H.: Das Färben von Mischungen aus Wolle und synthetischen Faserstoffen. Z. ges. Textilind. **61** (1959) 24–28.

[109] –, Foronfarbstoffe ultradispers (Sandoz). Melliand Textilber. **40** (1959) 562.

[110] –, Setacyl-Farbstoffe auf Polyesterfasern. Melliand Textilber. **40** (1959) 683.

[111] MEUNIER, P. L. und HUNTER, R. L.: Färben und Ausrüsten von Mischungen aus Polyesterfaser und Baumwolle. Z. ges. Textilind. **61** (1959) 101–104.

[112] SHINYA, ITO (Toray Industries Inc.): Tatsachen über Polyesterfaserstoffe mit modifiziertem Querschnitt. Japan Textile News (1971), 200, 58–59.

Kapitel 12

12. Verarbeitung von Polyesterfäden und ihre Einsatzgebiete

12.1. Allgemeines über die textile Verarbeitung von Polyesterfäden

Die Herstellung und Verarbeitung von Polyesterfäden hat im letzten Jahrzehnt eine stürmische Entwicklung genommen und alle Gebiete des Textilmarktes erobert. Dabei überwog zunächst die Verarbeitung zu Stapelfaser, weil einerseits die Technologie der Faserherstellung einfacher ist und andererseits der Bedarf an Textilien aus Fasergarn im allgemeinen größer ist als der an Stoffen aus Filamentgarn. Die steigende Nachfrage nach verfeinerten Textilien hat jedoch in den letzten Jahren auch zu einer erheblichen Produktionssteigerung an Polyesterseide (Filamentgarn) geführt, ohne dabei die Polyamidseide zu verdrängen; vielmehr wurden durch die Polyesterseide die Kombinationsmöglichkeiten bei der Herstellung von Garntypen und Stoffarten noch wesentlich erweitert.

12.1.1. *Vorteile von Polyestertextilien*

Wenn gerade durch die Polyestertextilien immer breitere Anwendungsgebiete für Synthesefasern geschaffen wurden, so beruht das auf den besonderen Vorteilen, die die Polyesterfasern im Vergleich mit den Naturfasern oder auch anderen Synthesefasern aufzuweisen haben.

Da die Ursachen dieser Vorteile bereits eingehend in Kap. 11 behandelt wurden, seien hier nur kurz noch einmal die Vorzüge der Polyestertextilien vom Standpunkt des Verbrauchers aus zusammengefaßt:

Polyestertextilien — gleichgültig, ob aus Stapelfaser- oder Filamentgarn (Seide) hergestellt — zeigen als bemerkenswerteste, mit ihrem hohen Elastizitätsmodul zusammenhängende Eigenschaften: ausgezeichnete Formbeständigkeit und Standfestigkeit, hohe Knitterunempfindlichkeit, gute Bauschelastizität sowie einen warmen Griff. Als weitere Vorteile kommen dazu: die große Beständigkeit thermofixierter Knickstellen (z. B. Bügel- oder Pliseefalten), eine hohe Licht- und Wärmebeständigkeit sowie eine für technische Zwecke besonders wertvolle Säurefestigkeit. Auch die Haltbarkeit der Polyestertextilien ist infolge der hohen Faserfestigkeit sehr gut, denn wenn auch die Scheuerfestigkeit der Polyesterfaser nur etwa 50—60% von der der Polyamidfaser beträgt, so ist sie doch um ein Mehrfaches größer als die von Baumwolle, Wolle, Zellwolle und übertrifft die der Acrylfaser. Außerdem wird die Pflege der Polyestertextilien noch erleichtert durch das schnelle Trocknen infolge der geringen Wasseraufnahme sowie durch relativ gute Beständigkeit gegenüber Waschbehandlungen.

12.1.2. *Schwierigkeiten bei der Verarbeitung und dem Gebrauch von Polyestertextilien*

Trotz der vielen und allgemein anerkannten guten Eigenschaften der Polyesterfasern sind sowohl beim Verarbeiter als auch beim Verbraucher noch manche Wünsche offen geblieben, deren Erfüllung das Forschungs- und Entwicklungsprogramm in allen Fertigungsstufen vom Rohstoff bis zum Endprodukt auf Jahre hinaus bestimmen wird.

Durch die ständig steigende Tendenz, die Polyesterfasern in immer größerem Umfang auf den verschiedensten Anwendungsgebieten einzusetzen, wird das Verlangen nach bestimmten Variationen der für die Polyesterfaser typischen Eigenschaften immer ausgeprägter [1]. Wenn auch in 12.1.1. viele Eigenschaften als „Vorteile“ bezeichnet wurden, so ist dieser Begriff doch nur relativ zu werten, denn eine Eigenschaft, die sich für ein bestimmtes Einsatzgebiet als ein Vorteil erweist, kann auf einem anderen durchaus nachteilig wirken; außerdem sind die Eigenschaften selbst variabel, da sie ebenfalls relativ, d. h. von äußeren Einfluß-Faktoren (z. B. Temperatur, Einwirkungszeit und Konzentration von Chemikalien; vgl. 11.2.) abhängig, sind.

Da hier keinesfalls eine erschöpfende Darstellung der noch vorhandenen Verarbeitungsschwierigkeiten von Polyesterfäden gegeben werden kann, sollen im folgenden nur einige charakteristische Erscheinungen herausgegriffen werden, die für den Verarbeiter schwer zu lösende Probleme waren bzw. z. T. noch sind.

Allerdings sind im Laufe des letzten Jahrzehnts, besonders ab 1965, durch die weltweite Entwicklung von Synthesefaserstoffen der sog. 2. Generation, d. h. durch Herstellung modifizierter Typen, auch die Verarbeitungsschwierigkeiten der Polyesterfaserstoffe bereits weitgehend beseitigt worden.

12.1.2.1. Elektrostatische Aufladung

Das Auftreten elektrostatischer Aufladungen bei der Verarbeitung einiger Faserstoffe ist allgemein bekannt, wenn auch in der einschlägigen Literatur verschiedene Meinungen über deren Entstehungsursachen zu finden sind [2]. Fest steht jedoch, daß vorwiegend bei hydrophoben Materialien mit niedrigem elektrischen Leitvermögen die unangenehmen Auswirkungen der statischen Elektrizität (Haften an Maschinenelementen, Auseinanderspreizen polyfiler Seide — Bild 12.1. —, Verschmutzung durch Anziehung von Staubpartikeln) ein solches Ausmaß erreichen können, daß sie den Produktionsablauf ernstlich hemmen, wenn nicht gar unmöglich machen [3].

Die Polyesterfaser zeigt die Nachteile der elektrostatischen Aufladung besonders stark, und zwar auf Grund zweier Eigenschaften, die in anderer Beziehung als „Vorteile“ wirken: der geringen Wasseraufnahme (Vorteil: leichte Trocknung) und der geringen elektrischen Leitfähigkeit (Vorteil: gutes Isoliervermögen).

Aus der Tabelle 12.1. ist die Tendenz, daß der Widerstand mit fallender Wasseraufnahme wächst und damit die Polyesterfasern zu hohen elektrostatischen Aufladungen neigen müssen, klar ersichtlich.

Um diese Schwierigkeit zu umgehen, sind bereits vielseitige Untersuchungen an den Stellen maximaler Aufladung bei den textilen Verarbeitungsprozessen vor-

Tabelle 12.1. Die Größenordnung des spez. Widerstandes einiger Faserstoffe und dessen Beziehung zu ihrer Feuchtigkeitsaufnahme [4].

Faser	spez. Widerstand	Feuchtigkeitsaufnahme bei 65% Luftfeuchtigkeit
Zellwolle	7	12 %
Baumwolle	7	8
Acetatfaser	12	6
Polyamidfaser	12	4
Polyacrylfaser	12	1
Polyesterfaser	14	0,4
Polyvinylfaser	15	0

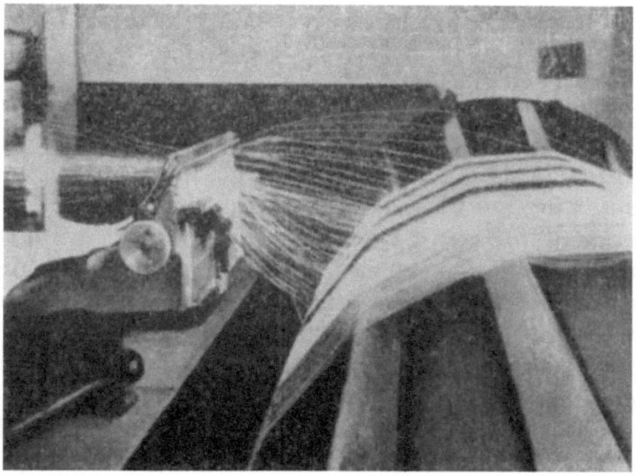

Bild 12.1. Ballonbildung der Kapillarfäden durch elektrostatische Aufladung [3]

genommen und Maßnahmen getroffen worden, die es gestatten, die Aufladung in solchen Grenzen zu halten, daß ein störungsfreier Durchlauf des Textilgutes gesichert wird. Dabei sind solche Maßnahmen von besonderer Bedeutung [3], die Ladungsverluste durch Abfließen entlang des Textilgutes fördern. Am besten läßt sich die elektrostatische Aufladung durch Aufbringen antistatisch wirkender Präparationsmittel verhindern.

12.1.2.2. Geringe Feuchtigkeitsaufnahme

Die geringe Feuchtigkeitsaufnahme wird allgemein (vgl. auch 12.1.1.) unter den Vorteilen der Polyesterfasern genannt und durchaus nicht ohne Berechtigung; denn diese Eigenschaft gewährleistet eine sehr schnelle Trocknung von Bekleidungsstücken nach der Wäsche, sofern die Stoffe keine kapillar-reiche Struktur aufweisen (vgl. 12.2.1.3.).

Die starke Hydrophobie der Polyesterfasern wirkt sich jedoch häufig als Nachteil aus. Als ein Beispiel dafür wurde die elektrostatische Aufladung bereits unter 12.1.2.1. ausführlich behandelt.

Die geringe Feuchtigkeitsaufnahme bzw. Saugfähigkeit der Polyestertextilien führt jedoch noch zu einem weiteren Nachteil, dem bei der Herstellung von Bekleidungsstücken Rechnung getragen werden muß: Polyestergewebe beeinträchtigen bzw. hemmen die Transpiration, da sie den Schweiß nicht aufsaugen und dadurch nicht zur Verdunstung nach außen weiterleiten können. Diese Erscheinung ist bei reinen (d. h. 100%igen), dichten Polyestergeweben besonders ausgeprägt. Diesem Nachteil muß und kann auch vom Textilfabrikanten dadurch entgegengewirkt werden, daß körpernahe Bekleidung (Unterwäsche) in einer sehr lockeren Gewebe- oder Gewirke-Struktur hergestellt oder für Oberbekleidungsstoffe Polyestergarn nicht rein sondern in Mischung mit anderen Garnen (12.1.3.2.3.) verarbeitet wird, die den physiologischen Anforderungen einer normalen Körpertranspiration genügen.

12.1.2.3. Anfärbe-Schwierigkeiten

Die färberischen Eigenschaften der Polyesterfasern, die sich bei der Färberei ergebenden Schwierigkeiten und die heute bereits erfolgreich anwendbaren Färbeverfahren wurden in 11.4. ausführlich dargestellt, so daß hier der Vollständigkeit halber nur kurz auf dieses Problem eingegangen wird.

Die Hauptschwierigkeiten liegen bzw. lagen einerseits im Auffinden der geeigneten Farbstoffe und zum anderen in der Ermittlung eines befriedigenden Verfahrens, die Farbstoffe mit der notwendigen Haltbarkeit, Licht- und Waschechtheit auf die Polyesterfasern aufzubringen.

Wenn auch viele Schwierigkeiten, die vor einigen Jahren in coloristischer Hinsicht noch bestanden, überwunden sind und es heute möglich ist, Färbungen oder Drucke auf Polyester- oder Polyestermischgeweben in den verschiedensten Verarbeitungsstadien mit den geforderten Echtheiten herzustellen [1], so zählt die Polyesterfaser trotzdem noch zu den schwieriger zu färbenden Fasern. Durch die Notwendigkeit des Einsatzes von Carriern, HT-Färbeeinrichtungen oder Thermosolieranlagen entstehen dem Hersteller von Polyestertextilien noch höhere Material- und Investitionskosten als z. B. dem Veredler von Textilien aus Naturfasern. Dennoch darf man hierbei eine Überlegung nicht außer acht lassen: Die Färbeverfahren für Naturfasern sind im Laufe von Jahrhunderten entwickelt worden, während wir beim Färben von Polyesterfasern erst über Erfahrungen von etwa drei Jahrzehnten verfügen. Im Hinblick auf die Kürze dieser Entwicklungszeit sind die bereits erzielten Erfolge außerordentlich groß, denn man ist heute schon in der Lage, Polyester/Wolle- oder Polyester/Baumwolle-Mischgewebe im Einbad-Verfahren einwandfrei zu färben [1]. Durch die Entwicklung von Spezialtypen ist es sogar bereits möglich, beim Färben von Polyesterfaserstoffen im Einbad-Verfahren sowohl mit Säure-, basischen und Dispersionsfarbstoffen Vielfarbeneffekte zu erzielen [91, 92, 93]. Der Kostenaufwand für diese Verfahren ist aber noch so groß, daß der Preis für das Endprodukt bis zu 30% höher liegt als der für die Normaltypen [93]. Bei der stürmischen Entwicklung unserer modernen Wissenschaft und Technik werden weitere Möglichkeiten gefunden werden, um den jetzt noch relativ hohen Kostanaufwand für die Färberei von Polyestertextilien herabzusetzen.

12.1.2.4. Naßknitterverhalten

Höchste Knitterunempfindlichkeit und relativ gute Waschbeständigkeit wurden unter den Vorteilen der Polyestertextilien (vgl. 12.1.1.) hervorgehoben. Es ist eine bekannte Tatsache, daß man z. B. mit einem Polyesteranzug in einen

a b c d e f g h

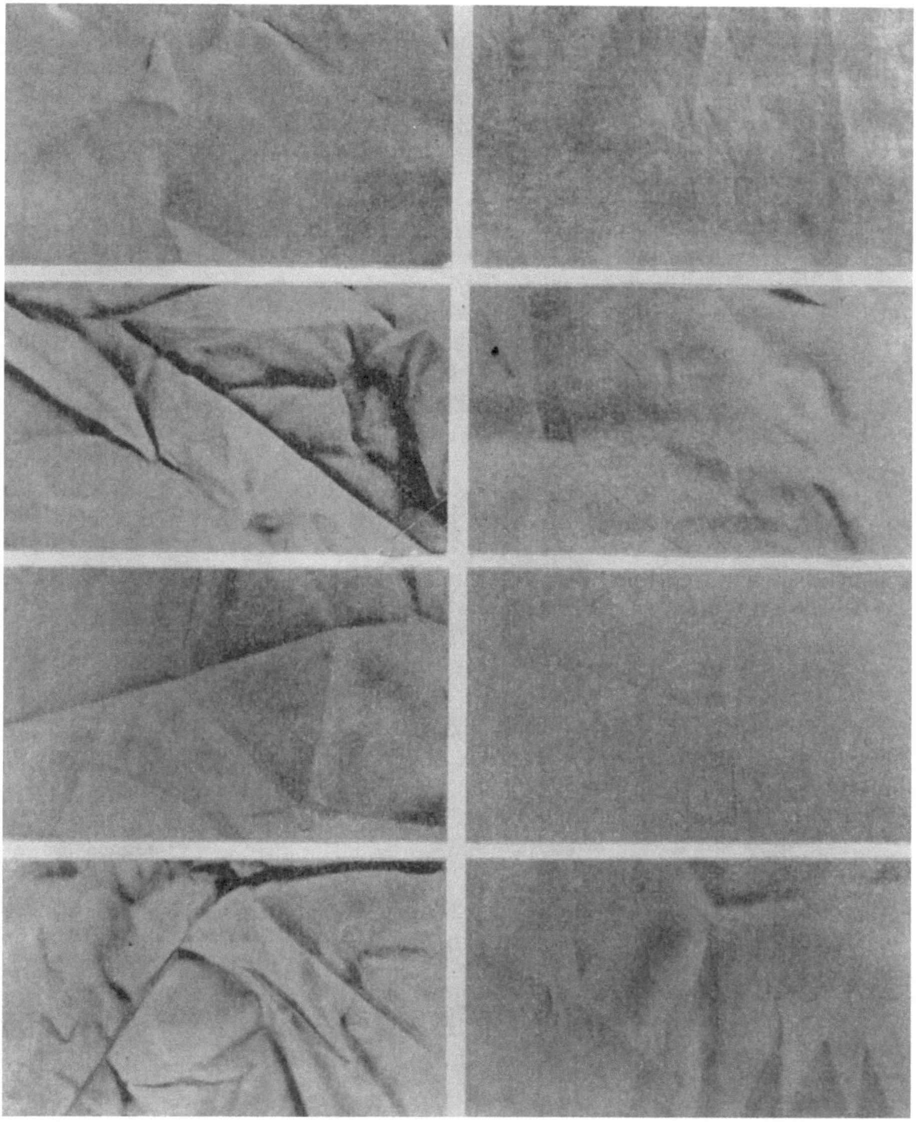

Bild 12.2a—h. Naßknitterung von Polyesterseidentaft bei verschiedenen Waschbehandlungen 2 g/l Fettalkoholsulfat [5]
a—d) mit Sattdampf-Fixierung: Nm 100(16)
e—h) mit Heißluft-Fixierung: Nm 90(36)

Regenguß kommen oder durch ein Gewässer waten kann, ohne daß der Anzug dadurch seine Bügelfalten verliert oder irgendwelche Knitterung erfährt. Auch sind Polyesterartikel nach mehreren Wäschen ohne nachfolgendes Bügeln noch einwandfrei im Aussehen.

Trotzdem gibt es aber auch Polyestertextilien, deren Naßknitterverhalten nicht so positiv verläuft wie in den genannten Beispielen. Denn auch diese Eigenschaft ist eine von anderen Faktoren abhängige Größe (vgl. 7.5.). So haben eingehende Waschversuche [5] mit Polyesterseidentaft gezeigt, daß dieses Gewebe je nach Temperatur und Zusammensetzung der Waschflotte einerseits und der metrischen Nummer und Vorbehandlung der Polyesterseide andererseits eine z. T. recht erhebliche Naßknitterung erleiden kann, wie aus Bild 12.2.a—h ersichtlich ist.

Aus dem Vergleich der vorliegenden Proben gehen folgende Fakten hervor:

a) Die Naßknitterung wird verstärkt durch erhöhte Temperatur (vgl. Bild 12.2. a, e (30 °C) und c, g 60 °C).

b) Die Naßknitterung wird durch Änderung des Flottenverhältnisses von 1:10 auf 1:100 (2 g/l Fettalkoholsulfat) bei jeweils gleicher Temperatur erheblich herabgesetzt (vgl. Bild 12.2. a, c, e, g (1 : 10); b, d, f, h (1 : 100).

c) Die Faltenbildung bei vorher sattdampf-fixiertem Material ist im ganzen weniger intensiv als bei dem heißluft-fixierten.

Wenn dieses Beispiel des Naßknitterverhaltens eines Polyesterseidengewebes hier besonders herausgestellt wird, so geschieht es in erster Linie deshalb, um auf die Notwendigkeit hinzuweisen, daß jedem Synthesefasererzeugnis eine entsprechende Waschanleitung beigegeben werden sollte, damit der Endverbraucher vor möglichen unliebsamen Überraschungen bewahrt wird und in den vollen Genuß der Vorteile solcher Textilien kommt.

12.1.2.5. Pilling

Eine der unangenehmsten Unzulänglichkeiten, die man zunächst beim Einsatz der Synthesefasern in der Textilindustrie nicht vorausgesehen hatte, die aber die Synthesefaserhersteller und Textilfachleute vor Probleme stellte, die auch heute noch nicht endgültig gelöst sind, ist die „Pilling"-Bildung. Unter „Pilling" versteht man die Bildung von Pillen bzw. Faserkügelchen, oft auch Noppen genannt, die sich auf den Textilien durch Herauswandern von Faserenden aus dem Gewebeverband bilden und sich ganz besonders bei den Bekleidungstextilien sehr störend bemerkbar machen. Sie beeinträchtigen das Aussehen der Kleidungsstücke so stark, daß der Träger aus ästhetischen Gründen schließlich auf deren weiteren Gebrauch verzichtet, obwohl sie in bezug auf ihre Haltbarkeit noch lange einsatzfähig wären (vgl. Bild 12.3., [7b]). Bei Stoffen mit Polyamidfaserbeimischung ist die Pillingbildung stärker als bei anderen Mischgarnen (vgl. Bild 12.4. und Bild 12.5., [10a]).

Das Pilling tritt naturgemäß fast ausschließlich bei Stapelfasergarn auf, da bei Filamentgarn (Endlosfäden) die Möglichkeit des Auswanderns von Einzelfasern kaum gegeben ist, es sei denn, daß bei polyfiler Seide ganze Stücke aus Einzelkapillaren ausbrechen, was jedoch höchst selten vorkommen dürfte [6].

Die Pilling-Bildung ist, wie jedem Textilverbraucher bekannt sein wird, durchaus nicht nur eine Eigenart von Synthesefaser-Textilien, sondern tritt vor allem auch bei Woll- und Baumwollwaren auf. Nur haben die Pills bzw. Noppen bei letzteren nicht zu einer solchen Problematik geführt, weil sie sich nach einiger Zeit von der Gewebe-Oberfläche lösen und abfallen, so daß das Erscheinungsbild der Textilien wieder einwandfrei wird.

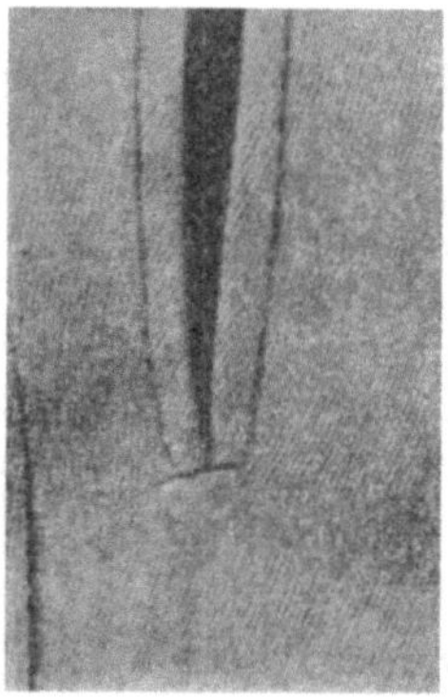

Bild 12.3. Anzugsstoff aus 50% Polyester- und 50% Polyamidfaser nach 4 Wochen Tragezeit [7b]

Bild 12.4. Badeanzug aus 50% Polyester- und 50% Polyamidfaser nach einer Badesaison [10a]

Bild 12.5. Badeanzug aus 50% Polyesterfaser und 50% Wolle nach einer Badesaison [10a]

Da jedoch die Synthesefasern eine viel höhere Scheuerfestigkeit besitzen als die Naturfasern, brechen die die Pills haltenden Verbindungsfasern zum Grundgewebe nicht ab, und die Noppen bleiben somit am Stoff haften.

Praktisch hat also die Knickbruchfestigkeit den wesentlichen Einfluß auf das Nichtabreißen von Pills. Deshalb prüft man heute in erster Linie die Knickbruchfestigkeit, wenn man wissen will, ob eine Faserart zur Pillbildung oder, genauer gesagt, zum Nichtausgleich der Pillbildung durch entsprechend schnelles Abreißen des Pills neigt [22]; denn erst Pillbildung und Abreißen der Pills bestimmen gemeinsam den Endeffekt für die Gebrauchsprüfung und Repräsentationsgüte von Bekleidungstextilien.

Begreiflicherweise wurde die Pilling-Erscheinung sofort in allen Synthesefasertextilien erzeugenden Ländern Gegenstand ausgedehnter wissenschaftlicher Untersuchungen, die das Ziel hatten, die Pill-Neigung der einzelnen Faserarten festzustellen. Durch eigens dazu konstruierte Apparaturen wurden Pills künstlich erzeugt, und auf Grund der gewonnenen Erkenntnisse Mittel und Wege zur Vermeidung oder zumindest weitgehenden Herabsetzung der Pilling-Bildung gefunden [6—17, 21, 22].

Speziell bei den Polyesterfasern sind trotz ihres ständig steigenden Einsatzes Beanstandungen wegen des Pillens heute nur noch selten [1]. Das liegt in erster Linie daran, daß die Faserhersteller in enger Zusammenarbeit mit Spinnern, Webern und Ausrüstern Fabrikate entwickelt haben, bei denen die Gefahr des Pillens weitestgehend ausgeschaltet ist.

Grundsätzlich gibt es zwei Möglichkeiten, die Pillneigung zu bekämpfen [1]: Entweder wird das Herauswandern der Fasern aus dem Garn oder Gewebe verhindert oder die Faserfestigkeit soweit herabgesetzt, daß die ausgetretenen Faserenden und Pills wie bei den Naturfasern schnell abbrechen (vgl. 12.1.3.1. und 12.1.3.2.). Die Verhinderung der Pilling-Bildung ist daher auch ein wesentlicher Aspekt bei der Gestaltung der Eigenschaften der Synthesefaserstoffe der 2. Generation [94, 95].

12.1.3. *Möglichkeiten zur Veränderung und Verbesserung der Polyestertextilien*

Die Möglichkeiten zur Veränderung der Polyesterfasern, um die in 12.1.2. aufgezeigten Unzulänglichkeiten zu überwinden und die großen Vorteile dieser Synthesefaser voll zur Wirkung zu bringen, sind bereits heute so vielseitig, daß sie im Rahmen dieser Darstellung in keiner Weise erschöpfend behandelt werden können. Deshalb werden im folgenden (12.1.3.1. und 12.1.3.2.) nur die markantesten und vielleicht wirksamsten Veränderungsmöglichkeiten geschildert.

12.1.3.1. Strukturelle Veränderungen bei der Herstellung des Polyesterfadens

12.1.3.1.1. Veränderungen der äußeren Struktur

Die Art der äußeren Struktur des Fadens, d. h. seine Gestalt, wie sie insbesondere durch Querschnitt und Oberflächenbeschaffenheit bestimmt wird, spielt neben den vielgestaltigen Veredlungs- und Ausrüstungsprozessen, denen Garn, Gewebe, Wirk- und Strickwaren im Laufe der Fabrikation unterworfen werden, eine wichtige Rolle, deren Bedeutung besonders in den letzten Jahren immer klarer erkannt wurde. Deshalb werden die Maßnahmen zur Veränderung der äußeren Struktur auch bei den Polyesterfasern und -fäden immer stärker als qualitätsverbessernde Faktoren in dem Produktionsprozeß berücksichtigt.

12.1.3.1.1.1. Querschnittsveränderungen (Profil-, Hohl-, Hohlprofilfäden)

Ein wichtiger Faktor für die Erzielung eines guten Warenbildes ist die Haftung der Textilfasern, d. h. sie dürfen sich nicht leicht gegeneinander verschieben, da sie sich sonst, besonders bei Bekleidungstextilien, aus dem Garn- oder Gewebeverband an den durch Scheuerung besonders beanspruchten Stellen sehr schnell herausarbeiten und zu der unangenehmen Pilling-Bildung führen (vgl. 12.1.2.5.). Infolge ihres runden Querschnittes und der vollkommen glatten Oberfläche ist die Haftung der Synthesefasern relativ gering und deshalb die Pilling-Neigung auch bei Polyesterfabrikaten besonders stark.

Als erfolgreiche Maßnahme zur Erreichung einer besseren Faserhaftung wurde daher von dem runden Querschnitt abgegangen und den Fasern verschiedenartige Querschnittsformen gegeben [18, 19, 20] (vgl. 5.3.2.4. und 11.1.2.).

Bild 12.6. Pillingbildung an Polyestermischgewebe (gemischt mit Polyamidfasern mit rundem Querschnitt) [7 b]

Bild 12.7. Pillingbildung an Polyestermischgewebe (gemischt mit Polyamidfasern mit Sternprofil) [7 b]

Bei Untersuchungen an Tragversuchsstücken wurde nachgewiesen, daß die Vernoppung bzw. Pillingbildung bei den aus profilierten Polyesterfasern hergestellten Textilien ganz erheblich geringer ist als beim Einsatz der runden Fasern [7, 10]. Bild 12.6. und Bild 12.7. lassen diesen Unterschied deutlich erkennen.

Die Hohlfasern und die Hohlprofilfasern, die in immer neuen Variationen von den führenden Synthesefaserstoff-Produzenten der Welt entwickelt werden [96], stellen weitere Spezialtypen dar, die nicht nur eine geringere Pill-Neigung aufweisen, sondern gleichzeitig das spezifische Gewicht der Polyesterfasern erheblich herabsetzen und dabei Textilien von außerordentlich hoher Wärmehaltung liefern (vgl. 11.1.1.2. und 11.1.2.1.).

Das Interesse für die Profilfasern wächst stetig, da man durch die Profilierung außer der besseren Faserhaftung auch noch gewisse modische Effekte bei den Textilien erzielen kann, wie z. B. einen Brillant- oder Flimmereffekt, der dadurch entsteht, daß die durch die Profilierung in der Längsrichtung kannelierte Fadenoberfläche das Licht verschiedenartig reflektiert.

12.1.3.1.1.2. Oberflächenveränderungen durch Chemikalien

Da, wie eben ausgeführt, allgemein noch eine Polyesterfaser mit rundem Querschnitt hergestellt wird, deren glatte Oberfläche durch ihre geringe Haftung die Pill-Neigung begünstigt, findet die Oberflächenveränderung durch Chemikalien verbreitete Anwendung.

Unter 11.2.2. und 11.2.3. wurde bereits auf die Möglichkeit hingewiesen, die Einwirkung von Säuren und vor allem Laugen für die Veränderung der textilen Eigenschaften der Polyesterfasern auszunutzen.

Die günstigsten Ergebnisse wurden bisher durch Alkalisierung mit Natronlauge erzielt, die die Faser leicht abschält, so daß die Oberfläche etwas unregelmäßig gestaltet wird [1]. Dadurch wird nicht nur eine bessere Haftung der Fasern und damit eine geringere Pill-Neigung bewirkt, sondern die Gewebe, vor allem auch die aus Polyester-Filamentgarn hergestellten, erhalten einen weicheren, seidenähnlichen Griff.

Dieses Verfahren wird allerdings bevorzugt am fertigen Gewebe und seltener am Faden oder Garn angewendet. Die Behandlung mit Natronlauge, die nicht in das Innere der Faser eindringt, führt jedoch nur eine relativ geringe Herabsetzung der Reißfestigkeit herbei.

Um eine gesteuerte Herabsetzung der Festigkeit zwecks Verringerung der Pill-Neigung zu erreichen, soll sich eine Behandlung der Polyesterfasern mit Ammoniak als erfolgreich erweisen. Bei 125—130 °C reagiert eine ca. 3—5%ige Ammoniaklösung ziemlich schnell mit der Faser [1]; bei genauer Kontrolle sollen sich die Festigkeitswerte so regulieren lassen, daß eine weitgehende Pill-Freiheit erzielt wird. Da Ammoniak unter den Bedingungen des Verfahrens jedoch aggressiv auf die Fasermischkomponenten wirken kann, müßte die Behandlung bereits im Polyester-Kammzug bzw. in der Flocke durchgeführt werden.

12.1.3.1.2. Veränderungen der inneren Struktur

Um die günstigste innere Struktur und damit beste mechanische Eigenschaften normaler Polyesterfasern zu erzielen, sind vor allem drei Faktoren zu beachten [1]: hohes Molekulargewicht, ungestörte lineare Struktur und optimale Verstreckbedingungen.

Durch Variation eines dieser drei Faktoren ist es möglich, die mechanischen Eigenschaften zu verändern [1]: wird z. B. die Moleküllänge verkürzt, so wird dadurch ein Abfall der Festigkeit erzielt. Einbau von Substanzen, durch die die streng lineare Anordnung des Polyestermoleküls zerstört wird, ergeben besser anfärbbare Polyestertypen, die außerdem den aus ihnen hergestellten Mischgeweben einen voluminösen, flauschigen Charakter verleihen, wie z. B. Dacron 64 (Du Pont de Nemours and Comp.) oder Trevira WA (Farbwerke Hoechst AG). Schließlich ist das Verstreckverhältnis ausschlaggebend für die Reißfestigkeit. So werden bei Fäden für technische Zwecke durch hohe Streckverhältnisse möglichst hohe Reißfestigkeiten erzeugt. Bei den normalen Polyesterfasern liegt dagegen infolge des niedrigeren Verstreckverhältnisses auch die Reißfestigkeit entsprechend tiefer.

12.1.3.2. Textiltechnologische Veränderungen bei der Weiterverarbeitung

Im Rahmen dieser Darstellung ist es nicht möglich, auf alle textiltechnologischen Prozesse der Veredlung und Ausrüstung einzugehen; deshalb sollen nur diejenigen Maßnahmen der Weiterverarbeitung behandelt werden, die den Verbraucher der Bekleidungstextilien im Hinblick auf verschiedene Garn- und Stoffarten und deren Trageigenschaften besonders interessieren.

12.1.3.2.1. Garndrehung und Stoffbehandlung

Das Hauptaugenmerk des Verarbeiters von Synthese-Stapelfasern zu Garnen, Geweben, Wirk- oder Strickwaren wird immer darauf gerichtet sein, neben der Erzielung eines differenzierten Warencharakters eine weitestgehende Verhinderung der Pill-Neigung zu erreichen.

Durch höhere Garndrehung und starkes Zwirnen läßt sich eine bessere Einbindung der Faserenden im Garn bewerkstelligen. Derselbe Effekt ergibt sich durch die Anwendung entsprechend dichter Gewebebindungen oder enger Maschenkonstruktionen. Allerdings ist diese Maßnahme für die Herstellung leichter, sommerlicher Kleidungsstücke wenig geeignet und verteuert außerdem die Ware durch den erhöhten Rohstoffverbrauch [1]. Deshalb sind die unter 12.1.3.1. beschriebenen Strukturveränderungen im ganzen doch als günstiger zu bewerten.

Bei Geweben besteht noch die Möglichkeit, durch leichtes Anrauhen bzw. Bürsten und anschließendes Scheren die das Pilling verursachenden Faserenden vom Gewebe zu entfernen. Dabei muß jedoch darauf geachtet werden, daß die Schermesser, die durch die Festigkeit der Polyesterfaser schnell ihre Schärfe verlieren, rechtzeitig ausgewechselt werden; stumpfe Messer kehren nämlich die beabsichtigte Wirkung sofort in ihr Gegenteil um, indem sie die kurzen Faserenden noch weiter aus dem Gewebe herausziehen und damit die Pill-Neigung verstärken [21].

Schließlich sei noch auf die Thermofixierung hingewiesen, durch die sowohl eine bessere Fadenhaftung als auch eine wesentliche Verdichtung der Gewebe bewirkt wird, was zur Herabsetzung der Pill-Neigung beiträgt.

12.1.3.2.2. Texturfäden (Effekt-, Schlaufen- und Bauschgarne)

In den letzten Jahren wurde auf dem Gebiet der Polyestertextilien die Entwicklung von Effekt- oder texturierten Garnen in schnellem Tempo vorangetrieben und ließ eine Vielzahl von Typen entstehen, die die Variationsmöglichkeiten der Stoffarten ungemein erweitern.

Ziel der Herstellung solcher Texturfäden bzw. Bausch- und Schlaufengarne (Bild 12.8a—c.) ist es in erster Linie, wie die Bezeichnung „Bauschgarn" bereits besagt, einen voluminösen, die Wärmehaltigkeit der Textilien erhöhenden Faden zu erlangen, aus dem sich sogar auch Winterstoffe von leichtem Gewicht herstellen lassen [1].

Hervorzuheben ist, daß die Garntexturierung am Endlosfaden vorgenommen wird, um dadurch zu einem voluminösen, sofort zum Stoff weiterverarbeitbaren Garn zu gelangen und die an sich unwirtschaftliche Produktion synthetischer Stapelfasergarne (Zerschneiden der Endlosfäden und Verspinnen der Stapel) zu umgehen [24] (siehe Kapitel 9.).

In jüngster Zeit wurde neben dem Kräuseln von Endlosfäden ein neues Hochbauschverfahren, der sog. „Airvel-Prozeß", speziell für Stapelfasergarn entwickelt; es soll für Orlon-, Nylon- und Polyesterfasern geeignet sein [43]. Soweit bisher bekannt wurde, handelt es sich um eine Art Stauchkammerverfahren, das eine sehr starke Kräuselung aller Einzelfasern gewährleisten soll, während bei den üblichen Stauchverfahren nur ca. 50—60% des Materials hochbauschig gemacht werden. Die bisher produzierten Stapelfaser-Bauschgarne wurden mit Erfolg für Handstrickgarne eingesetzt.

Von den im Handel bekannten Typen texturierter Polyester-Endlosfäden seien hier genannt: Helanca, Schapira, Taslan [23]. Auf die verschiedenen Texturier-Verfahren (Torsions-, Stauchkammer-, Klingen- und Luftstrom-Bauschverfahren) wurde in Kapitel 9 näher eingegangen; es existieren darüber außerdem zahlreiche Abhandlungen [23—42].

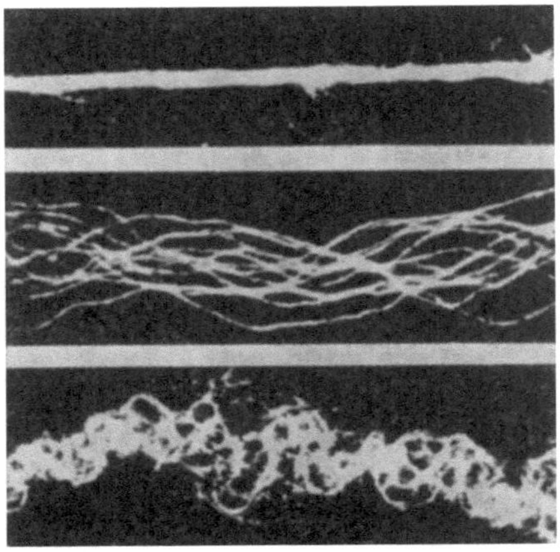

Bild 12.8a—c. Bauschgarne aus Polyesterseide (Terylene) [23]
a) Falschdraht-Verfahren (Melanca)
b) Stauchkammer-Verfahren (Baan-Lon)
c) Luftstrom-Verfahren (Taslan)

Die Texturgarne haben Eingang in alle Gebiete der Textilfabrikation gefunden. Für Strick-, Wirk- und Webwaren aller Art haben sie ihre Vorteile bereits erwiesen, die vor allem in einem weicheren Griff, größerer Wärmehaltung und geringen Pill-Neigung liegen. Selbst für Gardinen und Nähgarne sollen sie Vorzüge gegenüber den nicht texturierten Fäden bieten; so verschieben sich z. B. bei losen Tüllgardinen die Fäden nicht so leicht gegeneinander, wie dies bei normalen Garnen der Fall ist. Bei Nähgarnen hat man festgestellt, daß man mit texturierten Fäden Nähgeschwindigkeiten bis zu 5000 Stich/min erreichen kann, was mit normalen Garnen nicht möglich ist, da das sich erhitzende Nadelöhr ein Schmelzen des Polyesterfadens bewirkt; durch die bei den Texturfäden vorhandenen „Lufttaschen" an der Fadenoberfläche soll dagegen ein Teil der im Nadelöhr entstehenden Reibungshitze kompensiert werden, so daß ein Schmelzen des Fadens verhindert wird [23].

12.1.3.2.3. Mischgarne

Da keiner der existierenden Faserstoffe — weder ein natürlicher noch ein chemisch umgeformter oder ein synthetischer — alle für den gesamten textilen Einsatzbereich wünschenswerten Eigenschaften in sich vereinigt, bedient man sich bekanntlich der Herstellung von Mischgespinsten aus Fasern verschiedener Art.

Auf diese Weise kann man durch die Addition der guten Eigenschaften der einzelnen Faserkomponenten oder durch Kompensation nachteiliger Eigenschaften der einen mit entgegenwirkenden Eigenschaften der anderen Faser zu einer optimalen Qualität des Gesamtfadens und damit des jeweiligen Textil-Fertigfabrikats gelangen.

Durch die Entwicklung der Synthesefasern wurden die Variationsmöglichkeiten solcher Faserkombinationen außerordentlich erweitert und die Textilverarbeiter in die Lage versetzt, für die verschiedenen Erfordernisse des Bekleidungssektors in qualitativer und modischer Hinsicht spezifizierte Mischgarntypen zu schaffen. Selbstverständlich sind für jede Mischfaser erst eingehende Ermittlungen über den günstigsten Anteil der einzelnen Faserarten anzustellen. So ist z. B. 75% Polyesterfaser/25% Wolle ein Mischungsverhältnis, das zwar im Hinblick auf Festigkeit des Fabrikates äußerst günstig, in bezug auf einen weichen Griff jedoch ungenügend ist; um diesen zu erzielen, müßte das Verhältnis etwa 65% Polyesterfaser/35% Wolle sein. Eingehende Untersuchungen [44] haben ergeben, daß im allgemeinen der Mischungsanteil einer Faserkomponente mindestens 25–30% betragen muß, um ihre charakteristischen Merkmale im Mischgarn zur Wirkung zu bringen.

Selbstverständlich ergeben sich bei der Verarbeitung von Fasermischungen sehr viele Probleme, für deren Lösung meist kein allgemeines Rezept gegeben werden kann; sie müssen vielmehr durch den jeweiligen Hersteller im Hinblick auf einen rentablen Fertigungsprozeß und ein optimales Endprodukt selbst überwunden werden. So ist z. B. als erstes über den zweckmäßigsten Ort der Mischung in der chronologischen Reihenfolge der Verarbeitungsstufen zu entscheiden, d. h. ob die Mischung bereits in der Flocke oder erst im Kammzug vorgenommen wird. Des weiteren besteht die Gefahr der Entmischung, die u. a. bei Faserkomponenten stark unterschiedlichen spezifischen Gewichtes im pneumatischen Fasertransport eintreten kann. Besondere Beachtung erfordert auch die unterschiedliche Feuchtigkeitsaufnahme der zu mischenden Faser. Sehr große Schwierigkeiten bereitet auch die Ausrüstung, vor allem das Färben von Polyestermischgarnen oder -geweben, da einerseits gleichmäßiges Anfärben von reinen Polyesterfasern schon nicht einfach (vgl. 11.4.) und andererseits ihre Farbaufnahmefähigkeit von der der Mischkomponente, meist einer Naturfaser oder Viscosefaser verschieden ist.

Es konnte an dieser Stelle nicht auf alle Probleme der Verarbeitung von Mischfasern eingegangen werden; es wurden nur einige Beispiele herausgegriffen. Doch sind durch die schnelle Entwicklung der Textilindustrie die meisten dieser Probleme schon weitgehend gelöst, daß Garne und Stoffe aus Mischungen von Natur- und Synthesefasern, darunter weitgehend Polyesterfasern, vom Textilmarkt nicht mehr wegzudenken sind.

Die Färbetechnik ist heute bereits soweit entwickelt, daß man unter Einsatz differenzierter Färbemittel das Phänomen der unterschiedlichen Farbstoffaufnahme der Mischkomponenten zur Herstellung von Textilien mit Mehrfarbeffekt nutzt [91, 93].

Da im 2. Teil dieses Kapitels die Einsatzgebiete der Polyesterfasern gesondert behandelt werden, seien im folgenden die wichtigsten Polyestermischgarne nur kurz genannt, zumal umfangreiche Spezialabhandlungen darüber vorliegen [45–61].

12.1.3.2.3.1. Polyesterfaser/Wolle

Der wollähnliche Charakter der Polyesterfasern brachte es mit sich, daß man zuerst Mischungen aus Polyester/Wolle herstellte, die sich inzwischen in allen Polyesterfasern produzierenden Ländern einen festen Platz auf dem Sektor der Kammgarnstoffe gesichert haben. Von den möglichen Mischungsverhältnissen hat sich das Verhältnis Polyesterfaser/Wolle mit 55/45% als günstig erwiesen und wird deshalb am meisten angewandt [45].

12.1.3.2.3.2. Polyesterfaser/Baumwolle

Da die Baumwolle auf dem Textilmarkt ebenfalls eine entscheidende Rolle spielt, wandte man sich sehr bald der Herstellung von Mischgarnen aus Polyesterfaser/Baumwolle zu. Natürlich muß bei dieser Mischung besonders darauf geachtet werden, daß eine Polyestertype verwendet wird, die in Titer und Schnittlänge der Baumwolle angepaßt ist [45], um nicht Gefahr zu laufen, daß während des Verarbeitungsprozesses eine unliebsame Entmischung eintritt. Für feine Mischgarne, z. B. *Nm* 100, werden vorwiegend langstapelige, gekämmte Baumwollsorten wie die „Sea Island“ eingesetzt. Als günstiges Mischungsverhältnis wurde 65% Polyesterfaser/25% Baumwolle ermittelt, so daß die meisten Hersteller von Polyester/Baumwoll-Mischgarnen im Bereich von 67/33% bis 60/40% bleiben. Dieses Mischgarn kommt überwiegend für leichte Stoffe zum Einsatz und ist auch vorteilhaft für Nähzwirne.

Als eine der neuesten Entwicklungen sei hier auf eine hochfeste Polyesterfaser der 2. Generation hingewiesen, die über so gute Festigkeits- und Bruchdehnungswerte verfügt, daß sie auch mit minderwertigen Baumwollsorten gemischt werden kann und sich trotzdem als Endprodukt Textilien mit guten mechanischen Eigenschaften ergeben [97].

12.1.3.2.3.3. Polyesterfaser/Viscosefaser

Die Herstellung von Polyester/Viscosefaser-Mischgarnen hat in den letzten Jahren zugenommen. Über das günstigste Mischungsverhältnis Polyester/Viscosefaser gehen die Meinungen noch auseinander, auch wird es durch den verwendeten Fasertyp (Baumwolle- oder Wolltyp) mit bestimmt; teils wird für 70/30%, teils für 50/50% plädiert [45, 50], es werden auch Mischungen mit einem geringeren Polyesterfaseranteil, etwa 33/67% oder auch 30/70% hergestellt; dabei muß jedoch eine besondere Knitterfestausrüstung der Viscosefaseranteiles vorgenommen werden [50]. Das gebräuchlichste Verhältnis bei Polyester/Viscosefaser-Mischgarnen scheint jedoch — wie bei Baumwollmischungen — ebenfalls bei 65% Polyester/35% Viscosefaser zu liegen.

12.1.3.2.3.4. Polyesterfaser/Naturseide

Die Mischung Polyester/Naturseide hat sich noch keinen sehr großen Bereich geschaffen, was in erster Linie eine Kostenfrage sein dürfte. Auch handelt es sich hier weniger um Mischgarne (etwa 80/20%) [45] als vielmehr um Mischgewebe, besonders für modische Stoffe und Krawatten, bei denen z. B. endlose Polyesterfäden in der Kette und Schappeseidegarn im Schuß verwendet werden.

12.1.3.2.3.5. Polyesterfaser/Flachs

Die jüngste Mischungsart ist Polyester/Leinen [51]. Die Polyesterfasern werden dabei mit Langflachs, überwiegend jedoch mit gekämmtem Flachswerg gemischt. Gewebe mit einem Polyesterfaseranteil von 60—70% haben gegenüber den reinleinenen den Vorteil einer wesentlich geringeren Knitteranfälligkeit, verfügen über hohe Formbeständigkeit und gute Plissierbarkeit, trocknen schnell und ersparen bei richtiger Waschbehandlung sogar das Bügeln. Durch die Vereinigung dieser Vorteile mit den guten Eigenschaften des Leinens, der angenehmen Kühle und relativ hohen Feuchtigkeitsabsorption, ergeben Polyester/Leinen-Mischungen sowohl gefällige als auch leichte und praktische Sommerstoffe. Natürlich sind auch bei diesem Mischgarn vielseitige Versuche hinsichtlich der Abstimmung des richtigen Anteiles der beiden Komponenten und der zugehörigen optimalen Verarbeitungsprozesse erforderlich. Als Beweis für den Vorteil der Polyesterfaserbeimischungen zum Flachs wird [51] folgendes Untersuchungsergebnis angeführt: Bei Verwendung von 100% Flachs waren bei der Garnnummer *N*m 20 (50 tex) pro kg Garn 0,846 Fadenbrüche zu verzeichnen; bei der Mischung Polyesterfaser/Flachs = 60/40% wurden dagegen nur 0,417 Fadenbrüche pro kg Garn festgestellt.

12.1.3.2.3.6. Polyesterfaser/Polyamidfaser

Schließlich wird in den letzten Jahren die Palette der Garntypen auch durch Mischungen von Synthesefasern miteinander immer mehr bereichert. Als Mischkomponente zur Polyesterfaser wird besonders Polyamidfaser verwendet. Vorwiegend wird die Mischung Polyester/Polyamid jedoch nicht im Garn, sondern erst bei der Herstellung des Stoffes vorgenommen [52]; so wird z. B. bei gewirktem Sporthemdenstoff auf drei Polyester- ein Polyamidseidenfaden verarbeitet oder etwa ein Taft hergestellt, der in Kette und Schuß die beiden Fadenarten abwechselnd enthält [56]. Dabei kann der Warencharakter noch dadurch variiert werden, daß die Kettfäden entweder aus geschlichteter oder aber texturierter Seide bestehen.

12.1.3.2.3.7. Polyesterfaser im Mehrfasergemisch

Selbstverständlich besteht auch die Möglichkeit, die Polyesterfasern in einem Mehrkomponentengemisch, z. B. Dreifasergemisch, zu verarbeiten. So hat sich u. a. ein Dreifasergemisch aus 50% Polyesterfaser/25% Polyamidfaser/25% Viskosefasern für Anzugsstoffe bewährt, während das Dreifasergemisch aus 50% Polyesterfaser/25% Wolle/25% Viskosefasern für einen schweren, warmen Mantelstoff gut geeignet ist. Eingehende vergleichende Ermittlungen über die Gebrauchseigenschaften solcher Mehrfasermischungen wurden in Rudolstadt-Schwarza durchgeführt [60].

12.1.3.2.3.8. Polyesterfaser in Garn- und Titermischungen

Unter Mischgarnen im weiteren Sinne versteht man auch solche Garne, die nicht von der Faser bzw. vom Kammzug an aus mehreren Komponenten bestehen, sondern erst im Garn oder, genauer gesagt, im Zwirn gemischt werden. Man spricht dann meistens nicht von Mischgarnen, sondern von Garnmischungen. Als Beispiel sei hier auf die sogenannten „Core-Garne“, auch als Kern- oder Seelengarne bezeichnet, hingewiesen, für deren Kernstrang sehr häufig Polyesterfaser oder -seide, als Umhüllungsfaden dagegen ein Textilmaterial anderer Provenienz verwendet wird. Solche Garne werden vielfach zu Geweben verarbeitet, die irgendeine Beschichtung erhalten. Im angeführten Beispiel würde der Polyesterkern dem Gewebe eine sehr hohe Festigkeit verleihen, während für den Umhüllungsfaden ein Material gewählt wird, das die Haftfähigkeit der Beschichtung möglichst unterstützt [61].

Der Vollständigkeit halber sind noch die Garne mit Titermischungen zu erwähnen. Wie der Name sagt, werden dazu Fäden verschiedener Nummer oder Drehungsart verwendet, die aber grundsätzlich aus dem gleichen Textilmaterial bestehen können. Diese Titermischungen sind sehr häufig anzutreffen und bieten, je nach dem beabsichtigten Effekt, zahlreiche Variationsmöglichkeiten. So läßt sich z. B. ein kett-elastisches Gewebe herstellen, indem man in der Kette Polyester-Elastik-Fäden, im Schuß dagegen normale Polyesterfäden verarbeitet [61].

12.2. Einsatzgebiete für Polyesterfasern und -seiden

Die Polyesterfasern und -seiden haben sich in verhältnismäßig wenigen Jahren in einem solchen Maße durchgesetzt, daß sie heute auf jedem Textilsektor zu finden sind, wobei die Bekleidungstextilien an erster Stelle stehen, der Einsatz für technische Textilien aber schnell und vielseitig anwächst.

12.2.1. *Bekleidungstextilien und Wäschestoffe (Web-, Strick-, Wirkwaren)*

12.2.1.1. Oberbekleidung

Auf dem Gebiet der Oberbekleidung können heute praktisch alle Stoffarten aus Polyesterfäden hergestellt werden. Dabei nimmt die Verarbeitung der Polyesterstapelfaser im Mischung mit den Naturfasern Wolle und Baumwolle (12.1.3.2.3.1. + 2.) einen immer breiteren Raum ein.

Bei Kammgarnware wird die Mischung 55% Polyesterfaser/45% Wolle bevorzugt; daraus werden besonders mittelschwere Kleider-, Kostüm- und Anzugstoffe, aber auch schwere Mantelstoffe hergestellt. Für leichtere Blusen-, Kleider- und Oberhemdenstoffe wird dagegen häufig die Mischung 67% Polyesterfaser/33% Baumwolle eingesetzt. Die Polyesterfasermischgarne lassen sich u. a. einwandfrei in Tuch-, Tropical-, Panama- und Sergebindung verarbeiten. Als leichte, praktische Sommerstoffe von guter Knitterresistenz erfreuen sich die Polyester/Leinen-Mischungen immer größerer Beliebtheit (12.1.3.2.3.5.).

Auch für Strickwaren, Pullies oder Strickjacken und -röcke, d. h. für die gesamte Maschenmode, hat sich die Polyesterfaser hervorragend bewährt, wobei hier vielfach die Verarbeitung von 100% Polyesterfaser anzutreffen ist. Bei den Strickwaren kommen die hohe Bauschelastizität und die gute Formbeständigkeit der Polyesterfasern besonders vorteilhaft zur Geltung.

Durch den Anstieg der Polyesterseide-Produktion in den letzten Jahren sowie die großen Fortschritte auf dem Gebiet der Ausrüstungstechnik ist die Textilindustrie heute in der Lage, sowohl leichte, gefällige, buntgewebte oder bedruckte

Sommerstoffe als auch elegante Kleiderstoffe, wie z. B. Taft und Twill oder auch Atlas und Brokat, aus 100% Polyesterseide herzustellen. Bei diesen Stoffen wirkt sich die Wasch- und Reinigungsbeständigkeit von Plissees und Prägeeffekten sehr günstig aus. Neuerdings wird auch Futterstoff aus 100% Polyesterseide auf dem Markt angeboten [99]. Auch für Krawattenstoffe findet die Polyesterseide verbreitete Anwendung. Erweitert werden die Variationsmöglichkeiten zur Herstellung von Stoffen aus Polyesterseide noch durch die Verarbeitung der in jüngster Zeit entwickelten texturierten Polyesterfäden (Bausch- und Schlingengarne, 12.1.3.2.2.).

Aus der Vielzahl der Polyesterfaser-Stoffarten, die der Stoffproduzent heute auf den Markt bringen kann, sei hier noch der Polyesterwebpelz angeführt, aus dem Plüschmäntel hergestellt werden; diese Mäntel haben dieselbe Wärmehaltung und das gleiche elegante Aussehen wie Pelzmäntel, wiegen aber nur etwa die Hälfte und werden daher sehr gern getragen [62].

12.2.1.2. Unterkleidung und Strümpfe

Verarbeitet man Polyesterfäden für Unterkleidung, so erhält man grundsätzlich eine sehr wärmehaltige Wäsche, was jedoch, wenn die geringe Feuchtigkeitsaufnahme nicht durch eine entsprechend lockere Stoffstruktur komprensiert wird, dem Träger recht unangenehm werden kann (12.1.2.2.). Deshalb wendet man bei körpernaher Wäsche aus 100% Polyesterfaser eine sehr lose Wirkart an, wodurch die Transpiration normal reguliert wird. Derselbe Effekt wird erzielt, wenn man z. B. Unterkleider aus einem Polyester/Baumwollmischgewebe herstellt. Werden die physiologischen Erfordernisse bei der Fabrikation der Wäschestoffe berücksichtigt, so entsteht eine Unterkleidung von hoher Qualität und langer Gebrauchsdauer. In jüngster Zeit hat sich die Verwendung von texturierter Polyesterseide bei der Herstellung von bügelfreien Hemdenstoff als besonders geeignet erwiesen [98]. Feine Batiste für gewebte Unterkleider werden z. B. auch aus einer Dreifasermischung von Polyesterseide/Baumwolle/Dederon hergestellt, wobei Dederon in der Kette, die ersten beiden Komponenten im Schuß verwendet werden. Diese Mischung ist u. a. ein gutes Beispiel dafür, wie man aus der Addition der für die Einzelkomponente markantesten Eigenschaften eine optimale Gewebegüte erzielen kann: In dem obengenannten Batist erhält das Gewebe durch die Polyesterseide einen großen Knitterwiderstand, durch Nylon eine hohe Festigkeit und durch die Baumwolle eine gute Feuchtigkeitsaufnahme [63]. Selbstverständlich werden solche Batiste auch zur Herstellung von Blusen oder Oberhemden verwendet.

Für die Strumpfindustrie ist der Einsatz von Polyesterfasern oder -seiden begrenzt.

Für die Damenstrümpfe ist diese Synthesefaser nicht geeignet, da sie einerseits eine geringere Scheuerfestigkeit als die Polyamidseide besitzt und andererseits daraus hergestellte Strümpfe infolge der kaum vorhandenen Dehnung sehr straff, fast wie eine Bandage, anliegen. Diese Wirkung läßt sich allerdings für Spezialstrümpfe und dgl. auf orthopädischem Gebiet ausnutzen.

Für Herrensocken oder Kinderstrümpfe finden die Polyesterfasern, rein (vorwiegend als Elastikware) oder in Mischung mit Wolle verarbeitet, eine relativ große Verwendung.

12.2.1.3. Sportkleidung

Unter der Sportkleidung aus Polyesterfasern hat die Badekleidung, d. h. Badeanzüge und Badehosen, einen ersten Platz inne. Ein hervorstechendes Merkmal ist die außerordentlich gute Formbeständigkeit, die die Polyesterbadekleidung der aus Polyamidfasern, die sich hinsichtlich Schrumpf und Dehnung weniger günstig verhält, überlegen macht. Des weiteren trocknet die Polyesterbadekleidung, sofern keine zu schwere, kapillarreiche Gewirkestruktur vorliegt, infolge des hydrophoben Charakters der Einzelfaser sehr schnell am Körper und schützt durch die nach der Trocknung sogleich wieder wirksam werdende gute Wärmehaltigkeit den Träger auch bei kühler Witterung vor Erkältungen.

Auch für Turn- und Campingkleidung hat sich die Polyesterfaser infolge ihrer hohen Strapazierfähigkeit und Wetterbeständigkeit gut bewährt. Campingkleidung wird aus 100% Polyesterfaser in loser Gewebestruktur oder auch häufig aus einem Mischgewebe aus Polyester und Leinen hergestellt, wobei der Leinenanteil vornehmlich der Herabsetzung der Wärmehaltigkeit des Stoffes dienen soll.

Für Wintersportkleidung gelangt die Polyesterfaser ebenfalls mit gutem Erfolg zum Einsatz; neben reiner Verarbeitung ist, z. B. bei Skihosen oder Anoraks, das vielseitig bewährte Polyesterfaser/Wolle-Gemisch anzutreffen. Bei Polyester-Skihosen hat die Verarbeitung des unter 12.1.3.2.3.8. beschriebenen kett-elastischen Gewebes Anklang gefunden, da der Polyester-Elastik-Faden in der Kette ein Ausbeulen der Hosen z. B. am Knie, verhindert [61].

12.2.1.4. Arbeitsschutzkleidung

Ein sehr wichtiger Sektor der Textilindustrie, dessen Erzeugnisse in der Literatur wegen ihres Verwendungsortes mitunter zu den technischen Textilien gerechnet werden, ist die Arbeitsschutzkleidung. Ihr gebührt jedoch unter den Bekleidungstextilien besondere Aufmerksamkeit, eben weil sie den arbeitenden Menschen vor Unfall bewahren soll. Die Polyesterfasern haben sich als hervorragend geeigent für die Herstellung von Säureschutzanzügen erwiesen, da sie über eine sehr gute Resistenz gegenüber Säuren relativ hoher Konzentrationen verfügen; auch gegenüber verdünnten Laugen bieten sie noch weitgehend Schutz.

Selbstverständlich ist es erforderlich, daß solche Säureschutzanzüge auch mit dem entsprechenden säurefesten Faden genäht werden; andernfalls löst sich — z. B. durch die Einwirkung von Säuredämpfen — der säureempfindliche Nähfaden auf, der Schutzanzug fällt in den Nähten auseinander, und die Säure kann an diesen Stellen eindringen.

Mit Spezial-Beschichtung versehen, bieten Polyestergewebe ein gut geeignetes Material für Strahlenschutzanzüge, mit Aluminiumauflage ergeben sie einen wirksamen Hitzeschutz, während sie mit Gummibeschichtung u. a. auch zu Taucheranzügen verarbeitet werden können [64].

12.2.1.5. Nähfäden (Zwirn)

Das eben unter 12.2.1.4. genannte Beispiel des mit ungeeignetem Faden genähten Arbeitsschutzanzuges zeigt deutlich, daß die Nähfäden auch zum Gebiet der Bekleidungstextilien gehören und es durchaus nicht gleichgültig ist, welches Textilmaterial man dafür verwendet.

Theoretisch müßte der Nähfaden stets aus demselben Material sein wie das Textilfabrikat. In der Praxis ist das nicht der Fall, was nicht nur bei Arbeitsschutzbekleidung, sondern auch bei Oberbekleidung zu unliebsamen Überraschungen führen kann; denn es kommt häufig vor, daß ein Kleidungsstück aus Synthesefasern mit Kräuselnähten aus der ersten Wäsche hervorgeht. Das ist darauf zurückzuführen, daß Stoff und Nähfaden nicht aus dem gleichen Textilmaterial bestehen und bei der Wäsche verschiedenen Schrumpfverhältnissen unterliegen.

Hervorragend bewährt haben sich die Polyesterfäden nicht nur als Nähgarn für Kleidungsstücke, sondern auch als Schuhnähgarn oder, besser gesagt, Schuhnähseide. Da bei diesem Einsatz selbstverständlich eine außerordentliche Festigkeitsbeanspruchung gegeben ist, genügt die normalfeste Polyesterseide von 50—60 Rkm den Anforderungen nicht, sondern es kann nur der Typ „Polyesterseide hochfest“ mit 65—72 Rkm verarbeitet werden.

12.2.1.6. Haushaltwäsche

Auf dem Gebiet der Haushaltwäsche wird die Polyesterfaser ebenfalls eingesetzt, wenn auch vielleicht noch nicht in dem Maße wie bei Bekleidungstextilien. Bettwäsche und Inlett aus Polyestergewebe sind jedoch sehr praktisch für Krankenhäuser; da man hier immer mehr zu den mit Polyesterfasern gefüllten Kissen und Decken übergeht, die sich leicht waschen und desinfizieren lassen, ist es sogar erforderlich, daß die Umhüllungen aus dem gleichen widerstandsfähigen Material hergestellt werden (12.2.2.2.).

12.2.1.7. Filze und Vliese

Wenn auch die Filze und Vliese weniger auf dem Bekleidungssektor, sondern überwiegend auf dem Gebiet der Raum- und Industrietextilien eingesetzt werden, sollen sie doch hier etwas ausführlicher behandelt werden, da sie in der Hutfabrikation und als Einlagematerial in der Bekleidungs- und Schuhindustrie schon eine gewisse Rolle spielen [65, 66].

Obwohl die Synthesefasern ursprünglich auf Grund ihrer glatten Oberfläche nicht filzen und die Eigenschaft des Filzens ein spezielles Charakteristikum von Wolle und anderen Tierhaaren darstellt [67, 68], ist es gelungen, aus einem besonders hochschrumpfbaren Polyesterfasertyp (50—75% Schrumpf) [111] mit Hilfe des u. a. für Jutefilze angewendeten Nadelprozesses einen leichten Filz bzw. ein Vlies herzustellen. Durch nachfolgendes Schrumpfen mit kochendem Wasser, Dampf oder Heißluft wird das Vlies verdichtet und erhält durch die anschließende Bearbeitung auf der Steppmaschine eine zusätzliche Festigkeit [67].

Polyester- bzw. synthetische Filze oder Vliese lassen sich auch durch Ausnutzung der thermoplastischen Eigenschaften dieser Fasern herstellen, indem man das in der üblichen Weise gekrempelte Vlies erhitzt und danach oder gleichzeitig einem Druck aussetzt, der ein Zusammenkleben der erweichten Fasern verursacht; nach diesem Verfahren werden vorwiegend papierartig dünne Vliese hergestellt. Obgleich diese Stoffe eine relativ große Steifheit aufweisen, besitzen sie dennoch eine gute Luftdurchlässigkeit und Sprungelastizität [69]. Filze aus Polyesterfasern lassen sich bis auf 25% ihrer ursprünglichen Dicke zusammendrücken und erholen sich innerhalb einer Minute nach Wegnahme der Drucklast bereits wieder bis zu etwa 90% ihrer Ausgangsmaße [67].

Zweifellos werden sich Filze und Vliesstoffe (allgemein „Non-wovens" genannt) aus Polyesterfasern mit der Zeit auch auf dem Bekleidungssektor noch weiter durchsetzen, allerdings sicher nur bei solchen Textilien, deren Aussehen eine untergeordnete Rolle spielt (z. B. Arbeitsschutzkleidung), oder bei beschichteten Waren.

12.2.2. *Raumtextilien*

Ein wichtiger Textilsektor, den sich die Synthesefasern — und allen voran die Polyesterfasern und -seiden — seit Mitte der 50er Jahre sehr rasch erobert haben, ist das Gebiet der Raumtextilien (in der Fachliteratur auch sehr häufig als Heimtextilien bezeichnet). Unter den umfassenden Begriff „Raumtextilien" fallen alle Arten von Gardinen, Vorhang- und Dekorationsstoffen sowie Kissen, Steppdecken, Polsterungen u. dgl.

12.2.2.1. Gardinen, Vorhang- und Dekorationsstoffe

Statistiken sagen aus, daß im Jahre 1960 weit über 50% der gesamten Gardinenproduktion aus Synthesefasern hergestellt wurden, wovon wiederum in den meisten Ländern der Hauptteil, heute ca. 90%, auf Polyesterfasern oder -seiden entfällt [70]. Die Polyesterfasern haben sich sowohl für Wirkgardinen (Markisette) als auch für Webgardinen (Bobinet) so gut bewährt, daß man sehr oft die Meinung

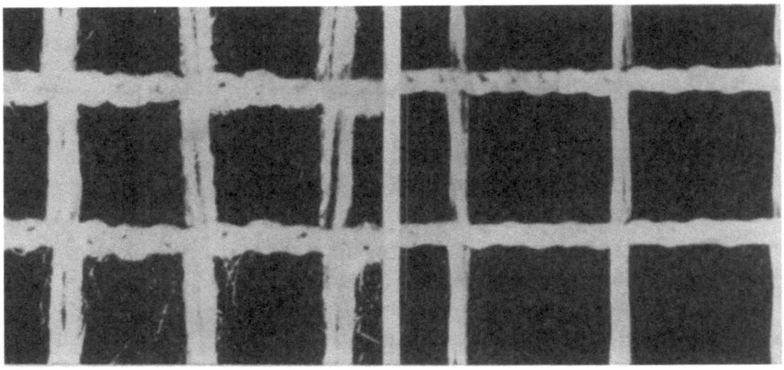

Bild 12.9. Gegenüberstellung von Baumwoll-Markisette (rechts) und Polyester-Markisette (links) [7]

antrifft: Polyesterfäden sind für die Gardinenherstellung prädestiniert. Diese Meinung beruht auf der Tatsache, daß sich eine Reihe der guten Eigenschaften der Polyesterfasern auf dieses vielgebrauchte Textilerzeugnis besonders auswirkt. Polyestergardinen sind äußerst lichtbeständig und dadurch sehr lange haltbar, sie benötigen nur eine einfache Pflege, man kann sie ohne vorheriges Spannen, sogar in feuchtem Zustand, wieder am Fenster anbringen, und sie zeigen im Gegensatz zu Baumwollgardinen (Bild 12.9.) sofort wieder ihr gefälliges Aussehen.

Ein Nachteil, ihre leichte Staubempfänglichkeit, wird heute durch eine immer bessere Ausrüstung mit entsprechenden Antistatika überwunden. Für die Bobinet-Gardine wirkt sich die Verarbeitung geschlichteter Polyesterseide besonders günstig aus.

Außer den Gardinen werden aus Polyesterfäden auch Stoffe für Übergardinen und andere Vorhänge in den verschiedensten Ausführungen und Dessinierungen hergestellt. Für gröbere, zur Raumausgestaltung benötigte Gewebe, wie Wandbespannungen, Portieren, Couch-Decken, werden Polyesterfasern rein oder in Mischungen in vielfältigen Aufmachungen verarbeitet; für die letztgenannten Textilien eignen sich auch die unter 12.2.1.7. beschriebenen nichtgewebten Stoffe aus Polyester, also Filze und Vliese, recht gut.

12.2.2.2. Kissen, Steppdecken, Polsterungen

Zu den Raum- oder Heimtextilien gehören, wie schon erwähnt, auch Kissen, Steppdecken oder Schlafsäcke. Hier hat sich die Polyesterfaser als Füllmaterial — man kann dazu auch für die Weiterverarbeitung zu Geweben ungeeignete Minderqualitäten verwerten — ganz hervorragend bewährt [100]. Mit Polyesterfasern gefüllte Steppdecken haben infolge ihrer ausgezeichneten Bauschelastizität annähernd die gleiche Wärmehaltung wie mit Federn gefüllte; sie werden im Gewicht als angenehm leicht empfunden und sind daher in Sanatorien, besonders für Herz- und Asthmakranke, sehr geschätzt. Ganz allgemein bieten mit Polyesterfasern gefüllte Kissen und Decken für Krankenhäuser noch den großen Vorteil, daß man Hülle samt Füllung leicht waschen und trocknen und ohne Schädigung den verschiedensten Desinfektionsbehandlungen unterziehen kann. Genau so gut eignen sich Polyesterfasern als Füllungen für Polstermöbel jeder Art und finden auf diesem Gebiet immer breitere Anwendung, u. a. auch für Autositze.

Für dünnere Polsterungen kann die Polyesterfaser in Form von Filzen oder Vliesen verwendet werden (12.2.1.6.).

12.2.2.3. Teppiche, Teppichböden

Seit Mitte der 60er Jahre erobern sich neben den Polyamidfäden die Polyestergarne in zunehmendem Maße den Sektor der Teppichherstellung als einem ständig anwachsenden Gebiet der Raumtextilien. So ist z. B. in den USA der Einsatz von Polyestergarnen hierfür von 37000 t im Jahre 1968 auf 64000 t im Jahre 1969 angestiegen [101], und man rechnet damit, daß 1975 die Polyestergarne 15% aller Teppichrohstoffe ausmachen werden; eine ähnliche ansteigende Tendenz ist auch in den europäischen Staaten zu verzeichnen [102]. Dabei gelangen in jüngster Zeit insbesondere texturierte Polyestergarne sowie Differential-Dye-Typen, die eine problemlose Stückfärbung gestatten, zum Einsatz [103]. Auch Mischungen aus Polyamid-/Polyestergarn 50/50 haben in letzter Zeit auf dem Teppichsektor größere Bedeutung erlangt [104].

12.2.3. *Technische Textilien*

Der Sektor der technischen Textilien — der oft dafür gebrauchte Ausdruck Industrietextilien ist nicht umfassend genug — dürfte, was den Einsatz von Synthesefasern allgemein anlangt, wohl dem Bekleidungssektor ziemlich die Waage halten.

Neben den Polyamidfasern stehen die Polyesterfasern auf dem Gebiet der technischen Textilien an erster Stelle, was sie ihrer hohen Widerstandsfähigkeit gegenüber Temperaturschwankungen, Witterungs- und chemischen Einflüssen zu verdanken haben.

Es kann keinesfalls Aufgabe des vorliegenden Kapitels sein, den Einsatz von Polyestertextilien für technische Zwecke erschöpfend darzustellen; trotzdem soll ein möglichst umfassendes Bild von der Vielzahl der Verwendungszwecke gegeben werden. Für die technischen Textilien werden sowohl Polyesterstapelfasern als auch Polyesterseiden verarbeitet. Dabei ist es wichtig, darauf hinzuweisen, daß, während bei Bekleidungstextilien neben der Stapelfaser fast ausschließlich der Feinseidentyp ab *Nm* 80 (12,5 tex) und feiner zum Einsatz kommt, bei technischen Textilien die Grobseidentypen *Nm* 0,5 (2000 tex) bis *Nm* 8 (125 tex) ein bevorzugtes Material darstellen. Selbstverständlich wird auch der Cordseidetyp, etwa *Nm* 36 (28 tex), verwendet [75].

12.2.3.1. Markisen, Segel, Planen

Sehr umfangreich ist der Einsatz von Polyesterfasern und -seiden zur Herstellung von Geweben, die den verschiedensten Witterungseinflüssen ausgesetzt sind. Hierbei spielen, wie bei allen technischen Geweben, die hervorragende Licht-, Temperatur- und Verrottungsbeständigkeit sowie die hohe Festigkeit der Polyesterfasern die entscheidende Rolle.

Markisen und alle Arten von Sonnenschutzeinrichtungen (z. B. Gartenschirme, Schutzdächer) aus Polyesterfasern sind wegen ihrer langen Gebrauchsdauer infolge der genannten Eigenschaften ebenso beliebt wie Segel aus diesem Material. Bei den Segeltuchen wirkt sich außerdem die geringe Dehnung der Polyestergewebe günstig aus.

Für Lastkraftwagen-, Waggon-, Schiffs- und Zeltplanen werden Gewebe aus hochfester Polyesterseide, z. T. mit besonderer Beschichtung gegen Feuchtigkeitsdurchtritt versehen, bevorzugt eingesetzt.

Polyester-Planen werden auch für großräumige Zelte oder sog. Lufttraghallen verwendet. Diese Lufttraghallen, die bereits für Flächen von 600 m^2 und größer hergestellt werden, sind als Ausstellungshallen geeignet, haben aber auch bei Katastrophen zur kurzfristigen Unterbringung von Obdachlosen schon gute Dienste geleistet [64, 81].

Beschichtete Planen und Gewebe aus Polyestermaterial werden in steigendem Maße von der Bauindustrie benötigt, wo sie z. B. als Dachflächen einen guten Wetterschutz auch für Bauten in der kalten Jahreszeit bieten [71].

12.2.3.2. Hüllen, Säcke, Beutel

Außerordentlich vielseitig ist in den letzten Jahren der Einsatz von Polyesterfaserstoffen als Hüllen für großräumige Gewebekörper geworden [72]. Hierzu gehören z. B. auch Falt- und Schlauchboote, die sich u. a. als Rettungsboote für den Seenotrettungsdienst ausgezeichnet bewährt haben; sie sind unsinkbar und können mit einer Automatik versehen werden, die nach dem Aufprall der Hülle auf das Wasser das selbsttätige Aufblasen des Bootes binnen 25 sec. bewirkt [64].

Auch für Schwimmkörper größeren Formates, z. B. sog. Rettungsinseln, wird die hochfeste Polyesterumhüllung gewählt.

Großer Beliebtheit erfreuen sich, besonders für Kindergärten und Spielplätze, transportable Schwimmbassins und Planschbecken, für die ebenfalls Polyesterhüllen verwendet werden.

Sehr nützlich sind solche Bassins, z. T. auch mit Gummi oder PVC beschichteten Polyestergeweben, als Feuerlöschbecken, die bei Bedarf schnell als Löschwasser-Zwischenstationen aufgestellt werden können [64].

Aus Polyester-Spezialgeweben werden auch schwimmbare Schlepptanks zur Aufnahme hochexplosiver Flüssigkeiten hergestellt.

Wassergefüllte Säcke aus PVC-beschichtetem Polyestergewebe werden besonders bei Bergwerkskatastrophen zur Eindämmung von Bränden und Explosionen eingesetzt. Diese sog. flexiblen Branddämme sperren den Brandherd luftdicht ab [64].

Durch die Mechanisierung im Wasser- und Deichbau werden heute Sandsäcke von 1—2 t anstatt von 20—40 kg Füllgewicht benötigt. Solchen Gewichten sind jedoch Säcke aus Leinen, Baumwolle, Hanf oder Jute nicht mehr gewachsen; deshalb werden dafür Synthesefasersäcke aus Polyamid-, Polyester-, Polyacrylnitril- und Polyvinylchloridgeweben hergestellt. In Holland wurden damit Bewährungsversuche von 1—$1^1/_2$jähriger Dauer durchgeführt; dabei zeigten die Polyestergewebe einen etwas höheren Festigkeitsverlust als die Polyamidgewebe [72—74].

Eine sehr praktische Einrichtung, die heute schon vielfach bei empfindlichen Ladegütern zur Anwendung kommt, sind die aufblasbaren Transportpolster, die sich den sehr verschiedenartigen Formen des Frachtgutes anpassen und Erschütterungen, wie z. B. Rangierstöße, abfangen. Für solche Transportpolster sind beschichtete Polyestergewebe gut geeignet [81].

In Wäschereien und Färbereien haben sich Wäsche- und Färbebeutel aus Polyestergeweben bewährt. Sie besitzen auf Grund ihrer guten Hitzebeständigkeit eine lange Gebrauchsdauer und werden u. a. in Polyamidstrumpf-Färbereien besonders geschätzt, da Polyesterfasern gegenüber den meisten für Polyamidfäden angewandten Farbstoffen resistent sind und somit die Beutel selbst die Farbe nicht annehmen [81].

12.2.3.3. Filtertücher und Belagstoffe

In den verschiedensten Industriezweigen, überwiegend in Chemiebetrieben, aber auch in der Zement- und Stahlindustrie, sind Filtertücher aus Polyestergeweben [76] heute zu einem selbstverständlichen Ausrüstungsmittel geworden. Besonders für dieses Einsatzgebiet macht man sich die Resistenz der Polyesterfasern gegenüber Säuren, Oxydations-, Reduktions- und Lösungsmitteln zunutze, die den Filtergeweben eine Gebrauchsdauer verleiht, welche die der Filterstoffe aus Naturfasern um ein Mehrfaches übertrifft.

Da Polyesterfilterstoffe sich leicht reinigen lassen und infolge ihrer Immunität gegenüber Bakterien und Mikroorganismen aller Art (11.3.) stets in einem hygienisch einwandfreien Zustand gehalten werden können, werden sie auch in der Nahrungsmittelindustrie, z. B. Molkereien, Keltereien, Zuckerfabriken, vorteilhaft eingesetzt.

Die Gewebekonstruktion der Filter richtet sich nach dem jeweiligen Verwendungszweck, ebenso die Wahl der Fadenart; es kann hochfeste Polyester-Feinseide, Grobseide oder Stapelfaser verarbeitet werden. Für Siebe oder Filterstoffe mit siebartigem Charakter hat sich der Polyesterdraht gut bewährt.

Für Staub- bzw. Luftfilter in Klimaanlagen u. dgl. geht man mehr und mehr zum Gebrauch von nichtgewebten Filterstoffen, den Vliesstoffen, über (12.2.1.7.), die sich auf Grund ihrer Wirrfaserstruktur durch einen geringen Luftwiderstand, verbunden mit hohem Staubrückhaltevermögen, auszeichnen. Auch für diese Art Filterstoffe kann man Polyesterfasern einsetzen, allerdings nur dann, wenn man die Filter nicht nach einmaligem Gebrauch fortwirft; hierfür wäre der Rohstoff doch zu kostspielig [65].

Ebenso häufig wie für Filter werden Polyestergewebe in der Industrie auch als Belagstoffe von Lieferwalzen aller Art, z. B. bei Kalandern, Mangeln, Papiermaschinen, benutzt. Hierzu werden vielfach auch Polyesterfilze verwendet. Diese haben sich u. a. in der Papierindustrie als sehr gut geeigneter Belag für Heißluftzylinder erwiesen, über die die Papierbahnen zum Trocknen geleitet werden. Ein solcher Filzbelag muß dabei einer gleichzeitigen Dauerbeanspruchung durch eine Temperatur von 120 °C, Feuchtigkeit, Säure, Druck und Reibung standhalten. Erfahrungen haben ergeben, daß ein Polyesterfilz $2^1/_2$ Jahre einsatzfähig ist, während die vorher verwendeten Filze aus Naturfasern nur durchschnittlich $^1/_2$ Jahr benutzt werden konnten [81].

12.2.3.4. Schläuche

Seit Jahren werden schon vielerorts Feuerwehren mit Schläuchen aus Polyesterfasern ausgerüstet. Selbstverständlich müssen diese Polyesterschläuche innen mit einer Beschichtung — Gummi oder PVC — versehen sein, da Synthesefasern in der Nässe nicht quellen und daher Gewebeporen nicht wasserdicht abschließen können, wie das etwa bei Baumwollschläuchen der Fall ist [75]. Feuerwehrschläuche aus Polyesterfaser bieten im Hinblick auf Handhabung, Haltbarkeit und somit auch Wirtschaftlichkeit große Vorteile, da sie weder verrotten noch durch Lichteinwirkung an Festigkeit einbüßen, bei jeder Temperatur die gleiche Flexibilität behalten, schnell trocknen, hitzebeständig, d. h. schwer entflammbar, und leicht sind. Sie können im gerollten Zustand aufbewahrt werden, erfordern dadurch wenig Platz und sind gut transportabel [64]. Unter den für Feuerwehrschläuche verarbeiteten Textilfäden haben bisher die Polyesterfasern den höchsten Berstdruck gezeigt. Schläuche aus diesem Material haben bei Großbränden ihre Bewährungsprobe, auch in großkalibriger Ausführung, hervorragend bestanden [81].

Polyesterschläuche können auch als Umfüll- und Leitungsschläuche für Öle oder brennbare Flüssigkeiten Verwendung finden.

12.2.3.5. Gurte, Riemen, Förderbänder, Autoreifen

Auf dem Gebiet der schweren Bandgewebe hat sich die Polyesterfaser als vielseitig verwendbares, strapazierfähiges Textilmaterial erwiesen. Als Beispiel für die verschiedenartigen Gurte, die daraus hergestellt werden können, seien hier die Autosicherheitsgurte genannt. Wenn solche Gurte im Ernstfall wirklich

Sicherheit bieten, d. h. den Autofahrer vor Verletzungen durch Aufprall bewahren sollen, müssen sie einer Belastung von mindestens 2000 kg standhalten, ihre elastische Dehnung muß, dabei jedoch so niedrig wie möglich sein. Es hat sich gezeigt, daß Schulter- oder Diagonalgurte aus hochfesten Polyesterfäden diesen Anforderungen bisher am besten genügen. Deshalb ist man bereits in einigen Ländern, z. B. in Schweden, dazu übergegangen, die Autos von vornherein mit derartigen Sicherheitsgurten auszurüsten.

Hochfeste Polyesterfäden haben sich sowohl für Flachtreibriemen anstelle von Leder als auch für Keilriemen-Einlagen weitgehend durchgesetzt. Transmissionsriemen jeder Art sind neben der laufenden hohen dynamischen Beanspruchung in den einzelnen Industriebetrieben mannigfaltigen Einflüssen durch Chemikalien, Dampf, Nässe und Temperaturschwankungen ausgesetzt. Während Riemen mit Baumwoll-Einlagerung durch die genannten Einflüsse sehr schnell in ihrer Brauchbarkeit herabgemindert werden, kann man Riemen mit 100% Polyester-Einlagerung 5—6mal länger benutzen [81]. Ein weiterer Vorteil bei Polyestertreibriemen besteht darin, daß sie nicht von Zeit zu Zeit wegen Längung einer Nachspannung bedürfen; sie sind dimensionsstabil und benötigen daher in dieser Beziehung auch keine Wartung.

Für die Herstellung der Treibriemen wird am besten hochfeste Polyester-Cord- oder Grobseide verarbeitet.

Da im Zuge der fortschreitenden Mechanisierung des Transportes, z. B. im Bergbau oder bei Verladeeinrichtungen, laufend höhere Ansprüche an die Leistungsfähigkeit von Transportbändern gestellt werden, genügen im Hinblick auf Zugfestigkeit und Biegeelastizität auch bei diesem technischen Schwergewebe die Einlagen aus Naturfasern oder hochfestem Kunstseiden-Cord nicht mehr den Anforderungen. Polyestergewebe haben sich als Förderbänder bestens bewährt. Ihre hohe Festigkeit ermöglicht außerdem eine Herabsetzung der Dicke der Bänder, wodurch deren Gewicht, das durch das geringere spez. Gew. der Polyesterfasern an sich schon niedrig ist, noch mehr reduziert wird. Die stärkere Biegsamkeit der Förderbänder aus Polyestergewebe gestattet außerdem den Gebrauch von Umlenkrollen mit kleinerem Durchmesser, wodurch wiederum die Antriebsleistung herabgesetzt werden kann. Da Förderbänder vorwiegend im Freien zum Einsatz gelangen, erweist sich die Unverrottbarkeit der Polyesterfaser als besonders vorteilhaft. Gebrauchsversuche haben ergeben, daß Förderbänder mit Baumwolleinlage nach durchschnittlich 10 Wochen Defekte zeigen, während solche mit 100% Polyesterfasereinlage ihre einwandfreie Beschaffenheit und damit volle Betriebssicherheit mindestens 1 Jahr lang bewahren. Auch als Laufbänder für Elevatoren und ähnliche Bandfördergeräte [81] und für Reifencord [75] werden Polyestergewebe mit gleich gutem Erfolg eingesetzt.

Seit dem Erscheinen von Polyestercordseide auf dem Weltmarkt ist ihr Einsatz als Grundgewebe für Autoreifen steil angestiegen. Man rechnet damit, daß Polyestercord zukünftig nicht nur den Viskosecord ersetzen, sondern auch Polyamidcord teilweise in der Reifen-Industrie verdrängen wird [105]. Es wird eingeschätzt, daß im Jahre 1975 der Anteil von Polyestercord in Großbritannien und einigen anderen Industrieländern Europas sowie in Japan jeweils 10% und in den USA 20% der für die Reifenindustrie eingesetzten Rohstoffe betragen wird [106]. Polyestercord wird für die verschiedensten neu entwickelten Reifenkonstruktionen, und zwar 100%ig wie beim neuesten Dunlop-Reifen [107] als auch in Verbindung mit Super-Rayon wie beim neuen Gürtelreifen der Gummiwerke Fulda [108], eingesetzt. Da verschiedene Reifentypen aus Polyestercord eine bis zu 50% höhere Laufleistung als die konventionellen Reifen erbracht haben, vermutet man, daß Polyestercord, der bisher nur für PKW-Reifen eingesetzt wurde, in Kürze auch für LKW-Reifen verwendet wird [110].

12.2.3.6. Leinen, Seile, Netze

Ebenso vielseitig und mannigfaltig wie die Erzeugnisse der Seil- und Netzwarenindustrie ist die Verwendungsmöglichkeit von Polyestermaterial für diese Produkte. Bereits seit Jahren werden Synthesefasern, sowohl Polyamid- als auch Polyesterfasern, auf diesem Gebiet eingesetzt und haben sich sehr gut bewährt. Wenn auch Seile aus Polyamidfäden über eine bessere Biegebeständigkeit und Scheuerfestigkeit verfügen als solche aus Polyesterfäden, so haben die Polyesterseile in bezug auf geringere Dehnung, hohe Säureresistenz, Lichtbeständigkeit, 100%ige relative Naßfestigkeit und geringer Feuchtigkeitsaufnahme größere Vorteile zu bieten.

Aus der Vielzahl der Polyester-Seilerwaren können hier nur einige Beispiele genannt werden. Für den Bedarf an Leinen, Seilen, Tauwerk und Netzen aller Art in der Fischerei und Schiffahrt haben Polyesterfäden bereits ein umfangreiches Einsatzgebiet und recht gute Beurteilung gefunden. Die oben angeführten Eigenschaften — vor allem geringe Dehnung und beste Lichtbeständigkeit — veranlassen viele Fischerei-Fachleute, dem Polyestermaterial gegenüber dem Polyamidfabrikat den Vorzug zu geben. Auch Kombinationen, z. B. Polyamidnetz mit Polyester-Randleinen, haben sich gut bewährt, da die Polyester-Spannleinen (Simse) durch ihre geringe Dehnung die Formhaltigkeit der Fanggeräte günstig beeinflussen [77, 78]. Sehr häufig wird für das Tauwerk Polyestergrobseide verarbeitet. Die Seile können als Schlag- oder Flechtleinen konstruiert werden. Flechtleinen werden im allgemeinen für die an den Netzen unmittelbar angebrach-

Tabelle 12.2. Vergleich der Festigkeiten von Tauwerk aus verschiedenen Materialien (nach [78])

Material	Abmessung *Nm*	Gewicht g/m	Bruchlast kp	Reißlänge Rkm
Polyamid¹)	*Nm* 4/8	2,00	78	39
Polyester²)	*Nm* 4/8	2,00	58	29
Manila⁴)	*Nm* 0,5	2,00	42	21
Stahldraht⁴)	0,6 mm	2,22	48	21,5
Polyamid¹)	*Nm* 4/20	5,00	189	38
Polyester²)	*Nm* 4/20	5,00	153	31
Manila³)	*Nm* 0,2	5,00	104	21
Stahldraht⁴)	0,9 mm	4,99	85	17

1) Dederon-Grobseide
2) Grisuten-Grobseide
3) bezogen aus Qualität G 95
4) entnommen aus Herkules-Tauwerk

ten Leinen und Schlagleinen (Trossenschlag und Kabelschlag) für stärkeres Schiffstauwerk verwendet [78].

Hinsichtlich der Festigkeit von Polyestertauwerk im Vergleich mit Polyamid-, Manila- und Herkules-(Stahldraht-)Leinen soll Tabelle 12.2. Aufschluß geben [78]:

Der Einsatz von Polyester- und Polyamidfäden hat in der Fischerei- und Netzindustrie zweifellos schon große Vorteile gebracht. Die Forschungen auf diesem Gebiet sind jedoch nicht abgeschlossen und werden noch zu weiteren Verbesserungen führen [79].

Netze aus hochfester Polyesterseide eignen sich nicht nur für die Fischerei, sondern setzen sich auch in der Bauindustrie immer mehr durch; sie ergeben sichere Gerüst-Netze, die etagenweise hochgezogen werden können und wegen ihrer langen Haltbarkeit und ihres geringen Gewichtes sehr geschätzt sind.

Als weiteres Beispiel für den Einsatz von Polyesterfäden auf dem Seilerwaren-Sektor seien noch Bergseile genannt. Zwar hat man bei den Bergseilen vor allem bezüglich der Scheuerfestigkeit mit Polyamidfäden die besten Erfahrungen gemacht, doch wirkt dabei die recht hohe Dehnung noch vielfach nachteilig. Von einem brauchbaren Bergseil wird gefordert, daß es beim Aufstieg und normaler Zugbeanspruchung wenig dehnbar, bei plötzlicher Beanspruchung durch Absturz jedoch möglichst elastisch ist. Deshalb ist man zu folgender gelungener Kombination übergegangen [80]: Man vereinigt die beiden gegensätzlichen Eigenschaften — geringe Dehnung und gute Elastizität — dadurch, daß man Bergseile herstellt, die eine Seele aus gezwirnten Polyesterfasern besitzen, deren Umhüllung aus mehreren Lagen gedrehter Polyamidfäden und einer geflochtenen äußeren Schutzhülle aus dem gleichen Material besteht. Bei plötzlicher übermäßiger Beanspruchung übernimmt die Seilseele aus Polyester den ersten Schlag und zerreißt bei Überschreitung einer gewissen Zugkraft, während die restliche Beanspruchung durch die dehnbare Polyamidumhüllung elastisch aufgefangen wird.

12.2.3.7. Isoliermaterial

Einen wichtigen Verwendungszweck, für den Polyesterfäden gut geeignet sind und bereits weitgehend eingesetzt werden, stellen die verschiedenartigen Isolierungen für Elektro-Apparate oder -Anlagen dar. Als Kabelumspinnung sowie in Form von Isolierbändern und -schläuchen hat sich Polyestermaterial für alle Belange der Elektroindustrie bereits bestens bewährt.

Dauerversuche mit Polyesterbandwicklungen an Kühlschrankmotoren bei einer Wicklungstemperatur von 100°C brachten z. B. folgende Ergebnisse: Polyesterfäden verfügen über bessere Eigenschaften für Isolierungszwecke als imprägnierte Baumwolle. Nach Dauereinsatz von ca. $^1/_4$ Jahr zeigt sich keine praktisch wirksame Verschlechterung der elektrischen und mechanischen Meßwerte, das Kälteöl weist weder Gehalt an abgeriebenen Textilfasern noch Spuren freier Säure auf. Polyesterisolierung besitzt eine größere Wärmestabilität als Baumwolle-Material und läßt keine Versprödungserscheinungen erkennen.

Die Verrottungsbeständigkeit und die geringe Wasseraufnahme machen Polyesterbänder auch zu einem geeigneten Korrosionsschutz für Rohre und Kabel, die im Erdboden verlegt werden [71].

Außer den Polyesterbändern und -schläuchen können für Isolierzwecke auch

Polyestervliese, bei Bedarf beschichtete, verwendet werden. Solche Isoliervliese werden in Stärken von 30—500 μ hergestellt und ersparen durch ihre allseitige Elastizität den Einsatz von diagonal-elastischen Gewebearten [82].

12.2.4. *Polyesterfäden für medizinische Zwecke*

Bald nach ihrem Erscheinen auf dem Weltmarkt erregten alle Synthesefasern und Kunststoffe auch das Interesse der medizinischen Wissenschaft, insonderheit der Chirurgie, die mit Recht, wie sich heute festellen läßt, in diesen Stoffen das zukünftige Ausgangsmaterial für chirurgische Nähfäden und für Gefäßersatz erblickte. Neben den Forschungen für den Einsatz der Synthesefasern als chirurgisches Nahtmaterial hat man sich in vielen Ländern in jüngster Zeit besonders intensiv dem Studium der Eignung und optimalen Herstellungsweise synthetischer Gefäßprothesen für die Veterinär- und Humanmedizin gewidmet [83—90]. Die schwierigste Aufgabe bilden dabei die Untersuchungen über das physiologische Verhalten der synthetischen Stoffe, d. h. ihre Reaktionsfähigkeit, Verträglichkeit und Resistenz gegenüber spezifischen Fermenten des lebenden Organismus.

Bei derartigen Vergleichsversuchen, die mit Kops- und Kammzugmaterial von Polyester-, Polyamid-, Polyacrylnitril- und Polyvinylchloridfasern durchgeführt wurden, konnte festgestellt werden [90], daß sich die Polyesterfasern (Grisuten, vormals Lanon) als am widerstandsfähigsten erwiesen. Auch bei Implantationen (bei Kaninchen) zeigte das Polyestermaterial den geringsten Festigkeitsverlust, nur 10% nach 7 Monaten, während Polyamidfasern schon nach 3 Monaten 75% ihrer Festigkeit eingebüßt hatten.

Zu ähnlichen Ergebnissen führten Vergleichsversuche, die in der CSSR gemeinsam vom Forschungsinstitut für Wirkerei und Strickerei und der 2. Chirurgischen Klinik in Brno mit Gefäßprothesen aus Polyester- und Polyamidfasern unter-

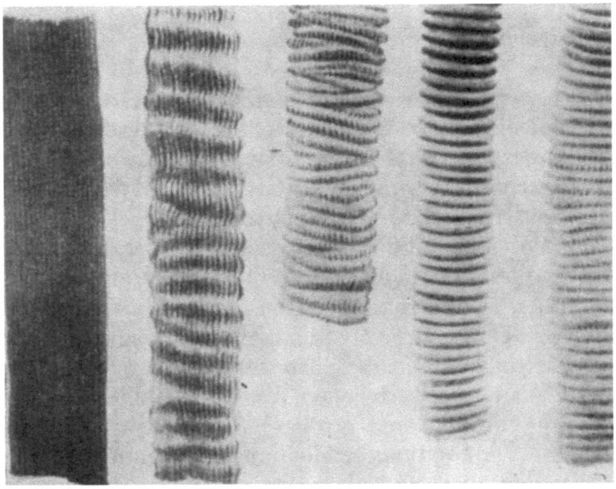

Bild 12.10. Gefäßprothesen vom Rohschlauch (links) über zwei frühere Methoden (Mitte, ungleichmäßige Rillen) bis zur heutigen Form (rechts, gleichmäßige Rillen) [87]

nommen wurden [84]: Während Polyamidfaser-Prothesen, die sich 240 Tage in Versuchstieren befanden, durch enzymatische Zerstörung ihre Festigkeit völlig verloren hatten, war diese Wirkung bei den Prothesen aus Polyestermaterial nicht eingetreten. Deshalb ging man dazu über, nur noch Polyesterfasern für diesen Zweck zu verwenden.

Der Hauptbedarf an Gefäßprothesen liegt auf dem Gebiet des Blutgefäßersatzes, sowohl geraden Schläuchen als auch Bifurkationen. Ebenso wichtig wie die genaue Erforschung des Materials ist dabei die Anwendung der richtigen

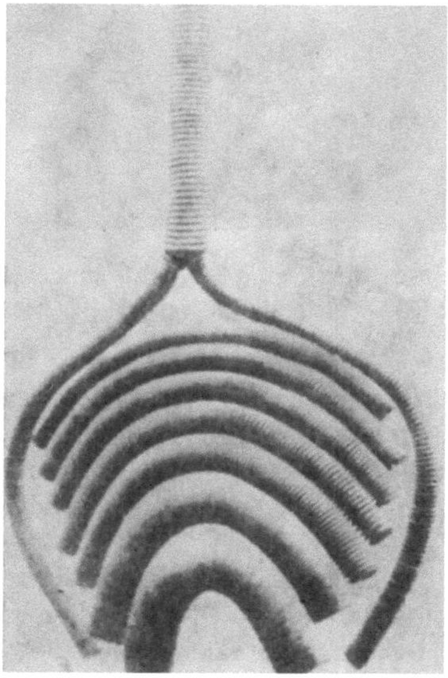

Bild 12.11. Grisuten-Gefäßprothesen mit verschiedenen Durchmessern und eine Aorta-Bifukartionsprothese [87]

Bindungstechnik, denn die alloplastischen Gefäßprothesen müssen über eine sehr große Beugefähigkeit verfügen, so daß bei der Körperbewegung keinerlei Knickungen entstehen; außerdem müssen sie zur ungehinderten Aufrechterhaltung des Blutstromes eine gleichmäßige Quer-Rillenstruktur besitzen und von nicht zu großer, aber ausreichender Porosität sein, damit sie vom Körpergewebe gut um- bzw. durchwachsen werden können.

Nachdem man sich anfangs gewebter und gewirkter Gefäßprothesen bedient hatte, der Vorzüge jedoch nicht einwandfrei zu ermitteln waren [84], gelang es H. Barthold und H.-J. Walther — zunächst in Einzelfertigung — ein Verfahren zur Herstellung von künstlichen, vorwiegend gestrickten Blutgefäßprothesen aus synthetischen Faserstoffen zu entwickeln [85], die den obengenannten Anforderungen weitestgehend genügen. Nach Aufnahme der maschinellen Herstellung der Gefäßprothesen in Form von Schläuchen und Bifurkationen nach diesem Verfahren und dreijährigen Tierversuchen mit Polyamid- und Polyestermaterial in der Chirurgischen Klinik der Medizinischen Akademie Erfurt konnte eindeutig festgestellt werden, daß die Prothesen aus Polyesterfaser denen aus Polyamidfasern überlegen sind [87] und einen gleichmäßigen Neuaufbau des Körpergewebes an ihren Begrenzungsflächen gewährleisten.

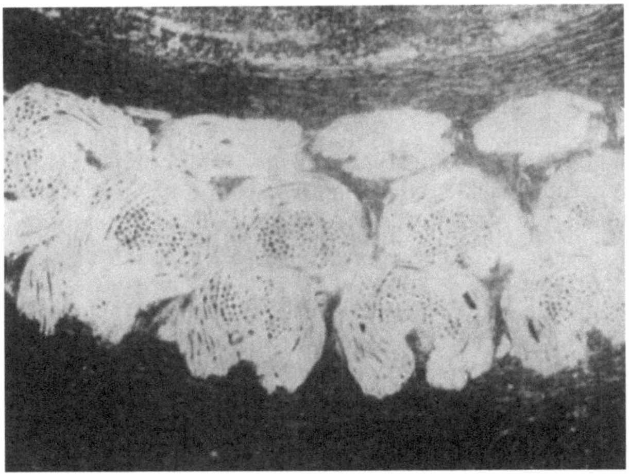

Bild 12.12. Mikroskopischer Schnitt durch eine 8 Monate eingeheilte Grisuten-Prothese; Vergrößerung 1:140 [87]

Diese alloplastischen Polyester-Gefäßprothesen, die heute in Serienproduktion mit Durchmessern von 6—23,5 mm (Bild 12.11.) und Längen von 25—50 cm einfach und als Bifurkationen hergestellt werden können, werden jetzt in der Humanmedizin mit Erfolg als Ersatz für lebensgefährdend verletzte oder erkrankte Blutgefäße verwendet.

Somit tragen die Polyesterfäden als ein Produkt menschlichen Forschergeistes nicht nur zur Verbesserung von Gebrauchsgütern und technischen Erzeugnissen bei, sie dienen auch unmittelbar der Erreichung des höchsten Zieles, das sich die Wissenschaft setzen kann, der Erhaltung des Lebens.

12.3. Literaturangaben

[1] Grunewald, H.: Eingriffsmöglichkeiten in die Struktur der Polyesterfaser und ihre Auswirkung auf Gewebeentwicklung und coloristische Eigenschaften. Melliand-Textilber. **43** (1962) 1, 48—53.

[2] Grüner, H.: Untersuchungen über den Entstehungsmechanismus der elektrostatischen Aufladungen von Faserstoffen. Faserforsch. u. Textiltechn. **4** (1953) 6, 249—260.

[3] Lochmüller, O.: Statische Elektrizität und ihre Grenzwerte für störungsfreies Verhalten von Textilfäden. Mitteilungen des Instituts für Textiltechnologie der Chemiefasern **1** (1957) 4, 196—203.

[4] Lochmüller, O.: Zur Kennzeichnung des elektrostatischen Verhaltens der Fasern. Mitteilungen des Instituts für Textiltechnologie der Chemiefasern **4** (1960) 3, 117.

[5] Naumann, J.: Einiges über spezielle Eigenschaften von Polyesterseide. Mitteilungen des Instituts für Textiltechnologie der Chemiefasern **5** (1961) 1, 18—25.

[6] Forschungsinstitut für Textiltechnologie, Karl-Marx-Stadt: Die Pilling-Erscheinung, 1960.

[7a] Böhringer, H.: Textile Gebrauchsprüfungen II, Tragversuche. Faserforsch. u. Textiltechn. **5** (1954) 2, 55—59.

[7b] Böhringer, H. und Bolland, F.: Entwicklung und Erprobung profilierter Synthesefasern mit und ohne Hohlraum. Faserforsch. u. Textiltechn. **9** (1958) 10, 405—416.

[8] HEYDECK, W.: Das Pilling-Problem bei Lieferungstuchen/Über eine amerikanische Untersuchung. Melliand Textilber. **36** (1955) 2, 149–152.
[9] LENDER, F.: Über die Pillingbildung in Strickwaren und Geweben. Textil-Praxis **11** (1956) 6, 580–584.
[10] BOLLAND, F.: Ergebnisse und Folgerungen aus Tragversuchen mit Textilien synthetischer Faserstoffe unter Berücksichtigung der Entwicklung von Polyamidfäden mit veränderter Querstruktur. Mitteilungen des Instituts für Textiltechnologie der Chemiefasern **1** (1957) 2, 83–94.
—: Erprobung von Oberbekleidung im praktischen Gebrauch. Textil- u. Faserstofftechn. **6** (1956) 10, 435–441.
—: Polyester im Tragversuch. Mitteilungen des Instituts für Textiltechnologie der Chemiefasern **1** (1957) 1, 63.
[11] DRIESCH, H.: Ursache, Untersuchung und Vermeidung von Noppenbildung. Melliand Textilber. **37** (1956) 7, 789–795; 8, 921–925; 9, 1034–1041.
[12] SCHICKHARDT, O.: Grundlagen der Pillingprüfung und Stand der Untersuchungstechnik. Textil-Praxis **12** (1957) 11, 1149–1154.
[13] ... Methoden zur Verhinderung des „Pilling"-Effektes bei Geweben, die Polyesterfaser enthalten. SVF-Fachorg. Textilveredlung, Basel, **12** (1957) 6, 428–429.
[14] DÖRRER SEN. und KUTSCHE, H.: Die apparative Erzeugung des Pilling-Effektes. Dtsche Textiltechn. **7** (1957) 8, 449–456.
[15] MACHACEK, F. und PETRIK, J.: Pillingbildung an Strick- und Wirkwaren. Textil- u. Faserstofftechn. **6** (1956) 7, 307–309.
[16] BELLELI, T.: Le boulochage et les moyens de la combattre. Bull. Inst. Textile France **74** (1958) 7–36.
[17] GINTIS, D. und MEAD, E. J.: The Mechanism of Pilling. Textile Res. J. **29** (1959) 7, 578–585.
[18] DORSET, B. C. M.: How Fabric Propertiesare Determined by Modifications to Fibre Shape. The Textile Manufacturer, March, 1964, 110–117.
[19] LUDEWIG, H.: Lanon, eine Polyesterfaser aus Schwarza. Chem. Techn. **9** (1957) 693–696.
[20] Shinya Ito (Toray Industries Inc.): Tatsachen über Polyesterfaserstoffe mit modifiziertem Querschnitt. Japan Textile News (1971) 200, 58–59.
[21] ... Erfahrungsaustausch: Verhinderung der Pilling-Bildung. Textil-Praxis **15** (1960) 12 1332.
[22] JUILFS, J.: Neuere Entwicklungen, Ergebnisse und Praxis der physikalischen Textilprüfung. Textil-Rundschau **17** (1962) 5, 241–259.
[23] BRUCE, C. S.: Herstellung und Eigenschaften von Polyester-Bauschgarnen. Chemiefasern **11** (1961) 9, 586–591; 10, 690–696; 11, 750–754.
[24] WILKINSON, G. D. (Monsanto Company, USA): Textured Yarn Technology (1967). Vol. I: Production, Properties and Prozessing. Vol. II: Stretch Yarn Machines.
[25] BIGLER, N.: Neuartige Gespinste aus Chemiefasern. SVF-Fachorgan für Textilveredlung **12** (1957) 295–312.
[26] MORAWEK, W.: Die Texturierung der Polyestergarne. Textilind., Mönchen-Gladbach, **72** (1970) 81–90.
[27] RAY, L. G.: Texturierte Filamentgarne: Taslan. J. Textile Inst., Abstr. **47** (1956) 567 bis 581.
[28] ARTHUR, D. F.: Modified Continuous Filament Yarns. J. Textile Inst., Abstr. **49** (1958) 638–645.
[29] SCHÄFERS, G. und MALASOMMA, U.: Texturierte Polyesterfäden und ihre Einsatzgebiete. Chemiefasern **14** (1964) 472–473.
[30] KOCH, P. A. und MORAVEK, W.: Texturierte Garne: Einteilung, Merkmale, Erkennung Herstellung (I). Zeitschrift f. d. ges. Textilind. **61** (1959) 11, 421–427.
[31] HENSEN, T.: Polyester-Strukturgarne. Melliand Textilber. **43** (1962) 923–927.

[32] WEHR, H.: Gliederung der Texturgarne. Deutsche Textiltechn. **10** (1960) 7, 373 bis 379.
[33] Heberlein u. Co.: Die Helanca-Garntypen und ihre Verwendung. SVF-Fachorgan für Textilveredlung **15** (1960) 1, 26–27.
[34] DUDZIK, J.: Saaba Textured Yarn. Textile Ind. **124** (1960) 5, 192, 193, 289, 300.
[35] WEGENER, W., COLL.-TORTOSA, L.: Friktions- und Trennzwirnverfahren — ein Vergleich. Chemiefasern **21** (1971) 774–786.
[36] POLANYI, M.: Neuartige High-Bulk-Garne für Wirk- und Strickwaren, Einzelheiten über Astralene C und Astralon C. Wirkerei- u. Strickerei-Technik **10** (1960) 1, 787–788.
[37] SHORTHOUSE, C. M.: Bulked Terylene for Knitwear-First Technical Details on Properties of „Crimplene". Text. Merc. and Argus **142** (1960) 26, 275–277.
[38] STOWELL, E.: Spunize Textured Yarn. Man-made Textiles **37** (1960) 435, 56–57.
[39] ... Filament Yarn Crimping Methods of Tomorrow. Man-made Textiles **38** (1961) 440, 73–75.
[40] BURNIP, N. S. und HEARLE, J. W. S.: Producing False-twist Stretch Yarns (II). Man-made Textiles **38** (1961) 440, 73–75.
[41] TRAVNIČEK, D.: Internationales Symposium über Texturgarne in Prag. Dtsch. Textiltechn. **11** (1961) 2, 98–105.
[42] RICHARDSON, R. J. und WILKINSON, G. D.: Overseas man-made fiber developments. Textile Ind. **125** (1961) 8, 87–92.
[43] ... Ein neues Hochbauschverfahren — „Airvel-Prozeß". Melliand-Textilber. **43** (1962) 4, 336.
[44] KOBLER, H.: Probleme der intimen Mischung natürlicher und chemischer Faserstoffe im Blickfeld der wolleverarbeitenden Industrie. Textilrundschau **13** (1958) 4, 193–217.
[45] MONHEIM, J.: Entwicklung und Eigenschaften von Textilien aus Polyesterfasern in Mischung mit anderen Fasern. Melliand Textilber. **39** (1959) 8, 888–892.
[46] RAUSENBERGER, G. und THIMM, J.: Ausrüsten von Textilien aus Polyesterfasern in Mischung mit Wolle, Baumwolle und Zellwolle. Chemiefasern **10** (1960) 12, 819–823.
[47] BREUERS, M.: Das Verhalten der Wolle in Mischung Polyester/Wolle 55/45 bei den Veredlungsprozessen. Z. ges. Textilind. **64** (1962) 1, 45–47.
[48] LÜNENSCHLOSS, J. und FREY, M.: Die Mischung von Polyesterfasern mit Baumwolle (I, II, III). Melliand Textilber. **40** (1959) 6, 599–602; 8, 842–845; 9, 967–971.
[49] LÜNENSCHLOSS, J. und KURTH, H.: Die Eigenschaften von Mischgeweben aus Polyesterfasern und gekämmter Baumwolle in Abhängigkeit vom Mischungsverhältnis, von der Gewebekonstruktion und einer zusätzlichen Hochveredlung. Melliand Textilber. **43** (1962) 3, 239–243.
[50] GAPP, K.: Erfolgreiche Polyester/Zellwoll-Mischgewebe. Chemiefasern **11** (1961) 12, 836–838.
[51] LÜNENSCHLOSS, J. und DÖRHOLT, K.: Die Mischung von Polyesterfasern mit Langflachs. Textil-Praxis **17** (1962) 1, 4–8; 2, 117; 4, 320–325.
[52] RUDOLPH, L.: Verarbeitungs- und Mischungsprobleme der Chemiefasern, insbesondere der synthetischen Fasern. Faserforsch. u. Textiltechn. **9** (1958) 5, 168–176.
[53] RODEHACKE, K.: Herstellung von Streichgarnen mit Chemiefasern. Chemiefasern **11** (1961) 7, 459–462.
[54] HANTSCH, B.: Druck auf Textilien aus Polyesterfasern und auf Mischgewebe mit dieser Faser. Melliand Textilber. **41** (1960) 1, 68–72.
[55] ... Richtlinien für die Bezeichnung der Faserstoffanteile von Mischgarnen DIN 60003. Melliand Textilber. **41** (1960) 2, 155.
[56] ZÖLLER, M. E.: Musterungseffekte aus „Perlon" und „Diolen". Melliand Textilber. **39** (1958) 8, 872–873.
[57] KRÜGER, W.: Erfahrungen bei der Herstellung von Polyester/Wolle-Mischgarnen. Chemiefasern **10** (1960) 6, 394–395.

[58] Bertolina, G. und Broggi, A.: Fortschritte beim Druck von Mischgeweben aus Polyester/Baumwolle und Polyester/Wolle. Melliand Textilber. **42** (1961) 4, 449–451.

[59] Bertolina, G. und Broggi, A.: Das Bedrucken von Mischgeweben aus Polyester und Baumwolle. Melliand Textilber. **43** (1962) 8, 856.

[60] Schallat, L. und Mieck, J.: Zwei- und Dreifasermischungen in der Weberei. Chemiefasern **10** (1960) 382–392.

[61] Albrecht, W.: Faser- und Garnmischungen zur Erzielung optimaler Gewebeeigenschaften. Textil-Praxis **17** (1962) 8, 753–760.

[62] Mieck, J.: Eignungsversuche mit Lanon-(Grisuten-)Webpelzen. Mitteilungen des Instituts für Textiltechnologie der Chemiefasern Rudolstadt-Schwarza **5** (1961) 1, 31.

[63] . . . New Trends in Polyesters. Mod. Textiles Mag. **37** (1956) 9, 50–51.

[64] Heiner, H.: Chemiefasern im Brand-, Strahlen- und Katastrophenschutz. Textil-Rundschau **17** (1962) 8, 418.

[65] Krčma, R.: Handbuch der Textilverbundstoffe. Deutscher Fachverlag, Frankfurt/M. (1970).

[66] Schmitz, W.: Die Bedeutung der Non-Woven Fabrics. Chemiefasern **10** (1960) 11, 726 bis 732.

[67] Fröhlich, G. H.: Die Herstellung von Filzen aus synthetischen Fasern sowie deren chemische, mechanische und physikalische Eigenschaften. Z. ges. Textilind. **59** (1957) 17, 715–720.

[68] Dietrich, H.: Chemiefasern in der Filzherstellung. Chemiefasern **10** (1960) 11, 734–737.

[69] Woydich, J.: Verfestigung von Faservliesen. Chemiefasern **10** (1960) 11, 737–738.

[70] . . . Entwicklungstendenzen in der Gestaltung und Verarbeitung der Polyesterfasern Trevira und Diolen. Chemiefasern **11** (1961) 2, 112–114.

[71] . . . Riesige Dachflächen aus TREVIRA — hochfest. Chem. Ind., Düsseldorf **23** (1971) 3, 126.

[72] Zitscher, F.: Die bautechnische Anwendung großformatiger Gewebekörper aus synthetischen Faserstoffen. Melliand Textilber. **43** (1962) 3, 243–247.

[73] . . . Het onderzoek von kunststofweefsels door het Veselinstituut T. N. O. Driemaandelijks Bericht Delta-Werken Nr. **11**, 1960, 27.

[74] . . . Ervaringen met het aanbrengen van verschillene soorten bodenbescherming. Driemaandelijks Bericht Delta-Werken Nr. **15**, 1961, 5.

[75] Riggert, K.: Fortschritte in der Herstellung von Polyester-Reifenkordgarn. Chemiefasern **21** (1971) 379–384.

[76] Potapova, L. V.: Technische Gewebe aus synthetischen Fasern. Melliand Textilber. **42** (1961) 8, 96.

[77] Reichel, H.: Lanon — eine Polyesterfaser für die Fischerei. Fischereiforsch. **2** (1959) 6/7, 12–15.

[78] Reichel, H.: Tauwerk aus Lanon-Polyesterfasern. Fischereiforsch. **4** (1961) 8/9, 8–13.

[79] von Brandt, A.: Die Bedeutung der Chemiefasern für die Fischerei. Chemiefasern **12** (1962) 5, 332–338.

[80] Vial, P.: Die Bergseile-Fabrikation. Melliand-Textilber. **42** (1961) 8, 94.

[81] Moncrieff, R. W.: Man-made-Fibres. London, National Trade Press Limited, 1959. —: Man-made-Fibres. Heywood Books London, j. Wiley & Sons Inc. New York, 1966.

[82] . . . Polyestervliese für Elektro-Isolierungen. Kunststoffe **51** (1961) 3, 132.

[83] Heinze, R.: Kunststoffe in der Medizin. Joh. Ambros. Barth-Verlag, Leipzig, 1955.

[84] Dvorak, J.: Problematika Výroby Cévnich Protéz (Die Problematik der Erzeugung von Gefäßprothesen). Textil, Praha **16** (1961) 4, 131–132.

[85] Barthold, H. und Walther, H.-J.: Verfahren zur Herstellung von künstlichen biegsamen Blutgefäßen aus synthetischen Faserstoffen. D.P. [DDR] 23153, (1962).

[86] Paschold, K.: Entwicklung alloplastischer Gefäßprothesen aus DDR-Chemiefasern. Medizin. Technik **1** (1961) 14–17.

[87] PASCHOLD, K.: Alloplastische Gefäßprothesen aus DDR-Chemiefasern. Dtsch. Export 8 (1962) 7–9.
[88] . . . Knitting spare parts for human bodies. Textind. **123** (1959) 12, 130–134.
[89] RADU, N.: Kunststoffe im Dienste der Medizin. Zeitschr. Rumänien heute **11** (1961) 8.
[90] HORNAUER, H.: Sind Plasten gegenüber Zoolipasen resistent? Plaste u. Kautschuk 8 (1961) 8, 408–412.
[91] . . . Japan Textile New (1970) 184, S. 43.
[92] . . . Japan Textile News (1970) 185, S. 34.
[93] . . . Chem. Engng. (1971) T 11, S. 20.
[94] . . . Textile Ind. **134** (1970) 11, S. 32.
[95] . . . Japan Textile News (1971) 195, S. 43.
[96] . . . Textile Month (1971) 2, S. 84.
[97] WARREN STEVE F. (Celanese). Modern Textiles **52** (1971) 5, S. 42, 43, 46, 47.
[98] . . . Chemiefasern **21** (1971) 3, 182.
[99] . . . Die Welt, Ausg. B vom 24. 2. 1971.
[100] WERNER, H. und STAPP, H. (Glanzstoff): Füllkörper für Kissen usw., D. P. [DDR] 78051 (1969).
[101] . . . MIA vom 12. 10. 1970.
[102] . . . Textil-Industrie **72** (1970) 9, 706.
[103] . . . Chemiefasern **20** (1970) 172.
[104] . . . Chem. Ind., Düsseldorf **23** (1971) 98.
[105] . . . Chem. Engng. News (1968) 47, T. 3.
[106] . . . Chemiefasern **19** (1969) 166.
[107] . . . Europa-Chemie (1969) 1, 6.
[108] . . . Eilinformationen (1971) 32 v. 17. 2. 71.
[109] . . . Rubber Age (1969) 7, S. 84 u. 118.
[110] . . . Eilinformationen (1970) 242 vom 22. 12. 1970.
[111] HOFRICHTER, S., u. a.: Hochschrumpfende Polyesterfasern. Deutsche Textiltechnik **20** (1970) 8, 515–519.

Umrechnungstabelle Nm — tex — den

tex	Nm	den	tex	Nm	den
0,13	7500	1,2	10	100	90
0,14	6900	1,3	11	90	100
0,16	6400, 6300	1,4	13	75	120
0,17	6000	1,5	15	65	140
0,18	5600	1,6	17	60	150
0,2	5000	1,8	18	55	165
0,22	4500	2,0	20	50	180
0,28	3600	2,5	22	45	200
0,3	3300	2,75	23,5	43	210
0,34	3000	3,0	30	34	265
0,36	2800	3,2	34	30	300
0,39	2570	3,5	44	22,5	400
0,42	2400	3,75	47	21,4	420
0,44	2250	4,0	50	20	450
0,5	2000	4,5	68	15	600
0,56	1800	5,0	76	13	690
0,68	1500	6,0	94	10,7	840
0,76	1300, 1285	7,0	100	10	900
0,88	1125	8,0	122	8,2	1100
1	1000	9,0	125	8	1125
1,1	900	10	130	7,5	1200
1,3	750	12	150	6,5	1385
1,6	640	14	170	6	1500
1,7	600	15	184	5,5	1650
2	500	18	188	5,4	1680
2,2	450	20	250	4	2250
3,2	320	28	260	3,8	2370
3,4	300	30	340	3	3000
5	200	45	370	2,7	3330
5,6	180	50	400	2,5	3600
6,8	150	60	500	2	4500
7,6	130	69	680	1,5	6000
8,4	120	75	1000	1	9000
9	110, 113	82, 80			

Sachregister

Bei Fragen zur Produktsicherheit wenden Sie sich bitte an:
If you have any questions regarding product safety,
please contact:

Walter de Gruyter GmbH
Genthiner Straße 13
10785 Berlin
productsafety@degruyterbrill.com